HANDBUCH DER BODENLEHRE

HERAUSGEGEBEN VON

DR. E. BLANCK

O. Ö. PROFESSOR UND DIREKTOR DES AGRIKULTURCHEMISCHEN UND
BODENKUNDLICHEN INSTITUTS DER UNIVERSITÄT GÖTTINGEN

SECHSTER BAND

SPRINGER-VERLAG BERLIN HEIDELBERG GMBH

DIE PHYSIKALISCHE BESCHAFFENHEIT DES BODENS

BEARBEITET VON

PROFESSOR DR. A. DENSCH-LANDSBERG a. d. W. · DR. F. GIESECKE-GÖTTINGEN · PROFESSOR DR. M. HELBIG-FREIBURG i. BR. PROFESSOR DR. V. F. HESS-GRAZ · PROFESSOR DR. J. SCHUBERT-EBERSWALDE · PROFESSOR DR. F. ZUNKER-BRESLAU

MIT 104 ABBILDUNGEN

SPRINGER-VERLAG BERLIN HEIDELBERG GMBH

ISBN 978-3-662-01877-4   ISBN 978-3-662-02172-9 (eBook)
DOI 10.1007/978-3-662-02172-9

Vorwort.

Die Herausgabe des vierten und fünften Bandes des Handbuches ließ sich leider nicht unmittelbar nach dem im Januar dieses Jahres veröffentlichten dritten Bande ermöglichen, da einzelne Mitarbeiter mit ihren Beiträgen im Rückstande bleiben mußten, weil sie neu eingesprungen waren für andere Autoren, die ihren Verpflichtungen im letzten Augenblick nicht nachkamen. Um jedoch keine Verzögerung im Erscheinen des Handbuches eintreten zu lassen, entschloß sich der Herausgeber, schon Band 6 ,,Die physikalische Beschaffenheit des Bodens'' der Veröffentlichung zu übergeben, welchem Bande dann die Bände 5 und 4 unverzüglich folgen werden.

Da der Stoff des im vorliegenden Bande zu behandelnden Abschnittes der Bodenlehre nicht in allen Fällen eine völlig strenge und scharfe Trennung durchzuführen erlaubte, so hat es sich nicht vermeiden lassen, daß einige Erscheinungen von mehreren Autoren, wenn auch von anderen Gesichtspunkten, Behandlung gefunden haben. Um aber den inneren Zusammenhang der einzelnen Kapitel nicht zu stören, noch den einzelnen Autoren ihre Aufgabe zu erschweren, durften diesen keine zu starren Grenzen in der Behandlung ihres Stoffanteils gezogen werden. Dies erklärt also ohne weiteres einige unvermeidliche Wiederholungen. Daß es schließlich in einer so verhältnismäßig kurzen Zeitspanne trotz besonders großer redaktioneller Schwierigkeiten dennoch möglich war, einen weiteren Band des Handbuches schon zum Erscheinen zu bringen, verdankt der Herausgeber nicht allein der tatkräftigen Mithilfe des Verlages, sondern vor allen Dingen auch der großen Mühe und Arbeit, die sich Herr Privatdozent Dr. F. Giesecke bei der Durchsicht der Korrekturen und der Herstellung des Sachverzeichnisses unterzogen hat. Ihm wie dem Verlage sei daher auch an dieser Stelle ganz besonders gedankt. Weiterer Dank gebührt Herrn Dr. F. Klander und Frl. M. Schäfer für gleichfalls geleistete tatkräftige Mitarbeit.

Möge auch dieser Band die gleich gute Aufnahme seiner Vorgänger finden.

Göttingen, im April 1930.

E. Blanck.

Inhaltsverzeichnis.

II. Der Boden als Substrat, seine Natur und Beschaffenheit.

A. Die mechanische Zusammensetzung des Bodens und die davon abhängigen Erscheinungen.

Berichtigungen.

S. 18, Anm. 11: statt Th. SIKORSKI lies J. S. SIKORSKI.

S. 39, Anm. 3: statt DELLILLE lies DELILLE.

S. 40, Anm. 2: statt K. SPRENGEL lies C. SPRENGEL.

S. 95, Formel 24 muß lauten:

$$H = \frac{a^2}{2} \cdot \left(\frac{1}{R_1} + \frac{1}{R_2} \right).$$

S. 129, 3. Abs. 1. Zeile und Anm. 3: statt DORAJENKO lies DOJARENKO.

S. 210, Anm. 1: statt a.a.O. lies Arch. Mathem., Astron. och Fysik 13, Nr. 21 (1919).

S. 257, Anm. 5: statt H. LÉVY lies A. LÉVY.

S. 291, Zeile 1 oben und Anm. 4: statt GARDER lies GAARDER.

S. 304, Anm. 7: statt BUCKINGHAM, J., lies BUCKINGHAM, E.

S. 326, Anm. 4: statt G. PINNER lies L. PINNER.

S. 330, Zeile 5 von unten und Anm. 7: statt BLUMENTRITT lies BLUMTRITT.

S. 333, Anm. 5: statt MIDLETON lies MIDDLETON.

II. Der Boden als Substrat, seine Natur und Beschaffenheit.

A. Die mechanische Zusammensetzung des Bodens und die davon abhängigen Erscheinungen.

1. Der mechanische Aufbau des Bodens.

Von **A. Densch**, Landsberg a. W.

Mit 26 Abbildungen.

a) Gestalt und Größe der Bodenkörner und die Ermittelung derselben.

Jeder Boden besteht aus einem Gemenge von Bestandteilen verschiedener Größe und Gestalt, wie Kugel- oder kugelähnliche Formen, Plättchen, Stäbchen usw. Diese bestimmen seine mechanische Beschaffenheit in erster Linie, und ihre Ermittelung und Charakterisierung ist für die Beurteilung eines Bodens von größter Bedeutung. Besonders die feinen und feinsten Bodenbestandteile kommen hierfür in Betracht, während der Einfluß der groben Bodenkörner verhältnismäßig gering ist. Man teilt deshalb die Bodenbestandteile nach ihrer Korngröße in zwei Hauptgruppen ein, deren erste die sein Skelett bildenden groben Bestandteile, Steine und Kies oder Grus umfaßt, während die zweite von sämtlichen Bodenteilchen, die kleiner als 2 mm sind, gebildet und als Feinerde bezeichnet wird. Abweichende Einteilungen und Bezeichnungen finden sich bei Schöne[1], Knop[2], E. Wolff[3], Grandeau[4] und Fesca[5].

Der Verband landwirtschaftlicher Versuchsstationen im Deutschen Reich hat folgende Einteilung vorgenommen:

$$
\begin{array}{ll}
>5 \text{ mm} & \text{Steine} \\
5\text{—}2 \text{ mm} & \text{Grand (Kies, Grus)}
\end{array}
$$

$$
\text{Feinerde}
\begin{cases}
2\text{ —}1 \text{ mm} & \text{sehr grober Sand} \\
1\text{ —}0{,}5 \text{ mm} & \text{grober Sand} \\
0{,}5\text{—}0{,}2 \text{ mm} & \text{mittelkörniger Sand} \\
<0{,}2 \text{ mm} & \text{feiner Sand, abschlämmbare Teile, sehr feiner} \\
& \text{Sand, Mineralstaub, Ton.}
\end{cases}
$$

---

[1] Schöne, E.: Über Schlämmanalyse und einen neuen Schlämmapparat, S. 61. Berlin 1867.

[2] Knop, W.: Die Bonitierung der Ackererde. Leipzig 1872.

[3] Wolff, E.: Anleitung zur chemischen Untersuchung landwirtschaftlich wichtiger Stoffe, S. 3. Berlin 1875.

[4] Grandeau, L.: Handbuch für agrikulturchemische Analysen, S. 103. Berlin 1884

[5] Fesca, M.: Die agronomische Bodenuntersuchung und -bestimmung, S. 2. Berlin 1879.

Nach den Beschlüssen der internationalen Kommission für die mechanische und physikalische Bodenuntersuchung vom 31. Oktober 1913[1] soll der Boden auf Grund der Vorschläge Atterbergs wie folgt eingeteilt werden:

	>20	mm	Stein und Geröll
	20 — 2	mm	Kies
Feinerde	2 — 0,2	mm	Grobsand
	0,2 — 0,02	mm	Feinsand
	0,02— 0,002	mm	Schluff
	< 0,002	mm	Kolloide Teilchen oder Rohton.

Weitere Untereinteilungen zu bilden steht jedem frei.

Mit der Ermittelung der verschiedenen Korngrößen dieser Feinerde befassen sich hauptsächlich alle Methoden der mechanischen Bodenanalyse, nachdem sie von den groben Bodenkörnern getrennt sind.

Die Trennung von den gröbsten Bodenbestandteilen (> 5 mm), den Steinen, macht keine besonderen Schwierigkeiten. Nach den Vereinbarungen des Verbandes landwirtschaftlicher Versuchsstationen im Deutschen Reiche wird wie folgt verfahren[2]: Die zu untersuchende Bodenprobe wird in möglichst frischem Zustande soweit locker zerrieben, daß bei dem späteren Sieben auf einem 5-mm-Siebe nur Steine zurückbleiben. Sie wird dann gleichmäßig an einem vor Staub und Gasen geschützten Orte ausgebreitet, bis sie lufttrocken geworden ist. Hierauf wird sie gewogen und durch ein 5 mm-Sieb getrennt.

Die auf dem Siebe verbleibenden Steine (> 5 mm) werden durch aufgegebenes Wasser von anhängenden Erdteilen gereinigt und in lufttrockenem Zustande gewogen. Das Gewicht derselben wird in Prozenten des Gesamtbodens ausgedrückt.

Über die zu verwendende Bodenmenge werden hier keine Vorschriften gemacht. Köttgen[3] hat gezeigt, daß selbst bei 1 kg Boden die Bestimmung des Anteils an Steinen im Boden noch ungenau ist. Man müßte also entweder von noch größeren Mengen ausgehen oder nach dem Vorschlage Crooks[4] wenigstens aus einer größeren Menge von etwa 5 kg die gröberen Steine (> 5 mm) auslesen, und dann erst 1 kg Boden durch das Sieb geben.

Die weitere Trennung der Bodenteile > 2 mm von der Feinerde erfolgt ebenfalls auf dem Siebe und zwar nach den Vereinbarungen des Verbandes landwirtschaftlicher Versuchsstationen im Deutschen Reiche in folgender Weise: „Von dem durch das 5-mm-Sieb gefallenen Boden werden bei feinerdiger Beschaffenheit desselben 50 g, bei kies- oder grusreicheren Böden 100 g verwendet und zunächst in einer Porzellanschale mit einem halben Liter Wasser unter häufigem Umrühren mittels eines Spatels so lange in gelindem Sieden erhalten, bis alle Bodenteilchen völlig zerkocht sind. Nach genügendem Erkalten gibt man die zerkochte Bodenmasse durch ein 2-mm-Sieb in einen Schlämmzylinder. Der auf dem Siebe zurückbleibende Rückstand wird über dem Zylinder sorgfältig mit der Spritzflasche abgespült und dann an der Luft getrocknet. Durch

---

[1] Schucht, F.: Bericht über die Sitzung der Internationalen Kommission für mechanische und physikalische Bodenanalyse. Internat. Mitt. Bodenkde 4, 30 (1914). — Vgl. ferner A. Atterberg: Über die Klassifikation der Bodenkörner. Kalmar 1910. — J. Kopecký: Ein Beitrag zur Frage der neueren Einteilung der Körnungsprodukte bei der mechanischen Analyse. Internat. Mitt. Bodenkde. 4, 199 (1914). — G. Colley: A study of the soils of the United States. U. S. Dep. of Agricult., Bur. of Soils, Bull. 85 (1913).
[2] Landw. Versuchsstat. 42, 154 (1892); 43, 335 (1893).
[3] Köttgen, P.: Zur Methode der physikalischen Bodenanalyse. Internat. Mitt. Bodenkde. 7, 211 (1917).
[4] Crooks: Econ. Proc. Bog. Dubl. Soc. 1, 5, 10, 223 (1904). — Siehe auch Köttgen: a. a. O., S. 212.

ein 3-mm-Sieb kann er dann noch in groben (5—3 mm) und feinen (3—2 mm) Kies (Schwemmlandböden) oder Grus (Verwitterungsböden) zerlegt werden. Nach KÖTTGEN[1] genügen auch hier 50—100 g Boden nicht, um den Anteil an Bodenkörnern von 5—2 mm zu ermitteln. Er hält die Behandlung von 1000 g Boden für notwendig, die er durch das 5-, 3- und 2-mm-Sieb zunächst trocken, dann unter Zuhilfenahme von Wasser mit nachträglichem Auskochen der Rückstände gibt. Seine Vorschläge haben sich jedoch nicht durchgesetzt, so daß im allgemeinen Mengen von 50—100 g für die Trennung der Feinerde von den gröberen Bestandteilen verwandt werden.

Bei der Vorbereitung der Feinerde für die mechanische Bodenanalyse geht man in der Regel vom lufttrockenen Boden aus. v. 'SIGMONDS Vorschlag[2], den Boden im frischen Zustande zu verwenden, ist nicht durchgedrungen. Allerdings haben EHRENBERG und VAN ZYL[3] nachgewiesen, daß bei allen kolloidhaltigen Böden, besonders natürlich bei den schweren Böden, schon durch das Trocknen an der Luft, in stärkerem Maße noch durch künstliches Trocknen, die Zerlegung der Bodenkrümel weitgehend erschwert werden kann.

Über die weitere zweckmäßigste Vorbehandlung der Feinerde stehen sich die Meinungen der Analytiker noch ziemlich schroff gegenüber[4]. Die einen verwerfen jede Beeinflussung des Bodens durch chemische Reagentien und wollen die durch Kalk, Humus oder Eisenhydroxyd und Tonerde aneinandergekitteten Bodenteilchen lediglich durch mechanische Mittel möglichst voneinander trennen, ohne die Teilchen selbst zu zerkleinern, die anderen verlangen die vorherige Entfernung aller nicht das eigentliche Bodenskelett bildenden Stoffe, vor allem des Kalkes und des Humus, noch andere schließlich nehmen einen vermittelnden Standpunkt ein und behandeln den Boden mit schwachen Reagentien, welche die Loslösung der einzelnen Bodenpartikel voneinander bewirken sollen, ohne daß dabei ein zu starker Angriff auf die sonstigen Bodenbestandteile erfolgt. Bei der rein mechanischen Vorbehandlung des Bodens wird dieser gekocht, wie es die oben angegebene Vorschrift des Verbandes landwirtschaftlicher Versuchsstationen im Deutschen Reiche verlangt, oder mit mehr oder weniger energischen Werkzeugen zerrieben, oder schließlich im Schüttel- oder Rotierapparat geschüttelt. Das Kochen ist je nach dem Gehalt des Bodens an feinsten Teilchen oft bis zu 24 Stunden fortzusetzen. Um eine zu starke Beeinflussung der Bodenkolloide durch das übermäßig lange Kochen zu vermeiden, erscheint der Vorschlag HISSINKS[5] zweckmäßig, dasselbe durch mehrmaliges, halbstündiges Kochen zu ersetzen. Der Boden wird in einer Porzellanschale $1/_2$ Stunde unter Rühren mit einem Kautschukpistill gekocht, sodann in einen Sedimentierapparat gebracht, abgehebert der Rückstand wieder in die Schale gebracht, abermals gekocht, übergespült, abgehebert und diese Behandlung so lange wiederholt, bis nur noch Spuren abschlämmbarer Teile vorhanden sind. Das Verfahren nimmt zwar den Analytiker in etwas stärkerem Grade in Anspruch, verkürzt aber die Kochdauer oft wesent-

---

[1] KÖTTGEN, P.: a. a. O., S. 212.

[2] SCHUCHT, F.: Bericht über die Sitzung der Internationalen Kommission für die mechanische und physikalische Bodenuntersuchung, Berlin 1913. Internat. Mitt. Bodenkde. 4, 25 (1914).

[3] EHRENBERG, P., u. J. P. VAN ZYL: Untersuchungen über die Beschaffenheit der Bodenkrümel. Internat. Mitt. Bodenkde 7, 103 (1917). — ZYL, J. P. VAN: Der ATTENBERGsche Schlämmzylinder. Ebenda 8, 1 ff., 41 (1918).

[4] Vgl. hierzu F. SCHUCHT: a. a. O. Internat. Mitt. Bodenkde. 4, 9ff. (1914). — L. B. OLMSTEAD, L. T. ALEXANDER u. H. E. MIDDLETON: A pipette method of mechanical Analysis of soils based on improved dispersion procedure. U. S. Dep. of Agricult. Technic. bull. No. 170 (1930).

[5] Vgl. Internat. Mitt. Bodenkde. 4, 9ff. (1914).

lich und gestattet vor allem eine Kontrolle darüber, wann die vollständige Loslösung der Bodenteilchen voneinander erfolgt ist, während man bei dem ein-
maligen Kochen mehr oder weniger auf Schätzung angewiesen ist.

Weit bequemer als die Kochmethode ist fraglos die Schüttelmethode. Die
Schütteldauer beträgt bis zu 6 Stunden. Diese Zeit reicht nach den Untersuchungen Hissinks zur Lösung der Bodenteile voneinander aus. Andererseits
kann ein längeres Schütteln bei gewissen wenig widerstandsfähigen Böden zur
Zertrümmerung von Teilchen führen und damit einen zu hohen Anteil an feinsten
Anteilen liefern. Die Besorgnis vor einer derartigen Zertrümmerung von Bodenteilchen bei der mechanischen Bodenbehandlung hat Hissink[1] übrigens später
veranlaßt, nach englischem Vorbild zur Behandlung der Böden mit schwacher
Salzsäure mit nur zweistündigem langsamen Schütteln überzugehen.

Die energischste rein mechanische Behandlung erfährt der Boden zweifellos
durch die Reibmethode von Beam[2], die besonders von Atterberg[3] für humusfreie
und -arme Böden angewandt wurde, und deren Ausführung er folgendermaßen
angibt: Die Bodenprobe wird in einen Porzellanbecher von runder innerer Bodenfläche gebracht und darin mit gerade so viel Wasser vermischt, daß das Gemisch
einen dicken Brei bildet. Der Brei wird mit einer steifen Bürste sorgfältig bearbeitet, damit sämtliche Bodenaggregate möglichst zerteilt werden. Als Bürste
benutzt Atterberg einen steifen, etwa 16 mm breiten Malerpinsel, bei welchem
die Haare in einer 4 cm langen Blechfassung befestigt sind. Der Brei wird unter
fortwährender Bearbeitung mit dem Pinsel allmählich verdünnt und dann in
den Schlämmapparat eingespült. Der Pinsel wird dabei mit Wasser gut gereinigt.
Nach zwei oder drei Abschlämmungen wird der Inhalt des Schlämmapparates
in eine Porzellanschale übergespült. Die Masse wird auf einem siedenden Wasserbade von der Hauptmenge des Wassers befreit, ohne sie eintrocknen zu lassen
(um Krustenbildung zu vermeiden). Der nasse Brei wird dann wieder mit dem
Pinsel gut bearbeitet, um dann abermals in den Schlämmapparat eingespült
zu werden. Bei diesem Verfahren soll es mit nur 6—7 Abschlämmungen gelingen, die Teilchen < 0,002 fast quantitativ von den größeren zu trennen. Abgesehen davon, daß das Ergebnis der Beamschen Methode doch in besonders
hohem Maße abhängig von dem Analytiker zu sein scheint, erfordert ihre
Durchführung eine erheblich stärkere Inanspruchnahme der menschlichen Arbeitsleistung und dürfte schon deshalb für Serienbestimmungen selten in Frage
kommen.

Teilweise die Befürchtung, durch eine zu energische mechanische Bodenbearbeitung — sei es nun Kochen, langandauerndes Schütteln oder Reiben —
eine Zertrümmerung von Einzelteilchen zu bewirken, hat eine Anzahl von Forschern veranlaßt, die Loslösung der Bodenteilchen voneinander durch schwache
chemische Reagentien zu erzielen. Es werden hierzu meistens 0,1—0,2 n-Salzsäure oder Ammoniak oder beide nacheinander verwandt, die dem Boden beim
nur kurze Zeit erfolgenden Schütteln oder beim gelinden Reiben in der Schale
zugesetzt werden. Durch die Salzsäure wird das die Verkittung der Bodenteile
bewirkende $Fe_2O_3 — Al_2O_3 — SiO_2$ gut gelöst[4], durch Ammoniak eine Koagulation
der Tonteilchen verhindert bzw. eine solche aufgehoben, sowie eine Lösung von
verkittenden Humusteilchen bewirkt und schließlich die fällende koagulierende

---

[1] Hissink, D. J.: Internat. Mitt. Bodenkde. 11, 9 (1921).
[2] Beam, W.: The mechanical Analysis of arid Soils. Cairo sci. J. 5, 107 ff. (1911).
[3] Atterberg, A.: Mechanische Bodenanalyse und Klassifikation der Mineralböden
Schwedens. Internat. Mitt. Bodenkde 2, 314 (1912).
[4] Hissink, D. J.: Methode der mechanischen Bodenanalyse. Internat. Mitt. Bodenkde.
11, 6 (1921).

Wirkung des Kalkes aufgehoben[1]. Von den zahlreichen Variationen, welche bei der Salzsäure-Ammoniak-Behandlung der Böden zur Verwendung kommen, seien hier die von Odén und von Hissink angegeben.

Odén[1] zerreibt den Boden in einem Mörser unter allmählichem Zusatz von NH_3-haltigem Wasser mit einem Pinsel. Für die gröberen Teile empfiehlt er dann Abzentrifugieren und nochmalige Behandlung des so entstehenden Breies mit dem Pinsel. Sodann wird mit ammoniakhaltigem Wasser geschüttelt. Die Konzentration des NH_3 soll 0,004—0,01 n betragen, muß jedoch bei humus- und stark kalkhaltigen Tonen erhöht werden. Als Höchstgrenze der Ammoniakkonzentration, bis zu welcher Schädigungen noch nicht eintreten, gibt er 2—3 n an. Hissink[2] verfährt wie folgt: 10 g lufttrockener Boden werden in eine Literflasche gebracht, mit Wasser bis 100 cm³ aufgefüllt und über Nacht stehengelassen. Am folgenden Morgen werden 100 cm³ 0,2 n-Salzsäure hinzugefügt und in einem Wagnerschen Rotierapparat 2 Stunden ganz langsam zur Vermeidung von Stoßwirkungen geschüttelt. Darauf erfolgt die Überführung des Bodens in den Schlämmapparat nach Atterberg, Entfernung der Salzsäure durch Abschlämmen mit Wasser und dann weiteres Abschlämmen der I. Fraktion mit 0,1 n-Ammoniak. Bei Böden, welche kohlensauren Kalk enthalten, gibt Hissink vorweg eine zur Lösung dieses Kalkes ausreichende Menge Salzsäure besonders hinzu.

Für die vorherige Behandlung des Bodens mit stärkeren Reagentien zur Entfernung der Karbonate und Humusstoffe setzen sich unter anderen auch Ramann[3] und Atterberg[4] ein. Ramann zerteilt den Boden durch Zerdrücken und Zerreiben mit Gummipistill oder Finger unter Zusatz von wenig Wasser, so daß ein dicker Brei entsteht, gibt dann mehr Wasser hinzu und erwärmt. Sodann erfolgt der Zusatz von Salzsäure bis zur schwach sauren Reaktion. Nach dem Absetzen wird die klare Flüssigkeit vom Boden abgegossen, auf dem Filter nachgewaschen und der Rückstand dann weiter mit Ammoniak behandelt. Atterberg hält für die humusarmen Böden der gemäßigten Klimate die Beamsche Reibmethode für ausreichend. Dagegen gäbe es in den regenreichen Tropenländern einerseits Böden, bei denen die Gefahr der Zerreibung der Kaolinitschuppen beim Bürsten bestände, andererseits wieder solche, bei denen durch Bürsten allein die fest aneinander gekitteten Tonaggregate nicht voneinander zu trennen wären. Hier hält er die Behandlung mit Salzsäure in folgender Weise für notwendig: Der Boden wird mit Salzsäure von 1,12 spez. Gewicht eine Stunde in einem Becherglas in siedendem Wasserbade erhitzt, die Flüssigkeit dann verdünnt und bis zur Klärung stehengelassen. Nach dem Abgießen der klaren Flüssigkeit wird der Rückstand auf ein Filter gebracht, ausgewaschen und wieder in das Becherglas gespült, Natronlauge zugesetzt und auf 50° erwärmt. Nach drei Minuten Umrühren wird wieder verdünnt und nach dem Absetzen und Abgießen der klaren Flüssigkeit der Rückstand der Schlämmanalyse unterworfen. Bei der Behandlung mit Salzsäure bei 100° nach Atterbergs Methode werden auch die Humussubstanzen derart verändert, daß sie durch die nachfolgende Natronlauge vollständig gelöst werden und somit das Ergebnis der Schlämmanalyse nicht mehr beeinflussen können.

Bei der mechanischen Vorbehandlung humusreicher Böden hält Atterberg[4] eine vorherige Zerstörung der Humussubstanzen für notwendig und schlägt dafür

---

[1] Odén, Sven: Bull. Geol. Inst. Upsala 16, 125 (1920); nach Jb. Agrikult.-Chem. 63, 455 (1920).
[2] Hissink, D. J.: Internat. Mitt. Bodenkde. 11, 9 (1921).
[3] Ramann, E.: Bodenkunde, S. 286. Berlin: Julius Springer 1911.
[4] Atterberg, A.: Internat. Mitt. Bodenkde. 2, 315 (1912).

folgendes Verfahren vor[1]: „20 g der Bodenprobe werden in einem Becherglase mit 50 cm³ Wasser und 50 cm³ einer Lösung von 120 g Natriumhydrat in 500 cm³ Wasser ausgerührt. Aus einem Meßglase werden dann 2—3 cm³ Brom zugesetzt. Das Becherglas wird gut geschüttelt, damit sich das Brom in der Flüssigkeit auflöse. Das Glas erwärmt sich und muß deshalb nach dem Schütteln jedesmal in kaltes Wasser gestellt werden. Nach 15 Minuten bei wiederholtem Umschütteln des Becherglases ist die dunkle Farbe des humosen Bodens in eine hellgraue oder braune Farbe übergegangen, und die Humusteilchen sind somit zerstört." Sandböden können dann direkt abgeschlämmt werden. Tonböden werden nach mehrmaligem Abschlämmen zur Entfernung der großen Salzmengen, zunächst wieder in eine Porzellanschale gespült, dort nicht ganz eingetrocknet und dann vor dem endgültigen Abschlämmen erst noch nach BEAM behandelt.

Daß gegen eine derartige energische Behandlung des Bodens, durch welche leicht eine Zerstörung oder wenigstens starke Beeinflussung der Bodenteile bewirkt werden kann, von verschiedenen Seiten Bedenken erhoben sind, ist nur zu erklärlich. So weist u. a. ROBINSON[2] darauf hin, daß bei der Behandlung von humosen Böden mit Säuren ein Teil des Tons und der fein verteilten Mineralsubstanz gelöst wird, und durch Alkalien wieder Silikate und kolloide Kieselsäure angegriffen werden. Er verwirft deshalb die Verwendung von Säuren und Laugen zur Zerstörung des Humus und wendet statt ihrer Wasserstoffsuperoxyd an. Nach ihm werden 10 g Boden in·einem Becherglase von 600—700 cm³ Inhalt auf dem Wasserbade nach Zusatz von· 50 cm³ 20 proz. H_2O_2 unter öfterem Umrühren 30 Minuten auf dem Wasserbade erhitzt, nochmals 25 cm³ H_2O_2 zugesetzt und nochmals 20 Minuten erhitzt. Sehr humusreiche Böden erfordern mehr H_2O_2. Der Boden wird dann mit 15 cm³ Wasser 15 Minuten gekocht. Die organische Substanz wird bei dieser Behandlung so weit zerstört, daß eine Loslösung der vorher durch Humus verkitteten Teilchen gewährleistet ist. HISSINK[3] hat die ROBINSONsche Methode etwas abgeändert und verwendet neben H_2O_2 noch 0,2 n-Salzsäure (nach Abstumpfung des kohlensauren Kalkes) und 0,1 n-Ammoniak.

Gegen die Zerstörung des Humus in den Böden bestehen insofern gewisse Bedenken, als Böden mit höherem Humusgehalt durch diesen in ihrer ganzen physikalischen Eigenart so stark beeinflußt werden, daß die Feststellung der mineralischen Korngrößen doch kein wahres Bild ihres Zustandes gibt und keinerlei Vergleiche mit reinen oder humusarmen Böden gestattet. Sodann ist auch die Grenze, bei der eine Zerstörung des Humus stattzufinden hat, außerordentlich schwer festzustellen. GANS[4] vertritt deshalb den Standpunkt, daß, wenn überhaupt eine Humuszerstörung vor der mechanischen Analyse stattfinden soll, diese bei allen Böden anzuwenden wäre ohne Rücksicht auf ihren Gehalt an organischer Substanz.

Bei den vielen Für und Wider, die einerseits gegen eine rein mechanische Vorbehandlung der Böden, andererseits gegen die Behandlung mit starken chemischen Reagentien sprechen, dürfte eine alle Teile befriedigende Einheitsmethode wohl kaum zu finden sein. Auf alle Fälle dürften selbst Salzsäure und Ammoniak nur in schwächsten Konzentrationen anwendbar sein. BLANCK und ALTEN[5] haben

---

[1] ATTERBERG, A.: Klassifikation der humusfreien und humusarmen Mineralböden Schwedens. Internat. Mitt. Bodenkde. **6**, 41 (1916).

[2] ROBINSON: J. agricult. Sci. **12**, T. 3, 287 (1922); nach Internat. Mitt. Bodenkde. **13**, 62 (1923).

[3] HISSINK, D. J.: Die Methode der mechanischen Bodenanalyse. Mitt. internat. bodenkdl. Ges. **1**, 162 (1925).

[4] Vgl. Internat. Mitt. Bodenkde. **4**, 29 (1914).

[5] BLANCK, E., u. F. ALTEN: Beitrag zur Frage nach der Vorbehandlung der Böden mit Ammoniak. J. Landw. **72**, 153 (1924); zweiter Beitrag usw. **73**, 39 (1925).

z. B. gezeigt, daß schon $2^1/_2$proz. Ammoniaklösung in manchen ariden Böden zum Löslichwerden von Kieselsäure Veranlassung geben kann[1].

Die Ermittelung der Korngröße des Feinbodens erfolgt nach drei verschiedenen Methoden, der Siebmethode, der Spülmethode und der Sedimentier- oder Absetzmethode. Jede derselben wird wieder in zahlreichen Variationen angewandt, keine stellt etwas Vollkommenes dar, gegen jede werden von ihren Gegnern durchaus berechtigte Bedenken geltend gemacht, auf die bei ihrer näheren Besprechung einzugehen sein wird.

Die Siebmethode.

Der Boden wird durch Rundlochsiebe von 2,0, 1,5, 1,0, 0,5 und 0,25 mm langsam durchgeschlämmt, wobei durch gelindes Reiben mit den Fingern oder mit Bürsten eine Zerkleinerung der Krümel und die Trennung der Teilchen voneinander bewirkt wird. Eine Vorbehandlung des Bodens unterbleibt dabei in der Regel.

Die Methode erfaßt gerade die für die Beurteilung eines Bodens wichtigsten, feinsten Korngrößen nicht. Ferner liefert sie kein wahres Bild der Korngrößen, da z. B. Teilchen mit nach allen Richtungen etwa gleichmäßigem Durchmesser, also von annähernder Kugelgestalt nicht mehr durch das gleiche Siebloch gehen, als Teilchen an sich gleicher Größe aber von mehr Zylinderform, welche je nach ihrer Lage entweder durch das Loch durchzuschlüpfen vermögen oder quer darüber liegen bleiben. Die Methode vermag daher nur recht wenig befriedigende Annäherungswerte zu liefern und kommt heute nur noch selten zur Anwendung[2].

Die Spülmethoden.

Bei diesen erfolgt die Trennung der Bodenteilchen durch die Bewegung eines nach aufwärts gerichteten Wasserstromes, welche den Fall der Teilchen verhindert. Je nach der Geschwindigkeit des Stromes werden die einzelnen Korngrößen durch diesen in der Schwebe gehalten und allmählich aus dem Schlämmgefäß hinausbefördert, während die Korngrößen, deren Fallgeschwindigkeit größer als die des Wasserstromes ist, zu Boden sinken. Der wesentlichste Mangel der Spülmethode ist, daß sie die feinsten Bodenteilchen unter 0,01 mm Durchmesser nicht weiter zu zerlegen vermag. Denn da diese allerfeinsten Teilchen viele Stunden lang in der Schwebe bleiben, werden sie durch die Strömung, und mag deren Geschwindigkeit noch so gering sein, am Absetzen verhindert und gemeinsam aus dem Spülgefäß geschlämmt. Wo also eine weitere Teilung der Korngrößen unter 0,01 mm Durchmesser stattfinden soll, sind die Spülmethoden allein nicht verwendbar. Die Trennung der Teilchen über 0,01 mm läßt sich dagegen mit großer Genauigkeit durchführen.

Von den verschiedenen Schlämmapparaten, von denen die von SCHULZE[3], FRESENIUS[4] und MÜLLER[4] noch erwähnt seien, mögen nur die von NÖBEL,

---

[1] Vgl. hierzu auch D. J. HISSINK: Die Methode der mechanischen Bodenuntersuchung. Versl. Landbouwk. Oenderzoekingen Rijkslandbouwproefstations **31**, 261 (1926); Internat. agrikult.-wiss. Rdsch., N. F. **1**, Nr. 3 (1925). — Ferner A. SEIWERTH: Die verschiedenen Verfahren der Vorbereitung von Proben zur mechanischen Untersuchung. Ann. pro exper. for. **2**, 236 (1927). — S. GERICKE: Versuche über die Vorbereitung und Ausführung der Schlämmanalyse nach ATTERBERG. Fortschr. Landw. **2**, 455 (1927). — F. GIESECKE: Über die Beziehungen zwischen der mechanischen Zusammensetzung und der Hygroskopizität eines Bodens. J. Landw. **76**, 39 (1928).

[2] Vgl. F. WAHNSCHAFFE u. F. SCHUCHT: Anleitung zur wissenschaftlichen Bodenanalyse. S. 17. Berlin: Parey 1924.

[3] SCHULZE, F.: Handbuch der praktischen Chemie, S. 284. 1849.

[4] HILGARD, E. W.: On the Silt Analysis of Soils and Clays. Amer. J. Sci. a. Arts **6** (1873), und Forschgn. a. d. Geb. Agrikult.-Phys. **2**, 57 (1879).

Schöne und Kopecký hier näher beschrieben werden, es sei jedoch auf den von Edler[1] gegebenen geschichtlichen Überblick über die Entwickelung der mechanischen Bodenanalyse und die dazu benutzten Apparate hingewiesen.

Der erste Apparat, der befriedigend übereinstimmende Ergebnisse zeitigte war der von Nöbel[2]. Er besteht aus vier birnenförmigen Gefäßen, deren Inhalte sich wie $1^3 : 2^3 : 3^3 : 4^3$ verhalten und zusammen etwa 4 l betragen. Das untere Ende jeder Birne läuft in ein Rohr aus, das etwa parallel zu der Birnenwand nach oben gebogen ist. Oben werden die Birnen durch einen Gummistopfen verschlossen, durch welchen ein gebogenes Glasrohr hindurchgeht, das mit seinem einen Ende dicht unter dem Stopfen abschneidet, mit dem anderen schräge nach unten gerichteten mit dem unteren Auslaufrohr der nächsten Birne verbunden wird. Die vier Birnen sind ihrer Größe nach hintereinander geschaltet, und zwar ist das kleinste Gefäß mit einem etwa 10 l Wasser fassenden mit Niveauregulator versehenen Behälter mittels Gummischlauch mit Quetschhahn verbunden, während das letzte größte Gefäß seinen Inhalt durch das aufgesetzte gebogene Rohr in ein darunter gestelltes Gefäß entleert. Dieses letzte Abflußrohr ist zu einer Spitze ausgezogen, welche den Ausfluß von 9 l Wasser in 40 Minuten gestattet. Das Abschlämmen erfolgt unter konstantem Druck.

Das Nöbelsche Verfahren weist noch eine Reihe von Fehlerquellen auf, auf die schon frühzeitig Hilgard[3] und Pelegrini[4] hingewiesen haben. Die wesentlichsten Bedenken richten sich gegen die verschiedene Stromgeschwindigkeit in den unteren und oberen Teilen der konischen Gefäße und gegen das Auftreten von dem nach oben gerichteten Strome entgegengesetzten Wandströmungen, welche eine Ungleichartigkeit der Schlämmprodukte und ein Zusammenballen von Teilchen mit kleinerem Durchmesser als 0,2 mm veranlassen.

Diese Fehlerquellen sind im wesentlichen in den heute gebräuchlichsten Apparaten von Schöne und Kopecký vermieden, bei denen statt der konischen mehr oder weniger zylindrische Spülgefäße Verwendung finden.

Der Schönesche Schlämmapparat. Der Schönesche Apparat[5] besteht in seiner nach dem Vorschlage von Orth[6] abgeänderten Form aus folgenden Teilen (Abb. 1): Einem etwa 50 l fassenden Wasserkasten (A), welcher, um eine Veränderung des Wasserspiegels und damit des Wasserdruckes auf das geringste zu beschränken, möglichst flach zu halten ist. Der Kasten befindet sich 2—3 m über dem eigentlichen Schlämmapparat und dem Tisch (B). Ferner aus dem mit einem Glashahn (b) versehenen Verbindungsrohr (G), aus den beiden den eigentlichen Spülapparat darstellenden Schlämmgefäßen (D und E), dem zur Aufnahme des auslaufenden Wassers dienenden Standgefäße von 10—15 l Inhalt (C) und schließlich dem Piëzometer oder Druckmesser (F).

Die beiden Schlämmgefäße D und E sind zylindrisch-konisch geformte Trichter, deren unterer Teil zu nach oben gebogenen Röhren (a und a') ausgezogen ist. a ist mit der Verbindungsröhre G durch einen Gummischlauch verbunden, a' mit D durch ein kurzes in D mittels Stopfens eingesetztes, gebogenes Glasrohr.

[1] Edler, W. J. Landw. **31**, 185 ff. (1883).

[2] Nach L. Wolff: Der Nöbelsche Schlämmapparat. Landw. Versuchsstat. **8**, 408 (1866).

[3] Hilgard, E. W.: On the Silt Analysis of Soils and Clays, a. a. O.

[4] Sestini, F.: Über chemisch-physikalische Analyse der Tonböden. Landw. Versuchsst. **25**, 48 (1880).

[5] Nach F. Wahnschaffe u. F. Schucht: Wissenschaftliche Bodenuntersuchung, 4. Aufl., S. 34. Berlin: Parey 1924. — Siehe auch E. Schöne: Über Schlämmanalyse und einen neuen Schlämmapparat. Berlin 1867.

[6] Orth, A.: Ber. Dtsch. chem. Ges. **15**, 3025 ff. nach F. Wahnschaffe u. F. Schucht: Wissenschaftliche Bodenuntersuchung, 4. Aufl., S. 40. 1924.

Der große Schlämmtrichter E ist in seinem oberen Teile zwischen f und e in einer Länge von wenigstens 10 cm vollkommen zylindrisch, um dort eine gleichmäßige Stromgeschwindigkeit zu gewährleisten. Dieser Teil soll eine lichte Weite von 5 cm besitzen. Unterhalb e verengt sich der Apparat ganz allmählich, um schließlich in das Glasrohr a' überzugehen. Der konische Teil des Trichters besitzt eine Länge von etwa 50 cm. Der kleine Schlämmzylinder soll in seinem zylindrischen Teil einen Durchmesser von 2,5 cm haben. WAHNSCHAFFE und SCHUCHT[1] empfehlen diesen zylindrischen Teil 50 cm lang zu machen, um nach LAUFERS[1] Vorschlage auch noch die Korngröße 0,2—0,1 mm bei einer Geschwindigkeit von 25 mm von den größeren abschlämmen zu können.

In den Hals des großen Schlämmtrichters wird mittels Gummistopfen das Piëzometer eingesetzt, das zur Feststellung der Stromgeschwindigkeit dient. Es besteht aus einem Rohr von 3 mm lichter Weite. Etwa 8 cm von seinem unteren Ende (d) ist es in einem Winkel von 45° nach unten gebogen, um dann etwa in Höhe des unteren Rohrendes (g) wieder nach aufwärts gerichtet zu werden. An dieser zweiten Biegung befindet sich eine etwa 1,5 mm weite runde Ausflußöffnung so angebracht, daß der Auslaufstrahl schräge nach unten gerichtet ist. Von hier ab ist das Piëzometerrohr auf den ersten 10 cm im Millimeter, von 10—50 cm in halbe und von 50—100 cm in ganze Zentimeter eingeteilt. Zu achten ist darauf, daß auch an den Biegstellen das Rohr die gleiche lichte Weite von 3 mm behält. MAYER[2] hat einige Modifikationen des SCHÖNESCHEN Apparates vorgeschlagen, und zwar 1. statt des Piëzometers ein einfaches graduiertes Glasrohr von 3—4 mm lichter Weite aufzusetzen und daneben ein besonderes im Winkel von etwa 45° nach unten gebogenes Ausflußrohr. Durch Veränderung der Ausflußöffnungen sollen die Auslaufmengen so geregelt werden, daß in allen Apparaten bei gleicher Druckhöhe im

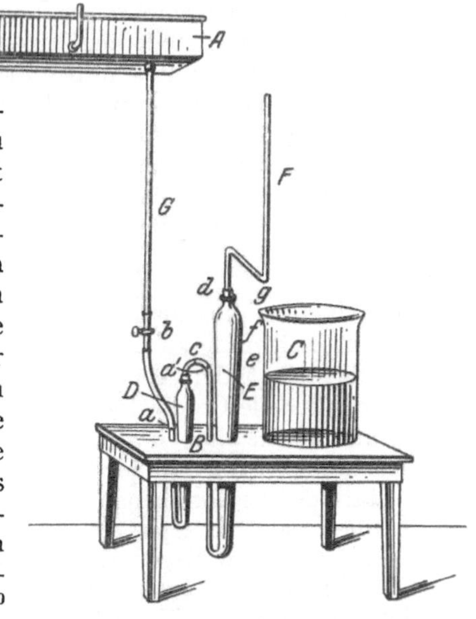

Abb. 1. SCHÖNEscher Schlämmapparat. Nach J. KÖNIG: Untersuchung landwirtschaftlich und landwirtschaftlich-gewerblich wichtiger Stoffe, S. 15. 1923.

Steigrohr auch die gleiche Schlämmgeschwindigkeit herrscht. 2. Das Eindringen von Sand in das schwanenhalsförmige Einströmungsrohr soll durch Anbringen eines Glashahnes vermieden werden und 3. empfiehlt er das Anbringen einer Volumeinteilung des Schlämmtrichters selbst, welche bei Massenbestimmungen die volumetrische Ermittelung der Schlämmrückstände mit Hilfe von einigen Probewägungen gestattet.

Die MAYERschen Vorschläge bringen zwar einige Verbesserungen der Apparatur, haben aber gleichwohl nicht zu einer allgemeinen Annahme derselben geführt.

Die Geschwindigkeit der Strömung im Schlämmtrichter ist abhängig vom Wasserzufluß, der Größe der Auslauföffnung am Piëzometer und dem Querschnitt des zylindrischen Teiles des Schlämmgefäßes. Diese ist deshalb für jeden

---

[1] WAHNSCHAFFE, F., u. F. SCHUCHT: a. a. O., S. 40.

[2] MAYER, A.: Modifikation des SCHÖNEschen Schlämmapparates. Forschgn. a. d. Geb. Agrikult.-Phys. 5, 228 (1882).

Trichter zunächst besonders zu ermitteln. Man füllt den Schlämmtrichter bis zum Beginn des zylindrischen Teiles mit Wasser, markiert das Niveau genau, läßt dann aus einer Pipette eine bestimmte Wassermenge zufließen, z. B. genau 50 cm³, und mißt die Entfernung des jetzigen Niveaus von dem ersten. Der Querschnitt eines Zylinders ist = Inhalt : Höhe. Da der Inhalt ($\mathfrak{J}$) des mit Wasser gefüllten zylindrischen Teiles durch die neu zugeführte Wassermenge (z. B. 50 cm³) bekannt, die Höhe (h) = der Entfernung der beiden Niveaus voneinander ist, so ist der Querschnitt $r^2 \pi = \dfrac{\mathfrak{J}}{h}$.

Zur Ermittelung der Schlämmgeschwindigkeit setzt man den Apparat vollständig zusammen, füllt ihn vollständig mit Wasser, wobei sorgfältig auf die Entfernung von Luftblasen zu achten ist, und reguliert den weiteren Wasserzufluß durch Einstellen des Hahnes b derart, daß aus der Piëzometeröffnung bei g das Wasser tropfenweise so ausfließt, daß man die Tropfen noch gerade bequem zählen kann. Dann stellt man einen genau austarierten Meßkolben von zweckmäßig 1 l Inhalt darunter, mißt mit Stoppuhr die Zeit, in welcher das Meßgefäß gefüllt ist und berechnet durch Division der verbrauchten Zeit t in die Wassermenge M die in einer Sekunde durchgelaufene Wassermenge Q.

Die Stromgeschwindigkeit x, d. h. die in 1 Sekunde in dem zylindrischen Teile des Schlämmgefäßes zurückgelegte Strecke erhält man dann, indem man die in 1 Sekunde ausgeflossene Wassermenge Q, ausgedrückt in Kubikmillimeter, dividiert durch den Querschnitt $r^2 \pi$, ausgedrückt in Quadratmillimeter: $x = \dfrac{Q}{r^2 \pi}$.

Da für das Abschlämmen bestimmter Korngrößen naturgemäß bestimmte Schlämmgeschwindigkeiten notwendig sind, muß man durch wiederholtes Probieren diese für jeden Apparat gesondert ermitteln. Ist dieses erfolgt, so notiert man sich für jede Geschwindigkeit die entsprechende Druckhöhe im Piëzometerrohr, auf welche man bei den späteren Analysen das Durchfließen nur einzustellen braucht, um die gewünschte Geschwindigkeit sicherzustellen.

Statt der beschriebenen Ermittelung kann man die Geschwindigkeit auch mit Hilfe des Piëzometers berechnen. Bezüglich der Berechnungsart und ihrer theoretischen Grundlagen sei auf Wahnschaffe und Schucht[1] verwiesen.

Unter der Annahme, daß als Schlämmprodukt Quarzsand in Kugelform vorliegt, entsprechen die Schlämmgeschwindigkeiten folgenden Korngrößen:

Stromgeschwindigkeit 0,2 mm i. d. Sek.	= unter 0,01 mm Korngröße		
,,	0,5 mm ,, ,, ,,	= 0,01—0,02 mm	,,
,,	2,0 mm ,, ,, ,,	= 0,02—0,05 mm	,,
,,	7,0 mm ,, ,, ,,	= 0,05—0,10 mm	,,
,,	25,0 mm ,, ,, ,,	= 0,10—0,20 mm	,,

Die für jede andere Korngröße notwendige Geschwindigkeit läßt sich aus der Formel

$$d = 0{,}0314 \sqrt[11]{v\, 7}\ \text{mm}$$

berechnen, worin d der Korndurchmesser, v die Stromgeschwindigkeit bedeuten.

Die Geschwindigkeiten 7 und 25 mm werden in dem kleinen Trichter eingestellt, dessen Dimensionen zweckmäßig so gewählt werden, daß diese Geschwindigkeit bei einer größeren Druckhöhe im Piëzometer erreicht wird, als die bei 2 mm im großen Trichter. In diesem Falle kann man das Schlämmen in der Reihenfolge der Geschwindigkeiten vornehmen. Im entgegengesetzten Falle müßte man zunächst die Schlämmprodukte bei dem 7 mm im kleinen Trichter entsprechenden Piëzometerstande in den großen hinüberspülen, und dann erst bei 2 mm die Trennung im großen vornehmen.

---

[1] Wahnschaffe, F., u. F. Schucht: a. a. O., S. 38.

Die Geschwindigkeit von 25 mm läßt sich mit der engen Ausflußöffnung des gewöhnlichen Piëzometers nicht erreichen. Will man die Teilchengröße von 0,1—2,0 mm noch weiter zerlegen, so muß man diese Geschwindigkeit mit einem besonderen Druckmesser von etwa 5 mm lichter Weite und einer Ausflußöffnung von 3—3,5 mm ermitteln.

Die Ausführung der Schlämmanalyse findet folgendermaßen statt: Von dem durch das 2-mm-Sieb gegangenen Boden werden je nach Feinheitsgrad desselben 30—50 g, bei sehr grobkörnigen Böden unter Umständen bis 100 g zunächst in einer der oben beschriebenen Arten vorbereitet. In der Regel wendet man die Kochmethode an, wobei der Boden durch mehrstündiges Kochen mit 300 cm³ Wasser in einer Porzellanschale unter Zerdrücken der zusammenhaftenden Teile mit Daumen oder Gummipistill zum Zerfall gebracht wird. Nach dem Abkühlen und Absetzen des grobkörnigen Bodens gießt man die überstehende Flüssigkeit mit den Schwebeteilchen in den großen Trichter, den Bodensatz in den kleinen. Um in letzterem ein Festsetzen von Sand in dem engen Teile zu verhindern, läßt man schon während des Einfüllens des Bodens langsam aus dem Wasserkasten Wasser zufließen. Nach dem Einfüllen des Bodens werden die Trichter miteinander verbunden und vollständig mit Wasser gefüllt, wobei sorgfältig darauf zu achten ist, daß keine Luftblasen zurückbleiben. Es wird nun der für 0,2 mm Geschwindigkeit ermittelte Piëzometerstand eingestellt und mit dem Abschlämmen der feinsten Teilchen < 0,01 mm begonnen. Je nach Bodenart werden hierzu bis zu 10 l Wasser gebraucht. Sobald das Wasser in dem zylindrischen Teile des großen Schlämmtrichters klar bleibt, stellt man ein neues Auffanggefäß unter und stellt das Piëzometer auf den Stand für die nächste Geschwindigkeit von 0,5 mm, bzw. falls man, wie es häufig geschieht, die Korngrößen 0,01—0,05 nicht weiter trennen will, gleich für 2-mm-Geschwindigkeit ein. Nachdem diese Korngrößen abgeschlämmt sind, wird der der 7-mm-Geschwindigkeit im kleinen Trichter entsprechende Piëzometerstand eingestellt und werden die Teilchen 0,05—0,1 mm in den großen Schlämmtrichter hinübergespült. Im kleinen Trichter verbleiben die Korngrößen 0,1—2,0 mm. Will man nun auch noch die Teilchen 0,1—0,2 mm ermitteln, so löst man die Verbindung zwischen den beiden Schlämmtrichtern, setzt auf den kleinen Trichter das Piëzometer mit der großen Ausflußöffnung auf und schlämmt dann bei dessen Stand für 25 mm Geschwindigkeit weiter. Man hat dann folgende Schlämmprodukte erhalten:

Erster Ausfluß	0,01 mm (Ton)
Zweiter Ausfluß	0,01—0,02 mm ⎫ (Staub)
Dritter Ausfluß	0,02—0,05 mm ⎭
Rückstand im großen Trichter .	0,05—0,10 mm (sehr feiner Sand)
Abfluß aus dem kleinen Trichter	0,10—0,20 mm (feiner Sand)
Rückstand im kleinen Trichter .	0,20—2,00 mm

Dieser Rückstand wird nach dem Hinausspülen und Trocknen durch Siebe in die Fraktion 0,2—0,5 (mittelkörniger Sand), 0,5—1,0 (grober Sand) und 1,0—2,0 mm (sehr grober Sand) getrennt und lufttrocken gewogen.

Das erste Schlämmprodukt mit den feinsten Teilchen gießt man in der Regel fort und bestimmt seine Menge aus der Differenz, da das Eindampfen der großen Wassermassen zu lange dauert. Will man es aus irgendeinem Grunde, etwa zum Zwecke chemischer Untersuchung doch gewinnen, so ist die Anwendung von destilliertem Wasser für das Schlämmen unbedingt notwendig, da sonst beim Eindampfen der großen Wassermengen zuviel Salze zurückbleiben würden. Die Anwendung von destilliertem Wasser wenigstens für die beiden feinsten Korngrößengruppen empfiehlt sich überhaupt, um jede physikalische Beeinflussung derselben durch die Salze des Wassers zu vermeiden, und auch mit Rücksicht auf das abweichende spezifische Gewicht des Leitungswassers. Die übrigen Produkte kann man, ohne dadurch einen wesentlichen Fehler zu veranlassen, mit gewöhnlichem Wasser abschlämmen, sie setzen sich rasch zu Boden, so daß man das überstehende Wasser abgießen und dadurch die Anreicherung des Bodens mit Salzen beim Eindampfen vermeiden kann. Die einzelnen Schlämmprodukte sowie der Rückstand aus dem großen Trichter werden in Schalen gespült. Nach dem Abgießen des überstehenden Wassers werden die Rückstände eingedampft, getrocknet, sodann durch mehrstündiges Stehen an der Luft wieder in den lufttrockenen Zustand überführt und schließlich gewogen.

Um bei dem Abschlämmen stets sicher den gleichen Wasserdruck zu haben, so daß dieses ohne dauernde Beobachtung des Vorganges und der Druckhöhe im Piëzometer vor sich gehen kann, haben Wahnschaffe und Schucht[1] einen besonderen Apparat konstruiert, auf den hier hingewiesen sei.

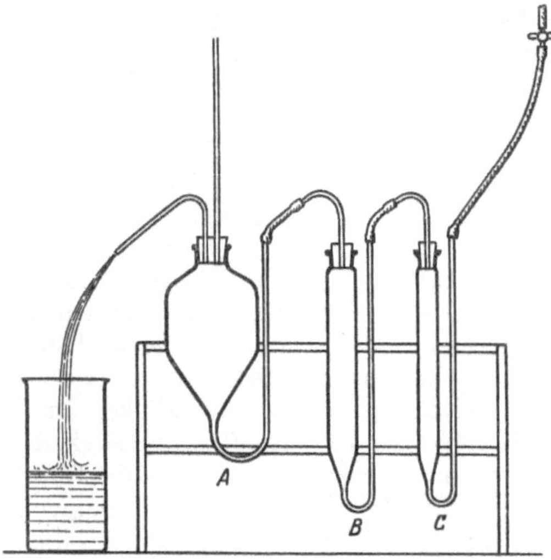

Der Kopeckýsche Schlämmapparat. Kopecký[2] greift wieder auf das Nöbelsche Prinzip zurück, die Trennung der Teilchen gleichzeitig in mehreren hintereinander geschalteten Schlämmgefäßen zu bewirken, in denen die Stromgeschwindigkeit durch die im bestimmten Verhältnis zueinanderstehenden Durchmesser der Schlämmgefäße reguliert ist. Er verwendet, um die Fehler des Nöbelschen Apparates auszuschalten, die zylindrische Form (s. Abb. 2). Die Durchmesser seiner Zylinder verhalten sich wie $30:56:178$ mm. Beträgt die Geschwindigkeit in A $0,2$ mm, so ist die in B 2 mm und in C 7 mm. Man erhält dann die Korngrößen $< 0,01$ mm im Abfluß, $0,01$—$0,05$ mm im Zylinder A,

Abb. 2. Kopeckýscher Schlämmapparat.
Nach F. Wahnschaffe u. F. Schucht: Anleitung zu wissenschaftlicher Bodenuntersuchung, S. 48. 1924.

$0,05$—$0,10$ mm in B und den Rest $0,1$—$2,0$ mm in C. Diesen kann man wieder unter Verwendung eines anderen Piëzometers in die Gruppen $0,1$—$0,2$ mm und $0,2$—$2,0$ mm teilen, indem man nach Beendigung der ersten Schlämmung, den Zylinder A direkt mit C verbindet und nun für C eine Geschwindigkeit von 20 mm einstellt (nach Schöne 25 mm). Durch Modifikationen in dem Verhältnis der einzelnen Zylinderdurchmesser zueinander kann man natürlich alle möglichen gewünschten Korngrößen erhalten. Der Apparat gestattet ein rascheres Arbeiten als der Schönesche und liefert nach den vergleichenden Versuchen von Wahnschaffe und Schucht[3] mit dem Schöneschen Verfahren gut übereinstimmende Ergebnisse. Kopecký schlägt übrigens eine, etwas von der Schöneschen und Atterbergschen (s. S. 1) abweichende Einteilung der Korngrößen vor[2].

Für die Regulierung der Stromgeschwindigkeit in den Spülapparaten schlägt Köhn[4] den Ersatz des Piëzometers durch eine elektrisch angetriebene Zentrifugal-

---

[1] Wahnschaffe, F., u. F. Schucht: a. a. O., S. 42.

[2] Kopecký: Die Bodenuntersuchung zum Zwecke der Dränagearbeiten usw. Prag 1901 und Internat. Mitt Bodenkde. 4, 199 (1914).

[3] Wahnschaffe, F., u. F. Schucht: a. a. O., S. 49.

[4] Köhn, M.: Bemerkungen zur mechanischen Bodenanalyse I. Z. Pflanzenern., Düng. u. Bodenkde. 9, 364 (1927).

pumpe vor, bei welcher durch Regulierung der Umdrehungszahl jede gewünschte Strömungsgeschwindigkeit erzeugt werden kann. Um die Tourenzahl des Elektromotors stets konstant zu halten, ist eine Fliehkraftkuppelung eingeschaltet. Die Pumpe treibt das Wasser aus einem Überlaufgefäß zunächst durch eine WOULFsche Flasche und aus dieser in den Spülapparat. In der Originalarbeit sind die Einzelheiten der Apparatur und der Gang der Untersuchung genau beschrieben.

Der Schlämmapparat von HILGARD. Von der Beobachtung ausgehend, daß in dem SCHÖNEschen Schlämmapparat ein Zusammenballen von Teilchen < 0,2 mm stattfindet, die dann zu Boden sinken und als gröbere Bestandteile mitbestimmt werden, stellt HILGARD[1] die Forderung auf, daß einmal durch Verwendung möglichst vollständig zylindrischer Schlämmgefäße diese Zusammenballung, die auf Gegenströmungen in den konischen Teilen des Apparates zurückzuführen sei, möglichst verhindert werden müßte, und daß weiter noch durch eine heftige Wasserbewegung im unteren Teile des Schlämmgefäßes dem Niedersinken derartiger Kornaggregate entgegenzuarbeiten sei. Er hat daraufhin folgenden Apparat konstruiert (s. Abb. 3): Die zylindrische Schlämmröhre (T) von 34,8 mm Durchmesser und 290 mm Höhe ist auf einem Porzellanbecher (P) aufgekittet, welcher mit drei Öffnungen versehen ist, von denen die eine mit einem Behälter (R) durch eine kurze Röhre in Verbindung steht. Durch die beiden Seitenöffnungen geht die durch Stopf-

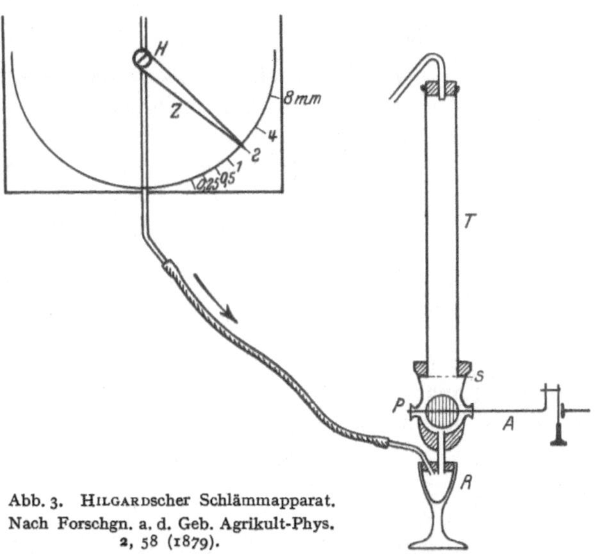

Abb. 3. HILGARDscher Schlämmapparat. Nach Forschgn. a. d. Geb. Agrikult-Phys. **2**, 58 (1879).

büchsen wasserdicht verschlossene Achse (A), welche mit einem Uhrwerk oder einer Turbine in Verbindung steht und durch diese mit einer Geschwindigkeit von 500—600 Umdrehungen in der Minute in Bewegung gesetzt wird. Auf der Achse innerhalb des Bechers P befinden sich zwei kreisförmige, senkrecht zueinanderstehende Metallplättchen, durch welche das an dieser Stelle durchströmende Wasser in schnelle Bewegung versetzt wird. An der Verbindungsstelle zwischen Becher und Schlämmröhre befindet sich ein Sieb von 0,8 mm Maschenweite. Die Zufuhr des Wassers erfolgt aus einer MARIOTTEschen Flasche, die Regulierung durch einen Hahn (H), dessen Griff zu einem Zeiger verlängert ist, mit dem man auf einer Skala die vorher empirisch ermittelten Geschwindigkeiten von 0,25—0,5, —1,0, —2,0, —4,0, —8 mm einstellt.

HILGARD verwendet 15—20 g Feinerde und verlangt als Vorbereitung der Probe 24—30stündiges Kochen, da erst bei derartig langer Kochdauer die Verklebung der Tonteilchen unter sich und die Verkittung durch kohlensauren Kalk aufgehoben würde.

Der ziemlich komplizierte Apparat hat in Deutschland größere Verbreitung nicht gefunden.

---

[1] HILGARD, E. W.: On the silt Analysis of Soils and Clays. Amer. J. Sci. a. Arts. 6 (1873) u. Forschgn. Geb. Agrikult.-Phys. **2**, 57 (1879).

Neuerdings hat RAUTERBERG[1] den alten SCHULZEschen Apparat in für die keramische Industrie von HARCORT[2] verbesserter Form auch für die Schlämmanalyse von Böden benutzt.

Die Absetzmethoden.

Läßt man einen Körper durch eine Flüssigkeit fallen, so nimmt er nach einiger Zeit eine konstante Fallgeschwindigkeit an. Auf diesem Gesetz beruhen alle Absetz- wie übrigens auch Spülverfahren. Für kugelförmige Körper hat STOKES[3] eine Gleichung aufgestellt, aus der sich ihre Fallgeschwindigkeit berechnen läßt, sowie umgekehrt nach Ermittelung ihrer Fallgeschwindigkeit ihr Durchmesser. Die STOKESsche Formel lautet:

$$v = \frac{2}{9}\,g\,r^2\,\frac{d - d_1}{\eta}\,.$$

Es sind darin

> v die Geschwindigkeit des Teilchens
> g die Gravitationskonstante
> r der Teilchenradius
> d das spezifische Gewicht des Körpers
> d_1 das spezifische Gewicht der Flüssigkeit
> η die innere Reibung der Flüssigkeit.

Hieraus leitet sich die Gleichung ab

$$r = \sqrt{\frac{9}{2}\,\frac{\eta}{(d - d_1)\cdot g}} \cdot \sqrt{v}\,.$$

Setzt man z. B. η[4] bei 20^0 C $= 0{,}0101$, $d = 2{,}7$, $d_1 = 1$, $g = 981$ und ermittelt v in cm/sek, dann ist

$$r = 5{,}222 \cdot 10^{-3} \cdot \sqrt{v}\,.$$

Die STOKESsche Gleichung hat nur unter gewissen Bedingungen Gültigkeit, deren wichtigste ist, daß die Fallgeschwindigkeit bzw. dementsprechend der Teilchenradius klein sind. Nach ALLEN[5] darf der Radius für Quarzkugeln im Wasser nicht größer als 0,085 mm sein. Bei Überschreitung dieser Grenze ist die Geschwindigkeit größer als der Gleichung entsprechen würde. Eine auch für größere Geschwindigkeiten gültige Formel hat OSEÉN[6] berechnet. Nach dieser ist

$$v = \frac{-\dfrac{C_1}{r} + \sqrt{\left(\dfrac{C_1}{r}\right)^2 + 4\,r\,C_2}}{2}\,.$$

Darin ist

$$C_1 = \frac{8\,\eta}{3\,d_1} \quad \text{und} \quad C_2\,\frac{16}{27} \cdot \frac{g\,(d - d_1)}{d_1}\,.$$

Nach Untersuchungen SVEN ODÉNS[5] stimmen bei den Schlämmprodukten bis zu 2 cm/sec die nach STOKES berechneten Durchmesser mit den von ATTER-

[1] RAUTERBERG, E.: Der SCHULZEsche Apparat zur Schlämmanalyse in verbesserter Form. Z. Pflanzenern. u. Düng. 14, 261 (1929).
[2] HARCORT, H.: Vortrag; nach Ber. Dtsch. keram. Ges. 8, H. 1 (1927).
[3] STOKES G. G.: Cambr. Phil. Trans. 8, 287 (1845); 9, 8 (1851).
[4] Berechnung von η s. F. KOHLRAUSCH, Lehrbuch der praktischen Physik, S. 708. 1910.
[5] Vgl. SVEN ODÉN: Internat. Mitt. Bodendkde. 5, 259 ff. (1915).
[6] OSEÉN: Arch. Math. Stockholm 9.; 1913, Nr. 16.

BERG[1] und HALL[2] auf Grund mikroskopischer Messungen ermittelten befriedigend überein, so daß STOKES' Gleichung ausreichend genaue Resultate liefert. Aus dem gleichen Grunde wird sich auch die Anwendung der von KÖHN[3] vorgeschlagenen von LAMB[4] aufgestellten Formel erübrigen, in welcher auch auf das Vorkommen nicht kugelförmiger langgestreckter Teilchen Rücksicht genommen ist[5].

Da tatsächlich die Teilchen mit gleicher Fallgeschwindigkeit je nach ihrer Gestalt verschiedene Korngrößen aufweisen, schlägt ODÉN[6] vor, statt von Teilchen gleicher Dimensionen von solchen mit gleichem Äquivalentradius zu sprechen. RAMANN[7] hat dafür die Bezeichnung als Körner gleichen hydraulischen Wertes eingeführt.

Gegen die Absetzmethoden bestehen natürlich wie gegen alle anderen mechanischen Bodenanalysen eine Reihe von Bedenken, auf die von jeher von den verschiedensten Forschern hingewiesen ist, was wiederum zur Beseitigung von Fehlerquellen und zu einer wesentlichen Vervollkommnung der Methoden beigetragen hat. Genannt seien hier nur MITSCHERLICH[8], SVEN ODÉN[9], ROBINSON[10], HISSINK[11], NOVÁK[12] und in letzter Zeit noch KÖHN[13]. Die wesentlichsten dieser Bedenken sind folgende:

Selbst geringe Abweichungen in der Form der Gefäße vermögen schon das Ergebnis zu beeinflussen. Dieser Faktor läßt sich unschwer dadurch ausschalten, daß man für Größe und Form der Zylinder ganz genaue Normen vorschreibt und sie vor der Ingebrauchnahme daraufhin prüft.

Bei dem Schütteln der Zylinder entstehen in der Flüssigkeit kreiselnde Bewegungen, welche die Bodenkörner nicht senkrecht herunterfallen lassen, sondern in unregelmäßigen Kurven, wodurch der von ihnen zurückgelegte Weg wesentlich verlängert wird. Auch dieser Umstand kann das Ergebnis kaum nennenswert beeinflussen, da nach Angaben KÖHNS die Wasserbewegungen verhältnismäßig rasch zur Ruhe kommen, so daß erst bei einer Wartezeit von 15 Sekunden erhebliche Fehler entstehen. Diese Zeit kommt aber nur im Falle der Trennung der Bodenkörner über 0,1 mm Größe in die Fraktionen über und unter 0,2 mm in Frage.

Die oft unendlich große Anzahl von Dekantationen, sowie die Schwierigkeit, das Ende derselben für jede Fraktion genau zu ermitteln, bedingen viel Arbeitsaufwand und Fehlerquellen bei der Ermittelung der einzelnen Fraktionen. Sie können unter Umständen bis zu 10% betragen.

Wesentlich werden die Ergebnisse der mechanischen Bodenuntersuchung durch die Temperatur des Wassers beeinflußt. Nach ODÉN müßten schon Temperaturschwankungen von 0,2° vermieden werden. KÖHN[13] hat erst neuerdings wieder den erheblichen Einfluß der Temperatur bei der Bestimmung der Korn-

---

[1] ATTERBERG, A.: Internat. Mitt. Bodenkde. **2**, 319 (1912).

[2] HALL, D.: J. Chem. Soc. Transact. **85**, 959 (1904).

[3] KÖHN, M.: Bemerkungen zur mechanischen Bodenanalyse. Z. Pflanzenern., Düng. u. Bodenkde. A, **10**, 92 (1927/28).

[4] LAMB: Lehrbuch der Hydrodynamik, S. 687, 1907.

[5] Siehe auch H. D. ARNOLD: Philos. Mag. (6) **22**, 755 (1911). — J. NORDLUND: Arch. Math. Stockholm **9**, Nr. 13 (1913).

[6] Vgl. SVEN ODÉN: Internat. Mitt. Bodenkde. **5**, 259 ff. (1915).

[7] RAMANN, E.: Bodenkunde, S. 286. 1911.

[8] MITSCHERLICH, E. A.: Bodenkunde, S. 54, 1913.

[9] ODÉN, SVEN: Internat. Mitt. Bodenkde. **5**, 257 (1915).

[10] Ber. über die Tagung d. 1. Komm. d. internat. bodenkdl. Ges. in Rothamstedt 1926.

[11] Mitt. internat. bodenkdl. Ges. **1**, 164 (1925).

[12] NOVÁK, W.: Zur Methodik der mechanischen Bodenanalyse. Internat. Mitt. Bodenkde. **6**, 110 (1916).

[13] KÖHN, M.: a. a O. Z. Pflanzenern., Düng. u. Bodende. A. **9**, 364 (1927); **10**, 91 (1927/28).

größen unter 0,2 mm nachgewiesen und Vorschläge zu ihrer möglichsten Beseitigung gemacht. Dieser Einfluß wird sich einigermaßen dadurch ausschalten lassen, daß man möglichst bei gleichmäßigen allgemein zu vereinbarenden Temperaturen arbeitet. Für ganz exakte Untersuchungen wäre es notwendig, die für die einzelnen Temperaturen gültigen Fallgeschwindigkeiten der verschiedenen Bodenteilchen empirisch zu ermitteln oder sie aus der STOKESschen Gleichung zu errechnen. Vergleichbare Ergebnisse müßten dann auf eine bestimmte Temperatur umgerechnet werden. Der Einfluß des spez. Gewichtes · der Bodenkörner ist nicht so erheblich, daß man nicht mit der Annahme eines für alle Mineralböden gültigen Durchschnittsgewichtes auskommen könnte. Den von ATTERBERG ermittelten Fallgeschwindigkeiten ist ein solches von 2,7 zugrunde gelegt. Für sehr genaue Bestimmungen könnte das spez. Gewicht vorher ermittelt und darnach die Fallgeschwindigkeiten variiert werden. Es bliebe dann jedoch immer noch der Fehler bestehen, der durch das abweichende spez. Gewicht der einzelnen Korngruppen bedingt wäre.

Wenn wir es also bei den mechanischen Bodenuntersuchungen, speziell hier bei den Absetzverfahren, auch nicht mit vollständig exakten Methoden zu tun haben, so sind die Bedenken gegen ihre Anwendung doch verhältnismäßig geringfügig. Auf alle Fälle liefern sie uns für die praktische Beurteilung der Böden brauchbare Anhaltspunkte[1]. Die Anzahl der Absetzverfahren ist recht groß. Von den älteren Methoden von DIETRICH[2], MÜLLER[3], DEETZ[4], OSBORNE[5], KNOP[6], MOORE[7], SCHLÖSING[8], GRANDEAU[9], WILLIAMS-FADEJEFF[10], APPIANI[11], CLAUSEN[12], KÜHN[13] u. a., seien die Methoden von APPIANI und CLAUSEN kurz, die von KÜHN ausführlicher beschrieben, da alle anderen Methoden heute wohl kaum jemals noch angewandt werden. Die neueren Methoden sollen sich dann anschließen.

Methode von APPIANI. APPIANI benutzt einen in Zentimeter eingeteilten Glaszylinder von 40 cm Höhe und 5 cm innerem Durchmesser. Oben läßt sich derselbe mit Glasstopfen verschließen. In den geschlossenen Boden ist ein Heber eingeschmolzen von 4—5 mm lichtem Durchmesser, der sich durch Glashahn oder Schlauchklemme schließen läßt, innen umgebogen und mit seiner nach unten gerichteten Öffnung 3 cm vom Boden entfernt ist. Der Boden wird eingefüllt und geschüttelt, dann nach dem Absetzen des Bodens und nach Ablauf der für die verschiedenen Schlämmfraktionen vorgeschriebenen Zeit das trübe

---

[1] Vgl. hierzu ATTERBERG, A.: Die mechanische Bodenanalyse. II. Internat. Agrogeologenkonferenz Stockholm 1910, S. 5ff.

[2] Nach SCHÖNE: Über Schlämmanalyse und einen neuen Schlämmapparat. Berlin 1867.

[2] MÜLLER, A.: Z. anal. Chem. **16**, 83 (1877).

[4] DEETZ, R.: Z. anal. Chem. **15**, 429 (1876).

[5] OSBORNE, TH. B: Annual Rep. Connecticut agricult. Stat. **1886**, 144; **1887**, 144.

[6] KNOP, W.: Die Bonitierung der Ackererde. Leipzig 1872.

[7] MOORE: The final Rep. of the 10. U.S. Cens. **111**, 872.

[8] SCHLÖSING, TH.: C. r. **78**, 1276 (1874) u. Forschgn. Geb. Agrikult.-Phys. **18**, 285 (1895).

[9] SCHLÖSING-GRANDEAU: Handbuch für agrikultur-chemische Analyse. Berlin 1879 u. Forschgn Geb. Agrikult.-Phys. **18**, 285 (1895).

[10] WILLIAMS: Beschreibung der im landwirtschaftlichen Laboratorium der Akademie PETROFFSKAJA angewandten Verfahrens der mechanischen Bodenanalyse. Forschgn. Geb. Agr.kult.-Phys. **18**, 296 (1895).

[11] APPIANI, G.: Staz. sperim. agricult. ital. **25**, 246 (1893) u. Forschgn. Geb. Agrikult.-Phys. **17**, 291 (1894).

[12] CLAUSEN: Bestimmung des Gehalts an Ton und Sand im Ackerboden. Ill. landw. Ztg. **9**, 966 (1899).

[13] Vgl. J. KÖNIG u. J. HASENBÄUMER: Die Untersuchung landwirtschaftlicher und landwirtschaftlich-gewerblicher wichtiger Stoffe, T. I, 8. Berlin: Parey 1923.

Wasser abgelassen und dies für jede Fraktion so lange wiederholt, bis das überstehende Wasser klar ist.

Methode von CLAUSEN. Der CLAUSENsche Apparat besteht aus zwei Teilen, einem langhalsigen Kolben und einer langen sich nach unten verjüngenden graduierten Röhre. Nach Einfüllen des Bodens und Zusammensetzung des Apparates wird umgeschüttelt, der Apparat umgekehrt aufgestellt und nach 10 Minuten der Gehalt des Bodens an grobem und feinem Sande an der Skala abgelesen.

KÜHNsche Methode. Diese ist zur Zeit noch vom Verbande landwirtschaftlicher Versuchsstationen als Verbandsmethode angenommen, wird heute aber in der Regel durch genauere Methoden ersetzt. Der KÜHNsche Apparat (Abb. 4) besteht aus einem einfachen zylindrischen Standgefäß von 30 cm Höhe und 8,5 cm lichter Weite. 5 cm vom Boden entfernt befindet sich ein 1,5 cm weiter Tubus, der durch einen Gummistopfen derart verschlossen wird, daß er mit der Innenfläche des Zylinders genau abschneidet. Statt des KÜHNschen Zylinders wird auch der WAGNERsche[1] benutzt (Abb. 5), ein ebenfalls zylindrisches Standgefäß von 30 cm Höhe, 8 cm lichter Weite, das jedoch mit einer Messingkappe verschlossen ist, durch welche ein in seinem unteren Ende wieder nach oben gebogenes Heberrohr und ein Abblasrohr führen[2].

50 g Boden werden durch mehrstündiges Kochen zum Zerfall gebracht (bzw. nach einer der oben beschriebenen Methoden vorbereitet) und in den Zylinder gespült, dann wird bis zu der 2 cm vom oberen Rande angebrachten Markierung mit destilliertem

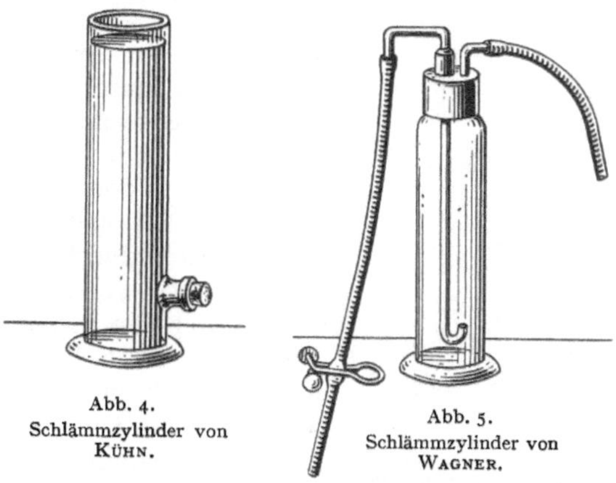

Abb. 4.
Schlämmzylinder von KÜHN.

Abb. 5.
Schlämmzylinder von WAGNER.

Nach J. KÖNIG: Die Untersuchung landwirtschaftlicher und landwirtschaftlich-gewerblicher wichtiger Stoffe, S. 8 u. 9. 1924.

Wasser aufgefüllt und mit einem glatten Holzstabe etwa 1 Minute lang gründlich umgerührt. Der Stab wird rasch herausgezogen und das abfließende Wasser in die Zylinder tropfen gelassen. Nach Ablauf von 10 Minuten zieht man den Gummistopfen aus dem Tubus und läßt das überstehende trübe Wasser abfließen. Der Tubus wird wieder geschlossen, mit Wasser frisch aufgefüllt, umgerührt, das Wasser nach 10 Minuten wieder abgelassen und das Schlämmen so lange wiederholt, bis das über dem Tubus stehende Wasser nach 10 Minuten völlig klar ist. Bei dem jedesmaligen Ablassen werden kleine Proben im Reagenzglase aufgefangen, in einem Becherglase vereinigt und nach dem Abfiltrieren der mikroskopischen Untersuchung unterworfen. Das Schlämmwasser kann im übrigen fortgegossen werden. Der nach dem Abschlämmen im Zylinder verbleibende Sand wird in eine Porzellanschale gespült, zur völligen Trockne eingedampft, durch 24stündiges Stehen an der Luft wieder lufttrocken gemacht und dann mittels Rundlochsiebe in sehr groben Sand 2—1 mm, groben Sand 1—0,5 mm, Feinsand 0,5—0,25 mm und sehr feinen Sand < 0,25 mm zerlegt. Die Differenz gibt die Menge der „abschlämmbaren Teile" an.

---

[1] Vgl. J. KÖNIG u. HASENBÄUMER a. a. O. S. 9.
[2] Siehe hierzu auch W. NOVÁK: Zur Methodik der mechanischen Bodenanalyse. Internat. Mitt. Bodenkde. 6, 113 (1916).

Eine Vereinfachung und Beschleunigung des Kühnschen Verfahrens hat Sikorski[1] herbeizuführen versucht, indem er den sich zu einem Rohr verjüngenden Boden des Zylinders mit einem mit Zentimeterskala versehenen unten geschlossenen Glasrohr verbindet, ähnlich wie es bei dem Clausenschen Schlämmapparat angewandt wird. 10 g Boden werden bei einer Fallhöhe von 20 cm nach 16 Minuten 40 Sekunden entsprechend einer Fallgeschwindigkeit von 0,2 mm je Sekunde und Teilchengröße < 0,01 mm, nach 100 Sekunden = 2 mm Fallgeschwindigkeit und 0,01—0,05 mm Korngröße, 29 Sekunden = 7 mm Fallgeschwindigkeit und 0,05—0,10 mm Größe und 8 Sekunden = 25 mm Fallgeschwindigkeit und 0,10—0,20 mm Größe jedesmal bis zum Klarbleiben des Wassers abgeschlämmt und das Schlämmwasser fortgegossen. Nach dem Abschlämmen der feinsten Teilchen < 0,01 mm sowie jedesmal nach dem Abschlämmen der anderen Korngrößen wird auf der Skala des Rohres das Volumen des zurückgebliebenen Bodens und aus den Unterschieden zwischen der vorausgegangenen und nachfolgenden Ablesung das Volumen der einzelnen Kornsortimente abgelesen. Dieses wird dann auf Grund des einzelnen für die Korngrößen ermittelten, durchschnittlichen spez. Gewichts auf Gewichtsprozente umgerechnet. Die Menge der ersten Fraktion ergibt sich wieder aus der Differenz zwischen angewandter Bodenmenge und der Gesamtsumme der übrigen Fraktionen.

Die Absetzverfahren haben in den letzten beiden Jahrzehnten eine wesentliche Vervollkommnung erfahren, vor allem durch die Arbeiten von A. Atterberg, Sven Odén und G. Wiegner. Die verbreitetste Anwendung hat Atterbergs Verfahren entweder in seiner ursprünglichen Form oder in vereinfachter Abänderung gefunden.

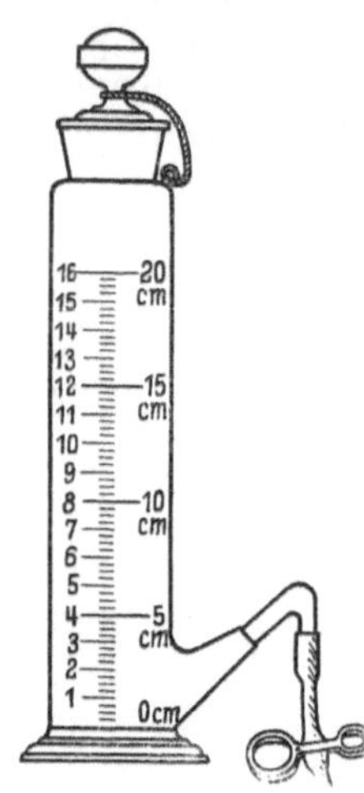

Abb. 6. Schlämmzylinder von Atterberg.

Nach J. Könics Untersuchung landwirtschaftlicher und landwirtschaftl.-gewerblich wichtiger Stoffe, S. 10. 1924.

Die Atterbergsche Methode[2]. Sie ist im Prinzip nichts anderes als die verfeinerte Kühnsche Methode, da auch nach ihr die einzelnen Korngrößen entsprechend ihrer Fallzeit abgesondert werden. Atterberg hat zu diesem Zwecke einen besonderen Schlämmzylinder (Abb. 6) konstruiert, bei dem er von dem Appianischen Apparat ausgegangen ist. Der Zylinder besitzt zwei Teilungen, eine rechte in 5, 10 und 20 cm und eine linke, welche für das Abschlämmen der Teilchen > 0,002 mm benutzt werden kann, und welche angibt, wie hoch das Wasser jedesmal aufzufüllen ist, wenn man statt der 10 cm Wasserhöhe entsprechenden 8 Stunden nach einer beliebig kleineren oder größeren Stundenzahl abhebern will. Für den Fall, daß man Körner > 0,2 mm abschlämmen will, müßten höhere Zylinder mit einer Teilung bis zu 30 cm herangezogen werden. Marquis[3] hat eine Abänderung des Atterbergschen Apparates durch Verlegung des Hebers durch den Boden in das Innere vorgenommen, um dadurch gewisse beim Abhebern auftretende Fehler zu vermeiden. Sein Apparat nähert sich dadurch wieder dem Appianischen.

---

[1] Sikorski, Th.: Verbesserte Schlämmflasche für Landwirte usw., Österr. landw. Wchbl., 1894, 259, u. Forschgn. Geb. Agrikult.-Phys. 18, 81 (1895).

[2] Atterberg, A.: Die mechanische Bodenanalyse und die Klassifikation der Mineralböden Schwedens. Internat. Mitt. Bodenkde. 2, 312 (1912).

[3] Marquis, C.: Vergleichende Untersuchungen über die Methode der Kohärenzbestimmung. Internat. Mitt. Bodenkde. 5, 411 (1915).

Man kann mit dem ATTERBERGschen Apparat je nach Einstellung der Fallzeit natürlich jede beliebige Korngrößenfraktion gewinnen. ATTERBERG hat die auf S. 2 mitgeteilte Einteilung vorgeschlagen:

Die Korngrößen lassen sich bei folgenden Wasserhöhen und Absetzzeiten abschlämmen:

Bei 10 cm	Wasserhöhe und	8 Std.	Absetzzeit		$<$ 0,002 mm	
,, 10 cm	,,	,, 1 ,,	,,	0,006—0,002 mm		
,, 10 cm	,,	,, $7^1/_2$ Min.	,,	0,02 —0,006 mm		
,, 10 cm	,,	,, 50 Sek.	,,	0,06 —0,02 mm		
,, 30 cm	,,	,, 15 ,,	,,	0,20 —0,06 mm		

Für 20 cm Wasserhöhe sind die Absetzzeiten doppelt so hoch wie für 10 cm. Die Korngrößen über 0,2 mm werden durch Sieben weiter zerlegt.

ATTERBERG ist zu dieser Einteilung auf Grund seiner Untersuchungen über die landwirtschaftliche Bedeutung der einzelnen Korngrößen gelangt[1]. Danach zeigen Körner $>$ 0,2 mm nur noch eine sehr geringe Wasserkapazität und Kapillarität. Je geringer die Korngrößen im Boden sind, um so mehr steigt dessen Wasserkapazität und Kapillarität. Die Schnelligkeit des kapillaren Wasseraufstieges nimmt jedoch mit dem Sinken der Korngrößen ab. Bei Körngrößen $<$ 0,02 mm vermögen bei Einzelkornstruktur die Pflanzenwurzeln nicht mehr in den Boden einzudringen, und die Teilchen $<$ 0,002 mm stellen den eigentlichen kolloiden Ton dar[2]. Zwischen derartig feinen Bodenteilchen vermögen Bakterien sich nicht mehr zu bewegen.

In Deutschland wird in der Regel eine etwas andere Einteilung gewählt, die sich mehr der auch bei den Spülapparaten gebräuchlichen anpaßt und folgende Korngrößen enthält:

Absetzzeit bei 20 cm Wasserhöhe	Abgeschlämmte Korngröße
16 Std.	$<$ 0,002 mm
1 Std.	0,01—0,002 mm
3 Min., 52 Sek.	0,05—0,01 mm
50 Sek.	0,10—0,05 mm

Die weitere Trennung erfolgt dann in Sieben[3], entweder direkt oder nach vorherigem Abschlämmen der Korngrößen 0,2—0,1 mm bei 30 cm Wasserhöhe und 15 Sekunden Absetzzeit. Für das Abschlämmen werden bei gröberen Böden 50 g, bei Tonböden 20 g Feinerde ($<$ 2 mm) in einer der bei der Besprechung der Vorbereitung der Bodenproben ausführlich angegebenen Arten vorbehandelt. ATTERBERG empfiehlt die Vorbereitung nach BEAM oder für humusreiche Böden die Behandlung mit Bromlauge oder Salzsäure und Natronlauge. Andere ziehen wieder das Kochen oder, wie HISSINK[4], die Behandlung mit 0,2 n-Salzsäure im Rotierapparat vor. Auch KÖNIG und HASENBÄUMER[5] beschäftigten sich ein-

---

[1] ATTERBERG, A.: Studien auf dem Gebiete der Bodenkunde. Landw. Versuchsstat. **69**, 93 (1908).

[2] Vgl. hierzu E. BLANCK: Über die chemische Zusammensetzung des nach der Schlämmmethode von ATTERBERG erhaltenen Tons. Landw. Versuchsstat. **91**, 85 (1918). — E. BLANCK u. F. PREISS: Weitere Beiträge usw. J. Landw. **69**, 73 (1921). — F. GIESECKE: Chemie der Erde **3**, 98 ff. (1927.)

[3] Siehe hierzu aber M. KÖHN: Bemerkungen zur mechanischen Bodenanalyse I. Z. Pflanzenern., Düng. u. Bodenkde. **9**, 367 (1927). — KEEN, B. A., u. W. B. HAINES: On the effect of wear on small mesh wire sieves. J. Agricult. Sci. **13**, 4, 467 (1923).

[4] HISSINK, D. J.: Die mechan. Bodenanalyse. Internat. Mitt. Bodenkde. **11**, 6. (1921).

[5] KÖNIG, J., u. J. HASENBÄUMER: Zur Beurteilung neuer Verfahren für die Untersuchung des Bodens. Landw. Jb. **56**, 447 (1921).

gehend mit den verschiedenen Vorbereitungsarten für die Atterbergsche Schlämmethode und halten auf Grund ihrer Versuche das einfache Kochen unter Zuhilfenahme eines Gummipistills evtl. unter Zusatz von etwas Ammoniak (2 %) für das Einfachste und Zweckmäßigste. Neuerdings hat Gericke[1] Untersuchungen über den Einfluß der verschiedenen Vorbereitungsarten auf das Ergebnis der Atterbergschen Schlämmanalyse angestellt. Erhebliche Abweichungen zeigten dabei die mechanischen Vorbereitungen mit Finger, Pistill oder Bürste, die stark mit subjektiven Fehlern behaftet sein sollen[2]. Die Behandlung des Bodens mit Salzsäure und Ammoniak nach Hissink lieferte wesentlich andere Resultate als die Reibmethode.

Unbedingt notwendig erscheint nach den Beobachtungen von Kappen[3], v. Leiningen[4], Groves[5] u. a. eine Vorbehandlung eisenhydratreicher Böden mit verdünnter Soda- oder Ammoniaklösung, da andernfalls die Teilchen $< 0{,}002$ mm nicht in Suspension gehen. Ähnliche Beobachtungen hat Arntz[6] für sehr humusreiche Böden gemacht. Auch hier ist die Vorbehandlung mit Ammoniak bisweilen notwendig[7].

Starker Salzgehalt des Bodens kann die Suspension der feinsten Bodenteilchen ebenfalls verhindern, wie dies u. a. Puchner[8] feststellte, welcher bei einem gipshaltigen Boden zuerst überhaupt keinen „Schlamm" erhielt, schließlich aber nach Entfernung des Gipses durch mehrmaliges Aufschwemmen 21,8 %. Auf diesen Umstand sind nach van Zyl[9], der sich sehr eingehend mit der Atterbergschen Methode beschäftigt hat, auch die außerordentlich ungünstigen Ergebnisse zurückzuführen, welche Richter[10] mit dieser dadurch erzielte, daß er zur Abschlämmung der kleinsten Korngrößen statt destillierten Wassers Leitungswasser benutzte und dadurch ihre Ausflockung bewirkte.

König und Hasenbäumer[11] schlagen zur Vereinfachung und Abkürzung der Analyse vor, auf die Trennung der Korngrößen 0,01—0,002 mm und $< 0{,}002$ zu verzichten und sich mit ihrer gemeinsamen Ermittlung durch Abschlämmen nach einstündigem Absetzen bei 20 cm zu begnügen. Dies Verfahren nimmt dann selbst bei schweren Böden nur 2—3 Tage in Anspruch, während es sonst bis zu 25 Tagen dauert. Ob man das Schlämmprodukt direkt oder aus der Diffe-

---

[1] Gericke, S.: Versuche über die Vorbereitung und Ausführung der Schlämmanalyse nach Atterberg. Fortschr. Landw. 2, 455 (1927). — Vgl. ferner Sven Odén: Über die Vorbereitung der Bodenproben zur mechanischen Analyse. Bull. Geol. Inst. Upsala 16. — G. Wiegner: Über den Einfluß verschiedener Vorbehandlungsmethoden usw. Internat. Bodenkdl. Ges. Rom. 1925.

[2] Siehe auch F. Giesecke: Über die Beziehungen zwischen mechanischer Zusammensetzung und Hygroskopizität des Bodens. J. Landw. 76, 39, 40 (1928). — O. Nolte: Der Einfluß des Kochens und des Schüttelns auf feine Mineralteilchen. Landw. Versuchsstat. 93, 247 (1919).

[3] Kappen, H.: Studien an sauren Mineralböden. Landw. Versuchsstat. 88, 31 (1916).

[4] Leiningen, W. Graf zu: Entstehung und Eigenschaften der Roterde. Internat. Mitt. Bodenkde. 7, 63 (1917).

[5] Groves, R. C.: Die mechanische Analyse von schweren eisenhaltigen Böden. J. agricult. Sci. 18, 200 (1928).

[6] Arntz, E.: Studien über Tonbestimmung im Boden. Landw. Versuchsstat. 70, 281 (1909).

[7] Siehe hierzu aber E. Blanck u. F. Alten: Ein Beitrag zur Frage nach der Vorbehandlung der Böden mit Ammoniak für die Atterbergsche Schlämmanalyse. J. Landw. 72, 153 (1924); 73, 39 (1925).

[8] Puchner, H.: Neue Untersuchungen über das Schweben und die Ausflockung feinster Teilchen in wäßrigen Aufschwemmungen. Ebenda 253.

[9] van Zyl, J. P.: a. a. O., Internat. Mitt. Bodenkde. 8, 1 (1918).

[10] Richter, G.: Ausführung mechanischer und physikalischer Bodenanalysen. Internat. Mitt. Bodenkde. 6, 330 (1916).

[11] König, J., u. J. Hasenbäumer: a. a. O., Landw. Jb. 56, 445 (1921).

renz bestimmt, soll nach den Untersuchungen der beiden Forscher für das Ergebnis gleichgültig sein, letzteres ist aber wesentlich einfacher[1].

Das Verfahren von SVEN ODÉN[2]. Das Verfahren gestattet, das niederfallende Sediment einer Bodensuspension fortlaufend zu wägen. Aus der auf diese Weise experimentell ermittelten Abhängigkeit der Sedimentation von der Zeit, der Fallkurve, läßt sich die Verteilung der Bodenablagerungen, d. h. die zu jedem Größenintervall der Körner gehörige Gewichtsmenge berechnen. Die mechanische Zusammensetzung des Bodens wird also nicht auf Wägung einiger weniger Fraktionen beschränkt, sondern es wird fortlaufend die Abhängigkeit der Gewichtsmenge von der Korngröße festgestellt. Zur Definition der Korngröße wird von SVEN ODÉN der Begriff des Äquivalentradius eingeführt, das ist der Radius einer Kugel von gleichem spez. Gewicht und gleicher Fallgeschwindigkeit wie das entsprechende Bodenteilchen.

Um nun das Gewicht der auf den Boden eines Gefäßes fallenden Bodenteilchen einer Suspension in ihrer Abhängigkeit von der Zeit ermitteln zu können, konstruierte ODÉN einen Apparat (Abb. 7), bei welchem statt des festen Gefäßbodens eine Waagschale (A) die herabfallenden Teilchen aufnimmt. Die Schale befindet sich 1—2 mm über dem Boden eines zylindrischen Gefäßes und ist an feinen vergoldeten Drähten am Arm einer sehr empfindlichen Waage aufgehängt. Man kann die Schale als den Boden eines Zylinders be-

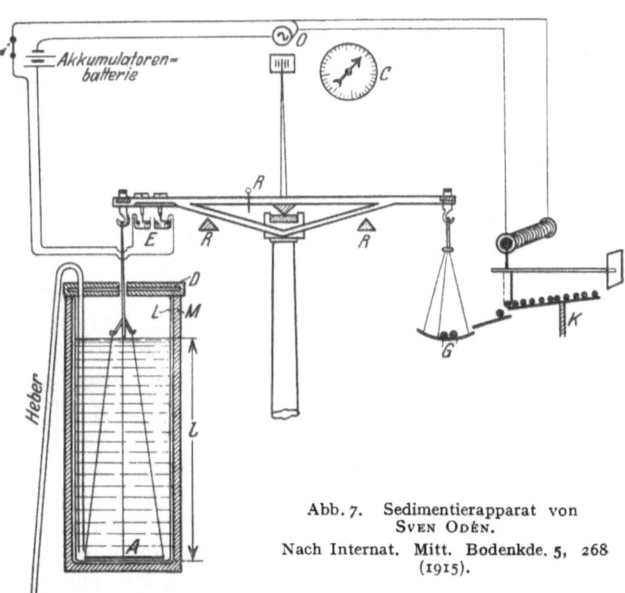

Abb. 7. Sedimentierapparat von
SVEN ODÉN.
Nach Internat. Mitt. Bodenkde. 5, 268
(1915).

trachten, dessen Höhe gleich dem Abstand der Flüssigkeitsoberfläche von der Schale ist, und dessen Boden eben diese Platte darstellt. Da es für den regelmäßigen Fall der Teilchen notwendig ist, daß sich die Platte stets im annähernd gleichen Abstand von der Oberfläche der Flüssigkeit befindet, und Bewegungen der Platte auch zu Bewegungen des Wassers führen würden, welche das Fallen der Teilchen beeinträchtigen, so mußte eine Einrichtung geschaffen werden, welche das Fallen und Steigen der Platte im Wasser, je nachdem das Gewicht des aufgefallenen Bodens oder das Gegengewicht auf der Waagschale überwiegt, verhindert. Ein zu starkes Steigen der Platte wird durch eine Arretierung am Waagebalken (R) unmöglich gemacht, das Fallen durch eine elektromagnetische automatische Einrichtung (K), durch welche im Moment des beginnenden Sinkens der Platte sofort ein neues Gegengewichtchen in die Waagschale rollt und das Übergewicht der Platte wieder aufhebt. Um Konvektionsströmungen infolge Temperatur-

---

[1] Vgl. hierzu auch H. KAPPEN: Studien an sauren Mineralböden aus der Nähe von Jena. Landw. Versuchsstat. 88, 41 (1914). — E. BLANCK u. F. ALTEN: a. a. O., J. Landw. 72, 157 (1924).

[2] ODÉN, SVEN: Eine neue Methode zur mechanischen Bodenanalyse. Internat. Mitt. Bodenkde. 5, 257 (1915); 9, 301 (1919) u. Kolloid-Z. 18, 33 (1916); 26, 100 (1919).

schwankungen möglichst auszuschalten, müssen sämtliche Arbeiten in einem Zimmer bei möglichst konstanter Temperatur ausgeführt werden und auch die Bodenaufschwemmung vor ihrem Eingießen in den Zylinder auf diese Temperatur gebracht sein. Aus den durch die kontinuierlichen Wägungen ermittelten Einzelwägungen und den ihnen entsprechenden Fallzeiten wird dann die Menge der einzelnen Teilchengrößen berechnet und in ein Koordinatensystem als Verteilungskurve eingetragen. ODÉN hat eine sehr umständliche und umfangreiche, exakte, mathematische Berechnung der Verteilungskurve ausgearbeitet und eine etwas einfachere graphische Berechnungsart durchgeführt, bezüglich derer auf die Originalarbeiten verwiesen werden muß. PRATOLONGO[1] hat eine Verbesserung des ODÉNschen Apparates vorgenommen, indem er durch ein in den Schlämmzylinder eingehängtes Densimeter den Vorgang des Absetzens kontrolliert. Weiterhin hat V. M. GOLDSCHMIDT ein vereinfachtes Verfahren dieser Methode ausgearbeitet[2].

Methode von WIEGNER[3]. WIEGNER hat für sein Verfahren die Bestimmung des spez. Gewichts der Bodenaufschlämmungen herangezogen. Der gläserne Apparat (Abb. 8) besteht aus einer Fallröhre A von gleichmäßigem Durchmesser 3,47 cm, die auf 100 cm Länge etwa 950 cm³ Wasser faßt. Sie ist vom Einmündungspunkt der Meßröhre C an in Zentimeter und Millimeter genau eingeteilt. Unterhalb des Einmündungspunktes D der Meßröhre C ist sie mit einem Ansatz B versehen, der etwa 30 cm lang ist. Die Meßröhre ist ebenfalls in Zentimeter und Millimeter eingeteilt und hat einen Durchmesser von 1 cm. Sie läßt sich durch den Hahn D von dem Fallrohr abschließen.

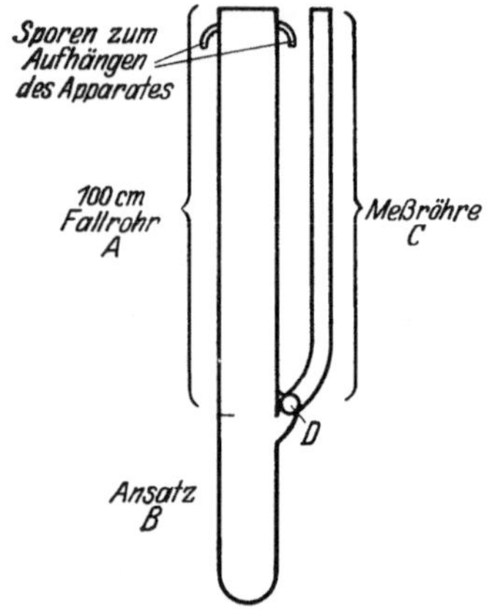

Abb. 8. Apparat von WIEGNER.
Nach Landw. Versuchsstat. 91, 46 (1918).

Eine bestimmte Bodenmenge (30—100 g) wird bis zu einer bestimmten Fallhöhe, meist 80 cm vom Einmündungspunkt D gerechnet, in das Füllrohr gespült[4], wobei der Hahn D geschlossen ist. Die Meßröhre wird mit destilliertem Wasser gefüllt. Zweckmäßig wird von vornherein eine leicht zu berechnende oder durch Vorversuch zu ermittelnde Überschußmenge über 80 cm hinaus zugegeben. Beide Röhren werden durch gut passende Gummistöpsel verschlossen. Nun wird der Apparat tüchtig geschüttelt, darauf sofort senkrecht aufgehängt und der Hahn D geöffnet.

Das Wasser in der Meßröhre steht höher als die Bodenaufschwemmung im Fallrohr, deren spez. Gewicht höher als die des reinen Wassers im Meßrohr ist. Je mehr Bodenteilchen nach unten in den Ansatzraum sinken, um so mehr nähern sich die spez. Gewichte der Flüssigkeiten in den beiden Röhren einander. Stehen beide Wassersäulen schließlich gleich hoch, so ist der Versuch beendet. Zu jeder beliebigen Zeit läßt sich an der Meßröhre das spez. Gewicht der Boden-

---

[1] PRATOLONGO, U.: Staz. sperim. agricult. ital. 50, 117 (1917); Chem. Zbl. 2, 859 (1918).
[2] Vgl. J. GRENNES: Slemmingsanalyse av lerer med pelometer. Oslo 1926.
[3] WIEGNER, G.: Über eine neue Methode der Schlämmanalyse. Landw. Versuchsstat. 91, 41 (1918).
[4] Vgl. auch G. WIEGNER: Über den Einfluß verschiedener Vorbehandlungsmethoden auf den mit Hilfe der Schlämmapparatur von WIEGNER-GESSNER ermittelten Dispersitätsgrad von Bodensuspensionen. Mitt. IV. Internat. Konf. Bodenkde., Rom 1925; Die Verfahren zur Herstellung von Bodensuspensionen und die Bestimmung des Dispersionsgrades mit dem WIEGNER-GESSNERschen Apparat. Soil Sci. 23, 377 (1927).

aufschwemmung ablesen und daraus die noch im Fallrohr befindliche Bodenmenge nach folgenden Formeln berechnen:

h_w = Höhe des Wasserstandes in der Meßröhre in Zentimeter.

h_B = Höhe des Wasser-Boden-Gemisches in der Fallröhre.

S_M = spez. Gewicht der Wasser-Boden-Aufschwemmung bei der Versuchstemperatur, bezogen auf Wasser der Versuchstemperatur.

S_W = spez. Gewicht des Wassers bei der Versuchstemperatur, bezogen auf
Wasser der Versuchstemperatur = 1.

Es ist dann

$$S_M = \frac{h_W \cdot S_W}{h_B}.$$

Die Höhen in Meßröhre und Fallröhre verhalten sich nach Herstellung der
Kommunikation umgekehrt wie die spez. Gewichte der Flüssigkeiten in den beiden
Röhren.

Bezeichnet man die Wassermenge im Fallrohr mit W, das Volumen der
Bodenmenge mit B, das spez. Gewicht des Bodens mit S_B, so ist

$$\frac{W}{S_W} + \frac{B}{S_B} = \frac{W + B}{S_M} \quad (= \text{Gesamtvolumen der Boden-}\atop\text{aufschwemmung})$$

oder nach Einsetzung der Formel für S_M

$$\frac{W}{S_W} + \frac{B}{S_B} = \frac{(W + B)\, h_B}{h_W \cdot S_W}$$

$$W S_B \cdot h_W + B \cdot S_W \cdot h_W = W \cdot S_B \cdot h_B + B \cdot S_B \cdot h_B$$

und

$$B = W \frac{S_B \cdot h_B - S_B \cdot h_W}{S_W \cdot h_W - S_B \cdot h_B}.$$

Bezeichnet man das Verhältnis der Höhen im Fallrohr und in der Meßröhre
$\frac{h_B}{h_W} = V$ und setzt dies in die letzte Gleichung ein, dann ist

$$B = W \cdot S_B \frac{1 - V}{S_B \cdot V - S_W}.$$

Setzt man schließlich die Bodenmenge $B = 100$ zu Anfang des Versuchs,
drückt man also die fallenden Teilfraktionen in Prozenten der gesamten Bodenmenge aus, und ist B_1 das Gewicht der in einem bestimmten Augenblick noch
vorhandenen Bodenmenge, bei der sich das gegenwärtige Verhältnis der kommuni-
zierenden Höhen zu $V_1 = \frac{h_{B_1}}{h_{W_1}}$ ergibt, so ist $B_1 = W_1 \cdot S_B \cdot \frac{1 - V}{S_B \cdot V_1 - S_W}$, falls
das spez. Gewicht auch nach Ausschaltung eines Teils der Menge dasselbe
bleibt. Ist nun X die genannte Prozentmenge des zur Zeit der Ablesung noch
vorhandenen Bodens, so ist

$$X = \frac{100\, B_1}{B}$$

oder

$$X = \frac{100\, W_1\, (1 - V_1)\, (S_B \cdot V - S_W)}{W\, (1 - V)\, (S_B \cdot V_1 - S_W)}$$

und $100 - X =$ dem herabgefallenen Boden. Später hat WIEGNER[1] eine andere
Berechnungsart benutzt.

---

[1] WIEGNER, G.: Anleitung zum quantitativen agrikulturchemischen Praktikum, S. 309.
Berlin 1926.

Über die beim Arbeiten nach der Wiegnerschen Methode besonders zu beachtenden Fehlerquellen, über Ergebnisse der Methode und über Hilfstabellen für die Berechnung der Ergebnisse sind in der Originalarbeit ausführliche Angaben gemacht. Hervorgehoben sei, daß selbst geringe Elektrolytmengen die Ergebnisse wesentlich beeinflussen. Die Entfernung derselben durch vorheriges Auswaschen des Bodens ist deshalb notwendig. Dagegen ist die Konzentration der Bodensuspension ziemlich belanglos[1].

Zunker[2] hat gelegentlich seiner Arbeiten zur Bestimmung der spez. Oberfläche des Bodens einen dem Wiegnerschen ähnlichen Apparat konstruiert, der mit seinem abgeänderten Druckhöhemesser eine wesentlich genauere Ablesung gestattet. Der Apparat wird später gelegentlich der Besprechung der Methoden zur Bestimmung der Bodenoberfläche ausführlich geschildert. Der Wiegnersche Apparat wurde auch von Gessner verbessert[3].

Pipettenmethoden. Im letzten Jahrzehnt sind von einer Reihe von Forschern Vorschläge gemacht, welche eine wesentliche Vereinfachung und Beschleunigung der Absetzmethoden bezwecken. Vor allem sind hier Robinson[4], W. Gardner[5], Krauss[6], Köttgen[7], Köhn[8] und Kubiena[9] zu nennen. Bei allen diesen Methoden wird das wiederholte Abschlämmen des Bodens vermieden und statt dessen nach bestimmten Fallzeiten und in bestimmten Falltiefen eine Probe entnommen und deren Gehalt an Bodenteilchen bestimmt. Schüttelt man nämlich einen Zylinder durch, so daß alle Teilchen zunächst gleichmäßig in der Flüssigkeitssäule verteilt sind, so werden nach einer bestimmten Zeit, z. B. $7^1/_2$ Minuten, aus einer bestimmten Fallhöhe, z. B. 10 cm von der Oberfläche, alle Bodenteile, welche diese 10 cm in kürzerer Zeit als $7^1/_2$ Minuten zurücklegen, bereits entfernt sein, die langsamer fallenden Teilchen müssen jedoch in dieser Tiefe noch in ursprünglicher Konzentration vorhanden sein, da ja der gerade aus dieser Höhe herabgesunkenen Teilchenmenge eine gleiche aus den oberen Schichten bis zu ihr gefallene entspricht. Entnimmt man also bei 10 cm unter den nötigen Vorsichtsmaßregeln eine Probe und bestimmt ihre Konzentration, so ergibt die Differenz zwischen der bekannten ursprünglichen und der nach $7^1/_2$ Minuten ermittelten Konzentration die Menge der Bodenteile mit einer größeren Fallgeschwindigkeit als 10 cm in $7^1/_2$ Minuten, also $>$ 0,02 mm. Die Differenz zwischen der nach $7^1/_2$ Minuten und nach 60 Minuten ermittelten Konzentration würde die Teilchen von 0,02—0,006 mm ergeben. Je nach Wahl der Zeit und

---

[1] Vgl. C. von Seelhorst, W. Geilmann u. H. Hübenthal: Über den Einfluß von Düngung und Pflanzenwuchs auf die Fallkurve von Wasser und Bodengemischen. J. Landw. **69**, 5 (1921). — Ferner W. Geilmann u. A. van Hauten: Änderung der löslichen Bodensalze und der Schlämmkurve usw. J. Landw. **69**, 105 (1921). — F. Giesecke: Über den Einfluß äußerer Faktoren auf die Bodenstruktur. Z. Pflanzenern., Düng. u. Bodenkde. A. **8**, 222 (1926/27).

[2] Zunker, F.: Bestimmung der spezifischen Oberfläche des Bodens. Landw. Jb. **58** (1923).

[3] Gessner, H.: Der verbesserte Wiegnersche Schlämmapparat. Mitt. Lebensmittelunters. u. Hyg. **13**, 238 (Bern 1922). — Vgl. auch Kolloid-Z. **1926**, 120.

[4] Robinson, G. W.: A new method f. the mechanical analysis of soils. J. agricult. Sci. **12**, P. 3, 306 (1922); Internat. Mitt. Bodenkde. **13**, 63 (1923).

[5] Gardner, W.: Soil Sci. **14**, 485 (1922).

[6] Krauss, G.: Über neue Methoden der Bodenanalyse. Internat. Mitt. Bodenkde. **13**, 147 (1923).

[7] Köttgen, P.: Über die Bedeutung der Pipettemethode für die mechanische Bodenanalyse. Z. Pflanzenern., Düng. u. Bodenkde. A. **9**, 35 (1927).

[8] Köhn, M.: a. a. O., Landw. Jb. **67**, 537 (1928); Z. Pflanzenern., Düng. u. Bodenkde. A. **11**, 50 (1928).

[9] Kubiena, W.: Verfahren zur abgekürzten mechanischen Bodenanalyse mit einfachen Behelfen. Fortschr. Landw. **4**, 313 (1929).

Tiefe kann man also jede gewünschte Korngröße ermitteln. So ermittelt ROBINSON z. B. folgende Bodenteile:

Tiefe cm	Zeit Std.	Min.	Geschwindigkeit cm/sek	
30	0	5	0,1	Feinsand, Schlamm, Ton $= a$
12	0	20	0,01	Schlamm, Ton $= b$
6	16	40	0,001	Ton $= c$

Urspr. Konzentration — $a =$ Sand, $a—b =$ Feinsand, $b—c =$ Schlamm.

ROBINSON benutzt eine einfache Pipette von 20 cm³ Inhalt. Er stellt die Korngröße $< 0{,}2$ mm graphisch dar, und zwar verwendet er der Übersichtlichkeit wegen die Logarithmen der Korngrößen oder die Logarithmen der Sedimentationsgeschwindigkeit.

GARDNER und KRAUSS haben ziemlich komplizierte Apparate erdacht. KRAUSS bedient sich zur Entnahme der Bodenprobe einer Absaugvorrichtung, welche die Entnahme von genau 10 cm³ gestattet. Sie besteht aus einem Ständer mit Fuß, der hufeisenförmig an das Standglas sich anschmiegt und einer daran vertikal auf- und abgleitenden Schubvorrichtung mit einfachem Radantrieb. Die Schubvorrichtung trägt auf der einen Seite — über dem Standglas — drei dünne Saugröhrchen, welche am unteren Ende je 6 oder 8 horizontale Einsaugöffnungen besitzen. Sie wirbeln infolge ihres geringen Querschnittes beim gleichmäßig langsamen senkrechten Eintauchen und Zurückziehen die Flüssigkeit nicht auf. Die Saugröhrchen sind durch drei enge Gummischläuche mit drei auf etwa 4 mm sich erweiternden Glasröhren verbunden, die ihrerseits mit dem unteren verjüngten Ende in einem Gummistopfen stecken, welcher außerdem eine Bohrung für den Anschluß an eine Wasserstrahlpumpe mit zwischengeschalteter Flaschenvorrichtung enthält.

Die Ausmaße dieses Röhrensystems sind so gewählt, daß sie zusammen gerade 10 cm³ fassen. Der Gummistopfen paßt auf Porzellantiegel, welche zum Eindampfen der abgesaugten 10 cm³ Bodenaufschwemmung dienen, sowie auf ein Glaskölbchen.

Beim Gebrauch werden die drei dünnen Saugröhrchen bei geschlossener Klemme mit dem Radantrieb langsam in die Suspension eingesenkt bis zu der an einer Skala ablesbaren gewünschten Tiefe. Dann wird nach Öffnen der Klemme kurz abgesaugt, bis das Röhrensystem gefüllt ist. Nun wird die Schubvorrichtung mit dem Radantrieb wieder aus der Suspension gehoben und das genau 10 cm³ Suspension enthaltende Röhrensystem an einen Porzellantiegel angestöpselt und der Inhalt in diesen entleert, um darin getrocknet und gewogen zu werden. Als Gesamtsuspension wählt man am besten 10 g Boden in genau 1000 cm³ Wasser. Es entsprechen dann die Milligramme der Trockenrückstände direkt den Konzentrationsprozenten. Die Differenzen zwischen den Konzentrationsprozenten ergeben die Fraktionsanteile. Erheblich einfacher und dabei doch zuverlässig ist wieder der Apparat von KÖTTGEN. Er besteht aus einem Schlämmzylinder von 1 l Inhalt mit Zentimetereinteilung und einer 20 cm³-Pipette, deren Spitze jedoch im rechten Winkel umgebogen ist. Um die bei Einführen der Pipette kurz vor Beendigung der Absetzzeit unvermeidlichen Störungen auszuschalten, wird die mit Gummistopfen versehene Pipette unmittelbar nach dem Schütteln auf den Zylinder fest aufgesetzt und dann der Apparat bis zum Ende der Absetzzeit unberührt gelassen. Das Füllen der Pipette erfolgt nicht durch Saugen, sondern durch vorsichtiges Hineindrücken der Flüssigkeit in die Pipette mittels eines Gummigebläses, das durch ein kleines, durch den Gummistopfen gehendes Glasrohr mit dem Zylinder in Verbindung gebracht ist.

Der Apparat von Köhn besteht aus einer Pipette von 10 cm³ Inhalt mit mehreren horizontalen Saugöffnungen. Sie ist oben durch einen Dreiwegehahn verschlossen und auf dem Schlitten eines Gestells so befestigt, daß sie mit diesem mittels Zahnstange und Trieb leicht und erschütterungsfrei gehoben und gesenkt werden kann. Ihre Stellung kann an einer Millimeterskala abgelesen werden. Die Pipette wird nach Einsenken in die Suspension bis zur gewünschten Tiefe durch Ansaugen gefüllt, nachdem der Dreiwegehahn die Verbindung zwischen ihr und einem über dem Hahn befindlichen Ansaugrohr hergestellt hat. Man füllt ein wenig über den Hahn hinaus, schließt diesen gegen die Pipette und läßt die über ihm stehende Flüssigkeit durch Umstellen des Hahnes durch ein Abflußrohr ablaufen. Durch Nachspülen mit Wasser aus einem über der Pipette sitzenden Tropftrichter beseitigt man die letzten überschüssigen Bodenteilchen. Wenn man nun den Hahn wieder die Verbindung zwischen Pipette und dem von der Saugpumpe gelösten Saugrohr und damit mit der Außenluft herstellen läßt, so fließt der Pipetteninhalt in ein untergestelltes tariertes Gefäß. Man spült wieder mit Wasser aus dem Tropftrichter die letzten in der Pipette hängengebliebenen Bodenteilchen heraus, dampft dann die Probe in dem Auffanggefäß ein und wiegt sie.

Die wichtigste Voraussetzung für das einwandfreie Arbeiten der Pipettenmethoden ist in noch höherem Grade als bei den sonstigen Absetzverfahren, daß sich die Bodenteilchen unabhängig voneinander absetzen. Nach Odén[1] ist das der Fall, wenn die Suspensionskonzentration nicht größer als 1% ist. Wiegner[2] glaubt, daß selbst Konzentrationen von über 5% das Ergebnis nicht wesentlich beeinflussen. Krauss und Köttgen sprechen sich beide für eine 1proz. Ursprungskonzentration aus. Letzterer hat sich besonders eingehend mit den die Ergebnisse der Pipettenmethoden beeinflussenden Faktoren beschäftigt und bespricht vier in dieser Beziehung besonders wichtige Gesichtspunkte:

1. Den Fall der Teilchen in einer viskosen Flüssigkeit und die Viskositätserhöhung in Abhängigkeit von der Konzentration und der Anwesenheit von hydratisierten Teilchen kolloidaler Größenordnung in dem System. 2. Die Schichtbildung. 3. Die gegenseitige Beeinflussung der Teilchen. 4. Die Wichtigkeit eines maximalen Dispersitätsgrades für die einwandfreie Durchführung der Pipettenmethode.

Für den wichtigsten Gesichtspunkt hält er den vierten und schlägt zur Erzielung einer guten Dispergierung folgende Mittel vor:

1. Die Behandlung des Bodens mit schwacher Salzsäure zur Zerstörung der Karbonate, wobei der Boden nachher bis zum Verschwinden der Chlorreaktion auf einem Filter ausgewaschen wird. 2. Eine kombinierte Behandlung mit Salzsäure und Wasserstoffsuperoxyd, damit auch gleichzeitig der Humus möglichst zerstört wird. Bei diesen Arten der Behandlung wird die Suspension durch einen geringen Ammoniakzusatz im Solzustande erhalten. 3. Eine Peptisation mit Soda. Auch Robinson setzt seiner Suspension Soda in einer Konzentration von 0,025% zu. Natürlich muß diese, nachdem der Pipetteninhalt eingedampft und der Rückstand zur Ermittelung der mineralischen Bodenteilchen geglüht ist, von dem Glührückstand in Abzug gebracht werden.

Die gegenseitige Teilchenbeeinflussung, die vorwiegend darin besteht, daß feine Teilchen bei dem Falle der gröberen mit herabgerissen werden, läßt sich am einfachsten dadurch ausschalten, daß man zunächst die groben Bestandteile in einem Spülapparat abschlämmt und die Pipettenmethode nur auf die feinsten Bodenteilchen, die der Spülapparat nicht mehr ermittelt, beschränkt. Auch

---

[1] Odén, Sven: a. a. O., Internat. Mitt. Bodenkde. 5, 257 (1915); 9, 361 (1919).
[2] Wiegner, G.: a. a. O., Landw. Versuchsstat. 91, 41 (1918).

KRAUSS geht in dieser Weise vor, schlämmt zuerst mit dem KOPECKÝschen Apparat und pipettiert dann nur die Teilchen < als 0,02 bzw. 0,01 mm. KÖTTGEN u. HEUSER[1] haben einen Apparat konstruiert, mittels dessen auch die gröberen Fraktionen nach der Pipettenmethode bestimmt werden können.

Sonstige Methoden.

Von den sonstigen Methoden mögen zunächst die von SJOLLEMA[2], KILROE[3], BRIGGS, MARTIN und PEARCE[4], DUMONT[5] und FLETCHER und BRYAN[6] erwähnt werden, welche mittels Zentrifugalkraft eine Trennung von Sand und Ton vornehmen. Eine allgemeine Bedeutung haben diese Verfahren in Deutschland nicht erlangt.

FLETCHER[7] hat ferner versucht, die Bestimmung von Ton und Silt (Feinsand von 0,005—0,05 mm) durch das Auszählen unter dem Mikroskop in einem Tropfen der Suspension mit Hilfe eines Millimeterokulars vorzunehmen.

Schließlich haben KÖNIG, HASENBÄUMER und KRÖNIG[8] eine Methode zur Trennung der Bodenteile mittels Lösungen von verschiedenem spez. Gewicht vorgenommen.

Mit der Ermittelung der spez. Gewichte der einzelnen Bodenbestandteile haben sich u. a. schon SCHÜBLER[9] und WOLLNY[10] beschäftigt. Auch RAMANN[11] gibt eine Zusammenstellung derselben. Hierauf ist später noch zurückzukommen. KÖNIG, HASENBÄUMER und KRÖNIG geben zunächst eine Übersicht über alle bisherigen Versuche, die Trennung der Bodenteile durch Flüssigkeiten verschiedenen spez. Gewichtes vorzunehmen, und über die dabei angewandten Salzlösungen. Sie selbst stellen durch Mischung von Bromoform (spez. Gewicht 2,83) und Benzol (spez. Gewicht 0,88) Trennungsflüssigkeiten von 2,64, 2,55, 2,49 und 2,36 spez. Gewicht her und trennen durch diese den Boden in fünf Fraktionen. Zuerst verwandten sie zur Trennung Harada-Scheideapparate, 30 cm lange, nach unten sich kegelförmig zuspitzende Röhren, welche unten mit einem Glashahn versehen waren, durch welchen der abgesetzte Boden abgelassen wurde. Da sich Ton- und Schieferböden in diesen Apparaten durch einfaches Schütteln nicht zerlegen ließen, ersetzten sie später den Harada-Apparat durch die Zentrifuge. Vier gleichweite, 20 cm lange Röhren von etwa 2 cm Durchmesser wurden mit je 20—100 g Boden und der Trennungsflüssigkeit beschickt, verschlossen, kräftig geschüttelt und dann 10 Minuten in einer gewöhnlichen Milchzentrifuge geschleudert. Die Trennung der schwereren Bodenteile von den leichteren war eine vollkommene, die Übereinstimmung in den vier Röhren eine sehr gute. Die

[1] KÖTTGEN, P., u. H. HEUSER: Über die praktische Ausführung der mechanischen Analyse des Bodens im Serienbetrieb. Z. Pflanzenern., Düng. u. Bodenkde. A. 13, 137 (1929). — Siehe ferner L. B. OLMSTEAD, L. T. ALEXANDER u. H. E. MIDDLETON: a. a. O., U. S. Dep. Agricult. Bull 170, 1930, sowie M. KÖHN: Bemerkungen zur mechanischen Bodenanalyse IV. Z. Pflanzenern., Düng. u. Bodenkde. A. 14, 268 (1929).
[2] SJOLLEMA, B.: Chem. Ztg. 19, 2080 (1895).
[3] KILROE, J. R.: Econ. Proc. Roy. Dubl. Soc. 5, X, 223 (1904).
[4] BRIGGS, L. J., F. O. MARTIN u. R. PEARCE: Bur. Soils U. S. Dep. Agricult. Bull., No. 24, 38 (1905).
[5] DUMONT, J.: C. r. 140 (1905).
[6] FLETCHER, C. C. u. H. BRYAN: Bur. Soils U. S. Dep. Agricult. Bull., No. 84, 3 (1912).
[7] FLETCHER, C. C.: nach Exp. Stat. Res. 26, 29; Jb. Agrikulturchem. 55, 496 (1912).
[8] KÖNIG, J., u. Mitarb.: Trennung der Bodenteile nach dem spezifischen Gewicht usw. Landw. Jb. 46, 166 (1914).
[9] SCHÜBLER, G.: Grundsätze der Agrikulturchemie. 2. Aufl., 2, 38. 1838.
[10] WOLLNY, E.: Untersuchungen über das spezifische Gewicht der Bodenarten. Forschgn. Geb. Agrikult.-Phys. 8, 346 (1885).
[11] RAMANN, E.: Bodenkunde, S. 315. Berlin: Julius Springer 1911.

einzelnen Fraktionen dienten zur chemischen Untersuchung, Untersuchungen über Beziehungen zwischen diesen Fraktionen und den Korngrößen wurden nicht angestellt.

Bouyoucos[1] benutzt zur quantitativen Bestimmung der feineren Tonteilchen ein Aräometer, ein Verfahren, das von Joseph[2] verworfen wird.

b) Lagerung und Struktur des Bodens.

Für die Beurteilung eines Bodens hinsichtlich seines mechanischen Aufbaues ist außer seinen Korngrößen die Art der Lagerung derselben von ausschlaggebender Bedeutung. Je dichter ein Boden gelagert ist, um so schwerer wird den Pflanzenwurzeln das Eindringen in ihn gemacht. Je feinkörniger ein Boden ist, um so dichter vermag er sich zu lagern, unter Umständen so dicht, daß er für das Gedeihen der Kulturpflanzen kaum oder gar nicht in Frage kommt. Derartige Verhältnisse können eintreten, wenn der Boden in „Einzelkornstruktur" liegt, wir müssen dann durch geeignete Maßnahmen dafür sorgen, daß er aus dieser in die „Krümelstruktur" übergeführt wird.

Die Einzelkornstruktur tritt im Boden ein, wenn dessen Teilchen eine so geringe Kohäsionskraft besitzen, daß sie sich einzeln, jedes für sich gesondert, nebeneinander lagern. Durch die Art der Lagerung der Bodenteilchen wird der von ihnen eingenommene Bodenraum, das Bodenvolumen, bestimmt und dementsprechend auch das Hohlraumvolumen[3], das zur Aufnahme von Wasser und Luft zur Verfügung steht und den Wurzeln die Wege bei ihrem Eindringen in den Boden weist, also in pflanzenphysiologischer Hinsicht von größter Bedeutung ist.

Denkt man sich auf eine Kugel mit dem Radius $1\,r$ einen Würfel mit der Kantenlänge $2\,r$ gesetzt, so ist dessen Inhalt $(2\,r)^3 = 8$. Die Kugel hat einen Radius $= 1$. Demnach ist ihr Inhalt, also, falls die Kugel ein Bodenkorn darstellen sollte, das Volumen dieses Bodenkornes, $= 4/3\,\pi\,r^3 = 4{,}189 = 52{,}36\,^0/_0$, der unausgefüllte Raum des Würfels, das Hohlraumvolumen $100 - 52{,}36 = 47{,}64\,^0/_0$.

Lagern wir in den gleichen Würfel statt einer Kugel acht mit dem Radius $^1/_2$ derart, daß vier Kugeln auf dem Boden des Würfels nebeneinander, die anderen vier senkrecht auf diesen liegen, dann müssen Kugelinhalt und Hohlraumvolumen dieselben bleiben wie im ersten Falle, denn der Inhalt der acht Kugeln ist $4/3\,\pi \cdot 0{,}5^3 \cdot 8 = 4{,}189 = 52{,}36\,^0/_0$, das Hohlraumvolumen also wieder $47{,}64\,^0/_0$. Der Rauminhalt der Kugeln und damit auch das Hohlraumvolumen bleiben also bei dieser Art der Lagerung ohne Rücksicht auf die Größe der Kugeln stets gleich, sie stellt die lockerste Form dar, in der die Kugeln überhaupt lagern können, und läßt das größte Hohlraumvolumen zu, das in einem aus kugelförmigen Teilchen gleicher Größe bestehenden Boden theoretisch vorhanden sein kann.

Nun lassen sich die Kugeln aber auch noch anders lagern, nämlich so, daß sich die in einer Fläche liegenden Kugeln der zweiten Reihe gegen die erste Reihe verschieben, so daß jede Kugel zwischen zwei der ersten Reihe zu liegen kommt. Ebenso können sich auch die über der ersten Fläche lagernden Kugeln in die von drei oder vier Kugeln derselben gebildeten Zwischenräume einlagern. Bei dieser Art der Lagerung lassen sich in ein gegebenes Gesamtvolumen erheblich mehr Kugeln hineinbringen; deren Gesamtinhalt steigt entsprechend, wäh-

---

[1] Bouyoucos, G. J.: Das Aräometer als neues Hilfsmittel zur mechanischen Analyse des Bodens. Soil Sci. **23**, 343 (1927).

[2] Joseph, A. F.: Die Bestimmung der Bodenkolloide. Soil Sci. **24**, 271 (1927).

[3] Vgl. diesen Band des Handbuches, S. 268.

rend das Hohlraumvolumen zurückgedrängt wird. Nach Berechnungen von LANG[1] beträgt das Bodenvolumen bei dichtester Lagerung gleich großer kugelförmiger Bodenteilchen 74,05 %, das Hohlraumvolumen also 25,95 % des Gesamtvolumens. Zwischen den beiden Größen von 25,95 % und 47,64 % müßte das Hohlraumvolumen eines Bodens je nach Lagerung seiner Teilchen liegen, sofern diese Teilchen alle gleich groß und von annähernd kugelförmiger Gestalt wären. Derartige Böden sind jedoch in der Natur sehr selten, überwiegend bestehen die Böden aus Teilchen verschiedener Größe. Dabei lagern sich natürlich kleinere und kleinste Bodenpartikel zwischen die größeren und füllen die von diesen frei gelassenen Hohlräume mehr oder weniger aus, somit das Hohlraumvolumen in stärkerem oder geringerem Grade verringernd. Über die in natürlich gelagerten Böden vorkommende Hohlraumvolumina macht u. a. RAMANN[2] Angaben. Er fand im gewachsenen Waldboden im Durchschnitt von sechs Profilen bei einer Tiefe von

20—31 cm . . 46,2 %	60—71 cm . . 40,8 %
40—51 cm . . 42,2 %	80—91 cm . . 40,4 %

Das Hohlraumvolumen[3] sank demnach mit zunehmender Tiefe der Bodenschicht, um von 60 cm ab ziemlich gleich zu bleiben. In der oberen Schicht ist selbst bei gewachsenem Boden die Lagerung in der Regel lockerer. Bei den sechs Profilen RAMANNs betrug das Hohlraumvolumen der obersten Schicht durchschnittlich 52,2 %. DENSCH[4] ermittelte auf einer Bremer Marschweide 57,2 %, in einer ziemlich stark sandhaltigen Niederungsmoorweide 68,5 %, einer schwach sandigen 80,4 % und im reinen unkultivierten Hochmoor 93,5 %, von denen allerdings nur 18,5 % mit Luft, der Rest mit Wasser gefüllt war. Weitere Untersuchungen RAMANNs wie anderer Forscher zeigen die dichteste Lagerung der Diluvialsande unter Gewässern. VEITMEYER[5] fand in solchen Böden Hohlraumvolumina von 20,0—26,26 %, RAMANN[6] im Sand unter Moor 30,3 %. Diluviale Sandböden wiesen in der oberen Schicht von 11 cm Hohlraumvolumina von 37—73 %, Lehmböden im Walde 51—70 %, andere 47—50 %, Tonböden 52,7 %, Moorböden 84—85 % auf. Die angeführten Zahlen zeigen, daß in den oberen Schichten unserer Kulturböden der theoretisch ermittelte obere Grenzwert für das Hohlraumvolumen von 47,64 % fast stets überschritten wird, sowohl Sand- als auch Tonböden weisen Porenvolumina von 50 und mehr, teilweise bis 70 % auf. Der Grund hierfür ist darin zu sehen, daß in diesen oberen Schichten die einzelnen Bodenteilchen nicht, wie bisher geschildert, einzeln Korn für Korn nebeneinander lagern, sondern daß stets eine Anzahl derselben zu größeren Konglomeraten zu, „Krümeln" zusammengekittet ist. Ein derartiger Boden liegt also nicht in „Einzelkornstruktur", sondern in „Krümelstruktur". In den Krümeln selbst sind die Einzelteilchen nach den für die Einzellagerung geltenden Gesetzen aneinandergefügt, und zwar werden sie sich dort meistens in dichtester Lagerung befinden. Zu den in den Krümeln vorhandenen Hohlräumen treten dann aber noch die zwischen den ungleichmäßig geformten Krümeln entstandenen hinzu, so daß das gesamte Hohlraumvolumen in derartigen Böden

---

[1] LANG, C.: Forschgn. Geb. Agrikult.-Phys. 1, 122 (1878).
[2] RAMANN, E.: Untersuchungen über Waldböden. Forschgn. Geb. Agrikult.-Phys. 11, 303 (1888).
[3] Vgl. hierzu Verhalten des Bodens gegen Luft. Dieser Band des Handbuches, S. 272.
[4] DENSCH, A.: Bodenluftuntersuchungen auf Hochmoor. Mitt. Ver. Förd. Moorkult. 33, 407, 423 (1915).
[5] VEITMEYER: Vorarbeiten zur Wasserversorgung der Stadt Berlin. 1871. — RAMANN, E.: Bodenkunde, S. 309. Berlin: Julius Springer 1911.
[6] RAMANN, E.: Bodenkunde, S. 309. Berlin: Julius Springer 1911.

größer sein muß als bei Einzelkornlagerung. Ramann[1] berechnet die theoretischen Grenzen auf 45,17—61,5 %. Nach ihm finden sich in guten Böden meist Porenvolumina von 55—65 %, bisweilen selbst 70 %. Doch pflegen derartig lockergelagerte Böden bereits bei geringen äußeren Einwirkungen in dichtere Lagerung überzugehen. An der Entstehung und Zerstörung der Bodenkrümel ist eine ganze Anzahl von Faktoren verschiedenster Art beteiligt. Unter den Autoren, welche diese Faktoren studiert haben, seien in erster Linie Wollny[2] genannt und seine klassischen Ergebnisse auszugsweise mitgeteilt. Er faßt diese folgendermaßen zusammen:

„1. Bei normaler Bearbeitung, d. h. bei Herbeiführung der Krümelstruktur erfährt der Boden eine Volumveränderung, welche je nach der physikalischen Beschaffenheit desselben 15—40 %, bezogen auf das Volumen im dichten Zustande, beträgt. 2. Die Volumzunahme ist im allgemeinen um so größer, je reicher der Boden an tonigen und humosen Bestandteilen ist. 3. Die durch die Lockerung hervorgerufene Volumenveränderung des Bodens ist beträchtlicher, wenn letzterer gekrümelt wird, als in dem Falle, wo er eine pulverförmige Beschaffenheit erhält. 4. Der gelockerte Boden erfährt durch die Anfeuchtung an sich, namentlich aber durch die seitens der atmosphärischen Niederschläge ausgeübten mechanischen Wirkungen, eine Veränderung in seinem Volumen bis zu dem Punkt, wo die dichteste Aneinanderlagerung der Bodenteilchen erreicht ist. 5. . . . . Die Volumabnahme ist unter sonst gleichen Verhältnissen um so geringer, je bindiger der Boden ist und vice versa. Sie ist ferner im nackten Zustande ungleich beträchtlicher als dort, wo das Land mit einer vegetierenden Pflanzendecke oder mit einer Decke abgestorbener Pflanzenteile versehen ist, und zwar tritt der bezügliche Einfluß der Pflanzen um so stärker hervor, je üppiger sich diese entwickelt haben und je dichter dieselben stehen. 6. Bei dichtester Lagerung der Partikel hat die Anfeuchtung eine Ausdehnung und die Austrocknung eine Zusammenziehung der Bodenmasse zur Folge. Die bezüglichen Volumenveränderungen sind bei dem Humus am größten, dann folgt der Ton, während der Sand die geringste, und bei genügender Grobkörnigkeit keinerlei Zu- bzw. Abnahme seines Volumens zeigt. . . . 8. Der Einfluß von Hydraten und Salzen auf die Volumveränderungen der tonreichen Böden tritt in der Weise in Erscheinung, daß die Kontraktion der lockeren Masse bei der Anfeuchtung und nachfolgenden Austrocknung bei Gegenwart von Alkalikarbonaten am stärksten ist, geringer bei derjenigen von Chloriden und Nitraten, und am geringsten in dem Falle, wo dem Erdreich Kalkhydrat beigemischt ist. Die bei dichter Lagerung der Partikel nach der Anfeuchtung erfolgende Expansion des Bodens ist bei dem Vorhandensein der bezeichneten chemischen Agentien um so größer, je stärker die Konzentration der lockeren Masse infolge der Anfeuchtung und Austrocknung war und umgekehrt. . . . 10. Eine Volumvermehrung des Bodens unter natürlichen Verhältnissen macht sich nur bemerkbar, wenn durch wechselnde Anfeuchtung und Austrocknung, besonders aber durch das Gefrieren des Bodens, eine Aggregatbildung veranlaßt wird. Die Beständigkeit der Krümel wird namentlich durch die Gegenwart von Kalk verstärkt. Außerdem kann eine Zunahme des Volumens des Erdreichs durch die Tätigkeit niederer, dasselbe in großer Zahl bewohnender Tiere, namentlich der Regenwürmer, hervorgerufen werden."

Im wesentlichen sind hier alle die Krümelstruktur beeinflussenden Momente berührt. Sehr eingehend hat auch Ehrenberg[3] diese Frage behandelt. An der

[1] Ramann, E.: Bodenkunde, S. 300. Berlin: Julius Springer 1911.
[2] Wollny, E.: Forschgn. Geb. Agrikult.-Phys. 20, 50 (1897/98).
[3] Ehrenberg, P.: Die Bodenkolloide usw., S. 506. Berlin: Parey 1918.

Krümelbildung sind nach den Untersuchungen von SCHLÖSING D. Ä.[1], HALL[2], WARINGTON[3] und HILGARD[4] die Bodenkolloide, und zwar Humus-, Ton- und Eisenhydroxydkolloide in hervorragendem Maße beteiligt, indem sie die einzelnen Bodenteilchen miteinander zu Krümeln verkitten. In weit stärkerem Maße noch als diese ist der Kalk, und zwar als saurer kohlensaurer Kalk in feinster Verteilung, bei der Bildung und Erhaltung der Krümel tätig. Von den zahlreichen die Krümelwirkung des Kalkes behandelnden Arbeiten seien neben denen WARINGTONS und HILGARDS die von SAUER[5], PUCHNER[6], VAN ZYL[7] und dem Altmeister der Kolloidforschung VAN BEMMELEN[8] genannt. Salze sind an der Krümelbildung in dem Maße beteiligt, als sie auf die Bodenkolloide zusammenballend einzuwirken vermögen, wie ja überhaupt alle die Kolloide beeinflussenden Faktoren in gleicher Richtung auf Krümelbildung und Zerstörung einzuwirken vermögen. So wirkt z. B. besonders Soda, die als Rückstand von Kali- oder Natronsalzen im Boden verbleibt oder durch Umsetzung von Alkalisalzen mit kohlensaurem Kalk im Boden entsteht, dispergierend auf die Bodenkolloide und dem entsprechend auch auflösend auf die Krümel; der Boden geht dann wieder in Einzelkornstruktur über und verschlämmt in mehr oder weniger starkem Grade[9]. Die Einwirkung des wechselweisen Befeuchtens und Austrocknens des Bodens, sowie vor allem des Frostes hat WOLLNY[10] in seiner oben erwähnten Arbeit eingehend behandelt. Letzterer vermag nur bei reichlichem Wassergehalt des Bodens seine krümelbildende Wirkung auszuüben. Eine Erklärung für das Zustandekommen der Krümelung durch Frost gibt EHRENBERG[11]. Einen außerordentlich ungünstigen Einfluß auf die Struktur des Bodens üben zu starke und zu heftige Niederschläge aus. Schwere Regen sowie vor allem Hagel vermögen die Krümel rein mechanisch zu zerschlagen und den Boden in seinen oberen Schichten in mehr oder weniger starkem Grade wieder in Einzelkornstruktur überzuführen. Dazu kommt die Verdrängung des salzhaltigen Wassers im Boden durch das salzarme der Niederschläge. Dieses bringt aber die in der Salzlösung ausgeflockten, die Bodenteilchen verkittenden kolloiden Substanzen zur Dispersion, nimmt ihnen dadurch ihre Klebekraft und führt so zum Verfall der Krümel in ihre Einzelteilchen. EHRENBERG[12] hält sogar auf Grund der Untersuchungen von KOSSOWITSCH[13] eine direkte Lösung von verkittendem kohlensauren Kalk durch das Regenwasser in einem solchen Grade für möglich, daß dadurch ein Zerfall der Krümel bedingt werden könnte.

c) Kohäsion und Adhäsion der Bodenbestandteile.

Bei der Besprechung der Lagerungs- und Strukturverhältnisse im Boden sahen wir, daß die einzelnen Bodenteilchen durchaus nicht immer lose, jedes für sich gesondert, lagern, sondern daß sie häufig mehr oder weniger fest aneinanderhaften, ja, daß das Aneinanderkleben einzelner Bodenteilchen für das

[1] SCHLÖSING, TH. D. Ä.: Ann. Chim. Phys. (5) **2**, 514 (1874).
[2] HALL, A. D.: J. chem. Soc. Trans. 85 (2), 951 (1904).
[3] WARINGTON, R.: Lect. some phys. propert. soil (Oxford) **1900**, 25 u. 27, 28. u. 29.
[4] HILGARD, E. W.: Soils New York **1906**, 110, 111.
[5] SAUER, A.: Z. Naturwiss. **62**, 326 (1889).
[6] PUCHNER, H.: Internat. Mitt. Bodenkde. **3**, 231 (1913).
[7] ZYL, J. P. VAN: Internat. Mitt. Bodenkde. **6**, 357 (1916).
[8] BEMMELEN, J. M. VAN: Arch. Néerlandais. sci. exact. et nat. **10**, 236 (1905).
[9] EHRENBERG, P.: Die Bodenkolloide, S. 348. Berlin: Parey 1918.
[10] WOLLNY, E.: a. a.O,, Forschgn. Geb. Agrikult.-Phys. **20**, 45 (1897/98).
[11] EHRENBERG, P.: Die Bodenkolloide, S. 162. 1918; Der Frost und die Beeinflussung des Erdbodens durch denselben. Landw. Vers.-Stat. **107**, 51 (1928).
[12] EHRENBERG, P.: Die Bodenkolloide, S. 175. Berlin: Parey 1918.
[13] KOSSOWITSCH, P.: J. exper. Landw. **1**, 401 (1900).

Entstehen der Krümelstruktur sogar Voraussetzung ist. Dieses Aneinanderhaften beruht auf den Gesetzen der Kohäsion und Adhäsion, die sich auch im Boden bemerkbar machen. Unter Kohäsion oder Kohärenz versteht man das Aneinanderhaften meist gleichartiger Körper auf Grund eigener innerer Kraft, während für die Adhäsion ein Bindemittel notwendig ist. Dieses Bindemittel ist im Boden das Wasser. Die sich zwischen die Bodenteilchen lagernde Wasserschicht darf natürlich nur in äußerst dünner Schicht die Teilchenoberfläche überziehen, andernfalls wirkt sie zerteilend, so daß bei zu starkem Wassergehalt der Boden schließlich auseinanderfließt.

Die Kohärenz eines Bodens ist abhängig von der Anzahl der Berührungspunkte der einzelnen Bodenteilchen bzw. von der Größe der Oberfläche der Teilchen. Denkt man sich die einzelnen Bodenteilchen wieder als Kugeln, so bestehen zwischen dem Radius derselben, der gesamten Oberfläche aller Teilchen und der Anzahl der Berührungspunkte bestimmte Beziehungen.

Je kleiner der Radius einer solchen Kugel ist, um so größer ist die Oberfläche und die Anzahl der Berührungspunkte der in einer bestimmten Volumeinheit lagernden Kugeln, und zwar nimmt die Anzahl der Berührungspunkte in geometrischer Reihe zu, wenn der Radius der Kugeln in geometrischer Reihe abnimmt[1]. Dementsprechend muß die Kohärenz eines Bodens um so größer sein, je kleiner seine Bodenteilchen sind, umgekehrt wird ein grobkörniger Sand überhaupt keine Kohärenz besitzen. Bei ihm können wir ein Aneinanderhaften der Einzelteilchen nur im feuchten Zustande wahrnehmen, wenn das Wasser als Adhäsionsmittel auftritt.

Da für das Aneinanderhaften der Bodenteilchen deren Oberfläche maßgeblich ist, so muß für die Bindigkeit eines Bodens auch die Gestalt der Bodenkörner eine Rolle spielen. Auf dünne Blättchen, die mit ihrer ganzen Fläche aneinanderlagern, können die Kohäsions- und Adhäsionskräfte naturgemäß stärker einwirken als auf solche, welche sich nur mit ihren Kanten berühren oder auf solche von kugelförmiger Gestalt mit geringer Berührungsfläche. Auch die Glätte der Berührungsflächen, die Elastizität und die Härte der Bodenbestandteile spielen für die Bindigkeit des Bodens eine gewisse Rolle. Ramann[2] führt in seiner Bodenkunde als Beispiele für den Einfluß dieser Faktoren u. a. an: Quarz mit unebenen unregelmäßigen Spaltstücken und dementsprechend geringer Kohäsion, Glimmer, der elastische und harte Blättchen liefert und deshalb ebenfalls nur geringe Bindigkeit zeigt, dagegen Kaolin, dessen weiche ebenflächige Blättchen seine starke Kohäsion rechtfertigen. Da die Bodenkörner sich jedoch nicht regelmäßig mit ihren Flächen aneinanderlagern, sondern einmal mit diesen, ein anderes Mal mit ihren Kanten und Ecken zusammenstoßen, so dürfte der Einfluß der Gestalt der Bodenteilchen für die Bindigkeit eines Bodens nicht allzuhoch anzuschlagen sein, vielmehr die Korngröße und dementsprechend der Anteil an kolloiden Stoffen bzw. der diesen in der Größe nahekommenden tonigen Bestandteile in erster Linie entscheidend sein.

Bei der großen Bedeutung, welche die durch die Kohäsions- und Adhäsionserscheinungen im Boden bedingte Bindigkeit desselben für seine Bearbeitung sowie vor allem für die Entwickelung der Pflanzen hat, nimmt es nicht Wunder, daß man sich schon lange bemüht hat, einen Maßstab zu finden, durch welchen man diese Eigenschaft des Bodens auf einfache Weise ausdrücken könnte. Diese Versuche bewegten sich vorwiegend in drei Richtungen, man suchte die **Druckfestigkeit**, die **Zugfestigkeit** und den **Trennungswiderstand** zu er-

---

[1] Näheres s. E. A. Mitscherlich: Bodenkunde für Land- und Forstwirte, S. 48, 65. Berlin: Parey 1923.
[2] Ramann, E.: Bodenkunde, S. 311. Berlin: Julius Springer 1911.

mitteln. Der erste, welcher sich mit diesen Fragen ausführlicher beschäftigte, war wohl SCHÜBLER[1], der schon 1838 eine Methode zur Messung des Trennungswiderstandes des Bodens ausarbeitete. Dann versuchte HABERLANDT[2] die „relative" und „absolute" Festigkeit des Bodens zu ermitteln. Er verfertigte durch Einstampfen feinsten Bodens in Glasröhren Erdzylinder von 10 cm Länge und 2 cm Durchmesser, legte die aus der Glasröhre herausgedrückten Zylinder mit ihren Enden auf zwei im Abstande von 6 cm befindliche Tragbalken und hing in der Mitte der Erdsäule eine Gewichtsschale auf, die er solange belastete, bis die Säule durchbrach. Das Gewicht, bei welchem dieses Durchbrechen erfolgte, gab die relative Festigkeit an. Aus den Bruchstücken der Säule schnitt er neue Säulen von 2 cm Höhe, belastete diese mit einer Platte und Gewichten, bis sie zerbrachen und fand so die absolute, oder besser gesagt, die Druckfestigkeit. HABERLANDT konnte auf diese Weise feststellen, daß absolute und relative Festigkeit in gleicher Richtung liegen, daß die Festigkeit bei verschiedenen Wassergehalten durchaus verschieden ist, daß sie mit dem Feinheitsgrad und der stärkeren Packung der Böden ansteigt, und daß Humus die Festigkeit stark herabsetzt.

HAZARD[3] knetete aus feuchtem Boden Kugeln, legte diese nach dem Trocknen zusammen mit zwei gleich großen Kieseln derart auf eine ebene Unterlage, daß von ihnen ein Dreieck mit 30 cm Seitenlänge gebildet wurde, legte ein Brett darüber und belastete dieses, bis die Erdkugel zerbrach. Ein Drittel des aufgelegten Gewichtes entsprach dann der absoluten oder Druckfestigkeit des Bodens. PUCHNER[4] hat die Methoden von HABERLANDT und HAZARD verbessert. Er weist darauf hin, daß zur Erzielung gleichmäßiger Ergebnisse der Boden unbedingt bei der Herstellung der Bodensäule in Einzelkornstruktur vorhanden sein muß. Er füllt möglichst zerkleinerte Feinerde in Blech- oder Glaszylinder von 20 cm Länge und 2 cm Durchmesser, und zwar im lufttrockenen Zustande, außer bei Humus- und groben Sandböden, die von vornherein angefeuchtet werden müssen. Die Füllung der unten mit Gaze verschlossenen Röhre erfolgt gleichmäßig portionsweise unter Eindrücken des Bodens mit einem Holzpistill. Das Anfeuchten erfolgt nach dem Füllen durch kapillaren Aufstieg, indem die Röhren 3 cm tief in Wasser gestellt werden. Danach wird die Bodensäule aus der Röhre gedrückt und mit Hilfe eines besonders

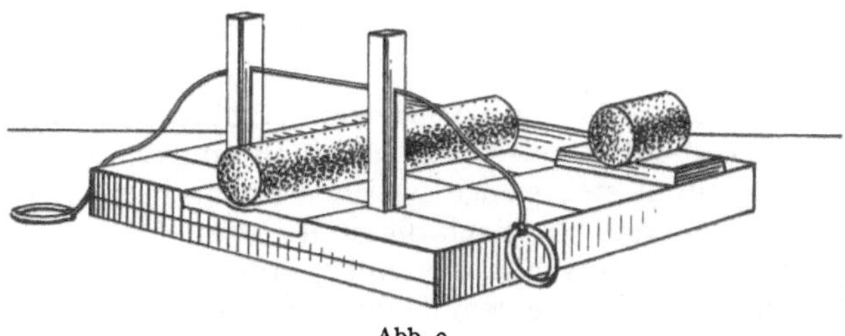

Abb. 9.
Nach Internat. Mitt. Bodenkde. 3, 154 (1913).

hierfür konstruierten Apparates (Abb. 9) durch einen feinen Faden in Stücke von 3 cm Länge zerschnitten, bei 100^0 getrocknet und in einem Preßapparat zerdrückt (Abb. 10). PUCHNER und nach ihm MARQUIS[5] haben mit dem Apparat eine große Anzahl von Böden untersucht. Letzterer weist auf die

---

[1] SCHÜBLER, G.: Grundsätze der Agrikulturchemie. 2, 72. 1838.

[2] HABERLANDT, F.: Über Kohärenzverhältnisse verschiedener Bodenarten. Forschgn. Geb. Agrikult.-Phys. 1, 148 (1878).

[3] HAZARD, J.: Geologisch-agronomische Karte als Grundlage einer allgemeinen Bonitierung des Bodens. Landw. Jb. 29, 892 (1900).

[4] PUCHNER, H.: Vergleichende Untersuchungen über die Kohäreszenz. Internat. Mitt. Bodenkde. 3, 141 (1913); Forschgn. Geb. Agrikult.-Phys. 12, 226 (1889).

[5] MARQUIS, C.: Vergleichende Untersuchungen über die Methode der Kohäreszenz usw. Internat. Mitt. Bodenkde. 5, 414 (1915).

Fehlerquellen der Puchnerschen Methode hin, die besonders auf die Herstellung der langen Bodenzylinder zurückzuführen sind und empfiehlt statt dessen die direkte Herstellung von nur 5 cm langen Säulchen, die dann auf 3 cm verkürzt werden.

Neben den Methoden, welche die Bindigkeit eines Bodens nach seiner Druckfestigkeit bestimmen wollen, spielen die zur Ermittelung der Zugfestigkeit keine große Rolle.

Außer der schon erwähnten Methode zur Bestimmung der „relativen" Festigkeit von Haberlandt mögen nur noch die von Bagger[1] und Heinrich[2] erwähnt sein. Ersterer arbeitete in ähnlicher Weise wie Haberlandt, indem er Zylinder von 40 mm Länge und 10 mm Durchmesser mit ihren Enden auf zwei im Abstande von 30 mm stehende Prismen legte und die Mitte des Zylinders dann belastete, bis sie durchbrach. Heinrich hing an eine Bodensäule ein Gewicht, das er so lange vergrößerte, bis die Säule abriß. Atterberg[3] schlägt vor, statt der Belastung mit Gewichten, den Boden als frei hängenden Faden aus einer Handpresse herauszutreiben, bis er durch sein eigenes Gewicht abreißt. Ein derartiger Bodenfaden kann bis 3 m lang werden. Nach einem ähnlichen Prinzip arbeitet auch Stauffer[4].

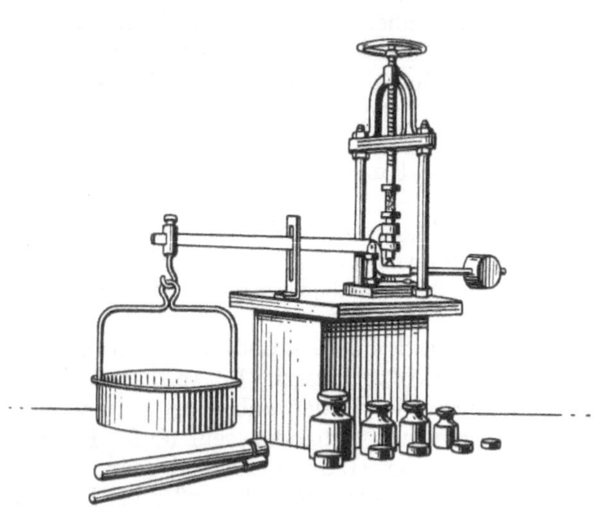

Abb. 10. Apparat zur Bestimmung der Druckfestigkeit, nach Puchner.

Nach Internat. Mitt. Bodenkde. 3, 154 (1913).

Exakter und den natürlichen Verhältnissen schon mehr Rechnung tragend arbeiten die Methoden, welche die Bindigkeit des Bodens an dem Trennungswiderstand messen wollen, welchen er einem in ihn eindringenden Keil entgegensetzt. Der erste, der nach dieser Richtung hin ausführliche Untersuchungen anstellte, war, wie schon erwähnt wurde, Schübler[5]. Der Apparat bestand aus einem kleinen auf einem Hebelarm befestigten Stahlspatel. Das äußere Ende des Hebelarmes trug eine Waagschale. Die Bodenstäbe von 5 cm Länge und 15 mm Durchmesser wurden nach dem Trocknen bei 50—60° mit ihren Enden auf Widerlager unter den Stahlspatel gelegt, die Waagschale dann so lange belastet, bis der Boden durchschnitten wurde. Auch Puchner[6] hat einen Apparat

---

[1] Bagger, W.: Bedeutung gewisser physikalischer Eigenschaften des Bodens. Inaug.-Dissert. Königsberg 1902; Einige Versuche über die Bindigkeit des Bodens usw. Kulturtechniker 10, 64 (1907).

[2] Heinrich, R.: Grundlagen zur Beurteilung der Ackerkrume, S. 226. Wismar 1882; nach E. A. Mitscherlich: Bodenkunde, S. 83. 1923.

[3] Atterberg, A.: Die Plastizität der Tone. Internat. Mitt. Bodenkde. 1, 13 (1911).

[4] Stauffer, L. H.: Die Messung von physikalischen Eigenschaften von Böden. Soil Sci. 24, 373 (1927).

[5] Schübler, G.: Grundsätze der Agrikulturchemie. 1838.

[6] Puchner, H.: Untersuchungen über die Kohärenz der Bodenarten. Forschgn. Geb. Agrikult.-Phys. 12, 208 (1889). — Vgl. A. Atterberg: Die Konsistenz und die Bindigkeit der Böden. Internat. Mitt. Bodenkde. 2, 149 (1912).

zur Bestimmung des Trennungswiderstandes der Böden konstruiert (Abb. 11). Auf einer kreisrunden Platte erheben sich zwei Säulen, welche oben durch einen Querbalken miteinander verbunden sind. An den Säulen ist eine verschiebbare Platte angebracht, welche in der Mitte eine mit Führung versehene Durchbohrung aufweist. Durch diese geht ein Metallstab, der oben eine Waagschale trägt, unten mit einem Keil versehen ist. Metallstab mit Waage und Keil werden mittels eines über eine Rolle gehenden, mit Gegengewicht versehenen Fadens in der Schwebe gehalten. Der zu untersuchende Boden wird in ein mit Siebboden versehenes Gefäß möglichst fest eingepreßt, durch Einstellen in Wasser kapillar mit Wasser gesättigt, sodann unter den Keil gestellt und dieser dann durch Auflegen von Gewichten auf die Schale in den Boden getrieben. Danach werden die Böden bis zu verschiedenen Wassergehalten unter bestimmten Versuchsmaßregeln, welche ein möglichst gleichmäßiges Austrocknen sicherstellen sollen, getrocknet und abermals auf ihre Widerstandsfähigkeit gegenüber dem Eindringen des Keils geprüft. Aus den sehr umfangreichen Ergebnissen PUCHNERS mögen hier einige mit den theoretisch zu erwartenden Resultaten durchaus übereinstimmende aufgeführt werden. Danach wächst der Widerstand mit dem Feinheitsgrad der Bodenteilchen, er ist bei sandigem Boden bei mittlerem Feuchtigkeitsgehalt am größten, desgleichen auch bei Humusböden, während er bei lehmigen mit abnehmendem Wassergehalt zunimmt. Böden in Einzelkornstruktur besitzen einen größeren Trennungswiderstand als solche in Krümelstruktur. Zusatz von Kalk vermindert die Bindigkeit, Alkalihydrate und -karbonate erhöhen dieselbe.

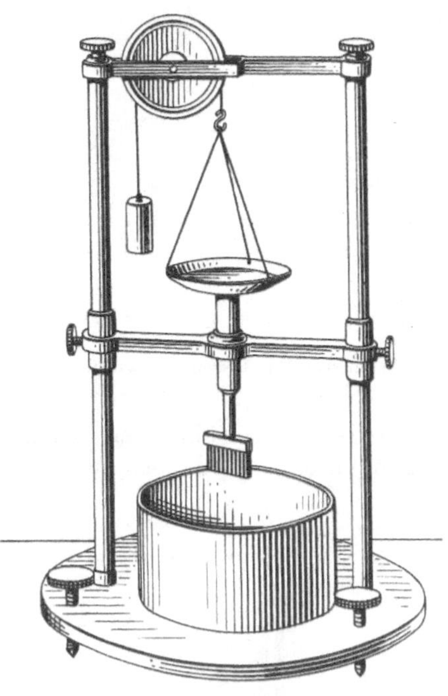

Abb. 11. PUCHNERS Apparat zur Bestimmung des Trennungswiderstandes. Nach Forschgn. Geb. Agrik.-Physik. **12**, 208 (1889).

VAN SCHERMBEEK[1] hat eine Bodensonde konstruiert, mittels der BAGGER[2] bestimmte, wieviel Gramm je Quadratmillimeter nötig wären, um Metallstifte 10 mm tief in Bodenplatten einzupressen. Das Gewicht stieg um so mehr, je feiner die einzelnen Bodenteilchen waren, Quarz zeigte geringen Widerstand, Kaolin in feinster Form den höchsten, bei acht natürlichen Böden betrugen die Gewichte zur Überwindung des Widerstandes 60—3024 g.

Sehr umfangreiche Untersuchungen über die Kohärenz der Böden, gemessen an ihrem Trennungswiderstand, hat ATTERBERG[3] durchgeführt. Er versuchte zunächst, ob die Spaltung eines Bodenwürfels mittels eines Keiles eine andere Kraft erforderte als das Zerdrücken desselben. Da das Zerdrücken die doppelte Belastung erforderte, entschied er sich für die Spaltung, also die Ermittelung des Trennungswiderstandes. Als geeignetste Unterlage konstruierte er ein Gestell, dessen wesentlichster Teil aus einem dreiteiligen Prisma besteht, dessen obere

---

[1] SCHERMBEEK, A. J. VAN: Forstwiss. Zbl. **1902**, 115.
[2] BAGGER, W.: a. a. O., Inaug.-Dissert. Königsberg 1912; Kulturtechniker **10**, 64 (1907).
[3] ATTERBERG, A.: Die Konsistenz und die Bindigkeit der Böden. Internat. Mitt. Bodenkde. **2**, 149 (1912).

als Auflage dienende Kante einen Winkel von 90° bildet. Bezüglich der Form der Bodenprobe ergaben sich zwischen Würfel und vierkantigem Prisma von gleichem Durchmesser keine Unterschiede in den Ergebnissen. Atterberg wählte Prismen, da er an einem solchen mehrere Bestimmungen ausführen konnte. Die Voruntersuchungen erstreckten sich weiter auf die für die Bereitung der Probekörper notwendige Wassermenge, welche um 3—6 Einheiten den Wassergehalt der Ausrollgrenze überschreiten soll, auf die Formen der Würfel und Prismen, die Festigkeit der Würfel in verschiedenen Richtungen, wobei es sich infolge verschiedener Spaltbarkeit als notwendig herausstellte, die beim Formen nach oben gerichtete Seite auch beim Spalten nach oben zu legen, und schließlich auf anzubringende Korrekturen der Festigkeitszahlen für ein eventuelles Schwinden der Würfel. Der Festigkeitsbestimmungsapparat, von dem Atterberg zwei Formen, einen für geringe und einen für starke Belastung, konstruiert hat, besteht im wesentlichen aus einem in

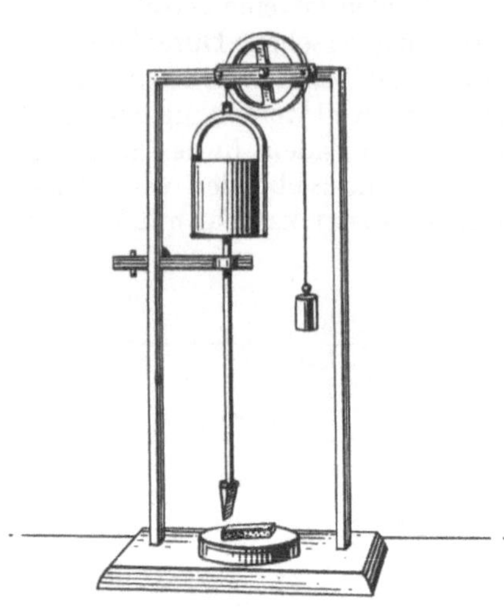

Abb. 12. Atterbergs Apparat für schwache Belastung.

Nach Internat. Mitt. Bodenkde. **4**, 420 (1914).

einem Gestell in Führungen laufenden Rohr aus Aluminium bzw. Messing, an dessen unterem Ende der zur Spaltung des Bodens bestimmte Stahlkeil von 22 mm Breite und 15° Winkelöffnung angebracht ist. Am oberen Ende ist die zur Aufnahme der Gewichte bestimmte Platte angebracht. Bei dem großen Apparat sind drei weitere Platten für die größeren Gewichte über das Messingrohr verteilt. Später wurden die Apparate, besonders der größere, zur Erzielung gesteigerter Genauigkeit von Atterberg und Johansson[1] umkonstruiert (Abb. 12 u. 13).

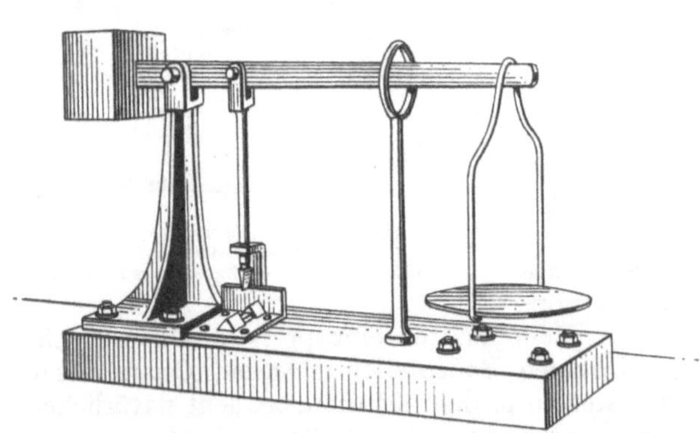

Abb. 13. Atterbergs Apparat für hohe Belastung (neue Form).
Nach Internat. Mitt. Bodenkde. **4**, 419 (1914).

Für die Festigkeitsbestimmung werden vom lufttrockenen Boden 200 g in einer Reibschale so fein gerieben, daß das Pulver bei schweren Böden Siebe von 0,2 oder 0,3 mm Maschenweite passieren kann, bei leichten Böden solche mit Maschen von 0,6 mm. Sehr schwere Böden müssen vor dem Zerreiben bei etwa 50° getrocknet werden, sonst klebt das Tonpulver an der Reibschale fest. Bei der gepulverten und dann gut gemischten Probe werden der Wassergehalt, die Fließgrenze (bei welcher zwei Stückchen Tonbrei nicht mehr zusammenfließen

---

[1] Johansson, S.: Konsistenzkurven der Mineralböden. Internat. Mitt. Bodenkde. **4**, 418 (1914).

wollen) und bei plastischen Böden ebenfalls die Ausrollgrenze (bei welcher der Tonbrei sich nicht mehr zu Drähten ausrollen läßt) bestimmt[1]. Die Ziffern werden auf 100 Teile Trockensubstanz berechnet. 130 g der Bodenprobe werden zu diesem Zwecke mit so viel Wasser versetzt, wie es für ein gutes Formen nötig ist, d. h. im Durchschnitt mit 3 Einheiten Wasser mehr als sich für die Erreichung der Ausrollgrenze nötig erweist. Bei sehr schweren Böden muß die Überschreitung 4—6 Einheiten betragen, bei leichten Lehmen sind bisweilen nur 2 nötig. Durch sorgfältiges Zusammenkneten bereitet man einen möglichst homogenen luftfreien Teig. Findet man die berechnete Wassermenge unzureichend, so wird vorsichtig mehr Wasser, jedesmal 1—2 cm³, zugesetzt. War der Teig zu weich, so wird mehr Bodenpulver zugegeben. Von dem Teig werden mit Hilfe von Messingformen Würfel von 2 × 2 × 2 cm oder Prismen von 2 × 2 × 9 cm geformt. Der Teig muß sehr genau in die Form eingepackt werden, mit einem Spatel wird die Oberfläche geglättet und markiert. Dann wird mit Hilfe eines in die Messingform genau passenden Metall- oder papierbekleideten Gipsprismas das Bodenprisma aus der Form geschoben, auf eine Platte gestellt und bei 100° getrocknet. Sehr schwere Tone müssen zunächst zur Vermeidung von Rißbildungen an der Luft getrocknet werden. Die getrockneten Bodenprismen werden, um ein Anziehen von Feuchtigkeit zu vermeiden, noch heiß in eine bedeckte Glasschale gebracht. Das Bodenprisma wird dann auf dem Probekörpergestell unter den Stahlkeil gebracht, der genau auf der Mitte des Prismas aufsitzen soll, und dann der Apparat belastet, bis der Boden spaltet. Die beiden Prismenhälften werden nochmals gespalten und deren Hälften wiederum, so daß ein Prisma sieben Bestimmungen ergibt. Es empfiehlt sich von vornherein gleich zwei Prismen herzustellen, um bei schlechter Übereinstimmung der Bestimmungen des einen Prismas sofort Kontrollbestimmungen machen zu können. An den Prismenstücken wird schließlich die Breite in $^1/_{10}$ mm abgelesen und die direkt ermittelte Festigkeitszahl mit Hilfe der so gemessenen Prismabreite mit Rücksicht auf das Schwinden beim Trocknen korrigiert, indem man die gefundenen Festigkeitsziffern mit 20 multipliziert und durch die tatsächlich nach dem Trocknen gefundene Kantenlänge dividiert. Die korrigierte Festigkeitszahl bezieht sich dann auf Würfel von 20 × 20 × 20 mm. JOHANSSON[2] hat später gezeigt, daß die Korrektur nicht nur für das Schwinden der Breite der Probekörper, sondern auch für das Schwinden an Höhe derselben vorgenommen werden muß. Für Böden mit sehr hohen über 45 kg hinausgehenden Festigkeitszahlen benutzte ATTERBERG Prismen von halber Breite und rechnete dann ebenfalls auf die Normalmaße um.

Neben diesen Festigkeitsermittelungen bestimmte ATTERBERG mit dem gleichen Apparat die „Zähigkeit" der Böden im plastischen Zustande, indem er Würfel mit verschiedenem Wassergehalt formte, diese unter den Keil brachte und den Apparat so lange belastete, bis der Keil die Mitte des Würfels passiert hatte.

Noch auf anderem Wege hatte ATTERBERG[3] zunächst versucht, einen Maßstab für die Beurteilung der Kohäsions- und Adhäsionseigenschaften der Böden zu finden. Er bestimmte u. a. die Grenze der Schwerflüssigkeit, die Fließgrenze, die Klebe- und die Ausrollgrenze bei einer großen Zahl verschiedenster Böden. Für die direkte Beurteilung eines Bodens auf Grund dieser Plastizitätswerte erscheint die Klebegrenze am wichtigsten, das ist die Grenze, bei welcher ein Boden aufhört, an Metallen zu kleben, in der Praxis also an den landwirtschaft-

---

[1] ATTERBERG, A.: Die Plastizität der Tone. Internat. Mitt. Bodenkde. 1, 21 (1911); a. a. O. 2, 172, 173, 179 (1912).

[2] JOHANSSON, S.: a. a. O., Internat. Mitt. Bodenkde. 4, 419 (1914).

[3] ATTERBERG, A.: Die Konsistenz und Bindigkeit der Böden. Internat. Mitt. Bodenkde. 1, 21 (1911).

lichen Geräten, bei den Laboratoriumsversuchen an einem Nickelspatel. Je niedriger die Klebegrenze liegt, um so schwerer ist die Bearbeitung eines Bodens. Vorgänger Atterbergs bei den Versuchen, den Boden nach seinen plastischen Eigenschaften zu beurteilen, waren Tschaplowitz[1] und Bischoff[2]. Die gegen die Atterbergsche Methode bestehenden Bedenken sind in erster Linie von Marquis[3] und von Mitscherlich[4] hervorgehoben. Vor allem scheint die Größe der Beobachtungsfehler eine exakte Beurteilung und Klassifikation der Böden nur schwer zuzulassen.

Einen von den bisher beschriebenen Verfahren abweichenden Weg beschritt Arnd[5]. Er ermittelte die Schleiffestigkeit, d. h. den „Widerstand, den ein Körper der durch reibende Einwirkung erfolgenden Abtrennung seiner an der Oberfläche liegenden Einzelteile von seiner Gesamtheit entgegensetzt". Zur Abtrennung der Bodenteilchen wird ein Zylinder aus getrocknetem Boden gegen ein feststehendes Prisma des gleichen Bodens gedrückt und reibt an letzterem. Aus dem dabei unter einem bestimmten Druck bei einer bestimmten Umdrehungszahl des Zylinders in bestimmter Zeit entstehenden Gewichtsverlust wird die „Kohärenzzahl" errechnet. Die Bestimmung wird folgendermaßen durchgeführt: 90 g lufttrockener Boden werden mit 30 g Glassplittern von 0,2—0,5 mm Durchmesser vermengt (zur Vermeidung des Glattschleifens), sodann wird Wasser zugegeben, die Masse gut durchgeknetet und unter starkem Druck mit den Fingern in Formen gepreßt. Auf diese Weise werden drei Prismen und zwei Zylinder hergestellt, welche zunächst 24 Stunden bei Zimmertemperatur stehen und dann mehrere Stunden bei 105° getrocknet werden. Die Prismen erhalten durch gegenseitiges Aneinanderreiben eine gleichmäßige Oberfläche, desgleichen die Zylinder durch Einschleifen am dritten Prisma. Dann wird nochmals bei 105° getrocknet. Nun werden Zylinder und Prisma gewogen und im Apparat 5 Minuten lang der Schleifwirkung bei 25 g Druck und 200 Umdrehungen in der Minute ausgesetzt, dann wiederum gewogen und aus der Gewichtsdifferenz vor und nach dem Schleifen das Abnutzungsgewicht festgestellt. Das Abnutzungsvolumen wird berechnet, indem man das dritte Prisma mit Paraffin wasserundurchlässig macht und dann sein Volumen ermittelt. Aus den beiden gefundenen Werten wird das Abnutzungsvolumen, das Restvolumen und daraus die Kohärenzzahl berechnet. Je geringer die Volumverminderung der beiden Bodenkörper ist, um so stärker ist die Kohäsion, mit welcher die Bodenteilchen aneinanderhaften.

Der großen Bedeutung der Adhäsionskräfte der Böden an die Bearbeitungsgeräte trug Schachbasian[6] bei seinen Untersuchungen Rechnung, indem er die Adhäsion des Bodens an Holz und Eisen und die Reibung des Bodens zu ermitteln suchte. Für die Bestimmung der Adhäsionskraft ging er in der Weise vor, daß er Boden in ein mit einem Siebboden versehenes Gefäß einstampfte, den Boden dann kapillar mit Wasser sättigte und ihn in dem Gefäß mit einer Platte bedeckte, die er 10 Minuten lang mit 5 kg beschwerte. Die Platte wurde dann mit dem einen Ende eines Waagebalkens verbunden und die Schale am anderen Ende so lange mit Gewichten belastet, bis die Platte vom Boden abriß. Zur Bestimmung des Reibungswiderstandes ließ er über eine in einem Zinkkasten gestampfte waage-

---

[1] Tschaplowitz, F.: Über die Bestimmung von Ton und Sand im Boden. Z. anal. Chem. 31, 487 (1892).

[2] Nach A. Atterberg: a. a. O. Internat. Mitt. Bodenkde. 1, 15 (1911).

[3] Marquis, C.: a. a. O. Internat. Mitt. Bodenkde. 5, 446 (1915).

[4] Mitscherlich, E. A.: Bodenkunde für Land- und Forstwirte, S. 88. Berlin: Parey 1923.

[5] Arnd, Th.: Neues Verfahren zur vergleichenden Bestimmung der Kohärenz mineralhaltiger Böden. Z. Pflanzenern. u. Düng. A. 2, 130 (1923).

[6] Schachbasian, J.: Untersuchungen über die Adhäsion und Reibung der Bodenarten. Forschgn. Geb. Agrikult.-Phys. 13, 193 (1890).

recht liegende Bodenplatte einen Schlitten laufen, indem er Waageschalen belastete, welche durch über Laufräder gehende Schnüre mit diesem Schlitten verbunden waren.

In höherem Grade als SCHACHBASIAN trägt GEORG KÜHNE[1] den natürlichen Verhältnissen mit seiner Methode Rechnung. Mit Hilfe einer besonders konstruierten Presse wurden Bodenplatten von 100 cm Länge, 40 cm Breite und 7 cm Dicke hergestellt. Durch diese wurde nun bei bestimmter Arbeitsbreite, Arbeitstiefe und Arbeitsgeschwindigkeit mit einem Pflugzeugmodell gepflügt, indem in jedem Falle der Zugwiderstand mit Hilfe einer Registriervorrichtung festgestellt wurde. KÜHNE und später MARQUIS[2], dessen umfangreiche Arbeit überhaupt ausgiebiges Material für die Vergleichung der nach den verschiedensten Methoden gewonnenen Ergebnisse liefert, haben durch ihre Versuche besonders gezeigt, in welch starkem Grade der Feuchtigkeitszustand des Bodens dessen Ko- und Adhäsionskräfte beeinflußt. Bodenfestigkeitsprüfer sind von DELILLE[3] und HINGSTON[4] konstruiert worden, eine registrierende Druck- und Stichfestigkeitssonde von K. v. MEYENBURG[5].

Alle an künstlich hergestellten Bodenproben angestellten Ermittelungen leiden an dem prinzipiellen Fehler, daß sie zu stark von der Individualität des Versuchsanstellers abhängig sind. Schon die von den einzelnen Personen bei dem Formen der Würfel oder dem Einstampfen des Bodens in Gefäße angewandte Kraft muß zu einer verschieden dichten Lagerung der Bodenteilchen und damit zu abweichenden Ergebnissen führen. Dazu kommen der Einfluß geringer Unterschiede im Feuchtigkeitsgehalt, das verschiedene Verhalten kleiner und größerer Würfel, Prismen oder Platten gegenüber dem Eindringen der Spatel oder dem Druck der Apparate und eine Reihe anderer Faktoren, welche eine Übertragung der Versuchsergebnisse auf natürliche Verhältnisse recht schwierig gestalten. Der Gedanke lag deshalb nahe, die Bindigkeitsfähigkeiten eines Bodens in seiner natürlichen Lagerung festzustellen. Allerdings wird man auch hierdurch nicht zu einer Beurteilung des Bodens an sich gelangen, sondern nur den augenblicklichen Zustand des Bodens feststellen können, der durch Bodenbearbeitung, Niederschläge, Frost, Düngung u. dgl. in kürzester Zeit schon wieder vollständig verändert sein kann. Derartige Ermittelungen auf dem Felde selbst könnten also höchstens bei fortdauernder laufender Kontrolle durch mehrere Jahre ein klares Bild über den Boden an sich liefern, eine Arbeit, die wohl kaum zu leisten wäre.

Einen derartigen auf dem Felde selbst arbeitenden Apparat hat zuerst VÖLKER[6] gebaut, später auf MITSCHERLICHS Veranlassung ZANDER[7] konstruiert und mit ihm eine Reihe von Bodenuntersuchungen angestellt. MITSCHERLICH[8] beschreibt den Apparat wie folgt. Ein in einem galgenartigen Gestell angebrachter Spaten wird durch ein Fallgewicht in den Boden eingetrieben. Die Fallhöhe desselben läßt sich durch

---

[1] KÜHNE, GEORG: Zugwiderstand eines Pflugwerkzeugmodelles. Inaug.-Dissert. Gießen 1914.

[2] MARQUIS, C.: Vergleichende Untersuchungen über die Methoden der Kohärenzbestimmung. Internat. Mitt. Bodenkde. 5, 489 (1915).

[3] DELILLE, K.: Das Bedürfnis nach einem Bodenfestigkeitsprüfer. Die Landmaschine 6, 681 (1926).

[4] Englische Patentschrift 187; nach K. DELILLE: Fühlen oder Messen. Die Landmaschine 7, 100 (1927).

[5] MEYENBURG, K. VON: Registrierende Druck- und Stichfestigkeitssonde für Kulturböden usw. Internat. Mitt. Bodenkde. 13, 201 (1923); Dasselbe: Bodenfestigkeitsprüfer. Die Landmaschine 6, 681 (1926).

[6] VÖLKER: Neue Mögelinsche Ann. Landw. 4, 119 (1819); nach E. A. MITSCHERLICH: Bodenkunde, S. 82. Berlin: Parey 1923.

[7] ZANDER, H.: Einfluß der Wassergehalte und des Hohlraumvolumens auf die Bearbeitungsfähigkeit des Bodens. Inaug.-Dissert. Königsberg 1920.

[8] MITSCHERLICH, E. A.: Bodenkunde, S. 90—95. Berlin: Parey 1923.

die Höher- oder Tieferstellung des Galgens variieren. Die Beobachtung geschieht derart, daß stets die Fallhöhe mit dem Gewicht multipliziert und, um die Zeiteinheit zu wahren, durch die Anzahl der Schläge dividiert wird. Diesem Arbeitsaufwande steht die geleistete Arbeit gegenüber, d. h. die Tiefe, bis zu welcher der Spaten eingetrieben ist, und welche sich an einer am Spatenstiel angebrachten Teilung ablesen läßt. Die Untersuchungen Zanders ergaben kurz folgendes: Bei trockenem Boden ist die geleistete Arbeit recht groß, sie verringert sich bei Wasserzusatz so lange, bis der Boden gerade das hygroskopisch gebundene Wasser enthält. Die Arbeitsleistung steigt dann wieder an bis zur annähernden Erreichung der Wasserkapazität des Bodens, um dann abermals zu sinken, bis schließlich bei schwimmendem Boden Konstanz erreicht wird. Bei zunehmender Dichtigkeit der Lagerung steigt der Arbeitsaufwand zuerst langsam, dann immer rascher, bis er schließlich die Höhe erreicht hat, welche zur Trennung eines festen Körpers notwendig ist. Die bei der Arbeitsleistung auftretenden Gesetzmäßigkeiten sind von Zander formelmäßig festgelegt.

Das natürlichste Instrument zur Ermittelung der Festigkeit und Konsistenz eines Bodens ist schließlich der Pflug selbst, an dem in geeigneter Weise ein Zugkraftmesser angebracht ist[1]. Natürlich vermag auch ein derartiger Pflug uns nur Einblick in den Charakter des Bodens zu liefern, wenn die Ermittelungen mit ihm an zahlreichen Stellen, zu den verschiedensten Zeiten und bei den verschiedensten Feuchtigkeits- und Lagerungsverhältnissen angestellt werden, über welche man sich gleichzeitig durch andere Untersuchungen Aufschluß holen muß.[2]

d) Spezifisches Gewicht, Volumgewicht, Bodenvolumen und Hohlraumvolumen.

Wir sahen in dem soeben besprochenen Abschnitt, in wie hohem Maße die Festigkeit eines Bodens u. a. auch von der Dichtigkeit seiner Lagerung, d. h. also von seinem Hohlraum- oder Porenvolumen, abhängig ist. Auf die Bedeutung desselben für das Pflanzenwachstum auch in anderen Beziehungen wird noch später hingewiesen[3]. Die Ermittelung des Hohlraumvolumens gehört demnach zu den wichtigsten Maßnahmen für die Beurteilung eines Bodens. Sie erfolgt indirekt, indem man das Hohlraumvolumen als Differenz aus dem Gesamtvolumen (Bodenvolumen) und dem in diesem enthaltenen Volumen der Bodentrockensubstanz errechnet. Das Volumen der Bodentrockensubstanz läßt sich auf einfachste Weise aus dem Volumgewicht desselben, d. h. also aus dem Gewicht der in einer Raumeinheit, etwa $1\ cm^3$, enthaltenen trockenen Bodenmenge und ihrem spez. Gewicht errechnen. Ist das Volumgewicht G, das spez. Gewicht s, dann ist das Volumen der Bodentrockensubstanz $v = G/s$ und das Hohlraumvolumen $=$ Gesamtvolumen $-v$. Nach Abzug des von dem Bodenwasser eingenommenen Volumens von dem Hohlraumvolumen verbleibt als Rest schließlich das Luftvolumen. Das bei voller Sättigung des Bodens mit Wasser noch verbleibende Luftvolumen bezeichnet Kopecký[4] als Luftkapazität. Diese soll für Wiesen wenigstens 6%, für Ackerland 10—20% betragen. Da wir das Volumgewicht der Bodentrockensubstanz (auch scheinbares spez. Gewicht genannt) durch Wägung eines bestimmten Bodenvolumens und Bestimmung der Trockensubstanz ermitteln können, so ist für die Ermittelung

---

[1] Vgl. A. Nachtweh: Hilfsmittel und Methoden bei der Prüfung landwirtschaftlicher Maschinen. Fühlings Landw. Ztg. **53,** 303 (1904).

[2] Siehe hierzu auch K. Sprengel: Bodenkunde oder die Lehre vom Boden, S. 298. Leipzig 1837. — Ferner E. A. Mitscherlich: Bodenkunde, S. 94. Berlin: Parey 1923. — A. Nowacki: Prakt. Bodenkunde, S. 107. Berlin: Parey 1910.

[3] Vgl. ferner die späteren diesbezüglichen Ausführungen über das Verhalten des Bodens zur Luft in diesem Bande. S. 312 f.

[4] Kopecký, J.: Die physikalischen Eigenschaften des Bodens. Internat. Mitt. Bodenkde **4,** 164 (1914).

des Hohlraumvolumens daneben nur noch die Bestimmung des spez. Gewichtes
der Bodentrockensubstanz notwendig. Auf einfachste Weise, die allerdings auf
große Genauigkeit keinen Anspruch machen konnte, ermittelte KNOP[1] das spez.
Gewicht, indem er eine bestimmte Bodenmenge, etwa 200 g Trockensubstanz in
einen mit Marke versehenen Kolben von 300—500 cm³ Inhalt brachte, sodann
aus einem vollen Meßzylinder bis zur Marke auffüllte und feststellte, wieviel
Wasser er zum Füllen des Kolbens gebraucht hatte. Die Differenz zwischen
Kolbeninhalt und eingefüllter Wassermenge ergab das Volumen des durch die
angewandte Bodenmenge verdrängten Wassers, und daraus durch Division des
letzteren in das Gewicht der trockenen Bodenmenge das spez. Gewicht des Bodens.
Andere Forscher[2] benutzten genau graduierte Glasröhren, füllten diese mit einer
bestimmten Wassermenge und ermittelten das spez. Gewicht aus der nach Ein-
schütten einer bestimmten Gewichtsmenge Bodentrockensubstanz erfolgten
Volumvermehrung. Über sonstige ältere Methoden zur Bestimmung des spez.
Gewichts berichtet GISEVIUS[3]. U. a. beschreibt er ein Volumenometer, mit dem
er gute Ergebnisse erzielt hat. Heute bedient man sich zur Bestimmung des
spez. Gewichts meistens des Pyknometers, welches ein weit präziseres Arbeiten
gestattet. Dasselbe besteht aus einem Kölbchen von 50—100 cm³ Inhalt, dessen
eingeschliffener, in eine Kapillare ausgezogener Stopfen etwa in der Mitte der
Kapillare eine Marke trägt. Das Pyknometer nebst dem leicht eingefetteten
aufgesetzten Stopfen wird zunächst leer gewogen, sodann wieder mit ausge-
kochtem, destilliertem Wasser vollständig gefüllt und der Stopfen vorsichtig aufgesetzt, so daß zwischen ihm und der Wandung keine Luftblasen entstehen. Das
in der Kapillare stehende Wasser wird mit Hilfe eines zu einer feinen Spitze
gedrehten Stückchens Filtrierpapier bis zur Marke entfernt und dann der Apparat
wieder gewogen. Die Differenz zwischen den Gewichten des gefüllten und leeren
Pyknometers ergibt dessen Rauminhalt. Die Wägungen können, ohne große
Fehler zu verursachen, bei Zimmertemperatur erfolgen, jedoch muß durch möglichst vorsichtiges Anfassen des Gefäßes eine Erwärmung desselben vermieden
werden und eine Anpassung an die Zimmertemperatur durch etwa 10 Minuten
langes Stehenlassen des Pyknometers vor dem Wägen im Waagegehäuse gewährleistet sein. Nach Entleerung und Trocknung des Pyknometers werden 10—15 g
Boden (bei Mineralboden), dessen Wassergehalt bestimmt ist, eingefüllt und der
Apparat wieder gewogen, um die genaue Menge der eingefüllten Bodentrockensubstanz festzustellen. Darauf füllt man zunächst soviel ausgekochtes, destilliertes Wasser ein, bis der Boden bedeckt ist, und evakuiert dann unter
gelegentlichem weiterem Nachfüllen von Wasser bis zur vollständigen Entfernung von Luft aus dem Boden und Wasser. Bei Humusböden dauert das
Austreiben der Luft mitunter recht lange. Auch entstehen dabei insofern
Schwierigkeiten, als der lufttrockene Boden bisweilen auf dem Wasser
schwimmt. Sofern man nicht nassen Boden anwenden kann, läßt sich das
Schwimmen dadurch bekämpfen, daß man die Evakuierung wiederholt plötzlich
unterbricht. Der Boden pflegt dann nach mehrmaliger Wiederholung der
Unterbrechung vollständig unterzusinken. Nach Beendigung der Luftaustrei-
bung wird das Pyknometer vollends aufgefüllt, der Stopfen aufgesetzt, das
Wasser in der Kapillare wieder bis zur Marke entfernt und dann, nach

---

[1] KNOP, W.; Landw. Versuchsstat. 8, 40 (1866).

[2] Siehe J. KÖNIG: Die Untersuchung landwirtschaftlich und landwirtschaftlich ge-
werblich wichtiger Stoffe, T. 1, S. 25 u. 195. Berlin: Parey 1923. — BRÜGELMANN, G.:
Bemerkungen zur Ermittelung des spez. Gewichtes fester und flüssiger Körper. Z. anal.
Chem. 21, 178 (1882).

[3] GISEVIUS, P.: Beiträge zur Methode der Bestimmung des spez. Gewichts von Mineralien
und der mechanischen Trennung von Mineralgemengen. Landw. Versuchsstat. 28, 369 (1883).

einigem Stehen im Waagengehäuse, gewogen. Zieht man von diesem Gewicht das des leeren Pyknometers und der Bodenmenge ab, so erhält man das Gewicht bzw. Volumen des nachgefüllten Wassers und durch Abzug desselben von dem Rauminhalt des Pyknometers die Menge des durch den Boden verdrängten Wassers und damit das Volumen der Bodentrockensubstanz V selbst. Durch Division desselben in das Gewicht der angewandten Bodenmenge G ergibt sich dann das spez. Gewicht des Bodens, spez. Gewicht $= G/V$, umgekehrt durch Division von V durch G das spez. Volumen des Bodens, d. h. der von einer Gewichtseinheit etwa 1 g eingenommene Rauminhalt.

Kopecký[1] kocht den Boden, nachdem er ihn vorher gewogen hat, zur Vertreibung der Luft zunächst in einem Schälchen aus und spült ihn dann in das Pyknometer. Sein Verfahren mag für Humusböden gegenüber dem lange dauernden Evakuieren einen gewissen Vorteil bieten. Bei den Bestimmungen des spez Gewichtes sind alle Wägungen bei gleichen Temperaturen vorzunehmen, wenn man umständliche Rechnungen zur Reduktion der Gewichte auf gleiche Temperaturen vermeiden will. E. Krueger[2] hat ein solches Verfahren ausgearbeitet, das vermittels Rechnung von den während des Versuchs schwankenden Temperaturen unabhängig macht und die durch diese bedingten an sich unbedeutenden Fehler vermeidet.

Eine wesentlich einfachere rasch auszuführende Methode haben Albert und Bogs[3] in die Bodenkunde eingeführt. Sie benutzen dazu eine von Erdmenger und Mann[4] angegebene von v. Wrochem[5] modifizierte Apparatur. 20 g völlig getrockneter Boden werden in genau auf 50 cm³ geeichte Kölbchen gebracht, welche man vorher aus einer ebenfalls genau 50 cm³ fassenden, mit automatischer Nullpunkteinstellung versehenen Bürette etwa zur Hälfte mit reinem Terpentinöl gefüllt hat. Durch mehrmaliges Umschwenken läßt sich die Luft leicht aus dem Boden entfernen, danach füllt man das Kölbchen bis zur Marke auf. Der in der Bürette verbleibende Rest gibt das Volumen des eingefüllten Bodens an, aus welchem wieder in der angegebenen Weise das spez. Gewicht zu errechnen ist. Die Methode liefert mit der Pyknometermethode befriedigend übereinstimmende Werte. Janert[6] macht auf einige Unbequemlichkeiten und Ungenauigkeiten aufmerksam, welche bei Benutzung von Terpentinöl entstehen. Der Meniskus stellt sich nach seinen Beobachtungen in der Bürette erst sehr langsam konstant ein, so daß die Ablesungen erst nach halbstündigem Warten erfolgen können. Vor allem aber erwärmt sich das Terpentinöl besonders bei der Untersuchung schwerer Böden oft stark und zwar wahrscheinlich durch Oxydation. Die dadurch entstehenden (an sich wohl geringfügigen) Fehler vermeidet Janert durch Anwendung von Methylalkohol statt des Terpentinöls. Das spez. Gewicht der Mineralböden schwankt innerhalb ziemlich enger Grenzen. Dabei besteht zwischen den einzelnen Fraktionen eines sonst einigermaßen gleichartig zusammengesetzten Bodens kein wesentlicher Unterschied. Nur die allerfeinsten Teilchen scheinen mitunter ein etwas geringeres spez. Gewicht als die gröberen zu besitzen.

---

[1] Kopecký, J.: a. a. O. Internat. Mitt. Bodenkde. 4, 161 (1914).

[2] Krüger, E.: Verfahren zur Bestimmung des Einheitsgewichts von Böden. Internat. Mitt. Bodenkde. 6, 152 (1916).

[3] Albert, R., u. O. Bogs: Beitrag zur Methode der Bodenuntersuchung. Internat. Mitt. Bodenkde. 4, 196 (1914).

[4] Siehe G. Lunge u. E. Berl: Chemisch-technische Untersuchungsmethoden 2, 7. Aufl., S. 877. Berlin: Julius Springer 1922.

[5] Wrochem, J. von: Über Apparate zur Bestimmung des spez. Gewichtes fester Körper. Mitt. Kgl. Mat.-Prüfungsamt 1904; nach Chem. Zbl. 1, 1577 (1901).

[6] Janert, H.: Neue Methoden zur Bestimmung der wichtigsten physikalischen Grundkonstanten des Bodens. Landw. Jb. 66, 432 (1927).

Nolte[1] fand wenigstens bei der Untersuchung eines Tonbodens die spez. Gewichte der einzelnen Fraktionen, bezogen auf bei 100° getrockneten Boden, bei einer Absetzdauer von

> 24 Std.	> 2 Std.	> 15 Min.	> 100 Sek.	< 100 Sek.
2,497	2,638	2,640	2,615	2,626

Also nur die feinste Fraktion wich von den anderen um ein geringes ab.

Über die spez. Gewichte einzelner Bodenarten und der einzelnen Bodenkonstituenten befinden sich zahlreiche Angaben in der Literatur wie von Schübler[2], von Liebenberg[3], Wollny[4], Ramann[5], Densch[6] und Mitscherlich[7]. Danach weisen Sand- und Kalksteinböden mit 2,6—2,7 das höchste, Tone mit 2,4—2,5 die geringsten spez. Gewichte unter den Mineralböden auf. Reine Humusböden haben ein spez. Gewicht von 1,3—1,6. Der Humusgehalt des Mineralbodens setzt dessen spez. Gewicht herab. Wollny fand für Quarzsand ein spez. Gewicht von 2,622, für $^2/_3$ Quarz $+$ $^1/_3$ Humus 2,453 und für $^1/_3$ Quarz $+$ $^2/_3$ Humus 2,287. Hoher Gehalt an kohlensaurem Kalk und an Eisenhydraten erhöht das spez. Gewicht. Im allgemeinen ist dieser Einfluß jedoch nicht sehr groß, so daß man als spez. Gewicht der Mineralböden 2,6—2,7 annehmen kann. Als Überblick über die spez. Gewichte der wichtigsten Bodenarten und ihrer Konstituenten mögen hier Angaben wiedergegeben sein, welche Ramann in seiner Bodenkunde auf Grund eigener und fremder Untersuchungen macht. Danach betragen die spez. Gewichte von

Feldspat . 2,5 —2,8	Kalkspat . . . 2,6—2,8	Quarzsand 2,653	(Schübler)	
		2,639	(Wollny)	
Orthoklas . 2,5 —2,6	Dolomit . . . 2,8—3,0	Kalksand 2,722	(Schübler, Lang)	
		2,756	(Wollny)	
Oligoklas . 2,63—2,69	Chlorit . . . . 2,7—3,0	Kreide . . 2,813	(Trommer)	
		2,720	(G. Rose)	
Labrador . 2,64—2,8	Talk . . . . . 2,6—2,7	Kaolin . . 2,47	(Lang)	
		2,503	(Wollny)	
Augit . . . 3,2 —3,5	Gips . . . . . 2,2—2,4	Ton 2,44—2,53	(Schübler)	
		Humus . 1,37	(Schübler)	
Hornblende 2,9 —3,4	Eisenoxydhydrat 3,73	Torf . . . 1,26	(Lang)	
		1,462	(Wollny)	
Glimmer . 2,8 —3,2	Brauneisen . . 3,4—4,0			
Quarz . . 2,5 —2,8	Roteisen . . . .5,1—5,2			

Eine gewisse Trennung der einzelnen Bodenbestandteile erfolgt zwar beim Schlämmen der Böden. In erster Linie ist für die Trennung jedoch die Korngröße maßgebend, während das spez. Gewicht dabei nur eine untergeordnete Rolle spielt. Daher finden sich in allen Fraktionen mineralische Bestandteile verschiedenster Art vor[8]. Man hat deshalb die Trennung der Bodenbestandteile

---

[1] Nolte, O.: Über das spezifische Gewicht einiger Bodenkonstituenten. Internat. Mitt. Bodenkde. 11, 117 (1921).

[2] Schübler, G.: Grundsätze der Agrikult.-Chemie 2, 62 (1838).

[3] Liebenberg, A. von: Über das Verhalten des Wassers im Boden. Inaug.-Dissert. 1873; nach E. Wollny: Forschgn. Geb. Agrikult.-Phys. 8, 351 (1885).

[4] Wollny, E.: a. a. O. Forschgn. Geb. Agrikult.-Phys. 8, 351 (1885).

[5] Ramann, E.: Bodenkunde, S. 315. Berlin: Julius Springer 1911.

[6] Densch, A.: a. a. O. Mitt. Ver. Förd. Moorkult. 33, 410 (1915).

[7] Mitscherlich, E. A.: Gewichtseinheit als Ausgangspunkt f. physikalische Bodenuntersuchungen. Fühlings Landw. Ztg. 49, 262 (1900).

[8] Vgl. hierzu Masurenko: Untersuchungen einiger chemisch-physikalischer Eigenschaften der Abschlämmprodukte des Podsol- und Lößbodens. Inaug.-Dissert. München 1903. — Wagner, F.: Kritische Studie eines intensiven landwirtschaftlichen Betriebes, S. 45. Stuttgart 1912.

verschiedenen spez. Gewichts durch Anwendung von Flüssigkeiten mit variier-
barem spez. Gewicht versucht. König, Hasenbäumer und Krönig[1] geben einen
Überblick über die bisher dazu herangezogenen Flüssigkeiten. Die am meisten
zur Anwendung kommende Flüssigkeit ist die Thouletsche Quecksilberjodid-
lösung mit einem höchsten spez. Gewicht von 3,196. Durch Verdünnen mit
Wasser kann man jedes beliebige spez. Gewicht herstellen und dadurch die Trennung der Bodenteile und die Bestimmung ihres spez. Gewichtes vornehmen. Klein[2]
verwandte eine Lösung von borowolframsaurem Kadmium von spez. Gewicht
3,28. Diese hat vor der Thouletschen Lösung den Vorzug der Ungiftigkeit,
wird aber außer durch metallisches Eisen, Zink und Blei auch durch Karbonate
zersetzt, so daß diese erst aus dem Boden entfernt werden müssen. Von sonstigen
Trennungsflüssigkeiten seien erwähnt die Rohrbachsche Bariumquecksilberjodid-
lösung, Brauns Methylenjodid, Bréons Schmelze von Bleichlorid und Zink-
chlorid zur Trennung von Mineralien von spez. Gewicht zwischen 2,4—5,0 und
Retgers Silbernitratschmelze, deren spez. Gewicht von 4,1 durch Zusammen-
schmelzen mit Kalium- oder Natriumnitrat beliebig herabgesetzt werden kann.
Fletcher und Bryan[3] versuchten eine Trennung durch Zentrifugieren der in
ammoniakhaltigem Wasser geschüttelten Proben, Dumont[4] benutzte ebenfalls
die Zentrifuge. Er zerstört zunächst die Humusbestandteile durch chemische
Behandlung, zentrifugiert dann in ammoniakalischem Wasser den Sand ab und
trennt darauf die übrigen Bestandteile durch Zentrifugieren in Lösungen verschiedenen spez. Gewichtes wie der Thouletschen Lösung und Methylenjodid.
König, Hasenbäumer und Krönig benutzen als Trennungsflüssigkeiten
Mischungen von Bromoform und Benzol von 2,36—2,64 spez. Gewicht. Die
Einzelheiten ihrer Methode und die Trennung durch den Haradascheideapparat
oder die Zentrifuge sind schon früher besprochen[5].

Die Bestimmung des Volumgewichtes des Bodens, d. h. also des Gewichtes
der in einer Volummaßeinheit enthaltenen Bodentrockensubstanz, erfolgt, wie
schon ausgeführt wurde, durch Wägen eines bestimmten Bodenvolumens und
Feststellung der Trockensubstanz. So einfach diese Handhabungen an sich
sind, so stößt die Bestimmung und mit ihr die Ermittelung des Hohlraumvolumens, des Wasser- und Luftvolumens und aller sich daraus ergebenden
sonstigen Bestimmungen wie Wasser- und Luftkapazität doch auf gewisse
Schwierigkeiten. Diese beruhen darin, daß es nicht ganz einfach ist, den Boden
in seiner natürlichen Lagerung für die Untersuchungen im Laboratorium zu
erhalten.

Die älteren Forscher wie Schübler[6], Heinrich[7], Wolff[8] und Wollny[9]
füllten feingepulverten Boden im lufttrockenen Zustande unter vorsichtigem
Rütteln und Aufstoßen bzw. schichtweisem festen Andrücken in ein Gefäß bekannten Inhalts und wogen vor und nach der Füllung dasselbe. Sie hofften auf
diese Weise der natürlichen Lagerung nahe zu kommen. Später versuchte man,
den Boden durch Sichsetzenlassen in Wasser zur natürlichen Lagerung zu bringen.

---

[1] König, J., u. Mitarbeiter: Die Trennung der Bodenteilchen nach dem spez. Gewicht
und die Beziehungen zwischen Pflanzen und Boden. Landw. Jb. **46**, 169 (1914).
[2] Klein, D.: Bull. Soc. minér. de France **4**, 419 (1881); Z. Krist. u. Mineral. **6**,
306 (1882).
[3] Fletcher, C. C., u. H. Bryan: U. S. Dep. of Agricult. Bur. of soils, Bull. **84** (1912).
[4] Dumont, J.: C. r. **140**, (1905).
[5] Vgl. S. 27.
[6] Schübler, G.: Grundsätze der Agrikultur-Chemie **2**. 1838.
[7] Heinrich, R.: Grundlagen zur Beurteilung der Ackerkrume.
[8] Wolff, E.: Anleitung zur Untersuchung landwirtschaftlicher Stoffe. 1875.
[9] Wollny, E.: a. a. O. Forschgn. Geb. Agrikult.-Phys. **8**, 353 (1885).

R. HEINRICH[1] verfuhr z. B. so, daß er eine 100 g Trockensubstanz entsprechende Menge Feinerde in eine graduierte Röhre füllte und durch Aufgießen von Wasser den Boden zum Sinken brachte. Nach dem Abtropfen des überschüssigen Wassers wurde das Volumen abgelesen und daraus das Volumgewicht des Bodens berechnet. Nach ähnlichem Prinzip verfahren auch LIEBENBERG[2] und später MITSCHERLICH[3], der im übrigen aber besonders auf die Notwendigkeit hinweist, die Volumgewichtsbestimmungen an Böden im gewachsenen Zustande vorzunehmen. Er hält es für das Einfachste und Beste, eine bestimmte quadratische möglichst ebene Fläche an den vier Seiten durch senkrechte Gruben sauber abzustechen, bis zur gewünschten oder durch die Bodenschichten bedingten Tiefe abzuheben und zu wiegen. Von dem gewogenen Boden ist dann eine gute Durchschnittsprobe zur Bestimmung der Trockensubstanz und des spez. Gewichts zu entnehmen[4]. Die Feststellung des Bodenvolumens auf diese Weise wird in lockeren Böden vielfach auf Schwierigkeiten stoßen. RAMANN[5] benutzte zur Entnahme der Bodenprobe aus gewachsenem Boden ein Rohr von 10 cm Länge und 10 cm Durchmesser, das sich nach unten schwach verjüngte und unten angeschärft war. Durch langsame, sehr gleichmäßige Schläge mit einem breiten Holzhammer wurde das Rohr senkrecht in den Boden getrieben. Die Verjüngung des Rohres verhindert ein Zusammenpressen des Bodens. Nach völligem Eintrieb, wobei die Erde im Rohre mit der allgemeinen Erdoberfläche stets in gleicher Höhe bleiben muß, wird die obere Öffnung durch einen Nutendeckel geschlossen, das Rohr mit der Erdsäule mittels eines untergeschobenen Bleches herausgehoben und der Unterrand scharf abgeschnitten. Um eine ganz gleichmäßige Verteilung der Schläge beim Eintreiben zu gewährleisten, hat KRAUSS[6] ein kegelförmiges Schlagholz angefertigt, das unten mit einem eisernen Führungsring versehen auf den Zylinder aufgesetzt wird. Auch er verwendet leicht konische, unten angeschärfte Stahlzylinder von etwa 4—12 cm innerem Durchmesser, um je nach Bodenart und Steingehalt zu praktisch konstanten Werten zu kommen (Abb. 14). Die Stahlrohre werden nach Aufsetzen des Schlagholzes durch Schläge mit einem einfachen Hammer in den Boden getrieben. Nach jedem Schlag läßt sich durch Abheben des Schlagholzes kontrollieren, ob der Erdzylinder im Inneren des Rohres etwa gedrückt oder gelockert worden ist. Ähnliche Stahlringe benutzten auch NITZSCH[7], BURGER[8] und BLOHM[9].

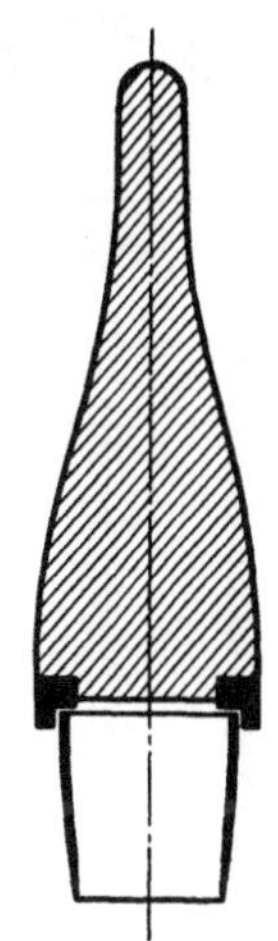

Abb. 14. Probenehmer von KRAUSS

Nach Internat. Mitt. Bodenkde. 13, 154 (1923).

---

[1] Siehe Verhandl. d. VI. Hauptvers. d. Verb. d. L. V. St. Landw. Versuchsstat. 43, 341 (1894).

[2] LIEBENBERG, A. VON: Über das Verhalten des Wassers im Boden. Inaug.-Dissert. Halle 1873.

[3] MITSCHERLICH, E. A.: Untersuchungen über die physikalischen Bodeneigenschaften. Landw. Jb. 30, 364 (1901); Fühlings Landw. Ztg 49, 259 (1900).

[4] Siehe hierzu E. A. MITSCHERLICH: Die physikalischen Untersuchungen des Bodens. In ABDERHALDENS Handbuch der biologischen Arbeitsmethoden. Abt. XI, T. 3, 263.

[5] RAMANN, E.: Bodenkunde, S. 308. 1911.

[6] KRAUSS, G.: Ergänzender Bericht über den Prager bodenkundlichen Kongreß. Internat. Mitt. Bodenkde. 13, 158 (1923).

[7] NITZSCH, W.: Eine Methode zur Untersuchung von Ackerböden in natürlicher Lagerung. Pflanzenbau 2, 245 (1925/26).

[8] BURGER, H.: Physikalische Eigenschaften der Wald- und Freilandböden. Mitt. schweiz. Zentralanst. forstl. Versuchswes. 13, H. 1 (1922).

[9] BLOHM, G.: Der Einfluß der Bodenstruktur auf die physikalischen Eigenschaften des Bodens. Landw. Jb. 66, 151 (1927).

Ein weiterer Erdbohrer, der den Boden in unverändertem Zustande entnehmen soll, ist von KOPECKÝ[1] konstruiert. Sein Apparat besteht aus einem
20 cm langen Stahlrohr, welches unten mit einer Schneide versehen ist. Der
lichte Durchmesser bei der Schneide beträgt 50,5 mm. Von etwa 30 mm vom
unteren Rande ab ist das Stahlrohr auf einen Durchmesser von 52,5 mm erweitert,
um in dieses Messingringe von 50,5 mm, oder besser zur Vermeidung von Pres-
sungen des eindringenden Bodens, 51 mm Innendurchmesser einschieben zu
können, und zwar zu unterst einer von 35 mm Höhe und 70 cm³ Inhalt. Dann
folgt ein 100 mm hoher Zylinder und schließlich wieder einer von 35 mm Höhe
(Abb. 15). KOPECKÝ gibt selbst 50 mm Durchmesser als Mindestmaß an. Bei
noch geringerem Durchmesser ist die Reibung an den Innen-
wänden so groß, daß der Boden zusammengepreßt wird. Es
empfiehlt sich deshalb, weitere Rohre zu nehmen, und er selbst
hat vielfach einen Bohrer verwandt, dessen unterer Messingring
40 mm Höhe, 80 mm Durchmesser und 200 cm³ Inhalt aufwies.
Der untere Ring dient KOPECKÝ zur Bestimmung der Wasserkapazität, der mittlere zur Ermittelung der Durchlässigkeit des
Bodens, der dritte nur zum Festhalten der Ringe im Stahlrohr. Stets ist natürlich die Bestimmung des Volumgewichts
Voraussetzung, die sich aus dem bekannten Volumen der
Zylinder und dem durch Trocknen des Zylinderinhalts (im
Zylinder selbst) ermittelten Gewicht des Bodens ergibt.

Die Handhabung des Bohrers ist die gleiche wie bei
denen von RAMANN oder KRAUSS. Er kann je nach Bodenart entweder in den Boden eingedrückt oder mit Hilfe eines
aufgelegten Brettes und Hammers vorsichtig eingetrieben
werden. Schließlich läßt sich für sehr dichtgelagerte Böden
auch noch ein glockenförmiger Aufsatz mit dem Stahlrohr ver-
binden und durch diesen wieder mit einem Gestänge, das ein
vorsichtiges Eindrehen gestattet. Nach dem unter vorsichtigem Rütteln und Lockern des Bohrers erfolgten Heraus-
ziehen desselben aus dem Boden werden die Messingringe
nebst Inhalt mit einem von unten eingeführten hölzernen
Stöpsel von nicht ganz dem Durchmesser des Stahlrohres

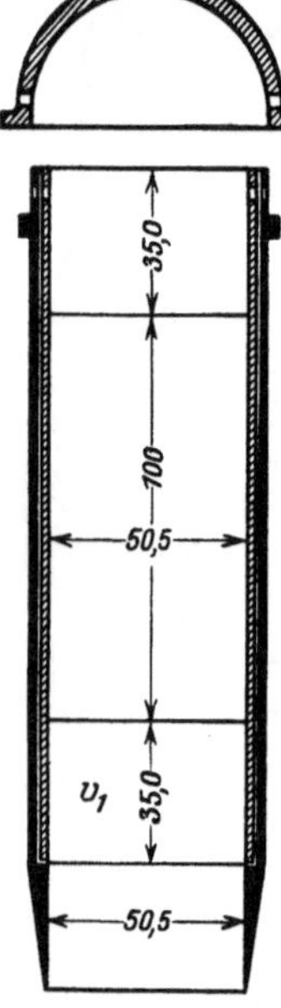

Abb. 15. Erdbohrer
von KOPECKÝ.
Nach Internat. Mitt.
Bodenkde. 4, 150
(1914).

aus diesem herausgedrückt, und die Ringe mittels eines
dünnen Drahtes oder scharfen dünnen Messers voneinander
getrennt, um dann ihrer weiteren Bestimmung zugeführt zu
werden. Das Probenehmen mit Zylindern leidet an dem Übelstande, daß bei der Entnahme aus tieferen Schichten jedesmal bis zu der notwendigen Tiefe große Löcher gegraben werden müssen. Das ist nur unter großem
Arbeitsaufwand, oft, wenn es sich um Proben von Versuchsfeldern handelt, überhaupt nicht möglich. Der Probenehmer von JANERT[2] vermeidet diese Nachteile
und gestattet die Probenahme aus jeder beliebigen Tiefe und gleichzeitige Messung
des Volumens, das die Probe in natürlicher Lagerung eingenommen hat. Den
Hauptbestandteil des Entnahmegerätes (Abb. 16) bildet ein Bohrer. Er besteht
aus einem 1,25 m langen stark vernickelten gezogenen Stahlrohr (6) von 34 mm
äußerem Durchmesser und 1 mm Wandstärke. Das Rohr ist an seinem unteren
Ende von innen nach außen geschärft, oben mit abschraubbaren Handgriffen (7)
versehen und mit einem Führungsdeckel (8) fest verschlossen. Die Bohrstange (4)
wird in ihrem oberen Teil durch einen Deckel und unten durch den mit ihr fest

¹ KOPECKÝ, J.: Internat. Mitt. Bodenkde. 4, 150 (1914).
² JANERT, H.: Landw. Jb. 66, 427 (1927).

verbundenen Dichtungskolben (*2*) und Dichtungsring (*3*) in dem Stahlrohr geführt. In den Dichtungskolben ist von unten her ein Spiralbohrer (*1*) eingeschraubt. Die Gänge des Spiralbohrers füllen das Lumen des Stahlrohres vollständig aus und endigen unten in zwei Schneiden, welche in Bohrstellung 2 mm oberhalb der Stahlrohrschneide stehen. Am oberen Ende der Bohrstange ist ein abnehmbarer Handgriff (*5*) angebracht. Setzt man das Gerät auf den Boden auf, hält das Rohr mit einer Hand an dem Handgriff (*7*) in senkrechter Stellung fest und dreht mit der anderen Hand die Bohrstange am Handgriff (*5*), so wird der Boden innerhalb des Durchmessers des Stahlrohres von den Schneiden der Spirale erfaßt,

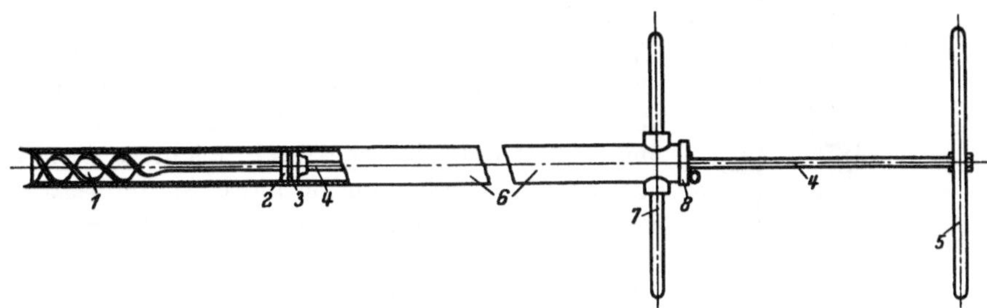

Abb. 16. Erdbohrer von Janert. Nach Landw. Jb. **66**, 429 (1927).

im Rohr hochgehoben und in dem Raum zwischen Spirale (*1*) und Dichtungskolben (*2*) angesammelt, aus welchem der Boden dann nach beendeter Bohrung durch Herausstoßen der Bohrstange mit Dichtungskolben entleert werden kann. Da das Stahlrohr durch zwei Bolzen ober- und unterhalb des Führungsdeckels (*8*) stets in gleicher Höhe mit dem Spiralbohrer gehalten wird, so sinkt er mit fort-

schreitender Bohrung selbsttätig oder unter gelindem Druck in den Boden. Um die Tiefe des Absinkens und damit die Höhe der erbohrten Bodenschicht messen zu können, ist auf dem Rohrumfang eine Millimeterskala eingraviert. Um Verkantungen des Bohrers auszuschließen, läuft derselbe in einem besonderen Führungsfuß (Abb. 17), der durch Eindrücken der beiden Seitenwände (*1*), fest auf

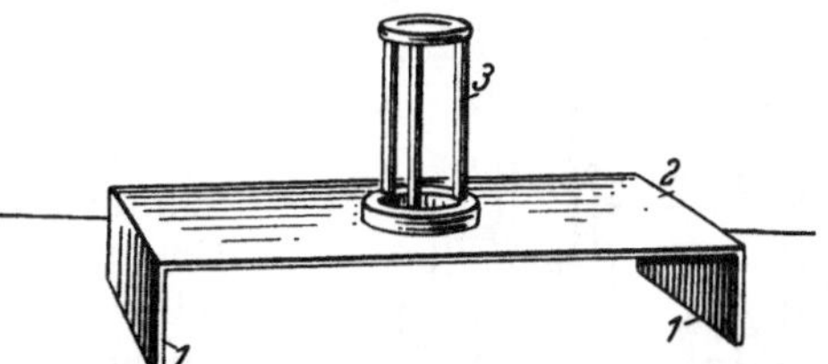

Abb. 17. Führungsfuß zu Janerts Erdbohrer. Nach Landw. Jb. **66**, 430 (1927).

den Boden aufgesetzt wird, bis die Platte (*2*) auf dem Boden aufliegt. Das eigentliche Führungsstück (*3*) hat eine Höhe von 10 cm. Dementsprechend befindet sich der Nullpunkt der Millimeterskala auf dem Umfang des Bohrerrohres 10 cm oberhalb der Schneiden des Spiralbohrers. Die Tiefe der einzelnen Bohrungen darf nicht zu groß gewählt werden. Sobald man fühlt, daß sich der Bohrer etwas schwerer drehen läßt, so ist das ein Zeichen dafür, daß der zur Ansammlung des erbohrten Bodens dienende Raum zwischen Spirale und Dichtungskolben mit Boden angefüllt ist. Die Bohrung ist dann zu beenden. Ohne einen Druck auf den Bohrer auszuüben, wird die Bohrstange noch ein- bis zweimal langsam herumgedreht, um den bereits erfaßten Boden noch im Rohr hochzubefördern. Die Bohrtiefe wird dann dicht oberhalb der Kante des Führungsstückes an der Millimeterskala markiert, der Bohrer ohne Erschütterung herausgezogen und entleert. Das erbohrte Volumen ergibt sich aus der Bohrtiefe und der Querschnittsfläche des Bohrers. Beim Wiedereinsetzen desselben zur Entnahme der nächsten Schicht ist zu kontrollieren, ob die letzte Markierung noch genau mit der oberen Kante des Führungsstückes abschneidet, um festzustellen, ob evtl. Boden in das erbohrte Loch abgebröckelt ist. Zwei verschiedenartige Bohrer zur Entnahme von Bodenproben in unveränderter Struktur haben ferner Andrianow[1] und Scheligowsky[2] konstruiert.

Slavik und Trnka[3] benutzen zur Volumgewichtsbestimmung des Bodens aus diesem herausgebrochene Schollen, bei denen jede Veränderung der Struktur durch die Probeentnahme ausgeschlossen ist. Sie tauchen diese Schollen nach dem Trocknen bei 100—103⁰ und vorheriger Wägung in Paraffin, um sie vor dem Eindringen von Wasser zu schützen, und bestimmen dann ihr Volumen entweder aus dem Gewichtsverlust der Erdscholle durch Eintauchen in Wasser mittels der hydrostatischen Waage oder durch Messen des durch das Eintauchen verdrängten Wassers. Im ersteren Falle muß natürlich die durch das spezifisch leichtere Paraffin, welches die Scholle umgibt und in sie teilweise eingedrungen ist, bedingte Verminderung des Gewichtsverlustes berücksichtigt werden. Die der Scholle anhaftende Paraffinmenge ist leicht durch Wägen der Scholle vor und nach der Paraffinierung zu ermitteln. Für die Ermittelung des verdrängten Wassers lieferte die Volumvermehrung in kalibrierten Zylindern oder das Messen des abgelaufenen Wassers keine genügende Genauigkeit, weswegen von Trnka für diesen Zweck ein besonderer Apparat konstruiert wurde (Abb. 18). In das zylindrische Gefäß (a) paßt ein eingeschliffener gläserner Deckel (b), der in seiner Mitte konisch durchbohrt ist. In diese Bohrung paßt das Röhrchen c. Der Zylinder (a) trägt seitlich einen Tubus zur Aufnahme des doppelt durchbohrten Glashahnes (d). Das nach oben gerichtete Ende des Glashahnrohres ist zu einem trichterförmigen geschliffenen Endstück erweitert, in welches sich Büretten verschiedenen Inhalts einsetzen lassen. Für kleine Schöllchen bis zu 70 g wählt man eine Bürette von 50 cm³ Inhalt, die in $^1/_{10}$ cm³ eingeteilt ist, für größere Erdstücke bis zu 400 g eine 200 cm³-Bürette mit $^1/_2$ cm³ Einteilung. Für die Bestimmung füllt man den Zylinder a etwa bis zur Hälfte des Deckelschliffs, wobei der Hahn d so steht, daß der Zylinder mit der Bürette (e) kommuniziert, und saugt dann, bis auch die Bürette mit Wasser gefüllt ist, worauf die Verbindung zwischen a und e unterbrochen wird. Hierauf setzt man den Deckel (b) vorsichtig unter Drehen auf, bis sein Rand sich an den Rand des Zylinders fest anschließt und stellt dann wieder die Verbindung mit der Bürette her. Das Wasser steigt dann im Zylinder bis zum Deckel und in das Röhrchen(c). Dann läßt man aus Hahn (d) das

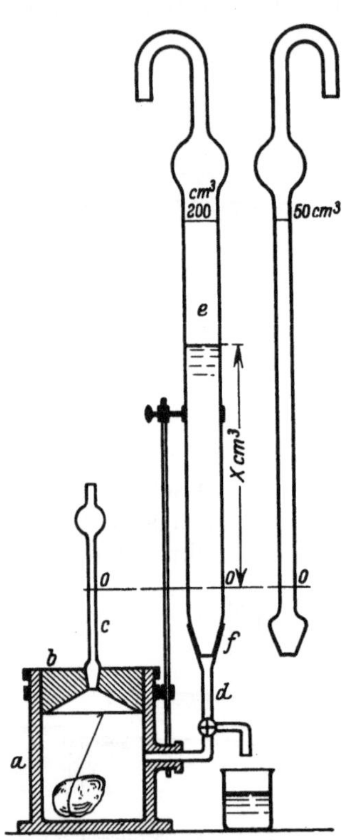

Abb. 18.   Volumbestimmungsapparat von Trnka.
Nach Internat. Mitt. Bodenkde. 4, 373 (1914).

[1] Andrianow, P.: Bohrer zur Entnahme von Bodenproben mit unzerstörter Struktur und von ganz bestimmten Volumen. J. landw. Wiss. (Moskau) 2, 199 (1925).

[2] Scheligowsky, W. A.: Bohrer zur Entnahme von Bodenproben mit unzerstörter Struktur. J. landw. Wiss. (Moskau) 2, 202 (1925).

[3] Trnka, R.: Eine Studie über einige physikalische Eigenschaften des Bodens. Internat. Mitt. Bodenkde. 4, 363 (1914). — Pedologische, physikalisch-chemische Studien. Chemické listy pro vědu a purmyol. 2, 209 (1908).

Wasser aus dem Zylinder und der Bürette bis zum Nullpunkt der Bürette ausfließen und bezeichnet am Röhrchen (c) das dort eingestellte Niveau, das nach mehrfacher Kontrolle ein für allemal markiert wird. Das Wasser wird dann wieder in die Bürette gesaugt, die Verbindung zwischen ihr und dem Zylinder unterbrochen, der Deckel vorsichtig abgenommen, die Erdscholle an einem feinen Nickeldraht in den Zylinder gegeben und nach Wiederaufsetzen des Deckels und Wiederherstellung der Verbindung das Wasser wieder so lange in den Zylinder gelassen, bis es die Marke im Röhrchen c erreicht. In diesem Augenblicke unterbricht man wieder die Verbindung zwischen Zylinder und Bürette und liest die in der Bürette jetzt über dem Nullpunkt verbliebene Wassermenge ab, welche dem Volumen der Erdscholle entspricht.

Einen ähnlichen Apparat wie TRNKA haben FROSTERUS und FRAUENHOFER[1] erdacht (Abb. 19). Hahn a wird gegen B geschlossen (Stellung 2), der Trichter A mit Quecksilber gefüllt und a langsam in die Stellung 5 gebracht. Dadurch kommunizieren A und C, und die Luft unterhalb des Quecksilbers in A wird verdrängt. Nun wird Hahn b geöffnet und der Raum B kann mit Stellung 1 durch A gefüllt werden, bis der Überschuß durch b nach C abläuft, worauf b geschlossen wird. Den Überschuß läßt man aus C mit Stellung 2 ablaufen, desgleichen aus A. Nun wird Hahn b wieder geöffnet und a in Stellung 4 gebracht, so daß man aus B so viel Quecksilber ausfließen lassen kann, daß der Deckel frei wird. Danach löst man die drei Federn, welche den Deckel festpressen und entfernt diesen. Den gewogenen paraffinierten Bodenkörper legt man dann auf das Quecksilber, schließt den Deckel, und die Füllung beginnt wie zuerst. Der nunmehr aufgefangene Überschuß entspricht dem Volumen[2].

Eine besondere Bedeutung kommt der Bestimmung des Volumgewichtes für Moorböden zu, da in diesen die in einer Volummaßeinheit enthaltene Bodenmenge in so hohem Grade schwankt wie in keinem anderen Boden und infolge dieser so stark variierenden Lagerungsdichten auch die in einer bestimmten Bodenschicht enthaltenen Nährstoffmengen außerordentlich verschieden sein können.

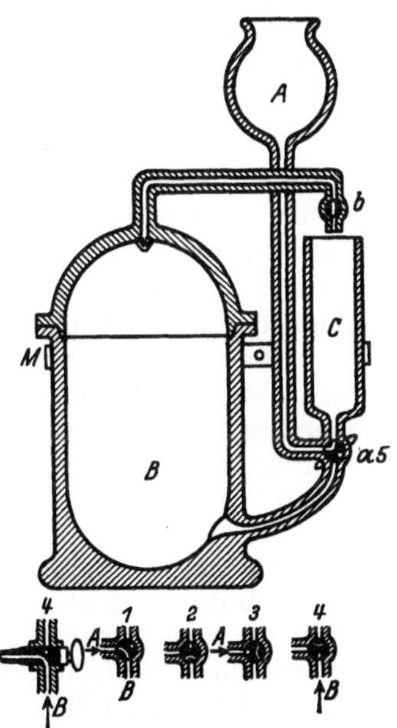

Abb. 19. Apparat von FROSTERUS und FRAUENHOFER. Nach Mitt. d. Internat. bodenkdl. Ges. I, 2, 1925.

Die Bodenprobe für die Ermittelung des Volumgewichtes kann bei einiger Vorsicht mit dem KOPECKÝschen oder KRAUSS'schen Bohrer genommen werden. An der Moor-Versuchsstation in Bremen[3] werden dazu Würfel aus Blech von 10 oder 15 cm Kantenlänge, also 1000 bzw. 3375 cm³ Inhalt, verwendet, welche an

---

[1] FROSTERUS, B., u. H. FRAUENHOFER: Volumenbestimmungsapparat. Mitt. internat. bodenkdl. Ges. I, 1 (1925).

[2] Über weitere Methoden zur Bestimmung des Boden- bzw. Hohlraumvolumens im gewachsenen Boden siehe auch A. G. DOJARENKO: Die Struktur des Bodens, ihre Bestimmung im Verhältnis der kapillaren zur nichtkapillaren Porosität usw. J. landw. Wiss. (Moskau) I, 451 (1924). — P. J. ANDRIANOW: Zur pyknometrischen Messungsmethode der Feuchtigkeit und Porosität des Bodens. Ebenda 2, 552 (1925). — TH. BIELER-CHATELAN: Volumbestimmung im gewachsenen Boden. Ber. IV. Internat. Konf. Bodenkde 2, 187 (1926). — J. H. GURSKI: Zur Methodik der Bodenuntersuchung bezüglich der Struktur. Rozn. Nauk Rolniczych 11, 404 (1924).

[3] KÖNIG, J.: Die Untersuchung landwirtschaftlich und landwirtschaftlich-gewerblich wichtiger Stoffe 1, 156. Berlin: Parey, 1923.

einer Seite offen sind und im Boden ein kleines Loch besitzen, aus dem die Luft entweicht, wenn die Würfel in den Boden eingedrückt werden. Zur Entnahme der Proben aus den einzelnen Schichten müssen natürlich die darüber lagernden Schichten fortgeräumt werden. Nach der Probenahme werden die Würfel mit gutschließenden Deckeln versehen und nach der Untersuchungsstelle transportiert, wo der Inhalt zur Bestimmung der Trockensubstanz und des spez. Gewichtes dient, aus denen die Lagerungsdichte dann wieder in üblicher Weise errechnet wird. Stehen derartige in der Natur entnommene Würfel nicht zur Verfügung, so wird eine sorgfältig hergestellte Durchschnittsprobe im Laboratorium mit den Händen so dicht zusammengepreßt, als es ohne Aufbietung übermäßiger Kräfte geht. Nach Herstellung einer ebenen Platte wird aus dieser mit einer vorher tarierten Blechform ein Würfel von 10 oder 15 cm Höhe ausgestochen, gewogen und dann Trockensubstanz und spez. Gewicht festgestellt. Das von Tacke[1] zur Bestimmung des Volumgewichts und des spez. Gewichts früher angewandte Volumenometer vermag vor der üblichen Bestimmung kaum einen Vorteil zu bieten und dürfte heute wohl nicht mehr Anwendung finden.

e) Die Bodenoberfläche und ihre Bestimmung.

In den vorangegangenen Abschnitten sind die Methoden beschrieben, durch welche versucht wird, Anhaltspunkte für die Beurteilung unserer Böden auf Grund direkter Ermittelung der Kohäsions- und Adhäsionskräfte, auf Grund der Bestimmung der Korngrößen und schließlich durch Feststellung des Hohlraumvolumens zu gewinnen. Keine dieser Methoden vermag uns vollen Einblick in die mechanische Beschaffenheit des Bodens zu liefern, alle drei Größen stehen miteinander in Beziehung. Wir haben gesehen, daß die Korngrößen zwar in erster Linie für die Lagerungsdichte eines Bodens maßgebend sind, daß diese Lagerungsdichte aber nicht nur von der Größe sondern auch von der Gestalt der Bodenteilchen und von der Art, wie sich diese einzelnen Bodenteilchen aneinanderlagern, stark beeinflußt wird. Ebenso vermag uns die Bestimmung des Hohlraumvolumens zwar dessen Größe selbst anzugeben, nicht aber darüber aufzuklären, ob dieses Hohlraumvolumen gleichmäßig im Boden verteilt ist, oder ob es sich aus einer Anzahl von Hohlräumen verschiedenster Größe zusammensetzt. Nun steht aber das Hohlraumvolumen ebenso wie zu den Korngrößen naturgemäß auch zu deren Oberfläche in bestimmten Beziehungen. Je kleiner die Bodenteilchen sind, um so größer ist die Anzahl ihrer Berührungspunkte, um so größer auch die Gesamtoberfläche aller Teilchen oder, was dasselbe ist, die Oberfläche des Hohlraumvolumens.

Sind z. B. die Radien dreier Bodenteilchen unter der Annahme der Kugelform

$$\frac{r}{2} \cdot 2^2 \qquad \frac{r}{2} \cdot 2^1 \qquad \frac{r}{2} \cdot 2^0 \, ,$$

dann ist die Anzahl der Berührungspunkte

$$3 \cdot (2^3)^0 \qquad 3 \cdot (2^3)^1 \qquad 3 \cdot (2^3)^2$$

und die Bodenoberfläche

$$16 \cdot 2^0 \cdot r^2 \pi \qquad 16 \cdot 2^1 \cdot r^2 \pi \qquad 16 \cdot 2^2 \cdot r^2 \pi \, .$$

Bei derartig engen Beziehungen zwischen Korngröße, Anzahl der Berührungspunkte und Boden- bzw. Hohlraumoberfläche lag es nahe, letztere als Ausdrucks-

---

[1] Tacke, Br.: Ein Volumeter für die Ermittelung des Volums größerer Proben, besonders Bodenproben. Z. angew. Chem. 1893, 39.

mittel für die Lagerungsverhältnisse eines Bodens heranzuziehen, zumal sich hier gegenüber der Aufzählung der Korngrößen die Möglichkeit bot, die Charakterisierung des Bodens durch eine einzige Wertzahl auszudrücken. Jedoch kann auch die Bestimmung der Bodenoberfläche diese Aufgabe nicht erfüllen, da auch sie uns nichts über die Verteilung des Hohlraumvolumens im Boden zu sagen vermag. Immerhin kann sie als Ergänzung für die Beurteilung des mechanischen Aufbaues eines Bodens neben der Bestimmung der Korngröße und des Hohlraumvolumens wertvolle Dienste leisten.

Der erste, welcher sich darum bemüht hat, brauchbare Methoden für die Bestimmung der Bodenoberfläche zu schaffen, war MITSCHERLICH. Er versuchte zuerst die Benetzungswärme des Bodens als Maßstab hierfür heranzuziehen, d. h. die Wärme zu messen, welche beim Benetzen ganz trockenen Bodens mit Wasser frei wird[1]. Er benutzte hierzu das Eiskalorimeter, das an sich eine außerordentlich genaue Messung der Benetzungswärme gestattet. Die Umständlichkeit der Methode sowie namentlich gewisse Ungenauigkeiten, welche auch nach der Ausarbeitung einer besonderen Trocknungsmethode[2] auf geringe physikalische Veränderungen des vorher zu trocknenden Bodens zurückzuführen waren, besonders wenn es sich um humose Böden handelte, veranlaßten ihn, von dieser Methode wieder Abstand zu nehmen und sie durch die Bestimmung der Hygroskopizität zu ersetzen. Die theoretischen Grundlagen für diese Methode lieferten die Arbeiten von RODEWALD[3]. Dieser wies nach, daß zwischen der Benetzungswärme und der aufgenommenen Wassermenge einer Substanz bestimmte Beziehungen bestehen, welche sich durch die Formel $\lg (r_0 + i) - \lg (r_1 + i)$ $= c\,(w_1 - w_0)$ ausdrücken lassen. r_0 und r_1 sind die Benetzungswärmen, welche frei werden, wenn ein Boden, welcher bereits w_0 bzw. w_1 Wasser enthält, mit weiteren Wassermassen völlig benetzt wird. i ist eine durch den Zerfall der festen Teilchen unter Wasser bedingte Wärmemenge und c der Proportionalitätsfaktor. Dieses Gesetz wurde von MITSCHERLICH[4] für den Boden auf seine Richtigkeit nachgeprüft und für gültig befunden. Danach könnte man für jeden Boden die Wassermenge berechnen, für welchen die Benetzungswärme $r = 0$ wird, also gerade die zum Benetzen der Bodenoberfläche erforderliche Wassermenge, d. h. also das hygroskopische Wasser jedes Bodens[5].

Da diese Bestimmungsmethode der Hygroskopizität jedoch wieder auf die Ermittelung der Benetzungswärme hinauslief und mit deren Umständlichkeit verbunden war, auch die für jeden Boden verschiedene Konstante i sich nur sehr ungenau ermitteln ließ, so arbeiteten RODEWALD[6] und MITSCHERLICH[7] auf experimentellem Wege eine Methode aus, bei welcher sie die hygroskopische gebundene Wassermenge bei einer bestimmten Dampfspannung direkt durch Wägung fest-

---

[1] MITSCHERLICH, E. A.: Beurteilung der physikalischen Eigenschaften des Ackerbodens mit Hilfe seiner Benetzungswärme. J. Landw. **46**, 255 (1898). — Zur Methodik der Bestimmung der Benetzungswärme des Ackerbodens. Ebenda **48**, 71 (1900). — Vgl. auch P. EHRENBERG: Wie groß ist die Oberfläche eines Grammes Erdboden? Fühlings Landw. Ztg. **63**, 725 (1914); **64**, 233 (1915).
[2] MITSCHERLICH, E. A.: Zur Methodik der Bestimmung der Benetzungswärme. 2. Mitt. Landw. Jb. **31**, 577 (1902).
[3] RODEWALD, H.: Thermodynamik der Quellung. Z. physik. Chem. **24**, 206 (1897); Über Quellungs- und Benetzungserscheinungen. Ebenda **33**, 593 (1900).
[4] MITSCHERLICH, E. A.: Untersuchungen über die physikalischen Bodeneigenschaften. Landw. Jb. **30**, 380 (1901).
[5] Vgl. hierzu auch F. ZUNKER: Das Verhalten des Bodens gegen Wasser. Dieser Band des Handbuches, S. 70 f.
[6] RODEWALD, H.: Theorie der Hygroskopizität. Landw. Jb. **31**, 675 (1902).
[7] RODEWALD, H., u. E. A. MITSCHERLICH: Die Bestimmung der Hygroskopizität. Landw. Versuchsstat. **59**, 433 (1904).

stellten[1]. Die Bestimmung der Hygroskopität wird nach Mitscherlich wie folgt ausgeführt[2]:

30—50 g lufttrockener Mineralboden bzw. 5—10 g Moorboden werden in einer flachen Schale (Abb. 20 *h*), deren Gewicht einschließlich aufgeschliffener Glasplatte bekannt ist, auf einem Glasdreifuß *g* in ein Gefäß mit aufgeschliffenem mit Tubus versehenem Deckel eingestellt, dessen Boden mit 100 cm² 10proz. Schwefelsäure (10% H_2SO_4) beschickt ist, worauf das Gefäß mit der Wasserstrahlpumpe evakuiert wird. Ein im Gefäß angebrachtes Manometer gestattet das Vakuum zu kontrollieren. Der Exsikkator wird dann in einen dunklen vor Temperaturschwankungen möglichst geschützten Raum gestellt. Nach drei Tagen läßt man in das Gefäß vorsichtig Luft ein, öffnet den Deckel, bedeckt das den Boden enthaltende Schälchen mit der Glasplatte und wechselt die Schwefelsäure mittels Pipette gegen neue, genau 10prozentige H_2SO_4 aus. Die Behandlung wird in genau gleicher Weise wie zuerst noch 2—3 Tage fortgesetzt. Dann wird von neuem Luft eingelassen, welche vorher mit Schwefelsäure gleicher Konzentration beschickte Waschflaschen passiert hat. Die Schale mit Boden wird nun aus

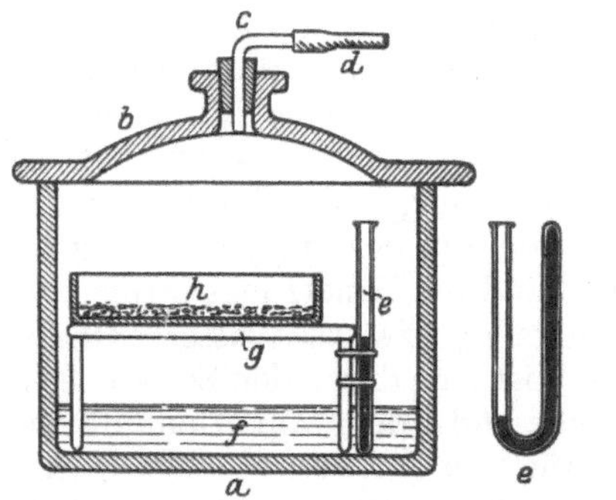

Abb. 20. Exsikkator zur Bestimmung der Hygroskopizität nach Mitscherlich.

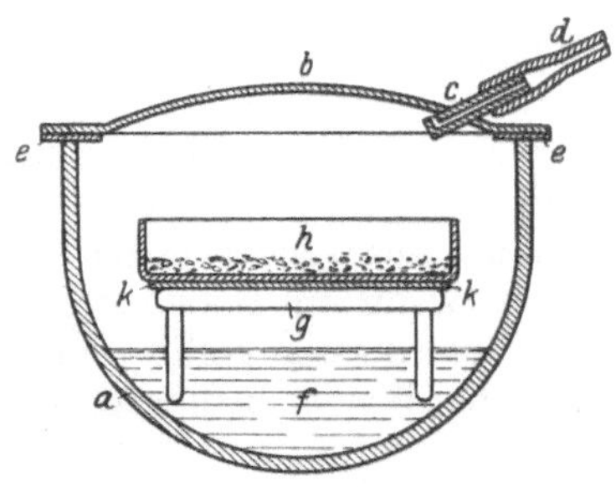

Abb. 21 Trocknungsexsikkator nach Mitscherlich.

Nach E. A. Mitscherlich, Bodenkunde, S. 69 u. 14. 1923.

dem Gefäß genommen, mit der Glasplatte wieder bedeckt und sofort gewogen. Nach der Wägung stellt man den Boden etwa einen Tag in einen mit konzentrierter Schwefelsäure beschickten Exsikkator zur Entfernung eines Teiles des Wassers und überführt dann die Schale mit dem Boden in den eigentlichen Trocknungsexsikkator (Abb. 21) von halbkugelförmiger Gestalt (*a*). Der Exsikkator ist aus starkem Glase hergestellt und besitzt einen sorgfältig eben geschliffenen Rand, auf welchen ein Messingdeckel (*b*) von 0,6—0,7 mm Stärke paßt. Dieser ist an einer Seite mit einem Tubus (*c*) versehen, der zum Evakuieren des Gefäßes dient. Seine innere Öffnung ist nach oben gegen den Deckel gerichtet, um beim Einlassen von Luft den Boden vor Verstauben zu schützen. Der Tubus kann durch einen mit Glasstöpsel versehenen Gummischlauch (*d*) verschlossen werden. Zur Erzielung eines sicheren Verschlusses des Exsikkators ist zwischen die eingefetteten Ränder des Gefäßes und des Deckels ein Gummiring (*e*) gelegt. Das Gefäß wird mit festem Phosphorpentoxyd (*f*) beschickt. In dieses wird ein gläserner Dreifuß (*g*) gesetzt, auf welchen das Schälchen mit dem Boden zu stehen kommt. Zwischen Schälchen und Dreifuß schiebt man zweckmäßig noch eine Glasplatte (*k*) als Schutz für die Bodenschale gegen etwaiges Bespritztwerden mit Phosphorpentoxyd beim Evakuieren. Ein außerhalb des Exsikkators an-

---

[1] Vgl. hierzu auch diesen Band des Handbuches, S. 70.
[2] Mitscherlich, E. A.: Bodenkunde, S. 69. Berlin: Parey 1923.

gebrachtes Quecksilbermanometer, das zum späteren Einlassen von Luft mit einem Glashahn versehen ist, dient zur Kontrolle des Vakuums. Nachdem die Schale mit Boden in den Exsikkator gebracht ist, wird dieser evakuiert und dann auf einem Gestell in einen Kochtopf gestellt, in welchem eine etwa 5 cm hohe Wasserschicht 4 Stunden dauernd im scharfen Sieden erhalten wird. Der Kochtopf ist mit einem Deckel leicht verschlossen zu halten. Nach 4 Stunden wird der Exsikkator herausgenommen, nach dem Erkalten vorsichtig über konzentrierter Schwefelsäure getrocknete Luft eingelassen, der Deckel geöffnet und das Schälchen mit Boden entnommen, mit der Glasplatte wieder zugedeckt und sofort gewogen. Die Differenz zwischen der Wägung vor und nach dem Trocknungsprozeß gibt die Menge des hygroskopisch gebundenen Wassers an. KÖNIG[1] benutzte zum Trocknen einen großen Exsikkator üblicher Form, der gleichzeitig sechs Schälchen mit Boden aufnehmen konnte. Im unteren Teil desselben befand sich eine Schale mit Phosphorpentoxyd. Auf die Verengung des Exsikkators wurde eine Messingdrahtplatte gelegt, auf welcher eine elektrische Heizplatte ruhte. Die elektrischen Drähte wurden durch den Gummistopfen des Tubus geführt, durch den auch das Hahnrohr zur Saugpumpe führt. Auf der Heizplatte ruhte wieder eine durchlöcherte Messingplatte, welche ein Thermometer, das Manometer und die Trockenschälchen trug. Erhitzt wurde 4 Stunden auf 100°, im übrigen wie bei MITSCHERLICH verfahren. Für die eigentliche Bestimmung der Hygroskopizität wurde ein ähnlich großer mit 10 proz. Schwefelsäure beschickter Exsikkator benutzt.

K. PFEIFFER[2] macht gegen das KÖNIGsche Verfahren insofern Bedenken geltend, als er bei dem längere Zeit in Anspruch nehmenden Wägen der dem Exsikkator entnommenen Bodenproben eine Anziehung von Wasser und damit eine Ungenauigkeit der Trockensubstanzbestimmung befürchtet. EHRENBERG und PICK[3] halten die Heranziehung des lufttrockenen Bodens für die Hygroskopizitäts- und damit Oberflächenbestimmung für bedenklich, da beim Trocknen schon der Ton, besonders aber die Humussubstanzen eine erhebliche Verminderung der Hygroskopizität zeigen. Sie schlagen deshalb vor, vom frischen gewachsenen Boden auszugehen. MITSCHERLICH und FLOESS[4] kommen jedoch auf Grund besonderer Versuche zu dem Schluß, daß es dann nicht möglich sei, in dem bestimmten Wassergehalt des Bodens eine der Bodenoberfläche proportionale Größe zu ermitteln, da die Fehler, welche durch das Kondensationwassser bedingt würden, zu groß seien. Ferner erfordere das Verfahren von EHRENBERG und PICK einen viel längeren Dampfspannungsausgleich, bei dem Schimmelbildungen auf dem Boden eintreten könnten, welche die Versuchsergebnisse beeinträchtigten, und schließlich ließen sich Veränderungen der Oberfläche der Bodenkolloide nach dem Verfahren nicht feststellen.

Auf die sonstigen Einwände, welche gegen die Ermittelung der Bodenoberfläche auf Grund der Hygroskopizitätsbestimmung erhoben worden sind, soll später eingegangen und zunächst an Hand der MITSCHERLICHschen Arbeiten die Bestimmung der absoluten Größe der Oberfläche und die der äußeren Oberfläche besprochen werden. Die Hygroskopizität gibt ja nur an, wieviel Prozent Wasser eine Gewichtseinheit Boden bei einer bestimmten Dampfspannung zu

---

[1] KÖNIG, J.: Beziehungen zwischen den Eigenschaften des Bodens und der Nährstoffaufnahme von den Pflanzen. Landw. Versuchsstat. 66, 414 (1907).

[2] PFEIFFER, K.: Beitrag zur Frage der mechanischen Bodenanalyse und Bestimmung der Bodenoberfläche. Landw. Jb. 41, 54 (1911).

[3] EHRENBERG, P., u. H. PICK: Beiträge zur physikalischen Bodenanalyse. Z. Forst- u. Jagdwes. 43, 35 (1911).

[4] MITSCHERLICH, E. A., u. R. FLOESS: Beitrag zur Bestimmung der Hygroskopizität und zur Bewertung der physikalischen Bodenanalyse. Internat. Mitt. Bodenkde. 1, 463 (1911).

adsorbieren vermag. Um aus der Hygroskopizität die absolute Größe der Oberfläche errechnen zu können, muß man die Dicke der hygroskopisch gebundenen Wasserschicht kennen. Mitscherlich nahm zuerst mit Rodewald eine Molekülschicht an, später auf Grund der Ausführungen von Ehrenberg[1], der sich wiederum dabei neben eigenen Berechnungen besonders auf die Arbeiten von Remy[2], Hatschek[3], Exner[4], Slotte[5] und Bakker[6] stützte, zehn Molekülschichten mit einer Dicke von 0,0000025 mm, und errechnet danach die Bodenoberfläche (F) aus der Hygroskopizität (Wh) nach der Formel:

$$F = \frac{Wh}{100} \cdot \frac{1}{0,0000025 \cdot 1/10}\ \text{cm}^2 = Wh \cdot 4\ \text{m}^2.$$

Darnach berechnet Mitscherlich für unsere Kulturböden für je 1 g Boden Oberflächen von 0,1—95 m². Die geringste Oberfläche besitzen die Quarzsande, die größte entsprechend ihrer Feinheit die strengen Tonböden, denen die Moorböden nahe kommen.

Die Berechnung der Oberfläche reiner Sandböden nach der Hygroskopizität ist jedoch sehr ungenau, da bei der Bestimmung der letzteren oft auf Kondensationsvorgänge zurückzuführende Fehler auftreten. Mitscherlich[7] empfiehlt deshalb für derartige Böden folgendes Verfahren: Man bestimmt das mittlere Korngewicht des Sandes und auf Grund des spez. Gewichtes desselben bzw. seines spez. Volumens das mittlere Kornvolumen. Aus diesem wird dann unter der Annahme der Kugel- oder Würfelform die Oberfläche des Sandkornes und aus dieser die Oberfläche von 1 g Sand errechnet.

Die Ermittelung der Hygroskopizität gibt uns ein Bild von der gesamten Oberfläche der Böden. Die Gesamtoberfläche setzt sich nun aber zusammen aus der äußeren Oberfläche der Bodenteilchen und den im Innern der kolloidartigen Bodenteile, besonders Ton und Humus, vorhandenen Mizellarräumen. Für die Aneinanderlagerung der Bodenteilchen und der Ko- und Adhäsionserscheinungen im Boden kommt naturgemäß nur die äußere Oberfläche in Betracht, und deshalb hat Mitscherlich auch versucht, diese äußere Oberfläche als die für die Beurteilung eines Bodens allein maßgebliche zu bestimmen. Er ging dabei von dem Gedanken aus, daß, während das Wasser auch in die Mizellen eindringt, dies organische Flüssigkeiten wegen der Größe ihrer Moleküle nicht mehr vermögen. Nachdem Mitscherlich nachgewiesen hatte, daß bei organischen Flüssigkeiten die Benetzungswärme nach den gleichen Gesetzen abnahm, wie bei der Benetzung des Bodens mit Wasser, daß es sich demnach auch bei ihnen um Oberflächenreaktionen handelte[8], wurde von ihm und seinen Mitarbeitern Scheefer[9] und Floess[10] eine Methode zur Bestimmung der äußeren Bodenoberfläche im wesentlichen nach den gleichen Prinzipien wie die Bestim-

---

[1] Ehrenberg, P.: Die Bodenkolloide, S. 270. Dresden u. Leipzig: Th. Steinkopff 1918.

[2] Remy, H.: Beiträge zum Hydratproblem. Z. physik. Chem. **89**, 483, 567 (1915).

[3] Hatschek, E.: Die Existenz und wahrscheinliche Dicke von Adsorptionshülsen auf Suspensoidteilchen. Kolloid-Z. **11**, 288 (1912).

[4] Exner, E.: Ber. Kais. Ges. Wiss. Wien **1885**, 91.

[5] Slotte: Acta Soc. Sci. fenn. **40**, No. 3 (1910).

[6] Bakker, G.: Die Dicke und Struktur der Kapillarschicht. Z. physik. Chem. **86**, 129 (1914).

[7] Mitscherlich, E. A.: a. a. O. Landw. Jb. **30**, 403 (1901); Bodenkunde, S. 74. 1923.

[8] Mitscherlich, E. A.: a. a. O. Landw. Jb. **30**, 430 (1901).

[9] Scheefer, Fr.: Methodik zur Bestimmung der äußeren und somit auch inneren Bodenfläche. J. Landw. **57**, 121 (1909).

[10] Mitscherlich, E. A., Fr. Scheefer u. R. Floess: a. a. O. Landw. Jb. **40**, 645 (1911). — Ferner auch R. Floess: Die Hygroskopizitätsbestimmung, ein Maßstab zur Bonitierung des Ackerbodens. Inaug.-Dissert. Marburg 1912.

mung der Hygroskopizität durchgeführt, nur daß das Wasser durch eine organische Flüssigkeit ersetzt wurde und dementsprechend von völlig ausgetrocknetem Boden ausgegangen werden mußte. Die ausprobierten Flüssigkeiten Tetrachlorkohlenstoff, Chloroform, Toluol und Benzol wiesen annähernd gleiche Affinität zum Boden auf, sofern ihre Konzentration in Öl die gleiche war. Diese Konzentration liegt zweckmäßig zwischen 10 und 30%, da einerseits die Zunahme in der Aufnahme der Dämpfe durch den Boden von 10% ab geradlinig verläuft, andererseits bei Konzentrationen über 30% leicht der Verschluß der Vakuumexsikkatoren leidet.

Die endgültige Gestaltung seiner Methode gibt MITSCHERLICH wie folgt an[1]: Der, wie bei der Bestimmung der Hygroskopizität beschrieben, mit Phosphorpentoxyd völlig getrocknete Boden wird sofort nach dem Wägen in der gleichen sorgfältig zugedeckten Schale in einen höheren Exsikkator (Abb. 22) übergeführt, dessen Boden mit einer dünnen Schicht Phosphorpentoxyd (*a*) bedeckt ist. Über diesem steht auf einem niedrigen Dreifuße eine Schale, welche 50 g Provenceröl und 7,5 g Benzol enthält (*b*), und deren Gewicht nebst aufgeschliffenem Deckel und einem Rührstäbchen vorher festgestellt wurde. Auf dieser Schale ruht ein Dreifuß (*c*), an welchem ein kleines Manometer befestigt ist und welcher zur Aufnahme des Schälchens mit Boden dient. Nach dem Einsetzen des Bodenschälchens in den Exsikkator wird der Deckel des Schälchens entfernt, der Exsikkator sofort geschlossen, evakuiert und in einen verdunkelten Raum gestellt. Nach 3 Tagen wird er mit vollständig trockener Luft gefüllt, geöffnet, das Schälchen mit Boden unter sofortigem Bedecken herausgenommen, der Dreifuß entfernt und die Schale mit der Benzolölmischung gleichfalls sofort zugedeckt. Boden- und Benzolschalen werden dann sofort gewogen. Zu der Benzolölmischung wird nun noch so viel Benzol zu-

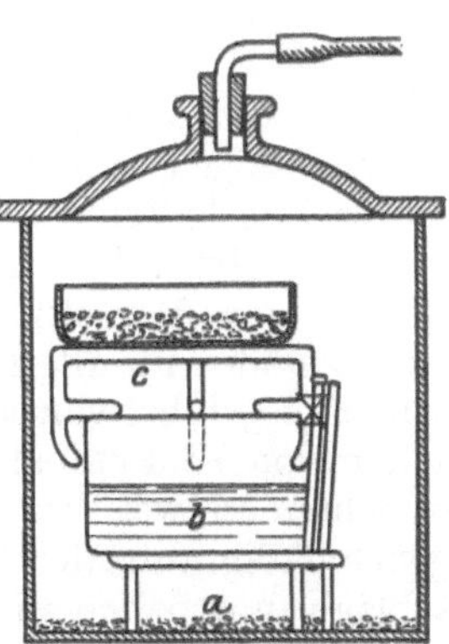

Abb. 22. Exsikkator zur Bestimmung der äußeren Bodenoberfläche nach MITSCHERLICH. Nach E. A. MITSCHERLICH, Bodenkunde, S. 76 (1923).

geführt, daß 15 g im ganzen darin enthalten sind. Das Gemisch wird gut umgerührt, wieder eingestellt, die Schale mit dem Boden wieder auf den Dreifuß gesetzt, der Exsikkator geschlossen, evakuiert und wieder auf 3 Tage fortgestellt. Nach dieser Zeit werden die Schalen mit Boden und mit der Benzolölmischung abermals unter den gleichen Vorsichtsmaßregeln gewogen. Da durch das Evakuieren infolge Verdunstung und durch die Abgabe von Benzol an den Boden der Gehalt des Benzolölgemisches gesunken ist, muß durch die beiden Wägungen der tatsächliche jedesmalige Gehalt ermittelt werden. Aus diesen beiden Gehalten und aus den beiden ermittelten Benzolaufnahmen des Bodens in Prozent der Trockensubstanz ist durch geradlinige Interpolation leicht die Benzolmenge zu errechnen, welche aus einem genau 20proz. Benzolölgemisch aufgenommen wird. Durch Multiplikation des gewonnenen Ergebnisses mit dem Annäherungsfaktor 4,4 erhält man die der Hygroskopizität entsprechenden Werte der äußeren Oberfläche und durch Abzug derselben von der Gesamtoberfläche würde nach MITSCHERLICH die innere Oberfläche d. h. also die Oberfläche der Mizellarräume zu ermitteln sein. Da der Faktor 4,4 für die Umrechnung auf Hygroskopizität kein vollständig konstanter ist, selbst für Bodenarten nicht, welche keine organischen Substanzen besitzen, so liefert die Methode nur Annäherungswerte, die aber für praktische

---

[1] MITSCHERLICH, E. A.: Die physikalischen Untersuchungen des Bodens. In ABDERHALDENS Handbuch der biologischen Arbeitsmethoden, Abt. XI, T. 3, S. 276. — Bodenkunde, S. 76. 1923.

Zwecke ausreichen dürften. Bei der ganzen Handhabung ist der Boden auf das sorgfältigste vor Wasseranziehung zu schützen, da dieses die Benzolaufnahme sofort herabsetzt. In seiner Bodenkunde gibt Mitscherlich[1] die Methode in etwas vereinfachter Form an, indem er sofort 10 g Benzol zu 50 g Öl zugibt und sich mit einer Wägung nach 5 Tagen begnügt.

Da die Bestimmung der Oberfläche keinerlei Aufschluß darüber gibt, ob ein Boden aus lauter gleich großen Bodenteilchen oder aus Teilchen verschiedenster Größe besteht, so hat P. Vageler[2] eine Kombination der mechanischen Bodenanalyse mit der Hygroskopizitätsmethode Wh oder besser der Bestimmung der äußeren Oberfläche Wx vorgeschlagen. Er multipliziert Wh oder Wx mit dem Prozentgehalt des Bodens an Teilchen $< 0{,}2$ mm (p) und dividiert durch den Rest an gröberen Teilchen. Er bezeichnet den so erhaltenen Wert als reduzierte Hygroskopizität,

$$RH = \frac{Wx \cdot p}{100 - p}.$$

Ob die Voraussetzungen, auf welchen sich Mitscherlichs Oberflächenbestimmungen aufbauen, tatsächlich zutreffen, bedarf noch weiterer Klärung. Als wichtigste Voraussetzung erscheint das Vorhandensein konstanter Beziehungen zwischen Hygroskopizität und Oberfläche. Da ist es nun zunächst zweifelhaft, ob die von Mitscherlich angenommene hygroskopische Wasserschicht von 10 Molekülen für alle Böden auch tatsächlich zutrifft. Mitscherlich nahm, wie schon ausgeführt wurde, hierfür zunächst selbst nur eine Molekülschicht an, was schon von K. Pfeiffer[3] bezweifelt wurde. P. Vageler[4] nimmt 200 Molekülschichten an, weist im übrigen aber darauf hin, daß es völlig für alle Bodenarten gleichmäßig zutreffende Werte nicht geben könne. Ehrenberg[5], der die einschlägigen Arbeiten anderer Forscher aufführt, glaubt als einigermaßen zutreffenden Wert 10 Molekülschichten mit $2{,}5 \cdot 10^{-6}$ mm Dicke annehmen zu können, hält es aber auch für noch nicht ausreichend geklärt, wieweit darüber hinaus noch ein benetzter Körper Einfluß auf das ihn umgebende Wasser auszuüben vermag. Auch Zunker[6] kommt auf Grund seiner Untersuchungen und Berechnungen zu dem Ergebnis, daß die Anzahl der Wassermolekülschichten bei den einzelnen Böden durchaus verschieden sei. Er findet für vier von ihm untersuchte Böden 118—252 Molekülschichten. Dazu treten noch andere Faktoren, welche die Berechnung der Oberfläche auf Grund der Hygroskopizitätsbestimmung als unsicher erscheinen lassen. Da zwischen Oberfläche und Korngröße bestimmte Beziehungen bestehen, müßten diese in der Hygroskopizität sich einigermaßen regelmäßig widerspiegeln. Novák[7] konnte jedoch ein gesetzmäßiges Verhältnis zwischen Korngröße und Hygroskopizität nicht feststellen, wenn auch im allgemeinen letztere um so größer ist, je mehr feinste Korngrößen ein Boden enthält. Es können jedoch Böden mit vollständig gleicher Hygroskopizität eine ganz ver-

---

[1] Mitscherlich, E. A.: a. a. O., S. 76.

[2] Vageler, P.: Die Mkattaebene. Beih. z. Tropenpflanzer 11, 57 (1910). — Ugogo. Ebenda 13, 126 (1912). — Vgl. auch E. A. Mitscherlich: Bodenkunde, S. 77, 1923, und Abderhalden: Handbuch der biologischen Arbeitsmethoden, Abt. XI, T. 3, S. 276.

[3] Pfeiffer, K.: Beiträge zur Frage der mechanischen Bodenanalyse. Landw. Jb. 41, 55 (1911).

[4] Vageler, P.: Die Rodewald-Mitscherlichsche Theorie der Hygroskopizität vom Standpunkt der Kolloidchemie. Fühlings Landw. Ztg. 61, 78 (1912).

[5] Ehrenberg, P.: Die Bodenkolloide, 2. Aufl., S. 270. Leipzig: Th. Steinkopff 1918.

[6] Zunker, F.: Bestimmung der spezifischen Oberfläche des Bodens. Landw. Jb. 58, 192 (1923).

[7] Novák, V.: Besteht ein Zusammenhang zwischen Hygroskopizität und mechanischer Bodenanalyse? Landw. Jb. 50, 445 (1916).

schieden mechanische Zusammensetzung haben[1]. Auch LIATSIKAS[2] findet keine gesetzmäßigen Beziehungen zwischen ,,spez. Oberfläche" und Hygroskopizität. Derartige Unstimmigkeiten lassen sich allerdings unschwer durch eine verschieden-artige innere Oberfläche solcher Böden erklären, wie ja MITSCHERLICH ausdrück-lich betont, daß nur die äußere Oberfläche für die Lagerungs- und Kohäsions-verhältnisse der Böden maßgebend sind. Ferner wird von verschiedenen Autoren, so von CZERMAK[3] und EHRENBERG und V. ROMBERG[4], darauf hingewiesen, daß Frost die Hygroskopizität toniger und humoser Böden wesentlich zu beeinflussen vermag, offenbar infolge Veränderung der Oberfläche, und zwar je nach Boden-art vermehrend oder vermindernd, und daß deshalb die Hygroskopizitätsbestim-mung uns über die Dauereigenschaften eines Bodens nichts zu sagen vermöge. Demgegenüber hatte MITSCHERLICH[5] eine derartige Veränderung der Oberfläche nicht beobachten können, und auch HOFFMANN[6] konnte die Ergebnisse CZERMAKS und EHRENBERGS nicht bestätigen. Nach ihm wird die Masse der irreversiblen Kolloide der Ackerkrume durch Frost und Trocknen so weit herabgedrückt, daß der Hygroskopizitätswert der verbleibenden irreversiblen Kolloide durch die Hygroskopizitätswerte der anderen Bodenbestandteile vollkommen verdeckt wird. Eine Wirkung des Frostes auf die Oberfläche des Bodens in der Ackerkrume, die schon oft einen Frostprozeß durchgemacht hat, sei demnach nicht mehr zu beobachten. HOFFMANN glaubt auch, daß die organischen und anorganischen Dünger in Mengen, wie sie in der Praxis angewandt werden, keinen erheblichen bzw. bleibenden Einfluß auf die Bodenoberfläche auszuüben vermögen. Er steht auch hier wieder im Gegensatz zu CZERMAK und zu JANERT[7], welcher die An-sicht vertritt, daß ein bei verschiedenen Böden wechselnder Anteil des hygro-skopisch gebundenen Wassers nicht infolge Anziehung und Verdichtung seitens der Bodenoberfläche, sondern auf andere Weise aufgenommen wird, und zwar von in jedem Boden in größerer oder geringerer Menge vorkommenden löslichen Sub-stanzen[8]. Infolgedessen erscheint JANERT die Bestimmung der Hygroskopizität als Mittel zur Bestimmung der Oberflächengröße ungeeignet. Er schlägt wieder vor, dazu die Benetzungswärme heranzuziehen, für deren Ermittelung er unter

<hr>

[1] Vgl. hierzu auch F. GIESECKE: Chem. d. Erde **3**, 98 (1927); J. Landw. **76**, 33 (1928). — EBERHART, C.: Die Bedeutung der mechanischen Bodenanalyse. Fühlings Landw. Ztg **58**, 176 (1909). — FRANKAU, A.: Über die Beziehungen der physikalischen Bodeneigenschaften zueinander und zur mechanischen Bodenanalyse. Inaug.-Dissert. München 1910. — FLOESS, R.: Die Hygroskopizitätsbestimmung ein Maßstab zur Bonitierung des Acker-bodens, Landw. Jb. **42**, 255 (1912). — KRAUSS, G.: Ergänzender Bericht über eine dem Prager bodenkundlichen Kongreß vorgeführte neue Methode der mechanischen Boden-analyse. Internat. Mitt. Bodenkde. **13**, 154 (1923). — REMY, TH.: Bodeneinschätzung und Bodenuntersuchung. Landw. Jb. **49**, 153 (1916).

[2] LIATSIKAS, N.: Hygroskopizität im Vergleich zur Kornverteilung und spez. Korn-oberfläche. Internat. Mitt. Bodenkde **14**, 147 (1924).

[3] CZERMAK, W.: Zur Kenntnis der Veränderungen der sog. physikalischen Boden-eigenschaften durch Frost, Hitze und Beigabe einiger Salze. Landw. Versuchsstat. **76**, 75 (1912).

[4] EHRENBERG, P., u. G. Freiherr VON ROMBERG: Zur Frostwirkung auf den Erdboden. J. Landw. **61**, 73 (1913). — Siehe auch NOLTE, O., u. E. HAHN: Wirkung des Frostes auf den Boden. J. Landw. **65**, 75 (1917).

[5] MITSCHERLICH, E. A.: Beitrag zur Erforschung der Einwirkung des Frostes auf die physikalischen Bodeneigenschaften. Fühlings Landw. Ztg. **51**, 535 (1902).

[6] HOFFMANN, R.: Untersuchungen über die Veränderung des Bodenoberfläche. Landw. Versuchsstat. **85**, 123 (1914).

[7] JANERT, H.: Neue Methodik zur Bestimmung der wichtigsten physikalischen Grund-konstanten des Bodens. Landw. Jb. **66**, 444 (1927).

[8] Siehe demgegenüber wieder F. HEINRICH: Die Beeinflussung der Hygroskopizität und der Wasserstoffionenkonzentration des Bodens durch künstliche Düngung. Inaug.-Dissert. Königsberg 1926. — Ferner A. NATH PURI: Kritische Untersuchung des Hygro-skopizitätskoeffizienten des Bodens. J. Agricult. Sci. **15**, 272 (1925).

Ersatz des Eiskalorimeters durch ein Mischkalorimeter ein einfaches Verfahren ausgearbeitet hat, das später wiedergegeben werden soll. Albert und Köhn[1] beschäftigen sich mit dem Benetzungswiderstand mancher Sandböden, die ihrer Ansicht nach auf einen Überzug der Bodenkörner mit feinen Humushüllen zurückzuführen ist[2]. Auch dieser Umstand würde eine genaue Oberflächenbestimmung erschweren.

Weitere Bedenken werden gegen die Bestimmung der äußeren und der Errechnung der inneren Oberfläche aus der Differenz zwischen dieser und der Gesamtoberfläche geltend gemacht. Hierzu ist es nötig, den für die äußere Oberfläche durch die Benzoladsorption ermittelten Wert mit der durch die Hygroskopizität ausgedrückten Gesamtoberfläche auf einen gemeinsamen Nenner zu bringen, mit anderen Worten, einen Faktor zu finden, mittels dessen sich die Benzolaufnahme auf Hygroskopizität umrechnen läßt. Mitscherlich[3] hat diesen Faktor durchschnittlich zu 4,4 gefunden. Er multipliziert also den Benzolwert mit 4,4 und zieht die so erhaltene Zahl von dem Hygroskopizitätswert ab, um die innere oder mizellare Oberfläche zu erhalten. Mitscherlich selbst gibt an, daß dieser Faktor ungenau und für die einzelnen Bodenarten, selbst wenn diese keine organische Substanz, also keine nennenswerte innere Oberfläche besitzen, oft erheblichen Schwankungen unterworfen ist. Er glaubt dies auf eine gewisse chemische Affinität mancher Bodenbestandteile für die Benzoldämpfe zurückführen zu sollen. Er bezeichnet demnach seine Werte für die innere Oberfläche nur als Annäherungswerte. K. Pfeiffer[4] hat Schwankungen des Umrechnungsfaktors von 3,4—8,3 gefunden bei Benutzung von Tetrachlorkohlenstoff. Janert[5] erklärt diese Unstimmigkeiten dadurch, daß die organischen Flüssigkeiten nicht nur in die Mizellarräume im Innern der organischen Bestandteile nicht einzudringen vermögen, sondern ebensowenig zwischen die einzelnen zu Krümeln zusammengeballten mineralischen Bodenteilchen, die bisweilen außerordentlich fest zusammengekittet sind. Die Bestimmung der äußeren Oberfläche mit Hilfe organischer Flüssigkeiten kann also nur bei in vollständiger Einzelkornstruktur vorhandenem Bodenmaterial richtige Werte geben, sonst müssen sie je nach dem Grad der Krümelbildung und der Festigkeit der Krümel, die in jedem trockenen Boden in mehr oder weniger großer Zahl vorhanden sind, schwanken. Gleichwohl spricht Janert der Benetzung mit organischen Flüssigkeiten des Bodens als Mittel zum Studium der Krümelbildung eine gewisse Bedeutung zu und hat deshalb auch für sie eine kalorimetrische Methode ausgearbeitet.

Ganz neuerdings ist von A. Neugebohrn[6] das Verfahren der Hygroskopizitätsbestimmung vom Gesichtspunkt der Kapillarchemie einer theoretischen Prüfung unterzogen worden. Der Genannte gelangt zu der Auffassung, daß „auch nicht eine der von Mitscherlich angenommenen Voraussetzungen zutrifft bzw. mit leidlicher Sicherheit geklärt ist". Nach ihm läßt sich aus der Hygroskopizität nicht die tatsächliche Oberflächengröße errechnen, da die Schichtstärke der adsorptiven Wasserhülle noch sehr umstritten sei; auch sei die hygroskopische Wassermenge der Bodenoberfläche überhaupt nicht verhältnisgleich, weil die Auf-

---

[1] Albert, R., u. M. Köhn: Untersuchungen über den Benetzungswiderstand von Sandböden. Mitt. internat. bodenkdl. Ges. 2, 146 (1926).

[2] Vgl. hierzu F. Giesecke: Die Hygroskopizität in ihrer Abhängigkeit von der chemischen Bodenbeschaffenheit. Chem. Erde 3, 98 (1927).

[3] Mitscherlich, E. A., F. Scheefer u. R. Floesz: Bestimmung der äußeren Bodenoberfläche. Landw. Jb. 40, 654 (1911).

[4] Pfeiffer, K.: a. a. O., Landw. Jb. 41, 31 (1911).

[5] Janert, H.: a. a. O., Landw. Jb. 66, 463 (1927).

[6] Neugebohrn, A.: Bestimmung der Bodenoberfläche durch Flüssigkeitsadsorption. Inaug.-Disser. Breslau 1927.

nahme des Wassers nicht nur durch Adsorption zustande komme, sondern auch Kapillaritäts-, Quellungsvorgänge und Hydratbildung daran beteiligt seien. Er zieht aus seinen Erörterungen den Schluß, „daß eine Bestimmung der Bodenoberfläche durch Flüssigkeitsadsorption leider noch nicht möglich ist, da wichtigste theoretische Grundfragen noch ungeklärt" seien[1].

Die Methoden JANERTS[2], welche wieder die Benetzungswärme als Maßstab für die Ermittelung der Bodenoberfläche heranziehen, sollen vor allem die alte MITSCHERLICHsche Methode vereinfachen. JANERT hat deshalb schon das Trocknungsverfahren beschleunigt, indem er das Wasser nicht durch Phosphorpentoxyd aufnehmen, sondern durch eine Quecksilberdampfstrahlpumpe absaugen läßt. Dadurch wird der Trocknungsprozeß in etwa $1^1/_2$ Stunde beendet. Der für die Trocknung benutzte Exsikkator (Abb. 23), der Raum für fünf Wägegläschen (2) hat, ist aus vernickeltem Schmiedeeisen angefertigt. Er besitzt einen breiten

Rand (3) zur Auflage für den Dichtungsring (4). In den ebenen Deckel (5) ist das zum Aufsaugen bestimmte Kupferröhrchen (6) eingelötet. Der Deckel kann durch einen Bügel (7) mit Verschraubung (8) fest angedrückt werden. Außer dem Exsikkator gehört zu der Einrichtung eine Wasserstrahlluftpumpe zur Erzeugung des Vorvakuums, eine Quecksilberdampfstrahlpumpe für das Hochvakuum, ein Quecksilbermanometer, das zwischen Exsikkator und Pumpe eingeschaltet wird, und ein gewöhnliches Wasserbad, in welches der Exsikkator eingesetzt wird. Die Trocknung beginnt mit dem Anlassen der Wasserstrahlpumpe. Bei 15 mm Vakuum wird das den Exsikkator enthaltende Wasserbad angeheizt. Nach etwa 15 Minuten Kochen wird auch die Quecksilberdampfstrahlpumpe angeheizt. Die Trock-

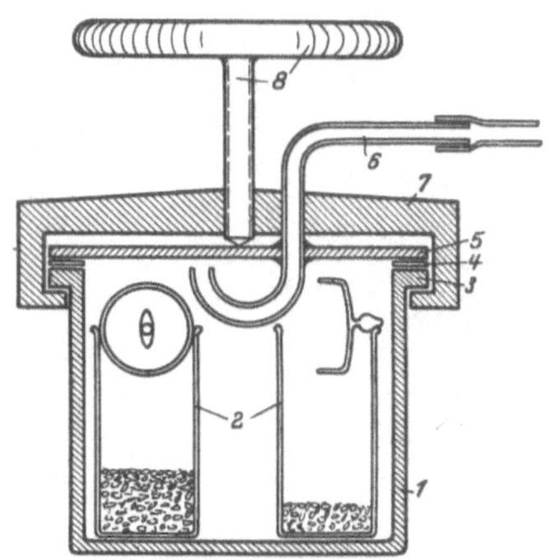

Abb. 23. JANERTS Vakuumexsikkator für Bodentrocknung.
Nach Landw. Jb. 66, 447 (1927).

nung ist beendet, wenn ein Vakuum von etwa 0,1 mm erreicht ist, wozu etwa 30 Minuten nötig sind. Dann wird der Exsikkator mit einer Schwefelsäurewaschflasche verbunden und trockene Luft eingelassen, die Gläschen mit den getrockneten Bodenproben herausgenommen, zur Abkühlung in einen gut arbeitenden Exsikkator gestellt, nach der Abkühlung gewogen und für die kalorimetrische Bestimmung verwandt. Zur Bestimmung der Benetzungswärme dient ein nach der Mischmethode arbeitendes Kalorimeter (Abb. 24). Das eigentliche 50 cm³ fassende Kalorimetergefäß ist aus dünnem polierten Messingblech gefertigt und ruht zwecks möglichster Isolierung auf Kork (2) in einem größeren polierten Messinggefäß, das seinerseits durch einen Korkmantel isoliert ist. Den Deckel des Kalorimeters bildet eine Glasscheibe (4), welche zum Schutz des Kalorimeterinnern gegen Wärmestrahlen noch mit dünnem Messingblech (5) überzogen ist. In den Deckel ist ein gläserner Fülltrichter (6) und ein in $^1/_{20}$ Grade eingeteiltes Thermometer (7) eingekittet. Letzteres umfaßt einen Skalenbereich von 18—22° und dient gleichzeitig als Rührer. Zu der Apparatur gehört ferner eine besondere Einrichtung zur Temperaturmessung der getrockneten Bodenproben (Abb. 25). Diese besteht aus zwei miteinander verbundenen zylindrischen Aluminiumgefäßen (1), welche zur Aufnahme der mit Boden gefüllten Wäge-

---

[1] Siehe hierzu wieder P. VAGELER: a. a. O. Fühlings Landw. Ztg. 61, 75 (1912).
[2] JANERT, H.: a. a. O., Landw. Jb. 66, 448 (1927).

gläschen dienen. In den Hohlraum (*2*) zwischen den beiden Aluminiumgefäßen wird durch einen seitlichen Tubus (*3*) mit durchbohrtem Gummistopfen (*4*) ein in $^1/_{20}{}^0$ eingeteiltes, eine Skala von 18—20^0 besitzendes Thermometer eingeführt. Dann wird der ganze mittlere Hohlraum mit Quecksilber angefüllt. Auch die beiden Aluminiumgefäße werden 2—3 mm hoch mit Quecksilber gefüllt, auf welchen dann die Wägegläschen stehen. Durch diese Einrichtung wird ein rascher Temperaturausgleich erreicht und eine zuverlässige Temperaturmessung der eingestellten Bodenproben ermöglicht. Der Apparat wird in einem mit Chlorkalzium beschickten Trockenexsikkator mit seitlichem Tubus untergebracht, und zwar so, daß das Thermometer mit dem Skalenteil aus dem Exsikkator herausragt. Zur Bestimmung des Wasserwertes des Kalorimeters wird das eigentliche Kalorimetergefäß genau gewogen

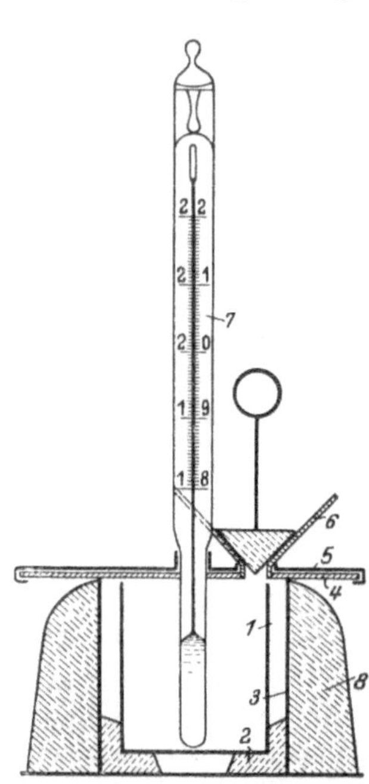
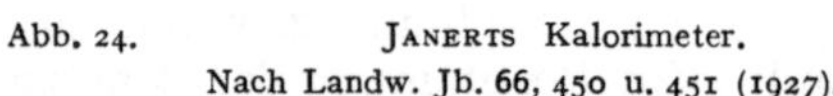
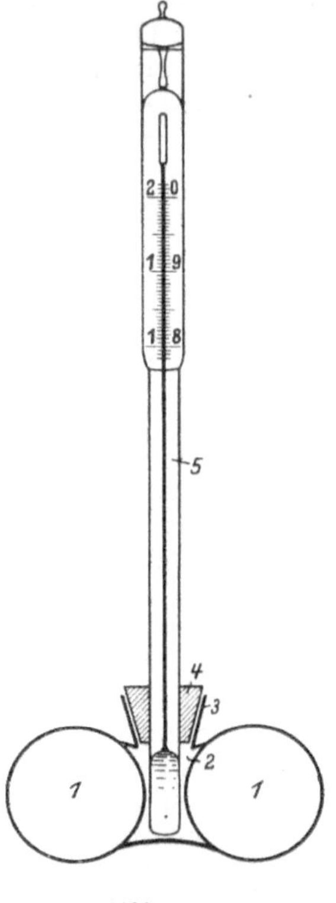

Abb. 24.   JANERTS Kalorimeter.   Abb. 25.
Nach Landw. Jb. **66**, 450 u. 451 (1927).

und das Gewicht, ausgedrückt in Gramm, mit 0,093 (spez. Wärme des Messings bei Zimmertemperatur) multipliziert. Der Wasserwert des Kalorimetergefäßes muß von Zeit zu Zeit kontrolliert werden. Um den Wasserwert des Thermometers zu ermitteln, wird das Kalorimetergefäß mit 50 cm³ Wasser gefüllt, der Deckel aufgesetzt, die Eintauchtiefe des Thermometers genau bestimmt, das Volumen des eingetauchten Thermometerteils berechnet und das erhaltene Volumenmaß, ausgedrückt in Kubikzentimeter, mit 0,46 (spez. Wärme der Volumeinheit Glas und Quecksilber) multipliziert. Der Wasserwert des Thermometers bleibt konstant. Die Summe der beiden Wasserwerte ergibt den Wasserwert des Kalorimeters K. Für die Bestimmung werden 5—40 g des durch ein 2-mm-, bei sehr schweren Böden 1-mm-Sieb gegebenen Bodens verwandt. Nach der wie oben beschriebenen Trocknung desselben wird der Boden in die Aluminiumzylinder des Temperaturmeßapparates gebracht und in den Exsikkator in einen gegen Wärmestrahlen geschützten Schrank gestellt. Der Temperaturausgleich erfolgt in etwa 15 Minuten. Inzwischen wird das Kalorimeter mit Wasser beschickt. Da dasselbe stets gleichmäßig gefüllt sein muß, richtet sich die aus einer graduierten Bürette einzufüllende Wassermenge nach der anzuwendenden Bodenmenge. Bei 5 g Boden werden 48,1 cm³ Wasser eingefüllt, für je weitere 5 g Boden 1,9 cm³ weniger. Danach ist die jeder Bodenmenge entsprechende Wassermenge leicht zu errechnen. Das Einfüllen des Wassers darf nicht durch den Glastrichter erfolgen, um diesen nicht zu benetzen, vielmehr ist der Kalorimeterdeckel hierzu abzunehmen.

Sodann wird die Temperatur des Bodens (t_1) und unmittelbar darauf nach kurzem Umrühren auch die Temperatur des Wassers im Kalorimeter (t_2), und zwar mit Hilfe einer Lupe auf $1/_{100}{}^0$ abgelesen. Nun wird sofort der Boden durch den Glastrichter sorgfältig in das Kalorimeter geschüttet, nachdem der Deckel so weit verschoben war, daß sich der Trichter in der Mitte des Kalorimetergefäßes befindet, und der den Trichter verschließende Korkstopfen entfernt war. Dieser wird nach der Füllung sofort wieder aufgesetzt. Es wird jetzt gerührt, und zwar so, daß der ganze Inhalt des Kalorimeters möglichst schnell und gründlich durchgemischt wird. Die höchste Endtemperatur (t_3) wird abgelesen. Der Temperaturausgleich ist dann beendet, wenn das Thermometer beim Rühren an der Wandung und in der Mitte die gleiche Temperatur zeigt. Die Ausgangstemperaturen des Bodens wie des Kalorimeters müssen zwischen 18 und 20⁰ liegen. Die Wasserbenetzungswärme Ww, ausgedrückt in Grammkalorien je 1 g Boden (kal/g), wird nach folgender Formel berechnet:

$$Ww = \frac{0{,}2\,G \cdot (t_3 - t_1) + (K + F) \cdot (t_3 - t_2)}{G}.$$

Hierin ist 0,2 = spez. Wärme des Mineralbodens
G = Bodengewicht in Gramm
t_1 = Ausgangstemperatur des Bodens
t_2 = Ausgangstemperatur des Kalorimeters mit Wasser
t_3 = höchste Endtemperatur
K = Wasserwert des Kalorimeters
F = Wasserwert der angewandten Flüssigkeitsmenge
   (spez. Wärme von 1 cm³ Wasser = 1).

Für stark humose oder reine Humusböden ist die spez. Wärme wesentlich höher als 0,2 und variiert stark. Es empfiehlt sich bei diesen statt vom Bodengewicht vom Bodenvolumen auszugehen. Man kann die spez. Wärme auf das Volumen bezogen, ohne wesentliche Fehler zu begehen, mit 0,55 ansetzen. Auch gegen die Berechnung der Bodenoberflächen aus der Benetzungswärme bestehen die gleichen Bedenken wie gegen die Berechnung aus der Hygroskopizität. Auch jene wird durch manche anderen Faktoren, besonders chemische, beeinflußt[1].

Die Bestimmung der äußeren Oberfläche erfolgt nach genau der gleichen Methode. JANERT wählte als organische Flüssigkeit Amylalkohol, weil die Alko-

---

[1] Vgl. hierzu G. J. BOUYOUCOS: Die hauptsächlichsten Faktoren, welche die Benetzungswärme der Bodenkolloide beeinflussen. Soil Sci. **19**, 477 (1925). — W. W. PATE: Der Einfluß der austauschbaren Basen auf die Benetzungswärme der Böden und Bodenkolloide. Ebenda **20**, 329 (1925). — G. J. BOUYOUCOS: Relationship between the Unfree Water and Heat of Wetting of Soils and its Significance. Techn. Ball. 42. Michigau Exp. Stat. 1918. — M. S. ANDERSON: The Heat of Wetting of Soil Colloids. J. of Agricult Research **28**, 927 (1924). — W. A. PATRICK u. F. V. GRIMM: Heat of Wetting of Silica gel. J. Amer. Chem. Soc. **43**, 2144 (1924). — W. W. PATE: The Influence of the Amount and Nature of the Replaceable Base upon the Heat of Wetting of Soils and Soil Colloids. Soil Science **20**, 329 (1925).

hole besonders hohe Benetzungswärmen geben, und Amylalkohol der einzige mit Wasser nicht mischbare flüssige Alkohol ist. Er muß vor seiner Verwendung auf absolutes Freisein von Verunreinigungen mit Wasser geprüft werden. Der Wasserwert der angewandten Alkoholmenge ist durch Multiplikation mit dem Volumgewicht und der spez. Wärme zu berechnen.

ZUNKER[1] ermittelt aus der mechanischen Bodenanalyse die „spez. Oberfläche" des Bodens. Diese ist

$$U = \frac{s}{60} \cdot O = \frac{1}{dw}.$$

Darin ist s das spez. Gewicht und O die Oberflächensumme der kugelförmig gedachten Bodenteilchen in cm²/g, dw der wirksame Korndurchmesser in Millimeter, der sich aus den Einzelgewichten g_1, g_2, g_3 der Korngröße d_1, d_2, d_3 von einem Gramm Boden nach der Gleichung

$$\frac{1}{dw} = \frac{g_1}{d_1} + \frac{g_2}{d_2} + \frac{g_3}{d_3} + \cdots$$

ableitet. Die spez. Oberfläche ist demnach gleich dem umgekehrten wirksamen Korndurchmesser. Für einen Boden von gerade 1 mm Korndurchmesser ist die spez. Oberfläche

$$U_1 = \frac{s_1}{60} \cdot O = \frac{1}{d_1} = 1.$$

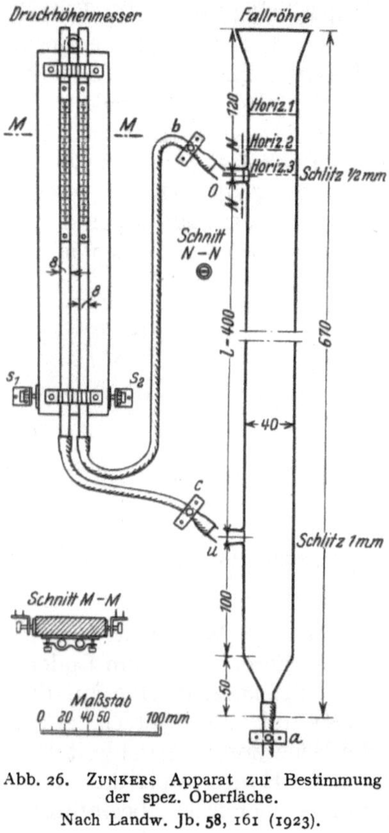

Wird das spez. Gewicht der Böden gleichgesetzt, was nach ZUNKER in den meisten Fällen berechtigt ist, so läßt sich die spez. Oberfläche durch folgenden Satz kennzeichnen: Die spez. Oberfläche eines Bodens ist die Zahl, welche angibt, wievielmal so groß die Oberfläche dieses Bodens ist wie jene der gleichen Gewichtsmenge Boden von 1 mm Korndurchmesser. Zur Bestimmung der spez. Oberfläche bediente sich ZUNKER des WIEGNERschen Apparates[2], der schon gelegentlich der Besprechung der Schlämmmethoden besprochen wurde, steigerte jedoch durch Anordnung eines oberen Druckmessers an der WIEGNERschen Fallröhre die Genauigkeit der Ablesung auf das Zehnfache. Abb. 26 zeigt den von ZUNKER benutzten Sedimentierapparat. Die gläserne Fallröhre von 40 mm

Abb. 26. ZUNKERS Apparat zur Bestimmung der spez. Oberfläche.
Nach Landw. Jb. 58, 161 (1923).

lichter Weite und 670 mm Gesamtlänge ist oben trichterförmig erweitert und hat unten einen Abfluß mit anschließendem Gummischlauch und Quetschhahn (a). Seitlich besitzt die Röhre in 400 mm Abstand zwei Druckmesserstutzen o und u, in welche hohle Glastöpsel eingeschliffen sind, die mit der inneren Glaswandung bündig liegende, schmale, horizontale Schlitze haben, und zwar der obere Glas-

---

[1] ZUNKER, F.: Die Bestimmung der spez. Oberfläche des Bodens Landw. Jb. 58, 159 (1923). — Gebrauchsanweisung zur Bestimmung der spez. Oberfläche des Bodens. Kulturtechniker 29, 157 (1926).
[2] WIEGNER, G.: a. a. O., Landw. Versuchsstat. 91, 41 (1918).

stöpsel von $\frac{1}{2}$ mm, der untere von 1 mm Schlitzbreite. Die Glasstöpsel tragen am aufgebogenen Ende Gummischläuche, welche mit Quetschhähnen (b und c) versehen sind und zum Druckhöhenmesser führen. Dieser besteht aus zwei gläsernen Röhren von gleichmäßig 8 mm Durchmesser und dahinter befindlichen Skalen mit $\frac{1}{2}$-mm-Teilung. Von Bedeutung ist die Gleichmäßigkeit der Röhren innerhalb des Meniskenspielraumes, weil Kapillarhöhe h des Wassers und Röhrendurchmesser d in der festen Beziehung $d \cdot h = 30$ mm^2 zueinanderstehen. Nach sorgfältiger Reinigung besonders der Druckmesserröhre wird der Apparat bei geschlossenem Hahn (a) und geöffneten Hähnen (b und c) mit destilliertem Wasser etwa bis Horizont 1 gefüllt. Luftblasen werden aus den Schläuchen durch schnelles Auf- und Abbewegen des Druckmessers entfernt und durch Neigen desselben werden etwaige Unreinlichkeiten herausgespült, so daß sich in den Röhren vollkommene Menisken ausbilden. Nachdem der Apparat eine gleichmäßige Temperatur angenommen hat, werden die Skalen durch die Stellschrauben (s_1 und s_2) derart berichtigt, daß die Unterseite der Meniskenblasen den gleichen Horizont anzeigt. Jetzt wird Hahn b geschlossen und das Wasser durch Hahn a bis Horizont 2 abgelassen, der sich je nach der Dichte der Aufschwemmung 2—2,5 cm über der Schlitzöffnung von O befindet. Dann wird auch Hahn c geschlossen und die Fallröhre entleert. In den Druckmesserröhren und den Stutzen verbleibt dabei das Wasser. Sodann wird bei geschlossenem Hahn a die Bodenaufschwemmung nach kräftigem Schütteln in die Fallröhre gegossen, die Stopp- oder Weckuhr angestellt, die Aufschwemmung bis zum Horizont 3, nämlich der Oberkante von Schlitzöffnung o abgelassen, Hahn b langsam geöffnet, wobei sich destilliertes Wasser aus dem Druckmesser als Schutzschicht über Horizont 3 lagert und schließlich Hahn c geöffnet. Am Druckhöhenmesser werden jetzt in bestimmter Zeitfolge die Meniskeneinstellungen abgelesen und die Temperaturen vermerkt. Um größere Verdunstungsverluste zu vermeiden, sind die Röhren leicht abzudecken. Erwünscht ist möglichst gleichmäßige Raumtemperatur, doch üben geringe Schwankungen derselben keinen merkbaren Einfluß aus.

Die graphische Auftragung der Druckhöhenunterschiede als Ordinaten und der seit dem Versuchsbeginn verflossenen zugehörigen Zeiten als Abszissen ergibt die Druckhöhenlinie. ZUNKER gibt zwei Berechnungsarten an. Bei der ersten errechnet er aus der Druckhöhenlinie zunächst die Korngrößen und leitet aus diesen die spez. Oberfläche ab, bei der zweiten wird diese unmittelbar aus den Druckhöhendifferenzen und der Wurzel aus der Zeit bestimmt. KRAUSS[1] berechnet ebenfalls die Oberfläche des Bodens auf Grund der nach seinem Schlämmverfahren ermittelten Korngrößen und deren Fallzeiten. Er schlägt ein einfaches graphisches Verfahren vor, mittels dessen er aus den $\sqrt[4]{\text{Fallzeiten}}$ und den prozentischen Konzentrationen die Gesamtoberfläche des Bodens und die Oberflächen der einzelnen Korngruppen berechnet und zur Darstellung bringt.

Zu den Methoden zur Bestimmung der Bodenoberfläche gehören schließlich noch die Farbstoffmethoden, wenn diese auch zunächst für die Ermittelung der Bodenkolloide ausgearbeitet sind. Jedoch nehmen an der Farbstoffabsorption auch viele nichtkolloide Bestandteile des Bodens teil[2].

f) Die Bodenfarbe.

Eine gewisse wenn auch gegenüber anderen Faktoren zurücktretende Bedeutung für den Boden hat seine Farbe. Die Hauptbestandteile des Bodens (Quarz,

[1] KRAUSS, G.: a. a. O., Internat. Mitt. Bodenkde. **13**, 154 (1923).
[2] Über die Methoden siehe später im Band 7 dieses Handbuches.

kohlensaurer Kalk, Ton) sind farblos. Böden, welche nur aus diesen Stoffen bestehen, erscheinen wegen der feinen Verteilung ihrer Teilchen und der dadurch bewirkten Reflexion des Lichtes weiß. Aber schon geringe Beimengungen farbiger Stoffe können die Farbe des Bodens stark beeinflussen. Hauptsächlich kommen hierfür die Humusstoffe und die verschiedenen Eisenverbindungen in Betracht. Humus färbt den Boden grau bis schwarz. Sande werden nach Ramann[1] schon durch 0,2—0,5 % Humus deutlich grau gefärbt, bei 2—4 % ist Sandboden schon tiefgrau und bei 5—10 % schwarz gefärbt. Lehm- und Tonböden werden nicht so deutlich gefärbt. Für die gelben bis braunen Farben sind das rote Eisenoxyd und das braune Eisenoxydhydrat verantwortlich. Eisenoxydulverbindungen, welche gelegentlich in tieferen Bodenschichten vorkommen und diese grün färben, werden in den Verwitterungsschichten rasch oxydiert. 1 % Eisenoxyd bedingt im Sandboden schon eine lebhaft rote, 1—2 % Eisenoxydhydrat eine tiefbraune Farbe. Lehm- und Tonböden enthalten oft 5—10 % Eisenverbindungen. Jedoch auch wasserhaltige, rotgefärbte Eisenoxyde sind bekannt, die bei der Färbung der Roterden eine Rolle spielen dürften. Allerdings ist hierüber bisher noch wenig bekannt geworden. Der Turgit oder Hydrohämatit von der Formel $2 Fe_2O_3 \cdot H_2O$ ist für die Rotfärbung der Laterite und Roterden in Anspruch genommen worden, jedoch kann es sich auch nur um ein in verschiedenen Stadien der Entwässerung befindliches Eisenhydroxyd handeln, welcher Ansicht man sich neuerdings mehr zuneigt[2]. Auch sieht man den wasserarmen Hydrohämatit als Übergangsglied des kolloiden Limonits zum Hämatit an[3]. Besonders auffallend und mit den gewöhnlichen Anschauungen über die Farbe der Eisenoxydverbindungen nicht in Einklang stehend erweisen sich die Farbveränderungen mancher im feuchten Zustand vollkommen rot, im trockenen Zustand dagegen gelbbraun aussehender Erden[4]. Ebensowenig aufgeklärt erscheint die Ursache für die Umwandlung der Farbtöne gewisser Böden, insbesondere Roterden, die sie nach der Probeentnahme erleiden, wie solches von E. Blanck[5] wiederholt beobachtet worden ist und seitens anderer Forscher[6] Bestätigung erfahren hat. Ebenso merkwürdig zeigt sich der Farbenwechsel der Roterden auf ursprünglicher Lagerstätte je nach den Verhältnissen der Beleuchtung u. dgl. m., worauf gleichfalls von E. Blanck[7] hingewiesen worden ist. Unsere Kenntnis von der Bodenfarbe, von ihrem Zustandekommen und ihrer Veränderung unter den verschiedensten Bedingungen ist z. Z. noch vollständig unzureichend, desgleichen dürfte die Bezeichnungsweise für die Farbtöne der Böden noch sehr entwicklungsfähig sein[8], infolgedessen H. Harrassowitz in Hinweis auf Ostwalds Farbtonleitern[9] auch nicht von Roterden, sondern von Kreßerden gesprochen wissen will.

Der Einfluß der Bodenfarbe erstreckt sich im wesentlichen auf die Temperatur des Bodens und die dadurch bedingten Folgeerscheinungen. Beobachtungen

---

[1] Ramann, E.: Bodenkunde, S. 318. Berlin: Julius Springer 1911.

[2] Vgl. H. Harrassowitz: Laterit. Fortschr. Geol. Paläontol. 4, H. 14, 328, 329 (1926).

[3] Klockmann, B.: Lehrbuch der Mineralogie, 7.—8. Aufl., S. 439, 448.

[4] Blanck, E., F. Alten u. F. Heide: Bodenbildungen und Verwitterungsprodukte im Gebiete des Harzes. Chem. Erde 2, 131 (1926).

[5] Blanck, E.: Bericht über die Ergebnisse einer bodenkundlichen Forschungsreise usw. Chem. Erde 2, 186 (1926).

[6] Vgl. u. a. A. Reifenberg: Bodenbildung im südlichen Palästina usw. Chem. Erde 3, 19 (1928).

[7] Blanck, E.: a. a. O. Chem. Erde 2, 185 (1926).

[8] Vgl. hierzu H. Harrassowitz: Studien über mittel- und südeuropäische Verwitterung. Geol. Rundsch. 17a, 135 (1926).

[9] Harrassowitz, H.: Anwendung der Farbnormen Ostwalds in der Geologie. Z. prakt. Geol. 30, 85—93 (1922).

über die Beziehungen zwischen der Farbe des Bodens und dessen Wärmeverhältnissen hat zuerst SCHÜBLER[1] angestellt. Bei 25° Luftwärme nahmen verschiedene Böden bei natürlicher Farbe, bei weißer und bei schwarzer Oberfläche, folgende Temperaturen an:

Bodenart	Natürl. Bodenfarbe Grad	Weiße Oberfläche Grad	Schwarze Oberfläche Grad
Talkerde	42,62	42,62	49,62
Weiße Kalkerde	43,00	42,87	50,50
Hellgrauer Gips	43,62	43,50	50,25
Graue Juraackererde	43,75	42,87	50,50
Gelblicher Ton	44,12	42,37	49,75
Graue Ackererde	44,25	42,00	50,00
Lehm	44,50	42,17	49,50
Weißgrauer Quarzsand	44,50	43,25	51,12
Graugelber Ton	44,62	41,87	49,12
Graugelber Quarzsand	44,75	43,25	50,87
Bläulicher reiner Ton	45,00	41,25	48,89
Schwarzgraue Gartenerde	45,25	42,37	50,87
Schwarzgrauer Humus	47,37	42,56	49,37

Übereinstimmend liegen die Temperaturen bei weißer Oberfläche mehr oder weniger niedriger als die des Bodens mit natürlicher Färbung, die mit schwarzer Oberfläche ganz erheblich höher. Die Temperaturunterschiede zwischen den Böden bei weißer und schwarzer Oberfläche bewegen sich zwischen 7 und 8°. Derartig große Unterschiede konnten WOLLNY[2] und C. LANG[3] allerdings nicht feststellen. SCHÜBLER hatte die Temperaturen an der Oberfläche und nur bei 25° gemessen. WOLLNY kontrollierte diese zu den verschiedensten Tages- und Jahreszeiten und in Tiefen von 10 und 22 cm. Er findet die durchschnittlichen Temperaturunterschiede in hellen und dunklen Böden etwa zwischen 0,5 und 3° C. WOLLNY stellte seine Versuche in Kästen von 25 × 25 × 25 cm an. Der eingefüllte Boden wurde mit einer dünnen Schicht von Kienruß bzw. Eisenoxydhydrat oder Marmorpulver bestäubt. Zur Herstellung von Zwischenfarben dienten Mischungen der beiden Bestäubungsmittel in verschieden prozentiger Zusammensetzung. WOLLNY kommt auf Grund seiner mehrjährigen Untersuchungen zu folgenden Ergebnissen: 1. Bei annähernd gleicher Beschaffenheit hat die Farbe der Ackererde auf deren Erwärmung bis in verhältnismäßig größere Tiefen einen nicht unbedeutenden Einfluß. Der letztere ist verschieden je nach der Jahres- und Tageszeit und dem Bewölkungsgrade. Während der wärmeren Jahreszeit, zur Zeit des täglichen Maximums der Bodentemperatur, bei ungehinderter Bestrahlung, ist der Boden um so wärmer, je dunkler die Farbe desselben ist. Die Temperaturunterschiede zwischen den hell- und dunkelgefärbten Böden verschwinden mehr oder weniger in der kälteren Jahreszeit, zur Zeit des täglichen Temperaturminimums, bei verminderter Insolation und in größeren Tiefen des Bodens. 2. Die täglichen Temperaturschwankungen sind unter dunkler Färbung größer als unter heller. Die bezüglichen Unterschiede sind im allgemeinen um so größer, je größer die Differenzen in den Mitteltemperaturen sind und umgekehrt. 3. Der Einfluß der Farbe in der unter 1 geschilderten Weise nimmt in dem Grade ab als der Wassergehalt zunimmt, und die sonstigen für die Erwärmung der Ackererde maßgebenden Faktoren (spez. Wärme, Wärmeleitung, Bindung

---

[1] SCHÜBLER, G.: Grundsätze der Agrikulturchemie, 2. Aufl., S. 93. 1838; Forschgn. Geb. Agrikult.-Phys. 1, 45 (1878).
[2] WOLLNY, E.: Untersuchungen über den Einfluß der Farbe des Bodens auf dessen Erwärmung. Forschgn. Geb. Agrikult.-Phys. 1, 43 (1878); 4, 327 (1881).
[3] LANG, C.: Über Wärme-Absorption und -Emission des Bodens. Ebenda 1, 383 (1878).

der Wärme, auch Verdunstung usw.) das Übergewicht gewinnen. Bei größeren Unterschieden in den physikalischen Eigenschaften, hauptsächlich bedingt durch höheren Humusgehalt und größere Wasserkapazität, kann der Einfluß der Farbe vollständig beseitigt werden.

Über die Feuchtigkeitsverhältnisse in dunklen und hellen Böden haben Wollny[1] und Eser[2] Untersuchungen angestellt. Danach verdunstete dunkler Boden infolge seiner stärkeren Erwärmung zunächst mehr Wasser, ist dann aber wegen der stärkeren Austrocknung der oberen Schichten imstande, bei größeren Niederschlägen mehr Wasser festzuhalten und der Versickerung zu entziehen. Über den Kohlensäuregehalt der verschieden gefärbten Böden gibt Wollny[3] an, daß der Boden bei trockenem, heiterem, warmem Wetter um so reicher, bei trübem kühlem und feuchtem Wetter um so ärmer an Kohlensäure ist, je dunkler die Farbe der Oberfläche ist.

2. Das Verhalten des Bodens zum Wasser.

Von F. Zunker, Breslau.

Mit 56 Abbildungen.

Einteilung des unterirdischen Wassers[4].

Im Boden unterscheidet man das chemisch gebundene Konstitutions-wasser und das in geschlossenen Poren eruptiver Gesteine häufig anzutreffende Einschlußwasser von dem unterirdischen Wasser, welches an den Boden-teilchen und Gesteinen haftet und die offenen Poren und Hohlräume sowie die organischen Gefäßzellen ganz oder teilweise erfüllt. Das unterirdische Wasser ist nach Menge und Verteilung dauernder Veränderung unterworfen und beeinflußt in stärkstem Maße das physikalische Verhalten des Bodens. Soweit es sich inner-halb der Bodenzone befindet, nennt man es auch Bodenwasser. Es kommt in folgenden flüssigen Formen vor: 1. Osmotisches Wasser; 2. hygroskopisches Wasser; 3. Kapillarwasser; 4. Haftwasser; 5. Grundwasser; 6. Sickerwasser. Ferner findet es sich in dampfförmigem Zustande als 7. Wasserdampf. Vorweg sei bemerkt, daß osmotisches Wasser das Wasser ist, das sich in ge-schlossenen organischen Gefäßzellen befindet; es ist in Humus-böden von größerer Bedeutung.

Beim Eindringen von Frost in den Boden werden innerhalb der Frostzone die flüssigen Formen des Wassers in die festen des Eises übergeführt. In Abb. 27 sind die Erscheinungsformen des unterirdischen Wassers schematisch dargestellt.

a) Das hygroskopische Wasser.

Begriff der Hygroskopizität und Verfahren zur Bestimmung derselben.

Hygroskopisches Wasser ist das Wasser, das die feste Grenz-fläche der Bodenteilchen in verdichtetem Zustande überzieht.

---

[1] Wollny, E.: Untersuchungen über den Einfluß der Farbe des Bodens auf dessen Feuchtigkeitsverhältnisse und Kohlensäuregehalt. Forschgn. Geb. Agrikult.-Phys. **12**, 386 (1889).

[2] Eser, C.: Untersuchungen über den Einfluß der physikalischen und chemischen Eigenschaften des Bodens auf dessen Verdunstungsvermögen. Forschgn Geb. Agrikult.-Phys. **7**, 54 (1884).

[3] Wollny,. E: Forschgn. Geb. Agrikult.-Phys. **12**, 393 (1889).

[4] Zusammenstellung der häufigeren Formelzeichen S. 68 u. 69.

Zur Verdichtung kommt sowohl Wasserdampf aus der Feuchtigkeit der umgebenden Luft, als auch flüssiges Wasser, das den Boden benetzt. Mit der Verdichtung ist eine Wärmeentwicklung verbunden, die Benetzungswärme, deren Größe in kleinen Kalorien je 100 g trockenem Boden angegeben wird.

Hygroskopizität oder Hygroskopizitätsziffer heißt diejenige Wassermenge in Gewichtsprozenten des trockenen Bodens, die der Boden enthält, wenn bei seiner weiteren Benetzung keine Wärme

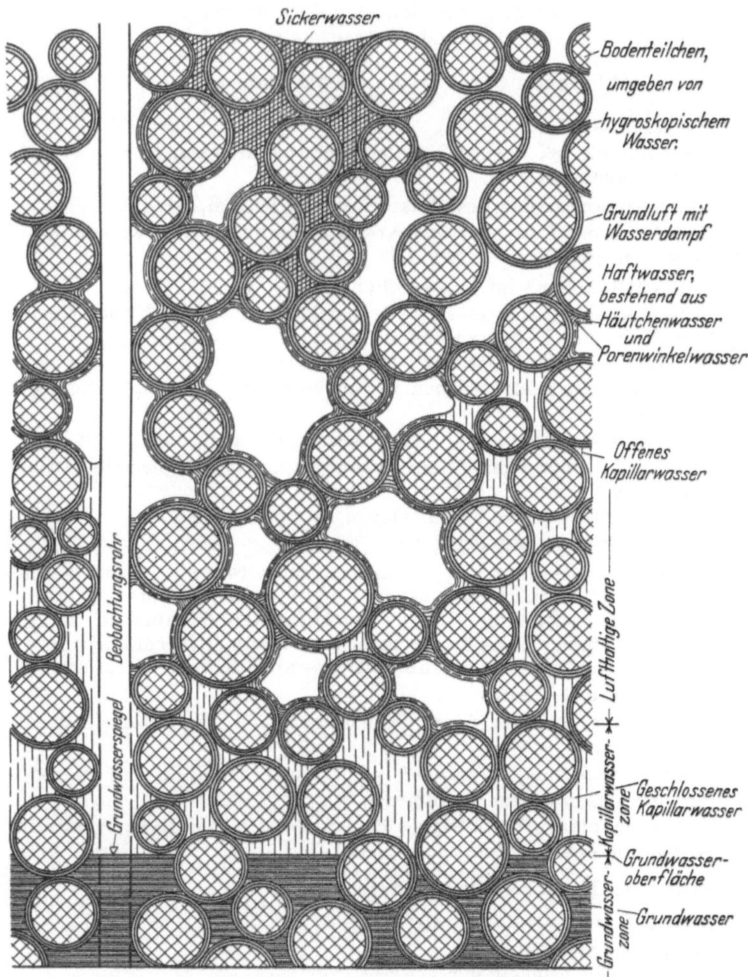

Abb. 27. Erscheinungsformen des unterirdischen Wassers.

mehr frei wird. Sie ist nahezu gleich der Wasseraufnahme von 100 g trockenem Boden über 10 proz. Schwefelsäure.

Schon SAUSSURE[1] hat die Adsorption von Gasen an festen Oberflächen eingehender erforscht und auch ein Steigen der Temperatur beobachtet. Die beim Benetzen auftretende Wärme hat POUILLET[2] näher untersucht; POISSON[3],

[1] SAUSSURE, TH. DE: Beobachtungen über die Absorption der Gasarten durch verschiedene Körper. Gilb. Ann. **47**, 113 (1814).

[2] POUILLET, H.: Bericht über die Versuche des Herrn POUILLET in Paris, durch welche er eine noch unbekannte Art von Wärmeerzeugung gefunden hat. Gilb. Ann. **73**, 356 (1823).

[3] POISSON, S. D.: Nouv. Théor. action capill., S. 137. 1831.

Zusammenstellung der häufigeren Formelzeichen.

$A =$ mechanische Arbeit bei der Verdichtung des hygroskopischen Wassers in cmkg/cm², auch Atmosphärendruck in cm Wassersäule.

$G_t =$ Trockengewicht des Bodens in g.

$H =$ Kapillarziffer, kapillare Steighöhe in cm.

$H_g =$ Steighöhe des geschlossenen Porenwassers in cm.

$H_h = \dfrac{H}{2}$, kritische Hanghöhe des hängenden kapillaren Haftwassers in cm.

$H_r =$ Tragkraft des rückschreitenden Meniskus in cm.

$H_v =$ Saugkraft des vorschreitenden Meniskus in cm.

$J = \dfrac{h}{l} =$ Gefälle, darin h in cm Wassersäule von 4^0 C.

$J_k =$ kritisches Gefälle.

$K =$ Normaldruck bei ebener Oberfläche einer Flüssigkeit in dyn/cm², auch SLICHTERscher Porenbeiwert.

$K_s =$ Kondensationsmenge des Wasserdampfes in mm/std.

$L =$ Überdruck der Luft über den Atmosphärendruck (Luftwiderstand) in cm Wassersäule von 4^0 C.

$L_v =$ Luftgehalt in cm³ im Bodenvolumen V.

$N =$ Normaldruck auf eine Flüssigkeitsoberfläche in dyn/cm², auch Niederschlag in mm.

$O_g =$ Oberfläche der Bodenteilchen in cm²/g.

$O_r =$ Oberfläche der Bodenteilchen in cm²/cm³.

$O_r' =$ Oberfläche der Bodenteilchen in cm²/cm³ unter Berücksichtigung der Filterrohrwandung.

$P =$ Kapillardruck in dyn/cm², auch Adsorptionskraft in kg/cm².

$Q =$ kapillar aufgenommene Wassermenge in cm³/cm² Querschnittsfläche.

$Q_g =$ kapillar aufgenommene Wassermenge in cm³/g Boden.

$Q_l =$ durch F cm² strömende Luftmenge in cm³/sek.

$R =$ relative Feuchtigkeit der Luft.

$S =$ effektive Ausstrahlung in cal/cm² min, auch Sickerwassermenge in mm.

$S_g =$ effektive Ausstrahlung für graue Körper in cal/cm² min.

$S_n =$ effektive Ausstrahlung bei teilweise bedecktem Himmel in cal/cm² min.

$S_o =$ effektive Ausstrahlung bei wolkenlosem Himmel in cal/cm² min.

$S_s =$ effektive Ausstrahlung für absolut schwarze Körper in cal/cm² min.

$U =$ spezifische Oberfläche.

$U' =$ spezifische Oberfläche unter Berücksichtigung der Filterrohrwandung.

$V =$ Bodenvolumen in cm³.

$W =$ Wärmeentwicklung in cal/cm², auch Wassergehalt in cm³ im Bodenvolumen V.

$a^2 =$ Kapillaritätskonstante in mm².

$c =$ von der Wolkenart abhängige Konstante der effektiven Ausstrahlung.

$d =$ Korndurchmesser in cm.

$d_w =$ wirksamer Korndurchmesser in cm, $d_w = \dfrac{1}{10\,U}$.

$e,\ e' =$ thermischer Hygroskopizitätsbeiwert.

$f =$ Porenquerschnitt in cm².

$f_a =$ absolute Feuchtigkeit der Luft in g/m³.

$f_r =$ Feuchtigkeit der Luft in g/m³ bei der relativen Feuchtigkeit R.

$g =$ 981,4, Beschleunigung der Schwerkraft in cm/sek².

$h =$ Druckhöhenunterschied an den Enden einer Wassersäule, einer Luftsäule, einer Wasserdampfsäule in cm Wassersäule von 4^0 C.

$i =$ Konstante der kritischen Geschwindigkeit; auch Kondensationswärme von Wasserdampf in cal/g bei t^0 und Atmosphärendruck.

$k =$ natürliche Durchlässigkeitsziffer des Bodens für Wasser in cm/sek.

$k_b =$ beobachtete Durchlässigkeitsziffer des Bodens für Wasser in cm/sek, in einer Filterröhre ermittelt.

$k_l =$ natürliche Durchlässigkeitsziffer des Bodens für Luft in cm/sek.

$k_{lw} =$ natürliche Durchlässigkeitsziffer des Bodens für Wasser bei teilweise mit Luft erfüllten Poren in cm/sek.

k_w = natürliche Durchlässigkeitsziffer des Bodens für diffundierenden Wasserdampf.

k_t = natürliche Durchlässigkeitsziffer des Bodens für Wasser zur Zeit t in cm/sek.

l = Länge einer Wassersäule, einer Luftsäule oder Bodensäule in cm.

l_g = Luftvolumen in cm³ je 100 g trockenem Boden.

l_v = Luftgehalt in % des Bodenvolumens.

m = Mächtigkeit einer wasserführenden Schicht in cm, Mächtigkeit der lufthaltigen Bodenzone in cm.

p = scheinbares Porenvolumen in % des Bodenvolumens.

p_0 = spannungsfreies Porenvolumen in % des Bodenvolumens.

p_{ol} = spannungs- und luftfreies oder wirksames Porenvolumen.

p_w = wahres Porenvolumen in % des Bodenvolumens.

q = durch 1 cm² Filterquerschnitt fließende Wassermenge in cm³/sek, auch durch 1 cm² Bodenquerschnitt strömende Luftmenge in cm³/sek, und auch durch den Boden in 24 Std. diffundierende Wasserdampfmenge in g/cm².

r = Krümmungsradien von Menisken oder Radien von Kapillarröhren.

s = scheinbares spezifisches Gewicht.

s_0 = wahres spezifisches Gewicht.

t = Zeit in sek.

t^0 = Temperatur in ⁰ C.

t_l^0 = Temperatur der Luft in ⁰ C.

t_o^0 = Temperatur an der Oberfläche des Bodens in ⁰ C.

u = Reibungs- und Beschleunigungswiderstand in einer Kapillaren in cm Wassersäule von 4⁰ C für 1 cm Länge.

v = Geschwindigkeit in cm/sek.

v_k = kritische Geschwindigkeit in cm/sek.

w_b = Benetzungswärme in cal/100 g trockenen Bodens.

w_h = Hygroskopizität, Hygroskopizitätsziffer, von 100 g trockenem Boden.

w_{t^0} = Hygroskopische Wasseraufnahme bei der Temperatur t^0 und der relativen Luftfeuchtigkeit R.

w_g = Wassergehalt des Bodens in Gewichtsprozent.

w_p = Wassergehalt des Bodens in Porenvolumenprozent.

w_v = Wassergehalt des Bodens in Volumenprozent.

z = Zusatzdruck in cm Wassersäule.

α = Oberflächenspannung in dyn/cm, auch Winkelgröße in Grad.

β = Kompressionskoeffizient in Megadyn/cm².

γ = spezifisches Gewicht des Wassers bzw. einer Flüssigkeit.

δ = hygroskopische Schichtdicke in mm, auch Wandstärke einer Röhre in cm.

$\varepsilon = \dfrac{\varDelta w_h}{w_h}$, Verdichtung der hygroskopischen Wasserhüllen.

ε_a = Absorptionsverhältniszahl der Ausstrahlung.

ε_q = kubische Schwindung.

η = Zähigkeit des Wassers in cm⁻¹ g sek⁻¹.

η_l = Zähigkeit der Luft in cm⁻¹ g sek⁻¹.

η_w = Zähigkeit des Wasserdampfes in cm⁻¹ g sek⁻¹.

$\lambda = \dfrac{(0,3\,a^2)^2}{\eta_l}$.

μ = Formbeiwert.

ϱ = Raumgewicht des wasserfrei gedachten Bodens in g/cm³.

τ = Dampfspannung in mm Quecksilberdruck von 0⁰ (Q.-S.).

τ_{max} = Sättigkeitsdruck in mm Q.-S.

τ_0 = Dampfspannung in der Bodenoberfläche in mm Q.-S.

$\tau_{0\,max}$ = zu der Temperatur der Bodenoberfläche gehöriger Sättigkeitsdruck in mm Q.-S·

τ_l = Dampfspannung der bodennahen Luft in mm Q.-S.

$\tau_{l\,max}$ = zu der Temperatur der bodennahen Luft gehöriger Sättigkeitsdruck in mm Q.-S.

$\ln x = 2{,}30259.\log x$.

$\pi = 3{,}14159$.

JUNGK[1], AMMON[2], STELLWAAG[3], CHAPPIUS[4], DOBENECK[5], RODEWALD[6], MIT-SCHERLICH[7], SCHWALBE[8], FREUNDLICH[9] u. a. m. haben sich dann eingehender mit den Erscheinungen der Adsorption befaßt.

Für die Bestimmung der Hygroskopizität hat MITSCHERLICH ein bequemes Verfahren ausgearbeitet[10]. 20—50 g lufttrockener Boden werden in einer flachen Schale im Vakuum 5 Tage lang dem Dampfdruck einer 10proz. Schwefelsäure ausgesetzt, gewogen, im Trockenschrank getrocknet und wieder gewogen. Die Hygroskopität ist dann gleich der Gewichtsabnahme dividiert durch das Gewicht des trockenen Bodens und multipliziert mit 100. Die Genauigkeit des Ergebnisses hängt dabei neben der Sorgfalt, mit der man jegliches Verdunsten des hygroskopischen Wassers beim Herausnehmen aus dem Vakuum und Wiegen sowie die unzeitige Wiederaufnahme von Feuchtigkeit nach dem Trocknen verhindert, wesentlich von dem Trocknungsverfahren ab. So stellte ZUNKER[11] fest, daß sich die Hygroskopizität nach dem Trocknungsverfahren I, II, III und IV wie $1 : 0{,}91 : 0{,}94 : 0{,}98$ verhielt, und zwar bestand das Verfahren I in einem 3—4stündigen Trocknen der Bodenprobe im Vakuum bei 100^0 über Phosphorpentoxyd, Verfahren II in einem rund 4stündigen Trocknen bei $105—110^0$ in einem Trockenschrank mit verhältnismäßig geringer Luftzirkulation, Verfahren III in einem rund 4stündigem Trocknen bei $105—110^0$ in einem Trockenschrank mit stärkerer Luftzirkulation, Verfahren IV in einem 12—14stündigen Trocknen (über Nacht) in einem Trockenschrank bei $105—110^0$.

Zur Bestimmung der Benetzungswärme bestehen neben der eiskalorimetrischen Methode von MITSCHERLICH[7] die Verfahren von JANERT[12] und MIRTSCH[13].

Als Beziehung zwischen Hygroskopizität w_h in Gramm und der mit dem Apparat von JANERT bestimmten Benetzungswärme w_b in cal, beide bezogen auf 100 g trockenen Boden, ermittelte ZUNKER[14]

$$w_b = 50\, w_h \text{ cal}. \tag{1}$$

Für je 1 g des bei voller hygroskopischer Sättigung absorbierten Wassers ist somit die Benetzungswärme 50 cal. Bei den schweren Böden scheint jedoch die Benetzungswärme etwas geringer zu sein.

---

[1] JUNGK, C. G.: Über Temperaturerniedrigung bei der Absorption des Wassers durch feste poröse Körper. Pogg. Ann. **125**, 292 (1865).

[2] AMMON, G.: Untersuchungen über das Kondensationsvermögen der Bodenkonstituenten für Gase. Forschgn. Geb. Agrikult.-Phys. **2**, 1 (1879).

[3] STELLWAAG, A.: Untersuchungen über die Temperaturerhöhung verschiedener Bodenkonstituenten und Bodenarten bei Kondensation von flüssigem und dampfförmigem Wasser sowie von Gasen. Forschgn. Geb. Agrikult.-Phys. **5**, 210 (1882).

[4] CHAPPIUS, P.: Über die Wärmeerzeugung bei der Absorption der Gase durch feste Körper und Flüssigkeiten. Wied. Ann. **19**, 33 (1883).

[5] DOBENECK, A. v.: Untersuchungen über das Adsorptionsvermögen und die Hygroskopizität der Bodenkonstituenten. Forschgn. Geb. Agrikult.-Phys. **15**, 163 (1892).

[6] RODEWALD, H.: Z. physik. Chem. **24**, 206 (1897); **33**, 593 (1900); Landw. Jb. **31**, 675 (1902).

[7] MITSCHERLICH, E. A.: Beurteilung der physikalischen Eigenschaften des Ackerbodens mit Hilfe seiner Benetzungswärme. Inaug.-Dissert., Kiel 1898; J. Landw. **46**, 255 (1898); Bodenkunde, 4. Aufl., S. 67, Berlin 1923.

[8] SCHWALBE, G.: Drud. Ann. **16**, 32 (1905).

[9] FREUNDLICH, H.: Kapillarchemie, 2. Aufl. Leipzig 1922.

[10] Vgl. S. 52 u. 339 dieses Handbuches.

[11] ZUNKER, F.: Eignung der mechanischen Verfahren zur Bestimmung der Dränentfernung. Der Kulturtechniker **31**, 78 (1928).

[12] JANERT, H.: Neue Methode zur Bestimmung der wichtigsten physikalischen Grundkonstanten des Bodens. Landw. Jb. **66**, 442 (1927).

[13] MIRTSCH, H.: Eine Bestimmung der Benetzungswärme des Bodens. Bot. Archiv **28**, H. 3/4, 451 (1930).

[14] ZUNKER, F.: Der Kulturtechniker **31**, 82 (1928).

MIRTSCH[1] fand nach seiner Methode, die zwischen dem Trocknen und Benetzen der Bodenprobe die Luftfeuchtigkeit weitgehend fernhält, ein durchschnittliches Verhältnis von

$$w_b = 80{,}7\,w_h \text{ cal.} \tag{1a}$$

Ursache der Adsorption, Zustand des hygroskopischen Wassers und hygroskopische Schichtdicke.

Es darf heute als sicher gelten, daß die Adsorption von Gasen oder Flüssigkeiten an der Grenzfläche fester Bodenteilchen größtenteils eine reine Anlagerung ist, die durch die freie Oberflächenenergie der festen Bodenteilchen verursacht wird. Diese freie Oberflächenenergie ist ihrem Wesen nach die gleiche, die an der Oberfläche des Wassers gegen Luft auftritt und hier zu Kapillaritätserscheinungen führt (s. S. 90 u. 95). Sie entsteht dadurch, daß die Anziehungskräfte der Moleküle der Oberfläche nur nach dem Innern des Körpers, nicht aber nach außen durch Moleküle desselben Stoffes annähernd abgesättigt sind.

Abb. 28 zeigt den wahrscheinlichen Zustand der von der Oberfläche fester Bodenteilchen adsorbierten Wassermoleküle, die mit zunehmender Trockenheit

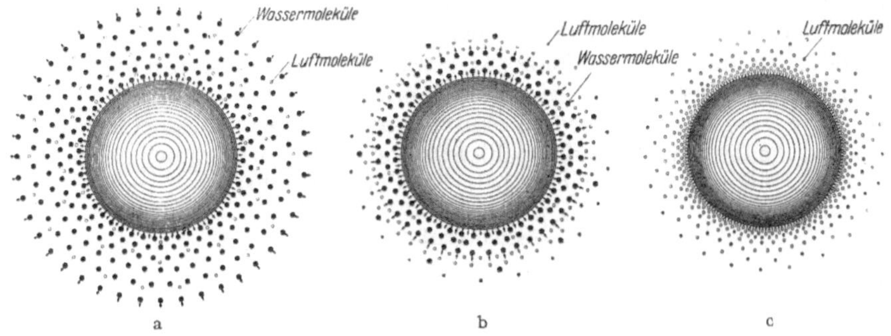

Abb. 28. Zustand der von der Oberfläche fester Bodenteilchen adsorbierten Wasser- und Luftmolekülschichten. a) In mit Feuchtigkeit gesättigter Luft. b) Bei Lufttrockenheit des Bodens. c) Bei absolut trockenem Boden.

des Bodens mehr und mehr durch Luftmoleküle ersetzt werden. Über diesen Zustand gibt das Verhältnis der Benetzungswärme zur hygroskopischen Wasseraufnahme Aufschluß. Die Untersuchungen von MITSCHERLICH zeigen, daß die Benetzungswärme je Gramm aufgenommenen Wassers mit zunehmender Benetzung etwa in logarithmischem Verhältnis abnimmt. So entwickelten 100 g Moorboden bei Aufnahme des ersten Gramm Wassers rd. 220 cal, bei Adsorption des letzten Gramm Wassers nur noch etwa 25 cal. Für einen Tonboden waren die entsprechenden Zahlen 240 cal und 7 cal. Daraus ist zu folgern, daß die zuerst adsorbierten, der Oberfläche am nächsten liegenden Wasserhüllen sehr viel stärker verdichtet sein müssen als die zuletzt aufgenommenen. Wahrscheinlich nimmt die Kraftwirkung der festen Oberfläche mit der Entfernung von ihr stark parabolisch ab. Über das Verhältnis der Wärmeentwicklung bei der Adsorption von Wasserdampf zu jener bei Benetzung sind zuverlässige Beobachtungen nicht bekannt. Es ist aber als wahrscheinlich anzunehmen, daß der adsorbierte Wasserdampf zum größten Teil in denselben verdichteten flüssigen Zustand übergeht wie das bei Benetzung adsorbierte Wasser. Nur wird die äußerste Adsorptionsschicht bei der Wasserdampfadsorption aus verdichtetem Dampf bestehen und eine ziemlich scharfe Grenzfläche haben, während die hygroskopische Kraftwirkung bei der Benetzung

---

[1] MIRTSCH, H.: a. a. O. Botanisches Archiv **28**, H. 3/4, 451 (1930).

noch über die Lage dieser Grenzfläche hinausgreifen und zu einer wenn auch nur äußerst lockeren Bindung weiterer Wasserschichten führen wird.

Die größere Dichte des adsorbierten Wassers hat Gefrierpunkterniedrigungen zur Folge, die BACHMETJEW[1] bei feuchten Tonkugeln mit $1,2^0$ C feststellte. BOUYOUCOS[2] wies nach, daß ein Teil des in den Poren des Tons enthaltenen Wassers auch bei einer Temperatur von -78^0 nicht gefriert. Auch HARKINS[3] zeigte, daß die Dichte des in sehr kleinen Hohlräumen enthaltenen Wassers wesentlich größer ist als eins. Da Kapillarwasser unter Unterdruck steht, kann es sich in beiden Fällen nur um hygroskopisches Wasser gehandelt haben. ZUNKER[4] berechnet unter der Voraussetzung, daß unter Wasser dieselbe Wassermenge hygroskopisch gebunden wird wie über 10proz. Schwefelsäure, den mittleren Verdichtungsgrad der hygroskopischen Wasserhüllen für kieselsäuerreiche Mineralböden zu

$$\varepsilon = \frac{\Delta w_h}{w_h} = \frac{100}{|w_h} \cdot \left(\frac{1}{2,652} - \frac{1}{s}\right), \tag{2}$$

worin w_h die Hygroskopizität, Δw_h die Schrumpfung des hygroskopischen Wassers und s das im Pyknometer mit destilliertem Wasser bestimmte (scheinbare) spez. Gewicht des Bodens bedeutet. Für einen sandigen Boden mit $w_h = 1$ wird $\varepsilon = 0,165$ und für einen schweren Ton mit $w_h = 20$ wird $\varepsilon = 0,153$. Die Verdichtung nimmt also wie dem Anschein nach auch die Benetzungswärme mit zunehmender Feinheit des Bodenkorns etwas ab. Die Adsorptionskraft P in kg/cm² der Bodenoberfläche ergibt sich dann wie folgt:

Ist δ die Dicke der unverdichteten hygroskopischen Wasserhülle bei der Dichte 1 und $\Delta \delta$ die Abnahme der Schichtdicke unter Wirkung der Adsorptionskraft P, so ist die mechanische Arbeit bei der Verdichtung

$$A = \frac{P}{2} \cdot \Delta \delta \; \text{cmkg/cm}^2 \,,$$

und da

$$\Delta \delta = \varepsilon \cdot \delta \,,$$

wird auch

$$A = \frac{P}{2} \cdot \varepsilon \cdot \delta \; \text{cmkg/cm}^2 \,. \tag{3}$$

Andererseits ist nach Gleichung 1 die Wärmeentwicklung je Gramm Wasser der hygroskopischen Sättigungsmenge 50 cal, nach Gleichung (1a) sogar 80,7 cal. Legen wir den letzteren Wert der nachfolgenden Berechnung zugrunde, so wird für δ cm Höhe der unverdichteten hygroskopischen Wasserhülle die Wärmeentwicklung bei der Adsorption

$$W = 80,7\,\delta \; \text{cal/cm}^2 \,,$$

und da das mechanische Wärmeäquivalent 42,7 cmkg je cal ist, wird auch

$$W = 80,7\,\delta \cdot 42,7 \; \text{cmkg/cm}^2 \,. \tag{4}$$

Bei reiner Adsorption muß $A = W$ sein, somit wird die Adsorptionskraft

$$P = \frac{6892}{\varepsilon} \; \text{kg/cm}^2 \,, \tag{5}$$

[1] BACHMETJEW, P.: Über die Temperatur der Insekten nach Beobachtungen in Bulgarien. Z. Zool. 66, 584 (1898).

[2] BOUYOUCOS, S. J.: The amount of unfree water in soils at different moisture contents. Soil Sci. 11, 255 (1921).

[3] HARKINS, W. D., u. D. G. EWING: A high pressure due to adsorption and the density and the volume relations of Charcoal. J. amer. chem. Soc. 43, 1787 (1921).

[4] ZUNKER, F.: Über das Schwinden und Quellen der Böden und ein neues Bodenuntersuchungsverfahren. Der Kulturtechniker 31, 536 (1928).

und für leichtere Böden mit der Verdichtung des Wassers $\varepsilon = 0{,}165$ folgt

$$P = 41\,800 \ \text{kg/cm}^2 . \tag{5a}$$

Für schwerere Böden scheint P um ein Geringes kleiner zu sein. Es ist hier also möglich, aus der Hygroskopizität des Bodens eine Beziehung zwischen sehr hohem Wasserdruck und der zugehörigen Verdichtung zu ermitteln.

Während RODEWALD und früher auch MITSCHERLICH nur e i n e adsorbierte Molekülschicht Wasser bei der hygroskopischen Sättigung annahmen, hielt EHRENBERG[1] deren zehn für wahrscheinlich. Aber schon DOBENECK[2] stellte ein Abnehmen der hygroskopischen Schichtdicke mit der Korngröße fest. Eine Auswertung seiner Versuche nach neueren Gesichtspunkten ergibt folgendes Bild:

Anzahl der hygroskopisch gebundenen Molekülschichten bei DOBENECK.

	Korngröße in mm						
	2—1	1—0,5	0,5—0,25	0,25—0,171	0.171—0,114	0,114—0,071	0,071—0,01
Spezifische Oberfläche[3] U	0,72	1,45	2,86	4,88	7,2	11,2	43,8
Oberfläche cm²/g	16,3	32,8	64,8	110	163	254	992
Hygroskopizität % . . .	0,0545	0,0571	0,847	0,1007	0,1378	0,1677	0,2031
Schichtdicke δ in 10^{-6} mm	279	145	109	76,3	70,5	55,1	17,1
Anzahl n der Molekül-schichten	1340	697	523	366	338	264	82

Die Verdichtung der hygroskopischen Schicht ist in der vorstehenden Tabelle mit $\varepsilon = 0{,}166$ angenommen.

ZUNKER berechnet die hygroskopische Schichtdicke aus der Formel:

$$\delta = \frac{w_h \cdot (1 - \varepsilon) \cdot s}{600\,U} \ \text{mm} , \tag{6}$$

worin w_h die Hygroskopizität, ε die Verdichtung, s das (scheinbare) spez. Gewicht und U die spez. Oberfläche ist. Als durchschnittliche Beziehung zwischen spez. Oberfläche und Hygroskopizität gibt er die Formel an

$$U = 160\,w_h \cdot (1 + 0{,}0016\,w_h^3) , \tag{7}$$

---

[1] EHRENBERG, P.: Fühlings Landw. Ztg. 63, 725 (1914).
[2] DOBENECK, A. v.: Forschg. Geb. Agrikult.-Phys. 15, 198 (1892).
[3] Da auf die spez. Oberfläche häufiger zurückgegriffen werden muß, sei sie hier kurz erläutert. Unter spezifischer Oberfläche U eines Bodens [ZUNKER: Landw. Jb. 56, 569 (1921); 58, 159 (1923)] versteht man die Zahl, die angibt, wieviel mal so groß die äußere Oberfläche des Bodens ist, wie die äußere Oberfläche derselben Gewichtsmenge eines Bodens von gerade 1 mm Korngröße bei gleichem spez. Gewicht und gleicher Korngestaltung. Die spez. Oberfläche ist gleich dem umgekehrten wirksamen Korndurchmesser d_w in Millimeter, der bestimmt ist durch die Gleichung $\frac{1}{d_w} = \frac{g_1}{d_1} + \frac{g_2}{d_2} + \frac{g_3}{d_3} + \frac{g_4}{d_4} \cdots \frac{\sum g_n}{d_n}$, worin g_1, g_2, $g_3 \ldots$ die Gewichtsanteile der einzelnen Korngrößen mit dem mittleren Durchmesser $d_1, d_2, d_3 \ldots$ bedeuten. Es ist also $U = \frac{1}{d_w}$. Bei Kugelform der Bodenteilchen wird die äußere Oberfläche $O = \frac{60}{s} \cdot U$ cm²/g, worin s das spez. Gewicht ist. Für eine Korngruppe mit den Korngrößen d_x bis d_y mm und geradliniger Kornanteillinie wird die spez. Oberfläche $U = \frac{0{,}4343 \left(\frac{1}{d_y} - \frac{1}{d_x} \right)}{\log d_x - \log d_y}$. Unterscheiden sich d_x und d_y nur wenig voneinander, etwa bis zum 2—3fachen, so kann auch die einfachere Formel $U = \frac{1}{3} \left(\frac{1}{d_x} + \frac{2}{d_x + d_y} + \frac{1}{d_y} \right)$ Anwendung finden.

und als Geltungsbereich derselben humusfreie Mineralböden mit mittlerem Alkaligehalt und Hygroskopizitäten von etwa $w_h = 1$ an aufwärts. In Abb. 29 ist diese Beziehung graphisch dargestellt, und in der nachfolgenden Tabelle ist für einige Hygroskopizitätswerte die Anzahl der Molekülschichten angegeben.

Anzahl der hygroskopisch gebundenen Molekülschichten nach Zunker.

	Für $w_h =$			
	1	3	8	16
U	160	500	2300	19300
Schichtdicke in 10^{-6} mm.	23,1	22,4	13,2	3,3
Anzahl n der Molekülschichten . .	110	107	63	16

Da Dobeneck mit Quarzsand arbeitete, der durch Auskochen mit Salzsäure und destilliertem Wasser von seinem Alkaligehalt befreit worden war, mußte er für seine größte spez. Oberfläche eine gegenüber dem Ergebnis von Zunker verhältnismäßig zu geringe hygroskopische Schichtdicke erhalten. Bei seinen gröberen Korngrößen scheint andererseits wieder gewöhnliche Kondensation von Wasserdampf mitgespielt zu haben. Jedenfalls geht aber aus beiden Untersuchungen hervor, daß die Abnahme der Schichtdicke mit abnehmendem Korndurchmesser eine sehr beträchtliche ist.

Theoretisch ergibt sich die Notwendigkeit einer Abnahme der hygroskopischen Schichtdicke mit Zunahme der konvexen Krümmung aus folgenden Gründen. Soweit es sich um eine Adsorption in feuchter Luft handelt, ist die Thomsonschen Gleichung (63) von Bedeutung, nach der der Dampfdruck eines Flüssigkeitstropfens mit abnehmendem Korndurchmesser zunimmt. Gegenüber dem Dampfdruck einer ebenen Oberfläche ist somit der Dampfdruck der äußeren hygroskopischen Hüllen um so größer, je kleiner das Bodenteilchen ist. Man kann es auch so auffassen, als ob die relative Feuchtigkeit des umgebenden Dampfraumes mit abnehmender Korngröße abnähme. Annähernd verhältnisgleich dieser Abnahme muß sich dann auch die hygroskopische Schichtdicke vermindern. Nach ähnlichem Gesetz muß aber auch die Adsorptionskraft der Bodenoberfläche mit zunehmender konvexer Krümmung abnehmen. Beide Einflüsse summieren sich bei der Adsorption in feuchter Luft, während unter Wasser nur der letztere wirksam ist.

Umgekehrt wird man folgern müssen, daß mit der Zunahme der konkaven Krümmung, also in allen mizellaren Hohlräumen und Porenwinkeln, die Adsorptionskraft stärker und die Anzahl der hygroskopischen Schichten größer ist.

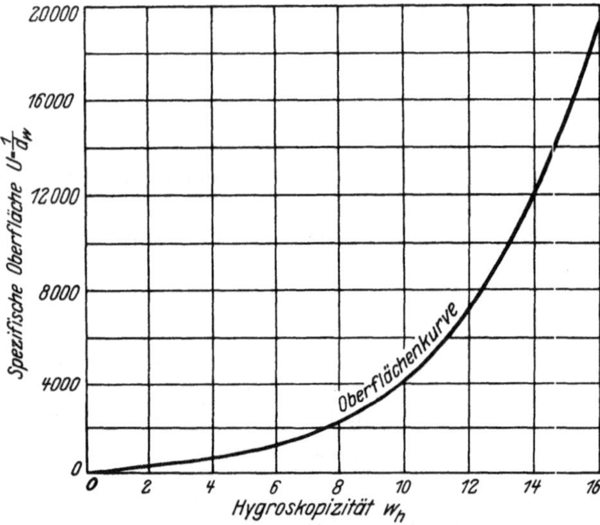

Abb. 29. Durchschnittliche Beziehung zwischen der spezifischen Oberfläche und der Hygroskopizität von Mineralböden.

Abhängigkeit der Hygroskopizität von Dampfspannung und Temperatur, Geschwindigkeit der Adsorption und Bewegungsart des hygroskopischen Wassers.

DOBENECK fand, daß in feuchter Luft die hygroskopische Wasseraufnahme bei derselben Dichte des Wasserdampfes mit steigender Temperatur annähernd im umgekehrten Verhältnis zur Dampfspannung abnimmt. Die Wassermenge, die trockener Boden aus einer wassergesättigten Atmosphäre adsorbiert, ändert sich mit der Temperatur nicht wesentlich, was auch von RODEWALD und MITSCHERLICH bestätigt wurde. DOBENECK nimmt an, daß die Hygroskopizität von dem Faktor $e = \dfrac{1{,}06}{1 + 0{,}00367 \cdot t^0}$, den wir als thermischen Hygroskopizitätsbeiwert bezeichnen können, abhängt, worin t^0 die Temperatur ist. Es wird für

$t^0 =$	0^0	10^0	$16{,}5^0$	20^0	30^0	40^0	50^0	60^0
$e =$	1,06	1,02	1,00	0,99	0,96	0,92	0,90	0,87

Über die Abhängigkeit der hygroskopischen Wassermenge w_r von der relativen Luftfeuchtigkeit R liegen hinreichend zuverlässige Feststellungen nicht vor. Angenähert kann jedenfalls gesetzt werden

$$\boldsymbol{w_r = e \cdot R \cdot w_h}, \tag{8}$$

worin w_h die auf $16{,}5^0$ bezogene Hygroskopizität ist.

BUNSEN[1] stellte fest, daß Glasfäden in einem mit P_2O_5 getrockneten Luftstrom erst bei 503^0 C keine merklichen Wassermengen mehr abgeben. Die Trocknung bei 110^0 C vertreibt also durchaus noch nicht alles hygroskopische Wasser.

Die Adsorption verläuft mit großer Geschwindigkeit; in wenigen Minuten ist die größte Menge des Wasserdampfes aufgenommen, sofern derselbe nahe genug an die Oberfläche der Bodenteilchen herangebracht wird. Da aber der Wasserdampf im Boden durch enge, mit Luft gefüllte Poren und durch die verdichteten Lufthüllen der Bodenteilchen diffundieren muß, um zu den Bodenoberflächen zu gelangen, kann bis zur vollen hygroskopischen Sättigung je nach Schichtdicke und Korngröße des Bodens eine mehr oder weniger große Anzahl von Tagen vergehen. Die Sättigung wird durch Ansetzen möglichst dünner Bodenschichten, Evakuieren und höhere Temperatur beschleunigt.

Die Gesetzmäßigkeit der hygroskopischen Wasseraufnahme wird manchmal durch Kapillaritätserscheinungen gestört, worauf NEUGEBOHRN[2] unter Hinweis auf die Arbeiten von VAN BEMMELEN[3], ZSIGMONDY[4], FREUNDLICH[5] u. a. besonders aufmerksam macht. Auch tritt in der Nähe des Sättigungspunktes leicht eine unregelmäßige, stärkere Kondensation auf. Um die durch Kapillar- und Kondensationswasser bedingten Fehler tunlichst zu vermeiden, ist deshalb die Hygroskopizitätsbestimmung über 10 proz. Schwefelsäure, also bei nicht voll gesättigter Atmosphäre vorzunehmen.

Chemische Vorgänge oder eine Lösung des Wassers in der festen Bodenmasse scheinen bei Böden im allgemeinen in keinem wesentlichen Umfang stattzufinden.

---

[1] BUNSEN, R.: Zersetzung des Glases durch Kohlensäure enthaltende kapillare Wasserschicht. Ann. Physik **24**, 321.

[2] NEUGEBOHRN, A.: Die Bestimmung der Bodenoberfläche durch Flüssigkeitsadsorption. Der Kulturtechniker **30**, 247 (1927).

[3] BEMMELEN, J. M. VAN: Die Absorption. Dresden u. Leipzig 1910.

[4] ZSIGMONDY, R.: Z. anorgan. Chem. **71**, 361 (1911); Kolloidchemie, 5. Aufl., S. 110. Leipzig 1925.

[5] FREUNDLICH, H.: a. a. O., S. 63.

Im natürlich gelagerten Boden ist zeitweilig nur in den obersten Zentimetern die relative Feuchtigkeit der Bodenluft geringer als 100 % und daselbst deshalb nicht volle Hygroskopizität vorhanden. Unterhalb der Bodenkrume ist in unserem Klima fast durchweg mit einer vollen hygroskopischen Sättigung des Bodens zu rechnen.

Der Boden ist immer dann hygroskopisch gesättigt, wenn die Bodenluft eine relative Feuchtigkeit von 100 % oder der spannungsfreie Porenraum flüssiges Wasser enthält. Ist die Feuchtigkeit des Bodens geringer als seine Hygroskopizität, so kann sich, wie Lebedeff[1] zeigt, das Wasser in ihm nur in Form von Dampf bewegen, nicht aber als Flüssigkeit, wobei der Dampf aus der feuchten Schicht in die weniger feuchte diffundiert, bis Gleichgewicht zwischen relativer Feuchtigkeit der Bodenluft und hygroskopischem Wassergehalt besteht. Zum Nachweis brachte Lebedeff Boden von verschiedener Feuchtigkeit in Reagenzgläser zur gegenseitigen Berührung, und zwar berührten sich in einer Anzahl Glaszylinder die Bodenschichten unmittelbar, während in der anderen Hälfte drei Reihen paraffinierter metallischer Netze zwischen diese Schichten gebracht worden waren. In den Glaszylindern mit Netzen konnte das Wasser nur als Dampf aus der einen Bodenschicht in die andere gelangen, während in den anderen Zylindern sich Wasser sowohl als Dampf wie auch als Flüssigkeit bewegen konnte. Der Versuch erstreckte sich auf Schwarzerdeboden, der eine Hygroskopizität von 7,66 % hatte. Die Bodenfeuchtigkeit betrug am Versuchsanfang 6,23 % in der unteren und 2,43 % in der oberen Schicht. Bei einer Temperatur von 32,3° C betrug nach 18 Tagen die Feuchtigkeit der oberen Schicht in den Gläsern ohne Netze 3,70 % und in den Gläsern mit Netzen 3,68 %.

Einfluß der Hygroskopizität auf das spez. Gewicht, das scheinbare und das wahre Porenvolumen des Bodens.

Abb. 30 zeigt die von Zunker[2] für eine große Anzahl verschiedenster Mineralböden ermittelte Beziehung des im Pyknometer mit destilliertem Wasser bestimmten spez. Gewichtes zur Hygroskopizität.

Die ausgezogene Grade hat die Gleichung

$$s = s_0 + b \cdot w_h, \tag{9}$$

und nach Einsetzen der Konstanten s_0 und b

$$s = 2{,}652 + 0{,}01167\, w_h. \tag{9a}$$

Für $w_h = 0$ folgt $s = s_0$. Es ist s_0 das wahre spez. Gewicht, das für kieselsäurereiche Mineralböden nur wenig um 2,65 schwankt, s hingegen ist nur ein scheinbares spez. Gewicht, bedingt durch den Umstand, daß der Boden im Pyknometer Wasser an seiner Oberfläche verdichtet. Um das Maß der Verdichtung wird das Volumen der festen Bodenmasse zu klein und demgemäß das spez. Gewicht zu groß bestimmt. Das hygroskopische Wasser verschleiert somit das wahre spez. Gewicht der Böden.

Noch enger als zur Hygroskopizität scheint die Beziehung des spez. Gewichtes zur Benetzungswärme[3] zu sein, wie Abb. 31 erkennen läßt. Durch Einsetzen von Gleichung (1) in Gleichung (9a) erhält man

$$s = 2{,}652 + 0{,}000233\, w_b. \tag{10}$$

[1] Lebedeff, A. F.: Die Bewegung des Wassers im Boden und im Untergrund. Z. Pflanzenern., Düng. u. Bodenkde. A, 10, 1 (1927).
[2] Zunker, F.: Landw. Jb. 58, 194 (1923); Der Kulturtechniker 31, 85, 535 (1928).
[3] Zunker, F.: Der Kulturtechniker 31, 85, Abb. 15 (1928).

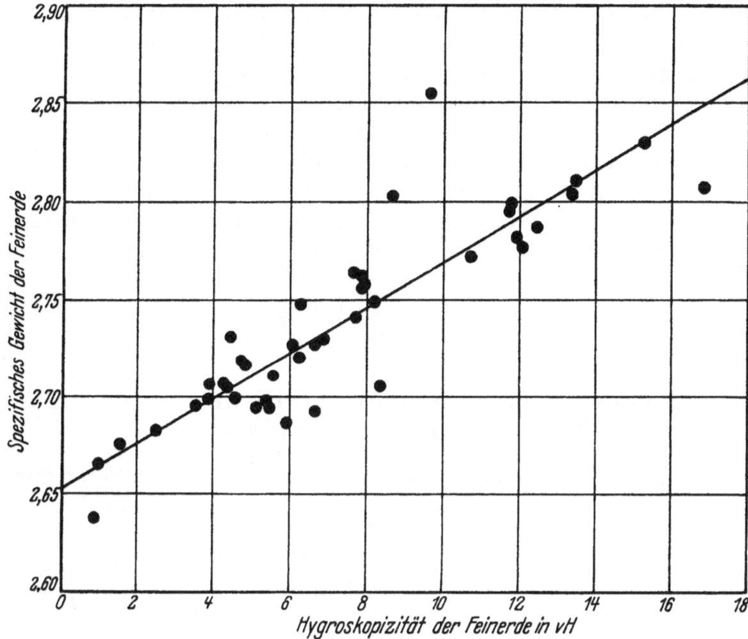

Abb. 30. Beziehung zwischen **dem** spezifischen Gewicht und der Hygroskopizität von Mineralböden.

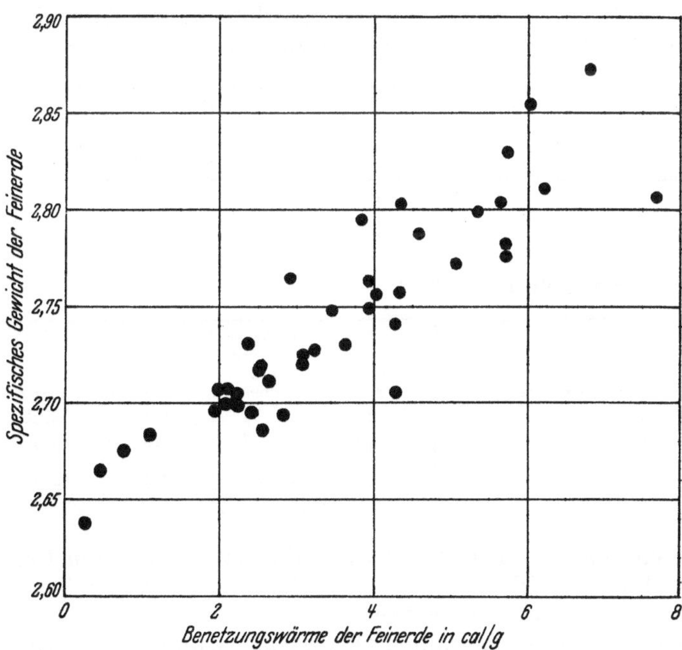

Abb. 31. Beziehung zwischen dem spezifischen Gewicht und der Benetzungswärme von Mineralböden.

Die Berechnung des Porenvolumens der Böden erfolgt allgemein nach der Formel

$$p = \left(1 - \frac{\varrho}{s}\right) 100\,\%\,, \tag{11}$$

worin ϱ das Raumgewicht und s das im Pyknometer mit Wasser bestimmte scheinbare spez. Gewicht des Bodens ist. Unter Bezugnahme auf Gleichung (9) ergibt sich, daß man um so fehlerhaftere, und zwar zu große Porenvolumen erhält, je höher die Hygroskopizität eines Bodens ist. Genau genommen ist p der gewichtsmäßige Wassergehalt von 100 g Boden, dessen Poren ganz mit Wasser erfüllt sind, wobei in dem Gewicht das verdichtete hygroskopische Wasser einbegriffen ist und für das freie Porenwasser die Dichte 1 vorausgesetzt wird. p ist deshalb als der maximale Wassergehalt oder auch als das scheinbare Porenvolumen des Bodens anzusprechen. Das wahre Porenvolumen ist

$$p_w = \left(1 - \frac{\varrho}{s_0}\right) 100\,\% . \tag{12}$$

Bedeutung verschiedener Kompressibilität und Oberflächenspannung der adsorbierten Flüssigkeit.

Mitscherlich[1] ist der Ansicht, daß das Verhältnis der mizellaren zur äußeren Oberfläche der Bodenteilchen die abweichende Größe der Adsorption des Bodens gegenüber verschiedenen Flüssigkeiten bedinge, indem z. B. die größeren Moleküle der organischen Flüssigkeiten nicht in die mizellaren Hohlräume hineinzudringen vermöchten. Neugebohrn[2] hat diese Ansicht widerlegt und nachgewiesen, daß ein möglichst restloses Entfernen des hygroskopischen Wassers die Vorbedingung für eine reichliche Adsorption organischer Flüssigkeiten ist. Er fand aber trotz stärkster Trocknung, daß die Böden immerhin weniger organische Flüssigkeit adsorbierten als Wasser. So zeigten die von ihm untersuchten Böden folgendes Verhältnis der Adsorption von Benzol zu Wasser:

	Bodenart			Mittel
	Torf	Loheboden (Lehm)	Klingenberger Ton	
$\dfrac{\text{Benzol}}{\text{Wasser}} \cdot 100$	62,63	94,61	84,01	80,4

Der Verfasser erhielt bei 22° C:

	Bodenart $U\,k\,Bo$ Nr.				Mittel
	12	17	20	40	
Hygroskopizität %	12,84	16,67	5,21	5,98	
Adsorptionsbeiwert für Xylol % . .	10,78	13,98	4,66	4,96	
$\dfrac{\text{Xylol}}{\text{Wasser}} \cdot 100$	84,0	83,9	89,4	82,9	85,1

In der nachstehenden Tabelle sind nun die für die weiteren Betrachtungen grundlegenden Werte der Kompressionskoeffizienten und Oberflächenspannungen[3] verschiedener Flüssigkeiten angegeben.

Wie die Tabelle zeigt, verlaufen Oberflächenspannung und Kompressionskoeffizient entgegengesetzt zueinander, indem die eine Größe zunimmt, wenn die andere abnimmt.

---

[1] Mitscherlich, E. A.: Bodenkunde, 4. Aufl., S. 75. Berlin 1923.
[2] Neugebohrn, A.: Der Kulturtechniker 30, 242 (1927).
[3] Landolt-Börnstein: Phys.-Chem. Tabellen I, S. 94, 198. Berlin 1923.

Kompression und Oberflächenspannung verschiedener Flüssigkeiten.

Flüssigkeit	Kompressionskoeffizient bei geringem Druck			Oberflächenspannung		
	bei der Temperatur °C	$\beta \cdot 10^6$ Megadyn/cm²	Beobachter	bei der Temperatur t^0	α dyn/cm	Beobachter
Wasser, rein	20	46	Tyrer	20	72,5	Volkmann
Xylol	20	80	Pagliani	20	28,5	Friederich
Toluol	20	91	Tyrer	20	28,2	Volkmann
Benzol	20	95	Tyrer	20	28,8	Ramsay
Amylalkohol	20	89	Pagliani	20	23,5	Ramsay
Aceton	14,2	111	Amagat	20	22,6	Ramsay
1,32 % Chlornatriumlösung . . .	15	45	Schumann	18	72,8	Stocker
26,2 % Chlornatriumlösung . . .	15	26	Schumann	18	81,9	Stocker
Frisches Brunnenwasser	20	46,1	Tait			
Seewasser	20	42,5	Tait			

Sehr wahrscheinlich sind nun Hygroskopizität, Benetzungswärme und scheinbares spez. Gewicht eine Funktion der Oberflächenspannung der festen Substanz, deren Größe übrigens noch nicht ermittelt werden konnte, und der Flüssigkeit, und ferner eine Funktion des Kompressionskoeffizienten, und zwar wird die Menge der adsorbierten Substanz hauptsächlich von den Oberflächenspannungen und das scheinbare spez. Gewicht hauptsächlich von dem Kompressionskoeffizienten abhängen, während die Benetzungswärme von allen Größen gleichmäßiger beeinflußt werden wird.

Darauf wäre es also zurückzuführen, daß organische Flüssigkeiten schwächer, hingegen Salzlösungen, vor allem Natriumsalze, stärker als Wasser adsorbiert werden. Ebenso ergeben organische Flüssigkeiten eine geringere, Salzlösungen eine größere Benetzungswärme als Wasser. Ferner ist das scheinbare spez. Gewicht bei Verwendung von organischen Flüssigkeiten größer, bei Verwendung von Salzlösungen kleiner als bei Wasser. Mitscherlich[1] erhielt als durchschnittliches Verhältnis zwischen der Benetzungswärme unter Toluol zu der unter Wasser 0,48 und Janert[2] als Verhältnis zwischen Amylalkoholbenetzung und Wasserbenetzung durchschnittlich 0,56. In beiden Fällen dürfte zwar das Verhältnis der Benetzungswärme höher ausgefallen sein, wenn zuvor der Wassergehalt der Böden durch schärferes Trocknen weitgehender entfernt worden wäre. Stellwaag[3] stellte bei Benetzung eines trockenen Bodens mit destilliertem Wasser eine Temperaturerhöhung um 10,35 °C, bei Benetzung mit $1/_{10}$ proz. Clornatriumlösung nur eine solche um 8,95 ° fest. Zunker[4] erhielt mit $1/_{20}$ normal Sodalösung eine Erniedrigung des spez. Gewichtes zweier Tonböden um durchschnittlich absolut 0,02 bzw. 0,73 % gegenüber der spez. Gewichtsbestimmung mit destilliertem Wasser. Koettgen erhielt höhere spez. Gewichte mit Xylol als mit Wasser, führte diese Erscheinung jedoch auf ein vollständigeres Verdrängen der Luft[5] durch Xylol zurück.

Praktisch verwendbar sind aber nur die mit Wasser ermittelten spez. Gewichte.

Vom Seewasser, das laut obiger Tabelle einen geringeren Kompressionskoeffizienten, also hiernach eine höhere Oberflächenspannung hat als reines oder Brunnen-

---

[1] Mitscherlich, E. A.: Untersuchungen über die physikalischen Bodeneigenschaften. Landw. Jb. **30**, 431 (1901).
[2] Janert, H.: Landw. Jb. **66**, 464 (1927).
[3] Stellwaag, A.: Forschg. Geb. Agrikult.-Phys. **5**, 219 (1882).
[4] Zunker, F.: Der Kulturtechniker **31**, 550 (1928).
[5] Köttgen, P.: Vortrag in Prag vor der Intern. Bodenkdl. Gesellsch. am 26. Juni 1929.

wasser, wird ein Boden mehr hygroskopisches Wasser aufnehmen als von gewöhnlichem Niederschlagswasser. Zum Teil auf diesen Umstand ist das hohe Porenvolumen neu eingedeichter Seepolder zurückzuführen. Im Versuchspolder der Zuidersee bei Andijk betrug noch 4 Monate nach dem Auspumpen der Wassergehalt des Bodens im Mittel 172 g in 100 g Trockensubstanz, das Porenvolumen also rund 82 %, während ältere entsalzte Polderböden nur etwa 60 g Wasser in 100 g Trockensubstanz enthalten.

In Abhängigkeit von der Temperatur stellen sich der Kompressionskoeffizient und die Oberflächenspannung des Wassers folgendermaßen:

	Temperatur ^{0} C										
	0^0	5^0	10^0	15^0	20^0	30^0	40^0	50^0	60^0	70^0	100^0
Kompressionskoeffizient zwischen 1—100 Atm. nach Amagat[1]	51,1	49,3	48,3	47,3	46,8	46,0	44,9	44,9	45,5	46,2	47,8
Oberflächenspannung bei 750 mm Druck und $g = 981,4$ cm/sek nach Volkmann, Brunner, Ramsay[2]	75,5	74,8	74,0	73,3	72,5	71,0	69,5	67,8	66,0	64,2	57,15
$\alpha_{t^0} \cdot \beta_{t^0} \cdot 10^4$	38,6	36,9	35,7	34,7	33,9	32,7	31,2	30,4	30,0	29,7	27,3
Therm. Hygroskopizitätsbeiwert e'	1,12	1,07	1,04	1,01	0,99	0,95	0,91	0,88	0,87	0,86	0,79

Wenn auch der Adsorptionsdruck bei der Hygroskopizität ein anderer ist, als der Ermittelung des Kompressionskoeffizienten zugrunde liegt, dürfte doch das Verhältnis der Kompressionskoeffizienten bei verschiedener Temperatur annähernd dasselbe bleiben.

Im Gegensatz zu den organischen Flüssigkeiten, deren Kompressionskoeffizient mit steigender Temperatur durchweg wesentlich größer wird (z. B. hat nach Amagat[3] Benzol bei 16^0 $\beta = 90 \cdot 10^{-6}$ und bei $99,3^0$ $\beta = 187 \cdot 10^{-6}$, Alkohol hat bei 14^0 $\beta = 101 \cdot 10^{-6}$ und bei $99,4^0$ $\beta = 202 \cdot 10^{-6}$), zeigt der Kompressionskoeffizient des Wassers ein sehr unregelmäßiges Verhalten und hat bei rund 45^0 C seinen kleinsten Wert. Setzen wir die hygroskopische Wasseraufnahme in Ermangelung näherer Untersuchungen vorläufig verhältnisgleich der Oberflächenspannung, dem Kompressionskoeffizienten und der relativen Luftfeuchtigkeit, so wird die hygroskopische Wasseraufnahme bei der Temperatur t^0

$$w_{t^0} = \alpha_{t^0} \cdot \beta_{t^0} \cdot R \cdot \frac{w_h}{\alpha_h \cdot \beta_h}, \qquad (13)$$

worin α_{t^0} die Oberflächenspannung und β_{t^0} der Kompressionskoeffizient bei der Temperatur t^0, ferner α_h die Oberflächenspannung und β_h der Kompressionskoeffizient für diejenige Temperatur ist, bei der die Hygroskopizität w_h bestimmt wurde; R ist wieder die relative Luftfeuchtigkeit.

Werden w_h, α_h und β_h auf die Temperatur von $16,5^0$ C bezogen und wird $\frac{\alpha_{t^0} \cdot \beta_{t^0}}{\alpha_h \cdot \beta_h} = e'$ gesetzt, so folgt

$$w_{t^0} = e' \cdot R \cdot w_h, \qquad (13a)$$

worin e' wieder als thermischer Hyproskopizitätsbeiwert bezeichnet werden kann (S. 75), dessen Größe für verschiedene Temperaturen in der obigen Tabelle berechnet ist.

In der folgenden Tabelle sind Versuchsergebnisse von Lebedeff[4] über die hygroskopische Wasseraufnahme eines Schwarzerdebodens von Odessa, der die

<hr>

[1] Landolt-Börnstein: Phys.-Chem. Tab. I, S. 100. Berlin 1923.
[2] Ebenda, S. 198, 199. [3] Ebenda, S. 94, 95. [4] Lebedeff, A. F.: a. a. O., S. 2.

Hygroskopizität 5,62 % besitzt, mit den aus den Gleichungen (8) und (13) berechneten Werten zusammengestellt. Außerdem ist zum Nachweis, daß die Hygroskopizität tatsächlich von der Temperatur abhängt und dieselbe nicht vernachlässigt werden darf, das rechnerische Ergebnis aus der Formel

$$w = R \cdot w_h \qquad (14)$$

aufgeführt. Es ist angenommen worden, daß die Hygroskopizität der Schwarzerde bei 15° bestimmt wurde. Für 16,5° C wird dann nach der Gleichung (8) sowohl wie (13a) die Hygroskopizität der Schwarzerde 5,59.

Beobachtungsergebnisse von LEBEDEFF			Berechneter hygroskopischer Wassergehalt					
			nach Gl. 8		nach Gl. 13		nach Gl. 14	
Temperatur °C	relative Feuchtigkeit der Bodenluft R %	hygroskopischer Wassergehalt %	w_r %	Fehler	w_t %	Fehler	w %	Fehler
10	39	2,43	2,23	— 0,20	2,26	— 0,17	2,19	— 0,24
10	94	5,43	5,37	— 0,06	5,45	+ 0,02	5,28	— 0,15
17	81	3,99	4,53	+ 0,54	4,51	+ 0,52	4,55	+ 0,56
17	95	5,43	5,31	— 0,12	5,30	— 0,13	5,34	— 0,09
21	41	2,43	2,26	— 0,17	2,25	— 0,18	2,30	— 0,13
35	86	3,99	4,52	+ 0,53	4,46	+ 0,47	4,83	+ 0,84
45	51	2,43	2,59	+ 0,16	2,54	+ 0,11	2,87	+ 0,44
45	99	5,43	5,03	— 0,40	4,92	— 0,51	5,56	+ 0,13
50	92	3,99	4,61	+ 0,62	4,54	+ 0,55	5,17	+ 1,18
60	57	2,43	2,77	+ 0,34	2,78	+ 0,35	3,20	+ 0,77
60	98	3,99	4,76	+ 0,77	4,77	+ 0,78	5,51	+ 1,52
70	99	5,43	4,67	— 0,76	4,76	— 0,67	5,56	+ 0,13
Fehlersumme:			+ 2,96 — 1,71		+ 2,80 — 1,66		+ 5,57 — 0,61	

Man erkennt deutlich, daß in der Formel (14) ein systematischer Fehler steckt. Von den beiden anderen Formeln gibt Gleichung (13) die kleinste Fehlersumme und hat deshalb die größere Wahrscheinlichkeit der Richtigkeit. Gleichung (13) würde wahrscheinlich noch zutreffendere Resultate ergeben, wenn man denjenigen Kompressionskoeffizienten einführen würde, der dem nach Gleichung (5a) herrschenden hohen Adsorptionsdruck entspricht. Es wird also nötig sein, die Hygroskopizität auf eine bestimmte Temperatur, und zwar zweckmäßig auf 16,5° C zu beziehen.

Die Benetzungswärme ist ebenfalls mit der Temperatur veränderlich und deshalb auf eine Normaltemperatur, zweckmäßig auch auf 16,5° C, zu beziehen.

Da nach den Gleichungen (2) und (5a) die hygroskopische Verdichtung eine recht beträchtliche ist, gegen welche die Änderung der Dichte des Wassers verschwindend gering ist, und da weder im Verlauf der Oberflächenspannung noch in dem des Kompressionskoeffizienten ein Sprung bei der Temperatur von 4° C zu erkennen ist, erscheint es sehr zweifelhaft, ob die zuerst von JUNGK[1] gemachte und dann von SCHWALBE[2] an Kieselsäure und Sandsorten nachgeprüfte Beobachtung richtig ist, daß die Benetzungswärme über 4° C positiv und unter 4° C negativ sei. Im übrigen sind Kieselsäure und Sandsorten wegen ihrer geringen Hygroskopizität wenig brauchbar, um den Gang der Benetzungswärme festzustellen.

---

[1] JUNGK, C. G.: Pogg. Ann. **125**, 292 (1865).
[2] SCHWALBE, G.: Drud. Ann. **16**, 33 (1905).

Spannungsfreies Porenvolumen.

Durch die hygroskopischen Schichten, welche die Bodenteilchen umgeben, wird das für den freien Durchgang von Wasser und Gasen verfügbare Porenvolumen eingeschränkt (Abb. 32).

Wenn w_h die Hygroskopizität, p das scheinbare Porenvolumen und s das mit destilliertem Wasser im Pyknometer bestimmte scheinbare spez. Gewicht des Bodens ist, wird unter der Voraussetzung, daß bei Benetzung dieselbe Wassermenge hygroskopisch gebunden wird wie über 10proz. Schwefelsäure, der von fester Bodenmasse und hygroskopischem Wasser freie Raum, das sog. spannungsfreie Porenvolumen,

$$p_0 = p - \frac{w_h}{100} \cdot (1 - p) \cdot s. \tag{15}$$

Hierin kommt die Verdichtung des hygroskopischen Wassers im scheinbaren spez. Gewicht voll zur Geltung und braucht nicht besonders berücksichtigt zu werden.

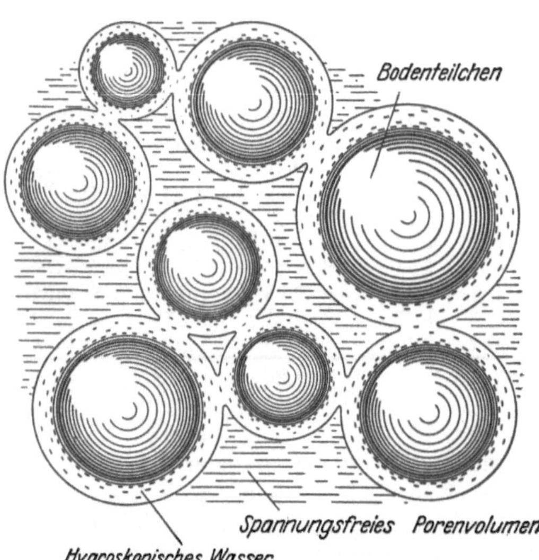

Abb.32. Gesamtes und spannungsfreies Porenvolumen des Bodens.

Enthält wassergesättigter Boden neben dem adsorbierten Wasser noch l_g cm³ Luft je 100 g trockenem Boden, so wird das spannungs- und luftfreie oder für den Wasserdurchfluß wirksame Porenvolumen

$$p_{ol} = p - \frac{w_h + l_g}{100} \cdot (1 - p) \cdot s. \tag{16}$$

Ist der Feuchtigkeitsgehalt der Bodenluft geringer als 100%, so tritt zum Teil an die Stelle von hygroskopischem Wasser adsorbierte Luft.

Aus den auf Seite 85 wiedergegebenen Untersuchungsergebnissen von Zunker[1] geht hervor, daß der Durchschnitt der natürlich gelagerten mittleren und schweren Mineralböden in 0,5—1 m Tiefe ein scheinbares Porenvolumen von 40,7%, bei einem Wassergehalt von 34,7 Vol.-%, ein scheinbares spez. Gewicht von 2,74, eine Hygroskopizität von 7,55 und ein spannungsfreies Porenvolumen von 28,7% hat. Der schwerste untersuchte Mineralboden hatte ein Porenvolumen von 54%, einen Wassergehalt von 50,3 Vol.-% und bei einem spez. Gewicht von 2,873 und einer Hygroskopizität von 16,90 ein spannungsfreies Porenvolumen von 31,7%. Der Unterschied zwischen scheinbarem und spannungsfreiem Porenvolumen ist also sehr groß, soweit es sich um feinkörnigere Böden handelt.

Während das scheinbare Porenvolumen der feuchten, gewachsenen Böden mit wachsender Hygroskopizität im allgemeinen stark zunimmt (Abb. 33), ist das spannungsfreie Porenvolumen von den leichtesten bis zu den schwersten Böden im großen Durchschnitt dasselbe, selbstverständlich noch beeinflußt von Korngrößenabstufung, Kornform, Lagerungsweise, Feuchtigkeitsgrad und Bodentiefe. Da im allgemeinen der Gleichkörnigkeitsgrad mit zunehmender Feinkörnigkeit wächst und gleichkörnigere Böden ein größeres Porenvolumen haben als ungleichkörnigere, so nimmt das spannungsfreie Porenvolumen nach den Tonen hin etwas zu.

[1] Zunker, F.: Der Kulturtechniker 31, 531 (1928).

Schwinden und Schwellen des Bodens.

Eine bekannte Erscheinung, die durch die veränderliche Dicke der hygroskopischen Schichten hervorgerufen wird, ist das Schwinden und Schwellen der Böden. Abb. 28a stellt den wahrscheinlichen Zustand hygroskopischer Schichten bei voller hygroskopischer Sättigung dar. Die äußersten Schichten sind locker, die inneren sehr fest gebunden. Zwischen den Berührungsflächen der Bodenteilchen werden die hygroskopischen Schichten infolge des Übereinandergreifens der Adsorptionskräfte etwas stärker verdichtet sein. Der gegenseitige Abstand sich berührender Bodenteilchen ist durch die Dicke des zwischengelagerten hygroskopischen Wassers festgelegt (Abb. 35). Ohne diese Zwischenlage würden sich die festen Oberflächen unmittelbar berühren und ineinander verschmelzen, welcher Vorgang beim Brennen des Lehmes und Tones bei 400—500⁰ beginnt. In der Ziegelindustrie ist es eine bekannte Erscheinung, daß der Ton bei einem Erhitzen bis 400⁰ seine Beschaffenheit wenig ändert, über 500⁰ C aber seine Bildsamkeit verliert und „kurz" wird. Das würde mit der schon erwähnten Beobachtung von BUNSEN im Einklang stehen, wonach Glasfäden erst bei 503⁰ kein Wasser mehr abgeben.

Eine Veränderung der Dicke der hygroskopischen Hüllen, sei es am gesamten Umfang des Bodenteilchens, sei es nur an seinen Berührungspunkten mit anderen Teilchen, kann erfolgen: 1. durch Änderung des mechanischen Drucks oder des Kapillardrucks auf die Bodenteilchen; 2. durch Änderung des Porenwasserdrucks, der Temperatur oder der relativen Feuchtigkeit der Bodenluft; 3. durch Elektrolyte, welche die Oberflächenspannung und Kompressionsfähigkeit des Wassers oder die Oberflächenspannung der festen Bodensubstanz ändern.

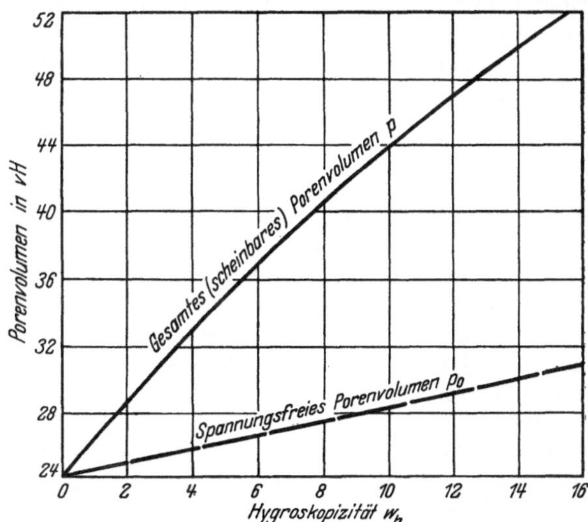

Abb. 33. Durchschnittliche Beziehung zwischen dem gesamten, dem spannungsfreien Porenvolumen und der Hygroskopizität von Mineralböden.

Bei Abnahme der hygroskopischen Schichtdicke zwischen den Berührungsflächen der Bodenteilchen schwindet und bei Zunahme derselben schwillt der Boden.

Ein auf den Boden wirkender mechanischer Druck, zu dem auch das Eigengewicht gehört, wird bei gleicher Größe verschieden wirken, je nachdem ob der Boden nur hygroskopisches oder auch Porenwinkelwasser enthält oder ob die Poren mit Wasser voll erfüllt sind. In dem Falle, daß der Boden nur hygroskopisch gesättigt ist und die hygroskopischen Schichten ihre maximale Dicke auch zwischen den Berührungspunkten der Bodenteilchen haben, wird ein hinzutretender Druck den gegenseitigen Abstand der Teilchen beträchtlich verkürzen.

In dem gewöhnlichen Falle, daß Boden Haftwasser (Abb. 51) enthält, stehen die Bodenteilchen unter einem erheblichen Anfangsdruck, der gleich ist der Summe aus dem Eigengewicht des trockenen Bodens, dem Gewicht des Haft- und hygroskopischen Wassers und dem Unterdruck, den das Porenwinkelwasser erzeugt. Der gegenseitige Abstand der Bodenteilchen ist durch diese Drücke schon erheblich verringert, der Widerstand gegen weiteres Herauspressen groß, und ein neu hinzutretender Druck wird den Abstand der Bodenteilchen im Verhältnis zum ersten Fall nur wenig zu verkürzen vermögen, zumal der Unterdruck des Porenwinkelwassers durch die mit der Verkürzung des Teilchenabstandes verbundenen Verflachung der Menisken eine Verminderung erfährt.

Sind die Poren mit Wasser erfüllt, so stehen die Bodenteilchen unter einem Anfangsdruck, der gleich ist dem Gewicht der festen Bodenmasse abzüglich ihrem Auftrieb. Der zugehörige gegenseitige Abstand der Bodenteilchen wird annähernd gleich dem Anfangsabstand im Falle 1. Ein neu hinzutretender Druck wird sich nur langsam auswirken können, weil jede Verringerung des Porenvolumens Spannungen des Porenwassers erzeugt, die sich durch Abfluß von Wasser erst ausgleichen müssen. Dieser Ausgleich wird dadurch verzögert und erschwert, daß mit den Spannungen des Porenwassers auch die Dicke der hygroskopischen Schichten wächst und infolgedessen das spannungsfreie Porenvolumen abnimmt.

Terzaghi[1] nennt die Spannungen, die das freie Porenwasser bei der Pressung erleidet, hydrodynamische Spannungen, und er hat aus ihrem Verlauf ein Verfahren zur Bestimmung des Durchlässigkeitsbeiwertes feinkörniger Böden entwickelt. Er führt aber die große Zusammendrückbarkeit der Tone und ihre Elastizität nicht auf das geschilderte Verhalten der hygroskopischen Schichten, sondern auf das Vorwalten schuppenförmiger Mineralbestandteile zurück, die angeblich den Drücken wie biegsame Stäbe nachgeben. Da aber die Durchbiegung eines Stabes von dem Quadrat der Stützweite abhängt, die für kolloidale Teilchen ganz außerordentlich klein ist, kann die Biegsamkeit der stäbchen- und schuppenförmigen Bodenbestandteile, soweit solche überhaupt vorhanden sind, von keinem Einfluß auf das Schwinden und Schwellen der Böden sein.

Wird wassergesättigtem Boden Feuchtigkeit durch Absaugen oder Verdunsten entzogen, so wächst zunächst der mechanische Druck auf die Bodenteilchen durch Fortfall des Auftriebs. Das sich unter Meniskenbildung mehr und mehr in die feineren Porenschlote und schließlich in die Porenwinkel zurückziehende Porenwasser hat Unterdrücke und Kapillardrücke zur Folge. Nach dem Verdunsten auch des Porenwinkelwassers sinkt die relative Bodenluftfeuchtigkeit schließlich bis auf den Stand der atmosphärischen Luftfeuchtigkeit. Jeder dieser Faktoren wirkt auf die hygroskopische Schichtdicke und verändert sie, anfangs nur zwischen den Berührungsflächen der Bodenteilchen und zuletzt auch auf dem ganzen Teilchenumfang.

Die kubische Schwindung wird

$$\varepsilon_q = \frac{V - V_l}{V_l} = \frac{p - p_l}{p_l}, \qquad (17)$$

worin V das Bodenvolumen und p das Porenvolumen zu Beginn, V_l das Bodenvolumen und p_l das Porenvolumen am Ende des Schwindungsvorganges bedeutet.

Schlammschichten, die entwässert werden, sacken durch Absenken eines artesischen Drucks oder des oberflächlichen Grundwasserstandes beträchtlich. Auftriebverminderung und mechanische Druckzunahme der Bodenschichten, Haftwasserbildung mit dem damit verbundenen Unterdruck und Abnahme des Porenwasserdrucks verringern die hygroskopischen Schichtdicken besonders an den Berührungspunkten der Bodenteilchen. Da die einsetzende Schwindung in tieferen Schichten nur lotrecht erfolgen kann, so daß die kubische Schwindung in eine lineare mit Beibehaltung des kubischen Schwindmaßes umgewandelt wird, ist die Sackung solcher Schlammschichten vielfach recht erheblich.

---

[1] Redlich, A., K. v. Terzaghi, u. R. Kampe: Ingenieurgeologie, S. 339. Wien u. Berlin 1929.

Abb. 34 zeigt die von ZUNKER[1] ermittelte kubische Schwindung des gewachsenen Bodens von seinem feuchten Zustand in 0,5—1 m Tiefe bis zur Lufttrockenheit in Abhängigkeit von der Hygroskopizität w_h. Die ausgezogene Kurve gibt das beobachtete durchschnittliche Verhalten an; sie hat die Gleichung:

$$\varepsilon_q = 1{,}78\ w_h\ \% . \qquad (18)$$

In der folgenden Tabelle sind die graphisch aufgetragenen Böden im einzelnen wiedergegeben.

Böden, geordnet nach ihrer kubischen Schwindung.

| Boden Nr. | Im gewachsenen Boden | | Vom lufttrockenen Boden | | Kubische Schwindung ε_q | Spezifisches Gewicht s | Hygroskopizität w_h | $\gamma = \dfrac{w_h}{f}$ | Spannungsfreies Porenvolumen im gewachsenen Boden p_0 |
	Porenvolumen p_w %	Wassergehalt Vol-%	Porenvolumen p_l %	Feuchtigkeitsgehalt f %	%	%	%		%
16	51,4	46,0	31,0	5,02	**29,6**	2,804	13,04	2,60	33,6
17	54,0 ± 0,1	50,3	36,5	6,66	**27,6**	2,873	16,90	2,54	31,7
18b	48,1 ± 0,1	40,6	31,2	4,61	**24,6**	2,799	11,31	2,45	31,7
39a	42,8 ± 0,3	39,3	27,1	4,57	**21,5**	2,776	12,07	2,64	23,6
30b	43,9	43,0	28,5	5,52	**21,5**	2,830	15,40	2,79	19,5
29	47,4	45,0	33,1	4,92	**21,4**	2,787	12,44	2,53	29,2
5	42,0	34,1	26,6	3,52	**21,0**	2,749	7,59	2,16	29,9
1	50,4	44,2	37,9	3,78	**20,1**	2,855	8,81	2,33	37,9
12	46,6	35,3	33,6	5,41	**19,6**	2,811	13,91	2,57	25,7
37	45,3 ± 0,1	44,0	32,5	3,87	**18,9**	2,763	8,05	2,08	33,1
36	42,2 ± 0,4	40,3	29,4	5,00	**18,1**	2,772	10,69	2,14	25,1
20	48,9 ± 1,2	41,1	37,7	2,79	**18,0**	2,694	6,35	2,28	40,2
23	44,1 ± 0,1	37,8	31,9	2,19	**17,9**	2,731	4,47	2,04	37,3
21	43,6 ± 0,2	34,7	32,7	2,07	**16,2**	2,698	4,63	2,24	36,6
32a	43,4 ± 0,7	36,7	32,6	4,29	**16,0**	2,705	8,13	1,90	31,0
35a	44,7 ± 0,8	40,6	34,3	3,74	**15,6**	2,757	8,17	2,19	32,2
34b	36,7 ± 0,9	34,4	25,2	3,34	**15,4**	2,803	8,46	2,53	21,7
6	36,3	30,7	24,9	3,15	**15,2**	2,720	6,16	1,96	25,6
27	41,7 ± 1,8	37,8	31,5	2,68	**14,9**	2,748	5,95	2,22	32,2
15	39,1 ± 0,2	34,1	28,7	4,04	**14,6**	2,741	7,68	1,90	26,3
13	39,1	25,8	29,1	3,04	**14,1**	2,727	5,99	1,97	29,2
30a	39,9	34,2	30,6	4,41	**13,4**	(2,75)	10,36	2,35	22,8
25	40,7	40,2	32,3	1,76	**12,4**	2,717	4,84	2,75	32,9
10	33,3	25,4	25,4	1,87	**10,6**	2,705	4,38	2,34	25,4
9	33,4	28,1	25,9	1,69	**10,1**	2,699	3,90	2,31	26,4
3	40,2	33,9	33,6	2,58	**9,9**	2,719	4,72	1,83	32,5
4	32,8 ± 0,5	25,1	25,4	1,78	**9,9**	2,707	3,88	2,18	25,7
2'b	32,3	25,5	25,2	1,62	**9,5**	2,701	5,40	3,33	22,5
11	33,7	25,2	26,8	1,68	**9,4**	2,707	4,23	2,52	26,1
2	32,3 ± 2,8	26,3	25,5	1,87	**9,1**	2,699	4,49	2,40	24,1
38	41,6 ± 0,2	38,5	35,9	3,90	**8,9**	2,756	7,49	1,92	29,5
14	32,2	19,9	26,0	1,84	**8,4**	2,696	3,57	1,94	25,7
40'b₂	39,4	31,9	33,9	2,71	**8,3**	(2,732)	6,62	2,44	28,4
40'b₁	40,1	35,2	34,9	2,68	**8,0**	2,732	6,61	2,47	29,3
3'a	38,2 ± 0,1	23,3	33,1	2,59	**7,6**	2,725	5,60	2,16	28,8
3''	37,4 ± 0,3	25,4	32,5	2,23	**7,3**	2,719	5,99	2,69	27,2
33a	36,2	—	32,1	2,55	**6,0**	2,686	6,52	2,55	25,0
40'a₂	38,7	34,6	34,9	2,72	**5,8**	(2,732)	6,67	2,45	27,5
40'a₁	40,5	31,8	37,0	2,45	**5,6**	(2,732)	6,01	2,45	30,7
33b	33,0	—	31,4	1,95	**2,3**	2,691	4,42	2,27	25,0
Mittel	40,7	34,7	31,0	3,23	14,1	2,744	7,55	2,34	28,7

Aus dem Mittel der Porenvolumen
und der Hygroskopizität berechnet. | 14,1 | 2,740 | | 2,34 | 28,4
(Geschätztes spez. Gewicht ist in Klammern gesetzt.)

---

[1] ZUNKER, F.: Der Kulturtechniker **31**, 531 (1928).

In Abb. 34 ist die gestrichelte Linie unter der Annahme berechnet worden, daß das hygroskopische Wasser die Bodenteilchen hüllenartig umgibt und die Hüllendicke um den Betrag des hygroskopischen Wasserverlustes abnimmt. Berechnung und Beobachtung stimmen befriedigend überein, ein weiterer Beweis für den hüllenförmigen Zustand des adsorbierten Wassers. Allenfalls könnte man aus der etwas tieferen Lage der berechneten Kurve schließen, daß im benetzten Zustande mehr Wasser vom Boden hygroskopisch gebunden wird, als seiner Hygroskopizität entspricht.

Das Schwinden des Bodens bei Feuchtigkeitsentzug führt am gewachsenen Boden zu Rißbildungen, die bei hoher Hygroskopizität, vor allem in natriumreichen Böden, ein beträchtliches Ausmaß erreichen können. Außer den Rissen,

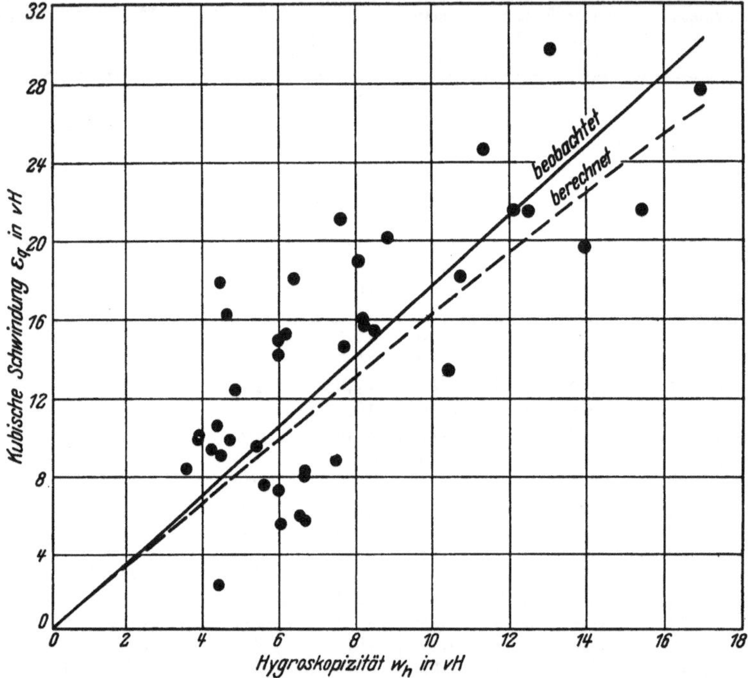

Abb. 34. Beziehung zwischen der kubischen Schwindung und der Hygroskopizität von Mineralböden.

die dabei an der Oberfläche zu sehen sind, gibt es auch zahlreiche innere Risse, die nicht bis an die Oberfläche reichen. Beim Austrocknen des Bodens durch die Pflanzenwurzeln bilden sich nur innere Risse, sofern die Oberfläche durch schwache Niederschläge genügend feucht gehalten wird.

Beim Schwellen der Böden durch Wasserzutritt ist nun folgender Umstand besonders zu berücksichtigen. Die Wasserdampf- bzw. Wassermoleküle sind nicht imstande, feste Oberflächen unter Wirkung der Adsorptionskraft auseinanderzudrücken[1]. Bei Schwellungsversuchen mit Mineralböden, deren Hygroskopizität 7,68—12,44 betrug, nahm die Höhe der Bodenwürfel vom lufttrockenen Zustand bis zur hygroskopischen Sättigung über 10proz. Schwefelsäure nur um durchschnittlich 0,73% linear zu, stieg jedoch auf durchschnittlich 8,22%, als die Bodenwürfel durch Einstellen in Wasser Kapillarwasser aufgesogen hatten. Die während der hygroskopischen Sättigung erfolgte geringe Schwellung mag ebenfalls schon auf Kapillarwasserbildung beruhen. Wahrscheinlich ist es die

<hr>

[1] Zunker, F.: Der Kulturtechniker **31**, 539 (1928).

BROWNsche Bewegung, die es den Wassermolekülen erst möglich macht, sich bei auseinandergehenden Bewegungen der Bodenteilchen zwischen deren Oberflächen einzuschieben. Es liegt auf der Hand, daß dieser Vorgang eine sehr lange Zeit erfordert. Die Schwellung eines sehr schweren Tones, der sich innerhalb 18 Stunden kapillar gesättigt hatte, war selbst nach 600 Stunden noch nicht abgeschlossen. Die spez. Schwellungszeit, das ist die Anzahl der Stunden, die ein hygroskopisch gesättigter Boden benötigt, um bei Zutritt von Kapillarwasser um je 1 mm zu quellen, wächst mit zunehmender Feinkörnigkeit, wie die nachfolgende Tabelle zeigt:

Korngröße < 0,002 mm %	10,7	13,7	16,5	44,5
Spez. Schwellungszeit, std/mm . .	1,43	2,12	4,65	12,81

Bei einem alkali-, besonders natriumhaltigen Boden ist die Schwindung und Schwellung größer als bei einem erdalkali-, besonders ätzkalkhaltigen Boden von sonst gleicher Zusammensetzung[1], was auf die größere Dicke der hygroskopischen Schichten bei Gegenwart von Alkali und auf die besonders geringe Dicke bei Gegenwart von Kalkhydrat zurückzuführen ist.

Mit dem Schwinden und Schwellen ist eine Kohäsionsänderung des Bodens verbunden, da die von der freien Oberflächenenergie der Bodenteilchen ausgehenden gegenseitigen Anziehungskräfte um so weniger wirksam sind, je weiter die Bodenteilchen voneinander entfernt sind. Die Kohäsionsabnahme ist die Ursache der Böschungsrutschungen, die im Erdbau vielfach zu großen Schäden führen. Für gewöhnlich enthalten die Böschungsschichten nur Haftwasser und drücken dann mit ihrem vollen Gewicht auf die der Rutschgefahr ausgesetzten feinkörnigen Bodenschichten; außerdem erhöht der Unterdruck des Porenwinkelwassers die Pressung, so daß der gegenseitige Abstand der Bodenteilchen so gering wird, daß starke Anziehungskräfte wirksam sind, die sich als große Reibungswiderstände gegenüber Schubkräften äußern. Tritt nun nach Regengüssen Grundwasser auf, so verliert die Bodenmasse um das Maß des Auftriebs an Gewicht, gleichzeitig kommt der kapillare Unterdruck des Porenwinkelwassers in Fortfall, und wegen der erheblich verminderten Pressung und dank der einsetzenden BROWNschen Teilchenbewegung können sich jetzt hygroskopische Wasserschichten in größerer Dicke zwischen die Berührungsschichten der Bodenteilchen schieben. Mit der Vergrößerung des gegenseitigen Abstandes der Bodenteilchen nimmt aber die Kohäsion im Potenzverhältnis ab. Die Böschung kommt ins Rutschen, sobald die Kohäsion die Größe der vorhandenen Horizontalkomponente der Schwerkraft unterschreitet. Da die Schwellung des Bodens nur sehr langsam erfolgt, werden Rutschungen vielfach erst nach den Regengüssen einsetzen. Böschungsrutschungen werden also nicht etwa dadurch ausgelöst, daß sich durch Hinzutritt von Wasser das Bodengewicht — wie noch vielfach angenommen wird — vergrößert, sondern im Gegenteil dadurch, daß der Auftrieb des hinzutretenden Grundwassers das Bodengewicht verringert, und daß außerdem der kapillare Unterdruck des Porenwinkelwassers aufgehoben wird. Rutschungen können vermieden werden durch Verhinderung der Grundwasserbildung in den Böschungsschichten, durch Aufbringen von Auflasten wie z. B. Kies- und Steinschüttungen und durch Verringerung der Horizontalkomponente der Schwerkraft, indem man die Böschung abflacht. Jedoch muß das Abflachen sehr durchgreifend erfolgen, wenn es Erfolg haben soll, weil es die Auflast verringert und dadurch gleichzeitig rutschungsfördernd wirkt.

Das Schwinden und Schwellen der Böden wird nicht bedingt durch das Vorhandensein schuppenförmiger Mineralbestandteile, sondern nur durch sie

---

[1] PUCHNER, H.: Bodenkunde für Landwirte, S. 386. Stuttgart 1923.

gefördert. Tone haben im allgemeinen mehr schuppenförmige Mineralbestandteile als leichtere Bodenarten. Nach Goldschmidt[1] sind solche Teilchen durch Schichtgitterstruktur gekennzeichnet. Die Spaltflächen dürften eine besonders hohe freie Oberflächenenergie besitzen, die zur Ausbildung stärkerer hygroskopischer Hüllen als bei den gewöhnlichen Bodenbestandteilen führt. Die auf Veränderungen der hygroskopischen Schichtdicke beruhenden Erscheinungen werden deshalb bei hohem Gehalt an Glimmer und ähnlichen schuppenbildenden Mineralien stärker hervortreten.

Für die verschiedenen Ziffern der inneren Reibung der Bodenarten sind ebenfalls die Glimmerblättchen zur Erklärung herangezogen worden, aber auch hier sind die hygroskopischen Schichten von entscheidendem Einfluß. Die Anzahl der Berührungspunkte der Bodenteilchen in der Einheit des Querschnitts wächst mit dem Quadrat der spez. Oberfläche, und da Tone eine spez. Oberfläche von 4000 und darüber haben, beträgt bei ihnen die Anzahl der Berührungspunkte 16000000mal mehr als bei einem Sand von 1 mm Korngröße. Während ein auf nassen Sand ausgeübter Preßdruck bei den wenigen Berührungspunkten Spitzendrücke ausübt und an den Druckstellen das hygroskopische Wasser tief gehend herauspreßt, wobei gleichzeitig diese Spitzen wie Widerhaken wirken, verteilt sich der Druck bei nassen Tonen auf eine große hygroskopische Schichtfläche, innerhalb der die feinen Bodenteilchen gleich Kugellagern beweglich sind.

Bei Tonen, die vorher unter Druck bei verhinderter Seitenausdehnung verdichtet worden sind, ist nach den Untersuchungen von Gilboy[2] sowohl die Druckfestigkeit als auch die Elastizitätsziffer in der Richtung der vorhergegangenen Druckwirkung wesentlich größer als in der hierzu senkrechten Richtung. Das beruht ebenfalls auf dem stärkeren Herauspressen hygroskopischer Schichten in Richtung des Druckes, wodurch die genäherten festen Oberflächen in eine Zone stärkerer molekularer Oberflächenanziehung gelangen und die Kohäsion in dieser Richtung vergrößert wird.

Beim Schwinden des Bodens kann nun der Teilchenabstand durch mechanischen Druck oder scharfes Trocknen bei hoher Temperatur soweit verringert worden sein, daß bei der nachfolgenden Überflutung die Stöße der Wassermoleküle nicht mehr imstande sind, eine Brownsche Bewegung der Bodenteilchen hervorzurufen. Es braucht dabei noch keineswegs ein Verschmelzen der Bodenteilchen stattgefunden zu haben, vielmehr genügt es, wenn ihr Abstand so klein geworden ist, daß die gegenseitige statische Anziehung der festen Oberflächen an den winzigen Berührungspunkten die kinetische Energie der an die Teilchen prallenden Wassermoleküle überwiegt. Man kann das zu diesem Zustande gehörige Porenvolumen das kritische Porenvolumen des betreffenden Bodens nennen. Der Boden schwillt dann nicht mehr bei der Druckentlastung oder Wiederbenetzung. Auf diesem Vorgang des zu weitgehenden Herauspressens von hygroskopischen Schichten beruht vermutlich die Bildung der festen Sedimentärgesteine wie Sandsteine und Tonschiefer, die unter hohem Bodendruck erfolgte.

Die schiefrige Beschaffenheit der tonigen Gesteine gegenüber den Sandsteinen findet in folgendem ihre Erklärung. Bei dem Zusammendrücken der schwer durchlässigen Tone konnte das Porenwasser nur überaus langsam entweichen, es stand deshalb dauernd unter hohem Druck, und die hygroskopischen Schichten verstärkten sich außerhalb der Berührungspunkte der Bodenteilchen, wodurch die Entwässerung noch mehr behindert wurde. Die Pressung übertrug sich durch die elastischen hygroskopischen Schichten hauptsächlich in Richtung des

---

[1] Goldschmidt, V. M.: Undersokelser over lersedimenter. Nordisk Jordbrugs forskning, H. 4—7, Oslo 1926.

[2] Gilboy, G., erwähnt von K. v. Terzaghi, Ingenieurgeologie, S. 340.

Druckes, und die infolge der Brownschen Bewegung jedem Druck folgenden Bodenteilchen verfestigten sich durch Herauspressen von hygroskopischem Wasser hauptsächlich in der Druckrichtung (Abb. 35). Anders bei den Sandsteinen, deren Durchlässigkeit dem Porenwasser den Abfluß ohne wesentliche Drucksteigerung gestattete.
Die Sandteilchen, die überdies der Brownschen Bewegung nicht unterliegen,
wirkten daraufhin mehr wie starre, unbewegliche Körper, von denen immer eine
Anzahl kleine Gewölbe bildete, deren seitliche Schübe (Horizontalschübe) nach
bekanntem statischen Gesetz sogar größer werden können als die Auflagepres-
sungen in Richtung des Drucks
(Abb. 36). Infolge dieser Druck-
verteilung konnte sich eine ausgeprägte Verfestigungsrichtung
um so weniger ausbilden, je
gröber und scharfkantiger die
Teilchen waren. Ausblicke von
grösßerer Tragweite ergeben sich
aus dieser Auffassung. Zunächst
kann aus der Richtung der stärksten Kohäsion auf die ehemalige
Druckrichtung geschlossen werden; sie verläuft gerade rechtwinklig zu jener Richtung, die
man ohne diese Überlegungen als
Druckrichtung ansehen würde.
Ferner dürfte es gelingen, aus
der Stärke der Kohäsion und
dem Feinheitsgrade der verfestigten Bodenmasse sowie dem Porenvolumen auf die Größe des
ehemaligen Drucks zu schließen,
sei es der Druck übergelagerter
Erdschichten oder ein horizontaler Gebirgsdruck.

Der Vorgang des Schwellens
der Böden wird vielfach mit
dem Aufquellen eines in Wasser
gelegten Schwammes verglichen.
Das Quellen des Schwammes beruht aber auf ganz anderen Ursachen, nämlich darauf, daß in
die feinen Porenschlote Wasser
mit kapillarer Kraft eindringt

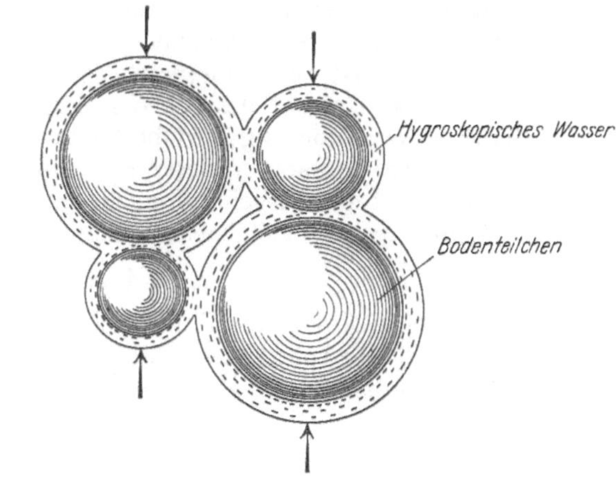

Abb. 35. Einseitiger Druck in wasserhaltigen tonigen Böden mit
einer Verfestigung hauptsächlich in Druckrichtung.

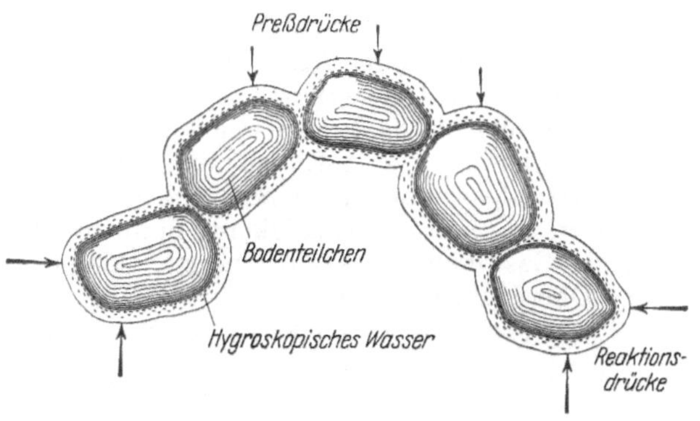

Abb. 36. Einseitiger Druck in wasserhaltigen sandigen Böden mit
einer ziemlich gleichmäßigen Verfestigung nach allen Richtungen.

und die im Innern des Schwammes vorhandene Luft stark zusammenpreßt.
Die Spannung der Luft treibt dann den Schwamm auseinander. Eine ähnliche Erscheinung ist beim Eintauchen von trockenen Bodenstücken in Wasser
zu beobachten. Auch hier ist es die Porenluft, die unter den kapillaren
Preßdrücken des in die Poren eindringenden Wassers den Boden zersprengt.
Wenn man ein Tonstück nur teilweise in Wasser legt, so kann man manchmal nach einiger Zeit vielfach die trockengebliebene obere Hälfte von der kapillar durchfeuchteten abheben. Es hatte sich beim Eindringen des Kapillarwassers eine derartige Luftspannung im Tonstück entwickelt, daß der Boden
am Kapillarwasserspiegel abgesprengt wurde.

b) Das Kapillarwasser.

Begriff und allgemeine Gesetze der Kapillarität.

Von den Molekülen einer Flüssigkeit gehen wie von denen der festen Stoffe molekulare Anziehungskräfte aus. Während sich im Innern der Flüssigkeit die Molekularkräfte in gegenseitiger Anziehung absättigen, bleiben an der Flüssigkeitsoberfläche Anziehungskräfte frei, die zusammen die freie Oberflächenenergie der Grenzschicht bilden. Nach Hulshof[1] muß dabei der Druck in der Grenzschicht parallel zu ihr größer sein als der, welcher senkrecht zu ihr steht; es bleibt ein parallel der Oberfläche wirkender Drucküberschuß, der die Oberflächenspannung bedingt. Die Oberflächenspannung hat das Bestreben, die Flüssigkeitsoberfläche möglichst zu verkleinern. Eine in einem Gasraum sich selbst überlassene Flüssigkeit strebt deshalb der Kugelgestalt zu.

Bei jeder Vergrößerung der Oberfläche müssen Flüssigkeitsmoleküle aus dem Innern, also dem Bereich größerer Kohäsionskräfte, an die Oberfläche gebracht werden. Dazu ist eine Arbeit nötig, die nach Gauss[2] gleich ist der Oberflächenspannung mal dem Oberflächenzuwachs:

$$dA = \alpha \cdot df. \tag{19}$$

Nach Laplace[3] ist an der Flüssigkeitsoberfläche die Resultante der Kohäsionskräfte, die nach dem Innern der Flüssigkeit senkrecht zu ihrer Oberfläche gerichtet ist und als Normaldruck bezeichnet wird,

$$N = K + \alpha \cdot \left(\frac{1}{R_1} + \frac{1}{R_2}\right) \text{dyn/cm}^2. \tag{20}$$

Hierin sind R_1 und R_2 die Krümmungsradien zweier Hauptschnitte der Flüssigkeitsoberfläche und zwar positiv gerechnet, wenn die Oberfläche konvex ist; K ist der Normaldruck für den Fall einer ebenen Oberfläche, er wird auch innerer Druck, Kohäsionsdruck oder Binnendruck genannt und ist nach van der Waals[4] für reines Wasser 10 700 Atm.; α ist die tangential zur Flüssigkeitsoberfläche gerichtete Oberflächenspannung, die ebenso wie K von der Art der Flüssigkeit und ihrem physikalischen Zustande abhängt, dem Binnendruck verhältnisgleich ist und in der CGS-Einheit die Dimension 1 dyn/cm = 0,102 mg/mm hat. Die Oberflächenspannung ist bei der kritischen Temperatur gleich Null und um so größer, je weiter die Flüssigkeit von ihrem kritischen Punkt entfernt ist. Verflüssigte Gase haben deshalb eine sehr kleine, geschmolzene Metalle eine sehr große Oberflächenspannung.

Für $R_1 = R_2 = r$ in Gleichung (20) wird

$$N = K + \frac{2\alpha}{r} \text{dyn/cm}^2. \tag{20a}$$

Mit jeder Änderung der Gestalt der Oberfläche ändert sich der Oberflächendruck N; er ist an einer konkaven Oberfläche, also für Wassermenisken in Kapillarröhren, geringer und an einer konvexen Oberfläche, also für Tropfenformen des Wassers, größer als der auf eine ebene Fläche wirkende Druck.

---

[1] Hulshof, H.: Ableitung der Oberflächenspannung. Dissert. Amsterdam 1900; Ann. Physik 4, 165 (1901).

[2] Gauss, C. F.: Principa generalia theoriae figurae fluidorum in statu aequilibrii. Comment. soc. reg. sc. Göttingen 7 (1830). Gesamte Werke 5, 29. Göttingen 1867. In Übersetzung von W. Weber in Ostwalds Klassikern der exakten Wissenschaften, Nr. 135, Leipzig 1903.

[3] Laplace, P. S.: Theorie de l'action capillaire. Paris 1806, Deutsch in Gilberts Annalen 33 (1809).

[4] Waals, J. D. van der: Die Kontinuität des gasförmigen und flüssigen Zustandes. Übersetzt von Roth, S. 107 u. 165, Leipzig 1881. Z. phys. Chem. 13, 657 (1894).

Taucht nun ein fester Körper, dessen Oberflächenspannung größer oder gleich der des Wassers ist, in Wasser ein, so ist er im Verein mit der Oberflächenspannung des freien Wassers bestrebt ist durch Heraufziehen des Wassers die Gesamtoberfläche zu verkleinern (Abb. 37). Ist der feste Körper eine Röhre und eng genug, so verschmelzen die konkaven Randkrümmungen der Flüssigkeit zu einem konkaven Meniskus, dessen Normaldruck nach der LAPLACEschen Gleichung in einer zylindrischen Röhre um

$$P = \frac{2\alpha}{r}\ \text{dyn/cm}^2 \tag{21}$$

kleiner ist als der Normaldruck auf den ebenen Wasserspiegel. P heißt Kapillardruck oder Tragkraft des Meniskus und ist in einer zylindrischen Röhre gleich dem Gewicht der gehobenen Wassersäule, d. h.

$$P = H \cdot \gamma \cdot g = \frac{2\alpha}{r}, \tag{21a}$$

worin H die Höhe der Wassersäule, γ das spez. Gewicht des Wassers und g die Beschleunigung der Schwerkraft ist.

Hieraus ergibt sich

$$H = \frac{2\alpha}{\gamma \cdot g \cdot r}\ \text{cm}, \tag{22}$$

worin α in dyn/cm, g mit 981,4 cm/sek² und der Radius r des Meniskus, der bei normaler Ausbildung gleich dem Radius der Kapillarröhre ist, in Zentimetern einzusetzen ist.

H heißt kapillare Steighöhe, kapillare Saughöhe, Kapillarität oder Kapillarziffer. Indem man H mit der Flächeneinheit multipliziert und der Wassersäule das spez. Gewicht 1 beimißt, erhält man H als eine Druckkraft in g/cm², die ebenfalls Kapillardruck genannt wird.

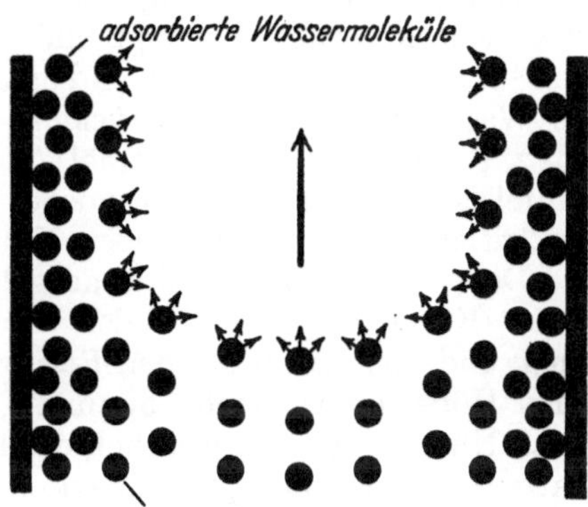

Abb. 37. Wasseraufstieg in einer mit adsorbiertem Wasser gesättigten Kapillaren.

Die Erscheinung der Kapillarität hat eine Zugfestigkeit des Wassers zur Voraussetzung, die, so merkwürdig es bei der Beweglichkeit der Wassermoleküle zunächst erscheinen mag, sogar recht beträchtlich ist; URSPRUNG und RENNER[1] maßen 300 Atm. Zugfestigkeit.

Die Größe $\frac{2\alpha}{s \cdot g}$ wird Kapillaritätskonstante genannt und mit a^2 bezeichnet. Somit ist die kapillare Steighöhe in einer Röhre auch

$$H = \frac{a^2}{r}\ \text{mm}, \tag{23}$$

wenn a^2 in mm² und r in mm eingesetzt werden.

Für den Wasseraufstieg zwischen parallelen Platten mit dem Abstand d mm voneinander wird

$$H = \frac{a^2}{d}\ \text{mm}. \tag{23a}$$

Senkt man in eine Flüssigkeit zwei Platten, welche miteinander einen Flächenwinkel bilden, so steigt die Flüssigkeit um so höher, je kleiner der Plattenabstand

---

[1] URSPRUNG u. RENNER: Nach L. JOST im Lehrbuch der Botanik von STRASBURGER, 16. Aufl., S. 203. Jena 1923.

ist, d. h. je näher sie sich der Kante des Flächenwinkels befindet. Die Flüssigkeitsoberfläche hat dabei die Form einer Hyperbel.

Nach Landolt-Börnstein ist für reines Wasser gegen feuchte Luft bei 750 mm Druck und $g = 981{,}4$ cm/sek:

Kapillaritätskonstante des Wassers.

	Temperatur						
	0^0	5^0	10^0	15^0	20^0	25^0	30^0
α dyn/cm . . .	75,49	74,75	74,01	73,26	72,53	71,78	71,03
a^2 mm^2	15,406	15,251	15,105	14,959	14,821	14,686	14,556

Weinberg[1] fand zwischen 0 und 70^0 für Wasser

$$\alpha = 75{,}49 \ (1 - 0{,}002\,254\ t^0),$$
$$a^2 = 15{,}406\,(1 - 0{,}001\,975\ t^0).$$

Von großer Bedeutung ist die Reinheit der Wasseroberfläche. Ist die Oberfläche künstlich gereinigt und das Alter gleich null Sekunden, so ist nach Hiss[2] $\alpha = 81{,}3$ dyn/cm. Öle und organische Flüssigkeiten, die auf der Oberfläche des Wassers schwimmen, drücken die Oberflächenspannung stark herab. Es hat z. B. bei 18^0 C Terpentinöl (spezifisches Gewicht 0,8533) nur $a^2 = 6{,}41$, Hanföl (spezifisches Gewicht 0,9286) $a^2 = 7{,}56$, schweres Harzöl $a^2 = 7{,}09$. Die Elektrisierung hat einen großen Einfluß auf die Oberflächenspannung.

Dem von einem Meniskus ausgehenden Zuge entspricht ein negativer Druck in der Kapillarwassersäule, der am Meniskus gleich ist seinem Kapillaritätsdruck und von da ab um den Betrag seines Reibungsgefälles und der geometrischen Höhe immer mehr abnimmt, bis er in Höhe des freien Wasserspiegels gleich Null ist. Der Unterdruck des kapillaren Wassers in Röhren und zwischen Platten[3] ist mehrfach experimentell festgestellt worden.

Die kapillaren Anziehungskräfte des Bodens auf eine Wasseroberfläche können entweder von der freien Oberflächenenergie der festen Bodenteilchen unmittelbar ausgehen oder von der freien Oberflächenenergie einer adsorbierten Substanz. Als letztere kommen in Frage reines Wasser oder häufiger noch wasserlösliche Verbindungen von Basen, Salzen oder Säuren. Von der Oberflächenspannung der festen Bodenteilchen müssen wir annehmen, daß sie sehr viel größer ist, als die des Wassers.

Ist der Boden vollkommen trocken und von einer adsorbierten Lufthülle umgeben, so wird dieselbe eine geringere Dicke haben, als eine adsorbierte Wasserhülle in mit Wasserdampf gesättigter Luft; denn die mit hoher Eigengeschwindigkeit begabten Luftmoleküle werden sich in den äußeren Zonen des molekularen Wirkungsbereichs der Bodenteilchen der Bindung durch Adsorption entziehen. Die von den Oberflächenmolekülen der festen Bodenmasse ausgehenden Anziehungskräfte werden deshalb noch durch die verdichtete dünne Lufthülle hindurch auf eine angrenzende Wasseroberfläche wirken und sie kapillar ansaugen können.

Sind die Bodenteilchen von hygroskopischen Wasserhüllen umgeben, so bilden dieselben gegenüber dem umgebenden Luftraum eine Oberfläche, die nun ihrerseits vermöge ihrer freien Energie auf angrenzende Wasseroberflächen

[1] Weinberg, B.: Z. phys. Chem. 10, 34 (1892).
[2] Hiss, Diss. Heidelberg 1913. Nach Landolt-Börnstein, Phys.-Chem. Tab. 1, 199.
[3] Askenasy, E.: Kapillaritätsversuche an einem System dünner Platten. Verh. Heidelbg. Naturhist.-Med. Ver., N. F. 6, 381 (1900).

Anziehungskräfte ausübt (Abb. 28a u. b, 37). Außerdem werden auch unmittelbar von der Oberfläche der Bodenteilchen in um so stärkerem Grade noch Anziehungskräfte auf benachbarte Wasseroberflächen wirksam sein, je dünner die hygroskopische Wasserhülle, also je trockner der Boden ist. Ein von organischen Säuren freier Boden übt deshalb im absolut trockenen Zustande die stärkste kapillare Wirkung, im lufttrockenen Zustande eine weniger starke und im hygroskopisch gesättigten Zustande eine schwächere kapillare Wirkung auf Wasser aus.

Diese Anschauung findet ihre Bestätigung in folgendem Versuch. Von einem humusfreien sandigen Lehmboden wurden in einem mit Fließpapier ausgelegten Glastrichter gleichgroße Kegel geformt. Der bei 145° C getrocknete und über P_2O_5 abgekühlte Bodenkörper saugte beim Untertauchen in Wasser dasselbe sofort überaus stürmisch ein und war schon nach einer Minute fast ganz zerfallen. Der lufttrockene Boden saugt das Wasser schwächer ein, sein Zerfall begann deshalb erst nach 10 Sekunden, und 5 Minuten dauerte es, bis er wie das erste Probestück zerfallen war. Hingegen begann der nach dem Trocknen in wasserdampfgesättigter Luft aufbewahrte Bodenkörper erst nach 30 Sekunden zu zerfallen und zeigte noch nach 8 Minuten eine Entwicklung von Luftblasen.

Allgemein nennt man Böden und überhaupt Körper, die infolge ihrer gleichen oder höheren Oberflächenspannung eine Flüssigkeit kapillar ansaugen, benetzbar für die betreffende Flüssigkeit.

Enthält hingegen ein Boden organische Säuren, so werden sie beim Austrocknen des Bodens konzentrierter und setzen dabei die Oberflächenspannung des Bodenwassers bzw. der hygroskopischen Wasserhüllen der Bodenteilchen wesentlich herab. So hat Isobuttersäure in Wasser bei 18° C eine Oberflächenspannung, die von 73 dyn/cm bei

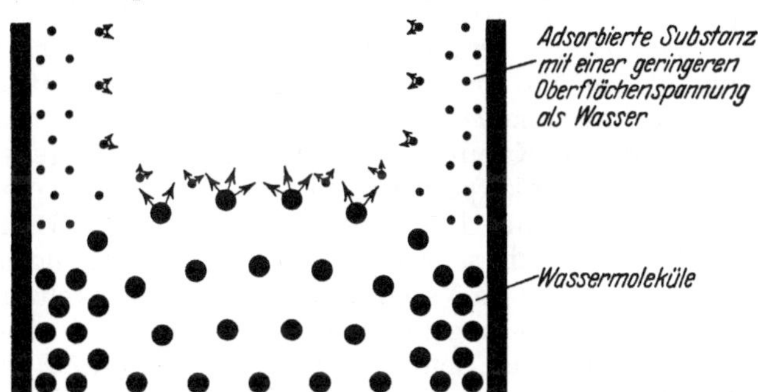

Abb. 38. Verhältnisse in einer Kapillaren, die eine Flüssigkeit mit geringer Oberflächenspannung (organische Säuren) adsorbiert hat. Es findet kein Wasseraufstieg statt.

reinem Wasser auf 57,7 dyn/cm bei einer Konzentration von 0,1 Mol. i. L., auf 40,7 dyn/cm bei 0,5 Mol. i. L. und auf 32,6 dyn/cm bei 1 Mol. i. L. zurückgeht. Humussäure dürfte sich ähnlich verhalten. Eine Oberfläche mit geringerer Oberflächenspannung vermag aber keine Flüssigkeitsoberfläche mit höherer Oberflächenspannung zu sich heranzuziehen. Es entsteht deshalb auch in solchem Falle keine kapillare Bewegung, und solche Böden nennt man unbenetzbar für die betreffende Flüssigkeit (Abb. 38).

Die Erscheinung der Unbenetzbarkeit tritt bei ausgetrockneten, feinporigen Humusböden und auch bei schwach humushaltigen Mineralböden auf, sobald ihr Kalk- bzw. Basengehalt zu gering wird, um die entstehenden organischen Säuren zu binden. Anmoorige Sandböden neigen besonders zum Puffigwerden, weil sie leicht austrocknen, kalkarm sind und eine geringe Oberflächenentwicklung haben, bei der schon kleine Mengen vorhandener organischer Säuren sehr bald eine hohe Konzentration erreichen. Die Benetzbarkeit ausgetrockneter Böden stellt sich erst allmählich in dem Maße wieder ein, wie die organischen Säuren durch hygroskopische Wasseraufnahme und Diffusion eine Verdünnung erfahren.

Da bei der Zersetzung organischer Substanz, die beim Humus dauernd vor sich geht, auch organische Säuren gebildet werden, ist die Voraussetzung für das Zustandekommen einer geringen Oberflächenspannung der adsorbierten Substanz im allgemeinen bei jedem Humusteilchen gegeben.

Noch Ramann[1] führte den Benetzungswiderstand auf Harzüberzüge zurück, während Puchner[2] und Nolte[3] in der adsorbierten Luft das Hemmnis für die Benetzung sehen. Ehrenberg[4] macht die Annahme, daß trockener Humus eine starke Adsorptionsfähigkeit für Luft, dagegen eine geringe für Wasser und Wasserdampf besitze. Berl und Vierheller[5] wiesen nach, daß man trockene Kohle durch Behandlung mit $KMnO_4$ benetzbar machen könne. Wir können diese Erscheinung damit erklären, daß der leicht abspaltbare Sauerstoff des Kaliumpermanganats die adsorbierte organische Säure zerstört. Wittmann[6] behandelte Böden mit Kaliumpermanganat.

Die Frage nach der Kapillarwirkung des Bodens auf organische Flüssigkeiten möge noch kurz gestreift werden. Organische Flüssigkeiten, wozu neben den organischen Säuren die Alkohole, Fettsäuren, Petroleum, Benzol u. a. m. gehören, bedingen schon in geringer Konzentration eine starke Erniedrigung der Oberflächenspannung des Wassers. Vermöge der größeren Oberflächenkräfte, die von humusfreien Mineralböden in absolut trockenem wie feuchtem Zustande auf die Oberfläche einer organischen Flüssigkeit ausgeübt werden, sind diese Böden für organische Flüssigkeiten benetzbar, und es entsteht eine kapillare Flüssigkeitsaufnahme. In ähnlicher Weise durchgeführte Versuche, wie oben beschrieben, lehren, daß auch hier stark ausgetrockneter neutraler Mineralboden die organische Flüssigkeit mit stürmischer Gewalt einzieht, während lufttrockener Boden weniger starke und hygroskopisch gesättigter Boden normale Kapillarkräfte entfaltet. Im Gegensatz zu den unter Wasser getauchten Bodenkörpern zerfällt aber der Boden in einer organischen Flüssigkeit, z. B. Benzol, nicht. Das wird damit erklärt, daß mit Wasserzusatz geformter Boden selbst nach sehr starker Austrocknung noch hygroskopische Wasserhüllen besitzt, die im Verein mit dem Porenwinkelwasser die Berührungspunkte der Bodenteilchen umgeben und es vermöge ihrer höheren Oberflächenspannung verhindern, daß sich Benzolmoleküle zwischen die Berührungspunkte der Bodenteilchen einschieben. Der Abstand der Bodenteilchen vergrößert sich deshalb nicht, der Boden schwillt nicht, und die Kohäsionskräfte der Bodenteilchen bleiben größer als die Spannung der Bodenluft, die durch die kapillare Flüssigkeitsbewegung erzeugt wird.

Bei der Kapillarwirkung des Bodens ist also zu beachten, daß die Oberflächenspannung im Boden keine konstante ist. Sie wechselt nicht nur zwischen sauren, neutralen und basischen Böden, sondern auch bei demselben Boden je nach dem Trocknungszustand. Bei sauren, insbesondere humussauren Böden nimmt sie mit zunehmender Trocknung stark ab, bei basischen (salzigen) Böden gemäß den in Tabelle S. 79 gemachten Angaben etwas zu. Ebenso kommt es

[1] Ramann, E.: Bodenkunde, S. 345. Berlin 1911.

[2] Puchner, H.: Über die Spannungszustände von Wasser und Luft im Boden. Forschgn. Geb. Agrikult.-Phys. 19, 18 (1896).

[3] Nolte, O.: Über einen die Benetzung verhindernden Überzug auf Sandkörnern und anderen feinen Teilchen. Internat. Mitt. Bodenkde. 6, 347 (1916).

[4] Ehrenberg, P.: Die Unbenetzbarkeit von Böden und feinen Pulvern. Z. Kolloidchemie 15, 183 (1924); Die Bodenkolloide, S. 228. Dresden u. Leipzig 1915.

[5] Berl u. Vierheller: Z. angew. Chem. 36, Nr. 23, 161 (1923).

[6] Wittmann, A.: Der Einfluß der Benetzungsverzögerung auf die Filtrationsgeschwindigkeit verschiedener Bodenarten durch ihre Behandlung mit Kaliumpermanganat. Dissert. Königsberg i. Pr. 1926.

auf die Natur des Wassers an, das dem Boden zugeführt wird. Praktisch ist
daraus die Folgerung zu ziehen, daß eine Kalkung und ebenso eine Bewässerung
oder Beregnung mit Moorwässern auch auf die Kapillarverhältnisse des Bodens
einwirken, ganz abgesehen von etwaigen Strukturänderungen, die an sich schon
Kapillaritätsänderungen zur Folge haben.

Bei den nachfolgenden Formelentwicklungen ist angenommen, daß der Boden
neutral und hygroskopisch gesättigt ist, sodaß die Kapillaritätskonstante des
reinen Wassers eingesetzt werden kann.

Vorgang des kapillaren Aufstiegs und Arten des Kapillarwassers im Boden.

Hygroskopizität und Kapillarität sind wesensverwandt. Während die Ursache der Hygroskopizität in der ungesättigten Anziehungskraft der Moleküle
der festen Oberfläche der Körper bzw. Bodenteilchen zu suchen
ist, was zu einer Bindung und Verdichtung flüssiger und gasförmiger Stoffe innerhalb des Wirkungsbereichs dieser Anziehung
führt, beruht die Kapillarität des Bodens auf der ungesättigen
Anziehungskraft der Moleküle der Flüssigkeitsoberflächen. Als
Flüssigkeitsoberfläche im Boden kommen in Betracht die Oberfläche des Grundwassers, soweit sie als freie Oberfläche auftritt,
ferner die Oberfläche des Haft- und Sickerwassers und, was besonders zu beachten ist, die des hygroskopischen Wassers. Die
feste Oberfläche der Bodenteilchen nimmt an der kapillaren
Wirkung soweit teil, als ihre Anziehungskraft über die Oberfläche
der hygroskopischen Wasserhülle hinausreicht. Die kapillare Bewegung führt zu einer Verkleinerung der freien Energie all dieser
Oberflächen.

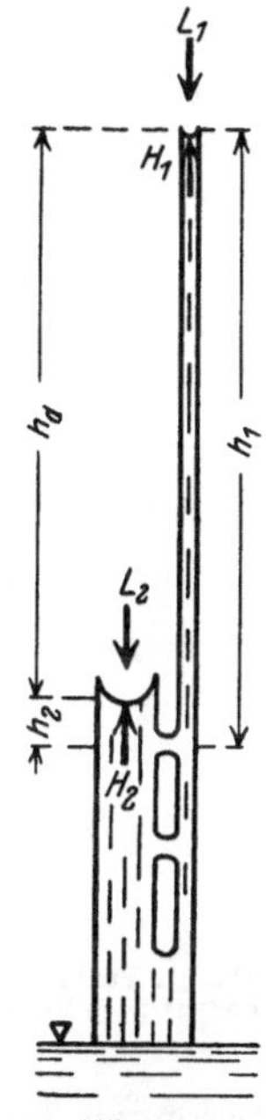

Die Porenschlote des Bodens bilden ein Netz von Kapillaren
verschiedenster Form und Größe.

Für nicht kreisförmige Porenquerschnitte ist die Tragkraft
des Meniskus an einer bestimmten Stelle nach den Gleichungen (20) bis (23)

$$H = a^2 \cdot \left(\frac{1}{R_1} + \frac{1}{R_2} \right),\qquad (24)$$

worin R_1 und R_2 die Hauptradien des Porenquerschnitts bedeuten. Die Tragkraft hängt nun von dem Porenquerschnitt ab,
wo sich der Meniskus gerade befindet, und ist unabhängig von
Wechsel und Größe der Porenquerschnitte unterhalb des Meniskus.

Für zwei Kapillarsäulen, die durch Zwischenporen in Verbindung miteinander stehen (Abb. 39), gilt wegen der hydrostatischen Druck-
übertragung die Gleichung

$$h_d = H_1 - H_2 - L_1 + L_2 - h_1 \cdot u_1 + h_2 \cdot u_2,\qquad (25)$$

worin h_d der Höhenunterschied der Menisken, H_1 die Steighöhe des höheren
Meniskus 1, H_2 die Steighöhe des tieferen Meniskus 2, L_1 der Luftwiderstand
(Überdruck über Atmosphärendruck) am Meniskus 1, L_2 der Luftwiderstand am
Meniskus 2, u_1 der Reibungswiderstand je Längeneinheit der Kapillarsäule auf der
Strecke h_1 und u_2 jener auf der Strecke h_2 ist. Unterhalb der oberen Querver-
bindung der beiden Kapillarsäulen herrscht in gleichen Höhen über dem Grund-
spiegel derselbe Druck.

Die Geschwindigkeit des aufsteigenden Kapillarwassers ist nach den späteren
Ausführungen auf S. 106 in den gröberen Poren bei geringer Höhe über dem

Abb. 39.
Hydrostatische
Druckverhältnisse
in zwei miteinan-
der verbundenen
Kapillaren.

Grundwasser größer und in größerer Höhe kleiner als in den feineren Poren. Hiernach wird sich der kapillare Aufstieg des Wassers im Boden wie folgt gestalten.

Am Anfang der Bewegung werden die Menisken der gröberen Poren das Bestreben zum Voreilen haben, jedoch werden die Menisken der engeren Porenschlote dadurch auf gleicher Höhe bleiben, daß sie ihr Wasser unmittelbar aus den gröberen schöpfen. Beim weiteren Aufstieg fällt dann aber die kapillare Geschwindigkeit in den gröberen Poren zurück, und die jetzt voreilenden Kapillarsäulen der engeren Porenschlote werden in den Großporen Luft einschließen. Die Lufteinschlüsse werden mit zunehmender Höhe zahlreicher, weil sich außer der Verschiedenheit der kapillaren Geschwindigkeit die Steighöhe in den weiten Porenschloten allmählich mehr und mehr erschöpft. Außerdem führt der Unterdruck des Kapillarwassers zur Ausscheidung absorbierter Luftmengen, was sich

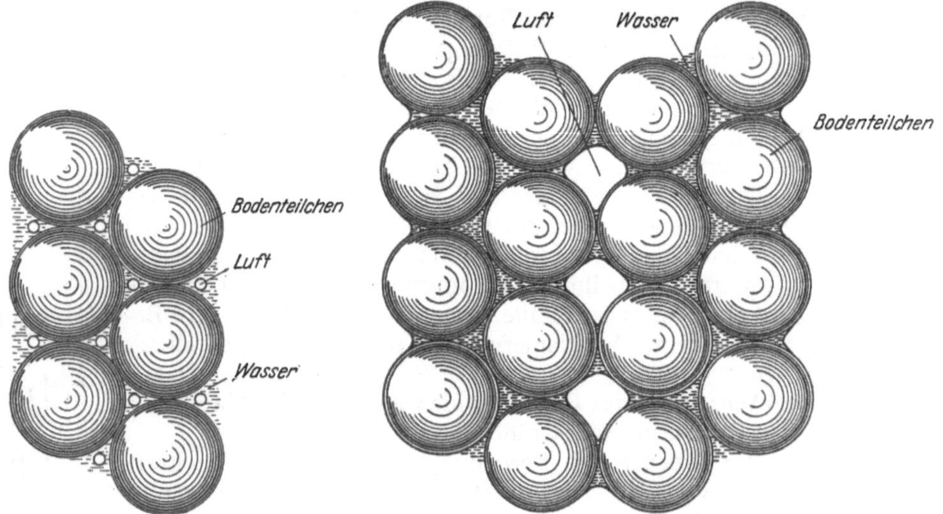

Abb. 40. Funikuläres Wasser (offenes Kapillarwasser) nach Versluys, falsche Darstellung.

Abb. 41. Offenes Kapillarwasser, richtige Darstellung. Die feinen Porenschlote sind mit Wasser, die gröberen mit Luft erfüllt.

besonders bei feinkörnigen Böden schon nahe dem Grundwasserspiegel bemerkbar macht. Infolge des Unterdrucks dehnen sich die Luftbläschen aus, und dieser letztere Umstand bedingt es, daß sich auch in feinkörnigstem Boden keine kapillare Steighöhe geschlossenen Kapillarwassers über mehr als etwa 10 m (Vakuumnähe) zu entwickeln vermag. Nur luftfreies Kapillarwasser ist bei genügender Feinporigkeit des Bodens zu größeren Steighöhen befähigt, soweit es sich um geschlossenes Porenwasser handelt.

In einer gewissen Höhe über dem Grundwasser werden schließlich eine größere Anzahl benachbarter Poren für den Wasseraufstieg ausfallen. Seitlich dieser nunmehr mit der Bodenluft in Verbindung bleibenden Luftschlote wird das Kapillarwasser weitersteigen. Seine Höhe ist jetzt unabhängig von dem Ausdehnungsbestreben der Luftbläschen, weil jedes sich bildende Luftbläschen nach einem seitlichen Meniskus hin ausgeschieden werden kann; die kapillare Steighöhe mit seitlichen Luftschloten kann deshalb weit mehr als 10 m betragen.

Dort, wo die durchgehenden Luftschlote beginnen, liegt der Spiegel des geschlossenen Kapillarwassers. Darüber erhebt sich das offene Kapillarwasser, das im Gegensatz zum geschlossenen auch durch seitliche Menisken mit der Bodenluft in Verbindung steht. Das geschlossene und offene Kapillarwasser bilden das grundwasserverbundene Kapillarwasser oder kurz das Kapillarwasser. Die Zone unterhalb des geschlossenen Kapillarwassers heißt Kapillarwasserzone. Zwischen und über dem offenen Kapillarwasser kann sich Sicker- und Haftwasser bilden, und weil dieser Zone die Bodenluft das Gepräge gibt, nennt man sie lufthaltige Zone. Abb. 27 zeigt die einzelnen Kapillarwasserformen.

Kapillarwasser nennen wir also das in den Bodenporen befindliche, unter Unterdruck stehende, mit dem Grundwasser verbundene unterirdische Wasser, dessen Oberfläche von Wassermenisken begrenzt ist.

VERSLUYS[1] bezeichnet das geschlossene Kapillarwasser als kapilläres Wasser, während das offene Kapillarwasser etwa dem entspricht, was er unter funikulärem Wasser versteht. Seine Zeichnung (Abb. 40) des funikulären Wassers mit schwebenden Luftbläschen ist jedoch unrichtig, Abb. 41 zeigt den tatsächlichen Zustand des funikulären Wassers bzw. offenen Kapillarwassers.

Die Zunahme des Luftgehalts mit steigender Höhe über dem Grundwasserspiegel hat schon WOLLNY[2] festgestellt. Auch KRÜGER[3] hat darüber sorgfältig durchgeführte Versuche angestellt.

Eine Vorrichtung, die den Luftgehalt des aufsteigenden Kapillarwassers laufend zu verfolgen gestattet, ist in Abb. 42 wiedergegeben. Die Glasröhre a ist unten mit einem durchbrochenen Gummistopfen, Drahtspirale, Drahtnetz und Leinwandlappen geschlossen und wird mit dem zu untersuchenden Boden gefüllt; b ist eine MARIOTTEsche Flasche, die durch den Schlauch c mit der Bodensäule in Verbindung steht. Das untere Ende der in der MARIOTTEschen Flasche befindlichen Luftzuführungsröhre wird auf die Höhe des unteren Endes der Bodensäule eingestellt. Wenn der Quetschhahn des Schlauches c geöffnet wird, fließt das Wasser aus der MARIOTTEschen Flasche

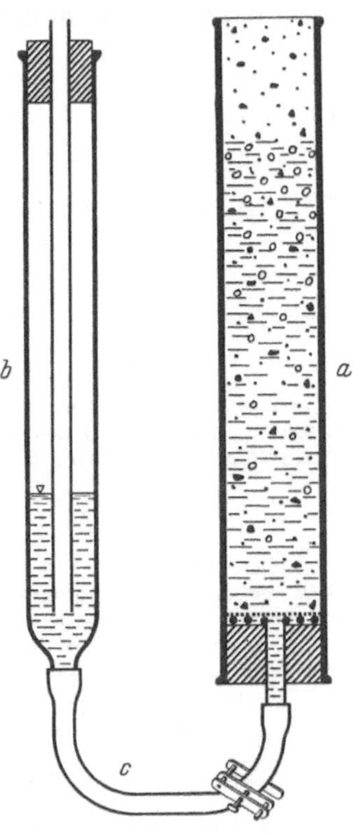

Abb. 42. Apparat zur Beobachtung der Zunahme des Luftgehalts mit der kapillaren Steighöhe.

der Bodensäule zu, und zwar unter Einhaltung eines gleichbleibenden Grundwasserspiegels. An einer Skala, die sowohl an der MARIOTTEschen Flasche b, als auch an der Glasröhre a angebracht wird, kann die in den Boden eintretende Wassermenge und die zugehörige Höhe des Kapillarwassers in der Bodensäule beobachtet werden. Eine ähnliche Vorrichtung, aber

[1] VERSLUYS, J.: Die Kapillarität der Böden. Internat. Mitt. Bodenkde. 7, 119 (1917).
[2] WOLLNY, E.: Untersuchungen über die Wasserkapazität der Bodenarten. Forschgn. Geb. Agrikult.-Phys. 8, 177 (1885).
[3] KRÜGER, E.: Über die Verteilung des Wassers im Boden bei Aufstieg (Kapillarität) und Abstieg (Versickerung). Der Kulturtechniker 28, 179 (1925).

ohne Innehaltung gleichbleibender Grundwasserspiegelhöhe, hat Kozeny[1] angegeben.

Kapillare Steighöhe im Boden.

Die kapillare Steighöhe H (Saughöhe, Kapillarziffer, Kapillarität) eines Bodens kann, wie folgt, abgeleitet werden.

In kreisförmigen Röhren vom Radius r mm verhält sich das Volumen Q mm³ des kapillar bis auf die Steighöhe H mm gehobenen Wassers zu der von dem kapillaren Wasser benetzten Oberfläche O mm² der Röhre

$$\frac{Q}{O} = \frac{\pi r^2 \cdot H}{2\pi \cdot r \cdot H} = \frac{r}{2}.$$

Nach Einsetzen von Gleichung (23) wird

$$\frac{Q}{O} = \frac{a^2}{2H},$$

und hieraus folgt

$$H = \frac{a^2 \cdot O}{2Q} \text{ mm}. \tag{26}$$

Zwischen planparallelen Platten wird ebenso

$$\frac{Q}{O} = \frac{d}{2} = \frac{a^2}{2H},$$

und hieraus

$$H = \frac{a^2 \cdot O}{2Q} \text{ mm}. \tag{26a}$$

Mitscherlich[2], der diese Beziehung zuerst erkannt und auf den Boden angewendet hat, folgert, daß sie für jeden Querschnitt gilt, also auch für das Kapillarnetz des Bodens. Es wird somit die kapillare Steighöhe in einem Boden

$$H = \frac{a^2 \cdot O_g}{200\,Q_g} \text{ cm}, \tag{26b}$$

worin a^2 in mm², O_g die Oberfläche der kapillar benetzten Bodenteilchen in cm²/g Boden und Q_g die kapillar aufgenommene Wassermenge in cm³/g Boden ist. Diese von Mitscherlich gebrachte Gleichung wandeln wir für unsere Zwecke noch um.

Das Kapillarwasser ist nur im spannungs- und luftfreien Porenvolumen p_{ol} enthalten, und es wird deshalb die kapillar aufgenommene Wassermenge, wenn ϱ das Raumgewicht des trockenen Bodens ist,

$$Q_g = \frac{p_{ol}}{\varrho} \text{ cm}^3/g. \tag{27}$$

Ferner ist
$$\varrho = (1-p) \cdot s, \tag{27a}$$

worin p das scheinbare Porenvolumen und s das scheinbare spez. Gewicht ist.

Es wird
$$Q_g = \frac{p_{ol}}{(1-p) \cdot s} \text{ cm}^3/g. \tag{28}$$

Unter der Annahme, daß die Bodenteilchen im Durchschnitt Kugelform haben, ist ferner

$$O_g = \frac{60}{s} \cdot U \text{ cm}^2/g, \tag{29}$$

hierin ist U die unter Zugrundelegung des scheinbaren spez. Gewichts berechnete spez. Oberfläche.

Gleichung (28) und (29) in Gleichung (26b) eingesetzt, ergibt

$$H = 0{,}3\, a^2 \cdot \frac{1-p}{p_{ol}} \cdot U \text{ cm} \tag{30}$$

---

[1] Kozeny, J.: Über kapillare Leitung des Wassers im Boden. Sitzgsber. Akad. Wiss. Wien 136, 303 (1927).

[2] Mitscherlich, E. A.: Landw. Jb. 30, 415 (1901); Bodenkde. Land- und Forstwirte, 4. Aufl., S. 128. Berlin 1923.

bzw. unter Hinzuziehung der Gleichungen (22) und (23)

$$H = 60 \frac{\alpha}{\gamma \cdot g} \cdot \frac{1-p}{p_{0l}} \cdot U \text{ cm}. \tag{30a}$$

Für eine Temperatur von 10^0 wird für Böden mit normaler Oberflächen-spannung

$$H = 4,5 \frac{1-p}{p_{0l}} \cdot U \text{ cm}. \tag{30b}$$

Bei einigen der später entwickelten kapillaren Geschwindigkeitsformeln ist der Luftgehalt noch besonders berücksichtigt, so daß dann $p_{0l} = p_0$ gesetzt werden kann [Gleichungen (15) und (16)].

Bei Sanden kann das spannungsfreie Porenvolumen gleich dem scheinbaren gesetzt werden, weil ihre Hygroskopizität sehr gering ist. Für U ist die spez. Oberfläche derjenigen Schicht einzuführen, in der sich die Menisken befinden.

KOZENY[1] kommt auf einem anderen Wege ebenfalls zu der Gleichung (30a), nur daß seine Gleichung fälschlich noch im Nenner das scheinbare Poren-volumen hat.

TERZAGHI[2] berechnet ebenfalls eine Abhängigkeit der Steighöhe von dem Faktor $\frac{1-p}{p} \cdot \frac{1}{d_w}$, wobei daran erinnert wird, daß $\frac{1}{d_w} = U$ ist (S. 73 unten).

Eingehende Versuche über den kapillaren Aufstieg des Wassers im Boden haben zahlreiche Forscher angestellt, und zwar in der Weise, daß sie in Glas-röhren eingefüllten lufttrockenen Boden mit dem unteren, mit Stoffgeweben geschlossenen Ende in Wasser stellten und die größte Steighöhe beobachteten. In der nachstehenden Tabelle sind einige Beobachtungen von WOLLNY[3], ATTER-BERG[4] und LUEDECKE[5] wiedergegeben und mit der nach Gleichung (30) berech-neten Steighöhe verglichen, wobei $p_{0l} = p$ gesetzt wurde.

Beobachtete und berechnete Steighöhe.

Korngröße mm	Bei ATTERBERG p %	Spez. Oberfläche U	Beobachtete größte Steighöhe in cm nach			Nach Gleichung (30) berechnete Steighöhe bei 17^0 C cm
			LUEDECKE	WOLLNY in 264 Stunden	ATTERBERG in 72 Tagen bei 17^0	
5 —2	40,1	0,33			2,5	2,2
2 —1	40,4	0,72		5,9	6,5	4,7
1 —0,5	41,8	1,44	rund 10	10,1	13,1	9,0
0,5 —0,25		2,86	rund 28	18,1		
0,5 —0,2	40,5	3,28			24,6	21,5
0,25—0,1		6,57	rund 21			
0,2 —0,1	40,4	7,19			42,8	47,4
0,1 —0,05	41,0	14,4	rund 80		105,5	93
0,05—0,02	41,0	32,8			200 *	211

* Nicht zu Ende beobachtet.

Bei einem sehr ungleichporigen Boden und besonders auch bei feinkörnigen Böden ist es jedoch schwer, die kapillare Steighöhe einwandfrei festzustellen, weil dann die Grenze des geschlossenen Kapillarwasserspiegels recht unscharf

[1] KOZENY, J.: Sitzgsber. Akad. Wiss. Wien 136, 281 (1927).

[2] TERZAGHI, K. v.: Erdbaumechanik, S. 134. Leipzig u. Wien 1925.

[3] WOLLNY, E.: Untersuchungen über die kapillare Leitung des Wassers im Boden. Forschgn. Geb. Agrikult.-Phys. 7, 270 (1884).

[4] ATTERBERG, A.: Studien auf dem Gebiet der Bodenkunde. Landw. Versuchsstat. 69, 96 (1908).

[5] LUEDECKE, C.: Über die Wasserbewegung im Boden. Der Kulturtechniker 12, 119 (1909).

werden kann, die Steigzeit sehr lange währt und außerdem die Höhe des geschlossenen Kapillarwasserspiegels um so weniger mit der aus Gleichung (29) berechneten Steighöhe zusammenfällt, je zerrissener der Spiegel durch Luftschlote ist. Denn dann gilt die Voraussetzung der Formel, daß alle Poren eines Querschnitts an der kapillaren Hebung teilnehmen, nicht mehr. Der geschlossene Kapillarwasserspiegel zeigt in solchem Falle die Steighöhe in den gröberen und allenfalls in den mittleren Porenschloten an, während der Stand der Menisken des offenen Kapillarwassers wieder nur für die Saugkraft der feineren Poren Geltung hat.

Schon Schumacher[1] und Wollny[2] haben darauf aufmerksam gemacht, daß die Steighöhe in feuchten Böden größer ist als in trockenen. Sie muß deshalb größer sein, weil die Menisken des Porenwinkelwassers das Weitersteigen des Kapillarwassers in den weiten Porenquerschnitten erleichtern. In Abb. 43 ist d die größte Weite einer Pore und e_1 und e_2 der Durchmesser der Ringwulste des Porenwinkelwassers. Die Ringwulste verringern die für das Aufsteigen des Kapillarwassers maßgebende Kapillarweite. Die Steighöhe H_f in solchen mit Haftwasser versehenen Porenschloten muß deshalb um

$$\frac{d}{d - \dfrac{e_1 + e_2}{2}} \qquad (31)$$

mal größer sein als diejenige in trockenen bzw. nur hygroskopisch gesättigten Böden. Sie beträgt somit

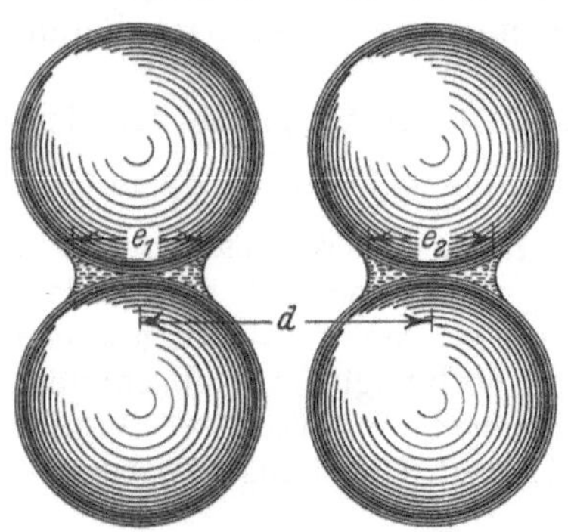

Abb. 43. Erleichterung des Wasseraufstiegs in feuchten Böden durch Porenwinkelwasser, das die Weite der Poren verringert.

$$H_f = H \cdot \frac{d}{d - \dfrac{e_1 + e_2}{2}} . \qquad (32)$$

Briggs und Lapham[3] fanden als kapillare Steighöhe in einem trockenen Sandboden 37 cm, dagegen 165 cm, wenn derselbe Boden feucht eingefüllt wurde. Um in feuchtem Boden die kapillare Steighöhe zu bestimmen, ermittelten sie den Verdunstungsverlust an der Oberfläche von verschieden langen Bodensäulen; derselbe mußte bei derjenigen Säulenhöhe eine Abnahme zeigen, bei welcher Kapillarwasser nicht mehr die Oberfläche erreichte. Nach denselben Autoren fand Stewart[4] die kapillare Steighöhe in drei Sandböden

	a	b	c
in trockenem Bodenzustand zu . .	32	58	87 cm
in feuchtem Bodenzustand zu . . .	113	142	174 cm

Wie ferner aus der Erscheinung des hängenden kapillaren Haftwassers (S. 123) zu folgern ist, scheint ein vorschreitender Meniskus eine geringere Hubkraft zu entfalten als ein rückschreitender, so daß sich eine höhere Steighöhe ergeben muß, wenn man den Grundwasserspiegel zunächst bis zur Oberfläche der Bodensäule anspannt und dann absenkt, als wenn das Kapillarwasser aus dem Grundwasser hochsteigt.

[1] Schumacher, W.: Physik des Bodens, 1. Berlin 1864.
[2] Wollny, E.: Forsch. Geb. Agrikult.-Phys. 7, 275 (1884).
[3] Briggs, L., u. M. Lapham: Capillary studies and filtration of clay from soil solutions. U. S. Dep. Agricult., Bull. 19, 24 (Washington 1902).
[4] Stewart, J. B.: Ebenda erwähnt, S. 26.

Kapillarimeter.

Die üblichste Bestimmung der kapillaren Steighöhe erfolgt in der Weise, daß man Glasröhren am unteren Ende mit Stoffgewebe schließt, mit Boden füllt, mit dem unteren Ende in Wasser stellt und den Stand des eindringenden Kapillarwassers beobachtet. In mittleren und schweren Böden vergeht jedoch sehr lange Zeit bis zur Erreichung des Höchststandes, auch machen die Lufteinschlüsse und der Luftwiderstand, die erforderliche Länge der Bodensäulen, die nicht zu vermeidende schichtenförmige Lagerung des Bodens u. a. m. Schwierigkeiten. Die Luftabsonderung und die Steigzeit können wesentlich vermindert werden, wenn man abgekochtes, warmes Wasser für den kapillaren Aufstieg verwendet.

Das in Abb. 44 dargestellte Kapillarimeter von VERSLUYS[1] gestattet nun, die Saugkraft sehr kleiner Bodenmengen festzustellen. Es besteht aus einem Trichter, der in eine Kapillarröhre von $^1/_4$ mm Lichtweite endigt. Letztere trägt am umgebogenen Ende ein Gefäß zur Aufnahme von Quecksilber. Kapillarröhre und Trichter werden mit Wasser bis zu einer Marke 2 am verengten Ende des Trichters gefüllt, und ein Zeichen 1 wird in Höhe der Scheidefläche von Quecksilber und Wasser am Kapillarröhrchen angebracht. Dann wird der Trichter mit Wasser weiter gefüllt und auf einer Unterlage von grobem Sand der zu untersuchende Boden eingebracht. Das Wasser über dem Boden wird mit Filtrierpapier weggenommen und die eintretende Steigung h_1 der Scheidefläche von Quecksilber und Wasser bis zu ihrem Höchststande 3 beobachtet. Die Höhe a der Oberfläche des Probebodens über der

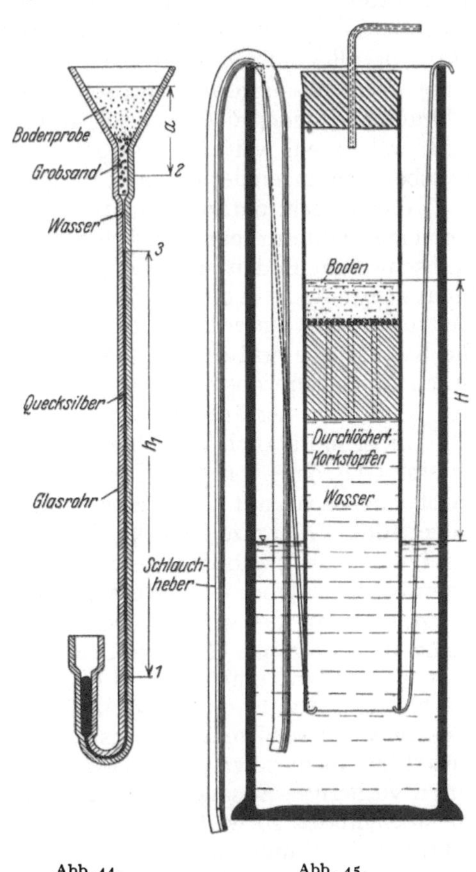

Abb. 44.
Kapillarimeter
von VERSLUYS.

Abb. 45.
Kapillarimeter von WEILAND.

Marke 2 am Trichter wird gemessen. Weiter wird das Kapillarimeter der Verdunstung ausgesetzt, bis Luft oben in die Kapillarröhre eindringt, wobei der vorher erreichte Höchststand h_2 der Scheidefläche über dem Höhenzeichen am Kapillarröhrchen beobachtet und die Höhe b der Grenzfläche zwischen grobem Sand und Probeboden über der Marke am Trichter bestimmt wird. Die Steighöhe des geschlossenen Porenwassers ist dann

$$H_{g1} = (13{,}6 - 1)\, h_1 + a \text{ cm} \tag{33}$$

bzw.

$$H_{g2} = (13{,}6 - 1)\, h_2 + b \text{ cm.} \tag{33a}$$

Für den Sand der alten Dünen bei Leiduin wurde H_{g1} zu 30,4 cm und H_{g2} zu

---

[1] VERSLUYS, J.: Internat. Mitt. Bodenkde. **7**, 125 (1917).

31,5 cm, für die jungen Dünen daselbst H_{g1} zu 28,9 cm und H_{g2} zu 29,6 cm ermittelt. Bei einem untersuchten Lehm stieg der kapillare Unterdruck bis auf 330 cm. Porenvolumen, Temperatur und Korngröße sind nicht angegeben.

Unterbettet man in dem Kapillarimeter die Bodenprobe mit einem feinporigen Material, so ist es möglich, auch die Steighöhe des offenen Porenwassers zu bestimmen, sofern sie kleiner ist als die Steighöhe des geschlossenen Porenwassers in dem Unterbettungsmaterial. Sobald das in der Bodenprobe durch Verdunsten anfangs in den gröberen, dann auch in den feineren Poren zurückgehende Kapillarwasser die Unterbettungsschicht erreicht, beginnt deren Saugkraft in allmählicher Steigerung wirksam zu werden. Man ist deshalb bei dieser Versuchsanordnung nicht immer sicher, ob es noch die feinsten Porenschlote der Bodenprobe oder schon die Kapillarkräfte des Unterbettungsbodens sind, welche ein weiteres Steigen der Quecksilbersäule hervorrufen. Feuchtigkeitsbestimmungen der Bodenprobe genügen zur Entscheidung dieser Frage nicht.

Auch ist sehr darauf zu achten, daß das Wasser möglichst luftfrei ist. Wegen der hohen Unterdrucke, die sich unterhalb der Kapillarmenisken bei Versuchen mit schwerem Boden einstellen, wird Luft, welche das Wasser über die Menge hinaus enthält, die es bei dem betreffenden Druck absorbieren kann, ausgeschieden. Bei steigendem Unterdruck dehnt sich die ausgeschiedene Luft aus und zerreißt die Kapillarwassersäule. Es braucht also nicht immer ein Durchbruch der Luft durch die Bodenprobe oder das Unterbettungsmaterial die Ursache des Abreißens der Kapillarwassersäule zu sein.

Ein grundsätzlich ähnliches Kapillarimeter hat Weiland[1] benutzt (Abb. 45). In eine Glasröhre von 5 cm Lichtweite wird ein mehrfach durchlöcherter Korkstopfen gebracht, auf diesen eine flache Kupferdrahtspirale gelegt und mit genau eingepaßter Filtergaze bedeckt, das Rohr einem Wasserdurchfluß von oben ausgesetzt und der Sand dabei eingebracht. Nach vollendeter Füllung wird durch einen Schlauchheber der untere Wasserspiegel im Meßglas abgesenkt. Das Maß der Absenkung, bei welcher noch keine Luft durch den Sand gesogen wird, ist gleich der Steighöhe H des geschlossenen Porenwassers. Um festzustellen, wann Luft in den Sand eintritt, wird das Kapillarimeter oben mit einem Stopfen abgeschlossen, in welchen ein winkelförmiges Kapillarröhrchen eingesetzt ist. Der Wasserspiegel wird nun zunächst so weit gesenkt, bis der Sand keine glänzende Oberfläche mehr zeigt, darauf wird ein Tropfen Wasser in das Kapillarröhrchen durch vorheriges Ansaugen bis zum Kniepunkt geführt und nun die Absenkung im Meßzylinder so weit getrieben, bis der Wassertropfen durchgerissen wird. Weiland bestimmte mit diesem Apparat die kapillare Steighöhe eines Sandes von 0,92—1,02 mm Korndurchmesser ($U = 1,03$) zu 8,4 cm. Leider ist weder das Porenvolumen noch die Temperatur angegeben. Für eine Temperatur von 18° C und ein Porenvolumen von 35 % würde sich nach Gleichung (30) eine kapillare Steighöhe von 8,5 cm ergeben.

Zur Verwendung im gewachsenen Boden geeignet ist der in Abb. 46 dargestellte Saugkraftmesser von Korneff[2]. Er hat den weiteren Vorteil, daß ein Abreißen der Wassersäule des Kapillarimeters nicht eintreten kann. In der Abbildung ist *1* eine unten geschlossene Röhre aus porösem gebrannten Ton oder Glas, die mit dem Glasgefäß *2* luftdicht verbunden ist. *4* ist ein dickwandiger Gummischlauch, der von dem Stutzen *3* zu dem Quecksilbermanometer *5* führt. *6* ist ein Thermometer. Die poröse Röhre und das Glasgefäß werden bis zum

---

[1] Weiland, H.: Über die Wasserbewegung im durchfeuchteten Boden mit besonderer Berücksichtigung der Heberwirkung des Sandes. Dissert., Techn. Hochsch. Danzig 1929.

[2] Korneff, B. J.: La capacité d'absorption du sol. Appareils pour la mesurer. Ann. sci. agronom. **43**, No 5, 353 (1926).

Stutzen *3* mit Wasser gefüllt, wonach der Schlauch *4* aufgestreift wird. Röhre *1* wird in den zu untersuchenden Boden gesteckt, nachdem sie von durchquellendem Wasser etwas angefeuchtet ist. Die Kapillaren des Bodens beginnen das Wasser aufzusaugen, der Wasserspiegel im Gefäß sinkt und die Quecksilbersäule steigt. Wasser- und Quecksilberstand werden von Zeit zu Zeit abgelesen. Die poröse Röhre soll wohl durchlässig für Wasser, aber in feuchtem Zustande ebenso wie das Gefäß *2* vollkommen undurchlässig für Luft sein. Läßt die Saug-röhre Luft durchtreten, was am Aufsteigen von Bläs-chen erkannt werden kann, so zieht man sie aus dem Boden und taucht sie in eine Tontrübung. Es wird dann Wasser durch die Röhre in das unter Unterdruck stehende Gefäß eindringen, wobei sich feine Tonteil-chen an der Außenwandung niederschlagen und den Luftzutritt erschweren. Die Temperatur der Gefäß-luft muß mindestens gegen Ende des Versuchs mög-lichst konstant gehalten werden. Die Saugkraft des Bodens ist nach KORNEFF gleich der mit 13,6 multi-plizierten Höhe der linken Quecksilbersäule über der rechten abzüglich der Höhe der Wassersäule über dem unteren Ende der Saugröhre. Er berücksichtigt auch die Schwankungen des Atmosphärendrucks und glaubt, daß es die Molekularkraft des Häutchenwassers der Bodenteilchen sei, welche die Saugkraft entfalte. Er beobachtete in einem Tschernosemboden eine Saug-kraft von 721—789 cm, in schwerem Ton 693 bis 721 cm, in sandigem Lehm 530—585 cm, in Torf 707 cm und in Sand von 2—3 mm Korngröße 13,6 bis 27,2 cm. Die Saugkraft nahm mit zunehmendem Feuchtigkeitsgehalt des Bodens ab.

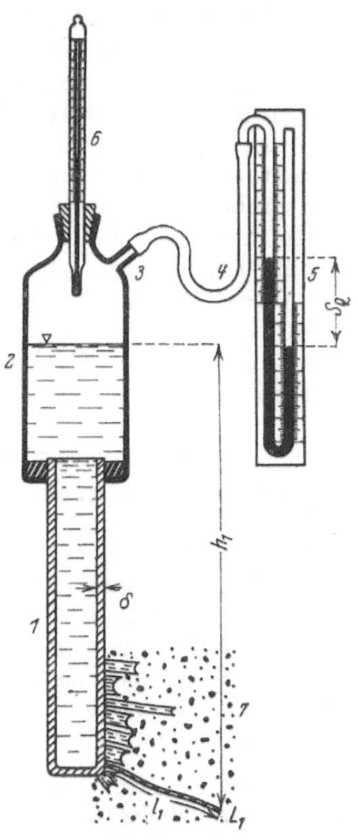

Abb. 46.
Kapillarimeter von KORNEFF.

Da Häutchenwasser keinen Unterdruck hat, kann die Saugkraft nicht von diesem ausgehen. Auch ist es fehlerhaft, noch den Atmosphärendruck besonders zu berücksichtigen, da er nicht nur auf die Queck-silbersäule, sondern auch auf die Kapillarmenisken des Bodens in gleicher Weise wirkt. Ferner ist von der Höhe der Quecksilbersäule nicht die Höhe der Was-sersäule über dem unteren Ende der Saugröhre, son-dern der Höhenunterschied zwischen Wasseroberfläche im Gefäß *2* und tiefst gelegenem ruhenden Meniskus abzuziehen. Bei feinkörnigen Böden dürfte es zwar genügen, nur die Höhe der Wassersäule über dem Gefäß-boden in Abzug zu bringen. Auf diese nicht beachteten Umstände dürfte der von KORNEFF erhaltene hohe Wert der Saugkraft für Sand von 2—3 mm Korn-größe zurückzuführen sein.

Abb. 46 zeigt gleichzeitig das schematische Bild einer Kapillarwasserauf-nahme. Es wird die Saugkraft eines Porenschlotes in Zentimeter Wassersäule

$$H_1 = 13{,}6\,S_Q - h_1 + L_1 + l_1 \cdot u_1 + \delta \cdot u \text{ cm},\qquad (34)$$

worin die Bedeutung der Längenbezeichnungen aus der Abbildung hervorgeht und ferner L_1 den Überdruck der Bodenluft über den Druck der Außenluft, u_1 den Reibungs- und Beschleunigungswiderstand des Wassers je Zentimeter Länge in dem Porenschlot l_1 und u den Reibungs- und Beschleunigungswiderstand je Zentimeter Länge in der Tonröhrchenwandung bedeutet. Der Apparat gibt die

Kapillarziffer der feinsten Porenschlote nur für den Fall an, daß deren Menisken schon vor Erreichung der Grenzfläche des Bodenstücks zur Ruhe kommen. Es wird dann ihre Kapillarziffer

$$H = 13{,}6\,S_Q - h \text{ cm,} \tag{35}$$

worin h den Abstand des Meniskus des tiefstgelegenen Porenschlotes vom Gefäßwasserspiegel bedeutet. Wegen der Luft im Gefäß 2 bleibt jedoch die Manometeranzeige immer unter 10 m Wasserdruck, so daß die Bestimmung der Kapillarziffer für das offene Porenwasser hier ihre Grenze findet. Je feuchter der Boden ist, desto mehr feinere Poren werden wassererfüllt sein, und die gemessene Saugkraft ist dann das Maß für die Kapillarziffer der mittleren und, bei großer Feuchtigkeit, der weitesten Poren.

Der Apparat gestattet deshalb den Feuchtigkeitszustand eines bestimmten Bodens leicht zu beobachten, wenn man zuvor durch eine Sonderuntersuchung mit Probeentnahme, Trocknen und Wägen die Abhängigkeit zwischen Feuchtigkeitsgehalt und Manometeranzeige festgestellt hat. Das Anfangsvolumen der Gefäßluft muß dann aber bei jeder Messung konstant gehalten werden.

Neuerdings hat Engelhardt[1] den kapillaren Aufstieg eingehend untersucht. Sein Kapillarimeter ähnelt dem von Weiland benutzten, jedoch wird der negative Wasserdruck durch Evakuieren eines Gefäßes erzeugt, das mit der am Boden hängenden kapillaren Wassersäule in Verbindung steht.

Kapillare Geschwindigkeit beim Aufstieg.

Die Geschwindigkeit des Aufstiegs in kapillaren Röhren hat Décharme[2] eingehend erforscht, und über die Geschwindigkeit des Kapillarwassers im Boden haben Klenze[3], Edler[4], Wollny[5], King[6], Atterberg[7], Richardson[8], Luedecke[9], Green und Ampt[10], Kozeny[11], Zunker[12], Terzaghi[13] u. a. Untersuchungen angestellt. Diro Kitao[14] hat im Jahre 1897 Formeln über die kapillare Wasserbewegung nach aufwärts, nach abwärts und in horizontaler Richtung entwickelt und dabei auch auf die Bedeutung des Wertes h^2/t hingewiesen.

Im folgenden ist als Saugkraft eines Meniskus H eingesetzt, unabhängig davon, ob es sich um einen vorschreitenden oder rückschreitenden Meniskus handelt.

[1] Engelhardt, J. H.: Beiträge zur Kenntnis der Kapillarerscheinungen im Zusammenhang mit der Heterogenität des Bodens. Bodenkundl. Forschgn. 1, Nr. 4, 239 (1929).

[2] Décharme: Ann. Chim. et Physique (4) 27, 228 (1872); 29, 415, 564 (1872); (5) 1, 145, 318 (1873). — Nach H. Freundlich: Kapillarchemie, S. 114. Leipzig 1922.

[3] Klenze, v.: Untersuchungen über die kapillare Wasserleitung im Boden. Landw. Jb. 6, 83 (1877).

[4] Edler, W.: Die kapillare Leitung des Wassers in den durch den Schöneschen Schlämmapparat abgeschiedenen hydraulischen Werten. Inaug.-Dissert. Göttingen 1882; Forschgn. Geb. Agrikult.-Phys. 6, 56 (1883).

[5] Wollny, E.: Forschgn. Geb. Agrikult.-Phys. 7, 269 (1884).

[6] King, F. H.: Principles and conditions of the movement of ground water. 19. Ann. Rep. U. S. Geolog. Survey 1897/98, Teil II, 85 (Washington 1899).

[7] Atterberg, A.: Landw. Versuchsstat. 69, 93 (1908).

[8] Richardson, L. F.: The lines of flow of water in saturated soils. The scientific proceedings of the Royal Dublin Society 11, Nr. 27, 295 (1908).

[9] Luedecke, C.: Der Kulturtechniker 12, 119 (1909).

[10] Green, W. H., and G. A. Ampt: Studies of soil physics, the flow of air and water through soils. J. agricult. Sci. 4, Teil 1, 9 (1911).

[11] Kozeny, J. S.: Über den kapillaren Aufstieg des Wassers im Boden. Der Kulturtechniker 27, 11 (1924); Sitzgsber. Akad. Wiss. Wien 136, 271 (1927).

[12] Zunker, F.: Zum kapillaren Aufstieg des Wassers im Boden. Der Kulturtechniker 27, 188 (1924).

[13] Terzaghi, K. v.: Erdbaumechanik, S. 133. Leipzig u. Wien 1925.

[14] Diro Kitao, nach C. Luedecke, Der Kulturtechniker 12, 123 (1909).

Für die Wassergeschwindigkeit in Kapillaren gilt das POISSEUILLEsche Gesetz

$$v = \frac{g \cdot \gamma}{8\,\pi \cdot \eta} \cdot f \cdot J \ \text{cm/sek}\,, \tag{36}$$

hierin ist $g =$ Beschleunigung der Schwerkraft, $\gamma =$ spez. Gewicht der Flüssigkeit, $\eta =$ Zähigkeit der Flüssigkeit, $f =$ Querschnitt der Kapillarröhre, $J =$ Druckgefälle. Setzen wir den für das Kapillarnetz des Bodens rechnerisch schwierig zu erfassenden Wert $\frac{g \cdot \gamma}{8\,\pi \cdot \eta} \cdot f = k$, so folgt für die Wassergeschwindigkeit im Boden

$$\boldsymbol{v = k \cdot J}\ \text{cm/sek}\,, \tag{37}$$

worin k die Durchlässigkeitsziffer des Bodens für Wasser in cm/sek ist.

Die kapillare Bewegung kann jede beliebige Richtung haben. In Abb. 47, in der eine nach aufwärts geneigte Bewegungsrichtung dargestellt ist, bedeutet l die Länge der kapillaren Wassersäule und h die Höhe des Meniskus über dem Anfangshorizont, beides in Zentimetern, ferner ist $A + z$ der Atmosphärendruck plus einem etwaigen Zusatzdruck im Anfangshorizont, $A + L$ der Atmosphärendruck plus dem Luftüberdruck L vor dem Meniskus, H die Saugkraft des Meniskus, alles in Zentimetern Wassersäule, t die Zeit in Sekunden seit Beginn der Bewegung. Die Beschleunigungskräfte für die Wasserbewegung können vernachlässigt werden. Dann wird die Geschwindigkeit der Kapillarbewegung zur Zeit t

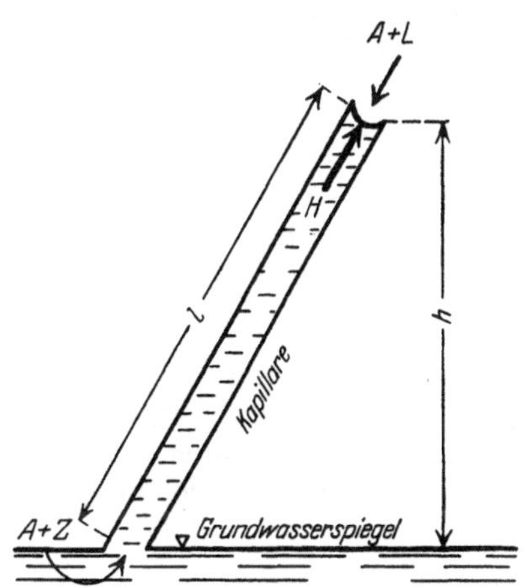

Abb. 47. Wasseraufstieg in einer Kapillaren.

$$v = \frac{dl}{dt} = k \cdot \frac{H + z - L - h}{l}\ \text{cm/sek}\,. \tag{38}$$

Für den Fall der lotrechten Aufwärtsbewegung wird $l = h$, und es folgt dann durch Integrieren der Gleichung (38)

$$t = \frac{1}{k_t} \cdot \left\{ (H + z - L) \cdot \ln \frac{H + z - L}{H + z - L - h} - h \right\}\ \text{sek}\,, \tag{39}$$

hierin ist k_t der Durchlässigkeitsbeiwert der vom Kapillarwasser durchströmten Bodensäule zur Zeit t. Im allgemeinen ist z eine Konstante, ebenso H bis zum Höchststand des geschlossenen Kapillarwassers, dagegen sind k_t und L veränderliche Größen.

Die Einführung der veränderlichen Größe k_t ist dadurch notwendig, daß sich beim kapillaren Aufstieg mit zunehmender Höhe mehr Luftbläschen ausscheiden, die den freien Porenquerschnitt einschränken, und oberhalb des geschlossenen Kapillarspiegels sogar Luftschlote entstehen. Streng genommen müßte nun für k_t ein Durchschnittswert der Durchlässigkeit innerhalb der Zeit t eingeführt werden, aber nach Gleichung (100) ist für die Größe von k die am schwersten durchlässige Schicht maßgebend, und das ist hier die Bodendurchlässigkeit im jeweilig letzten Zeitpunkt des Aufstiegs.

Nach Gleichung (93a) ist für luftfreien Boden die Wasserdurchlässigkeit

$$k = \mu \cdot \frac{60^2}{\eta} \cdot \frac{p_0^2}{O_r^2}\ \text{cm/sek}\,.$$

Da die Luftabscheidung hauptsächlich in den gröberen Poren erfolgt, die nur wenig zu der Größe der Teilchenoberfläche O_r beitragen, kann O_r als annähernt konstant angesehen werden. Hingegen ändert sich p_0 mit der Länge der Kapillarsäule. Es ist also der veränderliche Durchlässigkeitsbeiwert

$$k_t = \mu \cdot \frac{60^2}{\eta} \cdot \frac{p_0^2 t}{O_r^2} \text{ cm/sek} . \tag{40}$$

Setzen wir

$$p_0 t = \frac{Q}{h} , \tag{40a}$$

worin Q die bis zur Zeit t gehobene Wassermenge je cm² Querschnittsfläche der Bodensäule bedeutet, so wird

$$k_t = \mu \cdot \frac{60^2}{\eta} \cdot \frac{Q^2}{h^2 \cdot O_r^2} \text{ cm/sek} . \tag{41}$$

Statt O_r können wir nun wieder den entsprechenden Wert der spez. Oberfläche U aus Gleichung (90a) einsetzen, dann wird

$$k_t = \frac{\mu}{\eta} \cdot \frac{Q^2}{(1-p)^2 \cdot h^2} \cdot \frac{1}{U^2} \text{ cm/sek} . \tag{41a}$$

Gleichung (41a) in Gleichung (39) eingesetzt ergibt die Zeitgleichung des kapillaren Aufstiegs

$$t = \frac{\eta \cdot (1-p)^2 \cdot h^2 \cdot U^2}{\mu \cdot Q^2} \left\{ (H+z-L) \cdot \ln \frac{H+z-L}{H+z-L-h} - h \right\} \textbf{ sek} . \tag{42}$$

Q kann mit der in Abb. 42 dargestellten Vorrichtung bestimmt werden.

Für die Anfangsstrecke der kapillaren Erhebung kann bei größerem H der Summand h im Zähler der Gleichung (38) vernachlässigt werden. Die Integration der vereinfachten Gleichung ergibt die Zeit des kapillaren Aufstiegs für großes H und kleines h

$$t = \frac{h^2}{2 k_t \cdot (H+z-L)} \text{ sek} \tag{43}$$

und hieraus, ebenfalls nur für großes H und kleines h gültig,

$$\frac{h^2}{t} = 2 k_t \cdot (H+z-L) \text{ cm}^2/\text{sek} . \tag{44}$$

Es fragt sich nun, wieweit Theorie und Versuch übereinstimmen und ob Vereinfachungen in den Formeln vorgenommen werden dürfen. Ist der Zusatzdruck z gleich Null und vernachlässigen wir zunächst die Veränderlichkeit von k und den Luftwiderstand L, so wird aus Gleichung (39)

$$t = \frac{1}{k} \left(H \cdot \ln \frac{H}{H-h} - h \right) \text{ sek} \tag{45}$$

und aus Gleichung (44)

$$\frac{h^2}{t} = 2 k \cdot H \text{ cm}^2/\text{sek} . \tag{46}$$

Gleichung (93) und (30) in Gleichung (46) eingesetzt, ergibt für die Anfangsstrecke der kapillaren Bewegung bzw. für großes H und kleines h

$$\frac{h^2}{t} = 0{,}6 a^2 \cdot \frac{\mu}{\eta} \cdot \frac{p_0}{(1-p)} \cdot \frac{1}{U} \text{ cm}^2/\text{sek} \tag{47}$$

oder

$$v = \frac{h}{t} = 0{,}6 a^2 \cdot \frac{\mu}{\eta} \cdot \frac{p_0}{(1-p)} \cdot \frac{1}{U \cdot h} \text{ cm/sek} . \tag{47a}$$

Die Formel (47a) besagt, daß die kapillare Anfangsgeschwindigkeit um so geringer ist, je feinkörniger der Boden.

Es sind nun in der nachstehenden Tabelle die von ATTERBERG[1] gemachten Beobachtungen über die kapillare Steiggeschwindigkeit wiedergegeben. Die Korngruppen entstammen glazialen Böden, die Versuchstemperatur betrug 17^0.

Von ATTERBERG beobachtete Steiggeschwindigkeit.

Korngröße	Poren-volumen	Steighöhe in mm nach								
mm	%	5 Min.	35 Min.	1 Tag (h_1)	2 Tagen	4 Tagen	8 Tagen	18 Tagen	30 Tagen	72 Tagen
5 —2	40,1	12	15	22[2])	—	—	—	—	—	—
2 —1	40,4	33	37	54	60	65	—	—	—	—
1 —0,5	41,8	70	77	115	123	131	—	—	—	—
0,5 —0,2	40,5	115	150	214	230	237	246	—	—	—
0,2 —0,1	40,4	105	265	376	396	411	428	—	—	—
0,1 —0,05	41,0	—	—	530	574	629	850	966	1000	1055
0,05 —0,02	41,0	—	—	1153	1360	1531	1657	1774	—	—
0,02 —0,01	42,3	—	—	485	922	1536	1933	2093	2447	—
0,01 —0,005	42,7	—	—	285	—	—	—	—	—	—
0,005—0,002	—	—	—	143	—	—	—	—	—	—
0,002—0,001	—	—	—	55	—	—	—	—	—	—

Anschließend ist in nachfolgender Tabelle eine Vergleichsrechnung durchgeführt. In der 5. Spalte ist für einige Korngruppen, die ein verhältnismäßig großes H und kleines beobachtetes h aufweisen, $\frac{h^2}{t}$ aus den Beobachtungen ermittelt und in der 6. Spalte auch nach Gleichung (47) berechnet worden. Man ersieht, daß Gleichung (47) offenbar nur für sehr große H und sehr kleine h Geltung hat; denn erst bei der feinsten Korngröße kommen sich Berechnung und Beobachtung nahe. Immerhin geht aus beiden Spalten zur Genüge hervor, daß die Anfangsgeschwindigkeit mit wachsender spezifischer Oberfläche tatsächlich abnimmt.

Es ist sodann noch aus Gleichung (93) die Durchlässigkeitsziffer k (für $\mu = 0,013$ und $\eta = 0,0109$) und nach Gleichung (45) die Steigzeit t_1 für die nach

Berechnetes $\frac{h_2}{t}$ und Steigzeit für die Steighöhe nach 24 Stunden.

Korngröße	Spez. Ober-fläche U	Kapillare Steig-höhe in cm [S. 99 u. Gl. (30)]		$\frac{h^2}{t}$ für großes H und kleines h		$\frac{H}{H-h}$	Durchlässig-keit k	Steigzeit t_1 für die nach 24 Stunden erreichte Steighöhe h_1	$\frac{t\text{beobachtet}}{t\text{berechnet}}$
		beob-achtet	be-rechnet	aus den Beob-achtungs-zahlen ermittelt	aus Gl. (47) be-rechnet				
mm							cm/sek	sek	
5 —2	0,33	2,5	2,2	—	21,9	8,33	5,0	0,6	140000
2 —1	0,72	6,5	4,7	—	10,0	5,91	1,06	5,8	15000
1 —0,5	1,44	13,1	9,0	—	5,3	8,19	0,297	54	1600
0,5 —0,2	3,28	24,6	21,5	—	2,2	7,69	0,051	560	154
0,2 —0,1	7,19	42,8	47,4	36,8	1,01	8,23	0,0106	4970	17,4
0,1 —0,05	14,4	105,5	93	—	0,52	2,01	0,00278	7430	11,6
0,05 —0,02	32,8	etwa 2 m	211	—	0,23	2,101	0,00054	96300	0,90
0,02 —0,01	71,9	—	439	2,72	0,109	1,112	0,000124	23270	3,7
0,01 —0,005	144	—	864	0,94	0,055	1,0304	0,000032	14730	5,9
0,005—0,002	328	—	1984*	0,24	0,024	1,00655	0,0000061	7340	11,8
0,002—0,001	719	—	4350*	0,035	0,011	1,00114	0,0000013	—	—

* Mit $p = 0,425$.

---

[1] ATTERBERG, A.: Landw. Versuchsstat. **69**, 93 (1908).
[2] Schwierig abzulesen; der Sand war nur angefeuchtet.

24 Stunden erreichten Steighöhen h_1 berechnet und schließlich in der letzten Spalte das Verhältnis zwischen der beobachteten Steigzeit (86 400 Sekunden) und der berechneten gebildet worden. Berechnung und Beobachtung stimmen hier nur für die Korngröße 0,05—0,02 mm annähernd überein.

Soweit die größte Steighöhe beobachtet wurde, ist sie der Berechnung der Steigzeit zugrunde gelegt.

Um die Ausnahmestellung der Korngröße 0,05—0,02 mm, die auch schon Edler[1], Wollny[2] und Atterberg[3] erkannt haben, deutlicher hervortreten zu lassen, ist in der nachstehenden Tabelle für diese und die benachbarten Korngrößen das Verhältnis $\dfrac{t_{\text{beobachtet}}}{t_{\text{berechnet}}}$ für den 1., 2., 4., 8. und 18. Tag zusammengestellt.

Verhältnis der beobachteten zur berechneten Steigzeit.

Korngröße	$\dfrac{t_{\text{beobachtet}}}{t_{\text{berechnet}}}$ für die Steighöhe am				
mm	1. Tage	2. Tage	4. Tage	8. Tage	18. Tage
0,1 —0,05	12	19	29	22	26
0,05—0,02	0,90	1,12	1,54	2,33	3,96
0,02—0,01	3,69	1,90	1,21	1,39	2,57

Die Verhältniszahl 0,90 für die Korngröße 0,05—0,02 mm wird damit erklärt, daß die von Atterberg beobachteten Steighöhen offenbar mehr dem jeweilig höchsten als dem mittleren Meniskenstand entsprachen.

Die Zunahme der Verhältniszahl für die Korngrößen über 0,05 mm findet darin ihre Erklärung, daß für diese Korngrößen der Höchststand des geschlossenen Kapillarwassers schon vor dem 1. Tage erreicht war und der weitere Aufstieg nur in den feineren Poren stattfand, so daß tatsächlich nur noch ein Teil der Kapillarkraft wirksam war und infolge der Lufteinschlüsse und zahlreichen Luftschlote auch der Durchlässigkeitsbeiwert eine starke Verringerung erfuhr. Die Formeln (42) und (45) haben also nur Geltung bis zum Höchststand des geschlossenen Kapillarwassers; allenfalls kann Formel (42) noch etwas darüber hinaus Anwendung finden, weil der steigende Luftgehalt durch die Einführung des Q-Wertes berücksichtigt ist, wenngleich die Verringerung von H unberücksichtigt bleibt. Der Höchststand des geschlossenen Kapillarwassers geht bei ziemlich gleichporigen Böden aus dem scharfen Knickpunkt hervor, den graphisch aufgetragene Steigzeitkurven aufweisen.

Für die Korngröße < 0,02 mm ist wieder die Vernachlässigung des Luftwiderstandes L der Grund der schlechten Übereinstimmung; denn der Luftwiderstand wächst mit der Kapillarziffer H des Bodens, wie weiter unten gezeigt werden wird.

Die Korngröße 0,05—0,02 mm zeichnet sich also dadurch aus, daß der Höchststand des geschlossenen Kapillarwassers nach 24 Stunden noch nicht erreicht ist — nach der graphischen Auftragung erst nach 3 Tagen —, und daß ferner der Luftwiderstand noch so klein ist, daß seine Vernachlässigung in Formel (45) nicht ins Gewicht fällt.

Der Luftwiderstand L zur Zeit t folgt aus der allgemeinen Gleichung (37) zu

$$L = \frac{v \cdot l_1}{k_l} \text{ cm Wassersäule} , \tag{48}$$

[1] Edler, W.: a. a. O., Inaug.-Diss., Göttingen 1882.
[2] Wollny, E.: Forschgn. Geb. Agrikult.-Phys. 7, 269 (1884).
[3] Atterberg, A.: a. a. O., S. 93.

worin v die Geschwindigkeit des Kapillarwassers, k_l den Durchlässigkeitsbeiwert des Bodens für Luft und l_l die Länge der Bodenluftsäule bedeutet bis zu der Stelle, wo der als geradlinig abnehmend angenommene Druck der Grundluft die Größe des Atmosphärendrucks erreicht. Es ist also

$$l_l = \frac{L}{J_l}, \tag{48a}$$

worin J_l das Gefälle des Luftstromes ist.

Gleichung (106) in Gleichung (48) eingesetzt, ergibt

$$L = \frac{v \cdot l_l \cdot \eta_l}{k \cdot \eta} \text{ cm Wassersäule}. \tag{49}$$

Durch Einsetzen der Gleichung (38) und (41a) (k_l an Stelle von k zu setzen) in Gleichung (49) folgt schließlich

$$L = \frac{H + z - h}{1 + \dfrac{\eta}{\eta_l} \cdot \dfrac{h^3}{l_l} \cdot \dfrac{p_0^2}{Q^2}} \text{ cm Wassersäule}, \tag{50}$$

oder, nach Einsetzen von Gleichung (48a),

$$\boldsymbol{L = H + z - h \cdot \left(1 + \frac{\eta}{\eta_l} \cdot h^2 \cdot \frac{p_0^2}{Q^2} \cdot J_l\right).} \tag{50a}$$

Das Verhältnis der Zähigkeitszahlen $\dfrac{\eta}{\eta_l}$ ist aus der auf S. 161 enthaltenen Tabelle zu entnehmen.

Nach Gleichung (50a) ist der Luftwiderstand zu Beginn der kapillaren Bewegung am größten, unmittelbar am Anfang der Bewegung ist jedoch der Formelwert unbestimmt, da für $h = 0$ auch $Q = 0$ wird und J_l einen nahezu unendlich großen Wert erreicht. Bei Luftabschluß wird sehr bald das Gefälle des Luftstromes gleich Null, demnach

$$L = H + z - h,$$

und die Kapillarbewegung kommt zum Stillstand.

Steigzeitbestimmungen an kompakten hygroskopisch gesättigten Lehm- und Tonwürfeln hat ZUNKER[1] angestellt. Nachstehende Tabelle zeigt die Ergebnisse.

Steigzeit in kompakten schweren Böden.

Boden Nr.	Spannungs-freies Poren-volumen p_0	Hygro-skopi-zität w_h	Korngröße < 0,002 mm %	Spez. Ober-fläche[2] U	Höhe des Bodenwür-fels über Wasser-spiegel cm	Kapillare Steigzeit Std.	$\dfrac{h^2}{t}$ cm²/sek	Steigzeit für den ersten Meter Tage
37_2	29,7	8,05	10,7	1145	3,33	2,32	0,00133	87
15_2	30,0	7,68	13,7	1610	3,80	4,90	0,00082	141
36_1	25,0	10,69	16,5	2150	3,56	9,57	0,00037	313
29_1	22,4	12,44	44,5	8121	3,42	$\geqq$ 18,83	$\geqq$ 0,00017	$\geqq$ 681

In der letzten Spalte der Tabelle sind unter der Annahme, daß für den ersten Meter h^2/t konstant ist, die Steigzeiten für die Steighöhe 1 m berechnet.

---

[1] ZUNKER, F.: Der Kulturtechniker 31, 541 (1928).

[2] Die spez. Oberfläche ist aus der Korngröße < 0,002 mm nach der in Der Kulturtechniker 31, S. 112 (1928) angegebenen Kurve bestimmt worden, nur für den schwersten Boden Nr. 29, für den die Bestimmung nach dieser Kurve nicht mehr möglich ist, wurde U aus Gleichung (7) berechnet.

Die tatsächliche Steigzeit ist nach der Vergleichsrechnung auf S. 107 wahrscheinlich wesentlich höher. Wie man sieht, hat schon kompakter Lehm eine überaus geringe kapillare Geschwindigkeit. Außerdem waren die benutzten Bodenstücke schmaler als hoch, und deshalb konnte die Bodenluft gut entweichen; trotzdem wurden noch eine Anzahl Tonwürfel von der durch Kapillarkräfte stark gepreßten Luft zersprengt. In natürlichen Böden liegen aber die Entlüftungsverhältnisse noch sehr viel ungünstiger als bei dem Versuch.

Füllt man Tonboden vorsichtig in ein lotrecht stehendes, am unteren Ende mit Stoffgewebe verschlossenes Glasrohr und taucht es dann geneigt mit dem unteren Ende in Wasser, so steigt das Kapillarwasser derart empor, daß der Wasserspiegel stets einen rechten Winkel mit der Achse des geneigten Rohres bildet, während der Spiegel des Kapillarwassers in einer ähnlich hergestellten Sandsäule fast horizontal bleibt und mit der Rohrachse einen schiefen Winkel bildet. KRYMIN[1] führt dieses Verhalten des Kapillarwasserspiegels auf den schuppen

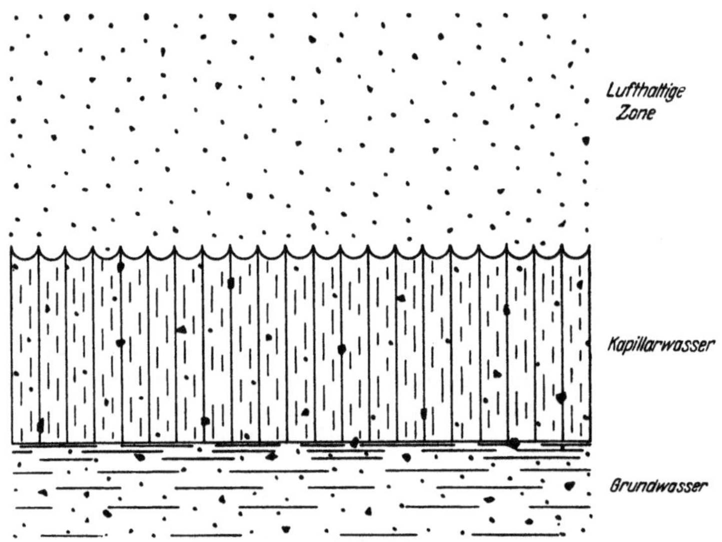

Abb. 48. Kapillarer Aufstieg in gleichporigem Boden.

förmigen Charakter der Tonbestandteile zurück, und TERZAGHI[2] nennt den Versuch einen eleganten experimentellen Beleg für die Behauptung, daß die Glimmerblättchen im Ton sich parallel anordnen.

Tatsächlich ist dieser Versuch nur ein Beweis für die große Kapillarkraft der Tone, gegen deren Kapillarziffer der Druckhöhenunterschied zwischen Ober- und Unterkante des geneigten Rohrendes verschwindend klein ist. Die Kapillarwasserfäden bewegen sich scheinbar also so, als ob der kleine Druckhöhenunterschied nicht vorhanden wäre, d. h. parallel der Röhrenwandung. Die lotrechte Einfüllung des Bodens ist dabei deshalb nötig, weil sich sonst schräge Schichten ausbilden würden, in deren Ebene sich das Kapillarwasser leichter fortbewegt als senkrecht dazu. Mit zunehmender Korngröße gewinnt jedoch der Druckhöhenunterschied der Kanten des Rohrendes immer mehr an Bedeutung, und bei der geringen Saugkraft der Sande und Kiese macht schon ein Druckhöhenunterschied

---

[1] KRYMIN, D. T.: Elementary proof of scale likeness of clay particles. Publ. Roads 8, No. 11 (Washington 1928).
[2] REDLICH, A., TERZAGHI, K. v., KAMPE R.: Ingenieurgeologie, S. 343. Wien und Berlin 1929.

von mehreren Zentimetern sehr viel aus. Aber man kann beobachten, daß sich auch in sehr durchlässigen Sanden die Kapillarbewegung in einem geneigten Rohr nicht mit vollkommen horizontaler Spiegellage vollzieht, weil die Größe der treibenden Kräfte und die Länge der Wege an der oberen und unteren Mantellinie des Rohres verschieden sind.

Der kapillare Wasseraufstieg im natürlichen Boden hängt nun noch von Umständen ab, die besondere Beachtung verdienen. Ist der Boden sehr gleichporig, so werden die Menisken eine annähernd gleiche Höhenlage haben (Abb. 48). Wenn dann oben Kapillarwasser durch Pflanzen- und Bodenverdunstung ver-

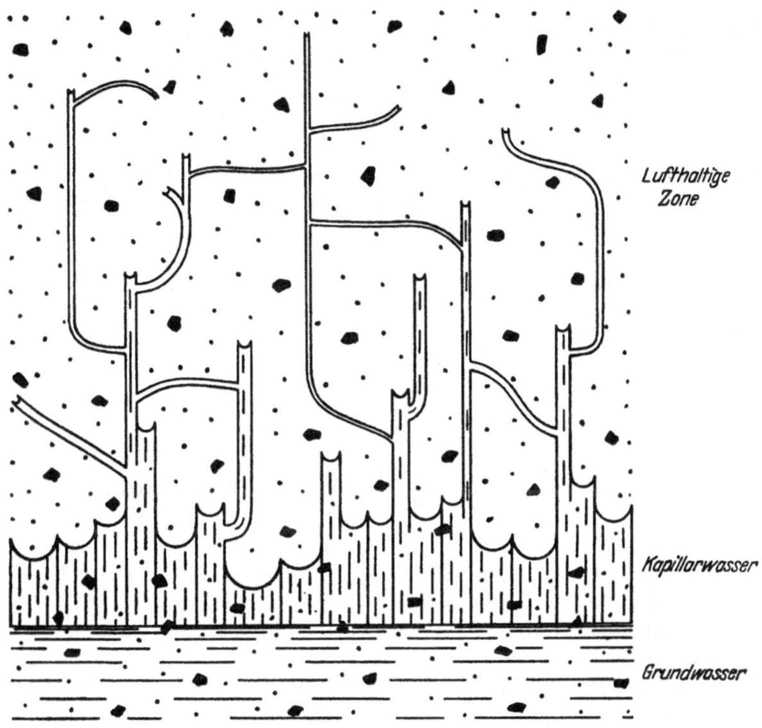

Abb. 49. Kapillarer Aufstieg in ungleichporigem Boden.

braucht wird, so vermag kein Kapillarwasser aufzusteigen, falls nicht gleichzeitig Grundwasser von unten oder der Seite her als Ersatz zufließt, da sonst ein luftleerer Raum unterhalb des Kapillarwassers entstehen würde. In unaufgeschlossenen, ziemlich gleichporigen Böden hat deshalb die Pflanzenwelt keinen nennenswerten Kapillarwasserzustrom zu erwarten.

Anders verhält sich das Kapillarwasser in einem ungleichporigen Boden, der von verrotteten Pflanzenwurzeln, Wurmlöchern, Rissen und Spalten durchzogen ist (Abb. 49). Hier bilden sich große Unterschiede in den kapillaren Steighöhen aus. Es bedarf dabei keines Grundwasserzustromes, um Kapillarwasser zum Aufsteigen zu bringen, denn vermöge ihrer stärkeren Saugkraft schöpfen die feineren Porenschlote aus den gröberen, in denen der Meniskenstand dadurch eine Senkung erfährt. In dem Maße, wie das Kapillarwasser aus den gröbsten Poren von den feineren aufgesogen wird und der geschlossene Kapillarwasserspiegel sinkt, wird auch Grundwasser in Kapillarwasser verwandelt. Ein eigentlicher Nachschub kapillaren Wassers aus dem Grundwasser findet also nicht statt, sofern das Grundwasser keine besonderen Zuflüsse erhält, sondern es erfolgt nur eine reine Umwandlung von Grundwasser in Kapillarwasser ohne Ortswechsel der Wassermoleküle. Es kann natürlich vorkommen, daß in Trockenperioden die Umwandlung so weit geht, daß der Spiegel des geschlossenen Kapillarwassers unter die frühere Höhe der Grundwasseroberfläche sinkt, in welchem Falle früheres Grundwasser zum kapillaren Aufstieg kommt. **In einem sehr ungleich-porigen Boden hat deshalb die Pflanzenwelt großen Nutzen von dem Kapillarwasser.**

Kapillare Geschwindigkeit bei horizontaler und Abwärtsbewegung.

Für die Kapillarbewegung in der Horizontalen wird in Gleichung (38) der Summand h gleich Null, und durch Integrieren erhält man

$$t = \frac{l^2}{2\,k_t \cdot (H + z - L)}\ \text{sek}. \tag{51}$$

Hierin ist k_t wieder ein mit t veränderlicher Durchlässigkeitsbeiwert. Gleichung (41a), jedoch mit $h = l$, in Gleichung (51) eingesetzt, ergibt

$$t = \frac{\eta \cdot (1 - p)^2 \cdot l^4 \cdot U^2}{2\,\mu \cdot Q^2 \cdot (H + z - L)}\ \text{sek}. \tag{52}$$

Für z gleich Null und unter Vernachlässigung von L, was für sandige Böden zulässig ist, sowie nach Einsetzen von Gleichung (30) wird

$$t = \frac{\eta \cdot p_0 \cdot (1 - p) \cdot l^4 \cdot U}{0,6\,a^2 \cdot \mu \cdot Q^2}\ \text{sek}. \tag{53}$$

Somit ist

$$\frac{t \cdot Q^2}{l^4} = \frac{\eta \cdot p_0 \cdot (1 - p) \cdot U}{0,6\,a^2 \cdot \mu} = \textbf{konstant}. \tag{53a}$$

Hierin ist also l die Länge der Kapillarwassersäule in cm und Q die kapillar aufgenommene Wassermenge in cm³ je cm² Querschnittsfläche der Bodensäule. t ist somit verhältnisgleich der spez. Oberfläche des Bodens.

Die Formel kann dazu benutzt werden, die spez. Oberfläche eines Bodens zu bestimmen.

Für die kapillare **lotrechte Abwärtsbewegung** des Wassers folgt durch Integrieren der Gleichung (38), wenn für h der negative Wert und $l = h$ gesetzt wird,

$$\boldsymbol{t = \frac{1}{k} \cdot \left\{ (H + z - L) \cdot \ln \frac{H + z - L}{H + z + h - L} + h \right\} \textbf{sek}.} \tag{54}$$

Weil bei der Abwärtsbewegung die treibende Kraft $H + z + h - L$ keine Verminderung erfährt, sofern nicht der Luftwiderstand wächst, sind die Lufteinschlüsse geringer als bei der Aufwärtsbewegung und außerdem gleichbleibender. Der Durchlässigkeitswert k bleibt deshalb bei gleicher Bodenbeschaffenheit ziemlich konstant, was von Green und Ampt[1] durch Versuche bestätigt wurde.

Für kleine h und große H kann h im Zähler der Gleichung (38) vernachlässigt werden. Dann wird durch Integrieren der Gleichung

$$t = \frac{h^2}{2\,k \cdot (H + z - L)}\ \text{sek}, \tag{55}$$

und daraus

$$\frac{h^2}{t} = 2\,k \cdot (H + z - L)\ \text{cm}^2/\text{sek}. \tag{55a}$$

---

[1] Green, W. H., and Ampt, G. A.: a. a. O., S. 9. (1911).

Für z und L gleich Null und nach Einsetzen der Gleichung (93) und (30) wird

$$\frac{h^2}{t} = 0{,}6\, a^2 \cdot \frac{\mu}{\eta} \cdot \frac{p_0}{(1-p)} \cdot \frac{1}{U} \ \text{cm}^2/\text{sek}. \tag{55b}$$

KOZENY[1] konnte an den Versuchsergebnissen von WOLLNY und ATTERBERG die tatsächliche Konstanz von h^2/t nachweisen. Das gilt aber nur für durchlässige, entlüftete Böden. Für feinkörnige und schlecht entlüftete grobkörnige ist der Luftwiderstand zu berücksichtigen, er wird für die Abwärtsbewegung ähnlich Gleichung (48) bis (50)

$$L = \frac{H + z + h}{1 + \frac{\eta}{\eta_l} \cdot \frac{h}{l_l}} \ \text{cm Wassersäule}, \tag{56}$$

und nach Einsetzen von Gleichung (48a)

$$\boldsymbol{L = H + z + h\left(1 - \frac{\eta}{\eta_l} \cdot J_l\right)} \ \textbf{cm Wassersäule.} \tag{56a}$$

Ebenso darf bei der Horizontalbewegung der Luftwiderstand in feinkörnigen Böden nicht vernachlässigt werden, er wird daselbst

$$L = \frac{H + z}{1 + \frac{\eta}{\eta_l} \cdot \frac{l^3}{l_l} \cdot \frac{p_0^2}{Q^2}} \ \text{cm Wassersäule}, \tag{57}$$

oder

$$L = H + z - \frac{\eta}{\eta_l} \cdot l^3 \cdot \frac{p_0^2}{Q^2} \cdot J_l \ \text{cm Wassersäule.} \tag{57a}$$

Eine kapillare Bewegung sowohl aufwärts als auch horizontal und abwärts findet bei der Heber- oder Dochtwirkung von Sandschichten statt. Von einem Grundwasserbereich aus steigt dabei das Kapillarwasser lotrecht oder schräg in die Höhe, verbreitet sich dann horizontal über einen wasserdurchlässigen Sattel hinweg, sofern der Sattelscheitel tiefer liegt als die Steighöhe des offenen Kapillarwassers, und sinkt schließlich auf der anderen Seite abwärts zum tieferliegenden Grundwasserbereich. Auf diese Erscheinung hat erstmalig HÄDICKE[2], sodann VERSLUYS[3] hingewiesen. Sie ist später von LAUGHLINS[4], BEGER[5], KOZENY[6], TERZAGHI[4], WEILAND[7] bestätigt worden. HÄDICKE berichtet, wie an der einen Seite eines undurchlässigen Rückens der Grundwasserspiegel 0,5 m und an der anderen Seite 3,5 m unter dem Rückenscheitel stand und das Wasser nach der Seite des tieferen Grundwasserstandes hinüberkroch.

VERSLUYS füllte ein U-förmiges Rohr von 5 cm Lichtweite mit Dünensand, stellte es mit den Enden nach unten auf, und zwar das eine Ende in Wasser, dessen Spiegellage veränderlich war, und bestimmte die über dem Rohrscheitel nach dem anderen Ende austretende Wassermenge. Es war

---

[1] KOZENY, J. S.: Sitzgsber. Akad. Wiss. Wien **136**, 284 (1927).

[2] HÄDICKE, H.: Der Grundwasserspiegel. Z. prakt. Geol. **1910**, 209.

[3] VERSLUYS, J.: Internat. Mitt. Bodenkde. **7**, 132 (1917).

[4] LAUGHLINS, W. W.: Capillary syphonig through soils. Eng. New-Rec. **1920**, 933; nach TERZAGHI: Erdbaumechanik, S. 137.

[5] BEGER, K.: Versuche zur Bestimmung der Wasserdurchlässigkeit von Sand. Dissert., Danzig 1922, S. 192.

[6] KOZENY, J. S.: Über Grundwasserbewegung. Wasserkraft und Wasserwirtschaft **22**, H. 7, 103 (1927).

[7] WEILAND, H.: Über Wasserbewegung im durchfeuchteten Boden mit besonderer Berücksichtigung der Heberwirkung des Sandes, Dissert., Danzig 1929.

Sattelhöhe über dem oberen Grundwasserspiegel, cm .	14	24	34	44	54	64	84	104	124	154	164
Übergekrochene Wassermenge, cm³/Std.	6,6	3,4	0,93	0,27	0,12	0,077	0,046	0,026	0,013	0,003	0

Mit dem Versluysschen Kapillarimeter ergab sich eine Saughöhe des Dünensandes von 29,3 cm, was sich, wie gezeigt wurde, auf die Steighöhe des geschlossenen Kapillarwassers bezieht. Es verhielt sich also die größte Steighöhe des offenen Kapillarwassers zu der des geschlossenen wie $\dfrac{154}{29,3} = 5,3$.

Auf die Bedeutung dieser Heber- oder Dochtwirkung als Ursache von Wasserverlusten abgedichteter, über dem Grundwasserspiegel liegender Kanäle hat Beger aufmerksam gemacht. Wie bedeutungsvoll diese Erscheinung sein kann, mag daraus ersehen werden, daß die Wasserverluste auf einer 20 km langen, künstlich gedichteten Strecke des Großschiffahrtsweges Berlin—Stettin, in der die Dichtungsschicht 30 cm über den Wasserspiegel des Kanals hochgezogen war, im Jahre 1911 28 l/sek betrugen. Die Dichtungsschicht wurde nachträglich um 40 cm erhöht und die Wasserverluste dadurch auf 6,2 l/sek im Jahre 1919 und 6,5 l/sek im Jahre 1922 herabgesetzt.

Kozeny und Weiland haben dann die heberartige Bewegung des Kapillarwassers durch Kaliumpermanganat, das zwischen Boden und Glaswand des Versuchsgefäßes eingestreut wurde, zur Anschauung gebracht. Weiland maß den Unterdruck des kapillaren Hebers im Steigrohr, im Scheitel und im Fallrohr und stellte fest, daß der Unterdruck vom Steigrohr nach dem Fallrohr hin stieg. Das entspricht der Zunahme des Unterdrucks, die grundsätzlich eine Kapillarsäule nach den obersten Menisken hin aufweisen muß. An Hand der Abb. 49 kann man sich ein Bild davon machen, wie sich nach Einschalten eines undurchlässigen Sattels und Absenken des Grundwasserspiegels auf der einen Seite desselben das Überkriechen des Kapillarwassers vollziehen wird. Die Menge des überkriechenden Wassers wird in erster Linie von der Bodenart und dem Stande des Oberwassers unter dem Sattelscheitel bestimmt. Der Stand des Unterwassers scheint so lange keine wesentliche Bedeutung zu haben, als sich der Sattelscheitel über dem geschlossenen Kapillarwasserspiegel erhebt.

Einfluß der Temperatur, des Salzgehalts, der mineralogischen Zusammensetzung und der Schichtung des Bodens.

Der Einfluß der Temperatur auf die kapillare Leitung geht aus den entwickelten Formeln hervor. Die Kapillarziffer eines Bodens ist nach Gleichung (30) verhältnisgleich der Kapillaritätskonstanten, es wird also das Verhältnis der Steighöhen

$$\frac{H_1}{H_2} = \frac{a_1^2}{a_2^2} \tag{58}$$

Bei einer Temperaturerhöhung z. B. von 5° auf 30° wird $\dfrac{H_{5°}}{H_{30°}} = 1,05$.

Der Einfluß der Temperatur auf die kapillare Leitung ist größer und verschieden, je nachdem es sich um den Aufstieg, eine Horizontalbewegung oder eine Abwärtsbewegung handelt.

Beim kapillaren Aufstieg ist zu Beginn desselben nach Gleichung (47a) die Steigzeit verhältnisgleich der Zähigkeit und umgekehrt verhältnisgleich der Kapillaritätskonstanten:

$$\frac{t_1}{t_2} = \frac{\eta_1 \cdot a_2^2}{\eta_2 \cdot a_1^2}, \tag{59}$$

und bei einer Temperaturerhöhung von 5° auf 30° wird $\dfrac{t_{5°}}{t_{30°}} = 1,80$.

Im weiteren Verlauf des Aufstiegs wird aber die Kapillaritätskonstante immer einflußreicher. Aus Gleichung (42) folgt das Verhältnis der Steigzeiten für verschiedene Steighöhen, wenn $z = 0$ gesetzt und der Luftwiderstand vernachlässigt wird, also für durchlässige Böden, zu

$$\frac{t_1}{t_2} = \frac{\eta_1}{\eta_2} \cdot \frac{H_1 \cdot \ln \dfrac{H_1}{H_1 - h} - h}{H_2 \cdot \ln \dfrac{H_2}{H_2 - h} - h}. \tag{60}$$

Bei einer Temperaturerhöhung von 5^0 auf 30^0 wird hiernach

für h	o H	o,1 H	o,3 H	o,5 H	o,7 H	o,9 H	o,93 H
$\dfrac{t_{5^0}}{t_{30^0}}$	1,80	1,78	1,77	1,73	1,67	1,39	1,19

Die Geschwindigkeitskurven, die anfangs um das 1,8 fache auseinandergehen, nähern sich also im späteren Verlauf immer mehr. Bei vorstehender Berechnung ist aber die Änderung des Luftwiderstandes noch unberücksichtigt geblieben. Der Luftwiderstand wächst jedoch mit der Geschwindigkeit der Kapillarbewegung und biegt deshalb die Geschwindigkeitskurven noch mehr einander zu. Wie aus der auf Seite 161 angegebenen Tabelle hervorgeht, nimmt der Wert η/η_1 mit zunehmender Temperatur stark ab. Bei einer Temperaturerhöhung von 5^0 auf 30^0 wird in Gleichung (50a) das zweite Glied des Klammerausdrucks auf die Hälfte ermäßigt.

Theorie und Versuch stimmen miteinander überein. Die ersten Versuche in dieser Richtung hat wohl A. WOLF[1] ausgeführt. KLENZE[2] beobachtete den Wasseraufstieg in Kaolin bei einer tieferen und einer höheren Temperatur; die nachfolgende Tabelle enthält die Steighöhen nach einer bestimmten Anzahl von Tagen.

Temperatur	Steighöhe h nach		
	1 Tag cm	12 Tagen cm	18 Tagen cm
4,4—14,4^0	rd. 13	63	78
30—40^0	18	83	96
Verhältnis . . .	1,38	1,32	1,23

Noch auffälliger ist der Kurvenverlauf bei dem von WOLLNY[3] untersuchten Kalksand (58,7 % Feinsand von o,1—0,25 mm Korngröße und 33,8 % abschlämmbare Teile). Abb. 50 zeigt die von KÖHLER[4] übernommene Darstellung. Während die Steighöhe nach 3 Stunden bei 11,4—12,0^0 C 23 cm beträgt, ist sie bei 31,0 bis 33,6^0 C 28 cm. Die Kurven schneiden sich dann aber nach $38^1/_2$ Stunden, und nach 58 Stunden liegt die Steighöhe bei der höheren Temperatur um rund 1 cm niedriger als bei der tieferen. Das Überschneiden der Kurven wird damit erklärt, daß wahrscheinlich schon die Steighöhe des offenen Kapillarwassers beobachtet wurde. Innerhalb des offenen Kapillarwassers muß der Einfluß der Kapillaritätskonstanten gegenüber dem der Zähigkeit überwiegen.

[1] WOLF, A.: Über die Bestimmung der wasserhaltenden Kraft des Bodens, S. 7. Jena 1870.
[2] v. KLENZE: Landw. Jb. 6, 83 (1877).
[3] WOLLNY, E.: Einfluß der Temperatur auf die kapillare Leitung des Wassers im Boden. Forschg. Geb. Agrikult.-Phys. 8, 218 (1885).
[4] KÖHLER, E. J.: Über einige physikalische Eigenschaften des Sandes und die Methoden zu deren Bestimmungen, S. 68. Dissert. T. H. Karlsruhe. Nürnberg 1906.

Ferner verringert die Temperatur die hygroskopische Schichtdicke der Bodenteilchen und vergrößert somit das spannungsfreie Porenvolumen. Das macht sich in Formel (30) durch ein Abnehmen der Kapillarziffer H und außerdem in den Zeitgleichungen durch eine Zunahme der Durchlässigkeit bemerkbar, wirkt also in demselben Sinne wie die Änderung der Zähigkeit und der Kapillaritätskonstanten.

Bei der Horizontalbewegung und der Abwärtsbewegung des Kapillarwassers verhalten sich, wenn der Luftwiderstand vernachlässigt wird, nach Gleichung (53) und (55b) die Zeiten wie die Zähigkeiten und umgekehrt wie die Kapillaritätskonstanten, also

$$\frac{t_1}{t_2} = \frac{\eta_1 \cdot a_2^2}{\eta_2 \cdot a_1^2}. \tag{61}$$

Versuche über die kapillare Steighöhe von Salzlösungen hat schon Klenze angestellt. Wäßrige Salzlösungen vermindern sowohl die größte Steig-

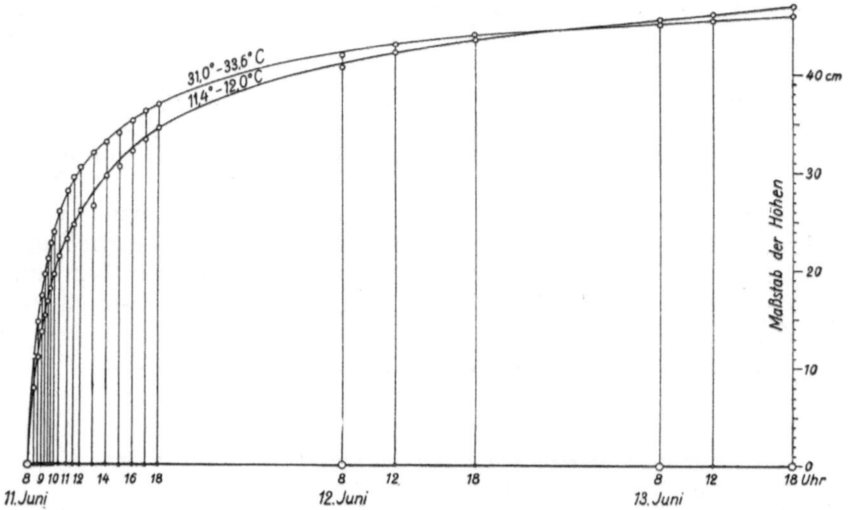

Abb. 50. Kapillare Steiggeschwindigkeit bei verschiedenen Temperaturen in Kalksand. Nach E. Köhler auf Grund der Wollnyschen Versuche.

höhe als auch die kapillare Geschwindigkeit. Wenn auch ihre Oberflächenspannung im allgemeinen (bei $NaCl$, Na_2SO_4, $NaNO_3$, P_2O_5 u. a.) größer ist als die des reinen Wassers, so ist doch ihre Kapillaritätskonstante wegen der größeren Dichte der wäßrigen Lösung kleiner. Außerdem ist ihre Zähigkeit größer als die des reinen Wassers. Es ist z. B. bei $10°$ C für

NaCl-Lösung	η	a^2
0 %	0,0131	15,11
1 %	0,0132	15,06
5 %	0,0139	14,84
10 %	0,0153	14,56
20 %	0,0198	14,30

Eine 1% NaCl-Lösung setzt in Abhängigkeit von η und a^2 die Steigzeit bei $10°$ auf das 1,008fache gegenüber reinem Wasser hinauf.

WOLLNY[1] erhielt nun aber mit gepulvertem humosen Kalksand, den er mit einer Lösung des Salzes vermischt und dann getrocknet und gesiebt hatte, Steighöhen, die um einen sehr viel größeren Betrag vermindert waren, wie folgende Tabelle lehrt.

Nach einer Steig-zeit von	Steighöhe in cm bei					
	reinem Wasser	0,3% K_2SO_4	0,3% $NaNO_3$	0,3% NaCl	0,6% NaCl	1,0% NaCl
1 Tage . .	28,0	22,7	22,9	21,6	18,5	14,4
5 Tagen .	44,4	38,5	36,7	35,1	30,5	23,8
10 Tagen .	54,3	49,9	44,7	44,6	38,9	30,0

Hier dürfte die Verdickung der hygroskopischen Schichthüllen der Bodenteilchen unter Einfluß der Alkalisalze, also die Abnahme des spannungsfreien Porenvolumens, die wirksamste Ursache des langsamen Aufstiegs sein. Besonders zeichnet sich Natrium durch ein starkes Herabdrücken der Steighöhe aus. Das steht im Einklang mit dem sonstigen Verhalten des Natriums zum Boden: Verringerung der Durchlässigkeit, Erhöhung der Hygroskopizität, Verringerung des scheinbaren spezifischen Gewichts, Erhöhung der Fallzeit bei Sedimentationsversuchen.

BRIGGS und LAPHAM[2] fanden in einem trockenen Seesand-Boden, der zu 79,15% aus Feinsand von 0,25—0,1 mm Korngröße bestand, folgende Steighöhen in Zentimetern bei rund 18° C:

Nach Stunden	Wasser	½ Normallösung			Gesättige Lösung			Nach Stunden	20% Salzlösung		
		NaCl	Na_2CO_3	Na_2SO_4	NaCl	Na_2CO_3	Na_2SO_4		NaCl	Na_2CO_3	Na_2SO_4
½	21,2	21,2	21,2	20,0	13,7	14,4	13,1	½	16,6	13,7	11,6
2	28,4	25,6	24,4	25,0	14,4	17,5	13,1	2	19,1	20,9	14,7
30	32,5	32,5	31,9	31,2	18,7	26,2	17,5	96	24,1	29,1	23,1
120	34,7	34,4	35,9	34,1	19,7	27,8	19,1	408	26,9	33,1	25,9
336	37,5	36,9	40,0	36,9	21,2	30,0	21,2	1608	30,5	38,7	31,6

Mit dem Einfluß von Elektrolyten auf die kapillare Leitung haben sich noch beschäftigt KRAKOW[3], GROSS[4], BLANCK[5], ENGELS[6]. GROSS fand, daß gebrannter Kalk die kapillare Leitungsfähigkeit des Bodens verlangsamt und vermindert. BLANCK stellte bei einem lehmigen Sandboden sowohl in lufttrockenem als auch feuchtem Zustande das gleiche fest; hingegen beschleunigte kohlensaurer Kalk die Aufwärtsbewegung um ein Geringes. Auch KRAKOW hatte gefunden, daß die kapillare Leitung des Wassers durch kohlensauren Kalk beschleunigt wurde. ENGELS erhielt bei Zugabe von Ätzkalk zu mittlerem und leichtem Sand eine starke Verminderung, bei sandigem Moorboden und sandigem Lehm eine weniger große und bei Lehm- und Tonboden eine nur geringe Verminderung der kapillaren Steighöhe. Kohlensaurer Kalk wirkte ähnlich, aber in abgeschwächtem Grade.

Bezüglich des kohlensauren Kalks stimmen die Ergebnisse der Forscher also nicht miteinander überein. Bei diesen Versuchen wurde nun aber weder das Porenvolumen bestimmt, noch die Temperatur gemessen, und es ist zu vermuten,

---

[1] WOLLNY, E.: Die kapillare Leitung des Wassers bei verschiedenem Salzgehalt des Bodens. Forschgn. Geb. Agrikult.-Phys. **7**, 307 (1884).
[2] BRIGGS, L. J. u. M. H. LAPHAM: H. S. Dep. Agricult., Bull. **19**, 13 u. 14, (Washington 1902).
[3] KRAKOW: J. Landw. **48**, 209 (1900).
[4] GROSS, E.: Z. landw. Versuchswes. Österr. **6**, 80 (1903).
[5] BLANCK, E.: Landw. Jb. **38**, 722 (1909).
[6] ENGELS, O.: Landw. Versuchsstat. **83**, 443 (1914).

daß das Porenvolumen des Bodens durch die Beigabe des feinzerteilten Kalks eine Verminderung erfahren hatte, jedoch bei Verwendung des gröberen kohlensauren Kalks wohl nicht in allen Fällen. Ob und in welchem Maße eine durch den Kalk geförderte Krümelstruktur bei schwereren Böden beschleunigend und bei leichten verzögernd auf den kapillaren Aufstieg wirkt, ist ebensowenig geklärt wie die Frage, in welchem Grade Zähigkeit und Kapillaritätskonstante des Wassers eine Änderung erfahren haben.

Die Höhe der Bodensäule scheint bei Elektrolytzusätzen, die eine Krümelstruktur hervorzurufen bestrebt sind, einen wesentlichen Einfluß auszuüben. Man kann diese Erscheinung dadurch erklären, daß die Krümelstruktur sich nur bei geringem mechanischen Druck zu bilden und zu erhalten vermag.

Aus Lösungen von Salzen in Wasser wird nach Mathieu[1] stets eine etwas verdünntere Lösung kapillar hochgesaugt.

Die mineralogische Zusammensetzung des Bodens beeinflußt durch die Kornform und Rauhigkeit der Teilchen die kapillare Leitung. Nach Gleichung (42) verhalten sich die Steigzeiten umgekehrt wie die Formbeiwerte, also

$$\frac{t_1}{t_2} = \frac{\mu_2}{\mu_1}, \tag{62}$$

bzw. die Steighöhen zweier Böden

$$\frac{h_1}{h_2} = \frac{t_2}{t_1} = \frac{\mu_1}{\mu_2}. \tag{62a}$$

Edler[2] und Wollny[3] stellten fest, daß Kalkteilchen das Wasser kapillar langsamer leiten als Quarzkörner derselben Größe. Wollny fand folgende Steighöhen bei möglichst fest eingestampften Böden:

| Nach einer Steigzeit von | Steighöhe in cm bei einer Korngröße von | | | | | | | |
| | 0,01—0,071 mm | | 0,071—0,114 mm | | 0,114—0,171 mm | | 0,171—0.25 mm | |
	Kalksand	Quarzsand	Kalksand	Quarzsand	Kalksand	Quarzsand	Kalksand	Quarzsand
1 Tag . .	50,8	72,1	31,1	43,0	25,0	26,5	21,5	18,5
4 Tagen .	67,9	94,8	33,2	48,0	26,3	29,7	23,1	20,9
11 Tagen .	—	—	35,9	50,6	29,0	32,2	25,1	22,7
$\frac{\text{Quarz}}{\text{Kalk}}$ . . .	1,4		1,4		1,1		0,9	

Die Ansicht von Wollny, daß die geringere Steiggeschwindigkeit des Kalksandes auf die unregelmäßigere, eckigere Gestalt der Kalkteilchen gegenüber den rundlicheren Quarzsandteilchen zurückzuführen sei, würde durch die obige Gleichung ihre Bestätigung erfahren. Wenn angenommen wird, daß der Quarzsand den Formbeiwert $\mu_1 = 0{,}015$ und der scharfkantige Kalksand $\mu_2 = 0{,}012$ (S. 159) hatte, so folgt daraus das Steighöhenverhältnis

$$\frac{h_{\text{Quarz}}}{h_{\text{Kalk}}} = 1{,}25.$$

Aber für die Abnahme dieses Einflusses des Formbeiwertes und die Umkehrung des Verhaltens bei der gröbsten Korngröße vermag Wollny keine befriedigende Erklärung zu geben. Nun ist nach den Untersuchungen von Atterberg[4]

---

[1] Mathieu: Ann. d. Phys. (4) **9**, 475 (1902); nach Chwolson, O. D.: Lehrbuch der Physik, 2. Aufl., **1**, 2, 208. Braunschweig 1918.
[2] Edler, W.: a. a. O.
[3] Wollny, E.: Forschgn. Geb. Agrikult.-Phys. 7, **297** (1884).
[4] Atterberg, A.: Landw. Versuchsstat. **69**, 93 (1908).

das Porenvolumen eckiger Bodenteilchen bei derselben Korngruppe größer als das von rundlichen, und wenngleich WOLLNY das Porenvolumen der Böden nicht angegeben hat, ist doch anzunehmen, daß es beim Kalksand größer war als beim Quarz. Der Einfluß des Porenvolumens auf die Steighöhe ist für die Anfangsstrecke der Kapillarbewegung nach Gleichung (47a)

$$\frac{h_1^2}{h_2^2} = \frac{p_{01}}{(1 - p_1)} \cdot \frac{(1 - p_2)}{p_{02}} \; ; \tag{63}$$

z. B. wird für Quarzsand mit $p_1 = p_{01} = 0{,}40$ und Kalksand mit $p_1 = p_{02} = 0{,}43$ $h_{\text{Quarz}} = 0{,}94 \, h_{\text{Kalk}}$. Die Erklärung für das verschiedene Verhalten der Korngrößen ist also darin zu suchen, daß der Einfluß der Form und Rauhigkeit der Teilchen um so mehr zurücktritt und der des Porenvolumens um so mehr gewinnt, je grobkörniger der Boden ist.

Ein Glimmergehalt des Bodens wird wegen der Schuppenform der Teilchen und möglicherweise auch wegen ihrer stärkeren hygroskopischen Schichten die kapillare Geschwindigkeit herabsetzen. Nach WHITNEY[1] wird ferner die Kapillaritätskonstante des Bodenwassers zuweilen durch kleine, im Boden vorhandene Mengen fettiger organischer Substanzen, wie z. B. fetthaltige Samen, Harze u. a. m. wesentlich erniedrigt (s. auch S. 92).

Bodenschichten beeinflussen die kapillare Leitung um so mehr, je weiter die einzelnen Schichten in bezug auf Lagerungsweise und spezifischer Oberfläche voneinander abweichen. Das Kapillarwasser kann nur dann eine bestimmte Schicht erreichen und in dieselbe eintreten, wenn deren Saughöhe H und ebenso die der darunterliegenden Schichten größer ist als der lotrechte Abstand der jeweiligen Schichtgrenze vom Grundwasserspiegel.

Die kapillare Geschwindigkeit wird hauptsächlich von der undurchlässigsten Schicht innerhalb der jeweiligen Steighöhe bestimmt; denn der in die Steigzeitgleichungen einzusetzende mittlere Durchlässigkeitsbeiwert berechnet sich nach Gleichung (100), und seine Größe hängt in erster Linie von der spez. Oberfläche und dem Porenvolumen und weniger von der Mächtigkeit der undurchlässigen Schicht ab. Schon eine sehr dünne Ton- oder Ortsteinschicht kann die Aufstiegsgeschwindigkeit auf fast Null herabsetzen. Die kapillare Hebung erfolgt höher hinauf und rascher, wenn die Feinheit der Teilchen von unten nach oben zunimmt, als bei umgekehrter Schichtfolge.

In krümeligen Böden wirken bei der Kapillarbewegung die Krümel wie primäre Bodenteilchen; als spez. Oberfläche ist hier die der Krümel als solche und als Porenvolumen der Hohlraum zwischen den Krümeln einzusetzen.

c) Das Haftwasser.

Begriff und Arten des Haftwassers.

Haftwasser ist das flüssige, auf den Boden- und Gesteinsteilchen ruhende oder an ihnen haftende, unter normalem Druck oder Unterdruck stehende unterirdische Wasser, soweit es nicht in Verbindung mit dem Grundwasser steht oder merkbar versickert.

Abgesehen von Fällen, in denen die oben ausgehöhlte Form eines Bodenteilchens Sickerwasser vor dem Weitersinken bewahrt, beruht die Bildung des

---

[1] WHITNEY, M.: Some physical properties of soils in their relation to moisture and crop distribution. U. S. Dep. Agricult., Weather Bur., Bull. 4, 16 (Washington 1892).

Haftwassers ebenso wie die des Kapillarwassers auf der gegenseitigen molekularen Anziehung der Wassermoleküle. Es kann die Boden- und Gesteinsteilchen in dünner Schicht überziehen oder die Poren und Hohlräume des Bodens ganz oder teilweise erfüllen. Immer haftet es dabei an dem hygroskopischen, von der festen Oberfläche der Bodenteilchen verdichteten Wasser und hat, soweit es nicht an hygroskopisches Wasser grenzt, eine der Oberflächenspannung unterliegende Oberfläche. Durch den letzteren Umstand unterscheidet es sich von dem Grundwasser, das keine freie Oberfläche hat, und dem grundwasserverbundenen Kapillarwasser, das nicht allseitig eine freie Oberfläche besitzt. Während das hygroskopische Wasser, das der ungesättigten molekularen Energie der Grenzflächen der festen Bodensubstanz seine Entstehung verdankt, verdichtet ist, hat das Haftwasser normalen Druck oder steht unter Unterdruck.

Wie verschieden die Auffassung über das Haftwasser ist, mag folgende kurze Literaturübersicht lehren.

Ramann[1] rechnet gleichfalls nicht das hygroskopische Wasser zum Haftwasser. Keilhack[2] unterscheidet zwei Formen des flüssigen Wassers im Boden, einmal die kapillare Form als unendlich dünner Überzug der einzelnen Hohlraumwandungen aller Gesteine bis zu einer gewissen Tiefe hinab, und sodann die tropfbare Form, welche die Hohlräume völlig erfüllt. Das erstere nennt er Bergfeuchtigkeit und versteht offenbar darunter das hygroskopische und Haftwasser. Smreker[3] nennt Bergfeuchtigkeit das in den kleinsten Hohlräumen oder Poren eines Gesteins oder Minerals vorkommende Wasser. Er gibt sie als Gewichtsunterschied zwischen dem frisch gebrochenen Mineralstück und dem Mineralstück nach erfolgter Trocknung an. Das in den kapillaren Zwischenräumen des Untergrundes enthaltene und durch kapillare Wirkungen festgehaltene Wasser nennt er Bodenfeuchtigkeit. Die Bodenfeuchtigkeit, so führt er aus, nähere sich zwar der tropfbar flüssigen Form in der Grenzlage, folge aber noch nicht dem Einfluß der Schwere. Puchner[4] bezeichnet als Haftwasser „das fest an den Bodenteilchen haftende oder ihre Gesamtheit umschließende unbewegliche Wasser". Den Teil des Haftwassers, der bei Erschütterungen abfließt, rechnet er zum Senkwasser. Versluys[5] unterscheidet drei Zustände des Wassers im Boden oberhalb des Grundwasserspiegels: den kapillären, den funikulären und den pendulären Zustand. Das hygroskopische Wasser erwähnt er nicht. Der kapilläre Zustand ist der des schon beschriebenen grundwassergespeisten Kapillarwassers bis zur Zone des geschlossenen Kapillarwasserspiegels. Als funikulären Zustand bezeichnet er jenen, bei welchem die Poren außer Wasser noch kleine Luftbläschen einschließen (s. Abb. 40). Der penduläre Zustand ist das Haftwasser in Form des Porenwinkelwassers. Lebedeff[6] nennt das Haftwasser, das die Bodenteilchen häutchenartig umgibt, Häutchen- oder Filmwasser und jenes, das die Poren voll erfüllt, hängendes Wasser.

Wir nehmen bei dem Haftwasser die Unterteilung vor in: 1. Häutchenwasser; 2. Porenwinkelwasser; 3. feinkapillares Haftwasser; 4. hängendes Kapillarwasser oder hängendes kapillares Haftwasser; 5. aufsitzendes Kapillarwasser oder aufsitzendes kapillares Haftwasser. Die drei letzten Arten bilden zusammen das kapillare Haftwasser.

---

[1] Ramann, E.: Bodenkunde, S. 329. Berlin 1911.
[2] Keilhack, K.: Grundwasser- und Quellenkunde, S. 99. Berlin 1912.
[3] Smreker, O.: Das Grundwasser, seine Erscheinungsformen, Bewegungsgesetze und Mengenbestimmung, S. 4. Leipzig u. Berlin 1914.
[4] Puchner, H.: Bodenkunde für Landwirte, S. 153. Stuttgart 1923.
[5] Versluys, J.: Internat. Mitt. Bodenkde. 7, 117 (1917).
[6] Lebedeff, A. F.: Z. Pflanzenern., Düng. u. Bodenkde. A. 10, 18 und 24 (1927).

Häutchen- und Porenwinkelwasser.

Häutchenwasser ist das auf den Bodenteilchen oder in deren mizellaren, offenen Poren vorhandene, sowie das die Bodenteilchen wie eine dünne Haut überziehende Haftwasser von normaler Dichte. (Abb. 51.)

Es tritt bei jeder Benetzung eines Bodens auf, ist auf größeren Teilchen deutlich als blanker Überzug erkennbar und von einer konvexen oder ebenen Oberfläche begrenzt. Bei konvexer Oberfläche ist es mit abnehmender Korngröße bzw. Zunahme der konvexen Oberflächenkrümmung gesteigerter Verdunstung ausgesetzt; denn nach der Thomsonschen Gleichung[1] ist der Dampfdruck einer Flüssigkeit mit gekrümmter Oberfläche

$$\tau_r = \tau + \frac{2\alpha \cdot \gamma_d}{\gamma_f \cdot r},\tag{63}$$

hierin ist τ der Dampfdruck für eine ebene Oberfläche, r der Krümmungsradius, und zwar positiv für eine konvexe (Tropfen), negativ für eine konkave Oberfläche, α die Oberflächenspannung der Flüssigkeit, γ_d die Dichte des umgebenden Dampfes und γ_f die Dichte der Flüssigkeit.

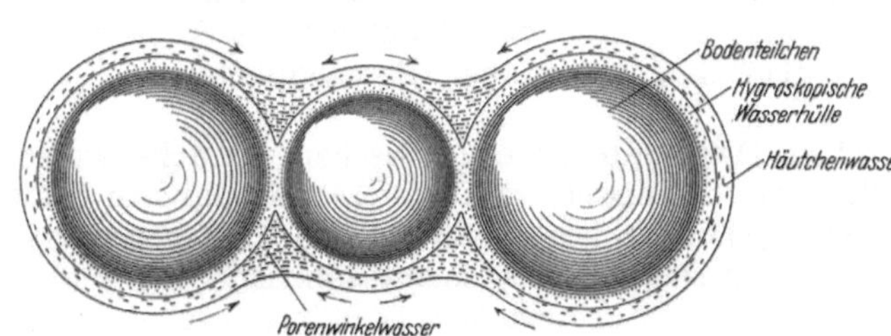

Abb. 51. Häutchen- und Porenwinkelwasser.

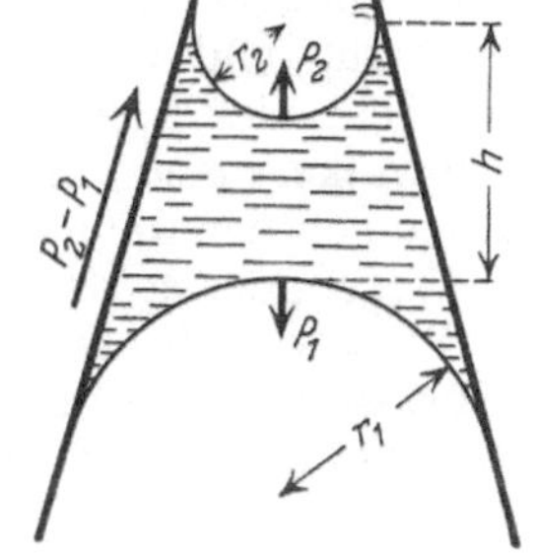

Abb. 52. Bewegung eines Wassertropfens in einer konischen Röhre.

Für Häutchenwasser mit einem Krümmungsradius von 0,001 mm ist der Dampfdruck um etwa 1 ‰ und bei einem Tropfenradius von 0,00001 mm um 10 % größer als bei einer ebenen Oberfläche. Jedoch dürfte die Oberflächenspannung bei sehr kleinem Krümmungsradius kleiner sein als α und deshalb der Dampfdruck nicht ganz so verschieden werden.

Porenwinkelwasser ist das in den Porenwinkeln vorhandene, von einer konkaven Oberfläche begrenzte und deshalb unter Unterdruck stehende Haftwasser (Abb. 51).

Seine Entstehung verdankt es Kapillarkräften. Befindet sich ein Wassertropfen in einer engen, benetzbaren, konisch verjüngten Röhre, so ist er beiderseitig von konkaven Wassermenisken begrenzt, und zwar nach dem engeren Teil der Röhre hin von einem Meniskus mit kleinerem Radius. Nach der Laplaceschen Gleichung ist dann die Differenz der Kapillardrücke bei lotrechter Stellung, wie Abb. 52 es zeigt,

$$P_2 - P_1 = 2\alpha \cdot \left(\frac{1}{r_2} - \frac{1}{r_1}\right) - h \cdot \gamma \cdot g \ \text{dyn/cm}^2,\tag{64}$$

worin r_1 der Krümmungsradius des größeren, r_2 der des kleineren Meniskus und $h \cdot \gamma \cdot g$ das Gewicht der Wassersäule vom spez. Gewicht γ, dem Querschnitt 1 cm² und der Höhe h ist. Für eine nach unten verjüngte Röhre ist das Gewicht der

---

[1] Thomson, W.: On the equilibrium of vapour at a curved surface of liquid. Proc. Roy. Soc. Edinburgh 7, 63 (1869/70).

Wassersäule mit positivem Vorzeichen und für eine horizontalliegende mit Null einzusetzen. Der Tropfen muß sich von selbst nach dem engeren Teil der Röhre hin und über den engsten Teil hinaus bewegen, bis Gleichgewicht zwischen den Kapillardrücken eintritt. Deshalb wird im Boden versickerndes Wasser mit Vorliebe die Berührungspunkte der Bodenteilchen ringwulstförmig umgeben.

Porenwinkelwasser steht unter Unterdruck. Der Kapillardruck bzw. Unterdruck wird für eine Oberflächenkrümmung mit den Hauptradien R_1 und R_2

$$P = \alpha \cdot \left(\frac{1}{R_1} - \frac{1}{R_2} \right).$$

Der Unterdruck des Porenwinkelwassers hat eine Verminderung der Schichtstärke des zwischen seinen Menisken befindlichen hygroskopischen Wassers und ein Zusammenpressen der Bodenteilchen durch den Atmosphärendruck zur Folge; damit ist ein Schwinden des Bodens verbunden, was an anderer Stelle schon behandelt ist (S. 83).

Der Dampfdruck des Porenwinkelwassers sinkt nach der Thomsonschen Gleichung mit Zunahme der konkaven Oberflächenkrümmung. Entgegengesetzt dem Häutchenwasser nimmt es deshalb aus gesättigter Bodenluft Wasserdampf auf, und zwar in um so stärkerem Maße, je schärfer gekrümmt seine Oberfläche ist. Es strömt somit auch Dampf vom Häutchenwasser nach dem Porenwinkelwasser und von flacher gekrümmtem Porenwinkelwasser nach stärker gekrümmtem.

Wegen der hydrostatischen Druckunterschiede zwischen Häutchenwasser und Porenwinkelwasser fließt ferner das erstere zum letzteren, sobald sich beide Haftwasserarten berühren (Abb. 51). Auf diese Fließbewegung hat Versluys[1] aufmerksam gemacht. Somit bewegt sich das Häutchenwasser nach dem Porenwinkelwasser hin sowohl in Form von Dampf als auch als Flüssigkeit. Ein hydrostatischer Druck pflanzt sich nicht durch das Häutchenwasser und Porenwinkelwasser fort.

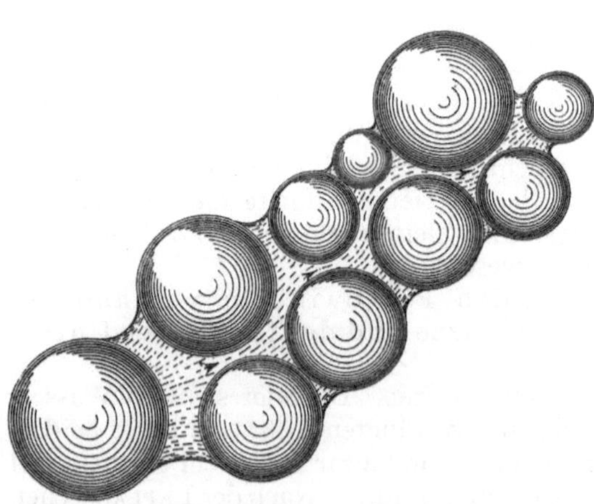

Abb. 53. Feinkapillares Haftwasser.

Kapillares Haftwasser.

Kapillares Haftwasser ist das in Zusammenhang miteinander stehende, Bodenporen voll erfüllende Haftwasser.

Das feinkapillare Haftwasser ist nur in den feineren Porenschloten eines Bodens enthalten. In Abb. 53 ist eine Entstehungsweise dargestellt; ein enger Porenschlot grenzt an den Porenwinkel größerer Bodenteilchen, in welchem sich Porenwinkelwasser gebildet hat. Dann wird der enge Porenschlauch das Porenwinkelwasser allmählich aufsaugen, bis die Kapillardrücke aller ausgebildeten Menisken unter Berücksichtigung des Höhenunterschieds derselben im Gleichgewicht sind. Wohl ist durch diesen Vorgang die Oberfläche des Kapillarwassers vergrößert worden, aber die Summen der Ober-

[1] Versluys, J.: Internat. Mitt. Bodenkde. 7, 138 (1917).

flächen des hygroskopischen und Kapillarwassers haben eine Verringerung erfahren. Auch das in Bodenkrümeln vorhandene Porenwasser ist feinkapillares Haftwasser, sofern die benachbarten gröberen Poren kein Wasser mehr enthalten. Ein hydrostatischer Druck pflanzt sich innerhalb des feinkapillaren Haftwassers fort.

Das hängende Kapillarwasser (Abb. 54) bildet innerhalb einer gleichmäßigen Bodenschicht eine zusammenhängende Wasserhaltung in Grob- und Feinporen ohne oder mit Lufteinschlüssen. Man kann es sich zur Anschauung bringen, indem man lufttrockenen, in eine Glasröhre eingerüttelten Boden mit Wasser übergießt; das Wasser versickert mit kapillarer Geschwindigkeit und kommt als hängendes Kapillarwasser in dem Augenblick zur Ruhe, wenn der letzte Wassertropfen im Boden verschwindet, vorausgesetzt, daß die Höhe der hängenden Wassersäule die für den Boden kritische Hanghöhe nicht überschreitet. Anderenfalls sinkt die Wassersäule ab, um erst in einer tieferen Lage zu hängendem Kapillarwasser zu werden, nachdem sie durch Abgabe von Häutchen- und Porenwinkelwasser bis auf die kritische Höhe vermindert worden ist. In der folgenden Tabelle sind Versuchsergebnisse des Verfassers, die mit sehr gleichkörnigen Sanden bei einer Temperatur von 20⁰ in unten mit Stoffgewebe geschlossenen Glasröhren von rund 16 mm Lichtweite vorgenommen wurden, wiedergegeben.

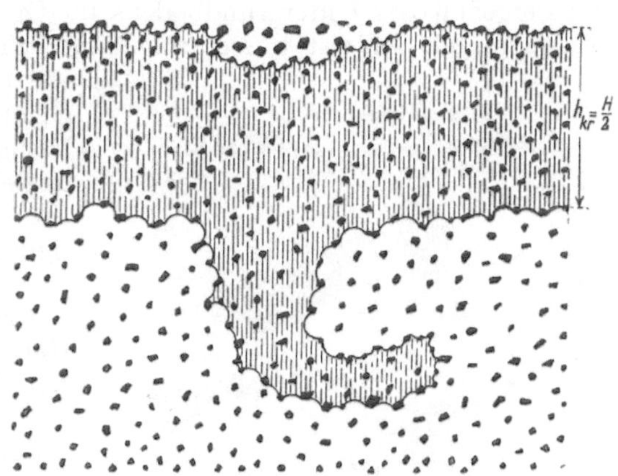

Abb. 54. Hängendes kapillares Haftwasser.

Kritische Hanghöhen von kapillarem Haftwasser.

	Spezifische Oberfläche U			
	0,89	1,39	2,16	4,55
Porenvolumen p %	37,9	36,2	37,2	38,4
Berechnete kapillare Steighöhe H cm	6,5	10,9	16,2	32,5
Beobachtetes hängendes Kapillarwasser H_h cm	3,2	5,6	8,0	16,5
$\dfrac{H}{H_h}$	2,03	1,95	2,03	1,97
Beobachtetes aufsitzendes Kapillarwasser H_a cm	6,3	12,5	18,0	23,7
$\dfrac{H}{H_a}$	1,03	0,87	0,90	1,37

In der vorstehenden Tabelle ist H die nach Gleichung (30) berechnete kapillare Steighöhe und H_h die kritische Hanghöhe des hängenden kapillaren Haftwassers, über die hinaus ein Absinken der Wasserhaltung stattfindet. Der Augenblick des Absinkens ist sehr genau an dem Ablösen des Wassers von der Oberfläche des Bodens durch die sich dabei am Glase bildenden silberglänzenden, lufthaltigen Poren festzustellen. Es ist hiernach die kritische Höhe H_h des hängenden Kapillarwassers gleich der Hälfte der berechneten kapillaren Steighöhe,

$$\boldsymbol{H_h} = \frac{\boldsymbol{H}}{\boldsymbol{2}} = \boldsymbol{0{,}15\,a^2} \cdot \frac{\boldsymbol{1-p}}{\boldsymbol{p_{ol}}} \cdot \boldsymbol{U}\,\text{cm.} \tag{65}$$

Atterberg[1] fand für einen Sand von 0,2—0,1 mm Korngröße ($U = 7,2$), dessen Kapillarität er durch Versuch zu 428 mm feststellte, daß 80 mm Wasser allmählich auf 223 mm absanken, später nicht tiefer. Der Wassergehalt betrug dabei 36 Volum-%, das Porenvolumen 40,4%. Also auch hier war $H_h =$ rund $H/2$. Eine aufgegossene 90 mm hohe Wasserschicht sank in dem Sande sofort auf 223 mm, nach 1 Stunde auf 228 mm, nach 1 Tage auf 234 mm, nach 5 Tagen auf 250 mm. 110 mm sanken gleich auf 277 mm, nach 1 Stunde schon auf 326 mm, nach $4^1/_2$ Stunden bis zu dem Ende des Rohres auf 450 mm.

Hängende Wasserhaltungen sind auch im natürlich gelagerten Boden vielfach beobachtet worden, wobei man sie häufig zu Unrecht mit der Kondensation von Wasserdampf in Verbindung gebracht hat. Keilhack[2] berichtet über den Wassergehalt des Untergrundbodens im Grunewald, daß oberhalb des Grundwasserspiegels äußerst wasserarme Sande mit nur wenig Prozent Wasser mit wasserreichen Sanden, deren Wassergehalt auf 15—20% stieg, abwechselten. Völlig gleiche Bildungen zeigten sehr ungleichen Wassergehalt, nirgends aber wies der Boden eine volle Wassersättigung auf.

Mezger[3] nennt das hängende Kapillarwasser „hängende Wasserhaltung oder Hängewasser", Kozeny[4] bezeichnet es als „Hangwasser". Das Zustandekommen einer solchen Wasserhaltung wird dadurch erklärt, daß die sich bildenden oberen Wassermenisken als rückschreitende Menisken sich mit Vorliebe in den engsten Porenquerschnitten aufhängen, weil ein Aufgeben dieser engsten Stellen mit einer bedeutenden Oberflächenvergrößerung verbunden wäre; die unteren Menisken hingegen haben das Bestreben, über die engsten Porenstellen hinaus zu gehen, wobei sie sich verflachen

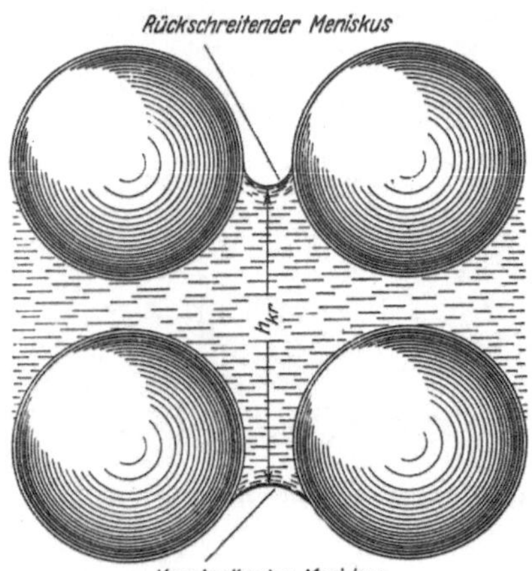

Abb. 55. Ursache für die Bildung einer Haftwasserhaltung in gleichkörnigen Böden: Der rückschreitende Meniskus befindet sich an der engsten Stelle einer Pore und ist stärker gekrümmt als der vorschreitende, der über die engste Stelle hinausgedrängt ist.

(Abb. 55), und es entsteht die Wirkung einer konischen Röhre wie in Abb. 52. Wahrscheinlich haben deshalb rückschreitende Menisken im Boden eine Kapillarkraft von

$$H_r = \tfrac{5}{4} H \tag{66}$$

und vorschreitende Menisken eine solche von

$$H_v = \tfrac{3}{4} H \tag{66a}$$

Bei einem Zusammenwirken beider in gleichmäßigem Boden kann dann eine Wassersäule getragen werden von

$$H_h = H_r - H_v = \frac{H}{2}. \tag{67}$$

Ist diese Annahme richtig — und das müßte durch Versuche noch eingehender nachgeprüft werden —, so würde in alle kapillaren Steig- und Geschwindigkeits-

[1] Atterberg, A.: Landw. Versuchsstat. 69, 116 (1908).
[2] Keilhack, K.: Das Grundwasser im Grunewald. Vossische Ztg. v. 8. 3. 1916, Nr. 125.
[3] Mezger, Chr.: Gesundheitsingenieur, S. 131. 1926; Der Kulturtechniker 32, 351 (1929).
[4] Kozeny, J. S.: Sitzgsber. Akad. Wiss. Wien 136, H. 5 u. 6, 289 (1927)..

formeln bei rückschreitenden bzw. absinkenden Menisken eine Kapillarziffer H_r und bei vorschreitenden Menisken eine Kapillarziffer H_v einzuführen sein.

Hängendes Kapillarwasser kommt auch in feuchtem Boden vor, jedoch hat es hier nicht so lange Bestand wie in lufttrockenem, weil das vorhandene feinkapillare Haftwasser den hydrostatischen Druck aufnimmt und die hängende Wasserhaltung als Sickerwasser, wenn auch langsam, so doch stetig in die Tiefe führt. Der Abfluß erfolgt um so schneller, je mehr Porenschlote mit feinkapillarem Wasser gefüllt sind, d. h. je feuchter der Boden ist.

Der Luftwiderstand der Grundluft, der bei dem Absinken größerer zusammenhängender Wasserhaltungen auftritt, wird die kritische Hanghöhe des hängenden Kapillarwassers um das Maß ihres Überdrucks vergrößern. MEZGER nennt solche auf einem Luftkissen ruhenden Wasserhaltungen „schwebende Wasserhaltungen". Man wird sie aber zweckmäßig zum hängenden Kapillarwasser hinzurechnen, da der Überdruck der Luft wenig beständig ist und eine Grenze zwischen hängendem und schwebendem Kapillarwasser wegen des allmählich bis auf Null sinkenden Überdrucks der Luft schwer zu ziehen ist.

Liegen die oberen und die unteren Menisken des hängenden Kapillarwassers in verschiedenartigen Bodenschichten, so ist für H_r und H_v die Kapillarkraft der betreffenden Bodenschichten einzusetzen. Nimmt die Porengröße des Bodens von oben nach unten zu, so wird H_h besonders groß, hingegen bei umgekehrter Bodenschichtung besonders klein werden.

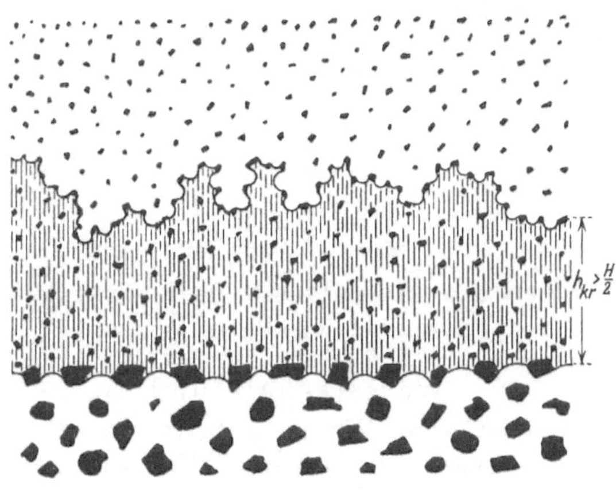

Abb. 56. Aufsitzendes kapillares Haftwasser.

Das hängende Kapillarwasser wird zu **aufsitzendem Kapillarwasser**, wenn seine unteren Menisken eine Schichtgrenze erreichen, unter der eine gröbere Bodenschicht (oder Luft bei Versuchen in Glasröhren) beginnt (Abb. 56). In diesem Falle können die unteren Menisken eine ebene Form oder sogar eine konvexe Krümmung erhalten; sie werden dann zu tragenden Menisken. Bei den in der vorstehenden Tabelle mitgeteilten Versuchen waren die Glasröhren am unteren Ende mit grober Leinwand geschlossen. Beim Absinken der hängenden Wasserhaltung, ebenso beim Eintauchen der Röhren in Wasser und Wiederherausnehmen, bildete sich über dem unteren Abschluß aufsitzendes Kapillarwasser. Das Verhältnis der kapillaren Steighöhe zur Höhe des aufsitzenden Kapillarwassers schwankte zwischen 0,87 und 1,37, die unteren Menisken waren offenbar in zwei Fällen konkav, in einem Falle eben und in einem Falle konvex gestaltet.

Aufsitzendes Kapillarwasser von beträchtlicher Höhe kann sich bilden, wenn eine feinkörnige Schicht in eine grobkörnige eingelagert ist, und zwar befinden sich dann die unteren Menisken des aufsitzenden Kapillarwassers an der unteren Schichtgrenze der Einlagerung und ermöglichen als größtenteils tragende Menisken eine erhebliche Wasseraufspeicherung über sich.

War in feinkörnigen Böden eine möglichst verschiedene Weite benachbarter, lotrecht aufstrebender Porenschlote (Abb. 49) die Vorbedingnng für ein

ergiebiges Aufsteigen des grundwasserverbundenen Kapillarwassers in die Wurzel-
zone, so sind wieder in grobporigen Böden eingelagerte dünne horizontale
Schichten feinkörnigeren Bodens mit ihrem aufsitzenden Kapillarwasser von
außerordentlichem Nutzen für die Pflanzenwelt.

Die Formen des Haftwassers sind im allgemeinen dauernder, wenn auch langsamer Veränderung unterworfen. Auf das Aufsaugen des Häutchenwassers
durch das Porenwinkelwasser ist schon hingewiesen worden. Das letztere kann
stellenweise wieder in feinkapillares Wasser übergehen. Ebenso wird das hängende
und aufsitzende Kapillarwasser durch feinkapillares Wasser, das dem offenen
grundwasserverbundenen Kapillarwasser im Verhalten sehr nahesteht, allmählich
mehr und mehr im Boden verteilt.

Um festzustellen, ob sich Haftwasser in Dampfform oder als Flüssigkeit
bewegt, füllte Lebedeff[1] Gartenboden in zwei Schichten von verschiedener
Feuchtigkeit in Reagenzgläser, und zwar eine Versuchsreihe ohne, die andere
mit drei Reihen paraffinierter Drahtnetze. Die Hygroskopizität des Bodens
war 8,97%, die Versuchstemperatur 30,1°, die Versuchsdauer 16 Tage. Die
mittlere Feuchtigkeit war bei 15 Einzelbeobachtungen:

	Trockene Schicht	Nasse Schicht
Vor dem Versuch	11,43 %	16,63 %
Am Schluß in den Röhren ohne Netze . . .	13,83 %	
Am Schluß in den Röhren mit Netzen . . .	12,57 %	

Es waren also 1,26% Wasser in flüssiger Form übergegangen; offenbar handelte
es sich dabei um feinkapillares Wasser.

Wassergehalt und Wasserhaltungsvermögen.

Unter dem Wassergehalt eines Bodens versteht man die im
Boden gerade vorhandene Wassermenge und unter Wasserhaltungsvermögen oder Wasserkapazität die Wassermenge, die der Boden
unter bestimmten Bedingungen längere Zeit hindurch festzuhalten
vermag.

Der zu verschiedenen Zeiten ermittelte Wassergehalt gibt einen Einblick
in den Wasserhaushalt des Bodens und kann innerhalb der lufthaltigen Bodenzone je nach den örtlichen Verhältnissen das Haft-, Sicker- und grundwasserverbundene Kapillarwasser umfassen. Das Wasserhaltungsvermögen aber bezieht
sich nur auf die Fähigkeit des Bodens, bestimmte Haftwasserarten einschließlich
des hygroskopischen Wassers festzuhalten. Es ist wichtig, über das Wasserhaltungsvermögen eines Bodens Klarheit zu haben und seine Abhängigkeit von
spez. Oberfläche, Hygroskopizität, Kornform, Porenvolumen und Bodenstruktur
zu kennen.

Ist V das Volumen des gewachsenen Bodens in cm³, G das Trockengewicht
der festen Bodenbestandteile in g, s das scheinbare spez. Gewicht der Bodenteilchen, L_v der Luftgehalt in cm³ und W der Wassergehalt in cm³ von der
Dichte 1, so wird

$$V - \frac{G_t}{s} - L_v - W = 0. \tag{68}$$

Die Verdichtung des hygroskopischen Wassers ist dabei schon in s berücksichtigt
worden.

Den Wassergehalt kann man sowohl in Gewichts- als auch in Volumprozenten
ausdrücken. Für einen Boden mit annähernd gleichbleibendem Porenvolumen

---

[1] Lebedeff, A. F.: Z. Pflanzenern., Düng. u. Bodenkde. A **10**, 13 (1927).

und für luftfreien Boden unter Wasser genügt die Ermittelung der ohne volumenmäßige Entnahme festgestellten Gewichtsprozente. Ist G_f das Naß- und G_t das
Trockengewicht des Bodens, so wird der Wassergehalt

$$w_g = \frac{G_f - G_t}{G_t} \cdot 100 \text{ Gew.-}^0/_0 , \tag{69}$$

und in Prozenten des Gesamtvolumens, wenn p das Porenvolumen ist,

$$w_v = \frac{G_f - G_t}{V} \cdot 100 = \frac{w_g \cdot G_t}{V} = w_g \cdot \varrho = w_g (1 - p) s \ ^0/_0 , \tag{69 a}$$

sowie in Prozenten des Porenvolumens

$$w_p = \frac{G_f - G_t}{V - \dfrac{G_t}{s}} \cdot 100 = \frac{w_v}{1 - \dfrac{\varrho}{s}} = \frac{w_v}{p} \ ^0/_0 . \tag{69 b}$$

Das Porenvolumen berechnet sich aus Gleichung (27a) zu

$$p = \left(1 - \frac{G_t}{V \cdot s}\right) = \left(1 - \frac{\varrho}{s}\right). \tag{70}$$

Der Luftgehalt in Prozenten des Gesamtvolumens ist

$$l_v = 100 p - w_v \ ^0/_0 . \tag{71}$$

Auf die Bedeutung eines genügenden Luftgehalts des Bodens für die Kulturpflanzen haben KOPECKY[1], BURGER[2], NITZSCH[3], ZUNKER[4] besonders aufmerksam
gemacht.

Bei graphischen Darstellungen des Boden-, Wasser- und Luftvolumens
empfiehlt sich die in Abb. 57 wiedergegebene Anordnung, die den Luft- und
Wassergehalt leicht abzulesen gestattet.

Zur Bestimmung des Wassergehalts des gewachsenen Bodens kommen
folgende Verfahren in Frage:

1. Die Zylindermethode, d. h. die volumenmäßige Entnahme einer Bodenprobe mittels eines am unteren Rande zugeschliffenen Stahlzylinders, der von
Hand in den Boden eingetrieben wird; sie ist von SCHUMACHER[5] vorgeschlagen
und von HEINRICH[6], RAMANN[7], KOPECKY[1], BURGER[2], KRAUSS[8], NITZSCH[3] u. a.
weiter ausgebaut worden.

2. Die Erdschollenmethode von TRNKA[9], bei der ein Bodenstück vom gewachsenen Boden abgebrochen und in Paraffin getaucht wird, um dann weiter
gewogen und untersucht zu werden.

3. Die Volumbohrermethode von POWELL[10], JANERT[11], wobei ein Zylinder-
bohrer in den Boden eingebohrt und das in den Zylinder eingedrungene volum-

---

[1] KOPECKY, J.: Die physikalischen Eigenschaften des Bodens. Internat. Mitt.
Bodenkde. 4, 199 (1914); Vortrag in Prag vor der Internat. bodenkundl. Gesellschaft am
26. Juni 1929.

[2] BURGER, H.: Physikalische Eigenschaften der Wald- und Freilandböden. Mitt.
Schweiz. Zentralanst. forstl. Versuchswes. 13, H. 1 (Zürich 1922); Akten der 4. Internat.
Konf. f. Bodenkde. 2, Komss. 1 u. 2, S. 150. Rom 1926.

[3] NITZSCH, W.: Zustand und Veränderung der Struktur des Ackerbodens. Pflanzenbau 2, H. 16, 1 (1925/26); Wiss. Veröff. Siemens-Konzern 4, H. 2, S. 75. Berlin 1925.

[4] ZUNKER, F.: Der Kulturtechniker 31, 66 (1928).

[5] SCHUMACHER, W.: Physik des Bodens. 1, Berlin 1864.

[6] HEINRICH, R.: Grundlagen zur Beurteilung der Ackerkrume, S. 116, 218. Wismar 1882.

[7] RAMANN, E.: Bodenkunde, 3. Aufl. Berlin 1911.

[8] KRAUSS, G.: Gerät zur Probeentnahme zwecks Ermittlung der Lagerungsweise.
Internat. Mitt. Bodenkde. 13, 158 (1923).

[9] TRNKA, R.: Eine Studie über einige physikalische Eigenschaften des Bodens. Internat. Mitt. Bodenkde. 4, 363 (1914).

[10] POWELL, E. B.: Soil Sci. 21, No. 1, 53 (1926).

[11] JANERT, H.: Landw. Jb. 62, 427 (1927).

mäßige Bodenstück untersucht wird. Für die gewichtsmäßige Entnahme von Bodenproben bis zu größeren Tiefen hat Rotmistroff[1] einen Bohrer angegeben.

4. Die elektrische Methode der Feuchtigkeitsbestimmung des Bodens von Whitney[2], Gardner und Briggs[3], Görz[4], bei der aus der elektrischen Leitfähigkeit des Bodens auf den Wassergehalt geschlossen wird.

5. Die Methode der Saugkraftbestimmung des Bodens z. B. mit dem Korneffschen Saugkraftmesser (s. S. 102).

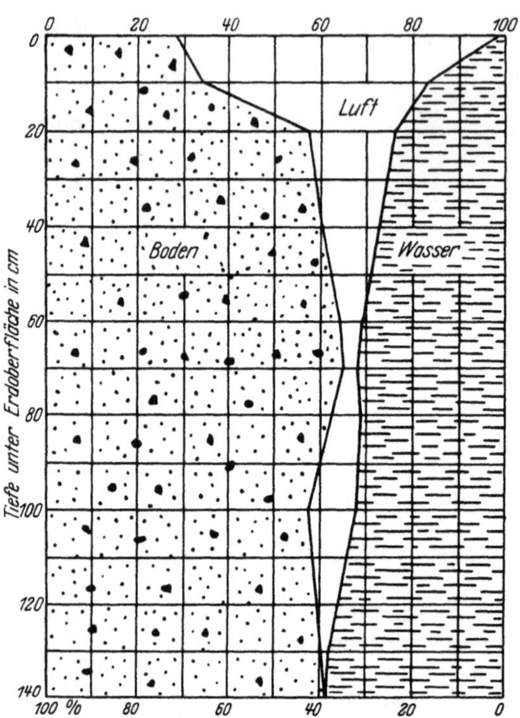

Abb. 57. Darstellung des Bodens, Wasser- und Luftgehalts in einem Bodenprofil.

Mit der Wassergehaltsbestimmung des gewachsenen Bodens nach der Zylindermethode wird vielfach die Wasserkapazitätsbestimmung verbunden, und zwar ist es bei der geringen Höhe der Zylinder die größte Wasserkapazität, die ermittelt wird. Auf den grundsätzlichen Fehler der Wasserkapazitätsbestimmungen wird weiter unten eingegangen werden.

Kopecky[5] benutzt niedrige, unten zugeschärfte Metallzylinder von rund 100 cm³ Inhalt, die in den gewachsenen Boden eingetrieben, vorsichtig ausgegraben und, nachdem ihr Inhalt mit den Zylinderrädern glatt geschnitten ist, unten mit einem feinen Drahtsieb und sodann oben und unten mit Deckeln verschlossen, im Laboratorium gewogen, mit Wasser gesättigt, auf Fließpapier gesetzt und 24 Stunden lang der Entwässerung überlassen, sodann wieder gewogen, getrocknet und nochmals gewogen werden. Von etwa 20 g der getrockneten Probe bestimmt er im Pyknometer das spez. Gewicht. Als absolute Wasserkapazität bezeichnet er jene Wassermenge in Volumprozent, die nach Sättigung und 24 Stunden langer Entwässerung im Boden enthalten ist. Unter Luftkapazität versteht er den Unterschied zwischen dem Porenvolumen und der Wasserkapazität. Ramann[6] sättigt die Proben ebenfalls nach der Entnahme und untersucht sie ohne Rücksicht auf die durch die Sättigung erfolgte Quellung. Zur Bestimmung des Volumens der festen Bodenmasse entnimmt er von der getrockneten Probe 20—30 g.

[1] Rotmistroff, W. G.: Die Wasserbewegung im Boden. Odessa 1906.

[2] Whitney, M., F. Gardner, and L. Briggs: An electrical method of determining the moisture content of arable soils. U. S. Dep. Agricult., Div. Soils, Bull. 6 (Washington 1897).

[3] Briggs, L.: Electrical instruments for determining the moisture, temperature and soluble salt content of soils. U. S. Dep. Agricult., Div. Soils, Bull. 15 (Washington 1899).

[4] Görz, G.: Über ein tragbares Gerät zur elektrischen Bestimmung der Bodenfeuchtigkeit im Felde. Internat. Mitt. Bodenkde. 14, 35 (1924).

[5] Kopecky, J.: Vortrag vor der Internationalen Bodenkundlichen Gesellschaft am 26. Juni 1929 in Prag.

[6] Ramann, E.: Bodenkunde, 3. Aufl. 1911.

BURGER[1] entnimmt den Boden mittels eines unten scharf zugeschliffenen Stahlzylinders von 10 cm Höhe und 11,3 cm Durchmesser, also 1000 cm³ Inhalt, der mit einem schweren Holzstößel eingetrieben und nach dem Ausgraben und randgleichen Abschneiden mit Sieb und Deckeln verschlossen wird. Im Laboratorium wird der Zylinderinhalt nach Wägung der Zylinder in der Weise gesättigt, daß die auf Drahtgitter gestellten Zylinder 24 Stunden unter Wasser bleiben. Darauf läßt BURGER sie eine Stunde lang abtropfen, schneidet die etwa während der Sättigung über den Zylinderrand hinaus gequollene Erde weg, wiegt die Proben wieder und trocknet sie in flachen Schalen bei 110—120°. Nach erneuter Wägung erfolgt die Trennung des Zylinderinhalts in Feinerde, Steine und Wurzeln, und die Bestimmung der Trockengewichte und der spez. Gewichte dieser Bestandteile. Zu dem letzteren Zwecke werden die Feinerde und die Steine zum Austreiben der Luft eine halbe Stunde lang mit Wasser gekocht, und es wird ihr ganzes Volumen und nicht eine Teilprobe im Pyknometer bestimmt. Für die Berechnung des Volumens der Wurzeln wird ein spez. Gewicht der Holzsubstanz von 1,56 zugrunde gelegt. Die Summe der Volumen ergibt das Volumen der festen Bodenbestandteile, woraus dann Raumgewicht, Porenvolumen, Wassergehalt und Wasserkapazität, Luftgehalt und Luftkapazität berechnet werden.

Die Bestimmung des Volumens der festen Bodenteilchen durch BURGER, der die über den Zylinderrand getretene weggeschnittene Bodenmasse nicht berücksichtigt, muß zu unrichtigen Werten für das Raumgewicht, das Porenvolumen und den Wassergehalt des gewachsenen Bodens führen, worauf MÜTTERLEIN[2] besonders aufmerksam macht.

DORAJENKO[3] und NITZSCH[4] haben zum schnelleren Trocknen der Gesamtprobe Alkohol als wasserentziehendes Mittel verwendet.

HEINRICH[5] hatte eine Absättigung des Bodens an Ort und Stelle vorgenommen.

KRAUSS[6] benutzt schwach konisch zulaufende Eisenzylinder von verschiedener Größe, die dem Steingehalt des Bodens angepaßt werden. Die größte Abweichung der Einzelbestimmung vom Mittel betrug bei dieser Zylindermethode nach den Untersuchungen des Deutschen Ausschusses für Kulturbauwesen im Durchschnitt 0,7 % des gewachsenen Bodenvolumens. Abb. 58 zeigt das Volumgerät, mit welchem auch die auf S. 85 verzeichneten Werte für das Porenvolumen und den Wassergehalt einer Anzahl von Dränfeldern in 0,4—1 m Tiefe bestimmt worden sind.

Neben diesen Feldverfahren hat man Laboratoriumsmethoden ausgearbeitet, um Einblick in das Wasserhaltungsvermögen der Böden zu gewinnen. Es sind dies 1. die Methode der Bodensäulen; 2. die Zentrifugalmethode; 3. die Absaugmethode.

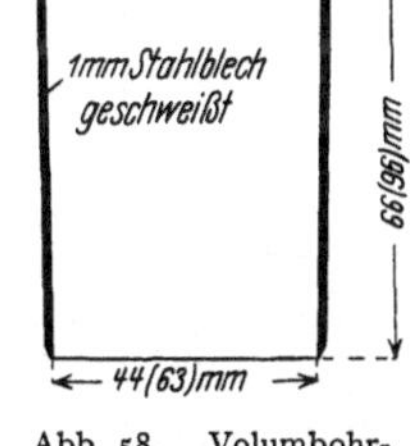

Abb. 58. Volumbohrgerät von KRAUSS.

---

[1] BURGER, H.: a. a. O. S. 10.

[2] MÜTTERLEIN: Untersuchungen über Bodenbearbeitung, S. 17. Dissert., Halle 1929.

[3] DORAJENKO: Z. landw. Wiss. 1, Nr. 1, 2, 3, 5 (Moskau 1924); Ref. i. Internat. agrikult.-wiss. Rundschau 1, Nr. 3, 876 (1925).

[4] NITZSCH, W.: Fortschr. Landw. H. 9 (1927).

[5] HEINRICH, R.: Grundlagen zur Beurteilung der Ackerkrume. Wismar 1882.

[6] KRAUSS, G.: nach F. ZUNKER, Der Kulturtechniker 31, 40 u. 63 (1928).

Die Methode der Bodensäulen ist zuerst von Schübler[1] angewandt worden. Adolf Mayer[2] wies darauf hin, daß die Höhe der Bodensäule von Einfluß auf den Wassergehalt bei der Durchfeuchtung sei. Er füllte den lufttrocknen Boden in eine zweiteilige, 1,7 cm weite und 75 + 25 = 100 cm lange Glasröhre, goß Wasser von oben so lange auf, bis es unten heraustropfte, entnahm dann in 75 cm Höhe eine geringe Bodenmenge und bestimmte ihren Wassergehalt durch Trocknen bei 100° C. Den Gewichtsverlust in Prozenten des trockenen Bodens nannte er kleinste, absolute oder minimale Wasserkapazität, den Feuchtigkeitsgehalt einer am untersten Rohrende entnommenen Probe nannte er größte, maximale oder volle Wasserkapazität. Wollny[3] verwandte 4 cm weite Röhren, sättigte den Boden von oben mit Wasser, entfernte nach Ankunft des Wassers am unteren Ende das überschüssige Wasser von der Oberfläche und machte 36 Stunden später in einer Höhe von 90—100 cm eine Wasserbestimmung, die er kleinste Wasserkapazität nannte. Mitscherlich[4] spricht schlechtweg von Wasserkapazität und versteht darunter den Wassergehalt eines Bodens, der in einen 16 cm hohen und 4 cm weiten, unten mit einem Sieb geschlossenen Metallzylinder auf 1,5 cm hoher Kiesschicht eingerüttelt, sodann mit Wasser von unten durchtränkt und schließlich 2 Stunden lang durch Aufsetzen des unteren Endes auf nasses Fließpapier entwässert wird.

Wollny erhielt für Quarzsande bestimmter Korngrößen die in nachstehender Tabelle wiedergegebenen Wasserkapazitäten.

Größte und kleinste Wasserkapazität nach Wollny.

		Korngröße in mm						
		2—1	1—0,5	0,5—0,25	0,25—0,171	0,171—0,114	0,114—0,071	0,071—0,01
		Spez. Oberfläche U						
		0,72	1,45	2,86	4,9	7,2	11,2	44
Größte Wasserkapazität in 0-10 cm	Gew.-%	21,13	22,95	24,67	25,99	28,87	32,07	32,05
Höhe über dem unteren Rohrende	Vol.-%	34,52	37,10	38,69	40,20	42,30	44,46	44,90
Kleinste Wasserkapazit. in 90-100 cm	Gew.-%	2,33	2,68	2,94	3,47	4,25	24,67	27,23
Höhe über dem unteren Rohrende	Vol.-%	3,66	4,14	4,38	5,08	6,03	33,27	35,56
Porenvolumen-% nach früheren Versuchen		38,2	39,1	40,6	41,3	43,6	46,9	47,9
Berechnete kapillare Steighöhe H in cm		5,2	10,2	19,1	31,3	41,9	57,1	215,4

[1] Schübler, G.: Grundsätze der Agrikulturchemie, 2. Teil. Leipzig 1830.

[2] Mayer, A.: Über das Verhalten erdartiger Gemische gegen das Wasser. Landw. Jb. 1874, 753; Lehrbuch der Agrikulturchemie, 5. Aufl., S. 152. 1901.

[3] Wollny, E.: Untersuchungen über die Wasserkapazität der Bodenarten. Forschgn. Geb. Agrikult.-Phys. 8, 183 (1885).

[4] Mitscherlich, E. A.: Bodenkde. f. Land- u. Forstwirte, 4. Aufl., S. 135. Berlin 1923.

Man erkennt eine sprunghafte Zunahme der kleinsten Wasserkapazität von Korngröße 0,171/0,114 auf Korngröße 0,114/0,071 mm. Es ist nun am Kopf der Tabelle unter Annahme einer gradlinigen Kornanteillinie die spez. Oberfläche U und in der letzten Horizontalspalte nach Gleichung (30) mit $a^2 = 15$ die kapillare Steighöhe berechnet worden, wobei $p_0 = p$ gesetzt wurde. Da bei allen Versuchen mit Bodensäulen über dem unteren Rohrabschluß aufsitzendes Kapillarwasser entsteht, dessen Höhe im Verhältnis zur kapillaren Steighöhe nach Seite 123 stark wechseln kann, so ist anzunehmen, daß das aufsitzende Kapillarwasser bei den Korngrößen bis 0,171/0,114 mm, deren kapillare Steighöhe bis 42 cm beträgt, noch nicht in die Schichthöhe 90—100 cm hinaufreichte, wohl aber bei den feineren Korngrößen[1]. Es werden also bei der Methode der Bodensäulen je nach Maschenweite des unteren Abschlußsiebs und der etwaigen Kiesunterlage, nach Bodenart und Entnahmehöhe einmal nur Häutchen- und Porenwinkelwasser sowie feinkapillares Haftwasser, ein andermal aufsitzendes Kapillarwasser bestimmt.

Den Einfluß des aufsitzenden Kapillarwassers auf die volle Wasserkapazität hat schon MAYER[2] erkannt, wenngleich er die Bedeutung des unteren Abschlusses der Bodensäule noch nicht richtig gewürdigt und die entsprechende Folgerung nicht gezogen hat, daß die Methode der Bodensäulen als Normalmethode unbrauchbar ist.

Es ist auch für die Größe der Wasserkapazität nicht gleichgültig, ob der Boden von unten kapillar gesättigt oder von oben durchtränkt wird. Im ersteren Falle werden mehr Luftbläschen vom Wasser eingeschlossen als im zweiten. Auch kann sich im zweiten Falle bei neuen Güssen neben aufsitzendem Kapillarwasser noch hängendes kapillares Haftwasser bilden, das die Wasserkapazität erhöht. Diese Verschiedenheit ist von LIEBENBERG[3], WOLLNY und KRÜGER[4] festgestellt worden, ohne daß zwar die Ursache klargelegt wurde. Ebenso entsteht eine verschiedene Wasserkapazität, wenn man einen Boden nach dem Abtropfen von unten nochmals sättigt. Im natürlich gelagerten Boden ergibt deshalb die Wasserkapazitätsbestimmung je nach dem Feuchtigkeitsgehalt des Bodens verschiedene Werte.

Wenn KOPECKY[5] sagt, daß die Wasserkapazität eine physikalische Größe sei und daher für einen Boden konstant sein müsse, so liegt dieser Anschauung eine irrtümliche Auffassung über das Wesen des Haftwassers zugrunde, das, wie schon bemerkt, einer ständigen Umwandlung unterworfen ist. Wie sehr der Wassergehalt mit der Zeit wechselt und auch in den einzelnen Schichthöhen ein und desselben Bodens verschieden ist, lehren die in nachstehender Tabelle auszugsweise wiedergegebenen Versuche von KING[6], der 2,44 m lange Bodensäulen von 12,7 cm Durchmesser von unten her mit Wasser voll tränkte, dann das Außenwasser bis annähernd auf den untersten Rand der Röhren absenkte und nun $2\frac{1}{2}$ Jahre hindurch die Abflußmenge aus den Bodensäulen beobachtete. Am Ende des Versuchs wurde der Wassergehalt in Schichthöhen von je 7 Zoll festgestellt. Die Röhren waren zur möglichsten Verhinderung der Wasserverdunstung oben mit einem Kork verschlossen, durch den eine kurze Glasröhre führte, die zu einer

---

[1] Siehe auch die Versuche von KING, S. 132.

[2] MAYER, ADOLF: Zur Theorie der Wasserkapazität von Ackerböden und anderer poröser Medien. Forschgn. Geb. Agrikult.-Phys. **14**, 254 (1891).

[3] LIEBENBERG, A. v.: Verhalten des Wassers zum Boden. Dissert. Halle 1873.

[4] KRÜGER, E.: Der Kulturtechniker **28**, 179 (1925).

[5] KOPECKY, J.: Die physikalischen Eigenschaften des Bodens, 2. Aufl., S. 11. Berlin 1914; Vortrag in Prag am 29. 6. 1929.

[6] KING, F. H.: 19. Ann. Rep. U. S. Geolog. Survey, Part. II, 86 (Washington 1899). — Refer. von C. LUEDECKE: Der Kulturtechniker, **12**, 122 (1909).

feinen Spitze ausgezogen war, ebenso waren die Röhren am unteren Ende gegen Verdunstungsverluste gut gesichert.

Wasserhaltungsvermögen von Bodensäulen nach King.

Korngröße in mm	0,4745	0,1848	0,1551	0,1183	0,0827
Somit spez. Oberfläche U	2,11	5,41	6,45	8,45	12,1
Porenvolumen %	38,9	40,1	40,8	40,6	39,7
	Wasserabfluß in mm				
Nach 30 Min.	260	191	136	38	31
Während der nächsten 1 Std.	118	133	114	33	22
,, ,, ,, 5 Std., 13 Min.	113	126	132	124	78
,, ,, ,, 22 Std., 46 Min.	52	55	69	114	117
,, ,, ,, 69 Std., 46 Min.	26	24	27	47	52
,, ,, ,, 191 Std., 30 Min.	14	25	17	28	36
Bis Schluß des 1. Jahres weitere	43	39	30	35	35
1.—2. Jahr weitere	13	9	16	13	0
2.—$2^1/_2$. Jahr weitere	1,6	5,2	0	5,8	0
	Wassergehalt nach $2^1/_2$ Jahren in Gew.-%				
Für die Schichthöhe 0 — 15,2 cm	21,3	24,1	23,2	24,6	24,1
,, ,, ,, 15,2— 30,5 cm	17,7	21,9	22,6	22,9	23,1
,, ,, ,, 30,5— 45,7 cm	8,1	12,0	16,0	20,4	21,5
,, ,, ,, 45,7— 61,0 cm	3,8	5,7	13,7	18,2	19,7
,, ,, ,, 61,0— 76,2 cm	2,7	3,4	7,6	14,0	17,6
,, ,, ,, 76,2— 91,4 cm	2,3	2,6	4,6	11,2	15,4
,, ,, ,, 91,4—106,7 cm	2,1	2,2	3,3	8,1	12,8
,, ,, ,, 106,7—121,9 cm	2,0	2,1	2,6	6,5	10,9
,, ,, ,, 121,9—137,2 cm	2,0	2,0	2,3	5,2	9,0
,, ,, ,, 137,2—152,4 cm	1,9	1,9	2,3	4,4	7,2
,, ,, ,, 152,4—167,6 cm	1,8	1,7	2,1	3,7	6,2
,, ,, ,, 167,6—182,9 cm	1,3	1,3	1,8	3,2	5,3
,, ,, ,, 182,9—198,1 cm	0,7	0,4	1,5	2,8	4,7
,, ,, ,, 198,1—213,4 cm	0,3	0,2	0,8	2,2	4,1
,, ,, ,, 213,4—228,6 cm	0,2	0,2	0,3	1,5	3,8
,, ,, ,, 228,6—243,8 cm	0,2	0,2	0,2	1,2	3,4
Kapillare Steighöhe H cm berechnet	15,0	36,3	42,1	55,5	82,7

Selbst nach $2^1/_2$ Jahren gaben die Bodensäulen noch Wasser ab, ein Beweis dafür, daß dauernd eine Umwandlung der Haftwasserarten stattfindet[1]. Der nach $2^1/_2$ Jahren bestimmte Wassergehalt ist am unteren Ende im Bereich des aufsitzenden Kapillarwassers beträchtlich und bei allen Korngrößen ziemlich gleich, nimmt dann in Höhe der oberen Menisken des aufsitzenden Kapillarwassers sprunghaft und innerhalb des offenen Kapillarwassers und der feinkapillaren Haftwasserzone ganz allmählich nach oben ab. Die obersten Schichten haben augenscheinlich Verdunstungsverluste erlitten.

In der letzten Horizontalspalte ist nun die Steighöhe nach Gleichung (30) mit $a^2 = 15$ berechnet worden; das Kapillarwasser reicht durchschnittlich etwa 15 cm, das ist wohl die Höhe des Grundwasserstandes über dem untersten Ende der Bodensäule, über die kapillare Steighöhe hinaus.

Atterberg[2] erhielt mit Sandsäulen, die ebenfalls von unten her mit Wasser gesättigt und dann 24 Stunden lang mit dem unteren Rande in Wasser stehend der Entwässerung überlassen waren, die nachstehenden Ergebnisse:

---

[1] Die Umwandlung wird bei Temperaturzunahme besonders groß sein.
[2] Atterberg, A.: Landw. Versuchsstat. **69**, 118 (1908).

Wasserhaltungsvermögen von Bodensäulen nach ATTERBERG.

	Korngröße in mm			
	5—2	2—1	1—0,5	0,5—02
	Spez. Oberfläche U			
	0,33	0,72	1,44	3,28
Porenvolumen-% . .	40,1	40,4	41,8	40,5
Spez. Gewicht	2,64	2,66	2,65	2,65
Kapillarität cm . . .	2,5	6,5	13,1	24,6
Höhe der Bodensäule (cm)	27	30	40	50
Wassergehalt in Vol.-%	untere Hälfte 5,7 / obere Hälfte 3,2	unteres Drittel 14,7 / mittleres Drittel 7,9 / oberes Drittel 2,8	unteres Drittel 23,7 / mittleres Drittel 15,2 / oberes Drittel 4,0	unteres Drittel 32,1 / mittleres Drittel 24,3 / oberes Drittel 4,8
Wassergehalt i. Gew.-%	untere Hälfte 3,6 / obere Hälfte 2,0	unteres Drittel 9,3 / mittleres Drittel 5,0 / oberes Drittel 1,8	unteres Drittel 15,4 / mittleres Drittel 9,9 / oberes Drittel 2,6	unteres Drittel 20,4 / mittleres Drittel 15,4 / oberes Drittel 3,0

Sand von 0,2—0,1 mm Korngröße ($U = 7,2$) mit dem Porenvolumen 40,4 %' dem spez. Gewicht 2,65 und der Kapillarität 42,8 cm ergab bei 200 cm Höhe der Bodensäule folgenden Wassergehalt:

Schichthöhe cm	0/20	20/40	40/60	60/80	80/100	100/120	120/140	140/160	160/180	180/200
Wassergeh. i. Vol.-%	—	30,2	30,5	11,6	10,4	6,0	5,4	5,1	5,1	4,6
Wassergeh. i. Gew.-%	—	19,1	19,3	7,3	6,6	3,8	3,4	3,2	3,2	2,9

Die Zentrifugalmethode, die schon seinerzeit von RODEWALD[1] erwähnt wurde, ist in Amerika durch BRIGGS[2] und MCLANE entwickelt worden und wird dort als Normalmethode zur Kennzeichnung der Bodenzusammensetzung in großem Umfange angewendet. Wenige Gramm der Bodenprobe werden in kleine, gelochte Gefäße gefüllt, mit Wasser gesättigt und zentrifugiert. Sodann wird der verbliebene Wassergehalt der Bodenprobe in üblicher Weise durch Wägen, Trocknen bei 105—110⁰ C und Wiederwägen bestimmt und auf das Trockengewicht des Bodens bezogen.

Unter „moisture equivalent of soil" oder Feuchtigkeitswert des Bodens versteht man die in Gewichtsprozenten ausgedrückte Feuchtigkeit des wassergesättigten Bodens, nachdem er mit einer Beschleunigung von 1000 g ($g = 981$ cm/sek²) 40 Minuten lang zentrifugiert wurde. Das prozentuale Verhältnis von vorhandenem Wassergehalt zum Feuchtigkeitswert nennt man „relative wetness", relative Feuchtigkeit.

CONRAD und VEIHMEYER[3] haben die Beziehung der relativen Feuchtigkeit des Bodens zur Wurzelentwicklung untersucht. Abb. 59 zeigt den Wassergehalt

---

[1] RODEWALD, H., nach E. A. MITSCHERLICH, Bodenkde. Land- u. Forstwirte, 4. Aufl., S. 137. Berlin 1923.
[2] BRIGGS, L. J., and J. W. MCLANE: U. S. A. Dep. Agricult. Bur. Soils, Bull. 45 (1907); Moisture equivalent determinations and their applications; Proc. Amer. Soc. Agron. 2, 138 (1910).
[3] CONRAD, J. P., and F. J. VEIHMEYER: Root development and soil moisture. Hilgardia, J. Agricult. Sci., California, Agricult. Exp. Stat., 4, Nr. 4, S. 113 (1929). — VEIH-

eines Bodens in Gewichtsprozenten unter Zuckerrohr, nachdem es gereift war; der Boden rechts von den Pflanzen war von aller Vegetation freigehalten worden. Erst die Bestimmung der relativen Feuchtigkeit, deren Ergebnis in Abb. 60 dargestellt ist, gibt ein Bild von der Austrocknung des Bodens durch die Pflanzenwurzeln. In Abb. 61 ist die relative Feuchtigkeit eines andern Bodens, etwas schwerer als

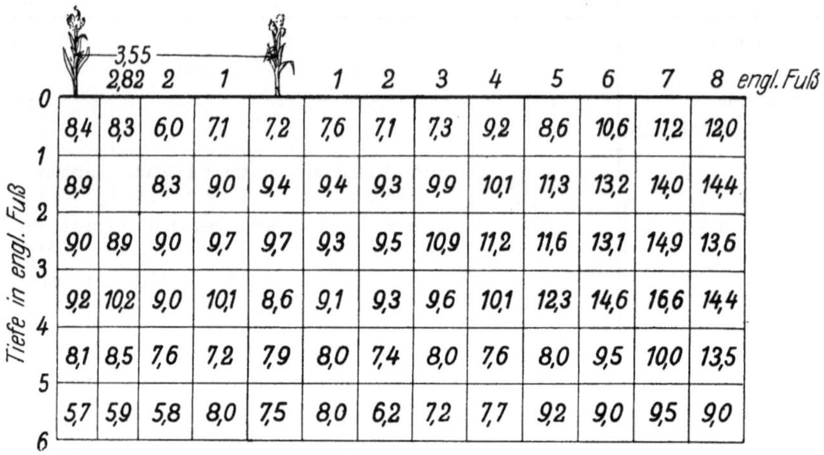

3,55
2,82 2 1 1 2 3 4 5 6 7 8 engl. Fuß
Tiefe in engl. Fuß
0 1 2 3 4 5 6
8,4 8,3 6,0 7,1 7,2 7,6 7,1 7,3 9,2 8,6 10,6 11,2 12,0
8,9 8,3 9,0 9,4 9,4 9,3 9,9 10,1 11,3 13,2 14,0 14,4
9,0 8,9 9,0 9,7 9,7 9,3 9,5 10,9 11,2 11,6 13,1 14,9 13,6
9,2 10,2 9,0 10,1 8,6 9,1 9,3 9,6 10,1 12,3 14,6 16,6 14,4
8,1 8,5 7,6 7,2 7,9 8,0 7,4 8,0 7,6 8,0 9,5 10,0 13,5
5,7 5,9 5,8 8,0 7,5 8,0 6,2 7,2 7,7 9,2 9,0 9,5 9,0

Abb. 59. Wassergehalt unter und neben Zuckerrohr in Gew.-% des trockenen Bodens.

der erste und als Yolo toniger Lehm bezeichnet, unter einer gereiften Zuckerrohrpflanzung wiedergegeben. Die mit Querstrichen versehenen voll ausgezogenen

3,55
2,82 2 1 1 2 3 4 5 6 7 8 engl. Fuß
Tiefe in engl. Fuß
0 1 2 3 4 5 6
37 37 26 34 32 36 33 32 42 39 46 52 56
42 39 45 46 48 48 43 49 51 62 68 69
42 42 41 46 46 45 46 50 52 56 60 71 65
44 46 44 50 44 45 46 48 48 56 69 72 71
53 47 52 54 51 51 60 55 62 68 75 84 76
61 63 51 60 52 59 62 70 90 93 105 101
40 50 60 70 80 90 100

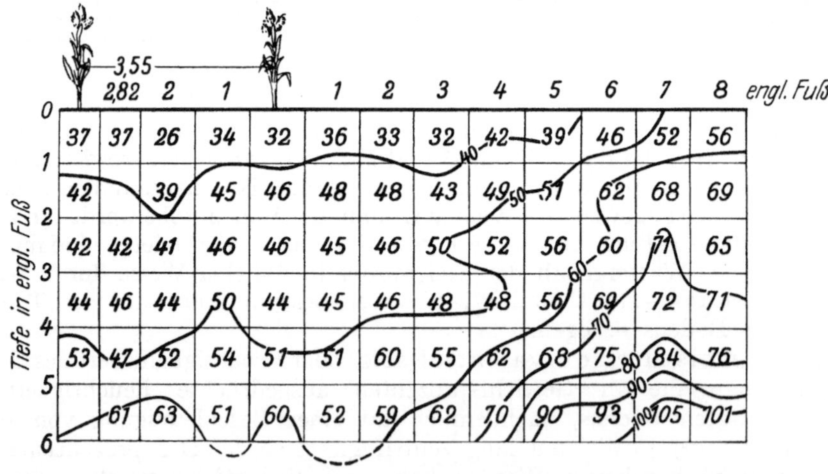

Abb. 60. Dasselbe Bodenprofil, aber die Feuchtigkeit ausgedrückt in relativer Feuchtigkeit, das ist das Verhältnis des vorhandenen Wassergehaltes im gewachsenen Boden zur Feuchtigkeit nach dem Zentrifugieren des wassergesättigten Bodens. Nach CONRAD und VEIHMEYER.

Kurven stellen wieder Punkte gleicher relativer Feuchtigkeit, die gestrichelten Kurven Punkte gleichen Wurzelgewichts dar, und zwar bedeutet die angeschriebene Zahl das tatsächliche Gewicht von Wurzeln in Milligramm je 100 g

MEYER, F. J., and A. H. HENDRICKSON: Soil moisture at permanent wilting of plants. Plant Phys. 3, 355 (1928).

Boden. BRIGGS und SHANTZ[1] hatten als Welkungsziffer eine relative Feuchtigkeit von 54% ermittelt.

Es ist jedoch bei dieser Methode zu beachten, daß sie nur dann einigermaßen zutreffende Ergebnisse geben kann, wenn das Porenvolumen des Bodens überall annähernd dasselbe ist.

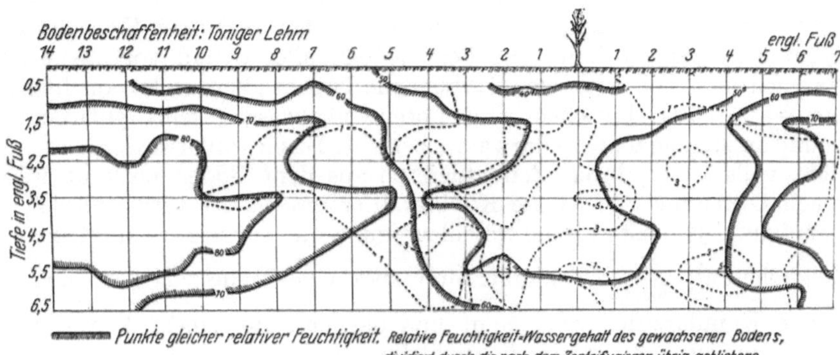

Abb. 61. Beziehung zwischen relativer Feuchtigkeit des Bodens und Wurzelverteilung nach der Aberntung einer Zuckerrohrpflanzung. Nach CONRAD und VEIHMEYER.

LEBEDEFF[2] hat die Zentrifugalmethode näher untersucht und fand folgende Abhängigkeit zwischen Zentrifugalkraft und Wasserhaltungsvermögen des Bodens:

Bodenbezeichnung	Feuchtigkeit in Gewichtsprozenten des trockenen Bodens während 5 Min. Zentrifugierens bei einer Zentrifugalkraft als Vielfaches der Erdbeschleunigung von								
	400	700	1100	4600	11 800	18 000	27 000	50 000	70 000
Guara-Kingu-River .	50,8	46,1	41,5	37,8	35,2	33,4	32,1	32,4	32,4
Susquehanna toniger Lehm	41,2	38,4	38,0	31,2	26,9	24,3	23,9	23,0	22,5
Houston Ton	40,5	38,1	35,1	27,5	25,0	23,6	24,6	23,4	23,4
Decatur toniger Lehm	31,1	29,1	24,4	20,6	18,9	18,1	17,5	17,0	16,5
Marshall Staublehm .	34,2	32,2	31,4	23,1	17,0	14,1	14,8	14,0	13,5
Sassafras Staublehm .	21,7	21,5	20,9	13,5	8,2	6,9	6,4	6,1	5,9

Die Feuchtigkeit nimmt also mit steigender Zentrifugalkraft ab.

Bei einer Zentrifugalkraft von 70000 g und verschiedener Dauer des Zentrifugierens stellte sich folgender Wassergehalt ein:

Bodenbezeichnung	Feuchtigkeit in Gewichtsprozenten des trockenen Bodens bei einer Zentrifugalkraft von 70 000 g und einer Zentrifugaldauer von						
	1 min	2 min	3 min	4 min	5 min	7 1/2 min	10 min
Guara-Kingu-River	34,6	33,5	33,1	32,3	32,4	31,9	31,9
Susquehanna toniger Lehm	25,6	25,1	24,4	24,5	23,4	22,9	22,5
Houston Ton	—	22,9	22,9	23,2	21,0	20,0	19,2
Decatur toniger Lehm	18,1	17,8	17,8	17,1	16,5	16,1	15,9
Marshall Staublehm	13,8	13,9	13,2	13,1	12,7	11,6	11,3
Sassafras Staublehm	7,1	6,2	6,0	6,0	5,9	5,6	5,4
Leonardtown Staublehm	8,6	8,2	7,3	7,1	6,6	—	—
Norfolk Feinsand	2,7	2,5	2,5	2,1	2,0	—	—
Sand 302049	1,1	1,1	1,0	0,9	0,8	—	—

[1] BRIGGS, L. J., and H. L. SHANTZ: The wilting coefficient for different plants and its indirect determination. U. S. Dep. Agricult. Bur. Pl. Ind., Bul. 230, 1 (1912).

[2] LEBEDEFF, A. F.: Determination of the maximal molecular water capacity of the soil by means of centrifuging. Pedology 4, Nr. 1—2, 49 (Rostov/Don 1928).

Die Abnahme der Feuchtigkeit mit der Dauer des Zentrifugierens ist hauptsächlich auf das Austrocknen des Bodens durch den sich entwickelnden Luftstrom zurückzuführen. Lebedeff empfiehlt deshalb eine Zentrifugaldauer von 2 Minuten und eine Zentrifugalkraft von mindestens 18000 g. Die dann erhaltene Bodenfeuchtigkeit in Gewichtsprozenten des trockenen Bodens nennt er „maximale molekulare Wasserkapazität". Er vertritt die Ansicht, daß sie von der Schwerkraft unabhängig sei und nur das mit molekularer Kraft festgehaltene Häutchenwasser enthalte. Es liegt jedoch aller Grund vor anzunehmen, daß die nach dem Zentrifugieren verbliebene Feuchtigkeit außer aus hygroskopischem Wasser aus Häutchen- und Porenwinkelwasser, feinkapillarem Haftwasser und aufsitzendem Kapillarwasser besteht. Das Kapillarwasser kann durchaus nicht vollständig durch Zentrifugieren aus dem Boden entfernt werden; denn nach Gleichung (30) ist die Kapillarziffer umgekehrt verhältnisgleich der Beschleunigung. Wächst also die Beschleunigung auf 18000 g, so sinkt die kapillare Steighöhe auf $\dfrac{1}{18\,000}$. Tone mit ihrer spez. Oberfläche von 4000 und mehr haben eine Kapillarziffer von 360 m und darüber. Bei einem Anwachsen der Beschleunigung auf das 18000fache verbleibt dann immer noch eine Steighöhe von 2 cm und mehr. Nicht nur feinkapillares Haftwasser, sondern auch aufsitzendes Kapillarwasser kann also im Ton verbleiben. Tatsächlich hat Lebedeff Böden zentrifugiert, die das Wasser nicht abgaben. Das Wasser sammelte sich am Gefäßende nahe der Zentrifugenachse. Die Abgabe wird noch erschwert durch die Zusammenpressung, welche die Bodenteilchen durch ihr auf das Vieltausendfache gesteigerte Gewicht erleiden.

Es scheint nun zwar, daß bei den Tonen der außerordentliche Wasserdruck, unter den ihr Porenwasser beim Zentrifugieren zu stehen kommt, einen sehr verstärkenden Einfluß auf die Dicke der hygroskopischen Schichten ausübt, so daß der Druck der festen Bodenteilchen aufeinander keine wesentliche Verminderung der hygroskopischen Zwischenschichten in den Berührungspunkten der Teilchen und somit auch keine wesentliche Verringerung des scheinbaren Porenvolumens herbeiführt. Wie nämlich aus der folgenden Tabelle hervorgeht, hat Lebedeff für Tonteilchen eine molekulare Wasserkapazität von 44,85 Gew.-% festgestellt. Wir erhalten nun für das scheinbare Porenvolumen den kleinsten Wert, wenn wir die Wasserkapazität in Vol.-% gleich dem scheinbaren Porenvolumen setzen. Nach Gleichung (69a) wird dann $w_v = p = 0{,}4485\,(1 - p)\,s$, und für ein scheinbares spez. Gewicht von $s = 2{,}75$ folgt hieraus $p = 0{,}55$. Bei starkem Zusammenpressen der Tone erhält man unter der Voraussetzung, daß das Porenwasser frei auszutreten vermag, nur Porenvolumen von 25—35 %. Die obige Annahme, daß die hygroskopischen Schichten beim Zentrifugieren eine wesentliche Verdickung erfahren, sobald sich ein Porenwasserdruck entfaltet, scheint also hiernach zuzutreffen.

Maximale molekulare Wasserkapazität nach Lebedeff.

Bodenart	Korngröße mm	Spez. Oberfläche U	Maximale molekulare Wasserkapazität Gew.-%
Grobsand	1 —0,5	1,44	1,57
Mittelsand	0,5 —0,25	2,86	1,60
Feinsand	0,25—0,1	6,57	2,73
Sehr feiner Sand .	0,1 —0,05	14,4	4,75
Staub	0,05—0,005	78,2	10,18
Ton	$\leqq 0{,}005$	—	44,85

Die beim Zentrifugieren benutzten Bodengefäßchen samt Inhalt sollen wegen
der hohen Umdrehungsgeschwindigkeit nur um 0,1—0,2 g untereinander verschieden sein, jedoch sind auch bei 2,5 g Gewichtsunterschied noch keine Be-
schädigungen der Zentrifuge eingetreten. Bei manchen Böden darf die Bodenhöhe nicht größer als 1 cm sein, weil sie stark zusammengepreßt werden und
sich dann das Wasser am Gefäßende nahe der Zentrifugenachse ansammelt. Es
dürfte sich dabei um alkalireiche Böden mit dicken, aber nach außen hin locker
gebundenen hygroskopischen Schichten handeln, die dem Teilchendruck nachgeben. Auch durchlässige Böden werden sich stark zusammenpressen, ohne daß
aber dem Wasser durch hygroskopische Schichten der Durchfluß durch die Poren
versperrt wird.

Die Höhe der Bodensäule beeinflußt den Feuchtigkeitsgehalt im allgemeinen
merkbar nur bei kleinen Beschleunigungen; bei Beschleunigungen von über

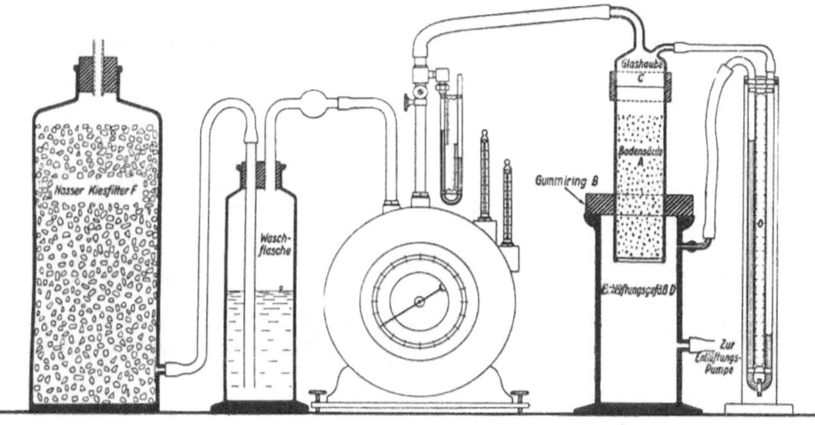

Abb. 62. Absaugapparat zur Bestimmung des Wasserhaltungsvermögens und der Durchlässigkeit des Bodens für Luft.

18000 g beschränkt sich der Einfluß der Bodenhöhe im wesentlichen auf die
schwersten Böden. Das dürfte mit dem Verhalten des aufsitzenden Kapillarwassers zusammenhängen.

Die Zentrifugalmethode hat den Nachteil, daß bei ihr nur immer ganz geringe Bodenmengen zur Untersuchung kommen und Porenvolumen und Struktur
nicht berücksichtigt werden können.

Die Absaugmethode ist von ZUNKER[1] vorgeschlagen worden. Sie kann
an einem in eine Röhre eingefüllten Boden, an einer mit einem Stahlzylinder
aus dem gewachsenen Boden ausgestochenen Bodensäule oder an einer mit
Paraffin gefestigten Bodenscholle, bei der das Paraffin nachträglich oben und
unten in geringem Umfang wieder entfernt ist, vorgenommen werden.

Die Bodensäule wird von unten durch Einstellen in Wasser gesättigt und
sodann durch ein am unteren Ende erzeugtes Vakuum entwässert. Abb. 62 zeigt
den Apparat für Böden, die in einen Glas- oder Metallzylinder A eingerüttelt
oder auf dem Felde in natürlicher Lagerung entnommen worden sind. Das untere
Ende des Zylinders ist durch ein Drahtsieb, auf das ein gut eingepaßtes grobes
Leinenstück gelegt ist, geschlossen. Der Rand des Drahtsiebs kann, wenn nötig,
durch Plastilin gedichtet werden. Über den Zylinder wird ein dicker, weicher
Gummiring B gestreift und mit dem Zylinder eine gläserne Haube C durch einen

---

[1] ZUNKER, F: Vortrag vor der Internationalen Bodenkundlichen Gesellschaft am 26. 6.
1929 in Prag und auf der Landeskulturausstellung am 5. 2. 1930 in Berlin.

kurzen Gummischlauch luftdicht verbunden. Das Ganze wird auf eine Entlüftungsflasche D mit glattem, breitem Rand gesetzt. Die Haube C wird an Waschflaschen, die etwa zur Hälfte mit Wasser gefüllt sind und zwischen denen sich eine hohe, mit nassem Kies gefüllte Waschflasche F befindet, angeschlossen. Die Entlüftungsflasche D wird mit einer Wasserstrahlpumpe verbunden, wobei zum Ausgleich der Druckschwankungen ein größeres Gefäß (Windkessel) zwischengeschaltet wird. Der Luftdruck preßt den Gummiring B auf die Flasche D und an den Bodenzylinder A. Die durch den Boden gesaugte Luft wird zuvor durch die Waschflaschen mit Wasserdampf gesättigt.

Der Apparat ist noch mit Manometer und Gasuhr verbunden, um die durchströmende Luftmenge messen und dadurch gleichzeitig nach Gleichung (107) die Durchlässigkeitsziffer des Bodens bestimmen zu können[1].

Nachfolgende Tabelle enthält die Ergebnisse einer Versuchsreihe. Der Boden wurde eingerüttelt, die Bodensäule hatte eine Höhe von 10 cm und in den ver-

Versuchsergebnisse mit der Absaugmethode nach Zunker.

	Grober Oder-sand I	Mittlerer Oder-sand II	Feiner Oder-sandIII	Hohen-bockaer Glas-sand	Bleichsand $U\,k\,Bo$ Nr. 24	Schlief-sand $U\,k\,Bo$ Nr. 22 b	Sandiger Lehm $U\,k\,Bo$ Nr. 4	Ton $U\,k\,Bo$ Nr. 12
Hygroskopizität %	0	0	0	0,029	0,98	1,55	3,90	13,47
Spez. Oberfläche[2] U	0,892	1,391	2,164	4,545	149	212	734	10583
Korngr. < 0,002 mm Gew.-%	0	0	0	0	1,7	2,2	8,0	36,8
Spez. Gewicht	2,637	2,637	2,634	2,636	2,665	2,675	2,707	2,811
Porenvolumen %	35,46	34,95	35,23	37,22	38,06 (38,68)[3]	46,58 (48,87)[3]	42,25 (44,47)[3]	54,30 (54,74)[3]
Wasserkapazität Gew.-% . .	14,86	19,48	20,54	22,30	18,58	29,85	23,48	40,32
nach Vol.-% . .	25,29	33,42	35,07	37,06	30,36	40,78	35,29	51,29
Mitscherlich Porenvol.-%	71,31	95,64	99,55	99,58	78,49	83,46	79,38	93,69
Wassergehalt nach einer Absaugdauer von								
5 Min., Gew.-% . . .	2,94	3,13	3,56	4,15	12,32	18,06	20,49	40,07
20 ,, ,,	2,52	2,55	2,81	3,33	10,39	15,02	19,22	39,78
80 ,, ,,	2,27	2,35	2,55	3,16	8,38	12,49	18,15	38,99
320 ,, ,,	2,08	2,15	2,37	2,76	6,82	10,62	17,30	36,82
680 ,, ,,	—	—	—	—	5,92	9,50	16,40	—
20 ,, Vol.-%	4,29	4,37	4,80	5,54	17,16	21,45	30,05	51,10
80 ,, ,,	3,87	4,02	4,36	5,26	13,84	17,84	28,38	50,08
320 ,, ,,	3,55	3,69	4,04	4,59	11,26	15,17	27,04	47,30
20 ,, Porenvol.-% . .	12,09	12,51	13,61	14,87	45,09	46,05	71,11	94,12
80 ,, ,,	10,91	11,51	12,38	14,12	36,36	38,30	67,17	92,23
320 ,, ,,	10,00	10,56	11,47	12,34	29,57	32,57	64,01	87,11
Zeit in Sekunden bis zum Luftdurchtritt	so-gleich	so-gleich	so-gleich	5	30	26	322	kein Luft-durchtr.

[1] Siehe S. 170.

[2] Die spez. Oberfläche der ersten vier Sande wurde volumetrisch ermittelt. Für die übrigen Böden ergibt sich als spez. Oberfläche:

	Boden			
	Nr. 24	Nr. 22b	Nr. 4	Nr. 12
aus der Hygroskopizität nach Gleichung (7)	157	249	683	10583
aus Korngröße < 0,002 mm nach ,,Der Kulturtechniker'' 31, 112 (1928)	140	175	785	—
im Mittel U	149	212	734	10583

[3] Das eingeklammerte Porenvolumen gehört zur Wasserkapazität nach Mitscherlich. Die schweren Böden sackten beim Absaugen des Wassers etwas zusammen.

schiedenen Zylindern einen Durchmesser von 3,7—4,1 cm. Es wurde das Mittel aus je zwei Versuchen gezogen. Die Temperatur betrug durchschnittlich 20° C. Der Wassergehalt wurde sowohl in Gewichtsprozenten, als auch in Volumprozenten und in Prozenten des Porenvolumens ausgedrückt. Die letztere Angabe ist besonders zu empfehlen, da man dann gleichzeitig eine Angabe über den Luftgehalt des Bodens hat, dessen Kenntnis so überaus wichtig ist. Es ist nämlich

$$\text{Wassergehalt in Porenvol.-\% } + \text{ Luftgehalt in Porenvol.-\% } = 100 \ . \qquad (72)$$

Die vor dem Absaugen nach der Methode MITSCHERLICH bestimmte Wasserkapazität zeigt Ergebnisse, die mit den praktischen Erfahrungen, welche man über den normalen Haftwassergehalt der Sande gewonnen hat, nicht übereinstimmen. Die feineren Sande weisen sogar eine höhere Wasserkapazität auf als die Lehme und Tone. Das liegt daran, daß beim Sättigen der lufttrockenen Sande die Luft fast restlos verdrängt wird und das sich bildende aufsitzende Kapillarwasser bis zur Oberfläche der Bodensäule reicht. Bei den lufttrockenen Lehmen und Tonen hingegen wird beim Aufstieg des Wassers viel Luft eingeschlossen. Auch kommt es bei der nach der üblichen Methode bestimmten Wasserkapazität sehr oft auf den anfänglichen Feuchtigkeitsgehalt der Bodenprobe an, indem ein feuchter Boden von vornherein mehr Luftblasen einschließt, die sich schwerer verdrängen lassen als in einem lufttrockenen Boden. Die nach dem Absaugen des Bodenwassers nochmals vorgenommene Sättigung und Wasserkapazitätsbestimmung eines Bodens führt deshalb zu jedesmal anderen Ergebnissen, was mit dem Sollbegriff der Wasserkapazität nicht zu vereinen ist.

Beim Absaugen wird der größte Teil des Wassers, und zwar offenbar das aufsitzende Kapillarwasser, soweit es einen geschlossenen Spiegel bildet, innerhalb kürzester Zeit aus dem Boden entfernt. Zurück bleibt das hygroskopische, Häutchen- und Porenwinkelwasser sowie das feinkapillare Haftwasser, soweit seine kapillare Steighöhe größer ist als das erzielte Vakuum. Die Tabelle zeigt nun, daß der Wassergehalt mit der Dauer des Absaugens etwas abnimmt. Das ist zum großen Teil auf die mit der Entlüftung verbundenen Verdunstungsverluste zurückzuführen. Wurde der Zylinder A ohne Bodenfüllung an die mit etwas Wasser gefüllte Entlüftungsflasche D und die Waschflaschen angeschlossen, so verdunsteten aus der Flasche D beim Luftdurchgang in Gewichtsprozenten der gewöhnlich verwendeten Bodenmenge 0,034 % je Stunde; war jedoch der Zuleitungsschlauch zur Haube C abgeklemmt, so daß fast ein volles Vakuum sich einstellte, so verdunsteten, wieder auf das Gewicht der Bodenproben bezogen, 0,3 Gew.-% je Stunde. Der schwere Ton Nr. 12, durch den selbst nach $7^{1}/_{2}$ Stunden noch keine Luft hindurchging, hatte am Ende des Versuches oben an der Haube eine Feuchtigkeit von 37,80 Gew.-% und unten über dem Siebboden 30,02 %. Ein nochmaliges Tränken der Böden von oben und nachfolgendes Absaugen führte zu den gleichen Ergebnissen wie beim erstmaligen Absaugen. Es wird deshalb eine Absaugzeit von 2 Stunden bei 10 cm Höhe der Bodensäule als ausreichend erachtet, um den Boden zu entwässern. Der dann verbliebene und nach Gleichung (69b) am zweckmäßigsten auf Porenvolumprozente umgerechnete Wassergehalt wird als Feuchtigkeitsziffer des Bodens bezeichnet.

Von kompakten schweren Lehm- und Tonböden ist die Feuchtigkeitsziffer durch Absaugen nicht mehr zuverlässig zu ermitteln, weil solche Böden in Einzelkornstruktur eine zu geringe Durchlässigkeit haben und deshalb sehr lange Absaugzeit beanspruchen, wobei die Verdunstungsfehler zu groß werden. Wie gering die Durchlässigkeit des in Pulverform eingerüttelten schweren Tonbodens Nr. 12 ist, zeigt die Dauer des kapillaren Aufstiegs bis auf 10 cm Höhe, die bei 20° C

70 Stunden beanspruchte, obgleich der Außenwasserspiegel mit der Oberfläche der Bodensäule auf gleicher Höhe gehalten wurde.

In der folgenden Tabelle sind nun die für 2 Stunden Absaugzeit interpolierten Ergebnisse der vorstehenden Tabelle mit den Ergebnissen der Tabellen auf den S. 130, 132, 133, 136 und 138 vergleichsweise zusammengestellt. Aus den Kingschen Versuchen sind die fettgedruckten Zahlen entnommen.

Wasserhaltungsvermögen des Bodens nach verschiedenen Versuchsanstellern.

Versuchsansteller	Spez. Oberfläche U	Porenvolumen p %	Wasserhaltungsvermögen (kleinste Wasserkapazität, Feuchtigkeitsziffer, maximale molekulare Wasserkapazität)		
			Gew.-%	Vol.-%	Porenvol.-%
Wollny . . .	0,72	38,2	2,33	3,66	9,58
,, . . .	1,45	39,1	2,68	4,14	10,59
,, . . .	2,86	40,6	2,94	4,38	10,79
,, . . .	4,9	41,3	3,47	5,08	12,30
King	2,11	38,9	2,1	3,4	8,7
,, ...	5,41	40,1	2,2	3,5	8,7
,, ...	6,45	40,8	2,6	4,1	10,0
,, ...	8,45	40,6	3,2	5,0	12,3
,, ...	12,1	39,7	4,1	6,6	16,1
Atterberg . .	0,33	40,1	2,0	3,2	8,0
,, . .	0,72	40,4	1,8	2,8	6,9
,, . .	1,44	41,8	2,6	4,0	9,6
,, . .	3,28	40,5	3,0	4,8	11,9
,, . .	7,2	40,4	3,2	5,1	12,6
Zunker . . .	0,89	35,5	2,24	3,82	10,76
,, . . .	1,39	35,0	2,32	3,96	11,35
,, . . .	2,16	35,2	2,52	4,31	12,23
,, . . .	4,55	37,2	3,09	5,15	13,82
,, . . .	149	38,1	8,12	13,41	35,23
,, . . .	212	46,6	12,18	17,39	37,34
,, . . .	734	42,2	18,01	28,16	66,64
Lebedeff . . .	1,44	—	1,57	—	—
,, . . .	2,86	—	1,60	—	—
,, . . .	6,57	—	2,73	—	—
,, . . .	14,4	—	4,75	—	—
,, . . .	78,2	—	10,18	—	—

In Abb. 63 ist dann in einer besonderen Darstellungsweise[1] die Feuchtigkeitsziffer in Gewichtsprozenten als Ordinate und die spez. Oberfläche im logarithmischen Verhältnisse als Abszisse aufgetragen, so daß $2^x = U$ ist, worin x die Abszissenlänge bedeutet. Es wächst also die Abszisse bei einer Verdoppelung der spez. Oberfläche unabhängig von der Größe derselben um eine Längeneinheit. Wird die spez. Oberfläche 1 in den Abszissenanfang gelegt, so wird die Abszisse für die spez. Oberfläche U

$$x = \frac{\log U}{\log 2}.$$

Wird eine andere spez. Oberfläche in den Koordinatenanfang gelegt, so sind entsprechend ganze Längeneinheiten zuzuzählen oder abzuziehen, z. B. folgt für $U = 0{,}25$ im Abszissenanfang als Abszisse $x = 2 + \dfrac{\log U}{\log 2}$.

In Abb. 63 bilden die nach der Absaugmethode ermittelten Feuchtigkeitsziffern eine sehr regelmäßige Kurve, um deren unteren Ast sich die Beobachtungen

---

[1] Zunker, F.: Landw. Jb. **56**, 574 u. Abb. 37, 579 (1921).

der übrigen Versuchsansteller gruppieren. Im Verhältnis zu dieser Kurve liegen die Ergebnisse aus der Zentrifugalmethode bei den groben Korngrößen zu tief und bei den feineren zu hoch. Es ist das als ein Beweis anzusehen, daß die Zentrifugalmethode die Sande zu stark entwässert, indem offenbar auch ihr Porenwinkelwasser herausgeschleudert wird, während andererseits die feineren Korngrößen noch zu viel aufsitzendes Kapillarwasser zurückhalten. Die Zentrifugalkraft verringert eben nach

Gleichung (30a) die kapillare Steighöhe nur um ein relatives Verhältnis, die Absaugmethode jedoch um eine absolute Größe, die über einem Vakuum rund 10 m Wassersäule betragen kann. Durch die Absaugmethode wird deshalb alles kapillare Haftwasser, das eine geringere Kapillarziffer als 10 m hat, entfernt. Da nun geschlossenes Kapillarwasser nach S. 96 nur bis höchstens 10 m Steighöhe haben kann, wird somit bei vollem Vakuum alles geschlossene Kapillarwasser herausgesogen.

Zur Kennzeichnung der von den Pflanzen ausnutzbaren Feuchtigkeit des Bodens ist auch die Hygroskopizität herangezogen worden. Das prozuentuale Verhältnis von vorhandener Bodenfeuchtigkeit zur Hygroskopizität wird „relative moistness", relative Feuchtigkeit, genannt. ALWAY und McDOLE[1], TRUMBULL[2] sowie PURI[3] haben sich eingehender damit beschäftigt.

Die Hygroskopizität teilt mit der Zentrifugalmethode den Nachteil, daß sie die Struktur des gewachsenen Bodens nicht zu berücksichtigen gestattet.

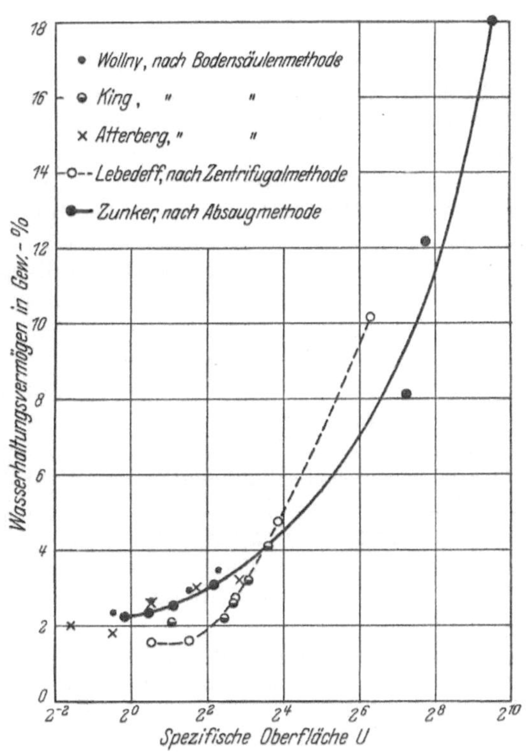

Abb. 63. Beziehung zwischen spezifischer Oberfläche und Wasserhaltungsvermögen.

Über den Einfluß der Bodenauflockerung auf den Haftwassergehalt haben HABERLAND[4], KLENZE[5], WOLLNY[6], KING[7], LYON[8], BLOHM[9], NITZSCH[10],

[1] ALWAY, F. J. and G. R. McDOLE: Relation of the water-retaining capacity of a soil to its hygroscopic coefficient. Amer. J. Agron. Res. 9, 27 (1917).

[2] ALWAY, F. J., G. R. McDOLE and R. S. TRUMBULL: Interpretation of field observations on the moistness of the subsoil. Amer. J. Soc. Agron. 10, 265 (1918).

[3] PURI, A. N.: A critical study of the hygroscopic coefficient of soils. J. agricult. Sci. (England) 15, 272 (1925).

[4] HABERLANDT, F.: Wissenschaftliche Untersuchungen auf dem Gebiete des Pflanzenbaues, 1. Wien 1875.

[5] KLENZE, V.: Landw. Jb. 6, 83 (1877).

[6] WOLLNY, E.: Forschgn. Geb. Agrikult.-Phys. 8, 177 (1885).

[7] KING, F. H.: The Soil, S. 188. New York 1919.

[8] LYON, TH., and O. H. BUCKMANN: The nature and properties of soils. New York 1922. — LYON, TH., FIPPIN, C., and O. H. BUCKMANN: Soils, their properties and management, S. 218. New York 1924.

[9] BLOHM, G.: Einfluß der Bodenbearbeitung auf die Wasserführung des Bodens. Kühn-Arch., Arb. Landw. Inst. Univ. Halle 12, 324 (1926).

[10] NITZSCH, W.: Wiss. Veröff. Siemens-Konzerns 4, 76 (1925).

Holldack[1], Mütterlein[2] Untersuchungen angestellt. Hiernach vermögen durchlässige Böden bei Verdichtung, hingegen feinkörnige Böden bei Auflockerung die größere Haftwassermenge zu tragen. In einem krümeligen Boden enthalten die Bodenkrümel die Hauptmenge des Wassers (als feinkapillares Haftwasser).

d) Das Grundwasser.

Begriff und Erscheinungsformen des Grundwassers.

Grundwasser heißt das die spannungsfreien Boden- und Gesteinshohlräume zusammenhängend ausfüllende, nur hydrostatischem Drucke folgende unterirdische Wasser.

Grundwasser entsteht an allen Stellen, wo der Zufluß von unterirdischem Wasser den Abfluß um so viel überwiegt, daß sich eine Wasseransammlung bildet, deren Schichthöhe größer ist als die kapillare Steighöhe in dem betreffenden Boden bzw. als die Schichtmächtigkeit von aufsitzendem Kapillarwasser.

Nach oben wird das Grundwasser im allgemeinen ohne sichtbaren Übergang vom Kapillarwasser begrenzt (Abb. 27). Die Grenzfläche zwischen Grund- und Kapillarwasser sowie die von Grund- und Oberflächenwasser nennt man „Grundwasseroberfläche“. Die Grundwasseroberfläche ist frei von Wassermenisken, die kapillare Wirkungen verursachen würden, und ist dadurch gekennzeichnet, daß in ihr der hydrostatische Druck gleich der Spannung der darüber befindlichen Grundluft bzw. der Druckhöhe des übergelagerten Oberflächenwassers ist. Über der Grundwasseroberfläche, also in der Kapillarwasserzone, ist der hydrostatische Druck kleiner, unter der Grundwasseroberfläche dagegen größer als die Spannung der Grundluft. In Spalten, Klüften und größeren Hohlräumen tritt eine sichtbare Grundwasseroberfläche ohne Überdeckung mit Kapillarwasser in Erscheinung. Die Zone unterhalb der Grundwasseroberfläche nennt man „Grundwasserzone“.

Den in Erdgruben, Brunnen und Bohrlöchern sich einstellenden Spiegel des unterirdischen Wassers nennt man Grundwasserspiegel oder Brunnenspiegel. Der Abstand des Grundwasserspiegels von der Geländeoberfläche und auch die Höhe des Grundwasserspiegels über einem angenommenen Horizont heißen „Grundwasserstand“.

In vertikaler Richtung können, z. B. in der Nähe von Bergwerken oder in gebirgigen Gegenden, mehrere Grundwasserzonen vorhanden sein, die dann durch lufthaltige Zonen voneinander getrennt sind. Von der untersten Grundwasserzone nimmt man an, daß sie auf dem Dampfkissen der Erdkruste aufruht. In jeder Grundwasserzone können durchlässige mit weniger durchlässigen Schichten abwechseln.

Da der Begriff des Grundwassers vielfach mit der Möglichkeit seiner Gewinnbarkeit verbunden wird und das Grundwasser aus wenig durchlässigen Bodenschichten und Gesteinen nicht oder nur in sehr geringer Menge gewinnbar ist, teilt man das Grundwasser noch ein in: 1. Grundwasser im eigentlichen Sinne; 2. kapillares Grundwasser; 3. thermales Grundwasser oder Thermalwasser. Das erstere erfüllt die durchlässigen Schichten, die deshalb auch wasserführende Schichten genannt werden, das zweite befindet sich in schwer durchlässigen Böden. Thermales Grundwasser ist das aus größerer Tiefe in Erdspalten emporsteigende Wasser, das z. T. aus dem Magma bei seiner Erstarrung entstandenes juveniles Wasser, z. T. durch Gase emporgetriebenes Tiefengrundwasser ist.

---

[1] Holldack: Mitt. Dtsch. Landw.-Ges. **44**, 190 (1929).
[2] Mütterlein: Untersuchungen über Bodenbearbeitung. Dissert., Halle 1929.

Die unter denselben hydrostatischen Druckverhältnissen stehenden grundwasserführenden Schichten einer Grundwasserzone bilden ein Grundwasserstockwerk. Liegt der Grundwasserspiegel höher als die Grundwasseroberfläche oder die obere Grenzfläche der grundwasserführenden Schicht, so heißt er gespannter Spiegel. Ist die Spannung eine dauernde und so stark, daß sie auch bei einem Pumpbetrieb nicht aufgehoben wird, so nennt man das Grundwasser artesisches Wasser. Steigt der Grundwasserspiegel beim Anbohren einer grundwasserführenden Schicht bis über Geländehöhe, so spricht man von überflurgespanntem oder Springwasser.

Eine Grundwasseransammlung, die durch eine schwer durchlässige Schale über die Grundwasseroberfläche der Umgebung herausgehoben und von ihr durch eine lufthaltige Zone getrennt ist, nennt man schwebendes Grundwasser. Ruhende Grundwasseransammlungen heißen Grundwasserbecken oder Grundwasserseen, fließendes Grundwasser heißt je nach seinen Querschnittsabmessungen Grundwasserader oder Grundwasserstrom. Ruhendes Grundwasser hat einen wagerechten, fließendes Grundwasser dagegen einen geneigten Spiegel. Verbindet man bei einem geneigten Grundwasserspiegel die Punkte gleicher Höhen miteinander, so erhält man die Grundwasserhorizontalen; die Fließbewegung erfolgt rechtwinklig zu den Grundwasserhorizontalen. Dividiert man den Höhenunterschied zweier Grundwasserhorizontalen durch ihren kürzesten Abstand, so erhält man das Gefälle des Grundwasserstromes an der betreffenden Stelle.

Ein großer Teil des fließenden Grundwassers mündet unterirdisch in Seen und Wasserläufe, ein anderer Teil tritt zutage und bildet Naßgallen und Quellen, ein weiterer Teil verwandelt sich wieder in Kapillarwasser, aus dem es größtenteils unmittelbar entstanden ist, und dient als solches der Boden- und Pflanzenverdunstung.

In der Literatur finden sich vielfach voneinander abweichende Begriffsbestimmungen des Grundwassers.

LUEGER[1] bezeichnet dasjenige Wasser als Grundwasser, welches die Poren der Erde unterhalb der sichtbaren Oberfläche erfüllt. Auch RICHERT[2] nennt schlechthin Grundwasser solches Wasser, welches unter der Erdoberfläche vorkommt. KEILHACK[3] versteht unter Grundwasser (ground water, level water, nappe d'eaux souterraine, eau phréatique, aqua di livello) im Gegensatz zum Oberflächenwasser alles unter der Erdoberfläche befindliche, auf natürlichem Wege dorthin gelangte flüssige Wasser, — eine unhaltbare Begriffsbestimmung, da doch der Mensch künstliche Eingriffe in den Versickerungsvorgang in größtem Maßstabe vorgenommen hat. Er nennt ferner eine mit Wasser erfüllte bestimmte Schicht, in welcher durch Brunnen oder durch Bohrungen Wasser erschlossen werden kann, einen Grundwasserhorizont. Nach SMREKER[4] ist Bodenwasser das Wasser, welches sich unter der Erdoberfläche befindet, und Grundwasser jener Teil des Bodenwassers, der tropfbar flüssig ist und dem Gesetz der Schwere folgt. Hiernach wäre auch das Sickerwasser Grundwasser. Unter Boden versteht er die Haufwerke der Erdkruste. An einer anderen Stelle nennt er zwar nur das in den nichtkapillaren Hohlräumen des Untergrundes befindliche tropfbar flüssige, der Einwirkung der Schwerkraft gehorchende, den kapillaren Einwirkungen der umgebenden Bodenteilchen entrückte und einen zusammenhängenden Spiegel bildende Wasser Grundwasser. Die Grundwassermenge, die eine Bodenschicht

---

[1] LUEGER, O.: Theorie der Bewegung des Grundwassers, S. 1. Stuttgart 1883.

[2] RICHERT, I. G.: Die Grundwasser mit besonderer Berücksichtigung der Grundwasser Schwedens, S. 1. Berlin 1911.

[3] KEILHACK, K.: Grundwasser- und Quellenkunde, S. 67. Berlin 1912.

[4] SMREKER, O.: Das Grundwasser, seine Erscheinungsformen, Bewegungsgesetze und Mengenbestimmung, S. 2. Berlin 1914.

aufnehmen kann, nennt er das freie Porenvolumen, und mit Grundwasserspiegel bezeichnet er die Oberfläche des in einer wasserführenden Schicht ohne Druck befindlichen Grundwassers. Versluys[1] versteht unter Grundwasser alles Wasser, was sich in flüssigem Zustande im Boden befindet, er macht dann aber noch die Unterteilung in Grundwasser, das die Poren völlig erfüllt und Grundwasser, das die Poren nur teilweise ausfüllt. Bei dem ersteren unterscheidet er die kapillare Zone (unsere Kapillarwasserzone), die phreatische und die tiefere Zone. Die kapillare und phreatische Zone werden durch die phreatische Oberfläche (unsere Grundwasseroberfläche) voneinander getrennt. Prinz[2] bezeichnet als Grundwasser jenes unterirdische Wasser, welches sich in den zu losen Haufwerken geschichteten Trümmergesteinen der Erdkruste von ausgesprochener gesetzmäßiger Durchlässigkeit sammelt und nach den Gesetzen der Filtration fortbewegt. Das in einem klüftigen Untergrund auftretende Wasser nennt er unterirdische Wasserläufe. Er setzt sich damit in Widerspruch zum Preußischen Wassergesetz, das den Begriff des unterirdischen Wasserlaufs auf Strecken eines sonst oberirdischen Wasserlaufs, die unter Tage liegen, beschränkt hat. Höfer v. Heimhalt[3] kennzeichnet das Grundwasser als das der Erdoberfläche nahe Bodenwasser, welches in lockeren, meist jungen Gesteinsmassen vorhanden ist, wie z. B. in Sand, Schotter u. dgl., dessen fast horizontaler, zusammenhängender Spiegel durchweg mit Luft in Berührung ist und das nur der Schwere folgt. Range[4] nennt Grundwasser alles in der Erdkruste auftretende Wasser, welches in irgendwelchen Gesteinen so vorhanden ist, daß es in flüssiger Form wieder zutage treten kann. Koehne[5] unterscheidet eine obere Zone über dem Wasserspiegel (zone of aeration nach Meinzer) und eine Unterwasserspiegelzone mit dem Grundwasser (zone of saturation). Der Grundwasserspiegel (unsere Grundwasseroberfläche) bildet die obere Grenze des Grundwassers. Nach Keller[6] ist Grundwasser das in den nichtkapillaren Hohlräumen des Untergrundes befindliche, tropfbar flüssige, den kapillaren Einwirkungen der umgebenden Bodenteilchen entrückte und unter sich zusammenhängende Wasser. Er gliedert es in Quellwasser, aus abfallenden Quellen herrührend, also zutage getretenes Grundwasser, zweitens in Obergrundwasser, das sich in den oberen Bodenlagen befindet, einen freien Wasserstand hat, welcher häufigen Schwankungen unterworfen ist, und auf wasserstauenden Schichten auflagert, und drittens in Tiefengrundwasser, das in den mittleren und tieferen Bodenlagen vorkommt und an mehr oder weniger wasserdurchlässige Schichten und Klüfte gebunden ist. Je nach der Durchlässigkeit der nach oben trennenden Schichten könne der Wasserspiegel frei sein und Schwankungen unterliegen, oder gespannt sein. Hierzu ist zu bemerken, daß nach dem Preußischen Wassergesetz und verbreitetster Ansicht Quellwasser nicht mehr zum Grundwasser gehört. Das Grundwasser hört vielmehr da auf, wo die Quelle zutage tritt.

Wirkungen der Gaslöslichkeit und der Luftdruckschwankungen auf das Grundwasser.

Grundwasser absorbiert Gase wie jede Flüssigkeit. Die Menge des gelösten Gases hängt von dem Absorptionskoeffizienten ab und ist verhältnisgleich dem

[1] Versluys, J.: Voruntersuchung und Berechnung der Grundwasserfassungsanlagen, S. 7. Berlin 1921.
[2] Prinz, E.: Handbuch der Hydrologie, S. 29. Berlin 1919.
[3] Höfer v. Heimhalt, H.: Grundwasser und Quellen, 2. Aufl., S. 68. Braunschweig 1920.
[4] Range, P.: Das Grundwasser in den Trockengebieten der Erde. Z. prakt. Geol. 31, 97—100 (1923).
[5] Koehne, W.: Grundwasserkunde, S. 13. Stuttgart 1928.
[6] Keller, H.: Gespannte Wässer, S. 13. Halle 1928.

Teildruck des Gases. Der Absorptionskoeffizient ist das von einem Volumen Wasser bei der betreffenden Temperatur aufgenommene Volumen des Gases (reduziert auf 0^0 und 760 mm Druck), wenn der Teildruck 760 mm Q.-S. beträgt. Die nachfolgende Tabelle enthält die Absorptionskoeffizienten einiger für die Löslichkeit in Grundwasser besonders in Betracht kommenden Gase[1].

Absorptionskoeffizienten von Gasen im Wasser.

	Temperatur						
	0^0	5^0	10^0	15^0	20^0	25^0	30^0
Luft	0,0294	0,0259	0,0231	0,0209	0,0191	0,0173	0,0161
Kohlendioxyd	1,713	1,424	1,194	1,019	0,878	0,759	0,665
Schwefelwasserstoff . . .	4,670	3,977	3,399	2,945	2,582	2,282	2,037
Methan	0,056	0,048	0,042	0,037	0,033	0,030	0,028

Kohlendioxyd und Schwefelwasserstoff haben also sehr hohe Absorptionskoeffizienten, und die Löslichkeit aller Gase sinkt stark mit der Temperatur. Wenn die Grundluft aus reiner Kohlensäure bestände — und ihr Gehalt an Kohlensäure bewegte sich in weiten Grenzen —, so würden bei Erwärmung von 5^0 auf 25^0 0,665 cm³ je Kubikzentimeter Wasser als Gasbläschen in den Bodenporen ausgeschieden werden. Die Volumenzunahme des Grundwassers und die Herabsetzung der Wasserdurchlässigkeit des Bodens infolge der Gasabsonderung in den Poren kann also recht beträchtlich werden.

Der unter dem Einfluß der Temperatur veränderliche Absorptionskoeffizient kann sich auch hygienisch in sehr nachteiliger Weise bei der Filterung des Wassers zu Trinkwasserzwecken bemerkbar machen. Das bei künstlichen Filtern dem Grundwasser beigemengte oder bei natürlichen Filtern zu den Brunnen dringende Oberflächenwasser enthält Keime, deren Mehrzahl für gewöhnlich durch die Gasbläschen zurückgehalten wird, die sich durch Zersetzung der Schmutzstoffe des Oberflächenwassers und bei Durchfluß kühleren Wassers durch den wärmeren Boden in den Bodenporen bilden und wie dichtende Gummibälle wirken. Fließt nun Wasser von steigender Temperatur durch die Filter, so kühlt es sich beim Durchgang ab, erlangt dadurch ein höheres Absorptionsvermögen, löst Gasbläschen auf und räumt in dieser Weise die Sperren für die Bakterien hinweg[2].

Bei gewöhnlichem Luftdruck, mittlerer Temperatur und mittlerem Grundwasserstand ist anzunehmen, daß im allgemeinen das Grundwasser mit den in der Grundluft vorhandenen Gasen gerade gesättigt ist. Ein Anwachsen des Luftdrucks bewirkt dann eine erhöhte Aufnahme von Gasen, die z. T. durch das Kapillarwasser in das Grundwasser gelangen, — was aber nur sehr langsam geschehen kann, — z. T. sich aber schon als Gasbläschen im Grundwasser befinden. Ein Sinken des Luftdrucks ist umgekehrt mit einer Gasausscheidung verbunden. Da sich die Druckschwankungen der Atmosphäre in der Grundluft wegen der Reibungsverhältnisse beim Durchströmen der Luft durch das Erdreich nur mit mehr oder weniger großer Verzögerung bemerkbar machen, sind zwar wesentliche Einflüsse der Luftdrucksschwankungen auf die Absorptionsverhältnisse des Grundwassers nicht zu erwarten, jedoch finden gewisse Schwankungen der Grundwasseroberfläche bei Luftdruckänderungen, soweit es sich um durchlässige Böden handelt, dadurch ihre Erklärung; denn jede Auflösung von Gasbläschen ist mit einem Sinken des Grundwasserstandes und jede Ausscheidung mit einem Steigen desselben verbunden. Mit sinkendem Luftdruck werden deshalb Quellen und Dränungen stärker fließen und zwar um so mehr, je mächtiger die grundwasser-

---

[1] LANDOLT-BÖRNSTEIN: Phys.-Chem. Tabellen 1, 764. Berlin 1923.

[2] ZUNKER, F.: Die Bedeutung der Absorptionsgesetze für das Reinigungsvermögen der Sandfilter. J. Gasbel. u. Wasserversorg. **63**, 404 (1920).

führende Schicht und je kohlensäure- oder schwefelwasserstoffreicher das Grundwasser ist. Daneben entsteht zwar noch besonders bei einer schwer durchlässigen Oberschicht des Bodens infolge der Verzögerung des Druckausgleichs zwischen Atmosphäre und Grundluft ein Druckgefälle in der Bodenluft, das bei abnehmendem Luftdruck nach den Drän- und Quellausläufen sowie Brunnen gerichtet ist und zu einem stärkeren Abfluß bzw. steigenden Brunnenspiegel führt. King[1] gibt an, daß die Schwankungen des atmosphärischen Luftdrucks Änderungen in einem Dränwasserabfluß bis zu 15% und Änderungen einer Quellschüttung bis zu 8% zur Folge hatten.

Nun bestimmt aber nicht nur der Luftdruck und der Teildruck des Gases in der Bodenluft, sondern auch der Wasserdruck die Lösungsmenge. In den tieferen Horizonten des Grundwassers sind deshalb mehr Gase gelöst als an der Oberfläche.

Bei jeder Abnahme der Mächtigkeit des fließenden Grundwassers, also auch in der Nähe von Quellen, Wasserläufen und Brunnen, muß deshalb ähnlich wie bei einer Temperaturerhöhung oder Luftdruckerniedrigung eine Ausscheidung von Gasen aus dem Grundwasser erfolgen (Abb. 69). Auf diese Erscheinung, deren Ursache die gleiche ist wie bei der Gasausscheidung im Scheitel von Heberleitungen, hat Zunker[2] aufmerksam gemacht. Die Gasausscheidung wächst mit der Absenkungstiefe, der Mächtigkeit der wasserführenden Schicht, der Entnahmemenge und dem Gasgehalt des Grundwassers. Sie entsteht sowohl bei freiem wie bei gespanntem Spiegel und ist in der Nähe der Brunnensohle am größten.

Wenn auch ein Teil der in den Bodenporen ausgeschiedenen Gasbläschen nach oben dauernd entweicht, so ist diese Selbstentlüftung um so erschwerter, je feinkörniger der Boden ist. Da zudem die Absenkungskurve in feinkörnigen Böden besonders steil ist, wird die Verstopfung der Poren und die damit verbundene Ergiebigkeitsabnahme der Brunnen mit der Feinkörnigkeit des Bodens wachsen. Ist die wasserführende Schicht von einer schwerdurchlässigen Bodenschicht überlagert, so kann die Selbstentlüftung, soweit sie erfolgt, zu einer Erhöhung der Grundluftspannung führen, die im Gegensatz zu den Spannungen bei sinkendem Luftdruck nicht eine Vermehrung, sondern eine Verminderung der Brunnenergiebigkeit hervorruft, weil ihr Druckgefälle vom Brunnenmantel nach dem Rande des Absenkungstrichters hinweist. In solchen Fällen ist eine künstliche Entlüftung der Grundluft angezeigt.

Außerdem wird durch die Reibung des dem Brunnen zufließenden Wassers Wärme entwickelt; sie ist angenähert gleich dem Verlust an Energie der Lage, die das Grundwasser erleidet. Die Temperaturzunahme, auch wenn es sich nur um wenige Zehntel Grad handelt, hat bei großen Schöpfmengen eine merkbare Steigerung der Ausscheidung von Gasbläschen zur Folge.

Ist die Ergiebigkeit eines Brunnens durch Gasabsonderung in den Bodenporen stark gesunken, so kann man sie wieder steigern, indem man den Brunnen längere Zeit außer Betrieb setzt. Bei Brunnen mit gespanntem Spiegel ist außerdem noch eine Ableitung der Gase, die sich unter der spannenden Deckschicht allmählich ansammeln, erforderlich.

Ist das Grundwasser von Gasbläschen durchsetzt, so liegt der in einem Bohrloch sich einstellende ruhende Grundwasserspiegel um das Maß der Luftabsonderung, die im Boden zwischen Brunnensohle und Grundwasseroberfläche vorhanden ist, tiefer als die Grundwasseroberfläche.

Ist die Grundluft gespannt, so liegt der in einem Bohrloch sich einstellende ruhende Grundwasserspiegel um die Größe des in Wasserhöhe ausgedrückten

---

[1] King, F. H.: The soil, S. 180. New York 1900.
[2] Zunker, F.: Dtsch. Tiefbau-Ztg. **30**, 45 (1930).

Überdrucks der Grundluft über die Außenluft höher als die Grundwasser-oberfläche.

Das Gasabsorptionsgesetz darf auch bei Filtrationsversuchen nicht außer acht gelassen werden, worauf ZUNKER[1] hingewiesen hat. Bei Filterversuchen haben die meisten Versuchsansteller damit zu kämpfen gehabt, daß die Durch-flußmenge des Wassers bei demselben Boden und sonst gleichbleibenden Ver-hältnissen mit der Zeit großen Schwankungen unterlag. Als Ursache wurde meistens eine Änderung der Lagerungsverhältnisse des Bodens angenommen. In Wirklichkeit ist es fast immer nur die Luft, die in den Bodenporen vom durch-strömenden Wasser entweder ausgeschieden oder absorbiert wird. Man tut des-halb gut, zu Filtrationsversuchen Wasser von etwas höherer Temperatur als Zimmertemperatur zu verwenden. Der Absorptionskoeffizient nimmt dann beim Durchfluß durch den Boden zu, wodurch etwaige Luftbläschen gelöst, jedoch die besonders nachteilige Abscheidung von Luft verhindert wird.

Das Fließgesetz des Grundwassers.

Grundwasser kommt unter Einwirkung eines Gefälles ins Fließen. Das 1856 von DARCY[2] abgeleitete Filtergesetz für die scheinbare, auf den Bodenquerschnitt bezogene Geschwindigkeit des durch den Boden strömenden Wassers lautet wie Gleichung (37)

$$v = k \cdot \frac{h}{l} = k \cdot J \text{ cm/sek}, \qquad (73)$$

worin l die Filterlänge in Zentimetern, h der Druckhöhenunterschied an den Enden der Filter-länge l in Zentimeter Wassersäule von 4° C, J also das Gefälle, ferner k die Durchlässigkeitsziffer, der Durchlässigkeitswert oder kurz die Durchlässig-keit in cm/sek, d. i. die Geschwindigkeit für $J = 1$ ist.

Die Wassermenge, die durch den rechtwink-lig zur Fließrichtung gelegenen Querschnitt F cm² hindurchfließt, ist

$$Q = v \cdot F = k \cdot J \cdot F \text{ cm}^3/\text{sek}. \qquad (74)$$

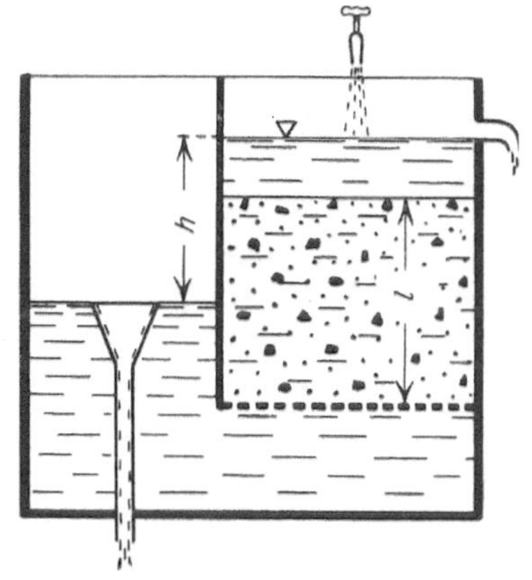

Abb. 64. Versuchsanordnung nach DARCY.

Für $J = 1$ und $F = 1$ ist $Q = k$ cm³/sek. Die Durchlässigkeitsziffer kann deshalb auch als das Wasservolumen in Kubikzentimeter aufgefaßt werden, das in der Sekunde durch eine Bodensäule vom Querschnitt 1 cm² hindurchgeht, wenn der Druckhöhenunter-schied auf 1 cm Länge der Bodensäule 1 cm Wassersäulevon 4° C beträgt. Ist die Druckhöhe des Wassers bei der Temperatur t^0 mit h_t gemessen worden, so ist

$$h = \gamma \cdot h_t,$$

worin γ die Dichte des Wassers ist. Q wird ebenfalls in Kubikzentimeter Wasser von 4° C erhalten. Bei den geringen Dichteunterschieden des Wassers zwischen 0 und 20° ist es jedoch zulässig, $\gamma = 1$ zu setzen. Das ist bei den nachfolgenden Rechnungen durchweg geschehen. Abb. 64 zeigt die Versuchsanordnung zur Bestimmung von k, wie sie in ähnlicher Weise DARCY anwendete.

Die DARCYsche Formel fand eine Stütze in den schon 1839 von HAGEN[3]

---

[1] ZUNKER, F.: Das allgemeine Grundwasserfließgesetz. J. Gasbel. u. Wasserversorg. **63**, 332 (1920).
[2] DARCY, H.: Les fontaines publiques de la ville de Dijon, S. 590. Paris 1856.
[3] HAGEN, G.: Über die Bewegung des Wassers in engen zylindrischen Röhren. Pogg. Ann. **46**, 423 (1839).

und 1843 von Poiseuille[1] angestellten Versuchen mit engen Röhren (Haar-röhrchen), die ebenfalls eine Proportionalität zwischen Geschwindigkeit und Ge-fälle ergeben hatten [Gleichung (36)]. Dupuit[2] ist dann, von der Bewegung des Wassers in Röhren ausgehend, zu einem mit dem Darcyschen übereinstimmenden Gesetz gelangt, so daß die Formel (73) auch vielfach als Darcy-Dupuitsches Gesetz bezeichnet wird. A. Thiem[3] entwickelte auf der Grundlage dieses Gesetzes Formeln für die Absenkungskurven des Grundwassers bei seiner Entnahme aus Brunnen.

Smreker[4] bestritt, wie auch schon andere Forscher vor ihm, die Richtigkeit des Darcyschen Gesetzes und wollte es nur für feine Sande und geringe Geschwindig-keiten gelten lassen. Aus den A. Thiemschen Beobachtungszahlen am Straßburger Versuchsbrunnen stellte er für den betreffenden Boden, mit v zwischen 0,001 und 0,04 cm/sek gelegen, die Formel auf:

$$J = 31{,}2\, v^2 + 10{,}7\, v^{\frac{3}{2}} \tag{75}$$

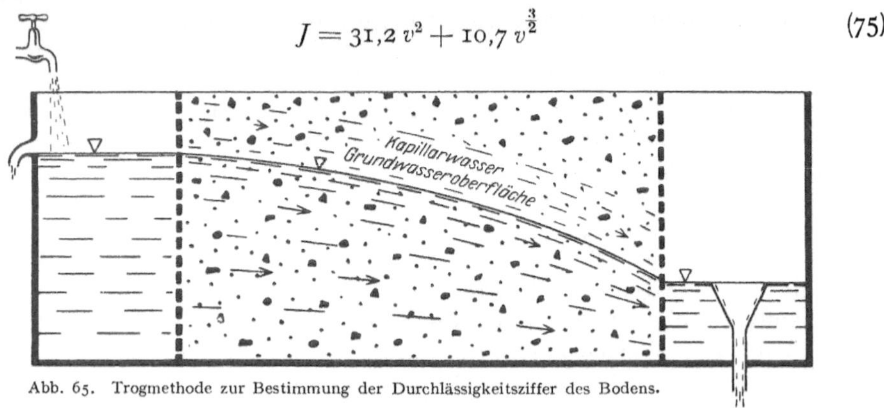

Abb. 65. Trogmethode zur Bestimmung der Durchlässigkeitsziffer des Bodens.

und allgemein für einen beliebigen Boden

$$J = a \cdot v^2 + b \cdot v^{\frac{3}{2}}, \tag{75a}$$

worin a und b Konstanten sind. Er war also der Ansicht, daß k in der Form des Darcyschen Gesetzes keine Konstante, sondern eine Funktion der Geschwindig-keit sei. Forchheimer[5] trat auf rein analytischem Wege an die Frage der durch Brunnen beeinflußten Grundwasserbewegung heran, stellte daneben Filterver-suche an und hielt für mittlere Gefälle die Formel

$$\boldsymbol{v^m = c \cdot J} \tag{75b}$$

für zutreffender, worin c eine Konstante und m zwischen 1 und 2 gelegen ist. Auch Smreker bekannte sich später zu dieser Formel und empfahl für durch-schnittliche Verhältnisse

$$J = c \cdot v^{\frac{3}{2}}. \tag{75c}$$

[1] Poiseuille: Recherches experimentales sur le mouvement des liquides dans les tubes de très petits diamètres. Ann. Chim. et Physique 7, 62 (1843); Pogg. Ann. 58, 424 (1843).

[2] Dupuit, I.: Traité théorique et pratique de la conduite et de la distribution des eaux. Paris 1865.

[3] Thiem, A.: Die Ergiebigkeit artesischer Bohrlöcher, Schachtbrunnen und Filter-galerien. J. Gasbel. u. Wasserversorg. 450 (1870); Resultate des Versuchsbrunnens für die Wasserversorgung der Stadt Straßburg i. E., ebenda 707 (1876); Wasserversorgung der Stadt Leipzig. Leipzig 1879.

[4] Smreker, O.: Ztschr. Ver. Dtsch. Ing. 1878, 117, 193; Das Grundwasser, S. 28. Mannheim 1914.

[5] Forchheimer, Ph.: Wasserbewegung im Boden. Ztschr. Ver. dtsch. Ing. 1901, 1737/1777; Hydraulik, S. 420. Berlin 1914.

Havrez[1], Seelheim[2], Welitschkowski[3], Wollny[4], Kröber[5], Hazen[6], King[7], Köhler[8], Kresnik[9], G. Thiem[10], Luedecke[11], Krüger[12], Zunker[13], Beger[14], Schönwälder[15], Donat[16] u. a. stellten zur Bestimmung des Durchlässigkeitsbeiwertes Filterversuche an, und die meisten Forscher haben das Darcysche Gesetz für kleine und mittlere Gefälle und nicht zu durchlässige Kiesböden im wesentlichen bestätigt gefunden.

Wo sich größere Abweichungen ergaben, lag meistens eine fehlerhafte Versuchsanordnung oder falsche Auswertung der Druckhöhen vor, wie Luedecke[11] bei Welitschkowski und Wollny nachweist, die irrtümlich nur den Wasserstand über dem Boden als Druckhöhe einführten.

Trogversuche nach der in Abb. 65 wiedergegebenen Anordnung führen zu fehlerhaften Ergebnissen, weil auch das sich im Boden bildende Kapillarwasser am Durchfluß teilnimmt, so daß der Durchflußquerschnitt unbestimmt bleibt.

Den Meinungsstreit über die Richtigkeit der Darcyschen Formel hat Beger[14] eingehend behandelt und eine erschöpfende Literaturübersicht darüber gegeben.

Wie schon ausgeführt, können die an den Absenkungskurven von Brunnen ermittelten k-Werte deshalb nicht konstant sein, weil nach dem Brunnen hin in zunehmendem Maße eine Porenverstopfung durch die von dem Wasser ausgeschiedenen Gasbläschen eintritt, zumal die Stromlinien zum größten Teil aus der gasreicheren Tiefe kommen. Diese Erscheinung ist bisher unbeachtet geblieben, und daraus erklären sich die Widersprüche zwischen den Filterversuchen im Laboratorium und den Erfahrungen, die man an den Absenkungskurven von Brunnen gemacht hat. Bei den ersten Pumpversuchen an einem neuen Brunnen wird die Durchlässigkeit in einem gleichmäßigen Boden in näherer und weiterer Umgebung des Brunnens noch ziemlich gleich sein, jedoch muß bei starkem Pumpbetrieb mit den Jahren eine immer größere Abnahme der Durchlässigkeit des Bodens nach dem Brunnen hin eintreten. Es zeigt sich dies unmittelbar an einem Nachlassen der Brunnenergiebigkeit, die bisher zu Unrecht immer auf ein

---

[1] Havrez: Rev. univ. des mines 35, 469 (1874).

[2] Seelheim, F.: Z. anal. Chem. 19, 387 (1880).

[3] Welitschkowski, D. v.: Beitrag zur Kenntnis der Permeabilität des Bodens. Arch. f. Hyg. 2, 498 (1884).

[4] Wollny, E.: Forschgn. Geb. Agrikult.-Phys. 14, 1 (1891).

[5] Kröber, C.: Z. Ver. dtsch. Ing. 28, 593, 617 (1884).

[6] Hazen, A.: 24. Ann. Rep. of the U. S. Board of Haleth of Massachusettes 1892; The filtration of public water supplies. New York 1895.

[7] King, F. H.: Principles and conditions of the movement of ground water. 19. Ann. Rep. U. S. Geolog. Survey 1897/98, Teil 2, 107 (1899).

[8] Köhler, E. J.: Über einige physikalische Eigenschaften des Sandes usw. Dissert. Techn. Hochsch. Karlsruhe, Nürnberg 1906.

[9] Kresnik, P.: Wasserbewegung durch Boden. Österr. Wschr. öff. Baudienst 12, 142 (1906).

[10] Thiem, G.: Durchlässigkeit, Porenraum, Körnung und Lagerung von Kiesen und Sanden. Steinbruch u. Sandgrube 25, 204 (1926).

[11] Luedecke, C.: Über die Wasserbewegung im Boden. Der Kulturtechniker 16, 18 (1913).

[12] Krüger, E.: Die Grundwasserbewegung. Internat. Mitt. Bodenkde. 8, 105 (1918).

[13] Zunker, F.: Das allgemeine Grundwasserfließgesetz. J. Gasbel. u. Wasserversorg. 63, 331 (1920).

[14] Beger, K.: Versuche zur Bestimmung der Wasserdurchlässigkeit von Sand. Dissert. Danzig 1922.

[15] Schönwälder, B.: Die Rieselfeldanlage in ihrer Abhängigkeit von der Wasserdurchlässigkeit des Bodens. Der Kulturtechniker 31, 361 (1928).

[16] Donat, J.: Ein Beitrag zur Durchlässigkeit der Sande. Wasserkraft u. Wasserwirtschaft 24, H. 17, 225 (1929).

Verstopfen der Filter und des benachbarten Bodens durch Mineralteilchen zurückgeführt wurde.

Mit Rücksicht auf die Gasausscheidung empfiehlt es sich, die Absenkungskurve der Brunnen nicht nach der Darcyschen, sondern nach der Smrekerschen Gleichung (75b) zu berechnen. Der Exponent m wächst mit der Größe der Absenkung, der Länge der Betriebsdauer, dem Gasreichtum des Grundwassers, der Mächtigkeit der wasserführenden Schicht und der Feinheit des Bodenkornes. Zeitweilige Betriebsunterbrechungen können m wesentlich ermäßigen, indem die ausgeschiedenen Gase dann Zeit haben, nach oben zu wandern.

Brunnen mit weiten Kiesfiltern haben erfahrungsgemäß eine viel gleichbleibendere Ergiebigkeit als einfache Filterrohrbrunnen, was z. T. dadurch seine Erklärung findet, daß die in der nächsten Umgebung des Brunnens besonders zahlreich sich bildenden Gasbläschen im durchlässigen Kiesmantel sehr viel leichter als in einer feinkörnigeren Bodenschicht nach oben zu entweichen vermögen. Taschenfilter von Brunnen sind deshalb auch so zu gestalten, daß die ausgeschiedenen Gasbläschen leicht nach dem Brunneninnern entweichen können. Die am Brunnen zwischen Grundwasserspiegel und Deckschicht gelegene lufthaltige Zone soll eine gute Entlüftung haben, weil u. a. die aus dem Grundwasser dorthin ausgeschiedenen Kohlensäure- und Schwefelwasserstoffgase die Mantelrohre des Brunnens zerfressen.

In Abhängigkeit von der Korngröße des Filtersandes fand Seelheim[1] die Durchlässigkeitsziffer der Formel (73) in sorgfältig gereinigtem Quarzsand bei 10^0 zu

$$k = 35{,}7\ d^2\ \text{cm/sek}\,, \tag{76}$$

hierin ist d der Durchmesser des in eine Kugel umgeformt gedachten Kornes vom mittleren Gewicht in Zentimetern.

Hazen[2] erhielt bei einer Temperatur von t^0 C für reine Filtersande bei lockerster Lagerung

$$k = 116\ (0{,}7 + 0{,}03\ t)\ d_w^2\ \text{cm/sek}\,, \tag{77}$$

worin t die Temperatur in ^{0} C und d_w die Maschenweite des Siebes in Zentimetern bedeutet, das $^1/_{10}$ des gesamten Korngewichts hindurchläßt und $^9/_{10}$ zurückhält (effective size of grain). Bei gleichmäßigem Korn kann nach Hazen k bis auf 150 zunehmen und bei gemischtkörnigem Sande bis auf 60 abnehmen.

Slichter[3], der die sehr eingehenden Filterversuche von King theoretisch auswertete, war der erste, der auf Grund einer geometrischen Untersuchung der Porenräume eines Haufwerks gleichgroßer Kugeln rein analytisch eine Filterformel entwickelte. Er denkt sich zunächst das Korngewicht eines Bodens durch gleichgroße Kugeln ersetzt, welche dieselbe Durchlässigkeit ergeben wie das Korngemisch. Diese gleichmäßige Korngröße nennt er wirksamen Korndurchmesser. Für die Ableitung des wirksamen Korndurchmessers gibt er aber weiter keine Anleitung. Die Porenräume betrachtet er als Kapillarröhren, für welche das Poiseuillesche Gesetz [Gleichung (36)] gilt.

Er stellt sich sodann 8 Kugeln vom Durchmesser d derart angeordnet vor, daß ihre Mittelpunkte die Ecken eines Rhomboeders bilden. Der spitze Winkel einer jeden Seitenfläche des Rhomboeders sei α. Es besteht zwischen dem Neigungswinkel α und dem Poren-

---

[1] Seelheim, F.: Z. anal. Chem. **19**, 387 (1880).

[2] Hazen, A.: 24. Ann. Report of the State Board of Health of Massachussets for 1892; The filtration of public water supplies. New York 1895.

[3] Slichter, Ch. S.: Theoretical investigation of the motion of ground waters. 19. Ann. Report of the U. S. Geological Survey, 2. T., 301 (Washington 1899).

raum p, der innerhalb des Rhomboeders von den Kugelflächen eingeschlossen wird, die Beziehung

$$p = 1 - \frac{\pi}{6\,(1 - \cos\alpha)\cdot\sqrt{1 + 2\cos\alpha}} \,. \tag{78}$$

Für $\alpha = 90^0$ entsteht der größte Porenraum von 47,64 % und für die engste Kugellagerung mit $\alpha = 60^0$ wird $p = 25,95\,\%$. Die schräge Entfernung der auf den gegenüberliegenden Rhomboedergrundflächen befindlichen Porenenden ist, bezogen auf die Rhomboederhöhe 1 cm,

$$l = \frac{1 + \cos\alpha}{\sin\alpha\cdot\sqrt{1 + 2\cos\alpha}} \,. \tag{79}$$

Für einen Druckhöhenunterschied von J cm Wassersäule auf 1 cm Rhomboederhöhe ist somit das innere Gefälle des Porenwassers

$$\frac{J}{l} \,. \tag{79a}$$

Der engste Porenquerschnitt befindet sich auf den Rhomboedergrundflächen und ist

$$f = \frac{\sin\alpha - \dfrac{\pi}{4}}{2}\,d^2. \tag{80}$$

Slichter setzt nun die Gleichungen (79a), (79) u. (80) in Gleichung (36) ein und erhält dadurch als Wassergeschwindigkeit in der Pore

$$v_p = \frac{g\cdot\gamma\cdot d^2}{16\,\pi\cdot\eta}\left(\frac{\sin\alpha\cdot\sqrt{1 + 2\cos\alpha}\cdot\left(\sin\alpha - \dfrac{\pi}{4}\right)}{1 + \cos\alpha}\right)\cdot J\ \text{cm/sek}. \tag{81}$$

Da nun f von der Einheit des Querschnittes den Raum einnimmt

$$n = \frac{\sin\alpha - \dfrac{\pi}{4}}{\sin\alpha}\,,$$

so wird die Wassergeschwindigkeit im Querschnitt

$$v = n\cdot v_p = \frac{g\cdot\gamma\cdot d^2}{16\,\pi\cdot\eta}\left(\frac{\sqrt{1 + 2\cos\alpha}\cdot\left(\sin\alpha - \dfrac{\pi}{4}\right)^2}{1 + \cos\alpha}\right)\cdot J\ \text{cm/sek}. \tag{81a}$$

Gleichung (78) in Gleichung (81a) eingesetzt und $\dfrac{1}{\left(1 - \dfrac{\pi}{\sin\alpha}\right)^2}\cdot(1 - p) = K$ sowie $g = 981$

und $\gamma = 1$ gesetzt, ergibt die Querschnittsgeschwindigkeit

$$v = \frac{10,22\,d^2}{\eta\cdot K}\cdot J\ \text{cm/sek}. \tag{82}$$

Somit ist

$$k = \frac{10,22}{\eta\cdot K}\cdot d^2\ \text{cm/sek}. \tag{82a}$$

Zwischen dem Porenvolumen und K besteht die Beziehung:

Porenvolumen p %	26	28	30	32	34	35	36	37	38	39	40	42	44	46
K	84,3	65,9	52,5	42,4	34,8	31,6	28,8	26,3	24,1	22,1	20,3	17,3	14,8	12,8

Für eine Temperatur von 10^0 ist dann die Durchlässigkeitsziffer

$$k = \frac{771}{K}\,d^2\ \text{cm/sek}. \tag{83}$$

Da die Formel unter Annahme eines Haufwerks glatter Kugeln abgeleitet ist, müßte sie, wenn die Ableitung richtig wäre, für kugelförmiges Glasschrot eine besonders gute Übereinstimmung zeigen. Wie aber aus der Tabelle auf Seite 159 hervorgeht, gibt sie nur für scharfkantige Sande zutreffende Werte. Slichter hat übersehen, daß in dem Haufwerk von Kugeln zwei Arten von Poren vorhanden sind, eine Oktaeder- und eine Tetraederpore, worauf Darapsky[1] aufmerksam macht. Ferner liegt in der Einführung des kleinsten Porenquerschnitts [Gleichung (80)] ein Fehler der Rechnung, ebenso in der Wahl der schrägen Entfernung l [Gleichung (79)] an Stelle des gekrümmten Porenwasserweges. Immerhin kommt die Formel der Wahrheit schon recht nahe. Das dürfte auch für die Abhängigkeit der Durchlässigkeit vom Porenvolumen gelten, die wir zwar sehr viel einfacher darstellen können, als es durch den K-Wert der Slichterschen Formel geschieht. Es ist nämlich nach der folgenden Tabelle ziemlich genau

$$K = \frac{10}{1{,}08}\left(\frac{1-p}{p}\right)^2. \tag{84}$$

Porenvolumen p %	28	30	32	34	36	38	40	42	44	46	Mittel
$10\cdot\left(\frac{1-p}{p}\right)^2$	66,1	54,4	45,16	37,7	31,6	26,6	22,5	19,1	16,2	13,8	—
Verhältnis $10\cdot\left(\frac{1-p}{p}\right)^2 : K$	1,003	1,036	1,065	1,083	1,097	1,104	1,108	1,104	1,095	1,078	1,08

Es ist sogar anzunehmen, daß die Vereinfachungen, die Slichter bei der Ableitung des K-Wertes vorgenommen hat, die vollkommene Konstanz der Gleichung (84) verwischt haben, wofür das Steigen und Fallen der Abweichungen besonders zu sprechen scheint. Für die Durchlässigkeitsziffer in der Gleichung (82) kann somit geschrieben werden:

$$k = \frac{1{,}10}{\eta}\left(\frac{p}{1-p}\right)^2 \cdot d^2 \ \text{cm/sek}, \tag{85}$$

oder auch, da $d = \dfrac{1}{10\,U}$ ist,

$$k = \frac{0{,}011}{\eta}\left(\frac{p}{1-p}\right)^2 \cdot \frac{1}{U^2} \ \text{cm/sek}. \tag{85a}$$

Krüger[2] machte die Filtergeschwindigkeit nicht mehr von dem Korndurchmesser, sondern von der Gesamtoberfläche des Bodens abhängig und betonte den Einfluß des Porenvolumens, das von vielen Versuchsanstellern bis dahin nicht oder nicht hinreichend beachtet worden war. Er fand aus einer größeren Anzahl von Versuchen für die Durchlässigkeitsziffer bei 18⁰

$$k = \frac{1\,440\,000}{O_r^2}\, p \ \text{m/Tag}. \tag{86}$$

Hierin ist O_r die Gesamtoberfläche der Bodenteilchen in cm²/cm³. Drückt man O_r durch die spez. Oberfläche aus [Gleichung (90a)], führt den Zähigkeitsbeiwert η ein (S. 160) und rechnet auf cm/sek um, so wird

$$k = \frac{0{,}00493}{\eta}\cdot\frac{p}{(1-p)^2}\cdot\frac{1}{U^2} \ \text{cm/sek}, \tag{86a}$$

Da die Böden, die Krüger untersuchte, ein durchschnittliches Porenvolumen von 35 % (außer dem Kasseler Ton) hatten, so ergibt sich aus Gleichung (86a), umgerechnet auf die Funktion des Porenvolumens der Gleichung (85a), die Formel

$$k = \frac{0{,}014}{\eta}\left(\frac{p}{1-p}\right)^2\cdot\frac{1}{U^2} \ \text{cm/sek}. \tag{86b}$$

[1] Darapsky, L.: Filtergeometrie. Z. Math. u. Phys. 60, H. 2, 192 (1912).
[2] Krüger, E.: Die Grundwasserbewegung. Internat. Mitt. Bodenkde. 8, 105 (1918).

Terzaghi[1] entwickelt für Sande die Formel

$$k = \frac{C}{\eta} \left(\frac{p - 0,13}{\sqrt[3]{1 - p}} \right)^2 d^2 \text{ cm/sek}, \tag{87}$$

worin C eine bloß vom Material abhängige Konstante ist. C war für glattkörnige Sande 10,48 und für Sande mit rauhen, eckigen Körnern 6,026. Für lehmhaltige Sande war C wesentlich kleiner als 6,026.

Kozeny[2] setzt

$$k = \frac{\gamma}{\eta} \cdot c \cdot \frac{l_s}{l_w} \cdot \frac{p^3}{36 (1 - p)^2} \cdot d^2 \text{ cm/sek}, \tag{88}$$

hierin ist c eine Zahl, die von der Querschnittsform des Bodenteilchens abhängt (Kreis $c = 0,5$, Quadrat $c = 0,562$, gleichseitiges Dreieck $c = 0,597$, Streifen $c = 0,66$), l_s der scheinbare einfachere Weg längs der Stromlinie und l_w der verwickeltere, wirkliche Weg der Wasserteilchen. Über den Wert von $\frac{l_s}{l_w}$ wird Näheres nicht angegeben.

Schönwälder[3] ermittelt aus Filterversuchen mit gesiebtem Odersand und Hohenbockaer Glassand, deren spez. Oberflächen volumetrisch ermittelt wurden und zwischen 0,8915 und 4,545 lagen,

$$k = \frac{0,0137}{\eta} \cdot \left(\frac{p}{1 - p} \right)^2 \cdot \frac{1}{U^2} \text{ cm/sek}. \tag{89}$$

Die Gleichung stimmt mit der umgeformten Slichterschen Formel (85a) nahezu überein.

Die Formeln unterscheiden sich hauptsächlich durch die verschiedene Funktion des Porenvolumens.

Kozeny stützt sich bei der Begründung seiner Funktion auf die Versuche von Donat[4].

Die Versuche von Krüger litten noch darunter, daß es ihm nicht gelungen war, die durch Luftabsonderungen in der Filterschicht hervorgerufenen Unregelmäßigkeiten des Durchflusses zu vermeiden.

Nachdem schon Forchheimer[5] die allmähliche Lösung von Luft im Filtermaterial als Ursache einer manchmal eintretenden Zunahme des Durchflusses erkannt hatte, machte Zunker[6] auf die Gesamterscheinungen der Absorption von Luft im Wasser aufmerksam, die besonders häufig zu einer Abnahme der Ergiebigkeit führt. Er benutzte deshalb einen gläsernen Filterapparat, um alle Luftabsonderungen, die sich durch eine Totalbrechung des Lichtes am Glasmantel anzeigen, zu erkennen. Abb. 66 zeigt den von Zunker[7] vorgeschlagenen Apparat, den auch Schönwälder verwandte. Forchheimer hatte sich bereits von den Ein- und Austrittswiderständen, die bei der Versuchsanordnung nach Abb. 64 leicht auftreten können, dadurch freigemacht, daß er die Druckhöhe zwischen zwei Querschnittsflächen der Bodensäule maß, indem er Siebröhren von der Wandung aus quer durch den Bodenkörper gehen ließ. Kresnik[8] ordnete die

[1] Terzaghi, K. v.: Erdbaumechanik, S. 119. Wien 1925.
[2] Kozeny, J. S.: Sitzgsber. Akad. Wiss. Wien **136**, 271 (1927).
[3] Schönwälder, B.: Der Kulturtechniker **31**, 376 (1928).
[4] Donat, J.: Wasserkraft u. Wasserwirtschaft **24**, 225 (1929); hierzu Stellungnahme durch F. Zunker: Dtsch. Tiefbau-Ztg. **30**, 44 (1930); **30**, 95, 96 (1930).
[5] Forchheimer, P.: Hydraulik, S. 424. Berlin 1914.
[6] Zunker, F.: J. Gasbel. u. Wasserversorg. **63**, 332, 404 (1920).
[7] Zunker, F.: Erwähnt von B. Schönwälder, Der Kulturtechniker **31**, 371 (1928).
[8] Kresnik, P.: Österr. Wschr. öffentl. Baudienst, **12**, 142 (1906).

Druckmesser am Mantel der Röhre an und G. Thiem[1] machte die Höhe des Auslaufs und damit den Durchfluß in zuverlässiger Weise schon in der Art einstellbar, wie es Abb. 66 zeigt.

Der Glaszylinder Z von rund 50 mm Lichtweite hat in seiner Wandung bei 1 und 2 in rund 400 mm Abstand voneinander zwei rund 1 cm breite und 1 mm hohe Schlitzöffnungen, die durch angeschmolzene Stutzen und Gummischläuche mit dem Druckmesser M in Verbindung stehen. Unterhalb des Druckmesser-

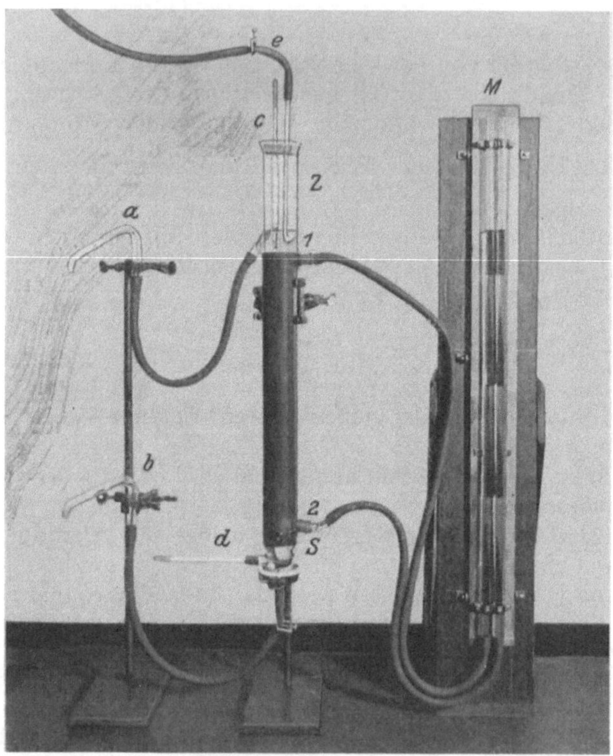

Abb. 66. Filterapparat von Zunker.

stutzens 2 verjüngt sich das Filterrohr und bietet so eine Auflage für das Sieb S, über dem der Versuchsboden eingerüttelt wird.

Das Wasser wird zunächst durch das untere Ende des Filterrohres aus einem hochstehenden Gefäß eingeführt und die Luft aus Boden und Druckmesseranschlüssen vorsichtig verdrängt. Dann wird der Zuführungsschlauch, nachdem er dicht unterhalb des Filterrohrendes durch einen Quetschhahn geschlossen worden ist, mit dem Ausfluß b verbunden, einem Glasschnabel, in dessen Scheitelpunkt ein Loch eingeblasen ist, welches verhindert, daß das Rohr als Heber wirkt. Bei dem eigentlichen Filterversuch erfolgt die Zuführung des Wassers von oben her durch den Schlauch e, der in einer unten umgebogenen, stark konisch erweiterten Glasröhre endigt. Über der Bodensäule befindet sich ein Überlauf, dessen Wasserstandshöhe nach dem Vorschlage von Schönwälder durch den Glasschnabel a

---

[1] Thiem, G.: J. Gas u. Wasser 1907, 377; Steinbruch und Sandgrube 25, 204 (1926); Hydrologische Methoden, S. 23. Leipzig 1926.

noch besonders einstellbar ist. Durch Heben und Senken des Glasschnabels b kann das Druckgefälle beliebig verändert werden. Maßgebend ist die Bodensäule zwischen den beiden Druckmesserstutzen. Die Thermometer c und d gestatten die Wassertemperatur am Ein- und Auslauf abzulesen.

Bei der Auswertung der Versuche ist die Oberfläche der Glaswandung der Oberfläche der Bodenteilchen zuzurechnen. Ist O_r die Oberfläche der Bodenteilchen in der Raumeinheit in Quadratzentimeter und e die Lichtweite der Filterröhre in Zentimetern, so ist die Summe der Oberflächen, bezogen auf die Raumeinheit des Bodens,

$$O_r' = O_r + \frac{4}{e} \, . \tag{90}$$

Da nun
$$O_r = 60\,(1 - p) \cdot U \tag{90a}$$

und
$$O_r' = 60\,(1 - p)\,U' \, , \tag{90b}$$

so ist hiernach als spez. Oberfläche in die Rechnungen einzuführen

$$U' = U + \frac{4}{60\,(1 - p) \cdot e} \, ; \tag{90c}$$

oder wenn für eine bestimmte spez. Oberfläche U die Durchlässigkeit k_b mit der Filterröhre ermittelt worden ist, so wird die natürliche Durchlässigkeit des Bodens

$$k = k_b \cdot \left(\frac{U'}{U}\right)^2 \, . \tag{91}$$

In der nachfolgenden Tabelle sind vergleichsweise die aus den verschiedenen Formeln berechneten k-Werte mit der Durchlässigkeitsziffer zusammengestellt, die SCHÖNWÄLDER für ausgesiebten und gereinigten Hohenbockaer Glassand und Odersand bei 10^0 C mit dem in Abb. 66 dargestellten Apparat, dessen Filterrohr eine Lichtweite von 48,32 mm hatte, erhielt. Der Glassand hatte das Porenvolumen 39,37 %, die spez. Oberfläche 4,545 bzw. den wirksamen Korndurchmesser 0,22 mm, das spez. Gewicht 2,6357, die Hygroskopizität 0,029. Die beobachtete Durchlässigkeitsziffer war $k_b = 0{,}02005$ cm/sek, zu der unter Berücksichtigung der Oberfläche der Filterröhre eine natürliche Durchlässigkeitsziffer (für eine unendlich große Filterröhre) von $k = 0{,}02015$ cm/sek gehört. Der an zweiter Stelle aufgeführte Odersand war etwas glatter und abgerundeter, hatte das Porenvolumen 37,84 %, die spez. Oberfläche 0,8915 und das spez. Gewicht 2,6367. Die beobachtete Durchlässigkeitsziffer war 0,4857 cm/sek, die in der Tabelle in die natürliche Durchlässigkeitsziffer umgerechnet ist.

	Natürliche Durchlässigkeitsziffer k in cm/sek bei 10^0 C						
		berechnet nach					
		ohne eine Funktion des Porenvolumens		mit einer Funktion des Porenvolumens			
Sandart	beobachtet	SEELHEIM Gl. 76	HAZEN Gl. 77	SLICHTER Gl. 83	KRÜGER Gl. 86 a	TERZAGHI Gl. 87	SCHÖNWÄLDER Gl. 89
Hohenbockaer Glassand; ziemlich scharfkantig .	0,02015	0,0173	0,0561	0,0174	0,0195	0,0372 (C = 10,48) bis 0,0214 (C = 6,026)	0,0214
Odersand, rundlicher . .	0,5102	0,449	1,460	0,399	0,464	0,853 (C = 10,48) bis 0,490 (C = 6,026)	0,4887

Für die allgemeinere Anwendung brauchbar sind nur diejenigen Formeln, die das Porenvolumen berücksichtigen. Jedoch nimmt keine Formel auf den Umstand Bedacht, daß sich das Wasser nur im spannungs- und luftfreien Porenraum bewegt, der auch wirksamer Porenraum genannt werden kann, und im folgenden mit p_{ol} bezeichnet wird.

In allen Durchlässigkeitsformeln muß es deshalb im Zähler p_{0l} statt p heißen, während das Nennerglied $(1 - p)$, das zusammen mit U nach Gleichung (90a) die Oberfläche der Bodenteilchen bezeichnet, unverändert bleibt.

Die Funktion $\left(\dfrac{p_{ol}}{1-p}\right)^2$ ist wegen ihrer fast völligen Übereinstimmung mit der Funktion des Porenvolumens in der SLICHTERschen Formel theoretisch begründet; jedoch führen Filterversuche scheinbar zu einem etwas anderen Ergebnis. In der folgenden Tabelle sind Versuche des Verfassers mit dem gleichen scharfkantigen und gleichkörnigen Hohenbockaer Glassand wiedergegeben, der in der Erläuterung zur vorstehenden Tabelle beschrieben ist. Außerdem kam gleichkörniger rundlicher Odersand mit der spezifischen Oberfläche 1,3913 und dem spez. Gewicht 2,6374 zur Anwendung. Die Filterröhre, Abb. 66, hatte 7,52 cm Lichtweite, und ihre Druckmesserstutzen hatten 15,01 cm Abstand voneinander. In die mit Wasser gefüllte Filterröhre wurde der Sand langsam einzelkörnig eingerieselt, wodurch er eine gleichmäßige, sehr lockere Lagerung erhielt, und durch das Klopfen an die Filterröhre wurden hernach die kleineren Porenvolumen erzielt. Die Ergebnisse sind auf 10^0 C umgerechnet, auch ist nach Gleichung (91) der Einfluß der Filterrohrwandung berücksichtigt worden. In der letzten Reihe ist noch trocken eingestampfter Odersand, in dem die Luft von unten durch Wasser verdrängt wurde, mit aufgenommen.

Filterversuche mit verschiedenem Porenvolumen.

Boden	Natürliche Durchlässigkeitsziffer k_{100}		Porenvolumen	$\dfrac{p}{(1-p)^2}$		$\left(\dfrac{p}{1-p}\right)^2$		$\dfrac{p^3}{(1-p)^2}$		Errechneter Formbeiwert
	absolut cm/sek	Verhältnis	p %	absolut	Verhältnis	absolut	Verhältnis	absolut	Verhältnis	μ
Hohenbockaer Glassand	0,0208	1	39,64	1,088	1	0,431	1	0,171	1	0,013
	0,0254	1,221	41,11	1,185	1,089	0,487	1,130	0,200	1,172	0,014
	0,0326	1,567	43,40	1,355	1,245	0,588	1,363	0,255	1,492	0,015
	0,0336	1,615	43,76	1,384	1,272	0,605	1,404	0,265	1,549	0,015
Odersand II für $J = 0,5$	0,234	1	38,62	1,025	1	0,396	1	0,153	1	0,015
	0,297	1,269	40,44	1,140	1,112	0,461	1,164	0,187	1,220	0,016
	0,368	1,573	42,50	1,286	1,254	0,546	1,380	0,232	1,519	0,017
trocken eingest.	0,135	0,577	34,06	0,783	0,764	0,267	0,674	0,091	0,595	0,013

Aus der vorstehenden Tabelle ist zu entnehmen, daß keine der aufgeführten Funktionen des Porenvolumens der Durchlässigkeitsziffer genau verhältnisgleich ist. Die Funktion $\dfrac{p}{(1-p)^2}$ fällt ganz heraus, während die Funktion $\dfrac{p^3}{(1-p)^2}$ sich dem Verhältnis der Durchlässigkeitsziffern noch am besten anpaßt. Nun ist jedoch zu beachten, daß trotz aller Vorsichtsmaßnahmen doch noch nennenswerte Mengen von Luftbläschen in der Bodensäule mit eingeschlossen wurden, die auf der jeweiligen Oberfläche der Bodensäule deutlich als feine Bläschen zu erkennen waren, während der Boden vom Glasmantel aus gesehen scheinbar luftfrei war. Bei jeder Einfüllmethode, abgesehen von jener im Vakuum, müssen Luftbläschen in der Bodensäule zum Ausscheiden kommen, ist doch jedes lufttrockene Bodenteilchen von einer adsorbierten Lufthülle umgeben, die

sich unter Wasser erst allmählich ablöst. Außerdem ist es wahrscheinlich, daß
der Boden unter Wasser mehr hygroskopisches Wasser bindet als in einem
Dampfraum. Beides aber berücksichtigen die in der Tabelle enthaltenen Funktionen der Porenvolumen nicht.

Nimmt man die Funktion $\left(\dfrac{p_{ol}}{1-p}\right)^2$ als zutreffend an, so kann man die
hygroskopische Wasser- und die Luftmenge berechnen, welche die beiden untersuchten Böden bei dem Filterversuch enthielten. Es muß sein

$$\left(\frac{p_{ol_1}}{1-p_1}\right)^2 : \left(\frac{p_{ol_2}}{1-p_2}\right)^2 = k_1 : k_2, \tag{92}$$

worin p_{ol_1} das für den Durchfluß wirksame Porenvolumen bei dem größeren
Gesamtporenvolumen p_1 mit der zugehörigen Durchlässigkeitsziffer k_1 bedeutet
und p_{ol_2} das wirksame Porenvolumen ist, das zu dem kleineren Gesamtporenvolumen p_2 mit der zugehörigen Durchlässigkeitsziffer k_2 gehört.

Nach Gleichung (16) ist nun aber das wirksame Porenvolumen

$$p_{ol_1} = p_1 - \frac{w_h + l_g}{100} \cdot (1 - p_1) \cdot s$$

und

$$p_{ol_2} = p_2 - \frac{w_h + l_g}{100} \cdot (1 - p_2) \cdot s.$$

Hierin ist w_h die hygroskopisch gebundene Wassermenge und l_g die in den Poren
vorhandene Luftmenge in cm³ je 100 g Boden, die beide für dieselbe Versuchsreihe konstant bleiben. Nach Einsetzen dieser beiden Gleichungen in die vorhergehende folgt

$$w_h + l_g = \frac{\sqrt{\dfrac{k_1}{k_2}} \cdot \dfrac{p_2}{1-p_2} - \dfrac{p_1}{1-p_1}}{s \cdot \left(\sqrt{\dfrac{k_1}{k_2}} - 1\right)} \; \text{cm}^3/\text{g} \tag{92a}$$

oder auch

$$w_h + l_g = \frac{\sqrt{\dfrac{k_1}{k_2}} \cdot p_2 \cdot (1-p_1) - p_1 (1-p_2)}{(1-p_2) \cdot \left(\sqrt{\dfrac{k_1}{k_2}} - 1\right)} \cdot 100 \; \text{Vol. - \%}, \tag{92b}$$

letztere bezogen auf die Bodensäule mit dem Gesamtporenvolumen p_1.

Im Hohenbockaer Glassand mußten demnach 0,079 cm³/g oder 11,7 Vol.-%
und in dem von oben in das Wasser eingerieselten Odersand 0,074 cm³/g oder
11,3 Vol.-% hygroskopisches Wasser und Luft enthalten gewesen sein. Eine
weitere Klärung dieser Fragen wird erst durch Filterversuche, bei denen der
Boden im Vakuum eingefüllt wird, erfolgen können.

Berücksichtigt man noch die Kornrauhigkeit, Kornform und die mehr oder
weniger unvollkommene Mischung der Korngrößen durch den Formbeiwert μ, so
kommt man zu der Endformel der Durchlässigkeitsziffer des Bodens für Wasser

$$\boldsymbol{k = \frac{\mu}{\eta} \cdot \left(\frac{p_{ol}}{1-p}\right)^2 \cdot \frac{1}{U^2} \; \text{cm/sek}.} \tag{93}$$

Gleichung (91) in 93) eingesetzt, ergibt noch

$$\boldsymbol{k = \frac{\mu}{\eta} \cdot \frac{60^2}{O_r^2} \cdot p_{ol}^2 \; \text{cm/sek},} \tag{93a}$$

worin O_r die Oberfläche der Bodenteilchen in cm²/cm³ ist.

In Tabelle S. 156 sind in der letzten Spalte die Formbeiwerte für die verschiedenen Porenvolumen berechnet unter der Annahme, daß bei Sanden das wirksame Porenvolumen $p_{ol} = p$ gesetzt werden darf. Die Formbeiwerte sinken mit abnehmendem Porenvolumen, da nunmehr in ihnen auch die volumenmäßige Änderung des hygroskopischen Wasser- und des Luftgehaltes ihren Ausdruck findet. Die Abweichungen sind aber praktisch bedeutungslos. Im allgemeinen wird es genügen, bei annähernd luftfreiem Boden zur Berechnung des wirksamen Porenvolumens p_{ol} nur die tatsächlich im Dampfraum aufgenommene Hygroskopizität w_h in Betracht zu ziehen, unter welcher Voraus-

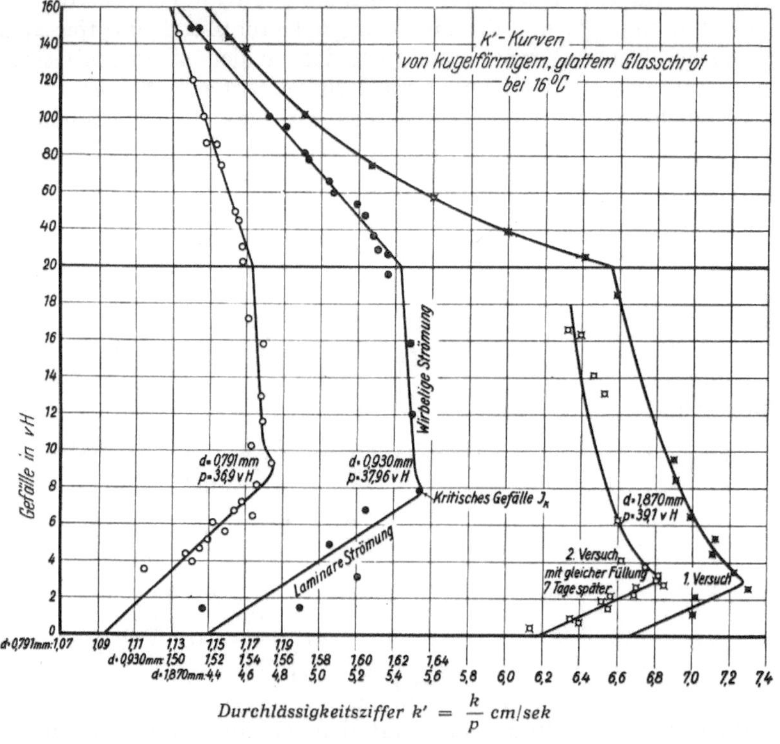

Abb. 67. Beziehung zwischen Durchlässigkeitsziffer und Gefälle bei Glasschrot.

setzung nichts im Wege liegt, die Formeln (93) und (93a) auch auf Lehme und Tone anzuwenden.

Über den annähernd höchsten Wert von μ geben die Versuche von Zunker[1] mit glattem, fast kugelförmigem Glasschrot Aufschluß. Abb. 67 enthält die graphisch aufgetragenen Durchlässigkeitsziffern $k' = \dfrac{k}{p}$ in cm/sek, und die nächstfolgende Tabelle zeigt die Berechnung des Formbeiwerts aus Gleichung (93). Die verwendete Filterröhre hatte 2,85 cm Lichtweite. Die Durchlässigkeitsziffer ist auf eine der Beobachtung naheliegende Temperatur von 16° C bezogen.

---

[1] Zunker, F.: J. Gasbel. u. Wasserversorg. 63, 331 (1920). Die daselbst graphisch dargestellten k'-Kurven sind fehlerhaft, weil der verschiedene Gefällsmaßstab nicht beachtet worden ist.

	Glasschrot Nr.			
	I	II	III 1. Versuch	III 2. Versuch
Korndurchmesser mm	0,791	0,930	1,870	
Spez. Oberfläche U	1,264	1,075	0,535	
Porenvolumen p %	36,9	37,96	39,1	
Spez. Oberfläche U' (Gl. 90 c) . .	1,301	1,113	0,573	
$\eta \cdot U'^2 \cdot \left(\dfrac{1-p}{p}\right)^2$	0,0552	0,0369	0,00889	
$k_{16°}$max beobachtet, cm/sek . . .	0,437	0,620	2,846	2,674
$k_{16°}$ für $J = 0$ beobachtet, cm/sek	0,403	0,577	2,604	2,416
Formbeiwert μ für k_{max}	0,024	0,023	0,025	0,024
Formbeiwert μ für $J = 0$	0,022	0,021	0,023	0,022

Der 2. Versuch mit Glasschrot III fand mit derselben Füllung eine Woche später statt; möglicherweise beruht die Abnahme des Formbeiwerts gegenüber dem 1. Versuch auf einer Abnahme des Porenvolumens infolge Setzens der Bodensäule oder auf Luftabsonderungen.

Diese und andere Versuche lassen erkennen, daß der Formbeiwert für annähernd luftfreie Sande in folgenden Grenzen schwanken kann, wenn $p_{ol} = p$ gesetzt wird:

Nr.	Versuchsansteller	Bodenart	Formbeiwert μ
1	ZUNKER . . .	Gleichförmiges Glasschrot aus glatten, kugelförmigen Teilchen für k_{max}	0,025—0,023
2	TERZAGHI . .	Gleichkörnige (?), glattkörnige Sande	0,023
3	SCHÖNWÄLDER	Gleichkörniger Odersand bei Breslau mit rauhen, etwas rundlichen Körnern, gereinigt	0,015—0,014
4	ZUNKER . . .	Derselbe Sand, mit abnehmendem Porenvolumen . .	0,017—0,013
5	KRÜGER . . .	Gleichkörniger sowie gemischtkörniger Untergrundsand bei Berlin, mit rauhen, etwas rundlichen Körnern, gereinigt	0,014
6	SCHÖNWÄLDER	Gleichkörniger, scharfkantiger Tertiärsand von Hohenbocka, gereinigt	0,013
7	ZUNKER . . .	Derselbe Sand, mit abnehmendem Porenvolumen . .	0,015—0,013
8	TERZAGHI . .	Gleichkörniger (?) Sand mit rauhen, eckigen Körnern	0,013
9	SCHÖNWÄLDER	Gemischtkörnige Sande der Nr. 4, gereinigt	0,012
10	KING-SLICHTER	Scharfkantige Sande	0,011
11	ZUNKER . . .	Wenig ungleichkörniger Untergrundsand bei Koblenz mit rauhen, etwas rundlichen Körnern, ungereinigt	0,007
12	,, . . .	Ungleichkörniger, staubiger Untergrundsand bei Koblenz, ungereinigt	0,005
13	,, . . .	Ungleichkörniger Kiessand bei Koblenz mit rauhen, etwas abgeschliffenen, ziemlich flachgeformten Teilchen, ungereinigt, Stromrichtung rechtwinklig zur flachsten Teilchenseite	0,006—0,004

Bezüglich des Formbeiwertes für Tone ist folgendes zu bemerken. TERZAGHI[1] berechnet aus seinen Versuchen die Durchlässigkeit der Tone bei einem (scheinbaren) Porenvolumen von $p = 0,5$ und $10°$ C in Abhängigkeit von der Korngröße zu $k = 1,9\,d^2$ cm/sek, worin d $= 1/10\,U$ ist. Da er für Sande $k = 100$—$174\,d^2$ cm/sek erhielt, sieht er den für Tone erhaltenen kleinen Beiwert als einen Beweis für die ausgeprägte Schuppenstruktur derselben an. Es ist dabei aber nicht beachtet worden, daß sich das Wasser nur im spannungs- und luftfreien Porenvolumen bewegt, welches bei Tonen wegen ihrer hohen Hygro-

---

[1] TERZAGHI, K. v.: Erdbaumechanik, S. 124. Leipzig u. Wien 1925.

skopizität besonders klein ist. Das spannungsfreie Porenvolumen der Tone bei Atmosphärendruck beträgt nach Abb. 33 bei 50 % scheinbarem Porenvolumen rund 30 %; es ist aber möglich, daß bei den Porenwasserdrücken, die Terzaghi anwandte, die hygroskopische Schichtdicke eine größere und das spannungsfreie Porenvolumen deshalb ein geringeres war. Wenn wir ein wirksames Porenvolumen von 29 % voraussetzen, so folgt der Formbeiwert aus Gleichung (93) zu

$$\mu = \eta \cdot k \left(\frac{1-p}{p_0 l}\right)^2 \cdot U^2,$$

und nach Einsetzen aller Zahlenwerte zu

$$\mu = \frac{0{,}0131 \cdot 1{,}9}{100\, U^2} \cdot \left(\frac{0{,}5}{0{,}29}\right)^2 \cdot U^2 = 0{,}00074.$$

Außerdem ist offenbar auch die wirksame Korngröße des untersuchten Tones, die Terzaghi nach den Ergebnissen der Schlämmanalyse mit 0,0006 mm, also mit $U = 1677$ annimmt, zu groß eingeschätzt worden. Aus den Sedimentierversuchen von Zunker[1] und seinem Verfahren der U-Linienbestimmung ist zu folgern, daß die spez. Oberfläche der Tone mindestens 4000 beträgt. Berücksichtigt man diesen Kleinstwert, so wird in Wirklichkeit

$$\mu = 0{,}00074 \left(\frac{4000}{1667}\right)^2 = 0{,}0043.$$

Diese Ziffer liegt aber noch innerhalb der in obiger Tabelle angegebenen k-Werte. Wahrscheinlich aber hat der von Terzaghi untersuchte Ton eine noch höhere spez. Oberfläche als 4000 gehabt, so daß der Formbeiwert für Tone $\mu = 0{,}005$—0,01, also mit dem auch für ungleichkörnige Sande zutreffenden Wert einzusetzen wäre.

Der Formbeiwert sinkt mit dem Grade der Ungleichkörnigkeit des Bodens. Es wird dies dadurch erklärt, daß leicht Entmischungen eintreten und die Durchlässigkeit dann nach Gleichung (100) von den Ansammlungen der feineren Korngrößen maßgebend beeinflußt wird. Bei flachgeformten Teilchen oder Blättchenform kommt es ferner darauf an, in welcher Richtung zu der Schichtung der Teilchen der Wasserdurchfluß erfolgt. Bei dem in vorstehender Tabelle aufgeführten rheinischen Kiessand war die Fließrichtung rechtwinklig zur breitesten Seite der Teilchen.

Der Einfluß der spez. Oberfläche auf den Durchlässigkeitsbeiwert ist jedoch so überwiegend, daß ein Vergreifen in der Größe des Formbeiwerts weniger ins Gewicht fällt.

Der Einfluß der Temperatur ist durch die Zähigkeit η des Wassers ausgedrückt. Schon Hazen[2] stellte eine Ergiebigkeitszunahme mit der Temperatur fest. Die folgende Tabelle enthält für Wasser und gleichzeitig auch für Luft und Wasserdampf, auf deren Zähigkeit mehrfach zurückgegriffen wird, die Zähigkeitszahlen. Nach der Formel von Helmholtz[3] ist die Zähigkeit des Wassers bei t^0 C

$$\eta = \frac{0{,}0178}{1 + 0{,}03368\, t + 0{,}000221\, t^2}\ \mathrm{cm}^{-1}\mathrm{g}\ \mathrm{sek}^{-1}. \tag{94}$$

Wie auf S. 171 gezeigt werden wird, gilt Gleichung (93) für alle Flüssigkeiten und Gase, sobald nur für η der dieser Flüssigkeit bzw. dem Gase eigentümliche

[1] Zunker, F.: Der Kulturtechniker 29, 157 (1926); 31, 105, 112 (1928).
[2] Hazen, A.: The filtration of public water supplies, S. 21. New York 1895.
[3] Helmholtz, H. v.: Wissenschaftliche Abhandlungen I, S. 172. — Siehe auch Landolt-Börnstein: Physikalisch-chemische Tabellen 1, S. 42. Berlin 1923.

Zähigkeitswert eingesetzt wird. Es seien deshalb außer für Wasser auch gleich die Zähigkeitszahlen für Luft und Wasserdampf angeführt:

Die Zähigkeit der Luft ist nach MILLIKAN[1] (zwischen 12 und 30^0)

$$\eta_l = 0{,}0001824 - 0{,}000000493\,(23 - t^0)\ \mathrm{cm^{-1}\ g\ sek^{-1}}. \qquad (95)$$

Temperatur ^{0}C	Zähigkeit in $\mathrm{cm^{-1}}$ g sek für			$\dfrac{\eta}{\eta_l}$
	Wasser η	Luft η_l	Wasserdampf η_w	
0	0,01780	0,000173	0,0000904	102,9
5	0,01516	0,000174	0,0000922	87,1
10	0,01310	0,000176	0,0000940	74,4
15	0,01145	0,000179	0,0000958	64,0
20	0,01010	0,000181	0,0000975	55,8
25	0,00899	0,000183	0,0000991	49,1
30	0,00805	0,000185	0,0001006	43,5
35	0,00727	0,000187	—	38,9
40	0,00659	0,000189	—	34,9
45	0,00601	0,000191	—·	31,5

Der Einfluß eines Salzgehaltes des Wassers auf die Durchlässigkeit wird ebenfalls durch die Zähigkeit der Salzlösung erfaßt, während die Dichte bei Berechnung der Grundwassergeschwindigkeit nach Gleichung (73) dadurch schon berücksichtigt ist, daß h als Druckhöhenunterschied in Zentimeter Wassersäule von 4^0 C auf 1 cm Filterlänge gemessen wird. Darüber hinaus aber können Salzgehalt und Dichte auf die Stärke der hygroskopischen Schichten einen wesentlichen Einfluß ausüben, der in der Änderung des spannungsfreien Porenvolumens p_0 [Gleichung (15)] zum Ausdruck kommt und mit der Hygroskopizität des Bodens zunimmt.

Die kritische Geschwindigkeit und die Veränderlichkeit der Durchlässigkeitsziffer mit der Geschwindigkeit.

Wie Abb. 67 zeigt, ist die Durchlässigkeitsziffer k entgegen der DARCYSchen Filterformel nicht konstant, wenn auch die Abweichungen verhältnismäßig gering sind und in der Abbildung nur infolge des großen Maßstabes, in welchem die Abszissen gezeichnet sind, so stark in die Augen fallen. Mit wachsendem Gefälle nimmt k zunächst zu, um dann von einem kritischen Gefälle bzw. einer kritischen Geschwindigkeit an zuerst sprunghaft, dann allmählich abzunehmen.

Wie die nachfolgende Tabelle lehrt, ergibt sich nun für Glasschrot als kritisches Gefälle die Formel:

$$v_k = i \cdot \frac{p}{(1 - p) \cdot U}\ \mathrm{cm/sek}. \qquad (96)$$

	Glasschrot Nr.			
	I	II	III$_1$	Mittel
Durchlässigkeit k_{16^0} max in cm/sek	0,437	0,620	2,846	—
Kritisches Gefälle J_k % bei 16^0 C	8,9	7,7	3,0	—
Kritische Geschwindigkeit $v_k = k_{16^0}$ max $\cdot J_k$ in cm/sek	0,0389	0,0478	0,0854	—
$\dfrac{1 - p}{p} \cdot U'$	2,2247	1,8190	0,8925	—
i	0,0865	0,0870	0,0762	0,0832

---

[1] MILLIKAN: nach LANDOLT-BÖRNSTEIN: Physikalisch-chemische Tabellen 1, S. 177. Berlin 1923.

Nach vorstehender Tabelle ist $i = 0,0832$ und konstant. Wegen des Einflusses der Filterrohrwandung mußte an Stelle von U noch mit U' gerechnet werden.

Für ein beliebiges Filtermaterial mit der spezifischen Oberfläche U und eine beliebige Flüssigkeit kann als kritische Geschwindigkeit gesetzt werden:

$$v_k = a \cdot \frac{\eta \cdot \mu}{\gamma} \cdot \frac{p_{ol}}{(1-p) \cdot U}, \tag{97}$$

worin a eine Konstante, μ der Formbeiwert des Filtermaterials, η die Zähigkeit und γ das spez. Gewicht der Flüssigkeit ist. p_{ol} ist wieder das spannungs- und luftfreie oder wirksame Porenvolumen und p das Gesamtvolumen. Da nach Tabelle S. 159 für Glasschrot im Mittel $\mu = 0,024$ ist, folgt aus den beiden Gleichungen (96) und (97)

$$a = i \cdot \frac{\gamma_{16°}}{\eta_{16°} \cdot \mu_{\text{Glas}}}$$

$$a = 310. \tag{97a}$$

Somit ist ganz allgemein die kritische Filtergeschwindigkeit

$$v_k = 310 \cdot \frac{\eta \cdot \mu}{\gamma} \cdot \frac{p_{ol}}{(1-p) \cdot U}. \tag{97b}$$

Das kritische Gefälle ist $J_k = \frac{v_k}{k}$, wobei die Druckhöhe in Zentimeter Wassersäule von $4°$ C gemessen wird. Nach Einsetzen der Gleichung (93) wird

$$J_k = 310 \cdot \frac{\eta^2}{\gamma} \cdot \frac{1-p}{p_{ol}} \cdot U. \tag{98}$$

Bei $10°$ C wird für Wasser von der Dichte 1 das kritische Gefälle

$$J_k = 0,053 \cdot \frac{1-p}{p_{ol}} \cdot U. \tag{98a}$$

Die nachstehenden Versuchsergebnisse des Verfassers mit ungewaschenen Böden in natürlicher Kornmischung vom Rhein bei Koblenz, deren spez. Oberfläche durch Siebanalyse und deren Durchlässigkeitsziffer und Porenvolumen mit einer Filterröhre (Abb. 66) von 7,62 cm Lichtweite bestimmt wurde, zeigen eine sehr gute Übereinstimmung des berechneten mit dem beobachteten kritischen Gefälle. Da es sich um Sande handelt, wurde $p_{ol} = p$ gesetzt.

Aus Gleichung (98a) geht hervor, daß das kritische Gefälle selbst in Kiesen schon recht hoch ist. Sande mit der spezifischen Oberfläche $U = 8$ haben im allgemeinen schon ein kritisches Gefälle von 100% und mehr. Der freie Grundwasserspiegel kann aber nur in Ausnahmefällen, z. B. im Brunnenbetriebe dicht am Brunnenmantel bei übertriebener Absenkung, ein Gefälle bis zu 100% erreichen. Im allgemeinen liegt das Gefälle der Grundwässer im unbeeinflußten Zustande zwischen 1 und $3 \%_{00}$ und überschreitet innerhalb zusammenhängender Geschiebe 1% nur in seltenen Fällen. Das Gefälle der Grundwässer liegt somit fast durchweg unterhalb des kritischen Gefälles.

Unterhalb des kritischen Gefälles herrscht laminare oder schlichte Strömung, oberhalb desselben turbulente, wirbelige oder Flechtströmung. Die Geschwindigkeitsverteilung über einen Porenquerschnitt ist bei der laminaren Strömung eine Parabel, und in x cm Abstand von der Porenschlotachse herrscht die Geschwindigkeit[1]

$$v_x = 2 v_0 \left(1 - \frac{2x}{d_p}\right)^2,$$

---

[1] „Hütte", des Ingenieurs Taschenbuch 1, S. 350. Berlin 1925.

Durchlässigkeitsziffer und kritisches Gefälle von Naturböden bei 10⁰ C.

Gelber sandfreier grober Rheinkies $U = 0,48$ $p = 29,50\ \%$ berechnet: $Jk = 6,1\ \%$	Gefälle %	0,9	3,1	5,0	7,7	11,6	33,3	59,2	0,9 wiederholt	—
	k cm/sek	0,189	0,187	0,210	0,209	0,201	0,196	0,189	0,191	—
Grober Rheinkies $U = 0,95$ $p = 23,10\ \%$ berechnet: $Jk = 16,8\ \%$	Gefälle %	2,3	6,1	8,3	16,9	24,0	70,3	101,6	136,3	—
	k cm/sek	0,0348	0,0401	0,0397	0,0402	0,0395	0,0396	0,0397	0,0395	—
Grober Rheinkies $U = 1,05$ $p = 25,26\ \%$ berechnet: $Jk = 16,5\ \%$	Gefälle %	1,6	4,4	8,9	16,7	24,4	33,4	62,9	77,3	119,9
	k cm/sek	0,0191	0,0300	0,0316	0,0326	0,0323	0,0319	0,0317	0,0317	0,0319
Rheinkies $U = 1,07$ $p = 22,91\ \%$ berechnet: $Jk = 19,1\ \%$	Gefälle %	4,1	7,0	13,0	34,2	54,0	85,1	108,1	—	—
	k cm/sek	0,0339	0,0341	0,0341	0,0342	0,0334	0,0333	0,0325	—	—
Rheinkies mit Schutt $U = 1,75$ $p = 28,57\ \%$ berechnet: $Jk = 23,2\ \%$	Gefälle %	6,1	12,8	19,1	23,7	45,8	65,1	85,3	111,2	135,4
	k cm/sek	0,0183	0,0186	0,0192	0,0189	0,0186	0,0185	0,0184	0,0183	0,0182
Ziemlich gleichkörn. reiner Rheinsand $U = 3,40$ $p = 36,23\ \%$ berechnet: $Jk = 31,7\ \%$	Gefälle %	3,6	12,0	17,3	45,2	58,2	75,4	91,0	122,9	—
	k cm/sek	0,0146	0,0144	0,0146	0,0149	0,0149	0,0148	0,0148	0,0148	—

worin v_0 die mittlere Geschwindigkeit im Porenquerschnitt und d_p die Weite des Porenschlots bedeutet. Bei der wirbeligen Strömung hingegen verteilt sich die Geschwindigkeit annähernd gleichmäßig über den Querschnitt.

Um nun die Zunahme des k-Wertes innerhalb des laminaren Strömungsgebietes zu verstehen, müssen wir uns daran erinnern, daß die Bodenteilchen von hygroskopischen Wasserhüllen umgeben sind, deren äußerste, lockerste Schicht schon bei kleiner Wassergeschwindigkeit, deren nächste, fester gebundene bei etwas größerer Wassergeschwindigkeit und so fort, in Bewegung gesetzt wird. Demgemäß vergrößert sich der Durchflußquerschnitt, was in einer Zunahme von k zum Ausdruck kommt. Bei der kritischen Geschwindigkeit entsteht durch die einsetzende Wirbelung ein Energieverlust, der sich durch eine sprunghafte Abnahme von k bemerkbar macht. Mit steigender Geschwindigkeit werden hygroskopische Schichten dann noch weiter abgerieben, wenn auch wegen ihrer zunehmend festeren Bindung in immer geringerem Maße. Von der kritischen Geschwindigkeit ab überdecken die Wirbelungsverluste die günstige Wirkung, welche die Vergrößerung des nutzbaren Porenquerschnitts auf die Durchlässigkeit ausübt. Die Wirbelungsverluste treten um so stärker in Erscheinung, je grobkörniger der Boden ist. Aber schon bei Kiessanden ist die k-Kurve oberhalb der kritischen Geschwindigkeit ziemlich gestreckt, und k folgt annähernd dem Darcyschen Gesetz.

Der Neigungswinkel der k-Kurve unterhalb der kritischen Geschwindigkeit hängt offenbar von der Dicke der hygroskopischen Schichten ab. Das Glasschrot, dessen k-Kurven Abb. 67 darstellt, war in dem Zustande verwendet worden, wie es aus der Glashütte kam. Nachdem es aber mit heißer verdünnter Salzsäure behandelt und ausgekocht worden war, zeigte es den Anstieg der k-Werte bis zur kritischen Geschwindigkeit nicht mehr. Offenbar hatte es seinen Alkaligehalt eingebüßt und damit auch die ungewöhnliche Dicke seiner hygroskopischen Schichten. Schon Warburg und Ihmori[1] haben beobachtet, daß die Adsorption von Wasserdampf durch Thüringer Glas von 48 in frischem Zustande auf 4 nach Behandeln mit heißem Wasser abnahm. Ein anderes Glas, das in frischem Zustande Wasserdampf halb so stark adsorbierte, zeigte nach dem Auskochen überhaupt keine Adsorption mehr. In natürlichen Böden gibt ein Soda- und Kochsalzgehalt zu besonders dicken hygroskopischen Schichten Veranlassung. Natriumböden sind deshalb bei kleinen Gefällen schwer durchlässig und werden den Anstieg der k-Kurve sehr ausgeprägt zeigen. Die Durchlässigkeit wird durch Auswaschen des Natriums erhöht, oder, wenn ausreichende Wassermengen nicht beschafft werden können, macht auch die Behandlung mit Gips, Alaun oder Schwefelsäure den Boden durchlässiger. Im Gegensatz zu Natriumböden haben Kalkböden besonders dünne hygroskopische Hüllen.

Das Anwachsen von k mit zunehmendem Gefälle haben schon King[2], Newell[3], G. Thiem[4] u. a. beobachtet, ohne aber auf die Ursachen näher einzugehen. In den von King[2] untersuchten sehr ungleichkörnigen Sanden sank der Durchfluß nicht nur auf $^1/_5$, wenn das Gefälle von 6 auf 1,2 verändert wurde, sondern um weitere 6—37 °/₀ herab.

Beger[5], der mit sehr kleinen Gefällen arbeitete, glaubt neuerdings festgestellt zu haben, daß der Durchlässigkeitsbeiwert nach dem Gefälle Null hin ziemlich stark abnimmt. Aber seine Versuchsanordnung, die im wesentlichen der in Abb. 38 dargestellten glich, hatte den Fehler, daß die Bodensäule nur etwa den vierten Teil der gesamten Wassersäulenlänge von Ober- bis Unterwasserspiegel betrug. Da nun der Ausfluß tropfenweise erfolgte, ist anzunehmen, daß jede Tropfenbildung, wie es am Unterwasserspiegel auch beobachtet wurde, die ganze Wassersäule in eine schwingende Bewegung versetzte, und daß die dazu erforderliche Beschleunigungskraft das eigentliche Filtergesetz verdeckte.

Die Abnahme des Durchlässigkeitsbeiwertes bei höherem Gefälle ist an den Absenkungskurven von Versuchsbrunnen häufiger festgestellt worden. Da sich nun aber, wie wir sahen, das Grundwasser selbst bei sehr hohem Gefälle fast ausschließlich laminar bewegt, so ist anzunehmen, daß in allen den Fällen die Ausscheidung von Gasbläschen die alleinige Ursache dieser Abnahme nach dem Brunnenmantel hin war, wo der Brunnenfilter von der Grundwasseroberfläche bis zur undurchlässigen Schicht reichte und der Pumpversuch genügend lange durchgeführt worden war.

---

[1] Warburg, E., u. T. Ihmori: Über das Gewicht und die Ursache der Wasserhaut bei Glas und anderen Körpern. Wied. Ann. 1886, 481.

[2] King, F. H.: 19. Ann. Rep. U. S. Geol. Survey, T. 2 (1899).

[3] Newell, F. H., von F. H. King erwähnt: 19. Ann. Rep. U. S. Geol. Survey 1897/98, T. 2, 124 (Washington 1899).

[4] Thiem, G.: Abriß über die Grundlagen der Hydrologie. Internat. Z. Wasserversorg. 1, H. 1—3 (1914).

[5] Beger, K.: Versuche zur Bestimmung der Wasserdurchlässigkeit von Sand. Dissert. Danzig 1922.

Einfluß von Bodenschichten und der Bodenstruktur auf die Durchlässigkeit.

Fließt das Grundwasser durch mehrere Bodenschichten von verschiedener Durchlässigkeit rechtwinklig zur Richtung der Schichten, und ist h der Unterschied des Wasserdruckes am Anfang und Ende der Schichtenfolge in cm Wassersäule, l die Gesamtmächtigkeit der Schichten in cm, $l_1, l_2, l_3 \ldots$ die Mächtigkeit der einzelnen Schichten in cm, $k_1, k_2, k_3 \ldots$ die Durchlässigkeitsziffer der einzelnen Schichten in cm/sek, so muß die Wassergeschwindigkeit in allen Schichten die gleiche sein, da der Stromquerschnitt derselbe bleibt. Es ist also

$$v = k_1 \cdot \frac{h_1}{l_1} = k_2 \cdot \frac{h_2}{l_2} = k_3 \cdot \frac{h_3}{l_3} \cdots = k \cdot \frac{h}{l}, \tag{99}$$

worin $h_1, h_2, h_3 \ldots$ den Druckhöhenverlust zwischen Anfang und Ende jeder einzelnen Schicht und k den durchschnittlichen Durchlässigkeitswert bedeuten. Somit ist auch

$$\frac{h_1}{v} = \frac{l_1}{k_1}; \quad \frac{h_2}{v} = \frac{l_2}{k_2}; \quad \frac{h_3}{v} = \frac{l_3}{k_3} \cdots$$

Durch Addition der Gleichungen folgt

$$\frac{h_1}{v} + \frac{h_2}{v} + \frac{h_3}{v} \cdots = \frac{l_1}{k_1} + \frac{l_2}{k_2} + \frac{l_3}{k_3} \cdots$$

oder

$$\frac{1}{v}(h_1 + h_2 + h_3 \ldots) = \frac{h}{v} = \frac{l_1}{k_1} + \frac{l_2}{k_2} + \frac{l_3}{k_3} \cdots,$$

und nach Einsetzen von v aus Gleichung (99) ergibt sich schließlich die durchschnittliche Durchlässigkeitsziffer

$$k = \frac{l}{\dfrac{l_1}{k_1} + \dfrac{l_2}{k_2} + \dfrac{l_3}{k_3} + \cdots} \; \text{cm/sek}. \tag{100}$$

Es wird somit die durch $1\,\text{cm}^2$ fließende Wassermenge

$$q = k \cdot \frac{h}{l} = \frac{h}{\dfrac{l_1}{k_1} + \dfrac{l_2}{k_2} + \dfrac{l_3}{k_3} + \cdots} \; \text{cm}^3/\text{sek}. \tag{100a}$$

Ist die Durchlässigkeitsziffer einer Schicht verhältnismäßig besonders klein, so bestimmt sie die Größe des Nenners in vorstehender Gleichung, und alle anderen Summanden des Nenners können vernachlässigt werden. Es steht dies mit der Erfahrung in Einklang, daß die am wenigsten durchlässige Schicht, selbst wenn sie nur sehr dünn ist, den Wasserdurchfluß maßgebend beeinflußt.

Bewegt sich das Grundwasser durch Bodenschichten von verschiedener Durchlässigkeit parallel zu der Richtung der Schichten, so ist die Wassermenge je cm Strombreite

$$q = (k_1 \cdot a_1 + k_2 \cdot a_2 + k_3 \cdot a_3 + \cdots) \cdot J \; \text{cm}^3/\text{sek}, \tag{101}$$

worin J das Gefälle des Grundwasserstromes, $a_1, a_2, a_3 \ldots$ die Höhen und $k_1, k_2, k_3 \ldots$ die Durchlässigkeitsziffern der einzelnen Schichten bedeuten. In diesem Falle wird die Wassermenge maßgebend von der Schicht beeinflußt, welche die größte Durchlässigkeitsziffer hat. In bindigen Böden bestimmen deshalb dünne Sandschichten oder Sandadern die in Richtung der Schichten und Adern abfließende Wassermenge.

Befindet sich der Boden in Krümelstruktur, so wirken die Krümel wie primäre Bodenteilchen auf die Durchlässigkeit; als spez. Oberfläche ist deshalb die

Oberfläche der Krümel als solche einzusetzen. Ist der Boden von Spalten und Rissen durchzogen, so ist nach Gleichung (101) die Durchlässigkeitsziffer dieser Spalten und Risse für die abfließende Wassermenge von maßgebender Bedeutung. In Lehmböden erfolgt die Wasserbewegung vorwiegend in den Wurzellöchern, Wurmgängen und Sandeinlagerungen. Einzelne Steine setzen die Durchlässigkeit herab, weil sie das Porenvolumen vermindern und die Porenkanäle unterbrechen.

Die Lagerungsweise der Geschiebe ist ebenfalls von Einfluß auf die Durchlässigkeit, sofern es sich um ausgeprägt flachkörnige Bodenteilchen handelt. G. Thiem[1] fand bei Laboratoriumsversuchen mit Tertiärsanden nachstehende Verhältniszahlen der Durchlässigkeitsziffern:

Bodenart	Verhältnis der Durchlässigkeitsziffern k bei			Porenvolumen	
	nasser Ein-füllung, Schich-tung recht-winklig zur Wasserbewegung	trockner Ein-füllung unter fortgesetztem Stampfen	nasser Ein-füllung, Schich-tung parallel zur Wasserbewegung	in trockner Schüttung %	in geschichtetem Zustande %
Feiner Sand . . .	—	1	1,04	31,5	25,0
Mittelsand	0,46	1	1,52	29,8	27,0
Grober Sand . . .	—	1	1,48	29,0	26,7
Feiner Kies . . .	—	1	3,68	18,8	18,3

Verfahren zur Bestimmung der Durchlässigkeitsziffer k.

Die Durchlässigkeitsziffer k kennzeichnet den Boden in physikalischer Hinsicht mehr als jede andere Größe. Sie hat nicht nur für die Grundwasserbewegung, sondern auch für die Kapillar- und Sickerbewegung, die Menge des kapillaren Haftwassers und die Durchlässigkeit des Bodens für Luft maßgebende Bedeutung. In der Durchlässigkeitsziffer ist der Einfluß der mechanischen Zusammensetzung bzw. der spez. Oberfläche, des Porenvolumens, der Hygroskopizität, der Kornrauhigkeit, Kornform und Kornlagerung und der Bodenstruktur auf die Wasserführung des Bodens vereinigt. Der Wert einfacher und zuverlässiger Verfahren zu ihrer Bestimmung, sei es im Laboratorium oder auf dem Felde, kann deshalb nicht hoch genug veranschlagt werden.

Um den Einfluß der Bodenstruktur auf die Wasserführung und Durchlüftung des Bodens zu erfassen, ist die Ermittlung der relativen Durchlässigkeit zweckmäßig. Relative Durchlässigkeit ist das prozentuale Verhältnis von vorhandener Durchlässigkeit mit abgesaugtem Kapillarwasser zur Durchlässigkeit des Bodens in Einzelkornstruktur bei gleichem Porenvolumen.

Es gibt folgende Verfahren zur Bestimmung der Durchlässigkeit k:

a) Ermittlung der k-Wertes an Hand von Bodenproben: 1. durch das Filterverfahren; 2. aus den hydrodynamischen Spannungserscheinungen; 3. aus der Durchlässigkeitsziffer des Bodens für Luft; 4. aus der Kapillarziffer oder der kapillaren Wassergeschwindigkeit; 5. aus der spez. Oberfläche.

b) Ermittlung des k-Wertes im natürlich gelagerten Boden: 1. an volumenmäßig entnommenen Bodenproben; 2. durch Messen der Wassergeschwindigkeit und des Gefälles; 3. aus den Absenkungskurven von Brunnen und Dräns; 4. aus der Steiggeschwindigkeit des Wasserspiegels in ausgeschöpften Bohrlöchern.

Ermittelung des k-Wertes an Hand von Bodenproben. Im tieferen Untergrund befindet sich der Boden im allgemeinen in Einzelkornstruktur. Kiese und Sande sind auch in der obersten Bodenschicht in Einzelkornstruktur vorhanden. Es ist deshalb berechtigt, aus der Durchlässigkeit eines im Labora-

---

[1] Thiem, G.: Steinbruch und Sandgrube **25**, 204 (1926).

torium im Zustande der Einzelkornstruktur untersuchten Bodens auf die Durchlässigkeit des Untergrundes im Felde bzw. bei Kiesen und Sanden auch auf die Durchlässigkeit der oberen Bodenschicht zu schließen, vorausgesetzt, daß man das dafür zutreffende Porenvolumen einführt.

Bei Kiesen und Sanden kann zur unmittelbaren Bestimmung der Durchlässigkeitsziffer der in Abb. 66 dargestellte Apparat Verwendung finden. Ist der Abstand zwischen den Druckmesserstutzen l cm, der Querschnitt der Filterröhre F cm², und gehört zu einer Druckhöhendifferenz von h cm am Druckhöhenmesser mit γ als spez. Gewicht der Flüssigkeit im Druckhöhenmesser die ausfließende Wassermenge Q cm³/sek, so ist bei der betreffenden Temperatur von t^0 C

$$k_{t^0} = \frac{Q \cdot l}{F \cdot h \cdot \gamma} \text{ cm/sek}, \qquad (102)$$

und für 10^0 C folgt aus Gleichung (93)

$$k_{10^0} = k_{t^0} \frac{\eta_{t^0}}{\eta_{10^0}} \text{ cm/sek}. \qquad (102\,a)$$

Für Staubsande und Lehme ist die Durchlässigkeit jedoch so gering, daß meßbare Wassermengen nur bei der Anwendung hoher Gefälle durch die Bodensäule fließen. Zur Erzielung hoher Gefälle eignet sich der von TERZAGHI[1] vorgeschlagene, in Abb. 68 dargestellte Apparat.

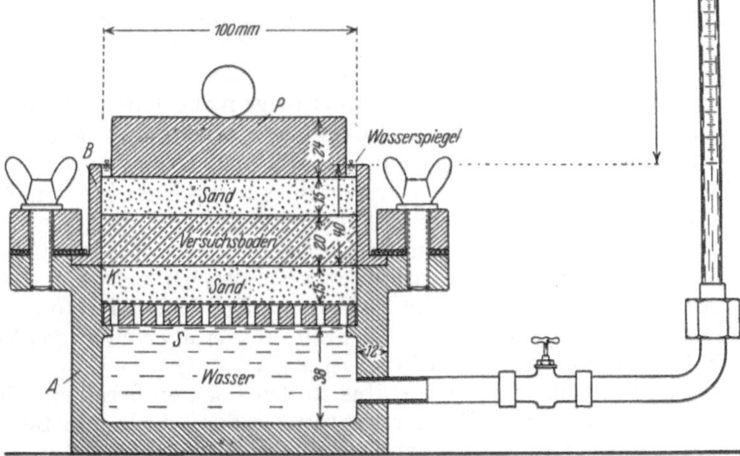

Abb. 68. Filterapparat von TERZAGHI.

A ist ein zylindrisches Bronzegefäß von 10 cm Lichtweite, das bis zur Kante K mit Wasser gefüllt wird, S eine Bronzeplatte mit Messingsieb, auf dem mittelkörniger Quarzsand aufgebracht und mit einer eingepaßten Filtrierpapierscheibe abgedeckt ist. B ist ein Bronzering, der 2 cm hoch mit der weichplastischen, möglichst luftfreien Bodenprobe beschickt, dann auf das Gefäß A aufgesetzt und mit demselben nach Aufbringen eines Gummidichtungsringes verschraubt wird. Auf die Bodenprobe kommt wieder eine Filtrierpapierscheibe und darauf eine mittelkörnige Quarzsandschicht von 1,5 cm Höhe sowie eine nicht ganz dicht an den Bronzering anschließende Bronzeplatte P und auf diese, in einer leichten Vertiefung gelagert, eine Stahlkugel, die durch einen auf Schneiden gelagerten

---

[1] TERZAGHI, K. v.: Erdbaumechanik, S. 114. Leipzig u. Wien 1925.

Hebel belastet wird. Der Gefäßraum steht mit einem rund 100 cm hohen Standrohr in Verbindung, aus dem das Wasser unter Druck durch den Versuchsboden fließt. Der Unterwasserspiegel des durchfließenden Wassers erreicht allmählich die Höhe U der Ringkante und muß, wenn der Zufluß geringer ist als die Verdunstung, durch Nachfüllen auf dieser Höhe gehalten werden. Der Wasserstand im Standrohr wird mehrmals täglich abgelesen und die Durchlässigkeitsziffer aus Druckhöhe, absinkender Wassermenge im Standrohr und Querschnittsabmessung der untersuchten Bodenschicht berechnet. Das Gefälle beträgt bei dieser Vorrichtung etwa $J = 50$.

Nach dem Versuch bestimmt man den Wassergehalt der Bodenprobe und das Porenvolumen p_1, jedoch unmittelbar nach der Entlastung, weil der Boden zu schwellen beginnt. Ebenso ist die Hygroskopizität zu ermitteln. Ist p_{01} das aus Gleichung (15) zu berechnende, zu p_1 gehörige spannungsfreie Porenvolumen und k_1 die beobachtete Durchlässigkeitsziffer, so ist bei derselben Temperatur für ein im gewachsenen Boden vorkommendes Porenvolumen p bzw. p_0 die Durchlässigkeit nach Gleichung (93)

$$k = k_1 \left(\frac{p_0}{(1-p)} \cdot \frac{(1-p_1)}{p_{01}} \right)^2 . \tag{103}$$

Während das hygroskopische Wasser bei Kiesen und Sanden das nutzbare Porenvolumen nicht nennenswert verringert, würde man einen wesentlichen Fehler begehen, wenn man seinen Einfluß bei feinkörnigen Böden vernachlässigen wollte. Die kleinste Durchlässigkeitsziffer, die Terzaghi mit dem abgebildeten Apparat bestimmt hat, ist $k = 2{,}75 \cdot 10^{-9}$ cm/sek oder 0,0866 cm im Jahre.

Bei sehr wenig durchlässigen Böden ist die unmittelbare Bestimmung der Durchlässigkeit nicht durchführbar. Dann führt das von Terzaghi[1] aus den hydrodynamischen Spannungserscheinungen abgeleitete mittelbare Verfahren zum Ziel. Als hydrodynamische Spannungserscheinungen werden die Verzögerungen des Spannungsausgleichs bezeichnet, welche die im Ton durch eine Außenkraft hervorgerufenen Porenwasserspannungen durch den inneren Reibungswiderstand erfahren, der das Abfließen des überschüssigen Porenwassers behindert. Da der zeitliche Verlauf des Spannungsausgleichs in hohem Maße von dem Grade der Durchlässigkeit des Tones beeinflußt wird, läßt sich aus ihm die Durchlässigkeitsziffer berechnen, sofern alle anderen maßgebenden Faktoren bekannt sind. Die Theorie von Terzaghi berücksichtigte bisher aber nicht das Verhalten des hygroskopischen Wassers (siehe auch S. 84).

Für grob- und mittelkörnige Böden bis zu den Lehmen herab empfiehlt sich bei Krümelstruktur, die durch Wasser zerstört werden würde, die Bestimmung des Durchlässigkeitswertes k aus der Luftdurchlässigkeit des Bodens. King und Slichter[2] haben zur Bestimmung des wirksamen Korndurchmessers von Sanden die Formel angegeben.

$$d^2 = 0{,}08778 \, \frac{K \cdot l}{h \cdot t} \, \text{cm}^2 , \tag{104}$$

worin K aus Tabelle S. 151 zu entnehmen ist, l die Länge der Bodensäule in Zentimeter, h den Unterschied des Luftdrucks vor und hinter der Bodensäule in cm Wassersäule von 20^0 und t die Zeit in Minuten bedeutet, die erforderlich ist, um 5 l Luft von 20^0 durch 1 cm² des Bodens zu drücken.

---

[1] Terzaghi, K. v.: Die Berechnung der Durchlässigkeitsziffer des Tones aus dem Verlauf der hydrodynamischen Spannungserscheinungen. Sitzgsber. Akad. Wiss. Wien **132**, 125 (1923); Erdbaumechanik, S. 111.

[2] King, F. H., u. Ch. S. Slichter: 19. Ann. Rep. U. S. Geol. Survey, T. 2, 302, 222 (1899).

Aus dieser durch Versuche gefundenen Beziehung kann man nun aber die Durchlässigkeitsziffer k_l des Bodens für Luft ableiten. Es wird nämlich andererseits nach dem POISSEUILLEschen Gesetz, wonach in Kapillaren die durchströmende Flüssigkeits- oder Luftmenge verhältnisgleich dem Druckgefälle ist, die in t Minuten durch 1 cm² der Bodensäule fließende Luftmenge

$$5000 = k_l \cdot \frac{h}{l} \cdot t \ \text{cm}^3 . \tag{105}$$

Multipliziert man die beiden Gleichungen (104) und (105) miteinander, so wird nach Umformung

$$k_l = \frac{5000}{0{,}08\,778} \cdot \frac{d^2}{K} \ \text{cm/sek} ,$$

oder, da $\dfrac{5000}{0{,}08\,778} = \dfrac{10{,}31}{0{,}000\,181}$ ist, so kann man auch setzen

$$k_l = \frac{10{,}31}{0{,}000\,181} \cdot \frac{d^2}{K} \ \text{cm/sek} . \tag{105a}$$

Der Zähler des Zahlenbruches ist aber fast genau derselbe wie in Gleichung (82a), und der Nenner ist nach Tabelle S. 161 gleich der Zähigkeit η der Luft bei 20°. Während die Gleichung (82a) einer nicht ganz fehlerfreien theoretischen Ableitung ihren Zahlenbeiwert verdankt, beruht die Gleichung (104) auf zahlreichen Durchlässigkeitsversuchen KINGS mit verschiedenartigen Sandsorten. Somit ist die Durchlässigkeit der von KING verwandten Sandsorten für Luft, wenn man die beiden Gleichungen (105a) und (82a) durcheinander dividiert und den geringen Unterschied der Zahlenbeiwerte vernachlässigt,

$$k_l = k \cdot \frac{\eta}{\eta_l} \ \text{cm/sek} . \tag{106}$$

Setzen wir Gleichung (93) in Gleichung (106) ein, so folgt

$$k_l = \frac{\mu}{\eta_l} \left(\frac{p_0}{1-p} \right)^2 \cdot \frac{1}{U^2} \ \text{cm/sek} , \tag{107}$$

und die durch F cm² strömende Luftmenge wird

$$Q_l = v_l \cdot F = k_l \cdot J \cdot F \ \text{cm}^3/\text{sek} , \tag{107a}$$

worin J den Druckabfall in cm Wassersäule von 4° C auf 1 cm Bodensäulenlänge bedeutet.

Als weiterer Beweis für die Richtigkeit der aus den KING-SLICHTERschen Untersuchungen abgeleiteten Gleichung (107) seien die Versuche von WOLLNY[1] angeführt, der Luft durch lufttrockenen, mit heißer Salzsäure und destilliertem Wasser gereinigten Quarzsand strömen ließ. Der Boden war in ein Filterrohr von 5 cm Lichtweite eingerüttelt, die Versuchstemperatur betrug 15—20° C, das Druckgefälle $J = 0{,}02$. Nachfolgende Tabelle zeigt, daß die nach Gleichung

Beobachtete und berechnete Durchlässigkeit des Bodens für Luft.

Korngröße mm	Porenvolumen $p = p_0$ %	Spezifische Oberfläche		Luftmenge Q l/Std.	
		der Korngröße U	unter Berücksichtigung der Filterrohrwandung U' (Gl. 92)	beobachtet	berechnet
2—1	37,8	0,72	0,74	60,20	58,3
1—0,5	39,1	1,45	1,47	14,26	16,5
0,114—0,071	46,9	11,2	11,2	0,705	0,54
0,071—0,01	47,9	44	44	0,039	0,038

---

[1] WOLLNY, E.: Forschgn. Geb. Agrikult.-Phys. **16**, 193 (1893).

(107a) berechneten Luftmengen befriedigend mit den beobachteten übereinstimmen. Als Formbeiwert wurde aus Tabelle S. 159 $\mu = 0{,}011$ gewählt und aus Tabelle S. 161 $\eta_l = 0{,}00018$ eingesetzt.

Die folgenden Versuche des Verfassers zeigen, daß offenbar nicht nur der Formbeiwert μ in Gleichung (107) jenem in Gleichung (93) genau entspricht, wenn gleiches Material Verwendung findet und die Versuchsanordnung einwandfrei ist, sondern daß auch die Durchlässigkeit verhältnisgleich der Funktion $\left(\dfrac{p_0}{1-p}\right)^2$ ist, wodurch die Ausführungen auf den S. 156 und 157 eine weitere Stütze erfahren. Die Versuche wurden mit dem in Abb. 62 dargestellten Apparat, jedoch ohne Waschflaschen, durchgeführt. Die Lichtweite des Glaszylinders betrug 4,6 cm und die Höhe der Bodensäule 13,0—13,3 cm. Zur Verwendung kamen dieselben Sande und das Glasschrot, auf die sich auch die Tabellen auf den S. 138, 2.—4. Spalte, 155, 156, 159 und 161 beziehen. Es seien zunächst die Ergebnisse der Luftdurchlässigkeitsbestimmung der lufttrockenen Böden und des Glasschrots wiedergegeben. Der Einfluß der Filterrohrwandung wurde nach den Gleichungen (90c) und (91) berücksichtigt und die natürliche Durchlässigkeitsziffer für Luft auf 10° C bezogen.

Luftdurchlässigkeit von lufttrockenen Böden
bei verschiedenem Porenvolumen.

Boden	Spez. Gewicht	Spezifische Oberfläche		Beobachtete Durchlässigkeitsziffer		Natürliche Durchlässigkeitsziffer				Porenvolumen p	$\left(\dfrac{p}{1-p}\right)^2$		Formbeiwert μ	Adsorb.-Volumen l_a
		U	U' (Gl. 90c)	k_b	zugehörige Temperatur	bei t^0 $k_{l\,t^0}$	für 10° C k_l	Verhältnis			absolut	Verhältnis		
				cm/sek	° C	cm/sek	cm/sek			%				cm³/g
Odersand I	2,637	0,892	0,913	25,66	20,0	26,94	27,71	1		33,87	0,262	1	0,015	
—	—	—	0,915	37,56	20,4	39,57	40,69	1,47		38,45	0,390	1,49	0,015	0,040
—	—	—	0,917	59,99	20,4	63,42	65,22	2,35		42,17	0,532	2,03	0,017	
Odersand II	2,637	1,391	1,414	12,07	22,1	12,46	12,81	1		34,98	0,289	1	0,015	
—	—	—	1,414	14,87	22,0	15,36	15,80	1,23		36,26	0,323	1,12	0,017	0,048
—	—	—	1,416	21,46	20,9	22,22	22,85	1,78		40,32	0,456	1,58	0,017	
Odersand III	2,634	2,164	2,187	5,75	21,4	5,87	6,04	1		36,27	0,324	1	0,015	
—	—	—	2,188	7,57	21,6	7,74	7,96	1,32		39,19	0,415	1,28	0,016	0,044
—	—	—	2,189	10,25	20,5	10,49	10,79	1,79		41,92	0,521	1,61	0,017	
Glasschrot II	2,807	1,075	1,097	21,73	20,8	22,63	23,27	1		34,06	0,267	1	0,018	
—	—	—	1,098	26,48	21,0	27,60	28,38	1,22		35,59	0,305	1,15	0,019	0,061
—	—	—	1,099	34,38	21,0	35,89	36,91	1,59		37,73	0,367	1,38	0,020	
Glasschrot I	2,810	1,264	1,286	18,81	20,0	19,46	20,01	1		33,60	0,256	1	0,022	
—	—	—	1,287	22,13	21,0	22,92	23,57	1,18		34,95	0,289	1,13	0,023	0,013
—	—	—	1,288	29,13	20,8	30,28	31,14	1,56		38,36	0,387	1,51	0,023	

In der vorstehenden Tabelle schmiegt sich die Funktion $\left(\dfrac{p}{1-p}\right)^2$ schon wesentlich enger dem Verhältnis der Durchlässigkeitsziffern an als in Tabelle S. 156. Offenbar wird das gesamte Porenvolumen, das dort durch hygroskopisches Wasser und Lufteinschlüsse eine Einengung erfuhr, hier nur durch geringe Mengen adsorbierter Luft und hygroskopischer Wasserhüllen eingeschränkt. Das Volumen l_a dieser adsorbierten Luft- und Wasserhüllen kann wieder wie auf S. 157 aus je zwei Beobachtungen unter der Annahme berechnet werden, daß die

Funktion $\left(\dfrac{p_0}{1-p}\right)^2$ genau verhältnisgleich der Durchlässigkeit ist. Es muß dann sein:

$$l_a = \frac{\sqrt{\dfrac{k_{l_1}}{k_{l_2}}} \cdot \dfrac{p_2}{1-p_2} - \dfrac{p_1}{1-p_1}}{s \cdot \left(\sqrt{\dfrac{k_{l_1}}{k_{l_2}}} - 1\right)} \; \text{cm}^3/\text{g}, \qquad (108)$$

oder auch

$$l_a = \frac{\sqrt{\dfrac{k_{l_1}}{k_{l_2}}} \cdot p_2 \cdot (1-p_1) - p_1\,(1-p_2)}{(1-p_2) \cdot \left(\sqrt{\dfrac{k_{l_1}}{k_{l_2}}} - 1\right)} \cdot 100 \; \text{Vol.-}\%, \qquad (108a)$$

letztere bezogen auf die Bodensäule mit dem Porenvolumen p_1. Das spannungsfreie oder wirksame Porenvolumen wird

$$p_0 = p - \frac{l_a}{100} \cdot (1-p) \cdot s. \qquad (108b)$$

In der letzten Spalte der obigen Tabelle ist l_a für jede Versuchsreihe angegeben. Während sich für den Odersand II bei dem Filterversuch $w_h + l_g$ $= 0{,}074 \; \text{cm}^3/\text{g}$ ergaben, sind es bei dem vorliegenden Luftdurchlässigkeitsversuch nur $0{,}048 \; \text{cm}^3/\text{g}$.

In der vorletzten Spalte der obigen Tabelle sind außerdem die Formbeiwerte aus der Beziehung

$$\mu = k_l \cdot \eta_l \cdot \left(\frac{1-p}{p}\right)^2 \cdot U^2$$

berechnet worden. Für den Odersand II ergibt sich $\mu = 0{,}015 - 0{,}017$; das ist derselbe Wert, der beim Filterversuch auf S. 156 für den gleichen Sand in eingerieseltem Zustande bestimmt wurde. Für Glasschrot I ist beim Luftdurchgang $\mu = 0{,}022 - 0{,}023$, während beim Wasserdurchfluß $\mu = 0{,}022 - 0{,}024$ war, für Glasschrot II ist beim Luftdurchgang $\mu = 0{,}018 - 0{,}020$ gegenüber $0{,}021$ bis $0{,}023$ beim Wasserdurchfluß. Die geringe Abweichung beim Glasschrot II dürfte auf einer fehlerhaften Beobachtung des Porenvolumens beruhen.

Da nun also die Formbeiwerte sowohl für den Durchfluß von Wasser wie für den von Luft die gleichen sind, ist die Folgerung zulässig, daß sie für alle Flüssigkeiten und Gase gelten. Auch konnte zwischen dem gröbsten und feinsten Odersand keine Verschiedenheit der Formbeiwerte festgestellt werden, so daß gefolgert werden darf, daß mit großer Wahrscheinlichkeit die Formeln (93) und (107) für alle Korngrößen Gültigkeit haben. Bei Sanden kann dabei $p_0 = p$ gesetzt werden, jedoch ist es bei Böden mit nennenswerter Hygroskopizität notwendig, das spannungsfreie Porenvolumen nach Gleichung (15) zu berechnen.

Bei nassen Sanden, in denen die über das Wasserhaltungsvermögen hinausgehende Flüssigkeit nach der Absaugmethode entfernt wird, sinkt die Durchlässigkeit weit stärker, als der Verminderung des Porenvolumens durch den verbliebenen Haftwassergehalt entsprechen würde. Da der Haftwassergehalt im oberen und unteren Teil der Bodensäule annähernd der gleiche ist, wird diese starke Abnahme damit erklärt, daß das Haftwasser teilweise Luft einschließt, wodurch das für den Luftdurchgang wirksame Porenvolumen verringert wird. Odersand III, der im lufttrockenen Zustande und bei einem Porenvolumen von $36{,}27\%$ eine beobachtete Durchlässigkeit von $k_b = 5{,}75 \; \text{cm/sek}$ aufwies, ergab in feuchtem Zustande eine Durchlässigkeit von nur $k_{bf} = 2{,}1 \; \text{cm/sek}$. Der Haftwassergehalt betrug dabei $4{,}89 \; \text{Gew.-}\%$. Aus der Beziehung $\dfrac{k_{bf}}{k_b} = \left(\dfrac{p_{of}}{p}\right)^2$

berechnet sich daraus ein wirksames Porenvolumen im feuchten Zustande von nur 16,7 %. Wird also feuchter Boden mit Wasser gesättigt, und versucht man dann die Durchlässigkeitsziffer für Wasser aus einem Filterversuch zu bestimmen, so erhält man infolge der erheblichen Lufteinschlüsse einen wesentlich zu kleinen Durchlässigkeitswert.

Für die Beziehung zwischen Kapillarität und Durchlässigkeit ergibt sich ein überaus einfaches Verhältnis. Wir multiplizieren Gleichung (93) mit der ins Quadrat erhobenen Gleichung (30) und erhalten

$$k = \frac{\mu}{\eta} \cdot \frac{(0,3\,a^2)^2}{H^2}\ \text{cm/sek}\,. \tag{109}$$

Setzen wir $\dfrac{(0,3\,a^2)^2}{\eta} = \lambda$, so wird

$$\boldsymbol{k = \frac{\mu \cdot \lambda}{H^2}\ \textbf{cm/sek}\,.} \tag{109a}$$

μ ist aus Tabelle S. 159 und λ aus der nachfolgenden Tabelle zu entnehmen.

	Temperatur						
	0^0	5^0	10^0	15^0	20^0	25^0	30^0
λ	1200	1381	1568	1759	1957	2159	2369

Alle Verfahren, durch welche die Kapillarziffer bestimmt wird, sind also auch gleichzeitig für die Ermittlung von k brauchbar (Kapillarimeter).

Für die Bestimmung der Durchlässigkeitsziffer aus der kapillaren Geschwindigkeit ist in lufttrockenem, feinkörnigeren Boden die nach abwärts gerichtete Bewegungsrichtung nach Gleichung (55a) am brauchbarsten; jedoch muß Sorge getragen werden, daß der Boden unten gut entlüftet ist, so daß L möglichst gleich Null wird, der freie Wasserspiegel über dem Boden dauernd auf gleicher Höhe erhalten wird und die Bodenoberfläche mit einer dünnen Sand- oder Kiesschicht überdeckt ist, damit eine Verschlämmung der Oberfläche vermieden wird. Ist der Luftwiderstand nicht gleich Null, so kann man ihn aus einer Anzahl von Beobachtungen berechnen.

In grob- und mittelkörnigen Böden kann zur Bestimmung der Durchlässigkeitsziffer Gleichung (120) Verwendung finden. Man wählt die in eine Glasröhre eingerüttelte Bodensäule mehr als doppelt so lang, wie die kapillare Steighöhe voraussichtlich beträgt, sättigt den Boden von unten mit Wasser und beobachtet die Sickergeschwindigkeit des Bodenwassers, nachdem man die Bodensäule bis nahe ihrem unteren Ende aus dem Wasser gehoben hat. Wenn beim Sättigen der Bodensäule alle Luft verdrängt wurde, wird $k_{lw} = k$. Ferner ist es notwendig, an Stelle von h_1 die ausfließende Wassermenge Q zu messen. Zwischen Q, dem Querschnitt F der Röhre, den Höhen h_0 und h_1 und dem Porenvolumen p besteht die Gleichung

$$Q = (h_0 - h_1) \cdot p \cdot F\,,$$

wobei die Annahme gemacht wird, daß das oberhalb des geschlossenen Kapillarwasserspiegels zurückbleibende Bodenwasser nur offenes Kapillarwasser ist. Er wird dann

$$t = \frac{1}{k}\left(\frac{Q}{p \cdot F} + H \cdot \ln \frac{h_0 - H}{h_0 - \dfrac{Q}{p \cdot F} - H}\right)\ \text{sek}\,.$$

H wird noch nach Gleichung (109a) durch k ausgedrückt.

Nach Gleichung (93) ist außerdem die Durchlässigkeitsziffer von der spez. Oberfläche abhängig. Hat man z. B. nach dem Sedimentierverfahren von ZUNKER[1] die spez. Oberfläche des Bodens ermittelt, so läßt sich für ein bekanntes Porenvolumen, eine bekannte Hygroskopizität und einen geschätzten Formbeiwert die Durchlässigkeitsziffer im Zustande der Einzelkornstruktur berechnen.

Im Durchschnitt haben die Bodenarten von den Kiesen bis zu den schwersten Tonen im flachen Untergrund und im feuchten Zustande ein spannungsfreies Porenvolumen p_0 von 25 bis 30%, während das scheinbare Porenvolumen p im allgemeinen zwischen 25% bei den Sanden und 55% bei den Tonen schwankt. Legt man für die ungleichkörnigen Böden mittlerer Kornbeschaffenheit einen Formbeiwert von $\mu = 0{,}01$ zugrunde, so ergibt sich folgender Überblick über die Durchlässigkeitsziffer der Bodenarten bei $10°$ für durchschnittliche Porenvolumen.

Durchlässigkeitsziffer der Bodenarten bei $10°$ C.

Bodenart	Spez. Oberfläche U	Durchlässigkeitsziffer k cm/sek
Kiese	<1	$>0{,}1$
Kiessande und Sande	1—20	$0{,}1$—$5 \cdot 10^{-4}$
Schlief-, lehmige und eisenschüssige Sande	20—300	$5 \cdot 10^{-4}$—$2 \cdot 10^{-6}$
Sandige Lehme und Lehme. . . .	300—4000	$2 \cdot 10^{-6}$—$1 \cdot 10^{-8}$
Schwere Lehme und Tone	>4000	$<1 \cdot 10^{-8}$

Ermittelung des k-Wertes in natürlich gelagertem Boden. An einer nach der Zylinder- oder Erdschollenmethode volumenmäßig entnommenen Bodenprobe kann die Durchlässigkeitsziffer nach dem Absaugen des kapillaren Haftwassers aus der Luftdurchlässigkeit, wie schon näher angegeben, bestimmt werden. Es handelt sich dann aber immer nur um sehr kleine Bodenausschnitte.

KOPECKY[2], BURGER[3] u. a. haben die Wasserdurchlässigkeit des gewachsenen Bodens dadurch festzustellen gesucht, daß sie auf die mit einem Stahlzylinder volumenmäßig entnommene Bodenprobe Wasser gossen und die Zeit beobachteten, in welcher sich der Wasserspiegel um ein bestimmtes Maß senkte. Oder man ermittelte die in einer bestimmten Zeit durchgeflossene Wassermenge. FRECKMANN und JANERT[4] haben ein unten gelochtes Rohr in den Boden eingelassen und die Zeit bestimmt, in welcher der Spiegel des Wassers, das in das Rohr eingegossen wurde, um eine gewisse Höhe absank. Mit diesen Verfahren erhält man jedoch nicht die Durchlässigkeit des Bodens; denn die Geschwindigkeit des Einsickerns ist weniger von der Durchlässigkeit, als vielmehr von der kapillaren Saugkraft des Bodens abhängig, die ihrerseits wieder je nach dem ursprünglichen Feuchtigkeitsgehalt der Bodenschicht in weiten Grenzen schwanken kann. Das geht sowohl aus dem Verhalten des KORNEFFschen Saugkraftmessers (S. 102) als auch aus den weiter unten abgeleiteten Sickerformeln hervor. Außerdem entwerten

---

[1] ZUNKER, F.: Der Kulturtechniker **29**, 157 (1926); **31**, 105 (1928).

[2] KOPECKY, J.: Die physikalischen Eigenschaften des Bodens, 2. Aufl., S. 18. Berlin 1914.

[3] BURGER, H.: Physikalische Eigenschaften der Wald- und Freilandböden. Mitt. schweiz. Zentralanst. forstl. Versuchswes. **13**, H. 1, 113 (Zürich 1922).

[4] FRECKMANN, W., u. H. JANERT: Der Kulturtechniker **27**, 116 (1924); **31**, 40, 75 (1928).

Verschlämmungserscheinungen und Wandströmungsfehler, sowie ein schwer feststellbares Gefälle das Versuchsergebnis noch weiter, weil die Wirkung der vorhandenen Kapillarmenisken, die Höhe des Grundwasserstandes und die Größe des Widerstandes der Bodenluft ungewiß bleiben. Auch wenn man den eigentlichen Durchlässigkeitsversuch erst beginnen lassen würde, sobald das Wasser unten abtropft bzw. die Bodenschicht mit Wasser gesättigt ist, bleibt die Durchlässigkeit außerdem noch von dem Luftgehalt des Bodens abhängig, der seinerseits wieder von dem ursprünglichen Feuchtigkeitsgehalt und der Möglichkeit des Entweichens der Bodenluft beeinflußt wird. Alle Folgerungen, die aus diesen und ähnlichen Durchlässigkeitsverfahren gezogen sind, haben deshalb nur einen sehr geringen Grad der Zuverlässigkeit.

Mit der Kochsalzmethode von A. Thiem[1] kann man hingegen schon ziemlich genau die Durchlässigkeit größerer gewachsener Bodenmassen bestimmen, sie ist jedoch nur in durchlässigeren Böden innerhalb des Grundwasserbereiches anwendbar. Das Verfahren ist folgendes:

Es werden genau in der Richtung des Grundwasserstromes in 5—20 m Abstand voneinander zwei Brunnen angelegt, die innerhalb der Bodenschicht, deren Durchlässigkeit bestimmt werden soll, einen durchlässigen Filtermantel haben. In den oberen Brunnen wird eine konzentrierte Kochsalzlösung eingebracht, und aus dem unteren Brunnen werden in kurzen Zeitabschnitten kleine Wasserproben entnommen, denen etwas Silbernitrat zugesetzt wird, das bei Vorhandensein von Kochsalz einen Niederschlag ergibt. Man stellt nun die Zeit fest, die zwischen dem Eingießen der Kochsalzlösung in den oberen Brunnen und dem Auftreten des größten Kochsalzgehaltes im unteren Brunnen liegt. An Stelle der Kochsalzlösung können auch Farbstoffe wie Uranin, ferner Bakterien oder Riechstoffe Verwendung finden. Ist l der Abstand der beiden Brunnen und p das geschätzte Porenvolumen des Bodens, so wird die mittlere, scheinbare Geschwindigkeit im Querschnitt

$$v = \frac{l}{t} \cdot p.$$

Ist ferner h der gemessene mittlere Höhenunterschied der Wasserspiegel in den Brunnen, so wird, da $v = k \cdot \dfrac{h}{l}$ ist, die Durchlässigkeitsziffer

$$k = \frac{l^2}{t} \cdot \frac{p}{h}. \tag{110}$$

Slichter[2] hat für den gleichen Zweck eine elektrische Methode vorgeschlagen. Er benutzt ebenfalls zwei in der Stromlinie liegende Brunnen mit durchlässigen Wandungen im Bereich der zu untersuchenden Schicht; die Brunnen sind aber nur etwa 2 m voneinander entfernt. Der untere Brunnen erhält eine gegen den Brunnenmantel isolierte Elektrode, die mit dem Mantel des oberen Brunnens durch einen Draht verbunden ist. Ferner ist zwischen dem Mantel des oberen und dem des unteren Brunnens eine galvanische Batterie mit Galvanometer eingebaut. In den oberen Brunnen wird Chlorammonium eingeschüttet, und am Ausschlag des Galvanometers ist zu erkennen, in welchem Maße die Chlorammoniumlösung, die das Grundwasser besser leitend macht, sich dem unteren Brunnen nähert und nach welcher Zeit sie bei ihm durchgeht. Auch hier wird

---

[1] Thiem, A.: Neue Messungsart natürlicher Grundwassergeschwindigkeit. J. Gasbel. u. Wasserversorg. 1887.

[2] Slichter, Ch. S.: Field measurements of the rate of movement of underground water. Water Supply and Irrigation Paper, Nr. 140 (Washington 1906).

k aus Gleichung (110) berechnet. Die Entnahme und Untersuchung von Wasserproben fällt bei diesem Verfahren weg und die Beobachtung ist zuverlässiger.

Beide Verfahren ergeben meist eine etwas zu große mittlere Durchlässigkeitsziffer, weil die Salzlösung in den durchlässigsten Porenkanälen voreilt. Nachteiliger ist der Umstand, daß sich das Grundwasser nur sehr langsam bewegt,
selbst in Kiessanden häufig weniger als 1 m, selten mehr als 5 m am Tage, so daß
die Versuchsdauer unter Umständen sehr lange währt und der Erfolg durch
Adsorptions- und Diffusionsvorgänge zweifelhaft wird.

Eine genauere Methode ist der Pumpversuch, der zugleich die Durchlässigkeit
von Bodenmassen in größerem Umkreis zu erfassen gestattet; er erfordert aber
kostspielige Vorarbeiten. In Abb. 69 ist ein Brunnen mit freiem Grundwasserspiegel dargestellt, dem die sekundliche Wassermenge q entnommen wird. Dadurch bildet sich eine trichterförmige Absenkung des nach dem Brunnen radial

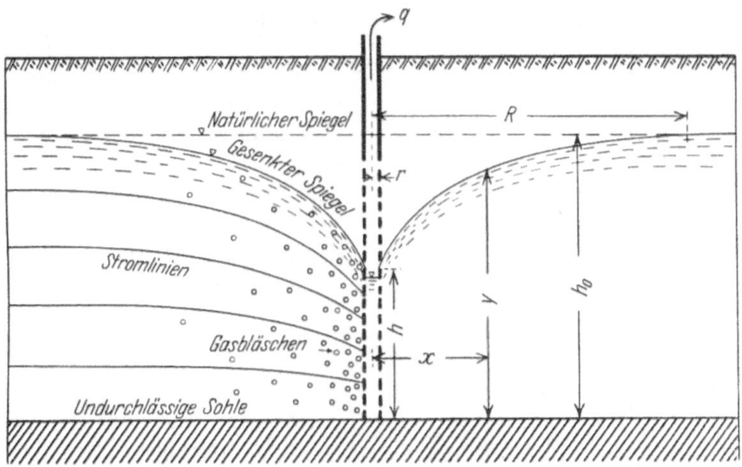

Abb. 69. Pumpversuch zur Bestimmung der Durchlässigkeitsziffer des Bodens. Ausscheidung von Gasbläschen in
den Bodenporen infolge der hydraulischen Druckverminderung und Wärmeentwicklung.

von allen Seiten in Stromlinien zuströmenden Grundwassers aus. Senkrecht zu
den Stromlinien verlaufen die Linien gleichen Druckes. Ist nun h_0 die Mächtigkeit der wasserführenden Schicht, R die Entfernung, in der sich der abgesenkte
Spiegel dem natürlichen wieder angepaßt hat, h der Wasserstand am Brunnenfilter, r der Halbmesser des Brunnenfilters, und sind x und y die Koordinaten
irgendeines beliebigen Punktes der Absenkungskurve, so gilt unter Zugrundelegung des DARCYschen Gesetzes und nach einer hinreichend langen Pumpzeit

$$q = k \cdot F \cdot J = k \cdot 2\pi x y \cdot \frac{dy}{dx}. \tag{111}$$

Nach Auflösung dieser Differentialgleichung erhält man, wie es erstmalig A. THIEM[1]
entwickelte,

$$k = \frac{q \cdot \ln \dfrac{R}{r}}{\pi\,(h_0^2 - h^2)}. \tag{111a}$$

Ein Fehler in der Einschätzung von R ist nicht sehr einflußreich; denn der
Faktor $\ln R/r$ ändert sich mit verschiedenem R und r nur in geringem Maße, wie
nachstehende Tabelle zeigt:

[1] THIEM, A.: Die Ergiebigkeit artesischer Bohrlöcher, Schachtbrunnen und Filter-
galerien. J. Gasbel. u. Wasserversorg. 1870.

Halbmesser r des Brunnenmantels	$\ln \dfrac{R}{r}$ für einen Wirkungshalbmesser R von			
m	25 m	50 m	100 m	250 m
0,2	4,8	5,5	6,2	7,1
0,1	5,5	6,2	6,9	7,8

Eine ähnliche Formel ist für gespannte Wässer abgeleitet worden. Man hat ferner den nur schätzungsweise bestimmbaren Einwirkungsradius R dadurch ausgeschaltet, daß man das Gefälle des Senkungstrichters durch Standrohre an einer oder mehreren Stellen ermittelte oder auch Pumpversuche mit zwei verschiedenen Schöpfmengen durchführte. In Abb. 70 sind die Absenkungskurven für zwei Schöpfmengen gezeichnet. q_1 und q_2 sind die sekundlichen Schöpfmengen, r_1 ist der Abstand des nächstgelegenen Standrohres vom Schöpfbrunnen, h der Höhenunterschied der Standrohrspiegel, J_1 und J_2 sind die Gefälle der Senkungstrichter nächst dem Standrohr; dann ist nach Forchheimer[1] unter Zugrundelegung des Darcyschen Gesetzes

$$k = \frac{\dfrac{q_1}{J_1} - \dfrac{q_2}{J_2}}{2\,\pi\,r_1\,h}. \qquad (112)$$

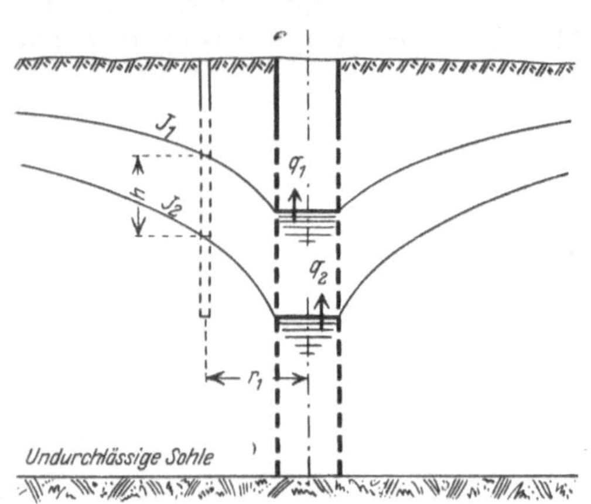

Abb. 70. Bestimmung der Durchlässigkeitsziffer des Bodens aus zwei Pumpversuchen.

Über diese und ähnliche Verfahren zur Bestimmung von k haben außer Forchheimer, G. Thiem[2], Richert[3], Smreker[4], Lummert[5], Koschmieder[6], Schultze[7], McLanghlin[8] u. a. Untersuchungen angestellt.

Es wird jedoch wiederholt darauf hingewiesen, daß in Brunnennähe eine erhebliche Ausscheidung von Gasbläschen aus dem Grundwasser stattfindet, welche die Durchlässigkeitsziffer nach dem Brunnen hin in zunehmendem Maße vermindert, und daß deshalb das Darcysche Gesetz für die Absenkungskurven von Brunnen keine strenge Gültigkeit hat.

Für horizontale Sammelleitungen und Dräns (Abb. 71), die den Abstand E voneinander haben, ist nach Richert[9], wenn q_1 der Grundwasserabfluß je 1 m Dränlänge, m die mittlere Höhe der Grundwasseroberfläche über der

[1] Forchheimer, Ph.: Hydraulik, S. 435. Leipzig u. Berlin 1914.

[2] Thiem, G.: Hydrologische Methoden. Leipzig 1906.

[3] Richert, J. G.: Die Grundwasser mit besonderer Berücksichtigung der Grundwasser Schwedens. Berlin 1911.

[4] Smreker, O.: Handbuch der Ingenieurwissenschaften, T. III, Wasserbau 3, 5. Aufl., S. 140. Leipzig u. Berlin 1914.

[5] Lummert, R.: Neue Methoden der Bestimmung der Durchlässigkeit. Braunschweig 1917.

[6] Koschmieder, H.: Neues Verfahren zur Berechnung der Durchlässigkeit wasserführender Bodenschichten. Gas- u. Wasserfach 66, 301 (1923).

[7] Schultze, Joach.: Die Grundwassersenkung in Theorie und Praxis, Berlin 1924.

[8] Gardner, Israelsen, and McLanghlin: The drainage of Land overlying artesian basins. Soil Sci. (Amer.) 26, 33 (1928).

[9] Richert, J. G.: Die Grundwasser usw., S. 27.

undurchlässigen Schicht und h die Aufwölbung der Absenkungskurve über der Dränhöhe ist, unter Zugrundelegung des DARCYschen Gesetzes

$$k = \frac{q_1 \cdot E}{2\,m \cdot h}\,.$$

Ist q der Abfluß je Flächeneinheit, so wird $q_1 = q \cdot E$ und demnach

$$k = \frac{q \cdot E^2}{2\,m \cdot h}\,. \tag{113}$$

Eine Zusickerung ist hierbei nicht berücksichtigt.

ROTHE[1] entwickelt für Dränstränge unter Zugrundelegung einer Zusickerung vо $\jmath q$ je Flächeneinheit die Formel

$$k = \frac{q \cdot E^2}{4\,h^2}\,. \tag{114}$$

Dabei setzt er voraus, daß der Boden unterhalb der Verbindungslinie der Dräns undurchlässig ist, so daß sich also Stromlinien nur in Höhe der Dräns und darüber

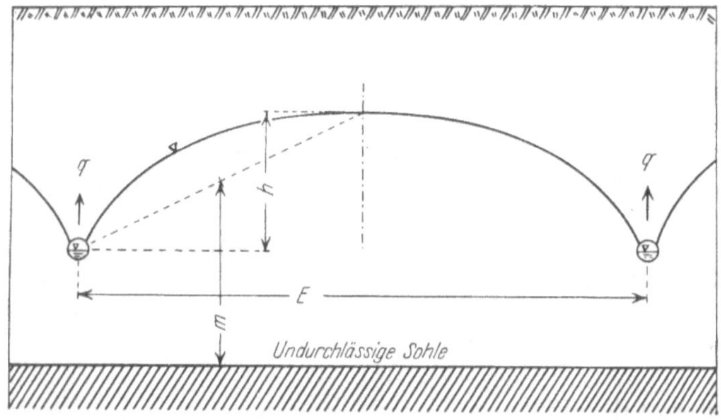

Abb. 71. Bestimmung der Durchlässigkeitsziffer des Bodens aus den Absenkungskurven bei Dränungen.

ausbilden, ferner setzt er die Mächtigkeit des strömenden Grundwassers am Dränrohr gleich dem Durchmesser des Dränrohrs.

Für die Ermittelung der Durchlässigkeitsziffer aus der Steiggeschwindigkeit des Wasserspiegels in ausgeschöpften Bohrlöchern hat FORCHHEIMER[2] Formeln angegeben und neuerdings hat sich DISERENS[3] eingehender damit beschäftigt.

Die in einem Grundwasserstrom abfließende Wassermenge ist nach Gleichung (74) $Q = k \cdot J \cdot F$, worin J durch Einmessen der Grundwasserstandshöhen in verschiedenen Beobachtungsröhren und F durch Abbohren von Breite und Mächtigkeit der wasserführenden Schicht ermittelt wird. Die auf die Dauer gewinnbare Wassermenge hängt von dem Zustrom ab, den die Schichten aus ihrem unterirdischen Einzugsgebiet erhalten. Sinkt der Grundwasserstand, so sinkt das Kapillarwasser mit, und oberhalb desselben bleibt Haftwasser zurück. Die Differenz zwischen dem Porenvolumen und dem zurückbleibenden Haftwassergehalt in Volumenprozent nennt man spez. Wasserlieferung. Nach Tabelle S. 140 und Abb. 63 halten Sande mit

[1] ROTHE, J.: Die Strangentfernung bei Dränungen im Mineralboden. Landw. Jb. 59, H. 3, 481 (1924); Der Kulturtechniker 32, 157 (1929).
[2] FORCHHEIMER, PH.: Hydraulik, S. 443.
[3] DISERENS, E.: Vortrag vor der Internat. Bodenkundl. Gesellschaft am 27. Juni 1929 in Prag.

einer spez. Oberfläche zwischen 1 und 10 und 35 % Porenvolumen 4—6,5 Vol.-%
Haftwasser zurück. Bei einem kleineren Porenvolumen wird es mehr sein. Durchschnittlich rechnen Richert[1] und Meinzer[2] in Sanden mit einer spez. Wasserlieferung von 15—25 Vol.-%. Sie sinkt mit zunehmender Feinkörnigkeit des Bodens und wird besonders gering sein, wenn die grundwasserführende Schicht von dünnen Schichten feinkörnigeren Bodens durchzogen ist, weil sich dann auf jeder dieser Schichten aufsitzendes kapillares Haftwasser bildet (siehe S. 125).

e) Das Sickerwasser.

Begriff und die Arten des Sickerwassers.

Sickerwasser ist das flüssige, sich in bemerkbarer Abwärts- oder Horizontalbewegung befindliche unterirdische Wasser innerhalb der lufthaltigen Bodenzone.

Die Kräfte, welche diese Bewegung verursachen, sind die Schwerkraft entweder für sich allein oder in Verbindung mit der Kapillarkraft. Ihnen entgegen wirken die Reibung an der Oberfläche der Bodenteilchen und die Grundluftspannung. Nach der Art dieser Krafteinwirkungen kann man das Sickerwasser unterteilen in Sickerwasser, dessen Abwärtsbewegung nur durch die Schwerkraft bewirkt wird, und Sickerwasser, dessen Abwärts- oder Horizontalbewegung durch die Schwerkraft und die Kapillarkraft verursacht wird (kapillares Sickerwasser).

Zum ersteren gehört das in nichtkapillaren Hohlräumen wie Spalten, Geröllporen, Wurm- und Wurzellöchern absinkende Bodenwasser (strömendes Sickerwasser), sowie dasjenige Sickerwasser, das in Verbindung mit dem Grundwasser bzw. seinem Kapillarwasser steht (grundwasserverbundenes Sickerwasser).

Zum kapillaren Sickerwasser gehört alles sich abwärts und horizontal bewegende Bodenwasser, das nach unten und seitlich von konkaven Menisken begrenzt ist.

Spannung der Grundluft.

Die Bewegung des Sickerwassers wird wesentlich von dem Widerstand der Grundluft beeinflußt. Läßt das Sickerwasser Luftschlote neben sich, die in Verbindung mit der Außenluft stehen (offenes Sickerwasser), so bleibt die Grundluftspannung ziemlich unverändert; bewegt es sich aber in zusammenhängender Schicht abwärts (geschlossenes Sickerwasser), so kann die Spannung der Grundluft erheblich anwachsen. Die Größe des Luftwiderstandes ist durch die Gleichungen (56) und (56a) angegeben. Die Luft, die das Sickerwasser vor sich herschiebt, versucht im allgemeinen nach der Tiefe in Gebiete geringerer Spannung abzuströmen. Die Gesamtspannung der Grundluft wächst dabei, und das Spannungsgefälle J_l nimmt mehr und mehr ab. Bei grobkörnigen Böden wird die Grundluft schon nach geringem Zusammenpressen die Spannung erreicht haben, die dem Druck $H + z + h$ des Sickerwassers in den gröbsten Poren das Gleichgewicht hält. Nur in den feineren Porenschloten vermag das Sickerwasser dann noch tiefer zu sinken. Die damit verbundene erhöhte Grundluftspannung wird Luftausbrüche in die Außenluft zur Folge haben. So erklärt es sich, daß beim Sickervorgang in Kiesen und Sanden die Grundluft in den weiten Porenschloten dicht unter der Bodenoberfläche zu finden ist, hier von Zeit zu Zeit ausbricht und sofort den völligen Ausgleich ihrer Spannung mit der der

[1] Richert, J. G.: Die Grundwasser usw., S. 20.

[2] Meinzer, O. E.: Bibliography and index of the publikations of the U. S. Geological Survey relating to ground water, U. S. Geolog. Survey, Water Supply Paper, 427, Washington 1918; The occurrence of ground water in the U. S., U. S. Geolog. Survey, Water Supply Paper 489, Washington 1923.

Außenluft herstellt, sobald die Bodenoberfläche nicht mehr von einer Wasserschicht bedeckt ist.

In den feinporigen Böden wird die Bodenluft in allen Porenschloten weitgehend zurückgedrängt, bis auch hier zunächst in den gröberen Poren die Spannungsgrenze erreicht ist. Eine weitere Erhöhung der Spannung führt jedoch meistens nicht zu Luftausbrüchen, weil der große Reibungswiderstand in den Porenschloten, aus denen die Grundluft das Wasser herausdrücken müßte, dem entgegensteht, statt dessen finden häufiger Abhebungen ganzer Bodenschollen statt. Sind jedoch Risse und Spalten, Wurm- und Wurzellöcher vorhanden, so sind sie bevorzugte Luftkanäle.

Von der ausströmenden Grundluft werden Wasser und Bodenkolloide mitgerissen, und bei stark humosen Böden kommt es vielfach zu Schaumbildungen größeren Ausmaßes. Die Luftzusammenpressung und die Luftausbrüche kann man übrigens sehr gut an gebrannten Tonröhren verfolgen, die man in Wasser legt; unter zischendem Geräusch entweicht gespannte Luft aus den gröbsten Poren, während in den feineren Poren das Wasser kapillar weiter vordringt.

Die Grundluft wird um so schneller gespannt werden, je geringer die Mächtigkeit der lufterfüllten Zone ist. Es sei m die ursprüngliche Mächtigkeit der lufterfüllten Zone in Zentimeter und h die Eindringtiefe des Sickerwassers in den Boden, welche die lufterfüllte Zone auf $m - h$ verringert. Ein Entweichen von Grundluft finde nicht statt. Dann wächst bei vollständigem Ausgleich die mittlere Spannung der Grundluft um

$$L_m = A \cdot \frac{h}{m - h} \text{ cm Wassersäule}, \qquad (115)$$

worin A der Atmosphärendruck in cm Wassersäule ist. Es wird z. B. für $m = 1{,}5$ m, $h = 10$ cm und $A = 1033$ cm $L_m = 74$ cm; für $m = 5$ m wird unter sonst gleichen Verhältnissen $L_m = 21$ cm.

Je mächtiger also die lufterfüllte Zone ist, desto kleiner wird die mittlere Spannung L_m und folglich auch die Grundluftspannung L an der unteren Grenzfläche des Sickerwassers.

MEZGER[1] maß mit der in Abb. 72 wiedergegebenen Vorrichtung die Grundluftspannung, indem er das 120 cm hohe zylindrische Gefäß von 78,5 cm² Quer-

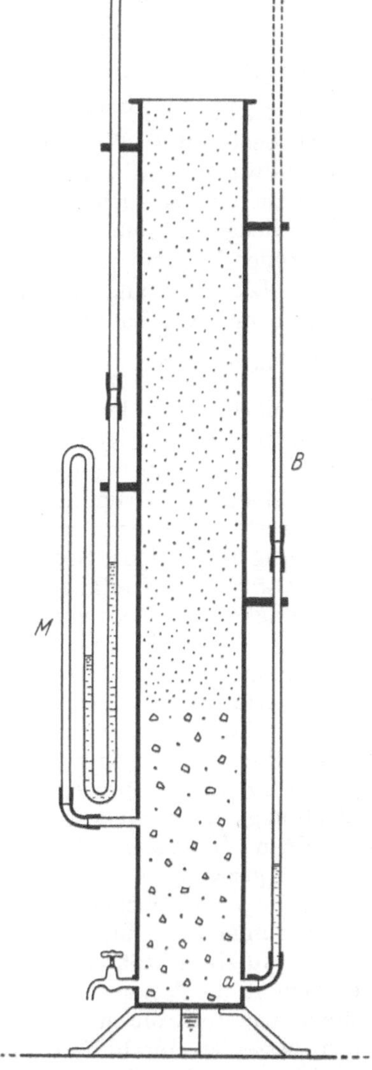

Abb. 72. Versuchsanordnung von MEZGER zum Nachweis der Grundluftspannungen.

---

[1] MEZGER, CH.: Versuche über den Einfluß der Grundluft auf die Bewegung und Verteilung der Bodenfeuchtigkeit. Der Kulturtechniker **32**, 346 (1929).

schnitt auf ein Viertel bis ein Drittel mit Kies und grobem Sand füllte, darüber Feinsand oder Lehm einbrachte, in das B-Röhrchen Wasser goß, bis es sich über den Stutzen a stellte, die beiden inneren Schenkel des Manometers M ungefähr zur Hälfte mit gefärbtem Wasser füllte und sodann Wasser als Regen auf die Oberfläche des Bodens gab. Er erhielt Spannungszunahmen bei einer Bodendecke von feinem Quarzsand bis zu rund 80 cm. Die in der Stunde in den Boden einziehende Regenmenge betrug bei entlüftetem Untergrund rund 4,5 mm, während sie bei abgeschlossener Grundluft bis auf etwa 0,064 mm, also auf etwa $\frac{1}{70}$ herabgemindert wurde.

Ototzki[1] hat im Felde große Schwankungen der Brunnenspiegel bei Niederschlägen beobachtet, die er auf Grundluftspannungen und nicht auf Erhöhung der Grundwasseroberfläche zurückführt.

Theorie und Versuch erweisen somit, daß Spannungserhöhungen der Grundluft bei Niederschlägen und Überflutungen auftreten, die sowohl die Menge des einsickernden Wassers herabmindern, als auch den Wasserspiegel in Bohrlöchern erhöhen. Die Spannung der Grundluft wächst nach den Gleichungen (56a) und (115) mit der Kapillarziffer des Bodens, wegen z und h mit der Höhe des Niederschlags, wegen $\frac{\eta}{\eta_l}$ mit der Temperatur (Tabelle S. 161) und wegen J_l mit der Mächtigkeit der lufterfüllten Bodenzone.

In einem grobporigen Boden und ebenso in einem aufgeschlossenen feinporigen, der nach oben hin von zahlreichen Wurm- und Wurzellöchern durchsetzt ist, kann die Grundluftspannung bei gewöhnlichen Niederschlägen keine nennenswerte Größe erreichen, wohl aber in einem unaufgeschlossenen, ebenen, gleichmäßig feinporigen Boden. In letzterem Falle wird sie sich den tieferen Lagen in größerem Umfange zwar auch nur dann mitteilen können, wenn die Durchlässigkeit des Bodens nach dem Grundwasser hin genügend groß ist, wenn also beispielsweise unter einer lehmigen Decke, in der die Sickerbewegung stattfindet, kiesiger oder sandiger Boden liegt. Sie wird auch in diesem Falle nur eine nennenswerte Größe erreichen, wenn die Mächtigkeit der lufterfüllten Zone verhältnismäßig gering ist.

Auf Rieselfeldern, in regenreichen Gegenden und auch in regenarmen innerhalb von Geländsenken wird es sich zur Förderung der Versickerung empfehlen, bei Dränungen zum mindesten am oberen Ende der Sammler ein Entlüftungsrohr anzuordnen. Ohne solche Entlüftung ist die vor dem Sickerwasser hergetriebene Grundluft gezwungen, zusammen mit dem Wasser einen Ausweg durch die Dränausmündungen zu suchen. Dabei sind dann nicht nur Gefällshöhen zu überwinden, zumal wenn die Ausmündungen unter Wasser liegen, sondern es wird auch der nutzbare Röhrenquerschnitt für den Wasserabfluß verringert. Beides aber hemmt die Versickerung. Man hat bereits Versuchsdränungen mit Anordnung von Luftröhren durchgeführt, womit man den Zweck verfolgte, den Boden besser zu durchlüften. Diese Anlagen nannte man deshalb Durchlüftungsdränungen. Die Erfolge waren zwar nicht sehr ermutigend. Aber hier handelt es sich nicht um eine Durchlüftung, sondern um die Förderung der Versickerung durch Entlüftung bei stärkeren Regenfällen und Überstauungen.

Das mit dem Grundwasser verbundene Sickerwasser.

Das in hydraulischer Verbindung mit dem Grundwasser stehende Sickerwasser tritt in Erscheinung in Bodensenken bei größeren Niederschlägen, auf den

---

[1] Ototzki, P.: Rezim podzemnich vod. Prag 1926; nach Ch. Mezger: Der Gesundheits-Ingenieur 1927, 503.

Rieselfeldern, unter Wasserläufen, neben denen das Grundwasser durch Brunnen abgesenkt ist, und bei der künstlichen Grundwasseranreicherung durch Sickerteiche (Grundwasserfabriken). Das Sickerwasser kann einen Oberflächenwasserspiegel oder einen Kapillarwasserspiegel haben. Abb. 73 zeigt grundwasserverbundenes Sickerwasser mit einem Oberflächenwasserspiegel. Die scheinbare Sickergeschwindigkeit im Querschnitt einer Bodensäule ist nach dem DARCYSCHEN Gesetz

$$v = k_{lw} \cdot \frac{h+z}{h} \; \text{cm/sek}, \tag{116}$$

worin h die Höhe der Bodensäule in Zentimeter über dem Grundwasser und k_{lw} die Durchlässigkeitsziffer der mit Luft und Wasser in den Poren erfüllten Bodensäule ist.

SCHÖNWÄLDER[1], der k_{lw} für verschiedene Korngrößen mit dem in Abb. 66 dargestellten Apparat bestimmte, verdrängte bei seinen Sickerversuchen zunächst die Luft aus der Bodensäule durch Wasser von unten her, senkte darauf die

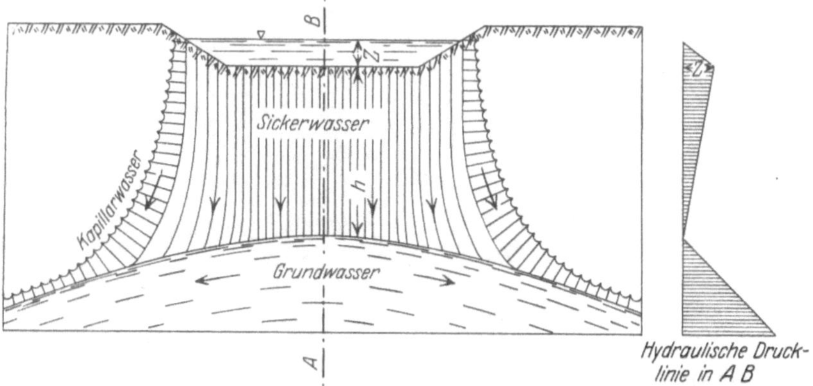

Abb. 73. Grundwasser verbundenes Sickerwasser mit Oberflächenwasserspiegel in einem gleichmäßigen Boden.

Grundwasseroberfläche bis auf eine gewisse Höhe ab, wobei oberhalb des geschlossenen Kapillarwasserspiegels ein Luftwassergemisch entstand, und erzeugte sodann durch Überstauung grundwasserverbundenes Sickerwasser. Es wurde im Mittel

$$k_{lw} = \frac{k}{2} \tag{117}$$

gefunden, worin k die Durchlässigkeitsziffer des Bodens für Wasser bedeutet.

Im allgemeinen ist jedoch der Boden nicht gleichmäßig. Dann ist nach Gleichung (100) der am wenigsten durchlässige Horizont für die Sickergeschwindigkeit maßgebend. Unter Flußläufen mit schlammiger Sohle, in gedichteten Kanälen und in verschlammten Geländesenken ist die Durchlässigkeit der Bodenoberfläche vielfach so gering, daß sich das Sickerwasser nur in einzelnen feinkapillaren Porenschloten abwärts bewegt, während die gröberen Poren von Luft erfüllt bleiben.

Sobald die Luftmenge im Boden so groß wird, daß die Luftbläschen an das hygroskopische Wasser der festen Bodenteilchen grenzen, sobald sich also Wassermenisken bilden, entsteht im Sickerwasser ein kapillarer Unterdruck. Abb. 74 veranschaulicht mit Grund- und Oberflächenwasser verbundenes Sickerwasser,

---

[1] SCHÖNWÄLDER, B.: Der Kulturtechniker 31, 382 (1928).

182   F. Zunker: Das Verhalten des Bodens zum Wasser.

dessen hydrostatischer Druck größer als der Atmosphärendruck ist, und Abb. 75 zeigt mit Grund- und Oberflächenwasser verbundenes Sickerwasser, das unter kapillarem Unterdruck steht.

Weiland[1] fand, daß der kapillare Unterdruck von Sickerwasser oberhalb des geschlossenen Kapillarwasserspiegels in jeder Höhe ziemlich der gleiche ist. Die Reibungsverluste sind also auf dieser Fallstrecke konstant und in allen Punkten derselben gleich der Fallhöhe, d. h. es ist $J = 1$. Die wahre Weglänge eines Sickerwasserteilchens wird hierbei ebensowenig berücksichtigt wie bei der Formel (73) für die Grundwasserbewegung, wo l auch nur die scheinbare Weg-

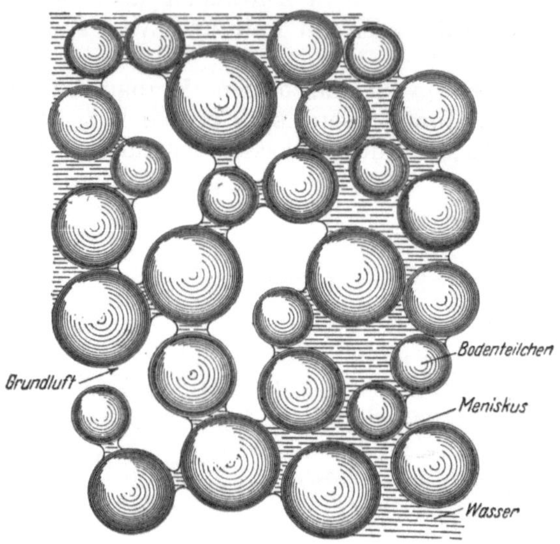

Abb. 74. Sickerwasser, dessen hydrostatischer Druck größer als der Atmosphärendruck ist.

länge bedeutet. Weiland ließ Wasser tropfenweise auf Sande verschiedener Korngrößen fallen, die in Röhren von 33,7 mm Lichtweite eingefüllt waren, und maß mit einem U-förmig gebogenen Haarröhrchen (Abb. 76) in Höhenabständen von 25 mm den hydrostatischen Druck. Folgende Tabelle enthält die Größe des Unterdrucks bei verschiedener Zulaufmenge.

<table>
<thead>
<tr><th></th><th colspan="8">Korngröße 0,92—1,02 mm</th><th rowspan="3">Korngröße 0,34—0,92 mm</th><th rowspan="3"></th><th rowspan="3"></th></tr>
<tr><th></th><th colspan="8">Versuchsreihe</th></tr>
<tr><th></th><th colspan="4">I</th><th colspan="3">II</th><th>III</th></tr>
</thead>
<tbody>
<tr><td>Zulauf cm³/sek</td><td>24 Std. nach Abstellen desselben</td><td>0,0725</td><td>0,22</td><td>0,402</td><td>0,312</td><td>0,394</td><td>0,768</td><td>0,475</td><td>24 Std. nach Abstellen des Zulaufs</td><td>0,095</td><td>0,11</td></tr>
<tr><td>Unterdruck cm</td><td>9,7</td><td>6,2</td><td>4,5</td><td>2,8</td><td>6,4</td><td>6,2</td><td>3,3</td><td>3,5</td><td>17,0</td><td>14,6</td><td>14,1</td></tr>
</tbody>
</table>

Der Unterdruck wächst mit abnehmender Korngröße und Durchflußmenge, aber als weiterer Faktor kommt offenbar noch die im Boden vorhandene Luft-

---

[1] Weiland. H.: Über Wasserbewegung in durchfeuchtetem Boden mit besonderer Berücksichtigung der Heberwirkung des Sandes, S. 23. Dissert., Danzig 1928.

menge hinzu, die bei jeder Versuchsreihe eine andere gewesen sein wird, und zwar wächst der Unterdruck sehr wahrscheinlich mit der Luftmenge in dem betreffenden Querschnitt.

Während sich das Sickerwasser hauptsächlich in den feinkapillaren Porenschloten bewegt, weil hier das Bestreben, Wasser aufzunehmen, am größten ist, nimmt vorhandene Luft in erster Linie die Grobporen ein. Deshalb dürfte auch die Durchlässigkeit eines Bodens nicht in einfachem Verhältnis zur vorhandenen Luftmenge, sondern in einem Potenzverhältnis zu derselben abnehmen. k_{lw} wird hiernach wesentlich von dem Grade der Entlüftung des Bodens bedingt.

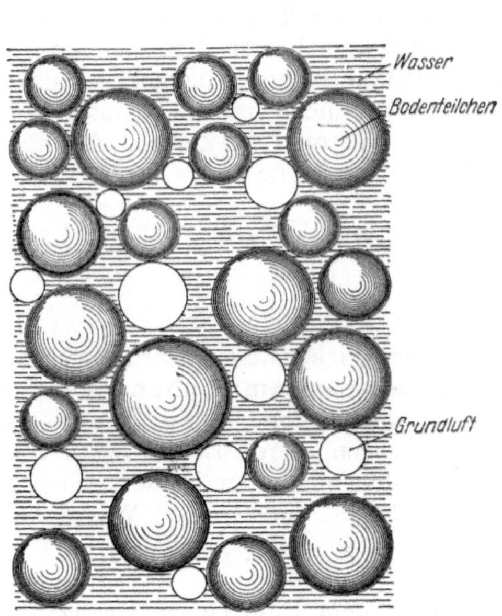

Abb. 75. Sickerwasser, dessen hydrostatischer Druck kleiner als der Atmosphärendruck ist.

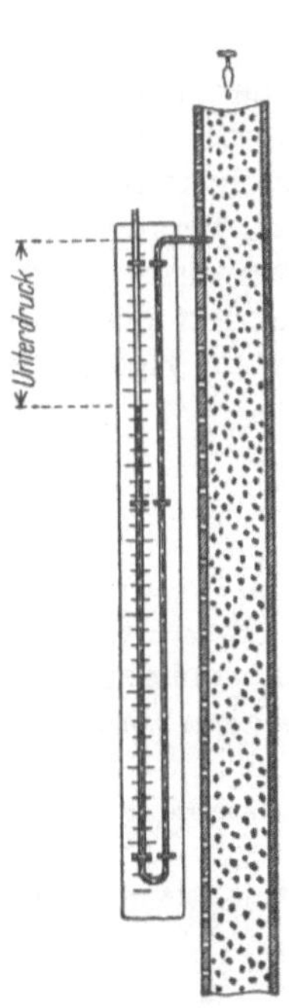

Abb. 76. Unterdruckmesser von WEILAND.

Für $z = 0$ wird in Gleichung (116)

$$v = k_{lw}. \tag{118}$$

Die Sickergeschwindigkeit wird gleich der Durchlässigkeitsziffer des lufterfüllten Bodens.

An den Sickerwasserstrom schließt sich seitlich der Kapillarsaum (in Abb. 73 radial gestrichelt) an, der ebenfalls an der Sickerbewegung teilnimmt.

Im Stadtwald von Frankfurt am Main wurde zur Anreicherung des Grundwassers Mainwasser in Vor- und Feinfiltern gereinigt und dann durch ein 3 m tief liegendes Dränrohrnetz im sandigen Untergrund zum Versickern gebracht. Nach SCHEELHASE[1] brauchte das Sickerwasser zur Zurücklegung des senkrechten Weges bis zu dem 13 m tiefer anstehenden natürlichen Grundwasserstand mehrere Wochen. Folglich betrug die Wassergeschwindigkeit etwa 0,7 m/Tag. Das ergibt eine sekundliche Sickergeschwindigkeit von etwa $v = 0,8 \cdot 10^{-3}$ cm, die nach

---

[1] SCHEELHASE, F.: Wasserversorgung kleiner und mittlerer Städte. J. Gasbel. u. Wasserversorg. **54**, 388 (München 1911).

Gleichung (118) gleich k_{lw} und nach Gleichung (117) gleich $k/2$ ist. Somit war die Durchlässigkeitsziffer des Sandes etwa $k = 1,6 \cdot 10^{-3}$ cm. Das entspricht nach Tabelle S. 173 bzw. Gleichung (93) bei 10^0 C der Durchlässigkeit eines Bodens von der spez. Oberfläche 10, also eines mittelkörnigen Sandes. Hiernach stimmen Beobachtung und Berechnung gut miteinander überein.

Ist der freie Spiegel des Oberflächenwassers bis zur Bodenoberfläche abgesunken, so bilden sich beim weiteren Versickern hängende Menisken als obere Grenzfläche des Sickerwassers aus. Es wird dann die Sickergeschwindigkeit

$$v = k_{lw}\,\frac{h-H}{h}\ \text{cm/sek,} \tag{119}$$

worin h der Abstand der oberen Grenzfläche des Sickerwassers von der Grundwasseroberfläche in Zentimeter und H die Kapillarziffer des Bodens ist. Die Sickergeschwindigkeit wird also im Augenblick der Meniskenbildung ganz wesentlich herabgesetzt und kommt vollständig zum Stillstand, sobald $h \leqq H$; das Sickerwasser wird zum grundwasserverbundenen Kapillarwasser.

Integriert man Gleichung (119), so erhält man die Zeit des Absinkens von h_0 auf h_1 cm Höhe über der Grundwasseroberfläche zu

$$t = \frac{1}{k_{lw}}\left(h_0 - h_1 + H \cdot \ln\frac{h_0 - H}{h_1 - H}\right)\text{sek.} \tag{120}$$

Kapillares Sickerwasser.

Die untere Grenzfläche des kapillaren Sickerwassers wird durch konkave Menisken gebildet. Wir betrachten zunächst zusammenhängendes kapillares Sickerwasser mit einer ebenen oberen Grenzfläche. Mit den Bezeichnungen, deren Bedeutung aus Abb. 77 hervorgeht, sind die treibenden und verzögernden Kräfte auf die kapillare Wassersäule

$$P = H + z + h - L, \tag{121}$$

und nach dem Darcyschen Gesetz folgt als kapillare Geschwindigkeit

$$v = k \cdot \frac{H + z + h - L}{h}\ \text{cm/sek,} \tag{122}$$

worin k die Durchlässigkeitsziffer des Bodens ist, der innerhalb der Sickerwasserhaltung als annähernd luftfrei angenommen wird; andernfalls ist an Stelle von k der Beiwert k_{lw} zu nehmen.

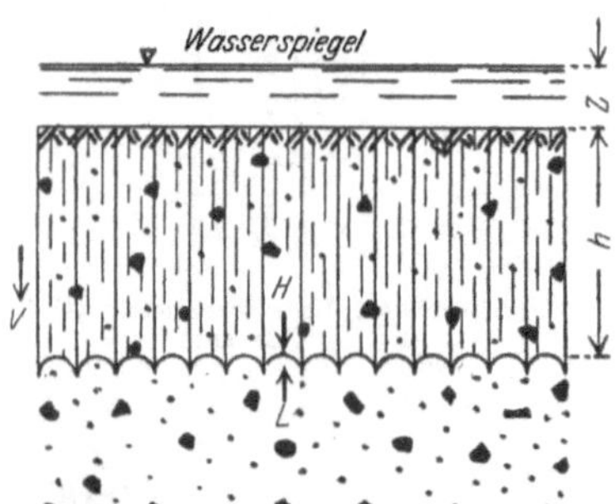

Abb. 77. Kapillares Sickerwasser mit Oberflächenwasserspiegel.

Die Zeitgleichungen der kapillaren Abwärtsbewegung sind schon in den Formeln (54) und (56a) entwickelt worden. Eine etwas andere Form der Gleichungen erhalten wir, wenn wir Gleichung (109a) in Gleichung (122) einsetzen. Für ein kleines h und großes H sowie für $z - L = 0$ wird dann die kapillare Geschwindigkeit

$$v = \frac{\sqrt{k \cdot \mu \cdot \lambda}}{h}\ \text{cm/sek,} \tag{123}$$

und nach dem Integrieren dieser Gleichung folgt die Sickerzeit zu

$$t = \frac{h^2}{2\sqrt{k \cdot \mu \cdot \lambda}}, \tag{124}$$

woraus entsteht

$$\frac{h^2}{t} = 2\sqrt{k \cdot \mu \cdot \lambda} = \textbf{konstant.} \tag{124a}$$

Die kapillare Sickerwasserbewegung tritt nach dem auf S. 93 Gesagten nicht auf, wenn der Boden Lösungen enthält, die eine wesentlich geringere Oberflächenspannung als das auf den Boden fallende Niederschlagwasser haben. Es wird in solchem Falle H in den Gleichungen (121) und (122) gleich Null. Setzen wir noch $z - L = 0$, so wird die Sickergeschwindigkeit z. B. in ausgetrockneten sauren Böden

$$v_{tr} = k \text{ cm/sek} \tag{125}$$

und die Sickerzeit

$$t_{tr} = \frac{h}{k} \cdot \text{sek.} \tag{126}$$

Gleichung (124) durch Gleichung (126) dividiert ergibt das Verhältnis der Sickerzeiten in einem sauren Boden in hygroskopisch gesättigtem und in ausgetrocknetem Zustande bei gleichem Porenvolumen

$$\frac{t}{t_{tr}} = \frac{\sqrt{k} \cdot h}{2\sqrt{\mu \cdot \lambda}} \cdot \tag{127}$$

In einem humussauren Boden mit $k = 1 \cdot 10^{-6}$ cm/sek (hum. sandiger Lehm) ist hiernach die Sickergeschwindigkeit im trockenen Zustande nach Gleichung (125) $1/_{28}$ mm je Stunde, hingegen im hygroskopisch gesättigten Zustande nach Gleichung (123) 1 cm in den ersten 2 Minuten. Es ist hierbei vorausgesetzt, daß die Oberflächenspannung des hygroskopisch gesättigten Bodens den normalen Wert von rund 73 dyn/cm hat, was nicht ganz zutreffen dürfte. Das Verhältnis der Sickerzeiten für 1 cm Sickertiefe wird nach Gleichung (127)

$$\frac{t}{t_{tr}} = \frac{1}{7900} \cdot$$

Die Ausschaltung kapillarer Kräfte beim Einsickern des Wassers in den Boden nennt man Benetzungswiderstand (siehe S. 94). Wenn nun auch bei bindigen Mineralböden, soweit sie organische Säuren enthalten, ebenfalls Benetzungswiderstände auftreten, so sind sie doch nicht so nachteilig wie bei den Humusböden und anmoorigen Sandböden. Denn bindige Mineralböden bilden bei Trockenheit Risse und Spalten, in die das Niederschlagswasser hineinfließen kann. Da nun aber gewachsener Boden meistens schon wenige Zentimeter unter der Oberfläche hygroskopisch gesättigt ist, verteilt sich das Wasser von diesen Spalten und Rissen aus seitwärts im Boden mit kapillarer Geschwindigkeit. Es ist dies der Grund, weshalb Bodenrisse so außerordentlich viel Wasser zu schlucken vermögen.

Sobald der Spiegel des Oberflächenwassers bis zur Bodenoberfläche abgesunken ist, bilden sich auch hier wieder hängende Menisken aus. Es entsteht hängendes kapillares Sickerwasser, dessen obere rückschreitende bzw. hängende Menisken eine der Sickerbewegung entgegengesetzte Kapillarkraft entfalten, die im gleichen Boden um $\frac{H}{2}$ größer ist als die Kapillarkraft der konkav nach unten gerichteten Menisken.

Die Sickergeschwindigkeit wird

$$v = k \cdot \frac{h - \dfrac{H}{2} - L}{h} \text{ cm/sek,} \tag{128}$$

worin h die Höhe der hängenden Wassersäule ist.

In einem Boden, der den seiner Feuchtigkeitsziffer entsprechenden normalen Haftwassergehalt noch nicht erreicht hat, wird absinkendes kapillares Sickerwasser Haftwasser hinter sich lassen, so daß die Höhe h der Sickerwassersäule eine dauernde Verminderung erfährt. Das hängende kapillare Sickerwasser wird zu hängendem kapillaren Haftwasser, wenn $h = \dfrac{H}{2} + L$ bzw., da der Luftwiderstand allmählich nachläßt, wenn $h = \dfrac{H}{2}$ wird.

Feuchter Boden hat, wie es auch beim Korneffschen Saugkraftmesser (S.104) dargelegt wurde, eine geringere Saugkraft als hygroskopisch gesättigter, weil eine Anzahl Porenschlote, und zwar gerade jene mit stärkster Kapillarkraft, schon wassergefüllt sind. Der Wert H in den Gleichungen (121) und (122) nimmt also mit zunehmendem Feuchtigkeitsgehalt des Bodens ab. Im allgemeinen ist dann auch k kleiner, weil mehr Luftbläschen eingeschlossen werden.

Bisher haben wir im wesentlichen die Ausbildung zusammenhängender Sickerwasserhaltungen behandelt. Vielfach fließt das Sickerwasser aber kleinen Geländesenken und Furchen zu, bildet Pfützen und sickert an einzelnen bevorzugten Stellen in die Tiefe. Aber auch da, wo Oberflächenwasser in gleichmäßiger Schichtdicke in den Untergrund dringt, bilden sich infolge örtlicher Verschiedenheit der Kapillarziffer und des Luftwiderstandes Sickerwasseradern aus, die unsere besondere Aufmerksamkeit erfordern. Solange nur so viel Wasser in den Boden eindringt, daß die Höhe der Sickerwassersäule kleiner bleibt als die Hälfte der Kapillarziffer, entsteht nach jedem Aufhören des Zuflusses hängendes kapillares Haftwasser. An einzelnen Stellen wird jedoch das Sickerwasser vorauseilen, und wenn die kritische kapillare Haftwasserhöhe im Durchschnitt der Wasserhaltung nahezu erreicht ist, sie hier und da schon überschreiten. Diese Ausbruchsstellen, Sickertrichter genannt, sind durchaus nicht immer die durchlässigsten, meistens werden sie durch die Tragkraft des oberen, hängenden Meniskus bestimmt. Es können diese trichterförmigen Ausbruchsstellen immer wieder an derselben Stelle entstehen und im Laufe der Zeit zu besonderen Verwitterungserscheinungen Veranlassung geben, wie sie Koehne[1] in den Solnhofer Plattenkalken und in der Verwitterungsdecke des kalkreichen Schotters von Oberbayern beschreibt.

Die Sickergeschwindigkeit in den Sickertrichtern ist durch Gleichung (128) gegeben. Die den Sickertrichtern zugehörigen oberen Menisken sinken gleichfalls ab, und das entstehende Spiegelgefälle veranlaßt ein Abfließen auch von Teilen des benachbarten hängenden kapillaren Haftwassers. Das Sickerwasser bewegt sich dabei nicht immer lotrecht, sondern häufig in unregelmäßigen Windungen. Trifft nämlich die Sickerader auf eine grobporige Bodenstelle, so entstehen an der oberen Grenzfläche derselben mehr oder weniger tragende Menisken, und die Sickerader nimmt dann meist einen seitlichen Verlauf. Auch kann sie über solchen Stellen als aufsitzendes Kapillarwasser zur Ruhe kommen. Abb. 54 veranschaulicht die Ausbildung eines Sickertrichters.

In einem feuchten Boden erfüllt die gleiche Niederschlagsmenge eine höhere Bodensäule, und die kritische Höhe des hängenden kapillaren Haftwassers wird schneller erreicht und leichter überschritten. Außerdem stellt das schon vorhandene feinkapillare Haftwasser eine hydraulische Verbindung mit den tieferen Bodenschichten her, die zu einer allmählichen Verteilung der hängenden Wasserhaltung führt.

Wieweit nun die Theorie die tatsächlichen Erscheinungen richtig wiedergibt, lehren die folgenden Versuchsergebnisse.

---

[1] Koehne, W.: Grundwasserkunde, S. 23. Stuttgart 1928.

WOLLNY[1] füllte in Glasröhren von 3,5 cm Lichtweite und 110 cm Länge, die am unteren Ende mit grober Gaze verschlossen waren, auf eine 2 cm hohe Kiesschicht Quarzsande von verschiedener Korngröße.

Die Oberfläche der Bodensäule war mit einer Kappe aus Metallgewebe überdeckt, auf die ständig das Wasser tropfte. Nachstehende Tabelle zeigt die Versuchs- und die anschließenden Rechenergebnisse, bei denen $z - L = 0$ gesetzt wurde. Die Vernachlässigung des Luftwiderstandes ist für durchlässige Böden und bei guter Entlüftung, wie sie bei der Versuchsanordnung vorhanden war, zulässig. Es geht dann Gleichung (54) über in

$$t = \frac{1}{k}\left(H \cdot \ln \frac{H}{H + h} + h\right) \text{ sek.} \tag{129}$$

Die Temperatur ist mit 20^0 C und der Formbeiwert mit $\mu = 0,014$ angenommen.

Versuche von WOLLNY mit kapillarem Sickerwasser.

Versuchsreihe des Jahres 1885					Versuchsreihe des Jahres 1884										
Zeit	Korngröße 0,01–0,071 mm				Zeit	Korngröße 0,01–0,071 mm $U = 44$		Korngröße 0,071–0,114 mm $U = 11,2$		Korngröße 0,114–0,171 mm $U = 7,2$		Korngröße 0,171–0,25 mm $U = 4,9$		Korngröße 0,25–0,50 mm $U = 2,86$	
	locker eingefüllt		sehr dicht eingefüllt												
t	h cm	$\frac{h^2}{t}$	h cm	$\frac{h^2}{t}$	t	h cm	$\frac{h^2}{t}$	h cm	$\frac{h^2}{t}$	h cm	$\frac{h^2}{t}$	h cm	$\frac{h^2}{t}$	h cm	$\frac{h^2}{t}$
10 Min.	8,1	0,193	5,1	0,043	5 Min.	8,8	0,258	18,0	1,08	28,3	2,67	45,0	6,8	84	23,5
30 ,,	14,0	0,109	9,9	0,054	10 ,,	12,8	0,273	27,0	1,22	48,0	3,84	82,0	11,2	—	—
50 ,,	18,4	0,113	13,0	0,056	15 ,,	16,2	0,292	37,0	1,52	65,0	4,69	110,0	13,4	—	—
2 Std.	31,2	0,135	20,4	0,058	25 ,,	21,3	0,303	52,5	1,84	96,0	6,14	—	—	—	—
3 ,,	39,3	0,143	25,1	0,058	40 ,,	28,2	0,331	72,0	2,16	—	—	—	—	—	—
5 ,,	55,0	0,168	32,2	0,058	1 Std	35,0	0,341	97,5	2,64	—	—	—	—	—	—
7 ,,	69,2	0,190	38,8	0,060	$1^{1}/_{2}$,,	44,6	0,368	—	—	—	—	—	—	—	—
10 ,,	80,0	0,178	46,0	0,059	2 ,,	52,0	0,376	—	—	—	—	—	—	—	—
24 ,,	—	—	67,7	0,053	3 ,,	65,0	0,391	—	—	—	—	—	—	—	—
34 ,,	—	—	80,0	0,052	4 ,,	76,0	0,401	—	—	—	—	—	—	—	—
	—	—	—	—	6 ,,	98,5	0,449	—	—	—	—	—	—	—	—

	0,01–0,071 mm	0,071–0,114 mm	0,114–0,171 mm	0,171–0,25 mm	0,25–0,50 mm
Porenvolumen nach früheren Versuchen, %	47,9	46,9	43,6	41,3	40,6
Kapillare Steighöhe H berechnet, cm	215,4	57,1	41,9	31,3	19,1
Durchlässigkeitsziffer k für $\mu = 0,014$ und 20^0, cm/sek.	0,00061	0,0087	0,016	0,029	0,08
$\frac{h^2}{t}$ berechnet nach Gl. (124a) cm²/sek	0,26	0,99	1,34	1,81	3,05
t für das größte beobachtet h nach Gleichung (129)	7,9 Std.	1,3 Std.	48 Min.	36 Min.	11 Min.
$\frac{t \text{ berechnet}}{t \text{ beobachtet}}$	1,3	1,3	1,9	2,4	2,2

Die Voraussetzung für die Richtigkeit der Formel (124 a) war ein kleines h und großes H; sie trifft für die beiden kleinsten Korngrößen annähernd zu, und für diese ist dann auch tatsächlich $\frac{h^2}{t}$ ziemlich konstant. Auch stimmt das berechnete $\frac{h^2}{t}$ mit dem beobachteten für das kleinste h gut überein.

Die nach Gleichung (129) für das größte h berechnete Sickerzeit t ist 1,3 bis 2,4mal größer als die beobachtete. Das wird damit erklärt, daß die Voraussetzung der Formel (129), nämlich das Absinken einer zusammenhängenden Sickerschicht, nicht voll erfüllt gewesen ist, wahrscheinlich hat WOLLNY die in Porenschloten kleinsten Widerstandes voreilenden Sickerwasseradern beobachtet.

---

[1] WOLLNY, E.: Forschgn. Geb. Agrikult.-Phys. **7**, 269 (1884); **8**, 206 (1885).

Wie schon bemerkt, verläuft im gewachsenen Boden die Versickerung langsamer, weil eine Entlüftung erheblich erschwerter ist; es ist dann in den Gleichungen (54) und (122) der Luftwiderstand L nicht gleich Null.

Atterberg[1] brachte auf in Glasröhren gefüllte, lufttrockene Quarzsandsäulen eine bestimmte Wassermenge auf einmal auf und beobachtete dann die von den untersten Menisken nach einer gewissen Zeit erreichte Sickertiefe. Die von der absinkenden Sickerwassersäule zurückgelassene Haftwassermenge wurde nicht festgestellt.

Aus seinen Versuchsergebnissen seien jene für die Korngröße 0,2—0,1 mm ($U = 7,19$) herausgegriffen. Die Versuchstemperatur betrug 17⁰ C, das Porenvolumen 40,4 %, die beobachtete Kapillarziffer 42,8 cm, die nach Gleichung (30) berechnete Kapillarziffer 47,4 cm.

20 mm Wasser sanken gleich auf 5,1 cm		
30 mm ,, ,, ,, ,, 7,7 cm	später nicht tiefer.	
50 mm ,, ,, ,, ,, 12,4 cm		
80 mm ,, ,, ,, ,, 22,3 cm		
90 mm ,, ,, ,, ,, 22,3 cm	nach 1 Std. 22,8 cm, nach 1 Tg. 23,4 cm, nach 5 Tg. 25,0 cm.	
100 mm ,, ,, ,, ,, 26,3 cm	nach 1 Std. 27,6 cm, nach 1 Tg. 28,3 cm, nach 5 Tg. 30,8 cm.	
110 mm ,, ,, ,, ,, 27,7 cm	nach 1 Std. 32,6 cm, nach $4^1/_2$ Std. spiralförmig bis an das Rohrende auf 45,0 cm.	
120 mm ,, ,, ,, ,, 33,2 cm	Trockenstellen lassend, nach $4^1/_2$ Std. 40,3 cm, nach 3 Tg. 45,5 cm.	

Es wird nun für die vorstehende Korngröße die Durchlässigkeitsziffer [nach Gleichung (93) mit $\mu = 0,013$] $k = 0,0105$ cm/sek, und da für eine Wassergabe von 100 mm die Anfangshöhe der hängenden kapillaren Sickersäule 26,3 cm ist, wird die Sickergeschwindigkeit [nach Gleichung (128) mit $L = 0$ und $H = 42,8$ cm] $v = 0,002$ cm/sek. Die daraus berechnete Sickertiefe ist nach einer Stunde 33,5 cm, während 27,6 cm beobachtet wurden. Setzt man jedoch an Stelle der beobachteten Kapillarziffer die berechnete mit $H = 47,4$ cm ein, so wird die Sickergeschwindigkeit $v = 0,001$ cm/sek und die Sickertiefe 29,9 cm; sie kommt der beobachteten schon wesentlich näher. Die berechnete Sickertiefe muß etwas größer sein als die beobachtete, weil die Abnahme der Druckhöhe h infolge der Haftwasserabgabe und der Luftwiderstand nicht berücksichtigt wurden.

Für 110 mm Wassergabe wird die rechnerische Geschwindigkeit des hängenden kapillaren Haftwassers mit $H = 47,4$ cm $v = 0,00153$ cm/sek, die Sickertiefe nach 1 Stunde also 32,9 cm, während 32,6 cm beobachtet wurden. Theorie und Versuch stimmen also gut miteinander überein.

Köhler[2] beobachtete in lufttrockenem Rheinsand von der spez. Oberfläche rund 3,5 folgende Sickergeschwindigkeiten:

	Zeit in Tagen											
	bald	1 Tag	2 Tage	3 Tage	4 Tage	5 Tage	9 Tage	21 Tage	42 Tage	94 Tage	148 Tage	209 Tage
64 mm Wassergabe erreichten eine Sickertiefe in cm von	55	79	87	93	97	100	106	114	121	133	140	144
Weitere 32 mm erreichten eine Sickertiefe in cm von	63	—	146	157	168	175	191	202	207	217	—	—

Die zweite Wassergabe von 35 mm, die 7 Monate nach der ersten gegeben wurde, versickerte wesentlich schneller, weil der Boden von der ersten Gabe her

---

[1] Atterberg, A.: Landw. Versuchsstat. **69**, 114 (1908).
[2] Köhler, E. J.: Über einige physikalische Eigenschaften des Sandes und die Methoden zu deren Bestimmung. Dissert. Karlsruhe 1906.

noch Haftwasser enthielt, so daß der Verlust an wirksamer Druckhöhe durch die Abgabe von Haftwasser bei der zweiten Gabe sehr viel geringer war als bei der ersten. Leider fehlen Angaben über Porenvolumen, Höhe der Sickerwassersäule und Temperatur, so daß eine rechnerische Auswertung nicht möglich ist.

Beobachtungen im gewachsenen Boden über die Geschwindigkeit kapillaren Sickerwassers in Abhängigkeit von Niederschlagsmenge, spez. Oberfläche, Porenvolumen und Haftwassergehalt liegen bisher nicht vor. ROTMISTROFF[1] hat auf dem Odessaer Versuchsfelde in einer kleinen Bodensenke durch Abbohren mit einem Erdbohrer, Wiegen und Trocknen der Proben die Feuchtigkeit des Bodens von 5 zu 5 und in größerer Tiefe von 10 zu 10 cm in Schichtstärken von 1,5 cm bis auf 1040 cm Tiefe ermittelt und aus der Feuchtigkeitsverteilung den Schluß gezogen, daß in der Senke der Überschuß des Wassers eines jeden Jahres mit 2 m Geschwindigkeit im Jahre versickert. Aber die geringen Feuchtigkeitsunterschiede, die gefunden wurden und die innerhalb der erbohrten 10,4 m überhaupt nur von 18,1 Gew.-% in 0,25 m Tiefe bis 9,1 Gew.-% in 3,8 m Tiefe schwankten und zwischen nahe bei einander liegenden Schichten nur bis zu 2 Gew.-% betrugen, lassen keinen Schluß auf die Sickergeschwindigkeit zu; sie können auch durch Bodenunterschiede erklärt werden.

Ein anderer Versuch von ROTMISTROFF erweist mit größerer Sicherheit die geringe Geschwindigkeit des kapillaren Sickerwassers. Wasser wurde in dünnem Strahl auf einen Punkt (in der Mitte der 4. und 5. Bohrung der folgenden Tabelle) mehrere Tage lang geleitet. Sodann wurden entlang einer geraden Linie, die durch den Bewässerungspunkt ging, acht Bohrungen in 35 cm Abstand voneinander ausgeführt und der Feuchtigkeitsgehalt in je 5 cm Tiefe ermittelt. Die Tabelle zeigt auszugsweise den Feuchtigkeitsgehalt der Schichten in Gewichtsprozenten.

Tiefe cm	1. Bohrg.	2. Bohrg.	3. Bohrg.	4. Bohrg.	Wasserstelle	5. Bohrg.	6. Bohrg.	7. Bohrg.	8. Bohrg.
5	7,9	8,3	9,8	18,2		14,0	9,4	5,6	6,9
15	8,5	10,0	12,7	18,2		17,0	11,6	9,9	9,7
25	10,2	10,3	15,0	17,8		18,1	11,8	10,9	10,9
35	10,0	10,4	14,7	16,1		17,5	13,1	11,2	10,5
45	8,0	10,2	14,1	15,7		16,3	12,0	10,4	10,3
55	9,9	9,8	14,3	15,9		15,7	12,4	10,2	10,0
65	9,8	9,7	12,8	16,1		16,0	10,6	10,4	10,4
75	9,7	9,9	11,2	15,5		15,1	10,2	10,3	10,6
85	9,9	10,0	10,7	15,6		15,0	10,6	10,4	10,7
95	10,4	10,1	10,5	15,1		15,0	10,8	10,8	10,7
105	—	10,5	10,2	14,3		14,5	10,7	10,6	—
115	—	10,5	10,5	13,2		14,1	10,8	10,2	—
125	—	10,5	10,3	11,4		10,5	10,8	10,5	—
135	—	10,8	10,2	10,8		10,4	10,7	10,2	—
145	—	10,6	10,4	11,0		10,6	10,7	10,2	—
155	—	—	10,7	10,8		10,7	11,0	—	—
165	—	—	10,7	10,1		10,9	10,9	—	—

Das kapillare Sickerwasser ist innerhalb mehrerer Tage bis auf 1,15 m Tiefe abgesunken und hat sich etwa 80 cm weit auch auf jeder Seite horizontal ausgebreitet. Die horizontale Sickergeschwindigkeit geht langsamer vor sich als die lotrechte, weil sie nur von der Kapillarkraft, nicht aber auch von der Schwerkraft beeinflußt wird. Bemerkenswert ist ferner, daß der Boden von seiner vollen Sättigung, die etwa bei 22 Gew.-% liegen dürfte, noch weit entfernt ist.

---

[1] ROTMISTROFF, W. G.: Das Wesen der Dürre, S. 25. Dresden u. Leipzig 1926.

Die kapillare Bewegung des Sickerwassers kann als negative Versickerung auch aufwärts erfolgen. Das geschieht, wenn durch Spalten, Wurm- und Wurzellöcher oder künstlich durch Röhren Oberflächenwasser tieferen Schichten zugeführt wird, von denen aus es sich dann kapillar auch nach oben verteilt. Ferner kann Erwärmung und dadurch bedingte Spannungserhöhung der Grundluft eine wenn auch nur unbedeutende negative Sickerbewegung von geschlossenen hängenden Haftwasserhaltungen hervorrufen, was von Mezger[1] durch Versuch nachgewiesen worden ist.

Es liegt also die Geschwindigkeit des Sickerwassers nicht nur bei den Bodenarten, sondern auch bei ein und demselben Boden je nach der Zustandsform und Menge des Sickerwassers in weiten Grenzen. An Hand der gegebenen Formeln vermag man sich für jeden Sonderfall über die zu erwartende Sickergeschwindigkeit einen schnellen Überblick zu verschaffen.

Einfluß der Temperatur, des Luftdrucks, des Salzgehalts und der Bodenschichten auf die Sickerwasserbewegung.

Der Einfluß der Temperatur auf die Sickerwasserbewegung ist hauptsächlich durch die Veränderlichkeit der Zähigkeit η und der Kapillaritätskonstanten a^2 bedingt, die beide mit steigender Temperatur abnehmen (Tabelle S. 161 u. 92). Daneben dehnt sich mit zunehmender Temperatur die Bodenluft aus, nicht nur infolge der eigenen Erwärmung, sondern auch, weil der Absorptionsbeiwert der Gase für Wasser geringer wird und deshalb Gase aus dem Wasser ausgeschieden werden. Diese Volumenzunahme der Bodenluft verringert das wirksame Porenvolumen innerhalb einer zusammenhängenden Wasserhaltung, erhöht den Widerstand der Grundluft gegen absinkendes Sickerwasser und wirkt dadurch hemmend auf die Versickerung ein, jedoch im allgemeinen in einem so unbedeutenden Maße, daß eine Vernachlässigung dieser Einwirkungen statthaft ist.

Eine entgegengesetzte Wirkung übt die Temperatur auf feinkapillares Haftwasser aus. Wie aus den Versuchsergebnissen auf S. 171/172 hervorgeht, umschließt das feinkapillare Haftwasser vielfach lufterfüllte gröbere Poren mit den benachbarten Bodenteilchen häutchenartig. Wird nun die Bodenluft erwärmt, so dehnen sich die eingeschlossenen Luftbläschen aus, drängen das sie umschließende Haftwasser etwas aus den Porenwinkeln heraus, wobei die außenliegenden Wassermenisken sich verflachen und sehr dünne Haftwasserhäutchen zerreißen; in beiden Fällen wandelt sich ein Teil des Haftwassers in Sickerwasser um. King[2] weist auf diesen Vorgang durch die Bemerkung hin, daß die sich ausdehnende Luft das Wasser aus den Poren nach dem Grundwasser hin drücke, was jedoch in dieser allgemeinen Fassung nicht immer zutrifft; denn in hängenden und aufsitzenden kapillaren Haftwasserhaltungen und zusammenhängenden kapillaren Sickerwasserhaltungen kann die Ausdehnung eingeschlossener Grundluftbläschen wohl die Wassersäule etwas verlängern, nicht aber eine Versickerung einleiten oder beschleunigen, da mit der Zunahme der Länge in gleichem Verhältnis auch die Dichte der Wassersäule geringer wird.

Die Veränderlichkeit der Kapillaritätskonstante mit der Temperatur verstärkt die Wirkung der Luftbläschen bei dem feinkapillaren Haftwasser und kann bei allen Haftwasserarten dazu Anlaß geben, daß sie im Zustande ihrer kritischen Höhe bei steigender Temperatur in kapillares Sickerwasser übergehen. Daneben wird sich mit zunehmender Temperatur ein der Abnahme der Kapillaritätskonstante entsprechender Teil des grundwasserverbundenen Kapillar-

---

[1] Mezger, Ch.: Der Kulturtechniker **32**, 360 (1929).
[2] King, F. H.: The soil, S. 180. New York 1900.

wassers, soweit es seine kapillare Steighöhe erreicht hat, in Grundwasser umwandeln und bei sinkender Temperatur in Kapillarwasser zurückverwandeln.

Die Größe des Einflusses von η und a^2 auf die Sickerwasserarten geht aus den nachfolgenden Formeln hervor, in denen die Großbuchstaben A bis C Beiwerte bedeuten, die von der Temperatur unabhängig sind.

Die Geschwindigkeit des grundwasserverbundenen Sickerwassers mit ebener oberer Grenzfläche ist in Abhängigkeit von der Temperatur nach Gleichung (116) in Verbindung mit den Gleichungen (117) und (93)

$$v = \frac{A}{\eta}; \tag{130}$$

sie ist also umgekehrt verhältnisgleich der Zähigkeit des Wassers und nimmt mit steigender Temperatur erheblich zu.

Für grundwasserverbundenes Sickerwasser mit hängenden Menisken ist nach Gleichung (119)

$$v = \frac{A}{\eta}\,(1 - a^2 \cdot B); \tag{131}$$

da sowohl die Zähigkeit als auch die Kapillaritätskonstante mit steigender Temperatur abnehmen, ist hier die Sickergeschwindigkeit in noch stärkerem Maße als in Gleichung (130) von der Temperatur abhängig.

Für kapillares Sickerwasser mit ebener oberer Grenzfläche folgt nach Gleichung (122)

$$v = \frac{A}{\eta}\,(1 + a^2 \cdot B); \tag{132}$$

der Temperatureinfluß ist also etwas weniger groß als in den Gleichungen (130) und (131).

Für kapillares Sickerwasser mit hängenden Menisken wird nach Gleichung (128)

$$v = \frac{A}{\eta}\,(1 - a^2 \cdot C); \tag{133}$$

wie in Gleichung (131) tragen hier Zähigkeit und Kapillaritätskonstante in gleichem Sinne zur Geschwindigkeitserhöhung bei steigender Temperatur bei.

Höhere Temperatur vermindert ferner die hygroskopische Schichtdicke, vergrößert somit das spannungsfreie Porenvolumen und erhöht infolgedessen die Durchlässigkeit, während die kapillare Saugkraft eine geringe Abnahme erfährt. Die Sickergeschwindigkeit aller Sickerwasserarten wird demgemäß größer, besonders die des Sickerwassers mit hängenden Menisken. Ebenso wird auch dadurch die Umwandlung von Haftwasser in Sickerwasser gefördert.

Eine Abnahme des Druckes der atmosphärischen Luft und der mit ihr in Verbindung stehenden Grundluft hat auf feinkapillares Haftwasser, soweit es Luftbläschen einschließt, dieselbe Wirkung wie eine Zunahme der Temperatur, nämlich Verflachung der außen liegenden Wassermenisken und Zerreißung dünner Wasserhäutchen und als Folge davon ein Sickerwasserabfluß aus dem feinkapillaren Haftwasser.

Die verstärkte Sickerwasserbewegung, welche zunehmende Temperatur und abnehmender Luftdruck bewirken, erhöht den Grundwasserstand. Wie auf S. 145 näher dargelegt ist, erfährt gleichzeitig der Grundwasserstand dadurch eine Erhöhung, daß sich bei zunehmender Grundwassertemperatur und ebenso bei abnehmendem Luftdruck gelöste Gase aus dem Grundwasser ausscheiden.

Dränungen und flachliegende Quellen liefern deshalb unter sonst gleichen Verhältnissen am Tage mit zunehmender Bodenerwärmung mehr Wasser als in der Nacht und bei fallendem Barometerstand mehr Wasser als bei steigendem.

Ein Elektrolytgehalt des Bodenwassers wirkt verschieden. Alkali erhöht die Zähigkeit des Sickerwassers in stärkerem Maße, als es die Kapillaritätskonstante vermindert (Tabelle S. 116). Mehr noch wirken Alkalisalze auf die hygroskopische Schichtdicke und die Bodenstruktur ein. Natriumsalze haben eine besonders dicke hygroskopische Schicht und Einzelkornstruktur zur Folge. Durch die größere Hygroskopizität wird das spannungsfreie Porenvolumen verringert, und als Folge der Einzelkornstruktur wird die wirksame spez. Oberfläche erhöht, was im Verein mit der Zunahme von η die Sickergeschwindigkeit wesentlich herabsetzt.

Durch Zugabe von 0,1 % Chilesalpeter zum Boden vermochte Beeson[1] den Wasserdurchfluß auf $^1/_{20}$ herabzusetzen. Hissink[2] füllte 200 g Feinboden in Lampenzylinder von 4,5 cm Lichtweite, die am unteren Ende durch Leinen abgeschlossen waren, und ließ mit Salzen angereichertes Wasser unter immer gleicher Druckhöhe von oben nach unten durchlaufen. Mit 0,171 Normallösungen, was etwa einer 1proz. NaCl-Lösung entspricht, erhielt er die in der folgenden Tabelle verzeichneten Durchlaufmengen.

Einfluß von Elektrolyten auf die Durchlässigkeit des Bodens nach Hissink.

	Durchlaufmenge in mg/min bei einer Lösung von				
	destilliertem Wasser	NaCl	KCl	NH_4Cl	$CaCl_2$
Nach längerer Standdauer	60	52	470	625	950
Am Tage des Ersatzes der Lösung durch destilliertes Wasser . . .	110	35	430	420	780
1 Tag später	105	15	24	40	550
10 Tage später	64	0	7	7	100

Verschlämmungserscheinungen, Temperatureinflüsse und wohl auch Auswaschen von Kolloiden ließen die Durchflußmenge stark schwanken. Bemerkenswert ist der Abfall der Ergiebigkeit nach dem Ersatz der Lösungen durch destilliertes Wasser.

Wityn[3] untersuchte Lehme verschiedenster Art auf ihre Durchlässigkeit gegenüber Elektrolytlösungen und stellte große Schwankungen der Durchlässigkeit fest, die mit dem Gehalt an feinsten kolloidalen Teilchen zunahmen. Durch destilliertes Wasser wird die Durchlässigkeit besonders saurer Böden mit der Zeit bedeutend vermindert. In sauren Böden verringert in erster Linie das Na-Ion die Durchlässigkeit, im Mergellehm ist hingegen das Ca-Ion für den Durchfluß wirksam. Enthält das Filterwasser größere Mengen CO_2, so ist die Durchlässigkeit viel größer als bei destilliertem Wasser, wohl wegen der starken Lösungswirkung der Kohlensäure. Die Durchlässigkeit für eine 0,02-normal-$Ca(HCO_3)_2$-Lösung ist sehr verschieden und wird sehr stark von dem Gehalt an Na-Ionen beeinflußt; und zwar weisen Böden mit genügendem Kalkgehalt eine günstige Durchlässigkeit auf, während der obere Horizont des sauren Bodens wenig Wasser durchläßt. Ein Lehm mit viel Na-Ionen ist für eine $Ca(HCO_3)_2$-Lösung schwerer durchlässig als für destilliertes Wasser. Stark saure Lehme werden durch Gips

[1] Beeson, J. L.: The physical effects of various salts and fertilizer ingredients upon a soil usw. J. amer. chem. Soc. 19, 620 (1897).
[2] Hissink, D. J.: Die Einwirkung verschiedener Salzlösungen auf die Durchlässigkeit des Bodens. Internat. Mitt. Bodenkde. 6, 142 (1916).
[3] Wityn, J.: Über die Durchlässigkeit lehmiger Böden. Mitt. Internat. Bodenkdl. Ges., N. F., 2, 218 (1926).

($CaSO_4$) zusammen mit $Ca(HCO_3)_2$ sehr viel durchlässiger. Die Durchlässigkeit der neutralen Böden wird durch $Ca(OH)_2$ sehr stark erhöht. Durch eine $NaHCO_3$-Lösung sogar von sehr schwacher Konzentration wird die Durchlässigkeit bei allen Böden stark vermindert.

Daß ein Kalkgehalt die Durchlässigkeit des Bodens besonders steigert, zeigen auch die folgenden Untersuchungen.

PEARSON[1] überschichtete eine 6 cm hohe Tonsäule mit einer 6 cm hohen Wassersäule und erhielt die in nebenstehender Tabelle verzeichneten Zeiten des Durchsickerns bei ungekalktem und mit verschiedenen Ätzkalkmengen durchmischtem Boden.

BLANCK[2] fand, daß die Hygroskopizität eines lehmigen Sandbodens durch einen Zusatz von 1 Gew.-% Ätzkalk von 1,406 auf 1,198 und durch einen Zusatz von 1% $CaCO_3$ auf 1,317 verringert wurde.

Versuch Nr.	Zeit des Durchsickerns in Stunden bei folgender Zugabe von Ätzkalk			
	Ungekalkt	$^1/_4$ %	$^1/_2$ %	$2^1/_2$ %
1	$148^1/_4$	$12^3/_4$	10	3
2	$299^1/_2$	$242^1/_2$	$126^1/_2$	$8^1/_4$
3	643	$191^1/_2$	$60^1/_2$	7

Die Umwandlung von Ätzkalk in kohlensauren Kalk erfolgte innerhalb einer Bodenschicht von 6 cm Tiefe und bei unveränderter Lagerung derselben nur sehr langsam. Von der theoretisch höchstmöglichen Kohlensäure waren durch den Ätzkalk, der dem Boden mit 2% beigemengt war, folgende prozentuale Mengen aufgenommen worden:

Zu Anfang	Nach 10 Tagen	Nach 18 Tagen	Nach 28 Tagen	Nach 52 Tagen	Nach 84 Tagen
3,50%	24,82%	28,64%	37,30%	53,47%	70,53%

Wenn der Boden mit Wasser und Kalk unmittelbar vor dem Versuch durchgemischt wurde, war das Verhältnis der in derselben Zeit durchgelaufenen Wassermengen:

Boden ohne Kalk	mit 1 Gew.-% $CaCO_3$ als Kalksteinmehl	mit 1 Gew.-% CaO
1 :	1,76 :	2,64

ENGELS[3] goß auf Bodensäulen, die in Glasröhren von 2,5 cm Lichtweite eingefüllt waren, gleichmäßig viel destilliertes Wasser und beobachtete die Zeit, bis dasselbe am unteren Ende heraustrat, mit nachstehendem Ergebnis:

Bodenart	Zeitdauer des Durchsickerns durch die 75 cm hohe Bodensäule in Stunden		
	ohne Kalk	mit 1% $CaCO_3$	mit 1% CaO
Sandiger Moorboden	4	2	1
Mittlerer bis leichter Sand	8	5	4
Lößboden	30	28	25
Sandiger Lehmboden	60	58	50
Schwerer Lehmboden	78	75	72
Sandiger Lehmboden	110	100	72
Tonboden	112	96	72
Lettenboden	320	288	216

---

[1] PEARSON, A. N.: Wirkung des Kalkens auf die Durchlässigkeit von Tonboden. Chem. News 1892, 53; Zbl. Agrikult.-Chem. 1893, 78.

[2] BLANCK, E.: Der Einfluß des Kalkes auf die Wasserbewegung im Boden. Landw. Jb. 38, 715 (1909).

[3] ENGELS, O.: Der Einfluß von Kalk in Form von Ätzkalk und kohlensaurem Kalk auf die physikalische Beschaffenheit verschiedener Bodenarten. Landw. Versuchsstat. 83, 409 (1914).

Es scheint aber, daß die Strukturveränderung durch den Kalk sich nur in den obersten, lockerer gelagerten Schichten stärker bemerkbar macht, während sie unter größerem Bodendruck nur wenig in Erscheinung tritt (S. 118).

Die Schichtbildung hat einen wesentlichen Einfluß auf die Sickerwasserbewegung. Dicht unter der Bodenkrume findet sich meist ein verdichteter Bodenhorizont, der durch das Einschwemmen kolloidaler Bodenteilchen infolge der großen kapillaren Anfangsgeschwindigkeit des Wassers entstanden ist und vielfach Pflugsohle oder Ackersohle genannt wird. In dieser Schicht bilden sich mit Vorliebe die hängenden Menisken des kapillaren Haftwassers aus; sie ist deshalb auch größtenteils wasserreich und luftarm und läßt Luft nur schwer durch. Nach den Untersuchungen von Janota[1] und Solnar[2] liegt der verdichtete Horizont (illuvialer Horizont) im allgemeinen in 0,3—0,8 m Tiefe.

Der verdichtete Horizont ist für die Sickerwasserbewegung von ausschlaggebender Bedeutung. Liegt er nahe der Oberfläche, so hängt sich, wie schon bemerkt, das kapillare Haftwasser in ihm auf, liegt er tiefer, so entstehen an seiner unteren Grenzfläche die unteren Menisken des aufsitzenden Kapillarwassers.

Während auf die Grundwasserbewegung eine verdichtete bzw. feinkörnigere Schicht nur mit ihrem Durchlässigkeitsgrad wirkt, ist die Geschwindigkeit des kapillaren Sickerwassers sowohl von der Durchlässigkeit [Gleichung (100)], als auch von den kapillaren Erscheinungen in einer solchen Schicht abhängig.

Ist der Boden in der Lotrechten nicht gleichmäßig, so gilt für die Bewegung des hängenden kapillaren Sickerwassers die Formel

$$v = k_{lw} \frac{h - \frac{5}{4} H_1 + \frac{3}{4} H_2 - L}{h} , \tag{134}$$

worin h die Höhe der Wassersäule, H_1 die Kapillarziffer der Bodenschicht an der oberen Grenzfläche und H_2 jene an der unteren Grenzfläche des Sickerwassers ist. Die Sickerbewegung wird gegenüber gleichmäßigem Boden eine beschleunigte, wenn der Boden nach unten hin feiner wird, also die Durchlässigkeit des Bodenprofils von oben nach unten abnimmt. Hängendes kapillares Haftwasser hat dann nur eine kleine kritische Höhe, und das Grundwasser erhält reichlichen Zufluß aus dem Sickerwasser. Die oberen Schichten werden dabei meistens zu trocken und die unteren zu naß; auch macht die richtige Wasserregelung Schwierigkeiten, da die Grundwasserabsenkung in trockenen Jahren leicht zu groß und in nassen zu klein wird.

Wird hingegen der Boden nach unten zu grobkörniger, so ist in Gleichung (134) H_1 größer als H_2. Die Sickerbewegung wird verlangsamt, und es kann sich hängendes kapillares Haftwasser von großer Mächtigkeit bilden, das erst absinkt, wenn in Zeiten geringer Verdunstung stärkere Regenfälle niedergehen. Die Grundwasserbildung wird im wesentlichen nur im Frühjahr vor sich gehen, die obersten Schichten werden nach jedem Regen längere Zeit hindurch feucht bleiben, und die Verdunstungsverluste werden deshalb besonders groß. Zwischen der oberen Bodenschicht und der Grundwasserzone wird sich häufig eine ziemlich trockene Zwischenschicht, ein sog. toter Untergrund bilden. Diese Verhältnisse weist z. B. das von Solnar beschriebene Dränfeld der Wassergenossen-

---

[1] Janota, R.: Über die Wirkung der Dränung auf die physikalische Beschaffenheit und den mechanischen Bau des Bodens. Arb. landw. Forschungsinst. tschechoslow. Rep., Bd. 1 d. Veröff. Forschungswes. Geb. Kulturtechnik. Prag 1925. Ref. im Kulturtechniker **29**, 349 (1926).

[2] Solnar, O.: Die Bewegung des Wassers im Boden und die Wirkung der Dränungen. Arb. landw. Forschungsinst. tschechoslow. Rep. **25**, H. 2. Prag 1927.

schaft Markowitz bei Königgrätz auf. Der Boden besteht aus tonigem Kiessand, der in 50 cm Tiefe 7 % und allmählich abnehmend in 1,25 m Tiefe nur noch 1 % Teilchen < 0,01 mm enthält. Während in der Krume und dicht über dem Grundwasser im Frühjahr und Herbst die Feuchtigkeit mit rund 15 Gew.-% festgestellt wurde, hatte die trockene Zwischenschicht im Frühjahr in 50—75 cm Tiefe nur 5—6 und im Herbst in 50—100 cm Tiefe nur 3—4 Gew.-% Feuchtigkeit. SOLNAR ist der Ansicht, daß das Bodenprofil die Versickerung besonders begünstigen müsse, während tatsächlich das Gegenteil der Fall ist.

Ähnliche Bodenprofile wird man bei den Untersuchungen von LJUBOSLAWSKI anzunehmen haben, über die OTOTZKI[1] berichtet. In den untersuchten Sandböden stand das Grundwasser etwa 1,2 m unter Geländeoberfläche. Abgesehen von allen meteorologischen und Grundwasserstandsbeobachtungen wurden die Bodenwärme und alle 14 Tage die Feuchtigkeit des Bodens bis 1,2 m Tiefe bestimmt. Die das ganze Jahr über getriebenen Studien zeigten keine deutliche Gesetzmäßigkeit zwischen Grundwasserstand und Niederschlägen. In Tiefen von 0,3 bis 0,6 m war die Feuchtigkeit gering und zeigte selbst nach ausgiebigen Regengüssen keine wesentliche Erhöhung. Es ist aber falsch, aus solchen Erscheinungen die Folgerung zu ziehen, daß sich das Wasser nur als Dampf nach unten bewege, vielmehr liegen hier nur besonders ungünstige Versickerungsverhältnisse vor.

Am günstigsten ist für den Wasserhaushalt des Bodens der Wechsel von unregelmäßig verteilten dünnen lehmigen Schichten mit sandigeren Schichten.

Menge des Sickerwassers.

Die Wassermengen, welche von den atmosphärischen Niederschlägen in den Boden versickern, gehen zum großen Teil durch Pflanzen- und Bodenverdunstung wieder verloren. Ein Teil jedoch gelangt bis zum grundwasserverbundenen Kapillarwasser.

Setzt sich das Sickerwasser auf ein offenes Kapillarsäulchen auf, das seine größte kapillare Steighöhe noch nicht erreicht hat und mit dem Sickerwasserzufluß auch nicht überschreitet, so findet eine Einwirkung auf den Grundwasserstand nicht statt. Trifft es aber auf offene gesättigte Kapillarwassersäulen oder auf geschlossenes Kapillarwasser, so hebt sich die Grundwasseroberfläche um ein der Sickerwassermenge entsprechendes Maß. Ein Regenfall wird ein um so schnelleres und stärkeres Ansteigen des Grundwasserstandes bewirken, je höher und dichter das Netzwerk des offenen Kapillarwassers an die Bodenoberfläche hinaufreicht. Hingegen kann es bei einem sehr tiefliegenden Grundwasserstand Jahre dauern, ehe die überschüssige Sickermenge eines Regenfalls in der Kapillarzone des Grundwassers ankommt.

Die Aufhöhung des Grundwassers wird mit den Regenfällen um so weniger parallel gehen, je tiefer das Grundwasser unter der Geländeoberfläche liegt, je ausgetrockneter, feinkörniger und vor allem ungleichmäßiger der Boden ist. Besonders die Ungleichmäßigkeit des Bodens hat hängende und aufsitzende kapillare Haftwasserhaltungen zur Folge, bei denen zeitweilig ein kleiner Regenfall genügt, um sie im Zustande ihrer kritischen Höhe in kapillares Sickerwasser überzuführen und dann in kurzer Zeit den Grundwasserstand bedeutend zu heben.

Um die Menge des Sickerwassers festzustellen, das bis zum Grundwasser gelangt, hat man die im gewachsenen Boden aus Dräns abfließenden Wassermengen beobachtet oder, mit Rücksicht auf die Schwierigkeiten, die eine einwand-

---

[1] OTOTZKI, P.: Das Grundwasser, sein Ursprung, seine Bewegung und seine Verteilung. Prag 1926. — Nach O. SOLNAR: Wasserwirtsch. Mitt. Dtsch. Meliorationsverb. Böhmen 16, 97 (1928).

freie Bestimmung des Zuflußgebiets u. a. m. bieten, besondere mit Boden gefüllte Gefäße, Versickerungsmesser oder Lysimeter genannt, verwendet. Die letzteren sind besonders vorteilhaft, wenn es sich um vergleichende Beobachtungen handelt. Dabei wird die Größe der atmosphärischen Niederschläge durch Regenwasser und die der Verdunstung und Kondensation durch regelmäßiges Wägen der Lysimeter gemessen. Die Gewichtsänderung gibt Aufschluß darüber, um wieviel der Wassergehalt des Lysimeters jeweilig zu- und abgenommen hat. Ziehen wir vom Niederschlag die abgeflossene und die aufgespeicherte Wassermasse ab, so erhalten wir die Verdunstung bzw. Kondensation. Daneben ist die Verdunstung einer freien Wasserfläche zu beobachten. Luft-, Wasser- und Bodentemperatur, relative Feuchtigkeit der Luft, Windstärke und Windrichtung, Ermittelung der mechanischen Zusammensetzung, des Porenvolumens, der Hygroskopizität, der Durchlässigkeitsziffer und der kapillaren Steigzeitkurve des Bodens sind neben zeitweisen Feuchtigkeitsbestimmungen der einzelnen Bodenschichten, dauernder Beobachtung der Höhe des Grundwasserstandes und der Grundluftspannungen, Angaben über den Pflanzenbestand, seine Entwicklung und Erntemenge, Beschreibung der Lysimeterabmessungen und der sonstigen Einrichtungen und Feststellung des Gehaltes der Sickerabflüsse an Pflanzennährstoffen als Berechnungs- und Vergleichsunterlagen erforderlich.

Lysimeterversuche sind zuerst von Maurice[1] im Jahre 1797 und sodann von Dalton[2] 1798 ausgeführt worden.

Zur Bestimmung von Dränwassermengen haben Möllendorf[3], Wäge und John in den Jahren 1853—1856 an einer $3^{1}/_{2}$ ha großen Dränung bei Görlitz Versuche gleichzeitig mit sehr einfachen Lysimetermessungen ausgeführt. Eine Besprechung der älteren Versuche vor 1888 samt den eigenen, sehr aufschlußreichen bringt Wollny[4]. Lehrreich sind auch die Versuche von Ebermayer[5], die englischen Versuche von Lawes[6], Gilbert und Warington, Dickinson[7] und Evans, Greaves[8] und Latham[9], die Luedecke[10] eingehend behandelt. In neuerer Zeit haben Seelhorst[11] in Göttingen, Krüger[12] in Bromberg, Freckmann[13] in Landsberg a. d. W., die Bayerische Landesanstalt für Gewässer-

---

[1] Maurice: Bibl. Universelle de Genève. Sciences et Arts, T. 1. — Nach P. Gerhardt: Handbuch der Ingenieurwissenschaften III, 1, Gewässerkunde, 5. Aufl., S. 50. Leipzig 1923.

[2] Dalton, J.: Mem. Lit. Phil. Soc. Manchester V, Part II. — Nach P. Gerhardt, ebenda.

[3] Möllendorf, G. v.: Die Regenverhältnisse Deutschlands. Görlitz 1862. — Nach P. Gerhardt: Handbuch der Ingenieurwissenschaften III, 1, 5. Aufl., S. 50; Z. dtsch. Dränierung 1855, 11. — Nach C. Luedecke: Der Kulturtechniker 9, 128 (1906).

[4] Wollny, E.: Forschgn. Geb. Agrikult.-Phys. 11, 1 (1888).

[5] Ebermayer, E.: Untersuchungen über die Sickerwassermenge in verschiedenen Bodenarten. Forschgn. Geb. Agrikult.-Phys. 13, 11 (1890); 14, 195 (1891).

[6] Lawes and Gilbert: On the amount and composition of the rain and drainage waters. London 1882.

[7] Dickinson and Evans: Min. Proc. Inst. Civil Eng. 2 (1843); 20 (1861); 45 (1876).

[8] Greaves, Ch.: Ebenda 45 (1876).

[9] Lathan, B.: Quat. J. Roy. meteorol. Soc. (London) 1909, Juliheft.

[10] Luedecke, C.: Das Verhältnis zwischen der Menge des Niederschlags und des Sickerwassers nach englischen Versuchen. Der Kulturtechniker 9, 101 (1906); 15, 88 (1912); Das Verhältnis zwischen Regenfall und Sickerwasser. Ebenda 17, 319 (1914).

[11] Seelhorst, C. v.: Arb. dtsch. Landw.-Ges., H. 241; J. Landw. 1902 ff. — Eine gewässerkundliche Zusammenstellung haben K. Fischer in Naturwiss. Wschr. 33, 265 (1918) u. W. Koehne in Dtsch. Wasserwirtsch. 1924, H. 7, gegeben.

[12] Krüger, E.: Die Lysimeter der Abteilung für Meliorationswesen des Kaiser-Wilhelm-Instituts. Mitt. Kais.-Wilh.-Inst. f. Landw. Bromberg 2, H. 2 (Berlin 1910).

[13] Freckmann, W.: Jahresberichte der landwirtschaftlichen Versuchs- und Forschungsanstalten in Landsberg a. d. W. Landw. Jb. 58 (1922); 60 (1924) u. f.

kunde[1] in München und FABIAN[2] in Breslau ergebnisreiche Lysimetermessungen vorgenommen.

Bei allen Lysimeterversuchen ist zu beachten, daß sich auf der Lysimeter-
sohle Grundwasser mit grundwasserverbundenem Kapillarwasser bildet, wenn
der Abfluß einige Zentimeter über der Sohle angeordnet ist, und daß sich aufsitzendes Kapillarwasser mit fast demselben Wasservorrat einstellt, wenn sich
der Abfluß an der Sohle befindet. Je flacher die Lysimeter sind, desto mehr ist
die mit Kapillarwasser gesättigte Bodenzone der Verdunstung ausgesetzt. Es
ist deshalb unrichtig, daß flache Lysimeter grundsätzlich eine höhere Abfluß-
zahl ergeben müßten als tiefe, und daß das beobachtete gegenteilige Verhalten
nur durch die Kondensationstheorie erklärt werden könne.

So beobachtete WOLDRICH[3] im Jahre 1870 die Sickerwasserausflüsse aus
Röhren von 18 cm Lichtweite, die in die Erde eingelassen und bis auf 16 cm
Tiefe mit lehmiger Ackererde und darunter mit geröllhaltigem Lehmboden gefüllt waren. Die nachstehende Tabelle enthält die Ergebnisse des einen Versuchs-
jahres.

Tiefe	Sickerwassermenge in % des atmosphärischen Niederschlags				
m	Winter	Frühjahr	Sommer	Herbst	Jahr
0,16	37	21	16	42	27
0,32	57	45	17	42	36
0,63	52	51	21	45	38
1,26	43	41	24	32	33

Im Winter gibt das von der Länge der Röhren abhängige Aufspeicherungs-
vermögen des Bodens, im Sommer der in längeren Bodensäulen größere Schutz
des aufsitzenden Kapillarwassers vor dem Verdunsten den Ausschlag für die
Menge des unten abfließenden Sickerwassers.

LAWES, GILBERT und WARINGTON verwandten gemauerte und beiderseitig
zementierte Versickerungsmesser von 4,05 m² Querschnitt und verschiedener
Tiefe. Der Boden behielt seine natürliche Lagerung, indem man ihn unterfuhr.
Die Ackerkrume aus ziemlich schwerem Lehm hatte eine Tiefe von 0,20 m, darunter befand sich eine 0,25 m starke Schicht bröckligen Tons, an den sich nach
unten fester Ton anschloß. Die Oberfläche blieb stets unbebaut, nur die Unkräuter wurden zerstört. Die nachstehende Tabelle gibt das Mittel aus 25 Ver-
suchsjahren an.

	Abfluß in mm bei einer Lysimetertiefe von			Abfluß in % des Niederschlags bei einer Lysimetertiefe von			Niederschlag
	50,8 cm	101,6 cm	152,4 cm	50,8 cm	101,6 cm	152,4 cm	mm
Winter . .	275	292	275	68	72	68	404
Sommer . .	101	107	101	29	31	29	345
Jahr . . .	376	399	376	50	53	50	749

Im ersten Lysimeter war der Abfluß geringer als im zweiten, weil er sehr
flach war und das aufsitzende Kapillarwasser bis in die Krume reichte, wo es
stark verdunstete, im dritten Lysimeter war wieder der Abfluß des Wassers zur
tiefliegenden Sohle durch den festen Ton des Untergrundes erschwert, so daß sich

---

[1] Bayerische Landesanstalt für Gewässerkunde; berichtet von MAYR: Über die Ergebnisse der Verdunstungsversuche in München-Bogenhausen. Wasserkr. u. Wasserwirtsch.
1928, H. 7, 81.

[2] FABIAN, H.: Die Verdunstungsmessungen auf der Scheitniger Schleuseninsel in
Breslau. Der Kulturtechniker **29**, 377 (1926).

[3] WOLDRICH, E. N.: Nach FRANZIUS u. SONNE, Handbuch der Ingenieurwissenschaften,
2. Aufl., III, 1, S. 26. Leipzig.

vermutlich ein hoher Grundwasserstand bildete, dessen Kapillarwasser ebenso hoch reichte wie im flachsten Lysimeter und gleichermaßen stark verdunstete.

Jeder Faktor, der die Verdunstung vermehrt, wie Pflanzenwuchs, stärkere Besonnung, größere Windeinwirkung, vermindert den Sickerwasserabfluß. Eine stärkere Düngung trägt ebenfalls zur Verminderung des Sickerwasserabflusses bei, indem sie den Pflanzenwuchs und dadurch die Verdunstung fördert. Eine Bedeckung des Bodens mit totem organischen Material oder mit grobkörnigem Boden und eine gründliche Bodenbearbeitung und Vertilgung der Unkräuter verringert die Verdunstung und vermehrt deshalb die Sickermenge. Auch die Bodenart, Bodenschichtung und Struktur beeinflußt den Sickerwasserabfluß mit ihrer Einwirkung auf die Haftwassermenge, die Höhe des aufsitzenden oder grundwasserverbundenen Kapillarwassers und den kapillaren Nachschub des verdunstenden Wassers. Die Lysimeterversuche von Wollny mit verschiedenen Bodenarten erweisen, daß im allgemeinen die Sickermenge mit der Durchlässigkeit des Bodens zunimmt.

Auf dem Felde sind ferner noch Geländeneigung und Himmelsrichtung von Einfluß auf die Sickerwassermenge, indem auf einem geneigten Gelände mehr Wasser oberflächlich abfließt und beide Faktoren die Verdunstungsgröße ändern. Pfeiffer[1] gibt folgende Formel für die Sickerwassermenge S in Abhängigkeit von dem Neigungswinkel α des Geländes zur Horizontalen und dem Niederschlag N:

$$S = N \cdot \cos\alpha . \tag{135}$$

Nordabhänge geben das meiste Sickerwasser, dann folgen Ost- und Westabhänge, während die Südabhänge am wenigsten Sickerwasser liefern. Schmidt[2] stellte im Schwarzwald viele Quellen und häufig Quellenmulden in Nord- und Ostlage, weniger Quellen und nur selten Quellenmulden in Süd- und Westlage fest. Besonders auf den Nordhängen ist die Quellschüttung ergiebiger und konstanter als auf den Südhängen.

Im gewachsenen Boden kommt der Sickerwasserabfluß letzten Endes in den Schwankungen der Grundwasserstände zum Ausdruck. Über Grundwasserstandsschwankungen haben Fischer[3] und Koehne zahlreiche wertvolle Untersuchungen angestellt. Koehne[4] berechnet für ein humides Gebiet folgende durchschnittliche, als Verhältniszahlen zu verstehende Grundwasserstände, wenn der Grundwasserstand vom 31. Oktober gleich Null gesetzt wird:

	Monat											
	Nov.	Dez.	Januar	Febr.	März	April	Mai	Juni	Juli	Aug.	Sept.	Okt.
Grundwasserstand	10	15	20	25	25	20	15	0	—5	—5	0	0

f) Der Wasserdampf.
Versickerungs- und Kondensationstheorie.

Schon Aristoteles war der Ansicht, daß sich in den Hohlräumen der Berge Regenwasser sammele, um als Quelle wieder zum Vorschein zu kommen; er

---

[1] Pfeiffer, H.: Dränabwasser. Der Kulturtechniker **27**, 18 (1924).

[2] Schmidt, J.: Klima, Boden und Baumgestalt im beregneten Mittelgebirge. Neudamm 1925; besprochen in: Der Kulturtechniker **29**, 76 (1926).

[3] Fischer, K.: Der jährliche Gang der Beziehungen zwischen Niederschlag, Abfluß, Verdunstung und Versickerung im Landklima Mitteleuropas. Naturwiss. Wschr., N. F. **17**, Nr. 19, 265 (1918).

[4] Koehne, W.: Grundwasserkunde, S. 46. Stuttgart 1928.

glaubte aber auch, daß die in die Hohlräume eindringende Luft, die man damals für feinverteiltes, flüchtig gewordenes Wasser hielt, sich in der Erde bei der vorhandenen Kälte zu Wasser verdichte und die Quellen speise. SENECA stützte seine Quellentheorie ebenfalls auf die Verdichtung der Luft zu Wasser innerhalb der kalten Hohlräume der Erde; außerdem nahm er an, daß noch ein unterirdischer Zufluß vom Meere stattfinde. MARCUS VITRUVIUS POLLIS (etwa 40 v. Chr.) leitete alles flüssige unterirdische Wasser von in die Erde eingedrungenen atmosphärischen Niederschlägen ab, was in Vergessenheit geriet, bis die Richtigkeit dieser Theorie MARIOTTE im Jahre 1711 bewies, indem er den mittleren jährlichen Niederschlag auf das Seinegebiet oberhalb von Paris mit dem Seineabfluß bei Paris verglich und feststellte, daß der Abfluß noch nicht einmal den sechsten Teil des Niederschlags betrug. DALTON stellte für England eine ähnliche Bilanzrechnung auf und ermittelte den jährlichen Abfluß zu $1/3$ des Niederschlags.

Seitdem wurde die Infiltrationstheorie die herrschende, bis VOLGER[1] wieder auf die Kondensationstheorie, wenn auch in abgeänderter Form, zurückkam. Er vertrat die Ansicht, daß abgesehen von wenigen durch atmosphärische Niederschläge gespeisten Quellen alles Wasser im Untergrund von der Verdichtung des gemeinsam mit der Luft in den Boden eindringenden Wasserdampfes herrühre. VOLGER begründete seine Theorie damit, daß nach seinen Erfahrungen die atmosphärischen Niederschläge nur die obersten Schichten der Bodenkrume durchfeuchten, aber nicht bis zum Grundwasser dringen. Letzteres sei durch eine trockene Zwischenlage von der durchfeuchteten Ackerkrume geschieden.

Wir wissen jetzt, daß eine feinkörnige Krume oder ein dicht unterhalb der Krume gelegener verdichteter Bodenhorizont große Wassermengen zunächst als aufsitzendes und bei größeren Niederschlägen als hängendes kapillares Haftwasser tatsächlich zurückzuhalten vermag, daß aber ein Wasserzufluß über die kritische Kapillarhöhe hinaus ein Absinken der Wasserhaltung veranlaßt, und daß dieses Absinken in einzelnen, ziemlich feinen Sickertrichtern vor sich gehen kann, die sich der Beobachtung in der Natur vielfach entziehen werden. Außerdem weisen nicht alle Bodenprofile diese für eine reichliche Grundwasserspeisung ungünstige Schichtfolge auf.

Die VOLGERsche Theorie fand größtenteils Widerspruch, aber auch Anhänger. GIESELER[2] wies die Tatsache der Kondensation des atmosphärischen Wasserdampfes am Boden nach, indem er einen 49 mm weiten und 79 mm hohen Glaszylinder mit lufttrockenem Quarzsand füllte, den Zylinder in Eiswasser setzte und bei einem mittleren Taupunkt der Zimmerluft von 4,5° C innerhalb 40 Stunden eine Gewichtszunahme von 1,2 g je Kilogramm Sand feststellte. Diese Umrechnung der Gewichtszunahme auf die Sandmenge war, wie wir noch sehen werden, fehlerhaft; maßgebend konnte nur die Oberfläche des Bodens und die spez. Oberfläche der Bodenteilchen sein. EBERMAYER[3] berechnet aus dieser Angabe von GIESELER, daß seine 4 m² großen und 1,2 m tiefen Lysimeter, die 5320 kg Boden enthielten, bei gleicher Abkühlung 350 mm oder 37% des mittleren jährlichen Niederschlags durch Kondensation gewinnen könnten. Damit sucht er zu erklären, weshalb einer seiner Lysimeter ganz aus dem Rahmen der übrigen fallend 107% des atmosphärischen Niederschlags als Sickerwasser abführte — ein Ergebnis, das wahrscheinlich auf die Undichtigkeit des mit einer Betonmauer umgebenen Lysimeters zurückzuführen ist.

---

[1] VOLGER, O.: Die wissenschaftliche Lösung der Wasser-, insbesondere der Quellenfrage; Zeit und Ewigkeit, S. 200. Frankfurt a. M. 1857; Z. Ver. dtsch. Ing. 21, 481 (1877); 34 (1890); Meteorol. Z. 4 (Berlin 1887).

[2] GIESELER: Berggeist 1878, Nr. 63.

[3] EBERMAYER, E.: Forschgn. Geb. Agrikult.-Phys. 13, 11 (1890).

Sonntag und Jarz[1] nahmen für die Volgersche Theorie Stellung, die Mehrzahl der Forscher räumte der Kondensation einen wenn auch geringen Einfluß auf die Grundwasserbildung ein, wogegen Hann[2] sich ganz ablehnend verhielt und darauf hinwies, daß bei dem geringen Wasserdampfgehalt der Luft ganz erhebliche Luftmengen in den Boden einströmen müßten — bei Wien im Juli 1000 cbm je Quadratmeter Bodenfläche, um 2 mm Wasserhöhe zu erzeugen —, auch müßte die entstehende Kondensationswärme das anfängliche Spannungsgefälle der Luft bald erniedrigen und die Einströmung zum Stillstand bringen. König[3] trat wieder stark für die Kondensationstheorie ein, ebenso Haedicke[4]. Mezger[5] vertritt die Ansicht, daß nicht der Wasserdampf durch die Luftströmungen in den Boden geführt und dort zur Kondensation gebracht werde, sondern daß er unabhängig von der Luftströmung durch Diffusion vermöge eines Spannungsgefälles in den Boden gelange. Diese Dampfströmungen hätten, gleichviel in welcher Richtung sie erfolgen, nur den Widerstand der Luft zu überwinden, nicht auch den Luftdruck. Der Reibungswiderstand sei abhängig von der Dichtigkeit des Dampfes, der Dichtigkeit der Luft und der Summe oder Differenz der Geschwindigkeiten, mit der beide Gase in entgegengesetzter bzw. gleicher Richtung sich bewegen.

Keilhack[6] und Henle[7] glauben, daß die Kondensation einen nennenswerten Anteil an der Grundwasserbildung habe. Ototzki[8] und Solnar[9] stehen auf dem Boden der Kondensationstheorie.

Die Gründe, welche die Verfechter der Kondensationstheorie ins Feld führen, sind Erscheinungen, die sie mit der Versickerungstheorie nicht zu erklären vermeinen, die uns aber nach den vorhergehenden Kapiteln durchaus verständlich sind, als da sind geringe Eindringtiefe starker Regen, Vorkommen ziemlich trockener, toter Schichten zwischen feuchter Oberkrume und Kapillarwasserzone, geringe oder keine Abhängigkeit der Grundwasserstandsschwankungen von den Niederschlägen, Steigen der Grundwasserstände bei feuchter Luft, ohne daß Regen fällt (tatsächliche Ursache meist ein Sinken des atmosphärischen Luftdrucks), keine ausreichende Deckung der Verdunstungsverluste des Bodens und der Pflanzen sowie der Abflußmengen durch Niederschläge, wobei Boden- und Pflanzenverdunstung irrtümlich viel zu hoch angenommen werden, Zunahme des Sickerwasserabflusses mit der Tiefe der Lysimeter, große, die Niederschläge manchmal übersteigende Sickerabflüsse besonders im Winter, wobei aber auch Fehler in der Anordnung der Lysimeter und Regenmesser vor allem bei Schneefällen eine Rolle gespielt haben können. In Rothamsted hatte man neben den Lysimetern einen Regenmesser von gleicher Größe angeordnet, und es zeigte

---

[1] Sonntag, J., u. K. Jarz: Gaea, Natur u. Leben 16, 320, 703 (1880); 17, 463 (1881).

[2] Hann, J.: Z. österr. Ges. Meteorol. 15, 482 (1880); Gaea, Natur u. Leben 17, 83 (1881).

[3] König, J.: Die Verteilung des Wassers über, auf und in der Erde. Jena 1901; J. Gasbel. u. Wasserversorg. 49, 1033 (1906).

[4] Haedicke, H.: Die Entstehung des Grundwassers. Bayr. Ind.- u. Gewerbebl. 1907; Gesdh.-Ing. 32, 173 (1909).

[5] Mezger, Ch.: Die Dampfkraft als Ursache der Grundwasserbildung. Gesundh.-Ing. 14, 569 (1906); Das Verhalten des Bodens zum Wasser mit besonderer Berücksichtigung der Grundwasserbildung. Ebenda 16, 241, 501 (1908).

[6] Keilhack, K.: Grundwasser- und Quellenkunde, 2. Aufl., S. 102. 1912.

[7] Henle, H.: Der Einfluß des Waldes auf die Wasserversorgung. J. Gasbel. u. Wasserversorg. 57, 742 (1914).

[8] Ototzki, P.: Pet. Mitt. 1922, 215; Das Grundwasser, sein Ursprung, seine Bewegung und seine Verteilung. Prag 1926 (in tschechischer Sprache).

[9] Solnar, O.: Die Bewegung des Wassers im Boden und die Wirkung der Dränungen. Arb. landw. Forschungsinst. tschechoslow. Rep. 25, Nr. 2 (Prag 1927).

sich, daß die gleichfalls beobachteten kleineren Regenmesser in den einzelnen Monaten 9—17% und im Jahre 9,8% weniger Niederschläge angaben als die großen[1].

KRÜGER[2] führte zur Feststellung der Größe der Kondensation Versuche sowohl im Laboratorium als auch auf dem Felde aus. Er füllte Glaszylinder von 0,5 m Höhe und 8 cm Weite 0,4 m hoch mit Boden und umgab sie mit Eiswasser. Die durchschnittliche Zimmertemperatur betrug bei den Versuchen im Laboratorium 18°, die relative Luftfeuchtigkeit 65%. Die Temperatur in 35 cm Bodentiefe war durchschnittlich 0,8° C, die Temperatur an der Bodenoberfläche schwankte zwischen 0,8 und 12,2° C. Nachfolgende Tabelle enthält die in 27 Tagen von den Zylindern aufgenommene Wassermenge.

Bodenart	Zunahme g	Wassergehalt in Gew.-% des trockenen Bodens		
		zu Anfang	am Ende	Zunahme
Siebsand	3,7	0,1	0,22	0,12
Sandboden	4,7	0,3	0,45	0,15
Siebsand mit 10 % Moorboden	7,5	0,83	1,10	0,27
Lehmboden	7,8	1,4	1,71	0,31
Moorboden	9,0	7,4	8,13	0,73

Die Wasserzunahme der Gefäße erfolgte sprunghaft, als die Oberflächentemperatur von 9,6 auf 1,8° C gesenkt wurde.

Die Zunahme je Kilogramm Boden ist unter Berücksichtigung der 16,2 mal so langen Versuchsdauer bei den Sanden von KRÜGER 14,4 mal geringer als bei dem Versuch von GIESELER. Das legt die Vermutung nahe, die durch die weiter unten durchgeführten Untersuchungen zur Gewißheit wird, daß es sich hier nicht um eine Kondensation des Wasserdampfes im Innern der Bodensäule, sondern um eine solche in der Oberflächenschicht handelte. Es wächst die Kondensation vom Siebsand bis zum Moorboden, obgleich die Durchlässigkeit etwa in derselben Reihenfolge abnimmt. Offenbar spielt der Querschnitt des Zylinders und die hygroskopische Kraft des Bodens eine ausschlaggebende Rolle, während die Höhe der Bodensäule nebensächlich ist. Wahrscheinlich hätte man bei dem Zylinder mit Moorboden dieselbe Wasseraufnahme erhalten, wenn er nur in der obersten Schicht mit Moorerde, darunter aber mit Siebsand gefüllt gewesen wäre.

Die Feldversuche fanden mit einem Blechzylinder von 1 m Länge und 1 dm² Querschnitt und einem Blechkasten in Würfelform von 0,5 m Seitenlänge statt. Die Gefäße wurden mit Sand gefüllt, bis zum Rande in die Erde eingegraben und mit Schutzhauben überdeckt, welche wohl der Luft, nicht aber dem Regen Zutritt gewährten. Der Feuchtigkeitsgehalt des Bodens wurde alle 10 Tage durch Entnahme einer Bodenprobe mit dem Erdbohrer von NOVACKI und Wägen derselben bestimmt.

Die Temperaturmessungen ergaben, daß an warmen Frühlingstagen bei noch niedriger Bodentemperatur auch im Tagesmittel eine Dampfspannung eintrat, die an der Bodenoberfläche kleiner war als die der Luft und ein Gefälle nach den tieferen Bodenschichten hin hatte. Die der Kondensation günstige Jahreszeit war indes nur kurz, und jeder kühlere Tag bedingte wieder eine negative Spannung. So konnte denn bei den Feldversuchen weder eine regelmäßige Zunoch Abnahme des Wassergehalts beobachtet werden.

---

[1] Nach C. LUEDECKE: Der Kulturtechniker **15**, 88 (1912).
[2] KRÜGER, E.: Ein Beitrag zur VOLGERschen Theorie der Grundwasserbildung. Gesundh.-Ing. **32**, 469 (1909).

In England stellte Latham[1] an Verdunstungsmessern, also an einer freien Wasserfläche, im Mittel der 30 Jahre von 1879—1908 eine Kondensationsmenge von 9,12 mm je Jahr fest. Die stärkste Jahreskondensation wurde im Jahre 1893 mit 32,9 mm, die geringste im Jahre 1899 mit 2,41 mm gemessen. Es handelte sich hier also um eine ausgeprägte Oberflächenkondensation.

Gesetze der Wasserdampfbewegung.

Wasserdampf kann der Grundluft und der atmosphärischen Luft nur in beschränktem Maße beigemengt sein, denn sein Teildruck kann niemals größer als der zu der gegebenen Temperatur gehörige Sättigungsdruck werden. Die folgende Tabelle gibt einen Überblick über den Sättigungsdruck τ_{max} bei verschiedenen Temperaturen und 760 mm Gesamtdruck, sowie über das Gewicht des Wasserdampfes bei der Sättigung der Luft in g/m³ (absolute Feuchtigkeit). Absolute Feuchtigkeit f_a und Sättigungsdruck τ_{max} stehen zueinander in der Beziehung

$$f_a = \frac{1,060}{1 + 0,00367\, t^0} \cdot \tau_{max}, \qquad (136)$$

worin t^0 die Temperatur ist.

	Temperatur										
	-10^0	-5^0	0^0	5^0	10^0	15^0	20^0	25^0	30^0	40^0	50^0
τ_{max} mm Q.-S. von 0^0 C .	1,95	3,01	4,58	6,54	9,21	12,79	17,54	23,76	31,82	55,32	92,51
f_a g/m³	2,14	3,25	4,85	6,81	9,42	12,85	17,32	23,07	30,64	51,14	82,86

1 mm Quecksilbersäule (Q.-S.) von 0^0 C ist gleich 13,597 mm Wassersäule (W.-S.) von 4^0 C.

Relative Feuchtigkeit ist das Verhältnis der in einem gegebenen Raume vorhandenen Dampfmenge zu derjenigen, welche im Höchstfalle, also bei der Sättigung, darin enthalten sein könnte. Ist R die relative Feuchtigkeit, so ist also das wirklich vorhandene Gewicht des Wasserdampfes

$$f_r = R : f_a, \qquad (137)$$

bzw. der vorhandene Teildruck

$$\tau = R \cdot \tau_{max}. \qquad (137\,a)$$

Die Temperatur, bei der die vorhandene Dampfmenge die Luft gerade sättigen würde, nennt man den Taupunkt.

Der Wasserdampf ist bestrebt, von Orten höheren Dampfdrucks nach Orten niederen Drucks zu strömen, bis ein Spannungsausgleich erfolgt ist. Bei Luftschichten von verschiedener Temperatur wird dabei in der kälteren Luftschicht die Dichte des Wasserdampfes etwas und die relative Luftfeuchtigkeit wesentlich größer als in der wärmeren. Bei gleicher relativer Feuchtigkeit strömt der Wasserdampf mit dem Temperaturgefälle. Erreicht er an den Orten tieferer Temperatur den zu dieser Temperatur gehörigen Sättigungspunkt, wird also daselbst die relative Feuchtigkeit 100 %, so wird aller Dampf, der noch zuströmt, zu Wasser verdichtet. Bei dieser Kondensation wird ebensoviel Wärme frei, wie bei der Verdampfung des Wassers gebunden wurde[2], das sind bei t^0 Raumtemperatur und gewöhnlichem Atmosphärendruck

$$i = 595 - 0,54\, t^0 \text{ cal/g}. \qquad (138)$$

---

[1] Latham, B.: Quart. J. Roy. meteorol. Soc. (London) **1909**, Juliheft; nach C. Luedecke: Der Kulturtechniker **15**, 104 (1912).

[2] Akademischer Verein Hütte: Hütte, des Ingenieurs Taschenbuch, 25. Aufl., **1**, S. 487. Berlin 1925.

Erstarrt kondensierter Wasserdampf zu Eis oder Schnee, so wird überdies noch die Schmelzwärme frei, im ganzen also

$$i_e = 675 + 0,54\,t^0 \text{ cal/g}, \tag{139}$$

worin jetzt t^0 die Temperatur unter 0^0 C bedeutet.

Da der Dampf zwischen den Molekülen der Luft hindurch seinen Weg nehmen muß, prallen die Moleküle beider Gase ununterbrochen aufeinander, und die Dampfströmung, die man näher als Diffusion bezeichnet, geht deshalb ziemlich langsam vor sich. Die Dampfmenge, die in der Zeiteinheit durch den Querschnitt F cm² einer mit Luft erfüllten Röhre in horizontaler Richtung hindurchströmt, ist

$$q = k_d \cdot J \cdot F \text{ cm}^3/\text{sek}, \tag{140}$$

worin k_d der Diffusionskoeffizient und J das Gefälle des Dampfstromes in Zentimeter Wassersäule von 4^0 C auf 1 cm Rohrlänge ist. Nach WINKELMANN[1] ist k_d bei 0^0 0,198 cm/sek und bei $49,5^0$ 0,2827 cm/sek.

Dampfströmung und Kondensation können stattfinden:

a) in den Porenräumen des Bodens;

b) in bzw. an der Oberfläche des Bodens oder Wassers.

Soweit sich die Luft dabei mitbewegt, ist die wahre Bewegung eine Resultierende beider; die Komponente der Diffusion tritt im allgemeinen gegenüber der Komponente der Luftbewegung zurück.

Dampfströmungen im Boden. Der Transport von Wasserdampf im Boden durch strömende Luft ist jene Bewegung, die VOLGER bei der Aufstellung der Kondensationstheorie im Auge hatte, und die Diffusion jene, die MEZGER als maßgebend für die Wasserbildung im Untergrund erachtet. Die Grundluft beginnt zu strömen, wenn sie unter einem Spannungsgefälle steht, also bei Änderungen des atmosphärischen Luftdrucks, Versickerungsvorgängen, Schwankungen des Grundwasserstandes und Temperaturunterschieden. Bei den vorkommenden sehr kleinen Spannungsunterschieden ist aber der Spannungsausgleich im allgemeinen schon nach ganz unbedeutenden Luftverschiebungen erreicht. Nun könnten möglicherweise Temperaturunterschiede eine größere Rolle spielen. Jedoch ist während der wärmeren Jahreszeit die Luft in den unteren Bodenschichten kälter und schwerer als in den oberen und verbleibt deshalb in Ruhe. Wie sich während der kälteren Jahreszeit, in der die Grundluft in der Nähe des Grundwassers wärmer und leichter ist als die der oberen Schichten, die Verhältnisse gestalten, lehrt folgende Berechnung:

Es sei die Temperatur in der Nähe des Grundwassers 10^0, 1 m höher 0^0 C. Bei 760 mm Luftdruck wiegt mit Wasserdampf gesättigte Luft von 10^0 C 1,242 mg/cm³ und von 0^0 C 1,290 mg/cm³. Der Gewichtsunterschied ist $0,048 \cdot 10^{-3}$ g/cm³ und demnach das Spannungsgefälle $J = 0,048 \cdot 10^{-5}$ in cm Wassersäule von 4^0 auf 1 cm Länge. Für $\mu = 0,01$ (Tabelle S. 159) und $\eta_l = 0,000174$ (Tabelle S. 161) folgt nach Gleichung (107) die Durchlässigkeitsziffer für Luft zu $k_l = 57\left(\dfrac{p_0}{1-p}\right)^2 \cdot \dfrac{1}{U^2}$ cm/sek und die Geschwindigkeit zu $v_l = k_l \cdot J = 2,7 \cdot 10^{-5}$ $\left(\dfrac{p_0}{1-p}\right)^2 \cdot \dfrac{1}{U^2}$ cm/sek. Für $p_0 = p = 0,30$ wird $v_l = 5,0 \cdot 10^{-6}\ \dfrac{1}{U^2}$ cm/sek. Da neben dem aufsteigenden Luftstrom ein solcher von gleicher Stärke abwärts strömen muß, steigt je cm² Grundfläche eine Luftmenge von $q = 2,5 \cdot 10^{-6}\ \dfrac{1}{U^2}$ cm³/sek hoch. Für $U = 1$ mm ergibt sich dann in 100 Tagen eine aufsteigende Luftmenge von 22 cm³/cm².

---

[1] WINKELMANN, A.: Nach LANDOLT-BÖRNSTEIN, Physikalisch-chemische Tabellen I, S. 250. Berlin 1923.

Die durch Temperaturunterschiede erzeugte Luftbewegung und dementsprechend auch die mit der Luft transportierte Wassermenge ist also ganz verschwindend klein.

Für die Grundwasseranreicherung durch Dampfströmung kommt ausschließlich ein Temperaturgefälle von oben nach unten in Betracht, bei welchem also die Luft ruht und nur eine Diffusion des Wasserdampfes stattfindet. In welchem Ausmaß die dabei auftretende reine Diffusion ein Überführen flüssigen Bodenwassers von einer Schicht in die andere zu bewirken vermag, möge jetzt gezeigt werden.

Zur Ermittelung der Durchlässigkeitsziffer des Bodens für Wasserdampf dient der in Abb. 78 dargestellte Apparat von Zunker.

In die Glasröhre von rund 4 cm Lichtweite, die an ihrem unteren Ende mit einem Drahtsieb geschlossen ist, wird auf einer dünnen Kieslage 24 cm hoch Sand von bestimmter Korngröße eingerüttelt. An die Enden der Glasröhre sind Glasgefäße luftdicht angeschlossen, von denen das eine mit Wasser und das andere mit konzentrierter Schwefelsäure oder Phosphorpentoxyd etwa zur Hälfte gefüllt ist. Wenn der Wasserdampf von oben nach unten strömen soll, befindet sich das Wasser oben und die Schwefelsäure unten, bei entgegengesetzter Strömungsrichtung ist das Wasser unten und die Schwefelsäure oben. Bei der Versuchsdurchführung tauscht man zunächst einige Male, ohne Wägungen vorzunehmen, nach etwa je 3 Tagen Standdauer das Gefäß mit der wasseraufnehmenden Substanz gegen ein solches mit frischer Substanz um, damit sich ein gleichmäßiges Dampfspannungsgefälle einstellt und sich auch das hygroskopische Wasser in der Bodensäule diesem Gefälle entsprechend verteilen kann. Dann erst beginnt man mit der gewichtsmäßigen Feststellung der Wasserzunahme in dem zweckmäßig mit Phosphorpentoxyd gefüllten Gefäß, und zwar ebenfalls nach etwa je 3 Tagen Standdauer, wobei das gebrauchte Gefäß jedesmal gegen ein solches mit frischer Substanz ausgetauscht werden muß. Bei längerer Standdauer nimmt nicht nur das Wasseraufnahmevermögen der hygroskopischen Substanz wesentlich ab, sondern es gleicht sich auch die Größe der Kondensation in den Apparaten, die sich durch eine verschiedene Bodenfüllung voneinander unterscheiden, aus.

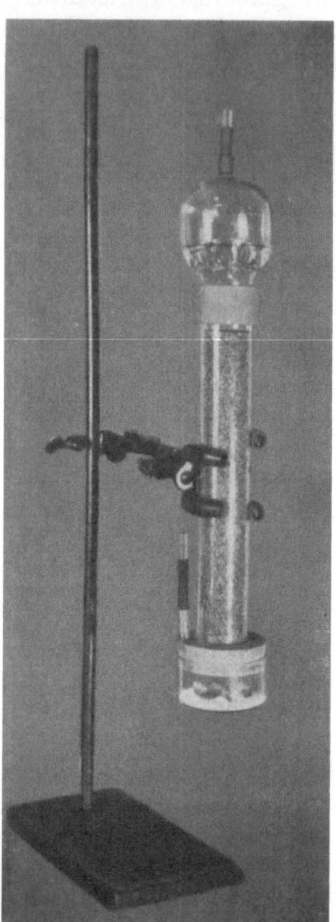

Abb. 78. Kondensationsapparat von Zunker.

Die nachstehende Tabelle enthält die Versuchsergebnisse des Verfassers mit Phosphorpentoxyd als wasseraufnehmende Substanz. Die Lichtweite der mit Boden gefüllten Glasröhren betrug durchschnittlich 4 cm. Die durchschnittliche Temperatur war 19,7⁰ C, der Atmosphärendruck 755 mm.

Da in Sanden der Einfluß der Verschiedenheit der Korngröße gegenüber dem Einfluß des Diffusionswiderstandes der Luft sehr zurücktritt, ist die Höhe des dem Versuchsboden untergelagerten gröberen Sandes, der seinerseits auf einem groben Messingsieb aufruhte, zu der Höhe des Versuchsbodens hinzugerechnet worden. Die Dampfspannung des Wassers

Kondensation von Wasserdampf.

Boden	Spez. Oberfläche		Spez. Gewicht	Poren-volumen p	Höhe der Bodensäule und Höhe des unter-gelagerten gröberen Sandes l	Quer-schnitt der Boden-säule F	Dampf-spannungs-gefälle J	Konden-sation in 24 Stunden q
	U	U' (Gl. 90c)		°/₀	cm	cm²	(cmWasser-säule)	g/cm²
Odersand I. .	0,892	0,918	2,637	36,33	24 + 1,5 = 25,5	12,78	0,902	0,00419
Odersand II .	1,391	1,417	2,637	35,71	24 + 1,5 = 25,5	12,88	0,902	0,00394
Odersand III.	2,164	2,190	2,634	36,02	24 + 2,0 = 26,0	12,91	0,885	0,00386
Hohenbockaer Glassand . .	4,545	4,572	2,636	37,92	24 + 2,5 = 26,5	12,56	0,868	0,00348

bei $19,7°$ C beträgt $17,212$ mm Q.-S. von $0°$ C, die des Phosphorpentoxyds kann gleich Null gesetzt werden. In cm Wassersäule von $4°$ C umgerechnet ist der Spannungsunterschied zwischen Wasser und Phosphorpentoxyd $^1/_{10} \cdot 13,597 \cdot 17,212 = 23,40$ cm. Mit Rücksicht darauf, daß an den Enden der Bodensäule der Dampfspannungsunterschied etwas geringer sein wird, da ein Dampfspannungsgefälle auch im Luftraum der angeschlossenen Gefäße besteht, sei nur mit 23 cm Spannungsunterschied gerechnet. Das Dampfspannungsgefälle in der Bodensäule ist dann $J = \dfrac{23}{l}$, wonach in der vorstehenden Tabelle die Gefälle im einzelnen berechnet sind.

Im folgenden wird nunmehr das allgemeine Gesetz der Dampfströmung im Boden abgeleitet. Die Menge des durch den Boden bei dem Gefälle J strömenden Wasserdampfes ist

$$q = k_w \cdot J \ \text{g/cm}^2 \ \text{in 24 Stunden.} \tag{141}$$

Der Durchlässigkeitsbeiwert k_w wäre, wenn es sich um reine Dampfströmung ähnlich dem Durchströmen von Luft durch den Boden handeln würde, nach Gleichung (107)

$$k_w = \frac{\mu}{\eta_w} \cdot \left(\frac{p_{ow}}{1-p}\right)^2 \cdot \frac{1}{U^2},$$

worin μ wieder der Formbeiwert des Bodens, η_w die Zähigkeit des Wasserdampfes, p das gesamte und p_{ow} das wirksame Porenvolumen ist. Die Bewegung des Wasserdampfes ist aber ein Diffusionsvorgang, wobei der Widerstand der Luft so aufgefaßt werden kann, als ob sich die spez. Oberfläche des Bodens um eine gewisse spez. Oberfläche, die der Luft eigen ist, vergrößert hätte. Es kann also gesetzt werden

$$k_w = \frac{\mu}{\eta_w} \cdot \left(\frac{p_{ow}}{1-p}\right)^2 \cdot \frac{1}{(U + U_l \cdot p_{ow})^2}, \tag{142}$$

worin U_l die spez. Oberfläche der Luft bedeutet; zu U_l gehört noch der Faktor p_{ow}, weil der Einfluß der spez. Oberfläche der Luft nur innerhalb des wirksamen Porenvolumens besteht.

Es kann nun nachgewiesen werden, daß U_l, wie es die vorgetragene Auffassung erfordert, bei derselben Temperatur eine Konstante ist. Bei der Auswertung der Beobachtungen ist wieder die Oberfläche der Filterrohrwandung zu berücksichtigen, außerdem kann bei haftwasserfreien Sanden $p_{ow} = p$ gesetzt werden, so daß für den Filterversuch die Formel gilt

$$k_w = \frac{\mu}{\eta_w} \cdot \left(\frac{p}{1-p}\right)^2 \cdot \frac{1}{(U' + U_e \cdot p)^2}. \tag{142a}$$

Hieraus folgt

$$U_l = \frac{1}{1-p} \cdot \sqrt{\frac{\mu}{\eta_w \cdot k_w}} - \frac{U'}{p}$$

und nach Einsetzen von k_w aus Gleichung (141)

$$U_l = \frac{1}{1-p} \cdot \sqrt{\frac{\mu \cdot J}{\eta_w \cdot q}} - \frac{U}{p} \, . \tag{143}$$

Nachstehende Tabelle enthält das Ergebnis dieser Berechnung.

Spezifische Oberfläche der Luft im Boden.

Boden	Formbeiwert μ (Tab. S. 156)	Zähigkeit η_w 19,7° (Tab. S. 161)	Spezifische Oberfläche der Luft bei 19,7° C	
			im Einzelnen	im Mittel
Odersand I	0,015	0,0000974	283,6	
Odersand II	0,015	0,0000974	287,9	
Odersand III	0,015	0,0000974	287,7	285
Hohenbockaer Glassand .	0,013	0,0000974	281,9	

Somit ist die unter dem Gefälle J (in cm Wassersäule auf 1 cm Länge der Bodensäule) durch einen Boden von der spez. Oberfläche U, dem gesamten Porenvolumen p und dem spannungs- und wasserfreien (wirksamen) Porenvolumen p_{ow} in 24 Stunden strömende Wasserdampfmenge

$$q = \frac{\mu}{\eta_w} \cdot \left(\frac{p_{ow}}{1-p}\right)^2 \cdot \frac{1}{(U + 285\,p_{ow})^2} \cdot J \; \text{g/cm}^2 \, . \tag{144}$$

Hierin ist der Formbeiwert aus der Tabelle S. 159 und die Zähigkeit aus Tabelle S. 161 zu entnehmen.

Da der Diffusionskoeffizient in Gleichung (140) mit zunehmender Temperatur wächst, ist weiter zu folgern, daß auch U_l von der Temperatur abhängt, und zwar muß U_l mit abnehmender Temperatur etwas größer werden.

Im gewachsenen Boden ist die Grundluft im allgemeinen schon wenige Zentimeter unter der Bodenoberfläche mit Feuchtigkeit gesättigt, und unter dieser Tiefe kann deshalb eine Diffusion des Wasserdampfes nicht durch Unterschiede in der relativen Feuchtigkeit, sondern nur durch Temperaturunterschiede hervorgerufen werden. Das Gesetz der Dampfströmung nach Gleichung (144) muß aber auch für diesen Fall gelten. Um über das Maß der Kondensation in den tieferen Bodenhorizonten eine Vorstellung zu bekommen, sei der in unserem Klima für die Kondensationstheorie günstige Fall angenommen, daß sich nahe der Bodenoberfläche eine Haftwasserhaltung von 20° C befinde und 1 m tiefer die Kapillarwasserzone von 10° C beginne. Das Dampfspannungsgefälle ist dann $J = \dfrac{(17{,}54 - 9{,}21) \cdot 13{,}597}{100 \cdot 10} = 0{,}113$. Ferner ist im Durchschnitt $\eta_w = 0{,}0000958$. Der Formbeiwert sei mit $\mu = 0{,}01$ angenommen, und das wirksame Porenvolumen werde aus dem Wasserhaltungsvermögen (Abb. 63) berechnet. Folgende Tabelle gibt dann für Böden in Einzelkornstruktur von bestimmter spez. Oberfläche die nach Gleichung (144) ermittelte abwärtsströmende Menge des Wasserdampfes an:

Wasserdampfströmung in Böden.

Bodenart	Spezifische Oberfläche U	Porenvolumen p °/₀	Wasserhaltungsvermögen Gew.-°/₀	Vol.-°/₀	Wirksames Porenvolumen p_{ow} °/₀	Kondensierter Wasserdampf in 24 Std. q g/cm²
Grobsand	1	30	2,2	4	26	$2{,}6 \cdot 10^{-3}$
Feinsand	10	30	3,9	7	23	$2{,}0 \cdot 10^{-3}$
Lehmiger Sand . .	100	35	8,1	14	21	$4{,}3 \cdot 10^{-4}$
Sandiger Lehm . .	1000	40	20,0	32	8	$1{,}8 \cdot 10^{-6}$

Also selbst im Grobsand diffundieren an einem Tage unter dem vorausgesetzten Gefälle nur 2,6 mg/cm^2 Wasserdampf nach unten. Wie aus Abb. 82 hervorgeht, kehrt sich aber das Temperaturgefälle in den höheren Bodenschichten im Laufe der Nacht vielfach um, so daß in Wirklichkeit infolge dieser rückläufigen Bewegung der nach der Kapillarwasserzone gelangende Wasserdampf noch wesentlich geringer ausfällt. Nur in Rissen und Spalten sowie unmittelbar in der Oberflächenschicht des Bodens mit ihrem zeitweilig überaus hohen Temperaturgefälle kann sich eine Wasserdampfströmung in nennenswertem Ausmaß bemerkbar machen, aber gerade in solchen Fällen ist der Infiltration die größere Wirkung auf das Grundwasser bisher nicht bestritten worden.

LEBEDEFF[1] führt einen Laboratoriumsversuch an, dessen Auswertung als ein weiterer Beweis für die Richtigkeit der Formel (144) gelten kann; jedoch vermag dieser Versuch keinesfalls die Kondensationstheorie zu stützen. Das untere Ende eines mit Sand gefüllten Reagenzgläschens stellte er in einen Thermostaten mit einer Temperatur von 40° C, das obere Ende ließ er von Wasser von 9° C umströmen, und der mittlere Teil war der Zimmertemperatur von 15—18° C ausgesetzt. An seinem unteren Ende war der Sand stark angefeuchtet, und allmählich entstanden feuchte Ringe auch in den gekühlten Horizonten. Das Spannungsgefälle vom unteren Ende bis zum mittleren Horizont war überschläglich $(55,32 - 14,08) \cdot 13,597 \cdot {}^1/_{10} = 14$ cm Wassersäule auf 1 cm Bodenlänge. Nehmen wir als Versuchsmaterial ziemlich gleichkörnigen Grobsand mit $U = 1$, $p_0 = p = 0,4$ und $\mu = 0,015$ an, so ist die nach Gleichung (144) in 24 Stunden im mittleren Horizont kondensierte Wassermenge bei reiner Diffusion

$$q = \frac{0,015}{0,0001} \cdot \left(\frac{0,4}{0,6}\right)^2 \cdot \frac{14}{(1 + 285 \cdot 0,4)^2} = 0,071 \text{ g/cm}^2.$$

Bei einer Haftwasserbildung von 4 Vol-% nimmt diese kondensierte Wassermenge $\dfrac{0,071 \cdot 100}{4} = 1,8$ cm Höhe ein, wovon ein Teil nach oben weiterwandert. Zu der Diffusion tritt hier noch die Wirkung der aufsteigenden Luft hinzu, die die Geschwindigkeit der Wasserdampfbewegung erhöht. In der Natur ist jedoch mit solchen Spannungsgefällen nur in der Oberflächenschicht des Bodens zu rechnen.

Dampfströmung und Kondensation an der Erdoberfläche. An der Erdoberfläche geht zwischen Boden und atmosphärischer Luft ein ununterbrochener Austausch von Wasserdampfmolekülen vor sich. Überwiegt die Ausströmung des Wasserdampfes, so spricht man von Verdunstung, die Umkehrung des Verdunstungsvorganges nennt man Kondensation. Mit dem Begriff der Kondensation ist ein Verdichten des Wasserdampfes verbunden. Tatsächlich wird der Wasserdampf beim Einströmen immer verdichtet.

Ein Einwandern von Wasserdampfmolekülen erfolgt, wenn die Dampfspannung τ_0 in der Bodenoberfläche kleiner ist als die Dampfspannung τ_l der bodennahen Luftschicht, also wenn

$$\tau_0 < \tau_l. \tag{145}$$

Beträgt die Feuchtigkeit der Bodenluft in der Oberfläche weniger als 100%, so wird der zuströmende Wasserdampf hygroskopisch aufgenommen. Bei lufttrockenem Boden genügt für die hygroskopische Wasseraufnahme schon die Bedingung

$$t_0^0 < t_l^0, \tag{146}$$

<hr>

[1] LEBEDEFF, A. F.: Z. Pflanzenern., Düng. u. Bodenkde. A, 10, 12 (1927).

worin t_o^0 die Temperatur in der Bodenoberfläche und t_l^0 die der bodennahen Luftschicht ist.

Wegen der Abhängigkeit der bodennahen Lufttemperatur von der Temperatur der Bodenoberfläche kann die Gleichung (146) auch dahin erweitert werden, daß lufttrockener Boden hygroskopisches Wasser aus der Luft im allgemeinen schon dann aufnimmt, wenn seine Temperatur sinkt, und umgekehrt Wasserdampf an die Luft abgibt, wenn seine Temperatur steigt.

Ist die Feuchtigkeit der Grundluft in der Bodenoberfläche gleich 100%, so entsteht bei einem Dampfzustrom je nach der Temperatur tropfbar flüssiges oder gefrorenes Wasser. Die Bedingung für den Dampfstrom lautet

$$\tau_{o\,\max} < \tau_l, \tag{147}$$

oder auch

$$\tau_{o\,\max} < R \cdot \tau_{l\,\max}, \tag{147a}$$

worin $\tau_{o\,\max}$ den Sättigkeitsdruck bei der Temperatur der Oberfläche und $\tau_{l\,\max}$ jenen bei der Temperatur der bodennahen Luft bedeutet.

Man kann nun bei der Kondensation des Wasserdampfes an der Erdoberfläche unterscheiden: 1. die hygroskopische Wasseraufnahme; 2. die Taubildung; 3. die Blattschattenkondensation; 4. den Fremdtau oder Wasserbeschlag; 5. die Reifbildung; 6. die Glatteisbildung. Die einzelnen Begriffe werden im Laufe der nachfolgenden Ausführungen erläutert werden. Wir wenden uns zunächst der Frage zu, durch welche Ursachen die Dampfspannung in der Bodenoberfläche kleiner wird als die in der bodennahen Luftschicht.

Am Tage nimmt die Erdoberfläche die Wärmestrahlen der Sonne auf. Gleichzeitig finden Wärmeverluste statt durch Wärmeleitung in die bodennahe Luftschicht und die tieferen Bodenschichten, durch Verdunsten von Bodenwasser, durch Austausch der Wärme infolge Luftbewegungen in und über der Bodenoberfläche und schließlich durch Strahlung. In der Nacht gewinnt die Wärmeausstrahlung maßgebenden Einfluß auf den Wärmehaushalt der Erdoberfläche. Die Luft hat für die kurzwelligen Wärmestrahlen der Sonne ein sehr geringes Absorptionsvermögen, ein größeres für die langwelligen Wärmestrahlen der Erde, was auf den Wasserdampf in der Atmosphäre zurückzuführen ist, sich aber nur bei einer großen Mächtigkeit der wasserdampfhaltigen Luftschichten bemerkbar macht. Die Lufttemperatur wird hauptsächlich durch die Wärmeleitung der Luft bei Berührung mit der Erdoberfläche bestimmt. Wenn auch die Wärmeleitfähigkeit der Luft nur 0,000056 cal/cm sek Grad beträgt, während beispielsweise Wasser 0,001, feuchter, lehmiger, gewachsener Boden 0,006 und Eisen 0,1 hat, ist doch der Temperaturleitungskoeffizient der Luft wegen der geringen Dichte und geringen spez. Wärme mit 0,18 etwa ebenso groß wie der des Eisens. Die Temperatur der bodennahen Luftschicht folgt deshalb der Temperatur der Erdoberfläche überaus schnell.

Die effektive Ausstrahlung der Erdwärme, d. h. die Differenz zwischen Ausstrahlung und Gegenstrahlung der Atmosphäre, hängt ab von dem Grade der Bedeckung des Himmels, der nach Zehnteln geschätzt wird (o = wolkenlos, 10 = ganz bedeckt), und der Art der Bewölkung. Nach Angström[1] und Asklöf[2] ist die effektive Ausstrahlung, wenn $\frac{n}{10}$ des Himmels bedeckt sind,

$$S_n = S_o \cdot \left(1 - c \cdot \frac{n}{10}\right), \tag{148}$$

---

[1] Angström, A.: On the radiation and temperature of snow and the convection of the air at its surface. Arch. Mathem., Astron. och Fysik, Stockholm **13**, Nr. 21 (1919).

[2] Asklöf, St.: Über den Zusammenhang zwischen der nächtlichen Wärmeausstrahlung, der Bewölkung und der Wolkenart. Geogr. Ann. **1920**, H. 3.

worin S_o die Ausstrahlung bei wolkenlosem Himmel und c eine Konstante ist, die von der Wolkenart abhängt. Für niedrige Wolken von 1—2 km Höhe ist $c = 0{,}9$, für die ganz hohen Federwolken $c = 0{,}2$.

Ferner wächst die Ausstrahlung mit der Temperatur des Bodens und nimmt ab mit der absoluten Feuchtigkeit der Luft. Die Abhängigkeit von der Temperatur ergibt sich aus dem Gesetz von STEPHAN und BOLTZMANN, wonach die Ausstrahlung absolut schwarzer Körper proportional der 4. Potenz ihrer absoluten Temperatur ist. Für graue Körper ist die Ausstrahlung

$$S_g = \varepsilon_a \cdot S_s, \tag{149}$$

worin S_s die Ausstrahlung des schwarzen Körpers und ε_a die Absorptionsverhältniszahl[1] ist. Für Humus ist $\varepsilon_a = 0{,}66$, für Ackererde 0,38, für Kies 0,29, für Wasser 0,67, für Ruß 0,95, für Silber 0,03. Moorboden strahlt deshalb mehr Wärme aus als Mineralboden und ein dunkler, nasser Boden mehr als ein heller, trockener. Für denselben Boden verhält sich die Ausstrahlung bei 0° zu der bei 20° wie $1 : 1{,}33$. Der Teil der Erdstrahlung, der durch die Atmosphäre hindurchgelangt und für uns verlorengeht, liegt zwischen 5 und 25% und wird von ANGSTRÖM im Mittel auf 14% geschätzt.

Auch die Seehöhe ist auf die Stärke der Ausstrahlung von Einfluß; dafür gibt ANGSTRÖM folgende Zahlen, wobei sich zwar der Einfluß der Temperatur und Feuchtigkeit nicht ganz ausschalten ließ:

Seehöhe . . . . m	0	1000	2000	4000
Gegenstrahlung in cal/cm² min	0,44	0,37	0,31	0,21

In der nachstehenden Tabelle ist nach den Angaben von GEIGER[2] die effektive Ausstrahlung S in wolkenloser Nacht für Stationen in geringer Meereshöhe angegeben, wobei die Temperatur der Luft in 1—2 m Höhe über dem Erdboden zu messen ist.

	Temperatur ° C											
	—10			0			10			20		
Relative Luftfeuchtigkeit %	50	60	80	50	60	80	50	60	80	50	60	80
Effektive Ausstrahlung S in gcal/cm² min	0,165	0,161	0,155	0,174	0,170	0,159	0,175	0,165	0,151	0,167	0,157	0,143

Die nächtliche Wärmeausstrahlung würde sehr bald zu einer starken, schädlichen Temperaturerniedrigung der Bodenoberfläche führen, wenn der Oberfläche nicht durch Wärmeleitung und Wärmeaustausch beträchtliche Wärmemengen zuflössen. Zwar sind der Wärmeaustausch und die Wärmeleitung aus der Luft nur gering, denn nachts herrscht ein Minimum an Windgeschwindigkeit; die Luftschichtung ist deshalb stabiler als am Tage und die unterste, durch Wärmeleitung abgekühlte Luftschicht bleibt wegen ihrer größeren Schwere am Boden. Es ist keine Seltenheit, daß die Luft in 0,03 m Höhe über dem Boden um 4—5° C, ja 8° C und mehr kälter ist als jene in 2 m Höhe. Ein größerer Wärmezufluß erfolgt aus den tieferen Bodenschichten. Aber auch dieser genügt nicht, um die durch Strahlung verlorengehende Wärme zu ersetzen. DÉFANT[3], dem sich GEIGER[4]

---

[1] Akademischer Verein Hütte: Hütte, des Ingenieurs Taschenbuch, 25. Aufl., 1, 463. Berlin 1925.

[2] GEIGER, R.: Das Klima der bodennahen Luftschicht, S. 40. Braunschweig 1927.

[3] DÉFANT, A.: Über die nächtliche Abkühlung der untersten staubbeladenen Luftschichten. Ann. d. Hydr. 1919, 93.

[4] GEIGER, R.: a. a. O., S. 46.

anschließt, sieht in dem Zustrom von Staubteilchen den unbekannten Wärmestrom. Jedoch ist auch über einer Schneelandschaft in Polargegenden während der ganzen Winterzeit der Wärmefluß vorhanden, wie Angström[1] nachgewiesen hat. In der Wasserdampfströmung und der Kondensation des Wasserdampfes an der Erdoberfläche hat man vielmehr den Wärmestrom zu suchen.

Geiger gibt eine Zusammenstellung der effektiven Ausstrahlung, die Angström in Abisko in 68,4⁰ nördlicher Breite im Polarwinter beobachtet hat; die effektive Ausstrahlung betrug im Mittel 0,09 g cal/cm^2 min, die Temperatur der Schneeoberfläche war durchschnittlich um 2⁰ niedriger als jene in 0,6 m Höhe über der Schneeoberfläche; die mittlere Windgeschwindigkeit betrug 1,1 m/sek. Sobald der Wind wehte, werden die Ausstrahlungsverluste der Schneedecke hauptsächlich aus dem Wärmegehalt der Luft durch Austausch gedeckt worden sein. Wie aber mußten sich die Verhältnisse bei Windstille gestalten?

Die Abkühlung von Boden und bodennaher Luft mußte dann bald einen Grad erlangen, wo der Taupunkt der Luft nahezu erreicht war. Im Taupunkt ist die Dampfspannung der Luft gleich der über Wasser von der gleichen Temperatur. Aber die Spannkraft des gesättigten Wasserdampfes über Eis und Schnee ist bei derselben Temperatur kleiner als die über Wasser. Da außerdem der Schnee eine tiefere Temperatur hatte als die Luft, mußte ein Strömen des Wasserdampfes der atmosphärischen Luft nach der Schneedecke hin erfolgen. Unter der Annahme, daß die Hälfte der effektiven Ausstrahlung der Schneedecke durch Wärmeleitung ersetzt wurde, bleibt die andere Hälfte durch Kondensation zu decken. Da der atmosphärische Wasserdampf am Schnee nicht nur kondensiert wird, sondern auch gefriert, werden bei einer Temperaturannahme von −10⁰C nach Gleichung (139) für je 1 cm^3 kondensierten Wasserdampfes 680 cal frei. Es genügt dann im vorliegenden Falle eine Kondensation von $\dfrac{^{1}/_{2} \cdot 0{,}09 \cdot 600}{680} = 0{,}04$ mm Wasserhöhe innerhalb einer Stunde, um die Temperatur der Schneedecke auch bei Windstille konstant zu erhalten.

Wir nennen diesen Wärmestrom, der eine Wasserdampfströmung mit abschließender Kondensation zur Voraussetzung hat, Kondensationswärmestrom und die Erscheinung selbst Wärmekondensation. Ihre Bedeutung steht der Wärmeleitung, der Wärmestrahlung und dem Wärmeaustausch durch Turbulenzkörper, wie sie in der Luft oder dem Wasser auftreten, in keiner Weise nach. Die Wärmekondensation ist es, die in Polargebieten in Zeiten geringer Luftbewegung die Temperatur der Erdoberfläche im Winter vor zu starker Erniedrigung bewahrt und die bei uns in den wolkenlosen und windstillen Nächten der wärmeren Jahreszeit das Leben der Pflanzen erhält.

Berechnen wir einmal, welche Kondensationsmengen in unserem Klima erforderlich sind, um den nächtlichen Strahlungsverlust voll zu decken. Die Rechnung wird gleichzeitig die maximale Taumenge ergeben, die wir bei bestimmten Ausstrahlungswerten zu erwarten haben.

Die durchschnittliche Ausstrahlung der Erdoberfläche kann im Flachlande in unserer Klimazone in wolkenlosen Nächten der wärmeren Jahreszeit nach Tabelle S. 209 mit $S = 0{,}16$ cal/cm^2 min angenommen werden. Dann ist im Höchstfalle, also wenn diese Ausstrahlung ganz durch den Kondensationswärmestrom gedeckt werden soll, die erforderliche Kondensationsmenge

$$\boldsymbol{K_s} = \frac{\boldsymbol{600\,S}}{\boldsymbol{i}}\ \textbf{mm/std,} \qquad\qquad (150)$$

---

[1] Angström, A.: a. a. O.

worin i die Kondensationswärme des Wasserdampfes der Luft in cal/g ist. Gleichung (138) in Gleichung (150) eingesetzt, ergibt für Temperaturen über 0^0 C

$$K_s = \frac{600\,S}{595 - 0{,}54\,t^0}\ \text{mm/std} \tag{151}$$

und für Temperaturen unter 0^0 C, wenn Gleichung (139) in Gleichung (150) eingesetzt wird,

$$K_s' = \frac{600\,S}{675 + 0{,}54\,t^0}\ \text{mm/std}\,. \tag{152}$$

Für 15^0 C und $S = 0{,}16\ \text{cal/cm}^2$ wird somit

$$K_s = 0{,}16\ \text{mm/std}. \tag{153}$$

Für 7 Nachtstunden im Sommer wird die maximale Kondensationsmenge demnach 1,1 mm. In der Sommerzeit sind durchschnittlich nur etwa 7 Kondensationsstunden anzunehmen, weil der Wärmevorrat, mit dem die Erdoberfläche in die Nacht eintritt, eine zu schnelle Abkühlung bis auf den Taupunkt verhütet. An besonders feuchten Stellen wird die Kondensation zwar gleich nach Sonnenuntergang einsetzen. Im Winter wird für z. B. -5^0 C die in windstillen, wolkenlosen Nächten erforderliche größte Kondensationsmenge rund 0,14 mm/std. Die erforderliche Kondensationsmenge ist also von der Temperatur ziemlich unabhängig.

Mit Gleichung (153) haben wir annähernd die größte stündliche Menge an hygroskopischem Wasser, Tau oder Reif errechnet, die im Flachlande auftreten kann. Im Gebirge in rund 1000 m Höhe ist für eine nächtliche Temperatur von 10^0 und durchschnittlich 60% relativer Luftfeuchtigkeit etwa $S = 0{,}24\ \text{cal/cm}^2$ min und somit die größtmögliche Taumenge annähernd

$$K_{s\,\text{Geb.}} = 0{,}24\ \text{mm/std}. \tag{154}$$

Die maximale Taumenge in mm/std. ist also ziemlich genau gleich der effektiven Ausstrahlung in cal/cm^2 min.

Wir gehen jetzt dazu über, den Verlauf der Temperatur- und Feuchtigkeitskurven im einzelnen zu verfolgen. Abb. 79 zeigt die Temperaturkurven in Boden und Luft zur Mittags- und Nachtzeit bei wolkenlosem Himmel, wie sie von Wollny[1], Knoch[2], Hellmann[3], Geiger[4] u. a. ermittelt worden sind, und die für nackten sowie niedrig bewachsenen Boden gelten. Temperatur-Maximum und Minimum liegen in der wärmeaufnehmenden bzw. strahlenden Oberfläche. Das Temperaturgefälle ist dicht oberhalb und unterhalb der Oberflächenschicht überaus groß, so daß man zu vollkommen falschen Schlußfolgerungen über die Dampfströmungsverhältnisse kommen würde, wenn man sich nur auf Temperaturmessungen in einer Tiefe von mehreren Zentimetern oder Dezimetern unter der Oberfläche und in 1,5—2 m Höhe über dem Erdboden stützen wollte. Der vertikale Temperaturunterschied der Luft ist in der Nacht kleiner als am Tage.

Am Tage hat der in der Bodenoberfläche vorhandene Wasserdampf das Bestreben, unter Wirkung des Temperatur- bzw. des Spannungsgefälles des

---

[1] Wollny, E.: Untersuchungen betreffend die Methode der Vorausbestimmung der Nachtfröste. Forschgn. Geb. Agrikult. Phys. 11, 133 (1888).

[2] Knoch, K.: Ein Beitrag zur Kenntnis der Temperatur- und Feuchtigkeitsverhältnisse in verschiedener Höhe über dem Erdboden. Abh. preuß. Meteorol. Inst. 3, Nr. 2 (Berlin 1909).

[3] Hellmann, G.: Über die nächtliche Abkühlung der bodennahen Luftschicht. Sitzgsber. Akad. Wiss. Berlin 38, 806 (1918).

[4] Geiger, R.: Das Stationsnetz zur Untersuchung der bodennahen Luftschichten. Jahresberichte im Dtsch. meteorol. Jb. Bayern, München 1924 u. f.

Wasserdampfes, das dem Temperaturgefälle bis zu einem gewissen Grade parallel geht, sowohl in die Luft, als auch in die tieferen Bodenschichten abzuströmen. Nackter Boden trocknet deshalb bei starker Erwärmung in der Oberfläche sehr schnell aus. Soweit ein Feuchtigkeitsnachschub aus der Tiefe erfolgt, kann es hiernach nur durch Kapillarwasserbewegung geschehen.

In der Nacht ist ein gegenteiliges Strömungsbestreben vorhanden. Die Bodenoberfläche wird dann nicht nur durch Kapillarwassernachschub, sondern auch durch Dampfströmungen, die sowohl aus der Bodentiefe als auch aus der Luft kommen, feucht. Bezüglich der Dampfströmungen im Boden muß daran erinnert werden, daß sie nur bei sehr hohem Spannungsgefälle ein nennenswertes Ausmaß erlangen können.

Ist der Boden mit Pflanzen bestanden, so bilden die Pflanzen die wärmeauffangende bzw. strahlende Oberfläche. Abb. 80 stellt die von Geiger[1] beschrie-

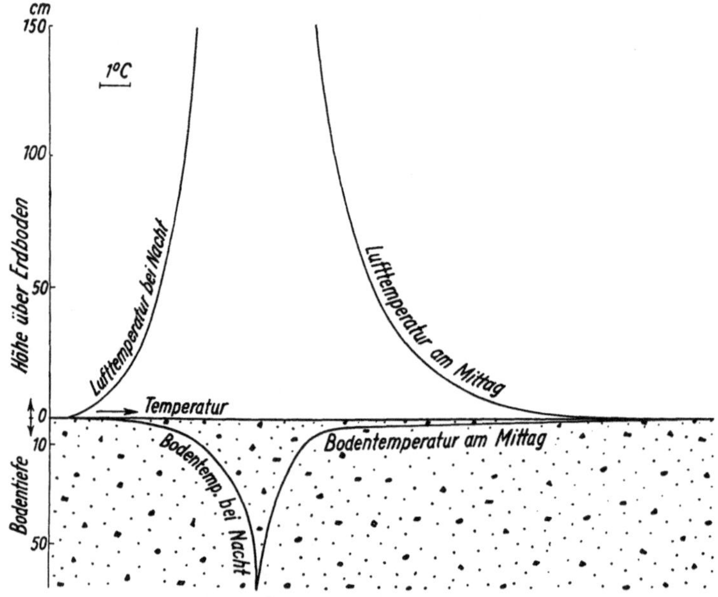

Abb. 79. Temperaturkurven im Boden und in der bodennahen Luftschicht zur Mittags- und Nachtzeit.

benen mittäglichen und nächtlichen Temperaturkurven in einem mit Löwenmaul bestandenen Blumenbeet und Abb. 81 jene in einem Getreidefeld dar (Winterroggen). Die Blumenpflanzen mit ihren horizontalliegenden, breiten Blättern lassen die Sonnenstrahlen wenig eindringen, während die Eindringtiefe in das Getreide sehr viel größer ist.

Daß die Blattemperatur ganz erheblich über der Lufttemperatur liegen kann, erweisen zahlreiche Messungen. Smiths[2] stellte bei einem Magnolienblatt eine Temperatur bis zu 43^0 C fest, während die Lufttemperatur rund $26,7^0$ betrug. Die Blattemperatur sank und hob sich dabei stark mit abnehmender und zunehmender Windgeschwindigkeit. Blattemperaturen, die 10^0 über der Lufttemperatur liegen, sind bei uns nichts Seltenes.

---

[1] Geiger, R.: Das Klima der bodennahen Luftschicht, S. 120.
[2] Smith, A. M.: On the internal temperature of leaves in tropical insolation usw. Ann. roy. Botanic Gardens Peradeniga 4, Part 5 (1909). Nach R. Geiger: Das Klima der bodennahen Luftschicht, S. 126.

Die Temperaturverhältnisse und die starke Verdunstung in der Blattober-
fläche haben auf den Verlauf der Dampfströmung in einem Pflanzenbestande
einen maßgebenden Einfluß. Am Tage ist das Dampfdruckgefälle im allgemeinen
von der Bodenoberfläche weggerichtet, und es findet demgemäß Verdunstung
statt. Aber bei blattreichen Pflanzen in windstiller, feuchter Lage kann es auch
vorkommen, daß tagsüber oder zu gewissen Tageszeiten Wasserdampf von den
erwärmten Pflanzenblättern dem kühleren Boden zuströmt; weist doch in Abb.80

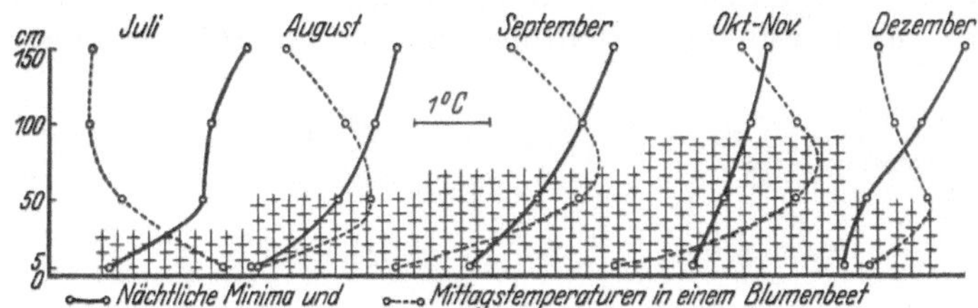

Abb. 80. Temperaturkurven der bodennahen Luft in einem mit Löwenmaul bestandenen Blumenbeet.
Nach R. Geiger.

das mittägliche Temperaturgefälle ebenso wie das nächtliche einen starken Abfall nach unten auf. Daß die Verteilung der Luftfeuchtigkeit eine derartige
Dampfströmung zuläßt, zeigen die in der folgenden Tabelle wiedergegebenen

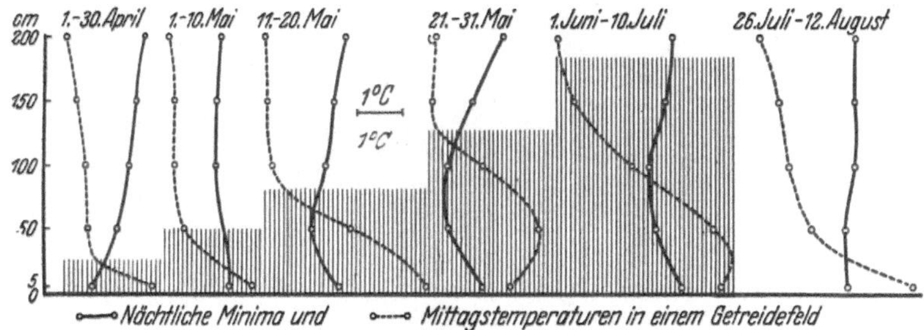

Abb. 81. Temperaturkurven der bodennahen Luft in einem Getreidefeld. Nach R. Geiger.

Beobachtungen von Kraus[1], die er an einem im Baumschatten gut entwickelten Wurmfarn machte.

Zeit	Relative Luftfeuchtigkeit in %		
	auf dem Boden	zwischen den Blättern	in 1 m Höhe
21. Juni 1907, 8,30 Uhr .	88	95	86
24. Juni 1907, 11 Uhr .	60	70	58
29. Sept.1907, 17 Uhr .	72	88	71

Wir nennen solche Kondensation von Wasserdampf an der
Bodenoberfläche, die im Schatten blattreicher Pflanzen tagsüber
erfolgt, wobei der Wasserdampf von den erwärmten Pflanzenblättern seinen Ausgang nimmt, Blattschattenkondensation. Die Blattschattenkondensation müssen wir als die Ursache der Schattengare ansehen, auf
deren Zustandekommen der Landwirt so großes Gewicht legt. Sie ist weniger
für den Wasserhaushalt des Bodens als vielmehr für den Wärmehaushalt des

---

[1] Kraus, G.: Boden und Klima auf kleinstem Raum. Jena 1911.

Pflanzenbestandes von Bedeutung. An Stelle der Sonnenstrahlen wird der Bodenoberfläche durch die Blattschattenkondensation tagsüber warmes Wasser zugeführt, und nachts wirft umgekehrt der feuchtwarme Boden den Pflanzenblättern einen Teil seiner aufgespeicherten Wärme durch den Kondensationswärmestrom wieder zu. Der kondensierte Wasserdampf entstammt den wurzeldurchsetzten Bodenschichten und hat in flüssiger Form seinen Weg durch die Pflanzen genommen, ehe er zur Bodenoberfläche gelangte.

Einen weiteren Einblick in den Temperaturverlauf und mit gewissem Vorbehalt in die Dampfströmungsverhältnisse an der pflanzenbestandenen Boden-

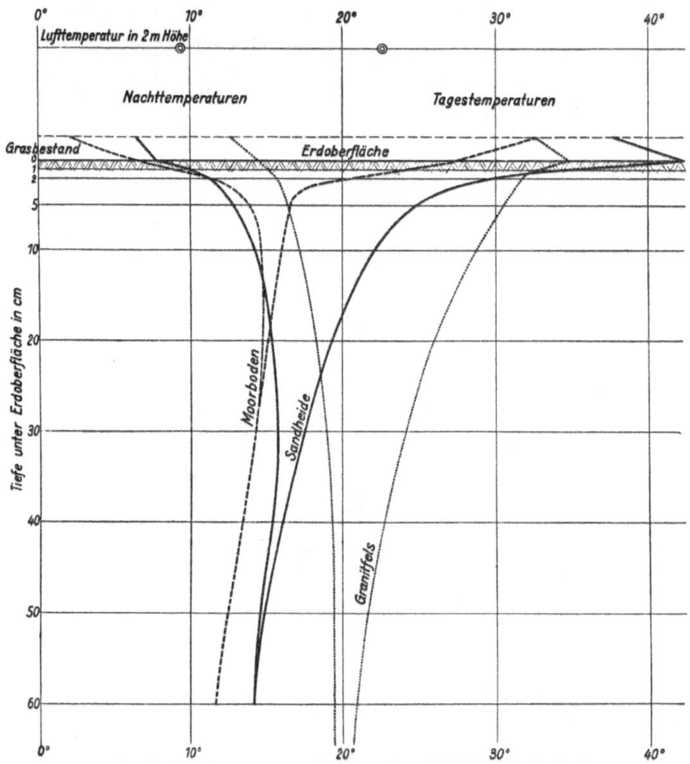

Abb. 82. Bodentemperaturen nach Beobachtungen von Homén bei klarem Wetter in Finnland am 10. bis 12. August 1893. Nach R. Geiger.

oberfläche gewähren uns die Beobachtungen von Homén[1] in Finnland, die er vom 10.—12. August 1893 bei klarem Wetter anstellte und die in Abb. 82 wiedergegeben sind. Im Boden wird sich nur innerhalb der etwa 2 cm starken Oberflächenschicht bei dem dort herrschenden sehr starken Temperaturgefälle eine nennenswerte Dampfströmung ausbilden. Am Tage ist dabei, wie auch in Abb. 79, das Strömungsgefälle nach der Bodentiefe (Austrocknung der Oberfläche) und in der Nacht nach der Oberfläche (Anfeuchtung derselben) gerichtet. Der lichte Stand der Grasdecken auf dem Granitfels und der Sandheide hat zur Folge, daß hier die Bodenoberfläche gleichzeitig zum Horizont des Temperaturmaximums wird, während bei dem dichter bewachsenen und

---

[1] Homén, Th.: Der tägliche Wärmeumsatz im Boden und die Wärmestrahlung zwischen Himmel und Erde. Leipzig 1897. Nach R. Geiger: a. a. O., S. 143.

kälteren Moorboden die Oberfläche des Temperaturmaximums in der Grasober-
fläche liegt. Die Temperaturminima liegen bei allen Bodenarten in der Gras-
oberfläche, so daß also, was besonders zu beachten ist, in den vorliegenden Fällen
während der Nacht eine Verdunstung von Bodenwasser stattfindet. Im Gegensatz dazu lag bei dem lockerstehenden, großblättrigen Löwenmaul der Abb. 80
das nächtliche Temperaturminimum in der Erdoberfläche.

Die Erklärung für das verschiedene Verhalten der Pflanzenarten liegt nach
GEIGER darin, daß die Luft, die sich an der Unterseite der horizontal liegenden
breiten Blätter des Löwenmauls abkühlt, der Schwere folgend, ohne gehemmt zu
werden, nach unten sinken kann, während hingegen die Luft, die sich an den
Getreide- und Grashalmen abkühlt, nur an den Halmen selbst ein Stück nach
unten gleitet, bis das nächste der zahlreichen Halmblätter sie auffängt und über
sich festhält. Bei den breiten Blättern des Löwenmauls wird dabei die sicherlich
zutreffende Voraussetzung gemacht, daß Ober- und Unterseite der Blätter annähernd die gleiche Temperatur haben.

Wie haben wir uns nun den Kondensationsverlauf an Pflanzen während
der Nacht vorzustellen? Durch die Wärmeausstrahlung wird die Temperatur
der am höchsten emporragenden Blattspitzen am stärksten erniedrigt, ist
doch hier die Gegenstrahlung seitens des übrigen Pflanzenbestandes, der
Wärmevorrat und die Eigenerzeugung von Wärme durch die Pflanzen sowie
die Wärmeleitung aus dem Boden am geringsten. Die Pflanzenspitzen bilden deshalb den Anfangshorizont der Kondensation. Der Wasserdampf
strömt dabei diesem Horizont sowohl aus der darüber gelegenen Atmosphäre
als auch aus dem Boden zu. Der Kondensationshorizont wird mit zunehmender nächtlicher Abkühlung nach unten hin allmählich an Mächtigkeit
gewinnen. An der jeweilig unteren Grenzfläche des Kondensationshorizontes
wird hauptsächlich Wasserdampf aus dem Boden, an der oberen hauptsächlich
atmosphärischer Wasserdampf kondensiert. Bei manchen Pflanzenarten wie dem
Löwenmaul dringt zwar die untere Grenzfläche des Kondensationshorizonts sehr
schnell bis zur Bodenoberfläche vor, begünstigt durch die abfallende, kühle,
schwere Luft. Auch bei der Kondensation an der Bodenoberfläche selbst stammt
der Wasserdampf — gleichgültig ob es sich um einen Boden mit oder ohne
Pflanzenbestand handelt — sowohl aus der Atmosphäre als auch aus der Bodentiefe. Die stärkste Taubildung muß im Augenblick der tiefsten Abkühlung, also
bei Sonnenaufgang, eintreten.

Der Vorgang der Taubildung ist von größter Bedeutung für die Pflanzenwelt, denn sie wird dadurch vor zu tiefen Temperaturen bewahrt. Auch der
während der Taubildung im allgemeinen fortdauernde Verdunstungsprozeß an
der Bodenoberfläche ist für die Pflanzen nützlich. Den Wärmevorrat des Bodens
vermögen sich die höher emporragenden Pflanzenteile weder durch Wärmeleitung, noch durch Wärmeaustausch nutzbar zu machen. Statt dessen wirft
ihnen nun der Kondensationswärmestrom fortwährend neue Wärmemassen zu.
Wohl kühlt sich die Bodenoberfläche bei der Verdunstung ab, ohne daß jedoch
dabei die verbrauchten Wärmemengen für die Pflanze verloren sind, vielmehr
werden sie durch die Taubildung wieder restlos für die oberen Pflanzenteile an
der gleichen Bodenstelle nutzbar gemacht.

Die älteste Theorie über das Herkommen des Taues spricht sich in den
Worten aus, ,,es ist Tau gefallen". Dem entgegengesetzt vertrat GERSTEN[1]
1733 die Anschauung, daß der Tau der Erde entstamme. AITKEN[2] und

---

[1] GERSTEN: Nach E. WOLLNY, Untersuchungen über die Bildung und die Menge des
Taues. Forschgn. Geb. Agrikult.-Phys. 15, 111 (1892).
[2] AITKEN, J.: Ebenda 9, 162 (1886).

Wollny[1] haben den Nachweis zu führen versucht, daß diese Ansicht zu Recht bestehe. Beide fanden, daß der bei Sonnenuntergang gewogene und sodann reichlichem Taufall ausgesetzte feuchte Boden sowohl mit als auch ohne Pflanzenbestand am Morgen bei Sonnenaufgang stets leichter geworden war. Die Pflanzenblätter waren an der Unterseite stärker benetzt als oben. Glasplatten, die man auf den nackten Boden gelegt hatte, waren an der Unterseite stark angefeuchtet, während sie oben nur einen leichten Hauch aufwiesen. War der Boden mit Pflanzen wie Gras, Getreide, Buchweizen, Sojabohnen bestanden, so blieben die auf die Bodenoberfläche gelegten Glasplatten vollkommen trocken, während die Pflanzen darüber stark betaut waren. Wohlgemerkt war aber bei trockenem Boden stets eine Gewichtszunahme während der Nacht zu verzeichnen.

Was den lufttrockenen Boden anbelangt, so ist aus Gleichung (146) zu folgern, daß er auf jeden Fall mit untergehender Sonne an Gewicht zunehmen muß. Wenn der untersuchte Boden auf einer undurchlässigen Unterlage liegt, kann das hygroskopische Wasser selbstverständlich nur aus der Luft stammen. So fand denn auch Wollny als Mittel aus acht nächtlichen Beobachtungen während der Zeit vom Juli bis September 1881 mit Kästen von 100 cm² Querschnitt und 5 cm Tiefe die in der nachstehenden Tabelle auf 1 m² Fläche umgerechneten Gewichtszunahmen in der Zeit vom Sonnenuntergang bis Sonnenaufgang. Die Kästen waren auf einem Brett, das auf einer Grasfläche lag, während solcher Nächte aufgestellt worden, in denen Taubildung zu erwarten war.

Gewichtszunahme während der Nacht in g/m² bei					
pulverförmigem Torf		pulverförmigem Lehm		Quarzsand	
trocken	oben trocken, Untergrund feucht	trocken	oben trocken, Untergrund feucht	trocken	oben trocken, Untergrund feucht
252	214	249	199	171	152

In Wasserhöhe ausgedrückt, betrug also die größte durchschnittliche Wasseraufnahme in einer Nacht 0,25 mm. Taubildung wurde nur in einzelnen Fällen in Tröpfchenform auf Torf oder als gleichmäßig die Oberfläche befeuchtender Niederschlag bei Lehm und Quarzsand wahrgenommen. In den übrigen Fällen blieb der Tau trotz reichlicher Kondensation von Wasserdampf unsichtbar.

Schon Sikorski[2] hatte gefunden, daß ein Boden während der Nacht bei zunehmender Luftfeuchtigkeit Wasserdampf aus der Luft adsorbiert, dessen Menge von der physikalischen Beschaffenheit des Erdreichs abhängig ist.

Wie ist es jedoch zu erklären, daß Wollny eine Gewichtsabnahme der feuchten Böden trotz reichlicher Taubildung beobachten konnte. Darüber geben uns nun die Beobachtungen, die Hamberg[3] zu Upsala in vier Julinächten 1875 machte, einen Fingerzeig. Nachstehend ist die von ihm festgestellte absolute Luftfeuchtigkeit in verschiedener Höhe über dem Boden angegeben.

Man sieht, wie das Maximum der absoluten Feuchtigkeit im Juli um 8½ Uhr abends noch unmittelbar am Boden liegt, was bedeutet, daß zu dieser Zeit noch Verdunstung herrscht, und wie erst nach 10 Uhr abends die absolute Feuchtigkeit das entgegengesetzte Gefälle erhält, also ein Rückfluß der atmosphärischen

---

[1] Wollny, E.: Ebenda 15, 111 (1892).

[2] Sikorski, J. S.: Untersuchungen über die durch Hygroskopizität der Bodenarten bewirkte Wasserzufuhr. Forschgn. Geb. Agrikult.-Phys. 9, 421 (1886).

[3] Hamberg, H. E.: La température et l'humidité de l'air à différentes hauteurs. Upsala 1876. Nach R. Geiger: Das Klima der bodennahen Luftschicht, S. 69.

Höhe über dem Boden	Absolute Luftfeuchtigkeit in g/m³								
	abends				Mitternacht	früh			
	8¹/₂ Uhr	9 Uhr	10 Uhr	11 Uhr		1 Uhr	4 Uhr	5 Uhr	6 Uhr
am Boden . . .	8,3	8,4	7,8	7,5	7,1	7,0	6,4	7,5	9,5
0,3 m	7,8	8,2	7,8	7,6	7,2	7,0	6,5	7,8	9,3
1,2 m	7,8	8,0	7,8	7,7	7,3	7,1	6,6	8,0	9,1
3,1 m	7,7	7,9	7,6	7,7	7,5	7,3	6,8	8,3	9,0

Feuchtigkeit nach dem Boden hin erfolgt. Kurz nach 5 Uhr mit Sonnenaufgang beginnt dann wieder die Verdunstung, und zwar wegen des alle Oberflächen überziehenden Taues in gesteigertem Maße.

Da nun WOLLNY das Anfangsgewicht seiner mit Pflanzen bestandenen Kästen zur Zeit des Sonnenunterganges, d. i. im Juli um 8—8¹/₂ Uhr, bestimmt hat, liegt hiernach die Lösung der Widersprüche darin, daß es zu einer Zeit geschah, als der Boden noch stark verdunstete. Hätte er die Kästen erst um 10 oder 11 Uhr nachts, bei geringerer Ausstrahlung noch später, eingewogen, so würde er eine Gewichtszunahme erhalten haben.

Die Taumenge berechnet WOLLNY aus der Gewichtsdifferenz der dem Tau ausgesetzten Gefäße, die bis an den Rand in das umgebende Grasland versenkt wurden, mit solchen, die durch einen mit Leinwand in 1 m Höhe über der Erde überdachten Rahmen der nächtlichen Wärmeausstrahlung und demgemäß der Taubildung entzogen waren. Diese Versuchsanordnung und Berechnung mußte etwas zu große Kondensationszahlen ergeben.

In folgender Tabelle sind die von ihm ermittelten Taumengen und die Anzahl der Nächte mit Taufall angegeben.

	Starker Taufall	Mittelstarker Taufall	Schwacher Taufall
Taumenge in mm.	0,54	0,40	0,19
Anzahl der Nächte mit Taufall im Jahre 1881	34	16	18
,, ,, ,, ,, ,, ,, ,, 1882	41	16	17

Die bei starkem Taufall kondensierte Wassermenge ist hiernach halb so groß, wie sie in Anschluß an Gleichung (153) bei siebenstündiger maximaler Taubildung im Flachlande mit 1,1 mm als höchst möglich berechnet wurde.

Für München ergibt sich aus vorstehender Tabelle eine jährliche Taumenge

im Jahre 1881 bei 813,50 mm Niederschlag von 28,18 mm,
im Jahre 1882 bei 982,60 mm Niederschlag von 31,77 mm.

Die Taumenge betrug somit durchschnittlich 3,35 % der Niederschläge, wobei die Tage mit Reif unberücksichtigt geblieben sind. Die stärkste Taubildung fand vom Juli bis September statt. Die längeren Nächte des Monats September mit seiner verhältnismäßig noch großen Luftfeuchtigkeit begünstigen die Taubildung besonders. Da ein Teil des Taus unmittelbar aus dem Boden stammt, ist also die dem Boden durch den Taufall aus der Atmosphäre zugeführte Wassermenge überaus gering.

Wenden wir uns nun noch einigen Sondererscheinungen der Taubildung zu.

Man wird finden, daß die Taumenge an Pflanzen derselben Art verschieden ist, und daß nicht selten nur gewisse Stellen betaut sind. Es kann dies liegen einerseits an einer Verschiedenheit der Ausstrahlung infolge von Farbenunterschieden und Unterschieden in der Mächtigkeit der übergelagerten Dunsthülle, andererseits an einer Verschiedenheit des Wärmevorrats und der Wärmeerzeugung der Pfanzen, der Wärmeleitung, des Wärmeaustausches durch Luftbewegungen und des Kondensationswärmestromes infolge wechselnder Boden- und Luftfeuchtigkeit sowie wechselnder Boden- und Lufttemperatur.

Da nach S. 211 die maximale stündliche Taumenge unter der Voraussetzung, daß keine andere Wärmequelle als die der Kondensation auftritt, verhältnisgleich der effektiven Ausstrahlung ist und nach S. 209 die Wärmeausstrahlung der Körper recht verschieden ist, wird schon deshalb die Taumenge örtliche Abweichungen zeigen. Ferner kommt als weiterer veränderlicher Faktor die Wärmeerzeugung der lebenden Pflanzen aus ihrem Chlorophyllapparat hinzu. Der Verfasser beobachtete an mehreren Herbsttagen, daß die jungen, hellgrünen Triebe von etwa 8jährigen Blautannen stark betaut waren, jedoch nicht die älteren, dunkleren Zweigteile. Die Tannenzweige schoben sich z. T. in gleichmäßig dunkle Fichtenzweige hinein, von denen kein Zweig auch nur einen Tautropfen trug. Die Taubildung war also ganz eindeutig nur auf die neuen Triebe der Tannen beschränkt. Die frostempfindlichen Rosenblätter betauen sich besonders stark. Je mehr eine Pflanze unter sonst gleichen Verhältnissen zur Taubildung neigt, desto geringer ist ihre Erzeugung an Eigenwärme, desto tiefer kühlt sie sich bei nächtlicher Ausstrahlung ab, und desto mehr ist sie, nicht nur in Frühlingsnächten, sondern auch an Frosttagen im Winter, dem Erfrieren ausgesetzt. Das Studium der Taubildung (bzw. Reifbildung) an Pflanzen würde hiernach ein einfaches Mittel in die Hand geben, um zu jeder Jahreszeit die frostempfindlichen von den frostharten Pflanzen unterscheiden zu können.

Sutton[1] fand in Kimberley (Südafrika) die Anzahl der Nächte mit Taufall in ausgeprägter Abhängigkeit von der relativen Luftfeuchtigkeit, die in 122 cm Höhe bestimmt wurde:

Relative Luftfeuchtigkeit % . . .	90 u. mehr	89—85	84—80	79—75	74—70	69—65	64—60
Zahl der Nächte mit Taufall . . .	85	83	81	69	68	37	12

Es kann also ein Unterschied der relativen Feuchtigkeit von rund 40% zwischen dem Kondensationshorizont und 1,22 m Höhe über dem Erdboden bestehen.

Da sowohl die Wärmeausstrahlung als auch die Verdunstung aus dem Boden durch eine größere Luftfeuchtigkeit herabgesetzt wird, die Anzahl der Nächte mit Taufall aber mit der Luftfeuchtigkeit zunimmt, ist die Beobachtung von Sutton als ein neuer Beweis dafür anzusehen, daß ein Teil des Taus aus der atmosphärischen Luft stammt.

Auch wächst der Taufall mit der Feuchtigkeit des Bodens, denn feuchter Boden hat wegen seiner dunklen Farbe ein höheres Ausstrahlungsvermögen, er tritt außerdem mit einer niedrigeren Temperatur in die Nacht ein, so daß der Taupunkt eher erreicht wird, ferner erhöht er während der vorhergehenden Verdunstungsperiode die Luftfeuchtigkeit über sich und führt einem Pflanzenbestande auch von unten her während des Taufalls reichlicher Wasserdampf zu als trockener Boden. So erhielt denn auch Wollny[2] für mit Gras bestandene Töpfe

bei einer relativen Bodenfeuchtigkeit von	75 %	50 %	25 %
eine Taumenge von	0,544	0,402	0,186 mm.

Je nach dem Verhältnis der Luftfeuchtigkeit zur Bodenfeuchtigkeit wird unter sonst gleichen Umständen der Tau mehr aus

---

[1] Sutton, J. R.: On some meteorological conditions controlling nocturnal radiation. Trans. roy. Soc. S. Africa 2, Part 5, 381 (1912); Ref. in Meteorol. Z. 1914, 500. Nach R. Geiger: a. a. O., S. 64.

[2] Wollny, E.: Forschgn. Geb. Agrikult.-Phys. 15, 111 (1882).

der Luft oder mehr aus dem Boden stammen. In der Nähe der Meeresküste, an Binnengewässern und auf Bergen wird der Taufall aus der atmosphärischen Luft überwiegen.

Große Pflanzen derselben Art und dichterer Pflanzenbestand werden stärker betaut als kleinere Pflanzen und ein lockerer Bestand, und ein mit Pflanzen bestandener Boden ist mehr dem Tau ausgesetzt als ein nackter, weil bei gutem Schluß der Pflanzen die ausstrahlende Fläche fast ausschließlich in den Blättern liegt, und die Wärmeleitung nach den Blättern schlechter ist als nach einer ausstrahlenden Bodenoberfläche. Außerdem ist über einem üppigen Pflanzenbestand die Anreicherung der Luft mit Wasserdampf während der Verdunstungsperiode größer, und es ist ferner der Boden kälter als bei einem dürftigen oder fehlenden Bestande.

Tagsüber stärker besonnte Stellen erhalten keinen oder weniger Tau als im Schatten gelegene, weil bei den ersteren der Wärmevorrat des Bodens größer und die Luft- und Bodenfeuchtigkeit geringer ist als bei den letzteren.

Den stärker besonnten Stellen sind die Südlagen, den mehr im Schatten gelegenen Stellen die Nordlagen in ihrem Verhalten zur Taubildung gleichzusetzen.

Je schlechter die Wärmeleitung nach der Oberfläche, desto stärker ist die Taubildung. WOLLNY senkte ein mit Hafer bestandenes Zinkgefäß bis an den Rand in den Boden einer Haferparzelle ein; während der Hafer des Gefäßes viel Tau aufwies, blieb der frei stehende Hafer völlig trocken. Auf Parzellen, von denen die einen mit Gras bestanden und die anderen mit einer $^1/_2$ cm starken Strohschicht bedeckt waren, wurde von WOLLNY häufig die Wahrnehmung gemacht, daß nach längerer Trockenheit das Gras keinen Tau zeigte, während das Stroh dicht mit Tautropfen bedeckt war. Auch hier ist außer der dem Stroh mangelnden Erzeugung von Eigenwärme die schlechtere Wärmeleitung als eine der Ursachen für die größere Taubildung auf dem Stroh anzusehen; außerdem dürfte die Bodenfeuchtigkeit unter der toten Bedeckung größer als auf der Grasparzelle gewesen sein. Als nach längerer Trockenzeit der vom Boden ausgehende Wasserdampfstrom auf der Grasparzelle schon fast versiegt war, wird der ausgeglichenere Dampfstrom auf der strohbedeckten Parzelle noch ziemlich kräftig gewesen sein.

LEBEDEFF[1] verwendete Reagenzgläser von 6 cm Höhe und 27—28 mm Durchmesser, in die der Boden, dessen Feuchtigkeit um 4—5 % höher als seine Hygroskopizität war, gefüllt wurde. Die Gläser wurden unter freiem Himmel ungefähr 3—4 Stunden vor Sonnenuntergang in den gewachsenen Boden bis zum Rande eingesetzt. Bei Sonnenuntergang wurden sie aus der Erde genommen, gewogen und wieder in die Erde gesteckt. Bei Sonnenaufgang wurde eine neue Wägung vorgenommen. Von den 36 in Odessa durchgeführten Beobachtungen wiesen 30 Kondensation auf, und zwar 0,10—0,63 mm, im Mittel 0,36 mm Wasserzunahme. Es waren windstille und taufreie Nächte in der Zeit vom April bis Oktober ausgewählt worden. LEBEDEFF nimmt 200 solcher Tage für Odessa an und berechnet daraus eine jährliche Kondensation von 73 mm, was bei einer durchschnittlichen Niederschlagsmenge von 400—500 mm eine beträchtliche Menge darstellen würde. Da nun aber die relative Feuchtigkeit der Bodenluft in den Gläsern 100 % betrug, war eine Gewichtszunahme nur durch Taubildung möglich; da taufreie Nächte ausgewählt waren, so ist die Wasserzunahme durch die Gläser nur dadurch zu erklären, daß sie sich durch Wärmestrahlung unter die Temperatur der Umgebung abgekühlt hatten. Das Glas und der Luftmantel, der die Gläser im Boden umgeben haben wird, sowie die Lockerheit der ein-

---

[1] LEBEDEFF, A. F.: Z. Pflanzenern., Düng. u. Bodenkde. A. **10**, H. 1 (1927).

gefüllten Erde werden den Wärmenachschub aus dem gewachsenen Boden sehr erschwert haben. Der gewachsene Boden daneben hat entweder Wasser verdunstet oder, falls er hygroskopisch nicht ganz gesättigt war und tatsächlich eine Kondensation auch bei ihm stattfand, Wasserdampf aus der Atmosphäre und der tieferen Bodenschicht hygroskopisch aufgenommen, ist doch des Nachts das Dampfspannungsgefälle vom Innern des Bodens nach der Oberfläche gerichtet. Aus diesen Gründen kann die mit solchen Gläsern festgestellte Kondensation nicht als maßgebend für den gewachsenen Boden angesehen werden, und die von Lebedeff für Odessa berechnete jährliche Kondensation dürfte zu hoch ausgefallen sein[1].

Luftbewegungen vermindern die Taumenge, weil sie durch Wärmeaustausch die Temperatur der strahlenden Oberfläche über dem Taupunkt halten. An windgeschützteren Stellen, z. B. auf Waldwiesen und in Talmulden, ist die Abkühlung und infolgedessen auch die Taubildung (und im weiteren die Gefahr der Nachtfröste) besonders groß, sofern nicht der Windschutz auch gleichzeitig einen Strahlungsschutz gewährt, wie an Waldrändern und in der Nähe von Häusern.

Kommen aber nach stärkerer Abkühlung des Erdbodens feuchtwarme Winde auf, so entsteht eine Kondensation, die man im Gegensatz zum Tau als Feuchtigkeitsbeschlag oder Fremdtau bezeichnet. Er tritt häufiger in Erscheinung an den Küsten beim Aufkommen von Seewinden, auf Höhen und im Gebirge bei auftretenden Talwinden und sogar auch tagsüber bei Wetterstürzen im Winter und Frühjahr. Vom Tau unterscheidet er sich dadurch, daß er abgesehen von den vor Abkühlung geschützteren Oberflächen auf allen Flächen gleichzeitig auftritt. Ziemlich beträchtliche Wassermengen dürften kondensiert werden, wenn bei Wetterstürzen warme, feuchtigkeitsbeladene Winde über die beschneite Erde oder die vereisten Wasserflächen wehen. Die entstehende Kondensationswärme bringt dann Schnee und Eis schnell zum Schmelzen. Mit Recht haben Tau und Auftauen dasselbe Stammwort, denn häufig ist die Ursache des schnellen Auftauens die Kondensation von Wasserdampf.

Hohe isolierte Berge sind der nächtlichen Wärmeausstrahlung besonders stark ausgesetzt, und es kann die damit verbundene beträchtliche Taubildung, die häufig durch einen aus aufsteigenden feuchten Talwinden stammenden Wasserbeschlag unterstützt wird, zu ergiebigen Gipfelquellen Veranlassung geben. Höfer-Heimhalt[2] beschreibt mehrere solcher Quellen, die auch nach längerer Trockenzeit nicht versiegten. Auch hier wird das Höchstmaß der Taubildung durch Gleichung (150) angegeben.

Sinkt die Temperatur der Erdoberfläche unter 0° C, so tritt an die Stelle des Taus die Reifbildung bzw. bei Aufkommen feuchter Winde und stark abgekühlter Erde die Glatteisbildung.

Die Kondensation des Wasserdampfes an der Erdoberfläche ist also für den Wasserhaushalt des Bodens im allgemeinen von sehr geringer Bedeutung, aber um so bedeutungsvoller für den Wärmehaushalt der Erdoberfläche.

---

[1] Siehe auch den vorher beschriebenen Versuch von Wollny mit einem mit Hafer bestandenen Zinkgefäß.

[2] Höfer-Heimhalt, H.: Grundwasser und Quellen, 2. Aufl., S. 65. Braunschweig 1920.

2a. Die Verdunstung des Wassers aus dem Boden.

Von MAXIMILIAN HELBIG, Freiburg i. B.

Mit 2 Abbildungen

Einleitung und Begriff.

Als Verdunstung bezeichnet man den Übergang einer Flüssigkeit unterhalb ihres Siedepunktes in die Dampfform, wenn dieser Übergang von der Oberfläche aus erfolgt. (Sieden erfolgt nur bei bestimmter Temperatur und durch die ganze Masse hindurch.) Die Verhältnisse sind theoretisch noch nicht genügend geklärt; öfter mußte man das Wahrscheinlichste statt des Wahren angeben[1].

Die Verdunstung beeinflußt in hervorragender Weise die Großwerte des Klimas, bei Verwitterung, Bodenbildung, organischem Geschehen, überhaupt überall wo Wasser ist, tritt sie in Erscheinung. Das im Boden zur Verdunstung gelangende Wasser kann ihm flüssig direkt aus der Atmosphäre als Regen oder Tau, fest als Schnee und Hagel, aber auch indirekt vom Grundwasser her zugeführt werden. Es kann ihm sonst noch dampfförmig durch Adsorption, Kondensation und Diffusion zufließen. Schließlich entstehen auch bei der Entmischung des feurig-flüssigen Magmas im Erdinneren und bei der Verwitterung und Zersetzung nächst der Oberfläche des Bodens Wasser und Wasserdampf, welche von demselben aufgenommen werden können. Die Verdunstung stellt entsprechend der Volumenvermehrung des Wassers eine Arbeitsleistung dar, welche unter Wärmebindung verlaufen muß. Man bezeichnet bekanntlich die Wärmemenge, die bei der Verdampfung von 1 g Substanz gebunden wird, als die Verdampfungswärme; ihre Größe wechselt von Stoff zu Stoff. 1 g Wasser von 100° verbraucht nach KOHLRAUSCH[2] 539,1 cal., um in Dampf überführt zu werden.

Verdunstung ist jedoch Verdampfung einer Flüssigkeit unterhalb ihres Siedepunktes. Die Abhängigkeit der Verdampfungswärme von der Temperatur wird durch die KIRCHHOFFsche Formel wiedergegeben.

$$\frac{d\,l}{d\,T} = c_{p2} - c_{p1},$$

wenn l die Verdampfungswärme, c_{p1} die spez. Wärme des Wassers bei der Temperatur T (abs. Temperatur), c_{p2} die spez. Wärme des Wasserdampfes bei dem konstanten Druck einer Atmosphäre und der Temperatur T ist.

Integriert man obige Formel, so ist:

$$l = \int\limits_0^T (c_{p2} - c_{p1})\, d\,T + l_0.$$

Die Integrationskonstante l_0 gibt den Wärmeumsatz beim absoluten Nullpunkt wieder. Die Rechnung läßt sich durchführen, sobald die Größen der spez. Wärmen selbst als Temperaturfunktionen bekannt sind.

In erster Annäherung läßt sich jedoch die Verdunstungswärme nach folgender Formel berechnen:

$$l_t = 539,1 + 0,55\,(100 - t).$$

---

[1] Bei der Auswahl der Literatur waren zunächst Gesichtspunkte der Priorität bestimmend, sonst verfolgen die Hinweise wesentlich die sachlichen Bedürfnisse des Nachschlagenden; sie konnten nicht vollständig sein.

[2] KOHLRAUSCH, F.: Lehrbuch der praktischen Physik, 15. Aufl. S. 793. Leipzig 1927.

Dementsprechend würde Kalorien benötigen:

$$\text{Wasser von} \quad 5^0 = 539,1 + 52,25 = 591,35$$
$$,, \qquad ,, \quad 10^0 = 539,1 + 49,50 = 588,60$$
$$,, \qquad ,, \quad 15^0 = 539,1 + 46,75 = 585,85$$
$$,, \qquad ,, \quad 20^0 = 539,1 + 44,00 = 583,10$$

Die so errechneten Werte gelten jedoch nur für die freie Wasserfläche, sie ändern sich nach Stoff, Bindung, atmosphärischen Bedingungen usw.[1]; exakte Zahlen fehlen häufig[2].

Nach Freundlich[3] verdunsten z. B. kleine Wassertropfen vermöge ihrer mehr konvexen Oberflächen mehr als größere. Salzlösungen setzen umgekehrt die Verdunstung herab, je konzentrierter sie sind. So verdunstet Süßwasser unter gleichen Verhältnissen zu Meerwasser wie $100:82,5$ nach Mazelle[4], während Okada[5] dafür $100:95$ angibt. Schon hier sei erwähnt, daß die zahlreichen Formeln, welche allein zur Berechnung der Verdunstung einer freien Wasserfläche aufgestellt wurden, noch nicht allgemein befriedigt haben; das gilt noch mehr für die Verhältnisse des Bodens.

An der Hand der Regenkarten schätzt Brückner[6] die Verdunstung der Landflächen der Erde im Jahre auf 97000 km^3, die Verdunstung der Ozeane auf etwa 384000 km^3; der Niederschlag der peripherischen Gebiete der Landoberfläche ist nach ihm „größer als die Verdunstung und beträgt 129% der letzteren". Die Zahlen machen natürlich keinen Anspruch auf große Genauigkeit. Das gilt auch für die Berechnungen von Fritzsche[7], welcher die Angaben Brückners, seines Lehrers, erneut prüfte; er fand dabei:

| | Nach R. Fritzsche | | | Abweichung nach E. Brückner | | |
| | Niederschlag | | | | | |
	Gesamt- km³	Höhe- cm	%	km³	cm	%
A. Ganze Erde (510000000 km²)						
Verdunstung vom Meer	384000	75	82	± 0	± 0	+ 2
Verdunstung vom Land	81300	16	18	— 15700	— 3	— 2
Gesamter Regenfall der Erde	465300	91	100	— 15700	— 3	± 0
B. Weltmeer (361000000 km²)						
Verdunstung vom Meer	384000	106	100	± 0	+ 1	± 0
Auf das Land übertretender Wasserdampf	30640	8	8	+ 5640	+ 1	+ 1
Regenfall auf dem Weltmeer	353360	98	92	— 5640	± 0	— 1
C. Peripherische Landflächen (117000000 km²)						
Wasserdampfzufuhr vom Meer	30640	26	43	+ 5640	+ 4	+ 14
Verdunstung vom peripherischen Land .	70810	61	100	— 16190	— 15	± 0
Regenfall auf peripherischem Land . . .	101450	87	143	— 10550	— 11	+ 14
D. Abflußlose Gebiete (32000000 km²):						
Verdunstung vom abflußlosen Gebiet . .	10490	33	100	+ 490	± 0	± 0
Regenfall auf abflußlosem Gebiet	10490	33	100	+ 490	± 0	± 0

„Bei der Berechnung der Verdunstung wurde die Annahme gemacht, daß die Verdunstung gleich der Differenz von Niederschlag und Abfluß ist." Lunde-

<hr>

[1] Vgl. S. 241.

[2] Siehe W. Nernst: Theoretische Chemie, 18. Aufl., S. 66. Stuttgart 1921.

[3] Freundlich, H.: Grundzüge der Kolloidlehre, S. 29. 1921.

[4] Mazelle, E.: Verdunstung des Meerwassers und des Süßwassers. Sitzgsber. Akad. Wiss. Wien, Math.-naturwiss. Kl. 107, Abt. IIa, 280 (1898).

[5] Okada, T.: Meteorol. Z. 1903, 380.

[6] Brückner, E.: Geogr. Z. 1905, 436.

[7] Fritzsche, R.: Niederschlag, Abfluß und Verdunstung auf den Landflächen der Erde. Inaug.-Dissert., Halle a. d. S. 1906; Sonderdr. a. d. Z. Gewässerkde. 7, H. 6, 321—370.

GARDH[1] bemerkt, daß „von den 1340000000 Billionen Kalorien, die jährlich am Rand der Atmosphäre einstrahlen", — „etwa 340000000 Billionen Kalorien, also etwa ein Viertel, bei der Wasserverdunstung verbraucht" werden.

Da Wasser im Boden bei jeder Temperatur (auch gefroren) verdunsten kann, ist die Luft im Boden und in der Atmosphäre nie absolut trocken. Eine Verdunstung unterbleibt aber, wenn die Luft keinen Wasserdampf mehr aufnehmen kann, d. h. wenn sie „gesättigt" ist, keinen „Dampfhunger" mehr besitzt, die „maximale Spannkraft für Wasserdampf" erreicht hat.

Wasser kann verschieden fest im Boden gebunden vorhanden sein, wodurch Verdunstungshöhe und Verdunstungsgeschwindigkeit beeinflußt werden. So ergeben sich für freies, tropfbar flüssiges Wasser andere Verhältnisse als für Kapillar-, Quellungs-, Hydrat-, adsorptiv gebundenes Wasser usw. Man kann z. B. lufttrockenem Boden durch Erhitzen noch gewisse Wassermengen entziehen, die bei gewöhnlichen Verdunstungsbedingungen nicht abgegeben werden; die letzten Anteile sind besonders fest gebunden. ANDERSON[2] stellte ferner beim Gel der Kieselsäure fest, daß dasselbe über konzentrierter Schwefelsäure im Vakuum noch 5,5—5,8 % Wasser festhielt, welches erst nach starkem Glühen abgegeben wurde. Diese Tatsachen lassen es erklärlich erscheinen, daß über die Einzelwerte, welche die Verdunstungsgröße eines Bodens bestimmen, nur wenig Exaktes bekannt ist.

Man hat die Verdunstungsgröße des Bodens bisher gewöhnlich dadurch ermittelt, daß man die verschiedenen Bodenmaterialien in verschieden dimensionierte Gefäße von verschiedenem Material einbrachte, benäßte und der Verdunstung aussetzte; Gewichtsdifferenz = Verdunstung, evtl. abzüglich des Sickerwassers. Dabei wurden fast alle Versuche mit „künstlichem" d. h. umgelagertem Boden ausgeführt; sie sind darum für die Praxis mangelhaft, weil durch Herausnahme aus dem natürlichen Verband der Boden eine Änderung der chemischen, physikalischen und biologischen Eigenschaften erleiden mußte, welche auch auf die Verdunstung von Einwirkung ist. Auch die Methoden, welche bisher zur Bestimmung der Verdunstung des gewachsenen Bodens gebraucht wurden, sind verbesserungsbedürftig. Dies ist auch zu berücksichtigen, wenn nun über Untersuchungen berichtet werden soll, welche die Ermittelung der Einwirkungsgröße der Einzelfaktoren zum Ziele haben, von denen die Verdunstung abhängt. Darüber wurde bisher am meisten gearbeitet, weniger über die inneren Zusammenhänge. Man variierte einen Einzelfaktor bei Konstanz (d. h. gleichem Wirkungswert) der anderen.

Die Faktoren der Verdunstung.

Einer der ersten, welcher Untersuchungen über die Verdunstungsgröße verschiedener Bodenarten anstellte, war SCHÜBLER[3]. Er durchtränkte die Erdarten mit Wasser, breitete sie gleichmäßig flach auf Blechscheiben mit erhöhtem Rand aus und „exponierte sie 4 Stunden vor einem Fenster". Der Wasserverlust wurde durch wiederholte Wägung bestimmt, bis 90 % des gesamten Wassergehaltes verloren waren. SCHÜBLER bemerkt zu den Resultaten u. a.: „Die Benennung eines hitzigen oder kalten trockenen oder nassen Bodens beruht vorzüglich auf der Wasserkapazität und der Verdunstungsfähigkeit der Bodenarten; Sand, Gips und schiefriger Mergel trocknen am schnellsten unter allen Erden wiederum aus, sie bilden daher hitzige Böden." Ein weiterer Versuch SCHÜBLERS sollte zeigen,

---

[1] LUNDEGARDH, H.: Klima und Boden, S. 191. Jena 1925. — Er bezieht sich dabei auf H. SCHRÖDER: Naturwiss. **7**, 76 (1919).

[2] ANDERSON, J. S.: Die Struktur des Gels der Kieselsäure. Dissert., Göttingen 1914.

[3] SCHÜBLER, G.: Grundsätze der Agrikulturchemie. 1837, zitiert nach C. ESER: (s. folg. Fußnote).

wie eine tiefer gelegene, mit Wasser versetzte Bodenschicht weniger verdunstete als eine höher gelegene.

Eser[1], dem hier zumeist gefolgt werden soll, bemängelt schon, daß durch Schübler die Böden in zu flacher Schicht, allseitig erwärmbar, aufbereitet worden seien, was zu unzulänglichen Schlußfolgerungen für das Verhalten der verschiedenen Bodenarten führen müsse. Vor allem waren dieselben auch aus ihrem natürlichen Verbande mit dem Untergrund herausgerissen, sie waren künstlich geworden; der Nachschub, den in natürlich gelagerten Böden das Verdunstungswasser kapillar vom Untergrunde her empfängt, blieb unberücksichtigt.

Ähnliche Versuche führte Meister[2] aus, er setzte die vollständig durchfeuchteten Erdarten in $^1/_3$ Zoll Höhe auf Papier, später auf Blech ausgebreitet vor einem Fenster der Verdunstung aus; die Verdunstungsgröße wurde durch die Gewichtsdifferenz bestimmt. Er fand, daß diejenigen Erdarten, welche zunächst am raschesten verdunsteten, später bei trockener Oberfläche weniger Wasser abgaben, und daß die Verdunstung von feuchtem Rasen meistens größer als selbst die einer freien Wasserfläche war. Eser[3] sagt mit Recht, daß die Untersuchungen Meisters „mit denselben Fehlern" wie jene von Schübler behaftet seien.

Fr. E. Schulze[4] fand bei Benutzung von Atmometern von 1 dm^2 Querschnitt und 1 dm Höhe, daß die Verdunstung mit dem Grade der Feuchtigkeit des Bodens wächst, und E. Wolff[5] sättigte von unten her kapillar sechs verschiedene Bodenarten in 7 cm hohen Zinkkästen mit Wasser, setzte sie ins Freie und bestimmte den Wasserverlust. Er bemerkt, daß derselbe zunächst fast gleich war, später aber bei den humus- und tonreicheren Bodenarten gegenüber den sandigeren geringer wird.

W. Schumacher[6] studierte hauptsächlich den Einfluß löslicher Salze auf die Verdunstung. Er fand, daß sie durch Beigabe löslicher Düngesalze geringer wurde; nach Kochsalzdüngung auf einem Felde hielt sich die Vegetation länger bei anhaltender Trockenheit frisch. Weitere Untersuchungen desselben ergaben, daß locker gelagerter Boden weniger rasch verdunstete als pulverförmig dicht gelagerter. Über mehr oder weniger dichte Lagerung und die Wirkung einer Bodenbedeckung stellte J. Nessler[7] Untersuchungen an, auf die in der Literatur noch häufig zurückgegriffen wird: Dicht mit Boden gefüllte Gefäße verdunsteten mehr, Bedeckung mit Fließpapier und Bodenlockerung setzten die Verdunstung herab; Walzen des Bodens schaffte vermehrten Wassergehalt durch kapillaren Aufstieg, der auch lösliche Salze nach der Oberfläche zu hob.

H. Hellriegel[8] beobachtete wie Schumacher geringere Verdunstung nach Zugabe von Salzlösungen, und Paul Wagner[9] wiederholte die Versuche Nesslers. A. Schleh[10] prüfte die Angaben der beiden vorgenannten Autoren; nach ihm gab der feste Boden mehr Wasser als der lockere ab; eine oberflächliche

---

[1] Eser, C.: Untersuchungen über den Einfluß der physikalischen und chemischen Eigenschaften des Bodens. Wollnys Forschgn. Geb. Agrikult.-Phys. 7, 4 (1884). Auch die folgenden Referate entstammen zumeist dieser Quelle.

[2] Meister: Physikalische Eigenschaften der Bodenarten. Programm z. Jber. v. Weihenstephan 1857/58.

[3] Eser, C., Forschgn. Agr. Phys. 7, 9 (1884).

[4] Schulze, Fr. E.: Beobachtungen über Verdunstung. Rostock 1860.

[5] Wolff, Emil: Anleitung zur chemischen Untersuchung usw., S. 61. 1867.

[6] Schumacher, W.: Physik des Bodens. 1864.

[7] Nessler, J.: Landw. Korrespbl. Großh. Baden 1860, 217—248.

[8] Hellriegel, H.: Grundlagen des Ackerbaus, S. 625. Berlin 1883.

[9] Wagner, Paul: Ber. Arb. Versuchsst. Darmstadt 1874, 87.

[10] Schleh, A.: Inaug.-Dissert., Leipzig 1874. — Ref. nach C. Eser: a. a. O., S. 20.

Lockerung beschränkte die Feuchtigkeitsabgabe. ZEITHAMMER[1] schloß aus seinen Versuchen in EBERMAYERschen Evaporimetern mit Torf-, schwerem und leichtem Kornboden, daß der Torfboden die Feuchtigkeit zäh festhält und als ein natürliches Wasserreservoir zu betrachten ist.

HABERLANDT[2] versetzte Ackererde, Sand und Moorerde in Glaszylindern mit verschiedenen Mengen Wasser und beobachtete, daß bei höherem Wassergehalt im gleichen Zeitraum mehr Wasser verdunstete, daß die Wasserabgabe in den ersten Tagen nach erfolgter Zufuhr am größten war, dann prozentual fiel und dies um so mehr, je trockener die oberste Bodenschicht wurde und je tiefer die Durchfeuchtung in den Boden hinabreichte. An „Smirgelstaub“ verschiedener Durchmesser bei konstant erhaltener Wasserhöhe stellte JOHNSON[3] fest, daß feinkörnigeres Material um so mehr verdunstete, je höher seine Kapillarität war, Versuche mit tonigem Lehm zeigten ferner, daß die Verdunstung im krümeligen Boden geringer ist als im pulverförmigen, wenn das Wasser kapillar bis zur Oberfläche gehoben wird.

Von Versuchen über die Einwirkung der Vegetation auf Verdunstung und Wasserhaushalt seien nur wenige ältere genannt: WILHELM[4] beobachtete als erster, daß eine Pflanzendecke wohl die oberste Bodenschicht durch Beschattung und Windschutz feuchter erhält, daß aber die tieferen Schichten durch die Transpiration stärker austrocknen als bei brachem Boden. SCHUMACHERS[5] Versuche ähnlicher Art ergaben, daß die Austrocknung des Bodens um so stärker ist, je dichter und blattreicher der Pflanzenbestand ist und je länger er den Boden deckt. VOGEL[6] verwandte zuerst statt der direkten Wägung zur Bemessung des Wasserabgangs eine Differenzermittelung der Luftfeuchte über den verschiedenen Versuchsfeldern. Über Vegetationsdecken ließen sich höhere Dunstmengen nachweisen als über Brachland. Zahlreich sind die Versuche EBERMAYERS[7] über die Hemmung der Verdunstung durch den Einfluß einer Streudecke. Dabei wurde das Streumaterial über die verschiedenen Böden nachträglich ausgebreitet, es bestand also kein natürliches Gefüge zwischen Boden und Streu.

Von der Unzulänglichkeit mancher dieser vorstehend besprochenen Versuche überzeugt, wiederholte und ergänzte ESER[8] dieselben. Wegen der exakteren Arbeit und kritischeren Prüfung der Resultate sind seine Untersuchungen die Grundlage für die Verdunstungszahlen vieler Lehrbücher geworden. Besondere Sorgfalt verwandte ESER auf die Auswahl der verschiedenen Bodenarten, die in Gefäße gleicher Verhältnisse derart eingefüllt wurden, daß der Abstand der Bodenoberfläche vom Gefäßrande (weil er die Verdunstung beeinflußt) gewöhnlich 5 mm betrug. Die Aufstellung geschah im Freien, bei Regen und zur Nachtzeit bot ein Schutzdach entsprechenden Unterschlupf. Die Durchfeuchtung ge-

---

[1] ZEITHAMMER, L. M.: BIEDERMANNS Zbl. Agrikulturchem. **7**, 385 (1878).

[2] HABERLANDT, FRIEDR.: Wissenschaftlich-praktische Untersuchungen auf dem Gebiete des Pflanzenbaues. Mitt. Landw. Laborat. K. K. Hochsch. f. Bodenkultur Wien **2**, 25 (1877).

[3] JOHNSON, S. W.: Studies on the relations of soils to water. Annual Rep. Connecticut agricult. exper. stat. for 1877, S. 76—81. New Haven, U. S. 1878. — Ref. nach C. ESER: a. a. O., S. 23.

[4] WILHELM, G.: Der Boden und das Wasser. Wien 1861.

[5] SCHUMACHER, W.: Der Einfluß der Bodenbedeckung auf die Feuchtigkeit des Bodens. Fühlings Landw. Z. **1872**, 604; Betrachtungen über die Brache. Ebenda **1873**, 683.

[6] VOGEL, A.: Sitzgsber. bayer. Akad. Wiss., II. Kl. Bd. 10, Abt. 2. (Ref. nach ESER: a. a. O., S. 29.)

[7] EBERMAYER, E.: Die gesamte Lehre von der Waldstreu usw., S. 182. Berlin: Julius Springer 1876.

[8] ESER, C.: a. a. O., S. 34.

schah je nach der Art der Versuchsreihe auf verschiedene Weise, die Bestimmung des Wasserverlustes durch Wägung. Die verwandten Gefäße hatten verschiedenes Ausmaß, sie waren gleichartig für jede Versuchsreihe. Immerhin können auch die Eserschen Versuche keine exakte Vorstellung über die Vorgänge bei der Verdunstung, am wenigsten der natürlich gewachsenen Böden vermitteln, weil das Einfüllen in Gefäße den Boden umlagern und ihn seine natürlichen Verbandes berauben mußte. Die Versuche ermöglichen aber die Gewinnung eines relativ zuverlässigen Einblicks in die Anteilsgröße der einzelnen Verdunstungsfaktoren an der Gesamtverdunstung. Nach Lage der Sache verfuhr man korrekt und wissenschaftlich, indem man bei Konstanz der sonstigen Faktoren einen einzelnen herausgriff und seinen Einwirkungswert zu ermitteln versuchte. Schon hierbei sei gesagt, daß es bis heute noch nicht gelang, absolute Zahlen für die Verdunstung des gewachsenen Bodens zu erhalten.

Den natürlichen Bedingungen näher kommen größere Versuchsgefäße. So benutzte z. B. von Seelhorst[1] solche im Ausmaß von 1 m² Querschnitt und 1,33 m Tiefe; Hesselink und Hudig[2] verwandten das Modell von von Seelhorst bei 1,5 × 1,5 m Querschnitt und 1 m Tiefe. Immerhin handelt es sich auch hier um künstlichen Boden in Töpfen, die keinen Aufstieg des Kapillarwassers, wie er in der Natur vor sich geht, gestatten. Das kann kein Vorwurf für die Versuchsansteller sein. Wo die Verdunstungszahlen aus Gefäßversuchen aber durch Differenzbildung: Wassermenge minus Sickerwasser erfolgte, sind die Werte nicht vergleichbar, wenn nach Gefäßvolumen, Tieflage der benetzten Schicht, Höhe der Wasserkapazität, der Wasserzugabe usw. Differenzen bestanden, wodurch Gleichungen mit mehreren Unbekannten entstehen. Man entfernt sich weiter auch von den natürlichen Verhältnissen, wenn man den Boden, wie dies tatsächlich geschehen ist, vor dem Einfüllen in die Gefäße bei 105—110⁰ trocknet, um von konstanten Gewichtsverhältnissen ausgehen zu können. Dadurch werden physikalische, chemische und biologische Änderungen im Boden eintreten, welche auch die Verdunstung beeinflussen. Zur Würdigung des Problems seien zunächst die Einzelfaktoren besprochen, von denen die Verdunstungsgröße und die Verdunstungsgeschwindigkeit des Bodens bedingt bzw. beeinflußt wird; es erscheint zweckdienlich, sie hier nach der Örtlichkeit zu gruppieren:

I. Meteorologische Faktoren sind Lufttemperatur, Luftfeuchtigkeit, Luftbewegung, Luftdruck und Sonnenstrahlung (Belichtung). II. Faktoren des Bodens sind Korngröße, Oberflächenausformung, Bodenstruktur, chemische Bestandteile (Düngung, Bodenarten, Bodendecke), Bodenklima (Bodentemperatur, Bodenluftfeuchte), Wassergehalt (Wasserkapazität, Kapillarität, Benetzungswiderstand), Farbe und Lage.

Über die absolute Größe der Einwirkung eines der meteorologischen Faktoren auf die Verdunstung des Bodens liegen keine allgemein gültigen Zahlen vor. Das erklärt sich daraus, daß diese Faktoren nur kombiniert in Wirkung treten. Immerhin gestatten die vorliegenden Arbeiten Rückschlüsse auf die relative Wirkungsgröße der Einzelfaktoren. Die in der Literatur vorliegenden zahlreichen Formeln[3] zur Ermittelung der Verdunstungsgröße betreffen die Verdunstung der freien Wasserfläche, nicht diejenige des Bodens. Diese Sachlage erklärt auch, daß die mannigfachen Untersuchungsergebnisse über die Ermittelung des Wirkungswertes des gleichen Faktors nicht übereinstimmen können; hier

---

[1] Seelhorst, C. von: Vegetationskästen zum Studium des Wasserhaushaltes im Boden. J. Landw. 1902, 277.

[2] Hesselink, E., u. J. Hudig: Meded. Rijksboschbouwproefstat., Deel II. Wageningen 1925.

[3] Vgl.: J. von Hann: Lehrbuch der Meteorologie, 4. Aufl., S. 227. Leipzig 1926.

sollen nur charakteristische Befunde wiedergegeben werden, welche das Phänomen charakterisieren.

Wie abhängig sonst die Verdunstungsgröße selbst der freien Wasserfläche von Begleitumständen sein kann, die man früher nicht beachtete, geht aus Angaben von STEFAN hervor, der nach VON HANN[1] „den wichtigen Satz begründete, daß die Verdampfungsmenge von einer Wasseroberfläche nicht mit dem Flächeninhalt, sondern dem Umfang des Beckens proportional ist, also mit der Quadratwurzel aus dem Flächeninhalt variiert". Dieser Satz gilt, streng genommen, nur für die reine Diffusion. Danach wäre die Verdampfung von kleinen Wasserbecken relativ größer als von großen.

Aus ähnlichen Gründen ergaben die Versuche von GALLENKAMP[2] mit rechteckigen Wassergefäßen, daß die Verdunstung um 22 % in dem Gefäße geringer war, über welches der Wind parallel zur Längsrichtung strich, sich also im längeren Wege schon teilweise absättigen konnte, was bei Querrichtung nur in geringerem Maße möglich war.

Lufttemperatur. Steigende Wärme vermehrt die Verdunstung. Wasser verdunstet sonst bei jeder Temperatur, auch als Schnee und Eis. Die Verdunstung kann aber nur soweit ansteigen, bis die den Wasserdampf aufnehmende Luft das Maximum an Aufnahmefähigkeit erreicht hat. Man spricht dann von „gesättigtem Wasserdampf" oder „Wasserdampf von maximaler Spannung" oder „maximaler Spannkraft". Ist dieser Punkt nicht erreicht, handelt es sich um „ungesättigten" Wasserdampf. Würde man die Temperatur weiter erhöhen, so würde wieder eine gewisse Menge Wasser verdunsten, und die Luft würde erneut befähigt, eine der erhöhten Temperatur entsprechende Wassermenge in Dampfform aufzunehmen, bis wieder Sättigungszustand (Gleichgewicht) eingetreten ist. Sinkt dagegen die Temperatur, so würde sich entsprechend dem Temperaturunterschied Wasser tropfbar flüssig abscheiden. Die Luft hat also ein nach der Temperatur spezifisch verschiedenes Aufnahmevermögen für Wasserdampf.

Der Druck, unter dem der Dampf aus einer Flüssigkeit entweicht, wird als Dampfdruck, Tension, Spannkraft, Dampfspannung bezeichnet. Er wird bemessen, gleich dem Luftdruck, durch die Höhe einer Quecksilbersäule in Millimetern, welche den gleichen Druck ausübt, wie der Dampf. Die folgende Tabelle gibt einen Ausschnitt der Zahlen für die Spannkraft des gesättigten Wasserdampfes (maximale Spannkraft) bei verschiedenen Temperaturen und den Wassermengen in Gramm, welche danach in 1 m³ wassergesättigter Luft vorhanden sind, nach den untenstehenden Wärmetabellen der P. T. Reichsanstalt von HOLBORN, SCHEEL und HENNING[3].

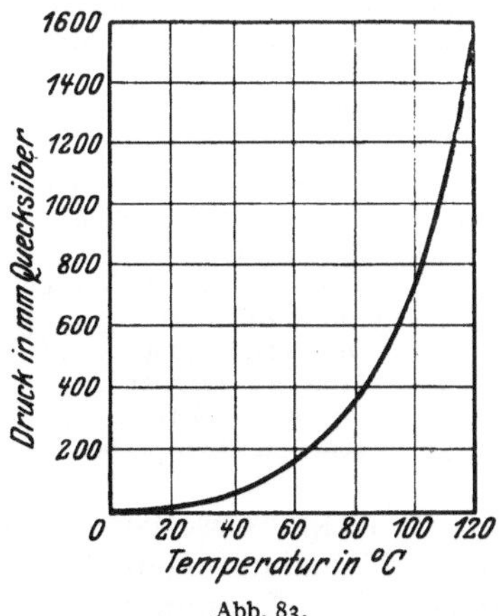

Abb. 83.

Noch übersichtlicher zeigt die „Sättigungskurve" (Abb. 83) die vorliegenden Verhältnisse[4].

---

[1] STEFAN: Ref. in Österr. Z. Met. 1882, 63; mitgeteilt bei J. von HANN: Lehrbuch der Meteorologie, 4. Aufl., S. 226. Leipzig 1926.

[2] GALLENKAMP, W.: Versuche über den Zusammenhang von Verdunstungsmenge und Größe der verdunstenden Fläche. Meteorol. Z. 1919, 16.

[3] HOLBORN, SCHEEL u. HENNING: Wärmetabellen. — FR. KOHLRAUSCH: Lehrbuch der praktischen Physik, 15. Aufl., S. 796. Berlin 1927.

[4] RIECKE, E.: Handbuch der Physik, 6. Aufl., S. 376. 1918.

Temperatur in ⁰C	Entsprechende maximale Spannkraft in mm Hg	Gewicht des Wasserdampfes in 1 m³ Luft g	Temperatur in ⁰C	Entsprechende maximale Spannkraft in mm Hg	Gewicht des Wasserdampfes in 1 m³ Luft g
— 20	0,77	0,88	— 12	10,5	10,7
— 10	1,95	2,14	— 13	11,2	11,4
— 5	3,01	3,24	— 14	12,0	12,1
— 4	3,28	3,51	— 15	12,8	12,8
— 3	3,57	3,81	— 16	13,6	13,6
— 2	3,88	4,13	— 17	14,5	14,5
— 1	4,22	4,47	— 18	15,5	15,4
0	4,58	4,84	— 19	16,5	16,3
+ 1	4,9	5,2	— 20	17,5	17,3
+ 2	5,3	5,6	— 21	18,7	18,3
+ 3	5,7	6,0	— 22	19,8	19,4
— 4	6,1	6,4	— 23	21,1	20,6
— 5	6,5	6,8	— 24	22,4	21,8
— 6	7,0	7,3	— 25	23,8	23,0
— 7	7,5	7,8	— 26	25,2	24,4
— 8	8,0	8,3	— 27	26,7	25,8
— 9	8,6	8,8	— 28	28,3	27,2
— 10	9,2	9,4	— 29	30,0	28,7
— 11	9,8	10,0	— 30	31,8	30,3

Wie ein Vergleich dieser Zahlen ergibt, sind die Zahlen für die maximale Spannkraft in Millimetern ungefähr gleich dem Gewicht des Wasserdampfes in g/m³.

Unterhalb der „Sättigungskurve" herrscht ungesättigter Dampf, oberhalb ist „maximale Spannkraft" vorhanden. Für gewachsene verdunstende Böden kommen im allgemeinen nur Werte unterhalb der Sättigungskurve in Betracht.

Über die Abhängigkeit der Verdunstung von der Temperatur und dem Feuchtigkeitsgehalte der umgebenden Luft mögen folgende Angaben aus der Literatur gemacht werden. Nach Masure[1] betrug die Verdunstung:

Zeit	Luftfeuchtigkeit	Mitteltemperatur	Verdunstung mm
Morgens, 26.—28. September	84	10,7	0,24
„ 4.—13. Oktober	84	12,0	0,40
„ 29. Sept. bis 3. Oktober	84	17,0	0,50
„ 26.—29. August	83	18,0	0,73
„ 8.—11. August	82	19,0	0,82
„ 19.—22. August	80	21,5	1,03
Abends, 17. u. 18. September	66	23,0	1,14
„ 19.—22. September	66	27,2	2,73

Wollny[2] erweiterte später durch eigene Untersuchungen diese Angaben unter Aufnahme weiterer Faktoren, welche den Verdunstungsvorgang beeinflussen. Dem Verständnis der Zeit entsprechend, sind die Zahlen augenscheinlich nicht nächst der verdunstenden Fläche gewonnen, was erforderlich gewesen wäre[3].

---

[1] Masure, F.: Recherches sur l'évaporation de l'eau libre, de l'eau contenante dans les terres arables et sur la transpiration des plantes. Ann. agronom. publ. P. P. Deherain 6, Fasc. 3, 441—480. — Ref. von E. Wollny: Forschgn. Geb. Agrikult.-Phys. 4, 135 (Heidelberg 1881).

[2] Wollny, E.: Untersuchung über die Verdunstung. Forschgn. Geb. Agrikult.-Phys. 18, 486 (1895).

[3] Vgl. Temperaturunterschiede am und über dem Boden nach Messungen des meteorologischen Observatoriums in Potsdam; mitgeteilt bei Rud. Geiger: Das Klima der bodennahen Luftschicht, S. 11. Braunschweig 1927. — Vgl. auch G. Kraus: Boden und Klima auf kleinstem Raum, S. 142. Jena 1911.

Die Einwirkung der Temperatur tritt immerhin deutlich hervor; siehe folgende Tabelle, die nur einen Teil des Zahlenmaterials wiedergibt:

Perioden (1882)	Tage	Mittlere Lufttemperatur °C	Mittlere Luftfeuchte %	Mittlere Bewölkung	Mittlere Windstärke	Mittlere Regenmenge pro 400 cm² und pro Tag g	Durchschnittliche Verdunstung pro 400 cm² und pro Tag					
							Quarzsand, nackt	Lehm, nackt	Torf, nackt	Humoser Kalksand nackt	Gras	Freie Wasserfläche
1. 4.—29. 4.	29	7,20	62	5	2	66,5	28,8	42,1	56,8	53,1	62,7	110,7
30. 4.— 3. 6.	35	12,24	62	5	2	68,1	38,8	53,8	75,5	68,9	133,5	160,6
4. 6.— 4. 7.	31	13,73	66	6	2	198,0	55,9	120,9	97,4	91,8	164,0	162,3
5. 7.— 7. 8.	28	16,12	71	6	2	195,6	62,6	123,1	89,3	99,1	129,4	127,6
2. 8.— 2. 9.	32	14,32	72	6	2	132,6	45,3	102,0	68,8	75,1	105,5	111,3
3. 9.—30. 9.	28	11,74	81	7	2	155,8	28,0	77,0	42,9	43,1	57,4	72,5

Was die Verdunstung nach Tageszeit anlangt, so beobachtete MASURE[1], daß dieselbe in Millimeter Wasserhöhe in der Zeit vom 6. August bis 15. November betrug:

	Freie Wasserfläche	Boden	
		nackt	mit Pflanzen bedeckt
Vormittag	48,02	50,78	234,38
Nachmittag . . .	101,32	75,25	264,18
Nachts	14,46	10,90	59,68

Die Verdunstung war also am größten während der wärmeren Tageszeit, zur Nachtzeit kondensierte sich nach dem Autor Wasser am nackten Boden.

Luftfeuchtigkeit. Die Luftfeuchtigkeit ist ein die Verdunstungshöhe begrenzender Faktor, insofern bei einer bestimmten Temperatur nur eine ganz bestimmte Menge Wasserdampf von der Luft aufgenommen werden kann. Ist „Sättigung" oder „maximale Spannkraft" (E) erreicht, so kann eine weitere Aufnahme von Wasserdampf durch die Luft bei gleichbleibender Temperatur nicht mehr eintreten, also auch keine Verdunstung mehr stattfinden. Es übt demnach der Grad der Sättigung der Luft, ihr „Dampfhunger" oder ihr „Sättigungsdefizit", einen wesentlichen Einfluß auf die Verdunstung aus: je größer das Sättigungsdefizit, desto größer im allgemeinen auch die Verdunstung. Bezeichnet man die maximale Spannkraft des Wasserdampfes bei einer bestimmten Temperatur mit E und den Dampfdruck, welcher in der Luft bei gleicher Temperatur vorhanden ist, mit e, so ist die Differenz $E - e$ gleich dem Sättigungsdefizit und $\frac{e}{E} =$ der relativen Feuchtigkeit. Als „absolute Feuchtigkeit" bezeichnet man das Gewicht des Wasserdampfes in Gramm pro Kubikmeter, als „spezifische Feuchtigkeit" das Gewicht des Wasserdampfes in einem Kilogramm feuchter Luft. Luftfeuchtigkeit und Lufttemperatur sind wegen ihres überragenden Einflusses häufig ausschließlich zur Bemessung der Verdunstung herangezogen worden[2]. Zahlen, welche ein Bild von diesem Einfluß geben, lieferte MASURE[3]:

	Temperatur Grad	Luftfeuchtigkeit	Verdunstung mm
Morgens, 1.—5. September . .	17,6	75	0,93
„ 10.—16. September .	17,7	79	0,62
„ 30.—31. August . . .	17,0	89	0,38
„ 23.—25. August . . .	17,2	91	0,25

[1] MASURE, F.: a. a. O., S. 136.
[2] Vgl. bezüglich dessen S. 244.   [3] MASURE, F.: a. a. O., S. 137.

Bei gleicher Temperatur ist also die Verdunstung um so größer, je geringer im allgemeinen die relative Luftfeuchtigkeit ist.

Die Luftbewegung. Während die Verdunstung bei Luftruhe im unbegrenzten Raume nur langsam vor sich geht, weil sie nach den Gesetzen der Diffusion erfolgt, wird sie durch Luftbewegung stark befördert. Sie ist um so größer, je stärker die Luftbewegung ist, je senkrechter die Luft einfällt und je weniger gesättigt sich die bewegte Luft gegenüber jener der über der Verdunstungsfläche liegenden erweist. Nach Hensele[1] verdunstete z. B. ein wasserreicher Boden aus 30 cm Schichthöhe pro 100 cm² Fläche in einer Stunde bei Temperaturen zwischen 17,0—17,6° in Gramm:

	Windgeschwindigkeit				
	0	3 m	6 m	9 m	12 m
Quarzsand	0,23	3,03	4,57	5,50	6,43
Lehm, krümelig . . .	0,31	2,70	4,50	6,23	7,80
Lehmpulver	0,49	2,93	4,83	6,27	7,90

Wechselte neben der Windgeschwindigkeit der Einfallsgrad, so stellte sich die Verdunstung pro 100 cm² Fläche in einer Stunde für einen Quarzsand bei 10 cm Bodenhöhe und Wassersättigung vom Bodengrund her, Temperatur 16—17°:

	Windgeschwindigkeit			
	3 m	6 m	9 m	13 m
Windrichtung horizontal	3,93	6,07	7,77	9,03
Windrichtung 30°	5,00	7,37	9,50	11,87

Feuchter Wind von 6 m Windgeschwindigkeit setzte die Verdunstung in Gramm pro 100 cm² gegen trockenen Wind herab:

Bodenart	Lufttemperatur ° C		Verdunstung in g pro 100 cm² in einer Stunde	
	feuchter Wind	trockener Wind	feuchter Wind	trockener Wind
Quarzsand	18,4	18,0	5,7	9,7
Lehm, krümelig	20,4	20,0	4,7	9,0
Lehm, pulverförmig	16,8	16,8	4,8	9,2

Daß mit erhöhter Temperatur des Windes die Verdunstungsgrößen steigen, weisen die folgenden, gleichfalls der Arbeit von Hensele[2] entnommenen Zahlen auf:

Bodenart	Lufttemperatur ° C		Verdunstung in g pro 100 cm² Fläche und pro Stunde	
	kalter Wind	warmer Wind	kalter Wind	warmer Wind
Quarzsand	12,1	40,0	6,8	21,4
Kalksand	14,0	40,2	6,2	20,3

Luftdruck. Die Verdampfungsgeschwindigkeit ist dem Luftdruck umgekehrt proportional, d. h. je niedriger der Luftdruck unter sonst gleichen Verhältnissen ist, um so höher ist die Verdunstung. Daraus ergibt sich, „daß auf

---

[1] Hensele, J. A.: E. Wollny: Forschgn. Geb. Agrikult.-Phys. 16, 351 (1893).
[2] Hensele, J. A.: a. a. O., S. 354.

größeren Höhen bei gleicher Temperatur und gleicher Luftfeuchtigkeit mehr Wasser verdunstet als unten"[1].

Sonnenbestrahlung (Belichtung). Neben der Wärme ist auch die Belichtung auf die Verdunstung von einem gewissen Einfluß. Das macht sich besonders auf mit Pflanzen besetzten Böden geltend, wo durch den Belichtungsgrad, steigend bis zu einem Optimum, die Transpiration und damit die Verdunstung gesteigert, der Wasservorrat des Bodens gemindert wird. WOLLNYS[2] Versuche mit Kartoffeln ergaben folgende Resultate (Zeit 5.—14. Juli 1889):

Lichtintensität	Verdunstungsmengen pro 314 cm² Fläche bei einem Feuchtigkeitsgehalte des Bodens von		
	20 %	40 %	60 %
	der vollen Sättigungskapazität		
Hell	920 g	1500 g	2490 g
Mittelhell	750 g	1300 g	2090 g
Dunkel	690 g	1060 g	1700 g

Die Faktoren des Bodens.

Die Faktoren des Bodens wirken meist mit den meteorologischen Faktoren zusammen.

Die Korngröße des verdunstenden Bodens spielt nur dann eine spezifische Rolle, wenn der Boden nicht mit Wasser übersättigt ist, so daß nur die Verdunstung einer Wasserfläche in Betracht kommt. Ist dagegen Wasser, was verdunsten kann, in einem Ausmaß vorhanden, daß die Bodenkörner dauernd mit einer ihrer Oberfläche entsprechenden Flüssigkeitsschicht umgeben sind, so tritt die Wirkung der Korngröße unverdeckt in Erscheinung. Die Verdunstung nimmt dann mit der Feinheit der Korngröße bis zu einem Optimum zu und fällt dann ab. Zum Belege mögen die Angaben von ESER[3] dienen, welcher in $10 \times 10 \times 10$ cm messenden Gefäßen, die von unten her durch einen Siebboden sich dauernd mit Wasser versorgen konnten, die Verdunstung verschiedener Korngrößen durch Gewichtsbestimmung verfolgte. Bei Aufstellung der Gefäße im Freien bzw. im Zimmer in der Zeit vom 2. Juni bis 3. Juli 1883 verdunsteten pro 1000 cm² unter sonst gleichen Bedingungen in Gramm:

	Korngrößen in mm						
0,0 bis 0,071	0,071 bis 0,114	0,114 bis 0,171	0,171 bis 0,25	0,25 bis 0,5	0,5 bis 1,0	1,0 bis 2,0	Gemisch 0,0 bis 0,25
13860	13944	13394	13267	11935	4135	3073	13265
Verhält- niszahl } 100	100,6	96,6	95,7	81,1	29,9	22,2	95,7[4]

HABERLANDT[5] arbeitete im gleichen Sinne, aber insofern unter etwas anderen Versuchsbedingungen, als er Bodenarten v e r s c h i e d e n e r Wasserkapazitäten mit

---

[1] Vgl. J. VON HANN: Lehrbuch der Meteorologie, 4. Aufl., S. 226. Leipzig 1926.

[2] WOLLNY, E.: Untersuchungen über die Verdunstung. Forschgn. Geb. Agrikult.-Phys. **18**, 507 (1895).

[3] ESER, C.: a. a. O., S. 61. Dabei ist zu bemerken, daß bei den Korngrößen 0,5—1,0 und 1,0—2,0 mm Durchmesser eine kapillare Sättigung bis zur Oberfläche unter den Versuchsbedingungen nicht eintrat.

[4] Inwieweit die abweichenden, für verschiedene Korngrößen fast gleich hohen Verdunstungsmengen nach Versuchen ATTERBERGS [Landw. Versuchsstat. **69**, 112 (1908)] von dessen besonderer Versuchsanordnung beeinflußt worden sind, bleibt eine offene Frage.

[5] HABERLANDT, F.: Wissenschaftlich-praktische Untersuchungen auf dem Gebiete des Pflanzenbaues. Mitt. Landw. Laborat. K. K. Hochsch. Bodenkultur Wien, S. 29. Wien 1877.

bestimmten Wassermengen versetzte. Die Bodenarten waren wohl Artvertreter („Ackererde, Sand, Moorerde"), es fehlen aber Angaben über Korngröße und Humusgehalt; dagegen werden die Verdunstungszahlen für destilliertes Wasser vergleichsweise herangezogen. Die Versuchsobjekte wurden in Glaszylinder von 3,5 cm Durchmesser 2,5 cm tief eingebracht und durch ein Glasrohr vom Boden der Gefäße aus mit gewissen Wassermengen (s. u.) versehen. Das verdunstete Wasser wurde je nachdem alle 4 Stunden bestimmt und neu ergänzt. Der „grobsandige Lehm" besaß eine Wasserkapazität von 35%, der „Moorboden" von 112,8%, der „Sand" von 25,0%. Die Versuche erfolgten im Freien bei Beschattung und ergaben folgende Zahlen für die Verdunstung von 1 dm² Fläche in Gramm:

	I. 30./4.	II. 2./5.	III. 3./5.	IV. 4./5.
Temperatur des trockenen Thermometers . .	10,4⁰ C	12,57⁰ C	17,05⁰ C	18,4⁰ C
Temperatur des feuchten Thermometers . . .	9,26⁰ C	10,47⁰ C	14,45⁰ C	15,1⁰ C
Ackererde mit 15% Wasser	2,468	5,029	11,792	17,006
,, ,, 25% ,, ...	2,622	5,570	16,888	25,762
,, ,, 35% ,, ...	2,726	5,720	17,239	27,717
Sand ,, 10% ,, ...	2,407	4,807	12,414	17,051
,, ,, 15% ,, ...	2,611	5,007	14,444	23,280
,, ,, 25% ,, ...	2,781	5,703	15,088	24,480
Moorerde ,, 50% ,, ...	1,531	4,177	11,978	13,264
,, ,, 75% ,, ...	1,941	4,569	13,289	16,764
,, ,, 100% ,, ...	2,546	4,861	16,162	21,458
Destilliertes Wasser	2,333	4,377	11,714	21,688

Daraus war u. a. abzuleiten, daß der gröbere Sand im allgemeinen mehr Wasser in der gleichen Zeit abgab, als die „Ackererde" (grobsandiger Lehm) bei demselben prozentualen Wassergehalt, und daß das destillierte Wasser langsamer verdunstete als Sand mit 15% und Ackererde mit 25% Feuchtigkeit, wofür Haberlandt u. E. als erster „die größere Oberfläche des Bodens" heranzieht.

Die Oberflächenausformung eines Bodens spielt insofern eine wichtige Rolle bei der Verdunstung des Bodens, als die Verdunstung um so mehr anwächst, je größer die Gesamtheit der Oberfläche des Bodens ist. Eser[1] fand, daß z. B. der gleiche („feuchte Isarkalk") Kalksand (in der Zeit vom 11. bis 23. August) pro 1000 cm² Fläche verdunstete in Gramm:

	Oberfläche		
	eben	gewölbt	gewellt
Verhältniszahl . . .	2076 100	2420 116,5	2670 128,6

Pohlmann[2] suchte die Eserschen Zahlen zu verbessern, indem er die Flächenausdehnung bewegter Oberflächen verschiedener Böden genauerer Ausmessung unterzog und zugleich die Versuchsböden in dauernder kapillarer Sättigung erhielt; das Phänomen selbst ist durch die Esersche Arbeit genügend charakterisiert.

Eng mit der Größe der Oberfläche hängt die Verdunstung bei verschiedener Bodenbearbeitung zusammen. Durch das Bearbeiten des Bodens (Behacken, Pflügen, Eggen usw.) wird einerseits die Bodenoberfläche vergrößert und dadurch die Verdunstung zunächst gesteigert, andererseits wird dabei die gelockerte Schicht aus ihrem Verbande mit dem Unterboden gelöst. Das führt

<hr>

[1] Eser, C.: a. a. O., S. 46.
[2] Pohlmann, A.: Internat. Mitt. Bodenkde. 12, 36 (1922).

zu einer Unterbrechung der kapillaren Leitungsbahnen, und eine Hemmung der Gesamtwasserverdunstung ist die Folge. WOLLNY[1] gibt darüber folgende Zahlen:

Es verdunsteten in Gefäßen pro 400 cm² Fläche Gramm Wasser (vom 23. August bis 14. September 1879) des vorher „stark angefeuchteten" Bodens:

	Humoser Kalksandboden		Reiner Kalksandboden	
	Nicht behackt	Behackt	Nicht behackt	Behackt
Verhältniszahl . . .	1236	1015	1345	1135
	100	82,1	100	84,3

Die Struktur des Bodens als Einzelkornstruktur (pulverförmig) hebt die Verdunstung durch die größere Zahl ihrer Kapillarräume gegenüber einem gleichen Boden in Krümelkornstruktur, der Hohlräume besitzen kann, welche nicht kapillar wirksam sein können und darum weniger verdunsten. Auch hierüber bringt ESER[2] Versuche mit einem Lehmboden, pulverförmig und in Krümeln verschiedener Dimension, welche alle „von unten her der kapillaren Anfeuchtung" in den vorher (s. S. 231) beschriebenen Gefäßen in der Zeit vom 5.—17. August 1883 im Zimmer und im Freien der Verdunstung ausgesetzt worden waren.

Die Verdunstungsmengen betrugen pro 1000 cm² in Gramm:

Durchmesser der Krümel in mm	Staub	0,5—1,0	1,0—2,0	2,0—4,0	4,0—6,75	6,75—9,0
Vol.-% Wasserkapazität	42,2	43,7	32,8	30,5	27,6	27,3
Verhältniszahl	6376	5892	5597	5866	5478	5938
	100	92,4	87,7	92,0	85,9	93,1

Diese Zahlen zeigen, daß Boden in Einzelkornstruktur weniger verdunstete als derselbe Boden in Krümelung. Die Zahlen belegen aber ungenügend die theoretisch abgeleitete Folgerung, daß die Wasserabgabe um so geringer sein sollte, je größer die Krümel sind; die Schwierigkeit, passende Vergleichsobjekte beobachten zu können, mag dafür bestimmend gewesen sein.

Die chemischen Bestandteile des Bodens (anorganische und organische) beeinflussen ebenso die Verdunstungsgröße, wie bekanntermaßen lösliche Salze die Dampfspannung und damit die Wasserabgabe herabsetzten. HELLRIEGEL[3] brachte je 4 kg reinen Sandes in Kulturgefäße und beobachtete die Verdunstung während einer Zeit von 82 Tagen; ein Teil der Gefäße blieb ohne Zusatz von Düngesalzen, der andere erhielt pro Topf 0,272 g saures phosphorsaures Kali, 0,075 g Chlorkalium, 0,096 g schwefelsaure Magnesia und 1,312 g salpetersauren Kalk. Die Wasserzugabe erfolgte täglich entsprechend dem Abgange, sie wurde auf 80, 60, 40, 30 und 20% der Wasserkapazität gehalten. Es verdunsteten in Summe in Gramm:

	Wasserkapazität				
	80 %	60 %	40 %	30 %	20 %
Ohne Düngung .	3364	3490	3256	2840	2721
Mit Düngung .	2800	2733	2768	2840	2679
Verhältniszahl, ohne Düngung = 100	83,2	78,3	85,0	100	98,4

[1] WOLLNY, E.: Untersuchungen über den Einfluß der oberflächlichen Abtrocknung des Bodens auf dessen Temperatur und Feuchtigkeitsverhältnisse. WOLLNYs Forschgn. Geb. Agrikult.-Phys. 3, 330 (1880).

[2] ESER, C.: a. a. O., S. 65.

[3] HELLRIEGEL, H.: Beiträge zu den naturwissenschaftlichen Grundlagen des Ackerbaus, S. 626. Braunschweig 1883.

Diese Zahlen zeigen zugleich den Einfluß der Konzentration der Lösung auf die Verdunstung. Die Tatsache selbst kommt natürlich reiner bei Anwendung von wasserfreien und chemisch reinen Salzen zur Anschauung, wie sie z. B. Gerlach[1] bei Bestimmung der „Siedetemperatur wäßriger Salzlösungen verschiedener Konzentration bei 760°" verwandte.

In der Literatur sind ferner verschiedenfach Zahlen für die unterschiedliche Verdunstung von typischen Bodenarten: Quarzsand, Kalksand, Lehm, Torf usw., niedergelegt, welche weniger für die Beurteilung der Verdunstung der chemischen Bodenkonstituenten (Quarz, Ton, Kalk, Humus) herangezogen werden können, weil diese Bodenarten verschiedene Gemische auch nach Korngröße und Wasserkapazität darstellen. Immerhin seien hier Zahlen nach Versuchen Esers[2] angegeben, welcher mit Quarzsand „aus der Nürnberger Gegend", „ziemlich rein weißer Farbe", Kaolin (technisch) „aus der Kgl. Porzellanfabrik Nymphenburg" und Torf „vom Kolbermoor bei Aibling in grobgepulverter Form", rein und in bestimmten Volumenverhältnissen gegenseitig gemischt, Verdunstungsversuche unternahm. Die Bodenarten wurden in Verdunstungsgefäße von 100 cm² Querschnitt bei 10 cm Höhe von unten her kapillar mit Wasser gesättigt und alsdann in der Zeit vom 11. September bis 17. Oktober 1883 unter gleichen Bedingungen der Verdunstung ausgesetzt. Von 9 Töpfen enthielt Topf:

Nr. 1 . . . Quarzsand,
„ 2 . . . 2 Vol. Quarzsand und 1 Vol. Kaolin,
„ 3 . . . 1 Vol. Quarzsand und 2 Vol. Kaolin,
„ 4 . . . Kaolin,
„ 5 . . . 2 Vol. Kaolin und 1 Vol. Torf,
„ 6 . . . 1 Vol. Kaolin und 2 Vol. Torf,
„ 7 . . . Torf,
„ 8 . . . 2 Vol. Torf und 1 Vol. Quarzsand,
„ 9 . . . 1 Vol. Torf und 2 Vol. Quarzsand.

Pro 1000 cm² betrug:

	Gefäßnummer								
	1	2	3	4	5	6	7	8	9
Die Verdunstungsmenge g	3328	3545	3867	4172	4250	4251	4442	3733	3702
Verhältniszahl	100	106,5	116,2	125,4	127,7	127,7	133,5	112,1	111,2
Aufgenommene Wassermenge g .	3393	3717	4145	5036	5113	5402	6690	4834	4280
Verdunstete Wassermenge in % der aufgenommenen	98,1	95,4	93,3	82,8	83,1	78,7	66,4	77,2	86,5

Quarz verdunstete also die relativ größten, infolge der geringen Wasserkapazität aber die absolut geringsten Wassermengen. Das umgekehrte Verhältnis zeigen die Zahlen für Torf. Kaolin steht in der Mitte.

In engem Zusammenhang mit den vorstehend geschilderten Einflüssen der stofflichen Zugehörigkeit des Bodens und seiner Verdunstung stehen auch die Beziehungen zwischen Bodendecke und Verdunstung, auf die im folgenden kurz eingegangen werden soll. Solche Bodendecken können wie die Laubdecke des Waldes natürlich sein, sie können aber auch vom Menschen gewollt und hervorgerufen worden sein, meist in der Absicht, die Verdunstung zu hemmen und die Wasservorräte des Bodens zu sparen. Als Ursache gilt im allgemeinen die Unterbrechung der kapillaren Leitungsbahnen durch die Decke und der Schutz gegen austrocknende Winde.

<hr>

[1] Gerlach, M.: Z. anal. Chem. **26**, 413 (1887). — Abgedruckt in Landolt-Börnstein: Physiko-chemische Tabellen, 4. Aufl., S. 436. Berlin: Julius Springer 1912.

[2] Eser, C.: a. a. O., S. 82. Der Hinweis auf „B II" bei Beschreibung der Apparatur beruht wohl auf einem Irrtum, es soll wohl „B III" heißen.

Sanddecke. Nach Wollny[1] verdunsteten aus Gefäßen von 400 cm^2 Grundfläche und 20 cm Höhe Versuchsboden, der „stark angefeuchtet" und alsdann mit einer 1 cm starken Sanddecke bedeckt worden war, in der Zeit vom 23. August bis 14. September 1879 die folgenden Wassermengen in Gramm:

	Humoser Kalksandboden		Reiner Kalksandboden	
	Unbedeckt	Mit Sand bedeckt·	Unbedeckt	Mit Sand bedeckt
Verhältniszahl . . .	1236 100	885 71,6	1345 100	1110 82,5

Selbst bei geringer Mächtigkeit der aufgebrachten Sandschicht trat eine beträchtliche Verminderung der Verdunstung in Erscheinung.

Über die Wirkung einer Sanddeckung auf Moorboden arbeitete u. a. Krüger[2]. Er brachte Moorboden in Zylinder von 500 mm Höhe und 81 mm lichtem Durchmesser. Die Höhe der eingefüllten Moorschicht betrug 38 cm, die Sanddecke 8 cm; Sand kam grob- und feinkörnig als Deckmaterial zur Anwendung. Die Versuchsböden wurden bei Beginn von unten her kapillar mit Wasser gesättigt, die Abgänge desselben durch Verdunstung in gewissen Zeitabständen von oben her als Regen ergänzt. Im Mittel von je zwei Parallelversuchen betrug die Verdunstung vom 1. November 1920 bis 1. August 1921 in Gramm:

	Unbesandetes Moor	Moor mit 8 cm feinkörnigem Sand	Moor mit 8 cm grobkörnigem Sand
Verhältniszahl . .	951 100	760 79,9	473 49,7

Steindeckung. Nach Eser[2] verdunsteten in Gefäßen von 400 cm^2 Grundfläche bei 20 cm Höhe „stark angefeuchtete Versuchsfelderde" (Wasserergänzung nach jeder Wägung) in der Zeit vom 12. Juli bis 12. August 1883 auf 1000 cm^2 unbedeckt (Brache) 5739 g = Verhältniszahl: 100; bedeckt mit einer „1 cm starken Decke von erbsen- bis bohnengroßen Kieselsteinen": 1862 g = Verhältniszahl 32,4.

Laub- und Strohhäckseldeckung. Nach Eser[3] verdunsteten unter den gleichen Versuchsbedingungen wie unter Steinbedeckung beschrieben, auf 1000 cm^2 Gramm:

	Unbedeckt (Brache)	5 cm Fichtennadeln	5 cm Kiefernnadeln	5 cm Buchenlaub	5 cm Strohhäcksel	2,5 cm Strohhäcksel
Verhältniszahl .	5739 100	621 10,8	878 15,3	630 11,0	571 9,9	1040 18,1

Den Einfluß der Streudecke des Waldes untersuchte Ebermayer[4]. Beobachtungen auf sechs Stationen während 5 Jahren (1869—1873) in sog. „Ebermayerschen Evaporimetern" von 1 Par. Q.-Fuß (1 Par. Fuß = 0,325 m) Fläche und $^1/_2$ Fuß Tiefe „mit Wasser kapillarisch gesättigten Böden" ergaben in Prozent der Verdunstung des freien Feldes:

Freies Feld	Wald ohne Streudecke	Wald mit Streudecke
100	47	22

[1] Wollny, E.: Forschgn. Geb. Agrikult.-Phys. 3, 328 (1880).
[2] Krüger, E.: Verdunstung von unbesandetem und besandetem Moor. Internat. Mitt. Bodenkde. 12, 4 (1922).
[3] Eser, C.: a. a. O., 7, 87.
[4] Ebermayer, E.: Die gesamte Lehre der Waldstreu, S. 182. Berlin: Julius Springer 1876.

Schließlich sei noch ein Hinweis auf die Verdunstung bzw. den Wasser-verlust des Bodens durch lebende Pflanzen gegeben. Die Transpiration der Pflanzen ist verschieden nach Art, Alter, Standort usw.; auf Einzelheiten kann hier nicht eingegangen werden, ein Beispiel möge genügen: Nach Eser[1] ver-dunsteten unter den gleichen Versuchsbedingungen wie S. 234 angegeben auf 1000 cm² Fläche Gramm:

	Boden ohne Pflanzen	Boden mit Buchweizen und Gras bei kräftiger Entwicklung
Verhältniszahl . .	5739 100	13902 242,2

Der Einfluß von Mikroorganismen auf die Verdunstung ist noch nicht vollständig geklärt. Verfasser ist nur eine Arbeit von Stigell[2] bekannt-geworden. Derselbe brachte in fünf Petrischalen von 145 mm Durchmesser und einer Oberfläche von 165,04 cm² je 300 g Sand, 97 g Wasser und 3 cm³ Bouillon. Nach Gewichtsfeststellung wurden vier Schalen geimpft, und zwar Schale 1 mit Bact. subtilis, Schale 2 mit Bact. Proteus vulgaris, Schale 3 mit Bact. coli communis, Schale 4 mit Bact. mesentricus fuscus, Schale 5 enthielt sterile Bouillon. Der wiederholte Versuch ergab folgende Resultate: Es verdunsteten:

Nach Stunden	Verdunstete Menge in Schale Nr.				
	1	2	3	4	5
24	17,05	16,85	18,15	17,65	16,60
48	34,95	32,75	33,55	29,70	34,35
72	38,55	35,95	37,75	34,40	48,05
96	51,15	48,45	48,45	47,20	51,55
120	83,95	81,95	76,55	78,60	83,15
144	95,95	94,60	78,05	91,60	95,45
168	97,80	96,70	81,60	96,06	100,00
192	99,25	98,55	98,25	98,50	100,00

Aus diesen Zahlen ergibt sich, daß die Verdunstung in den sterilen Schalen größer und schneller als in den mit Bakterien geimpften Schalen gewesen war. Stigell selbst bemerkt: „Die Bakterien können einen Teil der Feuchtigkeit in sich aufnehmen, durch ihren Stoffwechsel kann ein Teil in schwerer verdunstbare Form übergeführt werden, auch könnten die Bakterien oder ihre Stoffwechsel-produkte die Porosität des Bodens teilweise aufheben." Die Differenzen sind nicht sehr markant, sie auf 1 ha Bodenfläche zu übertragen, wie geschehen, ist nicht gut angängig.

Das Bodenklima ist nicht gleich dem Luftklima, daher sind auch die Verdunstungsbedingungen dem Wirkungswert nach unterschiedlich. Unter-suchungen darüber liegen nur in beschränktem Umfange vor[3]. Besonders unter-schiedlich ist das Verhältnis zwischen Luft- und Bodentemperatur: Die Erdrinde empfängt ihre Wärme, wie die Atmosphäre, durch Strahlung der Sonne, weiterhin noch durch Zuleitung aus dem Erdinnern und durch physikalische, chemische und biologische Prozesse, welche in der Erdrinde selbst Wärme er-

---

[1] Eser, C.: a. a. O., S. 85. — Neuere Untersuchungen über den „Wasserverbrauch einiger Bodendecken" durch lebende Pflanzen in Vegetationsgefäßen finden sich bei K. Hart-mann: Z. Forst- u. Jagdwes. 1928, 449.

[2] Stigell, R.: Über die Einwirkung der Bakterien auf die Verdunstungsverhältnisse im Boden. Zbl. Bakter. 21, T. 2, 60 (1908).

[3] Kraus, G.: Boden und Klima auf kleinstem Raum. Jena 1911.

zeugen. Dabei sind Wärmekapazität, Wärmeeinnahme und Wärmeausgabe, ebenso Wärmeleitung verschieden nach Bodenmaterial, Wassergehalt, Bodendecke, Lage usw. (s. Abschn. Bodenwärme). Ähnlich kompliziert liegen die Verhältnisse für die Wärmeabgabe. Am intensivsten ist gerade der Wechsel in der Oberflächenschicht des Bodens, während die tieferen Schichten (15—30 m) den wechselnden Bedingungen der Ein- und Ausstrahlung nicht mehr unterliegen. So wurden z. B. in Nukuß[1], welches am Wüstenrande liegt, die folgenden Amplituden beobachtet:

In der Luft	11,75⁰ C
An der Bodenoberfläche	27,07⁰ C
In der Tiefe von 0,05 m	10,39⁰ C
In der Tiefe von 0,10 m	7,81⁰ C
In der Tiefe von 0,20 m	3,25⁰ C
In der Tiefe von 0,40 m	0,59⁰ C

Wie stark an der Berührungsstelle zwischen Luft und Boden die Temperatur schwanken kann, zeigen Beobachtungen von SINCLAIR[2] vom 21. Juni 1915 mittags 1 Uhr aus Tucson in Arizona (Vereinigte Staaten). Nach einer aufgenommenen Zustandskurve betrug in diesem Wüstenklima die Temperatur über dem Boden in 1 m Höhe etwa 43⁰ C, die Bodenoberfläche selbst wurde nicht gemessen, aber 4 mm unter derselben zeigte das Thermometer 71,5⁰ C und fiel dann bei 10 cm auf etwa 35⁰, bei 1 m auf 25⁰ C. Nach VON FODOR[3] betrugen die absoluten Temperaturmaxima und -minima von vier Stationen in Budapest und die Jahresmittel aus vierjähriger Beobachtung:

	Maximum ⁰ C	Minimum ⁰ C	Differenz ⁰ C	Jahresmittel ⁰ C
Lufttemperatur (Monatsmittel) .	23,4	— 3,4	26,8	10,14
Bodentemperatur in 0,5 m Tiefe	23,33	— 2,23	25,56	10,01
,, ,, 1,0 m ,,	20,97	+ 1,60	19,37	10,16
,, ,, 2,0 m ,,	17,90	2,14	15,76	10,49
,, ,, 4,0 m ,,	15,80	9,27	6,53	12,19

Die Beeinflussung der Bodentemperatur durch die geothermische Wärmestufe, durch physikalische, chemische und biologische Prozesse (Strömungen der Grundluft, Kondensation von Wasserdampf an der Oberfläche oder im Boden, Niederschläge, Zersetzung organischer Stoffe usw.) ist nachweisbar, messend aber in Rücksicht auf die Verdunstung kaum verfolgt worden. Sicher ist aber, daß alle Verhältnisse, welche den Wärmehaushalt eines Bodens verändern, zugleich auch dessen Verdunstungsgröße variieren.

Auch Messungen über die tatsächliche Höhe der Luftfeuchte im Boden liegen nur wenige vor. Das Klima der Bodenschichten, welche für die Verdunstung in Frage kommen, ist im Zusammenhang noch wenig erforscht. LEBEDEFF[4] hat einen RICHARDschen Haarhydrographen so konstruiert, daß „dessen Härchen durch eine besondere Röhre geschützt", in den Boden eingesteckt werden konnten und fand dabei u. a.: „daß, wenn im Boden mehr Wasser enthalten ist, als seiner maximalen Hygroskopizität entspricht, die relative Feuchtigkeit in

---

[1] Vgl. J. VON FODOR: Hygiene des Bodens. TH. WEYL's Handbuch der Hygiene 1, 61. Jena 1896.

[2] SINCLAIR, J. G.: Temperatures of the soil and air in a desert. M. W. Rev. 1922, 142. — Mitgeteilt in R. GEIGER: Das Klima der bodennahen Luftschicht, S. 14. Braunschweig 1927.

[3] FODOR, J. VON: a. a. O., S. 63.

[4] LEBEDEFF, A. F.: Die Bewegung des Wassers im Boden und im Untergrund. Z. Pflanzenern., Düng. u. Bodenkde. A. 10, 1 (1927).

einem solchen Boden gleich 100% ist". Die folgenden Versuchsergebnisse sollen das beleuchten: Bei Schwarzerde mit 7,35%, Podsol mit 3,18% und Sand mit 0,41% maximaler Hygroskopizität, ergaben sich zwischen Wassergehalt und relativer Feuchtigkeit der Bodenluft folgende Verhältnisse:

Schwarzerde		Podsol		Sand	
Wassergehalt	Rel. Feuchte	Wassergehalt	Rel. Feuchte	Wassergehalt	Rel. Feuchte
15,27	100	12,51	100	8,15	100
11,44	100	8,45	100	5,79	100
8,07	100	5,13	100	2,21	100
7,10	94	3,32	100	1,34	100
5,62	68	3,07	95	0,62	100
4,43	49	2,16	73	0,32	69

Der genannte Autor bemerkt weiterhin: „Weitere Beobachtungen über die relative Feuchtigkeit der Bodenluft haben bewiesen, daß die Bodenluft unter natürlichen Bedingungen bei einer Tiefe von 5—10 cm ab immer mit Wasserdampf gesättigt ist"; entsprechendes Zahlenmaterial wird dabei nicht aufgegeben. Zum Belege, „daß im Boden die Wasserdampfspannung das ganze Jahr hindurch größer ist als in der Atmosphäre", wird für Odessaer Schwarzerde folgendes Beispiel beigebracht:

Monat und Tag	15. April, Frühjahr		15. Juni, Sommer		30. September, Herbst	
Zeit der Beobachtung	7 Uhr morgens		1 Uhr mittags		9 Uhr abends	
Spannung des Wasserdampfes bei absoluter Feuchtigkeit der Atmosphäre	6,6 mm		12,9 mm		8,0 mm	
Tiefe des Bodens in cm	Temperatur °C	Spannung des Wasserdampfes in mm	Temperatur °C	Spannung des Wasserdampfes in mm	Temperatur °C	Spannung des Wasserdampfes in mm
0	11,0	9,8	51,5	99,1	11,7	10,3
10	10,4	9,4	33,4	36,2	21,0	18,5
20	10,6	9,5	29,2	30,1	21,4	19,0
40	10,7	9,6	23,9	22,0	20,5	17,9
80	9,6	8,9	21,0	18,5	20,6	18,1
160	8,3	8,2	17,6	15,0	19,8	17,2
200	8,1	8,1	16,3	13,8	19,2	16,4
250	8,0	8,0	14,7	12,5	18,0	15,4
320	9,0	8,6	13,4	11,4	17,0	14,4

Verdunstung und Kondensation folgen natürlich im Boden genau den gleichen Gesetzmäßigkeiten, wie sie schon[1] dargelegt wurden. Spannungsgefälle zwischen den verschiedenen Bodenschichten oder zwischen Boden und Atmosphäre suchen sich auszugleichen.

Schließlich ist für die Höhe der Verdunstung auch der Wassergehalt des Bodens maßgebend, daher besteht eine enge Beziehung zwischen Verdunstung und denjenigen Faktoren, welche für die Höhe der Wasserführung eines Bodens Bedeutung haben[2]. Hierzu einige Beispiele:

Verdunstungsgröße und Wassergehalt (Wasserkapazität). Nach Haberlandt[3] verdunsteten grobsandiger Lehm mit 35%, Sand mit 25% und Moorerde mit 112,8% Wasserkapazität in flachen Schalen mit einer bestimmten (s. u.) Wassermenge versetzt, die nach 4 Stunden wieder ergänzt wurde, folgende Wassermengen pro Quadratdezimeter in Gramm:

---

[1] Vgl. S. 226.   [2] Vgl. hierzu S. 90 f.
[3] Haberlandt, Friedr.: a. a. O., S. 28.

Lehm, grobsandig (Ackererde) mit 35 % Wasser = 2,726, Verhältniszahl = 100
,,   ,,   ,,   ,, 25 %   ,,   = 2,622,   ,,   = 96,2
,,   ,,   ,,   ,, 15 %   ,,   = 2,468,   ,,   = 90,5
                Sand ,, 25 %   ,,   = 2,781,   ,,   = 100
                ,,   ,, 15 %   ,,   = 2,611,   ,,   = 93,9
                ,,   ,, 10 %   ,,   = 2,407,   ,,   = 86,6
            Moorerde ,, 100 % ,,   = 2,546,   ,,   = 100
                ,,   ,, 75 %   ,,   = 1,941,   ,,   = 76,2
                ,,   ,, 50 %   ,,   = 1,531,   ,,   = 60,1

Böden mit viel Wasser (höherer Wasserkapazität) verdunsteten also auch stärker. Auch spätere Untersuchungen ESERS[1] ergaben: „daß der Boden um so größere Mengen von Feuchtigkeit verdunstet, je mehr er Wasser enthält und daß sämtliche Bodenproben" (einer Bodenart) „mit noch so verschiedenem Wassergehalt in der gleichen Zeit ihr ganzes Wasser verlieren".

Verdunstung und Lage der wasserabgebenden Bodenschicht (Kapillarität). Den Einfluß der Höhe der Erdschicht auf die Wasserverdunstung untersuchte ESER[2], indem er Gefäße von 10 cm² Grundfläche gleichermaßen mit Lehmpulver und Quarzsand in verschiedener Höhe anfüllte und von unten her kapillar mit Wasser sättigte. Die Verdunstungsmengen pro 1000 cm² betrugen

in 18 Tagen Gramm für Lehmpulver:

Höhe der Boden-schicht . . . cm	30	25	20	15	10
g	4610	4600	4720	4820	4830
Verhältniszahl . .	95,4	95,2	97,7	99,8	100

für Quarzsand in 14 Tagen:

Höhe der Boden-schicht . . . cm	30	25	20	15	10
g	1488	1832	2462	5180	8289
Verhältniszahl . .	17,9	22,1	29,7	62,5	100

Je tiefer die wasserabgebende Schicht (Grundwasser) liegt, um so geringer ist die Verdunstung, was durch Vermehrung des Reibungswiderstandes beim kapillaren Aufstieg des Wassers erklärt wird. An einer anderen Stelle der gleichen Arbeit[3] bemerkt der genannte Autor, daß die Höhe, bis zu welcher das Wasser (kapillar) im Boden bei halber Sättigung stieg, nur „so geringfügig" war, „daß man in der Tat zu der Annahme hingedrängt wird, daß nur dann eine kapillare Wasserbewegung in der Erde eintritt, wenn dieselbe mehr Wasser enthält, als der Hälfte der Sättigungskapazität entspricht." Daraus würde sich weiter ergeben, daß die Verdunstung stark abfällt, wenn die Sättigung an der Oberfläche unter etwa 50 % sinkt, der Boden dort abtrocknet und die Wasserabgabe nur durch Austritt von Wasserdampf aus dem Bodeninnern vor sich geht. Andere Versuche ESERS[4] knüpfen an die schon von HABERLANDT[5] beobachtete Erscheinung an, daß die Verdunstung um so mehr herabsinkt, je trockener die oberflächliche Bodenschicht ist. Nach HABERLANDTS[5] Versuchsanordnung läßt sich diese Tatsache nicht genügend klarlegen, ESER[4] suchte zu verbessern und verfuhr dabei folgendermaßen: In Zinkgefäßen von 20 cm Höhe und 400 cm² Grundfläche wurden die Bodenproben in gleichmäßig feuchtem Zustande fest ein-

---

[1] ESER, C.: a. a. O., S. 40.   [2] ESER, C.: a. a. O., S. 74.
[3] ESER, C.: a. a. O., S. 42.   [4] ESER, C.: a. a. O., S. 44.
[5] HABERLANDT, FRIEDR.: a. a. O., S. 25—37.

gestampft und mit verschieden starken Schichten trockenen Bodens derselben
Art so überlagert, daß die Gesamthöhe immer 19,5 cm betrug. Unter diesen
Bedingungen verdunstete ein

	Ganz feucht	Mit 2 cm Trockenschicht	Mit 4 cm Trockenschicht	Mit 6 cm Trockenschicht	Mit 8 cm Trockenschicht
Quarzsand vom 15.—22. Mai 1883 pro 1000 cm² Gramm:					
	2097	720	527	368	253
Verhältniszahl . .	100	34,3	25,1	17,5	12,1
Kalksand vom 25. Mai bis 21. Juni 1883 pro 1000 cm²:					
	2925	1922	1270	736	477
Verhältniszahl . .	100	65,7	43,4	25,2	16,3

Diese Zahlen machen es deutlich, „daß die Verdunstung des Wassers aus
dem Boden in dem Maße abnimmt, als die Verdunstungsschicht infolge der Austrocknung der oberen Partien tiefer in den Boden herabsinkt".

Der Wassergehalt des Bodens und damit seine Verdunstung wird weiterhin
durch den sog. Benetzungswiderstand beeinflußt, das ist der Widerstand,
den manche Böden nach starker Austrocknung ihrer Wiederbefeuchtung entgegensetzen. Früher nahm man an, daß die Harz und Wachs enthaltenden Stoffe,
besonders der Humussubstanzen des Bodens diesen Widerstand dadurch hervor-
riefen, daß diese wasserabstoßenden Stoffe durch starke Trocknis nach der Oberfläche der Humusteilchen zu transportiert würden und dort schließlich zur Ab-
lagerung kämen. Neuere Untersuchungen haben wahrscheinlich gemacht, daß
es sich dabei um adsorbierte Lufthüllen handelt, welche die abgetrockneten Bodenteilchen umgeben[1].

Die Farbe des Bodens und ihr Einfluß auf die Verdunstungsgröße ist
eng verknüpft mit der verschiedenen Erwärmbarkeit verschieden gefärbter, sonst
gleicher Böden: dunkel gefärbte erwärmen sich mehr, verdunsten mehr. Lehm,
Sand und Torf, oberflächlich von Wollny[2] weiß mit Marmorstaub und schwarz
mit Kienruß angefärbt, verdunsteten in Gefäßen mit soviel Wasser, wie es „der
Boden vermöge seiner Kapillarität zu halten vermochte" in der Zeit vom 26. August
bis 6. September 1876 pro 1063 cm² Fläche in Gramm:

	Lehm		Sand		Torf	
	weiß	schwarz	weiß	schwarz	weiß	schwarz
Oberfläche.	1900	2200	1850	2115	1900	2112

Einflüsse sekundärer Art (Wasserkapazität, Wärmeleitung, Wärmebindung usw.) sind bei diesen Versuchen nicht berücksichtigt, auch mag das An-
färben selbst die natürlichen Verhältnisse verschoben haben, sie ändern aber
nur wenig an der Erscheinung selbst. Nach Krüger[3] verdunsteten: Boden,
weiß = 100, Boden, gelb = 107, Boden, braun = 119, Boden, grau = 125, Boden
schwarz = 132.

---

[1] Vgl. Puchner, H.: Über Spannungszustände von Wasser und Luft im Boden.
Wollnys Forschgn. Geb. Agrikult.-Phys. **19**, 1 (1896). — Paul Ehrenberg: Die Bodenkolloide, 3. Aufl., S. 246. Dresden u. Leipzig 1922. — R. Albert u. M. Köhn: Untersuchungen über den Benetzungswiderstand von Sandböden. Mitt. Internat. Bodenkd. Ges.
2, 146 (Rom 1926). Beide glauben neben physikalischen auch chemische Bindungen für die
Erklärung der Benetzungswiderstände heranziehen zu müssen.

[2] Wollny, E.: Untersuchungen über den Einfluß der Farbe des Bodens auf dessen
Erwärmung. Forschgn. Geb. Agrikult.-Phys. **4**, 361 (1881).

[3] Krüger, E.: Kulturtechnischer Wasserbau, S. 18. Berlin: Julius Springer 1921.

Die Bodenlage nach Exposition und Inklination verändert gegenüber der Ebene die Einwirkung von Wärme und Wasser als Verdunstungsfaktoren. Der Einfluß der Luftbewegung, die Möglichkeit des oberflächlichen Abfließens der Niederschläge usw. treten noch dazu. Die Verdunstung von „feuchtem Isarkalksand" betrug nach ESER[1] (in der Zeit vom 5. Juni bis 16. Oktober 1883) pro 1000 cm² in Gefäßen Gramm:

	Inklination 15⁰				Inklination 30⁰			
	Süd	Ost	West	Nord	Süd	Ost	West	Nord
Verhältniszahl . .	6496	5598	5460	4609	7107	5735	5205	3743
	100	86,2	84,1	70,9	100	80,7	73,2	52,7

Bei gleicher Neigung verdunstete also eine nach Norden exponierte Fläche weniger als eine solche, die gegen Westen, Osten oder Süden zu gerichtet ist, sie verdunstete im allgemeinen um so weniger, je geringer ihr Neigungswinkel war.

Methoden zur Feststellung der Verdunstung des Bodens[2].

Man kann diese Methoden einteilen, je nachdem sie versuchen, die Verdunstungsgröße zu bemessen, in indirekte, nach Konstellation der meteorologischen Faktoren, und direkte, durch den Boden selbst, und zwar am umgelagerten Boden und am natürlichen gewachsenen Boden.

Jeden Faktor, welcher an der Verdunstungsgröße eines Bodens beteiligt ist, in seinem Einwirkungswert exakt zu bestimmen, ist bisher nicht möglich gewesen. Da aber die Verdunstung und die Verdunstungsgeschwindigkeit des Bodens von der Temperatur und der Luftfeuchtigkeit in ihrem Ausmaße weitgehendst beeinflußt werden, lag es nahe, Temperatur und Luftfeuchtigkeit selbst vergleichsweise als Maß für die Verdunstung eines Bodens heranzuziehen, zumal dazu eine relativ einfache Apparatur genügt. Es darf jedoch nicht unberücksichtigt bleiben, daß diese Verfahren nur annähernd die tatsächlichen Verdunstungswerte wiedergeben können, da z. B. die Beeinflussung der Verdunstung durch den Boden selbst unberücksichtigt bleibt. Bisher wurden dabei auch die meteorologischen Verhältnisse direkt über der verdunstenden Fläche zu wenig herangezogen.

Verdunstung der freien Wasserfläche. Um die Verdunstungsgröße eines Platzes bestimmen zu können, war es das Nächstliegende, diejenige einer freien Wasserfläche zu ermitteln. Man setzte dabei Wasser in einer Schale von bestimmter Grundfläche der Verdunstung aus und bestimmte die verdunstete Menge aus der Differenz der einzelnen Wägungen. Als Gefäße benutzte man sog. „Evaporimeter", verschieden in Form und Größe. Bald stellte sich heraus, daß die Höhe der Verdunstung hierbei nicht allein von der Lage und dem Klima des Beobachtungsortes abhängig war, sondern selbst von der Form und Größe der verwandten Apparate. So konnte STEFAN[3] bei Untersuchungen über die

---

[1] ESER, C.: a. a. O., S. 99.

[2] Besonders in Nordamerika hat man sich neuerdings für praktische Zwecke viel mit Verdunstungsmessungen beschäftigt. Eine Zusammenstellung der Literatur über Verdunstung von 1670 bis 1908 gibt: GRACE LIVINGSTON: Monthly Weather Rev. 1908 u. 1909; ergänzt von J. A. LIVINGSTON: Atmospheric influence of evaporation and its direkt measurement. Monthly Weather Rev. 1915, 126. — J. VON HANN (a. a. O., S. 229), dem hier gefolgt worden ist, gibt weiter an: F. H. BIGELOW: Studies on evaporation. Monthly Weather Rev. 1907, 311. — MARVIN: Methods and apparates for the observation and study of evaporation: Monthly Weather Rev. 1909, 141, 182. — C.G. BATES : A new evaporimeter for use in forest studies. Monthly Weather Rev. 1919, 283—294.

[3] STEFAN: mitgeteilt bei J. VON HANN, Lehrbuch der Meteorologie, 4. Aufl., S. 226. Leipzig 1926.

physikalischen Gesetze der Verdampfungsgeschwindigkeit nachweisen, daß die verdunstende Menge einer freien Wasserfläche nicht dem Flächeninhalt, sondern dem Flächenumfange proportional sei, die Verdunstung in kleinen Gefäßen also relativ größer sei als die in größeren; kleine Gefäße erwärmen sich auch rascher. Auch Gallenkamp[1] konnte mit Versuchsgefäßen bis zu einer Größe von 8 cm Durchmesser feststellen, daß die Verdunstungsgröße zweier kreisförmiger Flächen nur mit der 1,6. Potenz ihrer Durchmesser wächst. Sind die Gefäße nicht kreisrund, so spielt ihre Stellung zur Windrichtung eine gewisse Rolle. Steht das Gefäß mit der breiten Seite senkrecht zur Windrichtung, so wird mehr verdunstet, als wenn der Wind in Längsrichtung darüber hinstreicht. Auch die Aufstellung der Apparate ist von Bedeutung: Im Schatten aufgestellte Apparate verdunsten weniger als solche in der Sonne stehende, auch windgeschützte Aufstellung setzt die Verdunstung herab. Hieraus ergibt sich, daß die Verdunstungswerte verschieden gebauter und verschieden aufgestellter Apparate nicht vergleichsfähig sind. Man trug dem besonders in Rußland Rechnung und brachte auf allen meteorologischen Stationen die Wildsche Verdunstungswaage zur Anwendung.

Die Wildsche Verdunstungswaage (Atmometer) besteht aus einer Verdunstungsschale, welche auf einer Briefwaage angebracht ist. Der mit Wasser beschickte Apparat wird der Verdunstung ausgesetzt, der jeweilige Verlust kann auf einer Skala abgelesen werden. Diese Wildsche Verdunstungswaage hat mit allen Schalenapparaten den Nachteil, daß die verdunstende Oberfläche infolge des Wasserverlustes unter den Schalenrand sinkt, wodurch eine Änderung der Verdunstungsbedingungen erfolgt. Kassner[2] versuchte den Nachteil durch Anbringung einer selbsttätigen Nachfülleinrichtung zu beseitigen, wodurch der jeweilige Verdunstungsverlust sofort ersetzt, die verdunstende Oberfläche also immer in gleicher Höhe gehalten wurde. Eine selbsttätige Registriervorrichtung gestattete weiter bequemes und genaues Ablesen. Große Vorsicht erfordert die Beurteilung der Verdunstung des Bodens aus den Zahlen für die Verdunstung freier Wasserflächen. Daß wasserarme Böden weniger verdunsten als wasserreiche, kann das Evaporimeter nicht anzeigen! Grosse[3] erwähnt, daß Verdunstungsmesser nach Wild, welche vom meteorologischen Observatorium in Bremen geschützt in der sog. englischen Hütte aufgestellt waren, gegen diejenigen, welche die Abteilung für Pflanzenbau und Meteorologie der Universität Halle im Freien installiert hatte, in den Resultaten nur relativ annähernde Übereinstimmung ergaben; absolut wurde die Verdunstung der ungeschützt aufgestellten Verdunstungsmesser vier- bis fünfmal so groß gefunden wie die der im Schutz einer englischen Hütte stehenden. Auch die Messungen der Verdunstung auf und an dem Grimmnitzsee ergaben ähnliches, von Hann[4] schreibt darüber: „Auf und an dem Grimmnitzsee sind u. a. Versuche angestellt über die Verdunstungsmengen in verschiedenen Aufstellungen (der Meßapparate). „In der nachstehenden Tabelle, gültig für einen vierjährigen Zeitraum, bezeichnet F_1 ein offenes Gefäß von 2000 cm² kreisförmigem Querschnitt, aufgestellt auf einem Floß inmitten des Sees, F_2 ein ebensolches Gefäß (auch mit gleicher Entfernung des Wasserspiegels vom Gefäßrand), aufgestellt am Ufer, 20 m vom Seerand und 2 m über dem Boden, W einen Wildschen Verdunstungsmesser von 200 cm² Oberfläche, aufgestellt neben F_2 in einem luftigen Holzgehäuse.

---

[1] Gallenkamp, W.: mitgeteilt am gleichen Ort, S. 226.
[2] Kassner, C.: Ein neuer registrierender Verdunstungsmesser. Meteorol. Z. **28**, 375 (1911).
[3] Grosse, W.: Verdunstung und Kälterückfälle im Mai. Meteorol. Z. **43**, 227 (1926).
[4] Hann, J. von: Lehrbuch der Meteorologie, 4. Aufl., S. 228. Leipzig 1926.

	April mm	Juli mm	Oktober mm	April—Oktober mm
Mittlere Verdunstungsmenge in F_1 . .	63,3	164,8	57,4	795
,, Verdunstungsmenge in F_2 . .	122,4	197,2	56,2	963
,, Verdunstungsmenge in W . .	66,8	88,3	32,4	465
Verhältnis $F_1 : F_2$	0,52	0,84	1,02	0,83
Verhältnis $W : F_2$	0,55	0,45	0,51	0,48

Im beschatteten Landgefäß verdunstete also halb so viel Wasser wie in dem frei aufgestellten Landgefäß, und das Verhältnis zwischen beiden ändert sich wenig im Laufe des Jahres. Das Verhältnis vom See- zum Landgefäß stieg dagegen vom Frühjahr zum Herbst von etwa 50 auf 100 %, da sich infolge von Verzögerung des Wärmegangs im See hier im Frühjahr die Verdunstungszunahme und im Herbst die Verdunstungsabnahme verzögert.‘‘

Bei dem Evaporimeter von PICHE[1] kommt als verdunstende Schicht nicht eine freie Wasserfläche, sondern eine mit Wasser gesättigte Filtrierpapierscheibe in Anwendung. Der Apparat besteht aus einer dünnwandigen, an einem Ende verschlossenen Röhre, deren Fassungsraum in $^1/_{10}$ cm^3 geteilt ist. Die mit Wasser gefüllte Röhre wird an ihrer Öffnung durch eine an einer Drahtfeder befestigte Filtrierpapierscheibe verschlossen, und der Apparat mit dieser Verdunstungsscheibe nach unten am Beobachtungsort aufgehängt. Das von der Filtrierpapierscheibe verdunstete Wasser wird aus der Röhre nachgesaugt; seine Menge kann an der Teilung abgelesen werden. Da hierbei jedoch über dem sinkenden Wasserniveau ein luftverdünnter Raum entsteht, so ist die Filtrierpapierscheibe mit einer feinen Nadel durchbohrt. Durch diese feine Öffnung kann die Luft in Form feiner Bläschen nachsteigen. ,,Professor CANTONI hat eine Modifikation an dem Evaporimeter — PICHE — angebracht, bei welchem die Papierscheibe nicht am untersten Ende der Wassersäule, sondern an dessen oberen Spiegel angebracht ist, dadurch ist der hydrostatische Druck auf die Papierfläche vermieden. Es gelingt dies dadurch, daß das Glasrohr U-förmig gebogen wird, der eine Schenkel ist geschlossen, der andere offen, und auf diesem liegt die Papierscheibe auf.‘‘

Schalenapparate sind — wie gesagt — in ihrer Anwendung beschränkt, da sie sich im Freien nur unter einem Schutzdach aufstellen lassen, womit der Nachteil verbunden ist, daß dem Wind ungehinderter Zutritt versagt wird. Der Verdunstungsmesser von MITSCHERLICH[2] sucht diesen Mangel zu umgehen: Hier wird nicht die Verdunstung einer freien Wasserfläche zugrunde gelegt, sondern die Oberfläche einer mit Wasser kapillar gesättigten Tonzelle. Das verdunstete Wasser wird durch ein Steigrohr aus einem darunter befindlichen, mit Wasser gefüllten Meßzylinder ersetzt. Die Graduierung desselben läßt die verdunstete Wassermenge leicht erkennen. Der verschiedenen Porengrößen der Tonzellen wegen muß der Apparat geeicht werden. Nach ähnlichem Prinzip wie der MITSCHERLICHsche Apparat arbeitet auch das verbesserte LIVINGSTON-THONE’sche Atmometer. Dasselbe hat neuerdings besonders für ökologische Zwecke viel Anwendung gefunden. Es besteht nach BRAUN-BLANQUET[3] aus einer weiten Flasche mit Gummistopfen. Die wassergefüllte Flasche ist durch eine Glasröhre mit dem verdunstenden Kugelbecher verbunden. Um bei Regen den Rückfluß von Feuchtigkeit aus dem Becher in die Wasserflasche zu verhindern, wird eine

---

[1] Vgl. TH. LANGER: Vergleichende Beobachtungen mit dem Evaporimeter von PICHE. WOLLNYS Forschgn. Geb. Agrikult.-Phys. **5**, 105 (1882).

[2] MITSCHERLICH, E. A.: Landw. Versuchsstat. **60**, 63 (1904); Bodenkde. Land- u. Forstwirte, 4. Aufl., 270f. 1923.

[3] BRAUN-BLANQUET, J.: Pflanzensoziologie, S. 116. Berlin: Julius Springer 1928.

Schicht Quecksilber in den Becher gegossen und die Glasröhre oben ⌐-förmig umgebogen. Die verdunstenden Kugeltonbecher sind auf einen sog. Normalbecher geeicht.

Wo meteorologische Faktoren, einfach und kombiniert, zur Berechnung der Verdunstung herangezogen wurden, können die Ergebnisse, wie auf S. 226 ff. angeführt, nur zu einer allgemeinen Orientierung über die Verdunstungswerte dienen. Der Vollständigkeit wegen und weil in der bodenkundlichen Literatur oft auch auf solche Methoden zurückgegriffen wird, sei im folgenden darauf Bezug genommen.

Die relative Luftfeuchtigkeit ist, wie auf S. 229 hervorgehoben, von starkem Einfluß auf die Verdunstungsgröße. Als Maßstab dafür kann sie nicht gelten, weil z. B. trotz gleicher relativer Luftfeuchtigkeit die Verdunstung durch steigende Temperatur (und aus sonstigen Gründen) stark verändert werden kann, wie folgende Zahlen von Masure[1] belegen:

Relat. Luftfeuchte %	Mittl. Temperatur ⁰ C	Verdunstung mm
66	23	1,14
66	27,2	2,73

Trotz gleicher relativer Luftfeuchtigkeit ergaben sich durch die erhöhte Temperatur stark gesteigerte Verdunstungswerte. Die Unzulänglichkeit dieser Beziehung zwischen Luftfeuchtigkeit und Verdunstung hat sich natürlich bald ergeben; besonders Ramann[2] hat darauf aufmerksam gemacht. In der gleichen Arbeit wies Ramann besonders auf das Sättigungsdefizit als die zuverlässigere Unterlage für die Bemessung der Verdunstung hin. Er macht dabei auf die folgenden Zahlen von Masure[3] aufmerksam:

Temperatur ⁰ C	Relative Luftfeuchte %	Sättigungsdefizit mm	Fehlendes Wasser in m³ Luft g	Verdunstung mm
17,6	75	3,89	3,9	0,93
17,7	79	3,17	3,2	0,62
17,0	89	1,59	1,6	0,38
17,2	91	1,32	1,4	0,25

Zu erwähnen ist dabei, daß zur Berechnung des Sättigungsdefizits das Maximum der Spannkraft des Wasserdampfes der Luft, in gewisser Höhe vom Boden gemessen, als Faktor dient, während in Wirklichkeit die Verdunstung des Bodens von den die Spannkraft des Wasserdampfes bedingenden Faktoren gerade über der verdunstenden Fläche abhängig ist. Wie stark die sich so ergebenden Unterschiede sein können, zeigt eine Angabe von Huber[4], welcher u. a. dartut, daß „die Verdunstung auf gleiche Psychrometerdifferenz bezogen, 2 m über dem Boden um 50 % größer als am Boden war". Andererseits kann die Bodentemperatur besonders an Südhängen bei starker Insolation bedeutend höher sein als die höhere, herrschende Lufttemperatur, wodurch das Sättigungsdefizit am Boden auch wesentlich größer wird. Auf einen anderen Fall macht von Hann[5] aufmerksam: „Ist z. B. bei einer Lufttemperatur von 28⁰ der Dampfdruck = 8,0, so ist E'' (= maximale Spannkraft) = 28,1 mm und $e:E = 28 \%$.

---

[1] Masure, F.: Untersuchungen über die Verdunstung freier Wasserflächen usw. Ref. s. Wollnys Forschgn. Geb. Agrikult.-Phys. **4**, 137.

[2] Ramann, E.: Meteorol. Z. **1911**, 570; Bodenkunde, 3. Aufl., S. 351. Berlin: Julius Springer 1911.

[3] Masure, F.: a. a. O., S. 135.

[4] Huber, Br.: Ber. dtsch. bot. Ges. **44**, 325 (1926).

[5] Hann, J. von: a. a. O., S. 234.

Unter diesen Verhältnissen kühlt aber die verdampfende Flüssigkeit bis $17,2^0$ ab (Temperatur einer feuchtgehaltenen Thermometerkugel), die Dampfspannung über derselben ist dann 14,6 mm; die Verdampfungsgeschwindigkeit hängt von der Differenz $14,6 - 8 = 6,6$ mm ab, das Sättigungsdefizit ist aber $28,1 - 8 = 20,1$, also dreimal größer. Man sieht aus diesem Beispiel, daß man das sog. Sättigungsdefizit nicht geradezu als Maß der Verdampfungsgeschwindigkeit verwenden darf.'' Auch ist zu berücksichtigen, daß der Einfluß des Windes auf die Verdunstung im Sättigungsdefizit nicht zum Ausdruck kommt; ebenso fehlen die Bodenfaktoren[1]. Aus allen diesen Gründen ist auch die Benutzung des Sättigungsdefizits zur Begrenzung von Klima- und Bodenzonen nur ein Notbehelf. Exakteres sagt die Psychrometerdifferenz über die Verdunstungsmöglichkeit aus[2].

Wird die Kugel eines Thermometers durch einen dünnen Stoffüberzug, welcher in Wasser taucht, benetzt, so kühlt dieselbe ab, weil die zur Verdampfung verbrauchte Wärme dem Thermometer entzogen wird. Vergleicht man nun nach erreichtem konstanten Stand dieses feuchten Thermometers seinen Temperaturgrad mit der Angabe eines trocken gehaltenen Thermometers, so erhält man in der Differenz die sog. Psychrometerdifferenz (Naßkälte), welche ein indirektes Maß für den Wasserdampfgehalt der Luft und zugleich für die mögliche Verdunstung jedoch nur bei Windstille abgibt.

Der Einfluß des Windes wird nach SCHUBERT[3] berücksichtigt, wenn nicht die Psychrometerdifferenz, sondern die Abkühlungsgeschwindigkeit festgestellt wird, d. h. die Geschwindigkeit, mit der die Temperatur des feuchten Thermometers abnimmt; man bestimmt also die Höhe der abgegebenen Verdunstungswärme in der Zeiteinheit. Diese ist aber auch von der Wärmekapazität des Thermometerglases abhängig. Es sind deshalb zunächst nur jene Ergebnisse vergleichsfähig, welche mit dem gleichen Instrument gewonnen wurden. HUBER[4] hat darüber einige vergleichende Untersuchungen angestellt, welche die SCHUBERTschen theoretischen Erörterungen bestätigen.

Die Bemessung der Verdunstung am umgelagerten Boden durch Einbringung in Töpfe, Lysimeter usw. schafft künstliche Bedingungen. Die so gewonnenen Zahlen haben nur bedingte Bedeutung als Unterlage für die Verdunstung des natürlichen, gewachsenen Bodens. Die Angaben sind aber leicht zu gewinnen, weil die Konstruktion der Apparate relativ einfach ist. Man hat dabei die gleichen oder ähnliche Konstruktionen benutzt, wie sie verwandt wurden, um einen Einblick über den Anteil der Einzelfaktoren an der Gesamtverdunstung zu erhalten; daher auch die Mannigfaltigkeit. Der älteste dieser Apparate ist das Evaporimeter nach EBERMAYER[5], ein viereckiger Zinkkasten, Grundfläche 1 Pariser Quadratfuß (0,106 m²), Höhe der Bodenschicht 0,5 Fuß (0,162 m). Ein an der Seite angebrachter Wasserbehälter, der mit dem Verdunstungsgefäß in Verbindung steht und eine selbsttätige Auslaufvorrichtung besitzt, gestattet den Wasserspiegel konstant in der Höhe des Siebbodens zu erhalten, auf dem der Boden aufgelagert wurde, so daß der Boden von unten her kapillar mit Wasser gesättigt werden kann. Die verdunstete

---

[1] Vgl. S. 230 und A. MEYER: Chem. d. Erde **1926**, 210. — R. ALBERT: ebenda. **1928**, 27.

[2] Vgl. dazu J. VON HANN: Lehrbuch der Meteorologie, 4. Aufl., S. 237. — BR. HUBER: Psychrometerdifferenz als Verdunstungsmaß. Ber. dtsch. bot. Ges. **44**, 321 (1926). — J. SCHUBERT: Eine neue Methode zur Messung der Verdunstung mit Hilfe des Psychrometers. Naturwiss. **13**, 515 (1925).

[3] SCHUBERT, J.: a. a. O., S. 515.   [4] HUBER, BR.: a. a. O., S. 321.

[5] EBERMAYER, E.: Die physikalischen Einwirkungen des Waldes auf Luft und Boden, S. 17. Aschaffenburg 1873.

Wassermenge wird an dem Wasserverlust im Wasserbehälter gemessen. Dieses Evaporimeter wurde benutzt, um die Verdunstung bei dauernder kapillarer Sättigung des Versuchsbodens mit Wasser zu studieren[1]. Ähnlich in Konstruktion und Verwendung ist auch der Apparat von Eser[2], nur die Ausmaße sind etwas anders und betragen hier 10 : 10 : 10 cm.

Um zu erreichen, daß die Verdunstung „nur durch die Größe der mit Wasser gesättigten, an die Atmosphäre angrenzenden Bodenschicht bedingt wird", zeigt der Apparat von Mitscherlich[3] eine Anordnung, die er selbst wie folgt beschreibt: „Wir legen über eine mit Wasser beschickte Schale, die in der Mitte eine erhobene kreisförmige Fläche hat, eine Schicht Filtrierpapier so, daß dies mit dem Rande ringsum in das Wasser reicht. Die Schale wird mit einem Zinkblechdeckel, der 1—2 mm über die kreisförmige Fläche herüberragt und in der Mitte einen größeren kreisförmigen Ausschnitt hat, abgedeckt. Der Boden kommt in diesem Ausschnitt auf das nasse Filtrierpapier und wird hier ebengestrichen, so daß die Erdfläche mit dem Zinkblechdeckel abschließt. Der ganze Apparat wird sodann gewogen. Der Gewichtsverlust desselben nach einiger Zeit gibt uns die Größe der durch den Boden in dieser Zeit verdunsteten Wassermenge."

Die Verfahren, bei denen der Boden dauernd in kapillarer Sättigung der Beobachtung unterliegt, zeigen nur die Abhängigkeit der Verdunstung von der Gestaltung der Bodenoberfläche. Es knüpfen sich daran Versuche an, bei denen man den Boden mit Wasser benetzte und der Verdunstung aussetzte, ohne das verdunstete Wasser zu ergänzen. So brachte man den Boden z. B. im wassergesättigten Zustande in die verschiedenen Verdunstungsgefäße und bestimmte die Verdunstung nach einiger Zeit durch Gewichtsdifferenz. Hier hängt die Verdunstungsgröße ebenso von Wasserleitung, Wasserkapazität, Höhe der Bodenschicht, Art der Lagerung usw. ab. Man verwandte als Versuchsgefäße solche in sehr verschiedenen Formen und Ausmaßen, sie unterlagen im Prinzip den gleichen Verdunstungsbedingungen, lieferten aber ungleiche Werte. Unter solchen Versuchsbedingungen arbeiteten: Schübler, Meister, Schultze, Eser u. a.[4].

Den natürlichen Verhältnissen näher kommt die Verdunstungsmessung des Bodens durch Lysimeter. Das sind Kästen verschiedener Ausmaße, welche, mit Boden gefüllt, der Verdunstung unter Zugrundelegung des Lufttrockengewichtes im Freien aufgestellt werden. Verdunstung = Niederschlag minus Sickerwasser. Wollny[5], welcher viel mit solchen Lysimetern arbeitete, verwandte dazu Zinkgefäße, 30 cm hoch, „von quadratischem, 400 cm[2] fassendem Querschnitt" — „und die, um die seitliche Erwärmung der in den Gefäßen befindlichen Erde zu beschränken, in einem äußerlich von einer 15 cm dicken Erdschicht umgebenen, aus sehr starken Brettern hergestellten, in Fächer geteilten und auf einem im Freien befindlichen Tisch auf ruhendem Holzrahmen untergebracht waren". Bei der Berechnung bleibt zu berücksichtigen, daß man je nach Wasserzufuhr, Wasserkapazität, Bodenmenge, Beobachtungsdauer usw. verschiedene Zahlen erhalten kann.

Aus der Erwägung heraus, daß die bisher bekanntgewordenen Zahlen über die Verdunstungsgröße des Bodens unzulänglich sein mußten, weil sie am um-

---

[1] Zahlen darüber vgl. S. 243.   [2] Eser, C.: a. a. O., S. 48.
[3] Mitscherlich, E. A.: Bodenkde. Land- u. Forstwirte, 4. Aufl., S. 151. 1923. — Vgl. auch A. Pohlmann: Ein Beitrag zur Wasserverdunstung des Bodens. Internat. Mitt. Bodenkunde 12, 39 (1922).
[4] Vgl. Eser, C.: a. a. O., S. 3 u. ff.
[5] Wollny, E.: Forschgn. Geb. Agrikult.-Phys. 18, 487 (1895).

gelagerten Boden in größeren oder kleineren Töpfen gewonnen waren, wodurch besonders die Einwirkung des kapillaren Aufstiegs vom Grundwasser her nicht in Wirkung treten konnte, bauten HELBIG und RÖSSLER[1] ihre Versuchsapparate direkt **auf dem gewachsenen Boden** auf, nachdem HELBIG und GANTER vorher durch geeignete Verwendung von H_2SO_4, CaO, $CuSO_4$ und Pergamentpapier unter Glasglocken Aufschluß über die Verdunstungsgröße des gewachsenen Bodens zu erhalten versucht hatten[2].

Die zuletzt von ihnen verwandten Apparaturen verdeutlicht die nebenstehende Abbildung. Als Versuchsgläser dienten Akkumulatorengläser gleicher Dimension auf Blechschuhe aufgekittet, 10 cm tief in den Boden eingedrückt, und die Verdunstung der so abgegrenzten Bodenfläche durch Messung der Feuchtigkeit bestimmt, welche zwischen der normalen Luft und jener bestand, welche durch die Verdunstungsgefäße geleitet wurde. Diese Feuchtigkeitsdifferenz wurde durch Psychrometer bestimmt. Die Zufuhr der Luft geschah durch einen Motor, ihre Bemessung, dem Volumen nach, durch Gasuhren. Die benutzten Röhren waren alle gleich lang, gleich dimensioniert, die Luftwege hatten alle gleiche Länge. Sonst wurde nur in niederschlagsfreier Zeit gearbeitet, gegen Beeinflussung durch die Sonne waren die Versuchsgefäße durch weite, mit Stoff bespannte Gestelle gedeckt. Wo der Boden durch Kondensation unter den Versuchsgefäßen Wasser aufgenommen hatte — manchmal kurz nach Sonnenaufgang —, wurden die Verdunstungszahlen gleich Null gesetzt. Die Psychrometerdifferenzen wurden alle $^1/_2$ bzw. $^1/_4$ Stunden abgelesen. Diese Versuchsweise bedeutete einen Fortschritt, weil sie gestattet, am gewachsenen Boden zu arbeiten. Natürlich gelten die gefundenen Zahlen (siehe später) nur für die jeweiligen Ver-

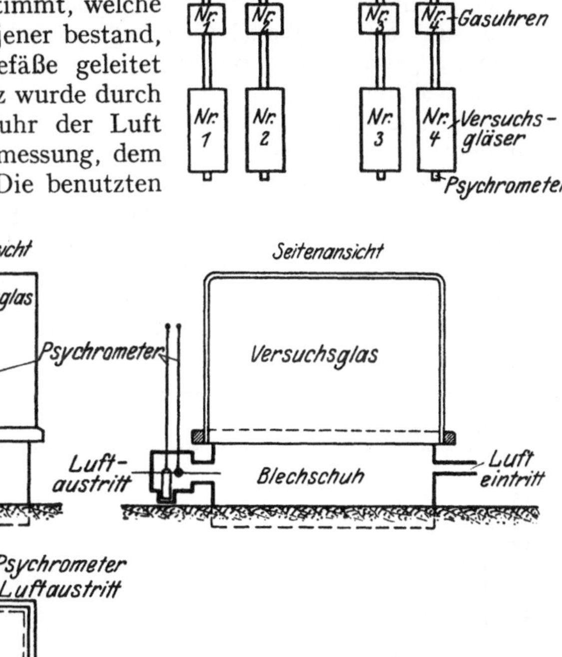

Abb. 84. Lageplan der Versuchsanlage nach HELBIG und RÖSSLER.

---

[1] HELBIG, M., u. O. RÖSSLER: Esperimentelle Untersuchungen über die Wasserverdunstung des natürlich gelagerten (gewachsenen) Bodens. Allg. Forst- u. Jagdz., S. 201. 1921.

[2] Vgl. KARL GANTER: Bodenuntersuchungen über die Rotbuchen-Streuversuchsflächen im Forstbezirk Philippsburg in Baden, S. 26. Inaug.-Dissert., Karlsruhe 1914.

hältnisse, sie sind relative, sie beziehen nicht genau die natürliche Windwirkung ein; obwohl man die Luftbewegung innerhalb der Versuchsgefäße in ihrer Einwirkung auf die Verdunstung „ähnlich der der freien Natur" zu gestalten sich bemühte, war sie doch derselben nicht äquivalent. Die Menge der durchgesaugten bzw. der durchgedrückten Luft betrug je nachdem bis 1000 l pro Stunde bei einer Grundfläche von 1449,2 cm², d. h. sie betrug, von der Wirbelbildung innerhalb der Versuchsgefäße abgesehen, nur einige Zehntel Sekundenmeter. Die genannten Autoren waren besorgt, nur soviel Luft durch die Gefäße zu schicken, daß gerade aller verdunsteter Wasserdampf aufgenommen und abgeführt wurde. Merkzeichen für genügende Luftzufuhr war das langsame Verschwinden eines hier und da entstandenen Kondensats an den Gefäßwandungen und das Nichtentstehen eines neuen Beschlages. Helbig und Rössler[1] glauben aber, daß sich durch konstruktive Maßnahmen die Einwirkung des Windes innerhalb der Gefäße jener außerhalb derselben angleichen lassen könne.

Sie benutzten die Versuchsanlage, nachdem sie ihre Brauchbarkeit erprobt hatten, zunächst, um die Abweichungen in der Verdunstungsgröße der natürlich gelagerten (gewachsenen) Böden gegen umgelagerte (künstliche) Böden, wie sie bei den früheren Versuchen verwendet worden waren, nach Möglichkeit festzustellen, indem sie alte Versuchsbedingungen nachahmten. Dabei ergab sich (Parallelversuche konnten nicht durchgeführt werden), daß der natürlich gelagerte Boden gegen umgelagerten im allgemeinen je nach Lage der Faktoren bis 125 % weniger verdunstete. Die Verdunstung des gewachsenen Bodens gleich 100 angenommen, ergab für den umgestochenen natürlichen Boden = 112,75, für den umgelagerten, künstlichen = 224,79.

Daß die Bodenbearbeitung (Lockerung) die Verdunstung herabsetzt, Anwalzen sie mindert, konnte bestätigt werden, wie folgende Verhältniszahlen zeigen:

Versuch	Unbearbeitet, Vergleichszahl	Gelockert 10 cm	Gelockert 20 cm	Gelockert 30 cm	Gewalzt	Dauer des Versuches (Std.)
14	100	87,68	—	—	88,45	24
15	100	77,80	—	—	70,00	24
16	100	121,76	—	—	98,75	24
17	100	126,46	—	—	85,88	48
18	100	106,84	—	141,60	—	120
19	100	112,75	—	—	—	24
23	100	—	124,31	—	—	240

Wenn dabei Versuch 16 und 17 im Resultat gegenüber Versuch 14 und 15 für 10 cm Lockerung stark differierten, so wird dies dadurch erklärt, daß die meteorologischen Faktoren sich änderten, und daß die nacheinander am gleichen Ort angestellten Versuche durch die oberflächliche Abtrocknung besonders des unbearbeiteten Bodens eine einseitige Änderung der Versuchsbedingungen erlitten; ähnliches gilt für die Beurteilung der Versuchsergebnisse Nr. 18 und 19. Aber nicht immer gelang es, die Ursachen der Differenzen genügend zu erkennen. Die Arbeit am gewachsenen Boden erschwert den Aufschluß. So wurde noch keine befriedigende Erklärung dafür gefunden, warum beim gewalzten, gegenüber dem unbearbeiteten Boden die Maxima und Minima der Verdunstung „fast dauernd 2 Stunden denen des unbearbeiteten Bodens vorauslagen", während der umgestochene Boden diese Eigenschaft nicht besaß.

Die Verdunstung nach Lockerung und Düngung mit ca. 300 dz Stallmist pro Hektar zeigte bei 240 Stunden Versuchsdauer zwischen dem 21.—30. Ok-

---

[1] Helbig, M., u. O. Rössler: a. a. O., S. 217.

tober 1919 bei relativ geringer Einstrahlung im Vergleich zur Ausstrahlung (Frühnebel) folgendes Zahlenverhältnis:

Unbearbeitet . . . . = 100
Umgestochen (20 cm) ohne Mist . . . = 124,31
Umgestochen mit Mist . . . . = 113,90

Zuerst verdunstete der umgestochene Boden mit Mist am meisten, dann der umgestochene Boden ohne Mist, erst nach 200 Stunden Versuchsdauer trat die Verdunstung des unbearbeiteten Bodens an erste Stelle; Laboratoriumsversuche würden auch hier gewiß andere Resultate zeitigen.

Versuche über die Verdunstung des natürlich gelagerten Bodens nach seiner Bedeckung mit einer 5 cm starken Mischlaubdecke (Buche, Eiche, Ulme) hatten folgendes Ergebnis:

Zahlenverhältnis:

	Versuch 12	Versuch 13
Verdunstung des unbearbeiteten Bodens ohne Decke	100	100
Verdunstung des unbearbeiteten Bodens mit Laubdecke . .	70,1	76,40

Weiterhin wurde unbearbeiteter, natürlicher Boden gegen künstlichen, umgelagerten und gegen natürlichen, umgestochenen Boden bei jeweils 5 cm Laubbelag auf die Verdunstungsverhältnisse hin untersucht. Dabei wurde folgendes erzielt:

Zahlenverhältnis:

	Unbearbeitet + 5 cm Laub	Künstl. Boden + 5 cm Laub	Umgestochen + 5 cm Laub
Versuch Nr. 21 . . .	= 100	112,94	81,89
Versuch Nr. 22 . . .	= 100	130,38	88,42

Von lebenden Pflanzendecken standen nur wenig brauchbare Materialien zur Verfügung. Daß die Verdunstung durch Transpiration noch besonders erhöht wird, belegt folgender Versuch (24 Stunden Dauer):

Verdunstung des unbearbeiteten Bodens . . = 100
Verdunstung bei Grasdecke . . . . = 190,65
Verdunstung bei Moosdecke . . . . . . = 104,93[1]

Weiterhin wurden Versuchsreihen zur Ermittelung der Verdunstungsgrößen im Jahresverlauf: April, Mai, Juni, August, September, Oktober durchgeführt, die auch den tageszeitlichen Verlauf erkennen lassen: Ergebnis: 1. daß die Verdunstungsgrößen der verschiedenen Versuchsböden, die bis August immer größere Unterschiede zeigen, später wieder zurückgehen; 2. daß auch der nahezu parallele Verlauf der einzelnen Verdunstungskurven bei Nacht gegen Sommer immer kürzer und gegen Herbst wieder länger wird; 3. daß die Höhe der Verdunstung den meteorologischen Faktoren Temperatur und relative Feuchtigkeit sowohl bei der Tages- wie Jahreskurve im allgemeinen folgt.

---

[1] E. BLANCK, knüpft an diese Zahl in seinem Buche, Lehrbuch der Agrikulturchemie, herausgegeben von E. HASELHOFF u. E. BLANCK, T. 3, S. 154, Berlin 1928, folgende Bemerkung: „HELBIG schließt hieraus auf eine durch den Graswuchs bedeutend vergrößerte Oberflächenwirkung, aber unwillkürlich fragt man sich, warum dann diese Wirkung nicht auch bei der Moosdecke eingetreten ist." Darauf ist zu erwidern, daß die Moosdecke (Dicranella heteromalla) gegenüber der Grasdecke eine außerordentlich geringe Oberflächenentwicklung zeigt. Nach Topfversuchen von K. HARTMANN: Z. Forst- u. Jagdwesen 1928, 459, zeigte ein Sandboden mit Hypnumdecke sogar geringere Verdunstung als der unbedeckte Boden.

Diese Versuche zeigten ferner, daß die Verdunstung langsam dem Wechsel der beeinflussenden Faktoren folgt, daß z. B. Temperaturmaxima und -minima nicht mit extremen Verdunstungswerten zeitlich zusammenfallen müssen, wie folgende Befunde erkennen lassen:

Datum	Zeit	Temperatur	Verdunstung pro m² g	Allgemeines	Datum	Zeit	Temperatur	Verdunstung pro m² g	Allgemeines
19. 7. 18	2—4	16	10,9	Sonnenaufgang	2. 7. 18	2—4	8	0,7	Sonnenaufgang
,,	4—6	17	11,0	Beg. d. Einstrahl.	,,	4—6	9	0,9	Beg. d. Einstrahl.
,,	6—8	23	20,1		,,	6—8	16	2,2	
,,	8—10	29	47,0		,,	8—10	23	1,3	
,,	10—12	31	52,3	höchste Verdunst.	,,	10—12	25	7,7	höchste Verdunst.
,,	12—2	33	39,5		,,	12—2	26	7,5	
,,	2—4	35	43,0		,,	2—4	28	8,6	
,,	4—6	34	40,9		,,	4—6	27	8,2	
,,	6—8	27	32,6	Beg. d. Ausstrahl.	,,	6—8	22	6,3	Beg. d. Ausstrahl.

Die Arbeiten von Helbig und Rössler[1] ergaben auch experimentell, daß die Verdunstung dem Sättigungsdefizit nur zur Zeit der Ausstrahlung parallel verläuft, daß aber während der Einstrahlung Abweichungen häufig waren. Daß nach Mitscherlich[2] die Verdunstung proportional dem Sättigungsdefizit sei, erwies sich als nicht zutreffend. Schon Ramann[3] hatte dargelegt: „Ein genaueres Bild für die Verdunstung" (als die relative Feuchtigkeit) „bietet das Sättigungsdefizit. Je größer das E-e" (Sättigungsdefizit), „je größer also die zur Sättigung noch fehlende Wassermenge ist, desto größer kann die Verdunstung sein". Es können jedoch Ereignisse eintreten, die, obgleich das E-e groß ist, die Verdunstung hemmen[4]. Die Verdunstung hängt eben von einer Reihe verschiedener Faktoren außer dem Sättigungsdefizit ab, wie dies früher bereits dargelegt wurde[5].

Am natürlich gelagerten, gewachsenen Boden arbeitete auch Dojarenko[6] nach einer in russischer Sprache mit deutschem Resumé veröffentlichten Untersuchung. Seine Methode fußt, ebenso wie diejenige von Helbig und Rössler[7], „auf der Bestimmung der Feuchtigkeit der über einer bestimmten Bodenoberfläche vorüberziehenden Luft". — „Aus der Differenz der Feuchtigkeit der in den Apparat ein- und ausströmenden Luft (am besten läßt man trockene Luft in den Apparat einströmen) wird die Menge des in der Zeiteinheit pro Flächeneinheit verdunsteten Wassers berechnet." Nach der Beschreibung und Abbildung besteht der Apparat aus einem Kegel, welcher in den Boden eingedrückt wird, den Gipfel des Apparates bildet ein Assmannsches Psychrometer mit einem Aspirator von bestimmter Geschwindigkeit. „Zum vollständigen Austrocknen der einziehenden Luft dient eine Reihe von Chlorkalziumröhrchen, welche in einem ringförmigen Raum bei der Basis des Apparates befestigt sind;

---

[1] Helbig, M., u. O. Rössler: a. a. O., S. 223.
[2] Mitscherlich, E. A.: Bodenkde. Land- u. Forstwirte, 4. Aufl., S. 150. Berlin 1923.
[3] Ramann, E.: Meteorol. Z. 1911, 570.   [4] Vgl. auch S. 245.
[5] Die Arbeiten von Helbig u. Rössler sind von Krüger und andererseits von Mitscherlich angegriffen worden; zur Kritik und Gegenkritik vgl. E. Krüger: Z. Pflanzenern. u. Düng. A. 1, 166 (1922). — M. Helbig u. O. Rössler: Ebenda S. 95 u. 397. — E. A. Mitscherlich: Bodenkde. Land. u. Forstwirte, 4. Aufl., S. 157. Berlin 1923. — M. Helbig u. O. Rössler: Z. Pflanzenern. u. Düng. A. 4, 408 (1924). — E. A. Mitscherlich: Ebenda 4, 368 (1925). — M. Helbig u. O. Rössler: Ebenda 5, 271 (1925).
[6] Dojarenko, A. G.: Untersuchungen über das Verdunstungsvermögen des Bodens. J. Landw. Wiss. 1, 349 (1924).
[7] Helbig, M., u. O. Rössler: a. a. O., S. 201.

durch eine Reihe von Löchern am Niveau des Bodens wird die Luft in den Apparat eingesogen." Methodische Vorarbeiten mit dem Apparat zeigten, so sagt das Resumé weiter, „daß die größte Stabilität der Messungen bei Anwendung von trockener Luft erreicht wird; dieses Verfahren wurde bei vergleichender Abschätzung der Verdunstung verschieden bearbeiteter Böden verwendet". Als Resultate werden angeführt: „Das Eggen der schwarzen Brache im Frühling vermindert die Verdunstung auf 20,7 %; das Pflügen der Frühlingsbrache auf 50 % und die Aufrechterhaltung der schwarzen Brache auf 59 %." Dem Verfasser scheint es möglich, daß die Durchleitung von getrockneter Luft durch den Apparat eine anormale Saugwirkung hervorrufen kann und sich so von den natürlichen Verhältnissen entfernt. Zum Schluße noch einige Anmerkungen betr. Nachweise über Verdunstungswerte.

Nachweise über Verdunstungswerte.

In der Literatur sind mannigfach Zahlen über zeitliche Verdunstung von Zonen, Ländern, Landstrichen usw. mitgeteilt. Eine Auswahl dieser Verdunstungswerte, wie sie im folgenden gegeben ist, verlangt für die Beurteilung eine gewisse Vorsicht, wenn diese Zahlen auch zur Bewertung der Verdunstung des Bodens herangezogen werden sollen, da sie zumeist von der Verdunstung der freien Wasserfläche (WILDsche Verdunstungswaage) abstrahieren. Diese Methode kann, wie S. 242 dargelegt, an sich nur relative Werte vermitteln. Die Unsicherheit nimmt zu, wenn die benutzten Apparate verschieden dimensioniert, verschieden hoch vom Erdboden aufgestellt, verschieden gegen Wärme und Wind geschützt waren oder ohne Schutz blieben usw. Der Einfluß der Bodeneigenschaften selbst auf die Verdunstung ist nicht berücksichtigt. Betreffs solcher Literaturangaben sei besonders auf das leicht zugängliche Buch von JULIUS VON HANN verwiesen[1]. Weniger zugänglich sind dagegen Angaben der „Forstmeteorologie". Eine Auswahl davon sei im folgenden wiedergegeben:

Jahressummen der atmosphärischen Niederschläge und der Verdunstungsgröße auf den forstlich-meteorologischen Stationen[2].

Stationen	See-höhe m	Holzart und Alter	Niederschlagsmenge mm Höhe			%-Verhältnis Freies : Wald	Verdunstung pro Jahr in mm Höhe		%-Verhältnis Freies : Wald
			Im Freien	Im Walde	Diffe-renz		Im Freien	Im Walde	
A. Preußisches Netz. Mittel aus zehn Jahrgängen, 1876—1885.									
Fritzen . . .	30	46— 56 jähr. Fichten	649,7	447,5	202,2	69	261,8	125,0	47,7
Kurvien . . .	124	80—140 jähr. Kiefern	623,8	495,2	128,6	79	277,2	129,5	46,7
Carlsberg . . .	690	55— 66 jähr. Fichten	987,6	935,0	52,6	95	268,8	95,9	35,5
Eberswalde . .	42	45— 56 jähr. Kiefern	556,3	424,9	131,4	76	414,2	187,4	45,2
Schmiedefeld .	680	60— 80 jähr. Fichten	1275,2	962,1	313,1	75	—	—	—
Friedrichsroda .	353	65— 85 jähr. Buchen	672,8	525,4	147,4	78	381,8	139,6	36,5
Sonnenberg . .	774	45— 56 jähr. Fichten	1408,9	1207,0	201,9	86	212,5	113,2	53,2
Marienthal . .	143	60— 70 jähr. Buchen	570,5	405,2	165,3	71	385,6	150,5	39,0
Lintzel	95	Lüneburger Heide .	591,7	558,1	33,6	94	417,1	377,5	90,3
Hadersleben . .	34	70—80 jähr. Buchen .	764,4	602,4	162,0	79	268,6	121,0	45,0
Schoo	3	20—30 jähr. Kiefern .	721,0	477,7	343,3	66	398,5	134,1	33,6
Lahnhof . . .	602	70—80 jähr. Buchen .	1122,3	809,8	312,5	72	272,1	124,6	45,7
Hollerath . . .	612	45—56 jähr. Fichten .	972,1	623,7	348,4	64	254,6	133,5	52,0
Hagenau . . .	145	55—76 jähr. Kiefern .	802,5	586,2	216,3	73	366,4	151,9	41,3
Neumath . . .	340	55—76 jähr. Buchen .	820,2	667,0	153,2	81	491,7	156,1	31,6
Melkerei . . .	930	60—90 jähr. Buchen .	1775,1	1325,5	449,6	75	333,0	148,7	44,5

[1] HANN, J. VON: Lehrbuch der Meteorologie, 4. Aufl., S. 229 ff. Leipzig 1926.
[2] Nach A. MÜTTRICH, siehe H. WEBER: LOREYS Handbuch der Forstwissenschaft, 4. Aufl., I, 98. Tübingen 1926.

Jahressummen der atmosphärischen Niederschläge und der Verdunstungsgröße auf den forstlich-meteorologischen Stationen. (Fortsetzung.)

Stationen	See-höhe m	Holzart und Alter	Niederschlagsmenge mm Höhe			%-Verhältnis Freies : Wald	Verdunstung pro Jahr in mm Höhe		%-Verhältnis Freies : Wald
			Im Freien	Im Walde	Diffe-renz		Im Freien	Im Walde	
B. Bayrisches Netz. Mittel aus zehn Jahrgängen, 1868—1879 u. 1882—1891.									
Altenfurt . . .	325	36— 46 jähr. Kiefern	689,1	463,3	225,8	67,2	435,7	194,0	55,5
Ebrach	381	50— 60 jähr. Fichten	678,2	524,2	154,0	77,2	511,5	232,9	54,4
Rohrbrunn . .	477	60— 70 jähr. Buchen	1039,7	893,6	146,1	85,6	561,5	227,9	59,4
Johanneskreuz .	477	60— 70 jähr. Buchen	898,7	720,8	177,9	80,1	471,9	236,6	49,8
Seehaupt . . .	595	40— 50 jähr. Fichten	1241,2	947,2	294,0	76,3	547,2	214,6	60,8
Hirschhorn . .	777	65— 75 jähr. Fichten	1358,0	1005,7	352,3	73,4	388,6	162,7	58,1
Duschlberg . .	902	40— 50 jähr. Fichten	1210,2	966,2	244,0	79,8	340,4	173,7	48,9
Falleck	1132	120—130 jähr. Fichten	2144,3	909,9	1234,4	42,4	—	—	—
C. Schweizer Netz. Mittel aus zwölf Jahrgängen, 1869—1880.									
Interlaken . .	800	50—62 jähr. Lärchen	1579,1	1341,5	237,6	85	—	—	—
Bern	500	40—52 jähr. Fichten .	1380,9	1067,6	313,3	77	—	—	—
Purntrut . . .	450	50—72 jähr. Buchen .	1927,3	1733,8	193,5	90	—	—	—

Einen Überblick über die Verdunstungsgröße innerhalb einzelner Waldbestände geben die nachstehenden, aus Veröffentlichungen von Müttrich[1]
zusammengestellten Zahlen (die Zahlen sind aus der Tabelle der vorhergehenden
Seite berechnet):

	Im Walde verdunsten %	Dem Boden bleiben erhalten %
In den Buchenbeständen	40,4	59,6
In den Fichtenbeständen	45,3	54,7
In den Kiefernbeständen	41,8	58,2
In einer Kulturfläche	90,3	9,7
Freiland	100,0	—

Alle Veröffentlichungen lassen den verdunstungshemmenden Einfluß des
Waldes hervortreten. Zu berücksichtigen ist jedoch, daß alle diese Zahlen aus
der Differenz der Niederschläge und der Verdunstung einer freien Wasserfläche
errechnet worden sind, die tatsächlichen Verhältnisse sich aber nicht so einfach
gestalten werden, da auch eine Reihe von Faktoren, die hier nicht Berücksichtigung finden, wie Transpiration der Vegetation und wechselnde Bodenverdunstung, auf die Verdunstungsgröße Einfluß besitzen.

Einige Versuche über die Verdunstungsgröße im Freiland und im Bestande
sowie in einer Bestandeslücke sind von Bühler[2] angestellt worden. Die Verdunstung wurde mit dem Evaporimeter von Wild gemessen. Die jährliche
Verdunstung im Freien = 100 gesetzt, verdunsteten:

	Bestandeslücke	Im Bestand
1905	49	47
1906	48	47
1907	41	43
1908	52	52

---

[1] Müttrich, A.: a. a. O. (siehe vorhergehende Seite).
[2] Bühler, A.: Der Waldbau, S. 187. Stuttgart 1918.

Auch hier zeigte es sich, daß die Verdunstungsgröße im Bestande und im Schutz des Bestandes (Bestandeslücke) bedeutend geringer als in exponierter Lage war.

An gleicher Stelle macht Bühler[1] einige Angaben über Verdunstungsmessungen an deutschen forstlich-meteorologischen Stationen. „An den deutschen forstlich-meteorologischen Stationen wurden Beobachtungen über die Verdunstung einer freien Wasserfläche im Freien und im Walde während 12 bis 18 Jahren angestellt. Im Durchschnitt betrug die Verdunstung im Walde in Prozenten derjenigen im Freien:

unter Fichten 39, 47, 58, 45, 52, 46, im Mittel 48 %
unter Föhren 49, 42, 57, 40,   im Mittel 47 %
unter Buchen 36, 46, 45, 40, 47, 36, im Mittel 42 %

Ein erheblicher Unterschied ist bei Laub- und Nadelholz nicht vorhanden." Welchen Verlauf die Verdunstung während der einzelnen Monate eines Jahres im Freiland, Nadel- und Laubwald nehmen kann, zeigen folgende von J. Schubert[2] gewonnene Zahlen. Die von ihm verwandten Apparate waren offene, wassergefüllte Verdunstungsgefäße folgender Ausmaße: „0,2 m² Grundfläche, 0,1 m Höhe. Sie wurden etwa 1,5 m über dem Erdboden aufgestellt und gegen Regen und Sonne durch ein vierseitiges, spitzes Dach geschützt. Der Wind hatte seitlich freien Zutritt." Die Verdunstungsgröße wurde durch diejenige Menge Wasser zum Ausdruck gebracht, welche auf der Flächeneinheit in der Zeiteinheit in Dampf überging. Die jährliche Verdunstung betrug im Nadelwald 48%, im Buchenwald 42% von der des benachbarten Freilandes. Es werden 9 Kiefern- und Fichten- und 6 Buchenstationen mit den benachbarten Feldstationen verglichen.

Verhältnis der einzelnen Monate:

	Jan.	Febr.	März	April	Mai	Juni	Juli	Aug.	Sept.	Okt.	Nov.	Dez.
Freiland . . .	7	11	19	35	48	48	46	42	31	18	10	7
Nadelwald . .	4	6	10	18	23	23	22	19	14	8	5	4
Buchen	4	6	10	19	23	18	16	14	11	7	5	4

3. Das Verhalten des Bodens gegen Luft.

Von F. GIESECKE, Göttingen.

Mit 6 Abbildungen

Der Boden enthält außer festen Bestandteilen solche flüssiger und gasförmiger Natur. Derjenige Teil des Bodens, der nicht von festen Teilchen eingenommen wird, wird als Hohlraumvolumen[3], als Porosität oder Porenvolumen[4], das sich mithin aus flüssigen oder gasförmigen Stoffen zusammensetzt, bezeichnet. Die gasförmigen Bestandteile, die unter der Bezeichnung „Bodenluft" zusammengefaßt werden, können verschiedenster Zusammensetzung sein und ihre prozentuale Beteiligung am Aufbau des Bodens ist abhängig von der Bodenart, von der Lagerung des Bodens, von dem Wassergehalt, von der Größe der Adsorption, von dem Druck usw. Schon diese kurzen Hinweise zeigen, daß wir es in der Bodenluft mit einer Materie zu tun haben, die von den verschiedensten chemischen

---

[1] Bühler, A.: Der Waldbau, S. 188. Stuttgart 1918.
[2] Schubert, J.: Verdunstungsmessungen an der Küste, im Flach- und Berglande, in Nadel- und Buchenwäldern. Forstarchiv. 1925, 97.
[3] Mitscherlich, E. A.: Bodenkde f. Land- u. Forstwirte, 3. Aufl., S. 21. Berlin 1920.
[4] Ramann, E.: Bodenkunde, 3. Aufl., S. 385. Berlin 1911.

und physikalischen Eigenschaften der anderen Bodenbestandteile wie aber auch von der Bodenluft selbst und einer großen Reihe von äußeren beeinflussenden Faktoren — insonderheit auch von der Beschaffenheit der atmosphärischen Luft — abhängig ist.

Atmosphärische Luft.

Die atmosphärische Luft ist in ihrer Zusammensetzung verschieden, sie stellt ja bekanntlich in erster Linie ein Gemisch von Stickstoff (ca. 78%) Sauerstoff, (ca. 21%) und Edelgasen (ca. 1%) dar[1]. Die meist geringe Anteilnahme anderer Gase, wie Kohlensäure, Wasserdampf, oxydierende Stoffe, Wasserstoff, Kohlenoxyd, Ammoniak, Stickoxyde, Schwefeloxyde, Schwefelwasserstoff sind für unsere Betrachtungen nicht etwa unwesentlich, sondern sie sind für bodenkundliche Probleme und Erkenntnisse, sowohl in Hinsicht auf bodentheoretische Fragen als auch bei Beurteilung des Bodens, der Pflanze als Standort zu dienen, von größter Bedeutung.

Der Kohlensäuregehalt[2] der atmosphärischen Luft[3] beträgt durchschnittlich 0,03 Vol.-% = 0,05 Gew.-%[4], doch schwanken diese Werte[5] wenn auch meist

---

[1] Vgl. hierzu Bd. 1, S. 145—151. H. Lundegardh: Der Kreislauf der Kohlensäure, S. 2, Jena 1924, gibt folgende Gehalte der Luft an (es kommt nur die bodennahe Luft für unsere Betrachtungen in Frage): Stickstoff 78,1 %, Sauerstoff 20,99 %, Argon 0,937 %, Wasserstoff 0,0033 %, Helium 0,0005 %. — Th. Schlösing (Sohn) hat nach Ref. Biedermanns Zbl. **26**, 65 (1897) als äußerste Grenzen des Argongehalts 0,9325 und 0,9369 % festgestellt; vgl. auch ebenda **26**, 496 (1897). Außer den genannten Edelgasen Argon und Helium sind Krypton, Xenon und Neon in allerdings nur äußerst geringen Mengen in der atmosphärischen Luft enthalten. — Vgl. hierzu W. Ramsay u. M. W. Travers: Ref. Biedermanns Zbl. Agrikult.-Chem. **28**, 4 (1899). — J. v. Hann: Meteorol. Z. **20**, 122 (1903). — Henry Moissan: C. r. **137**, 600 (1903). — L. Teisserence de Bort: Über das Vorkommen der seltenen Gase in der Luft. C. r. **147**, 219 (1908). — G. Claude: C. r. **148**, 1454 (1909). — O. Vibrans: Die Beziehungen der atmosphärischen Luft zum Ackerboden und zur Vegetation. Blätter f. Zuckerrübenbau **1916**, 205.

[2] Genaue Angaben über den Gehalt der Luft an Kohlensäure sowie über die geschichtliche Entwicklung und die Fortschritte in der Kenntnis dieses Fragenkomplexes berichtet H. Lundegardh in seinem Werke „Der Kreislauf der Kohlensäure in der Natur". Jena 1924. Hier sind die älteren und neueren Arbeiten zitiert. — Vgl. ferner W. Henneberg: Die agrikulturchemischen Streitfragen der Gegenwart in ihren wesentlichsten Momenten. J. Landw., N. F. **1**, 230 (1858). — Weitere Angaben bei W. Henneberg: Der Kohlensäuregehalt der atmosphärischen Luft. Landw. Versuchsstat. **16**, 70 (1873). — J. von Fodor: Vjschr. öff. Gesundheitspfl. **7**, 227 (1875). — J. Reiset: Kohlensäuregehalt der Luft. Naturforscher **28**, 267 (1879). — A. Müntz u. E. Aubin: Chem. Zbl. **14**, 215 (1881). — J. von Fodor: Hygienische Untersuchungen über Luft, Boden und Wasser, I. Abt. Braunschweig 1881. — J. B. Lawes: Ref. Biedermanns Zbl. **1881**, 851. — A. Lévy: Ref. Forschgn. Geb. Agrikult.-Phys. **6**, 184 (1883); hier auch diesbezügliche Ergebnisse von Risler [J. d'agricult. praktique **7**, 1, Nr. 24, 816 (1882)] zitiert. — E. Wollny: Beiträge zur Frage der Schwankungen im Kohlensäuregehalt der atmosphärischen Luft, Forschgn. Geb. Agrikult.-Phys. **8**, 405ff. (1885), gibt zahlreiche Literaturangaben über besagten Gegenstand an und führt folgende Autoren auf: Th. de Saussure, Boussingault, A. Lévy, H. u. A. Schlagintweit, E. Frankland, de Luna, Th. Schlösing, T. E. Thorpe, Fr. Schulze, W. Henneberg, F. Farsky, W. Spring u. L. Roland. — N. von Lorenz: Kohlensäuregehalt der Luft auf dem Sonnblick. Ref. Forschgn. Geb. Agrikult.-Phys. **10**, 453 (1888). — A. Petermann u. J. Graftiau: Untersuchungen über die Atmosphäre. Ausf. Ref. Forschgn. Geb. Agrikult.-Phys. **15**, 478ff. (1892). — S. A. Andrée: Über die Kohlensäure der Atmosphäre. Ref. Forschgn. Geb. Agrikult.-Phys. **18**, 409 (1895). — W. Carleton Williams: Die Menge der in der Atmosphäre vorhandenen Kohlensäure. Ber. Dtsch. Chem. Ges. **30**, 1450 (1897), gibt eine Zusammenstellung der älteren Ergebnisse. — E. A. Letts u. R. F. Blake: Sci. Proc. Dublin Soc. **9**, Part 2 (1900); Ref. Biedermanns Zbl. Agrikult.-Chem. **30**, 289 (1901). — O. Haehnel: Kohlendioxyd- und Schwefeldioxydgehalt der Berliner Luft. Z. angew. Chem. **35**, 618 (1922).

[3] Die Gesamtmenge der Kohlensäure beträgt 2100 Billionen Kilogramm.

[4] Ramann, E.: Bodenkunde, 3. Aufl., S. 371. Berlin 1911. — H. Lundegardh: Klima und Boden, S. 346, 356. Jena 1925. — H. Schröder: Naturwiss. **7**, 8 (1919).

[5] Marcuse, A.: Die atmosphärische Luft, S. 8, Berlin 1896, gibt Kohlensäuregehalte von 0,03 bis 0,06 Vol.-% an. — Vgl. P. Hässelbarth u. J. Fittbogen: Forschgn. Geb.

— relativ genommen — nur in geringem Maße[1]. Der Kohlensäuregehalt ist abhängig von lokalen Bedingungen.

LUNDEGARDH[2], der die Frage nach den Ursachen dieser Schwankung eingehend behandelt, kommt zu dem Schluß: „Da der Kohlensäuregehalt der Ausdruck eines dynamischen Gleichgewichts ist, so haben natürlich die in diesem Gleichgewicht beteiligten Faktoren einen Einfluß auf die jeweilige Konzentration. Folgendes Schema mag zur Erläuterung dienen:

<table>
<tr><td>CO$_2$-Produktion</td><td></td><td>CO$_2$-Verbrauch</td></tr>
<tr><td>Atmung der Tierwelt und Pflanzen
Vulkane und Quellen
Verbrennung (Kohle, Holz)</td><td>⟶ ⟵</td><td>Assimilation der Pflanzen</td></tr>
<tr><td></td><td>Weltmeer</td><td></td></tr>
</table>

Da die Orte der Produktion und des Verbrauchs an Kohlensäure ungleichmäßig über die Erde verteilt sind, und außerdem die betreffenden Funktionen und Prozesse periodisch erfolgen, so müssen bei mangelhafter Durchmischung der Luft Schwankungen mit Notwendigkeit auftreten." Das vorliegende Schema LUNDEGARDHS berücksichtigt nicht die durch die Verwitterung festgelegte Kohlensäure, die sicherlich in hohem Maße der Luft entzogen wird. Über die Höhe der auf diese Weise verbrauchten CO$_2$-Mengen kann Sicheres nicht ausgesagt werden. Die Assimilation der Pflanzen beansprucht nach SCHRÖDERS[3] Angaben nur $1/_{35}$ der Gesamtmenge an Kohlensäure, doch macht sie sich insofern bemerkbar, als sie bei Tag mehr Kohlensäure verbraucht als der Boden produziert[4], so daß also über vegetationsbedecktem Boden der Kohlensäuregehalt bei Tag geringer ist als nachts[5], wohingegen beim Fehlen der Vegetation in der Nähe von großen Wasserflächen der umgekehrte Fall eintritt, weil nunmehr die Temperatur des Wassers entscheidend bleibt, die ja nachts niedriger als am Tage ist[6]. ARMSTRONG[7] ermittelte bei seinen zahlreichen Untersuchungen einen Durchschnittsüberschuß an Kohlensäure bei Nacht gegen den Tag um 0,34 Vol. in 10000 Luft[8]. Diese Resultate stimmen gut über-

---

Agrikult.-Phys. 2, 527 (1879). — F. SCHULZE: Landw. Versuchsstat. 14, 366 (1871), weisen darauf hin, daß die älteren Untersuchungen TH. DE SAUSSURES u. BOUSSINGAULTS zu hoch ausgefallen sein müssen. — A. MÜNTZ u. E. AUBIN: Chem. Zbl. 14, 215 (1881), zeigen die täglichen Schwankungen.

[1] LUNDEGARDH, H.: a. a. O., S. 13, weist darauf hin, daß der Kohlensäuregehalt so hoch sei, daß es vom Standpunkt der Physik und namentlich der Biologie als eine sehr wichtige Aufgabe erscheint, die Variationen und deren Ursachen näher zu erforschen und weist die Behauptung, der Kohlensäuregehalt sei fast konstant, entschieden als falsch zurück. — A. LÉVY: Ref. Forschgn. Geb. Agrikult.-Phys. 12, 183 (1889), stellte aus 11jährigen Beobachtungen einen Abstand von 47,7 % im CO$_2$-Gehalt der Luft fest.

[2] LUNDEGARDH, H.: Kreislauf der Kohlensäure, a. a. O., S. 14. — Vgl. hierzu J. B. LAWES: Über das Gleichgewicht zwischen Bildung und Zersetzung der Kohlensäure. Philosophic. Mag. 11, 206 (1881); nach Forschgn. Geb. Agrikult.-Phys. 5, 136 (1882).

[3] SCHRÖDER, H.: Naturwiss. 7, 8 (1919).

[4] LUNDEGARDH, H.: a. a. O., S. 23.

[5] Siehe die tabellarische Zusammenstellung von LETTS u. BLAKE: Roy. Dublin Soc. Sci. Proc. N. S. Vol. G. 1899—1912, 182, von LUNDEGARDH: a. a. O., S. 17, wiedergegeben. — Siehe auch E. RAMANN: a. a. O., S. 327. — A. MÜNTZ u. E. AUBIN: Chem. Zbl. 14, 215 (1881). — J. VON FODOR: Hygienische Untersuchungen über Luft, Boden und Wasser, Abt. I. Braunschweig 1881.

[6] Vgl. die Untersuchungen HAYDES am Kap Horn in A. MÜNTZ u. E. AUBIN: Bestimmung des Kohlensäuregehaltes der Luft am Kap Horn. C. r. 1884, 487; Ref. Forschgn. Geb. Agrikult.-Phys. 8, 87 (1885).

[7] ARMSTRONG, G. J.: Tägliche Schwankung der Kohlensäure in der Luft. Proc. Roy. Soc. 30, Nr. 203, S. 343; nach Ref. Forschgn. Geb. Agrikult.-Phys. 3, 507 (1880).

[8] Nach Ref. Forschgn. Geb. Agrikult.-Phys. 3, 508 (1880) zeitigten die Untersuchungen DE SAUSSURES ein diesen Befunden widersprechendes Resultat.

ein mit den Beobachtungen Trouchots[1], Reisets[2], Fr. Schulzes[3]. Von Fodor, der die Kohlensäure der Atmosphäre als zum größten Teil vom Boden herstammend bezeichnet, glaubt, daß durch eine größere Strömung der Bodenluft während der Nachstunden die Erhöhung des CO_2-Gehaltes der Atmosphäre hervorgerufen wird[4]. Armstrong jedoch führt die tägliche Schwankung des Kohlensäuregehalts auf den Einfluß der Pflanzen zurück, er weist zur Begründung darauf hin, daß es festgestellt sei, daß die Pflanzen im Licht Kohlensäure aufnehmen und ausscheiden, während sie in der Nacht nur Kohlensäure ausscheiden, so daß eine Zunahme dieses Gases in der Atmosphäre während der Nacht notwendigerweise erfolge. Weitere sehr schöne Belege dafür, daß tatsächlich die Vegetation für diesen Befund verantwortlich zu machen ist, bringt auch Lundegardh bei[5], der seine Untersuchungen auf der kleinen Insel Hallands Väderö im Kattegat ausführte mit dem Ergebnis, daß die Werte der nächtlichen CO_2-Gehalte unter dem Einfluß des Meeres denen des Tages gleich sind[6], doch scheinen nach Ramann[7] große Wasserflächen den CO_2-Gehalt zu vermindern[8], große Landflächen ihn zu erhöhen. Die Werte Thorpes[9] zeigen, daß je weiter das Festland ist, desto geringer der CO_2-Gehalt der Luft über dem Meere wird. Aus anderen Versuchen, die den Kohlensäuregehalt über vegetationsbedecktem Boden und über brachliegenden Feldern gleichzeitig ermittelten, geht ebenfalls hervor, daß die Vegetation einen meßbaren Anteil der Kohlensäure der Luft für sich in Anspruch nimmt[10]. Trotzdem ist die Luft unmittelbar an der Bodenfläche im allgemeinen etwas höher als der Durchschnitt der CO_2-Gehalte der höheren Schichten der atmosphärischen Luft[11], was wohl auf die Bodenatmung[12] zurückzuführen ist[13]. Die Waldluft enthält häufig die Kohlensäure in gleicher Menge wie die

---

[1] Trouchot: Naturforscher 6, 421; zit. nach Ref. Forschgn. Geb. Agrikult.-Phys. 3, 508 (1880).

[2] Reiset, J.: zit. nach Forschgn. Geb. Agrikult.-Phys. 3, 508 (1880).

[3] Schulze, Fr.: Landw. Versuchsstat. 14, 366 ff. (1872).

[4] Fodor, J. von: Vjschr. öff. Gesundheitspfl. 7, 228 (1875).

[5] Lundegardh, H.: a. a. O., S. 19. — Vgl. auch G. J. Armstrong: Tägliche Schwankung der Kohlensäure in der Luft. Proc. Roy. So. 30, 343; nach Ref. Forschgn. Geb. Agrikult.-Phys. 3, 507 (1880). — J. H. Keuhl: Z. Pflanzenern. u. Düng. A. 6, 353 (1926).

[6] Haydes ermittelte sogar einen Abfall in der Kohlensäuremenge der Luft unter dem Einfluß des Meeres.

[7] Ramann, E.: a. a. O., S. 371. — Lundegardh: a. a. O. S. 29.

[8] Schlösing, Th.: Über die Konstanz des Kohlensäuregehalts in der Luft. C. r. 90, 1410—13; nach Ref. Forschgn. Agrikult.-Phys. 3, 508 ff. (1880), glaubt an eine regulierende Wirkung des Meeres auf den Kohlensäuregehalt der Luft auf Grund eines Gleichgewichtes zwischen Erdalkalikarbonaten im Wasser und der Kohlensäure in der Luft. — Ferner vgl. J. Fittbogen u. P. Hässelbarth: Über die Bestimmung der atmosphärischen Kohlensäure. Landw. Versuchsstat. 19, 32 (1876). — H. Puchner: Forschgn. Geb. Agrikult.-Phys. 15, 378 (1892), bringt CO_2-Analysen der Luft über Wasserflächen während des Tages und der Nacht bei. — A. Krogh: C. r. 139, 896 (1904). — R. Legendre: C. r. 143, 526 (1906) erhält etwas höhere Werte als auf dem Lande.

[9] Thorpe, T. E.: Liebigs Ann. 145, 94 (1868).

[10] Ramann, E.: a. a. O., S. 372, gibt Reisets (C. r. 88, 1007 [1897]), Untersuchungsergebnisse an.

[11] Ramann, E.: a. a. O., S. 372. — H. Puchner: Forschgn. Geb. Agrikult.-Phys. 15, 375 (1892).

[12] Bezüglich der Bodenatmung wird auf die folgende Literatur verwiesen: H. Lundegardh: Kreislauf der Kohlensäure. Jena 1924. — G. Dönhoff: Untersuchungen über die Größe und die Bedeutung der Bodenatmung auf landwirtschaftlich kultivierten Flächen. Kühn-Archiv 15, 457 (1927). — Fehér: Untersuchungen über die Kohlensäureernährung des Waldes. Biochem. Z. 180, 201 (1927). — Wilhelm Schmidt u. Paul Lehmann: Versuche zur Bodenatmung. Sitzgsber. Akad. Wiss. Wien, Math.-naturwiss. Kl. IIa, 138, 823 (1929).

[13] Vgl. H. J. Keuhl: Z. Pflanzenern. u. Düng. A. 6, 336 (1926).

übrige Luft[1], allerdings ist sie in einem gut geschlossenen, großen Waldkomplex im Sommer nach den Untersuchungen EBERMAYERS fast noch einmal so reich an Kohlensäure wie die freie atmosphärische Luft[2]. Nach den Untersuchungen PUCHNERS[3] ist im allgemeinen die Waldluft kohlensäurereicher als jene im Freien, doch muß nach dem genannten Autor die Gesetzmäßigkeit Einschränkungen erfahren, welche durch den Wechsel der Jahreszeit bedingt sind. Der Kohlensäuregehalt der Luft, insonderheit der der bodennahen[4], ist auch von klimatischen Einflüssen[5] abhängig, wie Temperatur[6], Wind[7], Niederschlägen[8], Luft-

---

[1] RAMANN, E.: a. a. O., S. 370. — E. EBERMAYER: Forstl. Zbl. 8, 265; ferner: Die Beschaffenheit der Waldluft und die Bedeutung der atmosphärischen Kohlensäure für die Waldvegetation. Stuttgart 1885.

[2] EBERMAYER, E.: Mitteilungen über den Kohlensäuregehalt der Waldluft und des Waldbodens im Vergleich zu einer nicht bewaldeten Fläche. Forschgn. Geb. Agrikult.-Phys. 1, 160 (1878).

[3] PUCHNER, H.: Forschgn. Geb. Agrikult.-Phys. 15, 375 (1892).

[4] Nach den Versuchen von J. VON FODOR: Vjschr. öff. Gesundheitspfl. 7, 205, ist der Kohlensäuregehalt der Luft 2 cm über der Bodenoberfläche stets um das Doppelte, oft fast um das Dreifache höher als in einer Höhe von 2 m, eine Feststellung, die E. WOLLNY: Forschgn. Geb. Agrikult.-Phys. 5, 136 (1882), nicht verallgemeinert haben will, da nach den Münchner Versuchen ein Unterschied nur an windfreien Tagen festgestellt wurde. — Auch nach H. PUCHNER: Forschgn. Geb. Agrikult.-Phys. 15, 371 (1892) kommt der größte Kohlensäuregehalt der Waldluft bald am Boden, bald in der 2 m darüber befindlichen Luftschicht, in vereinzelten Fällen auch in jener der Baumkronen vor. — FEHÉR: a. a. O., S. 201, stellte sogar in 3 m und 9 m Höhe relativ geringe Werte für den Kohlensäuregehalt der Waldluft fest.

[5] Vgl. FR. SCHULZE: Über den Kohlensäuregehalt der Luft im Zusammenhange mit dem Gange der meteorologischen Erscheinungen. Landw. Versuchsstat. 9, 217ff (1867). Siehe auch: Tägliche Beobachtungen über den Kohlensäuregehalt der Atmosphäre zu Rostock vom 18. Oktober 1868 bis 31. Juli 1871. Landw. Versuchsstat. 14, 383 (1871). Hier stellt SCHULZE die wesentlichsten bis zur Publikation seiner Arbeiten gemachten Beobachtungen zusammen. (Arbeiten von BOUSSINGAULT, TH. DE SAUSSURE, THENARD, LÉVY, H. u. A. SCHLAGINTWEIT, T. E. THORPE.) — Vgl. auch A. MÜNTZ u. E. AUBIN: Chem. Zbl. 14, 215 (1881). — J. H. KEUHL: a. a. O., S. 375.

[6] Vgl. die Untersuchungen HAYDES in A. MÜNTZ u. E. AUBIN: Bestimmung des Kohlensäuregehaltes der Luft am Kap Horn. Ref. Forschgn. Geb. Agrikult.-Phys. 8, 87 (1885). — A. PETERMANN u. J. GRAFTIAU: Ebenda 15, 482 (1892).

[7] Auch die Windrichtung spielt scheinbar bei dem Kohlensäuregehalt eine Rolle; so konnte FR. SCHULZE: Über die Bestimmung der atmosphärischen Kohlensäure, Landw. Versuchsstat. 10, 516, 518 (1868), in 20 l Luft bei SW-Wind nur etwa 11,5 mg Kohlensäure nachweisen, während bei NO-Wind bei trockenem Wetter 15,5 mg und bei nebliger Beschaffenheit der Luft 16 mg festgestellt wurden. — Die Untersuchungen von H. MARIÉ u. A. LÉVY: Relation zwischen dem Kohlensäuregehalt der Luft und der Windrichtung, C. r. 90, 32—35, nach Ref. Forschgn. Geb. Agrikult.-Phys. 3, 315 (1880), zeigten ebenfalls eine Abhängigkeit des Kohlensäuregehalts der Luft von der Windrichtung, wie auch von der Bedeckung bzw. Aufklärung des Himmels. — Vgl. auch J. VON FODOR: Hygienische Untersuchungen usw. Braunschweig 1881. — W. SPRING u. L. ROLAND: Ref. Forschgn. Agrikult.-Phys. 8, 426 (1885). — J. H. KEUHL: a. a. O., S. 342. — P. LEHMANN: Fortschr. Landw. 4, 745 (1929).

[8] Vgl. H. MACAGNO: Luftanalysen. Chem. Zbl. 15, 225 (1880), der auf Grund seiner Untersuchungen zu dem Resultate kam, daß der CO_2-Gehalt der Luft bei Regen abnimmt. — Auch P. HÄSSELBARTH u. J. FITTBOGEN: a. a. O., S. 529, erhielten eine CO_2-Depression bei Regen, wohingegen Gewitterregen eine Steigerung des CO_2-Gehaltes mit sich brachte. Auch der Tau verursacht nach den letztgenannten Autoren eine Verminderung der CO_2 in der Luft; Nebel bewirkte teils eine Zunahme, teils eine Abnahme. Nach den Untersuchungen von A. MÜNTZ u. E. AUBIN: Chem. Zbl. 14, 215 (1881), sind die größten CO_2-Mengen bei reichlich fallendem Schnee und während dichten Nebels gemessen. — Vgl. ferner J. VON FODOR: Die Kohlensäure der Atmosphäre. Hygienische Untersuchungen über Luft, Boden und Wasser, Abt. I. Braunschweig 1881. — Dazu eingehendes Ref. E. WOLLNY: Forschgn. Geb. Agrikult.-Phys. 5, 130 (1881); Die Schwankungen im Kohlensäuregehalt der atmosphärischen Luft. Ebenda 8, 405ff. (1885). — W. SPRING u. L. ROLANDS Untersuchungen ergeben ebenfalls einen erhöhten CO_2-Gehalt bei Gewitterregen. Ebenda 8, 424ff. (1885). — Nach A. PETERMANN u. J. GRAFTIAU: Ebenda 15, 482 (1892) vermehren der Nebel und Schnee den Gehalt der Kohlensäuren der unteren Luftschichten durch Verlangsamung des Aufsteigens des Gases. — J. H. KEUHL: a. a. O., S. 341.

druck[1], aber auch von den Jahreszeiten[2]. Über den Stand dieser Untersuchungsergebnisse berichtet das schon mehrfach zitierte Werk Lundegardhs[3].

Daß auch die geographische Lage[4], die Nähe von Vulkanen[5] und kohlensäurehaltigen Quellen[6] ebenso den Kohlensäuregehalt der Luft beeinflussen wie auch die Rauchgase[7] größerer Fabriken oder die der Großstädte[8], sei der Vollständigkeit halber erwähnt, wobei auch noch der Bodenbeschaffenheit[9] und des Einflusses der Menschen[10], Tiere[11], Pflanzen[12] und Düngung[13] gedacht werden muß. Durch die Niederschläge können dem Boden Gase der Atmosphäre zugeführt werden. Unter Zugrundelegung seiner Untersuchungen über das Gesetz der Gasadsorption hat Bunsen[14] die Zusammensetzung des vom Regenwasser absorbierten Gases berechnet. Ausgehend von Saussures Angabe, daß im Mittel

---

[1] Vgl. J. von Fodor: Die Kohlensäure der Atmosphäre. Hygienische Untersuchungen über Luft, Boden und Wasser, Abt. I. Braunschweig 1881. — Dazu ausführliches Ref. E. Wollny: Forschgn. Geb. Agrikult.-Phys. 5, 129 (1882). — Nach A. Petermann u. J. Graftiau: Forschgn. Geb. Agrikult.-Phys. 15, 482 (1892) erhöhen außergewöhnliche barometrische Depressionen den CO_2-Gehalt der Luft, indem sie den Austritt der Kohlensäure aus dem Boden begünstigen. — Auch bei sehr hohem Atmosphärendruck nimmt die CO_2-Menge zu; vgl. W. C. Williams: Ber. Dtsch. Chem. Ges. 30, 1450 (1897).

[2] Vgl. J. Fittbogen u. Hässelbarth: a. a. O., S. 32. — J. von Fodor: Hygienische Untersuchungen. Braunschweig 1881. — Lars-Gunnar Romell: Meddel. Fran Stat. Skogsförsöksanst. H. 19, Nr. 2, S. 133. Stockholm 1922.

[3] Vgl. H. Macagno: Luftanalysen. Chem. Zbl. 75, 225 (1880).

[4] Ramann, E.: a.a.O., S. 371. — Lundegardh, H.: a.a.O., S. 8, 35—38. — Haydes in A. Müntz u. E. Aubin: Ref. Forschgn. Geb. Agrikult.-Phys. 8, 87 (1885). — W. Marcet u. A. Laudrist: Ref. Ebenda 10, 248 (1888). — A. Müntz u. E. Lainé: Der Kohlensäuregehalt in der Luft der antarktischen Regionen. C. r. 153, 1116 (1911).

[5] Lundegardh, H.: a. a. O., S. 6.

[6] Lundegardh, H.: a. a. O., S.14. — Ramann, E.: a. a. O., S. 373. — Pettenkofer, M. von: Z. Biol. 9, 243 (1873).

[7] Puchner, H.: Zur Frage der Schwankungen des Kohlensäuregehaltes der atmosphärischen Luft. Forschgn. Geb. Agrikult.-Phys. 17, 207 (1894).

[8] Lundegardh, H.: a. a. O., S. 5, 25. — Ramann, E.: a. a. O., S. 376. — Spring, W. u. L. Roland: Forschgn. Geb. Agrikult.-Phys. 8, 424ff. (1885). — Vgl. hierzu auch die umfangreichen Untersuchungen H. Puchners: Untersuchungen über den Kohlensäuregehalt der Atmosphäre. Forschgn. Geb. Agrikult.-Phys. 15, 296ff. (1892). In dieser Arbeit werden u. a. behandelt: Kohlensäuregehalte der Stadtluft, Vorstadtluft und Freilandluft und Vergleiche zwischen denselben. — O. Haehnel: a. a. O., S. 618.

[9] Vgl. J. H. Keuhl: a. a. O., S. 375.

[10] Lundegardh, H.: a. a. O., S. 6. — Helmholtz, H. von: Enzykl. Wörterb. mediz. Wiss. 35 (Berlin 1846). — Flügge, C.: Beiträge zur Hygiene, S. 7, 29ff. Leipzig 1879. — Simler, Th.: Untersuchung der Luft in der Kaserne zu Muri (Aargau) internierter Franzosen. Landw. Versuchsstat. 14, 246 (1872). — Carnelley, T. u. W. Mackie: Proc. Roy. Soc. 41, 238 (1886).

[11] Lundegardh gibt Reisets Untersuchungen, C. r. 1888, 1007, an. — Ramann, E.: a. a. O., S. 374; vgl. Ref. Forschgn. Geb. Agrikult.-Phys. 2, 526 (1879).

[12] Hierzu die umfangreichen Untersuchungsergebnisse. H. Lundegardh: a.a.O., S. 224ff. — Nach E. Ebermayer: Mitteilungen über den Kohlensäuregehalt eines bewaldeten und nicht bewaldeten Bodens. Landw. Versuchsstat. 23, 65 (1879) ist die Waldluft im Sommer fast noch einmal so reich an Kohlensäure wie die freie atmosphärische Luft. — Nach den Untersuchungen H. Puchners: Forschgn. Geb. Agrikult.-Phys. 15, 375 (1892) ist im ganzen der Kohlensäuregehalt der Waldluft unter 162 Fällen 108mal größer, 41mal kleiner und 13mal ebenso groß wie im Freien. Diese Arbeit enthält fernerhin Vergleiche zwischen Gehalt bei Nacht, Tag und Jahreszeiten. — Paul Lehmann: Der Einfluß der Turbulenz auf den Kohlensäureumsatz in Pflanzenbeständen (Fortschr. Landw. Sonderd. Heft 23, 14 [1929]) weist auf die Verschiedenheit in verschiedenen Pflanzenbeständen sowie auf die starken Differenzen des CO_2-Gehaltes in kürzester Zeit hin.

[13] Lundegardh, H.: a. a. O., S. 180. — Lemmermann, O. u. H. Kaim: Z. Pflanzenern. u. Düng. A. 3, 1 (1924) halten die durch Düngung mit Stalldünger hervorgerufene geringe Veränderung des Kohlensäuregehaltes der Luft von keiner besonderen Bedeutung für die Kohlensäureernährung der Pflanze. — Keuhl, J. H.: a. a. O., S. 375.

[14] Bunsen, R.: Chem. Zbl. 1855, 155.

in 10000 Teilen atmosphärischer Luft sich 4,14 Teile CO_2 befinden, ergibt sich nach BUNSEN folgende Zusammensetzung des im Regenwasser gelösten Gases:

	Temperatur (C)				
	0°	5°	10°	15°	20°
Sauerstoff	63,20	63,35	63,49	63,62	63,69
Stickstoff	33,88	33,97	34,05	34,12	34,17
Kohlensäure ...	2,92	2,68	2,46	2,26	2,14
	100,00	100,00	100,00	100,00	100,00

Der Einfluß einer Anreicherung der atmosphärischen Luft mit Kohlensäure auf die Ernteerträge kann an dieser Stelle nicht behandelt werden, es wird bezüglich dessen auf einen Teil der Literatur verwiesen[1].

Die als Hauptkomponenten der Luft anzusehenden Elemente Stickstoff und Sauerstoff verhalten sich in bezug auf die Anteilnahme an der Zusammensetzung der atmosphärischen Luft verschieden. Während der Stickstoffgehalt fast konstant ist und nur verschwindend kleinen Schwankungen unterworfen ist, kann der Sauerstoff je nach den gegebenen Bedingungen verschieden stark an der Luftzusammensetzung teilnehmen. RAMANN[2] bezeichnet den Stickstoff als den „unveränderlichsten Bestandteil der Atmosphäre".

Der Gehalt an Sauerstoff, der an einer Reihe Umsetzungen in und am Erdboden teilnimmt, schwankt in seiner Anteilnahme am Aufbau der atmosphärischen Luft[3] und steht nach LUNDEGARDH[4] mit dem Gehalt der Kohlensäure insofern

---

[1] GERLACH, M.: Kohlensäuredüngung. Mitt. Dtsch. Landw. Ges. 35, 370 (1920). — REINAU, E. H.: Kohlensäure und Pflanzen. Halle: W. Knapp 1920. — BORNEMANN, F.: Kohlensäure und Pflanzenwachstum. Berlin: Paul Parey 1920. — FISCHER, HUGO: Angew. Bot. 2, 9 (1920). — MEINECKE, TH.: Ertragssteigerung durch Kohlensäurezufuhr. Z. Forst- u. Jagdwes. 53, 750 (1921). — DENSCH, A. u. T. HUNNIUS: Die Wirkung erhöhter Kohlensäurezufuhr auf Sand- und Kulturböden. Z. Pflanzenern. u. Düng. A. 2, 241 (1923). — MITSCHERLICH, E. A.: Die Kohlensäure als Wachstumsfaktor der Pflanzen. Ebenda A. 2, 211 (1923). — JANERT, H.: Ein Beitrag zur Beurteilung der klimatischen Wachstumsfaktoren: Kohlensäure, Sauerstoff und Luftdruck. Ebenda A. 2, 177 (1923). — LEMMERMANN, O. u. K. ESCHE: Über die Bedeutung des Stalldüngers und Gründüngers für die Kohlensäureernährung der Pflanzen. Ebenda A. 3, 47 (1924). — NIKLAS, H., K. SCHARRER u. A. STROBEL: Beiträge zur Frage der Kohlensäuredüngung. Landw. Jb. 60, 349 (1924). — LUNDEGARDH, H.: a. a. O., S. 136—142. — PHILIPP, O.: Z. Landw.-Masch.-Ind. Nr. 88, 9 (1924). — REINAU, E.: Technik in der Landwirtschaft, S. 94. 1924. — SCHMIDT, W.: Die Kohlensäure als Reizstoff und Baustoff. Z. Pflanzenern. u. Düng. B. 4, 162 (1925). — KEUHL, H. J.: Messungen der Kohlensäurekonzentration der Luft in und über landwirtschaftlichen Pflanzenbeständen. Ebenda A. 6, 321f. (1926). — RIEDE, W.: Kohlensäuredünger. Ebenda B. 5, 383 (1926). — ZANDER, E.: Der Streit um die bodenbürtige Kohlensäure. Techn. in der Landw. Nr. 5, 100 (1926). — MEINECKE, TH.: Die Kohlenstoffernährung des Waldes. Berlin: Julius Springer 1927. — REINAU, E. H.: Forschungsergebnisse zur Kohlensäurefrage. Angew. Bot. 9, 12 (1927). — HAASE, P. u. F. KIRCHMEYER: Die Bedeutung der Bodenatmung für die CO_2-Ernährung der Pflanzen. Z. Pflanzenern. u. Düng. A. 10, 257 (1928). — LUNDEGARDH, H.: Über Kohlensäuredüngung. Ref. Ebenda A. 12, 134 (1928). — PARKER, F. W.: Der Kohlensäuregehalt der Bodenluft als ein Faktor in der Aufnahme organischer Elemente durch die Pflanzen. Ref. Ebenda A. 12, 124 (1928). — REINAU, E. H.: Bodenatmung und Furchtbarkeit. Stoklasa-Festschr., S. 305. Berlin: Paul Parey 1928. — FISCHER, HUGO: Die Kohlensäureernährung der Pflanzen. Ber. Dtsch. Bot. Ges. 45, 331 (1927). — LUNDEGARDH, H.: Der Zusammenhang zwischen der Kohlensäureentwicklung des Bodens und dem Pflanzenwachstum. Soil Sci. 23, 147 (1927). — LEHMANN, PAUL: Fortschr. Landw. 4, 745f. (1929).

[2] RAMANN, E.: a. a. O., S. 372. — Siehe auch H. LUNDEGARDH: a. a. O., S. 1.

[3] Zusammenstellungen über die von den verschiedensten älteren Forschern ausgeführten Sauerstoffanalysen finden sich bei U. KREUSLER: Landw. Jb. 1885, 370ff., und E. EBERMAYER: Untersuchungen über den Sauerstoffgehalt der Waldluft. Forschgn. Geb. Agrikult.-Phys. 9, 229 (1886).

[4] LUNDEGARDH, H.: a. a. O., S. 2. An dieser Stelle zitiert L. folgende beide dem Verf. nicht zugänglichen Arbeiten: F. BENEDICT: The composition of the atmosphere, with special

in einer Beziehung, als diese beiden Gase häufig in umgekehrter Richtung variieren. Dem Verbrauch des Sauerstoffs zu Oxydationszwecken steht eine Anreicherung durch den bei dem Assimilationsprozeß frei werdenden gegenüber[1], so daß selbst große Waldkomplexe den Sauerstoffgehalt der Luft wenig verändern[2]. Dagegen machen sich wieder — ähnlich wie auf den Kohlensäuregehalt — die klimatischen Einflüsse besonders geltend. Die häufig nicht unbedeutenden Schwankungen werden nach von Jolly[3] z. T. auch durch die Windrichtungen hervorgerufen. Der größte Sauerstoffgehalt trat nach seinen Untersuchungen unter herrschendem Polarstrom und der kleinste unter herrschendem Äquatorialstrom oder Föhn auf.

Bei seinen 1875/76 durchgeführten Untersuchungen fand er

bei anhaltendem Polarstrom den Sauerstoffgehalt der Luft zu . . . 20,965 %
bei anhaltendem Äquatorialstrom den Sauerstoffgehalt der Luft zu . 20,477 %.

Morley[4] glaubt an eine Erniedrigung des Sauerstoffgehalts infolge senkrechten Herabsteigens der Luft aus kalten, höher gelegenen Teilen der Atmosphäre. Kreusler[5] und auch Hempel[6] glauben den vorgenannten Ergebnissen Jollys und Morleys nicht Allgemeinbedeutung zuschreiben zu müssen, sie glauben vielmehr an eine weitgehendste Konstanz des Sauerstoffgehalts der Luft. Kreusler stellte als größte Schwankung 0,124 % fest. Die Schwankungen in verschiedenen geographischen Lagen sind auch nur sehr gering[7], doch scheinen Gewitter und Niederschläge einen Einfluß auszuüben[8]. Romell[9] stellt eine Übersicht älterer Untersuchungen zusammen, gibt die Resultate von Bodenanalysen schwedischer Waldböden an und weist auf die Zusammenhänge des Gasaustausches zwischen Atmosphäre und Boden hin, die an anderer Stelle des Handbuches noch besprochen werden.

Der Gehalt der Luft an Wasserdampf ist je nach Lage und klimatischen Bedingungen verschieden, eine Tatsache, die hier nur angedeutet zu werden braucht. Die anderen Gase der Luft sind im großen und ganzen weniger Gegenstand der Untersuchungen gewesen. Der Wasserstoff ist in der bodennahen Luft nur gering[10]. Über die Art der oxydierenden Gase wie Ozon und Wasserstoffsuperoxyd unterrichten uns einige Arbeiten, die in ihren Ergebnissen aber stark voneinander abweichen. Wenn im folgenden diesem Fragenkomplex etwas mehr Raum gewährt wird, als es vielleicht für rein bodenkundliche Probleme erforderlich erscheinen könnte,

---

reference for its oxygen content. Washington 1912; A. Krogh: Kgl. Danske Vid.-Selskab. math.-nat. Kl. 1919.

[1] Siehe hierzu S. 299 dieses Beitrages.

[2] Ebermayer, E.: Forschgn. Geb. Agrikult.-Phys. **9**, 242 (1886).

[3] Jolly, Ph. von: Die Veränderlichkeit in der Zusammensetzung der atmosphärischen Luft. Abh. Kgl. Bayr. Akad. Wiss. Kl. II, **13**, Abt. 2 (1878), nach Ref. E. Wollny: Forschgn. Geb. Agrikult.-Phys. **2**, 324—326 (1879).

[4] Morley, E. W.: Über eine mögliche Ursache der Schwankung in dem Mengenverhältnis des Sauerstoffs in der atmosphärischen Luft. Amer. J. Sci. a. Arts, 3. Serie, **18**, Nr. 105 (168—177), nach Ref. Forschgn. Geb. Agrikult.-Phys. **3**, 319—320 (1880). — Vgl. hierzu Ch. André: Über die vertikalen Bewegungen der Atmosphäre. Ref. Forschgn. Geb. Agrikult.-Phys. **12**, 458 (1889).

[5] Kreusler, U.: Über den Sauerstoffgehalt der atmosphärischen Luft. Landw. Jb. **14**, 305ff. (1885).

[6] Hempel, W.: Über den Sauerstoffgehalt der atmosphärischen Luft. Ber. Dtsch. Chem. Ges. **18**, 1800 (1885).

[7] Hempel, W.: Ebenda **20**, 1864 (1887). — Nach ihm soll die Luft an den Polen etwas sauerstoffreicher sein als am Äquator, vgl. dieses Handbuch Bd. 1, S. 146.

[8] Mehring, Heinr.: Landw. Versuchsstat. **67**, 465 (1907).

[9] Romell, L.-G.: a. a. O., S. 254f.

[10] Lundegardh, H.: a. a. O., S. 2. — Gautier, A.: Ref. Biedermanns Zbl. **28**, 131 (1899). — Léduc, A.: Ebenda **32**, 567 (1903). — Claude, G.: C. r. **148**, 1454 (1909).

so geschieht dies, weil RAMANN in seiner Bodenkunde[1] einen für damalige Verhältnisse richtigen, aber heute nicht mehr gerechtfertigten Standpunkt vertrat. Da sich aber in bodenkundlichen Kreisen das RAMANNsche Buch als Standardwerk weit verbreitet hat, so sei die Entwicklung dieser Frage etwas eingehender behandelt. Während ein großer Teil der Forscher die Anwesenheit des Ozons in der Luft als gegeben annimmt, hat sich besonders E. SCHÖNE dahingehend ausgesprochen, daß kein Ozon in der Luft vorkommt[2], sondern nur Wasserstoffsuperoxyd[3], während C. WURSTER das Vorhandensein beider in der Atmosphäre feststellen konnte[4]. Auch W. HENNEBERG[5] stand der Ozonierung des Sauerstoffs der Atmosphäre skeptisch gegenüber, trotzdem vor ihm SCHÖNBEIN[6] auf Grund seiner mit dem Ozonometer erhaltenen Ergebnisse den größten Ozongehalt der Atmosphäre im Winter namentlich bei Schneefall und den schwächsten im Sommer feststellen zu können glaubte, wie auch eine Erhöhung desselben in der Nähe von Gewitterwolken[7] von ihm konstatiert wurde. SCHIEFFERDECKER[8] hält jedoch die von SCHÖNBEIN angegebene Methode zur Bestimmung des Ozongehalts für unzuverlässig[9]. Vor der Veröffentlichung SCHÖNES, die das Vorkommen des Ozons in der Atmosphäre verneinte, sind noch eine Reihe von Arbeiten erschienen, die sich mit dem Studium der Abhängigkeit des Ozongehalts von den Jahres- und Tageszeiten, den Niederschlägen u. a. m. beschäftigten[10]. Nunmehr erschienen eine ganze Reihe von Veröffentlichungen, deren Ergebnisse[11] zeigen sollten, daß Ozon nicht in der Luft vorkommt, und daß die „positiven" Nachweise auf falschen Bestimmungsmethoden beruhen. Verschiedene Forscher· sind anderer Ansicht. A. LÉVY[12], dem die SCHÖNEschen Untersuchungen nicht unbekannt geblieben sein dürften, ermittelte durch Überführung der arsenigen Säure in Arsensäure den Ozongehalt der atmosphärischen Luft und kommt zu dem Schluß, daß die Monatsmittel im Ozongehalt wenig voneinander abweichen, die jährlichen dagegen sehr, wie er auch eine Abhängigkeit von den Winden festzustellen glauben konnte. In einer anderen Veröffentlichung[13] über diesen Gegenstand gibt derselbe die Monatsmittel des Ozongehalts der Luft für 11 Jahre an und stellte ein deutliches Minimum in den Monaten November bis Januar fest, was die vorgenannten Untersuchungen SCHÖNBEINS nicht bestätigt. EBERMAYER stellte ebenfalls eingehende Untersuchungen über die vorliegende Frage an und fand, daß die Waldluft in der wärmeren Jahreszeit ozonreicher als die Landluft ist[14]. In einer

---

[1] RAMANN: a. a. O., S. 375.

[2] SCHÖNE, E.: Über die Beweise, welche man angeführt hat für die Anwesenheit des Ozons in der atmosphärischen Luft. Ber. Dtsch. Chem. Ges. 13, 1503, 1514 (1880).

[3] Ebenda.

[4] WURSTER, C.: Ebenda 19, 3212 (1886); 21, 921 (1888).

[5] HENNEBERG, W.: J. Landw., N. F. 1, 235 (1858).

[6] SCHÖNBEIN, C. F.: J. prakt. Chem. 53, 70 (1851); 75, 79 (1858); 86, 82 (1862).

[7] REYNOLDS, W. C.: Gewittersturm und Ozon, Ref. Jber. Agrikult.-Chem. 67, 3 (1927), stellte fest, daß der Ozongehalt nach einem Gewitter um das 2—3fache gestiegen war.

[8] SCHIEFFERDECKER: Chem. Zbl. 1855, 812.

[9] Nach Angabe bei C. KRAUT: J. Landw. Jber. 1855 u. 1856, 16, 17 (Göttingen 1859), fand SCHÖNBEIN, daß ozonisierter Sauerstoff das atmosphärische Ammoniak zu Salpetersäure oxydiert, und CHATIN glaubt, daß das atmosphärische Ozon Jod aus seinen Verbindungen freimacht, so daß dasselbe frei in der Atmosphäre vorkommt.

[10] Vgl. R. WOLF: Chem. Zbl. 1854, 265; 1855, 201. — KARLINSKI: Ebenda 1855, 22. — RELSHUBER: Ebenda 1855, 198.

[11] Aus einem Ref. E. WOLLNYS: Forschgn. Geb. Agrikult.-Phys. 5, 348f. (1882) entnimmt der Verf. folgende diesbezügliche Literaturangaben: J. M. PERTNER: Z. österr. Ges. Meteorol. 16, 394 (1881). — G. CANTONI: Meteorol. italiana 16, 15 (1866). — F. DOHRAUDT: Rep. Meteorol. 3, Nr. 4 (1874).

[12] LÉVY, A.: Nach Ref. Forschgn. Geb. Agrikult.-Phys. 6, 182 (1883).

[13] LÉVY, A.: Nach Ref. Forschgn. Geb. Agrikult.-Phys. 12, 183 (1889).

[14] EBERMAYER, E.: Forschgn. Geb. Agrikult.-Phys. 9, 243 (1886).

weiteren Arbeit[1] weist dieser Autor auf die Bedeutung des Ozongehaltes hin und berichtet über die Abhängigkeit desselben von elektrischen Entladungen, vom Wind, von den Jahreszeiten und von klimatischen Einflüssen. Der geringe Ozongehalt der Stadtluft wird mit der Oxydation der organischen Bestandteile der Luft, die über Städten oder Industriezentren besonders reich daran ist, erklärt[2]. Gleich diesen, die Frage nach dem Vorkommen des Ozons in der Luft bejahenden Arbeiten, sind eine Reihe anderer, neueren Datums publiziert worden[3], doch darf nicht unerwähnt bleiben, daß Ilosvay[4] sowohl die Anwesenheit des Ozons, als auch die des Wasserstoffsuperoxyds in Abrede stellt, weil es „bisher kein zuverlässiges Mittel gibt, mit Sicherheit ihre Anwesenheit in der Luft nachzuweisen", da die salpetrige Säure in gleicher Weise wie die genannten Substanzen reagieren. Diese Befunde und Ansichten bezüglich des Wasserstoffsuperoxyds sind von E. Schöne[5] stark angegriffen worden. Seine Ermittelungen ergaben, daß $0{,}000\,000\,268\,cm^3$ in 1 l Luft enthalten sind, und seine Untersuchungen erstreckten sich auf die Prüfung klimatischer Faktoren auf den Wasserstoffsuperoxydgehalt der Atmosphäre, nachdem schon vor ihm eine Reihe verschiedener Autoren über den gleichen Gegenstand berichtet hatten[6]. A. Bach[7] beschäftigte sich mit der Erklärung der Herkunft des Wasserstoffsuperoxyds, und S. Kern[8] bestätigt die Ansichten Schönes, wie auch neuerdings die Anwesenheit des Ozons in der Atmosphäre als erwiesen gilt, denn P. Brigl[9] schreibt in seinem kürzlich erschienenen „Lehrbuch der anorganischen Chemie", daß an der Erdoberfläche in einem Kubikmeter 0,0003 mg Ozon, in größeren Höhen ein Vielfaches hiervon (in 12 km Höhe 0,13 mg) nachgewiesen worden sind. Die Schwierigkeiten der exakten Feststellung beruhten früher darauf, daß die oxydierenden Wirkungen die einzigen waren, an denen die Gegenwart dieser Stoffe zu erkennen sind, und daß sie sich hierin sehr ähnlich sind[10], während man sich heute spektrographischer Untersuchungen bedient[11].

Von den stickstoffhaltigen Verbindungen der atmosphärischen Luft sind neben Stickoxyden in erster Linie das Ammoniak bzw. Ammoniumkarbonat zu

---

[1] Ebermayer, E.: Hygienische Bedeutung der Waldluft und des Waldbodens. Forschgn. Geb. Agrikult.-Phys. 13, 435—436 (1890). — Vgl. hierzu C. Engler: Historisch-kritische Studien über das Ozon. Halle 1879.

[2] Lévy, A., u. H. Henriet: Nach Ref. Biedermanns Zbl. 28, 2 (1899).

[3] Thierry, Maurice de: Bestimmung des atmosphärischen Ozons am Montblanc. Nach Biedermanns Zbl. 27, 207 (1898). — Henriet, H. u. M. Bonyssy: C. r. 146, 977 (1908); nach Ref. Biedermanns Zbl. 38, 649 (1909). — Vibrans, O.: Blätter für Zuckerrübenbau, S. 205. 1916. — Thörner, W.: Z. angew. Chem. 29, 233 (1916). — Pring, N. J.: Proc. roy. Soc. Lond. 90, 204 (1917).

[4] Ilosvay, J. de N. Ilosva: Bildet sich Ozon oder Wasserstoffsuperoxyd bei lebhafter Verbrennung? Kommen Ozon und Wasserstoffsuperoxyd in der Luft vor? Nach Ref. Forschgn. Geb. Agrikult.-Phys. 13, 378 (1890).

[5] Schöne, E.: Ber. Dtsch. Chem. Ges. 26, 3011 (1893); 27, 1233 (1894).

[6] Vgl. hierzu G. Meissner: Göttinger Nachrichten 1863, 264. — C. F. Schönbein: J. prakt. Chem. 106, 272 (1868). — H. Struve: Z. anal. Chem. 8, 315 (1869) und 11, 28 (1872). — Werner Schmidt: Z. prakt. Chem. 107, 60 (1869). — Fr. Goppelsroeder: Z. anal. Chem. 10, 259 (1871). — A. Houzeau: C. r. 66, 315 (1868); 70, 519 (1870). — E. Schöne: Über das atmosphärische Wasserstoffhyperoxyd. Ber. Dtsch. Chem. Ges. 11, 482, 561, 874, 1028 (1878); 12, 346 (1879).

[7] Bach, A.: Ber. Dtsch. Chem. Ges. 27, 340 (1894).

[8] Vgl. Neues Handwörterbuch der Chemie 9, Lief. 9, 828 (1917) und Bd. 1 dieses Handbuches, S. 148.

[9] Brigl, Percy: Lehrbuch der anorganischen Chemie, S. 37. Stuttgart: E. Ulmer 1929.

[10] Ramann, E.: Bodenkunde, a. a. O., S. 375.

[11] Vgl. Joseph Lévine: Die Rolle des Ozons in der Atmosphäre. C. r. 185, 962 (1927). — E. W. P. Götz u. G. M. B. Dobson: Chem. Zbl. II, 1757 (1928).

nennen[1]. Bezüglich der Ammoniakfrage sei vor allem auf die die Bewegung des Ammoniaks in der Natur ausführlich behandelnde und mit zahlreichen Literaturangaben versehene Schrift P. EHRENBERGS[2] verwiesen. Die direkte Bestimmung des Ammoniakgehalts der Luft geschieht auf dem Wege der Durchsaugung durch eine Absorptionsflüssigkeit, wie andererseits aus dem Gehalt der Niederschläge an Ammoniak Rückschlüsse auf den der Luft gezogen wurden. W. KNOP[3] vermittelt uns die stark variierenden Ergebnisse älterer Untersuchungen von FRESENIUS, GRÄGER, KEMP, HOSFORD und PIÈRRE. Auf Grund der außerordentlichen großen Schwankungen versuchte KNOP mit seiner am anderen Ort näher beschriebenen Stickstoffbestimmungsmethode[4] durch Regen-[5], Tau-[6] und Schmelzwasseranalysen[7] einen Einblick in die Verhältnisse zu erhalten. Hierbei erhielt der genannte Autor z. T. recht abweichende Ergebnisse im Vergleich zu denen älterer Untersuchungen. Die Beziehungen zwischen Regenmenge und Ammoniakgehalt der Regenwässer ermittelte schon BOUSSINGAULT mit nebenstehendem Erfolge[8].

Regenhöhe	Ammoniak mg pro Liter.
Von 20—31 mm	0,41
,, 15—20 mm	0,40
,, 10—15 mm	0,45
,, 5—10 mm	0,45
,, 1— 5 mm	0,70
,, 0,5— 1 mm	1,21
bis 0,5 mm	3,11

Nach einer Zusammenstellung von A. PETERMANN und J. GRAFTIAU[9] setzt sich der Stickstoff der atmosphärischen Niederschläge im Mittel zusammen aus:

	Ammoniakstickstoff Teile	Nitratstickstoff Teile
Gembloux	76	24
Rothamsted	75	25
Montsouris	73	27
Deutsche und italienische Stationen . .	73	27 [10]

---

[1] Nach E. RAMANN: a. a. O., S. 375, ist das kohlensaure Ammoniak in gasförmigem Zustand in der Atmosphäre enthalten, wohingegen die salpetersauren Salze als feste, nicht flüchtige Substanzen bei trockener Witterung in Form feiner Staubteile, dagegen bei feuchter Luft in Wasser gelöst als kleine Nebelkügelchen vorhanden sind.

[2] EHRENBERG, P.: Die Bewegung des Ammoniakstickstoffs in der Natur. Kritische Monographie aus dem Kreislauf des Stickstoffs. Berlin: P. Parey 1907.

[3] KNOP, W., u. W. WOLF: Untersuchungen über das Vorkommen und Verhalten des Ammoniaks in der Ackererde. Landw. Versuchsstat. 3, 116 (1861).

[4] KNOP, W.: Chem. Zbl. 1860, 16.

[5] Zusammenstellungen älterer Meteorwasseruntersuchungen in bezug auf den Stickstoff- bzw. Ammoniakgehalt finden sich bei C. KRAUT: J. Landw. 3, 8 (1856) u. dies. Z., Jber. 1855 u. 1856, S. 18. Göttingen 1859. — Hier sind die Ergebnisse der Untersuchungen von MARTIN, J. PIÈRRE, FILHOL, WAY u. BINEAU referierend genannt. Eine weitere Zusammenstellung findet sich bei J. B. LAWES, J. H. GILBERT u. R. WARINGTON: Über die Zusammensetzung des Regenwassers (engl.), übersetzt von ROBERT WOLLNY: Forschgn. Geb. Agrikult.-Phys. 5, 118 (1882).

[6] Vgl. hierzu W. KNOP u. W. WOLF: Landw. Versuchsstat. 3, 125 (1861); 4, 81 (1862).

[7] Vgl. hierzu die Angaben P. EHRENBERGS: a. a. O., S. 171.

[8] Zitiert nach C. KRAUT: J. Landw. 3, 8 (1856).

[9] Zitiert nach Ref. Forschgn. Geb. Agrikult.-Phys. 16, 493 (1893).

[10] W. MEIGEN, dieses Handbuch Bd. 1, S. 151, führt eine Reihe von Untersuchungen an, die zeigen, daß dies Verhältnis nicht immer so konstant wie im vorliegenden Fall anzutreffen ist. — Vgl. E. BLANCK: Lehrbuch der Agrikulturchemie 1, S. 176. Berlin: Gebr. Bornträger 1927. — Nach 17jährigen Beobachtungen in Kanada ist das Verhältnis von Ammoniak- zu Nitratstickstoff kleiner als es die PETERMANNschen Zahlen zeigen, so stellten F. T. SHUTT und B. HEDLEY: Jber. Agrikult.-Chem. 69, 3 (1929), im Regen 58 % NH_3 und 31 % als N_2O_5- oder N_2O_3-Stickstoff fest.

Die Methode der Ermittelung der Zusammensetzung der Niederschläge[1] erlaubt nur indirekt Schlüsse auf den Ammoniakgehalt der atmosphärischen Luft zu ziehen. Th. Schlösing[2] weist schon darauf hin, daß die Niederschläge (Regen, Schnee, Tau) nur einen Teil des Ammoniaks der Atmosphäre dem Boden zuführen, denn infolge der Tension des Ammoniaks bzw. des kohlensauren Ammoniaks bleibt mehr oder weniger je nach der Temperatur in der Luft davon in ihr zurück. Doch sind die Ergebnisse solcher Untersuchungen dazu benutzt, die Menge des durch die Niederschläge dem Boden zugeführten Ammoniaks zu berechnen, wobei zu bemerken ist[3], daß der Ammoniakgehalt der Niederschläge auch von anderen klimatischen Faktoren, wie Niederschlagsmenge, vorausgehende längere Trockenzeit, Wind und Windrichtung abhängt, so daß in verschiedenen Klimagebieten stark voneinander abweichende Ergebnisse erhalten werden[4].

---

[1] Vgl. hierzu P. Ehrenberg: a. a. O., S. 169f.

[2] Schlösing, Th.: C. r. **80**, 175; **82**, 1105; nach Ref. Jber. Agrikult.-Chem. 1, 89, 95 (1875).

[3] Bretschneider, P.: Über den Regenfall zu Ida-Marienhütte in den Jahren 1865—72 und den Gehalt des meteorischen Wassers an Stickstoff in Form von Ammoniak und Salpetersäure. Breslau 1872. — Pincus u. Joseph Röllig: Untersuchungen über den Stickstoff- respektive Ammoniak- und Salpetersäuregehalt der atmosphärischen Niederschläge (1864 bis 1866). Landw. Versuchsstat. **9**, 465 ff. (1867). — Vgl. ferner Th. Way: J. agricult. Soc. Engl. **17**, 618. — J. B. Lawes, J. H. Gilbert u. R. Warington: Über die Zusammensetzung des Regenwassers. J. roy. agricult. Soc. Engl. **17**, übersetzt von Robert Wollny: Forschgn. Geb. Agrikult.-Phys. **5**, 112 ff. (1882). — A. Lévy: Über die Zusammensetzung der atmosphärischen Wasser. Annuaire de l'observatoire de Montsouris par l'an 1882, Paris 1882, ref. Forschgn. Geb. Agrikult.-Phys. **6**, 180 (1883), gibt den Ammoniakgehalt in Regen-, Tau-, Nebelwassern und im Schnee an und berechnet die pro Quadratmeter Bodenfläche zugeführten Ammoniakmengen. — J. B. Lawes, J. H. Gilbert u. R. Warington: Über den Gehalt des Regenwassers an Ammoniak, Chlor und Schwefelsäure. J. roy. agricult. Soc. **19**; nach Ref. Forschgn. Geb. Agrikult.-Phys. **7**, 233 (1884). — O. Kellner: Landw. Jb. **15**, 701—708 (1886), weist ausdrücklichst darauf hin, daß die jährliche Niederschlagsmenge kein Maß für die absolute, einer gegebenen Fläche zugeführte Quantität gebundenen Stickstoffs bietet, sondern, daß die Intensität und zeitliche Verteilung maßgebend ist. Für Tokio berechnet Kellner 2,6 kg Stickstoff jährlich pro Hektar. — M. P. E. Berthelot: C. r. **104**, 625 (1887). — J. Stoklasa: Gehalt der atmosphärischen Niederschläge an Ammoniak und Salpetersäure im Jahre 1883 und 1884. Biedermanns Zbl. **1887**, 361. — E. Mach: Untersuchungen über den Gehalt des Regenwassers an Ammoniak und Salpetersäure. Ebenda **17**, 489 (1888). — R. Warington: Über den Salpetersäuregehalt in den Regenwässern zu Rothamsted, mit Notizen über die Analyse der Regenwässer. J. chem. Soc. **55**, 537 ff. (1889). — C. F. A. Tuxen: Untersuchungen über die Bedeutung der Niederschläge als Stickstoffquelle (dänisch). Ref. Forschgn. Agrikult.-Phys. **14**, 367 (1891). — N. Passerini: Gelöste Stoffe im Regenwasser (ital.). Ref. Biedermanns Zbl. **1891**, 1. — A. Petermann u. J. Graftiau: Ref. Forschgn. Geb. Agrikult.-Phys. **16**, 490 ff. (1893). — J. König u. E. Haselhoff: Wie kann der Landwirt den Stickstoffvorrat in seiner Wirtschaft erhalten und vermehren? Berlin 1893. — A. Lévy: Ref. Forschgn. Geb. Agrikult.-Phys. **17**, 217 (1894), gibt die Resultate 16 jähriger Beobachtungen wieder. — G. Basile: Ebenda **19**, 291 ff. (1896), gibt 2 jährige Beobachtungen aus Italien an. — B. Welbel: Ref. Biedermanns Zbl. **32**, 291, 649 (1903). — N. H. J. Miller: Proc. chem. Soc. **250**, Nr. 88 u. 89; nach Ref. Biedermanns Zbl. **34**, 1 (1905) u. J. agricult. Sci. **1**, 280; Ref. ebenda **35**, 577 (1906). (Hier sind die Werte der Ammoniakgehalte der Niederschläge aus fast allen Weltteilen angeführt.) — F. T. Shutt: Chem. News. **100**, 305 (1909). — H. v. Feilitzen u. Ivar Lugner: Fühlings Landw. Ztg. **1910**, 248. — O. Lemmermann, E. Blanck u. R. Staub: Weitere Beiträge zur Frage der Stickstoffassimilation des weißen Senfes. Landw. Versuchsstat. **73**, 444 (1910). — A. Kossowicz: Einführung in die Agrikulturmykologie, S. 16. Berlin 1912. — J. Hudig: J. agricult. Sci. **4**, 260 (1912). — H. J. Miller: Die Zusammensetzung von auf Hebriden und auf Island gesammeltem Regenwasser. J. Scott. Met. Soc. **16**, 141 (1913). — Ch. Crowther, M. A. and D.W. Stewart: J. agricult. Sci. **5**, 391 (1913).

[4] Leather, W. S.: Über die Zusammensetzung des Regens und Taus in Indien. Mem. Dep. Agricult. India **1**, part 1, 1; Ref. Biedermanns Zbl. **36**, 361 (1907). — Müntz, A., A. V. Marcano u. A. Lévy: Der Ammoniakgehalt der Luft und der Niederschläge in den Tropen. Ref. Forschgn. Agrikult.-Phys. **15**, 476 ff. (1892). — Capus, G.: Der Salpeter- und Ammoniakgehalt des Regenwassers in den Tropen. Ann. géogr. **23**, 106 (1914).

Über die Ermittelung des Einflusses des Klimas auf dem Wege der Adsorption durch Flüssigkeiten liegen eine Reihe von Untersuchungen vor. So stellte LÉVY[1] bei Messungen der täglichen Menge Ammoniak, die beim Durchstreichen durch Säure gebunden wurde, fest, daß die Luft während der warmen Jahreszeit reicher an diesem Gase ist als im Winter. Andererseits ermittelte dieser Autor für die Umgegend von Paris das Jahresminimum an Ammoniak des Meteorwassers im Juli. Diese letztgenannten Ergebnisse, beeinflußt von der Großstadt und ihren Einflüssen, können wohl kaum den Anspruch auf Allgemeingültigkeit machen, zumal andere Forscher mit dem gleichen Verfahren ermittelten, daß der Ammoniakgehalt der Luft im Winter seinen niedrigsten Stand erreichte[2]. Auch die Tageszeiten[3], die Lufttemperatur[4], die Winde[5] und die Niederschläge[6] üben einen Einfluß auf den Ammoniakgehalt der Atmosphäre aus, ganz besonders wirkt sich die Nähe von Städten und Industriegebieten aus[7]. Ohne auf die zahlreiche Literatur über diesen Gegenstand des näheren einzugehen, sei die Frage der Herkunft des Ammoniaks in der Luft ganz kurz gestreift. Einige Forscher, z. B. E. BRÉAL[8] und E. RAMANN[9], vertreten den Standpunkt, daß das Ammoniak der Atmosphäre dem Boden entstammt, doch weist P. EHRENBERG[10] an Hand zahlreicher eigener Versuche darauf hin, daß Ammoniakverluste aus dem Erdboden „nur bei sandigen, an kohlensaurem Kalk reichen und an zeolithartigen Verbindungen und humusarmen Erden" zu erwarten sind, doch auch nur bei „höchsten Sommertemperaturen" bei gleichzeitig hohem Ammoniakgehalt des Bodens, wobei außerdem zu beachten ist, daß die vom Boden abgegebenen Stickstoffmengen nur unbedeutend, „so daß ihnen schwerlich für die Bewegung des Ammoniakstickstoffs in der Natur ein irgendwie beachtenswerter Einfluß zuzuschreiben ist[11]". EHRENBERG glaubt den Meeren[12], der länger an der Luft lagernden Harn- bzw. Jaucheflüssigkeit[13] sowie der Ammoniakverdunstung aus in Fäulnis begriffenen festen Stoffen organischer Natur[14] eine mehr oder minder große Bedeutung für die Ammoniakbewegung in der Natur zuschreiben zu müssen, während er die Antwort über die Frage der Rolle der auf dem Erdboden ruhenden ammoniakhaltigen Substanzen in diesem Zusammenhange dahingehend gibt, daß die Ammoniakverdunstung aus Substanzen genannter Art von äußeren Bedingungen abhängig ist[15]. E. BLANCK[16] stellte eine Reihe grundlegender Untersuchungen über die Verdunstung des Ammoniaks aus dem Erdboden an. Verschiedene Gefäße wurden mit 2 kg naturfeuchtem Boden beschickt, der dann

---

[1] LÉVY, A.: Über den Ammoniakgehalt der Luft und des Wassers. C. r. **91**, 94, nach Ref. Forschgn. Geb. Agrikult.-Phys. **4**, 140 (1881); Ammoniakgehalt der atmosphärischen Luft. Ref. Forschgn. Geb. Agrikult.-Phys. **6**, 183 (1883).

[2] FODOR, J. VON: Das atmosphärische Ammoniak. Hygienische Untersuchungen, Abt. 1 Braunschweig 1881; nach Ref. Forschgn. Geb. Agrikult.-Phys. **5**, 137 (1882). — SCHLÖSING, TH.: nach Ref. Forschgn. Geb. Agrikult.-Phys. **3**, 509 (1880).

[3] FODOR, J. VON: a. a. O. Forschgn. Geb. Agrikult.-Phys. **5**, 137 (1882).

[4] Ebenda.

[5] FODOR, J. VON: Forschgn. Geb. Agrikult.-Phys. **5**, 137 (1882). — ANDERLIND, LEO: Landw. Versuchsstat. 50. 159 (1898).

[6] FODOR, J. VON: Forschgn. Geb. Agrikult.-Phys. **5**, 137 (1882).

[7] LAWES, J. B., J. H. GILBERT u. R. WARINGTON: Siehe Übersetzung ROBERT WOLLNY: a. a. O., S. 126/27. — F. GUTH: Gesdh.Ing. **42**, 457—468, 472—477, 497—504 (1919).

[8] BRÉAL, E.: Bildung von Ammoniak auf Kosten der organischen Substanz und des Humus. Nach Ref. Biedermanns Zbl. **27**, 73 (1898).

[9] RAMANN, E.: Bodenkunde a. a. O., S. 375.

[10] EHRENBERG, P.: a. a. O., S. 98.   [11] EHRENBERG, P.: a. a. O., S. 99.

[12] EHRENBERG, P.: a. a. O., S. 14.   [13] EHRENBERG, P.: a. a. O., S. 28.

[14] EHRENBERG, P.: a. a. O., S. 45.   [15] EHRENBERG, P.: a. a. O., S. 107.

[16] BLANCK, E.: Studien über den Stickstoffhaushalt der Jauche, Teil 1—4. Landw. Versuchsstat. **91**, 173, 253, 271, 309 (1918).

pro Gefäß 200 cm³ Harn zugesetzt erhielt. Dieser Harn wurde einmal in Form der Kopfdüngung gereicht, indem verschiedene Harnarten langsam zugeführt wurden, während im anderen Fall die gleichen Harnlösungen in der Weise untergebracht wurden, „daß nach sorgfältiger Entnahme eines Bodenanteils aus jedem Gefäß und nach Zugabe des Harns diese Bodenmenge sofort auf den gedüngten Anteil des Bodens geschichtet wurde"[1]. Die Untersuchungen Blancks ergaben, daß frischer Harn nach 7 Tagen 39,63 %, nach 14 Tagen 55,80 % des ursprünglich vorhandenen Gesamtstickstoffs verloren hatte, wenn er als Kopfdünger auf den Sandboden gebracht wurde. War jedoch der frische Harn sofort nach dem Aufbringen mit einer Erdschicht bedeckt worden, so betrug der Verlust nur 30,55 %. Dieser Verlust wird noch weiter heruntergesetzt, wenn die Harnflüssigkeit tiefer untergebracht wurde, wie dies aus den Untersuchungen Blancks hervorgeht, der bei einer etwas höheren Bedeckungsschicht den Stickstoffverlust in 7 Tagen mit 25,29 % ermittelte. Es ist also diesen Untersuchungen zu entnehmen, daß die wesentlichsten Stickstoffverluste des Harns und der Jauche während der Zeit des Aufbringens und des Einsickerns, dahingegen weniger durch bakterielle Umsetzungen im Boden und durch nachfolgende Verdunstungen entstehen[2]. Hinzuweisen wäre zum Schluß dieser Betrachtungen noch darauf, daß in gewissen Distrikten der Ammoniakgehalt der Luft beeinflußt werden kann durch lokale Besonderheiten, wie z. B. vulkanische Tätigkeit[3], Großstädte, Industriezentren[4], wie auch darauf, daß das Ammoniak auf die Vegetation bei einem Gehalte von 50—100 mg in 1 m³ Luft[5] schädlich wirkt, „während für gewöhnlich in der Luft bis höchstens 0,056 mg Ammoniak in 1 m³ vorkommen"[6]. Fodor[7] fand in Budapest im Kubikmeter Luft 0,0251 bis 1,0488 mg Ammoniak und A. Lévy[8] in Moutsourris 1,9—24 mg in 100 m³ Luft.

Außer den bisher genannten Gasen kommen noch eine Anzahl anderer in meist geringen Mengen in der Luft vor. Von den Gasen anorganischer Natur sind gasförmige Schwefelabkömmlinge wie Schwefeldioxyd[9] und Schwefeltrioxyd in der Luft über Industriezentren und in der Nähe tätiger Vulkane festgestellt worden, wie auch G. Basile darauf hinweist, daß die in der Luft über Katania enthaltenen Mengen gasförmigen Chlorwasserstoffs den Gasausströmungen des Ätna zuzuschreiben sind[10]. In ganz seltenen Fällen sollen auch Fluorverbindungen in der Atmosphäre vorkommen[11], wie auch jodhaltige Gase in nur äußerst geringen Mengen in der Luft vorhanden sind[12]. Von den Gasen organischer Natur[13] ist

---

[1] Blanck, E.: a. a. O., S. 278.

[2] Blanck, E.: a. a. O., S. 286. — Vgl. P. Liechti u. E. Ritter: Landw. Jb. d. Schweiz 1910, 493.

[3] Vgl. die Literaturangaben bei P. Ehrenberg: a. a. O., S. 107—108.

[4] Lévy, A.: Nach Ref. Forschgn. Geb. Agrikult.-Phys. 6, 183 (1883). — König, J.: Die Untersuchung landwirtschaftlich wichtiger Stoffe, S. 852. Berlin: Paul Parey 1923.

[5] Bömer, M., E. Haselhoff u. J. König: Über die Schädlichkeit von Sodastaub und Ammoniakgas für die Vegetation. Landw. Jb. 21, 421 (1892).

[6] König, J.: a. a. O., S. 852.

[7] Fodor, J. von: Jb. Agrikult.-Chem. 1882, 68.

[8] Nach Zitat von E. Ramann, Bodenkunde, a. a. O., S. 260.

[9] Haehnel, O.: a. a. O., S. 618. — Köck, G., P. Reckendorfer u. F. Beran: Fortschr. Landw. 4, 170 (1929).

[10] Basile, G.: Ref. Forschgn. Geb. Agrikult.-Phys. 19, 295 (1896). — Ost, H.: Chem. Zbl. II. 733 (1900). — Crowther, Charles u. A. G. Ruston: J. agricult. Sci. Cambridge 1911, 25; nach Ref. Biedermanns Zbl. 41, 1 (1912).

[11] Ramann, E.: Bodenkunde, a. a. O., S. 376. — Vgl. auch E. Ramann u. Wislicenus; zitiert von J. König: a. a. O., S. 852.

[12] Gautier, A.: Nach Ref. Biedermanns Zbl. 28, 567 (1899). — Scharrer, K.: Chemie und Biochemie des Jods, S. 50. Stuttgart: Ferd. Enke 1928.

[13] Vgl. u. a. hierzu H. Karsten: Poggend. Ann. 115, 343 (1862). — A. Carnot u. H. Henriet: C. r. 105, 89—92, 101—103 (1902).

anzunehmen, daß sie z. T. einer baldigen Oxydation durch den Luftsauerstoff anheimfallen. Andererseits kann unter gewissen lokalen Einflüssen der Gehalt an Kohlenwasserstoffen[1], unter denen das Methan meistens an erster Stelle steht, verhältnismäßig hoch werden. Das Sumpfgas kann sich bei der Fäulnis organischer Stoffe unter Wasser[2] bilden, wie es auch besonders in der Luft über Städten festgestellt worden ist. Die Menge des Methans ist von äußeren Einflüssen abhängig, wie dies aus den Untersuchungen GAUTIERS[3] hervorgeht, denn er fand in 100 l

Luft über der Stadt Paris	22	cm³ Methan
Waldluft	11,3 cm³	,,
Hochgebirgsluft	2,19 cm³	,,
Seeluft	0,10 cm³	,,

GAUTIER[4] ermittelte zu einer anderen Zeit auch die Art und den Mengenanteil an brennbaren Gasen in der Luft über Paris; in 100 l trockener Luft von 0^0 und 760 mm sind enthalten:

Wasserstoff	19,5 cm³ [5]
Sumpfgas	12,1 cm³
Sehr kohlenstoffreiche Gase (Benzol und Analoge)	1,7 cm³
Kohlenoxyd (mit Spuren von ungesättigten Kohlenwasserstoffen)	0,2 cm³

H. HENRIET[6] fand geringe Mengen von Formaldehyd in der Luft, wie auch die Anwesenheit von geringen Mengen Kohlenoxyd in der Luft vielfach nachgewiesen werden konnte. So hat FLORENTIN in den Straßen von Paris 0,01 bis 0,44 l CO pro Kubikmeter Luft[7] nachweisen können, doch richtet sich der Gehalt nach der Witterung und ist abhängig von dem Wind, der Zirkulation[8] und der Entfernung von Großstädten, Fabriken usw.[9] Ebenso ist das Vorhandensein einiger den Pflanzen besonders schädlicher Wasserstoffverbindungen, wie PH_3 und AsH_3[10], an die Nähe von Hüttenbetrieben o. ä. gebunden, wo auch der Schwefelwasserstoff in verhältnismäßig größeren Mengen als sonst in der Luft gefunden werden kann[11].

Kurz zu erwähnen ist in diesem Zusammenhange auch noch das Vorkommen von Staubteilchen anorganischer[12], wie organischer Natur[13] in der Atmosphäre,

---

[1] Als eine der ältesten Arbeiten über die Bestimmung der gasförmigen Kohlenwasserstoffe in der Luft hat wohl die von VOGEL: Chem. Zbl. 1854, 875, zu gelten.

[2] Vgl. E. RAMANN: Bodenkunde, a. a. O., S. 376.

[3] Zitiert nach W. OMELIANSKY: Über Methangärung in der Natur bei biologischen Prozessen. Ref. Biedermanns Zbl. 36, 350 (1907).

[4] GAUTIER, A.: Nach Ref. Biedermanns Zbl. 28, 131 (1899).

[5] Diese Mengen für Wasserstoff erscheinen nach dem Ausfall späterer Untersuchungen als sehr hoch, denn G. CLAUDE: C. r. 148, 1454 (1909), fand in 1 Million Teile Luft weniger als 1 Teil Wasserstoff.

[6] HENRIET, H.: Bestimmung des atmosphärischen Formaldehyds. C. r. 138, 203, 1272 (1904).

[7] FLORENTIN, DANIEL: C. r. 185, 1538 (1927). — Vgl. ferner E. KOHN-ABREST: Chem. Zbl. II. 1361 (1928).

[8] CAMBIER, R., u. F. MARCY: C. r. 186, 918 (1928).

[9] Vgl. JACQUES BOYER: Chem. Zbl. I, 2498 (1928).

[10] KOHN-ABREST, E.: Chem. Zbl. II. 2385 (1928).

[11] STEFFECK, H.: Arb. Dtsch. Landw. Ges. 24, 27 (1896). — Vgl. hierzu J. KÖNIG: a. a. O., S. 855. — E. HASELHOFF u. G. LINDAU: Die Beschädigung der Vegetation durch Rauch. Berlin 1903.

[12] SVOBODA, H.: Z. Landw. Versuchswes. 4, 360 (1901). — CASALI, A.: Ref. Biedermanns Zbl. 31, 217 (1902). — E. BERTAINCHAUD: Ebenda 31, 281 (1902). — NEWLANDS, B. E. R.: Ebenda 31, 573 (1902). — PASSERINI, N.: Ebenda 37, 853 (1908).

[13] Vgl. E. G. CLAYTON: Ref. Biedermanns Zbl. 32, 712 (1903). — A. L. MEYER: Chem. Zbl. IV. 1029 (1921); ferner Ref. über die älteren Arbeiten: Forschgn. Geb. Agrikult.-Phys. 5 (1882).

die unter gewissen Umständen Veranlassung zur Kondensation des Wasserdampfes geben können, worauf schon E. Ramann[1] hingewiesen hat, und was durch neuere Untersuchungen bestätigt wird[2]. Macagno gibt bei Ermittelungen der Zusammensetzung der Luft an, daß die organischen Verunreinigungen der Luft in engstem Zusammenhang mit den Niederschlägen stehen, denn die Luft wird durch Regen förmlich gewaschen[3], wie auch andererseits die Menge der Teilchen in naher Beziehung zur menschlichen Tätigkeit steht[4]. Zum Schluß sei darauf hingewiesen, daß die Luft Radium-Emanation enthält, die dem Boden entstammt und mit zunehmender Höhe abnimmt[5].

Bodenluft.

Menge der Bodenluft. Nachdem wir uns kurz über die Art der die Luft zusammensetzenden Gase und die Anteilnahme der einzelnen Gase am Aufbau des Gasgemisches „Luft" unterrichtet haben, seien die Mengenverhältnisse der Gase ohne Rücksicht auf die einzelnen Bestandteile im Boden wiedergegeben. Es liegen eine Reihe von Untersuchungen über diesen Gegenstand vor, der besonders bedeutungsvoll für pflanzenphysiologische Vorgänge ist und im Mittelpunkt der an diesen Fragen interessierenden Forschungsdisziplinen steht. Rein theoretisch läßt sich das Hohlraumvolumen oder besser gesagt, das Verhältnis der in einem Boden vorhandenen Menge des Hohlraums zum Gesamtvolumen des Bodens errechnen[6]. Unter der Annahme, daß die Bodenbestandteile aus gleich großen Kugeln bestehen, beträgt das Hohlraumvolumen bei lockerster Lagerung 47,64 % des Gesamtvolumens, bei dichtester Lagerung 25,95 %[7]. Die angegebene Schwankung kann nun bei jedem Boden je nach der Lagerung der festen Bodenteilchen auftreten, doch weist Mitscherlich[8] darauf hin, daß theoretisch das Hohlraumvolumen[9] in dem Fall, daß die verschiedenen Kugeln des gleichen Versuches verschiedene Größen haben und die Hohlräume zwischen den einzelnen gröberen Teilen immer durch kleinere angefüllt sind, gleich Null sein würde. Auch setzt diese Berechnung als selbstverständlich voraus, daß das Material nicht porös ist. Im Boden aber haben wir es z. T. mit recht porösen Stoffen zu tun (Kalk, Lehm, Humus u. a. m.).

Die praktischen Bestimmungen und Versuche zeigen daher natürlich diese Idealwerte nicht, zumal auch nicht anzunehmen ist, daß die Böden aus Teilchen von Kugelgestalt und solcher gleicher Größe bestehen. Wenngleich es unmöglich erscheint, hier die zahlreichen, bisher veröffentlichten Ergebnisse der Hohlraumvolumbestimmungen anzuführen, so seien doch einige von ihnen angegeben, wie es auch notwendig erscheint, kurz auf die Arbeiten einzugehen, die uns Ver-

---

[1] Ramann, E.: Bodenkunde, a. a. O., S. 377, der die Arbeiten J. Aitkens angibt.

[2] Besson, Louis: C. r. **186**, 882 (1928).

[3] Macagno, H.: Luftanalysen. Chem. Zbl. **15**, 225 (1880).

[4] Vgl. W. Thomson: Chem. Zbl. IV. 1294 (1921). — J. S. Owens: Ebenda.

[5] Wigand, A.: Physik. Z. **25**, 684 (1924). — Wigand, A. u. F. Wenk: Ann. Physik. **86**, 657 (1928).

[6] Hierzu C. Lang: Über Wärmekapazität der Bodenkonstituenten. Forschgn. Geb. Agrikult.-Phys. **1**, 122 (1878). — C. Flügge: Beiträge zur Hygiene, S. 58—60. Leipzig 1879. — J. Soyka: Beobachtungen über die Porositätsverhältnisse des Bodens. Forschgn. Geb. Agrikult.-Phys. **8**, 1 ff. (1885). — E. A. Mitscherlich: a. a. O., S. 80.

[7] Soyka, J. a. a. O., S. 3.

[8] Mitscherlich, E. A.: a. a. O., S. 82. — Vgl. hierzu auch J. Soyka: a. a. O., S. 5.

[9] Früher wurde das Porenvolumen (Hohlraumvolumen) mit Porosität oder sogar mit „Durchlässigkeit des Bodens" bezeichnet (vgl. C. Flügge: Beiträge zur Hygiene, S. 57. Leipzig 1879). — Renk schlug vor, den Ausdruck Porosität fallen zu lassen und für die in Frage kommende Größe den Ausdruck „Porenvolumen" zu gebrauchen [vgl. F. Renk: Z. Biol. **15** (1879)].

gleichsmöglichkeiten geben, wie aber auch solche, die die Ermittelung der Veränderungen des Hohlraumvolumens, hervorgerufen durch äußere Einflüsse, zum Ziele haben.

Wie sehr z. B. die Art der Einfüllung der Böden in das Meßgefäß auf die Ergebnisse einwirkt, erhellt schon aus den Untersuchungen FLÜGGES[1]. Je nach der Art der Einfüllung und des Materials erhielt er folgende Schwankungen:

Material	Porenvolumen in %
Kies	38,4—40,1
Sand	35,6—40,8
Lehm	36,2—42,5
Kies und Sand zu gleichen Teilen . . .	23,1—28,9

Auch die Untersuchungen RENKS[2] zeigen, wie verschieden das Porenvolumen je nach der Art des Füllens ist. Zu seinen Untersuchungen wandte er verschiedene Korngrößen eines Geröllbodens aus der Nähe Münchens an.

	Bodenbeschaffenheit	Porenvolumen in %
Mittelkies kleiner als 7 mm	locker	41,7
,, ,, ,, 7 mm	fest	35,8
Feinkies ,, ,, 4 mm	locker	42,0
,, ,, ,, 4 mm	fest	36,9
Grobsand ,, ,, 2 mm	locker	43,5
,, ,, ,, 2 mm	fest	38,0
Mittelsand ,, ,, 1 mm	locker	49,7
,, ,, ,, 1 mm	fest	42,6

WOLLNYS eingehende Untersuchungen zeigen dasselbe Bild[3] bei verschiedener Lagerung der Bodenteilchen.

Bodenart	Beschaffenheit des Bodens	Trocken-Volumen		Kleinste Wasserkapazität in Volumen		
		des Bodens	der Luft	des Bodens	des Wassers	der Luft
a) Pulverförmige Böden.						
Pulverförmiger humoser Kalksand	locker	475,89	524,11	475,9	491,2	32,9
	mitteldicht	486,49	513,51	486,5	506,8	6,7
	sehr dicht	551,20	448,80	551,2	443,6	5,2
Quarzsand 0,010—0,071 mm	locker	550,74	449,26	550,7	360,9	88,4
	dicht	584,01	415,99	584,0	354,6	61,4
Quarzsand 0,114—0,171 mm	locker	564,53	435,47	564,5	53,6	381,9
	dicht	581,09	418,91	581,1	58,7	360,2
b) Krümelige Böden.						
Humoser Kalksand (steinfrei)	locker	370,57	629,43	370,6	277,4	352,0
	etwas dicht	416,25	583,75	416,3	309,4	274,3
	mitteldicht	448,13	551,87	448,1	351,1	200,8
	sehr dicht	520,62	479,38	520,6	432,0	47,4
Lehm	locker	402,78	597,22	402,8	265,7	331,5
	etwas dicht	424,22	575,78	424,2	278,2	297,6
	mitteldicht	456,22	543,78	456,2	288,4	255,4
	sehr dicht	594,97	405,03	595,0	323,3	81,7

---

[1] FLÜGGE, C.: a. a. O., S. 73. — Vgl. hierzu auch J. SOYKA: Beobachtungen über die Porositätsverhältnisse des Bodens. Forschgn. Geb. Agrikult.-Phys. 8, 7 (1885).

[2] RENK, F.: Über die Permeabilität des Bodens für Luft. Z. Biol. 15, H. 1 (1879); vgl. auch Ref. Forschgn. Geb. Agrikult.-Phys. 2, 345 (1879).

[3] WOLLNY, E.: Untersuchungen über das spezifische Gewicht, das Volumen und die Luftkapazität der Bodenarten. Forschgn. Geb. Agrikult.-Phys. 8, 369 (1885).

Diese recht beträchtlichen Schwankungen zeigen, daß die Ermittelung des Hohlraumvolumens schon rein methodisch auf Schwierigkeiten stößt, die schon frühzeitig dazu führten, Untersuchungen im gewachsenen Boden durchzuführen. Flügge[1], der die Proben mittels eines in den Boden getriebenen Zylinders nahm, trieb die Luft durch Kohlensäure aus, die Kohlensäure wurde über Kalilauge aufgefangen und die Luft in einem anderen Gefäße direkt gemessen[2]. Folgende Werte wurden erhalten:

	Porenvolumen in % des Bodenvolumens
Sandboden in 1,2 m Tiefe	43,1
Gartenerde in 1,5 m Tiefe	46,1
Sandboden in 1,5 m Tiefe	35,5
Sandiger Lehm in 0,5 m Tiefe . .	32,7

Diese an sich einleuchtende und praktische Methode kommt für genauere Untersuchungen wohl schwerlich in Frage, aber sie bietet uns doch Anhaltspunkte für die Verhältnisse im gewachsenen Boden.

Von Schwarz[3] ermittelte das Porenvolumen aus dem Volumengewicht und dem spez. Gewicht und erhielt folgende Werte:

	In 100 cm³ Boden sind enthalten	
	Poren	feste Teilchen
Moorboden	84,0 cm³	16,0 cm³
Sandboden	39,4 cm³	60,6 cm³
Löß-Lehm	45,1 cm³	54,9 cm³
Tonboden	52,7 cm³	47,3 cm³

Ganz besonders der Ton und Moorboden zeigen hohe Werte für das Hohlraumvolumen, was Soyka[4] wohl mit Recht darauf zurückführt, daß gewisse Bodenteilchen selbst porös sind und daher den oben gepflogenen theoretischen Erörterungen auch nicht entsprechen können. A. Densch[5] ermittelte zwar geringere Werte für die Bodenluft der Moorböden, doch erscheinen nach ihm diese Böden trotzdem im allgemeinen als günstig mit Luft ausgestattet.

Nicht unerwähnt bleiben dürfen die Untersuchungen Wollnys[6], der die verschiedensten Bodenarten auf ihr Hohlraumvolumen und gleichzeitig die verschiedensten Einflüsse, wie Lagerung, Größe der Bodenteilchen, Einzelkorn- und Krümelstruktur, Steingehalt und Bodenkonstituenten, auf die Höhe des Volumens des Bodens, des Wassers und der Luft feststellte.

Die Ergebnisse dieser Untersuchungen faßt Wollny[7] wie folgt zusammen[8]:
1. daß die Luftkapazität der Böden von verschiedener Körnung im trockenen

---

[1] Flügge, C.: a. a. O., S. 74 u. 75.

[2] Flügge, C.: a. a. O., S. 68—71. In der zitierten Arbeit werden sechs verschiedene Bestimmungsmethoden des Hohlraumvolumens angegeben.

[3] Schwarz, A. R. von: Vergleichende Untersuchungen über die physikalischen Eigenschaften verschiedener Bodenarten. Erster Ber. Arb. K. K. landw. chem. Versuchsstat. Wien aus den Jahren 1870—77, S. 51 f. Wien 1878; vgl. auch Ref. Forschgn. Geb. Agrikult.-Phys. 2, 165 (1879).

[4] Soyka, J.: a. a. O., S. 9.

[5] Densch, A.: Bodenluftuntersuchungen auf Hochmoor. Mitt. Ver. Förd. Moorkult. Dtsch. Reich. 33, 407 f. (1915).

[6] Wollny, E.: Forschgn. Geb. Agrikult.-Phys. 8, 369 (1885).

[7] Wollny, E.: a. a. O., S. 371.

[8] Es würde an dieser Stelle zu weit führen, die Untersuchungsergebnisse zahlenmäßig wiederzugeben.

Zustande um so größer ist, je feiner die Bodenpartikel sind; 2. daß der Boden im pulverförmigen Zustande weniger Luft enthält als im krümeligen; 3. daß die von den Böden im feuchten und nassen Zustande eingeschlossenen Luftmengen im großen und ganzen um so größer sind, je kleiner deren Wasserkapazität ist, und 4. daß daher die Luftkapazität der sub 1 bezeichneten Böden im feuchten und nassen Zustande mit dem Durchmesser der Bodenteilchen zunimmt; 5. daß durch engere Aneinanderlagerung der festen Bodenelemente das zwischen denselben befindliche Luftvolumen vermindert wird; 6. daß die Luftkapazität um so kleiner ist, je höher der Gehalt des Bodens an Steinen ist.

Der unter 6 genannte Befund WOLLNYS geht aus folgender Übersicht hervor[1]:

Bodenart	Beschaffenheit des Bodens	Volumen	
		des Bodens	der Luft
Trockener, humoser, pulverförmiger Kalksand	0,0 Steine	468,83	531,17
	62,5 g im Liter	482,15	517,85
	125,0 g ,, ,,	497,98	502,02
	250,0 g ,, ,,	528,37	471,63
	375,0 g ,, ,,	572,48	427,52

Bemerkt sei hierzu, daß der moderne Ausdruck Luftkapazität nicht mehr mit dem WOLLNYschen identisch ist, wie wir später sehen werden. WOLLNY gibt als Grund für den unter 1 verzeichneten, auf den ersten Blick überraschenden Befund an, daß sich dem Entweichen der Luft aus den lockeren Materialien um so größere Widerstände entgegensetzen, je feinkörniger die Bodenbestandteile sind. ,,Dies machte sich besonders bei den pulverförmigen Böden bemerklich, die, wie z. B. das Lehmpulver, der feinste Quarz, der Kaolin (Ton) usw., sich nur in ganz dünnen Schichten zusammenpressen ließen.'' Evtl. ist für den genannten Befund die Form der Bodenbestandteile oder auch die Luftadsorption mit verantwortlich zu machen.

ATTERBERG[2] schließt aus seinen Untersuchungen aber auf die Unabhängigkeit des Porenvolumens bei gewissen Sandsorten[3], während er für die übrigen Bodenarten die vorgenannten Ergebnisse hinsichtlich ihrer Beziehungen zwischen Korngröße und Porenvolumen bestätigt fand. SPRENGEL[4] berichtet über die Versuche SCHÜBLERS, die die Volumenverminderung durch Eintrocknen zum Ziel hatten.

Quarzsand verringerte sein Volumen beim Eintrocknen um . . . . 0 %
Lettenartiger Ton verringerte sein Volumen beim Eintrocknen um . . . 6,0 %
Lehmartiger Ton verringerte sein Volumen beim Eintrocknen um . . . 8,9 %
Reiner grauer Ton verringerte sein Volumen beim Eintrocknen um . . 18,3 %
Humussäure verringerte sein Volumen beim Eintrocknen um . . . . . . 20,0 %
Pulverf. kohlensaure Kalkerde verringerte sein Volumen beim Eintrocknen um 5,0 %
Ackererde (Lehmboden) verringerte sein Volumen beim Eintrocknen um 12,0 %

---

[1] Daß der Steingehalt die Produktionskraft des Bodens beeinflußt, geht aus folgenden Untersuchungen hervor. E. WOLLNY: Forschgn. Geb. Agrikult.-Phys. **20**, 389ff. (1897/98), vgl. hierzu die Umrechnung der WOLLNYschen Versuche durch E. A. MITSCHERLICH: Bodenkunde, 3. Aufl., S. 174/175. Berlin 1920. — TH. PFEIFFER u. W. SIMMERMACHER unter Mitwirkung von H. FRISKE: Über den Einfluß der Steine im Boden auf das Wachstum der Pflanzen. Landw. Versuchsstat. **93**, 49 (1919). — TH. PFEIFFER u. A. RIPPEL unter Mitwirkung von M. PFOTENHAUER: Ebenda **93**, 277 (1919). — E. BLANCK, H. KEESE u. F. KLANDER: J. f. Landw. 1930. S. 1.

[2] ATTERBERG, ALBERT: Bodenanalytische Studien. Kgl. Landbruks-Akad. Handl. och Tidskrift, S. 185ff. Stockholm 1903; nach Ref. Biedermanns Zbl. **33**, 289 (1904).

[3] Er schreibt ausdrücklich, daß das Ergebnis nur für Sand glazialen Ursprungs gilt.

[4] SPRENGEL, C.: Bodenkunde, S. 297. Leipzig 1837.

Mitscherlich[1] gibt folgende Werte an, wobei die Böden unter 1 durch 1,5 mm Rundloch abgesiebt und lufttrocken in ein Volumengefäß eingefüllt wurden, die Böden sub 2 sind die gleichen Bodenarten, doch wurden sie naß eingeschlämmt. Resultate bezogen auf Volumeneinheit.

	1	2
Moorboden	0,78	0,72
Humusreicher Sandboden	0,59	0,56
Humoser Sandboden	0,55	0,37
Sandboden	0,48	0,33
Lehmiger Sandboden	0,50	0,36
Sandiger Lehmboden	0,56	0,35
Strenger Tonboden	0,59	0,69

Daß das Hohlraumvolumen mit der Tiefe der Bodenschicht abnimmt, zeigte Ramann[2] an Hand von Untersuchungen im „gewachsenen" Boden. Ramann, der ebenfalls das Porenvolumen verschiedener Waldböden, fein- und mittelkörniger Sandböden, aus dem Volum- und spez. Gewicht ermittelte, erkannte die Abhängigkeit des Porenvolumens von der Krümel- bzw. Einzelkornstruktur und berichtet über die Lagerung wie folgt: „In den humosen Lagen findet sich durchschnittlich ein Porenvolumen von über 50 %, allmählich nimmt dies in den tieferen Schichten ab. Je nachdem sich die Krümelung tiefer oder weniger tief in die Bodenschichten erstreckt, erfolgt die Abnahme langsamer oder schneller. Aber selbst in den dichtesten Schichten ist die Lagerung noch immer eine sehr lose. Das geringste Porenvolumen beträgt immer noch 35 %. Die Durchlüftung des Sandbodens ist daher eine sehr hohe"[3]. Die folgende Übersicht vermittelt uns die von Ramann erhaltenen Werte.

	Profil					
	1	2	3	4	5	6
Oberfläche bis 11 cm Tiefe .	54,9	56,2	57,8	53,1	50,6	40,6
In 20—31 cm Tiefe	44,8	47,4	50,2	44,3	45,9	50,0
„ 40—51 cm „	45,3	42,1	43,0	44,7	40,4	37,9
„ 60—71 cm „	45,5	41,4	43,0	44,9	38,2	36,1
„ 80—91 cm „	43,2	41,4	41,8	43,5	37,3	35,1

Diese Ergebnisse sind auf die dichtere Lagerung der tieferen Schichten zurückzuführen. Daß auch bei Abnahme der Krümelgröße das Hohlraumvolumen evtl. kleiner wird, geht aus den Untersuchungen Wollnys hervor[4]. Die Resultate betragen auf 1000 Volumteile:

Trocken	Korndurchmesser	Volumen	
	mm	des Bodens	der Luft
Lehmpulver . .	0,25	470,10	529,90
Lehmkrümel .	0,05—1,00	407,09	592,91
„ .	1,00—2,00	402,75	597,25
„ .	2,00—4,00	393,98	606,02
„ .	4,00—6,75	394,66	605,34
„ .	6,75—9,00	382,23	617,77

---

[1] Mitscherlich, E. A.: a. a. O., S. 22/23. — Weitere Angaben bei M. Stahl-Schröder: Über Wasser- und Luftkapazität einiger Bodenarten. Inaug.-Dissert., Leipzig 1892.

[2] Ramann, E.: Untersuchungen über Waldboden. Forschgn. Geb. Agrikult.-Phys. 11, 299ff. (1888).

[3] Ramann, E.: Forschgn. Geb. Agrikult.-Phys. 11, 318 (1888).

[4] Wollny, E.: Das Volumengewicht der Bodenarten. Forschgn. Geb. Agrikult.-Phys. 8, 369 (1885).

Daß diese Resultate nicht zu verallgemeinern sind, ergibt sich aus den Untersuchungen STAHL-SCHRÖDERS[1] (Angabe in Vol.-%):

	Korn- bzw. Krümelgröße					
	3—5 mm	2—3 mm	1—2 mm	0,5—1 mm	0,25—05 mm	< 0,25 mm
Quarz	—	39,46	38,94	40,03	49,31	57,09
Diluvialsand.	42,49	41,29	39,50	38,31	35,87	51,96
Diluviallehm	59,47	58,70	56,87	53,71	50,32	51,43
Diluvialmergel.	56,51	55,74	53,73	51,41	47,95	44,94

Für Lehm und Mergel stimmen die Ergebnisse WOLLNYS durchaus überein, so daß STAHL-SCHRÖDER das abweichende Verhalten des Quarzes und Sandes auf die Unregelmäßigkeit der Form zurückführt.

DÉHÉRAIN[2] wies nach, daß der Boden durch die Bearbeitung eine Vergrößerung des Hohlraumvolumens erfuhr:

	Seit 1891 ohne Bearbeitung	Seit 1893 ohne Bearbeitung	Gut gelockert im Jahre 1895
Porenvolumen .	33,3 Vol.- %	36,8 Vo.- %	45,0 Vol.- %

Sich gegen die Verallgemeinerung der von DÉHÉRAIN aus diesen Befunden gezogenen Schlußfolgerungen wendend, weist WOLLNY[3] mit allem Nachdruck darauf hin, daß das Wesentliche der Bodenbearbeitung die günstige Regelung der Durchlüftungsverhältnisse sei — was hier schon vorweggenommen sein möge —, und daß andererseits das Porenvolumen durchaus keinen Maßstab für die Durchlüftung biete, wie es aus folgender Übersicht hervorgeht:

	Quarzsand						
	I	II	III	IV	V	VI	VII
Porenvolumen (in Vol.- %)	47,89	46,87	43,36	41,75	40,57	39,10	38,20
Durchlüftung[4] (Luftmenge in Liter)	0,04	0,71	1,54	2,80	7,17	14,26	60,20
Relatives Verhältnis	1	17,7	38,5	70,0	179,2	356,5	1505,0

Zwei Böden (I und II), die annähernd die gleiche Luftmenge einschließen, sind in bezug auf die Durchlüftung um das 17fache voneinander unterschieden. Bei Betrachtung der anderen Werte ergeben sich noch ungünstigere Verhältnisse. Daß aber die Lockerung — das Ziel der Bodenbearbeitung — tatsächlich auch eine Volumvermehrung des Bodens nach sich zieht, erhellt aus späteren Versuchen WOLLNYS[5], die ergaben, daß eine beträchtliche Volumzunahme durch den lockeren Zustand erreicht wird. Wenngleich diese Untersuchungen mit künstlichen Böden" durchgeführt wurden, so sind die Resultate doch aus dem Grunde bedeutungsvoll, da sie bei der getroffenen Versuchsanordnung zeigen, daß die Vermehrung des Hohlraums auf Zuführung von Luft zurückzuführen ist. Nicht nur der krümelige, sondern auch der pulverförmige Boden hat ein größeres Volumen als der dichte, feste, wie dies schon H. PUCHNER zeigte, dessen erhaltene Ergebnisse die folgende Tabelle wiedergeben[6]:

---

[1] STAHL-SCHRÖDER, M.: ÜberWasser- und Luftkapazität einiger Bodenarten. Forschgn. Geb. Agrikult.-Phys. **20**, 13 (1897/98).

[2] DÉHÉRAIN, P. P.: Über die Bodenbearbeitung, Ann. agronom., **22**, 449 (1896).

[3] WOLLNY, E.: Forschgn. Geb. Agrikult.-Phys. **19**, 427 (1896).

[4] Schichthöhe 50 cm, Wasserdruck 10 mm, Luftmenge: Liter pro Stunde.

[5] WOLLNY, E.: Untersuchungen über die Volumenänderungen der Bodenarten. Forschgn. Geb. Agrikult.-Phys. **20**, 13 (1897/98).

[6] PUCHNER, H.: Über Spannungszustände von Wasser und Luft im Boden. Forschgn. Geb. Agrikult.-Phys. **19**, 1 ff. (1896).

A. Volumenvermehrung des festen Bodens beim Pulvern.

Bodenart	Verschiedene Feinheit der Bodenteilchen		
	Bodenvolumen		Volumenzunahme in % des Ausgangsvolumens
	fest cm³	gepulvert cm³	
Quarzsand Nr. I	202,238	269,800	33,42
,, ,, II	207,481	257,300	24,00
,, ,, III	205,823	231,600	12,52
,, ,, IV	224,501	235,500	4,88
,, ,, V	—[1]	—	—
,, ,, VI	—	—	—
,, ,, VII	—	—	—
,, ,, I—VII	265,149	308,200	16,23

Verschiedene Bodenarten.

Bodenart	fest cm³	gepulvert cm³	Volumenzunahme in % des Ausgangsvolumens
Kaolin	94,901	343,200	216,64
2 Kaolin+ 1 Quarz . .	195,936	374,400	91,09
2 Quarz + 1 Kaolin . .	203,431	309,200	52,00
Quarz	209,850	262,100	24,89
2 Quarz + 1 Humus . .	184,234	250,300	30,44
2 Humus + 1 Quarz . .	169,431	230,100	35,82
Humus	145,696	212,200	45,60
2 Humus+ 1 Kaolin . .	119,430	251,800	110,80
2 Kaolin + 1 Humus . .	108,225	307,600	184,25

B. Volumenverminderung des Bodenpulvers durch Rütteln.

Bodenart	Verschiedene Feinheit der Bodenteilchen		
	Volumen pulverförmig		Volumenverminderung in % des Ausgangsvolumens
	locker cm³	eingerüttelt cm³	
Quarzsand Nr. I	269,800	183,100	32,14
,, ,, II	257,300	215,600	16,21
,, ,, III	231,600	197,300	14,80
,, ,, IV	235,500	220,500	6,45
,, ,, V	250,000	240,000	4,17
,, ,, VI	250,000	243,000	2,94
,, ,, VII	250,000	250,000	0,00
,, ,, I—VII	308,200	345,900	12,23

Verschiedene Bodenarten.

Bodenart	locker cm³	eingerüttelt cm³	Volumenverminderung in % des Ausgangsvolumens
Kaolin	343,200	171,600	50,00
2 Kaolin+ 1 Quarz . .	374,400	201,300	46,22
2 Quarz + 1 Kaolin . .	309,200	181,200	41,41
Quarz	262,100	161,400	38,43
2 Quarz + 1 Humus . .	250,300	150,200	39,99
2 Humus + 1 Quarz . .	230,100	133,500	42,00
Humus	212,200	121,300	42,85
2 Humus+ 1 Kaolin . .	251,200	133,700	46,90
2 Kaolin + 1 Humus . .	307,600	159,900	48,02

Puchner gelangt dementsprechend zu dem Schluß, ,,daß der Boden um so mehr Luft beim Pulvern aufnimmt[2], und daß dementsprechend um so mehr Luft

---

[1] Die Quarzsorten V, VI, VII ließen sich nicht zu festen Zylindern formen, sondern zerfielen infolge geringer Kohäreszenz beim Austrocknen durch das Eigengewicht von selbst wieder zu einzelnen Körnern.

[2] Puchner, H.: a. a. O., S. 13, schreibt über hiermit im Zusammenhang stehende Beobachtungen bei Naturböden, die infolge Lockerheit geradezu elastisch (hervorgerufen durch große Mengen sich gegenseitig abstoßender Gasmoleküle) sind und beim Druck aus-

beim Rütteln wieder entweicht, je feiner die Bodenteilchen sind. Unter den Bodengemengteilen steht in dieser Beziehung an der Spitze der Kaolin, dann folgt der Humus, während der Quarz an letzter Stelle steht"[1]. Gleichzeitig demonstrieren die Zahlen der letzten Tabelle die hervorragende Bedeutung der notwendigen Sorgfalt bei der Versuchsanstellung und ergänzen zugleich die schon geschilderten Schwierigkeiten bei der Durchführung solcher Untersuchungen.

Als Endresultat der schon vorerwähnten umfangreichen Untersuchungen WOLLNYS[2] ist u. a. festzustellen, daß die durch normale Bodenbearbeitung hervorgerufene Krümelstruktur eine Bodenvolumvermehrung von 15—40%, bezogen auf das Volumen im dichten Zustande, nach sich zieht, die, da die Verhältnisse sonst gleichgestellt wurden, auf eine Zunahme des Porenvolumens, d. i. in diesem Falle Luft, zurückzuführen ist. Die angegebene Volumzunahme ist um „so größer, je reicher der Boden an tonigen und humosen und je ärmer er an sandigen Bestandteilen ist. Bei den Sandböden nimmt das Volumen derselben unter den bezeichneten Umständen in dem Maße zu, als die Körnchen feiner sind, und umgekehrt".

In der gleichen Arbeit behandelt WOLLNY die Verhältnisse bezüglich Volumveränderungen durch Wasser[3], die Spalten- und Rißbildungen, die Wirkung und den Einfluß von Salzen auf das Volumen. Es würde zu weit führen, all diese Dinge hier abzuhandeln, nur soviel sei gesagt, daß naturgemäß das Wasser im Boden eine Verminderung des Luftgehalts hervorrufen wird, denn erstens nimmt das Wasser den Raum in den Poren ein, den die Luft sonst innehat, zum zweiten, weil größtenteils das Wasser infolge Setzung des Bodens bis zu einem gewissen Grade eine Volumverringerung nach sich zieht[4]. Ferner stellte WOLLNY[5] auch Untersuchungen über den Einfluß der Bedeckung auf die Volumänderung des Bodens mit dem Ergebnis an, „daß die Volumabnahme des Bodens unter einer Pflanzendecke geringer ist als im nackten Zustande desselben, und zwar in dem Maße, als die Pflanzen dichter stehen und als deren Entwicklung eine üppigere ist". Wieweit diese Ergebnisse auf den Luftgehalt übertragbar sind, kann nicht gesagt werden, da es an weiteren experimentellen Versuchen mangelt. Ähnlich ist es mit der Auswertung der für Streudecken erhaltenen Resultate[6] in bezug auf die nämlichen Verhältnisse.

Wie stark auch die Tätigkeit der Tiere (Insektenlarven, Würmer usw.) die Volumverhältnisse beeinflussen kann, geht aus den Zahlen WOLLNYS[7] hervor.

% Gehalt	Boden mit Würmern	Ohne Würmer
An Luft	31,2	8,9
„ Boden	40,2	42,9
„ Wasser	28,6	48,2

weichen. Sie bilden eine Gefahr beim Betreten, weil Mensch und Tier versinken können. Diese Gefahr bei solchen Böden verringert sich bei zunehmender Feuchtigkeit und ist am größten in Trockenperioden. — EHRENBERG, P.: Bodenkolloide, a. a. O., S. 252, spricht von einer Art „Luft- und Triebsand".

[1] PUCHNER, H.: a. a. O., S. 17.

[2] WOLLNY, E.: Untersuchungen über die Volumänderungen der Bodenarten. Forschgn. Geb. Agrikult.-Phys. 20, 50 (1897/98).

[3] Hierzu vgl. auch F. HABERLANDT: Fühlings Landw. Ztg. 1877, 481 ff·, u. E. WOLFF Anleitung zur chemischen Untersuchung landwirtschaftlich wichtiger Stoffe. Berlin 1875.

[4] Ist der Boden völlig dicht gelagert und mehr oder weniger ausgetrocknet, so wird durch die Wassergabe (Niederschläge) eine Volumvermehrung statthaben. — Vgl. E. WOLLNY: Forschgn. Geb. Agrikult.-Phys. 20, 25—30 (1897/98).

[5] WOLLNY, E.: Forschgn. Geb. Agrikult.-Phys. 20, 39 (1897/98).

[6] WOLLNY, E.: Forschgn. Geb. Agrikult.-Phys. 20, 40 (1897/98).

[7] WOLLNY, E.: Untersuchungen über die Beeinflussung der Fruchtbarkeit der Ackerkrume durch die Tätigkeit der Regenwürmer. Forschgn. Geb. Agrikult.-Phys. 13, 389 (1890).

Wollny folgert daraus, „daß infolge der durch die Tätigkeit der Regenwürmer bewirkten Krümelung des Bodens die Wasserkapazität vermindert, die Luftkapazität dagegen erhöht wird". Neuere experimentelle Untersuchungen[1] haben denn auch die Mutmaßung Wollnys bestätigt. Die klimatischen Faktoren machen sich auch auf den Luftgehalt des Bodens geltend, Temperatur, Luftdruckschwankungen, Niederschläge und Grundwasserstandsverhältnisse können mitbestimmend bei den Veränderungen sein[2]. Von den klimatischen Faktoren spielt auch der Frost eine besondere Rolle bei den Volumveränderungen des Bodens. Wie Wollny[3] feststellte, „nahm die bei jedesmaligem Gefrieren des Bodens beobachtete Volumvermehrung desselben mit der Zahl der Fröste bis zu einer Grenze zu, über welche hinaus bei wiederholtem Gefrieren des Erdreiches die Volumzunahme desselben eine stetige Verminderung erfuhr"[4]. Die nebenstehende Abbildung[5] zeigt die von Wollny benutzte Apparatur zur Bestimmung der durch Austrocknung, Anfeuchtung und Gefrieren hervorgerufenen Veränderungen. Durch das Gefrieren des Bodenwassers erfolgt naturgemäß eine Volumzunahme, andererseits wird aber durch Schaffung der Krümelstruktur auch eine größere Luftmenge im Boden sich ausbreiten, die dadurch, daß bei mehrmaligem Gefrieren und Auftauen Wasser verdunstet, noch vergrößert wird. Diesem Prozesse steht bei zu häufigem Wechsel zwischen Gefrieren und Tauen aber der der Zertrümmerung des Bodens zu Pulver entgegen. Da wir gesehen hatten, daß der Boden im gekrümelten Zustande mehr Luft als ein gepulverter unter sonst gleichen Verhältnissen ent-

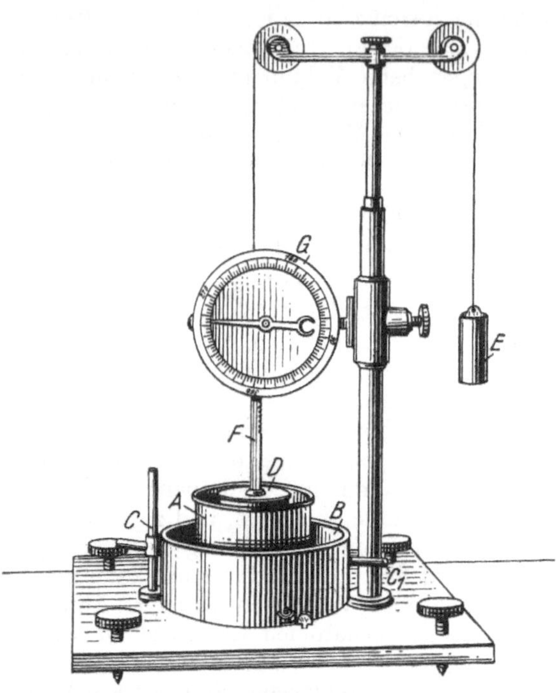

Abb. 85. Apparat zur Bestimmung der Volumänderung von Böden bei Austrocknung, Gefrieren und Anfeuchtung.

Nach E. Wollny: Forschgn. Geb. Agrikult.-Phys. 20, 14 (1897/98).

---

[1] Blanck, E., u. F. Giesecke: Über den Einfluß der Regenwürmer auf die physikalischen und biologischen Eigenschaften des Bodens. Z. Pflanzenern. u. Düng. B. 3, 198 (1924) und H. G. Kassnitz: Botan. Arch. 1, 315 (1922).

[2] Blanck, E.: Bodenlehre, T. III des Lehrbuches der Agrikulturchemie, S. 155. Berlin 1928.

[3] Wollny, E.: Forschgn. Geb. Agrikult.-Phys. 20, 16ff. (1897/98).

[4] Wollny, E.: Einfluß des Frostes auf die physikalischen Eigenschaften des Bodens. Forschgn. Geb. Agrikult.-Phys. 20, 446 (1897/98). — Ehrenberg, P.: Der Frost und die Beeinflussung des Erdbodens durch denselben. Landw. Versuchsstat. 107, 257f. (1928).

[5] H. Puchner, Bodenkunde, a. a. O., S. 388, beschreibt den Wollnyschen Apparat wie folgt: „Das Gefäß A von 5 cm Durchmesser und 2,5 cm Höhe ist mit einem durchlöcherten Boden versehen, dient zur Aufnahme der Versuchserde und steht in einem weiteren Gefäß B, welches bis zum Siebboden des ersteren auf gleichbleibender Höhe mittels der Zu- und Abflußvorrichtung C und C_1 mit destilliertem Wasser gefüllt werden kann. Auf der mit dem

hält, so ist die günstige Wirkung des Frostes in bezug auf den Lufthaushalt von der Häufigkeit seines Auftretens abhängig. P. EHRENBERG[1] weist darauf hin, daß eine stärkere Beeinflussung des Bodengefüges nur bei ausreichendem Wassergehalte des Bodens zu erwarten ist, wie er auch an die weitgehende Krümelung, die nach dem Vorhergesagten mit einer Erhöhung des Hohlraumvolumens einhergeht, erinnert[2]. HISSINK[3] weist bei der Besprechung der Eigenschaften von nicht eingedeichten Marschböden darauf hin, daß die mehr tonigen Außendeichböden durch ein sehr hohes Porenvolumen ausgezeichnet sind, während das Porenvolumen der sandigen Böden im Vergleich geringer ist. Er sieht die Ursache darin, daß die Tonsuspensionen durch die im Seewasser vorhandenen Salze ausgeflockt werden, wodurch der Boden schwammartige Struktur erhält. Damit erklärt sich auch, daß das Porenvolumen mit abnehmendem Ton- und zunehmendem Salzgehalt abnimmt. BIELER-CHATELAN will die wirkliche Zusammenstellung der gewachsenen Böden in volumetrischer Darstellung eingeführt wissen, wie dies die vorstehenden Abbildungen veranschaulichen[4].

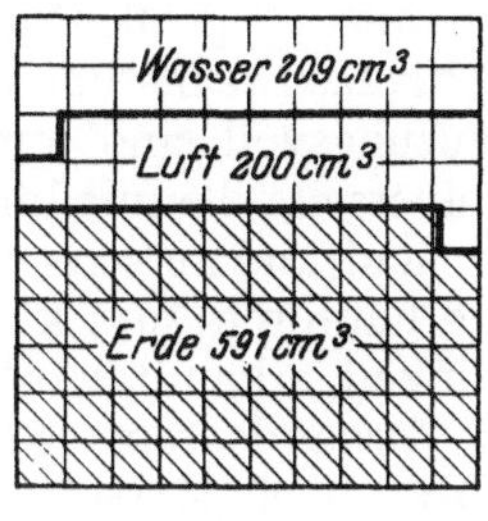

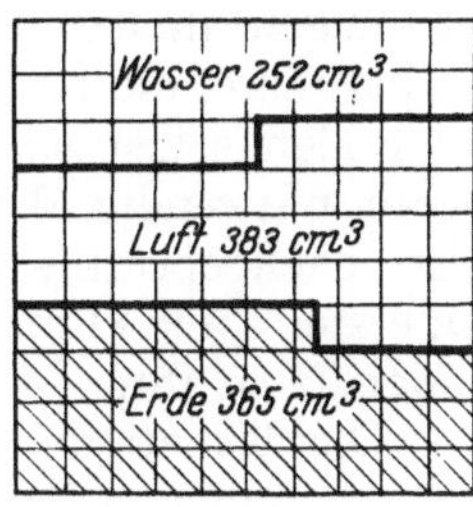

Abb. 86.   Abb. 87.

Maßstab: Jedes □ = 10 cm.

Aus Internat. Mitt. Bodenkde. 2, 349 (1912).

Die Ermittelung der Luftmenge geht, wie wir später noch sehen werden, auf verhältnismäßig leichte Weise auch in natürlichen Böden vor sich; die Aufgabe jedoch, in Moorböden das Porenvolumen zu bestimmen, ist dagegen schwerer. VAGELER konstruierte einen Apparat, mit dem es möglich war, den Luftgehalt im natürlichen Moorboden zu bestimmen und gibt uns die auf diese Weise erhaltenen Werte wieder[5]. Die Bestrebungen, das Porenvolumen in gewachsenen Böden zu bestimmen, sind uns schon von älteren Autoren bekannt[6], und sie gewinnen neuerdings wieder Bedeutung in der wissenschaftlichen Diskussion über die beste Bodenbearbeitungsmethode, eine Frage, die hier nicht des näheren erörtert

---

Rande des Gefäßes A abschneidenden Bodenoberfläche liegt eine mit angeschlossener Vertikalstange F versehene Platte D, welcher durch das Gegengewicht E das Gleichgewicht gehalten wird. Die an dem oberen Ende der Stange F angebrachte Verzahnung steht mit einem kleinen, sorgfältig gearbeiteten Zahnrad hinter der Scheibe G in Verbindung. Auf der Welle dieses Zahnrades sitzt gleichzeitig ein über der Scheibe G drehbarer Zeiger, der sich bei Volumenänderungen des im Gefäß A befindlichen Bodens über die an der Scheibenperipherie angebrachte Skala bewegt. Diese Skala ist in 360° geteilt, von welchen jeder einer senkrechten Verschiebung der Platte D um 0,039 mm entspricht. Es können also nur die Volumenänderungen in senkrechter Richtung genau gemessen werden. Jene in horizontaler Richtung sind mit Hilfe eines Millimetermaßstabes unter Lupenanwendung festzustellen."

[1] EHRENBERG, P.: Die Bodenkolloide, 2. Aufl., S. 163. 1918.

[2] EHRENBERG, P.: a. a. O., S. 376.

[3] HISSINK, J.: Die physikalischen und chemischen Veränderungen von Marschböden nach der Eindeichung. Nach einem holländischen Vortrage. Ref. Biedermanns Zbl. **53**, 306 (1924).

[4] BIÉLER-CHATELAN, TH.: Die Zusammensetzung der Ackerböden in volumetrischer Darstellung. Internat. Mitt. Bodenkde. 2, 343 (1912). Die Abbildung enthält die im Original mit 1 und 8 bezeichneten graphischen Darstellungen.

[5] VAGELER, P.: Über Bodentemperaturen im Hochmoor und über die Bodenluft in verschiedenen Moorformen. Mitt. Bayr. Moorkulturanst., H. 1, S. 21. Stuttgart 1907.

[6] Vgl. z. B. C. FLÜGGE: a. a. O., S. 68—71.

werden soll. Doch sind in letzter Zeit eine Reihe von Publikationen erschienen, die nicht nur die Wichtigkeit der Messung in natürlichen Böden betonen, sondern auch Methoden und Apparate zur Durchführung solcher Arbeiten beschreiben. So hat H. Burger[1] ein Verfahren für Waldböden ausgearbeitet, das von W. Nitzsch[2] für Ackerböden modifiziert ist, wie auch von H. Janert[3] eine neue Methode beschrieben worden ist. Wenngleich eine gewisse Polemik über die Brauchbarkeit der einzelnen Methoden Platz[4] gegriffen hat, die durch weitere Untersuchungen geklärt werden wird, so ist die Inangriffnahme derartiger Untersuchungen[5] im freien Felde nur zu begrüßen; gerade in Hinsicht auf die Bodenluftverhältnisse, die für das Pflanzenwachstum wie aber auch für die Geschehnisse im Boden selbst so bedeutungsvoll sind, erscheinen solche experimentelle Arbeiten notwendig, damit einerseits die mit künstlichen Böden erhaltenen Ergebnisse nachgeprüft werden, und andererseits die Beeinflussung durch natürliche (in erster Linie klimatische Faktoren) und künstliche (Bearbeitungsmaßnahmen) Eingriffe in ihrer Wirksamkeit erkannt wird.

Die Wichtigkeit des Vorhandenseins genügender Mengen Luft im Boden ist hinlänglich bekannt, aber nach Mitscherlich[6] ist die Bodenluft nicht als wesentlicher Vegetationsfaktor anzusehen; trotzdem der genannte Autor die Notwendigkeit ihrer Anwesenheit für den Atmungsprozeß natürlich nicht leugnet, so sieht er den Wert derselben darin gegeben, daß sie das Bodenwasser in einem für die Pflanzen gesunden Zustande erhält. Der Mangel an Luft wird sich im Boden in dem unerwünschten Auftreten des Fäulnisprozesses auswirken, wodurch nach Mitscherlich[7] freie Säuren auftreten, die schon in geringen Mengen giftig für die Pflanzen sind. Neueren Untersuchungen[8] nach ist das Auftreten toxisch wirkender Stoffe festgestellt, und zwar konnte die Giftwirkung nicht ausschließlich auf den Sauerstoffmangel und Kohlensäureüberschuß — diese Fragen werden später behandelt werden — und auch nicht auf die Azidität des Bodens bzw. Bodenwassers zurückgeführt werden. Durch amerikanische Untersuchungen[9] konnte eine Substanz isoliert und als Dihydrostearinsäure identifiziert werden, die sich als heftiges Pflanzengift erwies. In schlecht dränierten, schlecht durchlüfteten, zu stark gepackten Böden ist die Dihydrostearinsäure oft gefunden worden und muß neben anderen als ein Hauptfaktor für die Unfruchtbarkeit angesehen werden. In Wasserkulturen ist häufig das schlechte Gedeihen der Landpflanzen[10] festgestellt worden, wie auch bei physiologischen Ver-

<hr>

[1] Burger, H.: Mitt. Schweiz. Zentralanst. forstl. Versuchswes. 13, H. 1 (1922).

[2] Nitzsch, W.: Eine Methode zur physikalischen Untersuchung von Ackerböden in natürlicher Lagerung. Pflanzenbau 2, H. 16 (1926); Eine Schnellmethode zur Bestimmung des Wassergehaltes und zur Messung physikalischer Eigenschaften des natürlich gelagerten Bodens. Fortschr. Landw. 2, 283 (1927).

[3] Janert, H.: Neue Methoden zur Bestimmung der wichtigsten physikalischen Grundkonstanten des Bodens. Landw. Jb. 66, 425 (1927).

[4] Vgl. hierzu Holldack u. W. Nitzsch: Fortschr. Landw. 4, 356 (1929); 5, 13 (1930). — H. Janert: Fortschr. Landw. 4, 517 (1929). — G. Blohm: Fortschr. Landw. 4, 516 (1929).

[5] Vgl. hierzu auch W. Nitzsch: Eine vereinfachte Methode zur Untersuchung der Bodenstruktur an großen und sehr großen Bodenproben ohne Abhängigkeit vom Laboratorium. Fortschr. Landw. 5, 4 (1930).

[6] Mitscherlich, E.A.: Bodenkunde a. a. O., S. 167.

[7] Mitscherlich, E. A.: a. a. O., S. 168.

[8] Romell, L. G.: Die Bodenventilation als ökologischer Faktor. Medd. Stat. Skogsförsöksanst. Stockholm 1922, H. 19, Nr. 2, 343. Hier werden die einschlägigen Arbeiten zitiert.

[9] Nach Angabe von L.-G. Romell: a. a. O., S. 343: O. Schreiner u. E. C. Lathrop: Dihydroxystearic acid in good and poor soils. J. amer. chem. Soc. 33, 1412 (1911).

[10] Vgl. die Zusammenstellung und Literaturangaben bei L. G. Romell: a. a. O., S. 342.

suchen eine Ausscheidung von organischen Säuren dann eintrat, wenn die Wurzeln unter Wasser wuchsen und die normale Luftzufuhr unterbunden war[1]. Da diese Fragen auch z. T. auf das gegenseitige Verhältnis von Sauerstoff zu Kohlensäure Bezug haben, das engstens mit der Durchlüftung und dem Gasaustausch in Beziehung steht, so sei auf diese Kapitel verwiesen.

Luftkapazität. In dem vorhergehenden Kapitel hatten wir erkannt, daß Wasser- und Luftführung abhängig voneinander sind. Je nach Niederschlägen oder Verdunstung wechselt die Wasserführung in den Böden und dementsprechend auch die Luftführung. Unter der Annahme, daß die Wasserkapazität des Bodens von einer bestimmten Größe ist, muß auch die Luftkapazität von einer für jeden Boden gleichbleibenden Größe sein. J. Kopecky[2] definiert sie als die Größe, welche das Volumen jener Poren des Bodens angibt, welches nach Sättigung des Bodens mit Wasser bis auf die Höhe der absoluten Wasserkapazität noch immer mit Luft ausgefüllt bleibt, oder, anders ausgedrückt, sie ist die Differenz zwischen dem Gesamtinhalt der Bodenzwischenräume (Poren) und dem Wert der absoluten Wasserkapazität dem Volumen nach. Ist das Porenvolumen z. B. 49,65, die absolute Wasserkapazität 33,50 %, so ist die Luftkapazität 49,65—33,50 = 16,15 %[3]. Diese Luftkapazität ist durchaus nicht zu verwechseln mit der älterer Autoren, die darunter den Luftgehalt oder das Porenvolumen eines Bodens verstanden[4]. Ramann[5] stellte die Wasser- und Luftführung der oberen Schichten denen der unteren Schichten des Bodens gegenüber. Von den wechselnden diesbezüglichen Verhältnissen in der Oberschicht ausgehend, weist der genannte Autor darauf hin, daß in den tieferen Lagen des Bodens, besonders im Untergrund, dem mehr gleichbleibenden Gehalt an Wasser auch eine gleichbleibende Luftführung, die er als Luftkapazität nach Kopecky bezeichnet, entspricht. Man findet die Luftführung, wenn man vom Porenvolumen eines Bodens das Volumen des vorhandenen Wassers abzieht[6]. Das ergibt nach neuerer Auffassung[7] aber nicht die Luftkapazität, sondern den Luftgehalt eines Bodens. Sie stellt (bei Messungen im gewachsenen Boden) nach Kopecky eine mathematische, jedem Boden eigene Größe dar und gibt uns zugleich das Volumen der gröberen, nicht kapillar wirkenden Hohlräume an. Hieraus läßt sich für die praktische Durchführung der Bestimmung der Luftkapazität die Notwendigkeit der Arbeit in natürlich gelagerten Böden erkennen. Es setzt diese Auffassung über die Luftkapazität aber die Ansicht Kopeckys über den Begriff Wasserkapazität voraus, die aber nicht allgemein geteilt wird[8]. Wenn der Kopeckyschen Methode hier trotzdem mehr Raum gegeben wird, so geschieht dies, weil seine Ansichten als Grundlage vieler Arbeiten genommen sind. Der Begriff Luftkapazität ist völlig abhängig von dem über die Wasserkapazität. Wenn wir die Definition dieser Bodeneigenschaft ins Auge fassen, nach welcher die Wasserkapazität jene Wassermenge bedeutet, welche der Boden eine längere Zeit hindurch

---

[1] Czapek, Fr.: Biochemie der Pflanzen **2**, 2. Aufl., 526 (1920).

[2] Kopecky, J.: Internat. Mitt. Bodenkde. **4**, 164 (1914).

[3] Dieses Beispiel ist von J. König: Untersuchung usw., a. a. O., S. 26, gewählt.

[4] Vgl. hierzu E. Wollny: Forschgn. Geb. Agrikult.-Phys. **8**, 369 (1885).

[5] Ramann, E.: Bodenkunde, a. a. O., S. 385.

[6] Ebenda.

[7] Vgl. W. Nitzsch: Eine Schnellmethode zur Bestimmung des Wassergehaltes und zur Messung physikalischer Eigenschaften des natürlich gelagerten Bodens. Fortschr. Landw. **2**, 283 (1927). — Holldack u. W. Nitzsch: Die Beurteilung des Bearbeitungserfolges auf Ackerböden durch physikalische Bodenuntersuchungen. Fortschr. Landw. **4**, 356 (1929). — Wahrscheinlich ist es auch die Absicht Kopeckys gewesen, durch Schaffung des Begriffs Luftkapazität den Unterschied zu dem des Luftgehalts besonders herauszuschälen.

[8] Vgl. hierzu die Ausführungen F. Zunkers in diesem Bande, S. 131.

	Ackergründe							Wiesengründe (lehmig-tonige Böden)		
	fetter, undurchlässiger Ton	tonig-lehmiger Boden	tonig-diluvialer Lehmboden	fest-gelagerter, diluvialer Lehm	sehr feinsandiger Lehm (mittelmäßig festgelagert)	lockerer, diluvialer Lehm	lockerer, feinsandiger Lehm	süße Gräser	gutes Gras mit schwacher Moosunterlage	vorwiegend saure Gräser
Feine abschlämmbare Teile, Korngröße unter 0,01 mm . . . %	86,68	67,24	53,36	46,48	48,44	42,64	39,64	54,16	53,38	52,28
Staub, Korngröße zwischen 0,01 bis 0,05 m . . . %	11,04	25,76	43,08	43,04	17,76	48,12	37,08	28,48	28,02	30,56
Staubsand, Korngröße zwischen 0,05 bis 0,1 mm . . . %	1,56	2,44	2,88	7,08	14,68	6,40	4,76	7,64	12,00	5,76
Sand, Korngröße über 0,1 mm . . . %	0,88	4,56	0,68	3,40	19,12	2,84	18,52	9,72	6,60	11,40
Wasserkapazität dem Volumen nach %	47,60	41,10	33,90	34,90	39,30	37,10	34,60	40,20	46,00	46,80
Wasserkapazität dem Gewichte nach %	37,00	29,40	21,60	22,10	29,40	28,80	25,00	32,20	39,90	36,20
Spez. Gewicht scheinbares	1,34	1,34	1,54	1,52	1,29	1,26	1,34	1,26	1,18	1,25
Spez. Gewicht wirkliches	2,58	2,49	2,60	2,60	2,55	2,51	2,65	2,58	2,56	2,51
Porosität	48,00	46,10	40,70	41,10	49,30	49,30	49,50	51,00	53,90	50,20
Luftkapazität	0,40	5,00	6,80	6,50	10,00	12,40	14,70	10,80	7,90	3,40
Notwendigkeit einer Melioration bzw. einer Dränage	ja	ja	ja	ja	nein	nein	nein	nein	nein	ja
	1	2	3	4	5	6	7	8	9	10

in sich zurückzuhalten imstande ist, so ergibt sich nach Kopecky, daß eine Zahlengröße, welche eine bestimmte Eigenschaft einer und derselben Bodensubstanz in einer und derselben Lagerung ausdrückt, mathematisch nur durch eine einzige Größe ausgedrückt werden kann, und daß es mit Rücksicht auf die Definition selbst nicht zulässig ist, einen Unterschied zwischen einer vollen und einer absoluten oder einer minimalen Wasserkapazität zu machen. Eine und dieselbe Bodenart in der Natur kann bei Ausschließung aller äußeren Einflüsse durch eine längere Zeit nur ein bestimmtes Wasserquantum in sich zurückhalten, d. h. ihre Wasserkapaziät kann nur durch eine einzige mathematisch absolute Größe ausgedrückt werden[1]. Der genannte Autor weist darauf hin, daß die Entwicklung der Kulturpflanzen nicht direkt von dem mechanischen Bau des Bodens oder von der Größe seiner Wasserkapazität abhängig ist, sondern daß das Urteil über die Böden durch die Kenntnis der Größe der Luftkapazität klarer dargestellt wird. Die nebenstehende Tabelle gibt ein Bild von der Größenordnung der Luftkapazität in verschiedenen Böden und demonstriert zugleich die Bedeutung für die Meliorationsmaßnahmen.

W. Nitzsch[2] gibt den Strukturzustand des Bodens bis zu einer Tiefe von 180 cm wie folgt wieder (Abb. 88):

[1] Kopecky, J.: Die physikalischen Eigenschaften des Bodens. Internat. Mitt. Bodenkunde 4, 147 (1914).
[2] Nitzsch, W.: Fortschritte auf dem Gebiete der landw. Bodenbearbeitung. Dtsch. Landw. Presse. Sonderdruck aus Nr. 9, S. 4 (1926).

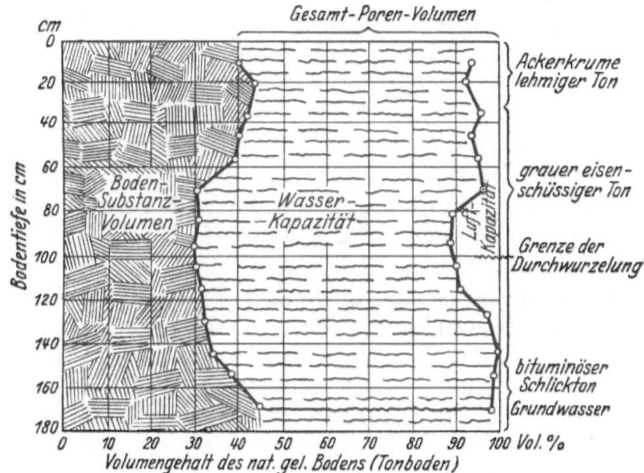

Abb. 88. Zusammensetzung des Bodens in verschiedener Tiefe (Tonboden).
Nach W. Nitzsch: Dtsch. Landw. Presse Nr. 9, S. 4 (1926).

Folgende Mengen an Luftkapazität hält Kopecky[1] für das normale Gedeihen der einzelnen Pflanzen für nötig (in Vol.-%):

> Bei süßen Gräsern . . . . 6—10
> bei Weizen . . . . 10—15
> bei Hafer . . . . 10—15
> bei Gerste . . . . 15—20
> bei Zuckerrüben . . . . . 15—20

„Alle Feldfrüchte gedeihen am besten in stark humosen Böden bei einer Luftkapazität von 15—20 %." Sinkt die Luftkapazität unter 6 %, so sind Meliorationsmaßnahmen unbedingt erforderlich. A. Stöckli[2] weist auf Grund seiner experimentellen Untersuchungen auf die günstige Beeinflussung der Luftkapazität durch Regenwürmer hin.

W. Nitzsch[3] bestimmt die Luftkapazität auch durch seine Schnellmethode, bei der neben dem Substanzvolumen das Poren- oder Hohlraumvolumen (Volumen sämtlicher Hohlräume zwischen den Bodenteilen), die Wasserkapazität in Volumenprozent (Volumen der kapillaren Hohlräume), den Wassergehalt und den Luftgehalt im Moment der Probenahme (durch Subtraktion des Wassergehaltes vom Porenvolumen). Diese Methode, die von ihm durch viele vergleichende Untersuchungen kontrolliert wurde, soll zu eindeutigen und klaren Ergebnissen führen; doch darf nicht unerwähnt bleiben, daß G. Blohm[4] die Genauigkeit des Verfahrens anzweifelte, woraus sich eine Polemik entspann, die hier nicht des näheren diskutiert zu werden braucht. Doch ist zu hoffen, daß die Vervollständigung der Methoden zur Erfassung der einzelnen

---

[1] Kopecky, J.: a. a. O., S. 173—175.

[2] Stöckli, A.: Studien über den Einfluß des Regenwurms auf die Beschaffenheit des Bodens. Landw. Jb. d. Schweiz **42**, 49 (1928).

[3] Nitzsch, W.: Eine Schnellmethode zur Bestimmung des Wassergehaltes und zur Messung physikalischer Eigenschaften des natürlich gelagerten Bodens. Fortschr. Landw. **2**, 283 (1927).

[4] Blohm, G.: Die Beurteilung des Bearbeitungserfolges auf Ackerböden durch physikalische Bodenuntersuchungen. Fortschr. Landw. **4**, 516 (1929).

physikalischen Größen des natürlich gelagerten Bodens die Handhabe gibt, einwandfrei die diesbezüglichen Fragen zu klären. Die Bedeutung der Größe: Luftkapazität für landwirtschaftliche Verhältnisse geht u. a. daraus hervor, daß sie zur Kartierung landwirtschaftlicher Bodenkarten herangezogen wird, so z. B. bei der Aufnahme der finnischen Bodenarten und Bodentypen durch B. Aarnio[1].

Da die Luft durch die verschiedensten chemischen und biochemischen Umsetzungsvorgänge[2] im Boden unter Umständen stark verändert werden kann, so daß Substanzen mit auf Pflanzen toxisch wirkenden Eigenschaften zu entstehen vermögen, wobei auch des Sauerstoffmangels und des Kohlensäureüberschusses gedacht werden muß, so wird der Luftgehalt und auch die Luftkapazität allein nicht die Frage nach dem Fruchtbarkeitszustand der Böden entscheiden können. Hierzu ist die Kenntnis der Zusammensetzung der Bodenluft sowie aber auch die der Verhältnisse, die sich auf die Erneuerung der Bodenluft (Durchlüftbarkeit) und auf den Gasaustausch beziehen, erforderlich.

Zusammensetzung der Bodenluft. Durch Untersuchungen[3] über die Druckverhältnisse der Bodenluft bei gleichzeitiger Kontrolle der Außenluft mit Hilfe von selbstregistrierenden Barometern wurde festgestellt, daß selbst in den schwersten Lehmböden bis auf 10 Fuß Tiefe hinab der Druck der Bodenluft derselbe war wie im freien Luftraum über dem Felde, und zugleich, daß die Bodenluft bis hinunter auf die undurchlässige Schicht oder das Grundwasser freie Verbindung mit der Außenluft hat. Ganz neuerdings haben W. Schmidt und P. Lehmann darüber berichtet[4], daß die „bewegliche" Bodenluft sich in überraschend kurzer Zeit mit dem Druck der Außenluft ins Gleichgewicht setzt, wobei sie unter „beweglicher Luft" nur den Anteil der Bodenluft verstehen, der in ungehinderter Verbindung mit der Bodenluft steht, und der nur einen Bruchteil des gesamten Luftgehaltes ausmacht. Diese Befunde sind nach zwei Richtungen besonders beachtenswert, insofern, als die Frage nach der Auswirkung des Druckes auf die Zusammensetzung des Gasgemisches Bodenluft im Vergleich zur Außenluft hiernach keine allzu große Bedeutung haben dürfte, wie andererseits die Luftdruckschwankungen als solche für die Erneuerung der Bodenluft[5] von gewissem Wert zu sein scheinen. Die an und für sich nach diesen Befunden recht einfach erscheinenden Zusammenhänge zwischen Boden- und Außenluft gestalten sich aber durch Auftreten anderer Vorgänge, wie der chemischen Eigenschaften der Gase, der Adsorption, der klimatischen Faktoren, Nitrifikation, Denitrifikation, Bodenatmung usw. doch wesentlich schwieriger, zumal auch eine große Anzahl von Untersuchungen vorliegt, die besagt,

---

[1] Aarnio, B.: Finnland, Etat de l'étude et de la cartographie des sols, S. 74—83. Bukarest 1924, zitiert von H. Stremme: Grundzüge der praktischen Bodenkunde, S. 252. Berlin: Gebr. Bornträger 1926.

[2] Neben vielen anderen Autoren vgl. J. Stoklasa: Der jetzige Stand des Problems der Bestimmung der Fruchtbarkeit auf Grund der modernen biologischen und biochemischen Forschung. Fortschr. Landw. 2, 53 (1927). Die Frage ist in dem Unterabschnitt: „Menge der Bodenluft" schon kurz gestreift worden.

[3] Bouyoucos, G., u. M. M. McCool: Beeinflussung der Bodendurchlüftung durch Änderung des äußeren Luftdruckes. Soil Sci. 18, 53 (1924); nach Ref. Z. Pflanzenern. u. Düng. A. 8, 116 (1926). — Schon durch die von G. Wolffhügel: Amtl. Ber. 50. Vers. Dtsch. Naturf. u. Ärzte 1877, angestellten Untersuchungen zeigte sich, daß die Dichtigkeitsänderungen der Bodenluft mit den durch die Barometerschwankungen in der atmosphärischen Luft erzeugten ziemlich parallel gingen.

[4] Schmidt, Wilhelm, u. Paul Lehmann: Versuche zur Bodenatmung. Sitzgsber. Akad. Wiss. Wien, Math.-naturwiss. Kl. IIa, 138, 841 (1929).

[5] Vgl. E. Blanck: Bodenlehre, III. Teil des Lehrbuches der Agrikulturchemie, S. 155. Berlin 1928. — E. A. Letts u. R. F. Blake: Sci. Proc. Dublin Soc. G. 2 (1900); ref. Biedermanns Zbl. 30, 292 (1901). Ferner sei auf die Ausführungen über Durchlüftung verwiesen.

daß der Einfluß der Barometerschwankungen von keinem großen Einfluß auf die Bodendurchlüftung ist[1]. Auch sind bei Betrachtung der oben genannten Ergebnisse über die Druckverhältnisse diejenigen HENSELES[2] mit heranzuziehen. Er leitet aus seinen Versuchen folgende Schlußfolgerungen ab: „1. Wenn Wind unter einem schiefen Winkel auf die Oberfläche eines Bodens einwirkt, so wird in allen Fällen ein Überdruck der Bodenluft erzeugt, welcher mit der Geschwindigkeit des Windes zunimmt und sich in dem Maße vergrößert, als der Einfallswinkel größer wird. 2. Der durch Wind erzeugte Überdruck der Bodenluft nimmt mit der Tiefe der Schicht ab. Dieser Überdruck ist je nach Korngröße und Wassergehalt des Bodens verschieden. Die Windgeschwindigkeit[3] wird wahrscheinlich durch die Vegetation wie aber auch wohl durch die Reibung an den Bodenteilchen stark vermindert werden, so daß diese Befunde den eindeutigen Feststellungen BOUYOUCOS und M. M. MC. COOLS entgegenstehen. Auch RUSSEL und APPLEYARD[4] haben keinen Zusammenhang zwischen den Windschwankungen und der Zusammensetzung der Bodenluft nachweisen können.

Von den einzelnen die Bodenluft zusammensetzenden Komponenten ist aus leicht erkennbaren Gründen in erster Linie die Kohlensäure in ihrer Anteilnahme und hinsichtlich ihrer Veränderlichkeit im Gehalt durch die verschiedensten auf sie einwirkenden Faktoren untersucht worden. Die Bodenluft ist durchweg kohlensäurereicher als die Außenluft, wofür wohl BOUSSINGAULT und LÉWY[5] im Jahre 1852 zuerst den Nachweis erbrachten. Abhängig ist der Kohlensäuregehalt naturgemäß von den verschiedenen Eigenschaften der Böden und der einzelnen Bodenbestandteile, wie er überhaupt örtlichen Schwankungen unterworfen ist.

Neben vielen anderen Forschern erkannte dieses EBERMAYER[6] bei seinen Versuchen. Während in der freien Atmosphäre nur ca. 0,3 cm³ Kohlensäure in 1 l Luft enthalten sind, erhielt der genannte Autor im Jahresmittel

Bei grobkörnigem Quarzsand in einer Tiefe von 15 cm				. . .	1,16 cm³
„ Lehmboden	„ „	„	„	15 cm . . .	1,54 cm³
„ feinkörnigem Quarzsand	„ „	„	„	15 cm . . .	3,02 cm³
„ Lehmboden	„ „	„	„	70 cm . . .	6,62 cm³

Die Bodenluft war somit in den oberen Bodenschichten 4—5mal, in 70 cm Tiefe 10—22mal reicher an Kohlensäure als die atmosphärische Luft[7]. TH. SCHLÖSING JUN.[8] berichtet von einem Ausnahmefall, doch ist bei dem genannten Fall die Luft an einem Abhang gemessen, wo immerhin andere Ver-

---

[1] Vgl. hierzu Kapitel Gasaustausch.

[2] HENSELE, J. A.: Untersuchungen über den Einfluß des Windes auf den Boden. Forschgn. Geb. Agrikult.-Phys. 16, 323ff. (1893).

[3] ROMELL, L.-G.: Meddel. fran Stat. Skogsförsöksanst. H. 19, Nr. 2, 305 (1922), stellt auf Grund der neueren aerodynamischen Forschungsergebnisse Berechnungen über den Durchlüftungseffekt im Boden auf. Da es sich um Schätzungswerte handelt (S. 306), so sei von der Wiedergabe der Resultate abgesehen, doch sei bemerkt, daß der Wind auf offenem Land in hügeligem Terrain nach ihm eine Durchlüftung bewirken kann.

[4] RUSSEL, E. J., u. A. APPLEYARD: The atmosphere of the soil. J. agricult. Sci. 7, 1 (1915).

[5] Vgl. E. WOLLNY: Landw. Versuchsstat. 25, 373 (1880). — P. DEHÉRAIN: Cours de chimie agricole, S. 331. Paris 1873.

[6] EBERMAYER, E.: Untersuchungen über die Bedeutung des Humus als Bodenbestandteil und über den Einfluß des Waldes, verschiedener Bodenarten und Bodendecken auf die Zusammensetzung der Bodenluft. Forschgn. Geb. Agrikult.-Phys. 13, 19—21 (1890).

[7] Vgl. hierzu E. HASELHOFF u. O. LIEHR: Der Gehalt der Bodenluft an Kohlensäure. Landw. Versuchsstat. 102, 66 (1924). — E. BLANCK: Bodenlehre, S. 156. Berlin 1928.

[8] SCHLÖSING, TH. (fils): Über die Bodenluft. C. r. 9, 618, 637, nach Ref. E. WOLLNY: Forschgn. Geb. Agrikult.-Phys. 13, 237 (1890).

hältnisse mitsprechen könnten (Insolation, Tiefe der anstehenden Bodenschicht usw.).

Der Kohlensäuregehalt ist in den verschiedenen Bodenarten durchaus verschieden. Ebermayer[1] gibt als dreijähriges Mittel in 1 l Grundluft folgende Mengen Kohlensäure, in Kubikzentimetern gemessen, an:

	Im grobkörnigen Quarzsand		Im feinkörnigen Quarzsand		Im Kalksand		Im Lehmboden		Im Moorboden	
	Tiefe (cm)									
	15	70	15	70	15	70	15	70	15	70
Im Sommer . .	2,00	6,50	2,18	5,58	2,35	10,97	2,55	10,63	28,72	72,52
Im Winter . . .	0,45	0,84	0,58	1,08	0,57	1,54	0,65	2,97	3,79	49,53

Fleischer, Kissling[2] und Densch[3] bringen u. a. weiteres Zahlenmaterial über den CO_2-Gehalt von Moorböden bei. Aus den Ergebnissen ist die Verschiedenheit des Gehalts der Luft der verschiedenen Bodenarten deutlich zu ersehen. Dieser Befund kann z. T. darauf zurückgeführt werden, daß die Böden verschieden in ihrem Gehalt an organischer Substanz[4] sind, es können aber Struktur- und Gefügeverhältnisse, Korngröße und Bearbeitung dafür verantwortlich gemacht werden. Schon E. Wollny hat sich mit diesen Fragen recht eingehend befaßt. Er erkannte, daß der Kohlensäuregehalt der Bodenluft mit der Feinheit der Bodenpartikel zunimmt[5]; ferner, daß der Boden im krümeligen Zustande bedeutend ärmer an freier Kohlensäure ist als im pulverförmigen[6], und daß im dichten Zustande des Bodens eine größere Menge dieses Gases in der Bodenluft enthalten ist als im lockeren[7]. Bei gleichen Mengen organischer Stoffe ist der Kohlensäuregehalt der Bodenluft um so größer, je feinkörniger der Boden ist[8], und es treten um so größere Quantitäten an Bodenkohlensäure in die Atmosphäre, je grobkörniger der Boden ist.

J. Möller[9] ermittelte dagegen, daß die Luft in rein mineralischen Böden — relativ bewertet — nicht viel reicher ist an Kohlensäure als die Atmosphäre, ferner, daß die Bodenarten mit organischen Beimengungen eine stetige Quelle zur Bildung der Kohlensäure enthalten, die sich notgedrungen auch auf den Gesamtgehalt der Luft an diesem Gase auswirken muß. Die Felduntersuchungen Möllers ergaben als Mittel aus zahlreichen Bestimmungen[10], ausgedrückt in Volumenprozenten, bei

[1] Ebermayer, E.: Untersuchungen über die Bedeutung des Humus als Bodenbestandteil und über den Einfluß des Waldes, verschiedener Bodenarten und Bodendecken auf die Zusammensetzung der Bodenluft. Forschgn. Geb. Agrikult.-Phys. **13**, 23 (1890).

[2] Kissling, R., u. M. Fleischer: Landw. Jb. **20**, 876 (1891).

[3] Densch, A.: Bodenluftuntersuchungen auf Hochmoor. Mitt. Ver. Förd. Moorkult. Dtsch. Reiche **33**, 407f. (1915).

[4] Vgl. W. M. R. Nicols: Observations in the composition of the groundatmosphere in the neighbourhood of decaying organic matter. Boston 1876; zitiert von E. Wollny: Forschgn. Geb. Agrikult.-Phys. **5**, 302 (1882).

[5] Wollny, E.: Untersuchungen über den Einfluß der physikalischen Eigenschaften des Bodens auf dessen Gehalt an freier Kohlensäure. Forschgn. Geb. Agrikult.-Phys. **4**, 19 (18881); **9**, 178—180 (1886).

[6] Wollny, E.: a. a. O., **4**, 22 (1881).   [7] Wollny, E.: a. a. O., **4**, 24 (1881).

[8] Wollny, E.: a. a. O., **9**, 179 (1886).

[9] Möller, J.: Über die freie Kohlensäure im Boden. Forschgn. Geb. Agrikult.-Phys. **2**, 329—338 (1879); sowie Mitt. forstl. Versuchswes. Österr. **2**, 121—148 (1878), nach Ref. Wollny: Forschgn. Geb. Agrikult.-Phys. **1**, 162 (1878).

[10] Möller, J.: a. a. O., Forschgn. Geb. Agrikult.-Phys. **2**, 338 (1879). — Weitere Untersuchungen über den Kohlensäuregehalt der Bodenluft brachten bei: G. Wolffhügel: Z. Biol. **15**, 98 (1879). — P. Smolenski: Z. Biol. **13**, 383 (1877). — Ripley Nicols: Report of Severage Commission, Boston 1876. — M. v. Pettenkofer: Z. Biol. **7**, **9**, **12**.

Tiefe	Wiesenboden	Kalkboden	Tonboden	Sandboden
1 m	0,4	2,1	1,9	0,5
2 m	0,5	1,9	0,9	0,4

Der Kohlensäuregehalt ist nach KISSLING und FLEISCHER[1] im Niederungsmoor bedeutend höher als im Hochmoorboden, was auf die schnellere bzw. energischere Zersetzung der organischen Bestandteile im ersteren zurückgeführt wird.

Auch die örtliche Lage des Bodens spielt eine Rolle, ja selbst Böden an nahe aneinandergelegenen Plätzen weisen stark verschiedenen Kohlensäuregehalt in der Bodenluft auf[2]. Auch die Jahreszeiten[3] sowie die verschiedenen Jahre[4] weisen starke Unterschiede auf, ebenso wie auch ständig tägliche Schwankungen auftreten[5].

Wie FODOR[6] und BENTZEN[7] feststellten, ist der Kohlensäuregehalt der tieferen Bodenschichten recht schwankend, auch hier waren bei Messungen in kurzen Zeitabständen und unter scheinbar vollständig gleichartigen Verhältnissen selbst bei nahe aneinandergelegenen Stellen größere Unterschiede vorhanden. Es ergab sich nach BENTZEN keinerlei Gesetzmäßigkeit in der Zu- und Abnahme weder in vertikaler noch in horizontaler Richtung, und alles scheint nach ihm vom Zufall abhängig zu sein. Auch EBERMAYER[8] kommt auf Grund seiner Untersuchungen des Kohlensäuregehalts der Waldluft zu dem bemerkenswerten Resultat, daß der Kohlensäuregehalt an zwei nahe beieinander liegenden Probennahmestellen sehr verschieden sein kann. Er führt dies auf die langsame Bewegung der Kohlensäure im Boden zurück.

Allgemein ist aber als feststehend, wie schon erwähnt, erkannt, daß die tieferen Bodenschichten an Kohlensäure reicher sind als die höher gelegenen[9]; dieser Befund kann neben anderen Gründen auch in Zusammenhang gebracht werden mit der durch Ventilation erzeugten CO_2-Verringerung[10] der oberen Bodenschichten. Das Eindringen der Kohlensäure in tiefere Bodenschichten ist um so mehr erschwert, je feinkörniger die Bodenbestandteile sind[11].

---

[1] KISSLING, R., u. M. FLEISCHER: Landw. Jb. 20, 876 (1891).

[2] Vgl. M. v. PETTENKOFER: Z. Biol. 9, 256 (1873). — J. v. FODOR: Vjschr. öff. Gesundheitspfl. 7, 236 (1875). — E. BLANCK: Bodenlehre, S. 156. Berlin 1928.

[3] WOLLNY, E.: Forschgn. Geb. Agrikult.-Phys. 5, 299—316. — FODOR, J. v.: Über die zeitlichen Schwankungen des Gehaltes der Bodenluft, 1882, nach Ref. E. WOLLNY: Forschg. Geb. Agrikult.-Phys. 5, 498 (1882). — L. G. ROMELL: a. a. O., S. 133, bringt eine Übersicht der jährlichen Schwankungen auf Grund älterer Untersuchungen bei.

[4] PETTENKOFER, M. VON: Z. Biol. 7, 395 (1871); 9, 250 (1873). — FODOR, J. v.: a. a. O., S. 237.

[5] VOGT, A.: Trinkwasser und Bodengase. Basel 1874. — FODOR, J. v.: Vjschr. öff. Gesundheitspfl. 7, 221 (1875); Forschgn. Geb. Agrikult.-Phys. 5, 499 (1882).

[6] FODOR, J. VON: Vjschr. öff. Gesundheitspfl. 7, 220 (1875).

[7] BENTZEN, G. E.: Die Kohlensäure in der Grundluft. Z. Biol. 18, 446—487 (1882). — Vgl. auch Ref. E. WOLLNY: Forschgn. Geb. Agrikult.-Phys. 6, 76 (1883).

[8] EBERMAYER, E.: Mitteilungen über den Kohlensäuregehalt der Waldluft und des Waldbodens im Vergleich zu einer nicht bewaldeten Fläche. Forschgn. Geb. Agrikult.-Phys. 1, 160 (1878). — Siehe auch E. EBERMAYER: Landw. Versuchsstat. 23, 66 (1879).

[9] PETTENKOFER, MAX VON: Über den Kohlensäuregehalt in Geröllboden von München in verschiedenen Tiefen und zu verschiedenen Zeiten. Z. Biol. 7, 395ff. (1871). — WOLLNY, E.: Forschgn. Geb. Agrikult.-Phys. 9, 180 (1886). — KISSLING, R. u. M. FLEISCHER: Landw. Jb. 20, 876ff. (1891). — SCHLÖSING, TH. (Sohn): Über die Zusammensetzung der Bodenluft. Ref. Biedermanns Zbl. 19, 229 (1890). — BLANCK, E.: Bodenlehre, S. 156. Berlin 1928.

[10] Vgl. hierzu den Abschnitt Durchlüftung des Bodens.

[11] WOLLNY, E.: Forschgn. Geb. Agrikult.-Phys. 9, 184 (1886).

Wie Salger[1] feststellte, ist der Ventilationseffekt in den tieferen Schichten verschwindend klein, wohingegen in den oberen Bodenschichten nach der Ventilation der Kohlensäuregehalt der Bodenluft stark vermindert ist, wie solches aus folgenden Zahlen hervorgeht. 1000 Teile Luft (bei 0°C und 760 mm) enthielten Teile CO_2 (Mittel mehrerer Beobachtungen):

		$1\,^1/_2$ m tief	Differenz	3 m tief	Differenz
Versuch 1	ohne Ventilation mit ,,	7,33 4,83	2,50	9,27 9,19	0,08
,, 2	ohne ,, mit ,,	8,64 4,34	4,30	14,86 15,34	0,48
,, 3	ohne ,, mit ,,	5,70 3,90	1,80	—	—
,, 4	ohne ,, mit ,,	6,47 4,04	2,43	10,27 9,84	0,43

Daß aber nicht nur eine planmäßige Ventilation des Bodens, sondern auch der über der Bodenfläche hinstreichende Wind Veränderungen des Kohlensäuregehalts der Bodenluft hervorzurufen vermag, geht aus einer Reihe von Arbeiten hervor[2]. Wollny[3] arbeitete mit Kästen von 30 cm Höhe und 400 cm² Fläche, in die er verschiedene Bodenarten füllte und deren Kohlensäuremenge er vor und nach dem „Überlüftungsversuch" bei Proben aus 15 cm Tiefe ermittelte. Aus dem Ausfall dieser Untersuchungen schloß Wollny, daß der Wind bei horizontaler Richtung die Menge der freien Kohlensäure herabsetzt[4]. Aus Untersuchungen von Fodor[5] geht hervor, daß der windige Tag in 44 Fällen eine Zunahme, in 67 Fällen eine Abnahme des Kohlensäuregehalts der Bodenluft hervorrief. Romell hält den zahlenmäßigen Zusammenhang der Fodorschen Ergebnisse für fraglich, da nach den von J. Oestlind durchgeführten Berechnungen die Differenzen nicht sichergestellt sind[6]. Hensele[7], der sich eingehender mit dem Einfluß des Windes auf den CO_2-Gehalt der Bodenluft beschäftigte, kam zu dem Resultat: „1. daß der Wind auf eine Verminderung des Kohlensäuregehalts hinwirkt", und 2., „daß diese Abnahme in der Menge der im Boden vorkommenden freien Kohlensäure mit der Zunahme der Windgeschwindigkeit und des Einfallwinkels des Windes wächst". Naturgemäß wirkt sich dieser Einfluß des Windes bei verschiedenen Bodenarten auch verschieden aus, so ist er bei grobkörnigen Böden auch bedeutend größer als bei feinkörnigen und schwer durchlüftbaren.

Auch andere klimatische Einflüsse verändern den Kohlensäuregehalt der Bodenluft, nach Fodor kommt den Luftdruckschwankungen allerdings nur

---

[1] Salger, C.: Bodenuntersuchungen mit besonderer Berücksichtigung des Einflusses der Ventilation auf die Kohlensäuremenge im Boden. Inaug.-Dissert., Erlangen 1880, nach Ref. Wollny: Forschgn. Geb. Agrikult.-Phys. 5, 429ff. (1882).

[2] Wolffhügel, G.: Amtl. Ber. 50. Vers. Dtsch. Naturf. u. Ärzte, S. 355—357. München 1877; vgl. ferner die folgenden Anmerkungen.

[3] Wollny, E.: Beiträge zur Frage des Einflusses des Klimas und der Witterung auf den Kohlensäuregehalt der Bodenluft. Forschgn. Geb. Agrikult.-Phys. 5, 310, 311 (1882).

[4] Vgl. hierzu auch E. A. Letts u. R. F. Blake: Sci. Proc. Dublin Soc. 9, part. 2 (1900); Ref. Biedermanns Zbl. 30, 292 (1901).

[5] Fodor, J. von: Hygienische Untersuchungen über Luft, Boden und Wasser, Abt. 2, 1882, zitiert nach J. A. Hensele: Forschgn. Geb. Agrikult.-Phys. 16, 336 (1893) und E. Wollny: Forschgn. Geb. Agrikult.-Phys. 5, 498ff. (1882).

[6] Romell, Lars-Gunnar: a. a. O., S. 310 u. 311.

[7] Hensele, J. A.: Untersuchungen über den Einfluß des Windes auf den Boden. Forschgn. Geb. Agrikult.-Phys. 16, 339 (1893).

geringe Bedeutung zu[1], wohingegen SCHMIDT und LEHMANN[2] den raschen Schwankungen des Luftdruckes eine ausschlaggebende Rolle zusprechen. Überhaupt gehen die Anschauungen über die Ursachen der Kohlensäureschwankungen der Bodenluft bei den einzelnen Autoren ziemlich weit auseinander. Einerseits werden Temperaturveränderungen und Niederschlagseinwirkung, überhaupt klimatische Einflüsse, andererseits aber Ventilations- und Diffusionsvorgänge zur Erklärung der Schwankungen herangezogen werden müssen, so daß die Wirkungen der einzelnen Faktoren vorsichtig gedeutet werden, da sie sich gegenseitig stark beeinflussen, was bezüglich der klimatischen Faktoren auch schon von FÉHER deutlich zum Ausdruck gebracht wurde[3]. In einer grundlegenden Arbeit über die diesbezüglichen Verhältnisse ermittelte E. WOLLNY[4], „daß die Kohlensäuremengen in der Bodenluft mit der Bodentemperatur steigen und fallen, und daß demgemäß zur Zeit des Maximums der Bodentemperatur die vom Boden eingeschlossene Luft am reichsten, zur Zeit des Minimums am ärmsten an Kohlensäure ist". Dies erweist sich auch aus folgenden Ergebnissen EBERMAYERS[5]. 1000 Teile enthalten Teile CO_2 (zweijähriges Mittel):

	Tiefe 1 m	Tiefe 0,5 m	Humusdecke 0,5 m
a) Im Waldboden von Mai bis inklusive September . .	4,93	5,07	2,45
Im Waldboden von Oktober bis inklusive März . . .	3,41	3,09	1,30
b) Im Ackerboden von Mai bis inklusive September . .	24,32	27,93	—
Im Ackerboden von Oktober bis inklusive März . . .	14,02	9,54	—

Auch die WOLLNYschen[6] Untersuchungen zeigen ähnliche Resultate:

Versuch	Boden	Wassergehalt %	Mittel aus Bestimmung	CO_2-Gehalt bezogen auf 1000 cm³ bei Bodentemperaturen von				
				10°	20°	30°	40°	50°
1	Komposterde .	44,00	3	2,80	15,46	36,24	42,61	76,32
2	,,	13,09	3	5,42	11,56	20,73	32,04	42,42
3	,,	6,79	2	2,03	3,22	6,88	14,69	25,17
4	,,	26,79	2	18,38	54,25	63,50	80,06	81,52
5	,,	46,79	2	35,07	61,49	82,12	91,86	97,48
6	,,	43,13	3	0,98	1,36	2,43	3,58	8,94
7	Kalksand mit Torfpulver .	16,93	3	1,21	2,09	3,14	4,01	5,69

Andererseits kommt es auch nicht selten vor, daß eine Steigerung der Bodentemperatur eine Abnahme des Kohlensäuregehalts der Bodenluft nach sich zieht[7]; auch HASELHOFF[8] konnte keine regelmäßig wiederkehrenden Beziehungen zwi-

[1] FODOR, J. VON: Ref. Forschgn. Geb. Agrikult.-Phys. 5, 500 (1882).
[2] SCHMIDT, W., u. P. LEHMANN: a. a. O., S. 849.
[3] FÉHER, D.: Untersuchungen über die Kohlensäureernährung des Waldes. Biochem. Z. 180, 201 (1927).
[4] WOLLNY, E.: Beiträge zur Frage des Einflusses des Klimas und der Witterung auf den Kohlensäuregehalt der Bodenluft. Forschgn. Geb. Agrikult.-Phys. 5, 300 (1882).
[5] EBERMAYER, E.: Untersuchungen über die Bedeutung des Humus als Bodenbestandteil und über den Einfluß des Waldes, verschiedener Bodenarten und Bodendecken auf die Zusammensetzung der Bodenluft. Forschgn. Geb. Agrikult.-Phys. 13, 24 (1890). — Vgl. auch hierzu: J. MÖLLER: a. a. O. — Vgl. auch E. EBERMAYER: Mitteilungen über den Kohlensäuregehalt eines bewaldeten und nicht bewaldeten Bodens. Landw. Versuchsstat. 23, 64 (1879).
[6] WOLLNY, E.: Untersuchungen über den Einfluß der physikalischen Eigenschaften des Bodens auf dessen Gehalt an freier Kohlensäure. Forschgn. Geb. Agrikult.-Phys. 4, 5—8 (1881). — Vgl. auch die Arbeiten PETTENKOFERS, FODORS, FLECKS.
[7] KISSLING, R., u. M. FLEISCHER: Landw. Jb. 20, 876 ff. (1891).
[8] HASELHOFF, E., u. O. LIEHR: Der Gehalt der Bodenluft an Kohlensäure. Landw. Versuchsstat. 102, 66, 72 (1924).

schen dem Kohlensäuregehalt der tieferen Bodenschichten und der Lufttemperatur feststellen.

Für europäische Verhältnisse ist von Wollny und Pettenkofer[1] in München, von H. Fleck[2] in Dresden, von J. v. Fodor in Budapest[3] eindeutige Parallelität zwischen Bodenkohlensäure- und Temperaturkurve[4] festgestellt worden, wohingegen in Indien (Kalkutta)[5] eine solche zwischen Kohlensäuregehalt und Regenmenge beobachtet wurde, dergestalt, daß zur Zeit der größten Regenmenge eine Kohlensäurevermehrung eintrat. Nach E. Wollny[6] macht sich allerdings auch in diesen letztgenannten Versuchen die Wirkung der Temperatur bemerkbar.

Die Ursachen der Kohlensäureschwankungen der Bodenluft sind recht verschiedener Natur, so werden Lufttemperatur, Wind, Niederschläge und andere klimatische Faktoren auf die sich im Boden abspielenden Vorgänge einen ändernden Einfluß ausüben. Es werden sich auch die Einflüsse des Klimas in verschiedenster Weise geltend machen, je nachdem, ob z. B. die Niederschläge plötzlich und stark oder über große Zeitspannen verteilt und im Vergleich gering fallen, ob die täglichen Temperaturen stetig oder stark schwankend sind, ebenso ob wir es mit Böden in einem humiden oder ariden Klima zu tun haben oder ob der Boden gefroren, feucht oder naß ist.

Daß der Regen bei der Kohlensäurebildung im Boden auch insofern eine wichtige Rolle spielt, als durch eine Befeuchtung des trockenen Bodens die durch die Trockenheit herabgeminderte Humuszersetzung von neuem belebt und angeregt wird, zeigen uns schon die Untersuchungen Petersens[7]. Allerdings kommt dem Regen neben dieser anfeuchtenden Wirkung noch ein anderer Einfluß zu, nämlich der der Bodenporenverstopfung und der Behinderung der Durchlüftung, welcher der Beschleunigung der Zersetzungsvorgänge im Boden entgegenwirkt. Die Untersuchungen Fodors[8] haben ergeben, daß der Kohlensäuregehalt allerdings nur in ca. 30 % der Fälle zurückging, wohingegen in den meisten Fällen noch am gleichen Tage des Regenfalls infolge erhöhter Zersetzung organischer Substanz eine Zunahme konstatiert werden konnte. Daß auch die Windrichtung den Kohlensäuregehalt der Bodenluft beeinflußt, wurde schon erwähnt[9].

Wollny gibt in der vorerwähnten Arbeit eine Reihe von Versuchsergebnissen an, deren zahlenmäßige Aufzählung an dieser Stelle zu weit führen würde; seine diesbezügliche Zusammenfassung lautet dahingehend[10], „1. daß die bei der Ent-

---

[1] Pettenkofer, Max von: Über den Kohlensäuregehalt der Grundluft im Geröllboden in München in verschiedenen Tiefen und zu verschiedenen Zeiten. Z. Biol. **7**, 404 (1871); **9**, 256 (1873).

[2] Fleck, H.: Untersuchungen über die Beziehungen der Bodenarten und Bodengase usw. 2. Jber. chem. Zentralst. öff. Gesundheitspfl. Dresden, S. 15—19. 1873; 3. Jber., S. 3—24. 1874.

[3] Fodor, J. von: Experimentelle Untersuchungen über Boden und Bodengase. Vjschr. öff. Gesundheitspfl. **7**, 205—237, zitiert nach E. Wollny: a. a. O., **5**, 301. 1882.

[4] Vgl. hierzu E. A. Letts u. R. F. Blake: Sci. Proc. Dublin Soc. **9**, part 2 (1900); nach Ref. Biedermanns Zbl. **36**, 292 (1901).

[5] Lewis, T. R., u. D. D. Cunningham: The soil in its relations to disease. 11. Annual Report of the sanitary commission with the Gouvernement of India; zitiert nach E. Wollny: a. a. O., **5**, S. 301. 1882.

[6] Wollny, E.: a. a. O., **5**, 301 (1882).

[7] Petersen, Paul: a. a. O. Landw. Versuchsstat **13**, 155 (1871). — Vgl. Franz Schulze: a. a. O. Landw. Versuchsstat. **14**, 383 (1872).

[8] Fodor, J. von: Über die zeitlichen Schwankungen des Kohlensäuregehalts der Bodenluft, nach Ref. E. Wollny: Forschgn. Geb. Agrikult.-Phys. **5**, 498 (1882).

[9] Fodor, J. von: Vjschr. öff. Gesundheitspfl. **7**, 223 (1875); Forschgn. Geb. Agrikult.-Phys. **5**, 498 (1882). — M. v. Pettenkofer: Z. Biol. **7**, 395f. (1871). — J. A. Hensele: Forschgn. Geb. Agrikult.-Phys. **16**, 323 (1893).

[10] Wollny, E.: a. a. O., **5**, 315/16 (1882).

stehung und bei dem Austritte der Kohlensäure aus dem Boden beteiligten klimatischen und meteorologischen Faktoren in den mannigfaltigsten Kombinationen ihren Einfluß und je nach der physikalischen Beschaffenheit des Bodens in sehr verschiedener Weise geltend machen, und daß daher die Schwankungen in dem Kohlensäuregehalt der Grundluft zu jenen Naturerscheinungen zu rechnen sind, die aus einer Komplikation verschiedener, teils sich unterstützender, teils sich gegenseitig aufhebender Ursachen und deswegen nicht aus einziger Ursache erklärt werden können; 2. daß die Menge freier Kohlensäure im Boden von demjenigen Faktor hauptsächlich influiert wird, der bezüglich ihrer Bildung im Minimum auftritt, hinsichtlich ihres Austrittes an die Atmosphäre das Übergewicht über die übrigen gewinnt."

Aus EBERMAYERS umfangreichen Untersuchungen[1] geht hervor, daß auf den Kohlensäuregehalt der Bodenluft die verschiedensten Faktoren Einfluß haben, und zwar führt er Wärme, Feuchtigkeitsgrad, Struktur, Lockerheitsgrad, größeren oder geringeren Sand-, Ton-, Kalk- und Humusgehalt des Bodens an. „Die in der Grundluft enthaltene Kohlensäuremenge ist daher als ein Produkt zu betrachten, das durch Zusammenwirken aller jener physikalischen und chemischen Faktoren entsteht, welche die Bodentätigkeit und Bodenfruchtbarkeit (Bodenkraft) bedingen."

Folgende Zusammenstellung EBERMAYERS vermittelt ein Bild über die Auswirkung der genannten Faktoren auf den Kohlensäuregehalt der Bodenluft: „In 70 cm Tiefe enthielten 1000 Volumteile (1 l) Bodenluft durchschnittlich folgende Volumteile (Kubikzentimeter) Kohlensäure:

In humusfreiem, feinkörnigem Quarzsand	3,40
,, ,, grobkörnigem Quarzsand	3,40
,, ,, feinkörnigem Kalksand	5,48
,, ,, schwerem (tonreichem) Lehmboden	7,26
,, ,, lößartigem Lehmboden	7,54
,, humushaltigem, kalkigem Lehmboden	13,14
,, humoser, sandig-lehmiger Gartenerde	16,38
,, humusreicher (gedüngter) Ackererde (lehmigem Sandboden)	18,76
,, Moorboden	66,49
,, sehr humus- und kalkreicher Gartenerde (mit Stallmist gedüngt)	68,80
,, desgleichen	70,20[2]

Die Besandung des Moorbodens übt auf den Kohlensäuregehalt desselben ebenfalls eine Wirkung aus, denn KISSLING und FLEISCHER[3] erkannten, daß die Kohlensäureproduktion herabgesetzt wurde, wenn das Moor an der Oberfläche mit Sand gemischt wurde, und in noch stärkerem Maße herabgedrückt ist, wenn ein gleiches Sandquantum als Decke oben auf der Oberfläche liegen blieb.

Die Neigung des Terrains gegen den Horizont und gegen die Himmelsrichtung macht sich desgleichen im Kohlensäuregehalt der Bodenluft bemerkbar, und zwar ermittelte E. WOLLNY[4], daß der Kohlensäuregehalt der Bodenluft bei einer Neigung des Terrains von 20^0 am größten ist, während er bei flacherer (10^0) oder steilerer Lage (30^0) abnimmt, ferner, daß im allgemeinen die Bodenluft der Südhänge am reichsten, die der Nordhänge am wenigsten freie Kohlen-

---

[1] EBERMAYER, E.: Untersuchungen über die Bedeutung des Humus als Bodenbestandteil und über den Einfluß des Waldes, verschiedener Bodenarten und Bodendecken auf die Zusammensetzung der Bodenluft. Forschgn. Geb. Agrikult.-Phys. **13**, 15ff. (1890).

[2] EBERMAYER, E.: a. a. O., S. 48.

[3] KISSLING, R., u. M. FLEISCHER: Landw. Jb. **20**, 876 (1891).

[4] WOLLNY, E.: Untersuchungen über den Einfluß der physikalischen Eigenschaften des Bodens auf dessen Gehalt an freier Kohlensäure. Forschgn. Geb. Agrikult.-Phys. **9**, 165ff. (1886).

säure liefert. Er führte seine Versuche mit „künstlichen" Böden aus. Die letzt-genannten Befunde werden in dieser Eindeutigkeit aber durch andere Faktoren, wie Feuchtigkeit und Winde, gestört, so daß unter Umständen die umgekehrten Verhältnisse auftreten können. Dieses hängt mit der Kohlensäureproduktion durch die organische Substanz zusammen, die in erster Linie mit der Feuchtigkeit und Temperatur in Relation steht[1].

Immer wieder stört das Ineinandergreifen der verschiedenen einzelnen Ein-flüsse die genaue Einsicht in die Wirkungsweise eines einzigen Faktors. Diese Verhältnisse werden noch schwieriger bei der Beurteilung der Wirkung der Pflan-zen auf die Veränderung der Zusammensetzung der Bodenluft. Ehe wir uns diesen Verhältnissen zuwenden, sei kurz auf die Anteilnahme des Sauerstoffs am Auf-bau der Bodenluft eingegangen.

Die Untersuchungen Boussingaults und Lewys[2] haben dargetan, daß die Bodenluft sauerstoffärmer[3] und kohlensäurereicher als die atmosphärische Luft sei, und sie haben diesen Befund auf die durch die Oxydation der „Verwesungs-produkte" hervorgerufene Verminderung des freien Sauerstoffs zurückgeführt. Ferner zeigte sich, daß die im Boden erzeugte Kohlensäure fast genau denselben Raum einnimmt, wie das zu ihrer Bildung verbrauchte Sauerstoffgas. Nach anderen Untersuchungen[4] bzw. Auffassungen soll die Verminderung des Sauer-stoffs nicht allein auf Oxydationsvorgängen, sondern auch auf dem verschiedenen osmotischen Verhalten des Sauerstoffs (und auch Stickstoffs) bei dem Durch-gange durch den Boden beruhen.

Der Sauerstoff in der Bodenluft nimmt nach der Tiefe zu ab, und zwar in dem Maße wie die Kohlensäure zunimmt[5], woraus Pettenkofer[6] den wörtlichen Schluß zog: „Ein sicheres Zeichen, daß die Kohlensäure wirklich von Oxydations-prozessen im Boden herrührt." Auch von Fodor[7] stellte die Abnahme des Sauerstoffs mit zunehmender Bodentiefe und eine Proportionalität zwischen Kohlensäurezunahme und Sauerstoffabnahme fest, während aus den Schlösing-schen[8] Versuchen bei Wiesenböden die Sauerstoffabnahme bei den verschiedenen Böden durchaus nicht immer zutrifft. Romell[9] hat sich der Mühe unterzogen, alle ihm erreichbaren Ergebnisse der Bodenluftanalysen tabellarisch zusammen-zustellen. Außer den schon genannten Untersuchungen über Sauerstoff sind von Romell die Resultate folgender Autoren genannt: Fleck[10], Ebermayer[11], Th. Schlösing (Sohn)[12], Mangin[13], Lau[14], Vageler[15], Albert[16], Harrison

---

[1] Wollny, E.: a. a. O., S. 167—173.

[2] Nach Angabe bei E. Wollny: Forschgn. Geb. Agrikult.-Phys. 3, 20/21 (1880).

[3] Vgl. I. v. Fodor: Experimentelle Untersuchungen über Boden und Bodengase. Vjschr. öff. Gesundheitspfl. 7, 212 (1875).

[4] Audoynaud, A., u. B. Chauzit: Du passage de l'eau et de l'air dans la terre arable. Ann. agronom. 1879, 393—401.

[5] Vgl. E. Blanck: Bodenlehre, S. 156. Berlin 1928.

[6] Pettenkofer, Max von: Über den Kohlensäuregehalt usw., a. a. O., Z. Biol. 9, 257 (1873).

[7] Fodor, J. von: a. a. O., S. 213.

[8] Schlösing, Th. (Sohn): Über die Zusammensetzung der Bodenluft. Ref. Biedermanns Zbl. 19, 227 (1890).

[9] Romell: a. a. O., S. 250f.

[10] Fleck, H.: a. a. O., 3, 15 (1873); 3, 3 (1874).

[11] Ebermayer, E.: a. a. O., 13, 15 (1890).

[12] Schlösing, Th. (Sohn): C. r. 109, 618, 673 (1889).

[13] Mangin, L.: Ann. Sci. agr. franç. et étrang. 1, 1 (1896).

[14] Lau, E.: Beitrag zur Kenntnis der Zusammensetzung der im Ackerboden befindlichen Luft. Inaug.-Dissert. Rostock 1906.

[15] Vageler, P.: Mitt. bayr. Moorkult.Anst. 1 (1907).

[16] Albert, R.: Z. Forst- u. Jagdwes. 44, 2, 136, 353, 655 (1912).

und AIYER[1], RUSSEL und APPLEYARD[2], SEN[3], GARDER und HAGEM[4], wozu noch diejenigen ROMELLS[5] in schwedischen Waldböden kommen. Diese Aufzählung ergänzend, sei noch auf die Untersuchungen von DENSCH mit Moorböden hingewiesen[6], durch welche ein meist genügender Sauerstoffgehalt festgestellt worden ist, wohingegen HESSELMANN[7] in Torfmooren mit stehendem Wasser keinen Sauerstoff fand.

Die Oxydation der organischen Stoffe bedingt naturgemäß eine Änderung in der Zusammensetzung der Bodenluft, denn der zur Bildung der Kohlensäure notwendige Sauerstoff wird der Luft entzogen. Schon recht früh erkannte man diese Zusammenhänge; BOUSSINGAULT und LEWY[8] fanden darüber hinaus, daß sich im Boden bildende Kohlensäure denselben Raum wie der zur Bildung benötigte, mithin verbrauchte Sauerstoff, einnimmt. Andererseits vermuten AUDOYNAUD und CHAUZIT[9], wie schon erwähnt, daß auch das verschiedene osmotische Verhalten des Sauerstoffs (und Stickstoffs) beim Durchgange durch den Boden für die Verringerung mit verantwortlich zu machen sind. Aber auch eine Reihe anderer Faktoren beeinflußt den Sauerstoffgehalt der Bodenluft. Unsere bisherigen Kenntnisse faßt ROMELL[10] wie folgt zusammen: 1. Der Gehalt von O_2 sinkt, der von CO_2 steigt in der Regel mit größerer Tiefe unter der Bodenfläche. 2. In fortlaufenden Analysenserien hat man in der Regel das Minimum an O_2, das Maximum an CO_2 im Hoch- oder Spätsommer gefunden, und das Umgekehrte in den kalten Monaten. Unter anderen klimatischen Verhältnissen kann eine doppelte Jahresperiode vorkommen mit Maximum von O_2-Defizit und CO_2-Überschuß im Frühling und Herbst (England: RUSSELL und APPLEYARD 1915). 3. Der O_2-Gehalt der oberflächlichen, von Wurzeln durchsetzten Bodenschichten sinkt nur in seltenen Ausnahmefällen weit unter den der Atmosphäre. Er hält sich in den allermeisten Fällen um 18—20 Vol.-% herum. Der CO_2-Gehalt ist immer prozentisch viel höher als der geringe Gehalt in der Atmosphäre, übersteigt jedoch selten ein oder ein paar Volumprozente. 4. Ein hoher CO_2-Gehalt pflegt mit einem bedeutenden O_2-Mangel vergesellschaftet zu sein, und umgekehrt. Die Summe von O_2 und CO_2 kann jedoch bedeutend variieren. Die beiden Gase Sauerstoff und Kohlensäure stehen in ständiger Wechselwirkung, die ihrerseits von den verschiedensten Faktoren bedingt ist, von denen die organische Substanz, Pflanzenwachstum, Klima- und äußere Einflüsse hier in erster Linie kurz betrachtet werden sollen[11].

Daß die CO_2-Produktion im engsten Zusammenhange mit dem Gehalt an organischer Substanz steht, wurde schon mehrfach erwähnt, und es erscheint daher auch selbstverständlich, daß alle die Humuszersetzung fördernden Mittel auch gleichzeitig in ihrer Auswirkung in gewisser Weise durch die Höhe des Kohlensäuregehalts zum Ausdruck kommen. Die Art des Humus, d. h. leicht

---

[1] HARRISON, W. H., u. P. A. AIYER: Mem. Dep. Agr. Ind. Chem. 3, 65 (1913).
[2] RUSSEL, E. J., u. A. APPLEYARD: J. agricult. Sci. 7, 1 (1915).
[3] SEN, J.: Sci. Rep. Agr. Res. Inst. Pusa 1919/20, 41 (1920).
[4] GARDER, TH., u. O. HAGEM: Vestlandets forstl. Försokstat. Medd., Nr. 4. Bergen 1921.
[5] ROMELL, L.-G.: a. a. O., S. 256f.
[6] DENSCH, A.: Mitt. Ver. Förd. Moorkult. Dtsch. Reich 33, 407f. (1915).
[7] HESSELMANN, H.: Medd. Stat. Skogsförsöksanst. 1910, 91.
[8] Nach Angabe bei E. WOLLNY bei Besprechung einer Arbeit von A. AUDOYNAUD u. B. CHAUZIT: Forschgn. Geb. Agrikult.-Phys. 3, 19—21 (1880).
[9] AUDOYNAUD, A., u. B. CHAUZIT: Du passage de l'eau et de l'air dans la terre arable. Ann. agronom. 1879, 393ff., nach Ref. Forschgn. Geb. Agrikult.-Phys. 3, 19—21 (1880).
[10] ROMELL, L.-G.: a. a. O., S. 282—283.
[11] Diese Fragen sollen hier nur kurz besprochen werden, da sie an späterer Stelle des Handbuchs in anderem Zusammenhang eine ausführliche Behandlung erfahren. Vgl. Bd. 7 dieses Handbuches.

oder schwer zersetzlicher, spielt naturgemäß eine Rolle, wie dieses schon P. Petersen[1] feststellte. Die Abhängigkeit des Kohlensäuregehalts der Bodenluft von
dem Pflanzenwuchs erkannte schon J. Möller. In seinen Untersuchungsergebnissen tritt ein großer Unterschied bei bebauten Böden gegenüber Brachböden auf,
wie dieses aus folgendem Auszug der von ihm mitgeteilten Tabelle deutlich
hervorgeht[2].

Untersuchungstage	Brache I	Brache II	bebautes Feld
27. Mai	2,4	2,8	18,0
28. Mai	1,6	3,2	19,2
29. Mai	0,6	0,6	22,0
31. Mai	1,8	3,0	14,0

Doch widerspricht der Ausfall dieser Untersuchungen einigen anderen von ihm
erhaltenen Untersuchungsergebnissen[3], so daß andere Forscher wie E. Wollny,
E. Ebermayer u. a. planmäßiger durchgeführte Experimente anstellten.

Ganz abgesehen davon, daß die obigen einzelnen Ergebnisse Möllers bei
Betrachtung von Tag zu Tag wahrscheinlich als eine Folge des Einflusses der
Temperatur- und Luftdruckverhältnisse sehr schwankend sind, ist der Unterschied zwischen bebautem Felde und Brachland stark hervortretend, was auf die
beim Pflanzenwachstum frei werdende Kohlensäure zurückzuführen ist.

Andererseits haben aber die Wollnyschen Versuche ergeben, daß der von
lebenden Pflanzen beschattete Boden während der wärmeren Jahreszeit viel geringere Mengen von CO_2 enthält als der brachliegende[4]. Die Klärung der diesbezüglichen Verhältnisse ist nicht einfach, da die Dichte und die Art des Pflanzenbestandes, die Kurz- oder Langlebigkeit der Pflanzen[5] und die Höhe und Beschaffenheit der sich auf dem Boden ablagernden humosen Stoffe, sowie die
klimatischen Einflüsse hierbei eine wesentliche Rolle spielen. Schon die Art des
Baumwuchses bzw. der Waldbodenbedeckung wirkt sich auf die Verhältnisse
ganz verschieden aus, wie es Ebermayer[6] nachweisen konnte. Er erhielt
in 1 l Bodenluft:

im Walde	in 1 m Tiefe . . 4,29 cm³ Co_2
	in 0,5 m Tiefe . . 4,16 cm³ Co_2
	in 0,5 m Tiefe . . 1,33 cm³ Co_2
	(Humusschicht)
in gedüngtem Ackerfelde	in 1 m Tiefe . . 18,76 cm³ Co_2
	in 0,5 m Tiefe . . 19,17 cm³ Co_2

Es handelt sich in beiden Fällen um lehmigen Sandboden des Buntsandsteins.
Die Luft des bewaldeten Bodens ist mithin ärmer an Kohlensäure als der benachbarte gedüngte, humose Ackerboden. Aus früheren Untersuchungen Ebermayers[7] war ebenfalls hervorgegangen, daß sich ein bewaldeter Boden im Sommer
weit ärmer an Kohlensäure zeigte als ein unbewaldeter Boden, und daß mit der
Erhöhung der Temperatur der Kohlensäuregehalt im Ackerboden weit stärker
zunimmt als im Waldboden. Die Klärung aus der Gegenüberstellung dieser Er-

---

[1] Petersen, Paul: Über den Einfluß des Mergels auf die Bildung von Kohlensäure
und Salpetersäure im Ackerboden. Landw. Versuchsstat. 13, 155ff. (1871).

[2] Möller, J.: a. a. O., S. 330.   [3] Möller, J.: a. a. O., S. 332.

[4] Wollny, E.: Forschgn. Geb. Agrikult.-Phys. 9, 185 (1886).

[5] Wollny, E.: Untersuchungen über den Einfluß der Pflanzendecken auf den Kohlensäuregehalt der Luft. Forschgn. Geb. Agrikult.-Phys. 19, 154 (1896).

[6] Ebermayer, E.: a. a. O., Forschgn. Geb. Agrikult.-Phys. 13, 24 (1890).

[7] Ebermayer, E.: Mitteilungen über den Kohlensäuregehalt der Waldluft und des
Waldbodens im Vergleich zu einer nicht bewaldeten Fläche. Forschgn. Geb. Agrikult.-
Phys. 1, 160 (1878).

gebnisse und die Gründe, die für das Zustandekommen derselben maßgebend sind, liegen neben den klimatischen Verhältnissen wohl besonders in der verschiedenen Beteiligung der organischen Substanz gegeben, die weiter unten eingehend behandelt werden wird. EBERMAYER[1] glaubt aus den anläßlich anderer Untersuchungen gemachten Feststellungen schließen zu können, daß die Kohlensäure im geschlossenen Walde, die durch die langsame Verwesung der Humusdecke gebildet wird, zum größten Teil in die Waldluft übergeht und von den Baumblättern zur Assimilation verwendet wird[2].

Weiterhin legte EBERMAYER[3] Versuche an, um einerseits den Einfluß der verschiedensten Baumarten, andererseits den lebender und toter Bodendecken auf den Kohlensäuregehalt der Bodenluft zu ermitteln. 1 l Bodenluft enthielt (im Mittel) Kubikzentimeter Kohlensäure:

Versuch	Bodenart	Tiefe	Nr.	Art des Bestandes	CO_2
1	humose, sandig-tonige Gartenerde	1 m	1	Akaziengebüsch	11,05
			2	nackter, unbearbeiteter Boden . .	17,02
2	kalkhaltiger, lehmiger Boden	70 cm	3	Fichten-Mittelholz (60 jähr.) . . .	11,99
			4	Buchen-Mittelholz (60 jähr.) . . .	7,15
			5	vegetationslos, im Freien	13,14
3	kornreicher Lehmboden	70 cm	6	Fichten-Jungholz (25 jähr.)	6,73
			7	Fichten-Mittelholz (60 jähr.) . . .	12,86
			8	haubarer Fichtenbestand (120 jähr.)	10,27
			9	vegetationslos, humusfrei, im Freien	7,26

Er schließt aus seinen Versuchen unter anderem, daß die Differenzen bei dem Boden unter dem Akaziengebüsch geringer sind als die obengenannten und führt dies auf den an und für sich schon hohen Gehalt der humosen Gartenerde an CO_2 zurück. Die Versuchsreihe 2 zeigt, daß sich die einzelnen Waldbäume sehr verschieden verhalten. So haben, wie EBERMAYER schon in anderer Beziehung nachweisen konnte (Sickerwasser, Bodenfeuchtigkeit), Buche und Fichten hinsichtlich ihrer Wirkung auf den Boden ungleichmäßiges Verhalten aufzuweisen. Diese Erscheinung führt der genannte Forscher darauf zurück, daß die Buche infolge ihrer flachen, aber weitverzweigten Bewurzelung den Boden lockerer hält, wodurch dem Austritt der Kohlensäure in die Atmosphäre oder der Auswaschung in die Tiefe größerer Vorschub als bei den Fichten geleistet wird.

Der Boden unter einer Decke lebender Pflanzen ist um so kohlensäureärmer, je dichter die Pflanzen stehen, weil im gleichen Maße Erwärmung und Feuchtigkeit herabgedrückt werden[4]. Ganz besonders wirkt sich aber die Temperatur und die Jahreszeit auf den Kohlensäuregehalt bei verschiedener Bedeckung des Bodens aus. E. WOLLNY[5] fand, daß „der von lebenden Pflanzen beschattete Boden während der wärmeren Jahreszeit bedeutend geringere Mengen von Kohlensäure enthält als der brachliegende oder mit einer Decke abgestorbener Pflanzenteile (Stroh) versehene Boden unter sonst gleichen Verhältnissen, und zwar enthielt durchschnittlich der brachliegende Boden[6] 4,4mal, der mit Stroh bedeckte

---

[1] EBERMAYER, E.: Mitteilungen über den Kohlensäuregehalt eines bewaldeten und nicht bewaldeten Bodens. Landw. Versuchsstat. 23, 65 (1879).

[2] Hierzu vgl. die Abschnitte Diffusion und Durchlüftung.

[3] EBERMAYER, E.: a. a. O., Forschgn. Geb. Agrikult.-Phys. 13, 36—37 (1890).

[4] WOLLNY, E.: Forschgn. Geb. Agrikult.-Phys. 9, 187 (1886).

[5] WOLLNY, E.: Untersuchungen über den Einfluß der Pflanzendecke und der Beschattung auf den Kohlensäuregehalt der Bodenluft. Forschgn. Geb. Agrikult.-Phys 3, 8/9 (1880).

[6] Da durch das Abmähen der Pflanzen die Bodentemperatur eine Erhöhung erfährt, tritt durch diese Manipulation auch eine Erhöhung des Kohlensäuregehalts der Bodenluft ein, wie dies E. WOLLNY nachweisen konnte: Forschgn. Geb. Agrikult.-Phys. 9, 190 (1886).

3,4mal mehr Kohlensäure als der Grasboden"; und daß „der mit lebenden Pflanzen bedeckte Boden während der kälteren Jahreszeit größere Mengen von Kohlensäure enthält als der brachliegende". Dieser Befund läßt sich auf die Wechselwirkung des Wassers und der Temperatur auf die Zersetzung der organischen Substanz zurückführen, wobei natürlich die Durchlüftungsverhältnisse stark mitbeteiligt sind. Wollny[1] gibt die Versuchsergebnisse G. Ammons an, die bei 40 mm Druck durch eine Erdschicht von 19,63 cm² Durchschnitt und 0,50 m Höhe innerhalb einer Stunde folgende Mengen an Luft durchließen:

bei Grasdecke . . 1,60 l
bei Strohdecke . . 6,30 l
unbedeckt . . . . 7,32 l

Bei Betrachtung dieser Ergebnisse Wollnys müssen aber auch die vom gleichen Forscher[2] auf gleichem Boden (humos, kalkhaltig) durchgeführten Versuche angeführt werden, die z. T. ganz entgegengesetzt ausfielen, was einerseits auf die Temperatur- und Wasserverhältnisse, wie andererseits aber auch auf chemische Einwirkung der Kohlensäure auf das Kalziumkarbonat — also Löslichmachung zu Bikarbonat und Fortführung je nach Höhe der Sickerwässer — zurückzuführen ist.

Die Frage, in welcher Weise und in welchem Verhältnis sich die Kohlensäureproduktion im Boden (Verschiedenheit der Bedeckung, der Temperatur, des Wassergehalts) zu der Kohlensäureabgabe (Verschiedenheit der Durchlüftung, Wirkung des Windes, Fortfuhr als festgelegte Bikarbonat-Kohlensäure usw.) verhält, läßt sich nach den bisherigen Untersuchungen nur schwer beantworten. Die Ergebnisse der Versuche über die Beeinflussung der klimatischen Faktoren auf den Kohlensäuregehalt des Bodens zeigen die Schwierigkeiten einer eindeutigen Erklärungsweise. Jedoch kann gesagt werden, daß die Schwankungen des Luftdrucks, des Windes, deren Richtung und der Niederschläge — hauptsächlich die der letzteren — von wahrnehmbarem Einfluß auf die Bewegung und damit auch auf den Gehalt an Kohlensäure der Bodenluft sind[3], wie dies schon der Befund[4] ersehen läßt, wonach der Boden unter einer Decke lebender Pflanzen um so ärmer an Kohlensäure ist, je dichter die Pflanzen stehen, und zwar wohl deshalb, weil die Bodentemperatur mit zunehmender Pflanzenzahl auf einer bestimmten Fläche infolge größerer Beschattung abnimmt. In erster Linie, und das scheint das Wichtigste zu sein, wird sich kaum in der Natur ein Boden finden, der als Acker- und Brachland, als Laub- und Nadelbäume tragender Standort in allen in Frage kommenden Eigenschaften — nur den Kohlensäuregehalt ausgeschlossen — gleiche Verhältnisse aufzuweisen hat. Durch die Bedeckung werden auch sämtliche andere physikalischen Eigenschaften verändert, die überdies auch den chemischen Geschehnissen eine andere Richtung geben und die biologischen Faktoren wesentlich verändern können, so daß die eindeutige Klärung der Unterschiede im Kohlensäuregehalt infolge der Schwierigkeiten in der Versuchsanordnung, d. h. im Erhalt eines geeigneten vergleichsfähigen Ausgangmaterials, recht schwierig erscheint. Wie sehr die rein chemischen Eigenschaften sich aber schon in kurzer Zeit ändern und dadurch

---

[1] Wollny, E.: a. a. O., Forschgn. Geb. Agrikult.-Phys. 3, 11 (1880).
[2] Im Jahre 1884 konnte E. Wollny: Forschgn. Geb. Agrikult.-Phys. 9, 186 (1886), bei gleichen Versuchen wie die oben angeführten ein dem Ausfall dieser Ergebnisse entgegengesetztes Resultat feststellen, was auf die Verschiedenheit im Gang der Witterung der beiden Versuchsjahre zurückgeführt wird. [Vgl. auch die Untersuchungsergebnisse des gleichen Autors aus den Jahren 1889—1891 in der gleichen Zeitschrift, 19, 156, 157 (1896); vgl. hierzu den Abschnitt Durchlüftung in dieser Abhandlung.]
[3] Vgl. J. von Fodor: a. a. O., S. 237.
[4] Wollny, E.: a. a. O., Forschgn. Geb. Agrikult.-Phys. 3, 13 (1880).

den Kohlensäuregehalt beeinträchtigen, geht nicht nur aus den schon angegebenen Äußerungen WOLLNYS, sondern auch aus seiner Feststellung hervor[1], daß der Boden im Laufe von $7^1/_2$ Jahren unter Fichten eine wesentliche Anreicherung, im nackten Zustande eine Verarmung an organischen Stoffen erfahren hat, ferner, daß der mit Vegetation versehene Boden mit größeren Mengen von Mineralstoffen (hauptsächlich Kalk) als der nackte unter sonst gleichen Umständen ausgestattet ist. Die Humussubstanzen, die Art und Weise ihrer Zersetzung sind, wie schon verschiedentlich angedeutet, die den Kohlensäuregehalt wohl mit am stärksten beeinflussenden Agentien.

Der Einfluß der Menge der im Boden befindlichen organischen Substanzen auf den Kohlensäuregehalt der Bodenluft ist schon frühzeitig Gegenstand der Untersuchung gewesen. BOUSSINGAULT und LÉVY[2] fanden, daß die Bodenluft in dem Maße sauerstoffärmer als sie kohlensäurereicher wird, so daß das Gesamtvolumen der Kohlensäure und des Sauerstoffs fast gleich bleibt[3].

Aus den Versuchen EBERMAYERS[4] geht die Bestätigung der erwähnten Angaben BOUSSINGAULTS und LÉVYS hervor, denn 100 Volumteile Bodenluft enthielten:

Unter	In 15 cm Tiefe			In 70 cm Tiefe		
	Kohlensäure	Sauerstoff	Stickstoff	Kohlensäure	Sauerstoff	Stickstoff
Buchenpflanzen	0,62	20,47	78,91	1,19	19,85	78,96
Fichtenpflanzen	1,13	19,77	79,10	9,39	13,68	76,93
Moosdecke	1,93	19,14	78,93	7,98	13,83	78,19
Grasnarbe	0,60	20,12	79,28	4,13	17,62	78,25
nacktem Boden	1,19	19,93	78,88	7,02	15,61	77,37

Die genannten Autoren sehen als Ursache der CO_2-Anreicherung in der Bodenluft die Oxydation der organischen Substanz an. Auch VON PETTENKOFER[5], H. FLECK, P. SMOLENSKY, J. V. FODOR[6] und J. MÖLLER führen die Entstehung der Kohlensäure auf die Zersetzung der organischen Substanz unter gleichzeitiger Vermehrung dieses Gases in der Bodenluft zurück, wobei auch an den Respirationsprozeß der niederen Organismen gedacht worden ist. Die Oxydation des Humus kommt auch durch langsames Sinken des Gesamtkohlenstoffs zum Ausdruck[7]. Alle Einwirkungen, die diesen Oxydationsprozeß beeinflussen, tragen auch zur Veränderung des Kohlensäuregehalts bei. WOLLNY[8] untersuchte diesen Fragenkomplex an ,,künstlichen Böden" und kam zu dem Resultat, ,,daß der Kohlensäuregehalt der Bodenluft unter gleichen äußeren Verhältnissen im allgemeinen mit der Menge der organischen Substanz des Bodens steigt und fällt"[9], ,,daß die atmosphärische Luft bei der Bildung der Kohlensäure im Boden wesentlich beteiligt ist"[10], ,,daß durch die Verdrängung der Luft durch ein bei dem Zerfall der organischen Stoffe nicht beteiligtes Gas die Kohlensäurebildung im Boden nicht vollständig beseitigt werden kann"[11] und ,,daß sich die Kohlensäure im Boden unter Mithilfe niederer Organismen entwickelt"[12].

[1] WOLLNY, E.: Forschgn. Geb. Agrikult.-Phys. 19, 165 (1896).

[2] BOUSSINGAULT, J., u. A. LÉVY: Jahresbericht 1852, 783.

[3] WOLLNY, E.: Untersuchungen über den Kohlensäuregehalt der Bodenluft. Landw. Versuchsstat. 25, 375 (1880).

[4] EBERMAYER, E.: Forschgn. Geb. Agrikult.-Phys. 13, 47 (1890).

[5] PETTENKOFER, M. VON: Z. Biol. 9, 257 (1873).

[6] FODOR, J. VON: Experimentelle Untersuchungen über Boden und Bodengase. Vjschr. öff. Gesundhheitspfl. 7, 213, 236 (1875).

[7] BALKS, R.: Landw. Versuchsstat. 103, 256 (1925).

[8] WOLLNY, E.: a. a. O., S. 373ff.   [9] WOLLNY, E.: a. a. O., S. 381.

[10] WOLLNY, E.: a. a. O., S. 389.   [11] WOLLNY, E.: a. a. O., S. 391.

[12] WOLLNY, E.: Landw. Versuchsstat. 25, 375ff. (1880).

Der Nachweis Wollnys, daß sich die Kohlensäure unter Mithilfe niederer Organismen bilde, wurde durch P. P. Dehérain[1] bestätigt, ferner ermittelte Wollny[2], daß die Oxydation des Kohlenstoffs mit der Menge des zugeführten Sauerstoffs im allgemeinen zunimmt[3].

Die Relationen zwischen Menge an organischer Substanz des Bodens und Kohlensäuremenge in der Bodenluft stellte Wollny[4] dahingehend fest, daß eine Proportionalität zwischen diesen nur dann vorhanden ist, wenn die Menge der organischen Substanz gering ist. Z. T. kann dieser Befund auf die Hemmung der Organismentätigkeit bei zu hohem Kohlensäuregehalt zurückgeführt werden, auch müssen die Temperatur- und Wasserverhältnisse[5] als mitbestimmend betrachtet werden, denn auch das Wasser übt einen Einfluß insofern auf den Kohlensäuregehalt aus als bei Zunahme des Wassergehalts[6] und gleichzeitig bei Steigerung der Temperatur (infolge erhöhter und steigender Zersetzung) eine Erhöhung der Kohlensäureproduktion eintritt, natürlich mit der Einschränkung, daß dieser Satz nur für einen Maximalwassergehalt gültig ist, denn bei zu großer Wasseraufnahme wird nicht nur das Luftvolumen geringer, sondern auch die Kohlensäurebildung infolge Sauerstoffmangels herabgesetzt[7]. Jedenfalls kommt Wollny[8] zu der Schlußbemerkung, „daß die Menge der im Boden vorhandenen freien Kohlensäure weder für die Intensität der organischen Prozesse noch für die Menge der im Boden vorhandenen humosen Stoffe einen Maßstab abgibt". Die die Kohlensäurebildung erhöhende Wirkung der Feuchtigkeit bei der Zersetzung humoser Stoffe im Boden ist nach den Befunden Westhues[9] wohl mit auf die größere Anzahl der Bakterien zurückzuführen, denn nach diesen Untersuchungen stehen Bakterienzahl, Wassergehalt und Kohlensäureentwicklung in einem gewissen Zusammenhang, der sich jedoch bei verschiedenen Böden in verschieden starkem Ausmaß bemerkbar macht.

Schon Fodor[10] hatte festgestellt: „Die Menge der Kohlensäure in der Bodenluft steht nicht im Verhältnis zu der Menge der im Boden befindlichen organischen Stoffe, also mit dessen Verunreinigung." Andererseits ist aber erwiesen, daß die Wärme und Feuchtigkeit auf die Zersetzung der organischen Substanz und damit auf den Gehalt des Bodens an freier Kohlensäure einen ausgesprochenen Einfluß ausübt. Die beiden genannten Faktoren stehen ihrerseits nun aber in mannigfaltigen Wechselbeziehungen zu der Farbe des Bodens. Die Frage, in welcher Weise die Bodenfarbe den Kohlensäuregehalt der Bodenluft beeinflußt, versuchte Wollny[11] durch experimentelle Untersuchungen zu klären. Seine Ver-

---

[1] Dehérain, P. P.: C. r. **98**, 377 (1884); **99**, 45 (1884); J. agricult. **1884**, 505; Ann. agron. **10**, 385 (1884).

[2] Wollny, E.: Untersuchungen über den Kohlensäuregehalt der Bodenluft. Landw. Versuchsstat. **36**, 197ff. (1889).

[3] Wollny, E.: Landw. Versuchsstat. **36**, 201 (1889).

[4] Wollny, E.: Landw. Versuchsstat. **36**, 204—205 (1889).

[5] Soyka, J.: Die Selbstreinigung des Bodens, Ref. Forschgn. Geb. Agrikult.-Phys. **8**, 28 (1885), weist darauf hin, daß ein gewisser Feuchtigkeitswechsel die Zersetzung befördert.

[6] Vgl. P. H. Carpenter u. A. K. Bose: Indian Tea Ass. Sci. Dep. Quart. J. **1921**, 103, nach Ref. Biedermanns Zbl. **52**, 265 (1923). — J. König u. J. Hasenbäumer: Landw. Jb. **55**, 200 (1920).

[7] Vgl. die Ergebnisse E. Wollnys: Forschgn. Geb. Agrikult.-Phys. a. a. O., **4**, 9—16 (1881).

[8] Wollny, E.: Landw. Versuchsstat. **36**, 211 (1889); Forschgn. Geb. Agrikult.-Phys. **9**, 193 (1886).

[9] Westhues, J.: Die Kohlensäurebildung im Boden, S. 18ff., 46. Dissert., Münster 1905.

[10] Fodor, J. von: Vjschr. öff. Gesundheitspfl. **7**, 236 (1875).

[11] Wollny, E.: Untersuchungen über den Einfluß der Farbe des Bodens auf dessen Feuchtigkeitsverhältnisse und Kohlensäuregehalt. Forschgn. Geb. Agrikult.-Phys. **12**, 385ff. (1889).

suche ergaben nur geringe Unterschiede zwischen weißer und schwarzer Oberfläche, so daß er mit dem Vorbehalt der Wiederholung ähnlicher Experimente zu der Schlußfolgerung kommt, ,,daß der Boden bei heiterem, warmem und trockenem Wetter um so reicher, bei trübem, kühlem und feuchtem Wetter um so ärmer an Kohlensäure unter sonst gleichen Umständen ist, je dunkler die Farbe der Oberfläche" ist[1]. Im Anschluß hieran sei nur erwähnt, daß auch bei Fäulnisprozessen im Boden CO_2 produziert wird[2]. Wenngleich die Menge der Kohlensäure nicht für die Intensität der organischen Prozesse einen Maßstab bildet, so ist die CO_2-Produktion doch immerhin eine Funktion der sich im Boden abspielenden Oxydationsvorgänge, wobei jedoch zu beachten ist, daß eine vermehrte Kohlensäurebildung nach der Angabe WOLLNYS[3] keine Volumvermehrung des Bodens nach sich zieht, da ,,das Erdreich dem Austritt des Gases kein Hindernis entgegenstellt."

Von den beeinflussenden Faktoren kommt auch der Düngung eine gewisse Bedeutung zu, wie aus den folgenden kurzen Hinweisen zu ersehen ist. Die Vermehrung der Kohlensäure in den mit Karbonaten gedüngten Böden ist nach WESTHUES[4] nur zum geringen Teil auf ein Freiwerden der in diesen vorhandenen Kohlensäure, zum größeren Teil auf eine erhöhte Oxydation des Humus durch Bakterien zurückzuführen, doch ist die Intensität der Humuszersetzung — gemessen an der Kohlensäurebildung — von Kalziumkarbonatgehalt der Böden abhängig. Nach KOSSOWITSCH und TRETJAKOW[5] hemmt ein hoher Kalziumkarbonatgehalt die Zersetzung des Humus, wohingegen nach vielen anderen Untersuchungen[6] eine Förderung derselben durch $CaCO_3$-Zusatz hervorgerufen wird. HILGARD[7] macht die Rolle, die der Kalk bei der Zersetzung des Humus spielt, von klimatischen Bedingungen abhängig. Im allgemeinen wird sich die Düngung[8] durch üppigeres Wachstum der Pflanzen dahingehend auf den Kohlensäuregehalt der Bodenluft auswirken, daß durch stärkere Austrocknung des Bodens und durch gleichzeitig größere Beschattung eine Temperaturerniedrigung eintritt, wodurch die Kohlensäureproduktion herabgesetzt wird. Es sind jedoch über diese Fragen Untersuchungen mit anderen Ergebnissen bekannt geworden. So wird ein mäßiger Gehalt an Nährsalzen die Verwesung und die Kohlensäureproduktion begünstigen[9], wie auch bei vergleichenden Untersuchungen durch das stärkere Wachstum der Pflanzen, aber bei gleichbleibendem Wassergehalt, mit einer Erhöhung der Kohlensäureproduktion zu rechnen sein wird. Naturgemäß ist für die Menge der produzierten Kohlensäure auch die Qualität des Bodens mit verantwortlich[10], was nach dem Vorhergesagten als selbstverständlich erscheint, wie auch die Wasserstoffionenkonzentration beeinflussend auf dieselbe wirkt[11] Es ist anzunehmen, daß

---

[1] WOLLNY, E.: Forschgn. Geb. Agrikult.-Phys. **12**, 396 (1889). — Vgl. hierzu auch E. WOLLNY: Forschgn. Geb. Agrikult.-Phys. **9**, 174—176 (1886).

[2] Vgl. hierzu A. EHRENBERG: Z. physik. Chem. **11**, 145, 438 (1887). — B. TACKE: Landw. Jb. **16**, 917 (1887).

[3] WOLLNY, E.: Forschgn. Geb. Agrikult.-Phys. **20**, 52 (1897/98).

[4] WESTHUES, JOH.: Die Kohlensäurebildung im Boden, S. 46. Dissert., Münster 1905. — Vgl. hierzu auch P. PETERSEN: a. a. O., S. 155.

[5] KOSSOWITSCH, P., u. J. TRETJAKOW: Biedermanns Zbl. **32**, 805 (1903).

[6] WESTHUES, J.: Die Kohlensäurebildung im Boden, S. 46. Dissert., Münster 1905. — BALKS, R.: Untersuchung über die Bildung und Zersetzung des Humus im Boden. Landw. Versuchsstat. **103**, 256 (1925).

[7] HILGARD, E.: Forschgn. Agrikult.-Phys. **15**, 400 (1892).

[8] Vgl. E. WOLLNY: Forschgn. Geb. Agrikult.-Phys. **9**, 189 (1886).

[9] LUNDEGARDH, H.: a. a. O., S. 191.

[10] STOKLASA, J., u. A. ERNEST: Zbl. Bakter. II 14, 728 (1905). — SUCHTELEN, H. VAN: Ebenda **1910**, 46.

[11] Vgl. H. LUNDEGARDH: a. a. O., S. 199.

bei normaler Bodenbearbeitung und normalen Böden die Stallmistdüngung im allgemeinen ebenfalls in einer Erhöhung der Kohlensäureproduktion zum Ausdruck gelangt. Wollny[1] glaubte, von der Tatsache des Vorhandenseins einer großen Anzahl von Mikroorganismen in der Jauche ausgehend, daß durch Zufuhr derselben zu schwer zersetzbaren, humosen Stoffen, deren Zerfall beschleunigt und damit eine erhöhte Kohlensäurevermehrung hervorgerufen werden würde. Seine diesbezüglichen Untersuchungen zeitigten das Ergebnis, daß diese Vermutung nur dann zutrifft, wenn eine Verdünnung der Jaucheflüssigkeit oder aber eine kräftige Absorption der Salze stattfand. In gewissem Parallelismus hierzu stehen die Ergebnisse Soykas, die eine Beförderung der Nitrifikation bei einer „Verdünnung der organischen Substanzen" gegenüber einer größeren Konzentration erkennen ließen[2].

Da neben der Kohlensäure auch Ammoniak bei den Zersetzungsvorgängen der organischen Stoffe entsteht, so glaubt Fodor[3] für die Verschiedenheit der genannten Prozesse in dem Ammoniak einen besseren Maßstab als in der produzierten Kohlensäure erblicken zu können. Kurz zusammenfassend kommt daher E. Blanck zu dem Schluß, daß der Kohlensäuregehalt des Bodens bzw. der Bodenluft vom jeweiligen Pflanzenbestand, weniger von der Menge der im Boden vorhandenen organischen Substanz beeinflußt wird[4], wobei naturgemäß den klimatischen Einflüssen eine mitbestimmende Rolle einzuräumen ist.

Daß auch die im Boden lebenden Tiere in gewisser Weise einen Einfluß auf den Kohlensäuregehalt der Bodenluft ausüben, kann man den Untersuchungen Wollnys[5] entnehmen, die das Resultat zeitigten, daß die Kohlensäureentwicklung, hervorgerufen durch Zersetzung organischer Substanz, im wurmhaltigen Boden wesentlich intensiver ist als im wurmfreien. Wollny glaubt, daß die organischen Stoffe im ersten Falle leichter der Zersetzung unterliegen als im letzteren.

Die Menge des Kohlendioxyds, welche die Mikroorganismen, besonders aber die Bakterien, abgeben, ist eine recht beträchtliche. Man spricht direkt von der „Bodenatmung". Da an anderer Stelle dieses Handbuches ausführlicher hierüber berichtet werden wird, so sei diese Tatsache nur der Vollständigkeit halber angeführt[6]. Nach Stoklasa[7] kommen als die beiden Hauptquellen der Kohlendioxydentwicklung im Boden die Atmungsprozesse der Mikroorganismen (Bakterien, Schimmelpilze und Algen) sowie die Atmung des Wurzelsystems der Pflanzen[8] in Betracht. Diese Ansicht kam auch schon aus älteren Untersuchungen zum Ausdruck, denn nach Corenwinder[9] ist die sich aus der Humuszersetzung und Fäulnis bildende Kohlensäuremenge bedeutend größer als die aus anderen Vorgängen

---

[1] Wollny, E.: Untersuchungen über den Kohlensäuregehalt der Bodenluft. Landw. Versuchsstat. **36**, 211ff. (1889).

[2] Soyka, J.: Über den Einfluß des Bodens auf die Zersetzung organischer Substanz. Z. Biol. **14**, 449 (1878).

[3] Fodor, J. von: a. a. O., S. 237.

[4] Blanck, E.: Bodenlehre a. a. O., S. 156/57. Berlin 1928.

[5] Wollny, E.: Untersuchungen über die Beeinflussung der Fruchtbarkeit der Ackerkrume durch die Tätigkeit der Regenwürmer. Forschgn. Geb. Agrikult.-Phys. **13**, 392/93 (1890).

[6] Vgl. dieses Handbuch Bd. 7.

[7] Vgl. hierzu J. Stoklasa: Z. Landw. Versuchsw. **7**, 485 (1905). — J. Stoklasa u. A. Ernest: Über den Ursprung, die Menge und die Bedeutung des Kohlendioxyds im Boden. Ref. Biedermanns Zbl. **35**, 649 (1906).

[8] Vgl. hierzu P. Kossowitsch: Vergleichende Bestimmungen der Kohlensäurequantitäten, die von den Wurzeln von Senf, Gerste und Flachs abgeschieden werden. (Russ.). J. exper. Landw. **1**, 251 (1906); nach Ref. Biedermanns Zbl. **36**, 713 (1907).

[9] Corenwinder, B.: Chem. Zbl. **1856**, 876.

entstammende Produktion und daher wahrscheinlich von höherer Bedeutung. Die beiden am stärksten beeinflussenden Faktoren sind oft in ihrer Intensität — schon in Hinsicht auf allgemeine land- und forstwirtschaftliche Fragen — geprüft worden. Wie schon mehrfach erwähnt, ist das Studium der Wurzelatmung[1] in vergleichenden Untersuchungen zu sehr lokalen Bedingungen unterworfen, als daß ein einheitlicher Ausschlag der Ergebnisse zu erwarten wäre. Präzisere Antworten sind auf die Frage der Mikroorganismentätigkeit bei Ackerböden erhalten worden, und so glaubt man, daß die CO_2-Produktion oder der Sauerstoffverbrauch als Maß für die Intensität der Bodenmikroorganismen angewandt werden kann[2]; doch weist LUNDEGARDH[3] mit allem Nachdruck auf folgendes hin: ,,Gleiche Bodenatmung bedeutet gar nicht gleiche Bakterien- und Pilzflora." Das nähere Eingehen auf diese Frage verbietet sich an dieser Stelle, da sie in diesem Handbuch von anderer Seite ausführlich behandelt werden wird. Über die näheren Zusammenhänge berichtete 1924 H. LUNDEGARDH[4], aus denen zu entnehmen ist, daß ,,die Menge der aus dem Boden entweichenden Kohlensäure beinahe von derselben Größenordnung wie die Assimilation der Pflanzenwelt"[5] sei.

Die Frage, in welchem Verhältnis die einzelnen Gase in der Bodenluft zu einander stehen, war schon frühzeitig Gegenstand der Untersuchung. Die ersten Untersuchungen hierüber dürften von BOUSINGAULT[6] stammen, welcher die Luft verschiedener Bodenarten auf ihren volumprozentigen Gehalt an Kohlensäure, Sauerstoff und Stickstoff untersuchte[7]. E. REICHARDT und E. BLUMTRITT[8] haben durch Erhitzen bei gleichzeitigem Auffangen der entweichenden Gase und nachherige Analysen die Zusammensetzung der in verschiedenen Böden bzw. Bodenarten eingeschlossenen Bodenluft ermittelt. Diese Untersuchungen fanden eine wertvolle Ergänzung durch die von G. DÖBRICH ausgeführten Versuche[9]. Wenngleich die genannten Autoren diese in Hinsicht auf die Adsorption von Gasen anstellten, so bieten die Ergebnisse doch wertvolle Aufschlüsse über die Frage nach der Zusammensetzung der Bodengase im allgemeinen. Die Ergebnisse G. DÖBRICHS seien für die drei Hauptbodenarten wiedergegeben:

Bezeichnung des Bodens	100 g Substanz gaben cm³ Gas	100 Vol. Substanz gaben cm³ Gas	100 Volumina des Gases bestanden aus			Verhältnis O:N
			Kohlensäure	Sauerstoff	Stickstoff	

A. Sandbodenarten.

Sandboden vor Drakendorf II	19,8	26,3	17,49	16,34	66,17	1 : 4,0
,, bei Lobeda II	30,2	40,2	18,15	11,44	70,41	1 : 6,1
,, Tal Drakendorf II	22,6	31,0	18,39	10,97	70,64	1 : 6,4
,, bei Drakendorf II	25,3	39,4	22,81	13,99	63,20	1 : 4,5
,, bei Drakendorf II	29,7	34,6	23,70	12,71	63,59	1 : 5,0
,, bei Drakendorf II	28,4	39,3	25,95	13,74	60,31	1 : 4,4
,, Gartenland, Jena I	49,8	68,9	39,47	11,90	48,63	1 : 4,2

---

[1] Vgl. hierzu H. LUNDEGARDH: a. a. O., S. 201.

[2] ROMELL, L.-G.: a. a. O., S. 284.

[3] LUNDEGARDH, H.: a. a. O., S. 145.

[4] LUNDEGARDH, H.: a. a. O., S. 48f.

[5] LUNDEGARDH, H.: a. a. O., S. 144.

[6] BOUSSINGAULT, J., et A. LÉVY: Mémoires sur la composition de l'air confiné dans la terre végétable. Ann. Chim. Phys., série 3, 37, 1—50.

[7] Vgl. E. A. MITSCHERLICH: Bodenkde. Land. u. Forstwirte, a. a. O., S. 168.

[8] REICHARDT, E., u. E. BLUMTRITT: Jber. Agrikult.-Chem. 9, 24 (1866).

[9] DÖBRICH, G.: Ann. Landw. Preußen 52, 181 (1868).

Bezeichnung des Bodens	100 g Substanz gaben cm³ Gas	100 Vol. Substanz gaben cm³ Gas	100 Volumina des Gasbestandes aus			Verhältnis O:N
			Kohlensäure	Sauerstoff	Stickstoff	
B. Kalkbodenarten.						
Kalkboden II	37,9	54,7	45,33	7,67	47,00	1 : 6,1
,, ... II	37,4	55,5	46,12	10,09	43,79	1 : 4,3
,, ... II	37,5	55,3	48,50	9,76	41,74	1 : 4,3
,, ... I	48,1	69,7	50,21	8,03	41,76	1 : 5,2
,, ... IV	50,3	76,0	52,89	5,52	41,59	1 : 7,2
,, ... II	44,8	64,9	54,85	8,78	36,37	1 : 4,1
,, ... III	46,7	68,2	56,59	6,89	36,52	1 : 5,3
,, ... III	48,5	68,0	61,03	6,46	32,52	1 : 5,0
C. Tonbodenarten.						
Tonboden (aus Altenburg) II	27,1	38,6	2,53	17,14	80,53	1 : 4,7
,, ,, ,, III	31,5	43,0	4,41	18,60	76,99	1 : 4,1
,, ,, ,, II	30,7	39,4	6,60	15,49	77,91	1 : 5,0
,, ,, ,, II	25,2	36,8	9,51	14,39	76,10	1 : 5,2
,, ,, ,, II	32,0	41,3	8,71	16,94	75,35	1 : 4,3
,, ,, ,, II	24,7	35,1	10,25	17,66	72,09	1 : 4,1
,, ,, ,, III	27,7	38,6	16,06	15,80	68,14	1 : 4,3
,, (bei Lobeda) III	30,9	43,1	19,38	12,89	67,72	1 : 5,2
,, (aus Altenburg) I	35,5	44,9	20,44	11,58	67,98	1 : 5,8

Diesen Zahlen kann man entnehmen, daß das Verhältnis des Sauerstoffs zum Stickstoff in der Luft der verschiedenen Bodenarten verschieden ist und auch meist nicht dem der beiden Elemente in der atmosphärischen Luft entspricht, was nach dem Vorgenannten ja auch nicht zu erwarten war. Der verhältnismäßig hohe prozentische Gehalt der Bodenluft an Kohlensäure muß sich natürlich auf die anderen Gase verändernd auswirken. Bei den Scheermesserschen Ergebnissen[1] ist besonders der hohe Gehalt des Eisenoxydhydrats und auch des Tons an Kohlensäure bemerkenswert, was sowohl auf Adsorptionserscheinungen als auch auf chemische Bindung zurückzuführen ist. Das Verhältnis von C : N ist bedeutend schwankender als das von O : N. So erhielt Russell[2] bei 7 verschiedenen Böden Werte von 1 : 9,32 bis 1 : 23,0. Das zur Klärung der Frage der Oxydationsvorgänge oft herangezogene Verhältnis von CO_2 : O läßt sich aus den zahlreichen Bodenluftanalysen leicht berechnen. Es sei zu diesem Zwecke auf die von Romell aufgestellten Tabellen[3] verwiesen, in denen auch die älteren Literaturangaben verwertet worden sind. Dies Verhältnis ist für ökologische Studien vielfach darauf untersucht, ob die Werte in bezug auf Säuredefizit und Kohlensäureüberschuß schädigend wirken[4]. Es sei an der Hand der schon oben gegebenen ausführlichen Besprechung der einzelnen Gase der Bodenluft darauf verwiesen, daß die Wurzelatmung der Pflanzen, die Bakterientätigkeit und die bodenklimatischen Faktoren usw. eine Änderung des Verhältnisses bedingen.

Die anderen Gase der Bodenluft kommen in meist so geringen Mengen vor, daß man ihre Bestimmung vernachlässigt hat. Es sei denn, daß für spezielle Fälle sich die Bodenluftanalyse auch auf sie erstreckt. Was den Gehalt an

---

[1] Scheermesser, Fr.: Inaug.-Dissert. Jena 1871.

[2] Russell, E. J.: Die Oxydationsvorgänge im Boden und ihre Beziehungen zur Fruchtbarkeit desselben. J. Agr. Sci. 1, part. 3, 261; nach Ref. F. Honcamp: Biedermanns Zbl. **36**, 217f. (1907).

[3] Romell, L.-G.: a. a. O., S. 250f.

[4] Hierzu sei auf die Ausführungen Romells: a. a. O., S. 282, verwiesen. — Vgl. auch A. Densch: a. a. O., S. 201.

gasförmigem Ammoniak betrifft, so liegen einige Arbeiten vor. Es braucht nicht sonderlich erwähnt zu werden, daß über den Ammoniakgehalt des Bodens aus leicht begreiflichen Gründen eine Unzahl von Untersuchungen ausgeführt worden sind, doch die Ermittelung des Ammoniakgehalts der Bodenluft ist auf einige Versuche beschränkt. FODOR[1] ermittelte in 100 l Bodenluft verschiedener Ortslage Gehalte von 0,000048—0,000082 g Ammoniak, so daß unter normalen Verhältnissen die Bodenluft immer ärmer als die atmosphärische an gasförmigem Ammoniak zu sein scheint[2]. Auch L. RINCK[3] beschäftigte sich mit dieser Frage und kam zu dem Ergebnis, daß die Bodenluft „natürlicher, nicht verunreinigter Böden" unzweifelhaft Ammoniak enthält. Die Ammoniakmenge betrug in seinen Versuchen im Mittel 1,0295 cm^3 pro mille. RINCK glaubt den Ammoniakgehalt einerseits auf den der atmosphärischen Luft, mit der die Bodenluft in ständigem Gasaustausch steht, andererseits aber auf Neubildung im Boden zurückführen zu können. Bei der Zersetzung der organischen Substanz im Boden tritt bald mehr, bald weniger Ammoniak auf, so daß FODOR[4] den Ammoniakgehalt (d. h. den Gesamtammoniakgehalt des Bodens, nicht nur den der Bodenluft) als Maßstab für die Verschiedenartigkeit der Zersetzungsvorgänge vorschlug, wie auch BRÉAL[5] in erster Linie die Bildung des Ammoniaks auf Kosten der organischen Substanz und des Humus zurückführt. Die geringe Menge des Ammoniaks in der Bodenluft hängt zweifelsohne mit der Adsorption einerseits zusammen, wie andererseits darauf hinzuweisen ist, daß die Verdunstung des adsorptiv gebundenen Ammoniaks nur recht gering ist, und drittens wird in normal durchgelüfteten Böden die Menge an Ammoniak durch Nitrifikation geringer werden. Es liegen m. W. zwar keine experimentellen Untersuchungen über die Adsorption der Stickoxyde durch den Boden vor, doch weist TACKE[6] darauf hin, daß bei Anwesenheit von Nitraten im Boden bei gleichzeitigem Mangel an Sauerstoff eine Reduktion derselben unter Bildung von Stickstoff und aller dazwischenliegenden Reduktionsprodukte (N_2O, NO, N_2O_3) eintritt, wie derselbe genannte Autor auch auf die sekundäre Wirkung von sehr verdünnter salpetriger Säure auf Aminosäuren mit gasförmigem Stickstoff als Endprodukt hinweist.

Von den schwefelhaltigen Gasen werden im Boden die Oxyde wohl kaum nachweisbar sein, da sie sich mit dem Bodenwasser bzw. den Basen recht schnell zu den Salzen umbilden werden. Das Schwefelwasserstoffgas ist meistens nicht[7] und wenn, dann nur in geringen Mengen, in der Bodenluft enthalten. Die Entstehung des Schwefelwasserstoffs im Boden ist auf Fäulnisprozesse zurückzuführen[8], so daß er höchstens in gewissen Moor- oder Schlammbildungen in etwas größerer Quantität auftritt[9]. Hier möge noch der Hinweis W. OMELIANSKIS, daß durch Zersetzung des Methans bei Anwesenheit von Gips Schwefelwasserstoff entstehen kann, Platz finden[10]. Das Sumpfgas entsteht im Boden wahrscheinlich auch nur bei Fäulnisprozessen[11]. Schon VOLTA hat 1776 nachgewiesen, daß häufig

[1] FODOR, J. VON: Vjschr. öff. Gesundheitspfl. **7**, 230 (1875).

[2] FODOR, J. VON: Das atmosphärische Ammoniak, nach Ref. Forschgn. Geb. Agrikult.-Phys. **5**, 138 (1882).

[3] RINCK, L.: Enthält die Grundluft Ammoniak? Inaug.-Dissert., Erlangen 1880, nach Ref. Forschgn. Geb. Agrikult.-Phys. **5**, 431 (1882).

[4] FODOR, J. VON: Vjschr. öff. Gesundheitspfl. **7**, 237 (1875).

[5] BRÉAL, E.: Ref. Biedermanns Zbl. **27**, 73 (1898).

[6] TACKE, B.: Über die Entwicklung von Stickstoff bei Fäulnis. Landw. Jb. **16**, 917f.

[7] FODOR, J. VON: Vjschr. öff. Gesundheitspfl. **7**, 229, 237 (1875).

[8] Vgl. B. TACKE: Landw. Jb. **16**, 917.

[9] Vgl. hierzu E. MICHELET u. JOHN SEBELIEN: Ref. Biedermanns Zbl. **36**, 73 (1907).

[10] OMELIANSKI, W.: Ref. Biedermanns Zbl. **36**, 350 (1907).

[11] Vgl. hierzu A. EHRENBERG: Z. physik. Chem. **11**, 145, 438 (1887).

aus feuchtem, an organischen Überresten reichem Boden, „ein brennbares Gas ausgeschieden wird"[1]. Bunsen sowohl als auch Hoppe-Seyler stellten fest, daß die Methanausscheidung besonders energisch in den Sommermonaten vor sich geht[2], wie auch Ramann die Bildung des Sumpfgases von der Fäulnis organischer Stoffe unter Wasser abhängig macht[3]. Omelianski glaubt auf Grund seiner Studien annehmen zu müssen, daß Zersetzungsvorgänge pflanzlicher und tierischer Stoffe als Hauptquelle für das allgemeine Auftreten des Methans zu gelten haben[4]. Auch Wasserstoff[5] kann bei Fäulnisprozessen im Boden gebildet werden. Das Vorkommen des Wasserdampfes in Böden ist allgemein bekannt, doch weist Ramann[6] darauf hin, daß in tieferen Bodenschichten stets, in höheren Schichten in der Regel eine Sättigung mit Wasserdampf stattfindet. Schließlich sei noch bemerkt, daß nach den Untersuchungen Th. Schlösings[7] die Bodenluft, mit der Tiefe zunehmend, merklich ärmer an Argon als die atmosphärische Luft wird.

Gasaustausch.

Beeinflussung durch klimatische Faktoren. Die Frage des Gasaustausches ist gerade in der letzten Zeit mehrfach Gegenstand eingehender Erörterungen gewesen. Der Mechanismus des Austausches ist schon früher behandelt worden, ohne jedoch des näheren die einzelnen Faktoren ihrer Bedeutung und ihrer Leistungsfähigkeit nach zu begründen[8]. Erst Buckingham[9], Romell[10] und Lundegardh[11] haben sich speziell mit dem Mechanismus des Gasaustausches beschäftigt. Als Faktoren, die den Gasaustausch beeinflussen, kommen Temperatur, Luftdruck, Wasser, Wind und Diffusion in Frage, d. h. klimatische Einflüsse und das Verhalten der Gase gegeneinander sind von maßgebender, wenn auch vergleichsweise von recht verschiedener Wirkung.

Die Temperatur kann sich in zweierlei Weise bei dem Gasaustausch bemerkbar machen: 1. innerhalb des Bodens, indem sich die Bodenluft je nach dem Temperaturgang ausdehnt oder zusammenzieht, 2. indem die Temperaturdifferenzen zwischen Boden und Luft, falls die Bodentemperatur höher ist als die der Luft, Anlaß zum Einströmen kälterer atmosphärischer Luft in den Boden unter Verdrängung entsprechender Volumina Bodenluft gibt[12]. Romell[13] kommt an Hand von Berechnungen zu folgendem Schluß: „Auf Grund unserer Schätzungen kann einerseits die Möglichkeit einer wesentlichen Mitwirkung der uns beschäftigenden Temperaturdifferenzen in krümeligem Ackerboden unter günstigen Verhältnissen nicht geleugnet werden, andererseits kann der Effekt in unseren natürlichen Waldböden nur verschwindend sein, z. B. für einen besonders günstigen Fall, nicht $1/_{240}$, wahrscheinlich nicht einmal $1/_{480}$ von der Normaldurchlüftung übersteigen. Verschiedene Gründe machen die letzte Schluß-

---

[1] Zitiert von W. Omelianski: a. a. O., S. 350.   [2] Ebenda, S. 350.
[3] Ramann, E.: Bodenkunde, a. a. O., 1911, S. 376.
[4] Omelianski, W.: a. a. O., S. 350.
[5] Vgl. B. Tacke: a. a. O., S. 917.
[6] Ramann, E.: Bodenkunde, a. a. O., S. 390.
[7] Schlösing, Th.: Ref. Biedermanns Zbl. **26**, 66 (1897).
[8] Romell, L.-G.: a. a. O., S. 287, führt bei den Erörterungen über diesen Gegenstand folgende Literatur an: E. Ramann: Bodenkunde, S. 109, 1893; S. 297, 386. 1905.—Hann, J. v.: Lehrbuch der Klimatologie, S. 80. Stuttgart 1908. — Mitscherlich, E. A.: Bodenkunde, S. 172 (1920). — Clements, F. E.: Aeration and air content, S. 44. Washington 1921. — Hartig, R.: Lehrbuch der Pflanzenkrankheiten, S. 263. Berlin 1900.
[9] Buckingham, E.: U. S. Dep. agr. bus. of soils. Bull. **25** (1904).
[10] Romell: a. a. O., S. 287f.
[11] Lundegardh, H.: a. a. O., S. 156f. (1924).
[12] Romell: a. a. O., S. 290.   [13] Romell: a. a. O., S. 298.

folgerung sicherer als die erste." Es liegt auch ein experimenteller Nachweis hierüber vor, dessen Ergebnisse mit den Worten ROMELLS[1] wiedergegeben seien: ,,Zu der oben zugegebenen Möglichkeit einer beträchtlichen Durchlüftung krümeliger Ackererde durch Temperaturdifferenzen zwischen Boden und Luft kann bemerkt werden, daß RUSSELL und APPLEYARD tatsächlich unter bestimmten Verhältnissen, nämlich ,on a warm day preceded by a frosty night', im Ackerboden besonders kleine Werte der CO_2 und des O_2-Defizits gefunden haben, also wohl im Herbst nach besonders günstigen Nächten. Es ist wohl jedoch nicht ausgeschlossen, daß die Nachtkälte auf die Aktivität im Boden mehr als auf den Gasaustausch einwirkte." Die älteren experimentellen Untersuchungen von WOLFFHÜGEL[2] und FODOR[3] haben ebenso wie neuere (RUSSELL und APPLEYARD[4]) keine einheitlichen Ergebnisse gefördert. Den Barometerschwankungen wird bis auf einige seltene Fälle[5] kein nennenswerter Einfluß zugeschrieben[6], doch muß bei diesem Fragenkomplex auf die Erörterungen eines Fachmeteorologen, der diese in jüngster Zeit veröffentlichte, hingewiesen werden[7]. Die zwar nicht bedeutenden, ständigen Luftdruckschwankungen entgehen meist der Aufzeichnung durch die gewöhnlichen Barographen, werden jedoch von Apparaten besonderer Konstruktion charakteristisch aufgezeichnet[8]. Die Schwankungen wiederholen sich in rascher Folge und können dadurch wesentlich größere Wirkungen hervorbringen als die einseitigen Luftdruckänderungen, die sich etwa von einem Tage auf den nächsten abspielen, sie transportieren nach SCHMIDT und LEHMANN[9] gewaltige Mengen Luft, denn Druckunterschiede gleichen sich, ihren Ergebnissen zufolge, rasch aus.

Was geschieht nun im Boden, wenn über ihm Luftdruckschwankungen stattfinden? Bei jeder Erniedrigung des Druckes strömt ein Teil der Bodenluft aus, trägt Kohlensäure mit sich, die nun der Luft im Freien übergeben wird. Bei einem Anstieg des Luftdruckes wird wieder frische Luft in die Bodenkapillaren eingepreßt, die neue Mengen Kohlensäure aufnehmen kann usw. In annähernd demselben Maße, wie der Transport durch den Austausch im Freien die Wirkung der einfachen Diffusion überwiegt, muß dies auch beim Transport durch die erwähnten hin- und hergehenden Luftströme in Kapillaren der Fall sein. Es wird viel mehr Kohlensäure als sonst hinausgeschafft, dabei aber auch bedeutend mehr verarbeitbarer Sauerstoff in den Boden eingeführt. SCHMIDT und LEHMANN[10] sprechen direkt von durch Druckschwankungen erzeugten Massenverschiebungen im Boden. ,,Bei sinkendem Druck tritt Luft aus dem Boden aus, und zwar in einer Menge, die proportional ist der Druckverminderung einerseits, dem Gehalt an beweglicher Luft im Boden andererseits, bei steigendem Druck wandert Luft in entsprechendem Ausmaß hinein." Der auf diesem Wege hervorgerufene Ausgleich zwischen Boden- und Außenluft und die Mischung dieser beiden soll nach ihnen in viel ausgiebigerer Weise stattfinden, als es durch Diffusion der Fall sein kann.

---

[1] ROMELL: a. a. O., S. 299.

[2] WOLFFHÜGEL, G.: Über den Einfluß der Barometerschwankungen auf die Bodengase. Amtl. Ber. 50. Vers. Dtsch. Naturf. u. Ärzte, S. 355. München 1877.

[3] FODOR, J. VON: Hygienische Untersuchungen, a. a. O., 2, 139.

[4] RUSSELL, E. J., u. A. APPLEYARD: a. a. O., S. 34.

[5] RAMANN, E.: Bodenkunde, a. a. O., S. 386/387. — KROGH, A., nach Angabe ROMELLS: a. a. O., S. 302. — Wahrscheinlich gehören auch die Untersuchungen von G. BOUYOUCUS u. M. M. McCOOL: Soil Sci. 18, 53 (1924) hierher.

[6] ROMELL, L.-G.: a. a. O., S. 302.

[7] SCHMIDT, WILHELM: Fortschr. Landw. 4, 362 (1929).

[8] SCHMIDT, WILHELM, u. PAUL LEHMANN: a. a. O., S. 844, geben charakteristische Variographenaufzeichnungen kurzer Luftdruckschwankungen.

[9] SCHMIDT, WILHELM, u. PAUL LEHMANN: a. a. O., S. 848.

[10] SCHMIDT, WILHELM, u. PAUL LEHMANN: a. a. O., S. 842.

Die Wirkung des Wassers in bezug auf den Gasaustausch kann hemmend wie fördernd sein. Von dem fördernden Einfluß berichtet Ramann[1] wie folgt: „Kräftige Einwirkungen übt endlich in den Boden eindringendes Wasser aus. Aus den Räumen, die sich mit Wasser füllen, entweicht die Luft, und beim Absickern des Wassers wird wieder Luft nachgesaugt. Gießt man auf trockenen Boden Wasser, so sieht man reichlich Gasblasen entweichen." Auch die Grundwasserbewegungen können einen Ventilationseffekt ausüben[2]. Für den Regen hat Romell berechnet, daß dieser Effekt als äußersten Maximalwert $^1/_{16}$—$^1/_{12}$ der Normaldurchlüftung ergibt[3]. Die Ergebnisse der Wirkung des Windes seien mit den Worten Romells wiedergegeben[4]: „Zusammenfassend möchte ich über die Rolle des Windes als Durchlüftungsfaktor sagen, daß der Wind auf offenem Land mit hügeligem oder im kleinen bewegten Terrain unter Voraussetzung grobkörnigen Bodens vielleicht eine beträchtliche Durchlüftung des Bodens zu bewirken imstande ist, daß aber für Waldböden wohl ohne Ausnahme dieser Effekt ein ganz verschwindend kleiner sein muß. Für normale geschlossene Waldbestände wenigstens dürfe man behaupten können, daß der Wind für die Bodenventilation ganz ohne Belang ist." Nach den Erfahrungen bezüglich der Wirkung geringer Luftdruckschwankungen erscheinen auch weitere experimentelle Untersuchungen über die durch Wind hervorgerufenen Veränderungen innerhalb der Bodenluft erstrebenswert.

Diffusion. Die Frage der Diffusion der Kohlensäure oder, weiter gefaßt, die des Austausches zwischen Boden und Atmosphäre ist experimentell wohl von Hannén[5] als erstem untersucht worden. Die umfangreichen Untersuchungen seien in ihren wesentlichen Resultaten in der Zusammenfassung des Verfassers wiedergegeben[6]: „1. Die Diffusion der Kohlensäure aus dem Boden ist bei konstanter Temperatur hauptsächlich von der Summe der Poren der Querschnitte abhängig. Daher sind die absoluten Mengen des diffundierten Gases um so größer, je größer das Gesamtporenvolumen ist, und umgekehrt. 2. Jede Verminderung des Porenvolumens, wie solche durch Verdichtung des Bodens oder durch einen mehr oder weniger hohen Feuchtigkeitsgehalt bedingt ist, hat eine Abnahme der geförderten Gasmengen zur Folge. Die Abgabe der Kohlensäure der Bodenluft an die Atmosphäre auf dem Wege der Diffusion ist daher um so geringer, je feinkörniger der Boden ist, je dichter sich die Bodenteilchen aneinanderlagern und je größer die Wasserkapazität des Erdreiches ist, und vice versa. 3. Die diffundierte Kohlensäure verringert sich in um so höherem Grade, je mächtiger die Bodenschicht ist, aber nicht proportional der Höhe der Schicht, sondern in einem kleineren Verhältnis. 4. In Bodenarten, welche sich bei atmosphärischer Zufuhr mit Wasser sättigen, und in welche überhaupt die Niederschläge langsam eindringen, wird infolge dieses Verhaltens dem Wasser gegenüber die Diffusion der Kohlensäure mehr oder weniger beträchtlich herabgedrückt." Diese Frage wurde in neuerer Zeit von Buckingham[7] experimentell und von Romell[8] theoretisch an Hand des ihm zugänglichen Zahlenmaterials

---

[1] Ramann, E.: a. a. O., S. 387.

[2] Howard, A., u. G. Howard: Soil ventilation. Agr. Res. Inst. Pusa. Bull. 51, 6 (1915).

[3] Romell, L.-G.: a. a. O., S. 304.

[4] Romell, L.-G.: a. a. O., S. 310. — Vgl. hierzu Russell u. Appleyard: a. a. O., S. 34, und die älteren Untersuchungen von C. Salger: Inaug.-Dissert. Erlangen 1880, und J. A. Hensele: Forschgn. Geb. Agrikult.-Phys. 16, 323 (1893).

[5] Hannén, F.: Untersuchungen über den Einfluß der physikalischen Beschaffenheit des Bodens auf die Diffusion der Kohlensäure. Forschgn. Geb. Agrikult.-Phys. 15, 6ff. (1892).

[6] Hannén, F.: a. a. O., S. 24.

[7] Buckingham, J.: U. S. A. Dep. Agricult. Bur. of Soils, Bull. 25 (1904).

[8] Romell, L.-G.: a. a. O., S. 320ff.

behandelt, wie auch LUNDEGARDH diesen Gegenstand mit in den Vordergrund seiner Betrachtungen zog. Während RAMANN[1] der Diffusion keine besondere Bedeutung für den Gasaustausch Boden-Atmosphäre zuschrieb, halten LUNDE-GARDH, ROMELL und BUCKINGHAM[2] die Diffusion für einen ausschlaggebenden Faktor bei der Abgabe der Kohlensäure durch die Bodenoberfläche. Den Temperatur- wie Luftdruckschwankungen wird dagegen nur geringe Bedeutung zuerkannt. Während der normale Diffusionskoeffizient CO_2—Luft bei 27^0 C und 760 mm Hg 0,17 beträgt, fand BUCKINGHAM[3] Werte von 0,11—0,02 im Boden, von denen die meisten bei 0,05—0,08 lagen. ROMELL[4] erklärt die Ursache dieser Differenz damit, daß die Poren im Boden nicht geradlinig sind, sondern der Diffusionsstrom muß überall Umwege machen, so daß der wirkliche Weg länger als die Höhe der Bodensäule ist, ferner wird der Diffusionsstrom dadurch aufgehalten, daß die Diffusionsräume nicht überall dieselbe Größe haben, so daß sehr enge Passagen mit weiteren umwechseln. Der experimentell in Erde gefundene Diffusionskoeffizient ist nach ROMELL eigentlich ein scheinbarer. Die folgende Tabelle gibt die Werte wieder, die von ROMELL auf $1\,cm^2$ Porenquerschnitt und ein Gefälle von 1 Atm. pro Zentimeter umgerechnet sind.

Diffusionskoeffizient k für CO_2—Luft aus BUCKINGHAMS Versuchen berechnet.

Versuchstemperatur $c : a$ 27^0 C. Druck nahe 760 mm Hg.

Sortiment	Luft-gehalt %	k	Sortiment	Luft-gehalt %	k
Dune sand, 4,8 % aq .	56	0,11	Cecil clay, 19,6 % aq .	25	0,05; 0,06
			Do., 21,1 % aq . . .		0,06; 0,07
Do.	46	0,07; 0,08	„somewhat lumpy" .	46	0,08
Garden loam trocken .	49	0,07; 0,08	Do.	35	0,04
Do.	43	0,06; 0,07	Do., bewässert . . .	25	0,02; 0,03
Do., bewässert	31	0,06	Cecil clay, trocken		
Garden loam, 18,6 % aq	49	0,08; 0,10	„coarse ground" . .	61	0,06; 0,07
Do.	40	0,08	Do.	52	0,04; 0,05
Do.	32	0,06	Do.	47	0,04; 0,05
Cecil clay, 19,6 % aq .	48	0,07	Windsor sand, 4,2 % aq	55	0,09; 0,10
Do.	35	0,04; 0,07	Do.	33	0,07; 0,09
			Do., bewässert . . .	16	0,02

Man kann im Boden mit einem scheinbaren Diffusionskoeffizienten rechnen, dessen Werte sich auf $1/_2$—$1/_3$ des normalen für freie Diffusion belaufen. Eine Ausnahme bilden jedoch nasse Böden, kompakte und extrem feinkörnige Böden. Aus seinen Berechnungen schließt ROMELL[5] auf folgende Beziehungen zwischen Diffusion und Durchlüftung: „Die Diffusion muß imstande sein, dauernd eine Durchlüftung zu bewirken, die in der Regel die oben geforderte Normaldurchlüftung erreicht und übertrifft. Von den übrigen Faktoren könnten, wie wir uns erinnern, nur Temperaturunterschiede Boden—Luft und Wind als fähig angesehen werden, möglicherweise, unter besonders günstigen Umständen, lokal oder temporär, eine ergiebige Durchlüftung zu bewirken. Die Diffusion muß deshalb als der weitaus wichtigste unter den für die Bodenventilation in Frage kommenden Faktoren angesehen werden, ja für Waldböden dürfte man mit Sicherheit behaupten können, daß er der einzige ist, der ernstlich in Betracht

---

[1] RAMANN, E.: Bodenkunde a. a. O., S. 386.
[2] Vgl. H. LUNDEGARDH: a. a. O., S. 149, 157 (1924).
[3] Vgl. die von ROMELL: a. a. O., S. 322, umgerechneten Werte.
[4] ROMELL, L.-G.: a. a. O., S. 323.   [5] ROMELL, L.-G.: a. a. O., S. 327.

kommt." Die Ausführungen Romells und auch besonders Lundegards haben die Bedeutung der Diffusion für den Gasaustausch gegenüber den älteren Ansichten hervorgehoben, doch ist die Frage, ob die Beteiligung der klimatischen Faktoren bei diesem Vorgang nicht größer ist als die genannten Autoren annehmen, noch ungelöst. In diesem Zusammenhange sei auf die Arbeit Schmidts[1] hingewiesen, in der die Turbulenz und Luftdruckschwankungen kurz behandelt werden. Für die Diffusion des Ammoniakgases sind der Kohlensäure analoge Ergebnisse erhalten worden[2]. In bezug auf die Diffusion des Wasserdampfes sei auf die Ausführungen Zunkers[3] verwiesen.

Durchlüftbarkeit und Durchlässigkeit des Bodens für Luft[4].

Nach R. Heinrich[5] kann man zwei Wege einschlagen, um die Durchlüftung des Bodens (in natürlicher Lagerung) zu ermitteln[6]. Entweder bestimmt man die Zeit, in der eine gewisse Luftmenge bei gleichem Druck durch den Boden hindurchgedrückt wird, oder aber man ermittelt die Höhe des Druckes, der erforderlich ist, um den Widerstand des Bodens gegen die eindringende Luft zu übermitteln. Diese Methode hat sich als brauchbar zur Feststellung, ob ein Boden genügende Durchlüftung aufweist, erwiesen. Schließlich hat Gerretsen[7] für tropische Böden als Maßstab genügender Durchlüftung die Jodmenge als geeignet bezeichnet, die durch den Boden aus einer angesäuerten Jodkaliumlösung frei gemacht wird.

Die gewöhnlichen Kulturböden zeigen eine leichte Durchlüftbarkeit bereits bei 2 cm Wasserdruck, sie lassen mindestens 40—60 cm[3] Luft pro Minute auf 1 qm nach der Heinrichschen Methode hindurchstreichen, während diejenigen Böden, welche bei der angegebenen Versuchsanordnung bei 20 cm Druck nicht oder schwer durchlüftbar sind, sich nach R. Heinrich[8] nicht mehr als Ackerland eignen. Die Bedeutung der Durchlüftung der Böden für die land- und forstwirtschaftliche Praxis sowie bei bakteriellen Umsetzungen wird am Ende des Abschnittes näher besprochen werden.

Von den Ergebnissen der umfangreichen Untersuchungen Renks[9] sei erwähnt, daß die Porenweite, die Lagerung, der Wassergehalt in erster Linie eine Rolle für die Permeabilität des Bodens für Luft spielen. So wird z. B. durch die Auflockerung des Bodens die Permeabilität beträchtlich vergrößert, und zwar vergleichsmäßig in um so höherem Maße, je feinkörniger der Boden ist. Ferner wird die Permeabilität um so mehr herabgesetzt, je mehr Wasser der

---

[1] Schmidt, Wilhelm: Fortschr. Landw. 4, 360 (1929).

[2] Hannén, F.: a. a. O., S. 13.

[3] Zunker, F.: Dieser Band des Handbuches, S. 202f.

[4] Hierzu vgl. die Erörterungen Zunkers über die Durchlässigkeit des Wasserdampfes. Dieser Band des Handbuches, S. 205.

[5] Heinrich, R.: Grundlagen zur Beurteilung der Ackerkrume, S. 124, 222. Wismar 1883.

[6] Soyka, J.: Über eine Methode, die Permeabilität des Bodens für Luft optisch zu demonstrieren, Forschgn. Geb. Agrikult.-Phys. 4, 25 (1881), schlägt einen originellen Demonstrationsversuch zur Kenntlichmachung der Durchlüftungsverhältnisse der verschiedenen Bodenarten vor. Anstatt Luft leitet er Leuchtgas durch den Boden. Je durchlässiger der Boden für Luft ist, desto mehr Gas wird in der gleichen Zeit hindurchtreten und desto größer wird die Flamme des angezündeten Gases sein. Dieses Verfahren macht natürlich keinen Anspruch auf eine quantitative Exaktheit der Messung der Permeabilität.

[7] Gerretsen, F. C.: Untersuchungen über die Nitrifikation und Denitrifikation in tropischen Böden. Arch. Zuckerind. Nederl. Indil 29, 1397; nach Ref. Biedermanns Zbl. 54, 56 (1925).

[8] Heinrich, R.: Über Prüfung der Bodenarten auf Wasserkapazität und Durchlüftbarkeit. Forschgn. Geb. Agrikult.-Phys. 9, 273 (1886).

[9] Renk, F.: Über die Permeabilität des Bodens für Luft. Z. Biol. 15, H. 1 (1879).

Boden enthält, und bei verschiedenen Bodenarten wird die Permeabilität bei dem Boden am meisten verändert, der die größte Wassermenge zu fassen vermag.

Nach FODOR[1] behindert der Regen ebenfalls die Durchlüftung, doch geht gleichzeitig aus seinen Versuchen hervor, daß sich der durch die Feuchtigkeit angeregte Zersetzungsprozess in den meisten Fällen doch in einer Erhöhung der CO_2-Produktion auswirkt. Dieser Befund wird im wesentlichen durch diejenigen RUSSELLs bestätigt[2]. Die Verminderung der geförderten Luftmengen mit steigendem Wassergehalt des Bodens hängt damit zusammen, daß sich die Poren mit Wasser füllen und für Luft undurchdringlich werden, denn nach den Untersuchungen WOLLNYs[3] ist der Boden im völlig wassergesättigten Zustand völlig undurchlässig für Luft. Wichtig dabei ist aber, daß alle an Kolloidsubstanzen reichen Böden im natürlichen Zustande schon bei einem Wassergehalt, der mehr oder weniger tief unter dem Wassersättigungspunkt liegt, praktisch für Luft undurchlässig sind. Nach ROMELL[4] setzt Verstopfung der Poren mit Wasser die Durchlüftung durch die verstopften Räume zu etwa $^1/_{10000}$ der normalen herab, wobei jedoch auf die Ergebnisse der Ermittelung der Benetzbarkeit der Böden hinzuweisen ist[5].

AMMON[6] dehnte die Untersuchungen RENKs weiter aus und erkannte, daß die Permeabilität des trockenen Bodens für feuchte Luft eine größere als für trockene, dagegen des feuchten Bodens für feuchte Luft eine geringere als für trockene ist[7]. Im Gegensatz zu diesen Resultaten stehen die durch WOLLNY[8] ermittelten Werte, der mit Rücksicht auf die außerordentlich geringen Differenzen sich zu der Schlußfolgerung berechtigt glaubt, daß der Feuchtigkeitsgehalt der Luft auf die Permeabilität des Bodens ohne Einfluß sei. Nach den Resultaten AMMONS wird durch das Gefrieren des Bodens die Permeabilität herabgesetzt. Die Pflanzendecke, lebende Grasnarbe und eine Düngerdecke (1 cm hohe Schicht feingeschnittenen Roggenstrohs) üben vergleichsweise eine recht verschiedene Wirkung aus, denn die Grasnarbe setzt die Permeabilität stark herab, wohingegen dieselbe durch die lose aufgestreute Düngerdecke nur eine ganz geringe Beeinträchtigung erfährt:

Bodenbeschaffenheit	Temperatur des Bodens und der Luft (°C)	Druck in mm Wasser	Dauer jedes Versuchs Std.	Durchgegangene Luft in 1 per Std.
nackt	10	40	1	7,32
mit Stroh bedeckt	10	40	1	6,30
mit Gras bedeckt	10	40	1	1,61

Bei Betrachtung der Untersuchungen RENKs im Vergleich zu denen AMMONS ergeben sich aber Widersprüche in bezug auf das Verhältnis Druck zur geförderten Luftmenge bei verschiedenartiger Korngröße, die wohl in erster Linie auf die

---

[1] FODOR, J. VON: Über die zeitlichen Schwankungen des Kohlensäuregehaltes der Bodenluft. Forschgn. Geb. Agrikult.-Phys. **5** (1882).

[2] RUSSELL, E. J., u. A. APPLEYARD: The atmosphere of the soil, its composition and the causes of variation. J. agricult. Sci. **7**, 1 (1915). — Vgl. auch T. GAARDER u. O. HAGEM: Salpetersyredannelse i udyrket yord. Vestlandets forstl. försokstation Medd., Nr. 4. Bergen 1921; nach L. G. ROMELL: a. a. O., S. 275, 335.

[3] WOLLNY, E.: Forschgn. Geb. Agrikult.-Phys. **16**, 218 (1893).

[4] ROMELL, L.-G.: Die Bodenventilation als ökologischer Faktor. Medd. fran Stat. Skogsförsöksanst. H. 19, Nr. 2, 339. Stockholm 1922.

[5] Vgl. unter Benetzbarkeit der Böden.

[6] AMMON, G.: Untersuchungen über die Permeabilität des Bodens für die Luft. Forschgn. Geb. Agrikult.-Phys. **3**, 209 (1880).

[7] AMMON, G.: a. a. O., S. 238/239.

[8] WOLLNY, E.: Untersuchungen über die Permeabilität des Bodens für Luft. Forschgn. Geb. Agrikult.-Phys. **16**, 201 (1893).

Art des Bodens zurückzuführen sind. Renk arbeitet mit gröberem Material, während Ammons Untersuchungen mit feinkörnigen Bodenarten durchgeführt wurden. Zur Klärung der Fragen dienten noch eine Reihe anderer Arbeiten. So beschreibt Fleck[1] ein anderes Verfahren zur Durchlässigkeitsmessung. Die Änderung gegenüber den früheren Verfahren beruht darauf, daß die Luft nicht durch die zu untersuchende Substanz geführt wird, sondern ein gegebenes Luftvolumen (in der Zeiteinheit) wird hindurchgepreßt und der Widerstand, der sich mit der Erhöhung der Durchlässigkeit des zu prüfenden Materials verringern wird, wird mittels Manometer gemessen. Fleck kam bei seinen Versuchen zu dem Ergebnis, daß einerseits der Manometerstand der Höhe der stauenden Bodenschichten proportional ist und andererseits, „daß die Durchlässigkeit umgekehrt proportional ist den bei gleich hohen Schichten verschiedener Bodenarten beobachteten Manometerständen am Versuchsapparate". Welitschkowsky[2] stellte fest, daß beim Anwachsen der Höhe der Bodenschicht die ausströmende Luftmenge in kleinerem Verhältnis abnimmt als die Mächtigkeit der Schicht wächst, und daß bei der Vergrößerung des Druckes die Menge der geförderten Luft in noch kleinerem Verhältnisse abnimmt als die Dicke der Schicht wächst, d. h. mit anderen Worten, der von Fleck aufgestellte Satz scheint nur bei kleinerem Drucke Geltung zu haben, denn bei größerem Druck wird das besagte Verhältnis mehr und mehr gestört, wenn man für den Befund nicht die verschiedene Versuchsanordnung verantwortlich machen will.

Bei gleicher Höhe der Schicht und bei verschiedenem Druck ergeben sich nach v. Welitschkowsky folgende Werte bei Anwendung von Grobsand (1—2 mm):

Druck in mm Wasser	Geförderte Luftmenge pro min in l	Druck in mm Wasser	Geförderte Luftmenge pro min in l
10	1,628	90	12,985
20	3,118	100	14,202
30	4,567	110	15,410
40	5,996	120	16,826
50	7,399	130	18,088
60	8,802	140	19,647
70	10,212	150	20,803
80	11,490	160	22,061

Wird also der Druck verdoppelt, so nimmt die Luftmenge auch zu, doch um etwas weniger als das Doppelte; das Verhältnis der Zunahme ist fast konstant, denn aus der Berechnung ergibt sich, daß bei Vergrößerung des Druckes um das Doppelte die Zunahme der geförderten Luftmenge das 1,919fache beträgt (mit Schwankungen von 1,912—1,924). Hieraus hat der Genannte die Beziehungen zwischen Druck und Permeabilität in eine mathematische Formel gekleidet, mit deren Hilfe es alsdann möglich ist, aus einer Bestimmung die zu erwartenden Ergebnisse zu berechnen. Die von Mitscherlich[3] angegebene Formel:

$$L = \frac{p}{l} \cdot k$$ stimmt in ihrer Einfachheit nicht ganz[4], denn auch schon Wollny[5]

[1] Fleck, H.: Über ein neues Verfahren zu Durchlässigkeitsbestimmungen von Bodenarten. Z. Biol. 16, 42—54 (1880).

[2] Welitschkowsky, D. v.: Beitrag zur Kenntnis der Permeabilität des Bodens für Luft. Arch. f. Hyg. 2, 483—498 (1884).

[3] Mitscherlich, E. A.: Bodenkde. Land- u. Forstwirte, S. 171. Berlin 1920.

[4] Diese Formel bedeutet, daß die geförderte Luftmenge L proportional dem Druck p ist, unter welchem die Luft durchgepreßt wird, und umgekehrt proportional der Höhe der Bodensäule l ist.

[5] Wollny, E.: Untersuchungen über die Permeabilität des Bodens für Luft. Forschgn. Geb. Agrikult.-Phys. 16, 207 (1893).

kommt auf Grund seiner diesbezüglichen Untersuchungen zu dem Ergebnis, daß nur dann eine „Proportionalität zwischen geförderter Luftmenge und Druck beobachtet wird: 1. bei feinkörnigem Material (< 0,5 mm), 2. bei grobkörnigem Material (> 0,5 mm), nur bei Anwendung hoher Schichten, 3. innerhalb niedriger Druckgrenzen", was einer Bestätigung der Untersuchungen RENKs gleichkommt.

In Übereinstimmung mit AMMON fand WOLLNY[1], daß die Permeabilität des Bodens mit steigender Temperatur abnimmt, denn er stellte bei einer Bodenschicht von 75 cm Höhe und 50 mm Wasserdruck folgende Ergebnisse fest:

| Bodenart | Bodentemperatur | Lufttemperatur | | | | |
| | | 0^0 | 10^0 | 20^0 | 30^0 | 40^0 |
	°C	Geförderte Luftmenge in Litern pro Std.				
Torf	0	62,9	62,5	62,1	61,7	61,3
	10	60,2	59,7	59,3	58,8	58,4
	20	57,4	56,9	56,4	56,0	55,4
	30	54,7	54,1	53,6	53,1	52,5
	40	51,9	51,3	50,8	50,2	49,6
Quarzsand . . .	0	19,43	19,16	18,89	18,63	18,36
	10	18,57	18,27	17,97	17,69	17,39
	20	17,70	17,38	17,06	16,74	16,42
	30	16,84	16,49	16,14	15,80	15,45
	40	15,97	15,64	15,23	14,86	14,49

Die Feinheit der Bodenpartikelchen spielt eine bedeutende Rolle bei der Permeabilität des Bodens, denn sie wird unter sonst gleichen Verhältnissen von dem Korndurchmesser beherrscht, und zwar so, daß sie mit der Größe der Bodenteilchen zunimmt[2]. Die folgende Tabelle vermittelt die von WOLLNY[3] erhaltenen Werte, die gleichzeitig die Wirkung einer Wasserzufuhr veranschaulichen[4].

| Bodenart | Korn- bzw. Krümeldurchmesser in mm | Geförderte Luftmenge in l pro Std. bei einer Wasserzufuhr von | | |
		0 mm lufttrocken	10 mm Höhe	30 mm Höhe
Quarzsand I	0,01 —0,071	0,195	0,22	0,20
„ II	0,071—0,114	3,525	0,41	0,30
„ III	0,114—0,171	7,712	0,21	0,18
„ IV	0,171—0,250	14,000	0,28	0,11
„ V	0,25 —0,50	35,825	6,19	4,29
„ VI	0,5 —1,0	71,300	62,30	5,08
„ VII	1,0 —2,0	290,160	179,80	17,40
„ I—VII	0,01 —2,0	1,700	0,85	0,59
Lehm, pulverförmig	0,0 —0,25	4,00	1,28	0,28
„ krümelförmig	0,5 —1,0	137,50	1,78	1,34
„ „	1,0 —2,0	426,94	45,80	19,95
„ „	2,0 —4,0	1240,10	840,00	33,60
„ „	0,5 —4,0	147,31	43,68	19,26
Torf (Oldenburger)	<1,0	16,370	0,20	0,05
Kaolin	—	0,087	—	—

[1] WOLLNY, E.: a. a. O., S. 200; die angewandte Versuchsanordnung ist dortselbst auf S. 197—199 genau beschrieben.
[2] WOLLNY, E.: a. a. O., S. 208.
[3] WOLLNY, E.: a. a. O., S. 220.
[4] An dieser Stelle sei auf die Versuche hingewiesen, die von HEBER GREEN u. H. A. HAUPT: J. agricult. Sci. 5, 1—26 (1912), in bezug auf die Durchgangsgeschwindigkeit des Bodens für Luft und Wasser und das gegenseitige Verhältnis beider angestellt wurden.

Wollny schließt aus den Ergebnissen seiner Untersuchungen, daß 1. die Permeabilität der Böden bei der Zufuhr des atmosphärischen Wassers sich vermindert, und zwar im Verhältnis zur Menge des eindringenden Wassers; 2. daß die ad 1 bezeichnete Herabsetzung der Permeabilität im allgemeinen in um so stärkeren Grade sich geltend macht, je feinkörniger der Boden ist, und sich bei ton- und humusreichen Böden bis zur vollständigen Undurchlässigkeit steigern kann; 3. daß die Böden im krümeligen Zustande bei einer Durchfeuchtung von oben her absolut eine geringere Einbuße in der Permeabilität erleiden als bei pulverförmiger Beschaffenheit unter sonst gleichen Umständen. Nach Romell[1] spielt die Korngröße des Bodens für die Durchlüftung landw.- und forstw.-praktisch eine nur untergeordnete Rolle, sofern sie nicht eine gewisse Minimalgröße untersteigt. Die Lagerungsverhältnisse und die dadurch bedingten Reibungswiderstände gegen die Luftbewegung sind häufig Gegenstand der Untersuchung gewesen, besonders die Versuche von Wollny[2] und Buckingham[3] haben dargetan, daß die Unterschiede bei ein und derselben Lagerungsart sehr verschieden sind. Ebenfalls führt das Gefrieren einen Einfluß auf die Durchlässigkeit der Luft aus, der zahlenmäßig aus der folgenden Zusammenstellung hervorgeht[4]:

Höhe der Bodenschicht 50 cm, Durchmesser 5 cm	Geförderte Luftmenge in Litern pro Std.	
	gefroren	nicht gefroren
Humoser Diluvialsand, feinkrümelig . .	13,00	13,80
Lehm, pulverförmig	0,56	0,73
Reiner Kalksand, ziemlich feinkörnig. .	48,60	69,20
Torf, Oldenburger, grob gepulvert . . .	10,99	38,00

Der gefrorene Boden besitzt mithin unter sonst gleichen Verhältnissen ein geringeres Durchlässigkeitsvermögen als der nicht gefrorene, ein Befund, der wohl auf die Volumenzunahme des Wassers beim Übergang in den festen Zustand zurückzuführen ist, wenn nicht unter Umständen an eine Verstopfung der Hohlräume durch Eiskristalle gedacht werden kann. Das mehrmalige Gefrieren und Auftauen macht sich, nach Wollny[5], auf die Verhältnisse wie folgt bemerkbar (s. Tabelle S. 312).

Bis zu einem gewissen Grade macht sich nach dem Auftauen eine gesteigerte Durchlässigkeit geltend. Daß eine spätere Abnahme in vielen Fällen eintritt, ist wahrscheinlich mit dem Übergang des Bodens aus dem krümeligen in den pulverförmigen Zustand in Zusammenhang zu bringen. Bezüglich des Sandes glaubt Wollny[6], die bessere Durchlüftung durch die Auseinanderschiebung der einzelnen Bodenteilchen, hervorgerufen durch das erstarrende Eis und die beim Auftauen erfolgende unregelmäßige Lagerung erklären zu können. Aus den Zahlen ist aber die recht verschiedene Wirkung bei den einzelnen Bodenarten zu ersehen, wobei natürlich auch die Frage des Fortganges des Wassers eine bedeutende Rolle spielt. Dieses letztere Ineinandergreifen mehrerer Komponenten erschwert mithin die nähere Einsicht in die Verhältnisse, doch schmälert es nicht die Bedeutung der Ergebnisse für die landwirtschaftliche Praxis.

---

[1] Romell, L.-G.: Die Bodenventilation als ökologischer Faktor. Medd. fran statens Skogsförsöksanst., H. 19, Nr. 2, 339. Stockholm 1922.

[2] Wollny, E.: a. a. O., S. 193f.

[3] Buckingham, E.: Contributions to our knowledge of the aeration of soils. U. S. Dep. Agr. Bur. of soils Bull. 25 (1904).

[4] Wollny, E.: Forschgn. Geb. Agrikult.-Phys. 20, 450 (1897/98).

[5] Wollny, E.: Forschgn. Geb. Agrikult.-Phys. 20, 451 (1897/98).

[6] Wollny, E.: Forschgn. Geb. Agrikult.-Phys. 20, 452/53 (1897/98).

Daß die Tätigkeit der Regenwürmer die Durchlässigkeit für Luft beträchtlich erhöhen, geht aus den Versuchsergebnissen E. WOLLNYS[1] hervor.

	Durchgegangene Luftmenge[2] (in Liter) pro Stunde		
	1. Versuch	2. Versuch	Mittel
I. Boden (humoser Kalksand):			
mit Regenwürmern	432,27	428,98	430,62
ohne Regenwürmer	3,65	3,51	3,58
II. Boden (Lehm)			
mit Regenwürmern	463,26	465,46	464,51
ohne Regenwürmer	180,53	183,39	181,96

Die größte Bedeutung in Bezug auf die günstige Regelung der Durchlüftung spielt die Bodenbearbeitung[3]. Aus den folgenden Werten erhellt schon der enorme Einfluß, den die normale Lockerung des Bodens auf die Durchlüftung des Bodens hat:

	Einzelkornstruktur	Krümelstruktur
Porenvolumen	52,99 %	55,76 %
Durchlüftung[4] (Luftmenge in Litern)	2	69,6
Relatives Verhältnis . . .	1	34,8

Ein großer Teil der bisher zitierten Arbeiten sind mit „künstlichem" Boden durchgeführt. Wie auch schon von R. HEINRICH, so wird auch neuerdings mit aller Berechtigung und größtem Nachdruck darauf hingewiesen, daß die Untersuchung der wichtigsten physikalischen Eigenschaften und deren Veränderungen mit Boden „in natürlicher Lagerung", d. h. im Felde, durchzuführen sind[5], trotzdem sich naturgemäß eine vollständige Ausschaltung der zur Kontrolle notwendigen Laboratoriumsuntersuchungen aus technischen Gründen wahrscheinlich nie ermöglichen lassen wird. Die Methode[6] der Ermittelung der Bodenatmung, d. i. die direkte Bestimmung der aus dem Boden austretenden Kohlen-

---

[1] WOLLNY, E.: Untersuchungen über die Beeinflussung der Fruchtbarkeit der Ackerkrume durch die Tätigkeit der Regenwürmer. Forschgn. Geb. Agrikult.-Phys. **13**, 381ff. (1890). — Vgl. hierzu das durch die Tätigkeit der Regenwürmer erhöhte Nitrifikationsvermögen bei den Untersuchungen von E. BLANCK u. F. GIESECKE: Z. Pflanzenern. u. Düng. B. **3**, 211ff. (1924). — A. STÖCKLI: Studien über den Einfluß der Regenwürmer auf die Beschaffenheit des Bodens. Landw. Jb. Schweiz **43**, 1ff. (1928).

[2] WOLLNY, E.: a. a. O., S. 390, hat folgende Versuchsanordnung durchgeführt: zwei 35 cm lange, unten durch ein feines Sieb verschlossene Blechröhren von 5 cm Durchmesser werden mit Boden gefüllt und in eine derselben Regenwürmer gebracht. Die Röhren blieben vom Mai bis Oktober, oben verschlossen, aufrecht stehen. Im Oktober wurde dann, bei einem Wasserdruck von 40 mm, Luft durch die Röhren gepreßt und das Volumen mittels einer Gasuhr gemessen.

[3] Es würde zu weit führen, alle die Arbeiten rein landwirtschaftlich-praktischer Bedeutung hier anzuführen. In den hier angegebenen Literaturquellen ist auf die wichtigeren, sich auf experimentelle Untersuchungen stützenden Veröffentlichungen genannter Natur hingewiesen.

[4] Bei einer Höhe der Schicht von 50 cm und einem Druck der Luft entsprechend 20 mm. Luftmenge = Liter pro Stunde.

[5] BURGER, H.: Actes de la 4. Conf. intern. de Pédologie **2**, 150 (Rom 1924); Mitt. Schweiz. Zentralanst. forstl. Versuchswes. **13**, H. 1 (1922). — NITZSCH, W.: Veröff. Siemens-Konzern **4**, H. 2 (1925); **5**, H. 3 (1927). — Vgl. ferner hierzu die Arbeiten von G. BLOHM: Kühn-Arch. **12**, 324f. (1926); Wiss. Arch. Landw. A. **1**, 642f. (1929). — G. PIEPER: Wiss. Arch. Landw. A. **1**, 161 (1929).

[6] Vgl. H. LUNDEGÅRDH: Der Kreislauf der Kohlensäure in der Natur. Jena: Gustav Fischer 1924.

Geförderte Luftmenge in Litern pro Stunde bei einem Druck von 50 mm Wasser.

Bodenart	Vor dem Gefrieren	Nach dem Frost											
		1.	2.	3.	4.	5.	6.	7.	8.	9.	10.	11.	12.
							Frost						
Lehm, krümelig	0,04	0,04	115,0	131,0	140,0	—	162,8	274,4	282,8	306,0	409,0	398,2	288,7
Torf, grob pulverig	0,59	—	—	—	—	3,56	3,46	—	1,46	0,40	0,38	0,30	0,26
Quarzsand	0,05	0,05	0,06	0,11	19,8	23,9	27,6	27,8	36,8	39,0	39,3	54,4	50,1
Humoser Diluvialsand (pulverförmig)	0,01	0,04	0,04	0,05	11,7	31,7	62,2	64,9	67,2	70,8	74,8	88,8	85,8
Temperatur (°C)	—	—6,0	—6,0	—6,0	—8,0	—5,0	—4,9	—12,2	—7,8	—22,2	—8,0	—10,2	—13,0
Ton von Nieder-Seeon	—	0,08	0,08	7,86	—	13,0	9,8	17,2	16,7	14,7	—	—	—
Isarkalksand (sehr feinkörnig)	—	9,20	10,22	19,86	25,48	22,80	210,0	250,2	360,6	390,0	—	—	—
Temperatur (°C)	—	—4,7	—4,0	—13,4	—16,2	—12,0	—15,0	—18,0	—9,0	—9,8	—	—	—

säuremengen, ist zur Klärung der Durchlüftungsverhältnisse vielfach mit Erfolg angewandt worden, doch kann die Kohlensäure nicht allein als Maß der Durchlüftung angesehen werden[1]. Es ergeben sich aus den bisherigen Versuchsergebnissen eine Reihe praktisch wichtiger Folgerungen, die hier in aller Kürze genannt seien. So wird die große Permeabilität des Sandes schon durch verhältnismäßig geringe Mengen Lehm in außerordentlichem Maße verringert. Wie durch Pressen des Bodens von oben (Walzen) die Permeabilität eines krümeligen Bodens beträchtlich herabgedrückt[2] wird, so wird durch Lockerung eine Beförderung der Durchlüftung erzielt. Die Zunahme der Durchlüftung darf nach G. Blohm[3] nicht auf Kosten der Krümelstruktur durch Schaffung einzelner großer, nicht kapillar wirkender Hohlräume im Boden erreicht werden, sondern die Verbesserung der Durchlüftung hat bei guter Krümelstruktur lediglich durch Erweiterung des gesamten Porenvolumens zu geschehen, oder, wie Lundegardh es ausdrückt, die Bedeutung der Krümelung liegt in einer guten Durchlüftung, ohne daß die Wasserkapazität leidet[4]. Die Beziehungen zwischen Durchlüftung, Porenvolumen und Wasserführung im Boden sind in einer neueren Arbeit von G. Blohm[5] behandelt worden und nach ihm ist durch Schaffung einer richtigen Bodenstruktur dem Landwirt die Möglichkeit gegeben, die physikalischen Eigenschaften weit-

---

[1] Lundegardh, H.: Klima und Boden in ihrer Wirkung auf das Pflanzenleben, S. 265. Jena: Gustav Fischer 1925.

[2] Vgl. hierzu E. Wollny: Forschgn. Geb. Agrikult.-Phys. 20, 265f. (1897/98).

[3] Blohm, G.: Der Einfluß der Bodenstruktur auf die physikalischen Eigenschaften des Bodens. Landw. Jb. 65, 147 (1927). — Vgl. auch A. Achromeiko: Zur Frage über den Einfluß der Struktur des Bodens auf dessen Fruchtbarkeit. Z. Pflanzenern. u. Düng. A. 11, 36 (1928).

[4] Lundegardh, H.: a. a. O., S. 269. 1925.

[5] Blohm, G.: Landw. Jb. 65, 147 (1927). — Vgl. auch W. Nitzsch: Wiss. Veröff. Siemens-Konzern 4, 75f. (1925). — G. Pieper: Der Einfluß der Lockerung auf die Wasserführung und Durchlüftung verschiedener Böden. Wiss. Arch. Landw. A. 1, 161 (1929). — F. Zimmermann: Der Einfluß verschiedenen Porenvolumens (verschiedener Struktur) auf die größte und kleinste Wasserkapazität verschiedenartig zusammengesetzter Böden. Inaug.-Dissert., Halle 1928.

gehendst zugunsten des Pflanzenwachstums zu beeinflussen. Doch können andererseits die Pflanzen selbst durch ihr weitverzweigtes Wurzelsystem zur besseren Durchlüftung des Bodens beitragen[1]. Es liegt eine große Literatur über die Schädlichkeit mangelnder Bodendurchlüftung für die Pflanzen[2] vor. Schlechte Durchlüftung ist zu befürchten: 1. in Tonböden, 2. in durch Überschwemmung usw. verschlämmten Böden, 3. in mit überschwemmtem Boden bedecktem Gelände mit stillstehendem Wasser, 4. im Rohhumus und Ortsteinboden[3]. Die Schädlichkeit der mangelnden Bodendurchlüftung ist in dem Kohlensäureüberschuß und dem Sauerstoffmangel in der Bodenluft[4] gegeben, und aus den Literaturquellen ist zu entnehmen, daß es sich meistens um Böden handelt, die an starker Nässe leiden. In der forstwirtschaftlichen Literatur[5] finden sich zahlreiche Angaben, nach denen speziell auf Rohhumusböden schlechte Bodenventilation eine Rolle als hemmender Faktor spielt, wie es auch nicht an Angaben fehlt, nach welchen auf anderen als auf speziell Rohhumusböden durch schlechte Bodendurchlüftung eine ungünstige Wirkung auf den Pflanzenbestand der Waldböden festgestellt wurde. Der Pflanzenbestand ist in vielen Fällen als Indikator des Bodens wichtig, und in diesem Zusammenhang stellten CANNON und FREE[6] auf experimentelle Daten gestützt, fest, daß die Zonierung gewisser Pflanzengenossenschaften in amerikanischen Wüsten durch verschiedene Bodendurchlüftung bedingt sei. Auch die Durchlüftung der tieferen Bodenschichten erscheint wünschenswert, weshalb eine Reihe von Autoren in diesem Zusammenhang auf den günstigen Einfluß der Dränage aufmerksam machen[7]. Die meist sehr schlechte Durchlüftung der Moorböden wird von SÜCHTING auf die kolloide Natur der Moorsubstanz zurückgeführt[8]. Bei eintretenden Regenfällen quillt nach ihm die Oberfläche auf, so daß sie schwammig wird, wodurch die Durchlüftung unterbunden wird. Die gute Wirkung der Sandmischkultur bei Hochmoorböden beruht mit darauf, daß auch die Durchlüftungsverhältnisse durch sie gebessert werden. Ebenso, wie aus der landwirtschaftlichen Praxis[9] eine Reihe von Angaben vorliegen, die darauf hinweisen, daß bei normalen Ackerböden durch planmäßige Durchlüftungsmaßnahmen die Ernten gesteigert werden, so liegen auch aus der Moorkultur ähnliche Angaben[10] vor, wie ganz allgemein der nochmalige Hinweis genügen möge, daß die Pflanzen überhaupt gewisse Ansprüche an die gute Durchlüftbarkeit des Bodens stellen[11]. Auch bei der Nutzbarmachung der

---

[1] KRAHL-URBAN, J.: Beiträge zur Kenntnis des Molkenbodens. Forstarchiv 3, 317 (1927). — BLOHM, G.: Studien über die Einwirkung von Bearbeitung und Pflanzenwachstum auf Wasserführung und Durchlüftung des natürlichen Bodens. Wiss. Arch. Landw. 1, 667 (1929). — Vgl. auch die Werke L.-G. ROMELLS u. H. LUNDEGARDHS.

[2] Es sei auf die Zusammenstellung bei ROMELL: a. a. O., S. 344, verwiesen.

[3] SORAUER, P., u. P. GRÄBNER: Handbuch der Pflanzenkrankheiten, 4. Aufl., 1. Berlin 1921; zit. nach ROMELL: a. a. O., S. 344.

[4] Vgl. hierzu die schon mehrfach zitierten Werke H. LUNDEGARDHS u. L. G. ROMELLS.

[5] Vgl. die Zusammenstellung bei L.-G. ROMELL: a. a. O., S. 345.

[6] CANNON, W. A., u. E. E. FREE: 1917, The ecological significance of soil aeration. Sci., N. F., 45, 178; zit. nach L.-G. ROMELL: a. a. O., S. 345.

[7] Vgl. hierzu u. a. G. PENNBERGER: Die Bewegung der Luft in dräniertem Boden. Wien. Landw. Ztg. 1912, Nr. 48; Ref. Biedermanns Zbl. 41, 799 (1912).

[8] SÜCHTING, H.: Kritische Betrachtungen über Humussäuren, Humus und Humusboden. Fühlings Landw. Ztg. 61, 465 (1912).

[9] Wie hoch die Durchlüftung des Bodens veranschlagt wird, geht schon daraus hervor, daß R. HEINRICH in den von ihm hergestellten landwirtschaftlichen Bodenkarten die Ergebnisse der Durchlüftbarkeitsbestimmungen kartographisch neben vielen anderen Bodeneigenschaften einzeichnete. (Vgl. R. HEINRICH, Landw. Bodenkarten. Rostock 1910.)

[10] Vgl. B. TACKE: Mitt. Ver. Förd. Moorkult. 35, 2 (1917).

[11] Vgl. W. A. CANNON: Über die Beziehung zwischen dem Wurzelwachstum und der Temperatur und Durchlüftung des Bodens. Ref. Biedermanns Zbl. 48, 46 (1919). — Ferner die zitierten Werke L.-G. ROMELLS u. H. LUNDEGARDHS.

nicht eingedeichten Marschböden durch Eindeichung spielt die Durchlüftung eine maßgebende Rolle[1]. Die Ursache der schädlichen Wirkung für einen großen Teil der Pflanzen wird neben den schon genannten Gründen auch in sich ungünstig gestaltenden bakteriellen Umsetzungen zu suchen sein[2]. So beansprucht die Nitrifikation[3] eine ausreichende Menge von Sauerstoff im Boden. Die Denitrifikation[4] ist nach F. Löhnis[5] im Boden nicht bedeutend, da der Luftzutritt meistens so reichlich ist, daß genannter Vorgang kein nennenswertes Ausmaß annehmen kann[6]. Die durch geeignete Bearbeitungsmaßnahmen zu erzielende Durchlüftung mit dem Zweck, auch die Nitrifikation zu steigern, ist oft Gegenstand der Untersuchung geworden[7] wie auch die Versuche umgekehrter Art, nämlich aus der Höhe der Nitrifikation bzw. Denitrifikation auf die Durchlüftung zu schließen, zur Durchführung gelangten[8]. Durch erhöhten Luftzutritt wird auch die Stickstoffbindung vergrößert[9].

Die Bedeutung der Bodendurchlüftung für die Bodenbildung bzw. Bodenumbildung ergibt sich schon allein aus dem Hinweis auf die Beziehungen zwischen Ortsteinbildung und Durchlüftung[10], wie auch die Einflüsse einer genügenden Durchlüftung auf die Zersetzung der organischen Substanzen des Bodens hinlänglich bekannt sind[11].

Zusammenfassend lassen sich die Beziehungen am besten mit E. Blancks „Haupt- und Leitsätzen für die die Luftversorgung regelnden Gesetzmäßigkeiten" wiedergeben: „Genau so wie die Durchlässigkeit eines Bodens für Wasser ist seine Durchlässigkeit für Luft um so größer, je größer die einzelnen den Boden bildenden festen Teilchen sind oder je höher der Grad der Krümelung des Bodens ist. Feinkörnigkeit und Einzelkornstruktur verringern sie, ebenso, wie die Menge des vorhandenen Wassers entgegenwirkt"[12], d. h. also, alle Veränderungen dieser Faktoren wirken sich auf die Durchlüftungsverhältnisse aus, wie es in erster Linie auch das Wasser ist, welches in der Natur die schlechte Durchlüftung der Böden mit all ihren schädlichen Folgen für das Pflanzenleben bewirkt.

Die Frage nach der Ursache der natürlichen Bodenventilation ist im Abschnitt „Gasaustausch" näher behandelt, doch sei noch erwähnt, daß dieselbe nach Romell[13] „in natürlichen Böden vornehmlich, in Waldböden praktisch ausschließlich durch Diffusion bewirkt" wird, während von einer Reihe von Autoren

---

[1] Hissink, J.: Die physikalischen und chemischen Veränderungen von Marschböden nach der Eindeichung. Ref. Biedermanns Zbl. **53**, 306f. (1924).

[2] Es soll diese Frage hier nur ganz kurz angedeutet werden, da sie an anderer Stelle des Handbuches ausführlich behandelt werden wird.

[3] Vgl. Leslie C. Coleman: Untersuchungen über die Nitrifikation. Zbl. Bakter. II, **20**, 401, 484 (1908). — H. Hesselmann: Medd. fran skogsförs.anst. **7**, 91 (1910). — Ferner vgl. die Ausführungen F. Löhnis: Handbuch der landwirtschaftlichen Bakteriologie, S. 601f. Berlin: Gebrüder Bornträger 1910.

[4] Vgl. O. Lemmermann u. L. Wichers: Verlauf der Denitrifikation in Böden bei verschiedenem Wassergehalt. Zbl. Bakter. II, **41**, 608 (1914). — Vgl. ferner F. Löhnis: Handbuch der landwirtschaftlichen Bakteriologie, S. 636f. Berlin 1910.

[5] Löhnis, F.: Zbl. Bakter. II, **13**, 706 (1904).

[6] Natürlich wird in Moorböden infolge des vorhandenen Sauerstoffmangels die Denitrifikation u. U. doch recht beträchtliche Formen annehmen können.

[7] Löhnis, F.: Ref. Biedermanns Zbl. **36**, 297 (1907).

[8] Vgl. E. Blanck u. F. Giesecke: Z. Pflanzenern. u. Düng. B. **3**, 211 (1924).

[9] Remy, Th.: Bakteriologische Untersuchungen, Tätigkeitsbericht Akademie Poppelsdorf 1905/06; ref. Biedermanns Zbl. **36**, 651 (1907).

[10] Helbig, M.: Ortstein und ortsteinähnliche Ablagerungen. Verh. Dtsch. Naturf. u. Ärzte, 81. Vers. 1911; ref. nach Biedermanns Zbl. **41**, 652 (1912).

[11] Ramann, E.: Bodenkunde, a. a. O., S. 141f.

[12] Blanck, E.: Bodenlehre, S. 156. Berlin 1928.

[13] Romell, L.-G.: a. a. O., S. 339.

auch klimatische Einflüsse als mitwirkend erkannt worden sind[1]. Die Prüfung der Durchlässigkeit für Luft hat immer in natürlichem Boden zu erfolgen. Wenngleich ROMELL[2] schreibt: „Wenn man z. B. wie RAMANN, MITSCHERLICH und viele andere die „Permeabilität" des Bodens, d. h. seine Durchlässigkeit für durchgepreßte Luft als Maß für den Grad seiner Durchlüftung ansieht, so geht man von der Hypothese aus, daß Massenbewegungen der Luft bei der Durchlüftung die Hauptrolle und die Diffusion eine untergeordnete Rolle spielt", so muß abschließend festgestellt werden, daß auch „der Kohlensäuregehalt allein nicht als Maß der Durchlüftung dienen kann"[3], sondern erst aus der Ermittelung beider Größen (Durchlässigkeitsprüfung der Böden durch Druck und Messung der in der Zeiteinheit bei bestimmter Höhe und bestimmtem Querschnitt geförderten Luft im natürlichen Boden einerseits und die Bestimmung der Diffusionszahl andererseits[4]) wird man in der Lage sein, Schlüsse auf die Verhältnisse ziehen zu können.

Von den zahlreichen Vorschlägen zur Durchführung der Durchlüftbarkeitsbestimmung[5] kommt für die Untersuchungen im freien Felde wohl nur die HEINRICHsche Methode in Frage[6]. Die praktische Ausführung zur Ermittelung der Diffusionszahl ist von LUNDEGARDH[7] des näheren beschrieben worden. Als Maß der Durchlüftung einer Bodenschicht gilt nach dem genannten Autor die Diffusionszahl, es ist diejenige Menge Kohlensäure in Kubikzentimeter, die durch einen Zylinder von 1 cm Höhe und 1 cm² Querschnitt in 1 Sekunde befördert wird, wenn das Konzentrationsgefälle 1 Atm. beträgt. Unter Approximation gilt die folgende Formel:

$$K = \frac{(a_2 + a_3) \cdot y_2 \cdot 100}{3600 \cdot (b_2 - b_1)},$$

wo a_2 a_3 die durch die Schicht von der Dicke y_2 diffundierende Kohlensäuremenge (in Kubikzentimeter pro einem Zylinder von 1 cm² Durchschnitt) und b_1 bzw. b_2 der Kohlensäuregehalt (in Volumprozent) an der oberen und unteren Grenzfläche der Schicht ist. Als Grenze einer Normaldurchlüftung bezeichnet LUNDEGARDH den Wert von K, wenn der Kohlensäuregehalt in 15 cm Tiefe 1 % beträgt. Bei einer absoluten Kohlensäureproduktion des Bodens von 0,4 g pro 1 m² und 1 Stunde ist dieser Wert 0,009. Die praktische Bedeutung dieser Bestimmungsmethode für die Durchlüftung liegt darin, daß bei einem Wert der niedriger als 0,009 unbedingt Maßnahmen erforderlich sind, sie zu heben[8].

Adsorption[9].

Die theoretischen Zusammenhänge des unter Adsorption zusammengefaßten Fragenkomplexes sind in diesem Handbuche schon von G. HAGER[10] behandelt

---

[1] Vgl. E. RAMANN: Bodenkunde, a. a. O., S. 386f. — WILHELM SCHMIDT: Bemerkungen zur Frage der Kohlensäureversorgung der Pflanzen. Fortschr. Landw. 4, 360 (1929). WILHELM SCHMIDT u. PAUL LEHMANN: a. a. O., S. 823ff., 847.

[2] ROMELL, L.-G.: a. a. O., S. 289.

[3] Hierzu wird auf die Ausführungen H. LUNDEGARDHs verwiesen, aus denen hervorgeht, daß die Diffusionszahl durch eine ganze Reihe von Faktoren beeinflußt wird (a. a. O., S. 265f. 1925).

[4] LUNDEGARDH, H., gibt eine Reihe von Faktoren an, die diesen Wert beeinflussen (a. a. O., S. 265. 1925). — WILHELM SCHMIDT u. PAUL LEHMANN: a. a. O., S. 847, weisen darauf hin, daß das bisher übliche Verfahren besondere Maßnahmen betreffs Gleichstellung des Druckes verlangt.

[5] Vgl. die Angaben J. KÖNIGs: Untersuchung usw.: a. a. O., S. 37.

[6] HEINRICH, R.: Beurteilung der Ackerkrume, S. 222. 1882.

[7] LUNDEGARDH, H.: a. a. O., S. 265. 1925.   [8] LUNDEGARDH, H.: a. a. O., S. 266.

[9] Dem neuzeitlichen Sprachgebrauch entsprechend wird der Ausdruck „Adsorption" verwendet, doch sei darauf hingewiesen, daß in den älteren Arbeiten die diesbezüglichen Erscheinungen mit „Absorption" oder „Kondensation" bezeichnet worden sind.

[10] HAGER, G.: Dieses Handbuch 1, 189f.

worden, weshalb an dieser Stelle nur darauf verwiesen werden braucht[1]. Im folgenden sollen daher nur noch lediglich unsere Kenntnisse über die mit Böden oder Bodenbestandteilen in Beziehung stehenden Fragen dieser Art erörtert werden.

    Adsorption von Luft. Die Adsorption einzelner Gase wurde schon frühzeitig erkannt, wie uns auch eine Reihe von Veröffentlichungen die Ergebnisse über die Größe der Adsorption durch den Boden vermittelt. Weniger gut dagegen sind wir über die Adsorption der Luft, als Ganzes genommen, unterrichtet. Es fehlt nicht an Beobachtungen über Erscheinungen, die wir nach unseren heutigen Kenntnissen nur durch Adsorption der Luft erklären können, jedoch an experimentellen Untersuchungen über diese Frage und insbesondere über den Umfang ihrer Anteilnahme fehlt es fast gänzlich. Die ersten Versuche haben wir wohl in denjenigen H. Puchners[2] zu sehen, der darauf hinwies, daß beim Pulverisieren des Bodens eine Volumvermehrung eintritt, die nur auf die Adsorption von Luft zurückzuführen sei. Die Luft- oder Gashüllen werden an der Oberfläche der festen, trockenen Bodenbestandteile zusammengedrängt[3]. Da nun zugleich die Höhe der Gasadsorption mit der Zunahme der Feinheit der Teilchen zunimmt, vorausgesetzt, daß sich keine anderen Einflüsse geltend machen, wie Ausflockung, Verklebung usw., so ist der zahlenmäßige Befund verständlich. Die Auffassung, daß die Luftadsorption auch für die „Unbenetzbarkeit" der Böden verantwortlich zu machen ist, geht aus einer Anzahl von Arbeiten hervor, die im nächsten Abschnitt näher behandelt werden sollen. Erfordernisse für die Luftadsorption sind Trockenheit des Bodens und genügende Feinheit des Bodens. Nach P. Ehrenberg bewirken die erforderliche Zerkleinerung in der Natur die Hufe der Zugtiere, die Räder der Gefährte und auf dem Acker die Egge und schlechte Pflugarbeit. Unter besonderen Umständen kommen nach dem gleichen Autor auch Winterfrost, Luftbewegung, Sonnenschein und in der Wildnis die Füße wilder Tiere hierfür in Betracht[4]. P. Ehrenberg[5] lenkt ferner die Aufmerksamkeit auf eine Untersuchung von W. Spring[6], der beim Niederfallen von Sand in Luft die Höhe der abgelagerten Sandmenge auf 240 mm feststellen konnte, wogegen beim Niederfallen im luftleeren Raume die Schichthöhe um 20 % abgenommen hatte. Durch feste Einlagerung (Stoßen) vermochte der Wert nur auf 4 % des im luftleeren Raume gemessenen zu kommen. „Sobald aber durch Erwärmen die adsorbierte Luftschicht beseitigt wurde, erreichte die Sandschicht auch die im luftleeren Raume sich ergebende Höhe." Die Frage, in welcher Menge die einzelnen Gase der Luft am Aufbau der Lufthülle teilnehmen, scheint bisher experimentell noch nicht geprüft zu sein, doch gibt P. Ehrenberg[7] hierüber folgendes an: „Immerhin wird aus dem zur Adsorption voraussichtlich verfügbaren Gemisch von rund 787 379 cm³ Stickstoff oder 934,5 g, 209 291 cm³ Sauerstoff oder 283,4 g und

---

[1] Vgl. hierzu auch die Zusammenstellung der älteren Arbeiten bei Ammon: Forschgn. Geb. Agrikult.-Phys. **2**, 1 (1879). — von Dobeneck: Ebenda **15**, 163 (1892). — Ferner die diesbezüglichen Kapitel in P. Ehrenberg: Die Bodenkolloide, 1. Aufl., 1915, u. 2. Aufl., 1918. Dresden u. Leipzig: Theodor Steinkopff.

[2] Puchner, H.: Über Spannungszustände von Wasser und Luft im Boden. Forschgn. Geb. Agrikult.-Phys. **19**, 1 f. (1896).

[3] Puchner, H.: Bodenkde. Landw., S. 130. Stuttgart: Ferdinand Enke 1923.

[4] Ehrenberg, P.: Bodenkolloide, a. a. O., S. 250/51.

[5] Ehrenberg, P.: Bodenkolloide, a. a. O., S. 252/53.

[6] Spring, W.: Bull. Soc. Belg. Géol. 17. Mémoires **23** (1903); zit. nach P. Ehrenberg: Bodenkolloide, a. a. O., S. 253.

[7] Ehrenberg, P.: Bodenkolloide, a. a. O., S. 251. Die an sich wörtliche Wiedergabe ist ohne die Angabe der Fußnoten erfolgt. — Es dürfte hier auch noch das Ergebnis L. Joulins: Forschgn. Geb. Agrikult.-Phys. **3**, 349—350 (1880), interessieren, das besagt, daß die Ackererde aus der Atmosphäre gewisse Mengen Stickstoff und Sauerstoff adsorbierte, von letzterem doppelt soviel wie vom ersten.

3330 cm³ Wasserdampf oder 2,54 g für das Kubikmeter der Wasserdampf seiner wesentlich stärkeren Adsorbierbarkeit halber nicht ganz unerheblich aufgenommen werden können. In welchem Maße dies gegenüber den beiden anderen Gasen geschieht, ist leider nur auf Grund unsicherer Analogieschlüsse zu sagen. Denn experimentelle Prüfungen der Frage, wie stark bei Adsorption von Gasgemischen die in Frage kommenden Gasmengen in der Raumeinheit oder, wohl besser gesagt, die Gaskonzentrationen eine Rolle spielen, sind mir leider nicht bekannt. Nach den Verhältnissen bei der Adsorption in Flüssigkeiten ist aber durchaus wahrscheinlich, daß auch bei Adsorption von Gasgemischen die Konzentrationen eine erhebliche Bedeutung besitzen. Für Flüssigkeiten zieht H. FREUNDLICH nämlich den Schluß, daß im Fall die Konzentration der beiden Stoffe, die für

Abb. 89 a. In feinstes lufthaltiges Pulver von Kaolin ($s = 2{,}503$) eingesunkener Holzstößel ($s = 0{,}6$) unter Hebung des Pulverniveaus von a auf b.

(Orig.-Phot. Puchner.)

Aus PUCHNER, H.: Bodenkunde. 2. Aufl. Abb. 56, S. 131. Stuttgart: Ferd. Enke 1926.

Abb. 89 b. Torfpulver (von $s = 1{,}3$) auf Wasser ($s = 1$) schwimmend.

(Orig.-Phot. Puchner.)

Aus PUCHNER, H.: Bodenkunde. 2. Aufl. Abb. 57, S. 131. Stuttgart: Ferd. Enke 1926.

die Adsorption in Frage kommen, sehr verschieden ist, der mit der größeren Konzentration — selbst wenn er spezifisch weniger adsorbiert wird — an der Oberfläche stark überwiegen wird. So dürfen wir wohl annehmen, daß nun von den feinen Bodenteilchen — wieder werden es vorwiegend die eigentlichen Bodenkolloide und die noch zu ihnen zu rechnenden allerfeinsten Sande sein — zwar auch etwas Wasserdampf adsorbiert wird, aber ebenso nicht unerheblich Luft, und zwar Sauerstoff mehr als Stickstoff. Die Bodenteilchen umgeben sich so jedes für sich mit einer Hülle verdichteten Gases." Sehr gut illustrieren die beiden vorstehenden Abbildungen H. PUCHNERS[1] die besagten Verhältnisse. Derselbe weist noch darauf hin, daß die adsorbierte Lufthülle um Humusteilchen sehr stark

---

[1] PUCHNER, H.: Bodenkunde, a. a. O., S. 131.

festgehalten werden, was beim Vergleich der „Unbenetzbarkeit" des Torfes und
der des Kaolins besonders deutlich zum Ausdruck kommt, denn der sich viel
schneller benetzende Kaolin nimmt ungleich mehr Luft beim Zerpulvern im
trockenen Zustand auf als unter sonst gleichen Verhältnissen der Torf.

Auch das „Toteggen" des Ackerbodens[1] beruht z. T. auf Luftadsorption durch
die Bodenteilchen. Das allzu weitgehende Lockern[2] und wahrscheinlich auch die
„schütte"Lagerung desLöß[3] stehen nach Ehrenberg mit der großen, durch die Feinheit der Bodenpartikelchen und deren Trockenheit bedingten Adsorption der Luft
im Zusammenhang, wie auch die durch Austrocknen hervorgerufene starke Adsorption der Luft und die nachfolgende Schwerbenetzbarkeit des Torfes und der Moorböden durch dieselbe oft beobachtet worden sind[4]. Etwas anderes steht noch mit der
Luftadsorption der feinsten Bodenteilchen in engster Verbindung, worauf wohl
Puchner als erster hingewiesen hat, und dessen Ausführungen hier im wesentlichen gefolgt sein möge[5], nämlich die Schaumbildung. Bei starken Niederschlägen
findet die Luft nicht immer einen Ausweg nach oben, es kann der Fall eintreten,
daß „die festen Bodenteilchen von den sie umgebenden Lufthüllen, die im eindringenden Wasser aufzusteigen trachten, ebenfalls mit nach oben gerissen
werden und durch diese Belastung der Auftrieb der Gasbläschen im Wasser unter
jenen Betrag sinkt, bei welchem es ihnen noch möglich ist, die Flüssigkeitshaut
an der Oberfläche zu durchbrechen". Die benachbarten, aufsteigenden Luftbläschen werden sich demnach in der Wasseroberfläche anhäufen, es kommt ein
flüssig-festes kolloides System zur Ausbildung, es erfolgt Schaumbildung. Durch
die Gewalt der in die Bodenhohlräume einstürzenden Wassermengen werden die
in entgegengesetzter Bewegungsrichtung aufwärts trachtenden Luftbläschen aber
auch teilweise zerrissen, und es wandern so die in ihnen sitzenden feinen Fest-
teilchen in die flüssigen Schaumwandungen ein. So kommt der gleiche Vorgang auf natürlichem Wege zustande, den W. Ramsden[6] künstlich in einfacher
Weise durch Schütteln kolloidhaltiger Flüssigkeit an der Luft erreichte. Es findet
eine Anhäufung von festen Kolloiden in dem mit großen Oberflächen ausgestat-
teten Schaume statt. Solche mit Kolloiden angereicherte Schäume lassen sich
nicht selten nach längeren Trockenperioden und darauffolgenden kurzen, aber
kräftigen Regengüssen auf unseren frisch bestellten Ackerflächen, ebenso wie
an mit Staub überhäuften Straßenkörpern, wahrnehmen[7]. Puchner weist ferner
darauf hin, daß die Schaumbildung auf die Anhäufung von Tröpfchenkolloiden
zurückzuführen sei, und daß in humosen Gewässern die kolloidgelösten Humus-
verbindungen in hervorragender Weise zur Bildung des Schaumes beitragen
(vgl. Abb. 90). Den Aufbau solcher Schaumwandungen, wie sie die Abbildung
wiedergibt, wird nach Puchner[8] durch „eine zähe, schleimige Gallerte, die im
Schaum unmittelbar über dem Stromstrich durchsichtige Beschaffenheit aufweist
und quirlartig zusammengehäufte größere Luftblasen enthält, in den höheren Teilen
des weißen Schaumkamms aber unzählige kleinere Blasen umschließt", bewirkt.
Wie schon mehrfach angedeutet, steht mit der Adsorption der Luft durch den
Boden die „Schwerbenetzbarkeit" der Böden im engsten Zusammenhang.

---

[1] Ehrenberg, P.: Bodenkolloide, a. a. O., S. 155.
[2] Ehrenberg, P.: Bodenkolloide, a. a. O., S. 247.
[3] Ehrenberg, P.: Bodenkolloide, a. a. O., S. 259.
[4] Ehrenberg, P.: Bodenkolloide, a. a. O., S. 257 und H. Puchner: Bodenkunde,
a. a. O., S. 133.
[5] Puchner, H.: Bodenkunde, a. a. O., S. 158—162.
[6] Ramsden, W.: Arch. f. Physiol. 1894, 517; Z. physik. Chem. 47, 336 (1904); zit.
nach H. Puchner: Bodenkunde, a. a. O., S. 160.
[7] Puchner, H.: Bodenkunde, a. a. O., S. 159/60.
[8] Puchner, H. a. a. O., S. 161.

Benetzbarkeit der Böden. Neben anderen Autoren macht RAMANN[1] auf die Erscheinung aufmerksam, daß das Wasser sehr häufig nicht in den Boden eindringt, oder daß nach dem Regen sich dasselbe in Vertiefungen ansammelt und den darunterliegenden Boden noch staubtrocken läßt. Einerseits wird die Ursache auf den Gehalt der Böden an harzigen und wachsartigen Stoffen, andererseits aber auf die von den Bodenteilchen adsorbierten Lufthüllen zurückgeführt. Die die Bodenteilchen umgebenden Gashüllen werden unter Umständen bei Benetzung — bei gewöhnlicher Temperatur — nicht sofort verdrängt, so daß in einem scheinbar völlig benetzten Boden noch große Luftmengen vorhanden sein können[2]. Schon W. RIEGLER[3] berichtet, daß die trockenen Streupartikelchen mit Lufthüllen umkleidet sind, die einer plötzlichen Benetzung und Durchnässung

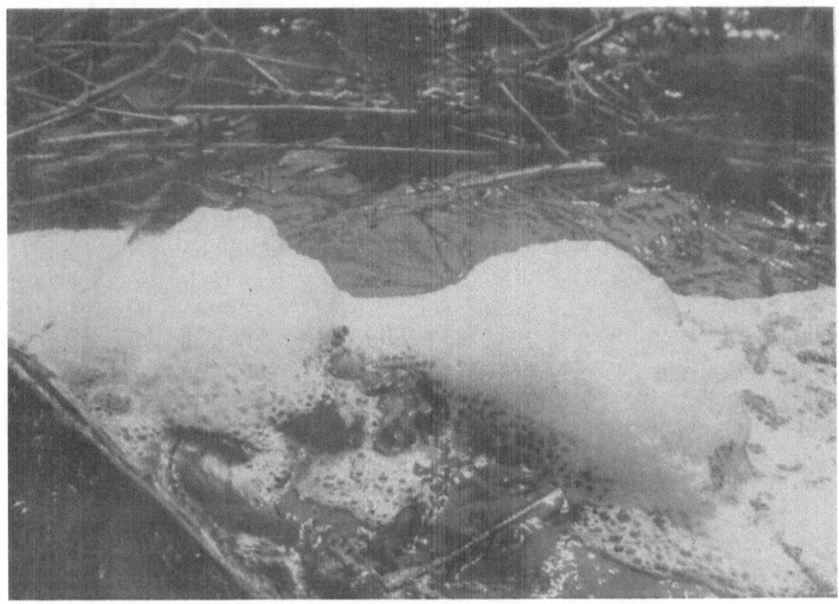

Abb. 90. Struktur einer Schaumbildung auf Moorgelände (Thumsee bei Reichenhall).
(Orig.-Phot. Norb. Puchner [vergrößert].)
Aus PUCHNER, H.: Bodenkunde, 2. Aufl. Abb. 62, S. 161. Stuttgart: Ferd. Enke 1926.

hinderlich sind. Nach RAMANN[4] kann daher der Boden auch bei zeitweiser Wasserbedeckung den Pflanzen zur Atmung noch ganz bedeutende Sauerstoffmengen liefern.

Wie PUCHNER[5] angibt, geht aus den zahlreichen Untersuchungen über das Adsorptionsvermögen der Bodenarten für Gase hervor, daß die letzteren von den Bodenteilchen angezogen werden und sich um die einzelnen Bodenpartikelchen als Gashülle herumlegen. Diese Hüllen befinden sich in einem Zustande der

---

[1] RAMANN, E.: Bodenkunde, a. a. O., S. 345.
[2] SOYKA, J.: Beobachtungen über die Porositätsverhältnisse des Bodens. Forschgn. Geb. Agrikult.-Phys. 8, 16 (1885).
[3] RIEGLER, W.: Die Durchlässigkeit der Moosdecken und der Waldstreu. Forschgn. Geb. Agrikult.-Phys. 3, 94 (1880).
[4] RAMANN, E.: a. a. O., S. 382.
[5] PUCHNER, H.: Über Spannungszustände von Wasser und Luft im Boden. Forschgn. Geb. Agrikult.-Phys. 19, 1 ff. (1896).

Spannung, die Bunsen[1] bestimmt für so hoch hält, „daß sich dieselben nach innen zu einer Flüssigkeitsschicht verdichten können, welche auf Hunderte von Atmosphären gespannt ist. Diese Spannung bleibt auf jede einzelne Lufthülle für sich beschränkt". Nach Puchner kann nicht von einer Oberflächenspannung der Luft im Boden gesprochen werden, sondern es handelt sich um Oberflächendruck[2]. Die Bodenteilchen sind nach ihm von Lufthüllen umgeben, die die Adhäsion des Wassers durch den Boden zunächst unmöglich machen. Erst allmählich weichen durch längere Anziehung der Bodenteilchen auf das Wasser die Lufthüllen. Je kleiner die Teilchen sind, desto größer ist die Mächtigkeit der Lufthülle[3] und desto geringer die Anziehungskraft für das Wasser. Ganz besonders macht sich die Schwerbenetzbarkeit bei zu stark entwässertem oder ausgetrocknetem Moorboden bemerkbar.

P. Ehrenberg[4] beschäftigt sich in seinen Bodenkolloiden ebenfalls ausführlich mit der „Unbenetzbarkeit der Staubarten"[5], er weist im Zusammenhange mit der leichten Fortführung durch den Wind[6] auf die „Schüttlagerung" des Löß hin[7], lenkt die Aufmerksamkeit auf eine wichtige Arbeit W. Springs[8] und vergleicht die „wasserdichten" Lufthüllen der einzelnen Bodenteilchen mit der ebenfalls „wasserdicht" wirkenden Hülle der Gespinstfäden gewisser Unterwasserspinnen[9]. Eine Reihe von Forschern glaubt die Schwerbenetzbarkeit der Böden auf das Vorhandensein von Wachs-, Harz- oder Ölüberzügen zurückführen zu können[10]. Wenn in gewissen Ausnahmefällen die Möglichkeit des Bestehens solcher die Schwerbenetzbarkeit hervorrufender Überzüge nicht geleugnet werden soll, so geht aus den Untersuchungen Stellwaags[11], besonders aber aus den umfangreichen Untersuchungen Ehrenbergs und Schultzes[12] hervor, daß es Lufthüllen sind, die die genannten Erscheinungen hervorrufen. Ein anderer Grund wird von M. Fleischer[13] in der Hemmung des Wassereintritts in den Boden durch die in den Kapillaren sich befindende Luft gesehen. Von Unbenetzbarkeit kann man eigentlich nicht sprechen, richtiger ist es, Schwerbenetzbarkeit zu sagen, denn nach genügend langer Zeit wird der Wasserdampf durch die Hülle

---

[1] Vgl. Puchner, H.: a. a. O., S. 11.

[2] Puchner, H.: a. a. O., S. 15/16, stellte Versuche über die Wirkung des Pulverns auf die Volumzunahme des Bodens an, über die schon berichtet wurde. Diese Abh. S. 274.

[3] Puchner, H.: a. a. O., Forschgn. Geb. Agrikult.-Phys. 19, 18 (1896).

[4] Ehrenberg, P.: Bodenkolloide, a. a. O., S. 253ff.

[5] Ehrenberg, P.: a. a. O., S. 253.

[6] Ehrenberg, P.: a. a. O., S. 253, gibt eine Arbeit C. Breymanns: Prager landw. Wbl. 11, 440 (1880), an. — Ferner vgl. H. Grebe: Z. Forst- u. Jagdwes. 19, 157 (1887). — Die Fortfuhr großer Mengen von trockenem, locker gelagertem Sand und Boden (Sand- und Staubwirbel) kann in Wüsten- und Steppengebieten häufig beobachtet werden, vgl. hierzu F. Giesecke: Geologisch-bodenkundliche Beobachtungen in Anatolien und Ostthrazien. Chem. Erde 1930, und die Feststellung E. G. Frh. von Hünefelds (Mein Ostasienflug, 2. Aufl., S. 56, Berlin 1929), nach der bei der Überfliegung der verschiedenen Wüstengebiete zwischen Angora und Bagdad „tutenförmige Sandwirbel" bis zu einer Höhe von 2000 m beobachtet werden konnten.

[7] Ehrenberg, P.: a. a. O., S. 252, 258, 259.

[8] Ehrenberg, P.: a. a. O., S. 253, 254, gibt folgende Arbeiten Springs an: Bull. Soc. Belg. Géol. 17. Mémoires 23 (1903); Kolloid-Z. 4, 159, 164 (1909).

[9] Ehrenberg, P.: a. a. O., S. 253.

[10] Nach Angabe bei E. Ramann: Bodenkunde, a. a. O., S. 345, berichtet C. Grebe: Z. Forst- u. Jagdwes. 19, 157 (1887) hierüber. — In der ersten Auflage seiner Bodenkolloide 1915, 221, 222, weist P. Ehrenberg noch auf eine ganze Anzahl von Literaturangaben zu diesem Fragenkomplex hin.

[11] Stellwaag, A.: Forschgn. Geb. Agrikult.-Phys. 5, 216 (1882). — Puchner, H.: Forschgn. Geb. Agrikult.-Phys. 19, 18 (1896).

[12] Ehrenberg, P., u. K. Schultze: Kolloid-Z. 15, 183ff. (1914).

[13] Fleischer, M., in Ch. A. Vogler: Grundlagen der Kulturtechnik 1, 141 (1909).

hindurch diffundieren oder das Wasser dieselbe verdrängen und so von den Bodenteilchen adsorbiert werden[1]. Dafür, daß der „Benetzungswiderstand" bei mehr oder minder längerer Einwirkung des Wassers behoben bzw. überwunden wird, spricht eine Reihe von Untersuchungen, wie auch O. NOLTE[2] darzutun vermochte, daß durch Auspressen der Luft es leicht gelingt, eine Benetzbarkeit zu erreichen. Die häufig zu beobachtende Erscheinung, daß der Regen — meistens schnell abfließender Platzregen oder Gewitterregen — nicht in den Boden eindringt, ist auf die geschilderten Vorgänge zurückzuführen. Besondere Bedeutung aber hat die Lufthüllenbildung bei trockenen, stark humushaltigen (Torf-) und Moorböden, die je nach der Beschaffenheit der Humusstoffe sich verschieden stark zeigt[3]. EHRENBERG schreibt dieses gerade für die genannten Böden charakteristische Verhalten folgenden Umständen zu: „Um die schwere Aufnahme von Wasser durch trockenen Humusstaub, um den gleichen Vorgang bei den meisten ausgetrockneten Torfsorten zu erklären, ist nur die Annahme erforderlich, daß trockener Humus starke Adsorptionsfähigkeit für Luft, dagegen geringe für Wasser und Wasserdampf besitzt"[4]. Man spricht von der schwer benetzbaren Humusart vorgenannter Natur auch als „Staubhumus". Die Bedeutung der allzu großen Lockerung des Bodens für die praktische Landwirtschaft steht mit den genannten Erscheinungen im engsten Zusammenhang, sie wird in diesem Band an anderer Stelle gewürdigt werden.

Doch sei hier noch der Bildung der „Wanderböden" in Finnland (schwedisch: flytt-tegar) gedacht. SEBELIEN[5] gibt ein Referat von einer Arbeit G. ANDERSSONs über diese Bildungen. In der Ilmola-Ebene, eine der größten Ebenen Finnlands, ist der dunkelblaue, feine kalkfreie Litorinalehm von ausgedehnten Torfmooren überlagert (0,5—2 m mächtig). Durch Bearbeitung und Entwässerung ist die Torfmasse oft durch und durch humifiziert und ruht mit äußerst scharfer Grenzfläche auf dem unterliegenden Lehm. „Die Entwässerungsgräben sind so tief, daß sie ganz in die Lehmschicht hineingehen, und da sie einen großen Teil des Sommers ganz trocken stehen, hat die Luft reichlich viel Gelegenheit, in die Moormasse einzudringen und hier eine reichliche Gasentwicklung zu bewirken." Durch die Frühjahrsüberschwemmungen wird die von Gas (evtl. auch Eis) erfüllte Torfmoorschicht infolge des geringeren spez. Gewichtes von dem Wasser in dem Maße emporgehoben, wie das Wasser steigt, und unter Umständen bei genügend hohem Wasserstande verfrachtet und abgetrieben.

Zum Schluß sei noch auf zwei Feststellungen R. ALBERTs hingewiesen. Die erste[6] besagt, daß sich Böden mit vorwiegend saurem Humus viel schwerer und langsamer als sog. milde Humusböden mit prozentual gleich hohem Humusgehalt benetzen. Die zweite Arbeit[7] berichtet von einem außerordentlich schwer benetzbaren, schwach humosen ziemlich groben Diluvialsand. Die Schwerbenetzbarkeit dieses Sandes ist nach den Untersuchungen von R. ALBERT und M. KÖHN[8]

---

[1] Vgl. hierzu H. PUCHNER: Forschgn. Geb. Agrikult.-Phys. **19**, 18 (1896). — P. EHRENBERG: Bodenkolloide, a. a. O., S. 255.

[2] NOLTE, O.: Über einen die Benetzung verhindernden Überzug auf Sandkörnern und anderen feinen Teilchen. Mitt. Internat. Bodenkde. **6**, 347 (1916).

[3] PUCHNER, H.: Forschgn. Geb. Agrikult.-Phys. **19**, 19 (1896). — EHRENBERG, P.: Bodenkolloide, a. a. O., S. 257, führt bei Besprechung dieser Erscheinung noch weitere Literatur an.

[4] EHRENBERG, P.: Bodenkolloide, a. a. O., S. 256.

[5] SEBELIEN, JOHN: Ref. Biedermanns Zbl. **28**, 709 (1899).

[6] ALBERT, R.: J. Landw. **56**, 370 (1908).

[7] ALBERT, R., u. M. KÖHN: Untersuchungen über den Benetzungswiderstand von Sandböden. Mitt. Internat. Bodenkundl. Ges. **2**, 146f. (1926).

[8] ALBERT, R., u. M. KÖHN: a. a. O., S. 148.

weder auf adsorbierte Lufthüllen, noch auf die in Kapillaren festgehaltene Luft und auch nicht auf das Vorhandensein harz- oder wachsartiger Stoffe zurückzuführen. Vielmehr führen sie die Schwerbenetzbarkeit auf die Umhüllung der Sandkörner mit einem Humushäutchen zurück und machen es wahrscheinlich[1], daß sich die Humusmoleküle, wie dies (nach Untersuchungen von Langmuir[2]) große Moleküle an Grenzflächen oft tun, in regelmäßiger Orientierung an der Oberfläche des Sandkorns anordnen, im vorliegenden Falle so, daß „lyophobe" Gruppen der Moleküle nach außen gerichtet sind. „Die relative Seltenheit der schweren Benetzbarkeit könnte dann daher rühren, daß entweder nicht alle Humusarten lyophobe Gruppen enthalten, bzw. daß es bei der Humifizierung nicht immer zur Ausbildung lyophober Gruppen kommt, oder daß die Orientierung der Humusmoleküle nur zufällig oder nur unter noch unbekannten Bedingungen so erfolgt, daß die lyophoben Gruppen nach außen gekehrt sind." Die oben angeführte Feststellung, daß sich saurer Humus schwerer benetzt, glaubt P. Ehrenberg[3] dahingehend ergänzen zu können, daß auch unter den sauren Humusarten noch Unterschiede in dieser Richtung bestehen. Darauf deuten wenigstens nach ihm Angaben H. Wilfarths und G. Wimmers[4] hin, die bei ihren Vegetationsversuchen wie auch H. Hellriegel[5] durch die Unbenetzbarkeit beim Austrocknen der den Böden beigegebenen Torfmengen, Schwierigkeiten begegneten. H. Puchner[6], der sich mit diesen Fragen eingehender beschäftigt, nimmt folgende Erklärung für die Tatsache, daß Torfstückchen mit einem spez. Gewicht schwerer als 1 schwimmen, an, daß die Anziehungskraft für die Luft in den Poren stärker als jene für das Wasser ist. Auch für die feinsten Staubteilchen ist nach ihm die Ausbildung von Lufthüllen anzunehmen. Als weitere Erklärung für die Schwerbenetzbarkeit der Torfteile ist von Puchner auch noch die Zersetzungskohlensäure angeführt, die, wenn auch nur in geringen Mengen, durch die Oxydation der reichlich vorhandenen organischen Substanz entsteht, die Gasschicht erhält und die Hülle sehr widerstandsfähig macht[7]. Bisher ist es noch nicht gelungen, das Maß der Unbenetzbarkeit zahlenmäßig zum Ausdruck zu bringen, doch gibt Puchner[8] an, daß es ihm unter Zugrundelegung der vollen Wasserkapazität möglich war, vergleichende Feststellungen über die Unbenetzbarkeit des Torfes vorzunehmen.

Adsorption einzelner Gase. Die Größe der Kohlensäureadsorption durch den Boden hat Soyka[9] auf Grund der Angaben von Magnus Chiozza und Bunsen[10] für die von ihm berechneten Oberflächenwerte der einzelnen Bodengrößen bei dichter und lockerer Lagerung errechnet. Nach Chiozza hält 1 mm² bei 0° und 1 cm³ Druck 0,0157 cm³, nach Bunsen sogar 0,0507 cm³ Kohlensäure fest. Die nachstehende Tabelle Soykas ist auf Grund von Chiozzas Angaben berechnet, sie gibt für die im Liter enthaltenen Körner bei wechselnder Größe des Radius folgende Schwankungen an:

---

[1] Albert, R., u. M. Köhn: a. a. O., S. 151.

[2] Langmuir: J. amer. chem. Soc. **39**, 1894—1906 (1917). — Vgl. R. Zsigmondy: Kolloidchemie, 5. Aufl., S. 109—114. Leipzig 1925.

[3] Ehrenberg, P.: a. a. O., S. 257 (1918).

[4] Wilfarth, H., u. G. Wimmer: Arb. Dtsch. Landw. Ges. **68**; Z. Ver. Dtsch. Zuckerind. **49**, 543 (1899).

[5] Hellriegel, H.: Arb. Dtsch. Landw. Ges. **34**, 12 (1898).

[6] Puchner, H.: Bodenkunde für Landwirte, S. 348—349. Stuttgart: Ferdinand Enke 1923.

[7] Puchner, H.: a. a. O., Bodenkunde, S. 349.

[8] Puchner, H.: a. a. O., S. 349.

[9] Soyka, J.: Beobachtungen über die Porositätsverhältnisse des Bodens. Forschgn. Geb. Agrikult.-Phys. **8**, 16 (1885).

[10] Zit. von Soyka: a. a. O., S. 15/16.

Halbmesser des Kornes mm	Bei dichter Lagerung Liter	Bei lockerer Lagerung Liter
0,005	6,9708	4,9361
0,010	3,4854	2,4680
0,050	0,6971	0,4936
0,100	0,3485	0,2468
0,500	0,0697	0,0494
1,000	0,0348	0,0247
5,000	0,0070	0,0049
10,000	0,0035	0,0025

Es ist natürlich, daß diese Zahlenwerte nur theoretisches Interesse beanspruchen können, denn die Verschiedenartigkeit der Böden in chemischer und physikalischer Beziehung, besonders auch bei Berücksichtigung der Tatsache, nach der die oben errechneten Werte von der Voraussetzung ausgehen, daß die einzelnen Körner in Kugelform vorliegen, wird zu praktisch ganz anderen Werten führen. Die Bodenbestandteile haben z. B. mit Ausnahme von Eisenoxydhydrat nur sehr geringes Adsorptionsvermögen für trockene Kohlensäure[1]. Daß das Eisenoxydhydrat dagegen ziemlich bedeutende Kohlensäuremengen adsorbiert, führt STELLWAAG[2] auf chemische Bindung der Kohlensäure zurück.

Auf Untersuchungen POUILLETS[3], nach welchen bei Benetzung eines porösen, festen Körpers eine Wärmeentwicklung stattfindet, fußend, richtete ferner STELLWAAG[4] seine Beobachtungen auf die Wärmeentwicklung, die bei der Kondensation von Wasserdampf, Ammoniak und Kohlensäure auftritt. STELLWAAG folgert, daß die Temperaturerhöhung des Bodens bei der Wasserdampfkondensation durch Humus und Eisenoxydhydrat ungleich größer als für die übrigen Bodenkonstituenten sei, doch beim Quarzsand sei sie am geringsten. Ferner wurde durch diese Versuche ermittelt, daß je höher die Temperatur der mit Wasserdampf gesättigten Luft ist, je feiner und je trockener die Bodenbestandteile, um so mehr erwärmt sich der Boden bei Kondensation von Wasserdampf. Für die diesbezüglichen Verhältnisse für Kohlensäure und Ammoniak ergab sich[5], daß ,,1. die mit der Kondensation von trockener Kohlensäure verbundene Temperaturerhöhung der Bodenkonstituenten mit Ausnahme derjenigen des Eisenoxydhydrats (6,90°) ziemlich unbedeutend, im feuchten Zustande des Gases dagegen beträchtlich größer ist; 2. daß die Temperaturerhöhung, welche der Boden bei Verdichtung von trockenem Ammoniak erfährt, bei dem Humus (28,30°) und Eisenoxydhydrat (18,05°) sehr bedeutend, bei den übrigen Bodenkonstituenten, sowie im feuchten Zustande des Gases geringer ist.

Die Kohlensäureadsorption kann recht hohe Werte erreichen, ist aber natürlich bei den einzelnen Bodenbestandteilen verschieden stark ausgeprägt. Die AMMONschen Versuche (bei 17° C) ergaben, daß 100 cm³ Substanz folgende Mengen CO_2 adsorbierten[6]:

Bei Humus	930,14 cm³
,, Eisenoxydhydrat	5725,84 cm³
,, Quarzpulver	3,49 cm³
,, kohlensaurem Kalk	8,64 cm³
,, Kaolin	8,76 cm³
,, Gips	210,64 cm³

---

[1] AMMON, G.: a. a. O., S. 37, 38. [2] STELLWAAG, AUG.: a. a. O., S. 226.
[3] POUILLET: Ann. Chim. et Phys. **20**, 141.
[4] STELLWAAG, AUG.: Untersuchungen über die Temperaturerhöhung verschiedener Bodenkonstituenten und Bodenarten bei Kondensation von flüssigem und dampfförmigem Wasser sowie von Gasen. Forschgn. Geb. Agrikult.-Phys. **5**, 210ff. (1882).
[5] STELLWAAG, AUG.: a. a. O., S. 226.
[6] AMMON, G.: a. a. O., S. 38.

Ammon berichtet ferner über die Beobachtung, nach der durch trockene atmosphärische Luft die aufgenommene Kohlensäure wieder verdrängt wurde. Nur im Eisenoxydhydrat trat die Verdrängung nicht ein. Wie von Dobeneck[1] zeigte, ist die Kohlensäureadsorption bei verschiedenen Temperaturen verschieden:

	100 g adsorbierten (in Gramm) bei			
	0^0	10^0	20^0	30^0
Quarz	0,023	0,021	0,023	0,022
Kaolin	0,329	0,298	0,261	0,215
Humus	2,501	2,125	1,773	1,479
$Fe_2(OH)_6$ . . .	6,975	5,702	5,054	4,274
$CaCO_3$	0,028	0,053	0,034	0,019

Die auf 0^0 und 760 mm reduzierten Zahlen[2] ergeben, daß

$$\left.\begin{array}{ll} 100 \text{ g Quarz . .} & 12 \text{ cm}^3 \\ 100 \text{ g Kaolin . .} & 166 \text{ cm}^3 \\ 100 \text{ g Humus . .} & 1264 \text{ cm}^3 \\ 100 \text{ g } Fe_2(OH)_6 \text{ .} & 3526 \text{ cm}^3 \\ 100 \text{ g } CaCO_3 \text{ . .} & 14 \text{ cm}^3 \end{array}\right\} CO_2 \text{ adsorbieren.}$$

Der Vergleich der Ammonschen mit den Dobeneckschen Ergebnissen läßt erkennen, daß die Resultate der Tendenz nach gleichsinnig sind. Wenngleich die numerischen Werte nicht ganz übereinstimmen, so ist es zweifelsohne auf die Verschiedenheit der Versuchsanordnung zurückzuführen. Eines erhellt aber mit aller Deutlichkeit aus den Versuchen, nämlich, daß die chemische Beschaffenheit der einzelnen Bodenkonstituenten stark beeinflussend auf die Größe der Adsorption ist, wobei natürlich die mechanische Zusammensetzung des Bodens auch eine Rolle mitspielen wird. Wenngleich über diese letzte Frage, speziell in bezug auf die Kohlensäureadsorption, experimentelle Unterlagen nicht auffindbar sind, so wird man die Ergebnisse der mit anderen Gasen erhaltenen Resultate wohl dem Sinne nach übertragen dürfen.

Schon vor diesen Untersuchungen waren von G. Döbrich[3] ähnliche mit dem Ziel der Aufdeckung der Beziehungen zwischen Eisen- und Tonerdegehalt und Kohlensäuregehalt des Gases angestellt worden. Döbrich erhitzte die Bodenarten und untersuchte nach dem Auffangen der Gase dieselben. Er erhielt nachstehende Befunde:

Nr.	Gehalt an Eisen und Tonerde %	Menge des Gases %	Kohlensäuregehalt des Gases %
1	0,30	20,4	3,64
2	0,64	29,3	6,00
3	0,64	27,1	7,88
5	0,80	28,4	8,46
10	1,12	19,8	17,49
11	1,18	30,2	18,15
14	1,20	29,7	23,70
16	4,12	49,8	39,47

Auch diese Resultate bestätigen den Schluß, daß die an Eisenoxydhydrat reichen Böden sich durch großen Gehalt an adsorbiertem CO_2 auszeichnen. Hinsichtlich des Einflusses der Temperatur auf diesen Vorgang ist zu sagen, daß die Kohlensäureadsorption mit steigender Temperatur abnimmt, wie dies auch für andere Gase gilt.

---

[1] Dobeneck, A. v.: a. a. O., S. 201, 202.
[2] Dobeneck, A. v.: a. a. O., S. 227.
[3] Döbrich, G.: Ann. Landw. Preußen 52, 181 (1868).

Die Adsorption des Sauerstoffes ist bedeutend geringer als die der Kohlensäure. Aus den Untersuchungen AMMONS[1] geht hervor, daß einige der angewandten Substanzen (Quarz, Kaolin, $CaCO_3$) keinen Sauerstoff adsorptiv binden konnten; beim Humus wurde festgestellt, daß die Substanz durch Zuführung von Sauerstoff sogar abgenommen hatte. Dieses Verhalten des Sauerstoffes geht schon aus anderen nicht mit Bodenarten oder Bodenbestandteilen durchgeführten Versuchen hervor, von denen hier diejenigen von TH. DE SAUSSURE, STENHOUSE und J. HUNTER[2] erwähnt seien, bei denen Kohle, Torf oder Holz als Ausgangsmaterial dienten. E. J. RUSSEL[3] leitet aus seinen mit den verschiedensten Böden durchgeführten Versuchen folgende Schlußfolgerungen ab: ,,1. Die Menge des adsorbierten Sauerstoffes nimmt mit der Temperatur, mit der Wassermenge (aber nur bis zu einem bestimmten Punkte) und mit der Menge des Kalziumkarbonates zu und wird durch gewisse Umstände, die sich teils auf der Oberfläche des Bodens, teils entgegengesetzt im Untergrunde abspielen, begünstigt. 2. Dieses sind also in erster Linie die Umstände, welche die Fruchtbarkeit begünstigen. Hierbei wurde auch konstatiert, daß bei verschiedenen Böden aber von gleichem Typus die Größe der Oxydationsvorgänge in gleicher Weise schwankt wie die Fruchtbarkeit und hiernach also gemessen werden kann. 3. Es ist zu vermuten, daß der absorbierte Sauerstoff die hauptsächlichste Tätigkeit der Bodenmikroorganismen in sich schließt, welche ihrerseits durch Hervorbringen von Enzymen, sowie auch in anderer Art und Weise die Zersetzung des Bodens beschleunigen." Hierdurch wird nicht allein der Vorrat an Pflanzennährstoffen vergrößert, sondern auch die allgemeinen Bedingungen für das Pflanzenwachstum begünstigt und gefördert, deshalb läßt sich auch im allgemeinen sagen, daß je schneller und intensiver die Umsetzungen im Boden vor sich gehen, desto produktiver derselbe auch sein wird. Außerdem wird auf gewisse Beziehungen zwischen Fruchtbarkeit und Oxydationsvermögen der Böden hingewiesen.

Die Adsorptionsfähigkeit einzelner Bodenbestandteile für Stickstoff läßt sich aus den Untersuchungsergebnissen AMMONS[4] erkennen. Bei 17^0 C adsorbierten 100 cm³ folgende Mengen N in Kubikzentimetern:

Humus	126,20
Eisenoxydhydrat	23 986,17
Quarzpulver	24,88
Kohlensaurer Kalk	3 803,27
Kaolin	813,43
Gips	10 253,80

Bei der Adsorption durch Eisenoxyd wurden geringe Mengen von Salpetersäure gebildet. Im übrigen zeigt das Zahlenmaterial, daß das Adsorptionsvermögen der Bodenbestandteile für Stickstoff recht beträchtlich ist, was im scheinbaren Gegensatz zu den Untersuchungen TH. SCHLÖSINGS[5] steht, der aus seinen Laboratoriumsversuchen ermittelte, daß die Böden (sandiger Ton, sandig-toniger, fetter Boden, sehr kalkhaltiger Boden, sehr sandiger Boden und Kaolin) ganz gleich, ob sie mit stets erneuerter oder in Gefäßen abgeschlossener sauerstoffhaltiger, ammoniakfreier Luft in Berührung waren, keinen elementaren Stickstoff gebunden hatten.

---

[1] AMMON, G.: a. a. O., S. 42.
[2] Vgl. AMMON: a. a. O., S. 1—3.
[3] RUSSEL, E. J.: Die Oxydationsvorgänge im Boden und ihre Beziehungen zur Fruchtbarkeit desselben. J. Agr. Sci. 1, part. 3, 261; nach Ref. Biedermanns Zbl. 36, 217 (1907).
[4] AMMON, G.: a. a. O., S. 43.
[5] SCHLÖSING, TH., BERTHELOT, A. GAUTIER u. R. DROUIN: Ref. Biedermanns Zbl. 17, 579 (1888).

Bei dieser Gegenüberstellung muß jedoch betont werden, daß Ammon mit künstlich hergestelltem Stickstoff arbeitete, während Schlösing aus seinen mit atmosphärischer Luft ausgeführten Untersuchungen zu obigen Ergebnissen kam. Ramann schreibt dem Boden scheinbar ein großes Adsorptionsvermögen für Stickstoff zu[1], während P. Ehrenberg[2] sagt, „von den für unseren Ackerboden wesentlich in Frage kommenden Gasen muß demnach Stickstoff recht wenig, etwas mehr Sauerstoff, wesentlich stärker aber Kohlendioxyd, noch mehr Ammoniak und endlich am stärksten Wasserdampf adsorbiert werden". Diese Befunde stimmen nicht überein mit den von Ammon erhaltenen, was darauf zurückzuführen ist, daß letzterer in einer reinen Stickstoffatmosphäre arbeitete. Nach Joulins[3] Resultaten, die zeigen, daß durch die Ackererde gewisse Mengen Stickstoff und Sauerstoff aus der Atmosphäre, und zwar von letzterem doppelt soviel wie von ersterem adsorbiert wird, wie aber auch aus theoretischen Überlegungen ergibt sich die Richtigkeit der Ehrenbergschen Anschauung. Leider liegen aber über die Adsorption des elementaren Stickstoffs nur diese wenigen Versuche vor.

Unvergleichlich größer war das Interesse an der Ammoniakadsorption[4]. Es kommen bei unseren Betrachtungen in erster Linie nur gasförmiges Ammoniak in Frage, doch sei daneben kurz der leicht dissozierbaren Ammoniumverbindungen, wie Ammoniumkarbonat, Ammoniumhydroxyd, Ammoniumnitrat, Ammoniumazetat und ähnlicher gedacht. Die drei letztgenannten Verbindungen sind von Prianischnikow daraufhin untersucht worden, ob sie zur quantitativen Bestimmung der adsorbierten Basen, d. h. durch Verdrängung, geeignet seien[5]. Er kam zu dem Ergebnis, daß diese Verbindungen etwas mehr Kali als Ammoniumchlorid[6] in Lösung bringen. Daß der Boden aus der Luft Ammoniak bindet, wurde schon frühzeitig ermittelt[7]. Way[8] führte seine Untersuchungen mit einem von ihm hergestellten Tonerde-Kalk-Silikat aus und glaubt auf Grund der Ergebnisse an eine chemische Bindung. Über die Adsorption des Ammoniaks durch die Ackererde[9], besonders aber über das Verhalten einzelner Bestandteile derselben zu diesem Gase haben früher neben anderen[10] besonders auch Knop und Wolf[11] ge-

---

[1] Ramann, E.: Bodenkunde, a. a. O., S. 380. Der Satz: „Den großen adsorbierten Stickstoffmengen schreiben einige Bedeutung für die Bindung des Luftstickstoffs durch Bakterien zu" ist unklar, denn es ist aus ihm m. E. nicht zu ersehen, ob die Stickstoffbindung adsorptiv erfolgt oder aber, ob Ramann dieselbe den Bakterien zuschreibt.

[2] Ehrenberg, P.: Bodenkolloide, a. a. O., S. 246. 1918.

[3] Joulin, L.: Kondensieren von Gasen durch poröse Körper. C. r. **90**, 741—44; nach Ref. Forschgn. Geb. Agrikult.-Phys. **3**, 349—50 (1880).

[4] Für den speziellen Fall des Ammoniaks hat G. Pinner: Untersuchung über die Ammoniakadsorption des Bodens, Kühn-Arch. **6**, 153ff. (1915), eine Zusammenstellung der theoretischen Zusammenhänge wie auch eine vortreffliche Übersicht über die älteren Arbeiten gebracht.

[5] Prianischnikow, D.N.: Quantitative Bestimmung der im Boden vorhandenen adsorptiv gebundenen Basen. Landw. Versuchsstat. **79/80**, 667ff. (1913).

[6] Ammoniumchlorid wurde von O. Kellner vorgeschlagen. Landw. Versuchsstat. **33**, 359 (1887).

[7] Völcker, Aug.: Über die Ursachen der Wirksamkeit des gebrannten Tons. Aus dem Englischen übersetzt von H. H. Siemering: J. Landw. **1**, 105ff. (1853).

[8] Way, Th.: Über die Fähigkeit der Bodenarten, Dungstoffe zu absorbieren. Orig. 1852. Übers. J. Landw. **1**, 229, 238 (1853).

[9] Man hat versucht, für die Größe der Adsorption des Bodens die Menge des aus der Luft beim Durchstreichen durch freie Säuren erhaltenen Ammoniaks heranzuziehen [vgl. u. a. A. B. Hall u. N. H. J. Miller: Ref. Biedermanns Zbl. **40**, 795 (1911)]. Naturgemäß können derartige Versuche nicht zur Lösung der Frage beisteuern.

[10] Décharme: Chem. Zbl. **1865**, 782. — Simon, M. E.: Biedermanns Forschgn. **8**, 74 (1875).

[11] Knop, W., u. W. Wolf: Über das Vorkommen und Verhalten des Ammoniaks in der Ackererde III. Landw. Versuchsstat. **4**, 67 (1862).

arbeitet. Diese Versuche, die im wesentlichen LIEBIGS und WAYS Versuchsergebnisse bestätigen, zeitigten hierüber hinausgehend das Resultat, daß von dem
untersuchten „Sand, Ton, lösliche Kieselsäure, reine Tonerde, kohlensaurer Kalk,
kohlensaure Talkerde, Eisenoxydhydrat, schwefelsaurer Kalk (Gips), Humussubstanzen, grauweißer Töpferton, feingeschlämmter Lehm der Ton der einzige
Bestandteil ist, der das Vermögen, Ammoniak durch Flächenattraktion zu binden,
wesentlich hat". Die genannten Autoren weisen weiter darauf hin, daß der Ton
das Ammoniak aus der Luft „absorbiert", den anderen aufgezählten Bestandteilen aber nur dann das Vermögen, das Ammoniak gebunden zu halten, zukommt,
wenn sich in ihren Poren ammoniakhaltiges Wasser verdichtet, daß jedoch andererseits das Ammoniak beim Verlust des Wassers auch wieder verloren geht.
Bezüglich des Humus und des Eisenoxydhydrats glauben KNOP und WOLF an
eine chemische Umwandlung des Ammoniaks einerseits in humussaures Ammoniak[1], andererseits unter Reduktion des Eisenoxydhydrats zu Oxydulhydrat in
Salpetersäure[2]. Das adsorbierte Ammoniak verwandelt sich ihrer Ansicht nach
ungemein rasch ¡in Salpetersäure durch die Einwirkung der Bodenluft. Aus
HENNEBERGS und STOHMANNS ersten Versuchen[3] geht in Übereinstimmung
mit den Ergebnissen WAYS hervor, daß die Zeitdauer der Berührung mit Ammoniumhydroxyd keine wesentliche Rolle für die Adsorption spielt, denn
nach 7tägigem Stehen war nicht mehr Ammoniak als nach 4 Stunden aufgenommen.

TH. SCHLÖSING[4] zeigte, daß sowohl trockene als auch feuchte Ackererde
einen Teil des Ammoniakgehalts der Atmosphäre adsorbieren kann. Das auf
diese Weise aufgenommene Ammoniak ist unter Umständen recht beträchtlich
und wird von ihm auf einen Gewinn von 63 kg Ammoniak pro Jahr und Hektar
errechnet. Andere Forscher hielten den so ermittelten Wert aber für zu hoch, so weist
R. HEINRICH[5] darauf hin, daß die Berechnung SCHLÖSINGS auf Grund von einigen
im Sommer gemachten Bestimmungen auf das ganze Jahr übertragen worden
sei. HEINRICH selbst hat zweijährige Versuche durchgeführt, um das Maximum
der Ammoniakbindung festzustellen, und zwar dergestalt, daß er nicht Boden,
sondern eine 20proz. Salzsäure benutzte. Die Ergebnisse zeigen, daß die adsorbierte Ammoniakmenge in den einzelnen Monaten recht verschieden ist, wie
folgende Übersicht lehrt, denn durch je 78,5 cm² Oberfläche wurden im Mittel
der Versuche nachstehende Mengen Stickstoff in Milligramm aufgenommen: Dezember, Januar, Februar 2,912; März, April, Mai 6,712; Juni, Juli, August 9,766; September, Oktober, November 4,678. Ferner ließen seine Untersuchungen das bemerkenswerte Resultat erkennen, daß dem Boden durch Adsorption größere Mengen
NH₃ zugeführt werden als durch die Niederschläge, doch errechnet sich aus den
Werten eine Maximalbindung von 30,6 kg Ammoniakstickstoff pro Hektar und pro
Jahr, also nur ca. 50 % der von SCHLÖSING angegebenen Menge, was darauf zurückzuführen ist, daß SCHLÖSING seine Versuche nur in der warmen Jahreszeit ausführte, und gerade die warmen Monate weisen nach HEINRICHs Befunden die
höchste Menge an gebundenem Ammoniak auf. TH. SCHLÖSING[6] berichtet später,
daß „eine trockene, kalklose Erde jährlich 23 kg Ammoniakstickstoff pro Hektar"

---

[1] KNOP, W., u. W. WOLF: a. a. O., S. 86.
[2] KNOP, W., u. W. WOLF: a. a. O., S. 87.
[3] HENNEBERG, W., u. F. STOHMANN: Über das Verhalten der Ackererde gegen Lösungen von Ammoniak und Ammoniaksalzen. J. Landw., N. F., 3, 25ff. (1859).
[4] SCHLÖSING, TH.: C. r. 80, 175 (1875); 82, 1105—08 (1876); nach Ref. Jber. f. Agr.
Chem. 18, 89 u. 95 (1875).
[5] HEINRICH, R.: Über die Ammoniakmengen, welche der Atmosphäre im Laufe eines
Jahres durch Salzsäure entzogen werden. Forschgn. Geb. Agrikult.-Phys. 4, 446ff. (1881).
[6] Nach Angabe E. WOLLNYs in einem Ref. Forschgn. Geb. Agrikult.-Phys. 13, 86 (1890).

adsorbiert. Auch bei Weinhold[1] findet man schon gewisse Hinweise auf das Adsorptionsvermögen der Ackererde für Ammoniak. Nach Schlösing[2] hängt die Ammoniakabsorption von der Verschiedenheit der Tension in der Luft und im Erdboden ab, d. h. die Ammoniakaufnahme im Boden ist am größten, wenn die Tension desselben im Boden gleich Null ist, z. B. bei der Nitrifikation wird nach ihm das Ammoniak in dem Maße adsorbiert, wie es durch die Oxydation verschwindet. Auch die Feststellung, daß die Ammoniakadsorption durch die Feuchtigkeit begünstigt und durch Trockenheit vermindert wird, steht mit dem Gesagten im Zusammenhang[3]. Nach den Untersuchungen Hennebergs und Stohmanns[4] gibt ein mit Ammoniak gesättigter Boden eine geringe Menge des Ammoniaks wieder ab, doch ist „der Widerstand, den die Erde dem Verlust an einmal absorbierten Ammoniak entgegensetzt, intensiver als die Kraft, mit der sie dasselbe absorbiert". Aber auch zum Teil noch früher wurden in besagter Richtung planmäßige Untersuchungen durchgeführt, so von Fr. Brustlein[5] und H. Eichhorn[6]. Der letztere brachte die verschiedensten Bodenkonstituenten (Eisenoxydhydrat, Kalkhydrat, Töpferton, Gips, Kalziumphosphat, Kalziumkarbonat, Magnesit) und Böden (Rasentorf, Sand- und Lehmboden) so lange mit gasförmigem Ammoniak in Berührung, bis keine Gewichtszunahme mehr eintrat. Aus den Ergebnissen folgert er, daß die humushaltigen Substanzen, das Eisenoxydhydrat und der Töpferton die größte Adsorptionsfähigkeit besitzen. Bei den Bodenarten ergab sich für 1 g der Ausgangssubstanz eine Ammoniakaufnahme von 142,36 cm³ beim Rasentorf I, 189,19 cm³ beim Rasentorf II, 2,51 cm³ beim Sand und 13,55 cm³ beim Lehm.

Die überaus große Adsorptionsfähigkeit humushaltiger Substanzen für Ammoniak wies auch P. Bretschneider[7] mit Quarzsand, der verschiedene Mengen (1—3 %) „Ulmin" zugesetzt erhielt, nach. Steigende Mengen Ulmin ergaben eine erhöhte Ammoniakbindung. Daß die Ammoniakadsorption von der Art der Zusammensetzung der Bodenbestandteile wie aber auch von der Temperatur abhängig ist, geht aus den von G. Ammon[8] erhaltenen Befunden hervor:

	Temperatur °C	Humus cm³	Eisenoxyd-hydrat cm³	Quarz	Kalk	Kaolin	Gips
	— 10	28 892,26	34 500,49	774,67	1250,07	11 847,63	12 916,52
	0	29 517,33	38 992,24	938,14	1552,06	2447,11	15 134,13
100 cm³	+ 10	22 930,30	35 096,25	1071,60	1134,85	2165,38	10 359,98
Substanz	+ 20	20 017,50	25 513,37	1117,04	781,87	1473,16	—
	+ 30	17 323,88	22 028,86	657,23	720,21	1378,96	2852,38
	+ 40	15 620,06	20 598,09	336,46	500,16	1158,87	2752,33

Das Maximum der Ammoniakverdichtung scheint also bei 0° C zu liegen, bei Steigerung der Temperatur nimmt die Adsorption stark ab. Von den unter-

[1] Weinhold, A.: Einwirkung von Ammoniaksalzen auf Boden. Landw. Versuchsstat. 4, 316/17 (1862).

[2] Schlösing, Th.: Über die Absorption des Ammoniaks der Luft durch den Ackerboden. Ref. Biedermanns Zbl. 19, 361 ff. (1890).

[3] Wipprecht, W.: Untersuchungen über die Absorption von Ammoniak durch Ton. Agr. Sci. 1887, S. 106, Ref. Biedermanns Zbl. 16, 517 (1887).

[4] Henneberg, W., u. F. Stohmann: J. Landw., N. F., 3, 44, 45 (1859).

[5] Brustlein, F.: Ann. Chim. et Phys. 2, Tome 6, 165; vgl. Jber. Agrikult.-Chem. 1859/60, 1—9.

[6] Eichhorn, H.: Landw. Mitt. von Hartstein, H. 3, 17; nach Zitat G. Ammon: Forschgn. Geb. Agrikult.-Phys. 2, 16/17 (1879).

[7] Bretschneider, P.: Der Landwirt 8, Nr. 50, 52—54; nach Zitat G. Ammon: Forschgn. Geb. Agrikult.-Phys. 2, 18 (1879).

[8] Ammon, G.: a. a. O., S. 36.

suchten Bodengemengteilen besitzt also Eisenoxydhydrat das höchste und der Quarz das geringste Adsorptionsvermögen, und zwar nicht nur für Ammoniak, sondern auch für Wasserdampf. Dieser Befund bezüglich der Temperatur kann in gewisser Weise mit der Feststellung, daß in den tropischen Breiten[1] durch Wasser geringere Mengen Ammoniak absorbiert werden als in unseren klimatischen Breiten, in Zusammenhang gebracht werden. Die Aufnahme des hygroskopischen Wassers spielt für die Ammoniakadsorption insofern eine Rolle, als bei Sättigung an Stelle der Adsorption eine Absorption der Gase im Bodenwasser eintritt. Bei Gegenüberstellung der EICHHORNschen und der AMMONschen Ergebnisse fällt aber auf, daß bei den erstgenannten der Humus viel stärker das Ammoniak adsorbiert als das Eisenoxydhydrat, während AMMON das umgekehrte Verhältnis als bestehend erkannte. Dieser Widerspruch läßt sich wohl auf die Art des Humus wie auf den Sättigungszustand bzw. die Reaktion der verwandten Ausgangsmaterialien zurückführen. Von den AMMONschen Feststellungen sei noch erwähnt, daß sich das Ammoniak z. T. in Salpetersäure verwandelte, und zwar war die relativ größte Umwandlung beim Eisenoxydhydrat festgestellt worden. Ähnliche Beobachtungen machte, wie oben schon erwähnt, KNOP.

Die AMMONschen Ergebnisse der Ammoniakadsorption werden von DOBENECK[2] bestätigt, da das Gas mit zunehmender Feinheit in größeren Mengen adsorbiert wurde[3]. 100 g Quarzpulver in sieben verschiedenen Feinheitsgraden adsorbierten in Gramm bei:

I	II	III	IV	V	VI	VII	I—VII
0,1031	0,0873	0,0706	0,0594	0,0479	0,0384	0,0336	0,0585

Hieraus berechnet sich die relative Ammoniak-Gasadsorption wie folgt zu:

1,000	0,847	0,684	0,576	0,464	0,372	0,0326	—

Nach der Angabe DOBENECKs adsorbieren die gröberen Quarzsandsorten weit mehr als ihnen ihrer Oberfläche nach zukommt, was von ihm auf eine „intramolekuläre Einlagerung der Gasmoleküle zwischen die Körpermoleküle", „also gewissermaßen einer Auflösung der Gase im festen Körper" zurückgeführt wird. Bei dieser Erscheinung läßt sich jedoch auch die bei Versuchen anderer, doch ähnlicher Art gemachte Erklärungsweise heranziehen, nämlich, daß die einzelnen Teilchen von gewissen Substanzen umhüllt sind, die stärker als es der Größenordnung der Partikelchen zukommt, adsorbieren[4]. Bei den DOBENECKschen Untersuchungen über die Beziehungen zwischen Temperatur und Adsorptionsgröße ergibt sich ein ähnliches Resultat wie es schon von AMMON ermittelt wurde, doch adsorbierte der von DOBENECK verwandte Humus ebenfalls bedeutend mehr als das Eisenoxydhydrat, was wohl auf den schon angedeuteten Ursachen be-

---

[1] MÜNTZ, A., V. MARCANO u. A. LÉVY: Ref. Forschgn. Geb. Agrikult.-Phys. 15, 476 (1892).

[2] DOBENECK, A. Frhr. v.: a. a. O., S. 176.

[3] DOBENECK, A. Frh. v.: a. a. O., S. 196.

[4] STREMME, H.: Grundzüge der praktischen Bodenkunde, S. 33. Berlin 1926. — GIESECKE, F.: Die Hygroskopizität in ihrer Abhängigkeit von der chemischen Bodenbeschaffenheit. Chem. d. Erde 3, 135 (1927). — Auch TH. SCHLÖSING (Sohn) u. MASURE fanden ähnliches; vgl. Ref. Biedermanns Zbl. 33, 646 (1904). — Sehr eingehende Untersuchungen über die Oberflächenüberzüge der Erdpartikelchen hat J. DUMONT: C. r. 149, 1087 (1909), nach Ref. Biedermanns Zbl. 39, 506 (1910), beigebracht. — E. BLANCK in einem Ref. der Inaug.-Dissert. von KURT BUSCH (Halle 1911): Untersuchungen über Verwitterungsböden kristallinischer Gesteine. Biedermanns Zbl. 41, 145 (1912). — K. SCHLACHT zit. von H. STREMME: Braunerden. Dieses Handbuch 3, 176.

ruht. Seine diesbezüglichen Resultate lauten zusammengefaßt wie folgt[1]: Je 100 g adsorbierten folgende Mengen NH_3 in Gramm:

	0°C	10°C	20°C	30°C
Quarz	0,107	0,075	0,055	0,046
$^2/_3$ Quarz und $^1/_3$ Kaolin . . .	0,278	0,189	0,147	0,115
$^1/_3$ Quarz und $^2/_3$ Kaolin . . .	0,482	0,330	0,259	0,218
Kaolin	0,721	0,527	0,422	0,355
$^2/_3$ Kaolin und $^1/_3$ Humus . . .	3,353	2,620	1,952	1,616
$^1/_3$ Kaolin und $^2/_3$ Humus . . .	7,684	5,698	4,396	3,700
Humus	18,452	13,506	10,515	8,599
$^2/_3$ Humus und $^1/_3$ Quarz . . .	5,767	4,383	3,332	2,670
$^1/_3$ Humus und $^2/_3$ Quarz . . .	2,048	1,747	1,129	0,932
$Fe_2(OH)_6$	4,004	3,374	2,649	2,518
$CaCO_3$	0,256	—	0,130	0,125

Zur Beurteilung der Adsorptionsfähigkeit der einzelnen Bodenkomponenten für Ammoniak gibt Dobeneck[2] folgende Übersichtstabelle:

Bei 0° adsorbieren:

100 g Quarz . . .	0,107 g	145 cm³ [3])
100 g Kaolin . . .	0,721 g	947 cm³
100 g Humus . . .	18,452 g	24228 cm³
100 g $Fe_2(OH)_6$ . .	4,004 g	5275 cm³
100 g $CaCO_3$ . . .	0,256 g	320 cm³

Die starke Adsorption des Ammoniakgases durch Humussubstanzen wurde auch von König[4] nachgewiesen. Daß das Bodenprofil in seinen verschiedenen Stufen auch verschieden große Adsorptionsfähigkeit besitzt, wies schon A. Orth[5] für Ammoniak nach, der auch besonders darauf hinweist, daß es zweckmäßig wäre, die Silikatadsorption von der Eisenoxyd- und von der Humusadsorption zu sondern, da dieselben im Boden von recht verschiedenem Werte seien, doch wird auf diese Zusammenhänge später noch zurückzukommen sein. Nach den Untersuchungen von Jenkins[6] zeigt der Anhydrit keine Adsorptionsfähigkeit für Ammoniak, ebenso verhielten sich natürlicher Gips und frisch gefälltes Kalziumsulfat. Erst nach Erwärmung und Verlust an Wasser trat eine unbedeutende Adsorption ein. Dieser Befund steht im Gegensatz zu den Ergebnissen von E. Reichardt und E. Blumentritt[7], wie auch zu denjenigen von H. Eichhorn[8] und G. Ammon[9]. Wenngleich die Kalziumsulfatverbindungen nur ein geringes Adsorptionsvermögen für Ammoniak haben, so ist das Resultat Jenkins nicht verständlich. Die Adsorption von gasförmigem Ammoniak beruht bei den Torfen weniger auf der floristischen Zusammensetzung als in der Menge der Kolloide[10].

---

[1] Dobeneck, A. Frhr. von: a. a. O., S. 202—203.

[2] Dobeneck, A. Frhr. von: a. a. O., S. 227.

[3] Reduziert auf 0° und 760 mm.

[4] König, A.: Über das Adsorptionsvermögen humoser Medien. Landw. Versuchsstat. 26, 400 (1881).

[5] Orth, A.: Das Bodenprofil in seinen Beziehungen zur Adsorption von Ammoniak-Stickstoff. Amtl. Ber. 50. Vers. dtsch. Naturf. u. Ärzte München, S. 210—212. 1877.

[6] Jenkins, E. H.: Über die Absorption von Ammoniakgas durch schwefelsauren Kalk. J. prakt. Chem. 13, 239 (1876).

[7] Reichardt, E., u. E. Blumentritt: Jber. Agrikult.-Chem. 9, 24 (1866).

[8] Eichhorn, H.: a. a. O., S. 17.

[9] Ammon, G.: a. a. O., S. 38.

[10] Zailer, V., u. L. Wilk: Über den Einfluß der Pflanzenkonstituenten auf die physikalischen und chemischen Eigenschaften des Torfes. Z. Landw. Versuchswes. Österr. 1907, 787; nach Ref. Biedermanns Zbl. 37, 518 (1908).

Ehe die Frage der Beziehung zwischen Kolloiden und Ammoniakadsorption erörtert wird, sei auf die Untersuchungen Pinners[1], die dieser sowohl mit deutschen Böden als auch mit Roterden und einem Laterit durchführte, eingegangen. Pinner stellte die Ammoniakgasadsorption auf Grund einer von ihm näher beschriebenen gravimetrischen und durch eine volumometrische Methode fest. Bei der letzteren bediente er sich eines Apparates, wie ihn Chappuis und H. Kayser[2] u. a. zur Bestimmung der Adsorption von Gasen durch Holzkohle benutzt haben. Es wurden bei einer Temperatur von 17—20° im Versuchsraum folgende Ergebnisse erzielt:

Die Ammoniakadsorption der Böden (gravimetrische Methode)[3].

	1 g trockener Boden adsorbiert cm³ NH_3	100 g trockener Boden adsorbieren g NH_3
Halle a. d. S., VII. Bonität	9,488	0,7353
Halle a. d. S., III. Bonität	13,503	1,0465
Halle a. d. S., I. Bonität	16,219	1,2570
Granitboden von Nieder-Bobritzsch . .	13,795	1,0691
Zechsteinboden von Witzenhausen . . .	11,788	0,9137
Juraboden von Hohenheim, Oberkrume	13,124	1,0171
Juraboden von Hohenheim, Untergrund	19,848	1,5382
Basaltboden von Hopfgarten	35,729	2,7690
Rote Erde von Ilbeshausen	55,020	4,2641
Terra rossa, Oberkrume	16,674	1,2922
Terra rossa, Untergrund	32,495	2,5184
Brasilianische Roterde, Oberkrume . .	15,843	1,2278
Brasilianische Roterde, Untergrund . .	16,588	1,2856
Lateritboden von Morogorro	18,620	1,4431

Aus diesen Ergebnissen lassen sich im Vergleich mit den durch die Kühnsche Schlämmanalyse gegebenen mechanischen Merkmalen keine Zusammenhänge erkennen. Pinner[4] versuchte daher einen Einblick in die Verhältnisse durch einen Vergleich der Adsorptionsgröße und der chemischen Beschaffenheit der Böden zu erhalten, wie sich aus folgender Tabelle entnehmen[5] läßt:

Vergleich des Eisengehaltes mit der Adsorption von Ammoniakgas.

Bezeichnung der Böden	Gehalt des trockenen Bodens an Prozenten F_2O_3	Ammoniakgas-Adsorption auf 100 g Boden g
Halle a. d. S., VII. Bonität	1,238	0,7353
Halle a. d. S., III. Bonität	1,821	1,0465
Halle a. d. S., I. Bonität	1,898	1,2570
Zechsteinboden von Witzenhausen . . .	1,883	0,9137
Juraboden von Hohenheim, Oberkrume	2,529	1,0171
Granitboden von Nieder-Bobritzsch . .	2,875	1,0691
Juraboden von Hohenheim, Untergrund	3,578	1,5382
Basaltboden von Hopfgarten	5,458	2,7690
Rote Erde von Ilbeshausen	9,031	4,2641

Bei den Roterden konnten keine Beziehungen zwischen den drei Bodenarten festgestellt werden, doch glaubte Pinner aus seinen Befunden schließen zu können, daß dem im kalten Salzsäureauszug ermittelten Eisengehalt bei an zer-

---

[1] Pinner, L.: Untersuchungen über die Ammoniakadsorption des Bodens. Kühn-Arch. 6, 153 (1915).
[2] Vgl. Pinner: a. a. O., S. 201.   [3] Pinner, L.: a. a. O., S. 200.
[4] Pinner, L.: a. a. O., S. 208—211.   [5] Pinner, L.: a. a. O., S. 210.

setzten Silikaten reichen Böden eine symptomatische Bedeutung beizumessen sei. Zwischen Tonerdegehalt und Hydratwasser und Adsorptionsgröße konnten ebenfalls keine Beziehungen aufgedeckt werden[1], weshalb Pinner die Ammoniakadsorption mit der Hygroskopizitätsgröße verglich[2]:

Vergleich der Hygroskopizität und NH$_3$-Gas-Adsorption.

Bezeichnung der Böden	Hygroskopizität in %	Adsorption von NH$_3$-Gas in %	Hygroskopizität zu NH$_3$-Adsorption
Halle a. d. S., VII. Bonität	2,92	0,7353	4,0
Zechsteinboden von Witzenhausen	3,68	0,9137	4,0
Juraboden von Hohenheim, Oberkrume . . .	4,40	1,0171	4,3
Halle a. d. S., III. Bonität	4,44	1,0465	4,2
Halle a. d. S., I. Bonität	5,14	1,2570	4,1
Juraboden von Hohenheim, Untergrund . . .	6,68	1,5382	4,3
Basaltboden von Hopfgarten	10,89	2,7690	3,9
Rote Erde von Ilbeshausen	16,95	4,2641	4,0
Granitboden von Nieder-Boritzsch	3,35	1,0691	3,1
Terra rossa, Oberkrume	6,07	1,2922	4,7
Terra rossa, Untergrund	16,25	2,5184	6,4
Brasilianische Roterde, Oberkrume	8,34	1,2278	6,6
Brasilianische Roterde, Untergrund	8,23	1,2856	6,4
Lateritboden von Morogorro	6,97	1,4431	4,8

Pinner[3] fand auf diese Weise für die heimischen Böden eine recht befriedigende Parallelität zwischen Hygroskopizität und Ammoniak-Gas-Adsorption, nur ein Boden fällt aus dieser Reihe heraus, was er auf den sauren Charakter des Bodens zurückführt. „Die Parallelität bei den acht anderen deutschen Böden erstreckt sich von dem Boden mit der geringsten Adsorption bis zu dem mit der höchsten, ohne Rücksicht auf die chemische Verschiedenheit (z. B. im Kalkgehalt) und ist so deutlich, daß uns dies ein sehr beachtenswerter Anhaltspunkt für die Beurteilung der Ammoniakadsorption zu sein scheint." Bei den Roterden ist diese Parallelität nicht in der genannten Weise zu erkennen, das Verhältnis von Hygroskopizität zu Ammoniakadsorption ist ein weiteres und unregelmäßiger als bei den untersuchten deutschen Böden. Der Unterschied würde durch die chemische Natur der einzelnen Bodenarten zu erklären sein. Ähnliche Versuche, wie sie von F. Giesecke über die Abhängigkeit der Hygroskopizität von der chemischen Bodenbeschaffenheit[4] in der Art ausgeführt wurden, daß möglichst viele Bodenfraktionen einzeln auf die chemische Zusammensetzung und auf ihr Adsorptionsvermögen geprüft werden, weisen analoge Ergebnisse auf. Mit den Ergebnissen Pinners über mangelnde Übereinstimmung der mechanischen Zusammensetzung und der Adsorption stehen diejenigen im Einklang, die zeigen, daß auch zwischen Hygroskopizität und dem mechanischen Aufbau kein Zusammenhang besteht[5]. Im Abschnitt Hygroskopizität sind die Verhältnisse, die sich zwischen dieser Größe und der chemischen Bodenbeschaffenheit ergeben, kurz dargestellt.

Durch die Versuche Pinners[6] wurde auch noch die Frage geklärt, wie sich die Ammoniakadsorption bei verschiedenen Drucken gestaltet. Es zeigt sich,

---

[1] Pinner, L.: a. a. O., S. 210.   [2] Pinner, L.: a. a. O., S. 213.
[3] Pinner, L.: a. a. O., S. 213.
[4] Giesecke, F.: Die Hygroskopizität in ihrer Abhängigkeit von der chemischen Bodenbeschaffenheit. Chem. d. Erde 3, 98f. (1927).
[5] Giesecke, F.: Über die Beziehungen zwischen der mechanischen Zusammensetzung und der Hygroskopizität eines Bodens. J. Landw. 1928, 33. — Vgl. hierzu J. Hissink: J. Landw. 1912, 238. — E. Blanck: Landw. Versuchsstat. 1914, 439; 1924, 66.
[6] Pinner, L.: a. a. O., S. 215.

daß bei niedrigem Druck sehr viel Gas aufgenommen wird, „die Adsorption steigt
dann mit dem Druck weiter an, doch wird die Zunahme in dem Maße geringer,
als der Druck sich steigert, um dann bei einem Druck von 760 mm schon sehr
klein zu werden. Ein Vergleich der beiden Adsorptionsisothermen mit der von
CHAPPUIS für die Kohlensäureadsorption an Holzkohle gefundenen zeigt weitgehende Analogie zwischen der Gasadsorption an Holzkohle und der an Boden"[1].
Die Werte dieser Bestimmungen gehen aus den folgenden Zusammenstellungen
hervor.

NH_3-Gas-Adsorption bei verschiedenem Druck.

Menge des Bodens	Temperatur ° C	Druck cm	Adsorbiertes Gas in cm³
Juraboden von Hohenheim, Oberkrume.			
10,6603	0	6,37	81,44
10,6603	0	25,92	123,56
10,6603	0	47,07	137,64
10,6603	0	55,83	142,62
10,6603	0	64,19	149,09
10,6603	0	75,98	152,41
Versuchsfeldboden Halle a. d. S., I. Bonität.			
7,0703	0	5,37	64,14
7,0703	0	18,25	94,32
7,0703	0	35,41	107,05
7,0703	0	47,78	115,40
7,0703	0	59,29	118,61
7,0703	0	75,86	123,06

Die Ammoniakadsorption ging in wenigen Minuten vor sich, doch wurde erst
ein stationärer Zustand nach einigen Stunden erreicht, und zwar war die Adsorption des mit hygroskopischem Wasser benetzten Bodens größer als die des getrockneten, allerdings nicht so groß wie die des trockenen Bodens und des Wassers
zusammen. Die Beziehungen zwischen der Adsorption des Ammoniakgases und
der des Ammoniaks aus einer wäßrigen Ammoniaklösung oder Salmiaklösung
sind von PINNER graphisch dargestellt[2]. Man kann den Kurven entnehmen,
daß zwar keine direkte Parallelität besteht, aber doch Näherungswerte vorliegen. Ganz besonders ergeben sie sich bei der Betrachtung zwischen Hygroskopizität und Ammoniakadsorption der deutschen Böden. Nach SSOKOLOWSKY[3]
besteht für russische Bodentypen eine gute Proportionalität zwischen Ammoniakadsorption und Hygroskopizität. PINNER kommt an Hand seiner Untersuchungen
zu dem Ergebnis, daß die Annahme von Oberflächenverdichtung für die in Betracht kommenden Adsorptionserscheinungen die beste Erklärung sei[4].

Die Ammoniakadsorption (trockenes Ammoniak) ist dazu verwandt worden,
die Menge des nach dem MOOREschen Verfahren[5] erhaltenen Kolloidtons (Ultra-
tons) zu bestimmen. In engem Zusammenhang mit der durch physikalische und
chemische Eigenschaften bedingten Adsorptionsfähigkeit steht auch die Am-

---

[1] PINNER, L.: a. a. O., S. 216.

[2] Ebenda, S. 216.

[3] SSOKOLOWSKY, A. N.: J. exper. Landw. 1914, Nr. 2, zit. nach L. PINNER: a. a. O.,
S. 227.

[4] PINNER, L.: a. a. O., S. 238.

[5] MOORE, P. J., W. H. FRY u. H. E. MIDLETON: Methoden zur Bestimmung der Menge
von kolloidalen Stoffen in Böden. J. Ind. a. Eng. Chem. 13, 527 (1921); nach Ref. Biedermanns Zbl. 51, 278 (1922).

moniakverdunstung[1]. Von Pinner[2] wurden experimentelle Beiträge zu der Frage nach der Größe des adsorbierten Ammoniaks mit nachstehendem Erfolge angestellt:

	NH_3-Gehalt in Gramm auf 100 g Boden		
	nach 24 stündigem Liegen an der Luft	nach 4 stündigem Erhitzen auf 100° C	nach 6 Wochen
Halle a. d. S., VII. Bonität	0,0753	0,0501	—
Zechsteinboden von Witzenhausen	0,1092	0,0886	—
Halle a. d. S., III. Bonität	0,1431	0,0887	0,0316
Halle a. d..S., I. Bonität	0,1492	0,1002	0,0594
Lateritboden von Motogorro	0,1500	0,0963	0,0612
Juraboden von Hohenheim, Untergrund .	0,2142	0,1530	0,0975
Basaltboden von Hopfgarten	0,4017	0,2906	—
Terra rossa, Untergrund	0,4301	0,2916	—
Rote Erde von Ilbeshausen	0,7712	0,5689	0,4577

Aus diesen Versuchen geht jedenfalls hervor, daß der Boden sehr erhebliche Ammoniakmengen mit großer Zähigkeit zurückhält, auch wenn er von atmosphärischer Luft umgeben ist, die bekanntlich nur minimale Mengen Ammoniak enthält, so daß der Partialdruck, den dies Gas in der Atmosphäre ausübt, nicht dafür als Begründung herangezogen werden kann. Größere Stickstoffverluste durch Ammoniakverdunstung scheinen danach in einigermaßen adsorptionskräftigen Böden selbst im ausgetrockneten Zustande unwahrscheinlich, wenn der Ammoniakgehalt des Bodens nicht durch starke Ammoniakdüngung sehr erhöht ist[3]. Was die Aufnahme gasförmigen Ammoniaks aus der Luft betrifft, so ist sie trotz des geringen Ammoniakgehalts der Luft, der übrigens in den Tropen etwas höher zu sein scheint, wohl möglich, wenn man bedenkt, daß die Adsorption des Ammoniaks bei niedrigen Drucken eine nahezu vollständige ist.

Die Untersuchung des Adsorptionsvermögens der verschiedenen Bodenkonstituenten für einige im Boden nur in geringen Mengen auftretende Gase[4] ist ebenfalls von Ammon zum Gegenstand der Untersuchung gemacht worden. Er erhielt bei Sumpfgas (CH_4) und Schwefelwasserstoffgas (H_2S) nachstehende Werte[5]:

	CH_4	H_2S
Bei Humus	9,459	24,241
„ Eisenoxydhydrat	15,822	54,175
„ Quarzspulver	0,870	0,922
„ kohlensaurem Kalk . . .	0,996	2,319
„ Kaolin	2,964	8,556
„ Gips	4,699	58,651

Bei der Adsorption des Sumpfgases traten jedoch Reaktionen auf, die das eben gegebene Resultat beeinflußt haben, wie auch bei der Schwefelwasserstoffbindung durch Eisenoxydhydrat außer einer Abscheidung von Schwefel auch noch die Bildung von Schwefeleisen festgestellt werden konnte.

---

[1] Vgl. hierzu P. Ehrenbergs Habilitationsschrift a. a. O., S. 27. — O. Lemmermann u. L. Fresenius: Beiträge zur Frage der Ammoniakverdunstung aus Boden. Landw. Jb. 45, 127 (1913). — E. Blanck: Landw. Versuchsstat. 91, 278 (1918).

[2] Pinner, L.: a. a. O., S. 219.

[3] Vgl. hierzu die Ausführungen E. Blancks: Landw. Versuchsstat. 91, 286 (1918).

[4] Ewert, R.: Die Einwirkung von Teer und Teerdämpfen auf den Boden. Landw. Jb. 63, 105 (1926) gibt an, daß die Teerdämpfe der Fabrikbetriebe nicht in so großer Menge vom Boden adsorbiert werden, um diesen als Kulturboden minderwertig zu machen.

[5] Ammon, G.: a. a. O., S. 39—41.

UFFELMANN[1] schreibt dem Boden nach voraufgegangener Anfeuchtung die Fähigkeit zu, salpetrige Säure aus der Luft zu adsorbieren. Über die Adsorption des Argons durch den Boden liegen Veröffentlichungen nicht vor, doch dürfte die Feststellung interessieren, daß das Wasser — auch Bodenwasser — das Argon stark adsorbiert[2].

Hygroskopizität. Die Hygroskopizität und das heute übliche Verfahren zur Bestimmung derselben ist schon behandelt[3] worden. Da jedoch das gasförmige Wasser, der Wasserdampf, für die Hygroskopizität von Bedeutung ist, so sei im folgenden auf die diesbezüglichen Untersuchungen eingegangen. Bei der Adsorption des Wasserdampfes spricht man allgemein von der Hygroskopizität, um von vornherein schon gewisse Abweichungen von den für die Adsorption der Gase gültigen Gesetzmäßigkeiten zu kennzeichnen, denn bei der Erscheinung der Hygroskopizität handelt es sich nicht nur um die Verdichtung des Wasserdampfes, sondern auch um die des flüssigen Wassers. Es lassen sich diese beiden Vorgänge aber für diesen speziellen Fall nur schwierig voneinander trennen.

Schon HUMPHRY DAVY[4] benutzte die Hygroskopizität als Wertmesser für die verschiedenen Bodenarten, er fand, daß 1000 Teile der nachfolgend genannten Böden die beigegebenen Mengen an Feuchtigkeit aufnahmen, wenn sie nach vorausgegangener Trocknung bei 100° 1 Stunde lang der Luft ausgesetzt waren:

Unfruchtbare Erde von Bagshotheath	3
Grober Sand	8
Feiner Sand	11
Boden von Mersey (Essex)	13
Sehr fruchtbares Alluvium (Somersetshire)	16
Besonders fruchtbarer Boden von Ormiston, East, Lothia	18

Auch KNOP[5] stellte bei seinen Versuchen fest, daß die Ackerböden das Vermögen besitzen, ihren Wasserverlust in kürzester Zeit wieder aus der Atmosphäre zu decken. Nach ihm haben die Versuche von SCHÜBLER[6], TROMMER[7], KNOP[8], HEINRICH[9], A. MAYER[10], A. MÜLLER[11], FR. SCHULZE[12], VON LIEBENBERG[13], VON BABO[14], R. BIEDERMANN[15], VAN BEMMELEN[16], E. BLANCK[17] u. a. m. erkennen lassen, daß die Böden ein zeitweilig großes Vermögen besaßen, Wasserdampf zu adsorbieren. HEIDEN[18], der im Gegensatz zu den von den genannten Autoren

---

[1] UFFELMANN, J.: Über die Oxydation des Ammoniaks im Wasser und Boden. Ref. Forschgn. Geb. Agrikult.-Phys. 9, 381 (1886).

[2] SCHLÖSING, TH. (Sohn): Ref. Biedermanns Zbl. 26, 65 (1897).

[3] Dieses Handbuch: A. DENSCH, Bd. 6, S. 50.

[4] DAVY, Sir HUMPHRY: Elemente der Agrikulturchemie. Übersetzt von FRIEDR. WOLFF, S. 185—187, 215. Berlin 1814.

[5] KNOP, W.: Über Regelmäßigkeiten in der Kondensation des Wasserdampfes durch poröse Körper, insbesondere durch Ackererden. Landw. Versuchsstat. 6, 281 (1864).

[6] SCHÜBLER, G.: Grundsätze der Agrikulturchemie, T. II, S. 84. Leipzig 1832.

[7] TROMMER, C.: Bodenkunde, S. 275. Berlin 1857.

[8] KNOP, W.: Kreislauf des Stoffs, 2, 14ff.; Landw. Versuchsstat. 6, 281 (1864).

[9] HEINRICH, R.: Landw. Ann. Mecklbg. patriot. Ver., S. 353—358, 361—363. 1876.

[10] MAYER, A.: Agrikulturchemie, T. II, S. 21, Heidelberg 1871; ferner Landw. Jb. 1874.

[11] MÜLLER, ALEX: Über die Wässerung der Gartengewächse aus dem Untergrund. Landw. Versuchsstat. 11, 172 (1869).

[12] SCHULZE, FR.: Landw. Versuchsstat. 10, 113 (1868)

[13] LIEBENBERG, VON: Forschgn. Geb. Agrikult.-Phys. 1, 17, 27 (1878).

[14] BABO, VON: J. prakt. Chem. 77, 273.

[15] BIEDERMANN, R.: Beiträge zur Frage der Bodenabsorption, S. 74. 1869.

[16] BEMMELEN, J. VAN: Die Absorption von Wasser durch Ton. Z. anorg. Chem. 42.

[17] BLANCK, E.: Ein Beitrag zur Chemie und Physik der Tongallen im Buntsandstein. Jh. vaterl. Naturkde. Württemberg 63, 355 (1907).

[18] HEIDEN, E.: Über die wasserfassende, wasserzurückhaltende und Kondensationskraft der Böden für Wasser. Landw. Versuchsstat. 26, 414 (1881).

erhaltenen Ergebnissen nur in einer mit 70—80 % Wasserdampf gesättigten Atmosphäre arbeitete, erhielt außerordentlich geringe Werte für das Hygroskopizitätsvermögen der Böden. Die Untersuchungen zeigten, daß die Hygroskopizität in gewisser Weise von der Temperatur[1] abhängig ist[2], ferner daß die Verdichtung des Wasserdampfes von der Größe der Bodenbestandteile und von der Menge der organischen Substanzen abhängt[3]. Die ersten planmäßigen Untersuchungen über die Adsorption des Wasserdampfes verschiedener Bodenarten und Bodenteilchen sind von Ammon[4] ausgeführt. Sie ergaben, daß die Hygroskopizität mit der Feinheit der Bodenteilchen wächst und daß der relative Vergleich zwischen Lehm- und Quarzsand eine bedeutend größere Hygroskopizität des ersteren erkennen läßt. Nach seinen Untersuchungen ergab sich die größte Verdichtung bei Temperaturen zwischen Null und 10°, während von da ab die Menge des aufgenommenen Wasserdampfes mit steigender und fallender Temperatur abnimmt. Die folgende Tabelle übermittelt die Resultate, die bezüglich der Einwirkung der Temperatur von Ammon[5] erhalten wurden:

	Temperatur °C	Humus cm³	Eisenoxyd-hydrat cm³	Quarz cm³	Kalk cm³	Kaolin cm³
100 cm³ Substanz	— 10	12 717,72	12 973,00	2026,69	208,37	5378,08
	0	14 206,36	47 332,07	2198,42	4258,13	5735,65
	+ 10	36 504,43	99 712,01	1185,35	4775,12	6447,67
	+ 20	26 787,52	98 990,58	277,54	962,54	1541,88
	+ 30	16 497,13	54 753,46	99,18	233,15	1335,99

Ammon hat also mithin eine Zunahme der Hygroskopizität bei von 0—10° C, von hier aus nach beiden Seiten hin aber eine Abnahme ermitteln können, wohingegen Hilgard fand, daß in einem mit Wassergas völlig gesättigtem Raum die Wasserdampfadsorption stetig bis zu 35° steigt, bei nur teilweise gesättigter Atmosphäre dagegen dieselbe mit zunehmender Temperatur abnimmt[6]. Für den letzteren Fall hat Hilgard einige Beobachtungsergebnisse mitgeteilt. Schlösing glaubt auf Grund seiner Resultate annehmen zu können, daß die Hygroskopizitätsgröße unabhängig von der Temperatur sei[7], während Sikorski[8] die Tatsache, daß die Kondensation in gesättigter Luft mit zunehmender Temperatur steigt,

---

[1] Schlösing, Th.: Einfluß der Temperatur auf die hygroskopischen Eigenschaften der Erde. C. r. **99**, 215; nach Ref. Forschgn. Geb. Agrikult.-Phys. **7**, 322 ff. (1884). — Knop, W.: Landw. Versuchsstat. **6**, 281 (1864).

[2] Bei der Mitscherlichschen Methode ist die Temperatureinwirkung ausgeschaltet. — Vgl. E. A. Mitscherlich: Bodenkunde, a. a. O., S. 72, u. H. Rodewald: Landw. Jb. **1902**, 692—695.

[3] Schlösing, Th.: Ann. sci. agr. T. I, 1, ref. von E. Wollny: Forschgn. Geb. Agrikult.-Phys. **7**, 325 (1884), glaubt lediglich den humosen Bodenarten ein größeres „Kondensations"-Vermögen für Gase zuschreiben zu können, eine Annahme, die sich als nicht richtig erwies, wie dies aus den Untersuchungen Schüblers, Trommers und vieler anderer Autoren hervorgeht. — Blanck, E. u. J. M. Dobrescu: Landw. Versuchsstat. **84**, 441 (1914), u. E. Blanck u. F. Alten: Landw. Versuchsstat. **103**, 66 (1924), kommen sogar zu dem Ergebnis, daß keine regelmäßigen Beziehungen zwischen organischer Substanz und der Hygroskopizität bestehen.

[4] Ammon, G.: Untersuchungen über das Kondensationsvermögen der Bodenkonstituenten für Gase. Forschgn. Geb. Agrikult.-Phys. **2**, 1 ff. (1879).

[5] Ammon, G.: a. a. O., S. 33.

[6] Hilgard, E. W.: Über die Bedeutung der hygroskopischen Bodenfeuchtigkeit für die Vegetation. Forschgn. Geb. Agrikult.-Phys. **8**, 93 f. (1885); dazu vgl. Amer. J. Sci. **4**, 440 (1872).

[7] Schlösing, Th.: Forschgn. Geb. Agrikult.-Phys. **7**, 322 (1884).

[8] Sikorski, J. S.: Untersuchungen über die durch die Hygroskopizität bewirkte Wasserzufuhr. Forschgn. Geb. Agrikult.-Phys. **9**, 428 (1886). — Vgl. A. v. Dobeneck: a. a. O., S. 209.

auf den Umstand zurückführt, daß gleichzeitig die von der Luft aufgenommene
Wassermenge erhöht wird, wie dies aus den folgenden Zahlen hervorgeht:

Um den Widerspruch der Ergebnisse AMMONS, HILGARDS und SCHLÖSINGS zu klären, stellte VON DOBENECK[1] Versuche an, aus denen er folgende Schlußfolgerungen ziehen konnte: „Die Adsorptionsgröße nimmt zwischen o bis 30° C mit steigender Temperatur annähernd im Verhältnis des reziproken Wertes der Tension ab. Die Hygroskopi-

Temperatur °C	Wasserdampf in 1 m³ Luft g	Differenz
o	5,4	4,3
10	9,7	7,6
20	17,3	12,1
30	29,4	19,8
40	49,2	

zität läßt die gleiche Gesetzmäßigkeit erkennen, wenn die Atmosphäre bei
den verschiedenen Temperaturen gleichen absoluten Feuchtigkeitsgehalt besitzt. Ist die Atmosphäre bei verschiedenen Temperaturen gesättigt, also von
gleichem relativen Feuchtigkeitsgehalt, so ist die Temperatur ohne bedeutenden
Einfluß auf die Hygroskopizitätsgröße."

Die oben genannten AMMONschen Ergebnisse werden im wesentlichen durch
die von SCHWARZ[2] erhaltenen Resultate gestützt. Er ermittelte nach der SCHÜBLERschen Methode (Ausbreitung von 100 g der bei 100° getrockneten Proben
über eine Fläche von 1000 cm² unter gleichzeitiger Einwirkung von mit Wassergas gesättiger Luft bei 17,5°), daß die Verschiedenartigkeit der Bodenbestandteile sich auf die Adsorptionsfähigkeit für Wasserdampf auswirke. VON DOBENECK[3] ermittelte ebenfalls die Abhängigkeit der Hygroskopizität von verschiedenen Bodenarten, wie aus folgender Tabelle zu ersehen ist:

Bei o° wurden folgende Mengen adsorbiert:

100 g	Quarz	0,159 g	197 cm³ [4]
100 g	Kaolin	2,558 g	3172 cm³
100 g	Humus	15,904 g	19722 cm³
100 g	$Fe_2(OH)_6$	15,512 g	19236 cm³
100 g	$CaCO_3$	0,224 g	278 cm³

Die Abhängigkeit der Hygroskopizität von der Dampfspannung, Temperatur,
Feuchtigkeit usw. ist schon im Handbuch[5] behandelt worden, doch sei betont,
daß die Absorption des Wasserdampfes durch vollkommen trockenen Boden in
einer mit Feuchtigkeit gesättigten Atmosphäre anfangs sehr energisch und rasch
ist, um dann aber bald geringer zu werden[6]. Der stark angefeuchtete Boden ist
gewöhnlich nicht imstande, Wasserdampf zu absorbieren. Die von WIKLUND[7]
für Hochmoorboden gefundenen Ergebnisse sind wahrscheinlich auf die Eigenart der Versuchsanordnung zurückzuführen, wie aber auch aus der Unkontrollierbarkeit der Menge des aus dem Nebel kondensierten Wassers[8]. Die Lagerung

---

[1] DOBENECK, A. v.: a. a. O., S. 211—212.

[2] SCHWARZ, A. R. VON: Vergleichende Untersuchungen über die physikalischen Eigenschaften verschiedener Bodenarten nach Ref. Forschgn. Geb. Agrikult.-Phys. 2, 164 (1879).

[3] DOBENECK, ARNOLD, Freih. VON: Untersuchungen über das Adsorptionsvermögen und die Hygroskopizität der Bodenkonstituenten, a. a. O. S. 201.

[4] Reduziert auf o° und 760 mm.

[5] Vgl. diesen Band, S. 75 f.

[6] HELLRIEGEL, H.: Verhalten des Bodens gegen das dampfförmige Wasser der Atmosphäre. Beiträge zu den naturwissenschaftlichen Grundlagen des Ackerbaues, S. 708, Braunschweig 1883; nach Ref. Forschgn. Geb. Agrikult.-Phys. 6, 389 (1883).

[7] WIKLUND, C. L.: Die Absorption von Wasserdampf durch den Hochmoorboden. Landw. Jb. 20, 871 ff. (1891).

[8] Vgl. hierzu Ref. E. WOLLNY: Forschgn. Geb. Agrikult.-Phys. 14, 412 ff. (1891).

spielt ebenfalls eine Rolle, denn lockerer Boden vermag mehr Wasserdampf zu adsorbieren als dicht gelagerter. Das Maximum der Adsorption von dampfförmigem Wasser vermag aber der Boden nur in einer mit Wasserdampf absolut gesättigten Atmosphäre aufzunehmen, was für den Boden im Freien gleichbedeutend ist, daß er niemals den Sättigungsgrad erreicht. Daß das Kondensationsvermögen für Wasserdampf bei natürlichen Luftfeuchtigkeitsverhältnissen recht gering ist, zeigten schon die Versuche E. Heidens[1].

Versuche über den Einfluß des Luftdruckes auf die Höhe der Hygroskopizität führte Sikorski[2] durch und leitete aus ihnen den Schluß ab, daß während einer Zeitdauer von 24 Stunden innerhalb 688—718 mm die Verdichtung nicht beeinflußt wird.

Die hygroskopischen Eigenschaften des Bodens sind sehr wichtig für die Vegetation, wie dies schon aus dem Hinweis hervorgeht, daß in Bodenarten mit hohen Adsorptionsvermögen für Wasserdampf die (tägliche) Oberflächenverdunstung zum großen Teil durch die (nächtliche) Adsorption wieder ersetzt werden kann[3].

Die bei der Adsorption von Gasen an festen Oberflächen festgestellte Steigerung der Temperatur gilt auch für die Adsorption des Wasserdampfes[4]. Nach Schübler[5] wird man die Hygroskopizität bestimmen können, „wenn man dem Körper seine Dampfspannung mit derjenigen des Wassers ausgleichen läßt". Dabei treten aber Störungen durch Kondensationen auf[6]. Mitscherlich[7] und Rodewald[8] nahmen aus diesem Grunde anstatt Wasser eine Lösung, deren Dampfspannung etwas geringer war als diejenige des Wassers, durch Versuche ermittelten sie eine 10proz. Schwefelsäure als für den gedachten Zweck besonders brauchbar[9]. Nach Mitscherlich gibt die Hygroskopizität besser als die Schlämmanalyse Aufschluß über die physikalischen Bodeneigenschaften, und sie ist bequemer durchzuführen als die Bestimmung der Benetzungswärme. Alle bisher genannten Untersuchungsergebnisse leiden in gewisser Weise an der Nichtvergleichbarkeit der einzelnen Resultate, da die einzelnen Methoden verschieden waren. Wurde jedoch dieselbe Versuchsanordnung bei vergleichenden Untersuchungen innegehalten, so sind die ermittelten Werte sogar für die Wertschätzung der Ackererden mit benutzt worden[10], obgleich die theoretischen Grundlagen noch nicht gegeben waren. Auf Grund der theoretischen Erwägungen Rodewalds und Mitscherlichs über die Benetzungswärme und der Beziehungen zwischen dieser

---

[1] Heiden, E.: Kondensation des Wasserdampfes durch lufttrockenen Boden. Denkschrift z. Feier d. 25jähr. Bestehens der agrikult.chem. Versuchsstat. Pommritz, S. 164. Hannover 1883.

[2] Sikorski, J. S.: a. a. O., S. 431.

[3] Vgl. hierzu E. W. Hilgard: Forschgn. Geb. Agrikult.-Phys. 8, 97 (1885). — Ähnliche Hinweise finden wir schon bei Davy, Humboldt u. Liebig.

[4] Stellwaag, A.: Forschgn. Geb. Agrikult.-Phys. 5, 210 (1882). — Mitscherlich, E. A.: Inaug.-Dissert., Kiel 1898; J. Landw. 46, 255 (1898); 48, 71 (1900); Landw. Jb. 31, 577 (1902); 30, 380 (1901) und H. Rodewald: Z. physik. Chem. 24, 206 (1897); 33, 593 (1900); Landw. Jb. 31, 675 (1902). — Rodewald, H., u. A. Kattin: Z. physik. Chem. 33, 579 (1900). — Rodewald, H., u. A. Mitscherlich: Landw. Versuchsstat. 59, 433 (1904). — Frankau, A.: Inaug.-Dissert., S. 32, 33. München (Straubing) 1909. — Anderson, J. S.: Die Benetzungswärme der Bodenkolloide. J. Agr. Res. 28, 927 (1924).

[5] Schübler, G.: Grundsätze der Agrikulturchemie 2, 80ff. Leipzig 1832.

[6] Rodewald, H., u. A. Mitscherlich: Die Bestimmung der Hygroskopizität. Landw. Versuchsstat. 59, 433 (1904).

[7] Mitscherlich, E. A.: Landw. Jb. 31, 578 (1902).

[8] Rodewald, H., u. A. Mitscherlich: Landw. Versuchsstat. 59, 433ff. (1904).

[9] Rodewald, H., u. A. Mitscherlich: Landw. Versuchsstat. 59, 435/36 (1904).

[10] Thoms, George: Zur Wertschätzung der Ackererden auf naturwissenschaftlich-statistischer Grundlage. J. Landw. 42, 1ff. (1894).

und der Hygroskopizität ist es aber gelungen, durch eine einfach durchzuführende Methode, die erwünschte Vergleichsmöglichkeit zu erhalten[1].

Die theoretischen Gesetzmäßigkeiten der MITSCHERLICHschen Methode und deren praktische Ausführung sind oft Gegenstand der Diskussion gewesen[2]. Es sind eine ganze Reihe von Untersuchungen zu verzeichnen, die die Beziehungen zwischen Bodenbestandteilen, d. h. in chemischer[3] und physikalischer[4], insonderheit mechanischer[5] Beziehung, wie aber auch insbesondere der Bodenkolloide[6] zu der Hygroskopizität aufzuklären suchten. Daß die Hygroskopizitätswerte, analog auch die der Benetzungswärme, zur Ermittelung der Lagerungs- und Strukturverhältnisse[7] der Böden und des Einflusses der diese verändernden Faktoren[8] wie auch zur Bodencharakterisierung und der des Frucht-

---

[1] Vgl. diesen Band, S. 70.

[2] RODEWALD, H., u. E. A. MITSCHERLICH: Landw. Versuchsstat. 59, 433 (1904). — MITSCHERLICH, E. A.: Bodenkunde, a. a. O., S. 72 f. — MITSCHERLICH, E. A., u. R. FLOESS: Internat. Mitt. Bodenkde. 1, 463 f. (1912). — MITSCHERLICH, E. A.: Bodenkunde, S. 139. 1923. — EHRENBERG, P., u. H. PICK: Z .Forst- u. Jagdwes. 43, 39 (1911). Gedenkbook aan van BEMMELEN S. 194. 1910. — RODEWALD, H.: Landw. Jb. 31, 675 (1902). — RAMANN, E.: Bodenkunde, a. a. O., S. 320 ff. — Ferner vgl. einige Abhandlungen über praktische Abänderungen der Methodik. E. COPPENRATH: Beziehungen zwischen den Eigenschaften des Bodens und der Nährstoffaufnahme durch die Pflanzen. Inaug.-Dissert., Münster 1907, schlägt die Trocknung im Vakuum-Exsikkator vor (mit elektrischer Heizvorrichtung). — GISBERT Freiherr VON ROMBERG: Praktische Winke für die Ausführung von Hygroskopizitätsbestimmungen nach RODEWALD-MITSCHERLICH: Landw. Versuchsstat. 75, 483 (1911). — W. CZERMAK: Ein Beitrag zur Erkenntnis der Veränderungen der sog. physikalischen Bodeneigenschaften durch Frost, Hitze und die Beigabe einiger Salze [Landw. Versuchsstat. 76, 75 ff. (1912)] führt die RODEWALD-MITSCHERLICHsche Methode in umgekehrter Reihenfolge aus. — R. HORNBERGER: Das Trocknen im elektrisch geheizten Vakuumexsikkator zur Bestimmung der Hygroskopizität. Landw. Versuchsstat. 82, 303 (1913). — E. BLANCK und J. M. DOBRESCU: Landw. Versuchsstat. 84, 443 (1914). — R. ALBERT u. O. BOGS: Beitrag zur Methodik der Bodenuntersuchung. Internat. Mitt. Bodenkde. 4, 189 f. (1914). — Hierzu sei auch besonders auf die zusammenfassenden Ausführungen P. EHRENBERGS: Bodenkolloide, a. a. O., S. 263 ff., hingewiesen.

[3] HISSINK: J. Landw. 60, 238 (1912). — BLANCK, E.: J. Landw. 60, 59 (1912); Landw. Versuchsstat. 84, 439 (1914). — BLANCK, E., u. F. ALTEN: Landw. Versuchsstat. 103, 69 (1924). — DUMONT, J.: C. r. 142, 345 (1906); nach P. EHRENBERG: Bodenkolloide, 2. Aufl., S. 90. Dresden-Leipzig 1918. — LEEDEN, R. VAN DER, u. F. SCHNEIDER: Internat. Mitt. Bodenkde. 2, 81 (1912). — GIESECKE, F.: Chem. d. Erde 3, 98 (1927).

[4] MITSCHERLICH, E. A.: Bodenkunde, S. 139. Berlin 1923. — Vgl. hierzu auch die Gruppierung der Torfe nach dem Grade der Hygroskopizität nach VIKTOR ZAILER u. LEOPOLD WILK: Z. Landw. Versuchswes. Österr. 1907, 787; Ref. Biedermanns Zbl. 37, 516 (1908). — J. H. ABERSON: Das Adsorptionsvermögen der Ackererde. Kolloid-Z. 10, 13 (1912).

[5] BAGGER, W.: Inaug.-Dissert., Königsberg 1902. — A. v. DOBENECK: a. a. O., S. 196. — HEGER: Forstliche Bodenkunde und Klimatologie, S. 151. Erlangen 1856; nach Angabe von A. FRANKAU: Inaug.-Dissert., München 1909. — A. ATTERBERG: Kolloidchem. Beih. 7, 55 (1914). — R. FLOESS: Landw. Jb. 45, 264 (1912). — V. NOVÁK: Landw. Jb. 50, 447 (1916). — G. RICHTER: Internat. Mitt. Bodenkde. 6, 193, 318 (1916). — LIATSIKAS: Internat. Mitt. Bodenkde. 14, 149 (1924). — F. GIESECKE: Chem. d. Erde 3, 98 (1927).; J. Landw. 76, 33 (1928).

[6] EHRENBERG, P., u. H. PICK: Gedenkbock aan van Bemmelen, S. 194. 1910. — H. STREMME u. B. AARNIO: Z. prakt. Geol. 19, 349 (1911). — J. H. ABERSON: Z. Chem. u. Ind. Kolloide 5, 13. — R. WACHE: Mitt. Preuß. Geol. Landesanst. 1921, H. 2.—ORYNG: Kolloid-Z .14, 105 (1914). — E. BLANCK: Landw. Versuchsstat. 84, 439 (1914); 103, 66 (1924). — G. WIEGNER: Boden und Bodenbildung, S. 12. Dresden-Leipzig 1924, hält die Hygroskopizitätsbestimmung für die Ermittlung der Bodendispersität für nicht genügend.

[7] HELLRIEGEL, H.: Forschgn. Geb. Agrikult.-Phys. 6, 389 ff. (1883).

[8] HOFFMANN, R.: Landw. Versuchsstat. 85, 123 (1914). — P. EHRENBERG u. VON ROMBERG: J. Landw. 61, 73 (1913). — W. CZERMAK: Landw. Versuchsstat. 76, 87 (1912). — E. A. MITSCHERLICH: Fühlings Landw. Ztg. 1902, 689, 751. — W. THAER: Der Einfluß von Kalk und Humus auf die mechanische, physikalische und chemische Beschaffenheit von Ton-, Lehm- und Sandboden. J. Landw. 59, 1 ff. (1911). — O. NOLTE u. ERNA HAHN: J. Landw. 65, 75 (1917). — L. SMOLIK: Beitrag zur Flockung des Bodens. Ref. Biedermanns

barkeitszustandes[1] herangezogen wurden, sei nur erwähnt. Aus den bisherigen Untersuchungsergebnissen läßt sich erkennen, daß die Hygroskopizität nicht allein abhängig von der mechanischen sondern auch von der chemischen Zusammensetzung ist. Es finden zwar die Oberflächen[2] der verschieden großen Bodenkörnungen in gewissen Grenzen ihren Maßstab in dem Ausfall der Hygroskopizitätswerte, wie sich auch die Hygroskopizität des Bodens aus den diesen aufbauenden Fraktionen zusammensetzt[3], doch ist der Einfluß der chemischen Zusammensetzung auch von großer Bedeutung, so daß sich die Abhängigkeit der Hygroskopizität von der Bodenbeschaffenheit erst dann richtig erkennen läßt, wenn die Ergebnisse der mechanischen Analyse mit denen der chemischen und der Hygroskopizitätsbestimmungen verglichen werden[4]. Aus neueren Untersuchungen erhellt sich die Tatsache, daß die Höhe der Hygroskopizität von der Größe und der chemischen Beschaffenheit, hauptsächlich der feinsten Bestandteile abhängig ist. In erster Linie werden es also die kolloidalen Bestandteile des Bodens sein[5], die die Höhe der Hygroskopizität mitbestimmen, und so konnte Giesecke, nachdem schon E. Blanck[6] verschiedentlich auf die starke Beeinflussung derselben durch Fe_2O_3 und Al_2O_3 hingewiesen hatte, die starke Abhängigkeit der Hygroskopizität eines Bodens von dem Gehalt des Eisen- und Aluminiumoxyds sowie von dem Verhältnis Sesquioxyde zu SiO_2 unter Heranziehung sog. Fraktionszahlen feststellen[7]. Ob die durch diese Befunde erhaltenen Ergebnisse auch auf andere Gase zu übertragen sind, muß weiteren Untersuchungen vorbehalten bleiben. Vergegenwärtigt man sich jedoch, daß auch für andere Gase gerade die feinsten Teilchen und die Humussubstanzen des Bodens das Adsorptionsvermögen in erster Linie beeinflussen, so erscheint der Schluß naheliegend, auch für die Größe der Adsorption der anderen Gase in erster Linie die Art und

---

Zbl. **56**, 193 (1927). — A. Mausberg: Landw. Jb. 45, 29. — B. Tacke u. Th. Arnd: Internat. Mitt. Bodenkde. **1923**, 12. — A. D. Hall: The Soil 3. edit., S. 96/97. London 1921. — F. Giesecke: Z. Pflanzenern. u. Düng. A. 8, 222 (1927). — E. Blanck u. F. Giesecke: Z. Pflanzenern. u. Düng. B. **3**, 211 (1924). — O. Engels: Landw. Versuchsstat. **83**, 409 (1914). — Fr. Heinrich: Die Beeinflussung der Hygroskopizität und der Wasserstoffionenkonzentration durch künstliche Düngung. Dissert. Königsberg 1926.

[1] Vgl. J. König: Untersuchungen landwirtschaftlich wichtiger Stoffe, 5. Aufl., S. 36. Berlin: Paul Parey 1923. — Th. Remy: Landw. Jb. **49**, 147 (1916).

[2] Da die Meinungen und Ansichten über die Anzahl der die Bodenteilchen umgebenden Molekülschichten noch nicht geklärt sind, so ist die Bestimmung der wirklichen Bodenoberfläche noch nicht gegeben. Über diesen Fragenkomplex liegen eine Reihe von Arbeiten vor, von denen ein Teil hier wiedergegeben sei. Ehrenberg, P.: Fühlings Landw. Ztg. **63**, 725 (1914); **64**, 233 (1915). — Vageler, P.: Ebenda **61**, 77 (1912). — Pfeiffer, K.: Landw. Jb. **41**, 47 (1910). — Hager, G.: Handbuch der biologischen Arbeitsmethoden, S. 338 ff. — Mitscherlich, E. A.: Bodenkunde für Land- und Forstwirte, 3. Aufl., S. 68. Berlin 1920. — Neugebohrn, A.: Kulturtechniker **30**, 230 (1927), sieht die über 10 proz. Schwefelsäure durch Hygroskopizität aufgenommene Flüssigkeitsmenge nicht als genaues Maß der Bodenoberfläche an, da sie sich aus Adsorptions-, Quellungs-, Kapillar- und Hydratwasser zusammensetzt.

[3] Giesecke, F.: Chem. d. Erde **3**, 120,125 (1927).

[4] Giesecke, F.: Chem. d. Erde **3**, 136 (1927); J. Landw. **76**, 39 (1928). — Blanck, E., u. J. M. Dobrescu: Landw. Versuchsstat. **84**, 439 (1914) und E. Blanck u. F. Alten: Landw. Versuchsstat. **103**, 66 (1924).

[5] Vgl. hierzu A. Anderson u. Mitarbeiter: U. S. Dep. Agricult. Bull. Nr. 1122, **1922**. — W. G. Ogg u. J. Hendrick: J. agr. sci. Cambridge 7, 458 (1916); 10, 333 (1920). — E. A. Mitscherlich u. R. Floess: Internat. Mitt. Bodenkde. 1, 463 (1912). — P. L. Gile, W. O. Robinson u. Mitarbeiter: U. S. Dep. Agricult. Bull. Nr. 1193, **1924**, — H. F. Joseph: Soil sci. **20**, 89 (1925). — A. Anderson u. S. Mattson: U. S. Dep. Agricult. Bull. Nr. 1452, **1926**, — K. Maiwald: Kolloidchem. Beih. **27**, 265 f. (1928).

[6] Blanck, E.: J. Landw. 60, 59 (1912). — Blanck, E., u. J. M. Dobrescu: Landw. Versuchsstat. **84**, 439 (1914) und E. Blanck u. F. Alten: Landw. Versuchsstat. **103**, 66 (1924).

[7] Giesecke, F.: Chem. d. Erde **3**, 136 (1927).

Menge der Kolloide im Boden verantwortlich zu machen. Daß der Parallelismus der Hygroskopizitätsgröße mit Absorptionserscheinungen auch mehrfach geprüft ist, sei hier nur erwähnt[1], wie auch auf die schon angeführten Resultate PINNERS beim Vergleich der Ammoniakadsorption und der Hygroskopizität nochmals hingewiesen sei[2]. In einem gewissen Zusammenhange mit der Hygroskopizität steht auch die als unterirdischer Tau bezeichnete Erscheinung insofern, als Hygroskopizität und Temperaturunterschiede für seine Entstehung maßgebend zu sein scheinen. P. EHRENBERG[3] und H. PUCHNER[4] haben die diesbezüglichen Arbeiten und Ansichten in ihren Werken zusammengestellt. Zum Schluß über die Betrachtungen der Adsorptionserscheinungen sei erwähnt, daß die Kolloide als Träger derselben zu gelten haben, wie dies aus den obigen Ausführungen ersichtlich war[5].

Absorption und Einwirkung der absorbierten Gase auf den Boden.

Unter Absorption wird hier mit P. EHRENBERG[6] die Lösung von Gasen in Flüssigkeit verstanden. Das Bodenwasser nimmt naturgemäß alle in ihm löslichen Stoffe, seien es feste Substanzen oder Gase, auf. Die letzte Erscheinung, die für die nachfolgenden Betrachtungen über die chemische Wirkung der Gase von Bedeutung sind, bezeichnen wir mit Absorption im Sinne EHRENBERGS, wozu noch die Absorption von Gasen in festen Stoffen, die dem HENRYSCHEN Gesetz folgen, kommen. Die Löslichkeit der Gase ist abhängig von der Temperatur, dem Druck und der Art des Gases. Bezüglich der Löslichkeit der Bodenluft berichtet H. PUCHNER[7] wie folgt: „Die hauptsächlich aus Stickstoff, Sauerstoff und Kohlensäure bestehende Luft in den Hohlräumen des Bodens wird aber nicht im Verhältnis der prozentischen Zusammensetzung dieser Bodenluft, sondern nach Maßgabe des sog. Absorptionskoeffizienten der einzelnen Gase aufgenommen. Dieser drückt aus, wieviel Raumteile eines Gases von einem Raumteil Flüssigkeit verschluckt werden. Am meisten absorbiert das Wasser Kohlen-

---

[1] SSOKOLOWSKY, A. N.: Aus dem Gebiete der Absorptionserscheinungen im Boden. Ref. Biedermanns Zbl. 44, 10 (1915). — KÖNIG, J.: Untersuchung landwirtschaftlich wichtiger Stoffe, 5. Aufl., S. 112. Berlin: Paul Parey 1923.

[2] Vgl. diese Abhandlung, S. 332.

[3] EHRENBERG, P.: Bodenkolloide, a. a. O., S. 259f.

[4] PUCHNER, H.: Bodenkunde, a. a. O., S. 157, 158, hält sich im wesentlichen an die Ausführungen P. EHRENBERGS und schreibt über diesen Gegenstand wie folgt: Die Vorstellung einer derartigen „unterirdischen Taubildung" finden wir schon in der Literatur des Altertums. Später hat namentlich O. VOLGER: Zeit und Ewigkeit, 1857; Z. V. d. I. 21, 481 (1877), diesen Gedanken verfochten. Auch E. WOLLNY: Forschgn. Geb. Agrikult.-Phys. 2, 54 (1879), bekannte sich im allgemeinen zur gleichen Ansicht, ebenso G. HAVENSTEIN: Landw. Jb. 7, 311 (1878), u. a. Später traten allerdings auch Gegner auf, wie H. HELLRIEGEL: Grundlagen des Ackerbaues, S. 708ff. Braunschweig 1883; E. HEIDEN: Denkschr. 25. Best. Versuchsstat. Pommritz, S. 164. Hannover 1883; TH. SCHLÖSING d. Ä.: Ann. Sci. agron. 1, 1 (1883) usw., welchen aber neuestens wieder Anhänger des „unterirdischen Taues" folgten, wie CHR. MEZGER, C. LUEDECKE: Kulturtechniker 15, 104 (1912); MEZGER: vgl. Gsdh.ing. 31, 241 (1908) u. W. KLEEBERGER: Grundzüge der Pflanzenernährung und Düngerlehre 1, 97 (1914). Und G. BOUYOUCOS: J. Agricult. Res. 5, 141 (1915) sowie A. W. SPERANSKIY u. TH. H. KRASCHENINNIKOW: J. exper. Landw. 8, 331 (1907), konnten auf Grund neuen Versuchsmaterials aussprechen, daß „unterirdischer Tau" eine beachtenswerte Erscheinung im Boden darstellt. Ja, man neigt nunmehr sogar zuweilen zu der Ansicht, daß die Bewegung des Wassers im Boden mehr als durch kapillaren Anstieg durch die Wanderung von Wasserdämpfen, sowohl von unten nach oben, wie umgekehrt, stattfände [vgl. Jb. Dtsch. Landwirtschaftsges. 34, 391 (1919); CHR. MEZGER: J. Landw. 69, 49—64 (1921)].

[5] Vgl. hierzu die schon mehrfach zitierten Werke von P. EHRENBERG: Bodenkolloide, 1918; H. PUCHNER: Bodenkunde, 1923; E. RAMANN: Bodenkunde, 1911; E. BLANCK: Bodenlehre 1928.

[6] EHRENBERG, P.: Bodenkolloide, a. a. O., S. 24.

[7] PUCHNER, H.: Bodenkunde, a. a. O., S. 155.

säure auch hinsichtlich Sauerstoff ist die im Wasser absorbierte Gasmenge reichlicher als bezüglich Stickstoff, lauter Tatsachen, welche für den zersetzenden Einfluß des Bodenwassers auf die festen Bodenteilchen von großer Wichtigkeit sind.‟

Die Gase werden größtenteils nur dadurch auf die Bodenbestandteile wirksam sein, weil sie eben im Bodenwasser absorbiert sind. In erster Linie haben wir es ja in der Bodenluft mit einem Gemenge aus Stickstoff, Sauerstoff und Kohlensäure zu tun. Da der Stickstoff so gut wie indifferent ist, kommt er für diese Betrachtungen nicht in Frage, so daß wir es in erster Linie nur mit den beiden anderen Gasen zu tun haben. Alle Erscheinungen der Verwitterung und Zersetzung hängen hiermit zusammen, indem sie der Ausfluß einer derartigen Wirkung der in Wasser gelösten Gase sind.

4. Das Verhalten des Bodens gegen Wärme.
Von J. Schubert, Eberswalde.
Mit 12 Abbildungen.

Die Erwärmungen und Abkühlungen der Erdoberfläche, namentlich die regelmäßigen periodischen täglichen und jährlichen Temperaturschwankungen setzen sich in den Boden hinein fort. Hierbei werden Größe und Eintrittszeit der Schwankungen wie auch die Form der periodischen Schwingungskurven geändert. Aus den Temperaturwerten und der Zusammensetzung des Bodens läßt sich der Wärmehaushalt ermitteln, wobei die einfachen Gesetze der Wärmeleitung Anwendung finden, soweit deren Voraussetzungen erfüllt sind. Beim Vergleich verschiedener Bodenarten sowie freier und bewaldeter Böden ergeben sich bemerkenswerte Unterschiede.

a) Die Bodentemperatur.

Als Beispiel einer Temperaturänderung, die sich tief in den Boden hinein fortsetzt, sei die **starke Erwärmung des Sommers 1911 in Potsdam**[1] erwähnt. Die kältesten und wärmsten Monate hatten die Temperaturen:

Tiefe m	Temperatur Grad				Erwärmung Grad
0	Januar	0,1	Juli, August	23,7	23,6
1	Februar	2,1	August	20,9	18,8
2	Februar	4,2	August	18,0	13,8
4	März	6,5	September	14,1	7,6
6	Mai	7,9	Oktober	12,1	4,2
12	August	9,3	Februar	10,2	0,9

Die Erwärmung pflanzt sich, wenn auch immer schwächer werdend, bis über 12 m Tiefe fort, wobei sie eine beträchtliche Verspätung erleidet.

Der tägliche Gang der Bodentemperatur.

Die tägliche periodische Temperaturänderung und ihr Eindringen in den Boden wird zunächst an den stündlichen Beobachtungen in Pawlowsk[2] im Jahre 1888 erörtert.

---

[1] Ergebn. d. Meteorolog. Beobachtungen, S. 66f. 1911.
[2] Leyst, E., Repert. f. Meteorologie, hrsg. v. H. Wild, 13, 7. St. Petersburg 1890.

Bodentemperatur ^{0}C (Pawlowsk, Jahr 1888).

Tiefe	Vormittag						Nachmittag					
cm	1	3	5	7	9	11	1	3	5	7	9	11
0	— 1,33	— 1,65	— 1,30	1,02	4,40	7,76	**9,18**	8,10	5,23	2,12	0,20	— 0,75
1	— 0,62	— 0,99	— 0,87	0,84	3,62	6,68	**8,28**	7,72	5,48	2,82	1,01	0,01
2	— 0,24	— 0,64	— 0,66	0,62	3,05	5,85	**7,48**	7,22	5,41	3,08	1,39	0,42
5	0,65	0,23	0,01	0,44	1,80	3,62	5,09	**5,46**	4,82	3,53	2,21	1,30
10	1,51	1,02	0,73	0,78	1,48	2,62	3,89	**4,57**	4,50	3,83	2,90	2,10
20	2,41	2,06	1,74	1,51	1,49	1,80	2,38	3,01	3,41	**3,46**	3,21	2,81
40	3,12	3,07	2,99	2,88	2,77	2,68	2,65	2,70	2,81	2,95	3,06	**3,15**

Die höchsten Werte der Temperatur in jeder Tiefe sind durch starken Druck hervorgehoben. Die Minima werden nach der Tiefe immer wärmer, die Maxima (bis 40 cm) kühler, die täglichen Temperaturschwankungen geringer. Diese sinken im Jahresdurchschnitt von fast 11^0 an der Oberfläche auf den halben Betrag in 5 cm Tiefe, während sie in 20 cm nur noch 2^0, in 40 cm 0,5^0 und in 80 cm nur wenige Hundertstel Grad ausmachen. Außerdem werden die Phasen des täglichen Ganges nach der Tiefe hin verzögert, so daß z. B. der Boden in 40 cm Tiefe mittags um 1 Uhr am kältesten ist, während gleichzeitig die Oberfläche die höchste Temperatur aufweist. Die Phasen des täglichen Ganges, bestimmt nach den Eintrittszeiten der Tagesmittel, verspäten sich von der Oberfläche bis 20 cm um 5,6 Stunden, von 20—40 cm um 5,5 Stunden, im Durchschnitt nahezu 2,8 Stunden auf je 10 cm. Die tägliche periodische Temperaturschwankung ist im Sommer erheblich größer als im Winter, sie betrug

an der Oberfläche im Juni 22,7^0, im Dezember 1,1^0
in 20 cm Tiefe im Juni . . 3,7^0, im Dezember 0,2^0.

Wenn man täglich die tiefste und höchste Temperatur abliest und daraus Monatsmittel bildet, ergeben sich größere mittlere (unperiodische) Schwankungen,

an der Oberfläche im Juni 26,4^0, im Dezember 5,0^0
in 20 cm Tiefe im Juni . . 3,9^0, im Dezember 2,5^0.

Die äußersten Grenzen, zwischen denen sich die Temperatur im Quarz-Sandboden in Pawlowsk bewegt, sind an der Oberfläche —29,6 bis 50,6^0 mit einer Schwankung von 80,2^0 und 20 cm tiefer —22,2 bis 27,0^0 mit einer Schwankung von 49,2^0. In der Tiefe 1,6 m wurde (1879—88) als niedrigste Temperatur gerade der Nullpunkt erreicht, so daß hier die Grenze der Eisbildung bei schneefreier Oberfläche liegt. Die höchste Temperatur war in dieser Tiefe 14,2^0.

Für die Hauptvegetationszeit April—August wurden mittlere Stundenwerte der Temperatur berechnet, sowie deren Abweichungen vom Tagesdurchschnitt, die den täglichen periodischen Verlauf unabhängig vom jährlichen Gange wiedergeben. Der tägliche Temperaturgang in 0 und

Bodentemperatur ^{0}C (Abweichung vom Tagesmittel). Pawlowsk April—August 1888.

Tiefe	Vormittag						Nachmittag					
cm	1	3	5	7	9	11	1	3	5	7	9	11
0	— 7,58	— 8,12	— 7,20	— 1,86	3,94	8,58	**10,58**	8,96	4,82	— 0,88	— 4,72	— 6,50
1	— 6,38	— 7,06	— 6,66	— 2,64	2,32	6,76	**8,98**	8,08	4,94	0,21	— 3,34	— 5,21
2	— 5,42	— 6,17	— 6,07	— 3,06	1,33	5,34	**7,60**	7,22	4,88	0,92	— 2,36	— 4,21
5	— 3,12	— 3,92	— 4,28	— 3,12	— 0,54	2,14	4,22	**4,78**	4,02	2,08	— 0,28	— 1,98
10	— 1,77	— 2,58	— 3,13	— 2,88	— 1,42	0,47	2,32	**3,31**	3,28	2,33	0,76	— 0,69
20	— 0,04	— 0,68	— 1,24	— 1,62	— 1,56	— 0,96	— 0,04	0,92	1,54	**1,68**	1,34	0,66
40	**0,39**	0,29	0,14	— 0,04	— 0,24	— 0,39	— 0,42	— 0,32	— 0,14	0,08	0,28	0,37
80	0,00	0,01	0,02	**0,03**	0,02	0,01	0,00	— 0,01	— 0,01	— 0,02	— 0,02	— 0,01

20 cm Tiefe ist in Abb. **91** dargestellt. Die Schwankung erscheint in der tieferen Schicht verringert und, wie die punktierte Linie andeutet, verzögert.

Die Abweichungen bewegen sich an der Oberfläche von —8,12 bis 10,58°, in 40 cm Tiefe nur von —0,42 bis 0,39°. Das Minimum tritt an der Oberfläche gegen Sonnenaufgang ein, in 40 cm erst nach Mittag. Nach den Eintrittszeiten des Tagesmittels, d. h. der Abweichung Null, beträgt die Verzögerung von 1—20 cm 2,86 Stunden auf 10 cm und von 1—40 cm 2,80 Stunden auf 10 cm Abstand.

Die Temperaturschwankungen werden nach der Tiefe hin abgeschwächt und verzögert. Zwischen beiden Vorgängen besteht ein naher Zusammenhang. Die Schwankungen nehmen — in einiger Entfernung von der Oberfläche — bei gleichen Tiefenabständen annähernd in konstantem Verhältnis ab. Wir benutzen zur Darstellung die Exponentialfunktion mit der Grundzahl $e = 2{,}71828$ und setzen

$$s = e^{v\,x},$$

wo v eine Konstante bedeutet. Die Schwankungen oder Amplituden in zwei Schichten mit dem Tiefenabstand x verhalten sich dann wie $1 : s$. Da die Phasenverzögerung φ annähernd gleichmäßig mit der Tiefe fortschreitet, kann das Abnahmeverhältnis s auch als Exponentialfunktion von φ dargestellt werden. Die Beobachtungen zeigen, daß annähernd $\varphi = v\,x$ und demnach $s = e^{-\varphi}$ ist. Inwieweit die Beobachtungen mit dieser Regel übereinstimmen, kann aus folgenden Angaben ersehen werden. In der täglichen Periode ergab sich in Pawlowsk das Abnahmeverhältnis (s_1) der täglichen Temperaturschwankung nach den Amplituden und der Phasenverzögerung (φ_1) auf einen Tiefenabstand von 10 cm im Jahresdurchschnitt in den Stufen

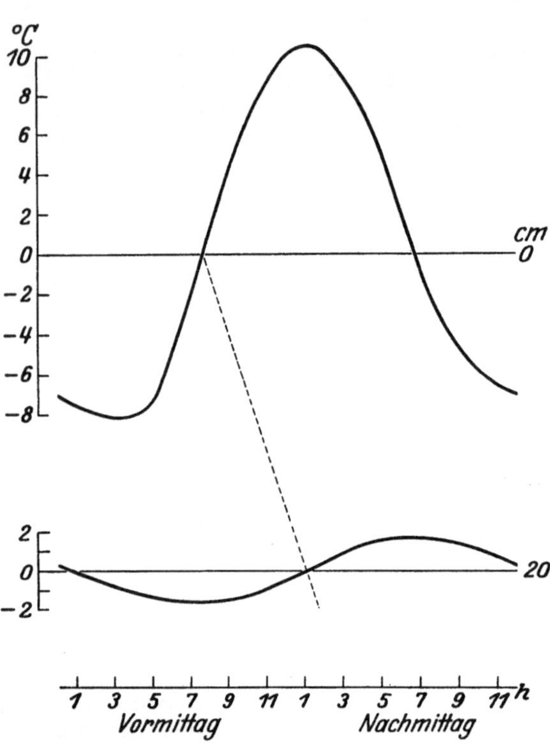

Abb. 91. Täglicher Temperaturgang in 0 und 20 cm, Pawlowsk April-August.

1—20 cm . . .	$s_1 = 0{,}44$	$e^{-\varphi_1} = 0{,}48$	Mittel 0,46
1—40 cm . . .	0,47	0,49	0,48

im April bis August

1—20 cm . . .	$s_1 = 0{,}43$	$e^{-\varphi_1} = 0{,}47$	Mittel 0,45
1—40 cm . . .	0,46	0,48	0,47
5—20 cm . . .	0,51	0,51	0,51
5—40 cm . . .	0,50	0,50	0,50
20—40 cm . . .	0,49	0,49	0,49

im Juni

1—20 cm . . .	$s_1 = 0{,}42$	$e^{-\varphi_1} = 0{,}46$	Mittel 0,44
1—40 cm . . .	0,47	0,48	0,47

Es seien die in Eberswalde auf der Feldstation gefundenen Ergebnisse angeschlossen. Es war auf einen Tiefenabstand von 10 cm im Juni in den Stufen

$$1\text{—}30 \text{ cm} \;.\;.\;.\; s_1 = 0{,}51 \qquad e^{-\varphi_1} = 0{,}51 \qquad \text{Mittel } 0{,}51$$
$$1\text{—}60 \text{ cm} \;.\;.\;.\; \phantom{s_1 = {}}0{,}52 \qquad \phantom{e^{-\varphi_1} = {}}0{,}50 \qquad \phantom{\text{Mittel } }0{,}51$$

Die Registrierungen der Bodentemperatur im Sandboden zu Potsdam[1] ergaben im Juni die besonders hohen Werte in der Schicht

$$10\text{—}20 \text{ cm} \;.\;.\;.\; s_1 = 0{,}62 \qquad e^{-\varphi_1} = 0{,}59 \qquad \text{Mittel } 0{,}61$$

Die Beobachtungen während der zweiten Junihälfte 1879 in Eberswalde[2] im Sandboden geben Gelegenheit, den Einfluß eines Waldbestandes auf den täglichen Gang der Bodentemperatur kennen zu lernen. Die Ablesungen fanden zweistündlich im freien Felde und im benachbarten Kiefernwalde statt. Von den Beobachtungen im Freien sind, um den täglichen Gang rein hervortreten zu lassen, die Abweichungen vom Tagesmittel berechnet. Diese Abweichungen sind zum Mittel hinzuzuzählen, um die wirklichen Temperaturen zu erhalten.

Bodentemperatur ^{0}C,
Abweichung vom Tagesmittel (Eberswalde, Freies Feld, 16.—30. Juni 1879).

Tiefe	Vormittag						Nachmittag					
cm	2	4	6	8	10	12	2	4	6	8	10	12
1	— 4,46	— 4,92	— 4,16	— 2,52	2,60	4,94	**6,31**	5,83	2,26	— 0,30	— 2,25	— 3,35
15	— 1,55	— 2,13	— 2,62	— 2,45	— 1,24	0,55	2,11	**2,94**	2,67	1,68	0,56	— 0,55
30	0,26	0,00	— 0,30	— 0,58	— 0,74	— 0,69	— 0,33	0,04	0,38	0,66	**0,73**	0,57
60	0,05	0,06	**0,07**	0,06	0,04	— 0,01	— 0,05	— 0,08	— 0,10	— 0,08	— 0,01	0,03

Der Temperaturgang im freien Felde ist in Abb. 92 u. 93 dargestellt.

Der Waldboden ist in der Oberflächenschicht um 0,8—5,6^0 und in 30 cm Tiefe um 1,8—2,6^0 kühler als der grasbedeckte Boden im Freien, während der Unterschied in 60 cm den ganzen Tag über nahezu gleichbleibend 2,6—2,7^0 beträgt.

Bodentemperatur ^{0}C (Eberswalde, Juni).

Tiefe	Vormittag						Nachmittag					
cm	2	4	6	8	10	12	2	4	6	8	10	12
	Feld wärmer als Wald.											
1	1,0	0,8	1,3	1,5	3,9	5,2	**5,6**	5,5	3,2	2,2	1,6	1,4
15	2,9	2,6	2,3	2,4	3,1	4,1	5,0	**5,5**	5,3	4,7	4,0	3,4
30	2,1	2,0	1,9	1,8	1,8	1,9	2,2	2,3	2,4	**2,6**	2,5	2,3

In den Tagesmitteln zeigt der Waldboden in 15 cm Tiefe die stärkste Abkühlung gegenüber dem freien Felde. Die täglichen Temperaturschwankungen sind im Waldboden durchschnittlich nur etwas über halb so groß wie im Freien.

Tiefe	Tagesmittel			Schwankung ^{0}C	
cm	Feld	Wald	Unterschied	Feld	Wald
1	20,06	17,29	2,77	11,5	6,7
15	19,97	16,19	3,78	5,8	2,5
30	17,33	15,19	2,14	1,6	0,9
60	15,85	13,19	2,66	0,2	0,1

<hr>

[1] SÜRING, R.: Der tägliche Temperaturgang in geringen Bodentiefen. Abh. Preuß. Met. Inst. 5, Nr. 6. Berlin 1919.

[2] MÜTTRICH, A.: Jber. forstl.-met. Stat. 11, 96 (Berlin: Julius Springer); Festschr. Forstakad. Eberswalde, S. 146, 152. Berlin 1880. — RAMANN, E.: Bodenkunde, 3. Aufl., S. 398.

Der Kiefernbestand ermäßigt die tägliche Temperaturschwankung in demselben Maße wie eine Erdschicht von 9—10 cm (9,3 cm) Dicke. Das Abnahmeverhältnis der Temperaturschwankung auf 10 cm Tiefenabstand ist im Waldboden in der Schicht

$$1\text{—}30 \text{ cm} \quad \ldots \quad s_1 = 0{,}50 \qquad e^{-\varphi_1} = 0{,}46 \qquad \text{Mittel } 0{,}48$$

gegen 0,51 im freien Felde. Die Verzögerung der Eintrittszeiten beträgt im Waldboden 3 Stunden auf 10 cm Tiefe, etwas mehr als im Freien (2,6). Gegenüber

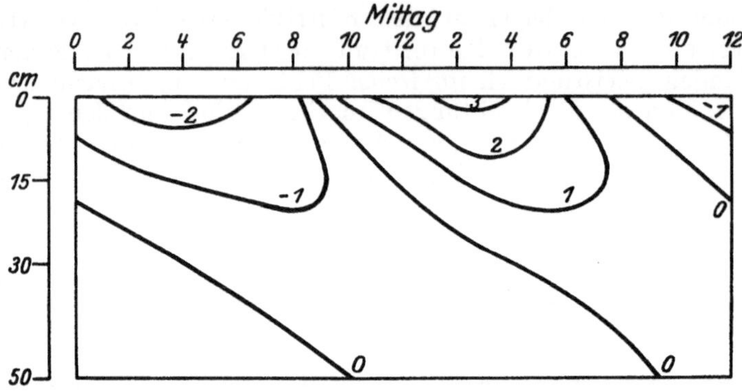

Abb. 92. Täglicher Temperaturgang im freien Felde, Eberswalde Juni.

dem freien Felde verspätet sich der tägliche Temperaturgang im Waldboden in den oberen Schichten nur um etwa 0,4 Stunden, in 30 cm Tiefe um 1,4 Stunde.

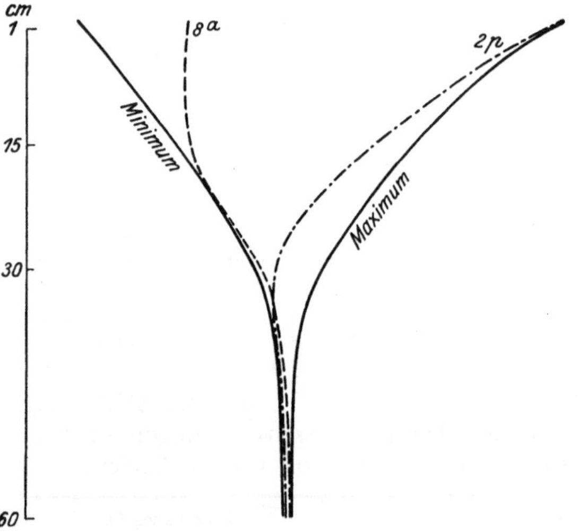

An heiteren Tagen mit ungehinderter Sonnenstrahlung wird die Erwärmung des Bodens merklich gesteigert. Nach übereinstimmenden Ergebnissen in Pawlowsk und Eberswalde betrug die Tagesschwankung der Temperatur im Juni bei wolkigem Himmel durchschnittlich nur $^6/_{10}$ von der an sonnigen Tagen. Noch stärker wirkt der Schirm eines Waldbestandes, wie folgende Verhältniszahlen der täglichen Temperaturschwankungen in Eberswalde zeigen: Feld sonnig 1, wolkig 0,60, Wald sonnig 0,49, wolkig 0,34.

Abb. 93. Bodentemperatur im freien Felde, Eberswalde Juni.

Bei diesen Vergleichen der Temperaturschwankungen im Boden sind die Tiefen berücksichtigt, in denen noch merkliche Schwankungen auftreten. Bezeichnen wir mit $S = S_0 e^{-\nu x}$ die Schwankung in der Tiefe x, so wird die Gesamtschwankung bis zu einer Tiefe H, in welcher die Änderungen unmerklich sind,

$$\sigma = \int_0^H S\, d x = \frac{1}{\nu}\, S_0 .$$

Bei gleicher Oberflächenschwankung ist die gesamte Temperaturschwankung desto größer, je besser der Boden die Wärme leitet.

Zur Ergänzung der Mitteilungen über den täglichen Gang der Bodentemperaturen seien noch einige Beobachtungsergebnisse nach vieljährigen Mitteln angeführt über die

Erwärmung von 8 Uhr vormittags bis 2 Uhr nachmittags (Juni) ⁰C.

Tiefe	Kurwien		Fritzen		Hollerath	
cm	Feld	Kiefern	Feld	Fichten	Feld	Fichten
1	9,72	3,09	3,31	1,51	1,64	1,91
15	4,06	1,76	1,70	0,67	1,40	0,82
30	0,30	0,08	0,73	—0,03	0,09	—0,06

Im kontinentalen Kurwien (Masuren) erwärmt sich die oberste Bodenschicht wesentlich stärker als in Fritzen an der samländischen Küste oder im weiter westlich, in der Eifel gelegenen Hollerath. Die verhältnismäßig starke Zunahme in 30 cm in Fritzen (Feld) weist auf eine gute Wärmeleitfähigkeit des Bodens hin.

Im Laufe des Jahres tritt die stärkste Erwärmung der Oberflächenschicht im Freien und im Kiefernbestande im Monat Juni ein.

Erwärmung des Bodens.

Tiefe cm	Von 8 Uhr vorm. bis 2 Uhr nachm. ⁰C											
	Jan.	Febr.	März	April	Mai	Juni	Juli	Aug.	Sept.	Okt.	Nov.	Dez.
	Eberswalde (Freies Feld)											
1	0,70	1,58	3,98	6,57	7,50	**8,11**	6,89	6,08	5,80	3,63	1,63	0,63
15	0,20	0,40	1,52	3,65	4,20	4,39	3,62	3,14	2,86	1,49	0,49	0,15
30	—0,01	0,00	0,01	0,12	0,21	0,12	0,07	0,02	—0,06	—0,06	—0,04	—0,03
	Eberswalde (Kiefernwald)											
1	0,46	0,80	2,28	4,29	4,18	**4,39**	3,50	3,64	3,91	2,00	1,01	0,40
15	0,07	0,16	0,67	1,65	1,78	1,69	1,34	1,36	1,25	0,58	0,25	0,07
30	—0,01	—0,01	—0,06	—0,14	—0,14	—0,18	—0,14	—0,17	—0,23	—0,14	—0,07	—0,04
	Marienthal (Freies Feld)											
1	0,24	0,66	1,59	3,19	4,17	**4,23**	3,59	2,63	2,30	1,50	0,74	0,31
15	0,02	0,09	0,37	0,94	1,26	1,24	1,13	0,83	0,71	0,35	0,12	0,04
30	—0,02	—0,02	—0,01	0,06	0,09	0,07	0,01	—0,02	—0,04	—0,05	—0,05	0,01
	Marienthal (Buchenwald)											
1	0,13	0,27	0,68	1,33	1,16	1,00	0,90	0,92	0,95	0,62	0,36	0,15
15	0,03	0,08	0,25	0,66	0,58	0,53	0,41	0,42	0,39	0,24	0,12	0,03
30	—0,03	0,00	0,02	0,04	0,04	0,03	0,01	—0,01	—0,02	—0,01	—0,05	—0,01

In Marienthal (Braunschweig) macht sich der Strahlungsschutz im sommergrünen Laubwalde so stark geltend, daß sich die Oberfläche des Waldbodens (von 8—2 Uhr) im Juni weniger erwärmt als im April und erheblich weniger als im freien Felde.

Um den Einfluß der Witterung auf die Erwärmung des Bodens zu untersuchen, seien je fünf Monate von April bis August ausgewählt:

sonnige mit 4,5 von 6 Stunden Sonnenschein und 43 mm Regen
wolkige mit 2,9 von 6 Stunden Sonnenschein und 75 mm Regen

sehr trockene mit 18 mm Niederschlag
sehr nasse mit 107 mm Niederschlag.

In den Ergebnissen stimmen die sonnigen mit den trockenen und die wolkigen mit den nassen Monaten nahe überein, so daß es angemessen scheint, sie zusammenzufassen.

Erwärmung von 8 bis 2 Uhr.

| Tiefe | Sonnig und trocken | | Wolkig und naß | |
cm	Feld	Wald	Feld	Wald
1	7,9	5,1	4,8	3,4
15	4,0	1,5	3,1	1,3

Durch Bewölkung und Niederschläge werden die Temperaturschwankungen merklich herabgesetzt, im Walde in etwas geringerem
Verhältnis als im Freien. In 15 cm Tiefe erscheint die Temperaturzunahme bei
trüber regnerischer Witterung verhältnismäßig weniger abgeschwächt als an der
Oberfläche. Dies bedeutet, daß der durchfeuchtete Boden die Wärme besser
leitet als der trockene. Auch in Potsdam[1] ergab sich, daß der Temperaturunterschied zwischen Oberfläche und 10 cm Tiefe bei Nässe stets kleiner war
als bei Trockenheit.

Ein Beispiel mag zeigen, wie weit die Bodentemperatur durch einen sehr
ergiebigen und kalten Niederschlag im Sommer beeinflußt wird. In
Kurwien fielen nach mehrtägiger Trockenheit am 8. August 1890 von 4—5$^{1}/_{2}$ Uhr
nachmittags 144 mm Niederschlag bei Gewitter. Von 4^{15}—4^{30} trat starker
Hagelschlag ein mit Stücken bis zur Walnußgröße. Der Boden war trotz des
ungemein heftigen Regens handhoch mit Hagel bedeckt; noch am nächsten Vor-
mittag lagen zusammengetriebene Hagelmassen. Im Mittel aus 8 und 2 Uhr
sank die Temperatur vom 8. zum 9. August

| In der Luft | Im Boden bei einer Tiefe von | | | |
	1 cm	15 cm	30 cm	60 cm
6,0⁰	4,0⁰	2,8⁰	1,4⁰	0,05⁰

Um die Abhängigkeit der Bodenerwärmung von der Sonnenscheindauer
genauer festzustellen, wurden an den einzelnen Tagen der Aprilmonate 1893—96
die Sonnenscheindauer in Stunden (X) und die Erwärmung des freien Bodens
in 15 cm Tiefe (Y) von 8—2 Uhr zusammengestellt, beide in Abweichungen von
ihrem Mittelwert. In 107 von 120 Fällen hatten die Abweichungen gleiches Vorzeichen; die Wahrscheinlichkeit einer Übereinstimmung ist danach 0,89. Nach
der Methode der kleinsten Quadrate erhält man die Gleichung

$$Y = 0{,}75\,X\,.$$

Scheint die Sonne im April zwischen 8 und 2 Uhr eine Stunde länger, so wächst
die Erwärmung des Bodens in 15 cm Tiefe um 0,75⁰. Die Verhältniszahl (0,75)
ist von den willkürlich gewählten Einheiten abhängig. Es fragt sich nun, welche
Einheiten als naturgemäße anzusehen und einzuführen sind. Die Sonnenscheindauer kann in der angegebenen Zeit zwischen 0 und 6 Stunden wechseln,
aber die Natur arbeitet nicht Tag für Tag mit diesen äußersten Schwankungen.
Das Maß ihrer Wirksamkeit ist die mittlere Abweichung. Sie ist die
natürliche Einheit[2]. Bei $n = 120$ Beobachtungen berechnet man sie nach
den Formeln

$$\sqrt{\Sigma X^2/n} = 2{,}1 \text{ (std)}, \qquad \sqrt{\Sigma Y^2/n} = 1{,}8 \text{ (}^0\text{C)}\,.$$

Wir nennen die Größen, die in diesen naturgemäßen Einheiten gemessen werden,
normiert[3] und erhalten mit ihnen die Beziehung zwischen Sonnenschein-

---

[1] Süring, R., a. a. O. S. 20.
[2] Schubert, J.: Graphische Darstellungen auf der Ostmesse in Königsberg, 9. 1924.
[3] Courant, R., u. D. Hilbert: Methoden der Mathematischen Physik I, 2, 33. Berlin 1924.

dauer und Bodenerwärmung, wenn $Y/1{,}8 = y$ und $X/2{,}1 = x$ gesetzt wird, in der Normalform $y = 0{,}88\,x$. Man nennt 0,88 den Korrelationsfaktor[1]. Je näher er an 1 rückt, desto weniger ist der gesetzmäßige Zusammenhang zwischen x und y durch zufällige Wirkungen gestört.

Die Erwärmung geneigter Bodenflächen ist nicht nur vom Neigungswinkel, sondern auch von der Exposition gegen die verschiedenen Himmelsrichtungen abhängig. In den Monaten April bis August erhält die Bodenoberfläche bei durchschnittlicher Sonnenscheindauer täglich folgende Wärmesummen durch Strahlung von der Sonne $(\mathrm{cal/cm^2})$:

	Nord	Ost	Süd	West
Senkrechte Wand, Potsdam	11	124	134	118
Senkrechte Wand, Arosa	12	162	134	124
Hang von 30°, Potsdam.	160	233	285	228
Hang von 30°, Arosa	211	—	334	—

Osthänge und -wände erhalten mehr Tageswärme als westliche. Von April bis September empfängt der Osthang um 10 Uhr vormittags mehr Strahlungswärme als der Westhang um 2 Uhr nachmittags, weil in diesen Monaten die Bewölkung um 10 Uhr vormittags geringer ist als um 2 Uhr nachmittags. Entsprechend fanden A. und F. von Kerner[2] den Boden im Inntal in 80 cm Tiefe im Sommer an nordöstlichen bis südöstlichen Hängen um 0,8° wärmer als an westlichen. Die Südhänge waren um einen Grad wärmer als der Durchschnitt der östlichen und westlichen und um 3,6° wärmer als die nach nördlichen Richtungen abfallenden Flächen.

Zur Kennzeichnung der täglichen Temperaturänderungen in verschiedenen Bodenarten benutzen wir die Untersuchungen von Homén[3] in Finnland vom 10.—13. August 1893. Die tägliche Temperaturschwankung war in

Tiefe cm	Granit	Sand	Moor
0	20	31	31
2	16,1	19,3	9,6
5	13,8	11,8	2,8
10	11,7	7,8	1,5
20	7,9	3,9	0,4
40	3,4	0,7	0,05

Die Temperaturschwankungen sind im Granitfelsen von 5 cm abwärts stärker, im Moorboden schon von 2 cm abwärts erheblich schwächer als im Sandboden. Das Abnahmeverhältnis der täglichen Schwankungen auf je 10 cm Tiefenabstand war im Durchschnitt von 2—40 cm

	Im Granit	Im Sand	Im Moor
$s_1 =$	0,66	0,42	0,25

[1] Schmidt, Ad.: Zur Kritik des Korrelationsfaktors. Meteorol. Z. 1926, 329.

[2] Hann, Jul. von: Handbuch der Klimalogie, 3. Aufl., I, 210. Stuttgart 1908.

[3] Homén, Th.: Bodenphysikalische und meteorologische Beobachtungen mit besonderer Berücksichtigung des Nachtfrostphänomens. Berlin 1894; Der tägliche Wärmeumsatz im Boden und die Wärmestrahlung zwischen Himmel und Erde. Leipzig 1897; Soc. Sci. Fennicae. Helsingfors 1897. — Schubert, J.: Der Wärmeaustausch im festen Erdboden usw., S. 6. Berlin 1904.

Der jährliche Gang der Bodentemperatur.

Der jährliche periodische Temperaturverlauf im Erdboden ist durch langjährige Beobachtungen an zahlreichen Orten bestimmt worden. Es sollen zunächst die Ergebnisse von Königsberg in Preußen[1] und Pawlowsk in Rußland[2] nach den grundlegenden Bearbeitungen von AD. SCHMIDT und E. LEYST behandelt werden. Ersterer hat für Königsberg Temperaturmittel der Jahreszwölftel, letzterer für beide Orte Monatsmittel — die unten angeführt werden — berechnet. In Pawlowsk gilt die unterste Zeile (3,2 m) für die sechs Beobachtungsjahre 1883—88, während die darüberstehende auf das Jahrzehnt 1879—88 umgerechnet ist.

Bodentemperatur ^{0} C.

Tiefe m	Pawlowsk 1879—88											
	Jan.	Febr.	März	April	Mai	Juni	Juli	Aug.	Sept.	Okt.	Nov.	Dez.
0	— 9,23	— 7,69	— 4,66	4,02	11,58	18,45	**20,14**	16,94	10,89	2,44	— 2,54	— 7,06
0,01	— 9,07	— 7,52	— 4,66	3,63	11,10	17,96	**19,94**	17,00	10,84	2,60	— 2,37	— 6,83
0,10	— 8,41	— 7,17	— 4,56	2,48	9,89	16,39	**18,86**	16,59	10,89	3,51	— 0,84	— 5,72
0,20	— 7,40	— 6,52	— 4,29	1,91	9,01	15,54	**18,30**	16,46	11,07	4,09	— 0,01	— 4,79
0,40	— 4,98	— 4,81	— 3,33	0,88	7,26	13,96	**17,13**	16,05	11,34	5,05	1,38	— 2,49
0,80	— 0,71	— 1,61	— 1,20	0,21	4,17	10,74	14,53	**14,65**	11,54	6,68	3,35	1,02
1,60	2,64	1,54	1,05	0,95	2,38	7,01	10,61	**12,35**	11,53	8,80	6,23	4,16
3,20	5,57	4,50	3,80	3,28	3,16	4,54	6,78	8,80	**9,70**	9,19	7,84	6,52
3,20	5,46	4,41	3,64	3,13	2,86	4,23	6,48	8,37	9,19	8,87	7,81	6,60

Bodentemperatur ^{0} C

Tiefe m	Königsberg 1873—77, 1879—86											
	Jan.	Febr.	März	April	Mai	Juni	Juli	Aug.	Sept.	Okt.	Nov.	Dez.
1″ 0,026	— 1,03	— 0,77	0,58	5,93	10,98	16,67	**18,52**	17,04	13,72	7,63	2,87	— 0,28
1′ 0,314	0,23	— 0,01	0,80	5,37	10,46	16,01	**18,26**	17,31	14,42	9,00	4,27	1,17
2′ 0,627	1,07	0,63	1,05	4,72	9,52	14,86	**17,45**	16,88	14,50	9,77	5,26	2,20
4′ 1,255	2,93	2,17	2,02	3,89	7,56	12,01	14,85	**15,34**	14,24	11,12	7,42	4,44
8′ 2,51	5,80	4,78	4,16	4,41	6,14	8,81	11,33	12,74	**12,91**	11,77	9,66	7,46
16′ 5,02	8,69	7,84	7,14	6,60	6,51	7,03	8,03	9,15	9,99	**10,39**	10,23	9,57
24′ 7,53	9,13	8,82	8,43	8,03	7,69	7,54	7,64	8,00	8,49	8,94	9,23	**9,29**

Wie die tägliche Periode zeigt auch der jährliche Gang das Doppelgesetz: **Die Schwankungen der Bodentemperatur werden nach der Tiefe hin abgeschwächt und verzögert.** Das Minimum (der kälteste Monat) wird nach unten hin wärmer, das Maximum (der wärmste Monat) wird, soweit die Beobachtungen reichen, kälter. **Durch die Abstumpfung der Extreme verringert sich die Jahresschwankung** in Pawlowsk von über 29^0 an der Oberfläche bis unter 7^0 in 3,2 m Tiefe. In Königsberg sinkt sie von etwa 20^0 in 1 Zoll (1″) Tiefe auf weniger als 2^0 in 24 Fuß (24′ = 7,53 m), Vergleichswerte der jährlichen Schwankung für dieselben Tiefen beider Orte sind unter der Annahme berechnet, daß die Schwankungen bei gleichem Tiefenabstand sich in konstantem Verhältnis ändern, oder daß ihre Logarithmen linear mit der Tiefe abnehmen. Für Königsberg sind dabei die von AD. SCHMIDT ermittelten Amplituden zugrunde gelegt.

<hr>

[1] SCHMIDT, AD.: Theoretische Verwertung der Königsberger Bodentemperaturbeobachtungen. Gekrönte Preisschrift. Schr. Phys. ökonom. Ges. Königsberg **32**, 97—168 (1891). — LEYST, E.: Untersuchungen über die Bodentemperatur in Königsberg. Mit dem zweiten Preise gekrönt. Schr. Phys. ökonom. Ges. Königsberg **33**, 1—67 (1892). Beurteilung der Preisarbeiten **32**. Bericht, S. 33—37.

[2] LEYST, E.: Über die Bodentemperatur in Pawlowsk. Repert. f. Meteorologie **13**, **7**, 1—311. (St. Petersburg 1890).

Nahe der Oberfläche sind die Temperaturschwankungen im mehr kontinentalen Klima von Pawlowsk erheblich größer als in Königsberg, wobei noch der Umstand mitspricht, daß in Pawlowsk im Winter der Boden schneefrei gehalten wurde. Nach der Tiefe hin nehmen die Schwankungen auf der russischen Station wesentlich schneller ab als auf der preußi-

Tiefe	Jährliche Temperaturschwankung ° C	
m	Königsberg	Pawlowsk
0,2	19,1	25,7
1,0	14,9	15,2
2,0	10,6	9,9
4,0	5,5	4,7
6,0	2,9	—
8,0	1,5	—

schen, so daß sie auf jener von 1,5 m abwärts kleiner sind als auf dieser. An diesem Beispiel zeigt sich deutlich der Einfluß der klimatischen Lage auf die Temperatur der Oberflächenschichten und andererseits die verschiedene Art, wie sich die Temperaturschwankungen nach der Tiefe hin fortpflanzen. Das bessere Eindringen der Wärmeschwankungen in Königsberg beruht vielleicht zum geringen Teile auf der Anwendung gut wärmeleitender Kupferröhren, in welche die von den Beobachtungstiefen bis über die Oberfläche reichenden Thermometer eingeschlossen waren.

Die Verzögerung des jährlichen Temperaturganges nach der Tiefe zu zeigt sich deutlich an der Verschiebung der extremen Monate. Dabei bleibt das Minimum in den mittleren Schichten etwas mehr zurück als das Maximum; in Pawlowsk in 1,6 m Tiefe ist April der kälteste, August der wärmste Monat. In 7,5 m Tiefe in Königsberg ist diese Verschiedenheit schon ausgeglichen, das Minimum fällt auf den Juni, das Maximum auf den Dezember. Bestimmt man die Phase des jährlichen Temperaturganges aus den Eintrittszeiten der Jahresmittel, so berechnet sich die durchschnittliche Verzögerung auf 1 m Tiefenabstand in der Schicht von etwa 0,3—2,5 m in Königsberg auf 18,9 Tage, in Pawlowsk auf 25,5 Tage. Hier dringen also die Wärmeänderungen wesentlich langsamer in den Boden als dort. Man findet für den jährlichen Gang das Abnahmeverhältnis (s) der Temperaturschwankungen auf 1 m Tiefenabstand aus den Amplituden und aus den Phasenverzögerungen (φ). In der Schicht von 0,3—2,5 m war durchschnittlich in

Pawlowsk	$s = 0,61$	$e^{-\varphi} = 0,64$	Mittel 0,63
Königsberg . . .	0,71	0,72	0,72.

Die beiden Arten der Berechnung geben namentlich für Königsberg gut übereinstimmende Werte. Nach den Mittelzahlen verringert sich die jährliche Temperaturschwankung auf 1 m Tiefenzunahme in Pawlowsk um 37 %, in Königsberg nur um 28 % ihres Betrages.

In Königsberg fand LEYST einen deutlichen Einfluß der Bewölkung auf die Monatsmittel der Bodentemperatur. Die oberen Bodenschichten erschienen bei schwacher Bewölkung im Sommer wärmer, im Winter kälter als bei trüber Witterung, die zugleich regenreicher war. Nahe der Oberfläche (1″) überstieg der Unterschied im August 1,5°, während der entgegengesetzte im März fast 4° erreichte. Der Einfluß setzt sich mit entsprechender Abschwächung und Verzögerung bis in größere Tiefen fort. Das Maß verstärkter Bewölkung, das die trüben Monate gegenüber den heiteren aufweisen, ermäßigt die jährliche Temperaturschwankung um etwa ein bis zwei Zehntel ihres Wertes. Der Boden erwärmte sich in 1 Fuß Tiefe im Frühjahr von April ab bei starker Bewölkung nicht weniger als bei schwacher, trotzdem der Temperaturüberschuß der Nachbarschichten bei großer Bewölkung geringer war. Das spricht für eine bessere Wärmeübertragung bei bewölktem und regnerischem Wetter, sei es, daß diese durch erhöhte molekulare Wärmeleitung im feuchten Boden oder durch das Eindringen von Regenwasser unter Mitführung seiner Wärme verursacht wird. Von März bis April erwärmte sich der Boden allerdings bei trüber Witterung merklich weniger als bei geringer Bewölkung.

In Deutschland haben langjährige gleichartige Beobachtungen der Bodentemperatur an zahlreichen Orten im Freien und im benachbarten Waldbestande stattgefunden, die in Eberswalde von A. Müttrich und J. Schubert bearbeitet sind[1]. Sie benutzen die Ergebnisse von 16 Freilandstationen und versuchen durch Mittelbildung die Zufälligkeiten der Einzelorte auszuschalten und den mittleren, normalen Verlauf der Bodentemperatur festzustellen. Die angeführten Mittelwerte aus 8 Uhr vormittags und 2 Uhr nachmittags können von einem halben Meter Tiefe an hinreichend genau, oberhalb nur angenähert als Tagesmittel gelten.

Bodentemperatur ^{0} C.

Tiefe m	16 Orte in Deutschland											
	Jan.	Febr.	März	April	Mai	Juni	Juli	Aug.	Sept.	Okt.	Nov.	Dez.
0,01	— 0,27	0,25	1,86	6,89	13,05	17,28	**18,31**	16,96	13,62	7,80	3,46	0,62
0,15	0,24	0,34	1,32	5,23	10,86	14,90	**16,36**	15,57	11,60	7,89	3,92	1,31
0,30	0,52	0,49	1,30	4,76	10,04	14,12	**15,81**	15,20	12,72	8,08	4,18	1,64
0,60	1,74	1,41	1,89	4,54	9,14	13,04	**14,98**	14,91	13,14	9,27	5,53	2,99
0,90	2,64	2,07	2,32	4,24	8,09	11,74	13,84	**14,20**	13,07	9,91	6,49	4,01
1,20	3,34	2,66	2,70	4,09	7,31	10,66	12,84	**13,52**	12,82	10,31	7,23	4,82

Aus den Monatsmitteln ergeben sich durch graphische Auftragung die Kurven des jährlichen Temperaturverlaufs in den verschiedenen Tiefen und daraus die Extreme und Schwankungen.

Bodentemperatur ^{0} C.

Tiefe m	Minimum	Maximum	Schwankung	Abnahmeverhältnis auf 1 m	
0,01	— 0,3	18,3	18,6		
0,15	0,2	16,4	16,2	m	s
0,30	0,4	15,9	15,5		
0,60	1,4	15,2	13,8	0,30—0,60	0,679
0,90	2,0	14,3	12,3	0,30—0,90	0,680
1,20	2,6	13,6	11,0	0,30—1,20	0,683

In den Schichten von 0,30 m abwärts wird auf je 1 m Tiefenzunahme das Minimum um etwa 2,4^0 wärmer, das Maximum um 2,6^0 kälter, die Schwankung um 5,0^0 geringer. Das Abnahmeverhältnis (s) der Temperaturschwankung auf je 1 m bleibt ziemlich konstant und hat in den drei Schichten von 0,30—0,90 m Dicke den Wert 0,681 $\pm$ 0,002.

Das Minimum verschiebt sich bis 1,20 m Tiefe auf die zweite Hälfte des Februar, das Maximum auf den August. Wenn die Phasen wieder nach den Eintrittszeiten der Jahresmittel bestimmt werden, so beträgt die Verzögerung von 0,30 m abwärts gleichmäßig 0,75 Monate auf 1 m Tiefenabstand. In 4 m Tiefe würde danach eine Verzögerung von einem Vierteljahr eintreten. Aus der Verzögerung (φ) findet man das Abnahmeverhältnis der Temperaturschwankungen auf je 1 m Tiefe $e^{-\varphi} = 0{,}675$. Bei angemessener Abrundung ergibt sich aus den Amplituden wie aus der Verzögerung übereinstimmend das Abnahmeverhältnis der jährlichen Temperaturschwankung auf 1 m Tiefenabstand

$$s = e^{-\varphi} = 0{,}68 \, .$$

[1] Müttrich, A.: Jber. forstl.-meteorol. Stat. 1875—1897. Berlin: Julius Springer. — Schubert, J.: Jber. 1897, E. Vieljährige Mittel der Luft- und Bodentemperaturen, S. 104 bis 124; Der jährliche Gang der Luft- und Bodentemperatur. Berlin: Julius Springer 1900.

Dieser Wert hält die Mitte zwischen den in Pawlowsk und Königsberg gefundenen und darf als mittlerer Normalwert gelten. Der Versuch, durch Zusammenfassung zahlreicher Ergebnisse die Zufälligkeiten der Einzelorte auszuschalten, hat somit zu einem befriedigenden Ergebnis geführt.

Die Beziehung, welche zwischen der Schwankung s (im Verhältnis zur Oberflächenschwankung als Einheit) und der Phasenverzögerung φ besteht,

$$s = e^{-\varphi},$$

ist die Gleichung der logarithmischen Spirale. Sie gilt in gleicher Weise für die tägliche wie für die jährliche Periode. In der geometrischen Darstellung, die man

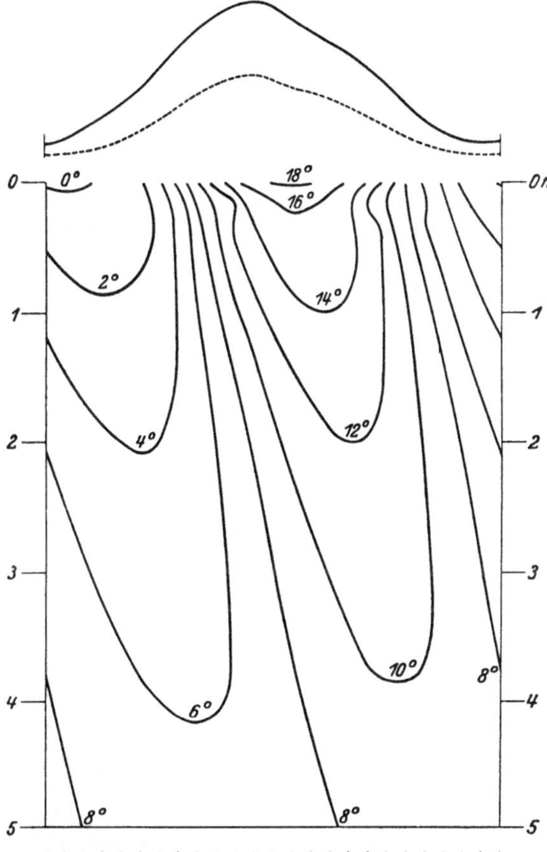

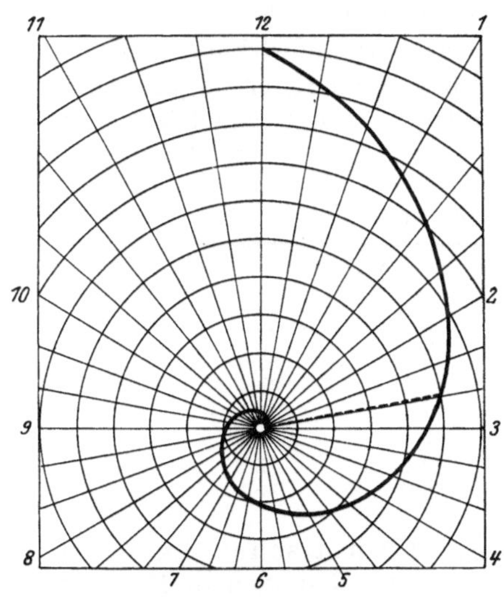

Abb. 94. Periodenuhr.

Abb. 95. Jährlicher Temperaturgang 16 Feldstationen, Sonnenstrahlung.

auch Periodenuhr[1] nennt (Abb. 94), bedeuten die Zahlen Stunden beim täglichen Verlauf oder Halbmonate im Jahresgange. Die Strahlenlängen entsprechen den Temperaturschwankungen. Die Halbwertzeit, in welcher die Schwankung auf die Hälfte des Oberflächenbetrages sinkt, ist besonders kenntlich gemacht (punktierter Strahl).

Aus den Monatsmitteln der 16 deutschen Freilandstationen sind die Kurven des jährlichen Temperaturverlaufes in den Beobachtungstiefen gezeichnet, sowie für jeden Monat die Kurven, welche die Temperatur als Funktion der Tiefe darstellen. Aus beiden Kurvenarten ist das Schaubild (Abb. 95) entstanden, das durch Isothermen den jährlichen Verlauf der Bodentemperatur bis 5 m Tiefe

---

[1] BARTELS, J.: Veranschaulichung beobachteter Perioden. Z. Geophysik **3**, 389.

wiedergibt. Die Beobachtungen reichen nur bis 1,20 m. Durch Entwicklung in periodische Reihen sind die Werte für 2,40 und 4,80 m berechnet unter der Annahme, daß die Jahrestemperatur um 0,03° auf 1 m zunimmt. In den obersten Schichten ist außer den sonstigen mannigfachen Einflüssen der Umstand wirksam, daß die Mittel aus den Ablesungen um 8 und um 2 Uhr gebildet sind. Von 0,40 m abwärts verlaufen die Isothermen regelmäßig und veranschaulichen deutlich, wie die Temperaturschwankungen allmählich und fortschreitend abgeschwächt in den Erdboden dringen. Unterhalb 1 m kommen nur noch Mitteltemperaturen von 2—14° vor, von etwa 2 m nur solche von 4—12° und von etwa 4 m ab bleiben die Temperaturen zwischen 6 und 10°. Sie nähern sich immer mehr dem Jahresmittel, das in 10 m Tiefe zu etwa 8° anzunehmen ist gegenüber einer Lufttemperatur von 6,5°. Die mittlere Seehöhe der Beobachtungsorte beträgt rund 360 m, ihre durchschnittliche geographische Lage ist 11° 13′ E und 51° 42′ N (Ostharz).

Im oberen Teile der Abb. 95 sind die täglichen Wärmesummen aufgetragen, welche die horizontale Erdoberfläche in Potsdam bei heiterem Himmel (————) und im Durchschnitt aller Tage (- - - - - - -) durch direkte Sonnenstrahlung erhält. Das Bild zeigt, wie von der Zeit der stärksten Sonnenwirkung aus die höchsten Wärmegrade sich in den Boden hinein fortpflanzen, während umgekehrt der größte Wärmeentzug der schwächsten Sonnenwirkung folgt.

Die Unterschiede zwischen den kältesten und wärmsten Tagen im Jahr sind viel größer als die Schwankungen der Monatsmittel. Zum Beispiel war (im Mittel aus 8 und 2 Uhr) durchschnittlich die

Temperatur in Eberswalde °C.

Tiefe	Kältester		Wärmster	
m	Tag	Monat	Monat	Tag
0,01	— 5,2	— 0,3	20,9	28,4
0,15	— 3,8	— 0,1	19,2	24,0
0,30	— 3,1	0,0	17,9	20,9
0,60	— 0,4	0,9	17,2	19,2
0,90	0,8	1,5	16,5	17,7
1,20	1,6	2,1	15,9	16,6

Eine bemerkenswerte Verschiedenheit der klimatischen Lage bei mäßiger Entfernung zeigen die ostpreußischen Stationen Kurwien in Masuren und Fritzen nahe der samländischen Küste. Der weiter landeinwärts gelegene Ort hat an der Oberfläche wesentlich stärkere Temperaturschwankungen. Beim Eindringen der Wärme in die Tiefe macht sich aber die verschiedene Leitfähigkeit der Bodenarten geltend. Der reine lockere Diluvialsand in Kurwien leitet die Wärme schlechter als der frische humose, lehmige Boden in Fritzen, und so sind umgekehrt die tieferen Schichten in Fritzen im Winter kälter und im Sommer wärmer als in Kurwien.

Tiefe	Kältester Monat		Wärmster Monat	
m	Kurwien °C	Fritzen °C	Fritzen °C	Kurwien °C
0,01	— **2,4**	— 0,6	18,1	**22,0**
1,20	2,1	1,1	**15,2**	14,4

Die extremen Temperaturen sind durch den Druck hervorgehoben. Auch die kältesten und wärmsten Tage zeigen dasselbe Verhalten.

| Tiefe | Kältester Tag | | Wärmster Tag | |
m	Kurwien °C	Fritzen °C	Fritzen °C	Kurwien °C
0,01	— 8,2	— 4,8	22,0	**29,9**
1,20	1,8	**0,8**	**16,1**	15,3

Ausgeprägt maritime Lage hat Schoo an der friesischen Nordseeküste. Die Temperaturschwankungen sind hier erheblich gemäßigter als im östlichen Binnenlande, z. B. in Eberswalde.

Der Unterschied zwischen dem kältesten und wärmsten Monat war:

	Eberswalde °C	Schoo °C
Luft (Tagesmittel)	19,5	15,7
,, (8 und 2 Uhr)	21,6	17,4
Oberfläche 0,01 m	21,2	16,7
Boden 1,20 m	13,8	9,5

Einige Beispiele extremer Wärmegrade im Boden seien noch mitgeteilt. Die Temperatur sank in Fritzen im Januar 1876 in 0,01 m auf —15,1° und im März 1883 in 1,20 m auf —0,4°; sie stieg in Eberswalde im August 1876 in 1,20 m auf 18,2° und in Kurwien im August 1894 in 0,01 m auf 43,1°. Im Dezember 1876, als in Kurwien in der Nacht vom 23. zum 24. in einem freien Thermometer das Quecksilber einfror und die Lufttemperatur auf den in Kurwien und wohl auch in Deutschland beobachteten niedrigsten Stand —37,3° sank, fiel die Bodentemperatur unter der Schneedecke in 0,01 m nur auf —6° (im Walde —2°), während in 0,30 m nur noch etwa —3° erreicht wurden.

Der Einfluß größerer oder geringerer Bewölkung ist von W. Boller[1] an den drei forstlich-meteorologischen Stationen in Elsaß-Lothringen untersucht. Er findet, daß bei bewölkter (und regnerischer) Witterung die Temperaturunterschiede zwischen den einzelnen Schichten kleiner sind als bei geringer Bewölkung. Auch die jährlichen Temperaturschwankungen sind bei starker Bewölkung kleiner als bei heiterem Himmel. Leitet man für die Tiefen von 0,30 m abwärts in Hagenau (Elsaß) das Abnahmeverhältnis (s) der Temperaturschwankung auf 1 m Tiefenzunahme ab, so ergibt sich bei starker Bewölkung $s = 0,79$ und bei heiterer Witterung $s = 0,68$. Danach leitet der bei trüber, regnerischer Witterung durchfeuchtete Boden die Wärmeschwankungen besser in die Tiefe als bei Trockenheit.

Für die Temperaturen der kältesten und wärmsten Tage ergeben sich im Mittel von sieben Orten im norddeutschen Flachlande (A) und von sechs Orten im mitteldeutschen Berglande (B) folgende Durchschnittswerte (Mittel aus 8 und 2 Uhr) °C:

| Tiefe | Kälteste Tage | | Wärmste Tage | |
m	A	B	B	A
0,01	— 4,7	— 3,7	22,5	36,4
0,30	— 1,6	— 1,4	17,3	19,4
0,60	— 0,5	0,6	15,2	17,4
0,90	1,4	1,3	13,6	16,0
1,20	2,0	1,8	12,5	14,9

---

[1] Boller, W.: Untersuchungen über die Bodentemperaturen. Dissert., Univ. Straßburg, S. 251, Stuttgart 1894.

Im flachen Lande (A) sind die Temperaturschwankungen zwischen den kältesten und wärmsten Tagen im Jahre größer als in den Bergen (B). Dabei ist die Erhöhung der Sommerwärme im Flachlande stärker ausgeprägt als die Erniedrigung der Wintertemperatur. Der Frost dringt im norddeutschen Flachlande durchschnittlich bis 0,68 m in den Boden, etwas tiefer als im mitteldeutschen Berglande, wo die Frosttiefe der kältesten Tage nur 0,51 m beträgt.

Die Beobachtungen in Potsdam im Januar—März 1929 zeigen das tiefe Eindringen des Frostes in den schneefreien Boden während eines ungewöhnlich kalten Winters. Bei Beginn des Jahres reichte der Frost bis 0,3 m Tiefe. Am 15. und 16. Februar sank die Temperatur in 1 m Tiefe auf —2,67°, und der Frost drang bis etwa 1,4 m vor. Am 11. März war der Boden noch von etwa 0,1—1,2 m Tiefe gefroren, während er ober- und unterhalb Temperaturen von mehr als Null Grad aufwies. Der letzte Frost trat in 0,1 m am 8. März und in 0,2—1,0 m Tiefe am 11.—13. März auf.

Die Monatsmittel der Bodentemperatur nehmen wie die der Luft mit wachsender Seehöhe ab. Die Abnahme mit der Höhe ist im Boden im allgemeinen etwas geringer als in der Luft. Im Januar ist sie besonders schwach und beträgt nur 0,1—0,2° auf 100 m Erhebung. Die stärkere Schneedecke der höheren Lagen gewährt dem Boden größeren Schutz gegen die Kälte. An fünf höheren Orten mit starker Schneedecke[1] war die Oberflächenschicht durchschnittlich im Januar über 2° wärmer als die Luft, an fünf Orten im Flachlande mit geringer Schneedecke nur um weniger als 1°. Die Abnahme der Bodentemperatur mit der Seehöhe ist im April in 0,60 m und im Mai sogar etwas stärker als die Abnahme der Lufttemperatur. Hierbei wirkt wohl das Auftauen des Schnees und des gefrorenen Bodens in den höheren Lagen verzögernd auf die Erwärmung im Frühjahr. Die größte Schneehöhe war im Mittel aus 20 Jahren an den hochgelegenen Vergleichsorten im April und Mai 23,2 und 3,4 cm, dagegen im Flachlande nur 1,4 und 0,0 cm. Mittlere Frosttemperaturen kommen im März noch in den schlesischen Bergen, im Harz und in Thüringen vor, während sie im norddeutschen Flachlande — mit Ausschluß des nordöstlichsten Gebietes — schon im Februar fehlen. Dadurch wird die Temperaturabnahme mit der Höhe verstärkt, im Boden etwas mehr als in der Luft.

Die Erwärmung von März zum April wird auf je 100 m Erhebung in der Luft um 0,09°, im Boden in 0,60 m Tiefe um 0,38° geringer. Der Boden bleibt also bei der Frühjahrserwärmung in den höheren Lagen um nahezu 0,3° auf je 100 m hinter der Luft zurück.

Im Jahresmittel nimmt die Bodentemperatur auf je 100 m Erhebung in 0,60—1,20 m um 0,46—0,47° ab, während die Luft im Durchschnitt der Vergleichsorte um 0,59° auf je 100 m kälter wird. Der Boden ist nach den Mittelwerten in der Seehöhe Null um 0,75° und in der Höhe von 500 m um 1,4° wärmer als die Luft.

Die Jahresmittel der Bodentemperatur zeigen an mehreren Orten[2] schichtenweise eine kräftige Zunahme nach der Tiefe. So hat z. B. in Pawlowsk die Temperatur in 0,05 m Tiefe ein Minimum und nimmt von 0,20—1,60 m um 0,96° auf je 1 m, von da bis 3,20 m um 0,23° auf 1 m, im Durchschnitt um 0,57° auf 1 m zu. Gegen die Vermutung, daß die übermäßige Wärmezunahme nach anten durch die Beseitigung der Schneedecke im Winter verursacht sei, spricht

---

[1] Schubert, J.: Die Höhe der Schneedecke im Walde und im Freien. Z. Forst- u. Jagdwes. **1914**, 567.

[2] Wild, H.: Über die Bodentemperaturen in St. Petersburg und Nukuß. Repert. f. Meteorologie 6, Nr. 4, 73. St. Petersburg 1878. — Vgl. E. Leyst: Über die Bodentemperatur in Pawlowsk, S. 289.

besonders der Umstand, daß auch Stationen, welche die Schneedecke beibehielten, die starke Zunahme der Jahrestemperatur mit der Tiefe zeigten[1]. Der Abkühlung, welche durch das Fehlen der Schneedecke im Winter bewirkt wird, steht die leichtere Erwärmung im Frühjahr gegenüber sowie die Erhöhung der Sommertemperatur durch den Mangel einer Pflanzendecke, die in Pawlowsk gleichfalls beseitigt wurde. In Königsberg nahm die Bodentemperatur von 1—16 Fuß Tiefe durchschnittlich nur um $0,06^0$ auf 1 m zu. In Belgrad[2] wurde sogar von 1—4 m eine Abnahme von $0,07^0$ auf 1 m gefunden, während sich von 4—24 m die normale Zunahme der Bodentemperatur von $0,03^0$ auf 1 m einstellte.

Die Beobachtungen an den forstlich-meteorologischen Doppelstationen, von denen wir bisher die Ergebnisse der Feldstationen behandelt haben, dienen dazu, den Temperaturgang im Waldboden zu untersuchen und mit den Ergebnissen im Freien zu vergleichen. Wir berechnen die Unterschiede zwischen der Temperatur im freien und im bewaldeten Boden und fassen dabei neun Orte mit Nadelwald (Kiefern und Fichten) und sechs mit Buchenwald zusammen.

Unterschiede der Temperatur ^{0}C.

Tiefe m	Im freien und bewaldeten Boden											
	Jan.	Febr.	März	April	Mai	Juni	Juli	Aug.	Sept.	Okt.	Nov.	Dez.
Feld kälter (—) oder wärmer als Nadelwald												
0,01	— 0,33	— 0,12	0,46	2,00	3,21	**3,78**	3,44	2,61	1,62	0,68	0,04	— 0,18
0,15	— 0,46	— 0,33	0,07	1,44	2,86	**3,27**	2,96	2,28	1,28	0,34	— 0,26	— 0,32
0,30	— 0,36	— 0,23	0,04	1,20	2,29	**2,69**	2,58	1,99	1,14	0,36	— 0,19	— 0,29
0,60	— 0,39	— 0,24	— 0,03	1,13	2,50	**3,03**	2,99	2,51	1,69	0,66	— 0,09	— 0,36
0,90	— 0,34	— 0,28	— 0,07	0,84	2,16	2,83	**2,94**	2,63	1,91	0,87	0,07	— 0,27
1,20	— 0,27	— 0,21	— 0,09	0,68	1,84	2,56	**2,83**	2,60	2,02	1,08	0,27	— 0,11
Feld kälter (—) oder wärmer als Buchenwald												
0,01	— 0,43	— 0,20	0,20	1,33	3,12	**4,50**	4,27	3,15	1,83	0,50	— 0,37	— 0,53
0,15	— 0,22	— 0,13	— 0,07	0,63	1,88	3,05	**3,07**	2,32	1,38	0,53	— 0,15	— 0,22
0,30	— 0,47	— 0,33	— 0,13	0,62	1,80	2,95	**3,00**	2,32	1,33	0,35	— 0,35	— 0,52
0,60	— 0,37	— 0,32	— 0,13	0,57	1,73	2,87	**3,18**	2,73	1,82	0,77	— 0,12	— 0,38
0,90	— 0,22	— 0,23	— 0,10	0,42	1,35	2,47	**2,93**	2,68	2,02	1,12	0,20	— 0,15
1,20	— 0,10	— 0,08	— 0,03	0,32	1,13	2,10	**2,67**	2,62	2,17	1,40	0,53	0,10

Das freie Feld ist im Winter durchschnittlich etwas kälter (bis $0,5^0$), im Sommer erheblich wärmer als der Waldboden (bis 3^0 in den mittleren Schichten). Von den Nadelwäldern, deren Befunde hier zu Mitteln zusammengefaßt sind, verhalten sich Kiefern und Fichten im Winter verschieden, wie die nebenstehenden Abweichungen der Januartemperatur im freien Boden von der im Walde zeigen. In den Kiefernaltbeständen bleibt der Boden im Januar durchschnittlich um $0,55$—$0,82^0$ wärmer als im Freien. Die Schutzwirkung gegen die Winterkälte ist hier größer als

m	Kiefern	Fichten
0,01	— $0,62^0$	— $0,10^0$
0,15	— $0,68^0$	— $0,28^0$
0,30	— $0,70^0$	— $0,08^0$
0,60	— $0,82^0$	— $0,04^0$
0,90	— $0,72^0$	— $0,04^0$
1,20	— $0,55^0$	— $0,04^0$

in Buchenbeständen. Im Fichtenwalde ist der Boden im Januar nur bei einem Teil der Vergleichsorte und durchschnittlich nur um $0,04$—$0,28^0$ wärmer als im Freien. Die sommerliche Abkühlung im Waldboden (im Vergleich zum freien Lande) ist bei den verschiedenen Holzarten ziemlich gleich. Sie wird von 0,60 m Tiefe, wo sie 3^0 überschreitet, nach unten hin etwas geringer. Im Frühjahr ist der Boden im Nadelwald, im Spätsommer bis Herbst im belaubten Buchenwalde

---

[1] LEYST, E.: a. a. O., S. 294.
[2] VUJEWIC, P.: Über die Bodentemperaturen in Belgrad. Meteorol. Z. **28**, 289 (1911).

relativ kühler. Vergleichbare Monatsmittel der Temperatur wurden in der Weise
gebildet, daß die Unterschiede, welche die Doppelstationen für eine Holzart
ergaben, an die Mittel der 16 Feldstationen angebracht wurden. Aus den Kurven,
die nach den Monatsmitteln gezeichnet wurden, ergeben sich die Extreme und
Schwankungen des jährlichen Verlaufes, die im Waldboden gegenüber dem freien
Felde ermäßigt sind. Das Minimum war um folgende Beträge im Felde kälter (—),
das Maximum der Temperatur höher als im Waldboden:

| Tiefe | Buchen | | Nadelwald | | Temperaturschwankung ^{0} C | | |
m	Minimum	Maximum	Minimum	Maximum	Buchen	Nadelwald	Feld
0,01	— 0,4	4,2	— 0,3	3,4	14,0	14,9	18,6
0,30	— 0,4	2,9	— 0,3	2,6	12,2	12,6	15,5
0,60	— 0,3	2,9	— 0,2	2,7	10,6	10,9	13,8
0,90	— 0,3	2,7	— 0,3	2,7	9,3	9,3	12,3
1,20	— 0,1	2,7	— 0,1	2,7	8,2	8,2	11,0

Die Ermäßigung im Walde ist beim Maximum der Temperatur größer als
beim Minimum. Die jährliche Temperaturschwankung beträgt in 0,30—1,20 m
Tiefe im Buchenwalde 79—75 %, in Nadelwäldern durchschnittlich 81—75 %
von der im freien Boden. Die Eintrittszeiten der Jahresmittel verzögern sich
in 0,30—1,20 m Tiefe gegenüber dem freien Felde im Buchenwalde im Frühjahr
um 2 Tage, im Herbst um fast 7 Tage, in den Nadelwäldern um 7—8 Tage. Im
Nadelwalde dringen die Temperaturschwankungen etwas langsamer in die Tiefe
als im Freien und im Buchenwalde. Aus den Amplituden und den Phasenverzögerungen (φ) erhält man das Abnahmeverhältnis der Temperaturschwankungen
auf 1 m Tiefe:

$$\begin{array}{llll}
\text{Feld} \ldots\ldots & s = 0{,}68 & e^{-\varphi} = 0{,}68 & \text{Mittel } 0{,}68 \\
\text{Buchen} \ldots & 0{,}64 & 0{,}68 & 0{,}66 \\
\text{Nadelwald} \ldots & 0{,}62 & 0{,}64 & 0{,}63
\end{array}$$

Die Temperaturschwankungen pflanzen sich demnach in den Waldböden, namentlich in den Nadelwäldern nicht ganz so gut nach der Tiefe fort, wie im Freien.

Die nachfolgende Übersicht enthält die vieljährigen Mitteltemperaturen
des kältesten und wärmsten Monats im Durchschnitt aus 8 und 2 Uhr für sech-
zehn deutsche Doppelstationen nebst Angaben über die geographische Lage
und die Seehöhe. In mehreren Beständen waren der Hauptholzart andere
Bäume beigemischt. Lintzel hatte nur eine Schonung mit einigen älteren
Bäumen. Der Boden war meist oben humoser, mehrfach lehmiger Diluvialsand,
in den höheren Lagen verwittertes Gestein (Kalk, Grauwacke, Porphyr, Granit)[1].

Die höchsten Temperaturen haben die Feldstationen Hagenau im Elsaß
und an der Oberfläche Kurwien in Masuren, die niedrigsten in der oberen
Schicht Kurwien, in den tieferen Fritzen im Samland, Sonnenberg im Harz
und der Fichtenwald bei Carlsberg in Schlesien.

Bodentemperatur ^{0} C.
Kältester und wärmster Monat.

| Tiefe | 20^0 34′ Fritzen 54^0 50′ | | | | 21^0 29′ Kurwien 53^0 34′ | | | |
m	Feld 36 m		Fichten 32 m		Feld 131 m		Kiefern 130 m	
0,01	—0,6	18,1	—0,5	14,9	—2,4	22,0	—0,5	16,9
0,30	—0,6	17,9	0,1	13,8	—0,6	16,9	0,0	14,2
0,60	0,3	16,9	0,9	12,8	0,5	16,4	1,1	13,0
0,90	0,8	16,0	1,4	11,9	1,4	15,1	1,8	12,3
1,20	1,1	15,2	2,0	11,2	2,1	14,4	2,3	11,7

[1] Schubert, J.: Jber. Forstl. meteorol. Stat. von A. Mütterich 1897, E. 104; Luft-
und Bodentemperatur, S. 2, 3.

Tiefe m	10° 15′ Lintzel 52° 59′				13° 50′ Eberswalde 52° 50′			
	Feld 97 m		(Kiefern) 96 m		Feld 42 m		Kiefern 48 m	
0,01	—0,3	20,8	—0,1	18,2	—0,3	20,9	—0,1	17,7
0,30	0,9	16,3	0,8	15,0	0,0	17,9	0,9	15,5
0,60	1,7	15,6	1,7	14,1	0,9	17,2	1,9	14,8
0,90	2,2	14,7	2,4	13,5	1,5	16,5	2,6	14,0
1,20	2,8	14,1	2,9	12,8	2,1	15,9	3,1	13,3

Tiefe m	7° 34′ Schoo 53° 36′				9° 30′ Hadersleben 55° 16′			
	Feld 6 m		Kiefern 7 m		Feld 33 m		Buchen 33 m	
0,01	1,1	17,8	1,2	15,9	0,6	17,1	0,9	14,7
0,30	2,1	15,5	2,2	13,8	1,1	14,7	1,3	13,2
0,60	2,9	14,5	2,9	12,9	2,0	14,1	2,1	12,6
0,90	3,5	13,9	3,3	12,4	2,6	13,5	2,7	11,8
1,20	3,8	13,3	3,6	11,9	3,0	12,9	3,1	11,2

Tiefe m	10° 34′ Friedrichsrode 51° 22′				10° 59′ Marienthal 52° 16′			
	Feld 441 m		Buchen 447 m		Feld 138 m		Buchen 145 m	
0,01	—0,6	18,1	0,4	13,4	0,1	18,2	0,7	14,0
0,30	—0,3	16,3	0,4	13,1	0,8	16,9	1,5	13,5
0,60	0,8	15,2	1,7	11,9	1,7	16,0	2,1	12,9
0,90	1,7	14,2	2,5	10,9	2,2	15,0	2,5	12,4
1,20	2,3	13,2	2,8	9,9	2,8	14,2	2,9	12,0

Tiefe m	10° 31′ Sonnenberg 51° 46′				10° 48′ Schmiedefeld 50° 37′			
	Feld 776 m		Fichten 778 m		Feld 711 m		Fichten 713 m	
0,01	—1,1	14,7	—0,7	10,9	—1,7	18,0	—1,1	13,2
0,30	—0,5	12,9	—0,2	10,4	—0,1	14,5	—0,2	12,0
0,60	0,3	12,4	0,6	9,6	0,7	13,2	0,7	10,9
0,90	0,8	12,0	1,2	8,8	1,4	12,3	1,2	10,4
1,20	1,2	11,6	1,6	8,4	1,8	11,3	1,6	9,7

Tiefe m	6° 24′ Hollerath 50° 28′				8° 15′ Lahnhof 50° 54′			
	Feld 615 m		Fichten 615 m		Feld 607 m		Buchen 582 m	
0,01	0,6	14,4	0,0	13,0	—0,7	15,6	—0,5	12,8
0,30	1,5	13,7	0,8	11,9	0,3	13,7	0,5	11,3
0,60	2,5	13,0	1,8	10,9	1,3	13,1	1,7	10,4
0,90	3,1	12,3	2,7	10,2	2,0	12,4	2,1	9,5
1,20	3,4	11,6	3,0	9,6	2,5	11,8	2,6	9,1

Tiefe m	7° 48′ Hagenau 48° 50′				16° 20′ Carlsberg 50° 28′			
	Feld 150 m		Kiefern 150 m		Feld 744 m		Fichten 743 m	
0,01	0,5	21,7	0,8	17,1	—0,5	16,5	—0,4	13,5
0,30	1,3	18,5	2,2	16,0	—0,5	14,4	—0,6	12,1
0,60	2,5	18,4	3,3	15,1	0,7	13,5	0,2	11,1
0,90	3,2	17,4	3,9	14,2	1,4	12,8	0,8	10,4
1,20	3,9	16,9	4,5	13,6	1,8	12,2	1,2	9,7

Tiefe m	7° 18′ Neumath 48° 59′				7° 18′ Melkerei 48° 25′			
	Feld 350 m		Buchen 355 m		Feld 909 m		Buchen 939 m	
0,01	0,8	20,5	1,0	15,3	—0,2	18,6	0,0	12,5
0,30	1,4	17,5	1,5	14,7	0,0	15,3	0,4	11,8
0,60	2,2	17,0	2,1	14,4	1,2	14,5	1,4	10,8
0,90	2,8	16,1	2,7	13,8	1,8	13,1	2,1	9,8
1,20	3,5	15,5	3,2	13,1	2,4	12,3	2,5	9,2

Aus Beobachtungen in einem Moore des Erzgebirges[1] findet man die Temperaturschwankung 12,8⁰ in 0,25 m Tiefe und fast 4,6⁰ in 1,50 m. Das Jahresmittel der Temperatur tritt unten 1,79 Monate später ein als oben. Das bedeutet eine Verzögerung von 1,43 Monaten auf je 1 m. Aus diesen Angaben ergibt sich das Abnahmeverhältnis der jährlichen Temperaturschwankung auf 1 m Tiefenabstand in der Schicht von 0,25—1,50 m:

$$\text{Moor } s = 0{,}44 \qquad e^{-\varphi} = 0{,}47 \qquad \text{Mittel } 0{,}46.$$

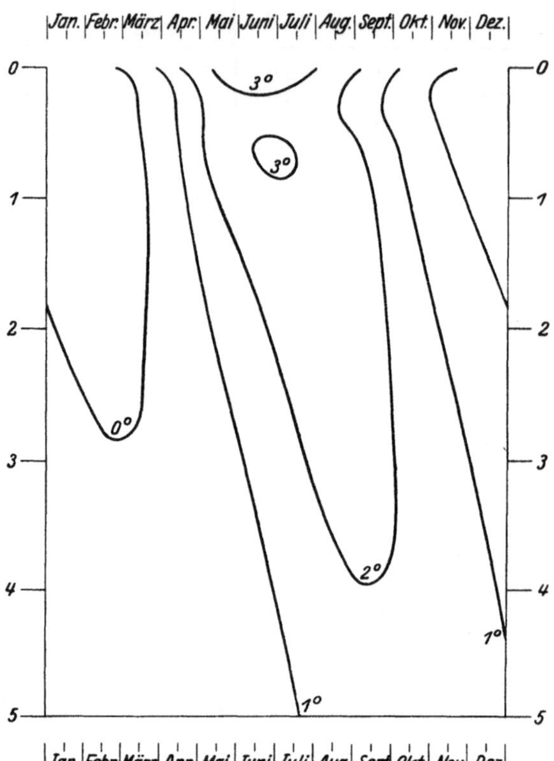

Abb. 96 a. Abkühlung im Nadelwald.

Danach werden im Moorboden auch die jährlichen Temperaturschwankungen — wie die täglichen — stark abgeschwächt und verzögert.

Um die vom Walde verursachte sommerliche Abkühlung des Bodens in geographischem Maß auszudrücken, bemerken wir, daß z. B. im Kiefernwalde bei Hagenau im Elsaß der Boden in 0,60 m Tiefe die Julitemperatur 14,8⁰ aufweist. Um in derselben Tiefe eine so niedrige Julitemperatur im Freien zu finden, müssen wir 600 m höher gehen oder Stationen der Ebene im Nordseegebiet aufsuchen. Im Mittel der Tiefen 0,60 und 1,20 m wirkt ein Waldbestand in den Monaten Juli bis September so stark abkühlend, wie eine Verschiebung um 3,3 Breitengrade nach Norden, d. h. etwa um die ganze Breite des norddeutschen Flachlandes.

---

[1] Krutzsch, H.: Über die Temperaturverhältnisse eines Torfmoores. Tharandter Forstl. Jb. **29**, 76. — Ramann, E.: Bodenkunde, 3. Aufl., S. 401.

Die Abbildungen (96a und b) lassen erkennen, wie der schwache winterliche Kälteschutz im Walde — innerhalb der Null-Linie — und die kräftigere Ermäßigung der Sommerwärme sich von der Oberfläche allmählich und abgeschwächt in den Boden fortsetzen. Von $1\frac{1}{2}$ m (Buchen) bis 3 m (Nadelwald) abwärts ist der Waldboden das ganze Jahr hindurch kälter als der freie. Ein Vergleich mit dem oberen Teile der Abb. 95 zeigt, daß die sommerliche Abkühlung im Walde oder umgekehrt die Überwärmung des freien Bodens dem Gange der Sonnenstrahlung folgt. Es erscheint auch hier als eine wesentliche klimatische

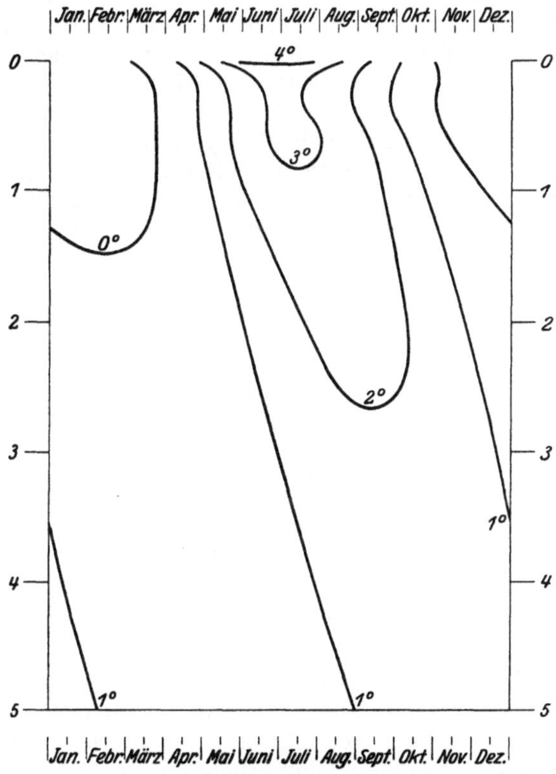

Abb. 96 b. Abkühlung im Buchenwald.

Wirkung des Waldes, daß er die Sonnenstrahlung auffängt und vom Boden abhält.

Der Strahlungsschutz im Waldesschatten ist in der Bodenoberfläche besonders wirksam. Bestimmt man in jedem der Monate Juni, Juli, August alljährlich die höchste Temperatur um 2 Uhr nachmittags in 0,01 m Tiefe, so ergibt sich im vieljährigen Mittel für den Sommer die höchste Temperatur zu:

	Kiefer ° C	Fichte ° C	Buche ° C
Wald	22,2	18,3	17,4
Feld	30,7	23,3	24,5
Unterschied	8,5	5,0	7,1

Die abkühlende Wirkung des Waldes steigt mit der Höhe der Temperatur im Freien. Bei Berücksichtigung dieses Umstandes ergibt die Reduktion auf die

durchschnittliche Höchsttemperatur von 27⁰ im Freien als Abkühlung im Kiefernwalde 6⁰, im Fichtenbestande 8⁰ und in Buchenwäldern 10⁰. An der Oberfläche
erwärmt sich der Boden in der Sonne noch wesentlich mehr als in 0,01 m Tiefe
und viel mehr als im Waldesschatten. Bei Vergleichen im Mai 1891 in Eberswalde war die mittlere Temperatur um 2 Uhr nachmittags bei einem Thermometer

auf dem Boden im Freien 29,8⁰,   im Walde 17,5⁰.
in 0,01 m Tiefe im Freien 19,8⁰,   im Walde 17,1⁰.

Umgekehrt ermäßigt der Wald auch die kältesten Temperaturen, doch sind
hier die Unterschiede geringer. Die Frosttiefe der kältesten Tage im Jahre
wird nach den vorliegenden Beobachtungen in den Kiefernaltbeständen um
0,18 m, im Buchenwalde um 0,09 m und im Fichtenbestande nur um 0,02 m
ermäßigt. Um das Eindringen des Frostes in den Boden während des
Winters und das Wiederauftauen im Frühjahr zu untersuchen, seien die Temperaturmittel aus fünf Doppelstationen mit kalten Wintern gebildet. Die Angaben
aus 0,01 und 0,15 m Tiefe wurden durch Vereinigung zu einem Mittel ausgeglichen.
Die Abb. 97 veranschaulicht den Verlauf der Nullisothermen im Freien und im

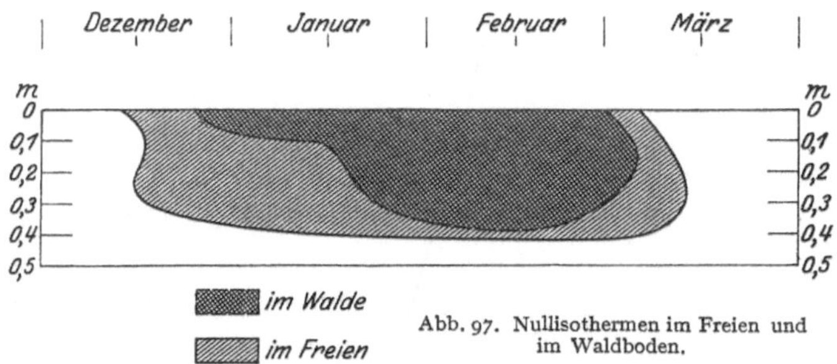

Abb. 97. Nullisothermen im Freien und
im Waldboden.

Waldboden. Der Frost dringt im Walde später und nicht ganz so tief in den
Boden und verläßt ihn früher als im Freien. Im Frühjahr taut der Boden im
Walde in 0,1—0,2 m Tiefe, im Freien in 0,2—0,3 m später auf als oben und
unten. Nach dem ersten Märzdrittel ist der Waldboden frostfrei, während im
Freien noch bis 0,4 m Tiefe Frost herrscht, dessen letzte Reste (im Durchschnitt)
etwas vor Mitte März verschwinden. Man ersieht aus der Darstellung, in welchem
Umfange die Wasserbewegung im Boden während des Winters durch Eisbildung
gehemmt ist.

Im Jahresmittel ist der Waldboden in Deutschland um folgende Beträge
kälter als der freie (⁰C).

Tiefe m	4 Kiefer	5 Fichte	9 Nadelwald	6 Buche	15 Wald
0,01	1,39	1,47	1,43	1,45	1,44
0,30	0,64	1,17	0,94	0,88	0,91
0,60	0,88	1,31	1,12	1,03	1,08
0,90	0,92	1,26	1,11	1,04	1,08
1,20	0,96	1,21	1,10	1,07	1,09

Die übergeschriebenen Ziffern geben die Zahl der Doppelstationen an. In den
Kiefernbeständen wird die Jahrestemperatur am wenigsten, im Fichtenwalde
am meisten herabgesetzt. Im Mittel der Tiefen 0,60 und 1,20 m entspricht die
Erniedrigung der Jahrestemperatur im Waldboden einer Vergrößerung der Seehöhe um 230 m oder einer Verschiebung nach Norden um 2,3 Breitengrade.

Nach den Untersuchungen von HAMBERG in Schweden[1] war das Jahresmittel der Temperatur in Kiefern- und Tannenbeständen in 0,5 und 1,0 m Tiefe 1,3°, in 2,0 m Tiefe 1,05° kälter als auf benachbarten Lichtungen. Die Unterschiede stimmen mit denen für Fichtenbestände in Deutschland nahe überein.

b) Der Wärmeaustausch im Boden.

Der Wärmeaustausch zwischen der Bodenoberfläche und der unteren Luftschicht hängt von dem Unterschiede ihrer Temperaturen ab. Die Bodenoberfläche verliert oder empfängt Wärme, je nachdem sie wärmer oder kälter ist als die Luft. Der Wärmeübergang vollzieht sich im Sinne des Ausgleichs der vorhandenen Temperaturunterschiede und wird desto lebhafter vor sich gehen, je größer diese Unterschiede sind. Im oberen Teile der Abb. 98 bedeuten aufwärts gerichtete Pfeile Wärmeübergang von der Bodenoberfläche zur kälteren Luft. Die Länge der Pfeile entspricht der Temperaturabnahme im Mittel der Monate April bis August 1888 in Pawlowsk. Die Wärmeabgabe an die Luft beginnt morgens 6 Uhr, erreicht mittags die größte Stärke und dauert bis nach 7 Uhr abends. Der Verlauf am Tage richtet sich — mit einer etwa einstündigen Verzögerung — nach der Sonnenstrahlung[2], deren Werte durch die gestrichelte Kurve veranschaulicht sind. Die Wärmeabgabe an die Luft reicht soweit, wie in dieser labiles Gleichgewicht herrscht.

Während der Nacht ist der Vorgang wesentlich anders. Die Oberfläche wird nur wenig kälter als die unterste Luftschicht; die größten Unterschiede um und nach Mitternacht sind weitaus geringer als die umgekehrten zur Mit-

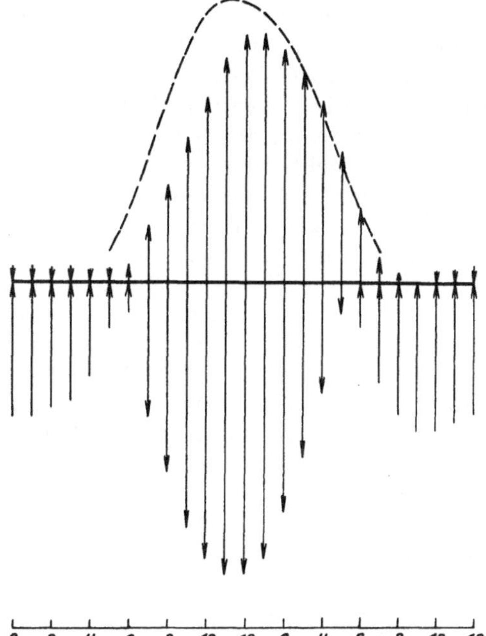

Abb. 98. Temperaturgefälle, Oberfläche gegen Luft und Boden.

tagszeit. Während am Tage die erwärmte Luft aufsteigt und kühlere herabsinkt, verharrt in der Nacht die erkaltete, schwere Luft am Boden und gleicht ihre Temperatur aus mit dem Wärmegrad der Bodenoberfläche[3].

Im Tagesmittel ist die Bodenoberfläche in Pawlowsk im Sommerhalbjahr von März bis September und — wie auch bei den angeführten deutschen Stationen — im Jahresdurchschnitt wärmer als die Luft. Demgemäß wird man anzunehmen haben, daß der Boden Wärme an die untere Luftschicht abgibt, die sie, sei es durch Ausstrahlung, sei es durch verstärkte Konvektion, zur Zeit der mittäglichen Überwärmung an die höheren Schichten wieder verliert. Im Walde ist der Boden wenig oder gar nicht wärmer als die Luft.

---

[1] HAMBERG, H. E.: Om skogarnes inflytande på Sveriges Klimat (De l'influence des forêts sur le climat de la Suéde). 1, 2, 64. Stockholm 1885; Meteorol. Z. 4, 1 (1887).

[2] KALITIN, N. N.: Die Wärmesummen der Sonnenstrahlung für Pawlowsk. Meteorol. Z. 1923, 353.

[3] SCHUBERT, J.: Das Klima der Bodenoberfläche und der unteren Luftschicht, Handbuch d. Bodenlehre Bd. 2, S. 66f.

Theorie der Wärmeleitung.

In einem homogenen von der horizontalen Oberflächenebene begrenzten Boden, der — wie wir annehmen — keine seitlichen Temperaturunterschiede aufweist, ist die Temperatur (ϑ) in einem gegebenen Zeitpunkte eine Funktion der Tiefe (x). Die Abnahme der Temperatur, bezogen auf die Einheit des Tiefenabstandes, nennen wir das Temperaturgefälle

$$- \vartheta' = - \frac{\partial \vartheta}{\partial x}.$$

Die Wärme strömt in der Richtung des Temperaturgefälles bei positivem, abwärts gehendem Gefälle nach unten in den Boden hinein. Bei negativem, aufwärts gerichtetem Temperaturgefälle strömt umgekehrt Wärme aus den tieferen Bodenschichten zur Oberfläche. **Je größer das Temperaturgefälle ist, desto stärker wird auch der Wärmestrom** sein. Von besonderer Wichtigkeit ist das Temperaturgefälle in der Oberfläche. Solange es abwärts gerichtet (positiv) ist, geht Wärme in den Boden hinein, die gesamte im Boden enthaltene Wärme nimmt zu, bis das Gefälle Null wird. In diesem Zeitpunkte erreicht **die Bodenwärme ihren höchsten Stand.** Bei aufwärts gerichtetem Gefälle geht dann Wärme aus dem Boden heraus, bis wieder das Gefälle Null wird und die Bodenwärme ihr Minimum hat.

Das Temperaturgefälle von o—2 cm in Pawlowsk für April—August ist im unteren Teil der Abb. 98 dargestellt. Um 7 Uhr vormittags bis 5 Uhr nachmittags ist das Gefälle abwärts gerichtet, Wärme strömt in den Boden hinein. Dann kehrt das Gefälle seine Richtung, um und demgemäß strömt abends und nachts bis 6 Uhr morgens Wärme aus dem Boden heraus zur Oberfläche. Diese gibt am Tage von 7 Uhr vormittags bis 5 Uhr nachmittags nach beiden Seiten, an die Luft und an den Boden Wärme ab, die sie durch Strahlung erhält. Abends von 6 Uhr ab empfängt die Oberfläche aus dem Boden, von 10 Uhr ab in schwachem Maße auch aus der Luft Wärme. Dieser beiderseitige Zustrom dauert bis 5 Uhr morgens.

In seiner preisgekrönten Schrift über die Königsberger Bodentemperaturbeobachtungen hat Ad. Schmidt (S. 128) für die Jahreszwölftel das Temperaturgefälle in der Oberfläche

$$- \frac{\partial \vartheta}{\partial x} \text{ für } x = 0$$

berechnet. Es ist im Sommer bis Anfang September abwärts, im Winter bis Mitte März nach außen gerichtet. Am stärksten ist das abwärts gerichtete Gefälle in der ersten Junihälfte, das aufwärts gehende im November. In diesen Monaten haben wir also den stärksten Wärmestrom in den Boden hinein oder nach außen anzunehmen. Die Beobachtungen in Pawlowsk ergeben einen ähnlichen jährlichen Verlauf.

Die Wärmemenge, welche erforderlich ist, um den Boden von einer Anfangstemperatur ϑ_0 auf seine jeweilige Temperatur ϑ zu erwärmen, wird als **Wärmegehalt des Bodens** oder als **Bodenwärme** bezeichnet. Bezogen auf die horizontale Flächeneinheit hat eine Schicht von der Dicke $\varDelta x$, wenn C die Wärmekapazität der Volumeneinheit bedeutet, den Wärmegehalt $C(\vartheta - \vartheta_0)\varDelta x$. Von der Oberfläche bis zur Tiefe H ist der Wärmeinhalt

$$Q = \int\limits_0^H C(\vartheta - \vartheta_0)\,dx = \int\limits_0^H C\vartheta\,dx, \text{ wenn } \vartheta_0 = 0$$

angenommen wird. Bei Betrachtung des täglichen oder jährlichen Ganges bezeichne ϑ die Abweichung vom Mittel, dann braucht man H nur bis zu einer Tiefe zu rechnen, in der die Temperaturschwankungen unmerklich werden.

Nach den Annahmen der einfachen Wärmeleitungstheorie ist der Wärmestrom, der durch die Einheit der Oberfläche in den Boden tritt, dem Temperaturgefälle

$$-\frac{\partial \vartheta}{\partial x}$$

in der Oberfläche verhältnisgleich. Man setzt die im Zeitteilchen $\varDelta t$ einströmende Wärme

$$= -\lambda \frac{\partial \vartheta}{\partial x} \varDelta t = -\lambda \vartheta' \varDelta t$$

und nennt λ die Wärmeleitzahl. Sie kennzeichnet die Wärmeleitungsfähigkeit des Bodens. Demnach ist auch die Zunahme der Bodenwärme

$$\varDelta Q = -\lambda \frac{\partial \vartheta}{\partial x} \varDelta t = -\lambda \vartheta' \varDelta t.$$

Ist z. B. $-\vartheta'$ das mittlere Temperaturgefälle während einer Stunde ($\varDelta t$), so wächst die Bodenwärme stündlich um $\varDelta Q$. Sieht man die Wärmekapazität C als konstant an und setzt

$$\frac{Q}{C} = \int_0^H \vartheta\, dx = J, \text{ so wird } \varDelta J = -\frac{\lambda}{C} \vartheta' \varDelta t.$$

Den Temperaturinhalt J und seine Änderungen kennt man aus den Temperaturbeobachtungen. Die Konstante $\frac{\lambda}{C}$, die man auch mit K oder a^2 (oder auch a) bezeichnet, heißt Temperaturleitzahl. Aus den stündlichen Beobachtungen in Pawlowsk im April—August findet man bei Erwärmung und Abkühlung nach Ausgleich durch Mittelbildung in guter Übereinstimmung die Temperaturleitzahl 0,204 cm²/min oder $\varDelta J = -0,204\, \vartheta'\, \varDelta t$.

Eine kleine Bodensäule mit dem horizontalen Einheitsquerschnitt, die von der Tiefe x bis $x + \varDelta x$ reicht, empfängt an ihrer Oberseite im Zeitteilchen $\varDelta t$ die Wärme $-\lambda \vartheta' \varDelta t$ und gibt an der Unterseite den Betrag $-\lambda (\vartheta + \varDelta \vartheta') \varDelta t$ wieder ab. Ihr Wärmegehalt vermehrt sich also um $\lambda \varDelta \vartheta' \varDelta t$. Andererseits ist die zugeführte Wärme bei der Temperaturerhöhung $\varDelta \vartheta$

$$C \varDelta \vartheta \varDelta x = \lambda \varDelta \vartheta' \varDelta t.$$

Hieraus folgt

$$C \frac{\varDelta \vartheta}{\varDelta t} = \lambda \frac{\varDelta \vartheta'}{\varDelta x}.$$

Beim Übergang zu unbegrenzt kleinen Änderungen ergibt sich die Differentialgleichung der Wärmeleitung

$$C \frac{\partial \vartheta}{\partial t} = \lambda \frac{\partial \vartheta'}{\partial x} = \lambda \frac{\partial^2 \vartheta}{\partial x^2}$$

oder

$$\frac{\partial \vartheta}{\partial t} = \frac{\lambda}{C} \frac{\partial^2 \vartheta}{\partial x^2}.$$

Die Größe $\frac{\partial \vartheta'}{\partial x}$ oder $\frac{\partial^2 \vartheta}{\partial x^2}$ gibt an, um wieviel die Temperatur in der Umgebung (oben oder unten) höher ist als in der Tiefe x; danach richtet sich der Zustrom der Wärme[1]. Bei den Beobachtungen in Eberswalde kann nach der Formel

$$\frac{1}{15}\left(\frac{\vartheta_0 - \vartheta_{15}}{15} - \frac{\vartheta_{15} - \vartheta_{30}}{15}\right)$$

in den Einheiten $^0\,C/cm^2$ näherungsweise bestimmt werden, um wieviel die Temperatur in 15 cm Tiefe niedriger ist als in der Umgebung. Die hundertfachen Unterschiede sind im Juni:

Stunde												
0	2	4	6	8	10	Mittag	2	4	6	8	10	12
−0,83	−0,58	−0,38	0,30	0,80	**2,05**	1,54	0,91	0,09	−1,21	−1,39	−1,27	−0,83

Die zweistündige Erwärmung in 15 cm betrug (^{0}C):

Stunden											
0—2	2—4	4—6	6—8	8—10	10—12	12—2	2—4	4—6	6—8	8—10	10—12
−1,00	−0,58	−0,49	0,17	1,21	**1,79**	1,56	0,83	−0,27	−0,99	−1,12	−1,11

Die beiden Reihen stimmen im wesentlichen überein. Die Schicht in 15 cm Tiefe hat um 10 Uhr bis Mittag eine relativ besonders warme Umgebung, um diese Zeit steigt ihre Temperatur auch am schnellsten. Von 8—10 Uhr abends ist die Nachbarschicht der 15-cm-Tiefe relativ besonders kalt, und die Temperatur in 15 cm sinkt dann auch am stärksten. Man findet aus obigen Zahlenreihen die verhältnismäßig große Temperaturleitzahl $\lambda/C = 0{,}83$.

Im Durchschnitt aus längeren Zeiträumen kann die Temperatur an der Bodenoberfläche als eine periodische Funktion der Zeit angesehen werden. Die Abweichung vom Mittelwert läßt sich darstellen in der Form

$$\vartheta = \varrho \sin\left(\frac{2\pi}{T}\,t + \alpha\right) + \varrho_2 \sin\left(\frac{4\pi}{T}\,t + \alpha_2\right) + \cdots,$$

worin T die Dauer der Periode (Tag oder Jahr) bedeutet. Die Temperaturänderungen setzen sich danach zusammen aus einfachen harmonischen Schwingungen, z. B. im Jahr aus ganzjährigen, halb-, drittentjährigen usw. Die einfache Grundschwingung mit der Periode T bewegt sich zwischen dem Minimum $-\varrho$ und dem Maximum ϱ und hat also die Amplitude 2ϱ.

Beim jährlichen Verlauf der Oberflächentemperatur in Königsberg ist nach Ad. Schmidt (S. 124) die Abweichung vom Jahresmittel

$$\vartheta = 10{,}64 \sin\left(\frac{2\pi}{T}\,t + 250{,}5^0\right) + 1{,}13 \sin\left(\frac{4\pi}{T}\,t + 63{,}4^0\right) + 0{,}45 \sin\left(\frac{6\pi}{T}\,t + 28{,}5^0\right) + \cdots$$

Für die mehrfach erwähnten 16 deutschen Freilandstationen ergibt sich nach Berechnung von J. Bartels

$$\vartheta = 9{,}06 \sin\left(\frac{2\pi}{T}\,t + 251^0\right) + 0{,}98 \sin\left(\frac{4\pi}{T}\,t + 80^0\right) + \cdots$$

---

[1] Gröber, H.: Die Grundgesetze der Wärmeleitung und des Wärmeüberganges. 1921; Einführung in die Lehre von der Wärmeübertragung. Berlin: Julius Springer 1926. Keränen, J: Wärme- und Temperaturverhältnisse der obersten Bodenschichten. Einführung in die Geophysik II. 169 f. Berlin: Julius Springer 1929.

Die Amplituden der kürzeren Teilschwingungen sind wesentlich kleiner als die der ganzjährigen. Die Phasen der Grundschwingung stimmen in beiden Fällen überein. Für die Oberflächentemperatur in den Nadelwäldern erhält man

$$\vartheta_N = 7{,}40 \sin\left(\frac{2\pi}{T} t + 244^0\right) + 0{,}90 \sin\left(\frac{4\pi}{T} t + 54^0\right) + \cdots$$

und in den Buchenwäldern

$$\vartheta_B = 7{,}10 \sin\left(\frac{2\pi}{T} t + 244^0\right) + 0{,}48 \sin\left(\frac{4\pi}{T} t + 64^0\right) + \cdots$$

Im Vergleich zum freien Gelände erscheinen die Amplituden im Walde verkleinert. Die Phase der ganzjährigen Schwingung ist im Walde um $^7/_{360}$ des Jahres, d. h. etwa um 7 Tage verzögert.

Die Grenzbedingung an der Oberfläche

$$\vartheta = \varrho \sin\left(\frac{2\pi}{T} t + \alpha\right) + \varrho_2 \sin\left(\frac{4\pi}{T} t + \alpha_2\right) + \cdots$$

und die Differentialgleichung der Wärmeleitung

$$\frac{\partial \vartheta}{\partial t} = \frac{\lambda}{C} \frac{\partial^2 \vartheta}{\partial x^2}$$

führen zu der Lösung

$$\vartheta = \varrho\, e^{-\nu x} \sin\left(\frac{2\pi}{T} t + \alpha - \nu x\right) + \cdots$$

oder

$$\vartheta = \varrho\, e^{-x\sqrt{\frac{C\pi}{\lambda T}}} \sin\left(\frac{2\pi}{T} t + \alpha - x\sqrt{\frac{C\pi}{\lambda T}}\right) + \cdots$$

Hierin ist $\nu = \sqrt{\dfrac{C\pi}{\lambda T}}$ und die Temperaturleitzahl $K = \dfrac{\lambda}{C} = \dfrac{\pi}{T} \dfrac{1}{\nu^2}$.

Statt T ist im zweiten Gliede $\frac{1}{2} T$, im dritten $\frac{1}{3} T$ usw. zu schreiben.

Wie an der Oberfläche setzt sich auch im Boden die Temperaturänderung zusammen aus einfachen Schwingungen mit den Perioden T, $\frac{1}{2} T$, $\frac{1}{3} T$ usw., wie in der Musik der Ton entsteht aus dem Zusammenklang des Grundtones und der Obertöne. In der ganzen Periode schwingt die erste Welle einmal, die zweite zweimal usw. Die einfache Hauptschwingung mit der Schwingungsdauer T hat an der Oberfläche die Amplitude 2ϱ, die sich in der Tiefe x auf $2\varrho\, e^{-\nu x}$ ermäßigt. Das Abnahmeverhältnis der Temperaturschwankungen für den Tiefenabstand x ist also $s = e^{-\nu x}$. Zugleich wird die Phase der Schwingung um $\varphi = \nu x$ verzögert, so daß für die einfachen Schwingungen, soweit die Voraussetzungen der Wärmeleitungstheorie erfüllt sind, die Beziehung $s = e^{-\varphi}$ genau gilt, während sie für die Gesamtschwankung der Temperatur, wie wir oben sahen, annähernd zutrifft. Die Abweichungen von der einfachen Theorie der Wärmeleitung können unter anderem darin bestehen, daß der Boden nicht homogen ist und die Stoffwerte λ und C von Schicht zu Schicht wechseln. Aber auch innerhalb einer Schicht (oder im Durchschnitt mehrerer) können die Ergebnisse aus den Amplituden und den Phasen voneinander abweichen. Da aber $K = \dfrac{\lambda}{C}$ im Sinne der Wärmeleitungstheorie als eine Konstante anzusehen ist, hat man aus beiden Ergebnissen einen Mittelwert zu bilden. So fand z. B. Schmidt in Königsberg für die ganzjährige Schwingung

aus den Amplituden $\quad 100\nu = 0{,}339 \quad$ und $\quad K = \dfrac{\lambda}{C} = 0{,}519$ cm²/min

aus den Phasen $\qquad\qquad\quad \underline{\;0{,}333\;} \qquad\qquad\qquad \underline{\;0{,}540\;}$

im Mittel $\qquad\qquad\qquad\;\; 0{,}336 \qquad\qquad\qquad\quad 0{,}529$

Im Durchschnitt der 16 deutschen Feldstationen ergibt sich übereinstimmend aus Amplituden und Phasen $100\,\nu = 0{,}39$ und $K = \dfrac{\lambda}{C} = 0{,}39$. Im Nadelwald fand sich $100\,\nu = 0{,}44$ und im Buchenwald $0{,}39$, wobei hier die Abschwächung der Amplituden verhältnismäßig größer erscheint als die Phasenverzögerung.

Zu einem bestimmten Zeitpunkte ist die Temperatur eine Funktion der Tiefe x. Die Hauptschwingung, wie sie durch den Ausdruck

$$\varrho\, e^{-\nu x} \sin\left(\frac{2\pi}{T}\,t + \alpha - \nu x\right) = \varrho\, e^{-x\sqrt{\frac{C\pi}{\lambda T}}} \sin\left(\frac{2\pi}{T}\,t + \alpha - x\sqrt{\frac{C\pi}{\lambda T}}\right)$$

gegeben ist, zieht sich in Gestalt einer Welle mit abnehmender Amplitude nach der Tiefe (Abb. 93). Eine ganze Welle reicht bis zur Tiefe

$$\frac{2\pi}{\nu} = 2\sqrt{\frac{\pi\lambda T}{C}} = 2\sqrt{\pi K T},$$

die im Jahr $19{,}1 \left(= \sqrt{365}\right)$ mal so groß ist wie im täglichen Gange. In dieser Tiefe hat die zeitliche Temperaturschwingung dieselbe Phase wie an der Oberfläche, während die Amplitude kaum noch $0{,}2\,\%$ von der Temperaturschwankung an der Oberfläche ausmacht. Im jährlichen Gange beträgt diese Tiefe bei den angeführten Beispielen etwa 15—18 m. Im täglichen Gange liegt die Tiefe — die man als Grenze der merklichen Temperaturänderungen ansehen kann — bei weniger als 1 m.

Aus der Formel für die Temperatur ϑ erhält man das Temperaturgefälle

$$-\vartheta' = -\frac{\partial\vartheta}{\partial x} = \varrho\sqrt{\frac{C\,2\pi}{\lambda T}}\; e^{-x\sqrt{\frac{C\pi}{\lambda T}}} \sin\left(\frac{2\pi}{T}\,t + \alpha - x\sqrt{\frac{C\pi}{\lambda T}} + \frac{\pi}{4}\right) + \cdots$$

Statt T ist im zweiten Gliede wieder $\tfrac{1}{2}T$ zu setzen, im dritten $\tfrac{1}{3}T$ usw. Auch das Temperaturgefälle verläuft in Sinusschwingungen, deren Amplituden schnell nach der Tiefe abnehmen, während die Phasen um $\dfrac{\pi}{4}$ oder den achten Teil der Periode vor der Temperatur vorauseilen. An der Oberfläche ist das Temperaturgefälle

$$-\vartheta_0' = \varrho\sqrt{\frac{C\,2\pi}{\lambda T}} \sin\left(\frac{2\pi}{T}\,t + \alpha + \frac{\pi}{4}\right) + \cdots$$

Durch Summierung von $\vartheta\,dx$ nach der Tiefe oder von $-\dfrac{\lambda}{C}\,\vartheta_0'\,dt$ nach der Zeit erhält man den Temperaturinhalt

$$J = \int_0^H \vartheta\,dx = -\frac{\lambda}{C}\int_{t_0}^t \vartheta_0'\,dt = \varrho\sqrt{\frac{\lambda T}{C\,2\pi}} \sin\left(\frac{2\pi}{T}\,t + \alpha - \frac{\pi}{4}\right) + \cdots$$

und ebenso die gesamte Bodenwärme oder den Wärmegehalt des Bodens (als Abweichung vom Mittelwert)

$$Q = C\int_0^H \vartheta\,dx = -\lambda\int_{t_0}^t \vartheta_0'\,dt = \varrho\sqrt{\frac{\lambda C T}{2\pi}} \sin\left(\frac{2\pi}{T}\,t + \alpha - \frac{\pi}{4}\right) + \cdots$$

Die Schwingungen der Bodenwärme bleiben in den Phasen um $\dfrac{\pi}{4}$ oder ein Achtel der Periode hinter der Oberflächentemperatur zurück, bei der ganztägigen Schwingung also um 3 Stunden, bei der ganzjährigen um $1^1/_2$ Monate.

Wenn Temperaturbeobachtungen bis zur Tiefe x vorliegen, kann man den Wärmegehalt bestimmen nach der Formel[1]

$$Q = \int_0^x C\,\vartheta\,dx - \lambda \int_{t_0}^t \vartheta'\,dt,$$

worin $-\vartheta'$ das Temperaturgefälle in der Tiefe x bedeutet.

Bezeichnet S die Schwankung zwischen Minimum und Maximum, so erhält man für die einfache (durch das erste Sinusglied dargestellte) Grundschwingung folgende Beziehungen:

Die Temperaturschwankung ist an der Oberfläche

$$S_0(\vartheta) = 2\varrho$$

und sinkt in der Tiefe x auf den Wert

$$S(\vartheta) = 2\varrho\,e^{-x\sqrt{\frac{C\pi}{\lambda T}}}.$$

Die Gesamtschwankung der Temperatur, d. h. die Summe aller Schwankungen bis zu einer Tiefe H, in der die Änderungen unmerklich werden, ist

$$\sigma = \int_0^H S(\vartheta)\,dx = 2\varrho\,\sqrt{\frac{\lambda T}{C\pi}}.$$

Die Schwankung des Temperaturinhaltes

$$J = \int_0^H \vartheta\,dx \quad \text{ist} \quad S(J) = 2\varrho\,\sqrt{\frac{\lambda T}{C\,2\pi}} = \sqrt{\frac{1}{2}}\cdot\sigma.$$

Die Schwankung der Bodenwärme oder der Wärmeumsatz oder Wärmeaustausch im Boden[2] wird

$$S(Q) = 2\varrho\,\sqrt{\frac{\lambda\,CT}{2\pi}} = C\cdot S(J) = \sqrt{\frac{1}{2}}\,C\,\sigma = 0{,}707\,C\,\sigma.$$

Hieraus ergibt sich eine einfache Berechnung des Wärmeaustausches. Sie gilt genau für die Grundschwingung unter Voraussetzung der Gesetze der Wärmeleitung und kann für die beobachtete — aus den Einzelschwingungen zusammengesetzte — Schwankung als Näherungswert dienen.

Wärmekapazität und Wärmeleitungsvermögen.

Um aus dem Temperaturgang den Wärmeumsatz im Boden berechnen zu können, muß man die Zusammensetzung des Bodens und die daraus sich ergebende Wärmekapazität kennen. Sind in der Raumeinheit die Massen

$$m_1 \quad m_2 \quad m_3 \dots$$

der verschiedenen Stoffe vorhanden, deren spez. Wärme die Werte

$$c_1 \quad c_2 \quad c_3 \dots$$

---

[1] SCHUBERT, J.: Der jährliche Gang der Luft- und Bodentemperatur und der Wärmeaustausch, S. 37. Berlin 1900.

[2] BEZOLD, W. VON: Der Wärmeaustausch an der Erdoberfläche und in der Atmosphäre. Sitzgsber. Berliner Akad. 1892, 1139; Gesammelte Abhandlungen 15, 316. Braunschweig 1906. — HOMÉN, TH.: Bodenphysikalische und meteorologische Beobachtungen. Berlin 1894; Der tägliche Wärmeumsatz im Boden. Acta. Soc. Sci. Fennica 23, 3 (Helsingfors 1897); S. A. Leipzig 1897. — SCHUBERT, J.: Der jährliche Gang der Luft- und Bodentemperatur und der Wärmeaustausch im Erdboden. Berlin: Julius Springer 1900; Der Wärmeaustausch im festen Erdboden, in Gewässern und in der Atmosphäre. Berlin: Julius Springer 1904. — SCHMIDT, W.: Der Massenaustausch in freier Luft und verwandte Erscheinungen. Hamburg: Henri Grand 1925. — HANN-SÜRING: Lehrbuch der Meteorologie, 4. Aufl., S. 50. Leipzig 1926.

haben, so ist für die Volumeneinheit die Wärmekapazität oder der Wasserwert

$$C = c_1 m_1 + c_2 m_2 + c_3 m_3 + \ldots$$

Als Beispiel führen wir die von Ramann und Schubert im November 1898 in Eberswalde vorgenommene Bestimmung[1] an. Die Werte der spez. Wärme sind von R. Ulrich[2] ermittelt.

Eberswalde.
Bodenzusammensetzung, Wassergehalt (W) und Wärmekapazität (C).
Gramm in 1 Liter.

Tiefe cm	Freies Feld					Tiefe cm	Kiefernwald				
	Quarzsand	Ton	Humus	Wasser	Summe		Quarzsand	Ton	Humus	Wasser	Summe
5—16	1578		23	134	1735	0—11	1206		29	81	1316
						10—21	1368		17	43	1428
35—46	1591		6	68	1665	30—41	1440	7	7	74	1528
						50—61	1526	21		85	1632
70—81	1635			40	1675	70—81	1578	72		145	1795

Spezifische Wärme (c) und Wärmekapazität (C)

c =	0,191	0,224	0,443	1	(C)	c =	0,191	0,224	0,443	1	(C)
5—16	301		10	134	445	0—11	230		13	81	324
						10—21	261		8	43	312
35—46	304		3	68	375	30—41	275	2	3	74	354
						50—61	291	5		85	381
70—81	312			40	352	70—81	301	16		145	462

Bemerkenswert ist, daß der Waldboden nach der Tiefe hin merklich dichter wird, und daß mit der Tonbeimischung auch der Wassergehalt und damit die Wärmekapazität steigt. Die Zusammensetzung des trockenen Bodens wechselt von einer Stelle zur anderen, der Wassergehalt unterliegt auch zeitlichen Änderungen, wodurch die Genauigkeit der Bestimmungen beschränkt wird. In Eberswalde wurden zahlreich vorliegende Ermittelungen des Wassergehaltes benutzt, um einen ungefähren jährlichen Gang (in Prozent des Trockengewichtes) und daraus die Wärmekapazität für Juni und im Jahresmittel festzustellen.

Als weitere Beispiele sind die Ergebnisse aus Kurwien in Masuren und Fritzen im Samland mitgeteilt.

Wassergehalt (W) und Wärmekapazität (C) des Bodens (Gramm in 1 Liter).

Tiefe cm	Kurwien				Fritzen			
	Feld		Wald		Feld		Wald	
	(W)	(C)	(W)	(C)	(W)	(C)	(W)	(C)
0—11	143	386	181	391	130	408	153	330
20—31					103	407	157	394
40—51	82	371	73	357				
60—71					275	531	143	440
80—91	75	380	82	375	163	420	210	489

Die größten Werte des Wassergehaltes und der Wärmekapazität zeigen im Sandboden in Kurwien die Oberschichten, im lehmigen Boden von Fritzen die tieferen Lagen.

---

[1] Schubert, J.: Der jährliche Gang usw., S. 38 f.
[2] Ulrich, R.: Untersuchungen über die Wärmekapazität der Bodenkonstituenten. Forschgn. Geb. Agrikult.-Phys. **17**, 1 (1894).

In Potsdam hat SÜRING[1] zahlreiche Messungen bis 35 cm Tiefe nach der Methode von SCHUBERT ausgeführt.

Potsdam.
Wassergehalt (W) und Wärmekapazität (C) des Bodens (Gramm in 1 Liter).

Tiefe o—35 cm	(W)	(C)	Jahr	(W)	(C)
Frühling .	61	380	o— 5 cm	60	372
Sommer .	62	385	5—15 cm	112	433
Herbst . .	53	376	15—25 cm	64	389
Winter . .	114	426	25—35 cm	54	374
Jahr . . .	72	392	o—35 cm	72	392

Die Wärmekapazität verläuft ähnlich wie der Wassergehalt. Im Durchschnitt der Tiefen o—35 cm hat von den Jahreszeiten der Herbst die geringste, der Winter die größte Bodenfeuchtigkeit und Wärmekapazität. Im Jahresmittel sind beide in der Stufe von 5—15 cm besonders groß.

Das Produkt der Temperaturleitzahl $K = \lambda/C$ mal der Wärmekapazität C ergibt die das Wärmeleitungsvermögen kennzeichnende Wärmeleitzahl $K \cdot C = \lambda$. Aus dem täglichen Gang in Eberswalde, 15—60 cm tief, fand MÜTTRICH[2]

a) aus den Amplituden

im Felde $K = 0{,}351$ und im Walde $0{,}313$ cm²/min;

b) aus den Amplituden und Phasen

im Felde $K = 0{,}413$ und im Walde $0{,}320$ cm²/min

und SCHUBERT[3]

im Felde $C = 0{,}373$ und im Walde $C = 0{,}346$ g/cm³

a) „ „ $\lambda = 0{,}131$ „ „ „ $\lambda = 0{,}108$ g/cm · min

b) „ „ $\lambda = 0{,}154$ „ „ „ $\lambda = 0{,}111$ g/cm · min.

In Finnland ermittelte HOMÉN[4] aus den Amplituden für

Moor $K \cdot C = 0{,}133 \cdot 0{,}971 = 0{,}129 = \lambda$
Sand $\quad\quad 0{,}315 \cdot 0{,}537 = 0{,}169$
Granit $\quad\quad 1{,}14 \;\; \cdot 0{,}511 = 0{,}582.$

Die Wärmekapazität C für Moor erscheint auffallend hoch.

Aus dem jährlichen Gange fand SCHUBERT 0,60—0,90 m tief in Eberswalde im sandigen, im Walde lehmigen Boden

im Freien $K \cdot C = 0{,}6304 \cdot 0{,}378 = 0{,}238 = \lambda$
im Walde $\quad\quad 0{,}3592 \cdot 0{,}449 = 0{,}161;$

in Kurwien im reinen Sandboden

im Freien $K \cdot C = 0{,}377 \cdot 0{,}258 = 0{,}097 = \lambda$
im Walde $\quad\quad 0{,}370 \cdot 0{,}274 = 0{,}101;$

in Fritzen im lehmigen Sandboden

im Freien $K \cdot C = 0{,}476 \cdot 0{,}549 = 0{,}261 = \lambda$
im Walde $\quad\quad 0{,}464 \cdot 0{,}342 = 0{,}159.$

---

[1] SÜRING, R.: Der tägliche Temperaturgang in geringen Bodentiefen. Abh. preuß. Met.-Inst. **5**, Nr. 6, 21 (Berlin 1919).

[2] MÜTTRICH, A.: Festschrift Eberswalde, S. 163. Berlin 1880.

[3] Die 1900 veröffentlichten Zahlen für C und λ in Eberswalde sind nach erneuter Berechnung um 1,3 % erhöht. A. a. O. S. 41.

[4] HOMÉN, Th.: Der tägliche Wärmeumsatz, S. 84. Leipzig 1897.

Die Wärmeleitzahlen für Eberswalde und Fritzen stimmen ziemlich überein, während in Kurwien Temperatur- wie Wärmeleitzahlen namentlich im freien Felde geringer sind.

Bei einer Leitfähigkeit von $\lambda = 0{,}2{-}0{,}4$ und einem Temperaturgefälle von $0{,}03^0$ auf 1 m würde der jährliche Wärmeverlust der Erde $30{-}60$ cal/cm² betragen.

Der Wärmegehalt des Bodens.

Der Wärmegehalt des Bodens in Eberswalde ist nach den Beobachtungen im Juni für die geraden Tagesstunden mittels der Formel

$$Q = \int_{0}^{H} C\,\vartheta\,d\,x$$

bis zur Tiefe $H = 135$ cm berechnet. An dieser Grenze können die täglichen Temperaturschwankungen als völlig unmerklich angesehen werden.

Wärmegehalt des Bodens in cal/cm².

Juni	Abweichung vom Tagesdurchschnitt											
	Vormittag					Mittag	Nachmittag					
	2	4	6	8	10		2	4	6	8	10	12
Feld . .	— 18,8	— 25,9	— 28,9	— 25,7	— 6,0	10,9	27,2	**33,2**	24,1	13,7	3,5	— 7,3
Wald . .	— 6,5	— 9,9	— 12,2	— 10,1	— 2,9	2,4	9,2	**11,7**	10,0	5,9	3,1	— 0,7

Die Bodenwärme wächst von ihrem tiefsten Stande morgens nach 6 Uhr bis zum höchsten gegen 4 Uhr nachmittags. Von 8—10 Uhr ist die Wärmezufuhr am größten. Die Erwärmung geht schneller vor sich als die Abkühlung, die kurz nach Mitternacht am stärksten ist. Die Phasenverschiebung gegenüber der Oberflächentemperatur entspricht namentlich im freien Felde ungefähr der theoretisch für die ganztägige Schwingung abgeleiteten Verzögerung von 3 Stunden.

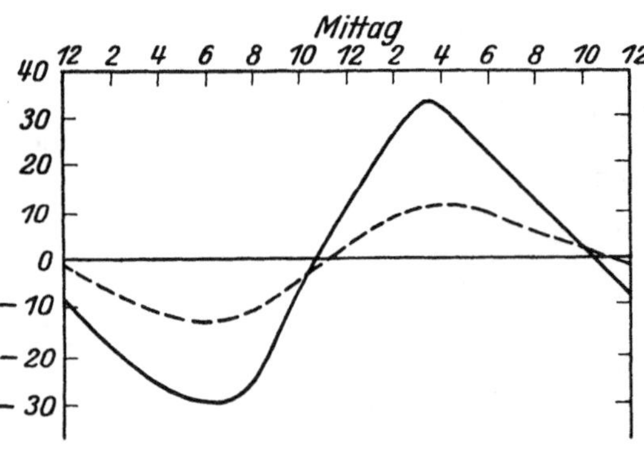

Abb. 99. Wärmegehalt Eberswalde täglicher Gang.

Der tägliche Gang des Wärmegehaltes im freien und bewaldeten Boden in Eberswalde im Juni ist in Abb. 99 dargestellt.

Im Strahlungsschutz des Waldbestandes zeigt der Boden geringere Wärmeschwankungen als im Freien und etwas verspätete Eintrittszeiten. Der Unterschied zwischen dem tiefsten und höchsten Stand der Bodenwärme oder der tägliche Wärmeumsatz oder Wärmeaustausch betrug im Freien 63 und im Kiefernwalde 24 cal/cm² oder 38 % des Wertes für das freie Feld. Wir stellen diese Ergebnisse mit einigen von Homén in Finnland gefundenen zusammen. Die Zahlen sind teils Mittel der einzelnen Tageswerte (unperiodische Schwankung), teils aus den mittleren Tageskurven abgeleitet (periodische Schwankung)[1].

---

[1] Schubert, J.: Der Wärmeaustausch, S. 7. Berlin: Julius Springer 1904.

Täglicher Wärmeaustausch in cal/cm².

Boden (Bedeckung)	Eberswalde Juni 1879	Südliches Finnland August—Oktober			
		1892	1893		1896
	period.	unper.	unper.	period.	unper.
Moorwald (Fichten)		15			
Sandboden (Kiefern mit jungen Fichten), sehr schattig		21			
Sandboden, oben humos, unten lehmig (Kiefern)	24				
Moorwiese (Gras und Moos)		43	33	31	33
Sandboden, oben humos (Gras)	63				
Sandboden (kärglicher Graswuchs)		80	74	67	65
Granitfelsen			128	128	134

Der Wärmeumsatz ist in dem mit Fichten bestandenen Moorboden am geringsten, im Granitfelsen am größten. Der tägliche Wärmeaustausch im freien Moorboden ist etwa halb so groß, im Granitfelsen etwa doppelt so groß wie im Sandboden.

Zur Untersuchung des jährlichen Verlaufes berechnen wir die Bodenwärme aus den Monatsmitteln der Temperatur nach der Formel[1]

$$Q = \int\limits_0^x C\,\vartheta\,dx - \lambda\int\limits_{t_0}^t \vartheta'\,dt .$$

Hierbei ist die Grenze $x = 75$ cm angenommen. Das erste Glied gibt die im Boden bis zur Tiefe x enthaltene Wärme an, das zweite

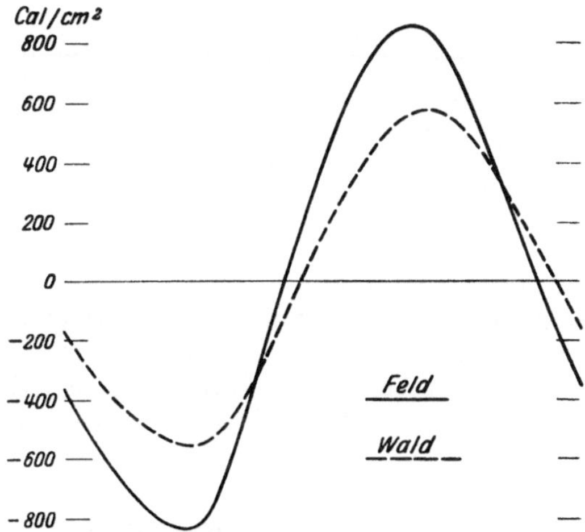

Abb. 100. Wärmegehalt des Bodens jährlicher Gang.

Wärmegehalt des Bodens in cal/cm².

	Abweichung vom Jahresdurchschnitt											
	Jan.	Febr.	März	April	Mai	Juni	Juli	Aug.	Sept.	Okt.	Nov.	Dez.
Monatsanfang												
Eberswalde												
Feld	— 405	— 709	— 877	— 886	— 529	— 24	451	800	**949**	814	423	— 7
Kiefernwald .	— 208	— 443	— 584	— 626	— 455	— 157	204	484	**652**	635	400	98
Kurwien												
Feld	— 250	— 406	— 515	— 519	— 296	23	299	500	**550**	436	208	— 30
Kiefernwald .	— 138	— 310	— 429	— 477	— 358	— 101	168	384	**474**	436	276	75
Fritzen												
Feld	— 400	— 709	— 921	— 1071	— 724	— 99	526	943	**1065**	926	472	— 8
Fichtenwald .	— 142	— 344	— 481	— 561	— 463	— 182	128	398	**570**	569	383	125
Mittelwerte												
Feld	— 352	— 608	— 771	— 825	— 516	— 33	425	748	**854**	725	368	— 15
Nadelwald . .	— 163	— 369	— 498	— 555	— 425	— 147	170	422	**565**	547	353	100

[1] SCHUBERT, J.: Der jährliche Gang der Luft- und Bodentemperatur und der Wärmeaustausch, S. 37. Berlin 1900.

die Wärmemenge, welche durch die x-Ebene nach unten strömt. Die im zweiten Gliede vorkommenden Größen beziehen sich auf diese Grenzebene. Der Stand der Bodenwärme wurde für den Anfang der Monate berechnet. Aus den Werten für die drei nordostdeutschen Doppelstationen Eberswalde, Kurwien und Fritzen sind Mittelzahlen gebildet (s. vorstehende Tabelle), nach denen der jährliche Gang des Wärmegehaltes in Abb. 100 dargestellt ist.

Nach den Mittelwerten hat die Bodenwärme ihren tiefsten Stand im März und steigt dann im freien Boden bis gegen Ende August, im Walde bis Anfang September. Die größte Wärmezufuhr findet im Freien während des Monats Mai, im bewaldeten Boden im Laufe des Juni statt. Die stärkste Abkühlung zeigt im Freien der November, im Walde der Dezember. Für den gesamten jährlichen periodischen Wärmeumsatz ergeben sich folgende (abgerundete) Werte:

Jährlicher Wärmeaustausch im Boden cal/cm².

	Länge	Breite	Im Freien	Im Walde
Eberswalde	13⁰ 50′	52⁰ 50′	1870	1300
Kurwien	21⁰ 29′	53⁰ 34′	1090	960
Fritzen	20⁰ 34′	54⁰ 50′	2140	1140
Mittel			1700	1130

Die mittlere Jahreskurve der drei Orte gibt im Freien einen etwas kleineren Wert. Im Waldboden ist der jährliche Wärmeumsatz im Vergleich zum freien Felde durchschnittlich um ein Drittel verkleinert.

Die Verzögerung im jährlichen Gange der Bodenwärme gegenüber der Temperatur in der Oberfläche (0,01 m) — bestimmt aus den Eintrittszeiten der Jahres-

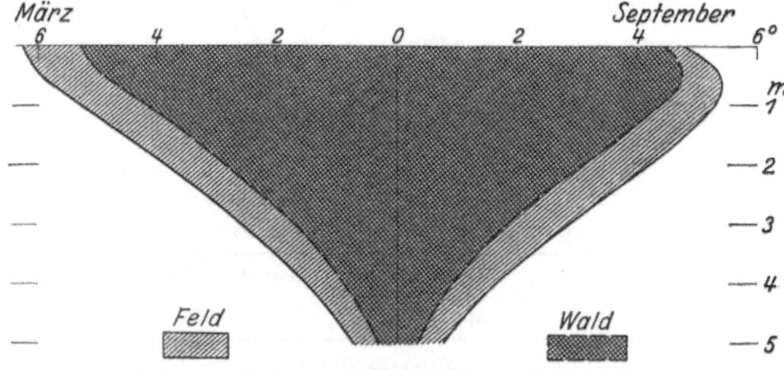

Abb. 101. Bodentemperatur im März und September.

mittel — beträgt im freien Felde durchschnittlich 1,48 Monate. Dieses Ergebnis stimmt mit der theoretisch für die ganzjährige Schwingung gefundenen Phasenverschiebung von 1,5 Monaten nahezu völlig überein. Diese gute Übereinstimmung zwischen Rechnung und Beobachtung läßt es gerechtfertigt erscheinen, trotz der namentlich in den obersten Schichten auftretenden störenden Einflüsse, die mathematische Theorie der Wärmeleitung bei der Untersuchung der Wärmevorgänge im Boden als ordnendes Prinzip anzuwenden.

Zum Schluß sei noch zusammenfassend die Temperatur im freien und bewaldeten Boden im Durchschnitt von 16 Feldstationen und den zugehörigen Beobachtungsstellen in benachbarten Waldbeständen im März und September bis 5 m Tiefe dargestellt (Abb. 101). Die von den Kurven umfaßten Flächen entsprechen, wenn man sie sich mit der Wärmekapazität (rund 0,4) als Einheit (an Stelle eines Temperaturgrades) ausgemessen denkt, der Zunahme der Bodenwärme vom tiefen Stande im März bis zum hohen im September. Sie zeigen, wie schnell der Wärmeumsatz im Boden nach der Tiefe hin abnimmt und wie erheblich die Schwankungen im Waldboden im Vergleich zum freien Felde ermäßigt sind.

Aus dem Gange der Oberflächentemperatur, der sich in periodischen Schwingungen vollzieht, entsteht ein — bei Erwärmung abwärts gerichtetes — Temperaturgefälle, dem ein nach Richtung und Größe entsprechender Wärmestrom folgt. So setzen sich Temperaturgang, Gefälle, Wärmestrom und Erwärmung oder Abkühlung der nächsttieferen Schicht von Stufe zu Stufe in periodischen Schwingungen allmählich verzögert und abklingend nach unten hin fort.

5. Das Verhalten des Bodens gegen Elektrizität und Radioaktivität des Bodens.

Von V. F. HESS, Graz.

Mit 3 Abbildungen.

a) Die Elektrizitätsleitung des Erdbodens.

Allgemeines. Um die Mitte des 19. Jahrhunderts, als die elektromagnetische Telegraphie immer größere Bedeutung gewann und man gefunden hatte, daß der Erdboden als Rückleitung benutzt werden konnte, begann man dem Verhalten der verschiedenen Bodenarten als Elektrizitätsleiter Aufmerksamkeit zu schenken. Vor allem fand man, daß im Boden beständig elektrische Potentialdifferenzen vorhanden sind, die zu elektrischen Strömen sowohl in horizontaler wie in vertikaler Richtung Anlaß geben. Diese Ströme nannte man Erdströme. Bei der praktischen Telegraphie sowie auch bei den Versuchen, die elektrische Leitfähigkeit der verschiedenen Bodenkonstituenten zu bestimmen, spielen diese Ströme eine sehr bemerkenswerte Rolle als Störungsfaktor. Es soll daher, bevor auf die Besprechung der elektrischen Leitfähigkeit des Bodens eingegangen wird, das wesentliche über das Verhalten und das Wesen dieser Erdströme mitgeteilt werden.

Die Erdströme[1].

Senkt man zwei Metallplatten in den Erdboden ein und verbindet sie oberirdisch, z. B. durch eine Telegraphenleitung, so findet man, daß in diesem Kreise dauernd, d. h. ohne Einschaltung einer künstlichen Stromquelle ein Strom fließt, dessen Stärke außerordentlich starken zeitlichen Schwankungen unterliegt.

Diese sind teils periodisch-regelmäßige, teils unregelmäßige. Letztere sind stets von Störungen der erdmagnetischen Elemente begleitet („magnetische Gewitter") und öfter so stark, daß durch sie der telegraphische Verkehr stundenlang erschwert oder gar unmöglich gemacht wird.

Bald erkannte man, daß die beobachteten Erdströme nur z. T. ihren Ursprung in der Bodenmasse zwischen den beiden metallischen Elektrodenplatten haben. Ein Teil der Potentialdifferenzen kann auch durch Kontaktpotentiale zwischen Metall und feuchtem Boden, durch thermoelektrische Kräfte an den Elektroden und durch atmosphärisch-elektrische Vorgänge bewirkt sein. Die

---

[1] Näheres vgl. MÜLLER-POUILLETS Lehrbuch der Physik, **5**, 1 (Geophysik), Kap. VI: Erdmagnetismus von A. NIPPOLDT. Braunschweig. Fr. Viehweg & Sohn A.-G. 1928.

letztgenannten spielen indes eine untergeordnete Rolle im Vergleich zu den Stromstärken, die hier im allgemeinen beobachtet werden. Die an den Elektrodenplatten auftretenden Kontaktpotentiale und galvanischen Polarisationserscheinungen können durch geschickte experimentelle Anordnungen fast ganz unterdrückt werden: man verwendet „unpolarisierbare Elektroden", d. h. Metalle, die von Lösungen desselben Metalls umgeben sind. Aber auch mit solchen Elektroden besagt die durch die galvanometrische Messung jeweils erhaltene Stromstärke i des Erdstromes an sich noch sehr wenig. Denn diese Größe hängt nach dem Ohmschen Gesetze

$$i = E/R$$

auch noch von dem zeitlich durchaus nicht konstanten Wert R des Erdreiches zwischen den beiden Platten ab. Man ist übereingekommen, die unter möglichster Ausschaltung der Störungen an den Elektroden selbst gemessene Potentialdifferenz zwischen zwei in horizontaler oder vertikaler Richtung im Erdboden voneinander entfernt gelegenen Punkten galvanometrisch zu messen und diese Spannungsdifferenz, bezogen auf ein Kilometer Elektrodenentfernung als Erdpotentialgradient zu bezeichnen. Im Mittel beträgt dieser Gradient 0,2 Volt pro Kilometer.

Die Stromrichtung geht in der nördlichen Hemisphäre von Nordwest nach Südost, fällt also in Europa ungefähr mit der des magnetischen Meridians zusammen. Man kann daher von einer Nord-Süd- und einer West-Ost-Komponente des Erdpotentialgradienten sprechen.

In der Regel werden diese beiden Komponenten auf den erdmagnetischen Observatorien einzeln gemessen, wobei die Elektrodenplatten auf zwei senkrecht zueinander orientierten Strecken in nordsüdlicher bzw. westöstlicher Richtung angeordnet sind. Fortlaufende Messungen der Erdströme (bzw. des Erdpotentialgradienten) werden nur an wenigen Observatorien ausgeführt: in Tortosa (Spanien) vom Ebroobservatorium, in Watheroo (Westaustralien) und Huancayo (Peru) von der Carnegie-Institution in Washington (Vereinigte Staaten), ferner in Ålfsjo (Schweden). Die Leitungen sind in der Regel einige hundert Meter bis zu einigen Kilometern lang. In Deutschland wurde längere Zeit auf den über 100 km langen Telegraphenleitungen Berlin—Thorn und Berlin—Dresden Erdstrommessungen durchgeführt[1]. Bei der zunehmenden Zahl von Starkstromzentralen und Überland-Hochspannungsleitungen wird es immer schwieriger, Gebiete zu finden, in denen die Erde frei von vagabundierenden Strömen aus elektrischen Zentralen ist. Um so wertvoller sind jetzt die obenerwähnten Stationen in Australien und Peru, von denen schon eine Reihe von wichtigen neuen Ergebnissen zutage gefördert worden sind[2]. Heute ist vor allem sichergestellt, daß die Ost-West-Komponente des Erdpotentialgradienten bzw. des Erdstromes als Ursache der Variationen der Nord-Süd-Komponente des Erdmagnetismus angesehen werden muß. Dagegen scheint die Nord-Süd-Komponente des Erdstromes primär von Änderungen des erdmagnetischen Feldes herzurühren[3].

Auf der südlichen Hemisphäre der Erde ist die Stromrichtung umgekehrt als auf der nördlichen; es scheint also, daß im allgemeinen von den beiden magnetischen Polen die Ströme gegen den Äquator hin fließen. Die täglichen und jährlichen Veränderungen des Erdstromes sind an manchen Orten sehr beträchtlich, es ist jedenfalls schon sicher, daß diese Variationen keineswegs der Haupt-

---

[1] Weinstein, B.: Die Erdströme im deutschen Reichstelegraphengebiet (mit Atlas). Braunschweig: Fr. Vieweg & Sohn A.-G. 1900.
[2] Gish, O. H.: Terr. Magn. a. Atm. Electr. 28, 89—108 (1923). — Gish, O. H., u. W. C. Rooney: Terr. Magn. a. Atm. Electr. 33, 79—90 (1928).
[3] Steiner, L.: Terr. Magn. a. Atm. Electr. 13, 57—62 (1908).

sache nach von Änderungen in der elektrischen Leitfähigkeit des Bodens herrühren, sondern durch erdmagnetische Einflüsse, durch Induktionswirkungen der Ströme in den höchsten atmosphärischen Schichten und durch magnetische und elektrische Einflüsse von der Sonne her erzeugt werden. Auf kurzen Leitungen machen sich auch Änderungen der Luftelektrizität (des atmosphärischen Potentialgefälles) im täglichen Gang des Erdstromes bemerkbar. Die mittlere Stromdichte (d. h. Stromstärke pro Quadratzentimeter Bodenquerschnitt) kann aus gleichzeitigen Messungen des Erdpotentialgradienten und der elektrischen Leitfähigkeit des Bodenmaterials (vgl. unten) berechnet werden. Solche Messungen wurden in Tortosa und in Watheroo ausgeführt. Sie ergeben als mittleren Wert der Stromdichte der Erdströme $2 \cdot 10^{-10}$ Amp. pro Quadratzentimeter Messungen in Bergwerken sowie an Bergabhängen zeigen, daß auch in der Lotrechten ein Gefälle des Erdpotentials besteht, ungefähr von derselben Größe wie in horizontaler Richtung; doch ist das Beobachtungsmaterial noch viel zu spärlich, um daraus sichere Schlüsse ziehen zu können.

Die elektrische Leitfähigkeit des Erdbodens.

Das Elektrizitätsleitungsvermögen einer Substanz kann durch Angabe einer der beiden folgenden Größen charakterisiert werden: entweder man mißt den Widerstand (z. B. ausgedrückt in Ohm), den 1 cm^3 des betreffenden Materials dem elektrischen Strome darbietet; diese Größe heißt der spez. Widerstand (σ) oder man gibt den reziproken Wert des spez. Widerstandes

$$k = 1/\sigma$$

an, der gewöhnlich als elektrische Leitfähigkeit oder schlechtweg Leitvermögen der betreffenden Substanz bezeichnet wird. Besitzt z. B. eine bestimmte Gattung von Süßwasser einen spez. Widerstand von 4000 Ohm/cm^3, so ist deren Leitvermögen 0,00025 (cm^3/Ohm).

Im folgenden soll nur von den Werten der spez. Widerstände gesprochen werden, da diese direkt von den üblichen Meßmethoden geliefert werden und ihre Angabe bei schlecht leitenden Substanzen, wie Bodenproben, vielleicht etwas anschaulicher ist. Es ist von vornherein klar, daß man, um zuverlässige und den natürlichen Bodenverhältnissen entsprechende Werte des spez. Widerstandes einer bestimmten Bodenart zu erhalten, nicht etwa Erd- oder Gesteinsproben entnehmen und nach den üblichen Widerstandsmeßmethoden im Laboratorium untersuchen darf. Denn der Widerstand von Bodenproben hängt nicht allein von deren chemischer Zusammensetzung, sondern auch vom Wassergehalt, von der Temperatur, dem Druck und anderen Verhältnissen ab, die sich sofort wesentlich ändern, wenn man die Bodenprobe aus dem ursprünglichen Gefüge des Erdbodens heraushebt. Die Messungen müssen also im Gelände selbst vorgenommen werden. Die Methodik derselben ist in neuester Zeit von O. H. GISH und W. J. ROONEY[1] zu besonderer Vollkommenheit gebracht worden; daher wollen wir uns darauf beschränken, das von den genannten Forschern auf den Observatorien der Carnegie-Institution ausgearbeitete Verfahren in den wesentlichen Zügen darzulegen:

Es werden je zwei in den Boden 30 cm tief eingerammte Stahlrohre als Elektroden benutzt. Eine Batterie (B) von 100—130 Volt wird mit einem Milliamperemeter (A) (s. Abb. 102) in die oberirdische, gut isolierte Drahtleitung

---

[1] GISH, O. H., u. W. J. ROONEY: Terr. Magn. a. Atm. Electr. **30**, 162—188 (1925); **32**, 49—63 (1927).

zwischen den beiden Stahlrohrelektroden C und F eingeschaltet. Bei passend gewählter Entfernung der Elektroden $C—F$ ist dann die erzielte Stromstärke vielmal größer als der natürliche Erdstrom, so daß dieser dann kaum mehr störend ins Gewicht fällt.

Man erhält so die Stromstärke i zwischen den beiden äußeren Elektroden. Beobachtet man nun gleichzeitig an zwei weiteren, in der geraden Verbindungslinie und zwischen den äußeren Elektroden $C—F$ äquidistant angeordneten, gleichartigen, eingerammten Stahlrohren D und E die dort vorhandene Potentialdifferenz V mittels eines Voltmeters (V in Abb. 102), so ergibt sich der spez. Widerstand des Bodenmaterials aus der Formel

$$\sigma = 2\pi a \cdot \frac{V}{i}.$$

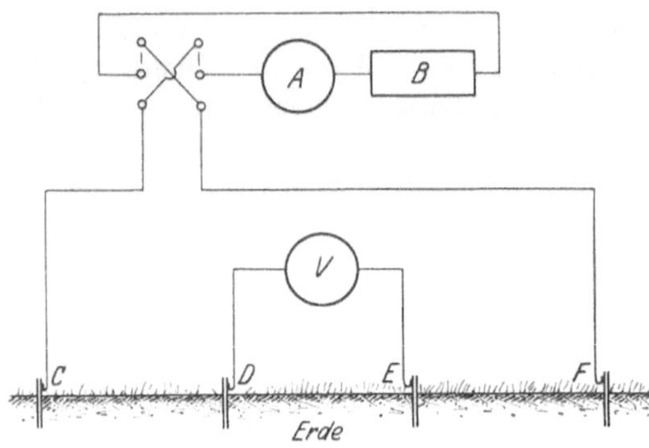

Abb. 102. Schema der Messung der Erdströme.

Hierin bedeutet a die Entfernung der beiden inneren Elektroden D und E, die im Voltmeterkreis liegen. Das Schaltungsschema ist in der Abb. 102 ersichtlich gemacht; der darin angedeutete Stromwender besteht bei der praktischen Ausführung aus einem rotierenden Doppelkommutator, der rasche Polwechsel erzielt und dadurch jede Störung durch galvanische Polarisation u. a. ausschließt.

Man muß sich nun fragen, für welchen Teil des Erdbodens der so gemessene Wert des spez. Widerstandes σ eigentlich gilt. Bei der gezeichneten Anordnung ist es klar, daß der Strom, der bei C und F ein- bzw. austritt, zwischen den Elektroden durchaus nicht nur in der geraden Verbindungsstrecke $CDEF$ fließen wird. Die Stromlinien werden z. B. bei C stark auseinanderlaufen, bei D konvergierend einmünden, um dann gegen E hin wieder stark divergent zu werden usw. Somit sind an der Elektrizitätsleitung zwischen den Elektroden größere Erdmassen beteiligt. Die Stromdichte (Ampère pro Quadratzentimeter Querschnitt der Strombahn) ist natürlich in der Nähe der Elektroden am größten, sie nimmt nach der Mitte hin und seitlich von der Verbindungslinie der Elektroden, z. B. $C—D$, rasch ab. Versuche zeigen, daß in einer Entfernung seitlich von $C—D$, die ebenso groß ist wie die Elektrodendistanz CD, praktisch kein Strom mehr fließt; man erhält also für eine Elektrodendistanz von $a = 1$ m einen Mittelwert des spez. Widerstandes des Bodens höchstens bis zu 1 m Tiefe, bei 10 m Elektrodendistanz einen Mittelwert bis zu höchstens 10 m Tiefe usw. Durch Vergrößerung der Elektrodendistanz a kann man sich leicht davon überzeugen, ob sich der spez. Widerstand des vorliegenden Bodenmaterials mit der Tiefe ändert. Tatsächlich findet man fast in allen Bodenarten eine Änderung des Widerstandes mit der Tiefe. Sprungweise Änderungen deuten auf Inhomogenitäten des Bodenmaterials hin. Das Studium der evtl. Änderungen des spez. Widerstandes des Bodens mit der Tiefe wird bei der praktischen Bodenforschung (Feststellung der Tiefenlage von Grundwasser, Erzlagerstätten) bereits verwendet. Bei der Ausführung der beschriebenen Methode sind noch eine Reihe von Verfeinerungen notwendig, deren Besprechung hier nicht möglich ist. Es muß diesbezüglich auf die zitierten Originalabhandlungen von GISH und ROONEY verwiesen werden. Durch Widerstandsmessungen nach der genannten Methode in homogenem Material (Flußwasser) und Messungen desselben Materials nach anderen Methoden im Laboratorium wurde die Brauchbarkeit und Zuverlässigkeit der Methode vollständig erwiesen.

Wir gehen nun zur Besprechung der Ergebnisse der Widerstandsmessungen an verschiedenen Bodenmaterialien über. Für den spez. Widerstand der verschiedenen Bodenarten und der Gesteine ist ihr Gehalt an Wasser bzw. an Lösungen und die Art der enthaltenen Lösungen bestimmend. Daher haben beispielsweise die poröseren Sedimentärgesteine gewöhnlich einen geringeren spez. Widerstand, als die spezifisch schwereren Gesteine vulkanischer Herkunft oder die kristallinen erstarrten Gesteinsmagmen wie Granit. Sandstein hat z. B. einen spez. Widerstand von 20 000 Ohm/cm³, während das umgebende Gestein oft fünf- bis zehnfach so großen Widerstand aufweist. Aber auch Proben einer und derselben Gesteinsart können sehr erheblich differieren: öfter findet man, wenn man Bodenpartien nahe der Oberfläche und bei geringem Abstand der Elektroden untersucht, höhere Werte des spez. Widerstandes als für die tieferen, weniger verwitterten Gesteinspartien. Bei den erstgenannten scheint der Auslaugungsprozeß durch die hineinsickernden Wassermengen im allgemeinen Widerstandsvergrößerung zu bewirken. Jedenfalls soll man, wenn man den spez. Widerstand einer bestimmten Bodenart oder Gesteinssorte verläßlich ermitteln will, die Elektrodendistanz und die Tiefe so groß wählen, daß man den Widerstand größerer Volumina mißt und daher die Oberflächenstörungen wenig ausmachen.

O. H. GISH und W. J. ROONEY haben auf den Stationen der Carnegie-Institution in Watheroo (Australien) und Huancayo (Peru), ferner in Washington (Vereinigte Staaten) und am Ebro-Observatorium in Tortosa (Spanien) zahlreiche Bestimmungen des spez. Widerstandes verschiedener Bodenarten ausgeführt, welche wohl als sehr zuverlässig anzusehen sind. Die folgende Tabelle[1] faßt ihre Ergebnisse zusammen:

Bodenmaterial	Spez. Widerstand Ohm pro cm³
Trockener Sand (West-Australien)	250 000—4 000 000
Feuchter Sand (West-Australien)	100 000—1 000 000
Feuchter Lehm (West-Australien)	500—5000
Kiesschotter (Washington und Tortosa)	75 000—500 000
Ton mit viel Magnesiumsalzen (West-Australien)	100—250
Kalkstein (Spanien)	12 000
Granite (Washington, D. C.)	über 500 000
Flußwasser (Tidal-Basin des Potomac-Flusses bei Washington)	4600

Diese Tabelle zeigt sehr deutlich die ungeheure Verschiedenheit der Bodenarten hinsichtlich ihres Elektrizitätsleitungsvermögens. Widerstandsmessungen der erwähnten beiden Forscher im Kupfererzgebiet von Michigan (Vereinigte Staaten) zeigen, wie oben schon angedeutet, daß derartige Messungen sehr wohl geeignet sind, über Diskontinuitäten des Erdbodens bzw. verborgene Änderungen des geologischen Charakters desselben Aufschluß zu geben. Die (in der Tabelle erwähnten) Messungen im Potomac-Flusse zeigen, daß beim Übergang vom Flußwasser in das schlammige Material des Flußbettes durchaus keine Vermehrung des spez. Widerstandes eintritt, wie man erwarten könnte. Der Schlamm zeigte einen um 10% kleineren Widerstand, als das Flußwasser (4600 Ohm/cm³) und erst das Material der größeren Schichttiefen des Flußbettes (Schotter) von 4 m abwärts hat dann bedeutend höheren spez. Widerstand aufzuweisen.

---

[1] ROONEY, W. J.: Terr. Magn. a. Atm. Electr. **32**, 126 (1927). — GISH, O. H., u. W. J. ROONEY: Terr. Magn. a. Atm. Electr. **30**, 161—188 (1926); **32**, 49—63 (1927).

Sodann ist die elektrische Leitfähigkeit von Bodenarten von B. von Horváth[1] mit dem Ergebnis bestimmt worden, daß sie sich mit der Tiefe ändert und daß eine genaue Einteilung sämtlicher Böden nur nach der elektrischen Leitfähigkeit ihrer wässerigen Auszüge zur Zeit unmöglich sei.

b) Die Radioaktivität des Erdbodens und der Gewässer.

Die Elektrizitätsleitung in Gasen.

Die radioaktiven Substanzen sind durchaus nicht, wie man zuerst zu glauben geneigt war, selten vorkommende Elemente. Sie sind in winzigen Mengen allen bekannten Gesteins- und Bodenarten beigemengt; daher spielen ihre Strahlungen, denen die untersten Luftschichten auf der ganzen Erdoberfläche, die Bodenluft und auch der Erdboden selbst beständig ausgesetzt sind, eine wichtige Rolle im Elektrizitäts- und Wärmehaushalt des Bodens.

Eine der wichtigsten Wirkungen der radioaktiven Strahlungen ist die Ionisation: die Strahlen bewirken auf ihrem Wege durch Gase, z. B. Luft, im geringeren Grade auch in Flüssigkeiten eine Abspaltung elektrisch geladener Teilchen von den Atomen: einzelne Atome verlieren Elektronen und werden dadurch positiv elektrisch, man nennt sie dann positive Ionen. Andererseits lagern sich so abgespaltene Elektronen an ursprünglich elektrisch neutrale Moleküle an und bilden mit diesen dann negative geladene Elektrizitätsträger oder Ionen. In Luft von Atmosphärendruck sind beide Ionenarten meist Gebilde, die aus mehreren Sauerstoff- oder Stickstoffmolekülen mit einem positiv oder negativ geladenen Atom als Kern bestehen. Diese Ionen vermitteln erst die Elektrizitätsleitung in den sonst als vollkommene Isolatoren anzusehenden Gasen. Bringt man einen geladenen Körper, z. B. ein Elektroskop, in ein Gas, welches durch Radiumstrahlen ionisiert ist, so verliert das Elektroskop seine Ladung, da fortwährend Ionen von entgegengesetzter Ladung durch die elektrostatische Anziehung zum geladenen Körper hingezogen werden und dort ihre Ladung abgeben, d. h. die Ladung des Elektroskops allmählich neutralisieren.

Baut man einen Luftkondensator bestehend aus zwei gegenüberstehenden Metallplatten, von denen die eine geerdet ist, während die andere mit einem geladenen Elektrometer in Verbindung steht, und ionisiert man die Luft zwischen den zwei Platten durch ein radioaktives Präparat, so beobachtet man, daß zwischen den zwei Platten beständig ein, wenn auch meist sehr kleiner, elektrischer Strom übergeht, der ausschließlich auf die entgegengesetzt gerichtete Wanderung der positiven und negativen Ionen zurückzuführen ist. Die Stärke dieses Stromes wächst mit der Spannungsdifferenz zwischen den beiden Platten und erreicht gewöhnlich schon bei einigen hundert Volt Spannungsdifferenz ihren Höchstwert („Sättigungsstrom"), der dann nur von der Stärke der wirksamen Strahlung („Aktivität" der anwesenden radioaktiven Substanzen) abhängt. Daher bildet der Sättigungsstrom, den eine radioaktive Substanz in einem solchen Kondensator hervorruft, ein verläßliches Maß ihrer Aktivität.

Es sollen nun kurz die Eigenschaften der radioaktiven Substanzen und ihrer Strahlungen besprochen werden, um das Verständnis der folgenden Abschnitte zu erleichtern.

---

[1] Horváth, B. v.: Über die Einteilung der Böden nach ihrer elektrischen Leitfähigkeit. Internat. Mitt. Bodenkde. **6**, 230 (1916). — Földtani Közlöny Budapest **44**, 220 (1914). — Ballenegger, R.: ebenda **43**, 359 (1913). — Sigmond, A. v.: Comptes rendus de la première conférence internationale agrogéologique, S. 247. Budapest 1909. — Vesterberg: Verh. II. Internat. Agrogeologenkonf. zu Stockholm 1911, S. 141.

Die radioaktiven Substanzen und ihre Strahlungen.

Gewisse Elemente, wie das Uran und seine Folgeprodukte, Radium und Aktinium, ferner das Thorium u. a. haben die Eigenschaft, ständig unsichtbare Strahlen auszusenden, welche die Luft und andere Gase ionisieren, Wärmeeffekte erzeugen, gewisse Substanzen zum Leuchten bringen (Fluorescenzerregung) und chemische Wirkungen hervorbringen, z. B. auf die photographische Platte ähnlich wirken wie Lichtstrahlen. Es hat sich gezeigt, daß die Aussendung dieser „Becquerel-Strahlen" eine Begleiterscheinung des Atomzerfalls ist: die Atome der erwähnten Elemente sind nicht stabil, sondern wandeln sich unter Aussendung von Strahlen in andere Atomarten um. Aus Radium, Thorium und Aktinium entstehen anf diese Weise gasförmige Elemente: die Radiumemanation, die Thoriumemanation und die Aktiniumemanation. Man nennt diese Gase, da sie chemisch in die Gruppe der Edelgase gehören, d. h. keine chemische Verbindungen eingehen, auch Radon, Thoron, Aktinon in Analogie zu den atmosphärischen Edelgasen Argon, Neon usw. Aus den drei Emanationen entwickeln sich weiter durch radioaktive Umwandlung eine Anzahl von aufeinander folgenden, also genetisch miteinander zusammenhängenden radioaktiven Substanzen, die sog. Induktionen, auch aktiver Niederschlag genannt, da sie sich an den Wänden von emanationshaltigen Gefäßen mit der Zeit ansammeln. Ein Teil der „Induktionen" bleibt auch in der Luft schwebend, z. B. angelagert an Staubteilchen oder Nebelteilchen. Da die Induktionen nach ihrer Entstehung positiv geladen sind, so können sie auf negativ geladenen Körpern angereichert werden.

Jede radioaktive Substanz hat eine bestimmte, ihr charakteristische Umwandlungsgeschwindigkeit. Man bezeichnet als Periode oder Halbwertzeit die Zeit, die vergeht, bis die Menge einer gegebenen Substanz durch radioaktiven Zerfall auf die Hälfte gesunken ist. Man bestimmt diese Zeit durch fortlaufende Beobachtung der ionisierenden Wirkung („Aktivität") eines gegebenen radioaktiven Präparats, d. h. Messung des Sättigungsstromes (I). Besteht dasselbe aus einer einzigen radioaktiven Substanz, deren Folgepunkt entweder inaktiv ist oder so geringe ionisierende Wirkung ausübt, daß sie vernachlässigt werden kann, so verringert sich die Aktivität mit der Zeit nach einem einfachen Exponentialgesetz

$$I_t = I_0 \cdot e^{-\lambda t},$$

worin man λ die „Zerfallskonstante" der betreffenden Substanz nennt. Die Zerfallskonstante ist umgekehrt proportional der Halbwertzeit T entsprechend der Beziehung

$$T = 0{,}639/\lambda.$$

Die Halbwertzeiten der radioaktiven Substanzen sind sehr verschieden. Sie betragen z. B. für Radiumemanation 3,82 Tage, für Thoriumemanation 54,5 Sekunden, für Aktiniumemanation 3,9 Sekunden. Wenn man also eine bestimmte Menge Radiumemanation gegeben hat, so wandelt sie sich ziemlich rasch um in Folgeprodukte Radium A, Radium B, Radium C usw., so daß nach 3,8 Tagen nur mehr die halbe Menge, nach 7,6 Tagen ein Viertel, nach 11,4 Tagen ein Achtel der ursprünglichen Menge anwesend ist. Nach einem Monat ist also die Menge schon praktisch auf Null gesunken. Analog nur viel rascher erfolgt der Zerfall der Thorium- und Aktiniumemanation. Die unmittelbaren Umwandlungsprodukte der Emanationen und diese selbst haben die größte Bedeutung für die Ionisation der Atmosphäre. Die kurzlebigen Emanationen des Aktiniums und Thoriums können natürlich nicht in größere Höhen über dem Erdboden gelangen. Sämtliche radioaktive Substanzen in der Atmosphäre würden durch Zerfall bald verschwinden, wenn nicht beständig vom Erdboden her, das Uran, ferner alle seine Zerfallsprodukte bis einschließlich des Radiums selbst sowie die Reihe der Thorium- und Aktiniumprodukte enthält, die Emanationen regeneriert würden. Es stellt sich zwischen den Folgeprodukten bald jener Zustand her, den man als das radioaktive Gleichgewicht bezeichnet. Dieser ist dadurch charakterisiert, daß von jedem der aufeinanderfolgenden Radioelemente pro Zeiteinheit im Mittel ebensoviele Atome durch Zerfall verschwinden, als von dem in der Reihe vorhergehenden Produkte (der „Muttersubstanz") nacherzeugt werden. Wegen des raschen Zerfalls gelingt es nicht, von den kurzlebigen Substanzen, z. B. Thoriumemanation, Radium A u. dgl. sichtbare oder wägbare Mengen anzusammeln. Das Vorhandensein dieser Substanzen verrät sich nur durch ihre ionisierenden oder sonstigen Wirkungen. Unter den langlebigen, d. h. sich nur langsam umwandelnden Substanzen sind besonders das Uran und das Thorium mit Halbwertzeiten von Milliarden von Jahren und das Radium mit einer solchen von 1580 Jahren zu nennen. Diese Elemente mit ihren Folgeprodukten sind in allen Boden- und Gesteinsarten spurenweise vorhanden.

Die radioaktiven Substanzen senden dreierlei Strahlenarten aus: 1. Die α-Strahlen. Es sind dies positiv geladene Teilchen (Heliumatome), welche von vielen Radioelementen während des Zerfalls mit Geschwindigkeiten von 14000—21000 km/sek ausgeschleudert werden und in Luft von Atmosphärendruck eine Reichweite von 3—8,6 cm besitzen. Innerhalb dieser Reichweite bringen sie starke Ionisation hervor. Ein α-Teilchen von RaC erzeugt z. B. auf

Uran-Radiumreihe			Actiniumreihe			Thoriumreihe		
Element	Halbwertzeit	Strahlung	Element	Halbwertzeit	Strahlung	Element	Halbwertzeit	Strahlung
Uranium I	$4,5 \cdot 10^9$ Jahre	α	Uran Y	24,6 st	β	Thorium	$1,65 \cdot 10^{10}$ Jahre	α
Ionium	90000 Jahre	α	Protaktinium	12000 Jahre	α	Meso-thorium 1	6,7 Jahre	β
Radium	1580 Jahre	α, β	Aktinium	20 Jahre	β	Meso-thorium 2	6 st	β, γ
Radium-emanation (Radon)	3,82 Tage	α	Radio-aktinium	18,9 Tage	α	Radio-thorium	1,9 Jahre	α
Radium A	3,05 min	α	Aktinium X	11,2 Tage	α	Thorium X	3,64 Tage	α
Radium B	26,8 min	β, γ	Aktinium-emanation (Aktinon)	3,92 sek	α	Thorium emanation (Thoron	54,2 sek	α
Radium C (C', C'') (komplex)	19,5 min (bezw. $0,9 \cdot 10^{-8}$ u. 1,32 min)	α, β, γ	Aktinium A	0,0015 sek	α	Thorium A	0,14 sek	α
Radium D	16 Jahre	β	Aktinium B	36 min	β	Thorium B	10,6 st	β
Radium E	4,85 Tage	β	Aktinium C (komplex)	2,16 min	α, β, γ	Thorium C (komplex)	60,5 min	α, β, γ
Radium F (Polonium)	136,5 Tage	α	Aktinium D	stabil	—	Thorium D	stabil	—
Radium G (Endprodukt)	stabil	—						

Uran Y ist ein Zweigprodukt des Urans, daher hängt die Aktiniumreihe genetisch mit der Uranreihe zusammen.

seiner ganzen 7 cm betragenden Reichweite etwa 200000 Ionenpaare. 2. Die β-Strahlen. Diese bestehen aus Elektronen, welche mit Geschwindigkeiten von 100000 bis fast 300000 km/sek von den zerfallenden Atomen ausgehen. Sie vermögen Luftschichten von einigen Metern noch zu durchdringen. Die schnellen β-Teilchen sind auch imstande, Metallschichten von 1—3 mm zu durchsetzen. Die β-Strahlen sind den Kathodenstrahlen ähnlich. 3. Die γ-Strahlen. Diese sind ihrer Natur nach äußerst kurzwelliges Licht, z. T. noch kurzwelliger als die Röntgenstrahlen. Ihre Wellenlänge liegt etwa um 10^{-9} cm, d. h. 0,1 Ångström-Einheiten. Sie sind dementsprechend z. T. auch viel durchdringender als die Röntgenstrahlen. Durch eine Bleischicht von 14 mm werden z. B. die γ-Strahlen von RaC erst auf die Hälfte abgeschwächt. Die vorstehende Tabelle gibt eine Übersicht über die Zerfallsprodukte des Radiums, Thoriums und Aktiniums, soweit sie für die vorliegenden Zwecke von Interesse sind, wieder:

Die Radioaktivität der Gesteine.

Die ersten grundlegenden Untersuchungen auf diesem Gebiete wurden von Elster und Geitel[1] angestellt. Diese beiden Forscher fanden, daß abgeschlossene Luftmassen ständig ionisiert sind, und daß der Elektrizitätsverlust eines geladenen Leiters in denselben im Verlauf von einigen Tagen z. B. auf das Doppelte des Wertes ansteigen kann, den er beim Abdichten des die Luftmassen enthaltenden Gefäßes aufweist. Die Ionisation steigt dann weiter bis zu einem Grenzwert, der je nach dem Material der Wand des Gefäßes verschieden ausfällt. Darauf untersuchten Elster und Geitel die diesbezüglichen Verhältnisse in abgeschlossenen Räumen, in Kellern und natürlichen, nicht ventilierten Höhlen und fanden auch dort nur noch viel deutlicher, die erhöhte Ionisation. In der Baumannhöhle im Harz betrug der Ladungsverlust eines Elektroskopes 11% pro Minute, während er vor dem Eingang der Höhle nur 0,6% betragen hatte. Durch mehrstündige Exposition eines auf bis —2000 Volt geladenen Drahtes in der Höhlenluft gelang es den beiden Forschern dann nachzuweisen, daß Zerfallsprodukte der Radiumemanation, also auch Radiumemanation selbst in der Höhlenluft enthalten waren. Das Nächstliegende war, nur anzunehmen, daß diese Emanationsmengen aus dem Bodenmaterial selbst entstammen. Es war dann auch zu erwarten, daß die in den Poren des Erdbodens (in den sog. Bodenkapillaren) enthaltene Luft noch viel stärker emanationshaltig sei. Durch Absaugung dieser in den Erdkapillaren enthaltenen Luft in ein Ionisationsgefäß wurde diese Vermutung experimentell vollinhaltlich bestätigt (vgl. unter S. 393). H. Ebert[2] wies dann direkt nach, daß diese „Bodenemanation" mit der Radiumemanation identisch ist, indem er zeigte, daß die dem Boden entnommene Emanation bei 150^0 verflüssigt werden kann. Elster und Geitel zeigten weiter, daß die Abnahme der Aktivität der abgesaugten Luftproben dem Zerfall der Radiumemanation genau entspricht. Daraufhin begannen sie eine systematische Untersuchung von Bodenproben verschiedener Provenienz (Löß der Baumannhöhle, Ackererde, Ton, Kies, Kalkschotter, getrockneter Schlamm usw.) auf Radioaktivität mit der Absicht, die radioaktiven Bestandteile später womöglich auch durch chemische Methoden abzusondern und zu konzentrieren. Die meisten untersuchten Proben zeigten wirklich eine merkliche, wenn auch schwache, Radioaktivität. Das Verfahren von Elster und Geitel[3] zur Untersuchung von

---

[1] Elster u. Geitel: Physik. Z. **2**, 590 (1901); **3**, 305 u. 574 (1902); **4**, 96, 522 (1903).

[2] Ebert, H.: Physik. Z. **4**, 162 (1903).

[3] Vgl. V. F. Hess: Die elektr. Leitfähigkeit der Atmosphäre und ihre Ursachen, S. 62 f. Vieweg 1926.

Bodenproben, Gesteinspulvern u. dgl. sei hier kurz beschrieben, da es von vielen Forschern eben seiner Einfachheit wegen seither benutzt worden ist und auch heute noch als rein qualitatives Verfahren zur Prüfung der Radioaktivität solcher Proben Bedeutung hat.

Ein Metallteller mit einem darüber gestülpten, innen mit geerdetem Drahtnetz ausgekleideten Glaszylinder von 20 l oder einem Metallzylinder bildet den Ionisationsraum, in welchen der Zerstreuungskörper eines ELSTER-GEITELschen Elektroskopes mit Spiegelablesung hineinragt. In den Ionisationsraum wird ein Schälchen mit einer bestimmten Menge, z. B. 125 g der zu prüfenden, gepulverten Probe eingebracht und der Ladungsverlust des Elektroskops pro Stunde (Sättigungsstrom) beobachtet. Von dem so gemessenen Voltverlust pro Stunde wird noch die natürliche Zerstreuung, d. h. der stündliche Voltverlust bei leerem Schälchen subtrahiert. Eine im Institut für Radiumforschung in Wien bewährte Anordnung zur qualitativen Untersuchung der Radioaktivität fester Proben, z. B. von Gesteinspulvern, zeigt die nebenstehende schematisierte Skizze (Abb. 103).

Ein WULFsches Zweifadenelektrometer W mit Ladevorrichtung und aufgesteckter kreisförmiger Metallplatte P als Elektrode wird in Überkopfstellung auf ein größeres Metallgefäß G (8 l) gestellt, auf dessen Boden die zu untersuchenden Proben in flachen Schälchen gestellt werden. Die Distanz von P bis zum Boden des Gefäßes G beträgt 10 cm. Die Anordnung hat den Vorteil, daß auch gröbere Stücke von Gesteinen, Erzen u. dgl. eingeführt werden können, ohne daß die elektrische Kapazität des Systems Elektrometer mit Ionisationskammer merklich geändert wird. Die ,,natürliche Zerstreuung" des Systems, d. h. der Spannungsverlust ohne Gesteinspulver beträgt etwa 6—10 Volt/std, die Kapazität etwa 8 cm.

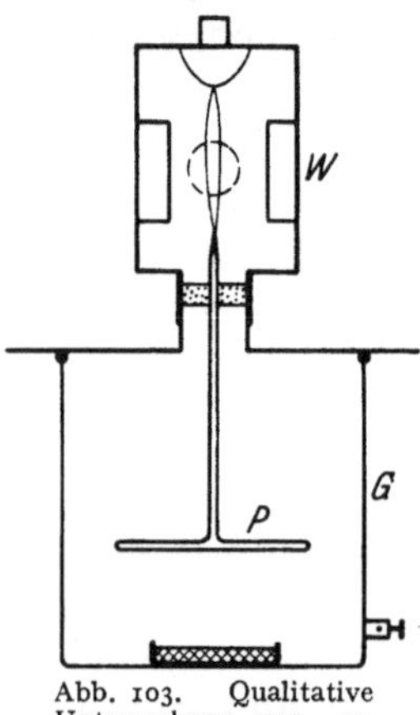

Abb. 103.   Qualitative Untersuchung von gepulverten Proben auf Radioaktivität.

Der in solchen Apparaten von den Proben hervorgerufene Ionisationsstrom ist sehr komplizierten Ursprungs: er rührt her 1. von der α-Strahlung der Oberflächenschicht des zu untersuchenden Pulvers, 2. von der teilweise durch Absorption geschwächten β- und γ-Strahlung auch der tieferen Schicht, 3. von der α-Strahlung (sowie auch der β- und γ-Strahlung) der dem Pulver entquellenden Emanationsmengen und deren Zerfallsprodukten. Tatsächlich beobachtet man an fast allen Proben eine starke Zunahme des Ionisationsstromes, je länger die Probe im Gefäß belassen wird. Da nun diese Emanationsabgabe bei verschiedenen Materialien ganz verschieden ist, können die beobachteten Voltverluste pro Stunde keineswegs als Maß für die α-Strahlung der Oberfläche des Pulvers gelten. Die Methode kann daher nicht zu strengen Vergleichsmessungen, sondern nur zu orientierenden Versuchen über die Aktivität von festen Proben verwendet werden. (Bei stark emanierenden Pulvern hilft man sich oft so, daß die Probe vor dem Einbringen in das Gefäß schwach geglüht wird, so daß man wenigstens in den ersten Stunden nach dem Glühen dann keine ,,Verseuchung" durch Emanation im Apparat zu gewärtigen hat.) Erhöhte natürliche Zerstreuung nach Herausnehmen der Probe deutet auf Emanationsentwicklung des Präparates hin. Bei vergleichenden Messungen, wenn auch nur orientierender Art, ist auf gleichmäßig feine Pulverung der Proben und gleichmäßige Dicke der Schicht (wegen des Anteiles der β-Strahlung) zu achten[1].

---

[1] Vgl. A. GOCKEL: Die Radioaktivität von Boden und Quellen 5, 108. Braunschweig: Sammlung Viehweg 1914. — Ferner auch E. H. BÜCHNER: Jb. Rad. u. Elektron. 10, 516 (1913). — Miss H. J. FOLMER u. A. H. BLAAUW: Proc. Amsterdam 20, 725 (1917).

ELSTER und GEITEL benützten als Vergleichspräparat den schwach radioaktiven getrockneten Fangoschlamm von Battaglia, wobei sich allerdings später
herausstellte, daß dieser Schlamm von Probe zu Probe nicht unbeträchtlich
variierte. Spätere Untersuchungen mit Hilfe der im nächsten Abschnitt besprochenen quantitativen Methoden zeigten, daß viele nach der ELSTER-GEITEL-
schen Schälchenmethode relativ stark aktiv befundene Bodenproben durchaus
nicht einen entsprechend hohen Radiumgehalt besitzen. Die stärkere Emanationsabgabe der gepulverten Proben der Tone und leicht verwitternder Gesteinsarten
täuschte eben einen höheren Radiumgehalt vor. Aus dem zeitlichen Abfall des
im Meßgefäß angesammelten radioaktiven Niederschlags ging hervor, daß in
vielen Fällen neben Radiumemanation auch Thoriumemanation und Aktiniumemanation von den Proben abgegeben werden. Auch chemische Abtrennung der
aktiven Bestandteile zeigte unzweifelhaft die Anwesenheit von Thorium neben
Radium in Gesteinproben[1]. Bei nicht stark emanierenden Proben wird die
ELSTER-GEITELsche Methode dennoch zur Orientierung über die vorliegenden
Aktivitäten ganz gute Dienste leisten. Sie steht als Vorprüfung zur Ausson-
derung stark aktiver Proben, die dann erst chemisch behandelt werden sollen,
auch heute noch in Verwendung[2]. Bei der Anwendung der ELSTER-GEITELschen
Methode ist zu beachten, daß ohne weitere chemische und physikalische Behandlung natürlich nie etwas auf den relativen Anteil der Radiumprodukte im Verhältnis zu den Thoriumprodukten bei den einzelnen Proben geschlossen werden
kann. Die Resultate geben nur ein ungefähres Bild über die Gesamtaktivität[2].

Das Vorkommen von Radium und Thorium in der Erdrinde. Quantitative Methoden zur Messung des Radiumgehaltes von Gesteinsproben.

Quantitative Messungen des Radiumgehaltes von Gesteinen, Bodenproben u. dgl. werden in der Weise durchgeführt, daß man aus einer gewogenen Menge des zu untersuchenden Materials die in einer gemessenen Zeit
angesammelte Menge der Emanation austreibt und in ein Ionisationsgefäß
überführt, wo ihre Wirkung elektrometrisch gemessen und dann mit der
Wirkung bekannter Emanationsmengen (aus einer Radiumnormallösung) verglichen wird. Die Bestimmungen können nach zwei Methoden durchgeführt
werden.

a) Lösungsmethode. Diese Methode wurde fast gleichzeitig von B. BOLT-
WOOD[3] und von H. MACHE, ST. MEYER und E. SCHWEIDLER[4] angegeben: Die
zu untersuchende Probe wird möglichst fein gepulvert und durch Schmelzen mit
der 5—10fachen Menge Kalium-Natriumkarbonat chemisch aufgeschlossen. Der
Aufschluß kann natürlich auch durch Verwendung von Flußsäure geschehen.
Aus den sich ergebenden möglichst rückstandsfreien Lösungen wird die Radiumemanation durch Kochen oder Durchleiten von Luft („Ausquirlen") vollständig
entfernt. Dann läßt man die Lösungen in verschlossenen, mit Hähnen versehenen Waschflaschen eine gemessene Zeit (t) lang stehen. Ist m die Menge
der in der Lösung pro Sekunde nacherzeugten Emanation, λ die Zerfallskonstante

---

[1] BLANC, G. A.: Physik. Z. **9**, 294 (1908); Phil. Mag. (6) **18**, 146 (1909). — GOCKEL, A.:
a. a. O., S. 3.

[2] HIRSCHI, A.: Vjschr. Naturf. Ges. Zürich **45** (1920); Schweiz. Miner. u. Petrogr.
Mitt. **1**, Nr. 1—4 (1921).

[3] BOLTWOOD, B. B: Phil. Mag. (6) **9**, 599 (1905).

[4] MACHE, H., ST. MEYER u. E. SCHWEIDLER: Wien. Anzeiger Akad. Wiss. **1905**. —
H. MACHE u. ST. MEYER: Wien. Ber. **113**, 1329 (1904); **114**, 255, 545 (1905).

der Emanation, so ist die nach der Zeit t in der Lösung aufgespeicherte Menge zu berechnen nach der Formel

$$M_t = \frac{m}{\lambda}\left(1 - e^{-\lambda t}\right) \tag{1}$$

Wenn man die Ansammlung bis zur Erreichung des Gleichgewichts zwischen dem gelösten Radium und der Emanation weitergehen läßt (ca. 1 Monat), so ist die Gleichgewichtsmenge

$$M_\infty = \frac{m}{\lambda}. \tag{2}$$

Dann führt man die in der Waschflasche angesammelte Emanation mit Hilfe eines die Lösung passierenden Luftstromes oder durch Auskochen in ein vorher luftleer gemachtes Ionisationsgefäß. Dieses Verfahren ist von englischen und amerikanischen Forschern angewendet worden. Ein anderes, von Mache, Meyer und Schweidler in Wien zuerst verwendetes Verfahren ist die Zirku-lationsmethode: Man verbindet ein großes mit zwei Hähnen versehenes Ionisationsgefäß [gewöhnlich ein 15 l fassender Zylinder M mit axialer Elektrode und darauf auf gestecktem Elektroskop (E) oder Elektrometer], ein Gummigebläse und die die Gesteinslösung F ent-haltende Waschflasche mittels kur-zer Schlauchstücke und unter Zwi-schenschaltung einer Wattevorlage W zu einem Zirkulationskreise und treibt die Luft durch den Quetsch-ballon eine halbe Stunde lang im Kreisstrom durch die ganze Anord-nung, so daß die Emanation gleich-

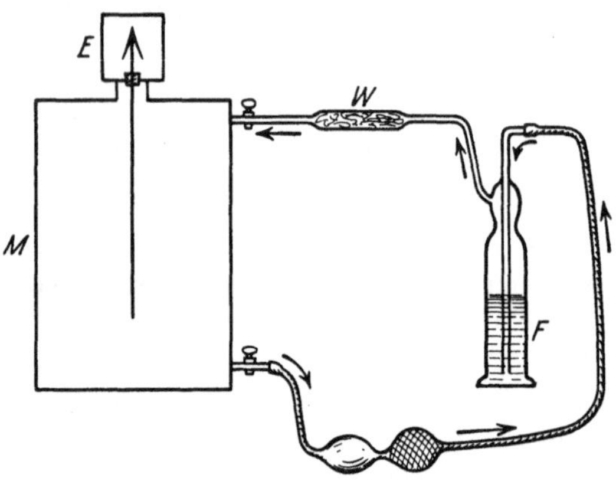

Abb. 104.   Zirkulationsmethode.

mäßig verteilt wird. Es muß dann noch eine kleine Korrektur für die in der Lösung selbst verbliebene restliche Emanation angebracht werden. Die nun-mehr im Ionisationsgefäß befindliche Emanation erzeugt nun den radioak-tiven Niederschlag (RaA bis RaC), und die Ionisation erreicht dementsprechend erst nach $3^{1}/_{2}$ Stunden ihren Maximalwert. Von diesem beobachteten Wert ist noch die Wirkung des aktiven Niederschlags in Abzug zu bringen, die je nach der Größe des Ionisationsraumes (in Prozent der Gesamtaktivität ausgedrückt) verschieden groß ist; es ist auch zu berücksichtigen, daß die Reichweite der α-Strahlen in den wandnahen Partien des Gefäßes nicht voll ausgenützt wird (Duane-Labordsche Korrektur). Bei 15-l-Zylindern von 20 cm Durchmesser beträgt die auf die Emanation allein entfallende Ionisation 49 % des $3^{1}/_{2}$ Stunden nach dem Einfüllen beobachteten Sättigungsstromes. Wenn man den gemessenen Sättigungsstrom, den die reine Wirkung der Emanation der Gesteinslösung her-vorbringt, in elektrostatischen Einheiten ausdrückt (M_t) und dann daraus die Wirkung bei unendlich langer Ansammlungszeit (M_∞) aus vorstehenden Formeln berechnet, so braucht man diesen Sättigungsstrom nur mit der bekannten Größe des Sättigungsstromes in Proportion zu setzen, den 1 Curie Radiumemanation hervorbringt, um den Radiumgehalt der Probe zu ermitteln. Die von 1 Curie erzeugte Sättigungsstärke beträgt $2,7 \cdot 10^6$ elektrostatische Einheiten. Da bei derartigen Messungen nie vollständige Sättigung zu erreichen ist, so ist es nach

MACHE und BAMBERGER[1] richtiger als Stromäquivalent für 1 Curie den Wert $2,4 \cdot 10^6$ elektrostatische Einheiten zu verwenden. Dies bedingt eine gewisse Unsicherheit und daher hat es BOLTWOOD[2] vorgezogen, den Apparat mit Hilfe einer Lösung eines Minerals von bekanntem Urangehalt zu eichen, um dessen Radiumgehalt aus dem heute genügend genau bekannten Verhältnis von Radium : Uran zu berechnen. Nach den neuesten Messungen von S. C. LIND und L. D. ROBERTS[3] ist pro 1 g Uran eine Menge von $3,40 \cdot 10^{-7}$ g Radium vorhanden. Zur Eichung kann man natürlich auch Radiumnormallösungen in entsprechender Verdünnung benützen, doch sind dieselben manchmal nur im frischen Zustande verläßlich[4]. Lösungen von gepulverter Pechblende von bekanntem Urangehalt sind für den vorliegenden Zweck jedenfalls vorzuziehen. Die Lösungsmethode hat den Vorteil, daß man an dem Fehlen eines Rückstandes sofort erkennen kann, ob wirklich die ganze Probe sich in Lösung befindet. Als Nachteil wird von einigen Beobachtern erwähnt, daß sich aus Gesteinslösungen häufig mit der Zeit Niederschläge oder Kolloide ausscheiden, die einen Teil der nachgebildeten Emanation okkludieren können. Bei sorgfältigem Aufschließen sind solche Fälle selten.

b) Die Schmelzmethode. Diese zuerst von JOLY[5] angegebene Methode besteht darin, daß die gepulverte, abgewogene Gesteinsprobe unter Zusatz von Kalium-Natriumkarbonat und Borsäure in einem Platintiegel innerhalb eines elektrischen Ofens geschmolzen und die frei werdende Emanation in ein vorher luftleer gemachtes Elektroskop überführt wird. Letzteres wird durch Messung der Emanationsentwicklung von Uranmineralien von bekanntem Urangehalt, also auch bekanntem Radiumgehalt empirisch geeicht. JOLY erhielt nach dieser Methode im allgemeinen höhere Werte des Radiumgehaltes als nach der Lösungsmethode. Die Ursache dieser Diskrepanz ist noch nicht aufgeklärt. Von vornherein erscheint die Methode, welche die höheren Werte ergibt, die vertrauenswürdigere. Denn die möglichen Fehlerquellen dieser Messungen können eher eine Unterschätzung, als eine Überschätzung des Radiumgehaltes bewirken, es sei denn, daß bei der Eichung das Uranmineral nicht restlos seine Emanation abgegeben hätte. Bei sehr genauen Messungen ist auch bei der JOLYschen Methode die Wartezeit zur Ansammlung der Emanation in den Proben nicht zu vermeiden, da man immerhin damit rechnen muß, daß beim Pulvern der Proben ein Teil der okkludierten Emanation in die Luft übergeht. Ein wesentlicher Vorteil der Schmelzmethode ist das gänzliche Vermeiden der langwierigen chemischen Behandlung des Materials, die die Lösungsmethode erfordert. HOLTHUSEN[6] und EBLER[7] haben eine Modifikation der Schmelzmethode angegeben, bei der die kostspielige Platinapparatur vermieden wird. A. L. FLETCHER[8] hat eine Schmelzmethode für winzige Substanzmengen ausgearbeitet: ein winziges Bruchstück des zu prüfenden Minerals ($^1/_{10}$ bis 10 mg) wird in eine kleine Höhlung einer Lichtbogenkohle gelegt und bei Entzündung des Lichtbogens innerhalb eines hermetisch verschlossenen kleinen Ofens fast momentan auf $2000—3000^0$ erhitzt. Die Emanation wird so gänzlich ausgetrieben und dann in einem vorher evakuierten, geeichten Elektroskop aufgefangen. Diese Methode wird sich für die Untersuchung stark aktiver Mineraleinschlüsse in Gesteinen besonders eignen.

[1] MACHE u. BAMBERGER: Wien. Ber. IIa **123**, 325 (1914).
[2] BOLTWOOD: Nature **70**, 80 (1904); Phil. Mag. (6) **9**, 599 (1905), Silliman J. **25**, 296 (1908).
[3] LIND, S. C., u. L. D. ROBERTS: J. amer. Chem. Soc. **42**, 1170 (1920).
[4] MEYER, ST., u. E. SCHWEIDLER: Radioaktivität. Leipzig: Teubner 1927.
[5] JOLY, J.: Phil. Mag. (6) **22**, 134, 357 (1911).
[6] HOLTHUSEN, H. H.: Abh. Akad. Heidelberg, Nr. 16 (1912).
[7] EBLER, E.: Z. Elektrochem. **18**, 532 (1912).
[8] FLETCHER, A. L.: Phil. Mag. (6) **26**, 674 (1913).

Im übrigen wird man, wenn es sich um die Ermittelung des mittleren Radiumgehaltes bestimmter Gesteinsarten u. dgl. handelt, auf die Verschiedenheiten des Radiumgehaltes besonders bei kleineren Proben wohl Bedacht nehmen müssen. Die Lösungsmethode, die mit Proben von 20 g ja von 50 g arbeitet, ist von diesem Übelstande wenig beeinflußt. Es wurde durch Untersuchungen von fraktionierten Proben von Gesteinen gezeigt (Waters[1], Mache und Bamberger[2]), daß winzige Einschlüsse von Zirkon, Rutil, Titanit, Orthit, Biotit in gewöhnlichen Mineralien wie Glimmer, Granit, viel stärker radiumhältig sind, als das umgebende Mineral. Diese Einschlüsse verraten sich unter dem Mikroskop durch die pleochroitischen Höfe, die durch die langdauernde Wirkung der α-Strahlen entstehen und auch künstlich durch Radiumstrahlen an gewissen Mineralien erzeugt worden sind[3].

Quantitative Bestimmung des Thoriumgehaltes. Thoriumemanation ist ein so kurzlebiges Radiumelement (Halbwertzeit 54,5 Sekunden), daß es eigener Methoden bedarf, um die Entwicklung von Thoriumemanation und damit den Thoriumgehalt der Gesteine nachzuweisen und zu messen. In einer Lösung eines Gesteins, das sowohl Radium als Thorium enthält, wird dementsprechend nach dem vollständigen Austreiben der Emanationen (Kochen oder Durchperlen von Luft) die Thoriumemanation so rasch regeneriert, daß in 9 Minuten schon wieder 99,9 % der Gleichgewichtsmenge anwesend sind, während in der gleichen Zeit nur 0,1 % der Radiumemanation nachgebildet wird. Eine elektrometrische Messung einer von der Lösung abgetrennten Menge Thoriumemanation wäre aber wegen ihres raschen Zerfalls viel zu ungenau. Man hat daher die Strömungsmethode (Joly[4], Mache und Bamberger[5]) benützt, deren Prinzip hier kurz beschrieben sei: Aus der rückstandsfreien Lösung einer gewogenen Gesteins- oder Bodenprobe wird durch Kochen oder besser Durchquirlen mit Luft die anwesende Radiumemanation entfernt. Hierauf saugt man einen Luftstrom mit konstanter Geschwindigkeit durch die Lösung und dahinter geschaltetes, in Form eines Zylinderkondensators gebautes Ionisationsgefäß, dessen Innenelektrode mit einem Elektrometer verbunden ist. Der beobachtete Ladungsverlust wird dann fast ausschließlich von der Wirkung der frisch nachgebildeten Thoriumemanation und dem ThA herrühren, während die Wirkung der in der Lösung pro Sekunde nachgebildeten Radiumemanation nach dem oben Gesagten praktisch zu vernachlässigen ist. Zum Vergleich wird dann ein Luftstrom von gleicher Geschwindigkeit durch eine Thoriumlösung von bekanntem Thoriumgehalt hindurchgeleitet. Das Verhältnis der Entladungsgeschwindigkeit des Elektrometers bzw. des Ionisationsstromes in den beiden Fällen gibt dann direkt das Verhältnis des Thoriumgehalts der untersuchten Probe zum bekannten Thoriumgehalt der Vergleichslösung. Eine analoge Methode wäre auch für die Messung von Aktiniumemanation anwendbar, doch sind nach unseren Kenntnissen über die Abzweigung der Uran- in die Aktiniumfamilie die zu erwartenden Aktinium- bzw. Protaktiniummengen bei gewöhnlichen Mineralien für quantitative Untersuchungen zu gering.

Resultate der Messungen des Radium- und Thoriumgehaltes von Boden-, Gesteinsproben u. dgl. Nach den beschriebenen quantitativen Methoden wurden von zahlreichen Forschern die meisten an der Erdoberfläche vorkommenden Gesteinsarten und Mineralien untersucht. Besonders bemerkenswert sind die umfangreichen Untersuchungen des Radiumgehaltes von R. J.

---

[1] Waters, J. W.: Phil. Mag. (6) 18, 677 (1909); 19, 903 (1910).

[2] Mache, H., u. M. Bamberger: Wien. Ber. 123, 325 (1914).

[3] Vgl. A. Holmes: The Age of the Earth. London u. New York 1913. — J. Joly: Phil. Mag. (6) 13, 381 (1907); 19, 327 (1910). — O. Mügge: Cbl. Mineral. 71, 113 (1909). — J. Joly u. E. Rutherford: Phil. Mag. (6) 25, 644 (1913).

[4] Joly, J.: Phil. Mag. (6) 17, 760 (1909); 18, 140, 577 (1909).

[5] Mache, H., u. M. Bamberger: Wien. Ber. 123, 325 (1914).

STRUTT (jetzt Lord RAYLEIGH), J. JOLY, A. HOLMES, MACHE und BAMBERGER und in neuester Zeit von H. HIRSCHI. Weniger zahlreich sind die Untersuchungen des Thoriumgehalts: G. A. BLANC in Rom hat die ersten Bestimmungen des Thoriumgehaltes von Bodenproben nach indirekten Methoden ausgeführt. Die oben beschriebene Strömungsmethode wurde von J. JOLY, MACHE und BAMBERGER, POOLE, sowie H. HIRSCHI bei ihren Messungen verwendet[1].

Wenngleich der Radiumgehalt auch einer und derselben Gesteinsart von Probe zu Probe und je nach dem Fundort recht erheblich variieren kann, sind doch einige allgemeine Zusammenhänge erkennbar, von denen hier natürlich nur die wichtigsten erwähnt werden können. Vor allem sind Eruptivgesteine im Mittel fast doppelt so stark radiumhaltig wie Sedimentärgesteine. Der Radiumgehalt der meisten Gesteine ist von der Größenordnung 10^{-12} g Radium pro Gramm Gestein, d. h. einige Milliontel Milligramm im Kilogramm Gestein. Entsprechend dem schon erwähnten Verhältnis von Radium : Uran im radioaktiven Gleichgewicht, das wohl für Gesteine im allgemeinen als längst erreicht betrachtet werden darf, würden bei einem Radiumgehalt von $1 \cdot 10^{-12}$ g Radium pro Gramm ein 2,940000facher Urangehalt, d. h. $2,94 \cdot 10^{-6}$ g Uran pro Gramm entsprechen. Der geringere Radium- und Urangehalt der Sedimentärgesteine wird nach JOLY so erklärt, daß man annimmt, daß bei der Bildung der Sedimente die radioaktiven Bestandteile teilweise ausgelaugt und ins Meer geführt werden. Diese Ansicht erfährt eine Stütze dadurch, daß JOLY bei einigen Tiefseesedimenten hohen Radiumgehalt (bis zu $60 \cdot 10^{-12}$ g pro Gramm) festgestellt hat. Auch Thorium mit seinen Zerfallprodukten ist in allen Gesteinen anwesend. Der Thoriumgehalt ist von der Größenordnung 10^{-5} g Thorium pro Gramm Gestein. Das Verhältnis des Radium- bzw. Urangehalts zum Thoriumgehalt ist von Gestein zu Gestein durchaus nicht etwa konstant, und dies spricht gegen einen genetischen Zusammenhang der Uran- und Thoriumfamilie. Immerhin ist in Eruptivgesteinen nach JOLY[2] eine annähernde Konstanz des Verhältnisses Uran : Thorium vorhanden. Im Basalt kommen z. B. auf $0,44 \cdot 10^{-5}$ g Uran etwa $0,9 \cdot 10^{-5}$ g Thorium. Das Verhältnis Uran : Thorium ist also etwa $1 : 2$. Da nun die Zerfallsgeschwindigkeit des Uran dreimal so groß ist wie die des Thoriums, so muß also der numerische Wert des ungefähren Verhältnisses Uran : Thorium sich während geologischer Zeiträume geändert haben und sich noch weiter ändern. Bei Messungen der α-Strahlen von Gesteinsproben wird entsprechend der Anteil der Thoriumprodukte an der Gesamtaktivität etwa gleich groß sein, wie der Anteil der Uranprodukte. Lord RAYLEIGH[3] hat zuerst darauf aufmerksam gemacht, daß je nach dem chemischen Charakter der Eruptivgesteine der Radium- und Thoriumgehalt variiert: saure Gesteine haben deutlich höheren Gehalt an Radium und Thorium als die basischen Gesteine. Dies wird aus der folgenden Tabelle von A. HOLMES[4] deutlich. Lord RAYLEIGH fand auch, daß das in Gesteinen zuerst entstandene Silikat (Zirkon) ganz besonders reich an Radium ist. Überhaupt sind gewisse im Gestein vorkommende, akzessorische Mineralien am reichsten an Radium und Thorium.

Der in der Tabelle dargestellte Zusammenhang des Radium- und Thoriumgehalts mit dem Gehalt an Kieselsäure ist natürlich nur als ein durchschnittlicher aufzufassen. Bei einzelnen Gesteinsarten treten auch Ausnahmen auf. Es gibt z. B. Granite von nur $1 \cdot 10^{-12}$ g Radium pro Gramm, während die

---

[1] Ausführliches Literaturverzeichnis siehe ST. MEYER u. E. SCHWEIDLER, Radioaktivität, 2. Aufl., S. 551. Leipzig: Teubner 1927.

[2] JOLY, J.: Naturwiss. 12, 693 (1924).

[3] STRUTT, R. J. (Lord RAYLEIGH): Proc. roy. Soc. Lond. A. 77, 472 (1906); 78, 156 (1906).

[4] HOLMES, A.: Geol. Mag. (6) 60, 4, 102 (1915); Proc. Geol. Assoc. 26, 289 (1915).

Tabelle nach A. Holmes.

	Radiumgehalt	Thoriumgehalt
	pro Gramm Gestein	
	(g Ra)	(g Th)
Saure Gesteine, vulkan.	$3,1 \cdot 10^{-12}$	$2,9 \cdot 10^{-5}$
pluton.	$2,7 \cdot 10^{-12}$	
Zwischenformen, vulkan.	$2,1 \cdot 10^{-12}$	$1,7 \cdot 10^{-5}$
pluton.	$1,9 \cdot 10^{-12}$	
Basische Gesteine, vulkan. . . .	$1,1 \cdot 10^{-12}$	$0,5 \cdot 10^{-5}$
pluton. . . .	$0,9 \cdot 10^{-12}$	
Ultrabasische	$0,5 \cdot 10^{-12}$	—
Sedimente:		
Tone	$1,5 \cdot 10^{-12}$	$1,1 \cdot 10^{-5}$
Sandstein	$1,4 \cdot 10^{-12}$	$0,5 \cdot 10^{-5}$
Kalk	$0,9 \cdot 10^{-12}$	$<0,1 \cdot 10^{-5}$
Meteoriten:		
Steinmeteoriten	$0,25 \cdot 10^{-12}$	—
Eisen- und Steinmeteoriten .	$0,10 \cdot 10^{-12}$	—
Eisenmeteoriten	fast $0,00 \cdot 10^{-12}$	—

tertiären Granite des Bergells (nach H. Hirschi)[1] bis zu $12 \cdot 10^{-12}$ Radium aufweisen. Das zeigt deutlich, daß die Azidität nicht allein für den Radium- bzw. Thoriumgehalt maßgebend ist, sondern die petrographische und geographische Herkunft des betreffenden Gesteins.

Untersuchungen von Gesteinsproben aus Bohrlöchern haben gezeigt, daß der Radiumgehalt nicht in einem erkennbaren Zusammenhang mit der Tiefe des Fundortes steht. Allerdings reichen diese Untersuchungen nur bis 1400 m Tiefe. Nur G. Trovato[2] findet beim Ätna eine Abnahme des Radiumgehaltes mit der Tiefe. Dies ist von Interesse, da die Berechnungen über die Beteiligung der von radioaktiven Gesteinen gelieferten Wärmeentwicklung an dem gesamten Wärmehaushalt der Erde es wahrscheinlich erscheinen lassen, daß der Gehalt der Gesteine an radioaktiven Substanzen mit der Tiefe abnimmt. Eine Beziehung des Radiumgehalts zum geologischen Alter der Gesteine ist nicht vorhanden, weder bei den Eruptivgesteinen, noch bei den Sedimenten. Dadurch wird die oben gemachte Annahme gerechtfertigt, daß im Gestein das Radium sich mit dem Uran im radioaktiven Gleichgewicht befindet. Sehr kleine Gehalte an Radium und Thorium zeigen die reinen Quarzsande und Kalke. Bei Eisenmeteoren ist der Radiumgehalt von der Größenordnung 10^{-15} g Radium pro Gramm, also 1000 mal kleiner als der der Gesteine.

Der mittlere Gehalt der Erdrinde an Radium wird von Joly zu $2 \cdot 10^{-12}$ g Radium pro Gramm geschätzt, was einem Urangehalt von $6 \cdot 10^{-6}$ g und einem beiläufigen Thoriumgehalt von $1 \cdot 10^{-5}$ g pro Gramm Gestein entspräche. Die allgemeine Verbreitung der radioaktiven Substanzen in der Erdrinde ist erwiesen, dank der außerordentlichen Empfindlichkeit der radioaktiven Meßmethoden. Eine Konzentration der aktiven Bestandteile aus gewöhnlichen Gesteinen ist wohl bis zu einem gewissen Grade möglich. So haben Mache und Bamberger Anreicherung des Radiumgehaltes durch Zentrifugieren u. a. in den schwersten Fraktionen bei Granit auf 10^{-10} g pro Gramm erhalten. Eine Extraktion und Reingewinnung radioaktiver Substanzen, wie des Radiums und des Mesothoriums,

---

[1] Hirschi, H.: vgl. Zitat 2, S. 385.
[2] Trovato, G.: Nuovo Cim. **25**, 177 (1923).

ist jedoch nur bei einigen relativ selten vorkommenden Mineralien, wie Pechblende, Carnotit, Gummit, Monazit u. a. möglich. Eine Gewinnung des Radiums aus Erzen, die weniger als 10^{-9} g Radium pro Gramm Erz enthalten, ist nicht mehr rentabel.

Radioaktivität und Erdwärme.

Wie schon kurz angedeutet, ist mit den radioaktiven Strahlungen eine Wärmeentwicklung verknüpft; die größte Wärmeproduktion liefern die α-Teilchen. Wenn die rasch bewegten α-Teilchen absorbierende Schichten eines beliebigen Materials durchdringen, so verlieren sie immer mehr von ihrer Bewegungsenergie und als deren Äquivalent muß nun eine entsprechende Wärmemenge frei werden. 1 g Radium mit allen seinen kurzlebigen Zerfallsprodukten (bis RaC) erzeugt stündlich 136 g/cal. Wenn nun auch der Radium- bzw. Uran- und Thoriumgehalt der meisten Gesteine äußerst gering ist, so kann man sich leicht überlegen, daß der Wärmehaushalt der Erde als Ganzes durch die Wärmeentwicklung der radioaktiven Substanzen in den Gesteinsmassen entscheidend beeinflußt wird.

Die Erde verliert unaufhörlich Wärme durch Ausstrahlung in den Weltraum. Aus der Zunahme der Bodentemperatur mit der Tiefe kann man den Betrag dieser Wärmeabgabe pro Sekunde berechnen. Rechnet man andererseits die Mengen von Uran und Thorium samt Zerfallsprodukten, die notwendig wären, um diesen Wärmeverlust gerade auszugleichen, so erhält man $2,4 \cdot 10^{20}$ g Uran oder $9 \cdot 10^{20}$ g Thorium. Der Gesamtgehalt der Erde an Uran oder Thorium wäre aber, wenn wir annehmen würden, daß die Gesteinsmagmen in der Tiefe genau soviel Uran und Thorium enthalten wie an der Oberfläche, etwa 150 mal so groß. Wenn diese Annahme richtig wäre, so würde folgen, daß die Erde als Ganzes infolge der radioaktiven Wärmeproduktion beständig wärmer würde, was den geologisch wohlfundierten Tatsachen widerspräche. Man hat daher Grund anzunehmen, daß die radioaktiven Gesteine vorwiegend in den oberflächennahen Schichten der Erdrinde verbreitet sind und der Uran- und Thoriumgehalt mit der Tiefe abnimmt. Eine Gesteinsschicht von 16 km Dicke mit normalem Uran- und Thoriumgehalt würde bereits genügen, um den Wärmeausstrahlungsverlust der Erde durch radioaktive Wärmeentwicklung zu decken. J. PERRIN[1] nimmt dagegen an, daß der Zerfall der radioaktiven Wärmeproduktion in den Gesteinen erst durch eine sehr durchdringende kosmische Strahlung ausgelöst werde, deren Wirksamkeit sich — mit abnehmender Stärke — bis höchstens 50 km Tiefe erstrecke. Die neueste Wärmebilanz der Erde — unter Berücksichtigung der Wärmeentwicklung auch der sehr schwach radioaktiven Elemente Kalium und Rubidium — wurde von A. HOLMES und R. W. LAWSON[2] gegeben.

Radioaktivität der Gewässer.

Da viele Uran-, Radium- und Thoriumsalze wasserlöslich sind, ist es bei der allgemeinen Verbreitung dieser radioaktiven Substanzen in den Gesteinen und den sonstigen Bestandteilen der Erdrinde wohl verständlich, daß auch das Meer und die Binnengewässer Spuren radioaktiver Elemente gelöst enthalten. Das Vorkommen von Uran im Meerwasser wurde von JOLY nachgewiesen. Viel leichter ist der Nachweis und die Bestimmung des Radiumgehalts des Meeres und der Binnenwässer, wobei wieder, ähnlich wie bei den Gesteinslösungen, die Emanationsmengen gemessen werden, die in den gelösten Rückständen der Wasser-

---

[1] PERRIN, J.: Ann. Phys. (9) 11, 5 (1919).

[2] HOLMES, A., u. R. W. LAWSON: Nature 117, 620 (1926). — Vgl. auch ST. MEYER u. E. SCHWEIDLER: Radioaktivität, 2. Aufl., S. 553. Leipzig: S. Hirzel 1927.

proben bei bekannter Ansammlungszeit entwickelt werden. Der Emanationsgehalt von frisch entnommenen Wasserproben kann sowohl größer als auch kleiner sein als die dem in ihr enthaltenen Radium entsprechende Gleichgewichtsmenge. In offenen Gewässern wird das letztere der Fall sein, da die stete Durchmischung des Wassers mit Luft durch den Wellengang aus der oberflächennahen Schicht fortwährend Emanation in die Luft entführt. In Quellen dagegen ist in der Regel der Emanationsgehalt viel größer, als er dem Gleichgewicht mit der in der Quellprobe enthaltenen Radiummenge entspricht: Quellwasser kann eben während seines Laufes im Gestein unter Umständen recht beträchtliche Mengen von Radiumemanation aufnehmen, ohne daß aus den durchströmten Gesteinsschichten Radium selbst gelöst wird. Der mittlere Radiumgehalt des Meerwassers kann zu etwa $2 \cdot 10^{-15}$ g Radium pro Kubikzentimeter angesetzt werden, doch variieren die Angaben der verschiedenen Beobachter je nach dem Ort der Entnahme der Proben recht bedeutend. Proben aus küstennahen Gebieten sind etwas radiumreicher als solche aus der Mitte der Weltmeere. Nach Joly kann lokale Ausfällung des Radiums durch im Meere vorkommende Mikroorganismen (Schwefelbakterien) stattfinden, woraus sich der abnorm hohe Radiumgehalt der von Joly untersuchten Tiefseesedimente ungezwungen erklärt. Im pazifischen und subantarktischen Ozean ist nach C. W. Hewlett[1] der Radiumgehalt geringer als $1 \cdot 10^{-15}$ pro Kubikzentimeter. Im Atlantischen Ozean betragen die kleinsten Werte 0,3, die größten $40 \cdot 10^{-15}$. Die letzteren sind in der Nähe der irischen Küste gemessen worden. Im Adriatischen Meer ist der Gehalt nach H. Mache $2 \cdot 10^{-15}$ g pro Kubikzentimeter. Flußwasserproben aus dem St. Lawrence-River, dem Nil und dem Cam (England) zeigen die gleiche Größenordnung des Radiumgehalts, wie Meerwasserproben. Der Thoriumgehalt der Meerwasserproben beträgt 10^{-8}—10^{-7} g Thorium pro Kubikzentimeter. Quellwässer enthalten fast stets Spuren von Radiumemanation, manchmal auch nachweisbare Mengen von gelöstem Radium: z. B. fand Mache[2] im Gebiet der Thermen des Bades Gastein Quellen, die 10^{-13} g Radium, also etwa 100mal soviel Radium pro Kubikzentimeter enthalten als das Meerwasser. Viel bedeutender ist aber in den meisten Fällen der Gehalt an Radiumemanation.

Die internationale Einheit für die Radiumemanation ist nach den Beschlüssen des Brüsseler Kongresses (1910) das Curie, die Menge Radiumemanation, die mit 1 g Radium im Gleichgewichte steht. Diese Einheit, ja selbst ihr millionter Teil, das Mikro-Curie, ist für den meist minimalen Gehalt der Quellwässer zu groß. Daher sind für diesen Zweck verschiedene andere Einheiten in Gebrauch: In Deutschland und Österreich wurde lange Zeit die sog. Mache-Einheit („M.E.") als Maß für die Konzentration der Emanation in Quellwassern und Quellgasen benützt. Wenn die in 1 l Quellwasser oder Quellgas enthaltene Emanationsmenge in einem Ionisationsgefäß allein, d. h. nach Abzug der Ionisationswirkung der Folgeprodukte einen Sättigungsstrom von x Tausendstel elektrostatischen Stromeinheiten hervorbringt, so sagt man, die Quelle oder das Gas habe eine Emanationskonzentration von x M.E. 1 M.E. entspricht $3,64 \cdot 10^{-10}$ Curie pro Liter.

Bei einer Radiologentagung in Freiberg (Sachsen) im Jahre 1921 wurde als praktisches Maß für den Emanationsgehalt von Quellen das „Eman" vorgeschlagen, das 10^{-10} Curie im Liter entspricht. Hoffentlich wird sich diese Einheit, schon wegen der einfachen Beziehung zur internationalen Emanationseinheit, dem „Curie", bald allgemein einbürgern. 1 Eman entspricht 0,275 M.E. Wir haben hier die verschiedenen Einheiten für den Emanationsgehalt von Quell-

---

[1] Hewlett, C. W.: Terr. Magn. and Atmosph. Electr. **22**, 173 (1917).
[2] Mache: Wien. Ber. IIa **132**, 207 (1923).

wässern und von Gasen besprochen, da diese Einheiten auch bei der Besprechung des Emanationsgehaltes der Bodenluft wieder benötigt werden.

Der Emanationsgehalt der Quellwässer und Quellgase hat für die Ionisation der Atmosphäre höchstens an einigen ausgezeichneten Orten, eben an den Ursprungsstellen hochaktiver Quellen Bedeutung. Wir können hier auch nicht auf die Bedeutung der Aktivität der Quellen für die Medizin und Geologie eingehen. Zur Messung der Aktivität, d. h. des Emanationsgehalts der Quellen, sind eigene Apparate, die sog. Fontaktometer, in Gebrauch. Die Zahl der bereits untersuchten Quellen ist eine ungeheure[1].

Die stärksten radioaktiven Quellen (Oberschlema, Brambach in Sachsen, St. Joachimsthal in der Tschechoslowakei) weisen einen Emanationsgehalt von 7000—9000 Eman $= 7—9 \cdot 10^{-7}$ Curie pro Liter auf. Doch werden schon Quellen von 200 Eman als stark aktiv bezeichnet. Gewöhnliche Quellen in den Alpen zeigen Aktivitäten von 0,5—10 Eman. Die Beziehung zwischen Emanationsgehalt eines Quellwassers und der Radioaktivität der Bodenschichten, aus denen das Wasser entspringt, ist durchaus keine einfache. Das Wasser nimmt auf seinem Wege durch das Gestein um so mehr Emanation auf, je mehr das Gestein verwittert bzw. zur Emanationsabgabe fähig ist. Auch die Laufzeit des Wassers und seine Temperatur spielen eine wichtige Rolle. Heiße Quellen zeigen oft geringeren Emanationsgehalt als kalte Quellen desselben Quellgebietes, was sich daraus erklärt, daß das Absorptionsvermögen des Wassers bei höherer Temperatur geringer ist. Die Quellgase verdanken ihren oft recht bedeutenden Emanationsgehalt dem Quellwasser, aus dem sie aufsteigen. Die sedimentären Ablagerungen von Quellen, insbesondere von Thermalquellen, weisen oft recht beträchtlichen Gehalt an Radium- und Thoriumprodukten auf. Beispiele hierfür sind der Fangoschlamm von Battaglia, das als Reissacherit bezeichnete Sediment der berühmten Gasteiner Therme, die Sedimente von Kreuznach, Nauheim, Echaillon u. a.

Die Radioaktivität der Bodenluft.

Nachdem alle Bestandteile der Erdrinde, also auch die verschiedenen Bodenarten, Radium und Thorium mit ihren Zerfallsprodukten enthalten, und es andererseits nachgewiesen ist, daß gepulverte Bodenproben Emanation abgeben, ist es durchaus verständlich, daß die mit dem Erdboden in innigem Kontakt befindliche Bodenluft, d. h. die in den Fugen und Spalten („Bodenkapillaren") enthaltene Luft sowohl Radium- als auch Thoriumemanation enthält. Der experimentelle Nachweis hierfür wurde zuerst von J. ELSTER und H. GEITEL[2] erbracht, die auch das erste brauchbare Verfahren zur Messung des Gehaltes der Bodenluft an Radiumemanation angegeben haben. Dieses ist im Prinzip auch heute noch beibehalten: In ein durch einen Erdbohrer hergestelltes Bohrloch wird ein Metall- oder Glasrohr bis zur gewünschten Tiefe eingesteckt und durch kurze Schlauchstücke mit einem Ionisationsgefäß verbunden, das mit zwei Hähnen versehen ist. Der zweite Hahn führt zu einer Wasserstrahlpumpe, einem Gummigebläse oder einer ähnlichen Vorrichtung, die gestattet, ein gemessenes Quantum Bodenluft in das Ionisationsgefäß einzusaugen. Füllt man das Ionisationsgefäß (z. B. den ELSTER-GEITELschen Glockenapparat) mit Bodenluft, so wird sofort eine Erhöhung des Voltabfalls des damit verbundenen Elektrometers auf ein Vielfaches des normalen Wertes beobachtet. Innerhalb der nächsten 3 Stunden nach der Füllung des Apparates mit Bodenluft wächst der Voltabfall dann noch weiter

---

[1] GOCKEL, A.: Radioaktivität von Boden und Quellen. Braunschweig: Vieweg & Sohn 1914. — ST. MEYER u. SCHWEIDLER: Radioaktivität, 2. Aufl., S. 567. Leipzig: Teubner 1927.
[2] ELSTER, J., u. H. GEITEL: Physik. Z. **3**, 574 (1902).

an entsprechend der Nacherzeugung von RaA, RaB und RaC durch die in der Bodenluft befindliche Emanation. Anstatt den Apparat an Ort und Stelle mit Bodenluft zu füllen, ist es viel bequemer, evakuierbare Flaschen mit den Bodenluftproben zu füllen und deren Inhalt dann im Laboratorium etwa durch einen Zirkulationsprozeß oder durch Verdrängung mit Wasser in das teilweise evakuierte Ionisationsgefäß überzuleiten. Die Thoriumemanation mit ihren Zerfallsprodukten kann bei der Elster-Geitelschen Methode nicht stören, da sie schon nach wenigen Minuten durch Zerfall verschwindet. Daher muß man auch, wenn man den Gehalt an Thoriumemanation bestimmen will, wieder, ähnlich wie bei den Gesteinslösungen, zu einer Strömungsmethode greifen (s. u.).

Messungen des Gehaltes der Bodenluft an Radiumemanation sind nach der Elster-Geitelschen oder einer im Prinzip ähnlichen Methode von folgenden Forschern ausgeführt worden: von Ebert und Ewers[1] in München, Bumstead und Wheeler[2] in New Haven (U.S.A.), Brandes[3] in Kiel, Von dem Borne[4] (Erzgebirge), A. Schenk[5] in Kiel, Gockel[6] in Freiburg (Schweiz), Sanderson[7] in New Haven (U.S.A.), Satterly[8] in Cambridge, Joly und Smyth, bzw. Smyth in Dublin (Irland[9,10]), K. Kähler[11,12] in Potsdam, Wright und Smith[13] in Manila (Philippinen), Munor de Castillo[14] in Madrid und Olujic in Freiburg[15]. Die wichtigsten Resultate, soweit sie in absolute Einheiten bzw. in Curie pro Kubikzentimeter Bodenluft umrechenbar oder in solchen Einheiten direkt angegeben sind, wurden in folgender Tabelle zusammengestellt. Die Identität des in der Bodenluft enthaltenen radioaktiven Gases mit der Radiumemanation wurde von Ebert bzw. Ebert und Ewers (a. a. O.), sowie Bumstead und Wheeler (a. a. O.) erwiesen.

Beobachter	Bodenart und Tiefe des Bohrloches	Ra-Em-Gehalt (Curie/cm³)
Ebert-Ewers . .	Lehmboden, 160 cm	ca. $400 \cdot 10^{-15}$
Gockel	Moränenschotter	$73—270 \cdot 10^{-15}$
Olujic	Lehmboden, trocken	$1220 \cdot 10^{-15}$
Olujic	Lehmboden, feucht	$193—328 \cdot 10^{-15}$
Satterly	Lehmboden, 240 cm	$250 \cdot 10^{-15}$
Sanderson . . .	Roter Sandstein, 120 cm	$240 \cdot 10^{-15}$
Joly u. Smyth . .	Roter Sandstein, 20—150 cm	$180 \cdot 10^{-15}$
Kähler	Alluvialsand, 75 cm	8 bzw. $15 \cdot 10^{-15}$
Wright u. Smith .	30 cm	$30—70 \cdot 10^{-15}$
Wright u. Smith .	70 cm	$200—300 \cdot 10^{-15}$
Wright u. Smith .	120 cm	$270—300 \cdot 10^{-15}$

Die meisten Beobachter finden also den mittleren Gehalt der Bodenluft an Radiumemanation zu etwa $2 \cdot 10^{-13}$ Curie pro Kubikzentimeter. Dies ist etwa 2000 mal soviel, wie der mittlere Emanationsgehalt der freien Atmo-

[1] Ebert, H., u. P. Ewers: Physik. Z. 4, 162 (1903).
[2] Bumstead, H. A., u. L. P. Wheeler: Amer. J. of Sc. (Sill. J.) (4) 17, 97 (1904).
[3] Brandes, H.: Dissert., Kiel 1905.
[4] Borne, von dem: Habilit.-Schrift, Breslau 1905.
[5] Schenk, R.: Jb. Rad.- u. Elektr. 2, 19 (1905).
[6] Gockel, A.: Physik. Z. 9, 304 (1908).
[7] Sanderson, J. C.: Amer. J. Sc. (Sill. J.) 32, 169 (1911); Physik. Z. 13, 142 (1912).
[8] Satterly, J.: Proc. Cmbr. Phil. Soc. 16, 360, 514 (1912).
[9] Joly, J., u. L. B. Smyth: Proc. Irish Ac. Dublin 13, 148 (1911).
[10] Smyth, L. B.: Phil. Mag. (6) 24, 632 (1912).
[11] Kähler, K.: Veröff. Preuß. Met. Inst., Nr. 267 (1913).
[12] Kähler, K.: Physik. Z. 15, 27 (1914).
[13] Wright, J. B., u. O. F. Smith: Physik. Rev. (2) 5, 459 (1915).
[14] Munor de Castillo, J.: Bol. Inst. Radioactividad, Madrid 5, 14, 37, 58, 74 (1917).
[15] Olujic, P. J.: Dissert., Freiburg (Schweiz) 1918; Jb. Radio. u. Elektr. 15, 158 (1918).

sphäre und etwa $^1/_{10}$ von der Menge, die mit dem im Boden durchschnittlich enthaltenen Radium im Gleichgewicht stünde. Den größten Emanationsgehalt weisen Granitböden auf, den geringsten Sandböden. Doch kann man aus dem Emanationsgehalt der Bodenluft keineswegs verläßliche Schlüsse auf den Radiumgehalt der betreffenden Bodenart ziehen, denn verwitterte Gesteine von relativ geringer Aktivität geben oft mehr Emanation ab, als unverwitterte Gesteine von hohem Radiumgehalt.

An einem und demselben Ort kann der Emanationsgehalt der Bodenluft sehr erheblich schwanken. Maximum und Minimum verhalten sich an manchen Orten wie 1 : 4, ja sogar wie 1 : 8. Natürlich bestimmt nicht nur die Emanationsabgabe der betreffenden Bodenart, sondern auch die Bodendurchlässigkeit in hohem Grade den Emanationsgehalt der Bodenluft. Starke Regengüsse und Gefrieren des Bodens an der Oberfläche erzeugt Emanationsanhäufung in der Tiefe. Erwärmung des Bodens, besonders starke Besonnung, dann auch starker Wind und Fallen des Luftdruckes erhöhen die Abgabe von Emanation aus dem Boden in die freie Luft, wirken also vermindernd auf den Emanationsgehalt der Bodenluft. Wie man auch aus der Tabelle ersieht, sind die Schwankungen des Emanationsgehaltes der Bodenluft um so geringer, aus je größerer Tiefe sie entstammt. Nach WRIGHT und SMITH scheint in einer Tiefe von $1^1/_2$—2 m der Emanationsgehalt der Bodenluft schon dauernd konstant zu sein. In dieser Tiefe wird also offenbar der Emanationsgehalt durch die Emanationsabgabe der oberflächennahen Schichten an die freie Luft nicht mehr merklich beeinflußt.

Auch die natürlichen, dem Boden an manchen Stellen entströmenden Gase sind emanationshaltig: VON DEM BORNE (a. a. O.) hat in Grubengas einen Emanationsgehalt von 10^{-12} Curie pro Kubikzentimeter nachgewiesen, etwas geringere Werte fand SATTERLY (a. a. O.) im Sumpfgas bei Cambridge. Auch die den Vulkanen entspromenden Dämpfe sind emanationshaltig[1]. P. LUDEWIG und E. LORENSER[2] haben auch in tiefen Bohrlöchern bei Oberschlema einen erheblichen Emanationsgehalt der Luft festgestellt. Indirekt kann man die Anwesenheit von Radium- und Thoriumemanation in der Bodenluft auch dadurch nachweisen, daß man einen auf hohe negative Spannung geladenen Draht einige Stunden (evtl. bis zu 4 Tagen) in einer Höhlung des Bodens oder in einem mit Bodenluft gefüllten bzw. von ihr stetig durchströmten Gefäß exponiert (H. M. DADOURIAN[3], A. BLANC[4]). Bekanntlich lagern sich dann die ersten festen Zerfallsprodukte der Emanationen (RaA, ThA) am Drahte an und können durch Einbringen desselben in ein Ionisationsgefäß durch ihre Ionisation gemessen werden. Aus der Abklingungskurve der Drahtaktivität lassen sich Schlüsse auf die relative Beteiligung der Radium- gegenüber den Thoriumprodukten ziehen. Direkte Bestimmungen des Gehaltes der Bodenluft an Thoriumemanation sind bisher nur von J. C. SANDERSON[5] nach einer Strömungsmethode ausgeführt worden, die aber recht kompliziert ist, da der Anteil der Radiumemanation abgetrennt werden muß und außerdem durch Versuche mit leicht emanierenden Thoriumsalzen erst festgestellt werden muß, welcher Thoriummenge ein bestimmter Ionisationseffekt entspricht. SANDERSON fand, daß z. B. in lehmhaltigem Sandsteinboden die Bodenluft pro Kubikzentimeter eine Menge Thoriumemanation enthält, welche der Gleichgewichtsmenge von

---

[1] BELLIA, C.: Nouv. Ciment. **13**, 525 (1907).

[2] LUDEWIG, P., u. E. LORENSER: Z. Phys. **22**, 178 (1924).

[3] DADOURIAN, H. M.: Physik. Z. **6**, 98 (1905); Amer. J. Sc. (4) **19**, 16 (1905).

[4] BLANC, G. A.: Phil. Mag. (6) **13**, 378 (1907); Physik. Z. **9**, 294 (1908); J. Rad. u. Elektr. **6**, 502 (1909).

[5] SANDERSON, J. C.: Amer. J. Sc. (4) **32**, 169 (1911); Physik. Z. **13**, 142 (1912).

$1{,}08 \cdot 10^{-6}$ g Thorium entspricht. Da nun 1 cm³ Bodenmaterial etwa 0,37 cm³ Luft enthielt, so entspricht die pro Volumeneinheit gefundene Menge etwa einem Zehntel der Menge Thoriumemanation, die in der betreffenden Gesteinsart tatsächlich vorhanden war. Der Rest bleibt eben im Gestein okkludiert. Nach SANDERSON und BLANC entstammt mehr als die Hälfte der Gesamtionisation der Bodenluft der Wirkung der Thoriumprodukte. Für die Ionisation der freien Atmosphäre kommt der Betrag von Radium- und Thoriumemanation nicht in Betracht, der in der Bodenluft enthalten ist, sondern derjenige, welcher aus dem Boden in die Atmosphäre herausquillt. Man nennt dieses Emporquellen die Emanationsexhalation des Bodens. Quantitative Bestimmungen dieser Exhalation sind bisher nur in geringer Zahl ausgeführt worden nach Methoden, die von H. EBERT[1], sowie von J. JOLY und L. B. SMYTH angegeben worden sind[2]. Die letztgenannten Forscher fanden, daß in Dublin (Irland) im Mittel eine Menge Radiumemanation von etwa $0{,}7 \cdot 10^{-16}$ Curie pro Sekunde und pro Quadratzentimeter Bodenfläche in die Atmosphäre emporströmt. Die größte Emanationsexhalation wurde an sonnigen und windigen Tagen, die geringste bei durchnäßtem oder gefrorenem Boden beobachtet.

---

[1] EBERT, H.: Physik. Z. **10**, 346 (1909).

[2] JOLY, J., u. L. B. SMYTH: Phil. Mag. (6) **24**, 632 (1912. — Weitere Literaturangaben vgl. V. F. HESS: Die elektrische Leitfähigkeit der Atmosphäre und ihre Ursachen, S. 70 ff. Braunschweig: F. Vieweg & Sohn 1926.

Namenverzeichnis.

Sachverzeichnis.